PASS

자동차 정비 산업기사

필기

GoldenBell
www.gbbook.co.kr

www.gbbook.co.kr

www.gbbook.co.kr

PREFACE

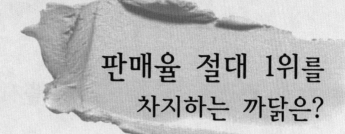

판매율 절대 1위를 차지하는 까닭은?

최근 자동차 산업은 연비가 좋고 이산화탄소의 배출이 적은 깨끗한 자동차 즉, 하이브리드 자동차, 고성능 저공해 디젤 자동차, 대체 연료 자동차, 전기 자동차 및 연료 전지 자동차 등 친환경 자동차를 개발하는데 중점을 두고 있다.

2022년 한국산업인력공단의 출제기준이 국가기술자격의 현장성과 활용성 제고를 위해 국가직무능력표준(NCS)을 기반으로 직무 중심으로 변경됨에 따라 그에 맞춰 새롭게 개편하였다.

이 책은 단원별 요점정리와 당해 문제마다 쉽게 이해할 수 있도록 풀이와 해설을 곁들여 출제 예상문제를 수록하였으며, 다음과 같은 점들을 고려하여 집필하였다.

1. **자동차 엔진정비**편에서는 과급장치, 전자제어장치, 엔진 본체, 배출가스장치정비로 편성하였다.
2. **자동차 섀시정비**편에서는 자동변속기 유압식·전자제어 현가장치, 전자제어 조향장치, 제동장치로 편성하였다.
3. **자동차 전기·전자장치정비**편에서는 네크워크통신장치, 회로분석, 안전 및 편의장치, 냉난방장치로 편성하였다.
4. **친환경 자동차정비**편에서는 하이브리드 고전압 장치 정비, 전기자동차정비, 수소연료전지차 정비 및 그 밖의 친환경자동차로 편성하였다.

(주)골든벨은 자동차정비 분야만 올곧게 성장해 온 전문출판사다.
동안 축적된 방대한 자료와 정보를 바탕으로 「한국산업인력공단」의 출제기준이 변경될 때마다 최초로 발행되는 수험서임을 자타가 인정한다.
이 문제집이야말로 수험생 여러분들에게 합격의 고속도로가 되기를 간절히 소망한다.

지은이

INFORMATION

출제기준

- 문제수 : 80문제
- 시험시간 : 2시간
- 필기과목명 : 자동차엔진정비, 자동차섀시정비, 자동차전기·전자장치정비, 친환경자동차정비

적용기간 : 2025.1.1~2027.12.31

필기과목명	주요항목	세부항목
1. 자동차 엔진정비 20문제	1. 과급 장치 정비	1. 과급장치 점검·진단 2. 과급장치 조정하기 3. 과급장치 수리하기 4. 과급장치 교환하기 5. 과급장치 검사하기
	2. 가솔린 전자제어 장치 정비	1. 가솔린 전자제어장치 점검·진단 2. 가솔린 전자제어장치 조정 3. 가솔린 전자제어장치 수리 4. 가솔린 전자제어장치 교환 5. 가솔린 전자제어장치 검사
	3. 디젤 전자제어 장치 정비	1. 디젤 전자제어장치 점검·진단 2. 디젤 전자제어장치 조정 3. 디젤 전자제어장치 수리 4. 디젤 전자제어장치 교환 5. 디젤 전자제어장치 검사
	4. 엔진 본체 정비	1. 엔진본체 점검·진단 2. 엔진본체 관련 부품 조정 3. 엔진본체 수리 4. 엔진본체 관련부품 교환 5. 엔진본체 검사
	5. 배출가스장치 정비	1. 배출가스장치 점검·진단 2. 배출가스장치 조정 3. 배출가스장치 수리 4. 배출가스장치 교환 5. 배출가스장치 검사
2. 자동차 섀시정비 20문제	1. 자동변속기 정비	1. 자동변속기 점검·진단 2. 자동변속기 조정 3. 자동변속기 수리 4. 자동변속기 교환 5. 자동변속기 검사
	2. 유압식 현가장치 정비	1. 유압식 현가장치 점검·진단 2. 유압식 현가장치 교환 3. 유압식 현가장치 검사
	3. 전자제어 현가장치 정비	1. 전자제어 현가장치 점검·진단 2. 전자제어 현가장치 조정 3. 전자제어 현가장치 수리 4. 전자제어 현가장치 교환 5. 전자제어 현가장치 검사
	4. 전자제어 조향장치 정비	1. 전자제어 조향장치 점검·진단 2. 전자제어 조향장치 조정 3. 전자제어 조향장치 수리 4. 전자제어 조향장치 교환 5. 전자제어 조향장치 검사
	5. 전자제어 제동장치 정비	1. 전자제어 제동장치 점검·진단 2. 전자제어 제동장치 조정 3. 전자제어 제동장치 수리 4. 전자제어 제동장치 교환 5. 전자제어 제동장치 검사

필기과목명	주요항목	세부항목
3.자동차 전기·전자 장치정비 20문제	1. 네트워크통신장치 정비	1. 네트워크통신장치 점검·진단 2. 네트워크통신장치 수리 3. 네트워크통신장치 교환 4. 네트워크통신장치 검사
	2. 전기·전자회로 분석	1. 전기·전자회로 점검·진단 2. 전기·전자회로 수리 3. 전기·전자회로 교환 4. 전기·전자회로 검사
	3. 주행안전장치 정비	1. 주행안전장치 점검·진단 2. 주행안전장치 수리 3. 주행안전장치 교환 4. 주행안전장치 검사
	4. 냉·난방장치 정비	1. 냉·난방장치 점검·진단 2. 냉·난방장치 수리 3. 냉·난방장치 교환 4. 냉·난방장치 검사
	5. 편의장치 정비	1. 편의장치 점검·진단 2. 편의장치 조정 3. 편의장치 수리 4. 편의장치 교환 5. 편의장치 검사
4. 친환경 자동차 정비 20문제	1. 하이브리드 고전압 장치 정비	1. 하이브리드 전기장치 점검·진단 2. 하이브리드 전기장치 수리 3. 하이브리드 전기장치 교환 4. 하이브리드 전기장치 검사
	2. 전기자동차정비	1. 전기자동차 고전압 배터리 정비 2. 전기자동차 전력통합제어장치 정비 3. 전기자동차 구동장치 정비 4. 전기자동차 편의·안전장치 정비
	3. 수소연료전지차 정비 및 그 밖의 친환경 자동차	1. 수소 공급장치 정비 2. 수소 구동장치 정비 3. 그 밖의 친환경자동차

CONTENTS

차 례

I 자동차 엔진정비

Ⅱ 자동차 섀시정비

Ⅲ 자동차 전기·전자장치정비

Part I

자동차 엔진정비

- 엔진의 개요
- 기관 본체
- 윤활장치 및 냉각장치
- 연료장치
- 흡배기 장치
- 전자제어장치

1장 엔진의 개요

엔진(Engine)이란 열에너지를 기계적 에너지로 변환시켜 동력을 얻는 장치이다.

1-1 기계학적 사이클에 따른 분류

1 4행정 사이클 엔진(4 stroke cycle engine)

(1) 4행정 사이클 엔진의 개요

4행정 사이클 엔진은 크랭크축이 2회전하고, 피스톤은 흡입 → 압축 → 폭발 → 배기의 4행정(4 stroke)을 하여 1사이클(1cycle)을 완성한다. 4행정 사이클 엔진이 1사이클을 완료하면 크랭크축은 2회전하며, 캠축은 1회전하고, 각 흡입·배기 밸브는 1번 개폐한다.

(2) 4행정 사이클 엔진의 작동순서

① **흡입행정**(intake stroke) : 흡입행정은 사이클의 맨 처음행정이며, 흡입밸브는 열리고 배기 밸브는 닫혀 있으며, 피스톤은 상사점(TDC)에서 하사점(BDC)으로 내려간다. 피스톤이 내려감에 따라 실린더 내에 혼합가스가 흡입된다.

② **압축행정**(compression stroke) : 압축행정은 피스톤이 하사점에서 상사점으로 올라가며, 흡입·배기 밸브는 모두 닫혀 있다.

> **Reference ▶ 압축에서의 가스의 온도와 체적변화**
> ① 체적이 감소함에 따라 압력은 압축비에 근사적으로 비례하여 상승한다.
> ② 압축에서 발생하는 압축열에 의해 추가로 압력 상승이 이루어진다.
> ③ 체적이 감소함에 따라 온도가 상승한다.

③ **폭발행정**(power stroke) : 가솔린엔진은 압축된 혼합가스에 점화플러그에서 전기불꽃 방전으로 점화하고, 디젤엔진은 압축된 공기에 분사노즐에서 연료(경유)를 분사시켜 자기착화(自己着火)하여 실린더 내의 압력을 상승시켜 피스톤에 내려 미는 힘을 가하여 커넥팅로드를 거쳐 크랭크축을 회전시키므로 동력을 얻는다.

④ **배기행정**(exhaust stroke) : 배기행정은 배기 밸브가 열리면서 폭발행정에서 일을 한 연소가스를 실린더 밖으로 배출시키는 행정이다. 이때 피스톤은 하사점에서 상사점으로 올라간다.

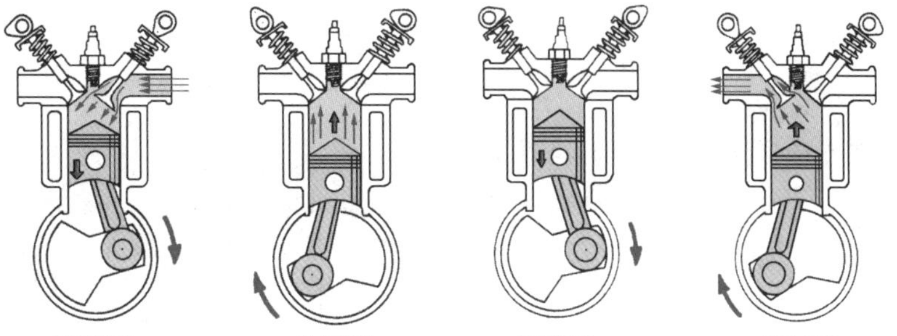

♻ 4행정 사이클 엔진의 작동 순서

2 2행정 사이클 엔진(2 stroke cycle engine)

2행정 사이클 엔진은 크랭크축 1회전으로 1사이클을 완료 한다. 흡입 및 배기를 위한 독립된 행정이 없으며, 포트(port)를 두고 피스톤이 상하운동 중에 개폐하여 흡입 및 배기 행정을 수행한다.

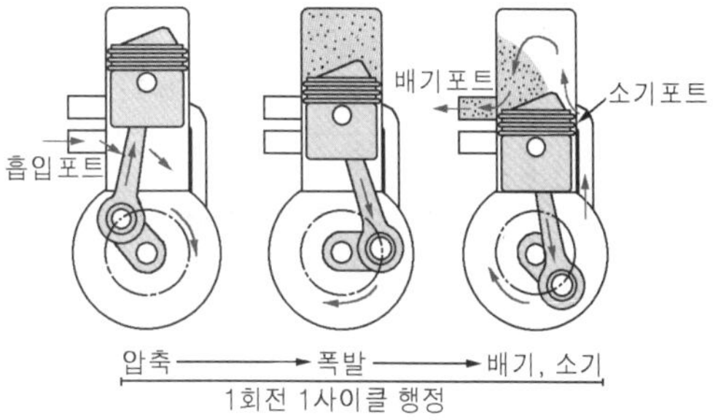

♻ 2행정 사이클 엔진의 작동 순서

1-2 점화(點火)방식에 따른 분류

1 전기점화엔진

압축된 혼합가스에 점화플러그에서 고압의 전기불꽃을 방전시켜서 점화·연소시키는 방식이며 가솔린·LPG 엔진의 점화 방식이다.

2 압축착화엔진(자기착화엔진)

순수한 공기만을 흡입하고 고온·고압으로 압축한 후 고압의 연료(경유)를 미세한 안개모양으로 분사시켜 자기(自己)착화시키는 방식이며 디젤엔진의 점화방식이다.

1-3 열역학적 사이클에 의한 분류

1 오토 사이클(정적 사이클)

오토 사이클은 가솔린엔진의 기본 사이클이며, 이 사이클의 이론 열효율은 다음과 같다.

$$\eta_o = 1 - \left(\frac{1}{\epsilon}\right)^{k-1}$$

η_o : 오토 사이클의 이론 열효율, ϵ : 압축비,
k : 비열비(정압 비열/정적 비열)

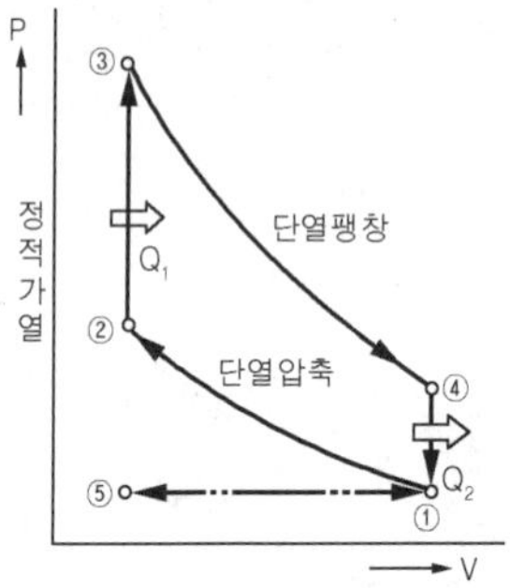

♺ 오토 사이클의 지압(P－V)선도

Reference ▶ **가솔린 엔진의 사이클을 공기표준 사이클로 간주하기 위한 가정**

① 동작유체는 이상기체이다.
② 비열은 온도에 따라 변화하지 않는 것으로 보며, 압축행정과 팽창행정의 단열지수는 같다.
③ 사이클 과정을 하는 동작물질의 양은 일정하다.
④ 각 과정은 가역사이클이다.
⑤ 압축 및 팽창과정은 등 엔트로피(단열)과정이다.
⑥ 높은 열원에서 열을 받아 낮은 열원으로 방출한다.
⑦ 연소 중 열해리 현상은 일어나지 않는다.

2 디젤 사이클(정압 사이클)

디젤 사이클은 저·중속 디젤엔진의 기본 사이클이며, 이 사이클의 이론열효율은 다음과 같다.

$$\eta_d = 1 - \left[\left(\frac{1}{\epsilon}\right)^{k-1} \cdot \frac{\sigma^k - 1}{k(\sigma - 1)}\right]$$

σ : 단절비(정압 팽창비)

Reference ▶ **단절비** :

■ 실제 사이클에서의 연료의 분사지속 시간이 길고 짧음에 대한 비율이다. 디젤 사이클의 이론열효율은 압축비, 비열비, 단절비에 따라서 달라지며 단절비가 클수록 열효율이 저하된다.

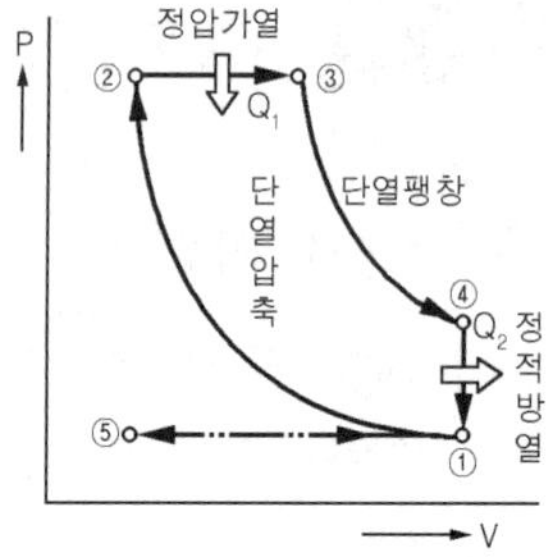

♺ 디젤 사이클의 지압(P－V)선도

3 사바테 사이클(복합 사이클)

사바테 사이클은 고속 디젤엔진의 기본 사이클이며, 이 사이클의 이론 열효율은 다음과 같다.

$$\eta s = 1 - \left[\left(\frac{1}{\varepsilon}\right)^{k-1} \cdot \frac{\rho\sigma^k - 1}{(\rho - 1) + k\rho(\sigma - 1)}\right]$$

ρ : 폭발비(압력비)

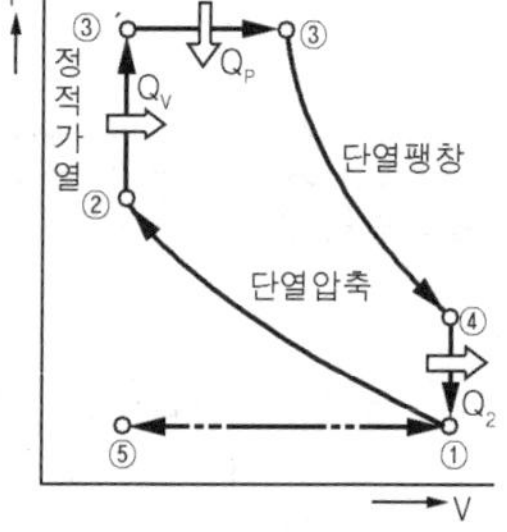

♺ 사바테 사이클의 지압(P－V)선도

① **사바테 사이클** : 폭발비가 1에 가까워지면 정압 사이클에, 그리고 단절비가 1에 가까워지면 정적 사이클에 가까워진다.

② **압축비** : 피스톤이 하사점에 있을 때 실린더 총 체적과 피스톤이 상사점에 도달하였을 때 연소실 체적과의 비율이며 다음과 같이 나타낸다.

$$\epsilon = \frac{V_c + V_s}{V_c} \text{ 또는 } 1 + \frac{V_s}{V_c}$$

ε : 압축비,
V_c : 연소실 체적, V_s : 행정 체적(배기량)

1-4 밸브 배열에 의한 분류

① **I-헤드형**(I head type or Over Head Valve type) : 실린더 헤드에 흡입·배기 밸브를 모두 설치한 형식

② **L-헤드형**(L head type) : 실린더 블록에 흡입·배기 밸브를 일렬로 나란히 설치한 형식

③ **F-헤드형**(F head type) : 실린더 헤드에 흡입 밸브를 실린더 블록에 배기 밸브를 설치한 형식

④ **T-헤드형**(T head type) : 실린더 블록에 실린더를 중심으로 양쪽에 흡입·배기 밸브가 설치된 형식

1-5 실린더 안지름과 행정비율에 따른 분류

1 장행정 엔진(under square engine)

실린더 안지름(D)보다 피스톤 행정(L)이 큰 형식 즉, L/D 〉 1.0 이다. 이 엔진의 특징은 저속에서 큰 회전력을 얻을 수 있고, 측압을 감소시킬 수 있다.

2 정방형 엔진(square engine)

실린더 안지름(D)과 피스톤 행정(L)의 크기가 똑같은 형식이다. 즉, L/D =1.0 이다.

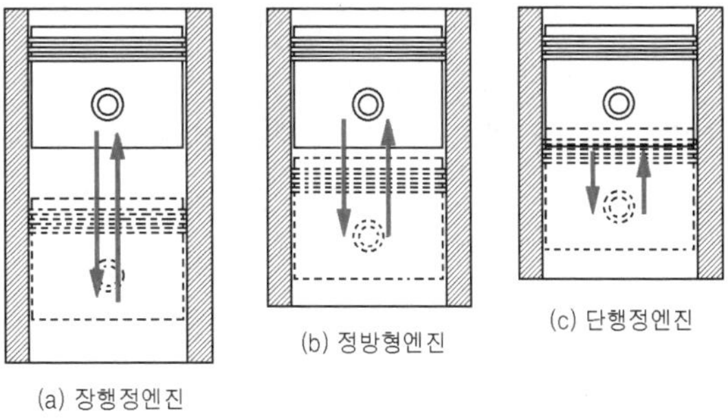

♺ 실린더 안지름/행정 비율에 따른 분류

3 단행정 엔진(over square engine)

실린더 안지름(D)이 피스톤 행정(L)보다 큰 형식 즉, L/D 〈 1.0이며 다음과 같은 특징이 있다.

단행정 엔진의 장점	단행정 엔진의 단점
① 피스톤 평균 속도를 올리지 않고도 회전속도를 높일 수 있으므로 단위 실린더 체적 당 출력을 크게 할 수 있다. ② 흡기, 배기 밸브의 지름을 크게 할 수 있어 체적 효율을 높일 수 있다. ③ 직렬형에서는 엔진의 높이가 낮아지고, V형에서는 엔진의 폭이 좁아진다.	① 피스톤이 과열하기 쉽다. ② 폭발 압력이 커 엔진 베어링의 폭이 넓어야 한다. ③ 회전속도가 증가하면 관성력의 불평형으로 회전부분의 진동이 커진다. ④ 실린더 안지름이 커 엔진의 길이가 길어진다.

1-6 엔진공학

1 단위환산

① **일** W = F × s 일(kg.m) = 힘(kgf) × 거리(m)

② **회전력** T = F × r 회전력(kg.m) = 하중(kgf) × 길이(m)

- 1kgf = 9.8N
- 1kcal = 427kgf.m
- 1[J] = 1[N・m] = 1[W・s]

2 이상기체

① **보일의 법칙** : 온도가 일정할 때 이상기체의 압력은 체적에 반비례한다.

② **샤를의 법칙** : 압력(체적)이 일정하면 이상기체의 체적(압력)은 절대온도에 비례한다.

3 열역학

① **열역학 제 1법칙** : 밀폐계가 임의의 사이클을 이룰 때 열전달의 총합은 이루어진 일의 총합과 같다

② **열역학 제 2법칙** : 하나의 열원에서 얻어지는 열을 모두 역학적인 일로 바꿀 수 없다는 것. 열은 저온계로부터 고온계로 계의 상태 변화를 수반하지 않고서는 이동할 수 없다는 법칙을 말한다.

③ 열효율은 기관에 공급된 연료가 연소하여 얻어진 열량과 이것이 실제의 동력으로 변한 열량과의 비를 말한다.

4 엔진의 마력

① **도시마력(지시마력)** : 엔진 연소실의 압력(지압선도)에서 구한 엔진의 작업률을 마력으로 나타낸 것으로, 엔진의 출력축에서 인출할 수 있는 제동마력과 엔진 내부에서 소비되는 마찰마력을 더한 것이다.

$$IPS = \frac{P \times A \times L \times R \times N}{75 \times 60}$$

IPS : 도시마력(지시마력), A : 단면적(cm^2),
L : 행정(m), R : 회전수(4행정=R/2, 2행정=R),
N : 실린더 수

② **축마력(제동마력)** : 연소된 열에너지가 기계적 에너지로 변한 에너지 중에서 마찰에 의해 손실된 손실 마력을 제외한 크랭크축에서 실제 활용될 수 있는 마력으로서 엔진의 정격 속도에서 전달할 수 있는 동력의 양이다. 크랭크축에서 직접 측정한 마력으로 축 마력 또는 정미 마력이라고도 한다.

$$BPS = \frac{2 \times \pi \times T \times R}{75 \times 60} = \frac{T \times R}{716}$$

BPS : 축마력(PS), T : 회전력(kgf-m),
R : 회전수(rpm)

③ **정격마력** : 엔진의 정격 출력을 마력의 단위로 나타낸 것을 말한다.

④ **마찰마력** : 엔진의 각부 마찰과 발전기·물 펌프 및 에어컨 압축기 등에 의해 동력이 손실되는 마력으로 마찰 손실이 적어야 성능이 좋은 엔진이다.

⑤ **SAE 마력**

- 실린더 안지름의 단위가 in일 때 $\frac{D^2N}{2.5}$
- 실린더 안지름의 단위가 mm일 때 $\frac{D^2N}{1613}$

D : 실린더 지름, N : 실린더 수

⑥ **기계효율**

$\eta_m = BPS \div IPS$
= 제동열효율 / 도시열효율
= 제동평균유효압력 / 도시평균유효압력

BPS : 제동(축)마력, IPS : 지시(도시)마력

$$\eta_b = \frac{632.3 \times BPS}{f_b \times H_\ell} \times 100$$

η_b : 제동 열효율, BPS : 제동마력,
f_b : 연료소비율(kgf/PS-h), H_ℓ : 연료의 저발열량(kcal/kgf)

⑦ **기관 제동 출력**

$$N_b = \frac{2 \times \pi \times n \times T}{60 \times 1000} (kW)$$

N_b : 동력(kW), n : 회전수(rpm), T : 회전력(N·m)

1-7 자동차 및 자동차부품의 성능과 기준(원동기)

(1) 자동차의 원동기는 다음 각호의 기준에 적합하여야 한다.

① 원동기 각부의 작동에 이상이 없어야 하며, 주 시동장치 및 정지장치는 운전자의 좌석에서 원동기를 시동 또는 정지시킬 수 있는 구조일 것.

② 승합자동차 및 화물자동차의 원동기 최대출력은 차량총중량 1ton당 출력이 10마력(PS) 이상일 것. 다만, 전기자동차·경형자동차 및 차량총중량이 35ton을 초과하는 자동차(연결자동차의 차량총중량이 35ton을 초과하는 경우를 포함한다)의 경우에는 그러하지 아니하다.

③ 자동차의 동력전달장치는 연결부의 손상 또는 오일의 누출 등이 없어야 한다.

④ 경유를 연료로 사용하는 자동차의 조속기는 연료의 분사량을 임의로 조작할 수 없도록 봉인을 하여야 하며, 봉인을 임의로 제거하거나 조작 또는 훼손하여서는 아니 된다.

핵심기출문제

01 다음 중 단위 환산을 나타낸 것으로 맞는 것은?

① 1[J] = 1[N · m] = 1[W · s]
② 1[J] = 1[W] = 1[PS · h]
③ 1[J] = 1[N/s] = 1[W · s]
④ 1[J] = 1[cal] = 1[W · s]

02 1.2KJ은 몇 W·S인가?

① 120 ② 1,200
③ 4,320 ④ 72

03 어떤 오토기관의 배기가스온도를 측정한 결과 전부하 운전 시에는 850℃, 공전 시에는 350℃이다. 이 온도를 각각 kelvin 온도(k)로 환산한 것으로 맞는 것은?

① 1850, 1350
② 850, 350
③ 1123, 623
④ 577, 77

04 리프트 위에 중량 13500N인 자동차가 정차해 있다. 이 자동차를 3초 만에 높이 1.8m로 상승시켰을 경우, 리프트의 출력은?

① 24.3kW ② 8.1kW
③ 22.5kW ④ 10.8kW

05 프로니 브레이크를 사용하여 디젤기관을 시험하였더니 기관의 속도가 1200rpm에서 처음의 계량이 250kgf이었다. 이 기관의 제동마력은 얼마인가?(단, 불평형 하중은 26kgf이고 암의 길이는 0.6m이다.)

① 272.35ps ② 254.63ps
③ 225.07ps ④ 200.45ps

06 4행정 사이클 가솔린 기관을 동력계로 측정하였더니 2000rpm에서 회전력이 23.8kgf·m이였다면 축 출력(PS)은?

① 50.6 ② 66.5
③ 70.6 ④ 86.6

02. 1W란 매초 1J의 비율로서 에너지를 내는 일률이며, 1W = 1J · s이다. 따라서 1.2 kJ = 1200W · s 이다.

03. ① 850℃+273=1123K
② 350℃+273=623K

04. $P=\dfrac{W\times l}{t}$

$=\dfrac{13500\times 1.8}{3\times 1000}=8.1\text{kW}$

05. 제동마력 $=\dfrac{(250-26)\times 0.6\times 1200}{716}=225.25\text{PS}$

06. $BPS=\dfrac{T\times R}{716}$

BPS : 축마력 T : 회전력(kgf-m)

R : 엔진 회전수(rpm)

$BPS=\dfrac{23.8\times 2000}{716}=66.48PS$

01.① **02.**② **03.**③ **04.**② **05.**③ **06.**②

07 기관의 출력시험에서 크랭크축에 밴드 브레이크를 감고 3m의 거리에서 끝의 힘을 측정하였더니 4.5kgf, 기관 속도계가 2,800rpm을 지시하였다면 이 기관의 제동마력은?

① 약 84.1PS　② 약 65.3PS
③ 약 52.8PS　④ 약 48.2PS

08 SAE 마력을 산출하는 방식이 맞는 것은?(단, D는 실린더 지름, N은 실린더 수를 나타내며, 단위는 inch임)

① $\dfrac{D^2N}{2.5}$　② $\dfrac{TR}{716}$　③ $\dfrac{DN}{1613}$　④ $\dfrac{DN}{2.5}$

09 기관의 회전수가 2000rpm일 때 회전력이 7.16kgf·m였다. 이 기관의 축 마력은?

① 15PS　② 20PS
③ 30PS　④ 10PS

10 4행정 사이클 기관의 실린더 내경과 행정이 100mm × 100mm 이고 회전수가 1800 rpm 이다. 축 출력은 몇 PS 인가?(단, 기계효율은 80% 이며, 도시평균 유효압력은 9.5kgf/cm² 이고 4기통 기관이다.)

① 35.2PS　② 39.6PS
③ 43.2PS　④ 47.8PS

11 소형 승용차가 6000 rpm 에서 70 PS를 발생하는 경우 축 토크는 몇 kgf · m 인가?

① 8.35　② 9.98
③ 11.32　④ 14.38

12 기관의 회전력이 14.32kgf−m 이고 2500 rpm으로 회전하고 있다. 이때 클러치에 의해 전달되는 마력은?(단, 클러치의 미끄럼은 없다)

① 40PS　② 50PS
③ 60PS　④ 70PS

13 4실린더 4행정 기관의 내경 × 행정(85 × 90mm)이다. 이 기관이 3000rpm으로 운전할 때 도시평균 유효압력이 9kgf/cm² 이며, 기계효율이 75% 이면 제동마력은 얼마인가?

① 15.3PS　② 46PS
③ 61.3PS　④ 92PS

---

07. $BPS = \dfrac{2 \times \pi \times T \times R}{75 \times 60} = \dfrac{T \times R}{716}$

BPS : 제동마력　T : 회전력(kgf−m)　R : 회전수(rpm)

$BPS = \dfrac{4.5 \times 3 \times 2800}{716} = 52.79ps$

08. ① 실린더 안지름의 단위가 in일 때 $\dfrac{D^2N}{2.5}$

② 실린더 안지름의 단위가 mm일 때 $\dfrac{D^2N}{1613}$

09. $BHP = \dfrac{T \times R}{716}$　$BHP = \dfrac{7.16 \times 2000}{716} = 20$

10. $IPS = \dfrac{P \cdot A \cdot L \cdot R \cdot N}{75 \times 60}$

IPS : 도시마력(PS)　A : 단면적(cm²)　L : 행정(m)

R : 회전수(2사이클 : R, 4사이클 : $\dfrac{R}{2}$)

N : 실린더 수

$IPS = \dfrac{9.5 \times \pi \times 10^2 \times 0.1 \times 1800 \times 4 \times 0.8}{75 \times 60 \times 4 \times 2} = 47.8PS$

11. $PS = \dfrac{2 \times \pi \times T \times R}{75 \times 60} = \dfrac{T \times R}{716}$

PS : 축마력　T : 회전력(kgf−m)　R : 회전수(rpm)

$T = \dfrac{716 \times 70}{6000} = 8.35\,kgf{\cdot}m$

12. $BHP = \dfrac{T \times R}{716}$　$BHP = \dfrac{14.32 \times 2500}{716} = 50$

13. $BPS = \dfrac{P \cdot A \cdot L \cdot R \cdot N \cdot \eta}{75 \times 60}$

BPS : 도시마력(PS)　A : 단면적(cm²)

L : 행정(m)　R : 회전수(2사이클 : R, 4사이클 : $\dfrac{R}{2}$)

N : 실린더 수　η : 기계효율

$BPS = \dfrac{9 \times \pi \times 8.5^2 \times 0.09 \times 3000 \times 4 \times 0.75}{75 \times 60 \times 4 \times 2} = 45.96PS$

07.③ **08.**① **09.**② **10.**④ **11.**① **12.**② **13.**②

14 제동마력 : BPS, 도시마력 : IPS, 기계효율 : η_m 이라 할 때 상호 관계식을 올바르게 표현한 것은?

① $\eta_m = IPS \div BPS$
② $BPS = \eta_m \div IPS$
③ $\eta_m = BPS \div IPS$
④ $IPS = \eta_m \div BPS$

15 기관의 제동마력이 380 PS, 시간당 연료소비량 80kg, 연료 1kg 당 저위발열량이 10000kcal 일 때 제동열효율은 얼마인가?

① 13.3% ② 30%
③ 35% ④ 60%

16 자동차용 가솔린 기관의 성능시험 결과 출력은 10.56PS이고 연료 소비량은 2.565 kgf/h이다. 제동열효율은?(단, 가솔린 저위발열량은 10,400kcal/kgf 이다.)

① 약 25.03% ② 약 29.94%
③ 약 27.33% ④ 약 28.14%

17 연료 저위 발열량이 10500kcal/kg 인 연료를 사용하는 가솔린 기관의 연료 소비율이 180g/PS · h 이라면 이 기관의 열효율은 약 얼마인가?

① 16.3% ② 21.9%
③ 26.2% ④ 33.5%

18 어떤 기관의 축 출력은 5000 min^{-1}에서 75kW 이고 구동륜에서 측정한 출력이 64kW 이면 동력전달장치의 총 효율은?

① 약 0.853% ② 약 85.3%
③ 약 15% ④ 약 58.9%

19 대형 화물자동차에서 기관의 회전속도가 2500min^{-1} 일 때 기관의 회전토크는 808 N-m이였다. 이 때 기관이 제동 출력은?

① 약 561.1kW ② 약 269.3kW
③ 약 7.48kW ④ 약 211.5kW

20 가솔린기관의 열 손실을 측정한 결과 냉각수에 의한 손실이 25%, 배기 및 복사에 의한 열 손실이 35%이였다. 기계효율이 90% 라면 정미효율은 몇 %인가?

① 54% ② 36%
③ 32% ④ 20%

---

14. 기계효율 = BPS ÷ IPS
BPS = 기계효율 × IPS
IPS = BPS ÷ 기계효율

15. $\eta_b = \dfrac{632.3 \times BPS}{f_b \times H_\ell} \times 100$

η_b : 제동 열효율 BPS : 제동마력
f_b : 연료소비율(kgf/PS-h)
H_ℓ : 연료의 저발열량(kcal/kgf)

$\eta_b = \dfrac{632.3 \times 380}{80 \times 10000} \times 100 = 30.03\%$

16. $\eta_b = \dfrac{632.3 \times BPS}{f_b \times H_\ell} \times 100$

$\eta_b = \dfrac{632.3 \times 10.56}{2.565 \times 10400} \times 100 = 25.03\%$

17. $\eta_b = \dfrac{632.3 \times BPS}{f_b \times H_\ell} \times 100$

$\eta_b = \dfrac{632.3}{0.18 \times 10500} \times 100 = 33.45\%$

18. $\text{효율} = \dfrac{\text{구동축 출력}}{\text{엔진 출력}} \times 100$

$\text{효율} = \dfrac{64}{75} \times 100 = 85.3\%$

19. $N_b = \dfrac{2 \times \pi \times n \times T}{60 \times 1000}(kW)$

N_b : 동력(kW) n : 회전수(rpm) T : 회전력(N·m)

$N_b = \dfrac{2 \times \pi \times 2500 \times 808}{60 \times 1000} = 211.53(kW)$

20. ① 지시효율=1−(0.25+0.35)=0.4=40%
② 정미효율=지시효율×기계효율=(0.4×0.9)×100=36%

14.③ **15.**② **16.**① **17.**④ **18.**② **19.**④ **20.**②

21 연료의 저위 발열량을 H_l(kcal/kgf), 연료 소비량을 F(kgf/h), 도시출력을 P_l(PS), 연료 소비시간을 t (s)라 할 때 도시열효율 η_l를 구하는 식은?

① $\eta_l = \dfrac{632 \times P_l}{F \times H_l}$

② $\eta_l = \dfrac{632 \times H_l}{F \times t}$

③ $\eta_l = \dfrac{632 \times t \times H_l}{F \times P_l}$

④ $\eta_l = \dfrac{632 \times t \times P_l}{F \times H_l}$

22 내연기관에서 기계효율을 구하는 공식인 것은?

① $\dfrac{\text{마찰마력}}{\text{제동마력}} \times 100\%$ ② $\dfrac{\text{도시마력}}{\text{이론마력}} \times 100\%$

③ $\dfrac{\text{제동마력}}{\text{도시마력}} \times 100\%$ ④ $\dfrac{\text{마찰마력}}{\text{도시마력}} \times 100\%$

23 내경 87mm, 행정 70mm인 6기통 기관의 출력은 회전속도 5600rpm에서 90kW이다. 이 기관의 비체적 출력 즉, 리터 출력(kW/L)은?

① 6kW/L ② 9kW/L
③ 15kW/L ④ 36kW/L

24 자동차로 15km의 거리를 왕복하는데 40분이 걸렸다. 이때 연료소비는 1830cc이였다. 왕복할 때의 평균속도와 연료 소비율은 약 얼마인가?

① 22.5km/h, 12km/L
② 45km/h, 16km/L
③ 50km/h, 20km/L
④ 60km/h, 25km/L

25 제동마력이 120PS인 디젤기관이 24시간에 720L를 소비하였다. 이 기관의 연료 소비율은 얼마인가?(단, 비중은 0.9이다.)

① 18g/ps-h ② 120g/ps-h
③ 225g/ps-h ④ 285g/ps-h

26 오토사이클의 압축비가 8.5 일 경우 이론 열효율은?(단, 공기의 비열비는 1.4 이다)

① 57.5% ② 49.6%
③ 52.4% ④ 54.6%

27 어떤 오토 사이클 기관의 실린더 간극체적이 행정체적의 15%일 때, 이 기관의 이론열효율은 몇 %인가?(단, 비열비=1.4)

① 39.23% ② 46.23%
③ 51.73% ④ 55.73%

23. 비체적 출력 $= \dfrac{\text{기관의 출력}}{\text{총배기량}}$

총배기량 $= \dfrac{\pi \times D^2}{4} \times L \times N$

D : 실린더 내경(cm) L : 피스톤 행정(cm)
N : 실린더 수

총배기량 $= \dfrac{\pi \times 8.7^2}{4} \times 7 \times 6 = 2496.8cc ≒ 2.5L$

비체적 출력 $= \dfrac{90kW}{2.5L} = 36kW/L$

24. ① 왕복 평균속도 : $\dfrac{15 \times 2 \times 60}{40} = 45\text{km/h}$

② 왕복할 때의 연료 소비율 : $\dfrac{15 \times 2}{1.83} = 16.3\text{km}/\ell$

25. 연료소비율 $= \dfrac{720\ell \times 0.9 \times 1000}{120\text{PS} \times 24\text{H}} = 225\text{g/PS-H}$

26. $\eta_o = 1 - \left(\dfrac{1}{\epsilon}\right)^{k-1}$

η_o : 오토사이클의 이론열효율 ϵ : 압축비, k : 비열비

$\eta_o = 1 - \left(\dfrac{1}{8.5}\right)^{1.4-1} = 0.575(57.5\%)$

27. $\eta_o = 1 - \left(\dfrac{1}{\epsilon}\right)^{k-1}$ $\epsilon = 1 + \dfrac{100}{15} = 7.67$

$\eta_o = 1 - \left(\dfrac{1}{7.67}\right)^{1.4-1} = 0.5573(55.73\%)$

21.① **22.**③ **23.**④ **24.**② **25.**③ **26.**①
27.④

28 **고온 327℃, 저온 27℃의 온도 범위에서 작동되는 카르노 사이클의 열효율은?**

① 30%　　② 40%
③ 50%　　④ 60%

29 **다음 그림과 같은 디젤 사이클의 P-V선도를 설명한 것 중 틀린 것은?**

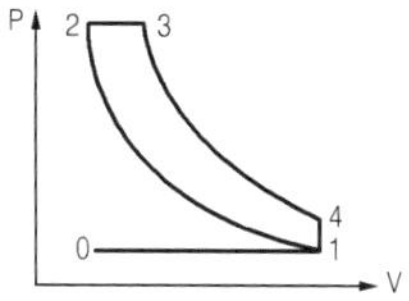

① 1 → 2 : 단열 압축 과정
② 2 → 3 : 정압 방열 과정
③ 3 → 4 : 단열 팽창 과정
④ 4 → 1 : 정적 방열 과정

30 **다음은 열기관의 이론 사이클에 관한 설명이다. 틀린 것은?**

① 카르노 사이클은 등온팽창(열량공급) → 등엔트로피 팽창 → 등온압축(열량방출) → 등엔트로피 압축의 과정을 거쳐 완성된다.
② 복합 사이클은 등엔트로피 압축 → 정압급열 → 정적급열 → 정적방열 → 등엔트로피 팽창의 과정을 거쳐 완성된다.
③ 정압 사이클은 등엔트로피 압축 → 정압급열 → 등엔트로피 팽창 → 정적방열의 과정을 거쳐 완성된다.
④ 브레이튼 사이클은 등엔트로피 압축 → 정압급열 → 등엔트로피 팽창 → 정압방열과정을 거쳐 완성된다.

31 **오토, 디젤, 사바테 사이클에서 가열량과 압축비가 같을 경우 이들 사이클에 대한 이론 열효율의 관계를 나타낸 것은?**

① 오토 사이클 〉 사바테 사이클 〉 디젤 사이클
② 오토 사이클 〉 디젤 사이클 〉 사바테 사이클
③ 사바테 사이클 〉 오토 사이클 〉 디젤 사이클
④ 사바테 사이클 〉 디젤 사이클 〉 오토 사이클

32 **가솔린엔진의 사이클을 공기 표준 사이클로 간주하기 위한 가정에 속하지 않는 것은?**

① 급열은 실린더 내부에서 연소에 의해 행하여진다.
② 동작유체는 이상기체이다.
③ 비열은 온도에 따라 변화하지 않는 것으로 보며, 압축행정과 팽창행정의 단열지수는 같다.
④ 사이클 과정을 하는 동작물질의 양은 일정하다.

28. $\eta_e = 1 - \frac{T_2}{T_1} = 1 - \frac{27+273}{327+273} = 0.5 = 50\%$

29. 디젤사이클의 P-V 선도 과정
① 1→2 : 단열 압축 과정
② 2→3 : 정압 가열 과정[연료 분사과정(정압)]
③ 3→4 : 단열 팽창과정　④ 4→1 : 정적 방열 과정
⑤ 4→1 : 배기 시작　⑥ 1→0 : 배기 행정
⑦ 0→1 : 흡입 과정

31. 이론 열효율 관계
① 공급 열량과 압축비가 같을 경우 열효율 : 오토 사이클 > 사바테 사이클 > 디젤 사이클
② 공급 열량과 압력이 같을 경우 열효율 : 디젤 사이클 > 사바테 사이클 > 오토 사이클

32. 가솔린엔진의 사이클을 공기표준 사이클로 간주하기 위한 가정
① 동작유체는 이상기체이다.
② 비열은 온도에 따라 변화하지 않는 것으로 본다.
③ 압축행정과 팽창행정의 단열지수는 같다.
④ 사이클 과정을 하는 동작물질의 양은 일정하다.
⑤ 각 과정은 가역사이클이다.
⑥ 압축 및 팽창 과정은 등 엔트로피(단열)과정이다.
⑦ 높은 열원에서 열을 받아 낮은 열원으로 방출한다.
⑧ 연소 중 열해리 현상은 일어나지 않는다.

28.③ 29.② 30.② 31.① 32.①

33 내연기관에 적용되는 공기 표준 사이클은 여러 가지 가정하에서 작성된 이론 사이클이다. 가정에 대한 설명으로서 틀린 것은?

① 동작유체는 일정한 질량의 공기로서 이상기체법칙을 만족하며, 비열은 온도에 관계없이 일정하다.
② 급열은 실린더 내부에서 연소에 의해 행해지는 것이 아니라 외부의 고온 열원으로부터의 열전달에 의해 이루어진다.
③ 압축과정은 단열과정이며, 이때의 단열지수는 압축압력이 증가함에 따라 증가한다.
④ 사이클의 각 과정은 마찰이 없는 이상적인 과정이며, 운동 에너지와 위치 에너지는 무시된다.

34 엔진에서 압축 시 가스의 온도와 체적은 변화한다. 틀린 것은?

① 체적이 감소함에 따라 압력은 압축비에 근사적으로 비례하여 상승한다.
② 압축 시 발생하는 압축열에 의해 추가로 압력 상승이 이루어진다.
③ 체적이 감소하면 압력이 감소한다.
④ 체적이 감소함에 따라 온도가 상승한다.

35 장행정 기관과 비교할 경우 단행정 기관의 장점이 아닌 것은?

① 피스톤의 평균속도를 올리지 않고 회전속도를 높일 수 있다.
② 흡·배기 밸브의 지름을 크게 할 수 있어 흡입효율을 높일 수 있다.
③ 직렬형 엔진인 경우 길이가 짧아진다.
④ 직렬형 엔진인 경우 엔진의 높이를 낮게 할 수 있다.

36 피스톤 평균속도를 증가시키지 않고 기관의 회전속도를 높이려고 할 때의 설명으로 옳은 것은?

① 실린더 내경을 작게, 행정을 크게 해야 한다.
② 실린더 내경을 크게, 행정을 작게 해야 한다.
③ 실린더 내경과 행정을 동일하게 해야 한다.
④ 실린더 내경과 행정을 모두 작게 해야 한다.

37 이상기체의 정의에 속하지 않는 것은?

① 이상기체 상태 방정식을 만족한다.
② 보일 샤를의 법칙을 만족한다.
③ 완전가스라고도 부른다.
④ 분자 간 충돌시 에너지가 변화한다.

33. 공기 표준 사이클의 가정
① 동작 유체는 이상 기체이다.
② 비열은 온도와 무관하게 일정하다.
③ 가열은 외부로부터 공급 받는 열량에 의한 것이다.
④ 압축 및 팽창은 단열 엔트로피 변화이며, 이들의 단열지수는 서로 같다.
⑤ 열해리 현상이나 열손실 등은 없다고 본다.

34. 압축에서의 가스의 온도와 체적변화
① 체적이 감소함에 따라 압력은 압축비에 근사적으로 비례하여 상승한다.
② 압축에서 발생하는 압축열에 의해 추가로 압력 상승이 이루어진다.
③ 체적이 감소함에 따라 온도가 상승한다.

35. 단행정 기관의 장점
① 피스톤의 평균속도를 올리지 않고 회전속도를 높일 수 있다.
② 흡 · 배기 밸브의 지름을 크게 할 수 있어 흡입 효율을 높일 수 있다.
③ 직렬형 엔진인 경우 엔진의 높이를 낮게 할 수 있다.

36. 기관의 행정을 짧게 하면 피스톤 평균속도를 높이지 않고도 회전속도를 높일 수 있기 때문에 단위 실린더 체적 당 출력을 크게 할 수 있다. 이것을 단행정 기관(over square engine)이라 부른다.

33.③ 34.③ 35.③ 36.② 37.④

38 **열역학 제 2법칙을 설명한 것으로 맞는 것은?**

① 일은 쉽게 모두 열로 변화하나 열을 일로 바꾸는 것은 용이하지 않다.
② 열은 쉽게 모두 일로 변화하나 일을 열로 바꾸는 것은 용이하지 않다.
③ 일은 쉽게 모두 열로 변화하며, 열도 쉽게 모두 일로 변화한다.
④ 일은 열로 바꾸는 것이 용이하지 않으며, 열도 일로 바꾸는 것이 용이하지 않다.

39 **소실의 벽면 온도가 일정하고, 혼합가스가 이상기체라고 가정하면, 이 엔진이 압축행정일 때 연소실 내의 열과 내부에너지의 변화는?**

① 열=방열, 내부에너지=증가
② 열=흡열, 내부에너지=불변
③ 열=흡열, 내부에너지=증가
④ 열=방열, 내부에너지=불변

40 **자연계에서 엔트로피 현상을 바르게 설명한 것은?**

① $\oint \frac{\delta Q}{T} \leq 0$　② $\oint \frac{\delta Q}{T} < 0$
③ $\oint \frac{\delta Q}{T} > 0$　④ $\oint \frac{\delta Q}{T} \geq 0$

41 **기관에서 도시 평균 유효압력은?**

① 이론 PV선도로부터 구한 평균유효압력
② 기관의 기계적 손실로부터 구한 평균유효압력
③ 기관의 크랭크축 출력으로부터 계산한 평균유효 압력
④ 기관의 실제 지압선도로부터 구한 평균유효압력

42 **내연기관의 열효율에 대한 설명 중 틀린 것은?**

① 열효율이 높은 기관일수록 연료를 유효하게 쓴 결과가 되며, 그만큼 출력도 크다.
② 기관에 발생한 열량을 빼앗는 원인 중 기계적 마찰로 인한 손실이 제일 크다.
③ 기관에서 발생한 열량은 냉각, 배기, 기계 마찰 등으로 빼앗겨 실제의 출력은 1/4 정도이다.
④ 열효율은 기관에 공급된 연료가 연소하여 얻어진 열량과 이것이 실제의 동력으로 변한 열량과의 비를 열효율이라 한다.

43 **이론 사이클에서 이론 지압선도를 작성하기 위한 여러 과정 중에 포함되지 않는 것은?**

① 밸브개폐는 정확히 사점에서 이루어진다.
② 급열과정은 정확히 사점에서 시작된다.
③ 압축과 팽창은 단열 과정이다.
④ 기관 각 부에는 마찰 손실이 존재한다.

38. 열역학 제2법칙 : 하나의 열원에서 얻어지는 열을 모두 역학적인 일로 바꿀 수 없다는 것. 열은 저온계로부터 고온계로 계의 상태 변화를 수반하지 않고서는 이동할 수 없다는 법칙을 말한다.

39. 연소실의 벽면 온도가 일정하고, 혼합가스가 이상기체라고 가정하면, 이 엔진이 압축행정일 때 연소실 내의 열과 내부에너지의 변화는 열은 방열, 내부에너지는 불변이다.

41. 도시평균 유효압력을 지시평균 유효압력이라고도 하며, 엔진 1 사이클에서 연소가스가 피스톤에게 시키는 일(이론 일에서 흡·배기에 사용된 일과 냉각 손실 등을 뺀 것)을 행정체적(=배기량)으로 나눈 것으로 엔진의 실제 지압 선도로부터 구한 평균유효압력이다.

43. 이론 지압선도 작성
① 밸브 개폐는 정확히 사점에서 이루어진다.
② 실린더에는 잔류가스가 없다.
③ 급열과정은 정확히 사점에서 시작된다.
④ 압축과 팽창은 단열 과정이다.

38.① **39.**④ **40.**① **41.**④ **42.**② **43.**④

44 내연기관에 대한 설명으로 틀린 것은?

① 스파크 점화기관은 정적 사이클이다.
② 가솔린 직접분사기관은 정압 사이클이다.
③ 고속 디젤기관은 복합사이클 기관이다.
④ 가스 터빈기관은 브레이튼 사이클 기관이다.

45 연소실에 가솔린을 직접 분사하는 스파크 점화 기관의 열역학적 기본 사이클은?

① 정압 사이클 또는 디젤(Diesel)사이클
② 복합 사이클 또는 사바데(Sabathe)사이클
③ 정적 사이클 또는 오토(Otto)사이클
④ 재열 사이클 또는 랭킨(Rankine)사이클

46 이상적인 열기관인 카르노 사이클 기관에 대한 설명으로 틀린 것은?

① 다른 기관에 비해 열효율이 높기 때문에, 상대 비교에 많이 이용된다.
② 동작가스와 실린더 벽 사이에 열교환이 있다.
③ 실린더 내에는 잔류가스가 전혀 없고, 새로운 가스로만 충전된다.
④ 이상 사이클로서 실제로는 외부에 일을 할 수 있는 기관으로 제작할 수 없다.

47 실린더 배열 형식에 따른 기관의 분류에 속하지 않는 것은?

① 직렬형 기관 ② 성형 기관
③ T형 기관 ④ V형 기관

48 다음 중 원동기 검사항목에 해당하지 않는 것은?

① 시동전동기
② 팬 벨트
③ 발전기
④ 베이퍼라이저

49 원동기의 검사기준 설명 중 틀린 것은?

① 시동상태에서 심한 진동 및 이상 음이 없을 것.
② 방열기를 떼어내고 충분한 냉각이 가능한 장치를 부착할 것
③ 윤활계통의 윤활유 누출이 없을 것.
④ 원동기 설치상태가 확실하고 점화, 충전, 시동장치 작동에 이상이 없을 것.

44. 가솔린 직접 분사기관은 정적 사이클 기관이며, 정압 사이클 기관은 유기분사식 저속 디젤 기관에 이용하던 사이클이다.

45. ① 정압 사이클 또는 디젤(Diesel)사이클 : 저속중속 디젤기관의 열역학적 기본 사이클이다.
② 복합 사이클 또는 사바데(Sabathe)사이클 : 고속 디젤기관의 열역학적 기본 사이클이다.
③ 정적 사이클 또는 오토(Otto)사이클 : 스파크 점화기관(가솔린기관)의 열역학적 기본 사이클이다.
④ 랭킨(Rankine)사이클 : 증기 원동소의 열역학적 기본 사이클이다.

46. 카르노 사이클은 완전 가스의 이상 사이클이며, 실제의 기관에서는 마찰이나 열전도 때문에 완전하게 단열변화나 등온변화를 실현시킬 수 없으므로 이 사이클은 성립되지 않지만, 실제 기관이 이상적인 사이클과 비교하여 어느 정도의 열효율을 갖는지, 얼마만큼 개량할 여지가 있는가를 조사하기 위해서 중요한 의미를 갖는다.

49. 원동기 검사기준
① 시동상태에서 심한 진동 및 이상음이 없을 것
② 원동기의 설치상태가 확실할 것
③ 점화·충전·시동장치의 작동에 이상이 없을 것
④ 윤활유계통에서 윤활유의 누출이 없고, 유량이 적정할 것
⑤ 팬벨트 및 방열기 등 냉각계통의 손상이 없고 냉각수의 누출이 없을 것

44.② 45.③ 46.② 47.③ 48.④ 49.②

50 **자동차의 원동기에 대한 성능기준으로 옳지 않은 것은?**

① 승합자동차 및 화물자동차의 최대 출력을 차량 총중량 1톤당 출력이 10마력(PS) 이상일 것
② 제작자동차의 전부하 원동기 출력에서 최고 출력의 오차는 ±2%를 초과하지 아니할 것
③ 양산자동차의 전부하 원동기 출력의 오차는 ±5%를 초과하지 아니할 것
④ 제작자동차의 전부하 원동기 출력에서 기타 부분 출력의 경우 오차는 ±5%를 초과하지 아니할 것

51 **자동차 원동기 및 동력전달장치에 대한 성능기준으로 틀린 것은?**

① 원동기는 각부의 작동에 이상이 없어야 한다.
② 동력전달장치는 연결부의 손상이 없어야 한다.
③ 경유사용 자동차의 조속기는 봉인하여야 한다.
④ 주시동장치 및 정지장치는 원격으로 시동 또는 정지시킬 수 있는 구조로 설치할 수 있다.

52 **차량중량 6990kgf, 승차정원 82 명인 버스의 기관 출력은 최소한 몇 마력(PS) 이상이어야 하는가?**

① 12.3ps ② 13.3ps
③ 123.2ps ④ 133.3ps

53 **차량중량이 1500kgf, 최대적재량이 2500 kgf 인 화물자동차의 원동기 최대출력은 얼마 이상이어야 하는가?**

① 392PS 이상 ② 252PS 이상
③ 30PS 이상 ④ 40PS 이상

54 **화물자동차의 차량 총중량 1톤당 원동기 출력 기준은?(단, 전기, 경형자동차 및 차량 총중량 35톤 초과 자동차는 제외한다)**

① 40ps 이상 ② 30ps 이상
③ 20ps 이상 ④ 10ps 이상

52. 승합자동차 및 화물자동차의 최대출력은 차량총중량 1톤당 출력이 10마력 이상이어야 하므로

$$총중량 = \frac{6990kgf + 65kgf \times 82}{1000} = 12.32톤$$

$$엔진출력 = 12.32 \times 10 = 123.2PS$$

53. 차량총중량 = 1.5ton + 2.5tom = 4ton 이므로 원동기의 최대출력은 40PS 이상이어야 한다.

54. 승합자동차 및 화물자동차의 최대 출력을 차량총중량 1톤당 출력이 10마력(PS)이상일 것

50.④ **51.**④ **52.**③ **53.**④ **54.**④

2장 기관 본체

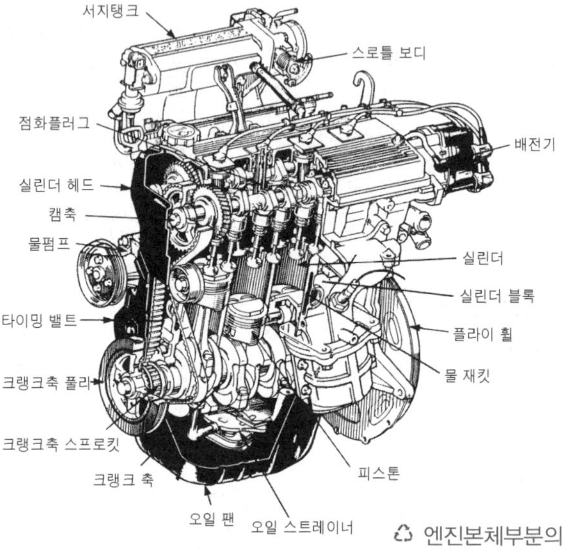

♻ 엔진본체부분의 구조

2-1 실린더 헤드(cylinder head)

헤드 개스킷을 사이에 두고 실린더블록에 볼트로 설치되며 피스톤, 실린더와 함께 연소실을 형성한다. 수냉식 엔진의 헤드는 전체 실린더 또는 몇 개의 실린더로 나누어 일체 주조하며 냉각용 물 재킷(water jacket)이 마련되어 있다.

1 연소실(Combustion chamber)의 구비조건

① 압축행정 끝에서 강한 와류를 일으키게 할 것
② 엔진의 출력을 높일 수 있을 것
③ 연소실 내의 표면적은 최소가 되도록 할 것
④ 가열되기 쉬운 돌출부를 두지 말 것
⑤ 노크를 일으키지 않는 형상일 것
⑥ 밸브 면적을 크게 하여 흡·배기 작용이 원활하게 되도록 할 것
⑦ 열효율이 높으며 배기가스에 유해한 성분이 적을 것
⑧ 화염 전파에 소요되는 시간을 가능한 짧게 할 것

2 연소실의 종류

① **I-헤드형 엔진의 연소실** : 연소실 종류에는 반구형, 쐐기형, 지붕형, 욕조형 등이 있다.

② **L-헤드형 엔진의 연소실** : 연소실의 종류에는 리카도형, 와트 모우형, 제인 웨이형, 편편형 등이 있다.

3 헤드 개스킷(head gasket)

① **보통 개스킷** : 구리판이나 강철판으로 석면(石綿)을 감싸서 제작한 것이다.

② **스틸 베스토**(steel besto) **개스킷** : 강철판의 양쪽 면에 흑연을 혼합한 석면을 압착하고 표면에 다시 흑연을 발라서 제작하며 고열, 고 부하 및 고 압축에 잘 견딘다.

③ **스틸 개스킷** : 강철판으로만 얇게 제작한 것이다.

4 실린더 헤드 정비

(1) 실린더 헤드 탈착 방법

① 실린더 헤드 볼트를 풀 때에는 변형을 방지하기 위하여 대각선의 바깥쪽에서 중앙을 향하여 풀어야 한다.

② 헤드 볼트를 푼 후 실린더 헤드가 잘 탈착되지 않으면 다음과 같이 작업한다.

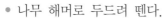

- 나무 해머로 두드려 뗀다.
- 기관의 압축 압력을 이용한다.
- 기관의 무게를 이용, 헤드만을 걸어 올린다.

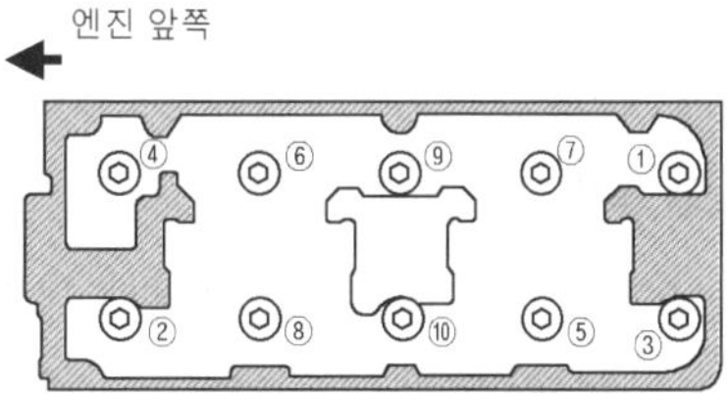

♲ 헤드볼트 푸는 순서

③ 스크루드라이버나 정 등을 사용하여 실린더 헤드와 블록의 접합면 사이에 넣고 지렛대질을 하여 떼어내서는 절대로 안 된다.

(2) 실린더 헤드 균열점검

① **균열 점검** : 균열 점검은 육안검사, 염색탐상(레드 체크)법, 자기탐상법 등이 있다.

② **균열 원인** : 균열은 과격한 열적 부하(엔진이 과열하였을 때 급랭시킴)와 겨울철 냉각수 동결 등이 원인이다.

(3) 실린더 헤드 변형점검

변형 점검은 그림과 같이 곧은 자(또는 직각자)와 필러 게이지를 이용한다.

① **변형의 원인**

- 헤드 개스킷 불량
- 실린더 헤드 볼트의 불균일한 조임

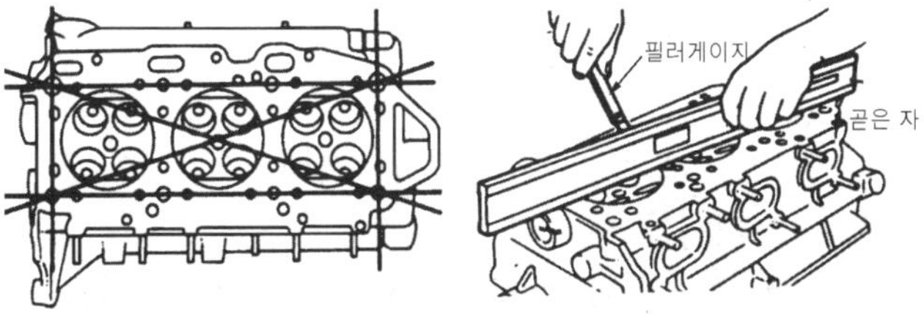

♲ 실린더 헤드 변형 점검

• 엔진의 과열 또는 냉각수 동결

(4) 실린더 헤드 부착 방법

① 실린더 블록에 접착제를 바른 후 개스킷을 설치하고, 개스킷 윗면에 접착제를 바른 후 실린더 헤드를 설치한다.

② 헤드 볼트는 중앙에서부터 대각선으로 바깥쪽을 향하여 조인다.

③ 헤드 볼트는 2~3회 나누어 조이며, 최종적으로 규정 값으로 조이기 위하여 토크 렌치를 사용한다.

2-2 실린더 블록(cylinder block)

실린더 블록은 엔진의 기초 구조물이며, 위쪽에는 실린더 헤드가 설치되어 있고, 아래 중앙부에는 평면 베어링을 사이에 두고 크랭크축이 설치된다. 내부에는 피스톤이 왕복운동을 하는 실린더(cylinder)가 마련되어 있으며, 실린더 냉각을 위한 물 재킷이 실린더를 둘러싸고 있다. 아래쪽에는 개스킷을 사이에 두고 아래 크랭크 케이스(오일 팬)가 설치되어 엔진오일이 담겨진다. 실린더블록 재질은 특수 주철이나 알루미늄 합금을 사용한다.

1 실린더(cylinder)

① **일체식 실린더** : 일체식 실린더는 실린더 블록과 같은 재질로 실린더를 일체로 제작한 형식이며, 실린더 벽이 마멸되면 보링(boring)을 하여야 하는 형식이다.

② **실린더 라이너식**(Cylinder liner type) : 실린더 블록과 실린더를 별도로 제작한 후 실린더블록에 끼우는 형식이며, 보통 주철의 실린더블록에 특수 주철의 라이너를 끼우는 경우와 알루미늄합금 실린더블록에 주철로 만든 라이너를 끼우는 형식이 있다. 라이너 종류에는 습식과 건식이 있다.

2 실린더 정비

(1) 실린더 벽 마멸 경향

① 실린더 벽의 마멸 경향은 실린더 윗부분(TDC 부근)에서 가장 크다.

② BDC 부근에서도 피스톤이 운동 방향을 바꿀 때 일시 정지하므로 이때 유막이 차단되기 때문에 그 마멸이 현저하다.

③ 하사점 아래 부분은 거의 마멸되지 않는다.

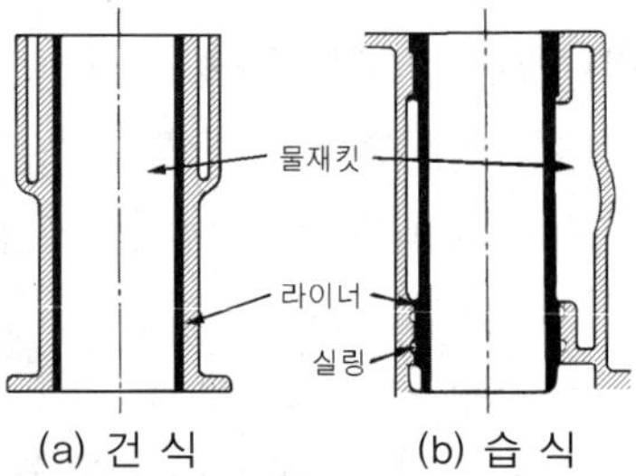

♺ 실린더 라이너의 종류

④ **상사점 부근의 마멸 원인**

• 동력 행정 때 상사점에서 더해지는 폭발 압력으로 피스톤 링이 실린더 벽에 강력하게 밀

착되기 때문이다.

- 엔진의 어떤 회전속도에서도 피스톤이 상사점에서 일단 정지하고, 이때 피스톤 링의 호흡 작용으로 인한 유막이 끊어지기 쉽기 때문이다.

(2) 실린더 마멸량 점검 방법

① 실린더 벽 마멸량 점검 기구

- 실린더 보어 게이지(cylinder bore gauge)
- 내측 마이크로미터
- 텔리스코핑 게이지와 외측 마이크로미터

(3) 실린더 벽 마멸량 측정 부위

실린더의 상부 · 중앙 및 하부의 위치에서 크랭크축 방향과 그 직각 방향의 6곳을 측정하여 가장 큰 측정값을 마멸량 값으로 한다.

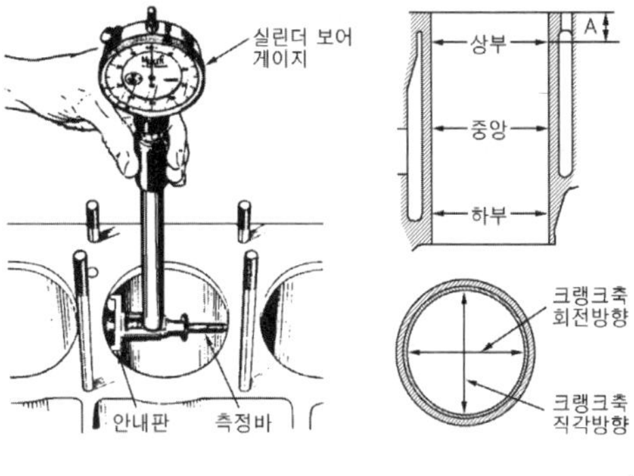

(a) 실린더 보어 게이지 (b) 실린더벽 마멸량 측정부위

♺ 실린더 벽 마멸량 측정

(4) 실린더 보링 작업과 피스톤 오버 사이즈 선정 방법

① **실린더 보링 작업** : 보링 작업이란 일체식 실린더에서 실린더 벽이 마멸되었을 경우 오버 사이즈(over size) 피스톤에 맞추어 진원(眞圓)으로 절삭하는 작업이다.

② **실린더 보링 값 계산 방법** : 실린더 벽의 마멸은 측압 쪽(크랭크축 직각 방향)이 더욱 심하며 이를 진원으로 절삭하기 위해서 최대 마멸 값을 기준으로 진원 절삭 값 0.2mm를 더 깎는다. 그리고 정비 제원에서 실린더 지름이 70mm 이상인 경우에는 0.20mm 이상, 70mm 이하인 경우에는 0.15mm 이상 마멸된 때 보링 작업을 해야 한다. 또 보링 작업 후에는 바이트(bite) 자국을 지우는 호닝(horning ; 실린더 벽 다듬질 작업)작업을 하여야 한다. 오버 사이즈 규격에는 0.25mm, 0.50mm, 0.75mm, 1.00mm, 1.25mm, 1.50mm의 6단계가 있으며 오버 사이즈 한계는 실린더 지름이 70mm 이상인 경우에는 1.50mm, 70mm 이하인 경우에는 1.25mm이다.

2-3 피스톤(piston)

1 피스톤(piston)

(1) 피스톤의 구비 조건

① 무게가 가벼울 것
② 고온·고압가스에 충분히 견딜 수 있을 것
③ 열전도율이 좋을 것
④ 열팽창률이 적을 것
⑤ 블로바이(blow by)가 없을 것
⑥ 피스톤 상호간의 무게 차이가 적을 것

(2) 피스톤의 구조

피스톤은 피스톤 헤드, 피스톤 스커트(피스톤 측압을 받는 부분), 링 지대(링 홈과 랜드로 구성), 피스톤 보스 등으로 구성되어 있다.

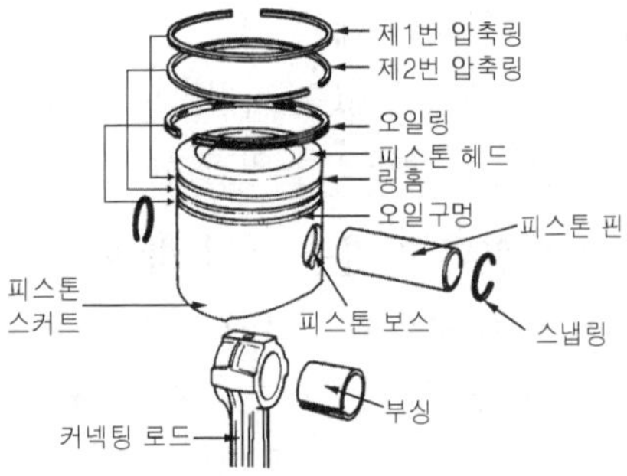

♺ 피스톤의 구조

(3) 피스톤의 재질

피스톤의 재질은 특수주철과 알루미늄합금이 있다. 알루미늄합금은 무게가 가볍고 열전도성이 커 피스톤 헤드의 온도가 낮아져 고속·고압축비 엔진에 적합하다. 피스톤용 알루미늄 합금에는 구리계 Y합금과 규소계 로엑스(LO-EX)가 있다.

(4) 피스톤 간극

피스톤 간극이란 실린더 안지름과 피스톤 최대 바깥지름(스커트 부분지름)과의 차이를 말하며 엔진작동 중 열팽창을 고려하여 둔다. 피스톤 간극은 스커트 부분에서 측정한다.

① **피스톤 간극이 작으면** : 엔진 작동 중 열팽창으로 인해 실린더와 피스톤 사이에서 고착(소결, 융착)이 발생한다.

② **피스톤 간극이 크면** : 압축 압력의 저하, 블로바이 발생, 연소실에 엔진 오일 상승, 피스톤 슬랩(piston slap) 발생, 연료가 엔진 오일에 떨어져 희석되고, 엔진 출력의 감소, 엔진의 시동성능이 저하하는 원인이 된다.

Reference ▶피스톤 평균속도

■ $S = \frac{2NL}{60}$(m/sec)

S : 피스톤 평균 속도(m/sec),
N : 크랭크축 회전수(rpm),
L : 피스톤 행정(m)

(5) 알루미늄합금 피스톤의 종류

캠 연마 피스톤, 스플릿 피스톤(split piston), 인바 스트럿 피스톤(invar strut piston), 슬리퍼 피스톤(slipper piston), 오프셋 피스톤(off-set piston), 솔리드 피스톤(solid piston) 등이 있다.

2 피스톤 링(piston ring)

(1) 피스톤 링의 3가지 작용

피스톤 링은 **기밀유지 작용**(밀봉 작용), **오일제어 작용**(오일 긁어내리기 작용), **냉각작용**(열전도 작용) 등 3가지 작용을 한다.

(2) 피스톤 링의 구비 조건

① 고온에서도 탄성을 유지할 수 있을 것

② 열팽창률이 적을 것

③ 오랫동안 사용하여도 링 자체나 실린더 마멸이 적을 것

④ 실린더 벽에 동일한 압력을 가할 것

(3) 피스톤 링의 재질과 가공 방법

재질은 조직이 치밀한 특수 주철이며, 원심 주조법으로 제작한다. 피스톤 링의 재질은 실린더 벽 재질보다 다소 경도(硬度)가 낮아야 하는데 이것은 실린더 벽의 마멸을 감소시키기 위함이다. 또한 제1번 압축 링(top ring)과 오일 링에는 크롬(Cr)으로 도금을 하여 내마모성을 높이고 있다.

(4) 피스톤 링 정비

① **링 이음부 간극(절개부 간극 ; end gap)**

- 링 이음부 간극은 엔진 작동 중 열팽창을 고려하여 두며 피스톤 바깥지름에 관계된다.
- 링 이음부 간극은 제1번 압축 링을 가장 크게 한다.
- 실린더에 링을 끼우고 피스톤 헤드로 밀어 넣어 수평 상태로 한 후 필러 게이지(디크니스 게이지)로 측정한다.
- 마멸된 실린더의 경우에는 가장 마멸이 적은 부분(최소 실린더 지름을 표시하는 부분)에서 측정하여 0.2~0.4mm(한계 1.0mm)이면 정상이다.

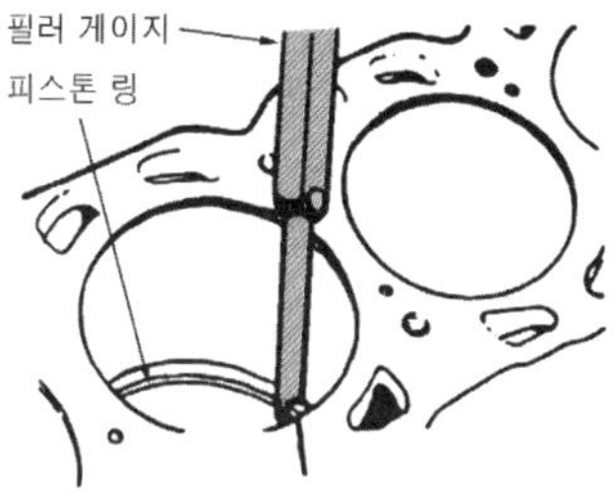

♺ 링 이음부 간극 측정

② **링 이음부의 조립 방향**

- 피스톤 링을 피스톤에 조립할 때 각 링 이음부 방향이 한쪽으로 일직선상에 있게 되면 블로바이가 발생하기 쉽고, 엔진 오일이 연소실에 상승한다.
- 링 이음부의 위치는 서로 120~180°방향으로 끼워야 하며 이때 링 이음부가 측압 쪽을 향하지 않도록 해야 한다.

3 피스톤 핀(piston pin)

피스톤 핀은 피스톤 보스부분에 끼워져 피스톤과 커넥팅 로드 소단부를 연결해주는 핀이며, 피스톤이 받은 폭발력을 커넥팅 로드로 전달한다.

(1) 피스톤 핀의 재질

피스톤 핀의 재질은 저탄소 침탄강, 니켈-크롬강이며, 내마모성을 높이기 위하여 표면은 경화(硬化)시키고, 내부는 그대로 두어 인성(금속의 질긴 성질)을 유지시키고 있다.

(2) 피스톤 핀의 고정방법

① **고정식** : 피스톤 핀을 피스톤 보스부분에 고정하는 방법이며, 커넥팅 로드 소단부에 구리 합금의 부싱(bushing)이 들어간다.

② **반부동식(요동식)** : 피스톤 핀을 커넥팅 로드 소단부에 고정시키는 방법이다.

③ **전부동식** : 피스톤 핀을 피스톤 보스부분, 커넥팅 로드 소단부 등 어느 부분에도 고정시키지 않는 방법으로 핀의 양끝에 스냅 링(snap ring)이나 엔드 와셔(end washer)를 두어 핀이 밖으로 이탈되는 것을 방지한다.

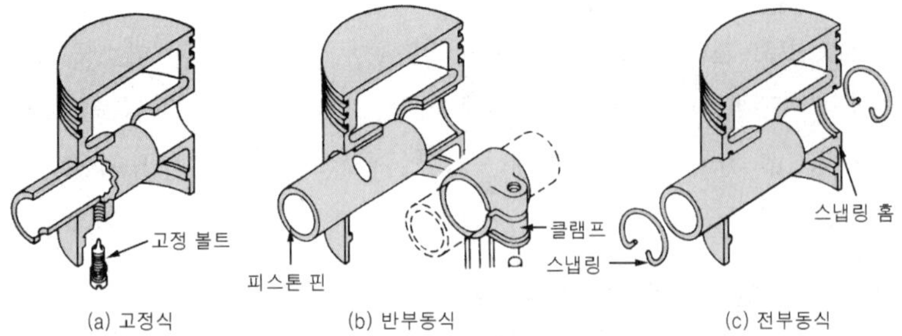

♺ 피스톤 핀의 고정방법

4 커넥팅 로드(connecting rod)

① **커넥팅 로드의 개요** : 피스톤 핀과 크랭크축을 연결하는 막대이며, 피스톤의 왕복운동을 크랭크축으로 전달하는 일을 한다. 소단부(small end)는 피스톤 핀에 연결되고, 대단부(big end)는 평면 베어링을 통하여 크랭크 핀에 결합되어 있다.

② **커넥팅 로드의 길이** : 커넥팅 로드의 길이는 소단부 중심에서 대단부 중심 사이의 길이로 표시하며 피스톤 행정의 1.5~2.3배로 한다.

2-4 크랭크 축(crank shaft)

1 크랭크 축(crank shaft)

(1) 크랭크 축의 구비 조건

① 정적 및 동적 평형이 잡혀 있어야 한다. ② 강도와 강성이 충분하여야 한다.
③ 내마모성이 커야 한다.

(2) 크랭크 축의 구조

① **메인 저널**(main journal) : 크랭크축의 회전 중심을 형성하는 축 부분이다.
② **크랭크 핀**(crank pin) : 커넥팅 로드 대단부와 결합되는 부분이다.
③ **크랭크 암**(crank arm) : 메인 저널과 크랭크 핀을 연결하는 부분이다.
④ **평형추**(balance weight) : 크랭크축의 회전 평형을 유지하기 위해 크랭크 암에 둔 것이다.

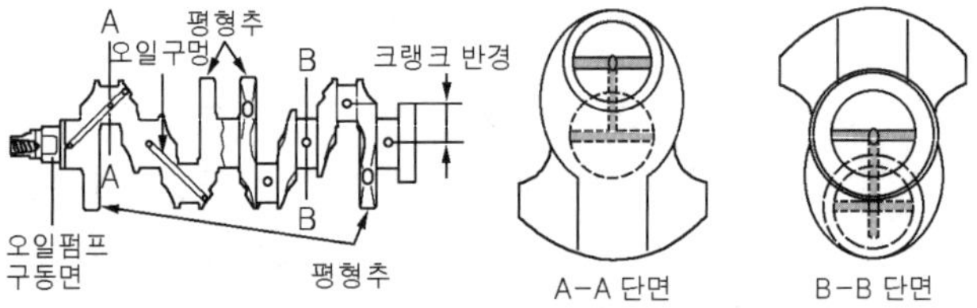

♺ 크랭크축의 구조

(3) 크랭크축의 재질

① 고탄소강, 크롬-몰리브덴강, 니켈-크롬강 등으로 단조하여 제작한다.

② 미하나이트 주철 또는 구상 흑연 주철제 크랭크축도 사용된다.

(4) 크랭크축의 형식

① **직렬 4실린더형** : 제1번과 제4번, 제2번과 제3번 크랭크 핀이 동일 평면 위에 있으며, 각각의 크랭크 핀은 180°의 위상차를 두고 있다. 점화 순서는 1-3-4-2와 1-2-4-3이 있다.

② **직렬 6실린더형**

- 제1번과 제6번, 제2번과 제5번, 제3번과 제4번의 각 크랭크 핀이 동일 평면 위에 있으며, 각각은 120°의 위상차를 지니고 있다.
- 크랭크축을 마주보고 제1번과 제6번 크랭크 핀을 상사점으로 하였을 때 제3번과 제4번 크랭크 핀이 오른쪽에 있는 우수식(점화 순서는 1-5-3-6-2-4)과 제3번과 제4번 크랭크 핀이 왼쪽에 있는 좌수식(점화 순서 1-4-2-6-3-5)이 있다.

(5) 점화순서를 정할 때 고려하여야 할 사항

① 동력이 같은 간격으로 발생하도록 한다.

② 크랭크축에 비틀림 진동이 발생하지 않도록 한다.

③ 인접한 실린더에 연이어서 폭발이 발생하지 않도록 한다.

④ 혼합가스가 각 실린더에 동일하게 분배되게 한다.

2 크랭크축 정비

(1) 크랭크축 휨 점검

크랭크축 앞·뒤 메인 저널을 V 블록 위에 올려놓고 다이얼 게이지의 스핀들을 중앙 메인 저널에 설치한 후 천천히 크랭크축을 회전시키면서 다이얼 게이지의 눈금을 읽는다. 이때 최대와 최소값의 차이의 1/2이 크랭크 축 휨 값이다. 휨 한계 값은 크랭크축의 길이가 500mm 이상일 때는 0.05mm이고, 500mm 이하일 때는 0.03mm이다.

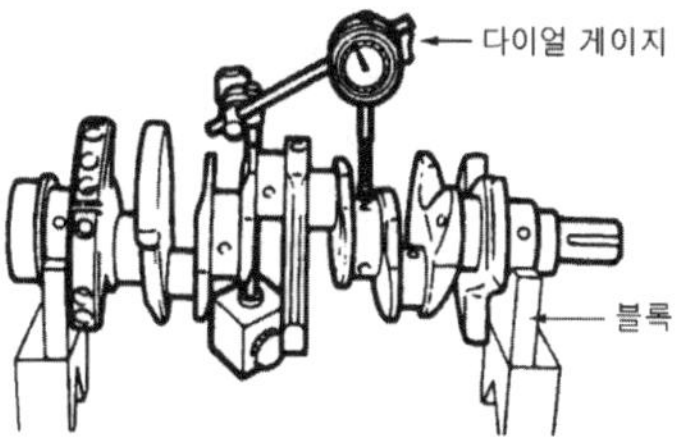

♺ 크랭크축 휨 점검

(2) 크랭크축 저널 수정방법

① **측정 방법**

- 메인 저널 및 크랭크 핀의 마멸 측정은 외측 마이크로미터로 측정하며 진원도, 편 마멸 등을 측정하고 수정 한계 값 이상인 경우에는 수정하거나 크랭크축을 교환한다.
- 메인 저널 지름이 50mm 이상인 크랭크축은 1.5mm 이상, 50mm 이하인 경우에는 1.0mm 이상 수정할 경우에는 크랭크축을 교환하여야 한다.

② **저널 수정값 계산 방법** : 저널의 언더 사이즈 기준 값에는 0.25mm, 0.50mm, 0.75mm, 1.00mm, 1.25mm, 1.50mm의 6단계가 있다. 또 크랭크 축 저널을 연마 수정하면 지름이 작아지므로 표준 값에서 연마 값을 빼내어야 한다.

(3) 크랭크축 엔드 플레이(end play) 측정

① 엔드 플레이 측정은 플라이 휠 바로 앞의 크랭크축을 한쪽으로 밀고 다이얼 게이지(또는 필러 게이지)로 점검한다.

② 한계 값은 0.25mm이며, 한계 값 이상인 경우에는 스러스트 베어링(thrust bearing)을 교환한다.

(4) 크랭크축 오일 간극 측정

크랭크축과 베어링 사이의 간극, 저널의 편 마멸 등은 필러스톡, 심 조정법 및 플라스틱 게이지 등으로 점검하는데 이 중 플라스틱 게이지에 의한 방법이 가장 편리하고 정확하다.

3 엔진 베어링

(1) 엔진 베어링의 재료

① **배빗메탈**(Babbit metal) : 주석(Sn) 80~90%, 안티몬(Sb) 3~12%, 구리(Cu) 3~7%가 표준 조성이며, 특징은 취급이 쉽고, 매입성, 길들임성, 내부식성 등은 크나 고온 강도가 낮고 피로 강도, 열전도성이 좋지 못하다.

② **켈밋 합금**(Kelmet Alloy) : 구리(Cu) 60~70%, 납(Pb) 30~40%가 표준 조성이며, 특징은 열전도성이 양호하고, 융착되지 않아 고속, 고온 및 고하중에 잘 견디나 경도가 커 매입성, 길들임성, 내부식성 등이 작다.

(2) 엔진 베어링의 구조

① **베어링 크러시**(bearing crush) : 크러시는 베어링의 바깥 둘레와 하우징 안둘레와의 차이를 말한다.

② **베어링 스프레드**(bearing spread) : 스프레드는 베어링 하우징의 지름과 베어링을 끼우지 않았을 때 베어링 바깥쪽 지름과의 차이를 말한다.

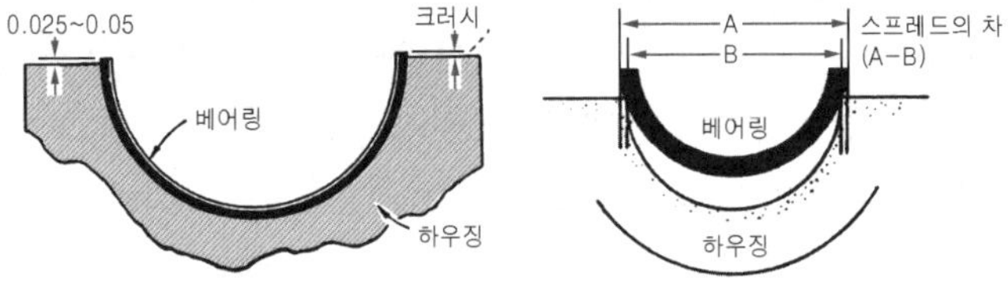

♺ 크러시와 스프레드

(3) 크랭크축 베어링의 구비 조건

① 폭발 압력에 견딜 수 있는 하중 부담 능력이 있을 것
② 내피로성이 클 것
③ 매입성이 있을 것
④ 추종 유동성이 있을 것
⑤ 내부식성 및 내마모성이 클 것
⑥ 고온 강도가 크고, 길들임성이 좋을 것
⑦ 마찰저항이 적을 것

4 플라이 휠

맥동적인 출력을 원활히 하는 일을 하며, 운전 중 관성이 크고, 자체 무게는 가벼워야 하므로 중앙부는 두께가 얇고 주위는 두껍게 한 원판으로 되어 있다. 플라이 휠의 무게는 회전속도와 실린더 수에 관계한다.

5 토션 댐퍼

크랭크축에 비틀림 진동이 발생하면 크랭크축 풀리와 댐퍼 플라이 휠 사이에 미끄럼이 생겨 비틀림 진동을 억제한다. 비틀림 진동은 크랭크축의 회전력이 클 때, 크랭크축의 길이가 길 때, 크랭크축의 강성이 작을수록 크다.

2-5 밸브개폐기구와 밸브(valve train & valve)

1 밸브개폐기구

밸브개폐기구에는 캠축, 밸브 리프터(태핏), 푸시로드, 로커암 축 어셈블리, 밸브 등으로 구성되어 있으며 L-헤드형 밸브 기구, I-헤드(OHV)형 밸브 기구, OHC형 밸브 기구 등이 있다.

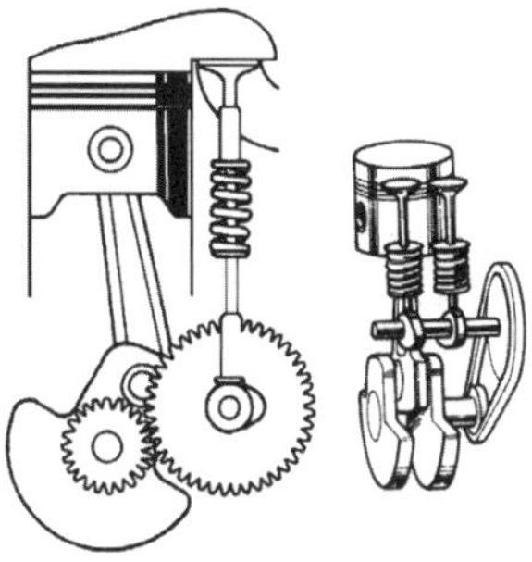

♲ L-헤드형 밸브 기구

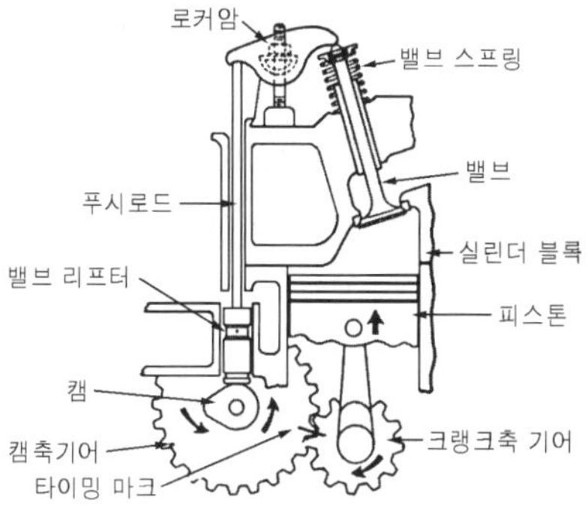

♲ I-헤드형 밸브 기구

2 밸브기구의 구성부품과 그 기능

① **캠축과 캠**(cam shaft & cam) : 캠축은 4행정 사이클 엔진에서 엔진의 밸브 수와 같은 수의 캠이 배열된 축이다.

② **캠축의 구동방식**

- **기어 구동방식**(Gear drive type) : 크랭크축 기어와 캠 축 기어의 물림에 의한 방식이며, 4행정 사이클 엔진에서는 크랭크축 2회전에 캠축이 1회전하는 구조로 되어 있다.
- **체인 구동방식**(chain drive type) : 타이밍 체인을 통하여 캠축을 구동하는 것으로 양쪽 체인의 스프로킷 비율은 4행정 사이클 엔진의 경우 2 : 1이며 스프로킷의 재질은 강철이다.

- **벨트 구동 방식**(belt drive type) : 타이밍 벨트로 캠축을 구동하는 방식이며, 벨트에도 스프로킷 돌기 형상과 동일한 돌기가 파져 있다.

③ **밸브 리프터**(밸브 태핏 ; valve lifter or valve tappet) : 밸브 리프터는 캠축의 회전운동을 상하 운동으로 변환시켜 푸시로드로 전달하는 기구이다. 최근에는 유압식 밸브 리프터를 주로 사용하며 그 특징은 다음과 같다.

- 오일의 비압축성과 윤활 장치의 순환압력을 이용하여 작용케 한 것이다.
- 엔진의 작동온도 변화에 관계없이 밸브간극을 0으로 유지시키도록 한 방식이다.
- 밸브간극을 점검·조정하지 않아도 된다.
- 밸브개폐 시기가 정확하고 작동이 조용하다.
- 오일이 완충작용을 하므로 밸브 기구의 내구성이 향상된다.
- 밸브기구의 구조가 복잡해지고 윤활 장치가 고장이 나면 엔진작동이 정지된다.

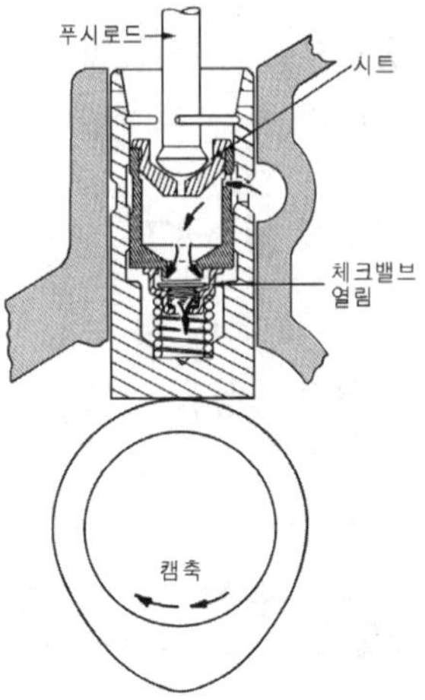

♺ 유압식 밸브 리프터의 구조

④ **흡·배기 밸브**(valve)

가. **밸브의 구비 조건**

- 고온에서 견디어야 하며, 밸브헤드 부분의 열전도율이 클 것
- 고온에서의 장력과 충격에 대한 저항력이 크고, 고온 가스에 부식되지 않을 것
- 가열이 반복되어도 물리적 성질이 변화하지 않을 것
- 관성력을 적게 하기 위해 무게가 가볍고, 내구성이 클 것
- 흡입·배기가스 통과에 대한 저항이 적은 통로를 만들 것

나. **밸브의 재질** : 밸브는 페라이트 계열 또는 오스트나이트 계열의 내열강을 사용하며, 제작방법은 금속조직의 흐름이 끊어지지 않도록 업셋(up-set)단조를 사용한다.

⑤ **밸브 시트**(valve seat) : 밸브 면과 밀착되어 연소실의 기밀 유지 작용과 밸브헤드의 냉각작용을 하며, 어떤 엔진에서는 작동 중 열팽창을 고려하여 밸브 면과 시트 사이에 1/4~1°정도의 간섭 각을 둔다.

⑥ **밸브 스프링**(valve spring) : 밸브 스프링은 압축과 폭발행정에서 밸브 면과 시트를 밀착시켜 기밀을 유지시키고 흡입과 배기 행정에서는 캠의 형상에 따라서 밸브가 열리도록 작동시킨다. 밸브 스프링의 재질은 탄성이 큰 니켈강이나 규소-크롬강을 사용한다.

Reference ▶ **밸브 스프링 서징**

- 고속에서 밸브 스프링의 신축이 심하여 밸브 스프링의 고유 진동수와 캠 회전수 공명(共鳴)에 의하여 스프링이 퉁기는 현상이며, 서징 현상이 발생하면 밸브개폐가 불량하여 흡입·배기 작용이 불충분해진다. 방지방법은 2중 스프링, 부등 피치 스프링, 원뿔형 스프링 등을 사용하거나 정해진 양정 내에서 충분한 스프링 정수를 얻도록 한다.

3 밸브 간극(valve clearance)

밸브 간극은 엔진 작동 중 열팽창을 고려하여 I-헤드형과 OHC형은 로커 암과 밸브 스템 엔드 사이에 둔다.

① **밸브 간극이 너무 크면**
- 운전 온도에서 밸브가 완전하게 열리지 못한다.(늦게 열리고 일찍 닫힌다.)
- 심한 소음이 나고 밸브 기구에 충격을 준다.

② **밸브 간극이 작으면**
- 일찍 열리고 늦게 닫혀 밸브 열림 기간이 길어진다.
- 블로 백으로 인해 엔진 출력이 감소한다.
- 흡입 밸브 간극이 작으면 역화(逆火) 및 실화(失火)가 발생한다.
- 배기 밸브 간극이 작으면 후화(後火)가 일어나기 쉽다.

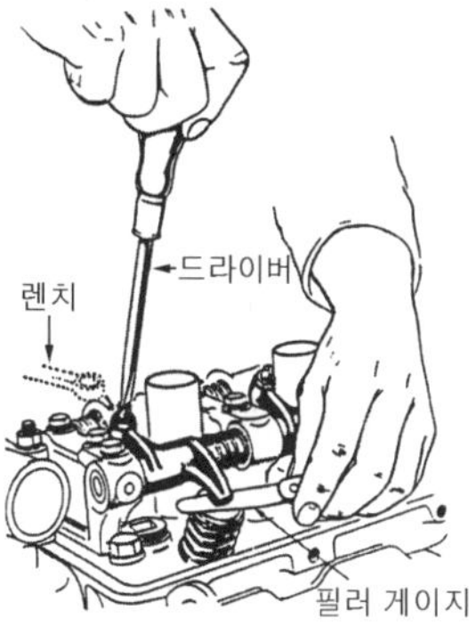

♧ 밸브 간극 점검

③ **밸브 간극 점검 · 조정** : 밸브 간극 점검 및 조정은 필러 게이지와 스크루드라이버를 사용하여 점화 순서 순으로 각 실린더의 흡·배기 밸브가 모두 닫힌 압축 상사점에서 한다.

4 4행정 사이클 엔진의 밸브개폐시기

① 혼합기나 공기의 흐름 관성을 유효하게 이용하기 위하여 흡·배기 밸브는 정확하게 피스톤의 상사점 및 하사점에서 개폐되지 못한다.

② 흡입 밸브는 상사점 전에서 열려 하사점 후에 닫히고, 배기 밸브는 하사점 전에서 열려 상사점 후에 닫힌다.

③ 상사점 부근에서는 흡입 밸브는 열리고, 배기 밸브는 닫히려는 순간 흡·배기 밸브가 동시에 열려 있는 상태가 되는데 이를 **밸브 오버랩**(valve over lap)이라 한다.

④ **밸브 오버랩을 두는 이유**는 흡입 행정에서는 흡입 효율을 높이고, 배기 행정에서는 잔류 배기가스를 원활히 배출시키기 위함이다.

> Reference ▶ **밸브 지름 산출 공식**
>
> $$d = D \times \sqrt{\frac{S}{V}}$$
>
> d : 밸브 지름, D : 실린더 안지름,
> S : 피스톤 평균 속도,
> V : 가스 흐름속도

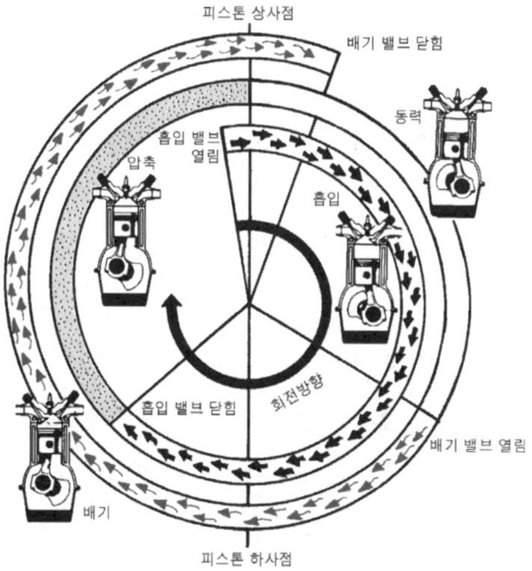

♧ 밸브개폐시기 선도

2-6 기관의 성능

1 압축압력 시험

엔진에 이상이 있을 때 또는 엔진의 성능이 현저하게 저하되었을 때 분해·수리 여부를 결정하기 위한 것이다.

(1) 압축압력 측정 준비작업

① 축전지 충전 상태를 점검한 다음 단자와 케이블과의 접속 상태를 점검한다.
② 엔진을 시동하여 웜 업(warm-up)을 한 후 정지한다.
③ 모든 점화 플러그를 뺀다.
④ 연료 공급 차단 및 점화1차선을 분리한다.
⑤ 공기 청정기 및 구동 벨트를 제거한다.

(2) 압축압력 측정순서

① 스로틀 밸브를 완전히 연다.
② 점화 플러그 구멍에 압축 압력계를 밀착시킨다.
③ 엔진을 크랭킹(cranking)시켜 4~6회 압축 행정이 되게 한다. 이때 엔진의 회전속도는 200~300rpm이다.
④ 첫 압축 압력과 맨 나중 압축 압력을 기록한다.

(3) 압축압력 결과분석

① **정상압축압력** : 정상압축압력은 규정 값의 90% 이상이고, 각 실린더 사이의 차이가 10% 이내일 때이다.
② **규정값 이상일 때** : 압축압력이 규정 값의 10% 이상이면 실린더 헤드를 분해한 후 연소실의 카본을 제거한다.
③ **밸브 불량** : 압축압력이 규정 값보다 낮으며, 습식 시험을 하여도 압축 압력이 상승하지 않는다.
④ **실린더 벽 및 피스톤 링 마멸인 경우** : 이때는 계속되는 압축 행정에서 조금씩 상승하며 습식 시험에서는 뚜렷하게 압축 압력이 상승한다.
⑤ **헤드 개스킷 불량 및 실린더 헤드 변형인 경우** : 이때는 인접한 실린더의 압축 압력이 비슷하게 낮으며 습식 시험을 하여도 압력이 상승하지 않는다.

> Reference ▶ 습식 압축 압력 시험
>
> ▪ 습식 압축 압력 시험이란 밸브 불량, 실린더 벽 및 피스톤 링, 헤드 개스킷 불량 등의 상태를 판단하기 위하여 점화 플러그 구멍으로 엔진 오일을 10cc 정도 넣고 1분 후에 다시 하는 시험이다.

(4) 엔진해체 정비시기

① 압축 압력이 규정값의 70% 이하일 때
② 연료 소비율이 규정값의 60% 이상일 때
③ 윤활유 소비율이 규정값의 50% 이상일 때

2 흡기다기관 진공도 시험

(1) 진공도 측정의 정의

작동 중인 엔진의 흡기다기관 내의 진공도를 측정하여 지침의 움직이는 상태로 점화 시기 틀림, 밸브 작동 불량, 배기 장치의 막힘, 실린더 압축 압력의 누출 등 엔진에 이상이 있는지를 판단할 수 있다.

(2) 진공도 측정 준비작업 및 측정

① 엔진을 가동하여 웜업(worm-up)을 한다.

② 엔진의 작동을 정지한 후 흡기다기관의 플러그를 풀고 연결부에 진공계 호스를 연결한다.

③ 엔진을 공회전 상태로 운전하면서 진공계의 눈금을 판독한다.

(3) 진공도 판정방법

① **정상일 때** : 엔진이 공전하는 상태에서 지침이 45~50cmHg 사이에 정지하거나 조용히 움직인다.

② **점화시기가 늦을 때** : 진공도가 정상보다 5~8cmHg 낮거나 그다지 흔들리지 않는다.

③ **배기 장치에 막힘이 있을 때** : 초기에는 정상을 나타내다 잠시 후 0까지 내려갔다가 다시 정상으로 되돌아온다.

④ **실린더 벽이나 피스톤 링이 마멸되었을 때** : 정상보다 약간 낮은 30~40cmHg를 나타낸다.

⑤ **밸브가 불량할 때**

- **밸브 손상** : 공전 상태에서 정상보다 5~10cmHg 정도 낮게 나타낸다.
- **밸브 개폐 시기 틀림** : 공전 상태에서 20~40cmHg 사이를 나타낸다.
- **밸브 밀착 불량** : 공전 상태에서 5~8cmHg 정도 낮게 나타낸다.
- **밸브 가이드 마멸** : 공전 상태에서 35~50cmHg 사이를 빠르게 움직인다.
- **밸브가 완전히 닫히지 않음** : 공전 상태에서 35~40cmHg 사이에서 흔들린다.
- **밸브 스프링 장력이 약할 때** : 공전 상태에서 25~55cmHg 사이에서 흔들리며, 엔진의 회전속도를 증가시키면 지침이 격렬하게 흔들린다.

핵심기출문제

01 **실린더 헤드의 재료로 경합금을 사용할 경우 주철에 비해 갖는 특징이 아닌 것은?**

① 경량화 할 수 있다.
② 연소실 온도를 낮추어 열점(hot spot)을 방지할 수 있다.
③ 열전도 특성이 좋다.
④ 변형이 거의 생기지 않는다.

02 **Al 합금으로 저 팽창, 내식성, 내마멸성, 경량, 내압성, 내열성이 우수하여 고속용 가솔린 기관에 많이 사용되는 피스톤 재료는?**

① 주철(Cast Iron)
② 니켈-구리합금
③ 로엑스(Lo-Ex)
④ 켈밋합금(Kelmet Alloy)

03 **실린더 헤드 개스킷에 대한 설명으로 틀린 것은?**

① 실린더 헤드를 분해하였을 때 새 헤드 개스킷으로 교환해야 한다.
② 압축압력 게이지를 이용하여 헤드 개스킷이 파손된 것을 알 수 있다.
③ 헤드 개스킷의 글씨부분은 블록 쪽으로 향해 조립한다.
④ 라디에이터 캡을 열고 점검하였을 대 기포가 발생되거나 오일방울이 목격되면 헤드 개스킷이 파손되었을 가능성이 있다.

04 **연소실 체적이 75cm³, 행정체적이 1500 cm³인 디젤기관의 압축비는?**

① 15 : 1　　② 18 : 1
③ 21 : 1　　④ 25 : 1

05 **실린더의 지름×행정이 100mm×100 mm 일 때 압축비가 17 : 1 이라면 연소실 체적은?**

① 29cc　　② 49cc
③ 79cc　　④ 109cc

01. 경합금 실린더 헤드의 특징
① 열전도가 좋기 때문에 연소실의 온도를 낮게 유지할 수 있다.
② 압축비를 높일 수 있고 중량이 가볍다.
③ 냉각 성능이 우수하여 조기 점화의 원인이 되는 열점이 잘 생기지 않는다.
④ 열팽창이 크기 때문에 변형이 쉽고 부식이나 내구성이 적다.

02. 피스톤의 재질은 특수 주철, 구리계 y합금, 규소계 로엑스 합금, 고규소 합금이 있으나 로엑스 합금 피스톤을 많이 사용하는 이유는 Y 합금 피스톤에 비해 비중이 작고 열전도성이 우수하며, 팽창 계수가 작고, 주조성, 내압성, 내마멸성, 내식성이 우수하기 때문이다.

03. 헤드 개스킷의 글씨부분은 실린더 헤드 쪽으로 향해 조립한다.

04. $\epsilon = 1 + \frac{Vs}{Vc} = 1 + \frac{1500}{75} = 21$

(ϵ : 압축비, Vs : 행정체적, Vc : 연소실 체적)

05. ϵ : 압축비
V_1 : 연소실 체적(cc 또는 cm³)
V_2 : 행정체적 또는 배기량(cc 또는 cm³)

$$V_1 = \frac{V_2}{\epsilon - 1} = \frac{\pi \times 10^2 \times 10}{(17-1) \times 4} = 49.08cm^3$$

01.④ 02.③ 03.③ 04.③ 05.②

06 **어떤 자동차 기관의 실린더 내경이 78.280mm로 마모가 되어 커졌다 한다. 표준치가 78mm일 경우 수정 값은 얼마이겠는가?**

① 78.00mm ② 78.25mm
③ 78.50mm ④ 78.75mm

07 **가솔린 기관의 실린더 벽 두께를 4mm로 만들고자 한다. 이때 실린더의 직경은?(단, 폭발압력은 40kgf/cm²이고 실린더 벽의 허용응력이 360kgf/cm²이다.)**

① 62mm ② 72mm
③ 82mm ④ 92mm

08 **자동차 기관에서 피스톤 구비조건이 아닌 것은?**

① 무게가 가벼워야 한다.
② 내마모성이 좋아야 한다.
③ 열의 보온성이 좋아야 한다.
④ 고온에서 강도가 높아야 한다.

09 **피스톤 링 이음 간극으로 인하여 기관에 미치는 영향과 관계없는 것은?**

① 소결의 원인
② 압축가스의 누출원인
③ 연소실에 오일유입의 원인
④ 실린더와 피스톤과의 충격음 발생원인

10 **피스톤(piston)과 커넥팅로드(connecting rod)는 피스톤 핀(piston pin)에 의하여 연결된다. 피스톤 핀의 설치 방법이 아닌 것은?**

① 고정식(fixed type)
② 반부동식(semi-floating type)
③ 전부동식(full-floating type)
④ 혼합식(mixed type)

11 **크랭크축의 재질로 사용되지 않는 것은?**

① 니켈-크롬강
② 구리-마그네슘합금
③ 크롬-몰리브덴강
④ 고 탄소강

12 **엔진의 크랭크축 휨을 측정할 때 사용되는 기기 중 없어도 되는 것은?**

① 블록게이지 ② 정반
③ V블럭 ④ 다이얼게이지

13 **크랭크축 오일 간극을 측정하는 게이지는?**

① 보어 게이지
② 틈새 게이지
③ 플라스틱 게이지
④ 내경 마이크로미터

06. 78.280mm+0.2=78.48mm
∴ 수정 값은 78.50mm로 한다.

07. $\sigma_a = \dfrac{P \times D}{2 \times t}$

σ_a : 실린더 벽의 허용응력(kgf/cm²)
P : 폭발압력(kgf/cm²) D : 실린더 내경(cm)
t : 실린더 벽의 두께(cm)

$$D = \frac{2 \times 0.4 \times 360}{40} = 7.2cm = 72mm$$

08. 피스톤의 구비조건
① 고온에서 강도가 높아야 한다.
② 내마모성이 좋아야 한다.
③ 열팽창계수가 적어야 한다.
④ 열전도가 좋아야 한다.
⑤ 관성의 영향이 적도록 무게가 가벼울 것.

09. 피스톤 링 이음 간극
① 링 이음간극이 작으면 소결의 원인이 된다.
② 링 이음간극이 크면 연소실에 오일유입의 원인이 된다.
③ 링 이음간극이 크면 압축가스의 누출원인이 된다.

10. 피스톤 핀의 설치방법에는 고정식(fixed type), 반부동식(semi-floating type), 전부동식(full-floating type) 등 3가지가 있다.

11. 크랭크축의 재질은 고 탄소강(S45C~S55C), 크롬-몰리브덴강(Cr-Mo), 니켈-크롬강(Ni-Cr)이다.

06.③ **07.**② **08.**③ **09.**④ **10.**④ **11.**②
12.① **13.**③

14 다이얼 게이지로 측정 할 수 없는 것은?
① 축의 휨 ② 축의 엔드플레이
③ 기어의 백래시 ④ 피스톤 직경

15 다음 중 플라이 휠과 관계없는 것은?
① 회전력을 균일하게 한다.
② 링 기어를 설치하여 기관의 시동을 걸 수 있게 한다.
③ 동력을 전달한다.
④ 무부하 상태로 만든다.

16 점화시기를 정하는데 있어 고려할 사항으로 틀린 것은?
① 연소가 일정한 간격으로 일어나게 한다.
② 크랭크축에 비틀림 진동이 일어나지 않게 한다.
③ 혼합기가 각 실린더에 균일하게 분배되게 한다.
④ 인접한 실린더가 연이어 점화되게 한다.

17 6기통 우수식 기관에서 2번 실린더가 흡입 행정 초일 때 5번 실린더는 어떤 행정을 하는가?
① 압축행정 말 ② 폭발행정 초
③ 배기행정 초 ④ 압축행정 초

18 DOHC 기관의 장점이 아닌 것은?
① 구조가 간단하다.
② 연소효율이 좋다.
③ 최고 회전속도를 높일 수 있다.
④ 흡입 효율의 향상으로 응답성이 좋다.

19 가솔린 기관에서 밸브 개폐시기의 불량 원인으로 거리가 먼 것은?
① 타이밍 벨트의 장력감소
② 타이밍 벨트 텐셔너의 불량
③ 크랭크축과 캠축 타이밍 마크 틀림
④ 밸브면의 불량

20 다음 중 유압 태핏의 장점에 해당하는 것은?
① 냉각시에만 밸브간극 조정을 한다.
② 오일펌프와 관계가 없다.
③ 밸브간극 조정이 필요 없다.
④ 구조가 간단하다.

21 밸브스프링에서 공진 현상을 방지하는 방법이 아닌 것은?
① 스프링의 강도, 스프링 정수를 크게 한다.
② 부등피치 스프링을 사용한다.
③ 스프링의 고유진동을 같게 하거나 정수비로 한다.
④ 2중 스프링을 사용한다.

16. 점화시기 고려사항
① 연소가 같은 간격으로 일어나게 한다.
② 크랭크축에 비틀림 진동이 일어나지 않게 한다.
③ 혼합기가 각 실린더에 균일하게 분배되도록 한다.
④ 하나의 메인 베어링에 연속해서 하중이 집중되지 않도록 한다.
⑤ 인접한 실린더에 연이어 폭발되지 않게 한다.

17. 1-5-3-6-2-4에서 2번 실린더가 흡입행정 초이면 6번 실린더는 흡입행정 말, 3번 실린더는 압축 중, 5번 실린더는 폭발행정 초, 1번 실린더는 폭발행정 말, 4번 실린더는 배기 중이다.

18. DOHC 기관의 장점
① 흡입효율이 좋다. ② 최고 회전속도를 높일 수 있다.
③ 응답성이 좋다. ④ 연소 효율이 좋다.

19. 밸브 면이 불량한 경우에는 블로백 현상이 발생되기 때문에 엔진의 출력이 저하되고 연료 소비율이 증대된다.

20. 유압 태핏은 엔진 오일의 순환 압력과 오일의 비압축성을 이용한 것이며, 엔진의 온도에 관계없이 밸브 간극을 항상 0으로 할 수 있다.

21. 밸브 스프링 공진(서징)현상 방지방법
① 고유 진동수가 서로 다른 2중 스프링을 사용한다.
② 정해진 양정 내에서 충분한 스프링 정수를 얻도록 한다.
③ 부등 피치스프링을 사용한다.
④ 밸브스프링의 고유 진동수를 높게 한다.
⑤ 원뿔형 스프링(conical spring)을 사용한다.

14.④ **15.**④ **16.**④ **17.**② **18.**① **19.**④ **20.**③ **21.**③

22 기관의 성능 시험에 대한 설명이다. 잘못 짝지어 진 것은?

① 완성시험-성능 및 내구성 확인시험
② 시운전 시험-각부 조임, 토크, 틈새 등의 시험
③ 성능 확인 시험-시작 및 개조한 기관의 출력, 내구성, 경제성 시험
④ 연구 시험-기관 성능특성, 기초적 성능 실험 연구시험

23 흡기 다기관의 진공 시험으로 그 결함을 알아내기 어려운 것은?

① 점화시기 틀림
② 밸브 스프링의 장력
③ 실린더 마모
④ 흡기계통의 가스킷 누설

24 아래 사항에서 기관의 분해시기를 모두 고른 것은?

A. 압축압력 70% 이하일 때
B. 압축압력 80% 이하일 때
C. 연료소비율 60% 이상일 때
D. 연료소비율 50% 이상일 때
E. 오일소비량 50% 이상일 때
F. 오일소비량 50% 이하일 때

① A, C, F ② A, C, E
③ B, C, F ④ B, D, F

25 기관의 압축압력 점검결과 압력이 인접한 실린더에서 동일하게 낮은 경우 원인으로 가장 옳은 것은?

① 흡기 다기관의 누설
② 점화시기 불균일
③ 실린더 헤드 개스킷의 소손
④ 실린더 벽이나 피스톤 링의 마멸

26 실린더 압축시험에 대한 설명 중 틀린 것은?

① 습식시험은 건식시험에서 실린더 압축압력이 규정 값 보다 낮게 측정될 때 측정하는 시험이다.
② 압축압력시험은 엔진을 크랭킹 속도에서 측정한다.
③ 습식시험은 실린더에 엔진오일을 넣은 후 측정한다.
④ 습식시험을 통해 압축압력이 변화가 없으면 실린더 벽 및 피스톤 링의 마멸로 판정할 수 있다.

26. 습식시험을 통해 압축압력이 변화가 없으면 밸브 불량, 실린더헤드 개스킷 파손, 실린더헤드 변형 등으로 판정한다.

22.② **23.**② **24.**② **25.**③ **26.**④

3장 윤활장치 및 냉각장치

3-1 윤활장치

1 엔진오일의 작용과 구비조건

① 엔진오일의 작용

- 마찰감소 및 마멸방지 작용
- 실린더 내의 가스누출 방지(밀봉) 작용
- 열전도(냉각) 작용
- 세척(청정) 작용
- 완충(응력 분산) 작용
- 부식방지(방청) 작용
- 소음완화 작용

② 엔진오일의 구비조건

- 점도지수가 커 온도와 점도와의 관계가 적당할 것
- 인화점 및 자연 발화점이 높을 것
- 강인한 유막을 형성할 것(유성이 좋을 것)
- 응고점이 낮을 것
- 비중과 점도가 적당할 것
- 기포발생 및 카본생성에 대한 저항력이 클 것

2 엔진 오일의 분류

① **SAE 분류** : SAE 번호로 그 점도를 표시하며 번호가 클수록 점도가 높은 오일이다.
② **API 분류** : 가솔린 엔진용(ML, MM, MS)과 디젤 엔진용(DG, DM, DS)으로 구분되어 있다.
③ **SAE 신분류** : 오일의 성능과 품질에 따라 가솔린 엔진용(SA, SB, SC, ……), 디젤 엔진용(CA, CB, CC, ……)으로 구분되어 있다.

3 엔진오일 공급방법

엔진오일을 각 윤활 부분으로 공급하는 방법에는 비산식, 압송식, 비산압송식 등이 있다.

4 엔진오일 공급장치

① **오일 팬**(oil pan) : 엔진이 기울어졌을 때에도 오일이 충분히 고여 있도록 하는 섬프(sump)

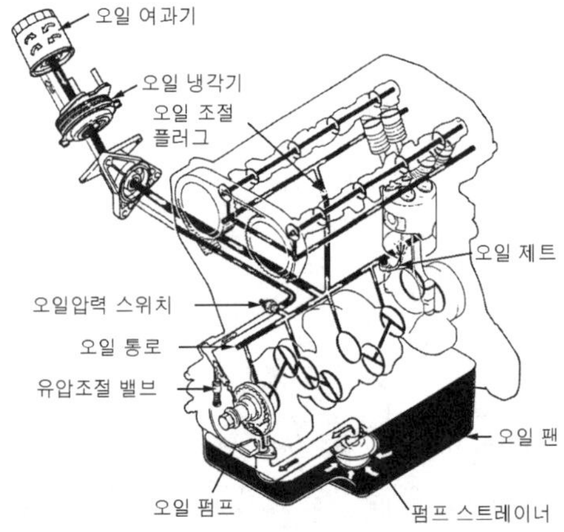

♺ 엔진오일 공급장치

를 두며, 급제동할 때 오일의 유동으로 인해 오일이 비는 것을 방지하는 배플(baffle)을 설치하기도 한다. 또 아래쪽에는 엔진 오일을 교환할 때 오일을 배출시키기 위한 드레인 플러그가 있다.

② **펌프 스트레이너**(pump strainer) : 펌프 스트레이너는 오일 팬 섬프 내의 오일을 펌프로 유도해주는 것이며, 오일 속에 포함된 비교적 큰 불순물을 여과하는 스크린이 있다.

③ **오일펌프**(oil pump) : 오일펌프의 능력은 송유량과 송유 압력으로 표시하며 그 종류에는 기어식, 로터리식, 플런저식, 베인식 등이 있다.

④ **오일여과기**(oil filter) : 엔진오일을 여과하는 방법에는 전류식, 분류식, 샨트식 등이 있다.

⑤ **유압조절 밸브**(oil pressure relief valve) : 이 밸브는 윤활 회로 내를 순환하는 유압이 과도하게 상승하는 것을 방지하여 유압이 일정하게 유지되도록 하는 작용을 한다.

● 유압이 높아지는 원인	● 유압이 낮아지는 원인
① 엔진의 온도가 낮아 오일의 점도가 높다. ② 윤활 회로의 일부가 막혔다 ③ 유압 조절 밸브 스프링의 장력이 과다하다.	① 크랭크 축 베어링의 과다 마멸로 오일 간극이 커졌다. ② 오일펌프의 마멸 또는 윤활 회로에서 오일이 누출된다. ③ 오일 팬의 오일량이 부족하다. ④ 유압 조절 밸브 스프링 장력이 약하거나 파손되었다. ⑤ 엔진 오일이 연료 등으로 현저하게 희석되었다. ⑥ 엔진 오일의 점도가 낮다.

⑥ **유면 표시기**(oil level gauge) : 오일 팬 내의 오일량을 점검할 때 사용하는 금속 막대이며, 그 아래쪽에 F(Full or MAX)와 L(Low or MIN)표시 눈금이 표시되어 있다.

5 윤활장치 정비

① **엔진오일 색깔 점검**

- 검은 색 : 심하게 오염된 경우. 이때는 점도를 점검해 보고 교환 여부를 결정하도록 한다.
- 우유 색 : 냉각수가 혼합된 경우. 단, 엔진에서 사용하던 오일에 냉각수가 유입되면 회색에 가까운 색이 된다.

② **엔진오일을 교환할 때 주의사항**

- 엔진에 알맞은 오일을 선택한다.
- 주입할 때 불순물이 유입되지 않도록 한다.
- 점도가 서로 다른 오일을 혼합하여 사용하지 않는다(첨가제의 작용으로 오일의 열화가 촉진된다.).
- 재생 오일은 사용하지 않도록 한다. 재생 오일이란 사용하다가 빼낸 오일을 말한다.
- 교환 시기에 맞추어서 교환한다. 교환 시기는 엔진의 사용 조건에 따라 달라지나 일반적으로 5,000~8,000Km 주행마다 교환한다.
- 오일량을 점검하면서 규정량을 주입한다. 그리고 보충하고자 할 때에는 유면 표시기의 “F”선까지 넣는다.

- 엔진 오일이 소모되는 주원인은 연소와 누설이다.

③ **윤활유 소비증대의 원인**

- 기관 연소실 내에서의 연소된다.
- 기관 열에 의한 증발로 외부에 방출된다.
- 크랭크케이스 혹은 크랭크축과 오일 리테이너에서 누설된다.

④ **윤활장치의 릴리프 밸브가 고장나면**

- 밸브 노이즈(Noise)가 증대된다.
- 오일 경고등이 간헐적으로 점등된다.
- 크랭크축 및 캠 축 베어링이 고착(소착)된다.

⑤ **기어형식 오일펌프의 점검 개소**

- 기어 구동 축과 부시와의 간극
- 기어 측면과 커버와의 간극
- 구동 및 피동 기어의 이 끝과 펌프 몸체와의 간극

3-2 냉각장치

1 엔진의 냉각방법

엔진을 냉각시키는 방식에는 공랭식과 수냉식이 있으며, 수냉식은 냉각수를 순환시키는 방식에 따라 자연 순환식, 강제 순환식, 압력 순환식, 밀봉 압력식 등이 있다.

2 수냉식의 주요 구조와 그 기능

① **물 재킷**(water jacket) : 실린더 헤드 및 블록에 일체 구조로 된 냉각수가 순환하는 물 통로

② **물 펌프**(water pump) : 구동벨트를 통하여 크랭크축에 의해 구동되며, 실린더헤드 및 블록의 물재킷 내로 냉각수를 순환시키는 원심력 펌프

③ **냉각 팬**(cooling fan)

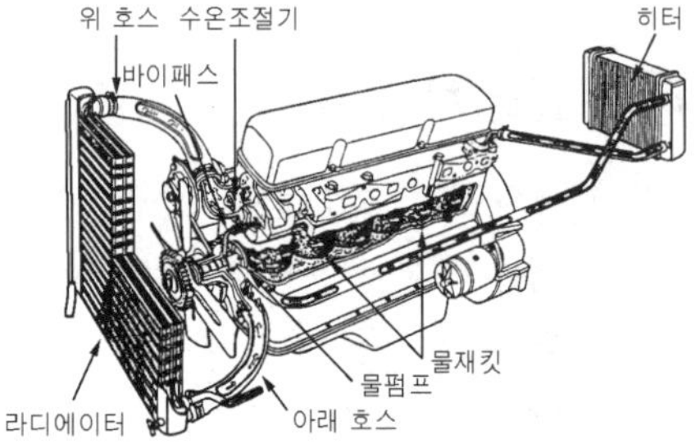

♺ 수냉식의 주요구조

- **전동 팬(fan)의 특징** : 전동식 냉각 팬은 냉각수 온도를 감지하여 규정 온도에 도달하면 냉각 팬을 회전시키고 규정 온도 이하에서는 작동시키지 않으며, 소음과 연비저감과 함께 난기 운전에 요하는 시간을 단축시킨다.
  - 복잡한 시가지 주행에 적당하며, 라디에이터(radiator)의 설치가 용이하다.
  - 일정한 풍량을 확보할 수 있어 냉각 효율이 좋고, 히터의 난방이 빠르다.
  - 가격이 비싸고 소비 전력이 크며, 소음이 크다.
- **팬 클러치의 특징**
  - 엔진의 소비 마력을 감소시킬 수 있다.
  - 구동벨트의 내구성을 향상시킬 수 있다.
  - 냉각 팬에서 발생하는 소음을 방지한다.

④ **구동벨트**(drive belt or fan belt) : 이 벨트는 이음새가 없는 고무제 V벨트를 사용하며 크랭크 축 풀리, 발전기 풀리, 물 펌프 풀리 등을 연결 구동한다. 구동벨트는 각 풀리의 양쪽 경사진 부분에 접촉되어야 하며 풀리 밑바닥에 닿으면 미끄러진다.

⑤ **라디에이터**(radiator ; 방열기)

- 라디에이터 구비 조건
  - 단위 면적당 방열량이 클 것
  - 가볍고 작으며, 강도가 클 것
  - 냉각수 흐름 저항이 적을 것
  - 공기흐름 저항이 적을 것
- 라디에이터 캡(radiator cap) : 라디에이터 캡은 냉각수 주입구 뚜껑이며, 냉각장치 내의 비등점(비점)을 높여 냉각 범위를 넓게 하기 위하여 압력식 캡을 사용한다.
- 라디에이터 코어 막힘 산출공식 $= \frac{\text{신품용량} - \text{사용품용량}}{\text{신품용량}} \times 100$

⑥ **수온 조절기**(thermostat) : 실린더 헤드 물 재킷 출구 부분에 설치되어 냉각수 온도에 따라 냉각수 통로를 개폐하여 엔진의 온도를 알맞게 유지하는 기구이다. 종류에는 바이메탈형, 벨로즈형, 펠릿형 등이 있으며, 현재는 펠릿형 이외에는 사용하지 않고 있다.

3 부동액

냉각수가 동결되는 것을 방지하기 위하여 냉각수와 혼합하여 사용하는 액체이며, 그 종류에는 에틸렌글리콜, 메탄올, 글리세린 등이 있으며 현재는 에틸렌글리콜이 주로 사용된다.

4 냉각장치 정비

① **수냉식 엔진의 과열 원인**

- 구동벨트의 장력이 적거나 파손되었다.
- 냉각 팬이 파손되었다.
- 라디에이터 코어가 20% 이상 막혔다.
- 라디에이터 코어가 파손되었거나 오손 되었다.
- 물 펌프의 작동이 불량하거나 라디에이터 호스가 파손되었다.
- 수온조절기가 닫힌 채 고장이 났다.
- 수온조절기가 열리는 온도가 너무 높다.
- 물 재킷 내에 스케일이 많이 쌓여 있다.

② **기관의 냉각회로에 공기가 차 있으면**

- 냉각수의 순환이 불량해 진다.
- 냉각수 순환불량으로 인하여 기관이 과열한다.
- 히터의 성능이 저하한다.
- 냉각장치 구성부품에 손상을 초래한다.

③ **온도 게이지가 "HOT" 위치에 있을 때 점검사항**

- 냉각 전동 팬 작동상태 점검
- 라디에이터의 막힘 상태 점검
- 냉각수량 점검
- 수온센서 혹은 수온스위치의 작동상태
- 물 펌프 작동상태 점검
- 냉각수 누출여부 점검

핵심기출문제

1. 윤활장치

01 윤활유의 작용에 해당되지 않는 것은?

① 압축 작용　② 냉각 작용
③ 밀봉 작용　④ 방청 작용

02 윤활유의 구비조건으로 틀린 것은?

① 응고점이 높고 유동성 있는 유막을 형성할 것.
② 적당한 점도를 가질 것.
③ 카본 형성에 대한 저항력이 있을 것.
④ 인화점이 높을 것.

03 윤활유가 갖추어야 할 조건으로 틀린 것은?

① 카본 생성이 적을 것.
② 비중이 적당할 것.
③ 열과 산에 대하여 안정성이 있을 것.
④ 인화점이 낮을 것.

04 기관에서 유압이 높을 때의 원인과 관계 없는 것은?

① 윤활유의 점도가 높을 때
② 유압 조절 밸브 스프링의 장력이 강할 때
③ 오일 파이프의 일부가 막혔을 때
④ 베어링과 축의 간격이 클 때

05 윤활유 소비증대의 원인이 아닌 것은?

① 베어링과 핀 저널의 마멸에 의한 간극의 증대
② 기관 연소실 내에서의 연소
③ 기관 열에 의한 증발로 외부에 방출
④ 크랭크케이스 혹은 크랭크축과 오일 리테이너에서의 누설

06 기관의 윤활유 소비 증대와 가장 관계가 큰 것은?

① 새 여과기의 사용
② 기관의 장시간 운전
③ 실린더와 피스톤 링의 마멸
④ 오일 펌프의 고장

01. 윤활유의 작용
① 타붙음(고착, 소결)이 일어나지 않을 것
② 마찰에 의한 동력 손실이 적을 것
③ 내부식성이 있을 것　④ 마모가 적을 것
⑤ 가스누출을 방지할 것　⑥ 열전도 작용이 있을 것
⑦ 세척작용이 있을 것　⑧ 응력 분산 작용이 있을 것

02. 윤활유의 구비조건
① 점도가 적당할 것.　② 청정력이 클 것.
③ 열과 산에 대하여 안정성이 있을 것.
④ 기포의 발생에 대한 저항력이 있을 것.
⑤ 카본 생성이 적을 것.
⑥ 응고점이 낮을 것.　⑦ 비중이 적당할 것.
⑧ 인화점 및 발화점이 높을 것

04. 베어링과 축의 간격이 클 경우에는 유압이 낮아진다.

06. 오일 소비 증대의 원인
① 오일 팬 내의 오일이 규정량 보다 높을 때
② 오일의 열화 또는 점도가 불량할 때
③ 피스톤과 실린더와의 간극이 과대할 때
④ 피스톤 링의 장력이 불량할 때
⑤ 밸브 스템과 가이드 사이의 간극이 과대할 때
⑥ 밸브 가이드 오일 시일이 불량할 때

01.① 02.① 03.④ 04.④ 05.① 06.③

07 기어형식 오일펌프의 점검개소가 아닌 것은?

① 기어 구동 축과 부시와의 간극
② 구동 및 피동 기어의 이 끝과 펌프 몸체와의 간극
③ 베인과 스프링 장력 및 간극
④ 기어 측면과 커버와의 간극

08 엔진오일 압력시험을 하고자 할 때 오일압력 시험기의 설치 위치로 적합한 곳은?

① 엔진 오일 레벨게이지
② 엔진 오일 드레인 플러그
③ 엔진 오일 압력 스위치
④ 엔진 오일 필터

2. 냉각장치

01 수냉식과 비교한 공랭식 기관의 장점이 아닌 것은?

① 구조가 간단하다.
② 마력당 중량이 가볍다.
③ 정상온도에 도달하는 시간이 짧다.
④ 기관을 균일하게 냉각시킬 수 있다.

02 부동액의 종류로 맞는 것은?

① 메탄올과 에틸렌글리콜
② 에틸렌글리콜과 윤활유
③ 글리세린과 그리스
④ 알코올과 소금물

03 자동차용 부동액으로 사용되고 있는 에틸렌글리콜의 특징으로 틀린 것은?

① 비점이 높다. ② 불연성이다.
③ 응고점이 높다. ④ 금속을 부식한다.

04 압력식 캡을 밀봉하고 냉각수의 팽창과 동일한 크기의 보조 물탱크를 설치하여 냉각수를 순환시키는 방식은?

① 밀봉 압력방식 ② 압력 순환방식
③ 자연 순환방식 ④ 강제 순환방식

05 냉각장치의 냉각팬을 작동하기 위한 입력 신호가 아닌 것은?

① 냉각수온 센서 ② 에어컨 스위치
③ 수온 스위치 ④ 엔진 회전수 신호

06 다음 그림에서 크랭크축 벨트 풀리의 회전수가 2600rpm일 때 발전기 벨트 풀리의 회전수는?(단, 벨트와 풀리의 미끄러지지 않는 것으로 가정한다)

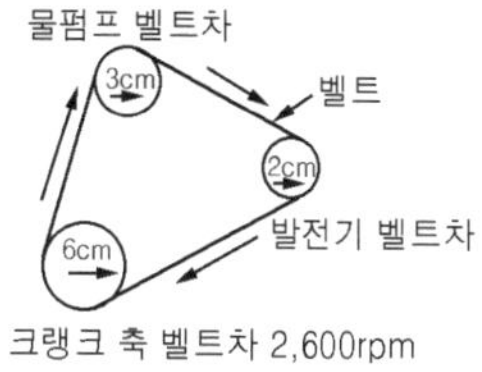

① 867rpm ② 3,900rpm
③ 5,200rpm ④ 7,800rpm

07. **기어 형식 오일 펌프의 점검 개소**
① 기어 구동 축과 부시와의 간극
② 구동 및 피동 기어의 이 끝과 펌프 몸체와의 간극
③ 기어 측면과 커버와의 간극

02. 부동액의 종류는 알코올, 메탄올, 글리세린, 에틸렌글리콜이 있으며, 현재는 에틸렌글리콜을 사용한다.

03. **에틸렌글리콜의 특징**
① 비점이 높다. ② 불연성이다.
③ 응고점이 낮다. ④ 누출되면 교질 상태의 물질을 만든다.
⑤ 금속을 부식한다. ⑥ 팽창계수가 크다.

04. 라디에이터의 오버플로 파이프와 냉각수의 팽창 압력과 동등한 보조 탱크를 호스로 연결하여 냉각수가 외부로 유출되지 않도록 하는 방식으로 라디에이터 캡에는 밸브 없이 밀봉되어 있으므로 냉각수가 팽창하면 보조 탱크로 흘러가 수축하면 다시 흡입하여 보충한다. 장기간 냉각수를 보충하지 않아도 되는 장점이 있다.

06. $\frac{\text{크랭크축 풀리 회전속도}}{\text{발전기 풀리 회전속도}} = \frac{\text{발전기 풀리 반지름}}{\text{크랭크축 풀리 반지름}}$

$\text{발전기 풀리 회전속도} = \frac{2600 \times 6}{2} = 7800\text{rpm}$

07.③ **08.**③
01.④ **02.**① **03.**③ **04.**① **05.**④ **06.**④

07 라디에이터에 부은 물의 양은 1.96L이고, 동형의 신품 라디에이터에 2.8L의 물이 들어갈 수 있다면, 이 때 라디에이터코어의 막힘은 몇 %인가?

① 15　② 20
③ 25　④ 30

08 휴대용 진공펌프 시험기로 점검할 수 있는 것으로 부적합한 것은?

① E.G.R 밸브 점검
② 서머밸브 점검
③ 브레이크 하이드로 백 점검
④ 라디에이터 캡 점검

09 라디에이터 캡 시험기로 점검할 수 없는 것은?

① 라디에이터 코어 막힘 여부
② 라디에이터 코어 손상으로 인한 누수 여부
③ 냉각수 호스 및 파이프와 연결부에서의 누수 여부
④ 라디에이터 캡의 불량 여부

10 기관의 냉각장치 회로에 공기가 차 있을 경우 나타날 수 있는 현상과 관련 없는 것은?

① 냉각수 순환 불량
② 기관 과냉
③ 히터 성능 불량
④ 구성품의 손상

11 겨울철 기관의 냉각수 순환이 정상으로 작동되고 있는데 히터를 작동시켜도 온도가 올라가지 않을 때 주원인이 되는 것은?

① 워터 펌프의 고장이다.
② 서모스탯의 고장이다.
③ 온도 미터의 고장이다.
④ 라디에이터 코어가 막혔다.

12 기관의 과열원인이 아닌 것은?

① 수온조절기가 열린 채로 고장
② 라디에이터의 코어가 30% 이상 막힘
③ 물 펌프 작동 불량
④ 물 재킷 내에 스케일 과다

13 자동차 엔진 작동 중 과열의 원인이 아닌 것은?

① 전동 팬이 고장일 때
② 수온 조절기가 닫힌 상태로 고장일 때
③ 냉각수가 부족할 때
④ 구동 벨트의 장력이 팽팽할 때

07. $\text{막힘율} = \frac{\text{신품용량} - \text{사용품용량}}{\text{신품용량}} \times 100$

$= \frac{2.8 - 1.96}{2.8} \times 100 = 30\%$

08. 라디에이터 캡 점검은 라디에이터 캡 테스터를 이용하여 라디에이터 캡의 기밀시험을 점검한다.

09. 라디에이터의 코어 막힘은 신품라디에이터의 주수량과 사용중인 라디에이터의 주수량을 비교하여 점검한다.

12. 엔진 과열의 원인
① 팬 벨트가 늘어졌을 때
② 라디에이터 코어 막힘이 20% 이상일 때
③ 물재킷에 스케일 과다
④ 온도조절기가 닫힌 상태로 고장일 때
⑤ 냉각수가 부족할 때
⑥ 벨트에 오일이 부착되었을 때
⑦ 냉각수 통로가 막혔을 때

07.④ **08.**④ **09.**① **10.**② **11.**② **12.**① **13.**④

4장 연료장치

4-1 가솔린 엔진

1 가솔린 엔진의 연료

가솔린은 석유계열의 원유에서 정제한 탄소(C)와 수소(H)의 유기화합물의 혼합체이며, 가솔린의 구비 조건은 다음과 같다.

① 체적 및 무게가 적고 발열량이 클 것
② 연소 후 유해 화합물을 남기지 말 것
③ 옥탄가가 높을 것
④ 온도에 관계없이 유동성이 좋을 것
⑤ 연소 속도가 빠를 것

2 가솔린의 ASTM 증류법(휘발성 측정)

① **엔진의 시동성능** : 10%점
② **엔진의 가속성능** : 35~65%점

3 가솔린 엔진의 연소

① **노킹(knocking) 현상** : 실린더 내의 연소에서 화염 면이 미연소가스에 점화되어 연소가 진행되는 사이에 미연소의 말단가스가 고온과 고압으로 되어 자연 발화하는 현상이다.

② **노킹 발생의 원인**

- 엔진에 과부하가 걸렸을 때
- 엔진이 과열되었을 때
- 점화 시기가 너무 빠를 때
- 혼합비가 희박할 때
- 저 옥탄가의 연료를 사용하였을 때

③ **노킹이 엔진에 미치는 영향**

- 엔진이 과열하며, 출력이 저하된다.
- 실린더와 피스톤이 고착될 염려가 있다.
- 피스톤·밸브 등이 손상된다.
- 배기가스의 온도가 저하한다.

④ **노킹 방지방법**

- 고옥탄가의 연료(내폭성이 큰 연료)를 사용한다.

- 점화시기를 알맞게 조정한다.
- 혼합비를 농후하게 한다.
- 압축비, 혼합가스 및 냉각수 온도를 낮춘다.
- 화염전파 속도를 빠르게 하거나 화염전파 거리를 단축시킨다.
- 혼합가스에 와류를 증대시킨다.
- 자연발화 온도가 높은 연료를 사용한다.
- 연소실에 퇴적된 카본을 제거한다.

4 옥탄가(octan number)

옥탄가란 가솔린의 앤티노크성(내폭성 ; anti knocking property)을 표시하는 수치이다. 즉, 옥탄가 80의 가솔린이란 이소옥탄 80%, 노멀헵탄 20%로 이루어진 앤티노크성(내폭성)을 지닌 가솔린이란 뜻이다. 또 가솔린의 옥탄가는 CFR 엔진으로 측정한다.

① 옥탄가 $= \dfrac{\text{이소옥탄}}{\text{이소옥탄} + \text{노멀헵탄}} \times 100$

② 퍼포먼스 넘버(performance number) $PN = \dfrac{2800}{(128 - ON)}$

4-2 디젤 연료장치

1 디젤연료장치의 특징

① 디젤엔진은 실린더 내에 연료를 분사시켜 공기와 혼합이 되므로 혼합기가 균일하지 못하다.
② 착화점이 일정하지 않아 비정점 연소이다.
③ 출력은 연료량으로 제어된다.
④ 동일 출력의 가솔린 기관보다 행정 체적이 크다.

(1) 디젤엔진의 장점과 단점

디젤엔진의 장점	디젤엔진의 단점
① 열효율이 높고, 연료 소비율이 적다. ② 인화점이 높은 경유를 연료로 사용하므로 그 취급이나 저장에 위험이 적다. ③ 대형 엔진 제작이 가능하다. ④ 경부하 상태일 때의 효율이 그다지 나쁘지 않다(저속에서 큰 회전력이 발생한다). ⑤ 배기가스가 가솔린 엔진보다 덜 유독하다. ⑥ 점화장치가 없어 이에 따른 고장이 적다. ⑦ 2행정 사이클 엔진이 비교적 유리하다.	① 연소 압력이 커 엔진 각부를 튼튼하게 하여야 한다 ② 엔진의 출력 당 무게와 형체가 크다. ③ 운전 중 진동과 소음이 크다. ④ 연료 분사 장치가 매우 정밀하고 복잡하며, 제작비가 비싸다. ⑤ 압축비가 높아 큰 출력의 기동 전동기가 필요하다.

(2) 디젤엔진의 연료와 연소

① **세탄가**(cetane number) : 세탄가는 디젤엔진 연료의 착화성을 표시하는 수치이다. 세탄가는 착화성이 우수한 세탄과 착화성이 불량한 α-메틸나프탈린의 혼합액이며 세탄의 함량 비율로 표시한다.

$$세탄가 = \frac{세탄}{세탄 + α - 메틸나프탈린} \times 100$$

② **디젤엔진의 연료**

- 경유의 착화점은 350~450℃정도이다.
- 세탄가 = α메틸 나프탈린(착화성 불량)과 세탄(착화성 양호)의 혼합물 중 세탄의 비율로 나타낸다.
- 디젤엔진 노크에 가장 크게 영향을 미치는 요소는 흡입되는 공기 온도, 연료의 종류, 압축비, 압축 온도, 연소실의 모양 등이다.

(3) 디젤엔진의 연소과정

디젤엔진의 연소 과정은 착화지연 기간→화염전파 기간→직접연소 기간→후 연소기간의 4단계로 연소한다.

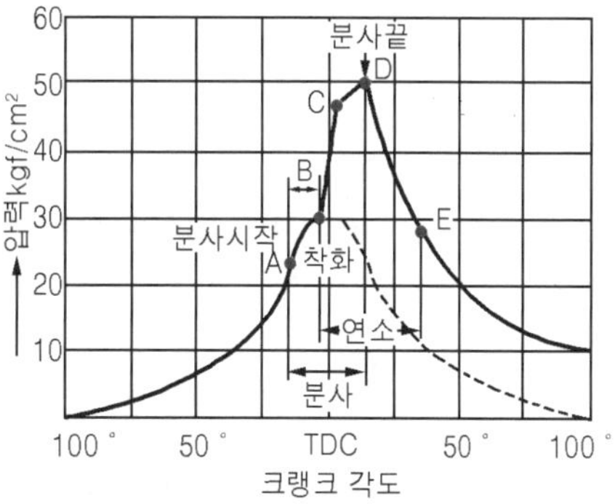

A → B : 착화지연기간　B → C : 화염전파기간
C → D : 직접연소기간　D → E : 후연소기간
♺ 디젤 엔진의 연소 과정

(4) 디젤엔진 노크 방지방법

① 착화성이 좋은(세탄가가 높은) 경유를 사용한다.
② 압축비, 압축 압력 및 압축 온도를 높인다.
③ 엔진의 온도와 회전속도를 높인다.
④ 분사개시 때 분사량을 감소시켜 착화 지연을 짧게 한다.
⑤ 분사시기를 알맞게 조정한다.
⑥ 흡입공기에 와류가 일어나도록 한다.

2 디젤엔진의 연소실

디젤엔진의 연소실에는 단실식인 직접 분사실식과 복실식인 예연소실식, 와류실식, 공기실식 등으로 나누어진다.

① **직접분사실식** : 연소실이 실린더 헤드와 피스톤 헤드에 설치된 요철(凹, 凸)에 의하여 형성되고, 여기에 직접 연료를 분사하는 방식이다.

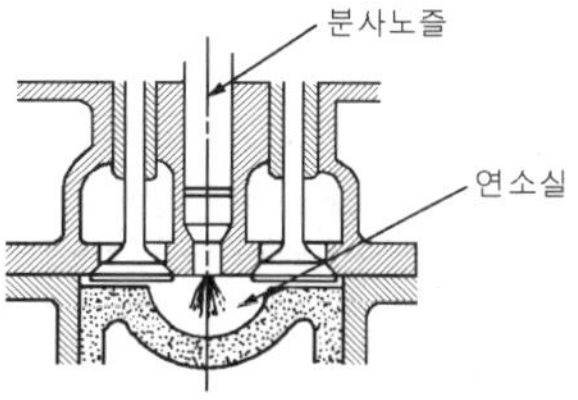

♺ 직접분사식 연소실

직접분사실식의 장점	직접분사실식의 단점
① 실린더 헤드의 구조가 간단하므로 열효율이 높고, 연료 소비율이 작다. ② 연소실 체적에 대한 표면적 비가 작아 냉각 손실이 작다. ③ 엔진 시동이 쉽다. ④ 실린더 헤드의 구조가 간단하므로 열 변형이 적다.	① 연료와 공기의 혼합을 위해 분사 압력을 높게 하여야 하므로 분사 펌프와 노즐의 수명이 짧다. ② 사용 연료 변화에 매우 민감하다. ③ 노크 발생이 쉽다. ④ 엔진의 회전속도 및 부하의 변화에 민감하다. ⑤ 다공형 노즐을 사용하므로 값이 비싸다. ⑥ 분사 상태가 조금만 달라져도 엔진의 성능이 크게 변화한다.

② **예연소실식** : 실린더 헤드와 피스톤 사이에 형성되는 주 연소실 위쪽에 예연소실을 둔 것이며, 먼저 분사된 연료가 예연소실에서 착화하여 고온·고압의 가스를 발생시키며 이 것에 의해 나머지 연료가 주 연소실에 분출함으로써 공기와 잘 혼합하여 완전 연소하는 연소실이다.

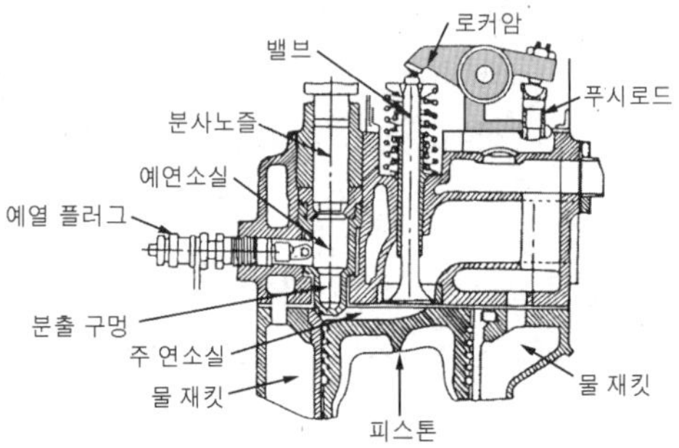

♺ 예연소실식 연소실

예연소실식의 장점	예연소실식의 단점
① 분사 압력이 낮아 연료 장치의 고장이 적고, 수명이 길다. ② 사용 연료 변화에 둔감하므로 연료의 선택 범위가 넓다. ③ 운전 상태가 조용하고, 노크 발생이 적다. ④ 다른 형식의 연소실에 비해 유연성이 있으며, 제작하기 쉽다.	① 연소실 표면적에 대한 체적비가 크므로 냉각 손실이 크다. ② 실린더 헤드의 구조가 복잡하다. ③ 엔진 기동 보조 장치인 예열 플러그가 필요하다. ④ 기동 성능 및 냉각 손실을 고려하여 압축비를 높게 하므로 큰 출력의 기동 전동기가 필요하다. ⑤ 연료 소비율이 비교적 크다.

③ **와류실식** : 실린더나 실린더 헤드에 와류실을 두고 압축 행정 중에 이 와류실에서 강한 와류가 발생하도록 한 형식이며, 와류실에 연료를 분사한다.

와류실식의 장점	와류실식의 단점
① 압축 행정에서 발생하는 강한 와류를 이용하므로 회전속도 및 평균 유효 압력이 높다. ② 분사 압력이 낮아도 된다. ③ 엔진 회전속도 범위가 넓고, 운전이 원활하다. ④ 연료 소비율이 비교적 적다.	① 실린더 헤드의 구조가 복잡하다. ② 분출 구멍의 조임 작용, 연소실 표면적에 대한 체적비가 커 열효율이 낮다. ③ 저속에서 노크 발생이 크다. ④ 엔진을 시동할 때 예열 플러그가 필요하다.

④ **공기실식** : 주 연소실과 연결된 공기실을 실린더 헤드와 피스톤 헤드 사이에 두고 연료를 주 연소실에 직접 분사하는 형식이다.

공기실식의 장점	공기실식의 단점
① 연소 진행이 완만하여 압력 상승이 낮고, 작동이 조용하다. ② 연료가 주 연소실로 분사되므로 기동이 쉽다. ③ 폭발 압력이 가장 낮다.	① 분사 시기가 엔진 작동에 영향을 준다. ② 후적(after drop)연소 발생이 쉬워 배기가스 온도가 높다. ③ 연료 소비율이 비교적 크다. ④ 엔진의 회전속도 및 부하 변화에 대한 적응성이 낮다.

3 디젤엔진의 연료장치

(1) 공급펌프(feed pump)

연료 탱크 내의 연료를 일정한 압력(2~3kgf/cm²)으로 가압하여 분사 펌프로 공급하는 장치이며, 분사 펌프 옆에 설치되어 분사 펌프 캠축에 의하여 구동된다.

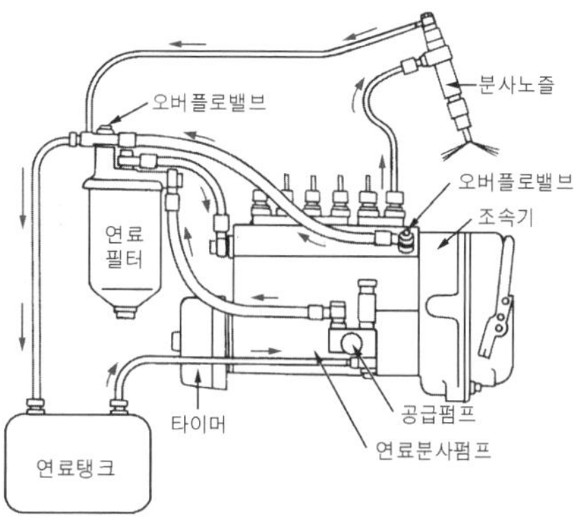

♻ 디젤엔진의 연료장치

(2) 연료여과기(fuel filter)

연료 여과기는 연료 속에 들어 있는 먼지와 수분을 제거 분리하며 오버플로 밸브는 다음과 같은 일을 한다.

① 여과기 각 부분을 보호한다.
② 공급 펌프의 소음 발생을 억제한다.
③ 운전 중 공기 빼기 작용을 한다.

(3) 분사펌프(injection pump)

분사펌프의 형식에는 독립식, 분배식, 공동식 등이 있으며 독립형 분사 펌프의 구조와 그 기능은 다음과 같다.

① **캠축과 태핏**

- **캠축**(cam shaft) : 분사 펌프 캠축은 크랭크축 기어로 구동되며 4행정 사이클 엔진은 크랭크축의 1/2로 회전하고, 2행정 사이클 엔진은 크랭크축 회전수와 같다. 캠축에는 태핏을 통해 플런저를 작용시키는 캠과 공급 펌프 구동용 편심륜이 마련되어 있다.
- **태핏**(tappet) : 태핏은 펌프 하우징 태핏 구멍에 설치되어 캠에 의해 상하 운동을 하여 플런저를 작동시킨다.

② **플런저 배럴과 플런저** : 플런저 배럴은 실린더 역할을 하며, 플런저는 배럴 속을 상하 왕복 운동을 하여 고압의 연료를 형성하는 일을 하는 부품이다.

- **플런저 유효 행정**(plunger available stroke) : 플런저가 연료를 압송하는 기간이며, 연료의 분사량(토출량 또는 송출량)은 플런저의 유효 행정으로 결정된다. 따라서 유효 행정

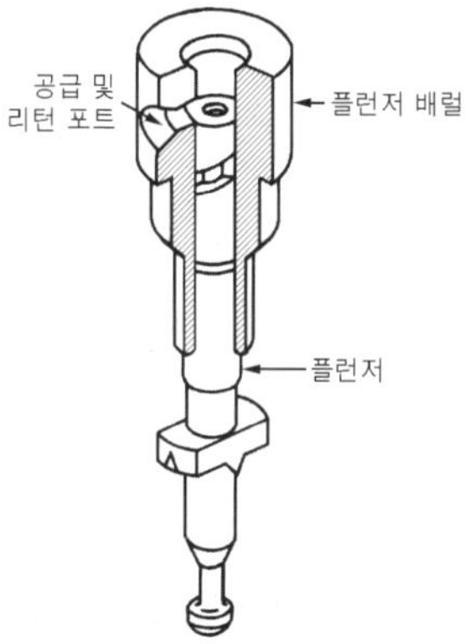

♻ 플런저 배럴 및 플런저

을 크게 하면 분사량이 증가한다.

- **리드 하는 방식과 분사 시기와의 관계**
  - 정 리드형(normal lead type) : 분사 개시 때의 분사 시기가 일정하고, 분사 말기가 변화하는 리드
  - 역 리드형(revers lead type) : 분사 개시 때의 분사 시기가 변화하고 분사 말기가 일정한 리드
  - 양 리드형(combination lead type) : 분사 개시와 말기의 분사 시기가 모두 변화하는 리드

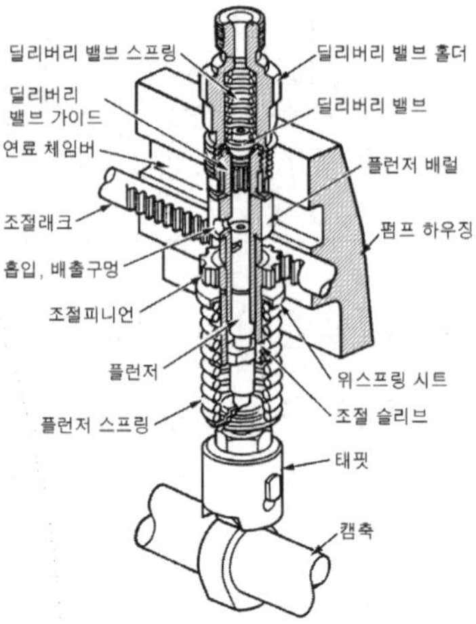

③ **딜리버리 밸브**(delivery valve ; 송출 밸브) : 딜리버리 밸브는 연료의 역류(분사 노즐에서 펌프로의 흐름)를 방지, 분사 노즐의 후적 방지, 분사 파이프 내에 잔압을 유지한다.

④ **조속기**(governor)

- **조속기의 기능** : 조속기는 엔진의 회전속도나 부하의 변동에 따라서 자동적으로 제어 래크를 움직여 분사량을 가감하는 장치이다.
- **조속기의 분류**

기구별에 의한 분류	기능별에 의한 분류
공기식 조속기 : MZ형, MN형	최고·최저속도 조속기 : R형, RQ형, RSVD형
기계식 조속기 : R형, RQ형, RSVD형, RSV형	전속도 조속기 : MZ형, MN형, RSV형

- **앵글라이히 장치**(angleichen device) : 엔진의 모든 속도 범위에서 공기와 연료의 비율이 알맞게 유지되도록 하는 기구가 앵글라이히 장치이다.
- **분사량 불균율** : 불균율 허용 범위는 전부하 운전에서는 ±3%, 무부하 운전에서는 10~15%이다. 분사량 불균율은 다음의 공식으로 산출한다.

$$(+)\text{불균율} = \frac{\text{최대 분사량} - \text{평균 분사량}}{\text{평균 분사량}} \times 100$$

$$(-)\text{불균율} = \frac{\text{평균 분사량} - \text{최소 분사량}}{\text{평균 분사량}} \times 100$$

⑤ **타이머**(timer) : 연료가 연소실에 분사되어 착화 연소하고 피스톤에 유효한 일을 시킬 때까지는 어느 정도의 시간이 필요하다. 이에 따라 엔진 회전속도 및 부하에 따라 분사시기를 변화시켜야 하는데 이 작용을 하는 장치가 타이머이다.

⑥ **분사펌프 시험기**

- 연료의 분사 시기 측정과 조정
- 조속기의 작동 시험과 조정
- 연료 분사량 측정과 분사량 불균일 조정

⑦ **발연한계**(發煙限界 : smoke limit) **조정 방법**

- 스프링 안내(스토퍼)의 고정 너트를 풀고 정지레버가 제어 래크에 가볍게 닿도록 나사를 돌린다.
- 스토퍼 나사를 돌린 후 고정너트를 고정하고 제어래크가 자유로이 움직이도록 한다.
- 제어 래크(control rack)를 4/4 부하위치로 한다.

(4) 분사 노즐(injection nozzle)

① **분사노즐의 구비조건**

- 연료를 미세한 안개 모양으로 하여 쉽게 착화하게 할 것
- 분무를 연소실 구석구석까지 뿌려지게 할 것
- 연료의 분사 끝에서 완전히 차단하여 후적이 일어나지 않을 것
- 고온·고압의 가혹한 조건에서 장시간 사용할 수 있을 것

② **분사노즐의 종류** : 분사 노즐의 종류에는 개방형과 밀폐형(또는 폐지형) 노즐이 있으며, 밀폐형에는 구멍형, 핀틀형 및 스로틀형 노즐이 있다.

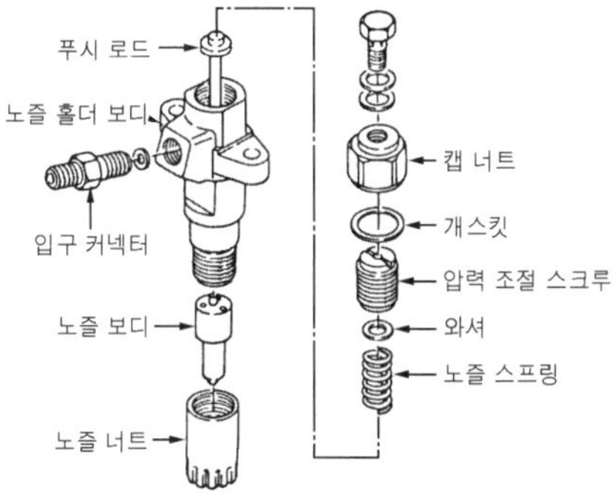

♺ 분사 노즐의 구조

③ **연료 분무의 3대 요건**

- 안개화(무화)가 좋아야 한다.
- 관통력이 커야 한다.
- 분포(분산)가 골고루 이루어져야 한다.

④ **분사노즐 점검·정비**

- **노즐 세척** : 노즐 세척에서 노즐 보디와 노즐 홀더 보디는 경유, 석유 등으로 세척하고, 노즐 홀더 캡은 경유가 스며 있는 나무 조각으로 닦는다. 노즐 너트는 나일론 솔로, 노즐 홀더 보디 외부는 황동사 브러시로 닦는다.
- **분사 노즐의 과열 원인**
  - 분사 시기가 틀릴 때
  - 분사량이 과다할 때
  - 과부하에서 연속적으로 운전할 때
- **분사 노즐 시험** : 분사 노즐 시험은 노즐 테스터로 하며 시험할 때 경유의 온도는 20℃정도, 비중은 0.82~0.84 정도가 알맞다. 시험 항목은 분사 개시 압력, 분무 상태, 분사 각도, 후적 유무 등이 있다.
- **분사노즐 분사압력 조정방법** : 분사 압력 조정은 캡 너트를 풀고, 고정 너트를 푼 다음 조정 스크루를 드라이버로 조정하는 방법과 스프링과 푸시로드 사이의 심(seam) 두께로 조정하는 방법이 있다.

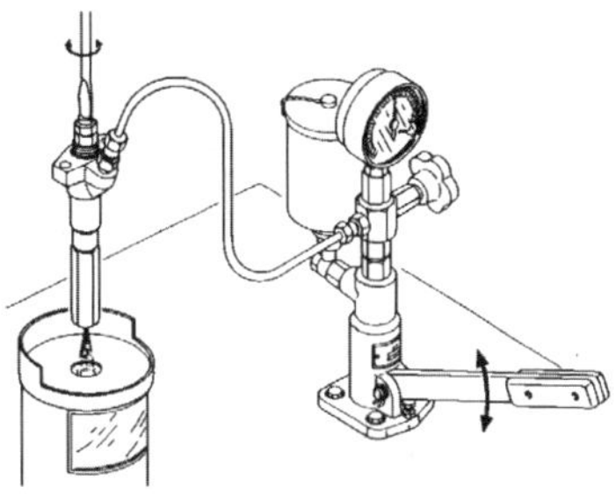
♺ 분사노즐 시험기

4 디젤엔진의 시동보조기구

(1) 감압 장치(de-compression device)

크랭킹할 때 흡입 밸브나 배기 밸브를 캠축의 운동과는 관계없이 강제로 열어 실린더 내의 압축 압력을 낮추어 엔진의 시동을 도와주며, 디젤 엔진의 작동을 정지시킬 수도 있는 장치이다.

(2) 예열 장치

① **흡기 가열식** : 흡입되는 공기를 흡입 다기관에서 가열하는 방식이며, 흡기히터와 히트 레인지식이 있다.

② **예열 플러그**(glow plug type) : 연소실 내의 압축 공기를 직접 예열하는 형식이며, 예열 플러그, 예열 플러그 파일럿, 예열 플러그 저항기, 히트 릴레이 등으로 구성되어 있다. 주로 예연소실식과 와류실식에서 사용하며, 그 종류에는 코일형과 실드형이 있다.

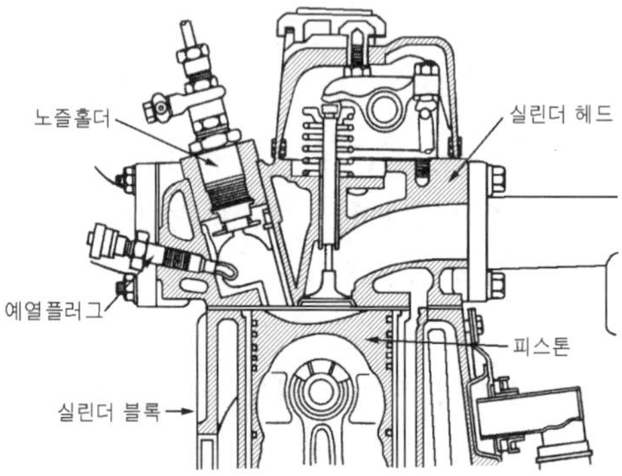

♺ 예열 플러그 설치상태

5 과급장치

과급기는 엔진의 흡입 효율(체적 효율)을 높이기 위하여 흡입 공기에 압력을 가해주는 일종의 공기 펌프이다.

> **Reference ▶ 인터쿨러(inter cooler)**
>
> ▪ 공기를 압축하여 실린더에 공급하고 흡입 효율을 높여 출력 향상을 도모하는 것이 과급기이지만 이 가압된 공기는 단열 압축되기 때문에 고온이 되어 팽창하여 공기 밀도가 낮아지고 흡입 효율이 감소하게 된다. 이를 위한 대책으로 가압 후 고온이 된 공기를 냉각시켜 온도를 낮추고 공기 밀도를 높여 실린더로 공급되는 혼합기의 흡입 효율을 더욱 높이고 출력 향상을 도모하는 장치이다.

(1) 과급기의 사용목적

① 과급기를 설치하면 엔진의 무게가 10~15%정도 증가되며, 엔진의 출력은 35~45%정도 증가한다.

② 체적 효율이 증가하므로 평균 유효 압력과 회전력이 상승하며 연료 소비율이 감소한다.

(2) 과급기의 분류

과급기는 구조상 체적형과 유동형으로 나누어지며, 4행정 사이클 디젤 엔진에서는 배기가스로 구동되는 터보차저(turbo charger ; 원심식)가 사용되며, 2행정 사이클 디젤 엔진은 크랭크축으로 구동되는 루트식이 소기 펌프로 사용되고 있다. 그리고 과급기의 윤활은 엔진윤활장치에서 보내준 오일로 직접 공급된다.

6 전자제어 디젤엔진

(1) 전자제어 디젤엔진 분사장치의 특징

① 분사펌프의 설치공간을 적게 차지하므로 유리하다.

② 자동차의 다른 전자제어 장치와 연결하여 사용할 수 있다.
③ 자동차의 주행성능이 향상된다.
④ 전자제어 분사펌프의 특징은 기계식 거버너(조속기)를 전자 거버너로 바꾼 것이다.
⑤ 유닛 인젝터의 특징은 분사펌프와 인젝터의 거리가 가까워 분사 정밀도가 좋다.
⑥ 전자제어 시스템이 설치되어야 하기 때문에 기계식 연료 분사펌프보다는 생산비가 더 많이 소요된다.

(2) 전자제어유닛(ECU)으로 입·출력되는 사항

① **아날로그 입력요소** : 연료압력 센서, 공기유량 센서 & 흡기온도 센서, 가속페달포지션 센서, 연료온도 센서, 축전지 전압, 수온센서, 크랭크포지션 센서
② **디지털 입력신호** : 클러치스위치 신호, 에어컨스위치, 이중 브레이크 스위치, 에어컨 압력스위치(로우, 하이 스위치), 에어컨 압력스위치(중간압력 스위치), 블로워 모터 스위치, 차속 센서, IG 전원
③ **출력요소** : 인젝터, 커먼레일 압력제한 밸브, 메인릴레이, 프리히터 릴레이, 예열플러그 릴레이, EGR 솔레노이드 밸브, CAN 통신

7 디젤연료장치의 성능기준 및 검사

(1) 조속기 봉인

① **경유연료 사용자동차의 조속기 봉인방법**
연료 분사 펌프의 봉인 방법은 다음과 같다.

- **납봉인 방법** : 3선 이상으로 꼰 철선과 납덩이를 사용하여 압축 봉인하여야 한다. 이 경우 조정 나사 등에는 재봉인을 위하여 구멍을 뚫어 놓아야 한다.
- **캡 씰 봉인 방법** : 그림과 같이 조속기 조정 나사에 cap을 사용하여 봉인하여야 한다.
- **봉인 캡 방법** : 그림과 같이 조속기 조정 나사를 cap고정 bolt로 고정하고 cap을 씌운 후 그 표면에 납을 사용하여 봉인하여야 한다.
- **용접 방법** : 그림과 같이 조속기 조정 나사를 고정시킨 후 환형 철판 등으로 용접하여 봉인하여야 한다.

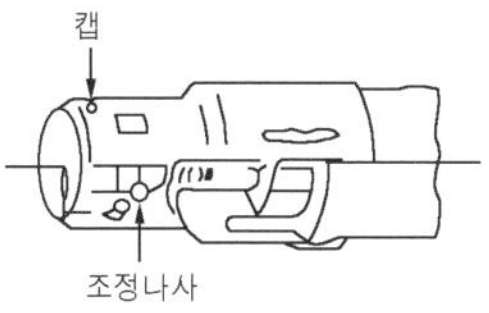

♲ 캡 씰 봉인방법

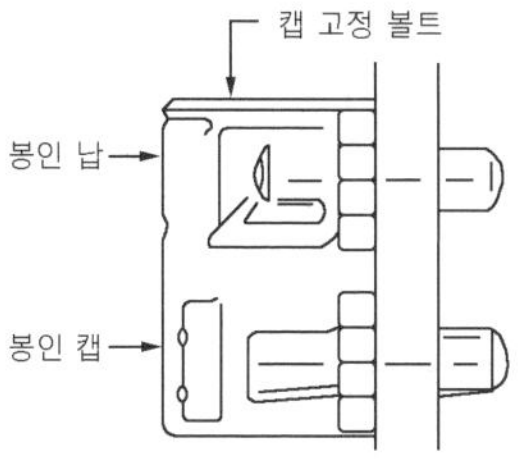

♲ 봉인 캡 방법

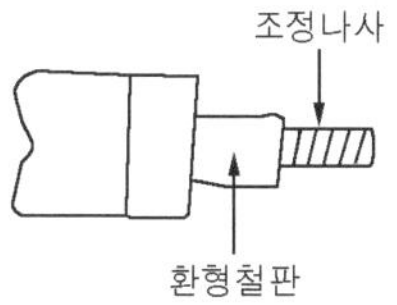

♲ 용접 방법

② **경유연료 사용자동차의 조속기 봉인 측정방법** : 경유 사용 자동차의 조속기가 봉인되어 있는지와 봉인을 임으로 제거하거나 조작 또는 훼손되어 있는지를 측정한다.

(2) 배기가스 발산 방지장치

① 운행차량 배출허용기준(매연)

<table>
<tr><th colspan="2">차 종</th><th colspan="2">제작일자</th><th>매 연</th></tr>
<tr><td colspan="2" rowspan="5">경자동차 및 승용자동차</td><td colspan="2">1995년 12월 31일 이전</td><td>60% 이하</td></tr>
<tr><td colspan="2">1996년 1월 1일부터 2000년 12월 31일까지</td><td>55% 이하</td></tr>
<tr><td colspan="2">2001년 1월 1일부터 2003년 12월 31일까지</td><td>45% 이하</td></tr>
<tr><td colspan="2">2004년 1월 1일부터 2007년 12월 31일까지</td><td>40% 이하</td></tr>
<tr><td colspan="2">2008년 1월 1일 이후</td><td>20% 이하</td></tr>
<tr><td rowspan="13">승합·화물·특수 자동차</td><td rowspan="5">소형</td><td colspan="2">1995년 12월 31일 이전</td><td>60% 이하</td></tr>
<tr><td colspan="2">1996년 1월 1일부터 2000년 12월 31일까지</td><td>55% 이하</td></tr>
<tr><td colspan="2">2001년 1월 1일부터 2003년 12월 31일까지</td><td>45% 이하</td></tr>
<tr><td colspan="2">2004년 1월 1일부터 2007년 12월 31일까지</td><td>40% 이하</td></tr>
<tr><td colspan="2">2008년 1월 1일 이후</td><td>20% 이하</td></tr>
<tr><td rowspan="8">중·대형</td><td colspan="2">1992년 12월 31일 이전</td><td>60% 이하</td></tr>
<tr><td colspan="2">1993년 1월 1일부터 1995년 12월 31일까지</td><td>55% 이하</td></tr>
<tr><td colspan="2">1996년 1월 1일부터 1997년 12월 31일까지</td><td>45% 이하</td></tr>
<tr><td rowspan="2">1998년 1월 1일부터 2000년 12월 31일까지</td><td>시내버스</td><td>40% 이하</td></tr>
<tr><td>시내버스 외</td><td>45% 이하</td></tr>
<tr><td colspan="2">2001년 1월 1일부터 2004년 9월 30일까지</td><td>45% 이하</td></tr>
<tr><td colspan="2">2004년 10월 1일부터 2007년 12월 31일까지</td><td>40% 이하</td></tr>
<tr><td colspan="2">2008년 1월 1일 이후</td><td>20% 이하</td></tr>
</table>

(3) 매연 측정방법

① 측정대상 자동차의 원동기를 중립인 상태(정지가동상태)에서 급가속하여 최고 회전속도 도달 후 2초간 공전시키고 정지가동(Idle) 상태로 5~6초간 둔다. 이와 같은 과정을 3회 반복 실시한다.

② 측정기의 시료 채취 관을 배기관의 벽면으로부터 5mm 이상 떨어지도록 설치하고 5cm정도의 깊이로 삽입한다.

③ 가속페달에 발을 올려놓고 원동기의 최고 회전속도에 도달할 때까지의 소요시간은 4초 이내로 하고 그 시간이내에 시료를 채취하여야 한다.

④ 위 ③항의 방법으로 3회 연속 측정한 매연농도를 산술 평균하여 소수점 이하는 반올림한 값을 최종측정치로 한다. 이때 3회 측정한 매연농도의 최대치와 최소치의 차가 5%를 초과하는 때에는 2회를 다시 측정하여 총 5회 중 최대치와 최소치를 제외한 나머지 3회의 측정치를 산술 평균한다.

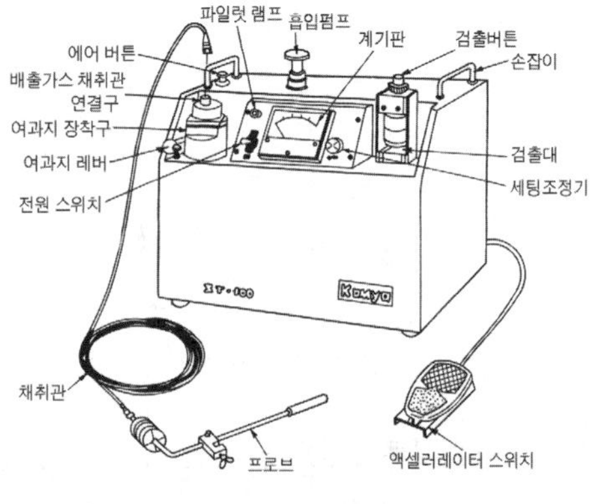

♲ 매연측정기

4-3 LPG 연료장치

1 LPG 엔진의 장점 및 단점

LPG엔진의 장점	LPG엔진의 단점
① 연소실에 카본 부착이 없어 점화 플러그의 수명이 길어진다. ② 엔진 오일의 소모가 적으므로 오일 교환 기간이 길어진다. ③ 가솔린 엔진보다 분해 · 정비(오버 홀)기간이 길어진다. ④ 가솔린에 비해 쉽게 기화하므로 연소가 균일하여 엔진 소음이 적다. ⑤ 가솔린보다 가격이 저렴하여 경제적이다. ⑥ 옥탄가가 높아(90~120)가 높아 노킹 현상이 일어나지 않는다. ⑦ 배기 상태에서 냄새가 없으며 CO함유량이 적고 매연이 없어 위생적이다. ⑧ 황(S) 성분이 매우 적어 연소 후 배기가스에 의한 금속의 부식 및 배기 다기관, 소음기 등의 손상이 적다. ⑨ 기체 연료이므로 열에 의한 베이퍼 록이나 퍼컬레이션 등이 발생하지 않는다.	① 증발 잠열로 인하여 겨울철 엔진 시동이 어렵다. ② 연료의 취급과 절차가 복잡하고 보안상 다소 문제점이 있을 수 있다. ③ 베이퍼라이저 내의 타르나 고무와 같은 물질을 수시로 배출하여야 한다. ④ 장기간 정차한 경우에는 엔진 시동이 어렵다.

2 LPG 엔진의 연료 계통

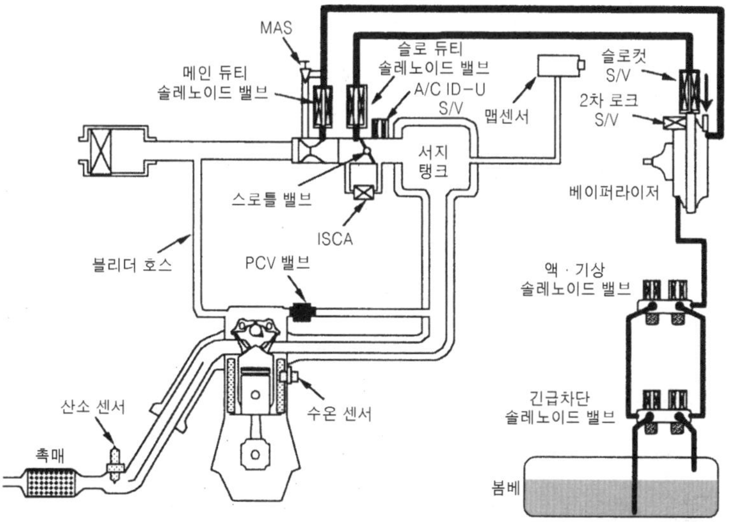

♲ LPG 엔진의 연료 계통

(1) LPG 봄베(bombe ; 가스탱크)

① 봄베는 LPG를 충전하기 위한 고압 용기이며 기상밸브, 액상밸브, 충전밸브 등 3가지 기본 밸브와 체적 표시계, 액면 표시계, 용적 표시계 등의 지시장치가 부착되어 있다.

② 안전밸브는 봄베 바깥쪽에 충전밸브와 일체로 조립되어 있으며 스프링 장력에 의하여 닫혀 있으나 봄베 내의 압력이 규정 값 이상 상승하면 밸브가 열려 LPG가 봄베에 연결된 호스를 거쳐 대기 중으로 배출된다.

③ 과류방지 밸브는 봄베 안쪽에 배출밸브와 일체로 설치되어 있으며 파이프의 연결부(피팅) 등이 파손되어 LPG가 비정상적으로 배출되면 체크 판이 시트 부분에 밀착되어 LPG 배출을 차단한다.

(2) 솔레노이드 밸브(solenoid valve ; 전자 밸브)

운전석에서 조작할 수 있는 차단 밸브이며, 엔진을 기동할 때에는 기체 LPG를 공급하고 기동 후에는 양호한 주행 성능을 얻기 위해 액체 LPG를 공급해 준다.

(3) 베이퍼라이저(vaporizer ; 감압기화장치, 증발기)

봄베로부터 여과기와 솔레노이드 밸브를 거쳐 공급된 액체 LPG를 기화시켜 줌과 동시에 적당한 압력으로 낮추어 준다.

(4) 가스 믹서(LPG Mixer)

가스 믹서는 베이퍼라이저에서 기화된 LPG를 공기와 혼합하여 연소에 가장 적합한 혼합기를 연소실에 공급하는 일을 하며 2배럴 1벤투리 하향식이 사용된다.

(5) 피드백 믹서 장치(FBM ; Feed Back Mixer)

① 유해 배출 가스를 최대한으로 감소시키면서 적절한 공기-연료(LPG)혼합비를 공급한다.

② 컴퓨터(ECU)는 센서로부터 신호를 받아 믹서(Mixer)에 부착된 2개의 솔레노이드 밸브(피드백 솔레노이드 밸브와 연료차단 솔레노이드 밸브)를 적절히 작동시켜 공기-연료 혼합비를 제어한다.

③ 2차 공기 및 아이들 업(idle up) 솔레노이드 밸브를 On-Off로 변환하여 적절히 조정하는 역할을 한다.

④ 피드백 믹서 장치의 구성은 컴퓨터(ECU)를 비롯하여 수온센서, 스로틀 위치 센서, 엔진 회전 속도 감지, 산소 센서, 피드백 솔레노이드 밸브 등으로 되어 있다.

4-4 CNG 연료장치

1 CNG 기관의 분류

자동차에 연료를 저장하는 방법에 따라 압축 천연가스(CNG) 자동차, 액화 천연가스(LNG)

자동차, 흡착 천연가스(ANG) 자동차 등으로 분류된다. 천연가스는 현재 가정용 연료로 사용되고 있는 도시가스(주성분 ; 메탄)이다.

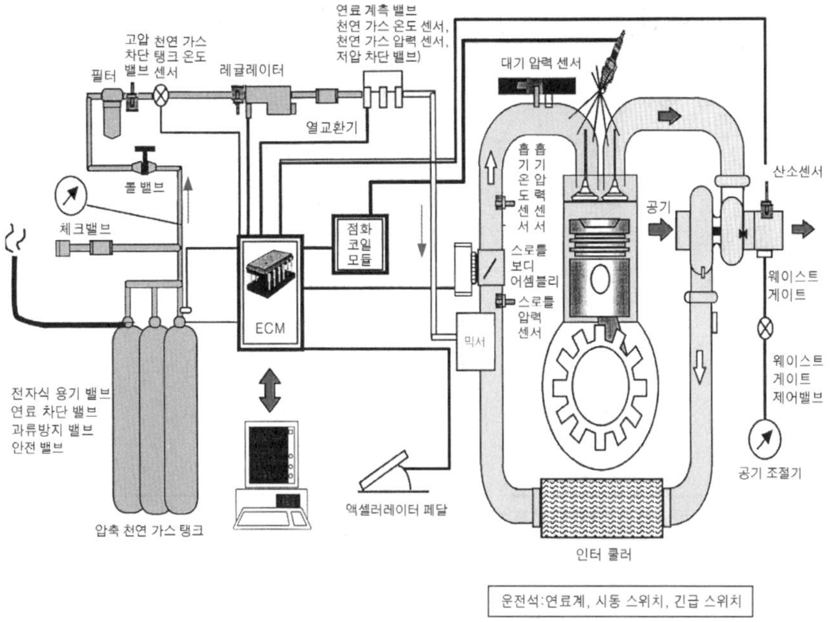

2 CNG 기관의 장점

① 디젤 기관과 비교하였을 때 매연이 100% 감소된다.

② 가솔린 기관과 비교하였을 때 이산화탄소 20~30%, 일산화탄소가 30~50% 감소한다.

③ 낮은 온도에서의 시동 성능이 좋으며, 옥탄가가 130으로 가솔린의 100보다 높다.

④ 질소산화물 등 오존영향 물질을 70% 이상 감소시킬 수 있다.

⑤ 기관 작동소음을 낮출 수 있다.

3 CNG 기관의 주요부품

① **연료 계측 밸브**(fuel metering valve) : 연료 계측 밸브는 8개의 작은 인젝터로 구성되어 있으며, 기관 ECU로부터 구동 신호를 받아 기관에서 요구하는 연료량을 흡기다기관에 분사한다.

② **가스 압력 센서**(GPS, gas pressure sensor) : 가스 압력 센서는 압력 변환 기구이며, 연료 계측 밸브에 설치되어 있어 분사직전의 조정된 가스압력을 검출한다.

③ **가스 온도 센서**(GTS, gas temperature sensor) : 가스 온도 센서는 부특성 서미스터를 사용하며, 연료 계측 밸브 내에 위치한다. 가스 온도를 계측하여 가스 온도 센서의 압력을 함께 사용하여 인젝터의 연료 농도를 계산한다.

④ **고압 차단 밸브** : 고압 차단 밸브는 CNG 탱크와 압력 조절 기구 사이에 설치되어 있으며,

기관의 가동을 정지시켰을 때 고압 연료라인을 차단한다.

⑤ **CNG 탱크 압력 센서** : CNG 탱크 압력 센서는 조정 전의 가스 압력을 측정하는 압력 조절 기구에 설치된 압력 변환 기구이다. 이 센서는 CNG 탱크에 있는 연료 밀도를 산출하기 위해 CNG 탱크 온도 센서와 함께 사용된다.

⑥ **CNG 탱크 온도 센서** : CNG 탱크 온도 센서는 탱크 속의 연료 온도를 측정하기 위해 사용하는 부특성 서미스터이며, 탱크 위에 설치되어 있다.

⑦ **열 교환 기구** : 열 교환 기구는 압력 조절 기구와 연료 계측 밸브 사이에 설치되며, 감압할 때 냉각된 가스를 기관의 냉각수로 난기시킨다.

⑧ **연료 온도 조절 기구** : 연료 온도 조절 기구는 열 교환 기구와 연료 계측 밸브 사이에 설치되며, 가스의 난기 온도를 조절하기 위해 냉각수 흐름을 ON, OFF시킨다.

⑨ **압력 조절 기구** : 압력 조절 기구는 고압 차단 밸브와 열 교환기구 사이에 설치되며, CNG 탱크 내의 200bar의 높은 압력의 가스를 기관에 필요한 8bar로 감압 조절한다.

4-5 연료장치의 성능기준

(1) 자동차의 연료탱크·주입구 및 가스배출구는 다음 각호의 기준에 적합하여야 한다.

① 연료장치는 자동차의 움직임에 의하여 연료가 새지 아니하는 구조일 것.

② 배기관의 끝으로부터 30cm 이상 떨어져 있을 것(연료탱크를 제외한다).

③ 노출된 전기단자 및 전기개폐기로부터 20cm 이상 떨어져 있을 것(연료탱크를 제외한다).

④ 차실 안에 설치하지 아니하여야 하며, 연료탱크는 차실과 벽 또는 보호판 등으로 격리되는 구조일 것.

(2) 액화석유가스와 천연가스 등의 기체연료를 연료로 사용하는 자동차의 연료장치는 다음 각호의 기준에 적합하여야 한다.

① 제1항 각 호의 기준에 적합할 것.

② 가스 용기는 고압가스 안전관리법 규정에 의한 검사에 합격한 것일 것.

③ 가스 용기는 자동차의 움직임에 의하여 이완되지 아니하도록 차체에 견고하게 고정시킬 것.

④ 가스 용기는 누출된 가스 등이 차실 내로 유입되지 아니하도록 차실과 벽 또는 보호 판으로 격리되거나 가스가 누출되지 아니하도록 밸브 주변이 견고한 재질로 밀폐되어 있고 충격 등으로부터 용기를 보호할 수 있는 구조이어야 하며, 차체 밖으로부터 공기가 통하는 곳에 설치할 것.

⑤ 가스 용기 및 도관에는 필요한 곳에 보호 장치를 할 것.

⑥ 가스 용기 및 도관에는 배기관 및 소음 방지장치의 발열에 의하여 직접 영향을 받지 아니하도록 필요한 방열장치를 할 것.

⑦ 도관은 강관, 동관 또는 내유성의 고무관으로 할 것.
⑧ 양끝이 고정된 도관(내유성 고무관을 제외한다)은 완곡된 형태로 최소한 1m마다 차체에 고정시킬 것.
⑨ 고압 부분의 도관은 가스 용기 충전 압력의 1.5배의 압력에 견딜 수 있을 것.
⑩ 가스 충전 밸브는 충전구 가까운 곳에 설치하고, 중간 차단 밸브는 운전자가 운전 중에도 조작할 수 있는 곳에 설치할 것.
⑪ 가스 용기 및 용기 밸브 등은 차체의 최후단으로부터 300mm 이상, 차체의 최외측면으로 부터 200mm 이상의 간격을 두고 설치할 것. 다만, 강도가 강재의 표준규격41(SS41) 이상이고 두께가 3.2mm 이상인 강판 또는 형강으로 가스용기 및 용기밸브 등을 보호한 경우에는 차체의 최후단으로부터 200mm 이상, 차체의 최외측면으로부터 100mm 이상의 간격을 두고 설치할 수 있다.

핵심기출문제

1. 가솔린 엔진

01 **가솔린기관에 사용되는 연료의 발열량 설명으로 가장 적합한 것은?**

① 연료와 산소가 혼합하여 완전 연소할 때 발생하는 열량을 말한다.
② 연료와 물을 혼합하여 완전 연소할 때 발생하는 열량을 말한다.
③ 연료와 수소가 혼합하여 완전 연소할 때 발생하는 열량을 말한다.
④ 연료와 질소가 혼합하여 완전 연소할 때 발생하는 열량을 말한다.

02 **가솔린 300cc를 연소시키기 위하여 몇 kgf의 공기가 필요한가?(단, 혼합비는 15, 가솔린의 비중은 0.75로 취한다.)**

① 2.19kgf ② 3.42kgf
③ 3.37kgf ④ 39.2kgf

03 **가솔린기관의 노크 방지방법으로 가장 거리가 먼 것은?**

① 미연소가스의 온도와 압력을 저하시킨다.
② 연료의 착화지연을 길게 한다.
③ 압축행정 중 와류를 발생시킨다.
④ 화염 전파거리를 길게 한다.

04 **가솔린 기관의 공연비에 관한 설명이다. 옳은 것은?**

① 혼합기가 기관에 흡입되는 속도이다.
② 배기관 속 공기에 대한 가솔린의 비율이다.
③ 흡입 공기와 연료의 속도비이다.
④ 실린더 내에 흡입된 점화전 공기와 연료의 질량이다.

05 **가솔린엔진에서 불규칙한 진동이 일어날 경우의 정비사항 중 틀린 것은?**

① 마운팅 인슐레이터 손상 유무 점검
② 액티브 에어 플랩 점검
③ 진공의 누설 여부 점검
④ 연료펌프의 압력 불규칙 점검

01. 발열량이란 연료와 산소가 혼합하여 완전 연소할 때 발생하는 열량을 말하며, 고위 발열량과 저위 발열량이 있다. 고위 발열량이란 단위 연료가 완전 연소하였을 때 발생하는 열량이며, 저위 발열량이란 총 열량으로부터 연료에 포함된 수분과 연소에 의해 발생한 수분을 증발시키는데 필요한 열량을 제외한 것을 말한다.

02. 필요한 공기량=가솔린의 체적×비중×혼합비
= 0.3L×0.75×15 = 3.37kgf

03. 가솔린기관의 노크 방지방법
① 미 연소가스의 온도와 압력을 저하시킨다.
② 연료의 착화지연을 길게 한다.
③ 압축행정 중 와류를 발생시킨다.
④ 화염 전파거리를 짧게 한다.
⑤ 옥탄가가 높은 연료를 사용한다.
⑥ 혼합가스를 진하게 한다.
⑦ 압축비, 혼합가스 및 냉각수 온도를 낮춘다.
⑧ 점화시기를 늦추어 준다.

04. 가솔린 기관의 공연비란 실린더 내에 흡입된 점화전 공기와 연료의 질량이다.

05. 가솔린엔진에서 불규칙한 진동이 일어날 경우의 정비사항
① 마운팅 인슐레이터 손상 유무 점검
② 진공의 누설 여부 점검
③ 연료펌프의 압력 불규칙 점검

01.① **02.**③ **03.**④ **04.**④ **05.**②

06 가솔린을 완전 연소시켰을 때 발생되는 것은?

① 이산화탄소, 물
② 아황산가스, 질소
③ 수소, 일산화탄소
④ 이산화탄소, 납

07 혼합비가 희박할 때 발생되는 현상으로 맞는 것은?

① 점화 2차 스파크 라인의 불꽃 지속시간이 짧아진다.
② 산소 센서(+) 듀티 값이 커진다.
③ 점화 2차 전압의 높이가 낮아진다.
④ 배기가스의 CO 값이 증가한다.

08 급가속시에 혼합비가 농후해지는 이유로 올바른 것은?

① 연비 증가를 위해
② 배기가스 중의 유해가스를 감소하기 위해
③ 최저의 연료 경제성을 얻기 위해
④ 최대 토크를 얻기 위해

09 다음 중 노크(Combustion knock)에 의하여 발생하는 현상이 아닌 것은?

① 배기 온도의 상승
② 출력의 감소
③ 실린더의 과열
④ 배기 밸브나 피스톤 등의 소손(燒損)

2. 디젤연료장치

01 디젤기관의 노킹 발생을 줄일 수 있는 방법은?

① 압축압력을 낮춘다.
② 기관의 온도를 낮춘다.
③ 흡기 압력을 낮춘다.
④ 착화지연을 짧게 한다.

02 디젤기관에서 감압장치의 설명 중 틀린 것은?

① 흡입효율을 높여 압축압력을 크게 하기 위해서이다.
② 겨울철 기관오일의 점도가 높을 때 시동시 이용한다.
③ 기관 점검·조정에 이용한다.
④ 흡입 또는 배기 밸브에 작용하여 감압한다.

03 디젤 노킹(knocking) 방지책으로 틀린 것은?

① 착화성이 좋은 연료를 사용한다.
② 압축비를 높게 한다.
③ 실린더 냉각수 온도를 높인다.
④ 세탄가가 낮은 연료를 사용한다.

06. 가솔린은 탄소와 수소로 구성되어 있으며, 가솔린을 완전 연소시키면 탄소는 이산화탄소로, 수소는 수증기(물)로 변화된다.

09. 노크(Combustion knock)에 의하여 발생하는 현상은 배기 온도의 감소, 출력의 감소, 실린더의 과열, 배기 밸브나 피스톤 등의 소손(燒損) 등이다.

01. 디젤기관 노크 방지방법
① 세탄가가 높은 연료를 사용한다.
② 압축비, 압축압력, 압축온도를 높게 한다.
③ 실린더 벽의 온도를 높게 유지한다.
④ 흡기 온도 및 압력을 높게 유지한다.
⑤ 연료의 분사시기를 알맞게 조정한다.
⑥ 착화지연기간 중에 연료의 분사량을 적게 한다.
⑦ 착화지연기간을 짧게 한다.

02. 감압장치의 작용
① 겨울철 기관오일의 점도가 높을 때 시동에서 이용한다.
② 흡입 또는 배기 밸브에 작용하여 감압한다.
③ 기관 점검·조정에 이용한다.
④ 압축압력을 낮추기 위해 사용한다.

06.① **07.**① **08.**④ **09.**①
01.④ **02.**① **03.**④

04 예연소실식 디젤 기관의 장점으로 맞는 것은?

① 사용 연료의 변화에 민감하지 않다.
② 시동시 예열이 필요 없다.
③ 출력이 큰 엔진에 적합하다.
④ 연료 소비율이 높다.

05 자동차용 디젤기관의 분사펌프에서 분사초기의 분사시기를 변경시키고 분사말기를 일정하게 하는 리드의 형상은?

① 역 리드 ② 양 리드
③ 정 리드 ④ 각 리드

06 디젤엔진의 연료분사 3대 요건이 아닌 것은?

① 관통력 ② 노크
③ 분포도 ④ 무화

07 2행정 디젤기관의 소기방식이 아닌 것은?

① 가변벤투리 소기식
② 단류 소기식
③ 루프 소기식
④ 횡단 소기식

08 전자제어 디젤연료 분사장치 중 하나인 유닛 인젝터의 특징을 바르게 설명한 것은?

① 분사펌프와 인젝터의 거리가 가까워 분사 정밀도가 좋다.
② 크랭크 케이스 내에 직접 장착된다.
③ 노즐과 펌프는 각각 독립되어 장착된다.
④ 소음이 증가한다.

09 전자제어 디젤기관에서 전자제어 유닛(E.C.U)으로 입력되는 사항이 아닌 것은?

① 가속페달의 개도
② 차속
③ 연료분사량
④ 흡기 온도

10 디젤 엔진의 제어 래크가 동일한 위치에 있어도 일정 속도 범위에서 기관에 필요로 하는 공기와 연료의 비율을 균일하게 유지하는 장치는?

① 프라이밍 장치
② 원심 장치
③ 앵글라이히 장치
④ 딜리버리 밸브 장치

04. 디젤기관 예연소실식의 장점
① 공기 과잉률이 낮아 평균유효 압력이 높다.
② 운전상태가 조용하고 디젤기관의 노크가 잘 일어나지 않는다.
③ 공기와 연료의 혼합이 잘되고 엔진에 유연성이 있다.
④ 주 연소실 내의 압력이 비교적 낮아 작동이 정숙하다.
⑤ 연료 분사압력이 낮아 연료장치의 고장이 적다.
⑥ 분사시기 변화에 대해 민감하게 반응하지 않는다.
⑦ 연료의 변화에 둔감하므로 사용연료의 선택범위가 넓다.

05. ① **역 리드형** : 분사초기의 분사시기를 변경시키고 분사말기를 일정하게 하는 리드이다.
② **정 리드형** : 분사초기의 분사시기를 일정하게 하고 분사말기를 변경시키는 리드이다.
③ **양 리드형** : 분사초기와 말기를 모두 변화시키는 리드이다.

06. 연료 분사요건
① 무화가 좋을 것 ② 분산도(분포)가 좋을 것
③ 관통도가 클 것

07. 소기란 2행정 사이클 기관에서 잔류 배기가스를 실린더 밖으로 내보내고, 새로운 공기를 공급하는 과정을 말하며 2행정 사이클 디젤기관의 소기방식에는 단류 소기식, 루프 소기식, 횡단 소기식 등이 있다.

08. 유닛 인젝터의 특징은 분사펌프와 인젝터의 거리가 가까워 분사 정밀도가 좋다.

10. 앵글라이히 장치는 제어 래크가 동일한 위치에 있어도 모든 범위에서 공기와 연료의 비율을 균일하게 유지하기 위한 장치이다.

04.① **05.**① **06.**② **07.**① **08.**① **09.**③ **10.**③

11 가솔린 기관에 비하여 디젤기관의 장점으로 맞는 것은?

① 압축비를 크게 할 수 있다.
② 매연발생이 적다.
③ 기관의 최고속도가 높다.
④ 마력당 기관의 중량이 가볍다.

12 디젤 노크를 일으키는 원인과 직접적인 관계가 없는 것은?

① 압축비
② 회전속도
③ 연료의 발열량
④ 엔진의 부하

13 다음 중 디젤기관에서 분사노즐의 조건이 아닌 것은?

① 폭발력
② 관통도
③ 무화
④ 분산도

14 디젤 연료분사 중 파일럿 분사에 대한 설명으로 옳은 것은?

① 출력은 향상되나 디젤 노크가 생기기 쉽다.
② 주분사 직후에 소량의 연료를 분사하는 것이다.
③ 주분사의 연소를 확실하게 이루어지게 한다.
④ 배기초기에 급격히 실린더 압력을 상승하도록 한다.

15 다음 중 디젤 인젝션 펌프의 시험 항목이 아닌 것은?

① 누설 시험
② 송출압력 시험
③ 공급압력 시험
④ 충전량 시험

16 디젤기관의 조속기에서 헌팅(hunting) 상태가 되면 어떠한 현상이 일어나는가?

① 공전운전 불안정
② 공전속도 정상
③ 중속 불안정
④ 고속 불안정

17 정지가동상태의 매연측정을 위하여 급가속 시 가속페달을 밟을 때부터 놓을 때까지의 소요 시간은?

① 1s 이내　② 2s 이내
③ 3s 이내　④ 4s 이내

11. 디젤기관의 장점
① 가솔린 엔진보다 제동 열효율이 높다.
② 연료가 분사 노즐에 의해 공급되어 신뢰성이 크다.
③ 저속에서부터 고속까지 전부분에 걸쳐 회전력이 크다.
④ 가솔린 엔진보다 연료 소비율이 적다.
⑤ 연료의 인화점이 높아 안전하고, 화재의 위험이 적다.
⑥ 연료 분사 시간이 짧아 배기가스의 유해 성분이 적다.
⑦ 압축비를 크게 할 수 있다.

◈ 디젤기관의 단점
① 가솔린 엔진보다 마력당 중량이 무겁다.
② 평균 유효압력이 낮고 엔진의 회전 속도가 낮다.
③ 압축 및 폭발 압력이 높아 운전 중 진동과 소음이 크다.
④ 기동 전동기의 출력이 커야 한다.
⑤ 연료 분사장치를 설치하여야 하기 때문에 제작비가 비싸다.

14. 커먼 레일 디젤 엔진에서 파일럿 분사는 주 분사(main injection)가 이루어지기 전에 연료를 분사하여 주 분사의 착화지연 시간을 짧게 함으로써 연소가 잘 이루어지도록 하기 위한 것으로 엔진의 소음과 진동을 감소시킨다.

16. 헌팅은 디젤 엔진에서 조속기 작용이 둔하여 회전수가 파상적으로 변동하는 것으로 엔진이 공회전 중에 수십 회전씩 주기적으로 증감하는 진동을 말한다.

17. 가속페달에 발을 올려놓고 원동기의 최고 회전속도에 도달할 때까지의 소요시간은 4초 이내로 하고 그 시간이내에 시료를 채취하여야 한다.

11.① **12.**③ **13.**① **14.**③ **15.**④ **16.**① **17.**④

18 **디젤기관의 회전속도가 1800rpm 일 때 20° 의 착화지연 시간은 얼마인가?**

① 2.77ms ② 0.10ms
③ 66.66ms ④ 1.85ms

19 **디젤기관에서 기관의 회전속도나 부하의 변동에 따라 자동으로 분사량을 조절해 주는 장치는?**

① 조속기 ② 딜리버리 밸브
③ 타이머 ④ 첵 밸브

20 **디젤기관에 과급기를 설치했을 때 얻는 장점 중 잘못 설명한 것은?**

① 동일 배기량에서 출력이 증가한다.
② 연료소비율이 향상된다.
③ 잔류 배출가스를 완전히 배출시킬 수 있다.
④ 연소상태가 좋아지므로 착화지연이 길어진다.

21 **착화지연기간에 대한 설명으로 맞는 것은?**

① 연료가 연소실에 분사되기 전부터 자기 착화 되기까지 일정한 시간이 소요되는 것을 말한다.
② 연료가 연소실 내로 분사된 후부터 자기 착화 되기까지 일정한 시간이 소요되는 것을 말한다.
③ 연료가 연소실에 분사되기 전부터 후연소기간까지 일정한 시간이 소요되는 것을 말한다.
④ 연료가 연소실 내로 분사된 후부터 후기 연소기간까지 일정한 시간이 소요되는 것을 말한다.

22 **디젤노크에 대한 설명으로 가장 적합한 것은?**

① 연료가 실린더 내 고온 고압의 공기 중에 분사하여 착화할 때 착화지연기간이 길어지면 실린더 내에 분사하여 누적된 연료량이 일시에 급격히 착화 연소 팽창하게 되어 고열과 함께 심한 충격이 가해지게 된다.
② 연료가 실린더 내 고온 고압의 공기 중에 분사하여 점화될 때 점화지연기간이 길어지면 실린더 내에 분사하여 누적된 연료량이 일시에 급격히 착화 연소 팽창하게 되어 고열과 함께 심한 충격이 가해지게 된다.
③ 연료가 실린더 내 저온 저압의 공기 중에 분사하여 착화될 때 착화지연기간이 짧아지면 실린더 내에 분사하여 누적된 연료량이 서서히 증가하고 착화 연소 팽창하게 되어 고열과 함께 심한 충격이 가해지게 된다.
④ 연료가 실린더 내 저온 저압의 공기 중에 분사하여 점화될 때 점화지연기간이 짧아지면 실린더 내에 분사하여 누적된 연료량이 서서히 증가하고 점화 연소 팽창하게 되어 고열과 함께 심한 충격이 가해지게 된다.

18. 분사시기 = 초당회전수 × 360 × 착화지연시간

$$20 = \frac{1800}{60} \times 360 \times x, \quad x = 540,$$

지연시간 $= \frac{1}{540} = 0.00185\,\text{sec}$ 이므로 1.85ms

19. 조속기는 엔진의 회전속도나 부하 변동에 따라 자동적으로 제어 랙을 움직여 분사량을 가감하여 운전이 안정되도록 한다. 특히 저속 운전에서는 분사량이 상당히 적고 제어 랙의 작은 움직임에 대해서도 분사량의 변화가 크기 때문에 조속기를 설치하여 자동적으로 조절한다.

20. **과급기의 사용 목적**

① 충전효율(흡입효율, 체적효율)이 증대된다.
② 동일 배기량에서 엔진의 출력이 증대된다.
③ 엔진의 회전력이 증대된다.
④ 연료 소비율이 향상된다.
⑤ 착화지연이 짧아진다.
⑥ 평균유효압력이 향상된다.

18.④ **19.**① **20.**④ **21.**② **22.**①

23 **디젤기관의 연료공급 장치에서 연료공급 펌프로부터 연료가 공급되나 분사펌프로부터 연료가 송출되지 않거나 불량한 원인으로 틀린 것은?**

① 연료 여과기의 여과망 막힘
② 플런저와 플런저 배럴의 간극과다
③ 조속기 스프링의 장력약화
④ 연료 여과기 및 분사펌프에 공기흡입

24 **디젤기관용 연료의 발화성 척도를 나타내는 세탄가에 관계되는 성분들은 어느 것인가?**

① 노말 헵탄과 이소옥탄
② α메틸 나프탈린과 세탄
③ 세탄과 이소옥탄
④ α메틸 나프탈린과 헵탄

25 **디젤기관의 직접분사식 연소실의 장점이 아닌 것은?**

① 연소실 표면적이 작기 때문에 열 손실이 적고, 교축 손실과 와류 손실이 적다.
② 연소가 완만히 진행되므로 기관의 작동 상태가 부드럽다.
③ 실린더 헤드의 구조가 간단하므로 열변형이 적다.
④ 연소실의 냉각손실이 작기 때문에 한랭지를 제외하고는 냉 시동에도 별도의 보조 장치를 필요로 하지 않는다.

26 **다음은 디젤기관에서 연료 분사량이 부족되는 원인을 든 것이다. 해당되지 않는 것은?**

① 딜리버리 밸브의 접촉이 불량하다.
② 분사펌프 플런저가 마멸되어 있다.
③ 딜리버리 밸브 시트가 손상되어 있다.
④ 기관의 회전속도가 낮다.

27 **디젤기관 분사펌프 시험기로 시험할 수 없는 사항은?**

① 분사시기의 조정 시험
② 디젤기관의 출력 시험
③ 진공식 조속기의 시험
④ 원심식 조속기의 시6험

28 **연료분사펌프 시험기로 각 실린더의 분사량을 측정하였더니 최대 분사량이 33cc이고, 최소 분사량이 29cc이며, 각 실린더의 평균 분사량이 30cc였다. (+)불균율은?**

① 10%　　② 20%
③ 30%　　④ 35%

29 **핀틀(Pintle)형 노즐의 직경이 1mm이고 니들 압력스프링 장력이 0.8kgf이면 노즐의 폐압은 얼마 정도인가?**

① 0.8kgf/cm²　　② 8kgf/cm²
③ 90kgf/cm²　　④ 102kgf/cm²

23. 조속기 스프링의 장력이 약해지면 헌팅 현상이 발생된다.

24. 세탄가는 α메틸 나프탈린(착화성 불량)과 세탄(착화성 양호)의 혼합물 중 세탄의 비율로 나타낸다.

25. 직접분사식 연소실의 장점
① 연소실 표면적이 작기 때문에 열 손실이 적고, 교축 손실과 와류 손실이 적다.
② 실린더 헤드의 구조가 간단하므로 열 변형이 적다.
③ 연소실의 냉각손실이 작기 때문에 한랭지를 제외하고는 냉 시동에도 별도의 보조 장치를 필요로 하지 않는다.

28. $+\text{불균율} = \dfrac{\text{최대분사량} - \text{평균분사량}}{\text{평균분사량}} \times 100$

$+\text{불균율} = \dfrac{33-30}{30} \times 100 = 10\%$

29. $P = \dfrac{W}{A} \quad \therefore \ P = \dfrac{0.8 \times 4}{\pi \times 0.1^2} = 101.9\text{kgf/cm}^2$

P : 압력(kgf/cm²), W : 하중(kgf), A : 단면적(cm²))

23.③ **24.**② **25.**② **26.**④ **27.**② **28.**①
29.④

30 **디젤엔진에서 매연이 과다하게 발생할 때 기본적으로 가장 먼저 점검해야 할 내용은?**

① 에어 엘리먼트 점검
② 연료필터 점검
③ 노즐의 분사압력
④ 밸브간극 점검

31 **터보 차져(Turbo charger)가 장착된 엔진에서 출력부족 및 매연이 발생한다면 원인으로 알맞지 않은 것은?**

① 에어 클리너가 오염되었다.
② 흡기 매니폴드에서 누설이 되고 있다.
③ 발전기의 충전전류가 발생하지 않는다.
④ 터보차져 마운팅 플랜지에서 누설이 있다.

32 **경유연료 사용 자동차의 조속기 봉인방법으로 옳지 않는 것은?**

① 납 봉인방법은 3선 이상으로 꼰 철선과 납덩이를 사용하여 압축 봉인하여야 한다. 이 경우 조정나사 등에는 재봉인을 위한 구멍을 뚫지 않아도 된다.
② Cap seal 봉인 방법은 조속기 조정나사에 Cap을 사용하여 봉인하여야 한다.
③ 봉인 Cap방법은 조속기 조정나사를 Cap고정 Bolt로 고정하고 Cap을 씌운 후 그 표면에 납을 사용하여 봉인하여야 한다.
④ 용접방법은 조속기 조정나사를 고정시킨 후 환형 철판 등으로 용접하여 봉인하여야 한다.

33 **운행자동차 배출가스 측정시 매연측정 방법으로 틀린 것은?**

① 측정기의 시료 채취관을 배기관의 중앙에 오도록 하고 20cm 정도의 깊이로 삽입한다.
② 가속페달을 밟을 때부터 놓을 때까지의 소요시간은 10초 이내로 한다.
③ 원동기의 급가속시부터 시료 채취관의 압축공기 청소까지에 소요되는 시간은 15초 정도로 한다.
④ 매연 농도 측정은 3회 연속 측정한다.

34 **경유사용 자동차 배출가스 정밀검사의 무부하 검사방법으로 틀린 것은?**

① 원동기를 변속기가 중립인 상태에서 급가속하여 최고 회전속도 도달 후 2초간 유지시키고 정지가동상태로 5~6초간 둔다. 이와 같은 과정을 3회 이상 반복 실시한다.
② 측정기의 시료 채취관을 배기관의 벽면으로부터 5mm 이상 떨어지도록 설치하고 5cm 정도의 깊이로 삽입한다.
③ 매연은 반드시 10회까지 측정하여 측정값의 최대값과 최소값은 제외하고 나머지 값들을 산술 평균값을 최종 측정치로 한다.
④ 원동기를 변속기가 중립인 상태에서 급가속시 가속페달을 밟을 때부터 놓을 때까지 소요시간은 4초 이내로 한다.

30. 디젤엔진에서 매연이 과다하게 발생하면 가장 먼저 에어 클리너 엘리먼트 막힘 여부를 점검한다.

31. 출력부족 및 매연이 발생하는 원인
① 에어 클리너가 오염되었다.
② 흡기 매니폴드에서 누설이 되고 있다.
③ 터보차져 마운팅 플랜지에서 누설이 있다.

32. 납 봉인방법은 3선 이상으로 꼰 철선과 납덩이를 사용하여 압축 봉인하여야 한다. 이 경우 조정나사 등에는 재봉인을 위한 구멍을 뚫어 놓아야 한다.

33. ② 가속페달을 밟을 때부터 놓을 때까지의 소요시간은 4초 이내로 한다.

30.① **31.**③ **32.**① **33.**② **34.**③

35 매연 측정시 측정기의 시료 채취관을 배기관 중앙에 오도록 하고 어느 정도 깊이로 삽입하는 것이 적당한가?

① 50cm ② 30cm
③ 5cm ④ 10cm

36 매연 측정치 산술시 3회 연속 측정한 매연농도의 최대치와 최소치의 차이가 몇 %를 초과할 때 2회를 다시 측정하여야 하는가?

① 3% ② 5%
③ 10% ④ 20%

37 운행자동차 배출가스 정기검사대행자가 갖추어야 할 장비 중 여지 반사식 매연 측정기의 교정을 표준지 규격(농도)에 해당되는 것은?

① 20%, 30%, 40%, 50%
② 20%, 30%, 40%, 60%
③ 20%, 30%, 60%, 80%
④ 20%, 30%, 50%, 60%

38 배출가스 정밀검사에서 Lug-Down3 모드의 검사항목이 아닌 것은?

① 매연 농도 ② 엔진출력
③ 엔진회전수 ④ 질소산화물(NOx)

39 2000년 1월에 제작되어 운행중인 소형화물자동차(경유를 사용)의 정기검사시 매연 배출 허용기준은?

① 40% 이하 ② 30% 이하
③ 55% 이하 ④ 20% 이하

40 배출가스 정밀검사에서 경유 자동차의 엔진 최고출력을 측정하여 표준상태로 보정하려고 한다. 이 때 대기온도가 영하 10도이고 대기압력이 95kPa 이라면 대기계수는?(단, 과급기가 부착되지 않은 일반엔진이다.)

① 0.85 ② 0.95
③ 1.25 ④ 1.35

41 배출가스 정밀검사에서 경유 자동차 매연 측정기의 매연 분석 방법은?

① 광반사식
② 여지반사식
③ 전유량방식 광투과식
④ 부분유량 채취방식 광투과식

36. 3회 측정한 매연농도의 최대치와 최소치의 차이가 5%를 초과하는 경우에는 2회를 다시 측정하여 총 5회중 최대치와 최소치를 제외한 나머지 3회의 측정치를 산술 평균한다.

38. Lug Down 3모드(부하검사방법) 측정방법은 경유사용자동차의 엔진정격회전수, 엔진정격출력 및 매연농도를 측정하는데 적용한다.

39. 매연 배출 허용기준(소형화물자동차)
① 2000년 12월 31일 이전 제작 자동차 : 55%
② 2001년 1월 1일부터 2003년 12월 31일까지 제작 자동차 : 45%
③ 2004년 1월 1일부터 2007년 12월 31일까지 제작 자동차 : 40%
④ 2008년 1월 1일 이후 제작 45% 이하 자동차 : 20% 이하

35.③ **36.**② **37.**① **38.**④ **39.**③ **40.**②
41.④

3. LPG 연료장치

01 자동차에서 사용하는 LPG의 특성 중 잘못 설명한 것은?

① 연소효율이 좋고 엔진 운전이 정숙하다.
② 증기폐쇄(Vapor Lock)가 잘 일어난다.
③ 엔진의 윤활유가 잘 더러워지지 않으므로 엔진의 수명이 길다.
④ 대기오염이 적으며, 위생적이고 경제적이다.

02 LPG 자동차에 대한 설명으로 틀린 것은?

① 배기량이 같은 경우 가솔린 엔진에 비해 출력이 낮다.
② 일반적으로 NOx는 가솔린 엔진에 비해 많이 배출된다.
③ LPG는 영하의 온도에서는 기화되지 않는다.
④ 탱크는 밀폐 방식으로 되어 있다.

03 LPG엔진의 특징을 옳게 설명한 것은?

① 기화하기 쉬워 연소가 균일하다.
② 겨울철 시동이 쉽다.
③ 베이퍼록이나 퍼컬레이션이 일어나기 쉽다.
④ 배기가스에 의한 배기관, 소음기 부식이 쉽다.

04 LPG 기관의 장점이 아닌 것은?

① 공기와 혼합이 잘 되고 완전연소가 가능하다.
② 배기색이 깨끗하고 유해 배기가스가 비교적 적다.
③ 베이퍼라이저가 장착된 LPG 기관은 연료 펌프가 필요 없다.
④ 베이퍼라이저가 장착된 LPG 기관은 가스를 연료로 사용 하므로 저온 시동성이 좋다.

05 전자 제어 LPG차량에 장착되어 있지 않는 부품은?

① T.P.S ② 솔레노이드 밸브
③ 산소 센서 ④ 캐니스터

06 LPG 기관의 주요 구성 부품에 속하지 않는 것은?

① 베이퍼라이저
② 긴급차단 솔레노이드 밸브
③ 퍼지 솔레노이드 밸브
④ 액상 기상 솔레노이드 밸브

07 LPG 연료장치에서 LPG를 감압, 기화하여 일정 압력으로 기화량을 조절하는 것은?

① LPG 연료탱크 ② LPG 필터
③ 솔레노이드 밸브 ④ 베이퍼라이저

02. LPG 자동차의 특징
① 배기량이 같은 경우 가솔린엔진에 비해 출력이 낮다.
② 일반적으로 NOx는 가솔린엔진에 비해 많이 배출된다.
③ 탱크(bombe)는 밀폐 방식으로 되어 있다.

03. LPG 엔진의 특징
① 윤활유의 희석이 적어 점도 저하가 적다.
② 가격이 저렴하여 경제적이다.
③ 유황분의 함유량이 적어 윤활유의 오염이 적다.
④ 실린더에 가스 상태로 공급되기 때문에 유해 배출물의 발생이 적다.
⑤ 옥탄가가 높다. ⑥ 기화하기 쉬워 연소가 균일하다.

04. 베이퍼라이저가 장착된 LPG 기관은 한냉시 또는 장시간 정차시에 증발 잠열 때문에 시동이 곤란하다.

06. 연료 증발가스(HC) 제어장치의 구성품은 챠콜 캐니스터, 퍼지 컨트롤 솔레노이드 밸브로 구성되어 있다.

07. 베이퍼라이저는 봄베에서 공급된 연료의 압력을 감압하여 기화시키며, 일정한 압력으로 유지시켜 엔진에서 변화되는 부하의 증감에 따라 기화량을 조절한다.

01.② **02.**③ **03.**① **04.**④ **05.**④ **06.**③ **07.**④

08 **LPG자동차에서 기체 또는 액체의 연료를 차단 및 공급하는 역할을 하는 것은?**

① 영구자석 ② 솔레노이드 밸브
③ 체크 밸브 ④ 감압 밸브

09 **액상 LPG의 압력을 낮추어 기체 상태로 변환시켜 공급하는 역할을 하는 장치는?**

① 베이퍼라이저(vaporizer)
② 믹서(mixer)
③ 대시 포트(dash pot)
④ 봄베(bombe)

10 **LPG 자동차에서 베이퍼라이저의 1차실 구성이 아닌 것은?**

① 압력 조정기구 ② 압력 밸런스 기구
③ 다이어프램 ④ 공연비 제어기구

11 **LPG 차량에서 베이퍼라이저의 주요 기능이 아닌 것은?**

① 감압 ② 기화
③ 기화량 조절 ④ 분사

12 **LPG 엔진의 베이퍼라이저 1차실 압력측정에 대한 설명으로 틀린 것은?**

① 베이퍼라이저 1차실의 압력은 약 0.3 kgf/cm^2정도이다.
② 압력게이지를 설치하여 압력이 규정치가 되는지 측정한다.
③ 압력 측정시에는 반드시 시동을 끈다.
④ 1차실의 압력 조정은 압력조절 스크루를 돌려 조정한다.

13 **LPG 자동차에서 연료탱크의 최고 충전은 85%만 채우도록 되어있는데 그 이유로 가장 타당한 것은?**

① 충돌시 봄베 출구밸브의 안전을 고려하여
② 봄베 출구에서의 LPG 압력을 조절하기 위하여
③ 온도 상승에 따른 팽창을 고려하여
④ 베이퍼라이저에 과다한 압력이 걸리지 않도록 하기 위하여

14 **LPG차량에서 공전회전수의 안정성을 확보하기 위해 혼합된 연료를 믹서의 스로틀 바이패스 통로를 통하여 혼합기를 추가로 보상하는 것은?**

① 아이들업 솔레노이드 밸브
② 대시포트
③ 공전속도 조절밸브
④ 스로틀 위치 센서

08. LPG 엔진에서 ECU는 냉각수 온도가 15℃ 이하일 경우에는 기체 솔레노이드 밸브를, 냉각수 온도가 15℃ 이상일 경우에는 액체 솔레노이드를 작동시킨다.

09. 베이퍼라이저(vaporizer, 감압 기화장치)는 액상 LPG의 압력을 낮추어 기체상태로 변환시켜 공급하는 역할을 하는 장치이다.

◈ **LPG 연료장치 구성품의 기능**

① 베이퍼라이저 : 봄베에서 공급된 연료의 압력을 감압하여 기체 상태로 변환시켜 믹서로 공급하는 역할을 한다.
② 믹서 : 공기와 LPG를 혼합하여 각 실린더에 공급하는 역할을 한다.
③ 봄베 : 주행에 필요한 연료를 저장하는 고압용 탱크로서 액체 상태로 유지하기 위한 압력은 7 ~ 10kgf/cm^2 이다.

13. LPG 봄베에 연료의 충전은 온도 상승에 따른 팽창을 고려하여 봄베 용적의 85% 까지만 한다.

14.

① **아이들 업 솔레노이드 밸브** : LPG 엔진에서 공전할 때 동력조향장치의 조작, 에어컨 ON, 전조등을 ON으로 하면 아이들 업(idle up)구멍을 열어 회전속도를 상승시켜 주는 밸브
② **대시포트** : 엔진을 급 감속할 때 스로틀 밸브가 천천히 닫히도록 해주는 장치
③ **공전속도 조절밸브** : 공전 회전수의 안정성을 확보하기 위해 혼합된 연료를 믹서의 스로틀 바이패스 통로를 통하여 혼합가스를 추가로 보상하는 것
④ **스로틀 위치 센서** : 스로틀 밸브의 열림 정도를 감지하는 센서

08.② **09.**① **10.**④ **11.**④ **12.**③ **13.**③ **14.**③

4. CNG 연료장치

01 **CNG 기관의 분류에서 자동차에 연료를 저장하는 방법에 따른 분류가 아닌 것은?**

① 압축 천연가스(CNG) 자동차
② 액화 천연가스(LNG) 자동차
③ 흡착 천연가스(ANG) 자동차
④ 부탄가스 자동차

02 **CNG 기관의 장점에 속하지 않는 것은?**

① 매연이 감소된다.
② 이산화탄소와 일산화탄소 배출량이 감소한다.
③ 낮은 온도에서의 시동성능이 좋지 못하다.
④ 기관 작동 소음을 낮출 수 있다.

03 **다음 중 천연가스에 대한 설명으로 틀린 것은?**

① 상온에서 기체 상태로 가압 저장한 것을 CNG라고 한다.
② 천연적으로 채취한 상태에서 바로 사용할 수 있는 가스 연료를 말한다.
③ 연료를 저장하는 방법에 따라 압축 천연가스 자동차, 액화 천연가스 자동차, 흡착 천연가스 자동차 등으로 분류된다.
④ 천연가스의 주성분은 프로판이다.

04 **자동차 연료로 사용하는 천연가스에 관한 설명으로 맞는 것은?**

① 약 200기압으로 압축시켜 액화한 상태로만 사용한다.
② 부탄이 주성분인 가스 상태의 연료이다.
③ 상온에서 높은 압력으로 가압하여도 기체 상태로 존재하는 가스이다.
④ 경유를 착화보조 연료로 사용하는 천연가스 자동차를 전소기관 자동차라 한다.

05 **압축 천연가스를 연료로 사용하는 기관의 특성으로 틀린 것은?**

① 질소산화물, 일산화탄소 배출량이 적다.
② 혼합기 발열량이 휘발유나 경유에 비해 좋다.
③ 1회 충전에 의한 주행거리가 짧다.
④ 오존을 생성하는 탄화수소에서의 점유율이 낮다.

01. 자동차에 연료를 저장하는 방법에 따라 압축 천연가스(CNG) 자동차, 액화 천연가스(LNG) 자동차, 흡착 천연가스(ANG) 자동차 등으로 분류된다.

02. CNG 기관의 장점은 ①, ②, ④항 이외에 낮은 온도에서의 시동 성능이 좋다.

03. 천연가스에 대한 설명은 ①, ②, ③항 이외에 천연가스는 메탄이 주성분인 가스 상태이며, 상온에서 고압으로 가압하여도 기체 상태로 존재하므로 자동차에서는 약 200기압으로 압축하여 고압용기에 저장하거나 액화 저장하여 사용한다.

05. **CNG 기관의 특징**

① 디젤 기관과 비교하였을 때 매연이 100% 감소된다.
② 가솔린 기관과 비교하였을 때 이산화탄소 20~ 30%, 일산화탄소가 30~50% 감소한다.
③ 낮은 온도에서의 시동성능이 좋다.
④ 옥탄가가 130으로 가솔린의 100보다 높다.
⑤ 질소산화물 등 오존영향 물질을 70%이상 감소시킬 수 있다.
⑥ 기관 작동소음을 낮출 수 있다.
⑦ 오존을 생성하는 탄화수소에서의 점유율이 낮다.
⑧ 1회 충전에 의한 주행거리가 짧다.

01.④ **02.**③ **03.**④ **04.**③ **05.**②

06 **압축 천연가스(CNG) 자동차에 대한 설명으로 틀린 것은?**

① 연료라인 점검 시 항상 압력을 낮춰야 한다.
② 연료누출 시 공기보다 가벼워 가스는 위로 올라간다.
③ 시스템 점검 전 반드시 연료 실린더 밸브를 닫는다.
④ 연료 압력 조절기는 탱크의 압력보다 약 5bar가 더 높게 조절한다.

07 **압축 천연가스(CNG)의 특징으로 거리가 먼 것은?**

① 전 세계적으로 매장량이 풍부하다.
② 옥탄가가 매우 낮아 압축비를 높일 수 없다.
③ 분진 유황이 거의 없다.
④ 기체 연료이므로 엔진 체적효율이 낮다.

08 **전자제어 압축천연가스(CNG) 자동차의 기관에서 사용하지 않는 것은?**

① 연료 온도 센서
② 연료 펌프
③ 연료압력 조절기
④ 습도 센서

09 **CNG 기관에서 사용하는 센서가 아닌 것은?**

① 가스 압력 센서
② 베이퍼라이저 센서
③ CNG 탱크 압력 센서
④ 가스 온도 센서

10 **CNG(Compressed Natural Gas) 엔진에서 가스의 역류를 방지하기 위한 장치는?**

① 체크 밸브
② 에어 조절기
③ 저압 연료 차단 밸브
④ 고압 연료 차단 밸브

11 **CNG 자동차에서 가스 실린더 내 200bar의 연료압력을 8~10bar로 감압시켜주는 밸브는?**

① 마그네틱 밸브
② 저압 잠금 밸브
③ 레귤레이터 밸브
④ 연료양 조절 밸브

06. 연료 압력 조절기는 고압 차단 밸브와 열 교환 기구 사이에 설치되며, CNG 탱크 내 200bar의 높은 압력의 천연가스를 기관에 필요한 8bar로 감압 조절한다. 압력 조절기 내에는 높은 압력의 가스가 낮은 압력으로 팽창되면서 가스 온도가 내려가므로 이를 난기 시키기 위해 기관의 냉각수가 순환하도록 되어 있다.

07. 압축 천연가스의 특징
① 디젤기관 자동차와 비교하였을 때 매연이 100% 감소된다.
② 가솔린 기관의 자동차와 비교하였을 때 이산화탄소 20~30%, 일산화탄소가 30~50% 감소한다.
③ 낮은 온도에서의 시동성능이 좋으며, 옥탄가가 130으로 가솔린의 100보다 높다.
④ 질소산화물 등 오존영향 물질을 70%이상 감소시킬 수 있다.
⑤ 기관 작동 소음을 낮출 수 있다.
⑥ 기체 연료이므로 엔진 체적효율이 낮다.

08. CNG 기관에서 사용하는 것으로는 연료 미터링 밸브, 가스 압력 센서, 가스 온도 센서, 고압 차단 밸브, 탱크 압력 센서, 탱크 온도 센서, 습도 센서, 수온 센서, 열 교환 기구, 연료 온도 조절 기구, 연료 압력 조절 기구, 스로틀 보디 및 스로틀 위치 센서(TPS), 웨이스트 게이트 제어 밸브(과급 압력 제어 기구), 흡기 온도 센서(MAT)와 흡기 압력(MAP) 센서, 스로틀 압력 센서, 대기 압력 센서, 공기 조절 기구, 가속 페달 센서 및 공전 스위치 등이다.

10. 체크 밸브는 유체의 역류를 방지하고자 할 때 사용한다.

11. **레귤레이터 밸브**(Regulator valve)는 고압 차단 밸브와 열 교환 기구 사이에 설치되며, CNG탱크 내의 200bar의 높은 압력의 CNG를 기관에 필요한 8bar로 감압 조절한다. 압력 조절기 내에는 높은 압력의 가스가 낮은 압력으로 팽창되면서 가스 온도가 내려가므로 이를 난기 시키기 위해 기관의 냉각수가 순환하도록 되어 있다.

06.④ 07.② 08.② 09.② 10.① 11.③

5. 연료장치 성능기준

01 연료장치의 성능기준에 대한 설명 중 틀린 것은?

① 자동차의 움직임에 의하여 연료가 새지 않는 구조일 것
② 연료 주입구는 배기관의 끝으로부터 30cm이상 떨어져 있을 것
③ 양끝이 고정된 도관은 완곡 된 형태로 최소한 1m마다 차체에 고정 시킬 것
④ 압축가스 장치 고압부분의 도관은 가스 용기 충전압력의 2.5배 압력에 견딜 수 있을 것.

02 액화석유가스와 천연가스 등의 기체 연료를 사용하는 자동차의 연료장치 중 성능기준에 적합하지 않은 것은?

① 고압부분의 도관은 가스용기 충전압력의 1.5배의 압력에 견딜 수 있을 것
② 중간 차단밸브는 운전자가 운전 중에도 조작할 수 있는 곳에 설치할 것
③ 양끝이 고정된 도관(내유성 고무관을 제외한다)은 완곡된 형태로 최소한 2m마다 차체에 고정시킬 것
④ 가스용기는 차체 밖으로부터 공기가 통하는 곳에 설치할 것

03 자동차에 LPG 연료를 사용하는 경우 가스용기 및 용기밸브는 차체 최외측 면으로부터 얼마 이상 간격을 두고 설치하여야 하는가?

① 500mm ② 450mm
③ 300mm ④ 200mm

04 LPG 가스용기를 설치하여 연료장치 구조변경 검사를 시행하는 경우 가스배출구는 전기 개폐기로부터 얼마 이상 떨어져 있어야 하는가?

① 50cm ② 30cm ③ 20cm ④ 10cm

05 연료 탱크의 주입구 및 가스 배출구는 노출된 전기단자 및 전기개폐기로부터 몇 mm 이상 떨어져 있어야 되는가?

① 300mm ② 400mm
③ 500mm ④ 200mm

06 LPG사용 규제에 의해 LPG를 연료로 사용할 수 없는 자동차는?

① 일반 화물자동차
② 어린이 운송용 승합 자동차
③ 사업용 승용 자동차
④ 외형이 승용 자동차와 유사한 밴형 화물자동차

07 액화석유가스와 천연가스 등의 기체연료를 연료로 사용하는 자동차의 연료장치 도관으로 적당하지 않은 것은?

① 강관 ② 동관
③ 내유성 고무관 ④ 주철관

08 LPG 자동차에서 LPG 용기에 부착해야 하는 장치가 아닌 것은?

① 용기밸브 및 안전밸브
② 액면표시장치
③ 전자밸브
④ 과충전 방지장치

01. 고압 부분의 도관은 가스 용기 충전 압력의 1.5 배의 압력에 견딜 수 있을 것.

02. 양끝이 고정된 도관(내유성 고무관을 제외한다)은 완곡된 형태로 최소한 1m마다 차체에 고정시킬 것

05. 연료탱크 · 주입구 및 가스배출구
① 배기관의 끝으로부터 30센티미터 이상 떨어져 있을 것(연료탱크를 제외한다)
② 노출된 전기단자 및 전기개폐기로부터 20센티미터 이상 떨어져 있을 것(연료탱크를 제외한다)

01.④ **02.**③ **03.**④ **04.**③ **05.**④ **06.**④ **07.**④ **08.**③

5장 흡배기장치

5-1 유해배출가스 저감장치

1 유해배출가스

배기 파이프로부터의 배기가스, 엔진 크랭크케이스로부터의 블로 바이 가스(blow-by gas) 및 연료계통으로부터의 증발 가스 등 3가지가 있다.

① **블로바이가스**(blow-by gas) : 실린더와 피스톤 간극에서 크랭크 케이스(crank case)로 빠져 나오는 가스이다. 이 가스가 크랭크 케이스 내에 체류하면 엔진의 부식, 오일 슬러지(oil sludge)발생 등을 촉진한다.

② **증발가스** : 연료 계통에서 연료가 증발하여 대기 중으로 방출되는 가스이며 주성분은 탄화수소이다.

③ **배기가스**(exhaust gas) : 주성분은 수증기(H_2O)와 이산화탄소(CO_2)이며 이외에 일산화탄소(CO), 탄화수소(HC ; Hydro-Carbon), 질소 산화물(NOx), 납 산화물, 탄소 입자 등이 있다. 배기가스의 3가지 주요 오염 물질은 탄화수소(HC), 일산화탄소(CO), 질소 산화물(NOx)이다. 특히, 일산화탄소는 인체의 혈액 속에 있는 헤모글로빈과의 결합성이 크기 때문에 수족마비, 정신분열 등을 일으킨다.

2 배출가스제어장치

① **블로바이 가스제어장치** : 경부하 및 중부하일 경우에는 블로바이 가스는 PCV밸브(Positive Crank Case Ventilation Valve)의 열림 정도에 따라서 유량이 조절되어 흡기다기관으로 들어간다.

② **연료증발 가스제어장치** : 연료계통에서 발생한 증발가스(탄화수소)를 캐니스터(canister)에 포집한 후 PCSV(Purge Control Solenoid Valve)의 조절에 의하여 흡기다기관을 통하여 연소실로 보내어 연소시킨다.

- 캐니스터는 차량이 정지하였을 때 HC 가스를 한 곳에 포집하였다가 엔진이 워밍업 되었을 때 적절히 배출시키는 기능을 지니고 있다.
- P.C.S.V(Purge Control Solenoid Valve) : 컴퓨터 제어 신호에 의해 캐니스터에 저장된

연료 증발 가스를 흡기다기관으로 유입하거나 차단하는 역할을 하며, 엔진이 공전하거나 냉각수 온도가 65℃이하에서는 작동하지 않는다.

③ **배기가스 제어장치**

- **산소센서** : 배기가스 중의 산소농도에 따라 분사량을 보정하여 이론 혼합비가 되도록 피드백제어를 한다.
- **EGR 밸브** : 배기가스 중의 일부를 연소실로 재순환시켜 엔진의 연소온도를 낮추어 질소산화물(NOx)의 발생을 저감한다.
- **촉매컨버터** : 산화, 환원 과정을 통해 유해배기가스인 일산화탄소(CO), 탄화수소(HC), 질소 산화물(NOx)을 이산화탄소(CO_2), 수증기(H_2O), 질소(N_2), 산소(O_2) 등으로 변환시킨다.

5-2 배기가스 제어장치

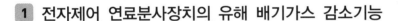

1 전자제어 연료분사장치의 유해 배기가스 감소기능

① 혼합기의 이론 공연비 설정이 가능하다.
② 감속할 때 연료차단을 할 수 있다.
③ 운전 조건에 따라 연료 공급이 가능하다.

2 배기가스의 배출특성

① 이론 혼합비(14.7 : 1)보다 농후한 혼합비를 공급하면 질소산화물은 감소하고, 일산화탄소와 탄화수소는 증가한다.
② 이론 혼합비보다 약간 희박한 혼합비를 공급하면 질소산화물은 증가하고, 일산화탄소와 탄화수소는 감소한다.
③ 이론 혼합비보다 매우 희박한 혼합비를 공급하면 질소산화물과 일산화탄소는 감소하고, 탄화수소는 증가한다.

3 산소센서

(1) 피드백(feed back)제어

① 피드백 제어에 필요한 주요부품은 산소(O_2)센서, ECU, 인젝터로 이루어진다.
② O_2센서의 기전력이 커지면 공연비가 농후하다고 판정하여 인젝터 분사 시간이 짧아지고, 기전력이 작아지면 공연비가 희박하다고 판정하여 인젝터 분사 시간이 길어진다.
③ O_2센서의 기전력은 배기가스 중의 산소 농도가 증가(공연비 희박)하면 감소하고, 산소 농도가 감소(공연비 농후)하면 증가한다.

④ 피드백 제어는 산소센서의 출력전압에 따라 이론 공연비(14.7 : 1)가 되도록 인젝터 분사 시간을 제어하여 분사량을 조절한다.
⑤ CO, HC, NOx 등의 배기가스를 저감한다.

(2) 산소센서의 종류

① **지르코니아 형식** : 지르코니아 소자(ZrO_2)양면에 백금 전극이 있고, 센서의 안쪽에는 산소 농도가 높은 대기가 바깥쪽에는 산소 농도가 낮은 배기가스가 접촉한다. 지르코니아 소자는 고온에서 양쪽의 산소 농도 차이가 커지면 기전력을 발생하는 성질이 있다.
② **티타니아 형식** : 세라믹 절연체의 끝에 티타니아 소자가 설치되어 있고, 전자 전도체인 티타니아가 주위의 산소 분압에 대응하여 산화 또는 환원되어 그 결과 전기저항이 변화하는 성질을 이용한 것이다.

(3) 질코니아 소자의 산소(O_2)센서

① 연료혼합비(A/F)가 희박할 때는 약 0.1V, 농후할 때는 약 0.9V에 가까운 전압이 출력된다.
② 이론공연비(A/F 14.7 : 1)일 때 0.4~0.5V(약 0.45V)의 전압이 출력된다.
③ 산소의 농도차이에 따라 출력전압이 변화한다.

(4) 전영역 산소센서(Wide Band Oxygen Sensor)

지르코니아(ZrO_2)고체 전해질에 (+)의 전류를 흐르도록 하여 확산실 내의 산소를 펌핑 셀(pumping shell)내로 받아들이고 이때 산소는 외부 전극에서 일산화탄소 및 이산화탄소를 환원하여 얻는다.

(5) 산소센서 취급방법

① 내부 저항을 측정해서는 안 된다.
② 출력 전압을 단락(쇼트)시켜서는 안 된다.
③ 반드시 무연 휘발유를 사용하여야 한다.
④ 전압을 측정할 때에는 오실로스코프 또는 디지털 미터를 사용하여야 한다.
⑤ 산소센서의 온도가 정상 작동온도가 된 후 측정하여야 한다.

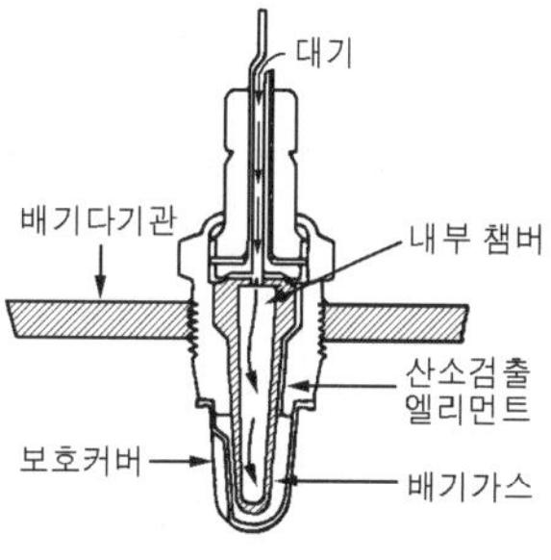

♻ 산소센서의 구조

4 촉매 컨버터

(1) 촉매 컨버터

배기가스 중의 일산화탄소와 탄화수소를 이산화탄소와 수증기로 만드는 산화 촉매, 질소 산화물을 환원하여 질소와 이산화탄소로 만드는 환원 촉매, 그리고 일산화탄소, 탄화수소 및 질소 산화물을 동시에 1개의 촉매로 처리하는 삼원 촉매 등이 있다.

촉매 컨버터의 구조는 벌집모양의 단면을 가진 원통형 담체(honeycomb substrate)의 표면에 백금(Pt), 필라듐(Pd), 로듐(Rh)의 혼합물을 균일한 두께로 바른 것이다.

(2) 산화 반응하는 필요조건

① 반응에 필요한 산소가 충분할 것

② 촉매작용이 충분히 발휘될 수 있을 것

③ 반응에 필요한 체류시간이 충분할 것

(3) 삼원 촉매(catalytic converter rhodium)장치의 정화과정

① $CO+O_2 \rightarrow CO_2$ (산화)

② $HC+O_2 \rightarrow CO_2+H_2O$ (산화)

③ $NOX \rightarrow H_2O,\ CO_2+N_2$ (환원)

④ Pb, P, S 등에 의해 손상될 수 있다.

(4) 촉매 컨버터가 부착된 차량의 주의사항

㉠ 반드시 무연 가솔린을 사용할 것

㉡ 엔진의 파워 밸런스(power balance)시험은 실린더 당 10초 이내로 할 것.

㉢ 자동차를 밀거나 끌어서 기동하지 말 것.

㉣ 잔디, 낙엽, 카펫 등 가연 물질 위에 주차시키지 말 것.

5 배기가스 재순환장치(EGR ; Exhaust Gas Recirculation)

EGR 밸브는 흡기다기관의 진공에 의해 열리며, 배기가스 중의 일부(혼합가스의 약 15%)를 배기 다기관에서 빼내어 연소실로 재순환시켜 연소 온도를 낮아지게 하여 질소산화물(NOx)의 발생을 저감시킨다.

$$EGR율 = \frac{EGR가스량}{EGR가스량+흡입공기량} \times 100$$

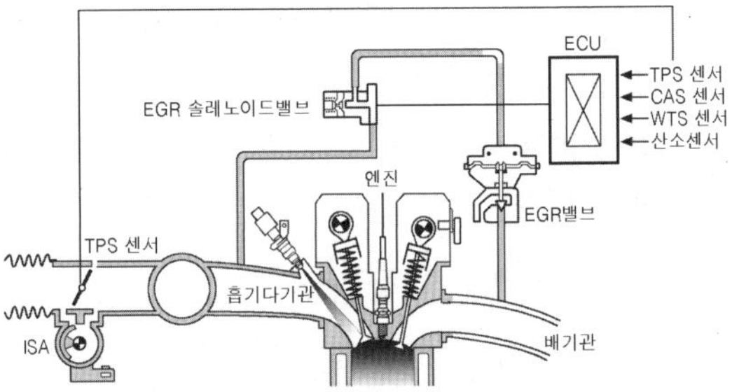

♲ EGR 장치의 구조

5-3 배기가스 성능기준 및 검사

(1) 배기관

① 자동차의 배기관의 열림 방향은 왼쪽 또는 오른쪽으로 열려 있어서는 아니 된다.

② 배기관의 열림 방향이 차량중심선에 대하여 왼쪽으로 30°이내인 것과 배기관이 차량중심선에서 왼쪽에 위치하고 차량중심선에 대하여 오른쪽으로 30°이내인 것은 규정에 적합한 것으로 본다.

(2) 배기가스 발산 방지장치

자동차의 배기가스 발산 방지장치는 「대기환경보전법」 규정에 의한 배출허용기준에 적합하여야 한다.

① 운행차량 배출허용기준(CO, HC)

<table>
<tr><th colspan="2">차 종</th><th>제작일자</th><th>일산화탄소</th><th>탄화수소</th><th>공기과잉율</th></tr>
<tr><td colspan="2" rowspan="4">경자동차</td><td>1997년 12월 31일 이전</td><td>4.5% 이하</td><td>1,200ppm 이하</td><td rowspan="13">1±0.1 이내
다만, 기화기식연료공급장치 부착 자동차는 1±0.15이내
촉매 미부착 자동차는 1±0.20 이내</td></tr>
<tr><td>1998년 1월 1일부터
2000년 12월 31일까지</td><td>2.5% 이하</td><td>400ppm 이하</td></tr>
<tr><td>2001년 1월 1일부터
2003년 12월 31일까지</td><td>1.2% 이하</td><td>220ppm 이하</td></tr>
<tr><td>2004년 1월 1일 이후</td><td>1.0% 이하</td><td>150ppm 이하</td></tr>
<tr><td colspan="2" rowspan="4">승 용
자동차</td><td>1987년 12월 31일 이전</td><td>4.5% 이하</td><td>1,200ppm 이하</td></tr>
<tr><td>1988년 1월 1일부터
2000년 12월 31일까지</td><td>1.2% 이하</td><td>220ppm 이하
(휘발유 · 알코올자동차)
400ppm 이하(가스자동차)</td></tr>
<tr><td>2001년 1월 1일부터
2005년 12월 31일까지</td><td>1.2% 이하</td><td>220ppm 이하</td></tr>
<tr><td>2006년 1월 1일 이후</td><td>1.0% 이하</td><td>120ppm 이하</td></tr>
<tr><td rowspan="5">승합·
화물·
특수
자동차</td><td rowspan="3">소형</td><td>1989년 12월 31일 이전</td><td>4.5% 이하</td><td>1,200ppm 이하</td></tr>
<tr><td>1990년 1월 1일부터
2003년 12월 31일까지</td><td>2.5% 이하</td><td>400ppm 이하</td></tr>
<tr><td>2004년 1월 1일 이후</td><td>1.2% 이하</td><td>220ppm 이하</td></tr>
<tr><td rowspan="2">중형·
대형</td><td>2003년 12월 31일 이전</td><td>4.5% 이하</td><td>1200ppm 이하</td></tr>
<tr><td>2004년 1월 1일 이후</td><td>2.5% 이하</td><td>400ppm 이하</td></tr>
</table>

(3) 배출가스측정

① 질소 산화물(NOx)은 적외선이나 접촉 연소식으로 측정한다.

② 일산화탄소(CO)는 적외선식이나 접촉 연소식으로 측정한다.

③ 탄화수소(HC)는 수소염 이온화 방식으로 검출한다.

핵심기출문제

01 차량에서 발생되는 배출가스 중 지구 온난화를 유발하는 주요원인은?

① CO　② CO_2
③ HC　④ O_2

02 크랭크 케이스에서 발생되어 나오는 가스를 가장 적절하게 표현한 가스는?

① 블로바이가스　② 배기가스
③ 질소산화물가스　④ 연료 증발가스

03 삼원촉매의 정화율을 나타낸 그래프이다. 각 선을 바르게 표현한 것은?

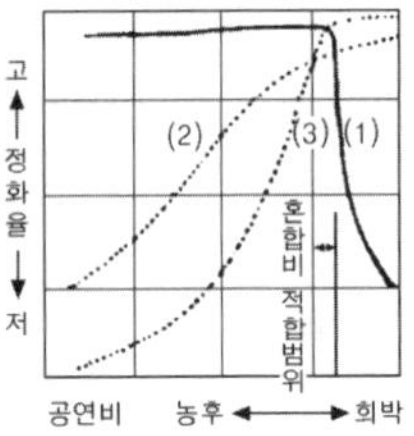

(1)	(2)	(3)
① NOx,	CO,	HC
② NOx,	HC,	CO
③ CO,	NOx,	HC
④ HC,	CO,	NOx

04 자동차 배출가스 중 유해가스 저감을 위해 사용되는 부품이 아닌 것은?

① 인젝터　② 챠콜 캐니스터
③ 삼원 촉매 장치　④ EGR 장치

05 CO, HC, NOx를 줄이기 위한 목적으로 사용되는 장치는?

① 블로바이 가스 재순환 장치
② 삼원 촉매장치
③ 보조 흡기 밸브
④ 연료 증발가스 제어장치

06 배기가스 재순환(EGR) 밸브가 열려 있다. 이 경우 발생하는 현상으로 올바른 것은?

① 질소산화물(NOx)의 배출량이 증가한다.
② 기관의 출력이 감소한다.
③ 연소실의 온도가 상승한다.
④ 공기 흡입량이 증가한다.

07 연료 증기를 활성탄에 흡착 저장 후 증발가스와 함께 흡기 매니폴드에 흡입시키는 부품은?

① 차콜 캐니스터　② 플로트 챔버
③ PCV 장치　④ 삼원촉매장치

01. 차량에서 발생되는 배출가스 중 지구 온난화를 유발하는 주요원인은 CO_2 때문이다.

02. 크랭크 케이스에서 발생되어 나오는 가스를 블로바이 가스라 부른다.

04. 유해가스 저감을 위해 사용되는 부품은 챠콜 캐니스, PCV 밸브, PCSV, 삼원 촉매 장치, EGR 장치 등이 있다.

05. 삼원 촉매장치는 백금(Pt)과 로듐(Rh)을 이용하여 배기가스의 유해 성분인 CO와 HC를 CO_2와 H_2O로 환원시키고 NOx 은 N_2로 환원시켜 배출시키는 역할을 한다.

01.② **02.**① **03.**② **04.**① **05.**② **06.**② **07.**①

08 혼합비에 따른 촉매장치의 정화효율을 나타낸 그래프에서 질소산화물의 특성을 나타낸 것은?

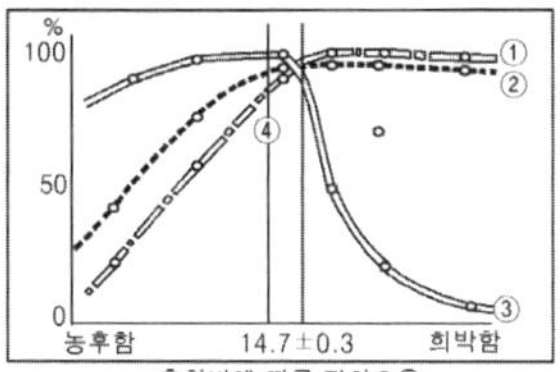

혼합비에 따른 정화효율

① ①　　② ②
③ ③　　④ ④

09 자동차 배출가스 저감장치로 삼원 촉매장치는 어떤 물질로 주로 구성되어 있는가?

① Pt, Rh　　② Fe, Sn
③ As, Sn　　④ Al, Sn

10 엔진에서 발생되는 유해가스 중 블로바이 가스의 성분은 주로 무엇인가?

① CO　② HC　③ NOx　④ SO

11 다음 배출가스 중 삼원촉매 장치에서 저감되는 요소가 아닌 것은?

① 질소(N_2)　　② 일산화탄소(CO)
③ 탄화수소(HC)　　④ 질소산화물(NOx)

12 EGR 제어량 지표를 나타내는 EGR율에 대하여 바르게 나타낸 것은?

① $\text{EGR율} = \dfrac{\text{EGR 가스유량}}{\text{흡입 공기량} + \text{EGR 가스유량}} \times 100$

② $\text{EGR율} = \dfrac{\text{EGR 가스유량}}{\text{흡입 공기량}} \times 100$

③ $\text{EGR율} = \dfrac{\text{흡입공기량}}{\text{EGR 가스유량}} \times 100$

④ $\text{EGR율} = \dfrac{\text{흡입 공기량} + \text{EGR 가스유량}}{\text{EGR 가스유량}} \times 100$

13 자동차 배출가스 중 유해가스 저감을 위해 사용되는 부품이 아닌 것은?

① EGR 장치　　② 차콜 캐니스터
③ 삼원 촉매장치　　④ 토크컨버터

14 삼원촉매의 정화물은 약 몇 ℃ 이상의 온도부터 정상적으로 나타나기 시작하는가?

① 20℃　② 95℃　③ 320℃　④ 900℃

15 가솔린 기관의 배출가스 중 CO의 배출량이 규정보다 많을 경우 가장 적합한 조치방법은?

① 이론 공연비와 근접하게 맞춘다.
② 공연비를 농후하게 한다.
③ 이론공연비(λ) 값을 1 이하로 한다.
④ 배기관을 청소한다.

16 가솔린 전자제어 엔진에서 삼원 촉매(catalytic converter rhodium)가 산화 반응하는 필요조건에 해당하지 않는 것은?

① 반응에 필요한 산소가 충분해야 할 것
② 촉매작용이 충분히 발휘될 수 있어야 할 것
③ 촉매작용이 원활하도록 혼합기 유입이 충분할 것
④ 반응에 필요한 체류시간이 충분히 있어야 할 것

08. ①은 일산화탄소의 특성이고 ②는 탄화수소의 특성이며, ④는 삼원촉매의 작동영역이다.

09. 삼원 촉매장치는 배기가스 중의 HC(탄화수소), CO(일산화탄소), NOx(질소산화물) 등 3개의 공해물질을 동시에 감소시키는 장치로 촉매로서는 로듐(Rh), 파라듐(Pd), 백금(Pt)이 사용되며, 350~800℃ 범위에서 촉매 작용을 하고 약 600℃의 온도에서 최대 효율을 발휘한다. 삼원 촉매 장치는 CO와 HC를 산화하여 CO_2(이산화탄소)와 H_2O(물)로 변화시키고 NOx는 무해한 N_2(질소)로 변화시킨다.

10. 엔진에서 블로바이 가스는 피스톤과 실린더 사이에서 누출되는 가스로 주로 탄화수소이다.

08.③ **09.**① **10.**② **11.**① **12.**① **13.**④ **14.**③ **15.**① **16.**③

17 **희박상태일 때 질코니아 고체 전해질에 정(+)의 전류를 흐르게 하여 산소를 펌핑 셀 내로 받아들이고, 그 산소는 외측 전극에서 일산화탄소(CO) 및 이산화탄소(CO_2)를 환원하는 특징을 가진 것은?**

① 티타니아 산소센서
② 질코니아 산소센서
③ 압력 산소센서
④ 전영역 산소센서

18 **질코니아 소자의 산소(O_2)센서 기능 중 맞지 않는 것은?**

① 연료혼합비(A/F)가 희박할 때는 약 0.1V의 전압이 나온다.
② 산소의 농도차이에 따라 출력전압이 변화한다.
③ 연료혼합비(A/F)가 농후할 때는 약 0.9V 정도가 된다.
④ 연료혼합의 피드백(Feed Back Control) 보정은 할 수 없다.

19 **산소센서의 기전력은 희박한 상태일 때 몇 볼트를 나타내는가?(단, 산소 센서는 질코니아 센서이다)**

① 0.1~0.4V ② 0.4~0.6V
③ 0.6~0.8V ④ 0.8~1.0

20 **일산화탄소 측정기 정도 검사 시 준비사항이다. 틀린 것은?**

① 측정기의 전원을 켠다.
② 측정기의 0점 볼륨을 맞춘다.
③ 측정기의 펌프스위치를 작동시킨다.
④ 측정기의 워밍업을 충분히 시킨다.

21 **배기가스에 관련된 피드백 제어에 필요한 주 센서는?**

① 수온 센서 ② 흡기온도 센서
③ 대기압 센서 ④ O_2센서

22 **배기가스 중에 산소량이 많이 함유되어 있을 때 산소 센서의 상태는 어떻게 나타나는가?**

① 희박하다.
② 농후하다.
③ 농후하기도 하고 희박하기도 하다.
④ 아무런 변화도 일어나지 않는다.

23 **전자제어 엔진에서 혼합비의 농후가 주 원인일 때 지르코니아 센서 방식의 O_2센서 파형으로 가장 적절한 것은?**

① 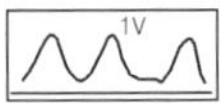

② 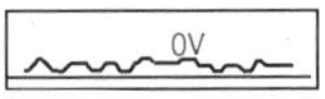

③ 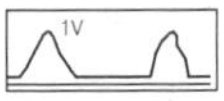

④ 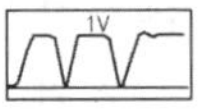

24 **지르코니아 O_2센서의 출력 전압이 1V에 가깝게 나타나면 공연비가 어떤 상태인가?**

① 희박하다.
② 농후하다.
③ 14.7 : 1(공기 : 연료)을 나타낸다.
④ 농후하다가 희박한 상태로 되는 경우이다.

17. 전영역 산소센서는 희박상태일 때 질코니아 고체 전해질에 정(+)의 전류를 흐르게 하여 산소를 펌핑 셀 내로 받아들이고, 그 산소는 외측 전극에서 일산화탄소(CO) 및 이산화탄소(CO_2)를 환원하는 특징이 있다.

18. 산소(O_2)센서 기능
① 연료혼합비(A/F)가 희박할 때는 약 0.1V의 전압이 나온다.
② 연료혼합비(A/F)가 농후할 때는 약 0.9V 정도가 된다.
③ 배기가스 중의 산소의 농도차이에 따라 출력전압이 변화한다.
④ 피드백(Feed Back Control)제어에 사용된다.

21. 산소 센서의 신호는 배기가스 중의 산소농도를 검출한 출력전압으로 공연비를 피드백 제어하기 위해 사용된다.

17.④ **18.**④ **19.**① **20.**③ **21.**④ **22.**① **23.**④ **24.**②

25 **산소센서 출력 전압에 영향을 주는 요소로 틀린 것은?**

① 연료 온도
② 혼합비
③ 산소 센서의 온도
④ 배출가스 중의 산소농도

26 **배출가스 정밀검사에서 휘발유 사용 자동차의 부하검사 항목은?**

① 일산화탄소, 탄화수소, 엔진 정격회전수
② 일산화탄소, 이산화탄소, 공기과잉률
③ 일산화탄소, 탄화수소, 이산화탄소
④ 일산화탄소, 탄화수소, 질소산화물

27 **일산화탄소 및 탄화수소 측정기의 측정 전 준비사항으로 틀린 것은?**

① 아날로그 측정기는 예열 전에 전원 스위치를 끊고 기계적 영점을 확인하여 필요시 영점을 맞춘다.
② 1주일 이상 계속 사용하지 않았다가 사용하고자 하는 경우 스팬 조정을 실시해야 한다.
③ 스팬 조정은 1개월에 1회 이상 실시해야 한다.
④ 측정기는 동작 확인된 기기로서 최근 2년 이내에 정도 검사를 필한 것이어야 한다.

28 **운행차 정밀검사의 관능 및 기능검사에서 배출가스 재순환 장치의 정상적 작동상태를 확인하는 검사방법으로 틀린 것은?**

① 정화용 촉매의 정상부착 여부 확인
② 재순환 밸브의 수정 또는 파손여부를 확인
③ 진공호스 및 라인 설치 여부, 호스 폐쇄여부 확인
④ 진공밸브 등 부속장치의 유무, 우회로 설치 및 변경 여부 확인

29 **운행자동차의 배출가스 측정방법 중 일산화탄소 및 탄화수소 측정방법으로 맞지 않는 것은?**

① 배출가스 채취관을 배기관 내에 30cm 이상 삽입하고 측정한다.
② 채취관 삽입 후 10초 이내로 측정한 배출가스 농도를 읽어 기록한다.
③ 배기관이 2개 이상일 때에는 임의로 배기관 1개를 선정하여 측정을 한 후 측정치를 삽입한다.
④ 자동차용 원동기 배기관과 냉·난방용 원동기 배기관이 별도로 있을 경우에는 자동차용 배기관에서만 측정한다.

30 **운행차 배출가스정밀검사에서 운행 차의 정밀검사방법·기준 및 검사대상항목 중에 배출가스관련 부품 및 장치의 작동상태 확인 항목의 검사기준으로 틀린 것은?**

① 엔진의 가속상태가 원활하게 작동할 것
② 전기 점화조절장치가 정상적으로 작동될 것
③ 배출가스전환장치가 정상적으로 작동할 것
④ 연료 증발가스 발생장치가 정상적으로 작동할 것

26. 검사모드 시작 25초경과 이후 모드가 안정되면 10초 동안의 일산화탄소, 탄화수소, 질소산화물 등을 측정하여 산술평균한 값을 측정값으로 한다.

27. 분석기는 형식 승인된 기기로서 최근 1년 이내에 정도검사를 필한 것이어야 한다.

29. 운행중인 자동차에서 일산화탄소 및 탄화수소의 측정요령
① 원동기는 측정 전에 적당히 예열되어야 한다.
② 주행 중이던 차량으로 원동기가 과열되었을 때는 정지가동시킨 후 5분 정도 경과 한 후 정상상태가 되었을 때 측정한다.
③ 수동변속기인 차량의 경우 기어는 중립에 클러치는 밟지 않은 상태에서 한다.
④ 냉방장치 등 부속장치는 작동시키지 않은 상태에서 원동기를 가동시킨다.
⑤ 배기관은 바람이 부는 경우 바람의 영향을 받지 않는 방향으로 하여야 한다.

25.① **26.**④ **27.**④ **28.**① **29.**② **30.**④

31 **정밀검사 시행요령 중 배출가스 분석기의 사용에 관한 내용으로 틀린 것은?**

① 배출가스 분석기는 형식 승인된 기기로 최근 1년 이내에 정도검사를 필한 것이어야 한다.

② 배출가스 분석기는 충분히 예열하여 안정화시킨 후 분석기 사용방법에 따라 조작한다.

③ 일산화탄소, 탄화수소, 이산화탄소, 산소 및 질소산화물 분석기의 영점 및 스팬(span)을 조정한다.

④ 배출가스 측정시 외부공기가 충분히 들어갈 수 있도록 시료채취관에 압축공기를 불어넣는다.

32 **운행자동차 배출가스 정밀검사의 검사모드에 관한 설명으로 틀린 것은?**

① 휘발유 사용 자동차 부하 검사방법은 ASM2525 모드이다.

② 경유 사용 자동차 무부하 검사방법은 무부하 정지가동 검사모드이다.

③ 경유 사용 자동차 부하 검사방법은 Lug-Down3 모드이다.

④ 휘발유 사용 자동차 무부하 검사방법은 무부하 정지가동 검사모드이다.

33 **2001년 11월 제작되어 운행 중인 휘발유를 사용하는 승용자동차의 일산화탄소 측정결과 2.2% 일 경우 정기검사 결과 설명으로 옳은 것은?**

① 허용기준이 1.0% 이하이므로 부적합

② 허용기준이 1.2% 이하이므로 부적합

③ 허용기준이 2.5% 이하이므로 적합

④ 허용기준이 4.5% 이하이므로 적합

34 **중량자동차의 경우 원동기 회전속도계를 사용하지 아니하고 배기소음을 측정할 때 최종측정치 산출방법은?**

① 측정치에서 3dB을 빼서 최종측정치로 한다.

② 측정치에서 5dB을 빼서 최종측정치로 한다.

③ 측정치에서 7dB을 빼서 최종측정치로 한다.

④ 측정치에서 8dB을 빼서 최종측정치로 한다.

35 **차량의 가속 주행소음을 측정한 결과 86dB 이며, 암소음이 82dB 이었다면 이 때의 보정치를 적용한 가속 주행소음은?**

① 84dB ② 83dB

③ 85dB ④ 86dB

31. 배출가스 분석기의 사용할 때에는 ①,②,③항 이외에 측정 도중 외부 공기가 새어 들어오지 않도록 배기관, 시료 채취관 등의 파손 및 누설 여부를 수시로 확인하여야 한다.

32. 정밀 검사의 검사모드

① ASM2525모드(부하검사방법) : 휘발유·가스·알코올사용 자동차의 일산화탄소, 탄화수소 및 질소산화물을 측정하는데 적용한다.

② 무부하 정지가동 검사모드(무부하 검사방법) : 차대동력계상에서 부하검사방법에 의하여 배출가스검사가 불가능한 휘발유·가스·알코올사용 자동차의 일산화탄소, 탄화수소 및 공기과잉률을 측정하는데 적용한다.

③ Lug Down 3모드(부하검사방법) : 경유사용자동차의 엔진정격회전수, 엔진정격출력 및 매연농도를 측정하는데 적용한다.

④ 무부하급가속검사모드(무부하 검사방법) : 차대동력계상에서 부하검사방법에 의하여 배출가스 검사가 불가능한 경유사용자동차의 매연농도 측정에 적용한다.

34. 원동기 회전속도계를 사용하지 아니하고 배기소음을 측정할 때에는 정지가동상태에서 원동기 최고회전속도로 배기소음을 측정하고, 이 경우 측정치의 보정은 중량자동차의 5dB, 중량자동차외의 자동차는 7dB을 측정치에서 빼서 최종측정치로 한다. 또한 승용자동차중 원동기가 차체 중간 또는 후면에 장착된 자동차는 배기소음측정치에서 8dB을 빼서 최종측정치로 한다.

35. 음의 차이가 4인 경우에는 보정치가 2 이므로 측정값 86dB − 2dB = 84dB 이다.

31.④ 32.② 33.② 34.② 35.①

6장 전자제어장치

6-1 기관제어시스템

1 전자제어 연료분사방식의 특징

① 공기흐름에 따른 관성 질량이 작아 응답성이 향상된다.
② 엔진 출력이 증대되고, 연료소비율이 감소한다.
③ 유해 배출가스 저감 효과가 크다.
④ 각 실린더에 동일한 양의 연료공급이 가능하다.
⑤ 전자 부품의 사용으로 구조가 복잡하고 값이 비싸다.
⑥ 흡입계통의 공기 누설이 엔진에 큰 영향을 준다.

2 전자제어 연료분사장치의 분류

(1) 제어방식에 따른 분류

① **K-제트로닉** : 기계제어 방식이다.
② **D-제트로닉**(MAP-n 제어식 ; speed density type) : 흡입 공기량을 MAP(Manifold Pressure Sensor ; 흡기다기관 절대 압력 센서)센서로 간접 계측하는 방식이다.
③ **L-제트로닉** : 흡입 공기량 직접 계측하는 방식이다.

(2) 흡입공기 계측 방식에 따른 분류

① **매스 플로 방식**(mass flow type) : L-제트로닉에서 사용하며 흡입 공기의 질량 유량이나 체적 유량으로 계측하는 방식으로 그 종류는 다음과 같다.
- **체적 유량 검출 방식** : 흡입 공기를 체적 유량으로 검출하는 방식에는 베인 방식과 칼만 와류식이 있다.
- **질량 유량 검출 방식** : 흡입 공기를 질량 유량으로 검출하는 방식에는 열선(열막) 방식이 있다.

② **속도 밀도 방식**(speed density type) : D-제트로닉에서 사용하며 엔진의 회전속도와 흡기관의 압력으로 추정하고 이 공기량을 기본으로 하여 연료의 분사량을 연산하는 방식으로 그 종류는 다음과 같다.

- **MAP-n 제어 방식** : 흡기관의 절대 압력과 엔진 회전속도로부터 흡입 공기량을 간접 계측한다.
- **α-n 제어 방식** : 스로틀 밸브의 열림량과 엔진의 회전속도로부터 흡입 공기량을 간접 계측한다.

(3) 연료 분사시기에 따른 분류

① **연속 분사 방식** : 엔진을 시동한 후 계속적으로 연료를 분사하는 방식이며, 여기에는 K-제트로닉, ZEK, KE-제트로닉 등이 있다.

② **간헐 분사 방식** : 연료를 일정 시간 간격으로 분사하는 방식이며, 여기에는 L-제트로닉, ZEI 등이 있다.

6-2 전자제어장치의 구조

1 전자제어 연료분사 장치의 구조와 기능

(1) 흡입계통

① **공기흐름 센서**(air flow sensor) : 컴퓨터는 공기흐름 센서에서 보내준 신호를 연산하여 연료 분사량을 결정하고, 분사신호를 인젝터에 보내어 연료를 분사시킨다. 종류에는 에어플로 미터식(베인식), 칼만 와류식, 열선식(또는 열막식) 등이 주로 사용되고 있다.

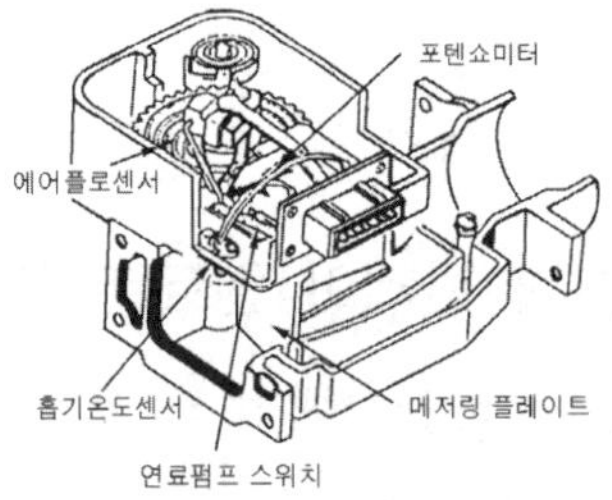

♺ 에어플로미터의 구조

- **에어플로 미터식**(mass flow meter type)–베인식, 메저링 플레이트식 : 메저링 플레이트의 열림 정도를 포텐쇼미터(portention meter)에 의하여 전압비율로 검출하며, 흡입공기에 의해 메저링 플레이트가 열린다. 이에 따라 메저링 플레이트 축에 설치된 슬라이더(slider)는 저항과 접촉하며, 이때 흡입 공기량이 많으면 메저링 플레이트의 열림 각도가 커지며, 슬라이더의 접촉부 저항값이 감소하여 전압비가 증가한다.
- **칼만 와류식**(karman vortex type) : 이 방식은 공기 청정기 내부에 설치되어 흡입 공기량을 칼만 와류 현상을 이용하여 측정한 후 흡입 공기량을 디지털 신호로 바꾸어 컴퓨터로 보내면 컴퓨터는 흡입 공기량의 신호와 엔진 회전속도 신호를 이용하여 기본 가솔린 분사 시간을 계측한다. 칼만 와류식은 체적유량 검출 방식이다.

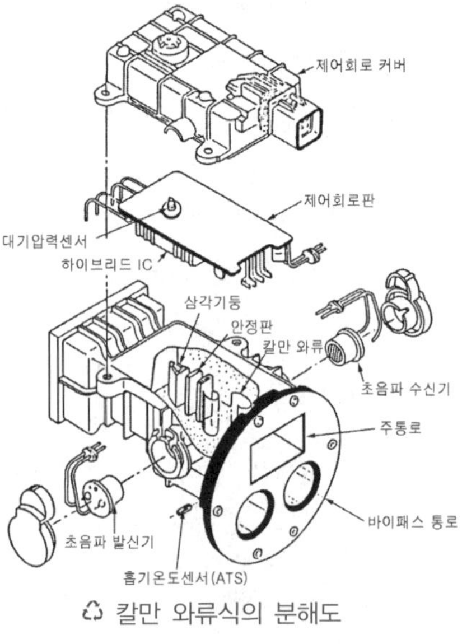

♺ 칼만 와류식의 분해도

- **열선식**(핫 와이어식 ; hot wire type) : 열선을 통과하는 공기에 의하여 열선이 냉각되면 컴퓨터는 다시 열선을 가열하기 위하여 전류를 증가시킨다. 컴퓨터는 일정 온도를 유지시키기 위해 증가되는 전류에 의해 흡입 공기량을 계측한다. 질량 유량 계측 방식이므로 압력 및 온도 변화에 대한 보상 장치를 두지 않아도 된다.

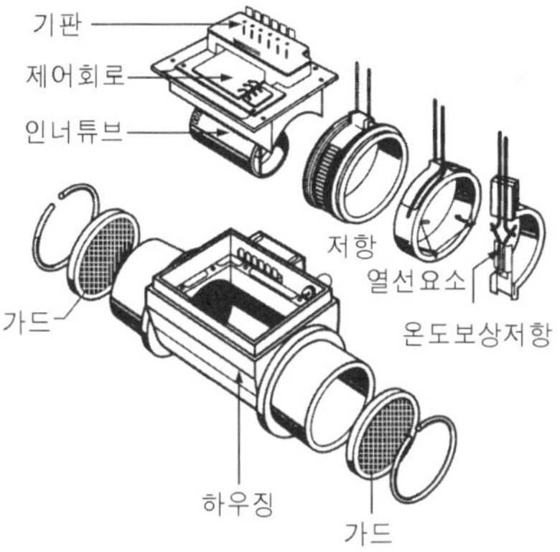

♺ 열선식의 구조

> **Reference ▶ 대기압력센서와 흡기온도센서**
>
> ■ 대기압력 센서(BPS ; Barometric Pressure Sensor) : 대기압력 센서는 스트레인 게이지의 저항 값이 압력에 비례하여 변화하는 것을 이용하여 전압으로 변환시키는 반도체 피에조(piezo)저항형 센서이며, 스트레인 게이지에 흡기 압력이 작용하면 저항 값이 감소하여 대기압 센서의 출력 전압이 높아지게 되는데 이 출력 전압을 컴퓨터로 보낸다.
>
> ② 흡기 온도 센서(ATS ; Air Temperature Sensor) : 이 센서는 흡기 온도를 검출하는 부특성 서미스터이며, 온도가 상승하면 저항 값이 감소하여 출력 전압이 낮아지고 이 출력 전압을 컴퓨터로 보내면 컴퓨터는 흡기 온도를 감지하여 흡입 공기 온도에 대응하는 연료 분사량을 조정한다.

- **MAP센서 방식** : 엔진의 부하 및 회전속도 변화에 따라 형성되는 흡기다기관 압력 변화(부압)를 피에조 저항형 센서(압전 소자)로 측정하여 전압 출력으로 변화시켜 컴퓨터로 입력시키는 것이다. 즉 흡기다기관의 압력변화에 따른 흡입 공기량을 간접계측한다.

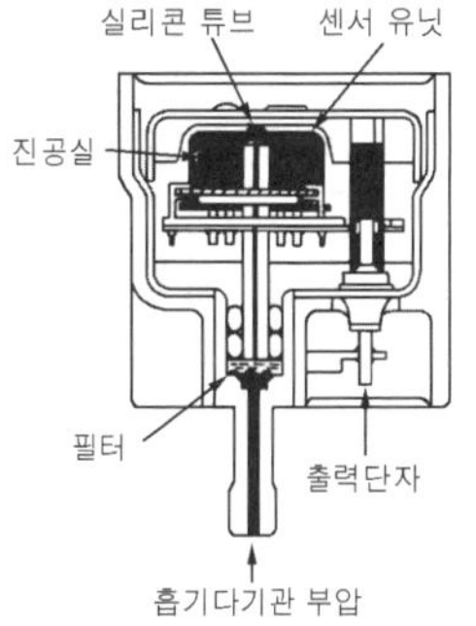

♺ 피에조 저항식 MAP센서

② **스로틀 보디**(throttle body) : 공기흐름센서(AFS)와 서지 탱크 사이에 설치되어 흡입 공기 통로의 일부를 형성하며, 구조는 가속페달의 조작에 연동하여 흡입공기 통로의 단면적을 변화시켜 주는 스로틀 밸브와 스로틀 밸브의 열림 정도를 검출하여 컴퓨터로 입력시키는 스로틀 위치 센서가 있다.

- 스로틀 보디는 형식에 따라 엔진이 공전할 때 공기의 양을 조절하는 공전조절 서보(ISC-servo), 급 감속할 때에 스로틀 밸브가 천천히 닫히도록 하고 연료 공급을 일시 차단하는 대시 포트(dash-port) 등이 설치되어 있는 형식도 있다.

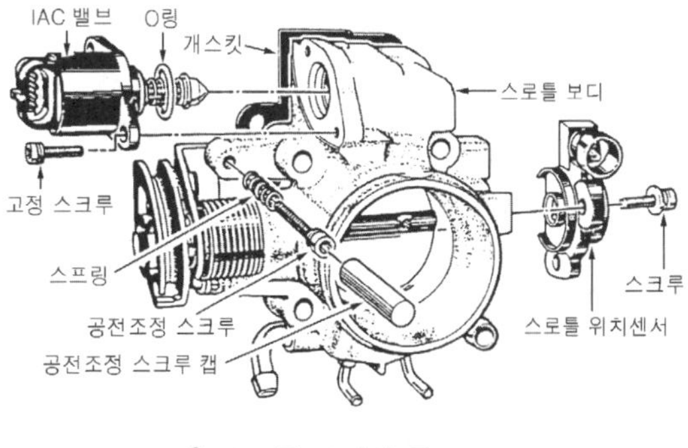

♺ 스로틀 보디의 구조

- **스로틀 위치 센서**(throttle position sensor) : 스로틀 밸브 축과 같이 회전하는 가변 저항기로 스로틀 밸브의 회전에 따라 출력전압이 변화함으로써 컴퓨터는 스로틀 밸브의 열림 정도를 감지하고, 컴퓨터는 이 출력전압과 엔진 회전속도 등 다른 입력신호를 합하여 엔진 운전상태를 판단하여 연료 분사량을 조절한다. 즉, 스로틀 위치 센서(TPS)는 운전자의 가속 페달의 조작에 따른 흡기의 체적 변화율에 관한 보정을 하며, 기관의 공전, 부분 부하, 전 부하 상태를 감지한다.
- **공전속도 조절기**(idle speed controller) :공전속도 조절기는 엔진이 공전상태일 때 부하에 따라 안정된 공전속도를 유지하게 하는 장치이며, 그 종류에는 ISC-서보 방식, 스텝 모터 방식, 에어밸브 방식 등이 있다.

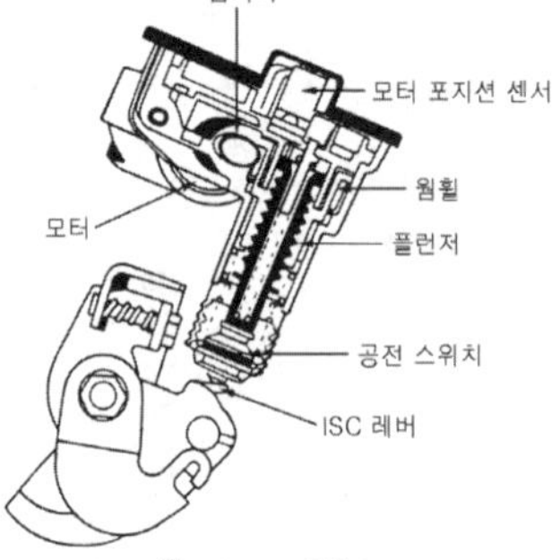

♺ ISC-서보

> Reference ① **ISC-서보 방식** : ISC-서보 모터, 웜 기어(worm gear), 웜 휠(worm wheel), 모터위치 센서(MPS), 공전스위치 등으로 구성되어 있다. 작동은 ISC-서보 모터 축에 설치되어 있는 모터가 컴퓨터의 신호에 의해서 회전하면 모터의 회전 방향에 따라 웜휠이 회전하여 플런저를 상하 직선 운동으로 바꾸어 ISC-서보 레버를 작동시켜 스로틀 밸브의 열림 정도를 조절하여 공전속도를 조절한다.
> ② **스텝 모터 방식**(step motor type)
> ㉠ 피드백 제어가 필요 없어 제어 계통이 단순하여 컴퓨터로의 제어가 매우 쉽다.
> ㉡ 회전 오차 각도가 누적되지 않고, 정지할 때 큰 정지 회전력을 갖는다.
> ㉢ 브러시가 없어 신뢰성이 높다.
> ㉣ 직류 전동기보다 능률이 낮고 출력 당 중량이 크다.
> ㉤ 특정 주파수에서 공진, 진동 현상이 발생한다.
> ③ **아이들 업 장치**(idle-up system)**가 작동하는 경우**
> ㉠ 에어컨을 작동할 때　㉡ 동력 조향 장치가 작동될 때
> ㉢ 엔진의 온도가 낮을 때　㉣ 전기적 부하가 작동할 때

(2) 연료계통

① **연료펌프**(fuel pump) : 전자력으로 구동되는 전동식을 사용하며, 연료탱크 내에 들어 있다. 연료펌프 내의 압력이 높을 때 작동하여 연료펌프에서 송출되는 연료압력을 일정하게 유지하여 압력 상승에 따른 연료의 누출 및 파손을 방지해주는 릴리프 밸브(relief valve)와 연료 압송이 정지되었을 때 곧바로 닫혀 연료계통 내의 잔압을 유지시켜 고온에서 베이퍼록(vapor lock)을 방지하고, 재 기동성을 높이기 위해 체크 밸브(check valve)를 두고 있다.

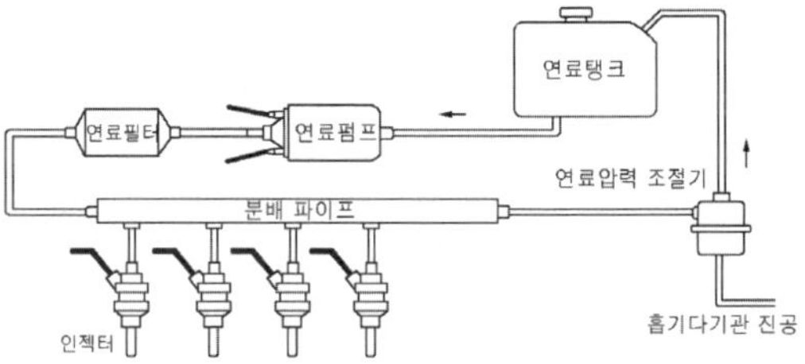

♺ 연료 계통의 구성도

> Reference ■ 연료펌프는 점화스위치가 ON에 있더라도 엔진의 작동이 정지된 상태(흡입 공기량이 감지되지 않는 상태)에서는 작동되지 않는다.

② **연료압력 조절기**(fuel pressure regulator) : 흡기다기관의 압력변화에 따른 연료 분사량의 변화를 방지하기 위하여 흡기다기관의 진공도(부압)에 대하여 연료압력이 2.2~2.6kg/cm²의 차이를 유지하도록 조절해주는 장치이다. 분배 파이프 앞 끝에 설치되어 있으며, 다이어프램 조절의 오버플로(over flow)형식으로 연료계통 내의 압력을 2~3kg/cm²로 유지한다. 진공이 높으면 다이어프램을 당기는 힘이 강해져 연료 탱크로 되돌아가는 연료량이 많아져 공급 압력이 낮아진다. 그리고 압력 조절기(pressure regulator)가 고장 나면 분사 시간이 일정해도 연료 분사량이 달라진다.

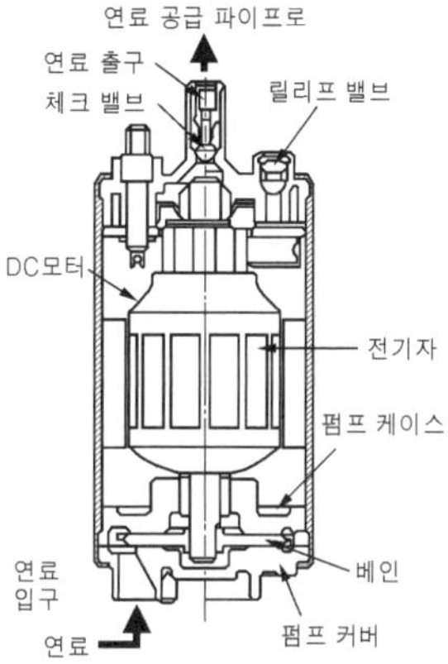

♲ 연료펌프

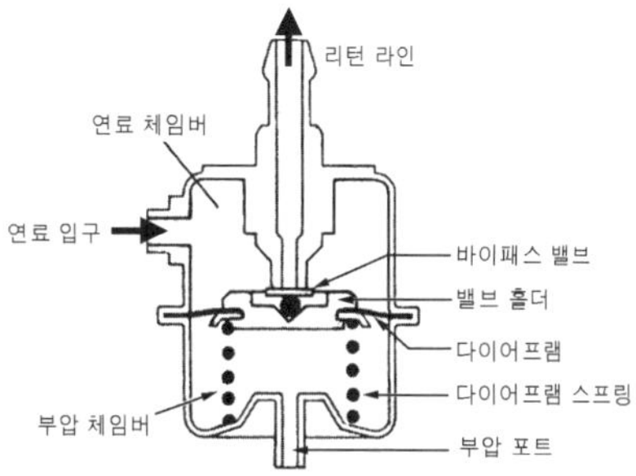

♲ 연료 압력조정기의 구조

③ **인젝터**(injector) : 각 실린더의 흡입밸브 앞쪽(흡기다기관)에 1개씩 설치되어 각 실린더에 연료를 분사시켜 주는 솔레노이드 밸브장치이며, 인젝터는 컴퓨터로부터의 전기적 신호에 의해 작동한다.

- 분사 각도 : 10~40°정도 　　- 분사시간 : 1~1.5ms(ms=1/1,000sec)
- 분사 압력 : 2~3kgf/cm²

가. 전압제어방식

- 직렬로 외부저항을 설치하여 솔레노이드 코일의 권수(卷數)를 줄일 수 있어 인젝터 응답성을 개선할 수 있다.
- 회로구성은 간단하지만 외부저항을 이용하므로 회로 임피던스가 증가하고 인젝터로 흐르는 전류가 감소하므로 흡입력이 감소하여 동적 특성 범위 면에서 불리하다.

나. 전류제어방식

- 외부저항을 사용하지 않으므로 회로구성은 복잡하나 회로 임피던스가 낮고, 인젝터에 전류가 공급되면 곧바로 니들 밸브가 열릴 수 있어 동적 특성상 유리하다.
- 니들 밸브가 완전히 열린 후에는 전류제어 회로를 가동하여 솔레노이드 코일의 발열을 방지한다.

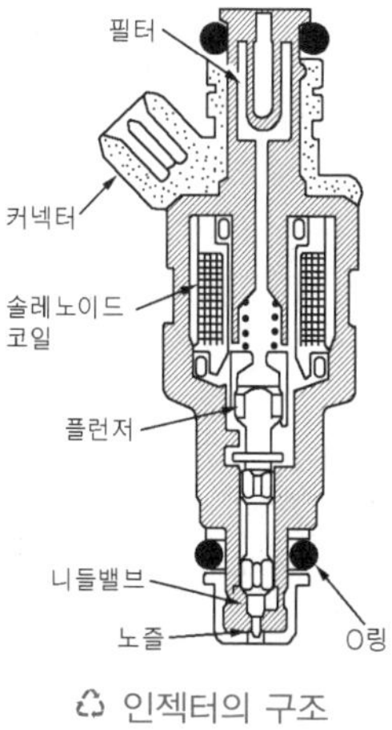

♲ 인젝터의 구조

다. 인젝터의 작동

- 컴퓨터의 제어 신호에 의해 연료를 분사시킨다.
- 연료의 분사량은 니들밸브의 개방시간(솔레노이드의 통전시간)에 비례한다.
- 인젝터의 기본 구동시간은 공기유량센서, 크랭크각센서, 산소센서 신호에 의해 결정된다.

라. **연료분사방식** : 전자제어 기관(MPI)의 연료 분사방식에는 동기 분사(독립 분사, 순차 분사), 그룹 분사, 동시 분사(비동기 분사)방식 등이 있다.

마. 인젝터의 분사 펄스폭은 엔진 rpm 센서와 흡기다기관 압력센서(MAP)의 정보에 의해 ECU가 인젝터 분사시간을 제어하게 되는데 이 때 연관되는 센서로는 흡기온도센서(Air temperature sensor), 수온센서(Water temperature sensor), 스로틀위치센서(Throttle position sensor) 등이 있다.

(3) 제어장치

① **컨트롤 릴레이(control relay)** : 컨트롤 릴레이는 컴퓨터를 비롯하여 연료펌프, 인젝터, 공기흐름 센서 등에 축전지 전원을 공급하는 전자제어 연료분사 엔진의 주 전원공급 장치이다.

② **컴퓨터에 의한 제어**

가. 분사시기제어

- 동기분사(독립분사 또는 순차분사) : 1번 실린더 TDC센서 신호를 기준으로 하여 크랭크각 센서의 신호와 동기하여 각 실린더의 흡입행정 직전에 즉, 배기 행정에서 연료를 분사하는 형식이다. 1사이클에 1회 분사에 1실린더만 점화시기에 동기하여 분사한다. 특징은 엔진 반응이 우수하고, 혼합비 조절이 양호하다.
- 그룹(group) 분사 : 각 실린더에 그룹(제1번과 제3번 실린더, 제2번과 제4번 실린더)을 지어 1회 분사할 때 2실린더씩 짝을 지어 분사한다.
- 동시(同時) 분사(또는 비동기 분사) : 피스톤의 작동과는 관계없이 크랭크축 1회전에 1회씩 모든 실린더에 동시에 분사하는 형식이다. 즉 엔진이 요구하는 연료량을 1/2로 나누어서 1사이클 당 2회씩 분사한다. 특징은 인젝터 구동회로가 간단하며 분사량 조정이 쉽다.

나. 분사량 제어

- 기본 분사량 제어 : 인젝터는 크랭크 각 센서의 출력 신호와 공기흐름 센서의 출력 등을 계측한 컴퓨터의 신호에 의해 인젝터가 구동되며, 분사 횟수는 크랭크 각 센서의 신호 및 흡입 공기량에 비례한다.
- 엔진을 크랭킹할 때 분사량 제어 : 시동성능을 향상시키기 위해 크랭킹 신호(점화 스위치 St, 크랭크 각 센서, 점화 코일 1차 코일 신호)와 수온 센서의 신호에 의해 연료 분사량을 증량시킨다.
- 엔진 시동 후 분사량 제어 : 엔진을 시동한 직후에는 공전속도를 안정시키기 위해 일정한 시간 동안 연료를 증량시킨다. 증량비는 크랭킹할 때 최대가 되고, 엔진 기동 후 시간이 흐름에 따라 점차 감소하며 증량 지속 시간은 냉각수 온도에 따라서 다르다.

- 냉각수 온도에 따른 제어 : 냉각수 온도 80℃를 기준(증량비 1)으로 하여 그 이하의 온도에서는 분사량을 증량시키고, 그 이상에서는 기본 분사량으로 분사한다.
- 흡기 온도에 따른 제어 : 흡기 온도 20℃(증량비 1)를 기준으로 그 이하의 온도에서는 분사량을 증량시키고, 그 이상의 온도에서는 분사량을 감소시킨다.
- 축전지 전압에 따른 제어 : 축전지 전압이 낮아질 경우에는 컴퓨터는 분사 신호 시간을 연장하여 실제 분사량이 변화하지 않도록 한다.
- 가속할 때 분사량 제어 : 가속하는 순간에 최대의 증량비가 얻어지고, 시간이 경과함에 따라 증량비가 낮아진다.
- 엔진의 출력을 증가할 때 분사량 제어 : 엔진이 높은 부하 상태일 때 운전성능을 향상시키기 위하여 스로틀 밸브가 규정 값 이상 열렸을 때 분사량을 증량시킨다. 출력을 증가할 때의 분사량 증량은 냉각수 온도와는 관계없으며 스로틀 위치 센서의 신호에 따라서 조절된다.
- 감속할 때 연료 분사 차단(대시포트 제어) : 스로틀 밸브가 닫혀 공전 스위치가 ON으로 되었을 때 연료 분사를 일시 차단한다. 이것은 연료 절감과 탄화수소(HC)과다 발생 및 촉매 컨버터의 과열을 방지하기 위함이다.

다. **피드백 제어**(feed back control) : 산소센서로 배기가스 중의 산소 농도를 검출하고 이것을 컴퓨터로 피드백 시켜 연료 분사량을 증감해 항상 이론 혼합비가 되도록 분사량을 제어한다. 피드백 보정은 다음과 같은 경우에는 제어를 정지한다.

- 냉각수 온도가 낮을 때
- 엔진을 기동할 때
- 엔진 시동 후 분사량을 증량할 때
- 엔진 출력을 증대시킬 때
- 연료 공급을 차단할 때(희박 또는 농후 신호가 길게 지속될 때)

라. **점화시기제어** : 점화시기제어는 파워 트랜지스터로 컴퓨터에서 공급되는 신호에 의해 점화 코일 1차 전류를 ON-OFF시켜 점화시기를 제어한다.

마. **연료펌프제어** : 점화 스위치가 St위치에 놓이면 축전지 전류는 컨트롤 릴레이를 통하여 연료 펌프로 흐르게 된다. 엔진 작동 중에는 컴퓨터가 연료 펌프 제어 트랜지스터를 ON으로 유지하여 컨트롤 릴레이 코일을 여자시켜 축전지 전원이 연료 펌프로 공급된다.

(4) 센서

① **수온 센서** : 수온 센서는 부특성 서미스터로 시동 후에는 엔진의 냉각수 온도가 상승하기 때문에 서미스터의 저항 값이 감소되므로 출력 전압은 낮아지게 된다.

> **Reference ▶ 수온센서가 고장일 경우 나타나는 현상**
> ① 공전속도가 불안정하다.
> ② 워밍업을 할 때 검은 연기가 배출된다.
> ③ CO 및 HC가 증가한다.

② **노크 센서**

- 노크 센서는 실린더 블록에 장착되어 있으며 압전 소자(피에조 저항형)를 이용하여 실린더 내의 압력변화 및 연소온도의 급격한 증가, 내부염화 등의 이상 원인으로 발생한 이상 진동을 감지하여 이를 전기 신호로 바꾸어 점화시기를 조정하는 센서이다.

- 사용 온도 범위는 130℃정도이다.
- 특정 주파수의 진동을 감지한다.
- ECU는 노크센서의 신호에 따라 점화시기를 제어한다.
- 노크센서는 엔진의 진동을 검출하여 전기적인 신호로 변환시킨다.

2 전자제어 연료분사장치의 정비

(1) ISC-서보의 조정방법

① 조정 전에 엔진을 난기 운전한다.
② 점화 스위치를 반드시 Off로 한 후 ISC모터 커넥터를 분리한다.
③ 정상 공회전수가 확인되면 점화 스위치를 Off로 한 다음 축전지(-)단자의 케이블을 15초 이상 뗀 후 재접속한다.
④ TPS조정할 때 엔진을 정지한 상태에서 점화 스위치는 On으로 하고 출력이 기준 값에 맞도록 조정한다.

(2) 아이들(공전속도) 조정방법

① 스로틀 스톱 나사를 돌려서 원활하게 회전이 지속 될 수 있도록 최저 회전속도로 한다.
② 스로틀 스톱 나사를 돌려서 규정의 아이들링 회전수로 한다.
③ 다시 한번 파일럿 나사를 돌리지 말고 가속페달을 2~3회 밟아서 회전이 올라가는 것을 확인한 후 조정한다.

(3) 전자제어기관에서 연료펌프가 작동하는 경우

① 점화 스위치가 ST일 때
② 점화 스위치가 On이고, 엔진이 규정 이상 회전할 때
③ 점화 스위치가 On이고, 공기 흡입이 감지될 때
④ 엔진의 작동이 정지된 상태에서 점화 스위치를 ON으로 한 경우에는 전기식 연료펌프는 작동하지 않는다.

> **Reference ▶ 연료압력이 너무 낮은 원인**
> ① 연료 필터가 막혔다.
> ② 연료 펌프의 공급 압력이 누설된다.
> ③ 연료 압력 조정기에 있는 밸브의 밀착이 불량하여 리턴 포트 쪽으로 연료가 누설된다.

(4) 인젝터 제어

① MPI 엔진의 인젝터 제어 회로는 인젝터에 공급되는 전원(+)은 컨트롤 릴레이에서 공급하고, ECU는 인젝터의 접지(-)를 제어한다.
② 인젝터(injector)의 분사량 결정에 영향을 미치는 요소에는 니들 밸브의 행정, 솔레노이드 코일의 통전 시간, 분사구의 면적 등이다
③ 인젝터에서 통전 시간을 A, 비통전 시간을 B로 나타낼 때 듀티비(Duty Ratio)의 공식은

$$\text{듀티비} = \frac{A}{A+B} \times 100$$ 로 나타낸다.

④ **인젝터 분사 시간, 분사량 조정 및 점검 사항**

- 엔진을 급 가속할 때에는 순간적으로 분사 시간이 길어진다.

- 축전지 전압이 낮으면 무효분사 시간이 길어진다.
- 엔진을 급 감속할 때에는 순간적으로 분사가 정지되기도 한다.
- 산소센서의 전압이 높으면(혼합비가 농후한 상태)분사 시간이 짧아진다.
- 인젝터는 작동음, 분사량, 저항 등을 점검한다.

(5) 연료공급을 차단(fuel cut)하는 이유

① 인젝터 분사신호의 정지이다.
② 연비를 개선하기 위함이다.
③ 배출가스를 정화하기 위함이다.
④ 엔진의 고속회전을 방지하기 위함이다.
⑤ 자동차를 관성 운전할 경우 차단한다.
⑥ 엔진 브레이크를 사용할 경우 차단한다.
⑦ 주행속도가 일정속도 이상일 경우 차단한다.
⑧ 엔진 회전수가 레드 존(고속 회전)일 경우 차단한다.
⑨ 연료 차단(Fuel cut)영역은 감속할 때와 고속으로 회전할 경우이다.

(6) 엔진 점검 및 조정

① 엔진에서 불규칙한 진동이 일어날 경우의 점검사항

- 마운팅 인슐레이터 손상 유·무 점검
- 진공의 누설 여부 점검
- 연료펌프의 압력 불규칙 점검

② 공전속도를 조정할 때 조정 전 확인할 사항

- 등화류, 전동 냉각 팬, 전기장치 등 OFF
- 엔진 냉각수 온도 85~90℃ 유지
- 변속기 레버는 N 또는 P 위치
- 조향핸들 직진 위치

③ 차량을 점검할 때 주의할 사항

- 배선은 쇼트나 어스 되어서는 안 된다.
- 엔진의 시동 중에 배터리 케이블을 분리하면 ECU가 손상된다.
- 점화스위치 ON 상태나 전기부하가 걸린 상태에서 배터리 케이블을 탈거하지 않는다.
- 점프 케이블을 연결할 때에는 12V의 배터리를 사용한다.

④ 자기진단장비(스캔 툴)

- 엔진 자기진단과 센서 출력값을 점검할 수 있다.
- 전자제어 자동변속기의 자기 진단과 센서 출력값을 점검할 수 있다.
- 오실로스코프 기능이 있어 센서의 출력값을 파형을 통한 분석을 할 수 있다.
- 에어백 장치 및 전자 제어 장치의 자기 진단과 고장 기억 소거도 가능하다.

⑤ 자기진단

- 출력된 비정상 코드를 기록한 후 자기 진단표에 있는 항목을 수리한다.
- 고장부위를 수리한 후 축전지(−)단자를 15초 이상 분리한다.
- 점화 스위치를 ON시켰을 때 ECU에 기억된 코드가 출력된다.
- 비정상 코드가 출력될 때는 작은 번호부터 큰 번호 순서로 표출된다.

핵심기출문제

01 보쉬(Bosch) 방식의 전자제어 가솔린 분사장치 중 흡입공기량을 간접 계측하는 방식은?

① K–Jetronic ② D–Jetronic
③ KE–Jetronic ④ L–Jetronic

02 흡기다기관의 부압으로 기본 분사량을 제어하는 방식은?

① K–Jetronic방식
② L–Jetronic방식
③ D–Jetronic방식
④ Mono–Jetronic방식

03 전자제어 연료분사 엔진은 기화기방식 엔진에 비해 어떤 단점을 갖고 있는가?

① 흡입 공기량 검출이 부정확할 때 엔진 부조 가능성
② 저온 시동성 불량
③ 가감속을 할 때 응답 지연
④ 흡입저항 증가

04 전자제어 연료 분사장치에서 연료가 완전연소하기 위한 이론 공연비와 가장 밀접한 관계가 있는 것은?

① 공기와 연료의 산소비
② 공기와 연료의 중량비
③ 공기와 연료의 부피비
④ 공기와 연료의 원소비

05 전자제어 기관(MPI)의 연료 분사방식에 해당되지 않는 것은?

① 동시분사 방식
② 그룹분사 방식
③ 독립분사 방식
④ 예분사 방식

06 전자제어 엔진에서 흡입하는 공기량 측정방법으로 가장 거리가 먼 것은?

① 스로틀 밸브 열림각
② 피스톤 직경
③ 흡기 다기관 부압
④ 칼만와류의 수

02. 전자제어 연료 분사장치의 종류
① K–제트로닉 : 흡입 공기량을 기계–유압식으로 검출하여 기본 분사량을 제어하는 방식
② L–제트로닉 : 흡입 공기량을 직접 검출하여 기본 분사량을 제어하는 방식.
③ D–제트로닉 : 흡입 공기량을 흡기 다기관의 부압으로 간접 검출하여 기본 분사량을 제어하는 방식.
④ 모노–제트로닉 : 간헐적으로 연료분사가 이루어지는 것으로 SPI(TBI)방식이 이에 속한다.

03. 전자제어 연료분사 엔진은 기화기방식 엔진에 비해 흡입 공기량 검출이 부정확할 때 엔진부조 가능성이 있으며, 구조가 복잡하고, 가격이 비싼 단점이 있다.

05. 전자제어 기관(MPI)의 연료 분사방식에는 동기분사(독립분사, 순차분사), 그룹분사, 동시분사(비동기 분사)방식 등이 있다.

06. 흡입하는 공기량 측정방법에는 스로틀 밸브 열림각, 흡기 다기관 부압, 칼만와류의 수 등이 있다.

01. ② **02.** ③ **03.** ① **04.** ② **05.** ④ **06.** ②

07 **전자제어 연료분사 자동차에서 AFS(air flow sensor)의 공기량 계측 방식이 아닌 것은?**

① 베인(Vane)식
② 칼만(Karman) 와류식
③ 핫 와이어(Hot wire) 방식
④ 베르누이 원리 방식

08 **전자제어 연료분사방식의 공기 흡입량 감지 방식이 아닌 것은?**

① 베인식 에어 플로미터
② 스로틀 센서식 에어 플로미터
③ 열막식 에어 플로센서
④ 맵 센서

09 **가솔린 연료분사장치에서 공기량 계측 센서 형식 중 직접 계측방식이 아닌 것은?**

① 플레이트식　② MAP 센서식
③ 칼만 와류식　④ 핫 와이어식

10 **열선식(hot wire type) 흡입공기량 센서의 장점으로 맞는 것은?**

① 기계적 충격에 강하다.
② 먼지나 이물질에 의한 고장 염려가 적다.
③ 출력 신호 처리가 복잡하다.
④ 질량 유량의 검출이 가능하다.

11 **기계식 공기량 계량기에 비해 열선식 공기 질량 계량기의 장점을 열거한 것 중 틀린 것은?**

① 맥동 오차를 ECU가 제어한다.
② 흡입공기 온도가 변화해도 측정상의 오차는 거의 없다.
③ 공기 질량을 직접 정확하게 계측할 수 있다.
④ 기관 작동 상태에 적용하는 능력이 개선되었다.

12 **칼만 와류(kalman vortex)식 흡입공기량 센서를 사용하는 전자제어 가솔린 엔진에서 대기압 센서를 사용하는 이유는?**

① 고지에서의 산소 희박 보정
② 고지에서의 습도 희박 보정
③ 고지에서의 연료량 압력 보정
④ 고지에서의 점화시기 보정

13 **맵 센서(MAP sensor) 출력 특성으로 알맞은 것은?**

①
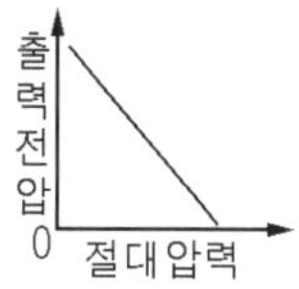

②
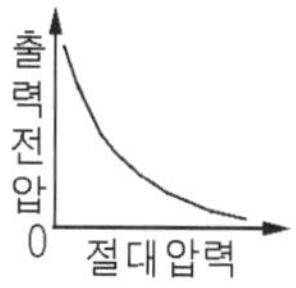

③
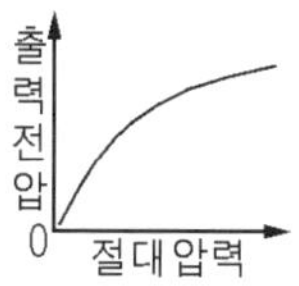

④
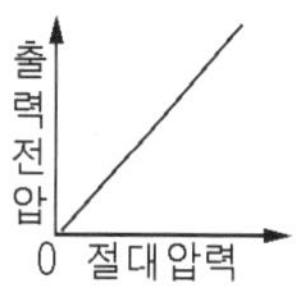

08. 공기 흡입량 감지방식에는 베인식 에어 플로미터, 칼만와류식 에어 플로 센서, 열막식 또는 열선식 에어 플로센서, 맵 센서(map sensor) 등이 있다.

09. MAP 센서방식은 흡기다기관의 진공도로 흡입 공기량을 검출하는 방식이다.

10. 열선식 흡입공기량 센서의 장점
① 고도 오차가 없다.　② 응답시간이 빠르다.
③ 공기의 관성력에 의한 오차가 없다.
④ 장착이 쉽다.　⑤ 질량 유량의 검출이 가능하다.
◈ **열선식 흡입공기량 센서의 단점**
① 기계적 충격에 약하다.
② 먼지나 이물질에 의한 고장 염려가 있다.
③ 출력 신호의 처리가 복잡하다.

11. 열선식 공기질량 계량기의 장점
① 흡입공기 온도가 변화해도 측정상의 오차는 거의 없다.
② 공기 질량을 직접 정확하게 계측할 수 있다.
③ 기관작동 상태에 적용하는 능력이 개선되었다.

12. 대기압 센서는 스트레인 게이지의 저항값이 압력에 비례하는 특성을 이용하여 고지대에서 연료의 분사량 및 점화시기를 조절하는 신호로 이용된다.

07.④ 08.② 09.② 10.④ 11.① 12.① 13.④

14 전자제어 장치 기관에서 대기압을 측정하여 고도 조정에 따른 제어에 필요한 입력신호(센서 출력 신호)를 발생하는 것은?

① 스로틀 포지션 센서(TPS)
② 흡입 공기온도 센서(ATS)
③ 대기압 센서(BPS)
④ 크랭크각 센서(CAS)

15 다음 설명 중 대기압 센서에 대하여 올바르게 말한 것은?

① 습도에 따라 전압이 변동되는 반도체 소자이다.
② 압력을 저항으로 변환시키는 반도체 피에조 저항형 센서이다.
③ 온도에 따라 전압이 변화되는 저항형 센서이다.
④ 압력의 변화에 따라 저항이 변하는 슬라이드 저항체이다.

16 공전(idle) 스위치는 공전상태를 판단하는 스위치로서 주로 어디에 부착되어 있는가?

① TPS 부근 ② 에어클리너 부근
③ AFS 부근 ④ ATS 부근

17 전자제어 가솔린 분사기관에서 공전속도를 제어하는 부품이 아닌 것은?

① ISC 액추에이터
② 컨트롤 릴레이
③ 에어 바이패스 솔레노이드 밸브
④ ISC 밸브

18 전자제어 분사장치에서 공전 스텝모터의 기능으로 적합하지 않은 것은?

① 냉간시 rpm 보상
② 결함코드 확인시 rpm 보상
③ 에어컨 작동시 rpm 보상
④ 전기 부하시 rpm 보상

19 전자제어 엔진에서 각종 센서들이 엔진의 작동상태를 감지하여 컴퓨터가 분사량을 보정함으로써 최적의 상태로 연료를 공급한다. 여기에서 컴퓨터(ECU)가 분사량을 보정하지 못하는 인자는?

① 시동 증량 ② 연료압력 보정
③ 냉각수온 보정 ④ 흡기온 보정

20 전자제어 가솔린 분사장치의 기본 분사시간을 결정하는데 필요한 변수는?

① 냉각수 온도와 흡입공기 온도
② 흡입 공기량과 엔진 회전속도
③ 크랭크각과 스로틀 밸브의 열림 각
④ 흡입공기의 온도와 대기압

21 가솔린 엔진 연료 분사장치에서 기본 분사량을 결정하는 것으로 맞는 것은?

① 흡기온 센서와 냉각수온 센서
② 에어플로 센서와 스로틀 보디
③ 크랭크각 센서와 에어플로 센서
④ 냉각수온 센서와 크랭크각 센서

15. 대기압 센서는 압력을 저항으로 변환시키는 반도체 피에조 저항형 센서이다.

17. 공전속도를 제어하는 부품에는 ISC 액추에이터, 에어 바이패스 솔레노이드 밸브, ISC 밸브, 스텝모터 등이 있다. 컨트롤 릴레이는 배터리 전원을 전자제어 연료 분사장치의 ECU, 연료펌프, 인젝터, 공기흐름 센서 등에 공급하는 역할을 한다.

18. 스텝 모터는 공회전 상태에서 냉각수 온도가 낮을 때, 파워 스티어링 오일 압력이 높을 때, 전기 부하가 클 때, 에어컨을 작동시킬 때 컴퓨터의 제어신호에 의해 바이패스 통로를 조절하여 공전 속도를 보상하는 역할을 한다.

21. 전자제어 연료 분사장치에서는 크랭크각 센서(엔진의 회전수)의 신호와 에어플로 센서(흡입공기량)의 신호에 의해서 ECU가 연료의 기본 분사량을 결정한다.

14.③ **15.**② **16.**① **17.**② **18.**② **19.**② **20.**② **21.**③

22 **가솔린 전자제어 엔진의 노크 컨트롤 시스템에 대한 설명 중 올바른 것은?**

① 노크 발생시 실린더헤드가 고온이 되면 서모센서로 온도를 측정하여 감지한다.
② 실린더블록의 고주파 진동을 전기적 신호로 바꾸어 ECU 검출회로에서 노킹 발생 여부를 판정한다.
③ 노크라고 판정되면 점화시기를 진각 시키고, 노크 발생이 없어지면 지각시킨다.
④ 노크라고 판정되면 공연비를 희박하게 하고, 노크 발생이 없어지면 농후하게 한다.

23 **다음 중 난기 운전 및 기관에 가해지는 부하가 증가됨에 따라서 공전속도를 증가시키는 역할을 하는 부품은 무엇인가?**

① 대기압센서 ② 흡기온도센서
③ 공전조절서보 ④ 수온센서

24 **전자제어 연료분사 방식 중 기온이 낮을 때 시동이 잘 되게 하기 위한 부품은?**

① 콜드 스타트 인젝터(cold start injector)
② 콜드 스타트 초크(cold start choke)
③ 퀵 스타트 시스템(quick start system)
④ 퀵러닝 시스템(quick running system)

25 **MPI 기관의 인 탱크형 연료펌프를 점검하기 위해 리턴호스를 손으로 잡아보니 연료의 흐름이 느껴지지 않는다. 그 원인과 관계가 없는 것은?**

① 점화 스위치의 고장
② 컨트롤 릴레이의 고장
③ 연료펌프의 고장
④ 인젝터의 접촉불량

26 **전자제어 기관에서 연료의 분사량은 어떻게 조정되는가?**

① 인젝터 내의 분사 압력으로
② 연료 펌프의 공급 압력으로
③ 인젝터의 통전 시간에 의해
④ 압력 조정기의 조정으로

27 **다음과 같은 인젝터 회로를 점검하는 방법으로 비합리적인 것은?**

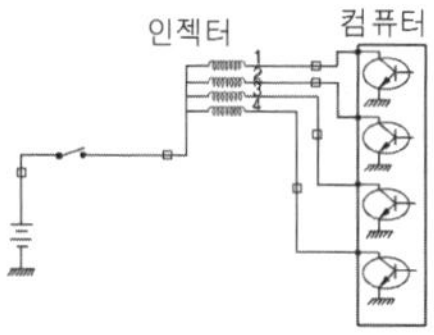

① 각 인젝터에 흐르는 전류파형을 측정한다.
② 각 인젝터의 개별저항을 측정한다.
③ 각 인젝터의 서지 파형을 측정한다.
④ 배터리에서 ECU까지의 총저항을 측정한다.

28 **전자제어엔진의 인젝터 회로와 코일 저항의 양·부 상태를 동시에 확인할 수 있는 방법으로 가장 적합한 것은?**

① 인젝터 전류 파형의 측정
② 분사시간의 측정
③ 인젝터 저항의 측정
④ 인젝터 분사량 측정

22. 노크 컨트롤 시스템은 실린더블록의 고주파 진동을 전기적 신호로 바꾸어 ECU 검출회로에서 노킹 발생 여부를 판정하며, 노크라고 판정되면 점화시기를 지각시키고, 노크 발생이 없어지면 진각 시킨다.
23. 공전조절서보는 난기 운전 및 기관에 가해지는 부하가 증가됨에 따라서 공전속도를 증가시키는 역할을 한다.
24. 콜드 스타트 인젝터는 전자제어 연료분사 방식에서 기온이 낮을 때 시동이 잘 되게 하기 위한 부품이다.
26. 전자제어 연료 분사장치는 각종 센서의 신호를 이용하여 ECU가 인젝터 코일에 공급되는 전류의 시간(통전시간)을 제어함으로서 연료 분사량이 조절된다.
28. 인젝터 전류 파형을 측정하면 인젝터 회로와 인젝터 코일 자체저항의 불량 여부까지 한꺼번에 측정이 가능하다.

22.② **23.**③ **24.**① **25.**④ **26.**③ **27.**② **28.**①

29 **전자제어 연료분사 계통에서 인젝터의 분사 시간 조절에 관한 설명 중 틀린 것은?**

① 엔진을 급가속할 경우에는 순간적으로 분사시간이 길어진다.
② 산소 센서의 전압이 높아지면 분사시간이 길어진다.
③ 엔진을 급감속할 때에는 경우에 따라서 가솔린의 공급이 차단되기도 한다.
④ 축전지 전압이 낮으면 무효 분사시간이 길어지게 된다.

30 **전자제어 가솔린 연료 분사장치의 인젝터에서 분사되는 연료의 양은 무엇으로 조정하는가?**

① 인젝터 개방시간
② 연료 압력
③ 인젝터의 유량계수와 분구의 면적
④ 니들 밸브의 양정

31 **연료분사 밸브는 엔진 회전수 신호 및 각종 센서의 정보 신호에 의해 제어된다. 분사량과 직접적으로 관련이 되지 않는 것은?**

① 밸브 분사공의 직경
② 분사 밸브의 연료 레일
③ 연료 라인의 압력
④ 분사 밸브의 통전 시간

32 **전자제어 연료분사장치의 연료 인젝터는 무엇에 의해서 분사량을 조절하는가?**

① 플런저의 하강 속도
② 로커암의 작동 속도
③ 연료의 압력 조절
④ 컴퓨터(ECU)의 통전시간

33 **전자제어 분사차량의 분사량 제어에 대한 설명으로 틀린 것은?**

① 엔진 냉간시 공전시 보다 많은 량의 연료를 분사한다.
② 급감속시 연료를 일시적으로 차단한다.
③ 축전지 전압이 낮으면 무효 분사 시간을 길게 한다.
④ 산소센서의 출력값이 높으면 연료 분사량은 증가한다.

34 **전자제어 가솔린 분사장치의 연료펌프에서 연료 라인에 고압이 작용하는 경우 연료누출 혹은 호스의 파손을 방지하는 밸브는?**

① 릴리프 밸브 ② 체크 밸브
③ 분사 밸브 ④ 팽창 밸브

35 **전자제어 가솔린엔진에서 연료펌프 내부에 있는 체크(check) 밸브가 하는 역할은?**

① 차량의 전복시 화재 발생을 막기 위해 휘발유 유출을 방지한다.
② 연료 라인의 과도한 연료압 상승을 방지한다.
③ 엔진 정지시 연료 라인 내의 연료압을 일정하게 유지시켜 베이퍼 록(vapor lock) 현상을 방지한다.
④ 연료 라인에 적정압력이 상승될 때까지 시간을 지연시킨다.

29. 농후한 혼합기가 공급되어 산소 센서의 출력 전압이 높아지면 ECU는 연료 분사시간을 짧게 제어하여 이론 공연비 부근이 되도록 한다.

30. 전자제어 엔진에서 연료의 분사량은 인젝터 솔레노이드 코일의 통전 시간 즉 인젝터의 니들 밸브가 열리는 시간으로 조정한다.

32. 인젝터
① 컴퓨터의 제어 신호에 의해 연료를 분사시킨다.
② 연료의 분사량은 솔레노이드 코일에 통전되는 시간에 비례한다.
③ 인젝터의 기본 구동시간은 공기유량센서, 크랭크각 센서, 산소센서 신호에 의해 결정된다.

33. 산소 센서의 출력 값이 높은 경우는 농후한 혼합기가 공급되기 때문에 연료 분사량은 감소된다.

29.② **30.**① **31.**② **32.**④ **33.**④ **34.**① **35.**③

36 **전자제어 가솔린 기관의 연료압력 조정기에 대한 설명 중 맞는 것은?**

① 기관의 진공을 이용한 부스터로 연료의 압력을 높이는 구조이다.
② 스프링의 장력과 흡기 매니폴드의 진공압으로 연료압력을 조절하는 구조이다.
③ 공기압에 의하여 압력을 조절하는 구조이다.
④ 유압밸브로 연료압력을 조절하는 구조이다.

37 **연료 탱크 내의 연료펌프에 설치된 릴리프 밸브가 하는 역할이 아닌 것은?**

① 연료압력의 과다 상승을 방지한다.
② 모터의 과부하를 방지한다.
③ 과압의 연료를 연료탱크로 보내준다.
④ 첵 밸브의 기능을 보조해준다.

38 **전자제어 가솔린 기관의 연료장치에 해당되지 않는 부품은?**

① 오리피스(orifice)
② 연료압력 조절기(pressure regulator)
③ 맥동 댐퍼(pulsation damper)
④ 분사기(injector)

39 **전자제어 엔진의 연료 펌프 작용에 대한 설명으로 틀린 것은?**

① 평상 운전시 ST 위치로 하면 연료 펌프가 작동한다.
② 엔진 회전시 IG 스위치가 ON되면 연료 펌프는 작동한다.
③ IG 스위치를 ON 상태로 두면 항상 펌프는 작동한다.
④ 연료 펌프 구동 단자에 전원을 공급하면 펌프는 작동한다.

40 **전자제어 가솔린 연료분사장치 차량에서 연료펌프 구동과 관련이 없는 것은?**

① 크랭크각 센서
② 수온 센서
③ 연료 펌프 릴레이
④ 엔진 컴퓨터(ECU)

41 **전자제어 가솔린 기관의 압력 조정기는 연료의 압력을 일정하게 유지시킨다. 연료의 압력은 어떤 압력과 비교하여 일정하게 유지한다는 뜻인가?**

① 대기압
② 연료의 분사압력
③ 흡기다기관의 부압
④ 연료의 리턴압력

42 **전자제어 기관의 연료계통 구성부품에 직접 관련이 없는 것은?**

① 연료압력 조정기 ② 인젝터
③ 연료 필터 ④ 스로틀 밸브

36. 연료압력 조절기의 기능
① 흡기 매니폴드의 진공압 변화에 따른 연료 분사량의 변화를 방지하며, 다이어프램 스프링에 의해 연료압력과 흡기 매니폴드와의 차압을 항상 일정하게 유지하는 역할을 한다.
② 연료의 압력을 흡기 다기관의 부압(진공)에 대하여 2.2~2.6kgf/cm²의 차이를 유지시킨다.

37. 릴리프 밸브는 과대한 연료의 압력이 걸릴 때 밸브를 열어 압력 상승을 방지하는 역할을 하기 때문에 첵 밸브의 기능을 보조할 수 없다.

39. 전자제어 엔진의 연료 펌프는 IG 스위치를 ON시킨 경우에 엔진의 회전(50rpm 이상)신호가 없으면 연료 펌프는 작동되지 않는다.

41. 연료 압력 조절기는 연료의 압력을 흡기 다기관의 진공도에 대하여 2.2~2.6kgf/cm²의 차이를 유지시켜 연료의 분사압력을 항상 일정하게 유지시키는 역할을 한다.

42. 스로틀 밸브는 링키지나 와이어로 가속 페달에 연결되어 있으며, 엔진에 흡입되는 공기 또는 혼합기의 양을 조절하는 밸브이다.

36.② 37.④ 38.① 39.③ 40.② 41.③ 42.④

43 전자제어 연료분사장치에서 인젝터 펄스(pulse)의 단위는 무엇인가?

① 드웰(Dwell) ② 분(Minute)
③ 초(Sec) ④ 밀리 세컨드(ms)

44 전자제어 연료분사장치에서 연료분사시간에 해당되지 않는 것은?

① 기본분사시간 ② 보정계수
③ 무효분사시간 ④ 임의분사시간

45 실린더블록에 장착되어 있으며 압전 소자를 이용하여 실린더 내의 압력변화 및 연소온도의 급격한 증가, 내부염화 등의 이상원인으로 발생한 이상 진동을 감지하여 이를 전기 신호로 바꾸어 점화시기를 조정하는 센서는?

① 노크센서
② 크랭크포지션 센서
③ 캠 샤프트 포지션 센서
④ 에어컨 압력센서

46 엔진 크랭킹시 연료 분사가 되지 않을 경우의 원인에 해당되지 않는 것은?

① 엔진 컴퓨터에 이상이 있다.
② 컨트롤 릴레이에 이상이 있다.
③ 크랭크각 및 1번 상사점 센서의 불량이다.
④ 아이들 스위치의 불량이다.

47 전자제어식 엔진에서 크랭크각 센서의 역할은?

① 단위 시간당 기관 회전속도 검출
② 단위 시간당 기관 점화시기 검출
③ 매 사이클 당 흡입공기량 계산
④ 배 사이클 당 폭발횟수 검출

48 수온 센서의 역할이 아닌 것은?

① 냉각수 온도 계측
② 점화시기 보정에 이용
③ 연료 분사량 보정에 이용
④ 기본 연료 분사량 결정

49 전자제어 연료분사엔진에서 수온센서 계통의 이상으로 인해 ECU로 정상적인 냉각수온 값이 입력되지 않으면 연료 분사는?

① 엔진 오일온도를 기준으로 분사
② 흡기 온도를 기준으로 분사
③ 연료 분사를 중단
④ ECU에 의한 페일세이프 값을 근거로 분사

50 수온센서 고장시 엔진에서 예상되는 증상으로 잘못 표현한 것은?

① 연료 소모가 많고 CO 및 HC의 발생이 감소한다.
② 냉간 시동성이 저하될 수 있다.
③ 공회전시 엔진의 부조현상이 발생할 수 있다.
④ 공회전 및 주행 중 시동이 꺼질 수 있다.

43. 전자제어 연료분사장치에서 인젝터 펄스(pulse)의 단위는 밀리 세컨드(ms)이다.
44. 전자제어 연료분사장치에서 연료분사시간에는 기본분사시간, 보정계수, 무효분사시간 등이 있다.
45. 노크센서는 실린더 블록에 장착되어 있으며 압전 소자를 이용하여 실린더 내의 압력변화 및 연소온도의 급격한 증가, 내부염화 등의 이상원인으로 발생한 이상 진동을 감지하여 이를 전기신호로 바꾸어 점화시기를 조정하는 센서이다.
47. 크랭크 각 센서는 발광 다이오드와 포토 다이오드를 이용하여 단위 시간당 엔진의 회전속도를 검출하는 역할을 한다.
48. 전자제어 기관의 기본 분사량은 엔진의 회전수와 실린더에 흡입공기량에 의해서 결정한다.
49. 수온센서 계통에 이상이 생기면 ECU에 의한 페일세이프 값(냉각수온 80℃)을 근거로 연료를 분사한다.
50. 수온 센서 고장시 연료소모가 많고 CO 및 HC의 발생이 증가한다.

43.④ **44.**④ **45.**① **46.**④ **47.**① **48.**④ **49.**④ **50.**①

51 **노크센서(knock sensor)에 이용되는 기본적인 원리는?**

① 홀 효과　② 피에조 효과
③ 자계실드 효과　④ 펠티어 효과

52 **다음은 스로틀 밸브(Throttle Valve)의 구성에 대한 설명이다 틀린 것은?**

① 스로틀 밸브는 엔진 공회전시 전폐(全閉) 위치에 있다.
② 스로틀 밸브의 크기는 엔진 출력과는 무관하다.
③ 스로틀 밸브 개도(開度) 특성과 액셀러레이터 조작량과의 관계는 운전성을 고려하여 결정하도록 한다.
④ 스로틀 밸브는 리턴 스프링의 힘에 의해 전폐(全閉) 상태로 되돌아온다.

53 **전자제어 연료 분사장치에서 ECU(Electronic Control Unit)로 입력되는 요소가 아닌 것은?**

① 냉각수 온도 신호
② 연료분사 신호
③ 흡입 공기온도 신호
④ 크랭크 앵글 신호

54 **자동차 전자제어 유닛(ECU)의 구성에 있어서 각종 제어장치에 관한 고정 데이터나 자동차 정비제원 등을 장기적으로 저장하는데 이용되는 것은?**

① RAM　② ROM
③ CPU　④ TPS

55 **전자제어 가솔린 분사장치의 기본 분사시간을 결정하는데 필요한 변수는?**

① 냉각수 온도와 흡입공기 온도
② 흡입공기량과 엔진 회전속도
③ 크랭크 각과 스로틀 밸브의 열린 각
④ 흡입공기의 온도와 대기압

56 **전자제어 기관의 기본 분사량 결정 요소는?**

① 수온　② 흡기온
③ 흡기량　④ 배기량

57 **가솔린 기관에서 와류를 일으켜 흡입 공기의 효율을 향상시키는 밸브에 해당되는 것은?**

① 어큐뮬레이터
② 과충전 밸브
③ EGR 밸브
④ 매니폴드 스로틀 밸브(MTV)

51. 노크 센서는 실린더 블록에 장착되어 있으며, 세라믹 소자에 압력을 가하면 결정이 변형되어 단면에 정전하가 발생되는 피에조 압전 효과를 이용하여 실린더 내의 압력변화 및 연소 온도의 급격한 증가 등의 이상 원인으로 발생한 이상 진동을 감지하여 이를 전기신호로 바꾸어 컴퓨터에 입력시켜 점화시기를 조정하도록 하는 역할을 한다.

53. 연료분사 신호는 컴퓨터에서 인젝터에 보내는 출력 신호이며, 인젝터에서 연료가 분사되도록 제어 전원을 공급하는 것을 말한다.

54. 약어의 정의
① RAM(random access memory) : 일시 기억장치
② ROM(read only memory) : 영구 기억장치
③ CPU(central processing unit) : 중앙처리장치
④ TPS(throttle position sensor) : 스로틀 포지션 센서

55. 인젝터의 기본 분사시간은 엔진회전수와 흡입공기량에 비례하도록 제어한다.

56. 전자제어 기관의 기본 분사량은 엔진의 회전수와 실린더에 흡입공기량에 의해서 결정한다.

57. 매니폴드 스로틀 밸브(MTV ; Manifold Throttle Valve)는 희박 연소 엔진에서 강한 와류를 발생시키기 위하여 매니폴드에 설치된 밸브로 1개의 실린더에 흡입 포트를 2개를 설치하여 1개의 흡입 포트에는 매니폴드 스로틀 밸브가 설치되어 있다. 린번 제어 영역에서 매니폴드 스로틀 밸브를 닫으면 빠른 유속에 의해 와류가 발생되어 흡입 공기의 효율을 향상시킨다. 희박 공연비 상태에서도 연소가 가능한 이유는 와류의 유동과 성층화를 이용하기 때문이다.

51.② **52.**② **53.**② **54.**② **55.**② **56.**③ **57.**④

58 **전자제어 가솔린 기관에서 전부하 및 공전의 운전 특성값과 가장 관련성 있는 것은?**

① 배전기 ② 시동 스위치
③ 스로틀 밸브 스위치 ④ 공기비 센서

59 **기본 점화시기 및 연료 분사시기와 가장 밀접한 관계가 있는 센서는?**

① 수온 센서 ② 대기압 센서
③ 크랭크각 센서 ④ 흡기온 센서

60 **전자제어 기관에서 크랭킹은 가능하나 시동이 되지 않을 경우 점검방법으로 틀린 것은?**

① 연료펌프 강제구동 시험을 한다.
② 인히비터 스위치를 점검한다.
③ 계기판의 엔진고장 경고등의 점등유무를 확인한다.
④ 점화 불꽃 발생여부를 확인한다.

61 **크랭크각 센서가 고장이 나면 어떤 현상이 발생하는가?**

① 시동은 되나 부조현상이 발생한다.
② 시동이 불가능하다.
③ 스타트에서만 시동이 가능하다.
④ 시동과 무관하다.

62 **전자제어 엔진에서 입력신호에 해당되지 않는 것은?**

① 냉각수온 센서 신호
② 흡기온도 센서 신호
③ 에어플로 센서 신호
④ 인젝터 신호

63 **자동차에서 배기가스가 검게 나오며, 연비가 떨어지고 엔진 부조 현상과 함께 시동성이 떨어진다면 예상되는 고장부위의 부품은?**

① 공기량 센서 ② 인히비터 스위치
③ 에어컨 압력센서 ④ 점화스위치

64 **ECU 내에서 아날로그 신호를 디지털 신호로 변화시키는 것은?**

① A/D 컨버터 ② CPU
③ ECM ④ IU/O 인터페이스

65 **OBD-2 시스템에서 진단하는 항목으로 가장 거리가 먼 것은?**

① 인젝터 불량 감지
② O_2센서 불량 감지
③ 오일압력 불량 감지
④ 에어플로센서 불량 감지

59. 크랭크각 센서의 출력 신호는 ECU에서 크랭크축의 회전수를 연산하여 연료 분사시기와 점화시기를 결정하기 위한 신호로 이용된다.

62. 인젝터는 컴퓨터의 출력 신호를 받아 작동한다.

63. 공기흐름 센서 결함시 예상되는 현상
① 엔진의 시동성이 떨어진다.
② 엔진의 부조현상이 발생된다.
③ 가속력이 떨어진다. ④ 연비가 떨어진다.
⑤ 시동 후, 액셀 페달을 밟은 후, 액셀 페달을 놓은 후 엔진이 멈춘다.

64. A/D 컨버터의 기능
① 아날로그 양을 디지털 양으로 변환시키는 장치이다.
② 디지털 양을 아날로그 양으로 변환시키는 장치이다.

65. OBD II (On-Board Diagnosis) : 자동차의 배출가스 대책 시스템의 고장(배출가스가 기준값 이상일 경우)을 모니터하여 경고등을 점등시킴으로써 운전자에게 고장을 알림과 동시에 고장 내용을 기록해 두는 경보시스템으로 내장형 고장진단 장치라고도 불린다. 하드웨어의 구성 부품 또는 각 시스템에서 검출 가능한 트러블의 장소를 찾아 판단하는 기능으로 복잡화된 전자시스템의 고장 개소를 발견하기 위하여 개발된 것으로 그 장치를 자동차에 설치한 컴퓨터에 내장시킨 것이다. 자동차의 제어장치에 고장이 발생된 경우 컴퓨터에서는 신호가 나오지 않는다 하더라도 운전자가 서비스 센터까지 이동할 수 있도록 경고등을 점등시켜 알려주는 장치이다.

58.③ **59.**③ **60.**② **61.**② **62.**④ **63.**① **64.**① **65.**③

Part II

자동차 새시정비

- 새시성능
- 동력전달장치
- 현가 및 조향장치
- 제동장치
- 주행 및 구동장치

1장 섀시 성능

1-1 성능기준 및 검사

1 공차상태

자동차에 사람이 승차하지 아니하고 물품(예비부품 및 공구 기타 휴대물품을 포함한다)을 적재하지 아니한 상태로서 연료·냉각수 및 윤활유를 만재하고 예비타이어(예비타이어를 장착할 수 있는 자동차에 한한다)를 설치하여 운행할 수 있는 상태를 말한다.

2 길이 · 너비 및 높이

(1) 자동차의 길이·너비 및 높이는 다음의 기준을 초과하여서는 아니 된다.

① **길이** : 13m(연결자동차의 경우에는 16.7m를 말한다)

② **너비** : 2.5m(후사경·환기장치 또는 밖으로 열리는 창의 경우 이들 장치의 너비는 승용 자동차에 있어서는 25cm, 기타의 자동차에 있어서는 30cm. 다만, 피 견인자동차의 너비가 견인자동차의 너비보다 넓은 경우 그 견인자동차의 후사경에 한하여 피 견인자동차의 가장 바깥쪽으로 10cm를 초과할 수 없다)

③ **높이** : 4m

(2) 자동차의 길이·너비 및 높이는 다음 각 호의 상태에서 측정하여야 한다.

① 공차상태

② 직진상태에서 수평면에 있는 상태

③ 차체 밖에 부착하는 후사경, 안테나, 밖으로 열리는 창, 긴급자동차의 경광등 및 환기장치 등의 바깥 돌출부분은 이를 제거하거나 닫은 상태

3 최저 지상고

공차상태의 자동차에 있어서 접지부분 외의 부분은 지면과의 사이에 **12cm 이상**의 간격이 있어야 한다.

4 차량 총중량

자동차의 차량 총중량은 20ton(승합자동차의 경우에는 30ton, 화물자동차 및 특수자동차의 경우에는 40ton), 축중은 10ton, 윤중은 5ton을 초과하여서는 아니 된다.

5 최대안전경사각도

자동차(연결자동차를 포함한다)는 다음 각 호에 따라 좌우로 기울인 상태에서 전복되지 아니하여야 한다. 다만, 특수용도형 화물자동차 또는 특수작업형 특수자동차로서 고소작업·방송중계·진공흡입청소 등의 특정작업을 위한 구조장치를 갖춘 자동차의 경우에는 그러하지 아니하다.

① 승용자동차, 화물자동차, 특수자동차 및 승차정원 10명 이하인 승합자동차 : 공차상태에서 35°(차량총중량이 차량중량의 1.2배 이하인 경우에는 30°)

② 승차정원 11명 이상인 승합자동차 : 적차상태에서 28°

1-2 주행저항(走行抵抗)

1 구름 저항

구름 저항은 바퀴가 노면 위를 굴러갈 때 발생되는 것이며 구름 저항이 발생하는 원인에는 도로와 타이어와의 변형, 도로 위의 요철과의 충격, 타이어 미끄럼 등이며 다음 공식으로 나타낸다.

$$Rr = \mu r \times W$$

Rr : 구름 저항(kgf),
μr : 구름 저항 계수,
W : 차량 총중량(kgf)

2 공기 저항

공기저항은 자동차가 주행할 때 진행 방향에 방해하는 공기의 힘이며, 다음 공식으로 표시한다.

$$Ra = \mu a \times A \times V^2 \quad \text{또는} \quad Ra = C\frac{\rho}{2g}AV^2$$

Ra : 공기저항(kgf), μa : 공기저항 계수,
A : 자동차 전면 투영 면적(m^2), V : 자동차의 공기에 대한 상대 속도(m/s),
C : 차체의 형상계수, ρ : 공기밀도

3 구배(등판)저항

구배 저항은 자동차가 언덕길을 올라갈 때 노면에 대한 평행한 방향의 분력($W \times \sin\theta$)이 저항과 같은 효과를 내므로 이것을 구배 저항이라고 하며 다음 공식으로 표시된다.

$$Rg = W \times \sin\theta \quad \text{또는} \quad Rg = \frac{WG}{100}$$

Rg : 구배 저항(kgf), W : 차량 총중량(kgf), $\sin\theta$: 노면 경사각도, G : 구배(%)

4 가속 저항

가속 저항은 자동차의 주행속도의 변화를 주는데 필요한 힘으로 관성 저항이라고도 부른다.

$$Ri = \frac{W + \Delta W}{g} \times a$$

Ri : 가속 저항, a : 가속도(m/sec^2),
W : 차량 총중량(kgf), g : 중력 가속도($9.8m/sec^2$),
Δw : 회전부분상당중량

핵심기출문제

01 **승합 자동차의 소, 중, 대형 규모별 분류기준으로 맞는 것은?**

① 소형 : 승차정원 15인 이하, 중형 : 승차정원 16~35인, 대형 : 36인 이상
② 소형 : 승차정원 12인 이하, 중형 : 승차정원 13~30인, 대형 : 31인 이상
③ 소형 : 승차정원 10인 이하, 중형 : 승차정원 11~15인, 대형 : 15인 이상
④ 소형 : 승차정원 15인 이하, 중형 : 승차정원 16~44인, 대형 : 45인 이상

02 **승차정원 16인의 승합자동차의 구분은 어디에 속하는가?**

① 대형 승합자동차 ② 중형 승합자동차
③ 소형 승합자동차 ④ 특수형 승합자동차

03 **화물자동차의 유형이 아닌 것은?**

① 덤프형 ② 밴형
③ 일반형 ④ 다목적형

04 **자동차 성능기준에 관한 규칙에서 용어의 정의가 잘못된 것은?**

① "윤중"이라 함은 자동차가 수평상태에 있을 때 1개의 바퀴가 수직으로 지면을 누르는 중량을 말한다.
② "축중"이라 함은 자동차가 수평상태에 있을 때 1개의 차축에 연결된 모든 바퀴의 윤중을 합한 것을 말한다.
③ "접지부분"이라 함은 적정 공기압 상태에서 타이어가 접지면과 접촉되는 부분을 말한다.
④ "조향기둥"이라 함은 조향 회전력을 조향 핸들에서 조향 기어로 전달하는 축을 말한다.

05 **차량중량에 포함되지 않는 것은?**

① 운전자 1인의 중량 ② 연료의 중량
③ 예비타이어 중량 ④ 냉각수 중량

06 **차량중량 및 공차시 축중을 기초로 한 산식에 의하여 계산하는 방법을 나타낸 것이다. 차량총중량 계산 방법으로 옳은 것은?**

① 차량총중량=최대적재량+승차정원×65kgf
② 차량총중량 =차량중량+승차정원×65 kgf
③ 차량총중량=차량중량 + 최대 적재량 + 승차정원 × 65 kgf
④ 차량총중량=최대 적재량 + 전축중 + 승차정원 × 65 kgf

02. 승합자동차 규모별 세부기준
① 경형 승합자동차 : 배기량이1000cc미만으로서 길이 3.5m·너비 1.5m·높이 2.0m이하인 것
② 소형 승합자동차 : 승차정원이 15인 이하
③ 중형 승합자동차 : 승차정원이 16인 이상 35인 이하
④ 대형 승합자동차 : 승차정원이 36인 이상

04. 조향 기둥 : 조향 핸들 축을 둘러싸고 있는 외장부분
조향 핸들 축 : 조향 회전력을 조향 핸들에서 조향 기어로 전달하는 것

05. 차량중량 : 자동차에 사람이 승차하지 아니하고 물품(예비부분품 및 공구 기타 휴대물품을 포함한다)을 적재하지 아니한 상태로서 연료·냉각수 및 윤활유를 만재하고 예비타이어(예비타이어를 장착한 자동차만 해당한다)를 설치하여 운행할 수 있는 상태의 중량을 말한다.

01.① **02.**② **03.**④ **04.**④ **05.**① **06.**③

07 **자동차의 차량총중량 및 중량분포에 대한 성능기준으로 틀린 것은?**

① 승합자동차의 차량총중량은 30톤을 초과해서는 안된다.
② 자동차의 축중은 10톤을 초과해서는 안 된다.
③ 소형자동차 조향바퀴의 윤중 합은 차량 중량 및 차량총중량에 대하여 각각 30% 이상이어야 한다.
④ 견인자동차의 조향바퀴 윤중의 합은 피견인자동차를 연결한 상태에서 기준에 적합하여야 한다.

08 **자동차의 길이, 너비 및 높이에 대한 성능기준으로 틀린 것은?**

① 길이는 12m 이하일 것
② 연결자동차의 길이는 16.7m 이하일 것
③ 너비는 2.5m 이하일 것
④ 높이는 4m 이하일 것

09 **자동차 성능기준에 관한 설명 중 틀린 것은?**

① 자동차의 길이는 13m(연결자동차의 경우 16.7m)를 초과하여서는 아니 된다.
② 자동차의 높이는 4m를 초과하여서는 아니 된다.
③ 자동차의 축중은 20톤을 초과하여서는 아니 된다.
④ 자동차의 윤중은 5톤을 초과하여서는 아니 된다.

10 **차량총중량이 차량 중량의 1.2배 이하인 일반형 승합자동차의 최대 안전경사각은 공차상태에서 몇 도 이어야 하는가?**

① 25도 ② 30도
③ 35도 ④ 40도

11 **우측 안전폭 0.672m, 좌측 안전폭 0.672m인 일반형 화물자동차의 무게중심고가 0.978m일 때 좌측 최대 안전경사각도 및 성능기준에 따른 적, 부 판정이 바른 것은?**

① 안전 경사각도 : 36°, 판정 : 적합
② 안전 경사각도 : 34.6°, 판정 : 부적합
③ 안전 경사각도 : 43.6°, 판정 : 적합
④ 안전 경사각도 : 36.8°, 판정 : 부적합

12 **제작자동차 중 중형 및 대형자동차의 제원 허용차로 틀린 것은?**

① 길이 : ±50mm ② 너비 : ±40mm
③ 높이 : ±60mm ④ 오버행 : ±30mm

07. 차량 총중량 및 중량 분포
① 자동차의 차량 총중량은 20 ton(승합자동차의 경우에는 30ton, 화물자동차 및 특수 자동차의 경우에는 40 ton), 축중은 10ton, 윤중은 5 ton을 초과하여서는 아니된다.
② 차량 총중량·축중 및 윤중은 연결 자동차의 경우에도 또한 같다.
③ 자동차의 조향 바퀴 윤중의 합은 차량 중량 및 차량 총중량의 각각에 대하여 20 %(3 륜의 경형 및 소형 자동차의 경우에는 18 %) 이상이어야 한다.
④ 견인자동차는 피견인 자동차(풀 트레일러를 제외한다)를 연결한 상태에서 제1 항의 기준에 적합하여야 한다.

08. 자동차 길이는 13m(연결 자동차의 경우에는 16.7m)이하이어야 한다.

09. 자동차의 축중은 10톤을 초과해서는 아니 된다.

11. ① 우측 : $\tan^{-1}\cdot\frac{B_R}{H}=\tan^{-1}\cdot\frac{0.672}{0.978}=34.45°$

② 좌측 : $\tan^{-1}\cdot\frac{B_L}{H}=\frac{0.672}{0.978}=34.45°$

③ 공차 상태의 자동차는 좌우 각각 35°기울인 상태에서 전복되지 않아야 한다.

12. 중형 및 대형 자동차 제원 허용차(단위 : mm)

길이	너비	높이	윤거	축거	오버행
±50	±40	±60	±40	±30	±40

07.③ 08.① 09.③ 10.② 11.② 12.④

13 길이, 너비 등에 대한 특례기준을 적용할 수 없는 자동차는?

① 길이가 19m 이내인 굴절버스
② 너비가 2.75m 이내인 컨테이너 운송용 풀카고 트럭 및 풀카고 트레일러
③ 길이가 19m 이내인 보도용 자동차(TV 중계차 등)
④ 너비가 2.75m 이내인 보도용 자동차(TV중계차 등)

14 소형 및 승합자동차를 제외한 기타 자동차는 주행안전상 뒷 오버행은 가장 앞의 차축 중심에서 가장 뒤의 차축 중심까지 거리의 얼마 이내로 하여야 하는가?

① 1/3 ② 1/2
③ 2/3 ④ 1/20

15 소형자동차의 차체 오버행에 대한 허용한도를 나타낸 것으로 옳은 것은?

① $\frac{\text{오버행}}{\text{축간거리}} \leq \frac{11}{20}$
② $\frac{\text{오버행}}{\text{축간거리}} \leq \frac{2}{3}$
③ $\frac{\text{오버행}}{\text{축간거리}} \leq \frac{1}{2}$
④ $\frac{\text{오버행}}{\text{축간거리}} \leq \frac{11}{12}$

16 차체의 길이가 5600mm이고 축간거리가 3200mm인 일반형 중형 화물자동차의 뒤 오버행은?

① 1600mm 이하 ② 1760mm 이하
③ 2400mm 이하 ④ 2800mm 이하

17 하대옵셋의 설명으로 옳은 것은?

① 하대 내측 길이의 중심에서 후차축 중심까지의 차량 중심선 방향의 수평거리
② 축거의 중심에서 후차축 중심까지의 차량 중심선 방향의 수평거리
③ 차량 전체의 길이에서 하대 내측 길이의 중심까지의 수평거리
④ 하대 최전방 끝에서 앞바퀴 중심까지의 수평거리

18 탱크로리나 콘크리트 믹서 트럭과 같이 형상이 복잡한 자동차 하대 바닥면의 중심은 어떻게 기준을 정하는가?

① 적재실 중심
② 천장의 1/2 지점
③ 차체의 1/2 지점
④ 용적 중심

13. ① 길이 특례 기준(19m이하) : 연결 자동차, 굴절 자동차
② 너비 특례 기준(2.75m이하) : 컨테이너 운송용 풀 카고 트럭, 풀 카고 트레일러 및 저상 트레일러, 보도용 자동차(TV 중계차 등)

14. 자동차의 차체 오버행 허용한도
① 소형자동차 : 11/20
② 밴형 화물자동차, 승합자동차 등 화물을 밖으로 적재할 우려가 없는 자동차 : 2/3
③ 기타의 자동차 : 1/2

15. 자동차의 차체 오버행 허용한도
① 소형자동차 : 11/20
② 밴형 화물자동차, 승합자동차 등 화물을 밖으로 적재할 우려가 없는 자동차 : 2/3
③ 기타의 자동차 : 1/2

16. 중형 화물자동차의 뒤 오버행은 축간거리의 1/2 이하이어야 한다.

17. 하대 옵셋은 하대 내측길이의 중심에서 후차축의 중심까지의 차량 중심선 방향의 수평거리를 측정한다. 다만, 탱크로리 등의 형상이 복잡한 경우에는 용적중심을, 견인자동차의 경우에는 연결부(오륜)의 중심을 하대 바닥면의 중심으로 한다.

18. 하대 옵셋은 하대 내측길이의 중심에서 후차축의 중심까지의 차량 중심선 방향의 수평거리를 측정한다. 다만, 탱크로리 등의 형상이 복잡한 경우에는 용적중심을, 견인자동차의 경우에는 연결부(오륜)의 중심을 하대 바닥면의 중심으로 한다.

13.③ 14.② 15.① 16.① 17.① 18.④

19 그림과 같은 모양의 화물자동차에 대하여 하대 옵셋은?(단, 하중 중심이 뒷차축 중심보다 앞에 있으면 +, 뒤에 있으면 −로 표시)

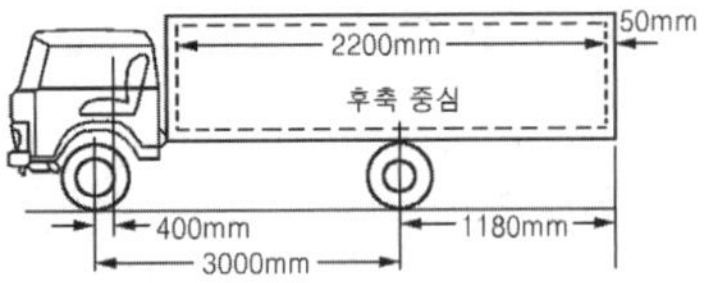

① −30mm ② −150mm
③ +400mm ④ +1520mm

20 다음과 같은 조건의 승용차를 0.5m 들어 올렸을 때 후축중이 40kgf 증가하였다면 차량의 대략적인 무게 중심고는?

> 공차시 전축중 : 626kgf,
> 공차시 후축중 : 396kgf,
> 축거 : 2500mm,
> 전륜윤거 : 1.275m, 후륜윤거 : 1.294m,
> 좌우측 전륜하중 : 313kgf,
> 좌우측 후륜하중 : 198kgf,
> 타이어 유효반경 : 0.275m

① 0.75m ② 0.85m
③ 0.59m ④ 0.67m

21 공차시 전 축중이 3532kgf, 후 축중이 4294kgf. 축거 5.23m, 타이어 유효반경 0.508m인 화물 자동차의 전축을 0.5m 올렸을 때 후 축중이 60kgf 증가하였다면 중심고는?

① 0.84m ② 0.89m
③ 0.93m ④ 0.98m

22 다음과 같은 제원을 가진 덤프 트럭에서 최대적재량 적합한가의 판정이 맞는 것은?

> 최대 적재량 : 6000kgf,
> 하대길이 : 4830mm
> 하대높이 : 450mm,
> 하대 폭 : 2220mm
> 승차인원 : 3명

① 1.24t/m³(적합)
② 1.24t/m³(부적합)
③ 1.50t/m³(적합)
④ 1.50t/m³(부적합)

---

19. $O_s = \frac{\text{하대 내측 길이}}{2} - (A-B)$

O_s : 하대 옵셋

A : 뒤차축 중심에서 차체 최후단까지의 거리(오버행)

B : 하대 내측의 뒤끝에서 차체 최후단까지의 거리

$O_s = \frac{2200mm}{2} - (1180mm - 50mm) = -30mm$

20. $H = R + \frac{L(w'r - Wr) \cdot \sqrt{L^2 - H^2}}{W \cdot h}$

H : 차량 중심고(m) R : 타이어 유효 반경(m)

L : 축간거리(m)

$w'r$: 앞바퀴를 h만큼 올렸을 때 후축중(kgf)

Wr : 공차상태의 후축중(kgf)

h : 앞바퀴를 들어올렸을 때 높이(m)

W : 차량중량(kgf)

$H = 0.275 + \frac{2.5 \times 40 \times \sqrt{2.5^2 - 0.5^2}}{(626+396) \times 0.5} = 0.75m$

21. $H = 0.508 + \frac{5.23 \times 60 \times \sqrt{5.23^2 - 0.5^2}}{(3532+4294) \times 0.5} = 0.925m$

22. 덤프 트럭의 최대 적재량 판정

① 소형차 : $\frac{\text{최대 적재량}}{A \times B \times C} \geq 1.3\text{톤}/m^3$

② 기타 자동차 : $\frac{\text{최대 적재량}}{A \times B \times C} \geq 1.5\text{톤}/m^3$

A : 하대 길이(m) B : 하대 폭(m) C : 하대높이(m)

$\frac{\text{최대 적재량}}{A \times B \times C} = \frac{6000kg_f}{4.83 \times 2.22 \times 0.45}$

$= 1243.47kg_f/m^3 = 1.24t/m^3$

19.① 20.① 21.③ 22.②

23 축거 2000mm, 후륜 타이어 부하 허용하중 200kgf, 공차시 후륜하중 150kgf, 정원 승차시 후륜하중 증가 8kgf, 하대 옵셋 20mm, 타이어는 좌 · 우 각 1개씩인 자동차의 최대 적재량은?

① 168kgf ② 192kgf
③ 215kgf ④ 244kgf

24 아래 그림에서 L : 1.87m, L_1 : 0.57m, L_2 : 1.47m, 공차시 전축중(Wfo) : 723kgf, 공차시 후축중(Wro) : 642kgf, 앞좌석 승차인원(P_1) : 2명, 뒷좌석 승차인원(P_2) : 3명의 제원으로 2001년 3월 5일 제작된 승용차에 승차정원 5명이 탑승하였을 때 후축중은 얼마인가?(단, P_1 : 승차정원 2명 제1하중, P_2 : 승차정원 3명 제2하중, L : 축거, a_1 : P_1에서 후차축 중심까지의 거리, a_2 : P_2에서 후차축 중심까지의 거리, L_1 : P_1에서 앞차축 중심까지의 거리, L_2 : P_2에서 앞차축 중심까지의 거리)

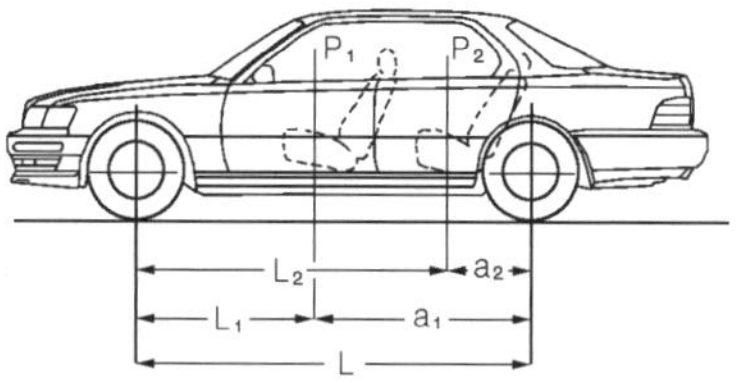

① 835kgf ② 845kgf
③ 837kgf ④ 774kgf

25 전 · 후차축이 각각 1축인 자동차에서 승차정원 2명 최대적재량 1800 kgf, 공차시 전축중 790 kgf, 후축중 520kgf, 하대옵셋이 0인 트럭의 적차시 전축중을 구하면?(단. 하중작용은 전축직상방)

① 700 kgf ② 800 kgf
③ 920 kgf ④ 1000 kgf

26 경유를 운반하는 탱크로리의 후면에 최대적재량이 5950kgf 으로 적혀 있다. 이 탱크의 최대 용량은?(단, 경유의 비중은 0.85, 공간 용적은 제외)

① 5058L ② 6500L
③ 7000L ④ 7500L

27 자동차의 뒷면에 차량총중량, 최대적재량, 최대적재용적 및 적재물품명을 모두 표시하여야 하는 자동차는?

① 화약류 운반차 ② 특수화물 자동차
③ 탱크로리 자동차 ④ 고속 버스

28 탱크로리 화물자동차 뒷면에 표시하여야 할 사항이 아닌 것은?

① 차량총중량 ② 최대적재량
③ 승차정원 ④ 적재물품명

23. 최대적재량 $= \dfrac{L \times (R_r \times N - M_r - w_r)}{L - O_s}$

L : 축간거리(m) R_r : 후륜 허용하중(kgf)
N : 타이어 수 M_r : 정원 승차시 후륜하중(kgf)
w_r : 공차시 후륜하중(kgf) O_s : 하대 옵셋(m)

최대적재량 $= \dfrac{2 \times (200 \times 2 - 8 - 150)}{2 - 0.02} = 244\text{kgf}$

24. $W_r = w_r + \dfrac{P_1 \cdot L_1 + P_2 . L_2}{L}$

W_r : 승차시 후축중(kgf) w_r : 공차시 후축중(kgf)
P_1 : 앞좌석 승차인원 하중(kgf)
P_2 : 뒷좌석 승차인원 하중(kgf)
a_1 : P_1에서 후차축 중심까지의 거리(m)
a_2 : P_2에서 후차축 중심까지의 거리(m)
L : 축거(m)

$W_r = 642 + \dfrac{65 \times 2 \times 0.57 + 65 \times 3 \times 1.47)}{1.8}$
$= 774\text{kgf}$

25. 적차시전축중 = 공차전축중 + 65 × 승차원
= 790 + 65 × 2 = 920kgf

26. 최대 적재량 = 최대용량×비중

최대 용량 $= \dfrac{5950\text{kgf}}{0.85} = 7000\text{L}$

23.④ **24.**① **25.**③ **26.**③ **27.**③ **28.**③

29 자동차 차대번호 표기부호에서 사용 부호란에 표기할 수 없는 영문자로 바르게 표시된 것은?

① N, M, R ② I, R, Q
③ I, O, Q ④ N, O, Q

30 운행자동차의 차대 각자 검사결과 10번째 자리가 W이었다면 W가 나타내는 것은?

① 제작년도 표기 부호이며, 1990년식 자동차이다.
② 원동기류별(배기량)이며, 2000cc 이상의 자동차이다.
③ 제작년도 표기 부호이며, 1998년식 자동차이다.
④ 원동기류별(배기량)이며, 1500cc 이하의 자동차이다.

31 승차장치를 설명한 것 중 틀린 것은?

① 자동차의 승차장치는 승차인이 안전하게 승차할 수 있는 구조이어야 한다.
② 운전자 및 승객이 타는 자동차는 차실을 갖추어야 하며, 소방차도 이와 같다.
③ 차실의 규정에 의한 유효 높이는 대형 승합 자동차의 경우에는 180cm 이상이어야 한다.
④ 자동차의 차실에는 조명시설 및 환기시설을 갖추어야 하며 원동기의 냉각수, 정류기, 변환기, 변압기, 공기청정기 등 승객의 안전에 지장을 줄 우려가 있는 장치를 차실 안에 설치하여서는 아니된다.

32 실내좌석에 안전벨트를 부착하지 않아도 되는 자동차는?

① 소형 화물자동차 ② 소형 승합자동차
③ 시외 직행버스 ④ 시내버스

33 자동차(경형자동차 제외)의 3점식 좌석안전띠의 골반부분 부착장치는 얼마의 하중에 10초 이상 견디어야 하는가?

① 2,270kgf ② 2,620kgf
③ 2,520kgf ④ 2,420kgf

34 대형 승합 자동차의 경우 차실 내의 유효높이는 얼마 이상이어야 하는가?(단, 2층 대형승합자동차는 제외)

① 1700mm ② 1800mm
③ 1900mm ④ 2000mm

35 승차정원 15인 초과 승합 자동차(대형은 제외)의 승강구 기준에 적합한 것은?

① 유효너비 60cm 이상, 유효높이 160cm 이상
② 유효너비 60cm 이상, 유효높이 180cm 이상
③ 유효너비 40cm 이상, 유효높이 120cm 이상
④ 유효너비 60cm 이상, 유효높이 140cm 이상

29. 차대의 표기는 제작자가 시행하는 차대의 표기는 제작 회사군(3자리), 자동차 특성군(6자리) 및 제작 일련번호군(8자리) 등 총 17자리로 구성하며, 각 군별 자릿수와 각 자리에는 숫자와 I, O, Q를 제외한 알파벳으로 표시한다.

31. 승차장치의 성능기준
① 자동차의 승차장치는 승차인이 안전하게 승차할 수 있는 구조이어야 한다.
② 차실의 유효높이는 대형 승합 자동차의 경우에는 180cm 이상이어야 한다.
③ 자동차의 차실에는 조명시설 및 환기시설을 갖추어야하며 원동기의 냉각수, 정류기, 변환기, 변압기, 공기청정기 등 승객의 안전에 지장을 줄 우려가 있는 장치를 차실 안에 설치하여서는 아니 된다.
④ 운전자 및 승객이 타는 자동차는 차실을 갖추어야 한다. 다만, 소방자동차 등 국토해양부장관이 그 용도상 필요 없다고 인정하는 자동차의 경우에는 그러하지 아니하다.

32. 시내버스 및 농어촌 버스는 좌석 안전띠를 설치하지 않아도 된다.

29.③ **30.**③ **31.**② **32.**④ **33.**① **34.**② **35.**①

36 자동차의 실내에 통로를 설치하여야 하는 자동차의 경우 통로의 너비는 최소 얼마 이상이어야 하는가?

① 25cm ② 30cm
③ 35cm ④ 40cm

37 입석에 대한 기준을 설명한 것으로 옳지 않는 것은?

① 통로의 유효너비는 30센티미터 이상이어야 한다.
② 좌석전방 40센터미터 부분은 입석면적에서 제외한다.
③ 입석할 수 있는 자동차에는 손잡이를 설치하여야 한다.
④ 입석할 수 있는 자동차 차실안의 유효높이는 180센티미터 이상이어야 한다.

38 입석을 할 수 있는 자동차의 차실 안의 유효높이는 (a)센티미터 이상, 통로의 유효너비는 (b)센티미터 이상이어야 한다. a, b에 들어갈 적절한 숫자로 구성된 것은?

① a=160, b=25 ② a=180, b=25
③ a=160, b=30 ④ a=180, b=30

39 좌석이 앞 방향으로 설치된 자동차에 좌석이 설치되지 않은 부분의 차실 안의 길이가 7,200mm, 너비가 1,500mm 이고 뒤 부분에 연속좌석이 설치되어 있는 경우 입석정원은?

① 55명 ② 59명 ③ 70명 ④ 77명

40 승차정원이 16인이고 길이가 8 m 인 승합자동차의 차량중량 제작공차이다. 성능기준에 적합한 것은?

① ±40kgf ② ±60kgf
③ ±100kgf ④ ±200kgf

41 구조변경 검사 때 적용되는 제원 허용차이다. 차량중량 허용차 중 바른 것은?

① 경형 및 소형자동차 : ±40kgf
② 중형 및 대형자동차 : ±100kgf
③ 중형자동차 : ±60kgf
④ 대형자동차 : ±3%

42 다음 중 비상구의 설치기준으로 잘못된 것은?

① 비상구의 위치는 차체의 좌측면 뒤쪽 또는 뒷면으로 할 것.
② 비상구는 안쪽으로 열리는 구조로 하고 열쇠 기타 특별한 기구를 사용하지 않고도 열수 있을 것.
③ 비상구의 출구에는 단층이 생기지 아니하도록 할 것.
④ 비상구의 주위에 있는 좌석은 쉽게 제거할 수 있거나 접을 수 있는 구조일 것.

37. 입석의 기준
① 입석을 할 수 있는 자동차의 차실안의 유효높이는 180cm이상, 통로의 유효너비는 30cm이상이어야 한다.
② 1인의 입석의 면적은 0.14m² 이상으로 하되, 통로의 유효너비 30cm에 해당하는 부분과 좌석전방 25cm인 좌석의 폭에 해당하는 부분은 입석 면적에서 제외한다.
③ 입석을 할 수 있는 자동차에는 손잡이를 설치하여야 한다.

39. 입석인원 $= \dfrac{\text{차실면적}(m^2)}{0.14(m^2)} = \dfrac{7.2 \times 1.5}{0.14} = 77$

40. 차량중량 제작공차 : 중형승합자동차는 ±100kgf, 대형승합자동차는 ±3% 이다.

42. 비상구의 설치기준
② 비상구의 유효 너비는 400mm 이상, 유효 높이 1200mm 이상일 것.
③ 비상구는 밖으로 열리는 구조로 하고, 열쇠 기타 특별한 기구를 사용하지 아니하고도 열 수 있도록 할 것.
④ 비상구의 부근에는 탈출에 방해가 되는 장치가 없어야 하고, 비상구의 출구에는 단층이 생기지 아니하도록 할 것.

36.② 37.② 38.④ 39.④ 40.③ 41.④ 42.②

43 **시내버스의 승차장치 검사방법으로 적절하지 않는 것은?**

① 비상구의 설치상태
② 좌석 안전띠의 설치상태
③ 입석 손잡이의 설치상태
④ 하차 문이 열린 상태에서 원동기 가속페달 작동여부

44 **자동차 성능기준에 관한 규칙에서 정하고 있는 어린이용 좌석의 크기는?**

① 가로·세로 각각 20cm 이상
② 가로·세로 각각 27cm 이상
③ 가로·세로 각각 32cm 이상
④ 가로·세로 각각 40cm 이상

45 **승용자동차에 의무적으로 설치하여야 하는 열쇠잠금장치에 대한 설명으로 틀린 것은?**

① 잠금장치에서 열쇠를 제거한 경우 원동기의 정상작동을 억제할 수 있을 것.
② 잠금장치에서 열쇠를 제거한 경우 조향기능 또는 자동차의 움직임이나 변속장치의 위치조작 기능을 억제할 것
③ 잠금장치에서 열쇠를 제거하지 않은 상태에서 동력원의 작동이 정지된 경우에도 조향기능은 정상작동할 수 있을 것.
④ 열쇠잠금장치의 조합수는 당해 자동차의 제작대수가 1천대 이하인 경우에도 1천조합 이상으로 제작할 것.

46 **어린이 운송용 승합 자동차의 색상으로 옳은 것은?**

① 적색 ② 황색
③ 백색 ④ 주황색

47 **후부안전판의 성능기준으로 적합하지 않은 것은?**

① 자동차 너비의 100%미만으로 설치하였다.
② 지상에서의 높이는 55센티미터로 하였다.
③ 다른 자동차가 추돌 하여도 차체 앞부분이 들어올 우려가 없는 구조의 자동차는 후부안전판을 설치하지 아니할 수 있다.
④ 후부안전판의 양 끝 부분과 차체후부 양 끝 부분과의 간격을 각각 20센티미터로 설치하였다.

48 **차체 바로 앞에 있는 장애물을 확인할 수 있는 장치를 설치하게 할 수 있는 자동차는?**

① 차량총중량 8톤 이상 자동차
② 최대적재량 3톤 이상 화물자동차
③ 승차정원 15인 이상 승합자동차
④ 특수자동차

49 **승용자동차 실내에 설치되어 있는 내부 패널의 연소 속도는 얼마 이상을 넘지 않아야 하는가?**

① 130mm/min ② 103mm/min
③ 120mm/min ④ 102mm/min

43. 승차장치 검사방법
① 좌석·승강구·조명·통로·좌석 안전띠 및 비상구 등의 설치상태와 비상 탈출용 장비의 설치상태 확인
② 승용자동차 및 경형·소형승합자동차의 앞좌석(중간좌석 제외)에 머리지지대의 설치여부 확인
③ 입석이 허용된 자동차의 손잡이 설치상태 확인
④ 일반시외, 시내, 마을, 농어촌 버스의 하차 문 발판에 승객이 있는 경우 하차 문이 열리는지와 하차 문이 열린 상태에서 원동기 가속페달이 작동되지 않는지 여부 확인

47. 후부안전판의 성능기준은 ①, ②, ③항 이외에 후부안전판의 양끝부분과 가장 넓은 뒷축의 좌우 외측타이어 바깥면간의 간격은 각각 100mm 이내일 것

48. 차체 바로 앞에 장애물 확인장치 설치 대상 차량
① 차량총중량 8ton 이상인 자동차
② 최대적재량 5ton 이상인 화물자동차
③ 승차정원 16인 이상의 자동차
④ 어린이 운송용 승합자동차

43.② **44.**② **45.**④ **46.**② **47.**④ **48.**① **49.**④

50 자동차를 48.3km/h 의 속도로 고정벽에 충돌시킬 경우 조향기둥과 조향핸들 축 위 끝의 후방 변위량이 자동차 길이 방향으로 몇 mm 이하이어야 하는가?

① 127mm ② 137mm
③ 300mm ④ 600mm

51 차실 내에 냉방장치를 설치하지 않아도 되는 자동차는?

① 시외우등고속버스 ② 택시
③ 전세버스 ④ 장의자동차

52 자동차의 구조변경 승인제한 대상이 아닌 것은?

① 자동차의 종류가 변경되는 구조 및 장치의 변경
② 자동차의 총중량이 증가되는 구조 및 장치의 변경
③ 변경전보다 성능 또는 안전도가 저하될 우려가 있는 경우
④ 승차정원 또는 최대적재량을 감소시켰던 자동차를 원상회복하는 경우

53 측면보호대의 양쪽 끝과 앞·뒷바퀴와의 간격은 각각 몇 cm 이내이어야 하는가?

① 300mm 이내
② 400mm 이내
③ 500mm 이내
④ 600mm 이내

54 자동차 성능기준에서 정한 화물자동차의 측면 보호대를 설치하여야 할 대상 차량으로 맞는 것은?

① 차량 총중량 6000 kgf 이상 또는 최대적재량 4000 kgf 이상
② 차량 총중량 8000 kgf 이상 또는 최대적재량 5000 kgf 이상
③ 차량 총중량 8000 kgf 이상 또는 최대적재량 4000 kgf 이상
④ 차량 총중량 10000 kgf 이상 또는 최대적재량 6000 kgf 이상

55 자동차 등록번호판의 부착위치는 차체의 뒤쪽 끝으로부터 얼마 이내로 부착하여야 하는가?

① 100센티미터 이내
② 85센티미터 이내
③ 65센티미터 이내
④ 45센티미터 이내

56 차량중량 3260kgf의 자동차가 10°의 경사진 도로를 주행할 때의 전주행 저항은 약 얼마인가?(단, 구름 저항 계수는 0.023이다.)

① 586kgf ② 641kgf
③ 712kgf ④ 826kgf

52. 구조변경 승인제한 대상
① 총중량이 증가되는 구조·장치의 변경
② 승차정원 또는 최대적재량의 증가를 가져오는 승차장치 또는 물품 적재장치의 변경
③ 자동차의 종류가 변경되는 구조 또는 장치의 변경
④ 변경전보다 성능 또는 안전도가 저하될 우려가 있는 경우의 변경

54. 측면 보호대 설치 대상 자동차 : 차량총중량이 8톤 이상이거나 최대적재량이 5톤 이상인 화물자동차·특수자동차 및 연결자동차는 포장노면위의 공차상태에서 다음 각 호의 기준에 적합한 측면보호대를 설치하여야 한다.

56. 전주행 저항=구름 저항+구배 저항
① 구름 저항=(3260×cos10°×0.023)=73.86kgf
② 구배 저항=3260×sin10°=567.24kgf
③ 전주행 저항=73.86+567.24=641.1kgf

50.① **51.**④ **52.**④ **53.**② **54.**② **55.**③ **56.**②

57 중량이 8,000kgf인 자동차가 36km/h의 속도로 5%의 구배길을 올라가고 있다. 이 때 기관출력이 72PS이면 자동차의 구름저항은 몇 kgf 인가?(단, 공기저항은 무시하며, 동력전달 효율 100%, 노면과 타이어 사이의 미끄럼은 없는 것으로 한다.)

① 120kg ② 130kgf
③ 140kgf ④ 150kgf

58 자동차가 72km/h로 주행하기 위한 엔진의 실 마력은?(단, 전 주행 저항은 75kgf이고, 동력 전달 효율은 0.8이다)

① 20PS ② 23PS
③ 25PS ④ 30PS

59 도로 구배 30% 인 경사로를 중량 1000kgf 인 자동차가 시속 72km/h의 속도로 내려오고 있다. 이 자동차의 공기저항은 얼마인가?(단, 이 자동차의 전면 투영면적은 $1.8m^2$, 공기저항계수 $0.025kgf \cdot s^2 / m^4$ 이다)

① 0.9kgf ② 90kgf
③ 18kgf ④ 180kgf

60 차량 총중량이 3000 kgf 인 차량이 오르막길 구배 20° 에서 80 km/h 로 정속 주행할 때 구름저항(kgf)은?(단, 구름저항계수 0.023)

① 23.59 ② 64.84
③ 69.00 ④ 25.12

61 25° 의 언덕길은 약 몇 % 의 구배인가?

① 32% ② 42%
③ 57% ④ 67%

62 총중량 7.5ton 의 차량이 36 km/h 의 속도로 1/50 구배의 언덕길을 올라갈 때 1초 동안 진행 속도(m/s)는?

① 8 ② 10 ③ 12 ④ 20

63 자동차가 300m를 통과하는데 20초 걸렸다면 이 자동차의 속도는 얼마인가?

① 54km/h ② 60km/h
③ 80km/h ④ 108km/h

---

57. ① 구름저항 = 총 주행저항-구배저항

② 총 주행저항 $= \dfrac{72PS \times 75 \times 3.6}{36} = 540kgf$

③ 구배저항 = $8000kgf \times \dfrac{5}{100} = 400kgf$

∴ 540-400 = 140kgf

58. $PS = \dfrac{F \times l}{75 \times t}$

PS : 마력(kgf·m/sec) F : 힘(kgf)
l : 이동 거리(m) t : 시간(sec)

$PS = \dfrac{75 \times 72 \times 1000}{75 \times 60 \times 60 \times 0.8} = 25$

59. $R_a = \mu_a \times A \times V^2$

R_a : 공기저항(kgf) μ_a : 공기저항계수
A : 전면투영면적(m^2) V : 차속(m/s)

$R_a = 0.025 \times 1.8 \times (\dfrac{72 \times 1000}{60 \times 60})^2 = 18kgf$

60. $R_r = \mu_r \times W \times \cos\theta$

R_r : 구름저항(kgf), μ_r : 구름 저항계수
W: 하중(kgf) $\cos\theta$: 구배각도

$R_r = 0.023 \times 3000 \times \cos 20 = 64.84kgf$

61. 구배 $= \sin 25 \times 100 = 42\%$

62. 속도$(m/s) = \dfrac{V \times 1000}{60 \times 60}$ V : 자동차 속도(km/h)

속도 $= \dfrac{36 \times 1000}{60 \times 60} = 10m/s$

63. 속도 $= \dfrac{300 \times 60 \times 60}{20 \times 1000} = 54km/h$

57.③ **58.**③ **59.**③ **60.**② **61.**② **62.**② **63.**①

64 자동차가 출발하여 100m에 도달할 때의 속도가 60km/h이다. 이 자동차의 가속도는 약 얼마인가?

① 1.4m/s² ② 5.6m/s²
③ 6.0m/s² ④ 16.7m/s²

65 기관의 토크는 1,500rpm에서 20.06 kgf-m이다. 2단 변속비는 1.5 : 1 이고 종감속 장치의 피니언 잇수는 10개, 링 기어의 잇수는 35개이다. 이 때 구동 차축에 전달되는 토크(kgf-m)는?

① 30.09 ② 70.21
③ 52.66 ④ 105.32

64. $\alpha = \frac{V_2^2 - V_1^2}{2S}$

α : 가속도, V_2 : 나중속도, V_1 : 처음속도, S : 주행한 거리

$$\therefore \alpha = \frac{\left(\frac{60}{3.6}\right)^2}{2 \times 100} = 1.388\text{m/s}^2$$

65. 전달토크 = 엔진토크×변속비×종감속비

$$\text{T} = 20.06 \times 1.5 \times \frac{35}{10} = 105.32\text{kgf}-\text{m}$$

64. ① **65.** ④

2장 동력전달장치

2-1 클러치(Clutch)

1 클러치의 필요성

① 엔진을 시동할 때 엔진을 무부하 상태로 하기 위함이다.
② 변속기의 기어를 변속할 때 엔진의 동력을 일시 차단하기 위함이다.
③ 관성 운전을 하기 위함이다.

2 클러치의 구비 조건

① 회전 관성이 적을 것
② 동력을 전달할 때에는 미끄럼을 일으키면서 서서히 전달되고, 전달된 후에는 미끄러지지 않을 것
③ 회전 부분의 평형이 좋을 것
④ 냉각이 잘 되어 과열하지 않을 것
⑤ 구조가 간단하고, 다루기 쉬우며 고장이 적을 것
⑥ 단속 작용이 확실하며, 조작이 쉬울 것

3 클러치의 구조

(1) 클러치 판(clutch plate or clutch disc)

플라이 휠과 압력 판 사이에 끼워져 있으며 엔진의 동력을 변속기 입력 축을 통하여 변속기로 전달하는 마찰 판이다. 허브와 클러치 강판 사이에는 비틀림 코일스프링이 설치되어 있는데 이것은 클러치판이 플라이휠에 접속될 때 회전충격을 흡수하는 일을 한다. 또 쿠션스프링은 클러치 디스크의 편마멸, 변형, 파손 등의 방지를 위해 둔다. 클러치 라이닝의 구비조건은 다음과 같다.

① 마찰계수가 알맞을 것
② 내마멸성, 내열성이 클 것
③ 온도 변화에 따른 마찰계수 변화가 없을 것

(2) 변속기 입력 축(클러치 축)

클러치 판이 받은 엔진의 동력을 변속기로 전달하며, 축의 스플라인 부분에 클러치 판 허브의 스플라인이 끼워져 길이 방향으로 미끄럼 운동을 한다.

(3) 압력 판

다이어프램 스프링(또는 클러치 스프링)의 장력으로 클러치 판을 플라이휠에 압착시키는 일을 한다.

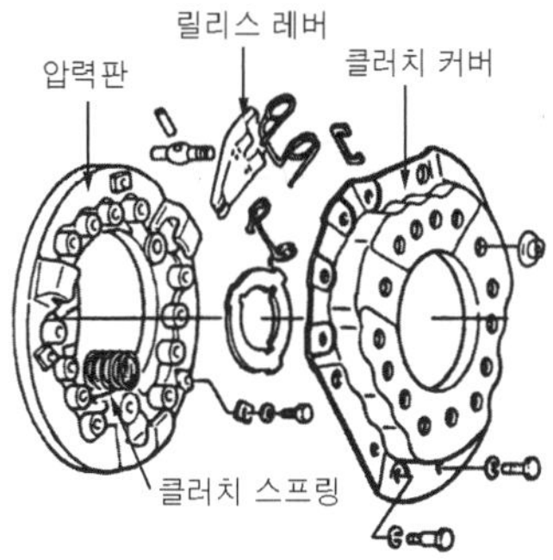

♺ 압력 판

(4) 릴리스 레버(release lever)

릴리스 레버는 코일 스프링 형식에서 릴리스 베어링의 힘을 받아 압력 판을 움직이는 작용을 한다.

(5) 클러치 스프링(clutch spring)

클러치 스프링은 클러치 커버와 압력 판 사이에 설치되어 있으며, 압력 판에 압력을 발생시키는 작용을 한다. 그리고 다이어프램 스프링 형식(막 스프링 형식)의 특징은 다음과 같다.

① 압력 판에 작용하는 힘이 일정하다.
② 원판 형으로 되어 있어 평형이 좋다.
③ 구조가 간단해 다루기 쉽다.
④ 클러치 페달 조작력이 작아도 된다.
⑤ 페이싱이 어느 정도 마멸되어도 압력 판에 가해지는 압력의 변화가 없다.
⑥ 고속 운전에서 원심력을 받지 않아 스프링 장력이 감소하는 경향이 없다.

4 클러치 조작기구

(1) 클러치 페달(clutch pedal)

① 페달을 밟은 후부터 릴리스 베어링이 다이어프램 스프링(또는 릴리스 레버)에 닿을 때까지 페달이 이동한 거리를 **자유 간극(유격)**이라고 한다.
② **자유 간극이 너무 적으면** 클러치가 미끄러지며, 이 미끄럼으로 인하여 클러치 디스크가 과열되어 손상된다.
③ **자유 간극이 너무 크면** 클러치 차단이 불량하여 변속기의 기어를 변속할 때 소음이 발생하고 기어가 손상된다.

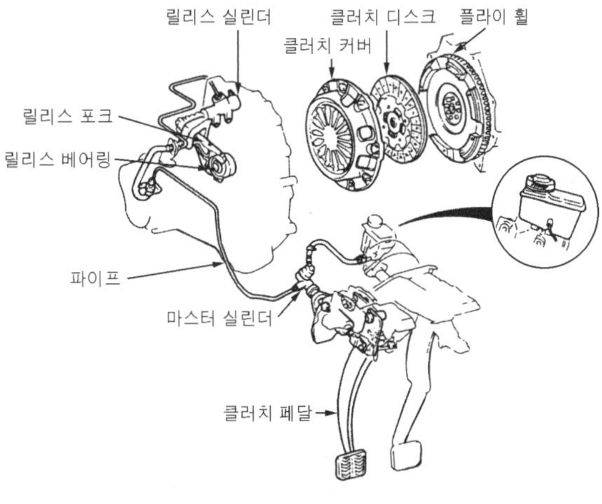

♺ 유압식 클러치의 구성

④ 자유 간극은 20~30mm(기계식의 경우)정도가 좋으며 자유 간극 조정은 클러치 링키지에서 하고, 클러치가 미끄러지면 페달 자유 간극부터 점검 조정하여야 한다.

(2) 릴리스 베어링(release bearing)

① 릴리스 베어링은 페달을 밟았을 때 릴리스 포크에 의하여 변속기 입력축 길이 방향으로 이동하여 회전 중인 다이어프램 스프링(또는 릴리스 레버)을 눌러 엔진의 동력을 차단하는 일을 한다.

② 종류에는 앵귤러 접속형, 볼 베어링형, 카본형 등이 있으며 대개 영구 주유식(oilless bearing)이므로 솔벤트 등의 세척제 속에 넣고 세척해서는 안 된다.

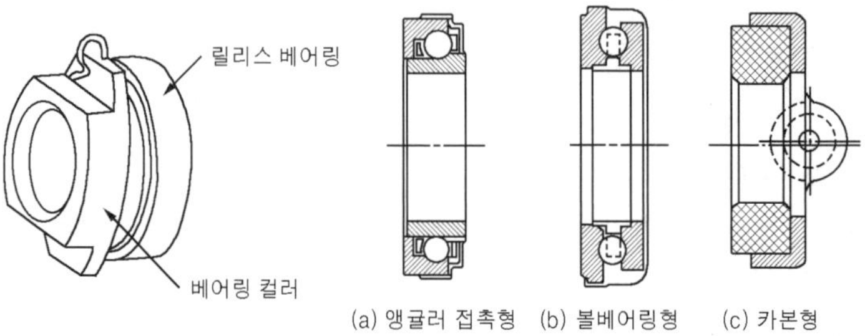

♺ 릴리스 베어링

5 클러치 용량

(1) 클러치 용량

① 클러치 용량이란 클러치가 전달할 수 있는 회전력의 크기이다.

② 일반적으로 사용 엔진 회전력의 1.5~2.5배 정도이다.

③ 클러치 용량이 너무 크면 클러치가 엔진 플라이휠에 접속될 때 엔진이 정지되기 쉽다.

④ 반대로 너무 작으면 클러치가 미끄러져 클러치 디스크의 페이싱 마멸이 촉진된다.

(2) 클러치가 미끄러지지 않을 조건

$$Tfr \geq C$$

T : 클러치 스프링 장력(kgf)
f : 클러치 디스크의 평균 반지름(m)
r : 클러치 판과 압력 판 사이의 마찰계수
C : 엔진 회전력(m-kgf)

6 클러치 이상 원인과 현상

(1) 클러치가 미끄러지는 원인

클러치의 미끄러짐이란 출발 또는 주행 중 가속을 하였을 때 엔진의 회전속도는 상승하지만 출발이 잘 안되거나 주행속도가 증속되지 않는 경우이다.

① 클러치 페달의 자유간극(유격)이 작다.

② 클러치 디스크의 마멸이 심하다.
③ 클러치 디스크에 오일이 묻었다.(크랭크축 뒤 오일 실 및 변속기 입력축 오일 실 파손)
④ 플라이 휠 및 압력 판이 손상 또는 변형되었다.
⑤ 클러치 스프링의 장력이 약하거나, 자유높이가 감소되었다.

(2) 클러치가 미끄러질 때의 영향

① 연료 소비량이 증가한다.
② 엔진이 과열한다.
③ 등판능력이 감소한다.
④ 구동력이 감소하여 출발이 어렵고, 증속이 잘 되지 않는다.

(3) 클러치 차단 불량 원인

① 클러치 페달의 자유 간극이 크다.
② 릴리스 베어링이 손상되었거나 파손되었다.
③ 클러치 디스크의 흔들림(run out)이 크다.
④ 유압 라인에 공기가 침입하였다.
⑤ 클러치 각 부가 심하게 마멸되었다.

2-2 수동 변속기(manual transmission)

1 변속기의 필요성

① 엔진과 차축 사이에서 회전력을 증대시킨다.
② 엔진을 시동할 때 무부하 상태로 한다(변속 레버 중립 위치).
③ 후진시키기 위하여 필요하다.

2 수동 변속기의 구비 조건

① 소형·경량이고, 고장이 없으며 다루기 쉬울 것
② 조작이 쉽고, 신속, 확실, 정숙하게 작동할 것
③ 단계가 없이 연속적으로 변속이 될 것
④ 전달 효율이 좋을 것

3 변속비

$$\text{변속비} = \frac{\text{엔진 회전 속도}}{\text{변속기 주축 회전속도} } \text{ 또는 } = \frac{\text{부축기어의 잇수}}{\text{주축기어의 잇수}} \times \frac{\text{주축기어의 잇수}}{\text{부축기어의 잇수}}$$

4 동기물림 변속기(synchro-mesh type)의 특징

① 변속 조작할 때 소리가 나지 않는다.
② 일정 부하형은 동기 되지 않으면 변속기어가 물리지 않는다.
③ 변속 조작할 때 더블 클러치 조작이 필요 없다.
④ 관성 고정형은 자동차에 가장 많이 사용된다.

5 변속할 때 기어가 잘 물리지 않을 경우

① 컨트롤 레버의 불량
② 싱크로나이저링의 마모
③ 싱크로나이저링 스프링의 약화
④ 클러치 차단 불량

2-3 자동 변속기(Automatic Transmission)

1 자동변속기의 개요

① 자동 변속기 토크 컨버터에서 스테이터의 일 방향 클러치가 양방향으로 회전하는 결함이 발생되면 출발은 어려우나 고속 주행은 가능하다.
② 자동 변속기 TCU로 입력되는 신호에는 수온 센서 신호, TPS 신호, 인히비터 스위치 신호, 펄스 제너레이터 A & B 신호, 점화 코일 신호, 가속 스위치 신호, 킥다운 서보 스위치 신호, 차속 센서 신호, 오버드라이브 스위치 신호, 유온 센서 신호등이 입력된다.
③ 자동변속기 T.C.C(Torque converter clutch)접속 및 해제의 제어신호로 필요한 엔진 센서는 스로틀위치센서이다.

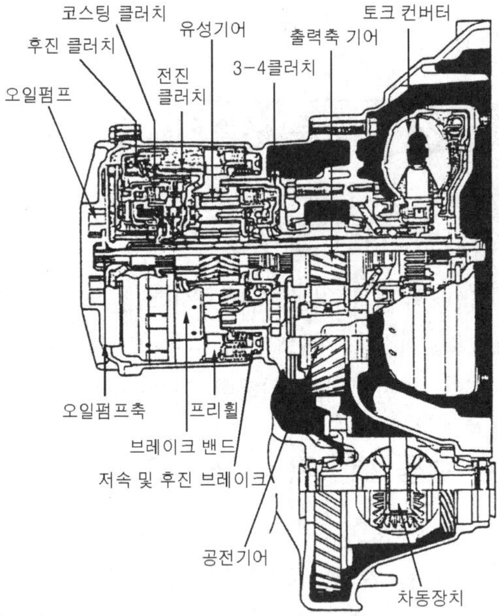

♲ 자동 변속기의 구조

2 유체 클러치(fluids clutch)와 토크 컨버터(torque converter)

(1) 유체 클러치

① 엔진 크랭크축에 펌프(또는 임펠러)를, 변속기 입력 축에 터빈(또는 런너)을 설치하고, 오일의 맴돌이 흐름(와류)을 방지하기 위하여 가이드 링(guide ring)을 두고 있다.
② 회전력 변환율은 미끄럼 때문에 1 : 1이 되지 못한다. 미끄럼 값은 2~3%이며, 전달효율

은 최대 98% 정도이다.

③ 유체 클러치 펌프의 회전속도를 NP(rpm), 터빈의 회전속도를 NT(rpm)라고 하면 미끄럼율 $S = \frac{NP - NT}{NP} \times 100$으로 표시하며, 전달 회전력의 크기는 미끄럼율 S가 클수록(또는 속도비(NT/NP)가 0에 가까워질수록) 커진다.

④ 유체클러치의 특성은 속도비 감소와 함께 회전력이 증가하며, 속도비가 0에서는 최대 값이 된다. 이 점을 **스톨 포인트**(stall point)라 한다. 즉, 스톨 포인트란 $NT/NP = 0$을 말한다.

⑤ **유체 클러치 오일의 구비 조건**

㉠ 점도가 낮을 것
㉡ 비중이 클 것
㉢ 착화점이 높을 것
㉣ 내산성이 클 것
㉤ 유성이 좋을 것
㉥ 비등점이 높을 것
㉦ 응고점이 낮을 것
㉧ 윤활성이 클 것

(2) 토크 컨버터(torque converter)

① 크랭크축에 연결되는 펌프, 변속기 입력 축과 연결된 터빈, 그리고 오일의 흐름 방향을 변환시켜 회전력을 증대시키는 스테이터가 하우징 내에 조립되어 있다.

② 펌프와 터빈의 날개(vane)형상은 유체 클러치는 평판으로 각각 중심에서 방사선 상으로 설치되어 있으나 토크 컨버터는 3차원적인 각도로 완만하게 휘어져있어 그 형상이 복잡하다.

③ 토크 컨버터에서 클러치 포인트일 때 스테이터, 펌프, 터빈이 같은 속도, 같은 방향으로 회전한다.

④ **토크 변환기 효율 = 속도비 × 토크비**

3 유성기어 장치(Planetary gear unit)

(1) 유성기어 장치의 구조

① 링 기어(ring gear), 선 기어(sun gear), 유성 기어(planetary gear, 유성 피니언), 유성 기어 캐리어 등으로 구성되어 있다.

② 링 기어를 증속시키고자 할 경우에는 선 기어를 고정시키고, 유성 기어 캐리어를 구동하면 증속되며, 링 기어의 증속은 다음 공식으로 산출된다.

$$N = \frac{A + D}{D} \times n$$

N : 링 기어의 회전속도, A : 선 기어 잇수
D : 링 기어 잇수, n : 유성기어 캐리어의 회전속도

③ **역회전(후진) 시키고자 할 경우**

- 유성 기어 캐리어를 고정하고 선 기어를 회전시키면 링 기어가 역전 감속한다.

- 유성 기어 캐리어를 고정하고 링 기어를 회전시키면 선 기어가 역전 증속한다.

④ **직결시킬 경우** : 선 기어, 유성 기어 캐리어, 링 기어의 3요소 중에서 2요소를 고정하면 동력은 직결(top gear)된다.

(2) 복합 유성기어 장치의 종류

① **라비뇨 형식**(Ravigneaux type)

- 서로 다른 2개의 선 기어를 1개의 유성기어장치에 조합한 형식이며, 링 기어와 유성기어 캐리어를 각각 1개씩만 사용한다.
- 스몰 선 기어(small sun gear), 라지 선 기어(large sun gear), 유성기어 캐리어를 입력으로, 링 기어를 출력으로 사용한다.

② **심프슨 형식**(Simpson type)

- 싱글 피니언(single pinion) 유성기어만으로 구성되어 있으며, 선 기어를 공용으로 사용한다.
- 프런트 유성기어 캐리어에는 출력축 기어, 공전기어, 링 기어가 조립되어 이 3개의 기어가 일체로 회전한다. 그리고 피니언의 안쪽에는 선 기어, 바깥쪽에는 리어 클러치 드럼의 내접 기어가 조립된다.
- 리어 유성기어 캐리어에는 일방향 클러치(one way clutch)인너 레이스가 결합되어 있고, 로 & 리버스 브레이크(low & reverse brake) 구동 판이 결합되어 있어 리어 유성기어 캐리어가 회전하면 일방향 클러치 인너 레이스로 로 & 리버스 브레이크의 구동 판이 일체로 되어 회전한다.피니언 안쪽에는 선 기어, 바깥쪽에는 드라이브 허브의 내접 기어가 조립된다.

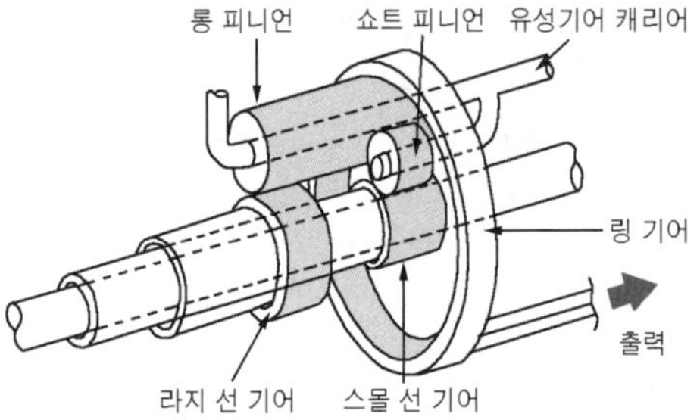

♲ 라비뇨 형식 유성기어 장치

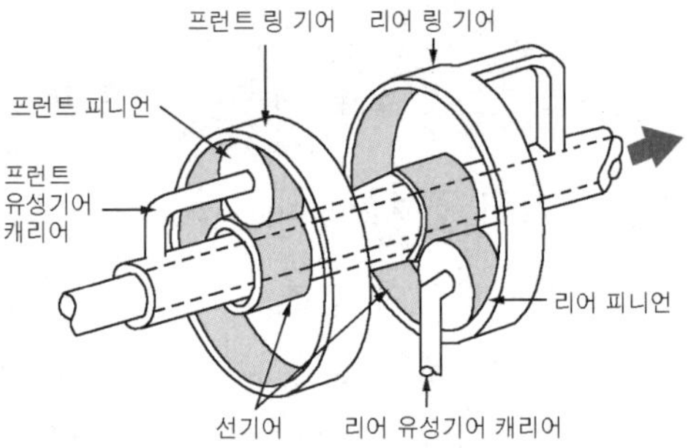

♲ 심프슨 형식의 유성기어 장치

4 유압제어장치

유압제어장치는 크게 오일펌프, 거버너 밸브, 밸브보디 등으로 구성되어 있다.

(1) 오일펌프(oil pump)

오일펌프는 유압 조절 장치의 유압원으로서 적당한 유압과 유량을 공급한다.

(2) 거버너 밸브(Governor Valve)

이 밸브는 유성 기어 유닛의 변속이 그 때의 주행속도에 적응되도록 한다. 즉 거버너 밸브에 의하여 시프트 업(shift up)이나 시프트다운(shift down)이 자동적으로 이루어진다.

(3) 밸브 보디(valve body)

밸브 보디는 오일펌프에서 공급된 유압을 각 부로 공급하는 유압 회로를 형성하며, 그 종류에는 매뉴얼 밸브, 스로틀 밸브, 압력 조정 밸브, 시프트 밸브, 거버너 밸브 등으로 구성되어 있다.

① **매뉴얼 밸브**(manual valve) : 변속레버의 조작에 의해 작동되는 수동 밸브이며, 변속레버와 링크로 연결되어 레버의 움직임에 따라 라인 압력을 앞·뒤의 서보기구나 클러치 등으로 이끌어 P, R, N, D, L의 각 레인지로 바꾸어준다.

② **스로틀 밸브**(throttle valve) : 라인 압력을 가속페달을 밟은 정도 즉, 스로틀 밸브의 열림 정도에 비례하는 유압 또는 흡기다기관 내의 부압(진공도)에 반비례하는 유압으로 변환시키는 것이다.

③ **압력 조정밸브** : 오일펌프에서 발생한 유압의 최고값을 규정(規定)하고, 각 부분으로 보내지는 유압을 그때의 주행속도와 엔진 회전속도에 알맞은 압력으로 조정하며, 엔진이 정지되었을 때 토크 컨버터에서의 오일이 역류하는 것을 방지한다.

④ **시프트 밸브**(shift valve) : 이 밸브는 유성기어를 주행속도나 엔진의 부하에 따라 자동적으로 변환하기 위한 것이다.

(4) 어큐뮬레이터

어큐뮬레이터는 브레이크나 클러치가 작동할 때 변속충격을 흡수한다.

5 전자제어 자동변속기

(1) 전자제어 자동변속기용 센서

① **스로틀 위치 센서(TPS)** : 스로틀 위치 센서는 단선 또는 단락 되면 페일 세이프(fail safe)가 되지 않는다. 이에 따라 출력이 불량할 경우에는 변속점이 변화하며 출력이 80% 정도밖에 나오지 않으면 변속 선도 상의 킥다운 구간이 없어지기 쉽다.

② **수온 센서(WTS)** : 엔진 냉각수 온도가 50℃ 미만에서는 OFF되고, 그 이상에서는 ON으로 되어 컴퓨터(TCU)로 입력시킨다.

③ **펄스 제너레이터 A&B**(pulse generator A&B)

- 펄스 제너레이터-A : 자기 유도형 발전기로 변속할 때 유압제어의 목적으로 킥다운 드럼의 회전수(입력축 회전수)를 검출한다. 킥다운 드럼의 구멍

> **Reference ▶ 히스테리시스와 킥다운**
>
> ① 히스테리시스(Hysteresis) : 스로틀 밸브의 열림 정도가 같아도 업 시프트(up-shift)와 다운 시프트 사이의 변속점에서는 7~15Km/h 정도의 차이가 나는 현상이며, 이것은 주행 중 변속점 부근에서 빈번히 변속되어 주행이 불안전하게 되는 것을 방지하기 위해 두고 있다.
>
> ② 킥다운(kick down) : 톱 기어 또는 제2속 기어로 주행을 하다가 급가속이 필요한 경우에 가속 페달을 힘껏 밟으면 변속 점을 지나서 다운 시프트 되어 소요의 가속력이 얻어지게 된다. 이와 같이 가속 페달을 전(全) 스로틀 부근까지 밟는 것에 의해 강제적으로 다운 시프트 되는 현상이다.

을 통과할 때의 회전수 변화에 의해서 기전력을 발생한다.

- 펄스 제너레이터-B : 자기 유도형 발전기로 주행속도를 검출을 위해 트랜스퍼 드리븐 기어의 회전수를 검출한다. 트랜스퍼 드리븐 기어이의 높고 낮음에 따른 변화에 의해서 기전력이 발생한다.
- 펄스 제너레이터 A는 킥다운 드럼의 회전수(Na)를, 펄스 제너레이터 B는 트랜스퍼 드리븐기어의 회전수(Nb)를 검출하여 Na/Nb를 컴퓨터에서 연산하여 자동적으로 변속 단수를 결정한다.

④ **가속 스위치**(accelerator S/W) : 가속 페달을 밟으면 OFF, 놓으면 ON으로 되어 이 신호를 컴퓨터로 보내며 주행속도 7Km/h이하, 스로틀 밸브가 완전히 닫혔을 때 크리프(creep)량이 적은 제2단으로 유도하기 위한 검출기이다.

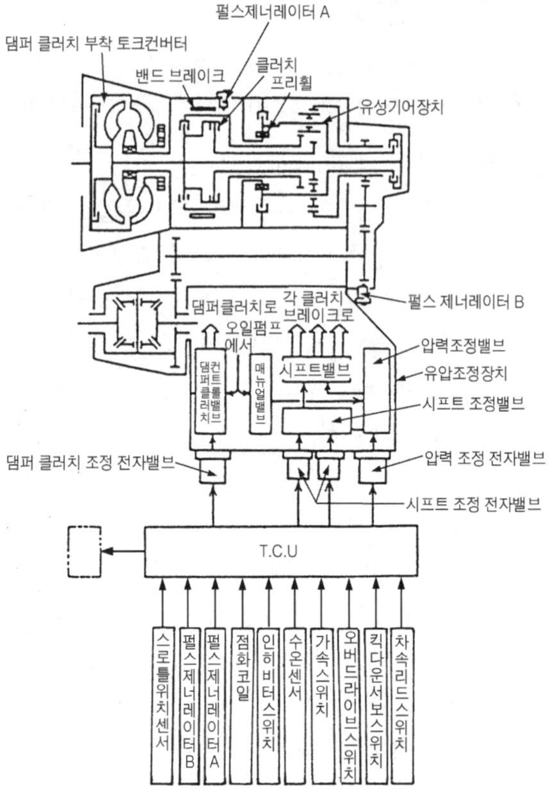

♺ 자동 변속기의 전자 제어 구성도

⑤ **킥다운 서보(kick down servo) 스위치** : 킥 다운할 때 충격을 완화하여 변속 감도를 좋게 하기 위한 것이며, 3속에서 2속으로 킥 다운할 때만 작동한다.

⑥ **오버 드라이브(O/D ; over drive) 스위치** : 오버 드라이브 스위치는 변속 레버 손잡이에 부착되며 ON, OFF에 따라 그 신호를 컴퓨터로 보내어 ON에서는 제4속까지, OFF에서는 제3속까지 변속된다.

⑦ **차속 센서** : 속도계에 내장되어 있으며 변속기 속도계 구동기어의 회전(주행속도)을 펄스 신호로 검출하여 펄스 제너레이터 B에 이상이 있을 때 페일 세이프 기능을 갖도록 한다.

⑧ **컴퓨터**(TCU ; Transmission Control Unit) : 컴퓨터는 각종 센서에서 보내 온 신호를 받아서 댐퍼 클러치 조절 솔레노이드 밸브, 시프트 조절 솔레노이드 밸브, 압력 조절 솔레노이드 밸브 등을 구동하여 댐퍼 클러치의 작동과 변속 조절을 한다.

⑨ **인히비터 스위치**(Inhibitor S/W) : 인히비터 스위치는 변속레버를 P(주차) 또는 N(중립) 레인지 위치에서만 엔진 시동이 가능하도록 하고, 그 외의 위치에서는 시동이 불가능하게 하며 R(후진)레인지에서는 후퇴등(back up lamp)이 점등되게 한다.

6 무단변속기(CVT)

무단 변속기는 기본적으로 고무벨트, 금속벨트, 금속체인 등을 이용하여 주어진 변속 패턴에 따라 최상 변속비와 최소 변속비 사이를 연속적으로 무한대의 단으로 변속시킴으로써 엔진의 동력을 최대한 이용하여 우수한 동력 성능과 연비의 향상을 얻을 수 있는 운전이 가능하다.

① 운전이 쉬우며, 변속 충격이 거의 없다.
② 차량 주행 조건에 알맞도록 변속되어 동력성능이 향상된다.
③ 최저 연비소모를 따라 주행하도록 된 변속 패턴에 따라 운전하여 연비가 향상된다.
④ 엔진출력 특성을 최대한 살리는 파워트레인 총합제어의 기초가 된다.

7 자동변속기 점검

(1) 댐퍼 클러치(damper clutch or Lock-up clutch)가 작동하지 않을 때

① 제1속 및 후진할 때
② 엔진 회전속도가 800rpm 이하일 때
③ 엔진 브레이크가 작동할 때
④ 엔진 냉각수 온도가 50℃ 이하일 때
⑤ 엔진 회전속도가 2,000rpm 이하에서 스로틀 밸브의 열림이 클 때
⑥ 제3속에서 제2속으로 시프트다운 될 때
⑦ 자동변속기 오일온도(ATF)가 60℃ 이하일 때

(2) 유압 시험

① **유압시험 준비작업**

- 변속기 케이스 바깥쪽을 청소한다.
- 오일량을 점검하고, 불량하면 교환한다.
- 매뉴얼 조절 케이블 및 스로틀 케이블을 점검한다.
- 오일의 온도가 50~80℃에서 시험한다.

② **유압시험 결과분석**

- 라인 압력이 과다하면 변속 레버를 D, 2, L 및 R 레인지로 선택할 때 충격이 일어난다.
- 라인 압력이 과소하면 D나 R레인지 스톨 포인트(stall point)가 높아져 클러치 미끄럼이 일어나 1 → 2, 2 → 3으로 시프트 업이 일어나지 않거나 시프트 업의 지연 또는 3 → 2 킥다운 될 때 충격이 커진다.
- 주행 중 업 시프트의 충격이 크거나 변속점이 높아지는 이유는 라인 압력 과다가 주원인이며, 클러치나 제1속, 후진 브레이크에 미끄럼이 발생하는 것은 누유로 인한 라인 압력 과소에 있다.

(3) 스톨 시험(stall test)

자동 변속기의 스톨 시험(stall test)이란 자동 변속기를 설치한 자동차에서 브레이크를 작용시킨 후 변속 레버를 D 또는 R 위치에서 가속 페달을 끝까지 밟고 엔진 최고 회전속도를 측정하여 엔진의 성능, 토크 컨버터 스테이터의 원웨이 클러치 작동상태, 브레이크 밴드의 작동 상태, 클러치 작동 상태 등을 점검하는 것이며, 시험시간은 5초 이내여야 한다.

① **엔진의 회전속도가 규정 값보다 낮으면**
- 엔진 출력이 부족하다.
- 토크 컨버터의 일 방향 클러치(프리 휠) 작동이 불량하다.
- 규정 값보다 600rpm이상 낮으면 토크 컨버터의 결함일 수도 있다

② **D 레인지에서 스톨 속도가 규정 값보다 높으면** D 레인지 제1속에서 작동되는 요소의 결함이며, 다음과 같은 요소의 작동이 불량해진다.
- 오버 드라이브 클러치가 미끄러진다.
- 전진 클러치가 미끄러진다.
- 일방향 클러치(프리 휠) 작동이 불량해진다.
- 라인 압력이 낮아진다.

③ **R 레인지에서 스톨속도가 규정 값보다 높으면** R 레인지에서 작동되는 요소의 결함이며 다음과 같은 요소의 작동이 불량해진다.
- 오버 드라이브 클러치가 미끄러진다.
- 후진 클러치가 미끄러진다.
- 라인 압력이 낮아진다.
- 브레이크가 미끄러진다.

(4) 자동 변속기의 오일량 점검 방법

① 자동차를 평탄한 지면에 주차시킨다.
② 오일 레벨 게이지를 빼내기 전에 게이지 주위를 깨끗이 청소한다.
③ 변속 레버를 P 레인지로 선택한 후 주차 브레이크를 걸고 엔진을 기동시킨다.
④ 변속기 내의 유온(油溫)이 70~80℃에 이를 때까지 엔진을 공전 상태로 한다.
⑤ 변속 레버를 차례로 각 레인지로 이동시켜 토크 컨버터와 유압 회로에 오일을 채운 후 변속 레버를 N 레인지로 선택한다. 이 작업은 오일량을 정확히 판단하기 위해 필히 하여야 한다.
⑥ 게이지를 빼내어 오일량이 “MAX” 범위에 있는가를 확인하고, 오일이 부족하면 “MAX” 범위까지 채운다. 자동 변속기용 오일을 ATF(Automatic Transmission Fluids)라고 부르기도 한다.

(5) 자동변속기의 오일 색깔 상태

① 정상 상태의 오일은 투명도가 높은 붉은 색이다.
② 갈색을 띨 때는 가혹한 상태에서 사용되었음을 의미한다. 오일 자체가 고온 상태에서 장시간 노출되어 열화를 일으킨 것이며 색깔뿐만 아니라 탄 냄새가 나고 점도가 낮아진다.

또 오일을 장시간 사용한 경우에도 비슷한 색깔로 되는 경우가 있는데 어느 경우이든지 신속하게 오일을 교환하도록 한다.

③ 투명도가 없어지고 검은 색을 띨 때는 자동변속기 내부의 클러치 디스크의 마멸 분말에 의한 오손, 부싱 및 기어의 마멸 등이 발생한 경우이다.

④ 니스 모양으로 된 경우는 오일이 매우 고온에 노출되어 바니시화된 상태이다.

⑤ 백색을 띨 때는 오일에 수분이 다량 유입된 경우이다.

(6) 자동변속기를 고장 진단하기 위한 준비 과정

① 자동변속기 오일량 점검

② 스로틀 케이블의 점검 및 조정

③ 자동변속기 오일의 정상 온도 도달 여부

8 정속주행 모드가 해제되는 경우

① 주행 중 브레이크 페달을 밟을 때

② 수동 변속기 차량에서 클러치를 차단할 때

③ 자동변속기 차량에서 인히비터 스위치를 P나 N 위치에 놓았을 때

④ 자동차 주행속도가 40km/h 이하일 때

2-4 드라이브 라인(drive line)

1 슬립 이음(slip joint)

추진축의 길이 변화를 가능하도록 하기 위해 슬립이음을 둔다.

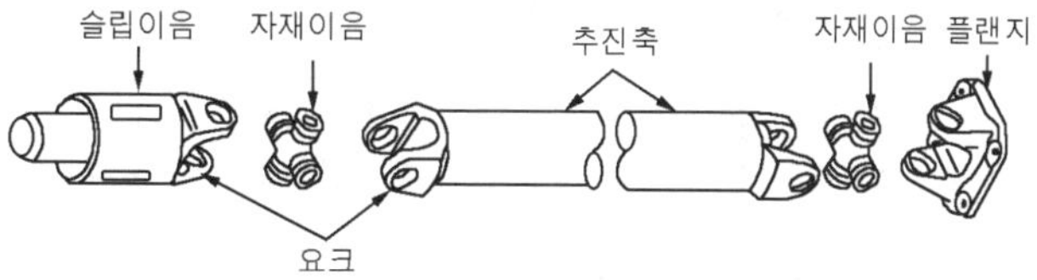

♺ 드라이브 라인의 구조

2 자재 이음(universal joint)

구동각도 변화를 주는 장치이며, 종류에는 십자형 자재이음, 플렉시블 이음, 볼 앤드 트러니언 자재이음, 등속도 자재이음 등이 있다.

① **십자형 자재이음(훅 조인트)** : 중심부의 십자 축과 2개의 요크로 구성되어 있으며, 십자 축과 요크는 니들 롤러 베어링을 사이에 두고 연결되어 있다.

② **플렉시블 조인트** : 가죽을 겹친 가용성 원판을 넣고 볼트로 고정한 축 이음이다.

③ **등속 조인트** : 드라이브 라인의 각도와 동력 전달 효율이 높으며, 일반적인 자재 이음에서 발생하는 진동을 방지하기 위해 개발된 것으로 앞바퀴 구동 차량에서 주로 사용된다.

④ **볼 앤드 트러니언 조인트** : 안쪽에 홈이 파진 실린더형의 보디 속에 추진축의 한끝을 끼우

고 여기에 핀을 끼운 후 핀의 양끝에 볼을 조립한 것이다.

3 추진축(propeller shaft)

추진축은 강한 비틀림을 받으면서 고속 회전하므로 이에 견딜 수 있도록 속이 빈 강관(steel pipe)을 사용한다. 추진축은 끊임없이 변화하는 엔진의 동력을 받으면서 고속 회전하므로 비틀림 진동을 일으키거나 축이 구부러지면 기하학적인 중심과 질량 중심이 일치하지 않아 휠링(whirling)이라는 굽음 진동을 일으킨다.

2-5 종감속 기어와 차동기어 장치

1 종감속 기어(final reduction gear)

추진축의 회전력을 직각으로 전달하며 엔진의 회전력을 최종적으로 감속시켜 구동력을 증가시킨다. 구조는 구동 피니언과 링 기어로 되어 있으며, 종류에는 웜과 웜 기어, 베벨기어, 하이포이드 기어가 있으며 현재는 주로 하이포이드 기어를 사용하며, 이 기어의 장·단점은 다음과 같다.

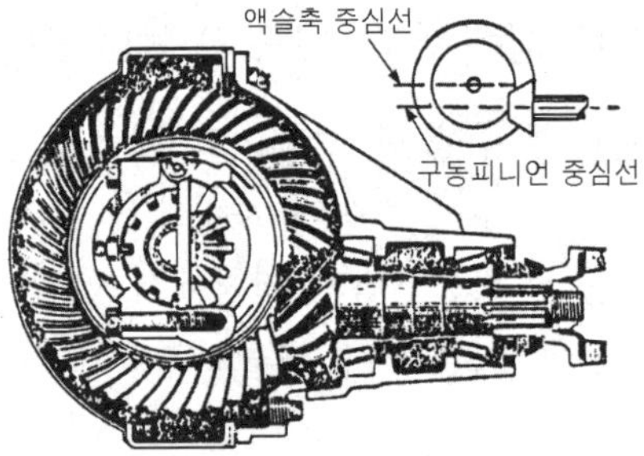

♺ 하이포이드 기어

하이포이드 기어의 장점	하이포이드 기어의 단점
① 구동 피니언의 오프셋에 의해 추진축 높이를 낮출 수 있어 자동차의 중심이 낮아져 안전성이 증대된다. ② 동일 감속비, 동일 치수의 링 기어인 경우에 스파이럴 베벨 기어에 비해 구동 피니언을 크게 할 수 있어 강도가 증대된다. ③ 기어 물림률이 커 회전이 정숙하다.	① 기어 이의 폭 방향으로 미끄럼 접촉을 하므로 압력이 커 극압 윤활유를 사용하여야 한다. ② 제작이 조금 어렵다.

(1) 종감속비

$$\text{종감속비} = \frac{\text{링기어의 잇수}}{\text{구동피니언의 잇수}}$$ 를 말하며, 종감속비는 나누어서 떨어지지 않는 값으로 하는데 그 이유는 특정의 이가 항상 물리는 것을 방지하여 이의 편 마멸을 방지하기 위함이다. 또, 종감속비는 엔진의 출력, 차량 중량, 가속 성능, 등판능력 등에 따라 정해지며, 종감속비를 크게 하면 가속 성능과 등판 능력은 향상되나 고속 성능이 저하한다. 그리고 **변속비×종감속비를 총감속비**라 한다.

(2) 자동차 주행속도

주행속도는 주행저항을 고려하지 않으면 엔진의 회전속도, 변속비, 종감속비, 바퀴의 지름에 따라 결정되며 아래의 공식으로 산출한다.

$$V = \pi D \times \frac{N}{r \times r_f} \times \frac{60}{1000}$$

V : 주행속도(km/h), D : 바퀴의 지름(m),
N : 엔진 회전속도(rpm), r : 변속비, rf : 종감속비

2 차동 기어장치(differential gear system)

랙과 피니언의 원리를 이용한 것이며, 자동차가 선회할 때 양쪽 바퀴가 미끄러지지 않고 원활하게 선회하려면 바깥쪽 바퀴가 안쪽 바퀴보다 더 많이 회전하여야 한다. 차동 기어장치는 노면의 저항을 적게 받는 구동 바퀴 쪽으로 동력이 더 많이 전달될 수 있도록 하며 차동 사이드 기어, 차동 피니언, 피니언 축 및 케이스로 구성되어 있다.

(1) 자동제한 차동기어장치(LSD ; Limited Slip Differential Gear system)

① 미끄러운 노면에서 출발이 쉽다.
② 미끄럼이 방지되어 타이어 수명을 연장할 수 있다.
③ 고속으로 직진 주행을 할 때 안전성이 좋다.
④ 요철 노면을 주행할 때 뒷부분의 흔들림을 방지할 수 있다.

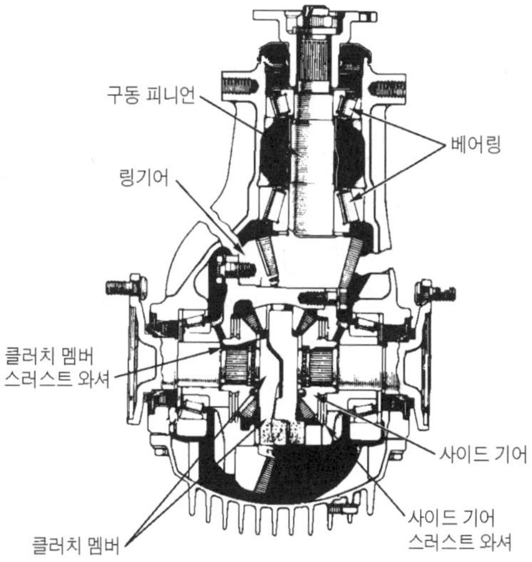

♺ 자동제한 차동기어장치

3 차축(axle shaft)

차동 기어장치를 거쳐 전달된 동력을 뒷바퀴로 전달하며 차축의 끝 부분은 스플라인을 통하여 차동 사이드 기어에 끼워지고, 바깥쪽 끝에는 구동 바퀴가 설치된다. 차축의 지지 방식에는 **전부동식, 반부동식, 3/4부동식** 등 3가지가 있다.

핵심기출문제

01 **FR형식 차량의 동력전달 경로로 맞는 것은?**

① 변속기 → 추진축 → 종감속장치 → 바퀴
② 변속기 → 액슬축 → 종감속장치 → 바퀴
③ 클러치 → 추진축 → 변속기 → 바퀴
④ 클러치 → 차동장치 → 변속기 → 바퀴

02 **클러치판의 비틀림 코일 스프링의 역할로 가장 알맞은 것은?**

① 클러치판의 밀착을 더 크게 한다.
② 구동 판과 피동 판의 마멸을 크게 한다.
③ 클러치판과 압력 판의 마멸을 방지한다.
④ 클러치가 접촉될 때 회전충격을 흡수한다.

03 **클러치 정비에 관한 것으로 맞는 것은?**

① 압력판을 연마 수정하면 스프링의 장력은 강하게 된다.
② 오번형 릴리스 레버를 분해할 때 정을 사용하여 핀을 뺀다.
③ 릴리스 레버를 점검하여 불량한 것이 있으면 그것만 교환한다.
④ 베어링의 회전상태와 마모 등은 아웃 레이스를 돌려보거나 상하좌우로 눌러 보아서 점검한다.

04 **수동변속기에서 클러치의 필요성이 아닌 것은?**

① 기관을 무부하 상태로 하기 위해서
② 변속기의 기어 바꿈을 원활하게 하기 위해서
③ 관성 운전을 하기 위해서
④ 회전 토크를 증가시키기 위해서

05 **클러치 유격을 바르게 설명한 것은?**

① 클러치 페달을 밟지 않은 상태에서 릴리스 베어링과 릴리스 레버 접촉면 사이의 간극을 말한다.
② 클러치 페달을 밟지 않은 상태에서 릴리스 베어링이 왕복한 거리를 말한다.
③ 클러치 페달을 밟지 않은 상태에서 페달이 올라온 거리를 말한다.
④ 클러치 페달을 밟은 상태에서 릴리스 베어링의 축방향 움직인 거리를 말한다.

02. 클러치판의 비틀림 코일 스프링의 역할은 클러치가 접촉될 때 회전충격을 흡수한다.

03. 클러치 정비에서 베어링의 회전상태와 마모 등은 아웃 레이스를 돌려보거나 상하좌우로 눌러 보아서 점검한다.

04. 클러치의 필요성

① 시동시 엔진을 무부하 상태로 유지하기 위하여(엔진을 무부하 상태 유지)
② 엔진의 동력을 차단하여 기어 변속이 원활하게 하기 위하여(기어 바꿈을 위해)
③ 엔진의 동력을 차단하여 자동차의 관성 운전을 위하여(관성 주행을 위해)

01. ① **02.** ④ **03.** ④ **04.** ④ **05.** ①

06 일반적으로 클러치 판의 런 아웃 한계는 얼마인가?

① 0.5mm ② 1mm
③ 1.5mm ④ 2mm

07 엔진의 회전수 2500rpm 에서 회전력이 40kgf · m 이다. 이때 클러치의 출력 회전수가 2100rpm 이고 출력 회전력이 35kgf · m 라면 클러치의 전달 효율(%)은?

① 52.2 ② 73.5
③ 87.5 ④ 96.0

08 자동차가 주행하면서 클러치가 미끄러지는 원인으로 틀린 것은?

① 클러치 페달의 자유간극이 많다.
② 압력판 및 플라이휠 면이 손상되었다.
③ 마찰면의 경화 또는 오일이 부착되어 있다.
④ 클러치 압력 스프링의 쇠약 및 손상되었다.

09 클러치 페달을 밟았을 때 페달이 심하게 떨리는 이유가 아닌 것은?

① 클러치 조정 불량이 원인이다.
② 클러치 디스크 페이싱의 두께차가 있다.
③ 플라이 휠이 변형되었다.
④ 플라이 휠의 링 기어가 마모되었다.

10 다음 중 수동 변속기에서 클러치가 미끄러지는 조건은?

① 클러치 릴리스 포크의 마모
② 변속기 입력축 오일 실의 불량
③ 클러치 자유유격의 과대
④ 클러치 릴리스 베어링의 과도한 마모

11 어떤 단판클러치의 마찰면 외경이 30cm, 내경이 18cm 전 스프링의 힘이 400kgf이고 압력판 마찰계수가 0.34이다. 전달토크는 얼마인가?

① 3624kgf-cm ② 2856kgf-cm
③ 1632kgf-cm ④ 714kgf-cm

12 클러치가 동력을 차단하여도 플라이휠과 같이 회전하는 부품은?

① 클러치 판 ② 압력 판
③ 변속기 입력 축 ④ 릴리스 포크

13 클러치 스프링의 장력을 T, 클러치판과 압력판 사이의 마찰계수를 f, 클러치판의 평균반경을 r 이라 하고, c 를 엔진의 회전력이라 하였을 때 클러치가 미끄러지지 않기 위한 조건식은?

① $Tfr \geq c$ ② $Tfr \leq c$
③ $T < \dfrac{c}{fr}$ ④ $T > frc$

07. $\text{전달효율} = \dfrac{\text{클러치회전수} \times \text{클러치회전력}}{\text{엔진회전수} \times \text{엔진회전력}} \times 100$

$\text{전달효율} = \dfrac{2100 \times 35}{2500 \times 40} \times 100 = 73.5\%$

08. 클러치가 미끄러지는 원인
① 마찰면의 경화 또는 오일의 부착
② 클러치 레버의 조정이 부적당하다.
③ 클러치 페달의 자유 유격이 작다.
④ 클러치 압력 스프링의 장력이 약하다.
⑤ 압력판 및 플라이 휠이 손상되었다.
⑥ 클러치 스프링의 자유고가 감소되었다.

09. 클러치 페달의 자유간극이 큰 경우는 클러치의 차단이 불량하고 자유간극이 작은 경우는 클러치가 미끄러지는 원인이 된다.

10. 클러치가 미끄러지는 조건
① 클러치 페달의 자유유격이 작다.
② 마찰면의 경화 및 오일의 부착
③ 클러치 스프링 장력의 약화 및 절손
④ 플라이 휠 및 압력판의 손상

11. $\text{클러치 전달 토크} = 400 \times 0.34 \times \dfrac{30+18}{4} = 1632\text{kgf}-\text{m}$

$\therefore \text{평균반경} = \dfrac{\text{외경}+\text{내경}}{4}$

12. 플라이휠과 같이 회전하는 부품은 클러치 커버, 압력 판이다.

06.① **07.**② **08.**① **09.**④ **10.**② **11.**③ **12.**② **13.**①

14 **변속기의 1단 기어를 선정할 때 우선적으로 고려해야 할 사항은?**

① 차량의 최대 등판능력
② 엔진의 최고 회전수
③ 일반적으로 등판능력이 최소 10% 이내
④ 차량의 목표 최고속도

15 **변속기에서 기어의 치합이 부드럽게 이루어지도록 도와주는 장치는?**

① 록킹볼 장치　② 이퀄라이저
③ 앤티롤 장치　④ 싱크로메시 기구

16 **그림과 같은 기어 변속기에서 감속 비율은?**

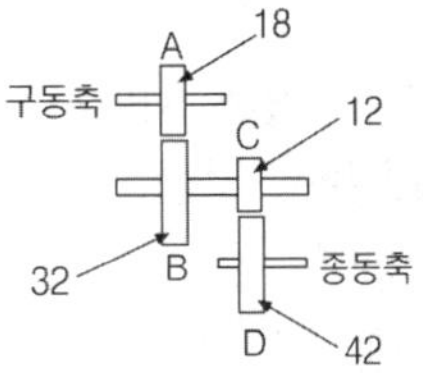

① 6.22　② 1.78
③ 3.50　④ 2.33

17 **수동변속기에서 입력축의 회전력이 150 kgf · m이고, 회전수가 1000rpm일 때 출력축에서 1000kgf · m 의 토크를 내려면 출력축의 회전수는?**

① 1670rpm　② 1500rpm
③ 667rpm　④ 150rpm

18 **앞바퀴 구동 수동변속기 설치 차량에서 변속시 기어가 잘 물리지 않을 경우의 고장 원인이다. 부적절한 것은?**

① 컨트롤 레버의 불량
② 싱크로나이저링의 마모
③ 싱크로나이저링 스프링의 약화
④ 오일 실 O링 및 개스킷 파손

19 **다음은 동기물림 변속기(synchro-mesh type)에 관한 설명이다. 틀린 것은?**

① 변속 조작시 소리가 나는 단점이 있다.
② 일정부하형은 동기되지 않으면 변속기어가 물리지 않는다.
③ 변속 조작시 더블 클러치 조작이 필요 없다.
④ 관성 고정형은 자동차에 가장 많이 사용된다.

20 **수동변속기 자동차에서 기어 변속이 잘 안 되는 원인과 관련이 없는 것은?**

① 클러치 차단이 불량하다.
② 기어 오일이 응고 되어 있다.
③ 기어 변속 링키지의 조정이 불량하다.
④ 클러치가 미끄러진다.

14. 변속기의 1단 기어를 선정할 때 우선적으로 고려해야 할 사항은 차량의 최대 등판능력이다.

15. 각 장치의 기능
① 록킹볼 장치 : 시프트 레일에 록킹 볼이 스프링의 장력에 의해 압착되어 있으며, 기어의 물림이 빠지지 않게 하는 역할을 한다.
② 이퀄라이저 : 양쪽 바퀴에 브레이크 케이블의 작용력을 동일하게 분배하는 역할을 한다.
③ 앤티롤 장치 : 언덕길에서 일시 정지하였다가 다시 출발할 때 자동차가 뒤로 구르는 것을 방지한다.

16. 변속비 $= \dfrac{\text{부축 기어의 잇수}}{\text{주축 기어의 잇수}} \times \dfrac{\text{주축 기어의 잇수}}{\text{부축 기어의 잇수}}$

$= \dfrac{32}{18} \times \dfrac{42}{12} = 6.22$

17. 출력축 회전수 $= \dfrac{1000 \times 150}{1000} = 150$

N : 회전수(rpm)

$V = \dfrac{\pi \times 600 \times 1500}{1000 \times 60} = 47.1m/s$

18. 변속할 때 기어가 잘 물리지 않는 원인
① 컨트롤 레버의 불량　② 싱크로나이저링의 마모
③ 싱크로나이저링 스프링의 약화
④ 클러치 차단 불량

19. 변속 조작할 때 소리가 나지 않는다.

14.① **15.**④ **16.**① **17.**④ **18.**④ **19.**① **20.**④

21 변속기 입력축과 물리는 카운터 기어의 잇수가 45개, 출력축 2단 기어 잇수가 29개, 입력축 기어 잇수가 32개, 출력축과 물리는 카운터 기어의 잇수가 25개이다. 이 변속기의 변속비는?

① 1.63 : 1 ② 1.99 : 1
③ 2.77 : 1 ④ 3.05 : 1

22 수동변속기에서 기어 변속을 할 때 마찰음이 심한 원인으로 가장 적절한 것은?

① 기관 크랭크축의 정렬 불량
② 드라이브키의 전단
③ 싱크로나이저의 고장
④ 변속기 입력축의 정렬 불량

23 자동변속기의 토크컨버터에서 클러치 포인트일 때 스테이터, 터빈, 펌프의 속도와 방향은?

① 같은 속도와 반대방향으로 회전
② 펌프와 터빈만 다른 속도 같은 방향 회전
③ 스테이터, 펌프, 터빈이 같은 속도 같은 방향으로 회전
④ 모두 다른 방향 틀린 속도 회전

24 토크변환기의 펌프가 2800rpm이고, 속도비가 0.6, 토크비가 4.0인 토크 변환기 효율은?

① 0.24 ② 2.4
③ 24 ④ 0.4

25 유체클러치와 마찰클러치의 차이점에 대한 설명 중 틀린 것은?

① 유체클러치는 마찰클러치에 비해 동력전달이 매끄럽다.
② 마찰클러치는 기계식 변속기에, 유체클러치는 자동변속기에 적합하다.
③ 유체클러치는 마찰클러치에 비해 동력전달효율이 낮다.
④ 마찰클러치에는 비틀림 코일스프링이 설치되어, 유체클러치보다 비틀림 진동을 잘 흡수한다.

26 유체 클러치에서 스톨 포인트에 대한 설명으로 가장 거리가 먼 것은?

① 펌프는 회전하나 터빈이 회전하지 않는 점이다.
② 스톨 포인트에서 회전력비가 최대가 된다.
③ 속도비가 '0'인 점이다.
④ 스톨 포인트에서 효율이 최대가 된다.

27 1단 2상 3요소식 토크 버터의 주요 구성요소에 해당되는 것은?

① 임펠러, 터빈, 스테이터
② 클러치, 터빈 축, 임펠러
③ 임펠러, 스테이터, 클러치
④ 터빈, 유성기어, 클러치

---

21. 변속비 $= \dfrac{B}{A} \times \dfrac{D}{C}$

A : 입력축 기어 잇수
B : 입력축과 물리는 카운터 기어 잇수
C : 출력축과 물리는 카운터 기어 잇수
D : 출력축 기어 잇수

변속비 $= \dfrac{45}{32} \times \dfrac{29}{25} = 1.63$

23. 토크컨버터에서 클러치 포인트에서 스테이터, 펌프, 터빈은 같은 속도 같은 방향으로 회전한다.

24. $\eta = \dfrac{T_t \times n_t}{T_p \times n_p} = \lambda \times e$

η : 토크 변환기의 효율 T_t : 터빈의 토크
n_t : 터빈 회전수 T_p : 펌프의 토크
n_p : 펌프 회전수 λ : 토크비 e : 속도비

$\eta = 4.0 \times 0.6 = 2.4$

25. 마찰클러치에는 비틀림 코일스프링이 설치되어 클러치판이 플라이휠에 접속될 때 비틀림 진동을 흡수하지만 유체클러치보다 못하다.

26. 스톨 포인트란 펌프는 회전하나 터빈이 회전하지 않는 점 즉 속도비가 '0'인 점이며, 회전력비가 최대가 된다.

21.① **22.**③ **23.**③ **24.**② **25.**④ **26.**④ **27.**①

28 **엔진과 직결되어 엔진 회전속도와 동일한 속도로 회전하는 토크컨버터의 부품은?**

① 터빈런너
② 펌프 임펠러
③ 스테이터
④ 클러치 브레이크

29 **유체 클러치와 토크 변환기의 설명 중 틀린 것은?**

① 유체 클러치의 효율은 속도비 증가에 따라 직선적으로 변화되나 토크 변환기는 곡선으로 표시된다.
② 토크 변환기는 스테이터가 있고 유체 클러치는 스테이터가 없다.
③ 토크 변환기는 자동변속기에 사용된다.
④ 유체 클러치에는 원웨이 클러치 및 록업 클러치가 있다.

30 **자동변속기에서 토크 컨버터의 구성 부품이 아닌 것은?**

① 터빈 ② 스테이터
③ 펌프 ④ 액추에이터

31 **복합 유성기어장치에서 링 기어를 하나만 사용한 유성기어장치는?**

① 2중 유성기어 장치
② 평행 축 기어 방식
③ 라비뇨(ravigneaux) 기어 장치
④ 심프슨(simpson) 기어 장치

32 **A의 잇수는 90, B의 잇수가 30일 때 A를 고정하고 아암 D를 오른쪽으로 3회전할 경우 B의 회전수는?**

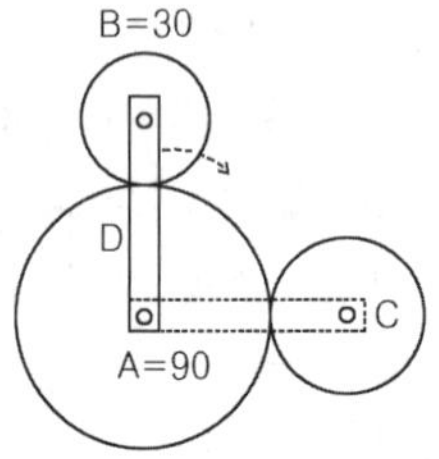

① 왼쪽으로 18회전
② 왼쪽으로 12회전
③ 오른쪽으로 18회전
④ 오른쪽으로 12회전

33 **유성기어에서 링기어 잇수가 50, 선기어 잇수가 20, 유성기어 잇수가 10 이다. 링기어를 고정하고 선기어를 구동하면 감속비는 얼마인가?**

① 0.14 ② 1.4
③ 2.5 ④ 3.5

---

28. 토크 컨버터의 구조
① 펌프 임펠러 : 크랭크축에 연결되어 엔진이 회전하면 유체 에너지를 발생한다.
② 터빈 런너 : 변속기 입력축 스플라인에 접속되어 있으며, 유체 에너지에 의해 회전한다.
③ 스테이터 : 펌프 임펠러와 터빈 런너 사이에 설치되어 터빈 런너에서 유출된 오일의 흐름 방향을 바꾸어 펌프 임펠러에 유입되도록 한다.

29. 록업 클러치는 토크 변환기에 설치되어 있으며, 펌프와 터빈을 기계적으로 직결시켜 미끄럼을 방지하는 역할을 함으로써 동력전달의 효율 및 연비를 향상시킨다.

30. 토크 컨버터는 펌프, 터빈, 스테이터로 구성되어 있으며, 액추에이터는 전기 에너지, 유체 에너지, 압축 공기 등을 사용하여 기계적인 에너지로 변환시켜 일을 하는 기구를 말한다.

31. 라비뇨 기어장치(ravigneaux gear system) : 서로 다른 2개의 선 기어를 1개의 유성 기어장치에 조합한 방식으로 링 기어와 캐리어를 각각 1개씩만 사용한 형식.

32. 기어비 $=$ 공전 1회전 $+ \dfrac{A}{B}$ 또는

기어비 $= \dfrac{A+B}{B} = \dfrac{90+30}{30} = 4$

B의 회전수 $= 4 \times 3 = 12$

33. 감속비 $= \dfrac{\text{선기어 잇수} + \text{링기어 잇수}}{\text{선기어 잇수}}$

감속비 $= \dfrac{20+50}{20} = 3.5$

28.② **29.**④ **30.**④ **31.**③ **32.**④ **33.**④

34 다음 자동변속기의 선 기어 고정, 링 기어 증속, 캐리어 구동 조건에서 변속비를 구하면?(단, 선 기어 잇수 : 20, 링 기어 잇수 : 80)

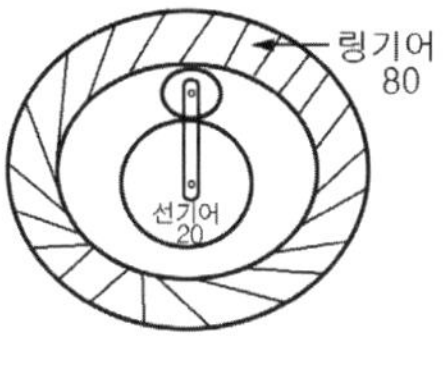

① 1.25 ② 0.2 ③ 0.8 ④ 5

35 그림에서 A의 잇수는 90, B의 잇수는 30일 때 암 D가 오른쪽으로 3회전, A가 왼쪽으로 2회전할 때 B의 회전수는 얼마인가?

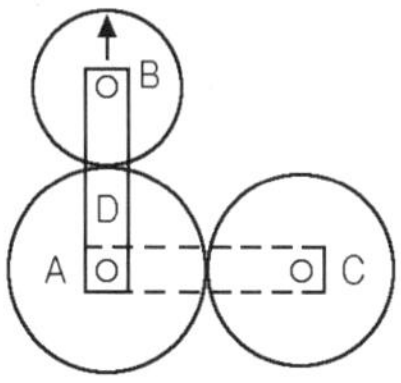

① 왼쪽으로 18회전
② 왼쪽으로 15회전
③ 오른쪽으로 15회전
④ 오른쪽으로 18회전

36 전자제어 자동변속기에서 댐퍼 클러치의 비작동 영역으로 아닌 것은?

① 제1속 및 후진할 때
② 액셀 페달을 밟고 있을 때
③ 기관브레이크를 작동할 때
④ 냉각수 온도가 특정온도(예 : 50℃) 이하일 때

37 전자제어 자동변속기에서 댐퍼 클러치가 공회전시에 작동된다면 나타날 수 있는 현상으로 옳은 것은?

① 엔진시동이 꺼진다.
② 1단에서 2단으로 변속이 된다.
③ 기어 변속이 안 된다.
④ 출력이 떨어진다.

38 자동 트랜스 액슬에서 컴퓨터(TCU)의 입력신호에 해당되지 않는 것은?

① 수온 센서 신호
② TPS 신호
③ 인히비터 스위치 신호
④ 흡기 온도 센서 신호

39 자동변속기 T.C.C(Torque converter clutch)접속 및 해제의 제어신호로 필요한 엔진 센서는?

① 흡기온도센서
② 냉각수온도센서
③ 스로틀밸브위치센서
④ 흡입매니폴드 압력센서

34. $변속비 = \frac{링기어잇수}{선기어잇수 + 링기어잇수} = \frac{80}{20+80} = 0.8$

35. $\frac{B-D}{A-D} = \frac{A'}{B'} = \frac{B-3}{-2-3} = \frac{90}{30}$

∴ 오른쪽으로 18회전

36. 댐퍼 클러치가 작동되지 않는 조건

① 1속 및 후진할 때
② 엔진 브레이크가 작동될 때
③ ATF의 유온이 65℃ 이하일 때
④ 냉각수 온도가 50℃ 이하일 때
⑤ 3속에서 2속으로 시프트 다운될 때
⑥ 엔진 회전수가 800rpm 이하일 때
⑦ 엔진이 2000rpm 이하에서 스로틀 밸브의 열림이 클 때
⑧ 주행중 변속할 때
⑨ 스로틀 개도가 급격히 감소할 때
⑩ 파워 OFF 영역일 때

38. 자동 변속기 TCU로 입력되는 신호에는 수온 센서 신호, TPS 신호, 인히비터 스위치 신호, 펄스 제너레이터 A & B 신호, 점화 코일 신호, 가속 스위치 신호, 킥다운 서보 스위치 신호, 차속 센서 신호, 오버 드라이브 스위치 신호, 유온 센서 신호 등이다.

34.③ 35.④ 36.② 37.① 38.④ 39.③

40 자동변속기 차량에서 TPS(Throttle Position Sensor)에 대한 설명으로 옳은 것은?

① 변속시점과 관련 있다.
② 주행 중 선회시 충격흡수와 관련 있다.
③ 킥다운(kick down)과는 관련 없다.
④ 엔진 출력이 달라져도 킥 다운과 관계없다.

41 자동변속기의 유량 듀티 제어를 위해서 압력조절 솔레노이드 밸브(PCSV)가 작동되는 시기는?

① D-1단　② D-2단
③ D-3단　④ R(후진)

42 자동변속기 차량의 자동 변속기를 D와 R위치에서 기관 회전수를 최대로 하여 자동변속기와 기관의 상태를 종합적으로 시험하는 것을 무엇이라 하는가?

① 로드 테스트　② 킥다운 테스트
③ 스톨 테스트　④ 유압 테스트

43 자동변속기의 타임래그 시험을 통해 알 수 있는 것은?

① 변속시점
② 엔진 출력
③ 오일 변속속도
④ 입·출력 센서 작동 여부

44 자동변속기를 고장진단하기 위한 준비과정이 아닌 것은?

① 자동변속기 오일량 점검
② 스로틀 케이블의 점검 및 조정
③ 자동변속기 오일의 정상온도 도달여부
④ 자동변속기 오일의 압력측정

45 유성 기어식 자동변속기의 특성이 아닌 것은?

① 솔레노이드 밸브를 제어하여 변속시점과 과도특성을 제어한다.
② 록업 클러치를 설치하여 연료소비량을 줄일 수 있다.
③ 수동변속기에 비해 구동토크가 적다.
④ 변속 단을 1단 증가시키기 위한 오버드라이브를 둘 수 있다.

46 전자제어 자동변속기에서 변속점의 결정은 무엇을 기준으로 하는가?

① 스로틀 밸브의 위치와 차속
② 스로틀 밸브의 위치와 연료량
③ 차속과 유압
④ 차속과 점화시기

47 전자제어 자동변속기 차량에서 스로틀 포지션 센서의 출력이 80% 밖에 나오지 않는다면 다음 중 어느 시스템의 작동이 안 되는가?

① 오버드라이브
② 2속으로 변속불가
③ 3속에서 4속으로 변속불가
④ 킥다운

48 전자제어 자동변속기 차량에서 가변 저항식으로 스로틀 밸브의 열리는 정도를 검출하는 것은?

① TPS　② ECU　③ TCU　④ MPI

40. 자동변속기 자동차에서 TPS는 스로틀 밸브의 개도량을 검출하여 변속 패턴에 따른 시프트 컨트롤 솔레노이드 밸브를 제어하기 위한 신호로 이용되며, 변속시기 및 댐퍼 클러치의 작동 영역에서 변속시 유압을 제어하기 위한 신호로 이용된다.

45. 수동변속기에 비해 구동토크가 크다.

40.① **41.**① **42.**③ **43.**① **44.**④ **45.**③ **46.**① **47.**④ **48.**①

49 전자식 자동변속기 차량에서 변속시기와 가장 관련이 있는 신호는?

① 엔진 온도 신호 ② 스로틀 개도 신호
③ 엔진 토크 신호 ④ 에어컨 작동 신호

50 전자제어 자동변속기에서 각 시프트 포지션별 TCU로 출력하는 기능을 가진 구성품은?

① 액셀 스위치
② 인히비터 스위치
③ 킥다운 서보 스위치
④ 오버 드라이브 스위치

51 자동변속기에서 시프트 업 또는 시프트 다운이 일어나는 변속 점은 무엇에 의해 결정되는가?

① 매뉴얼 밸브와 감압 밸브
② 스로틀 밸브 개도와 차속
③ 스로틀 밸브와 감압 밸브
④ 변속 레버와 차속

52 자동변속기를 주행상태에서 시험할 때 점검해야 할 사항에 해당되지 않는 것은?

① 오일의 양과 상태
② 킥 다운 작동여부
③ 엔진 브레이크 효과
④ 쇼크 및 슬립 여부

53 자동변속기의 자동변속시점을 결정하는 가장 중요한 요소는?

① 엔진 스로틀 개도와 차속
② 엔진 스로틀 개도와 변속시간
③ 매뉴얼 밸브와 차속
④ 변속 모드 스위치와 변속시간

54 자동변속기의 스톨 테스트에 대한 설명으로 틀린 것은?

① 스톨 테스트를 연속적으로 행할 경우 일정시간 냉각 후 실시한다.
② 스톨 회전수는 공전속도와 일치하면 정상이다.
③ 스톨 테스트로 디스크나 밴드의 마모 여부를 추정할 수 있다.
④ 규정 스톨 회전수보다 높을 경우 라인압을 재확인할 필요가 있다.

55 전자제어식 자동변속기에서 컴퓨터로 입력되는 요소가 아닌 것은?

① 차속 센서
② 스로틀 포지션 센서
③ 유온 센서
④ 압력조절 솔레노이드 밸브

56 자동변속기의 스톨 시험 결과 규정 스톨 회전수보다 낮은 때의 원인은?

① 엔진이 규정 출력을 발휘하지 못한다.
② 라인 압력이 낮다.
③ 리어 클러치나 엔드 클러치가 슬립한다.
④ 프런트 클러치가 슬립한다.

49. TPS가 고장일 경우 나타나는 현상은 가속시 출력 부족, 대시포트 기능 불량, 자동 변속기의 변속시기 변화, 공전 불규칙 등이다.

53. 자동변속기는 주행조건(스로틀 밸브의 개도와 차속)에 의해서 자동적으로 변속이 이루어진다.

54. 스톨 테스트는 자동변속기를 설치한 자동차에서 브레이크를 작동시키고 D 레인지 또는 R 레인지 위치에서 스로틀 밸브를 완전히 개방시켰을 때 최대 엔진 회전수를 측정하여 토크 컨버터, 오버 런닝 클러치의 작동과 자동 변속기의 클러치류 및 브레이크류의, 엔진 등의 전체 작동 성능을 점검하는 테스트이다.

55. 압력 조절 솔레노이드 밸브는 TCU 의 듀티 신호를 유압으로 변환시키는 역할을 하며, 각 작동 요소를 제어하는 압력 조절 밸브에 유압을 공급 또는 차단하는 역할을 한다.

49.② **50.**② **51.**② **52.**① **53.**① **54.**② **55.**④ **56.**①

57 **자동변속기에 관한 설명으로 옳은 것은?**

① 매뉴얼 밸브가 전진 레인지에 있을 때 전진 클러치는 항상 정지된다.
② 토크 변환기에서 유체의 충돌 손실 속도비가 0.6~0.7일 때 토크가 가장 적다.
③ 유압제어 회로에 작용되는 유압은 엔진의 오일 펌프에서 발생된다.
④ 토크 변환기의 토크 변환비는 날개가 작을수록 커진다.

58 **자동변속기의 전자제어 장치 중 TCU에 입력되는 신호가 아닌 것은?**

① 스로틀 센서 신호
② 엔진 회전 신호
③ 액셀러레이터 신호
④ 흡입공기 온도의 신호

59 **자동변속기 차량에서 변속패턴을 결정하는 가장 중요한 입력신호는?**

① 차속 센서와 엔진 회전수
② 차속 센서와 스로틀 포지션 센서
③ 엔진 회전수와 유온 센서
④ 엔진 회전수와 스로틀 포지션 센서

60 **자동변속기에서 고장코드의 기억소거를 위한 조건으로 거리가 먼 것은?**

① 이그니션 키는 ON상태여야 한다.
② 엔진의 회전수 검출이 있어야만 한다.
③ 출력축 속도센서의 단선이 없어야 한다.
④ 인히비터 스위치 커넥터가 연결되어져야만 한다.

61 **자동변속기에서 스톨 테스트로 확인할 수 없는 것은?**

① 엔진의 출력 부족
② 댐퍼 클러치의 미끄러짐
③ 전진 클러치 미끄러짐
④ 후진 클러치 미끄러짐

62 **자동변속기의 압력조절밸브(PCSV)의 듀티제어 파형에서 니들 밸브가 작동하는 전체 구간은?**

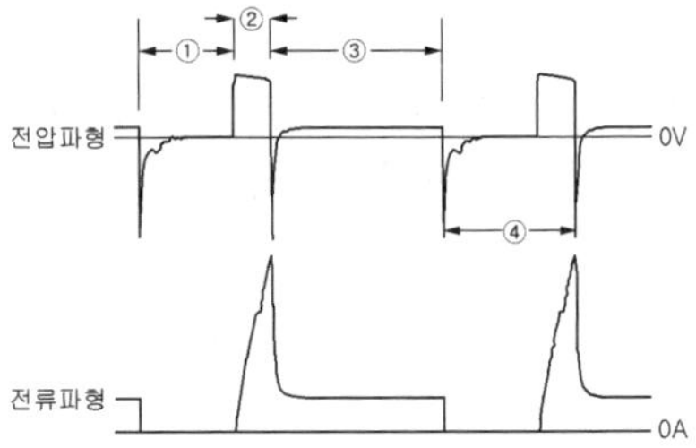

① ①　　② ②→③
③ ③　　④ ③→④

63 **자동변속기에서 밸브바디의 구성품이 아닌 것은?**

① 스로틀 밸브
② 솔레노이드 밸브
③ 압력조정 밸브
④ 브레이크 밸브

58. 자동변속기 TCU에 입력되는 신호
① 차속 센서 신호 ② TPS 신호
③ 유온 센서 신호 ④ 펄스제너레이터 A, B신호
⑤ 엔진 회전 신호 ⑥ 액셀러레이터 포지션 센서 신호
⑦ 인히비터 스위치 신호 ⑧ 킥 다운 서보 스위치 신호
⑨ 오버 드라이브 스위치 신호 ⑩ 점화 코일 신호

61. 스톨 테스트는 자동변속기를 설치한 자동차에서 브레이크를 작동시키고 D 레인지 또는 R 레인지 위치에서 스로틀 밸브를 완전히 개방시켰을 때 최대 엔진 회전수를 측정하여 토크 컨버터, 오버 런닝 클러치의 작동과 자동 변속기의 클러치류 및 브레이크류, 엔진 등의 전체 작동 성능을 점검하는 테스트이다.

63. 공기식 제동장치의 브레이크 밸브는 브레이크 페달을 밟을 때 공기탱크의 압축공기를 브레이크 체임버(앞 브레이크 체임버와 릴레이 밸브)에 공급하는 역할을 한다.

57.② **58.**④ **59.**② **60.**② **61.**② **62.**② **63.**④

64 자동차 자동변속기의 변속 레버 위치에 대한 설명으로 틀린 것은?

① 중립위치는 전진위치와 후진위치 사이에 있을 것
② 주차위치가 있는 경우에는 후진위치에 가까운 끝부분에 있을 것
③ 조정 레버가 조향 기둥에 설치된 경우 조종 레버의 조작방향은 중립위치에서 전진위치로 조작되는 방향은 시계방향일 것
④ 조종 레버가 후진위치에 있는 경우에만 원동기가 시동이 되지 아니할 것

65 무단자동변속기(CVT)에 대한 설명 중 가장 거리가 먼 것은?

① 벨트를 이용해 변속이 이루어진다.
② 큰 동력을 전달할 수 없다.
③ 변속충격이 크다.
④ 운전 중 용이하게 감속비를 변화시킬 수 있다.

66 무단변속기의 장점과 가장 거리가 먼 것은?

① 내구성이 향상된다.
② 동력성능이 향상된다.
③ 변속패턴에 따라 운전하여 연비가 향상된다.
④ 파워트레인 통합제어의 기초가 된다.

67 무단 변속기의 일반적인 특징으로 거리가 먼 것은?

① 운전이 쉽고 변속충격이 거의 없다.
② 로크 업 영역이 적어 자동변속기에 비해 연비가 나빠진다.
③ 주행조건에 알맞도록 변속되어 동력성능이 향상된다.
④ 엔진출력 특성을 최대한 이용한다.

68 무단 자동변속기(CVT)의 특징으로 틀린 것은?

① 변속 시 충격이 거의 없다.
② 큰 동력 전달에 적합하도록 대형이다.
③ 운전 중 용이하게 감속비를 변화시킬 수 있다.
④ 벨트의 미끄러짐이 있을 경우 확실한 변속이 어렵다.

64. 자동변속장치의 성능기준
① 조종레버가 전진 또는 후진 위치에 있는 경우 원동기가 시동되지 아니 할 것.
② 중립위치는 전진위치와 후진위치 사이에 있을 것
③ 주차위치가 있는 경우에는 후진위치에 가까운 끝부분에 있을 것
④ 조정 레버가 조향 기둥에 설치된 경우 조종 레버의 조작방향은 중립위치에서 전진위치로 조작되는 방향은 시계방향일 것
⑤ 전진 변속단수가 2단계 이상일 경우 40km/h 이하의 속도에서 저속 변속단수에서의 원동기 제동효과는 고속 변속단수에서의 원동기 제동효과보다 작을 것.

65. 무단 변속기(CVT) : 무단 변속기는 기본적으로 고무벨트, 금속벨트, 금속체인 등을 이용하여 주어진 변속 패턴에 따라 최상 변속비와 최소 변속비 사이를 연속적으로 무한대의 단으로 변속시킴으로써 엔진의 동력을 최대한 이용하여 우수한 동력 성능과 연비의 향상을 얻을 수 있도록 운전이 가능하다.
① 운전이 쉬우며, 변속 충격이 거의 없다.
② 차량 주행 조건에 알맞도록 변속되어 동력성능이 향상된다.
③ 최저 연비소모를 따라 주행하도록 변속 패턴에 따라 운전하여 연비가 향상된다.
④ 엔진출력 특성을 최대한 살리는 파워트레인 총합제어의 기초가 된다.

67. 무단 자동변속기(CVT)의 특징
① 운전 중 용이하게 감속비를 변화시킬 수 있다.
② 운전이 쉽고 변속충격이 거의 없다.
③ 벨트의 미끄러짐이 있을 경우 확실한 변속이 곤란하다.
④ 큰 동력을 전달이 어려워 대형화가 불가능하다.
⑤ 주행조건에 알맞도록 변속되어 동력성능이 향상된다.
⑥ 엔진출력 특성을 최대한 이용한다.
⑦ 로크 업 영역이 커 자동변속기에 비해 연비가 좋다.

64.④ 65.③ 66.① 67.② 68.②

69 **무단변속기의 특징과 가장 거리가 먼 것은?**

① 변속단이 있어 약간의 변속충격이 있다.
② 동력성능이 향상된다.
③ 변속패턴에 따라 운전하여 연비가 향상된다.
④ 파워트레인 통합제어의 기초가 된다.

70 **무단 변속기(CVT)의 특징으로 틀린 것은?**

① 가속성능을 향상시킬 수 있다.
② 연료소비율을 향상시킬 수 있다.
③ 변속에 의한 충격을 감소시킬 수 있다.
④ 일반 자동변속기 대비 연비가 저하된다.

71 **무단 변속기(CVT)에 대한 설명으로 틀린 것은?**

① 연비를 향상 시킬 수 있다.
② 가속성능을 향상시킬 수 있다.
③ 동력성능이 우수하나, 변속 충격이 크다.
④ 변속 중에 동력전달이 중단되지 않는다.

72 **무단 변속기(CVT)에 대한 설명으로 틀린 것은?**

① 가속성능을 향상시킬 수 있다.
② 변속단에 의한 기관의 토크 변화가 없다.
③ 변속비가 연속적으로 이루어지지 않는다.
④ 최적의 연료소비 곡선에 근접해서 운행한다.

73 **무단 변속기의 장점에 대한 설명 중 틀린 것은?**

① 변속 충격 감소
② 가속 성능의 향상
③ 연료 소비율 향상
④ 무게 증가에 의한 차량 안정성 향상

74 **무단변속기(CVT)의 특징에 대한 설명으로 틀린 것은?**

① 토크 컨버터가 없다.
② 가속성능이 우수하다.
③ A/T 대비 연비가 우수하다.
④ 변속단이 없어서 변속충격이 거의 없다.

75 **무단 변속기의 설명으로 틀린 것은?**

① 변속비를 만들 때 6개 풀리의 직경 변화를 이용한다.
② 풀리의 직경이 적을수록 마찰손실이 커진다.
③ 전달효율은 높은 체인벨트를 사용하면 소음에서 불리하다.
④ 풀리 사이의 마찰력으로 동력을 전달하므로 미끄럼을 최소화하여야 한다.

69. 무단변속기의 특징
① 가속성능을 향상시킬 수 있다.
② 연료소비율을 향상시킬 수 있다.
③ 변속에 의한 충격을 감소시킬 수 있다.
④ 주행성능과 동력성능이 향상된다.
⑤ 파워트레인 통합제어의 기초가 된다.

71. 무단 변속기의 특징
① 가속성능을 향상시킬 수 있다.
② 연료소비율을 향상시킬 수 있다.
③ 변속에 의한 충격을 감소시킬 수 있다.
④ 주행성능과 동력성능이 향상된다.
⑤ 파워트레인 통합제어의 기초가 된다.

72. 무단 변속기는 변속단에 의한 기관의 토크 변화가 없고, 최적의 연료소비 곡선에 근접해서 운행할 수 있으며, 가속성능을 향상시킬 수 있다.

73. 무단 변속기(CVT)의 특징
① 운전 중 용이하게 감속비를 변화시킬 수 있다.
② 운전이 쉽고 변속 충격이 거의 없다.
③ 벨트의 미끄러짐이 있을 경우 확실한 변속이 곤란하다.
④ 로크 업 영역이 커 자동변속기에 비해 연비가 좋다.
⑤ 주행조건에 알맞도록 변속되어 동력 성능이 향상된다.
⑥ 엔진출력 특성을 최대한 이용한다.
⑦ 큰 동력을 전달이 어려워 대형화가 불가능하다.

69.① **70.**④ **71.**③ **72.**③ **73.**④ **74.**① **75.**①

76 승용차용으로 적당하지 않는 무단변속기의 형식은?

① 금속 벨트식
② 금속 체인식
③ 트랙션 드라이브식
④ 유압 모터/펌프의 조합식

77 무단 변속기(CVT)를 제어하는 유압제어 구성부품에 해당하지 않는 것은?

① 오일펌프
② 유압 제어 밸브
③ 레귤레이터 밸브
④ 싱크로 메시 기구

78 무단변속기에서 전자제어 시스템의 유압제어 해당되지 않는 것은?

① 제동 제어 ② 변속비 제어
③ 라인압력 제어 ④ 클러치 압력 제어

79 CVT(무단 변속기)에 적용된 액추에이터와 센서 중 피에조 원리를 이용한 부품은?

① 유압 센서
② 회전속도 센서
③ 오일 온도 센서
④ 솔레노이드 밸브

80 무단 변속기 차량의 CVT ECU에 입력되는 신호가 아닌 것은?

① 스로틀 포지션 센서
② 브레이크 스위치
③ 라인 압력 센서
④ 킥다운 서보 스위치

81 추진축의 센터 베어링에 관한 설명으로 틀린 것은?

① 볼 베어링을 고무제의 베어링 베드에 설치한다.
② 베어링 베드의 외주를 다시 원형 강판으로 감싼다.
③ 차체에 고정할 수 있는 구조이다.
④ 분할방식 추진축을 사용할 때는 설치되지 않는다.

82 추진축의 토션 댐퍼가 하는 일은?

① 완충작용
② torque 전달
③ 회전력 상승
④ 전단력 감소

76. 무단 변속기의 종류
(1) 동력 전달방식
① 토크 컨버터 방식
② 전자 파우더 방식
(2) 변속 방식에 따른 분류
① 고무 벨트식 : 저배기량의 경자동차에 사용
② 금속 벨트식 : 승용차용에 사용
③ 금속 체인식 : 승용차용에 사용
④ 트랙션 드라이브식 : 승용차에 사용
⑤ 유압모터 / 펌프의 조합형 : 농기계나 상업장비에 사용

77. 싱크로 메시 기구는 수동변속기에서 사용하는 동기물림 장치이다.

78. 유압 제어는 라인 압력 제어, 변속비 제어, 댐퍼 클러치 제어, 클러치 압력 제어 등이 있다.

79. 피에조 소자(piezo element) : 압전 소자(壓電素子)로서, 2개의 면에서 전압을 가하여 전압에 비례한 변형이 발생되도록 하거나 압전 결정에 압력이나 비틀림을 주어 전압이 발생되는 소자이다. 유압 센서, 대기압 센서, MAP 센서 노크 센서 등에서 사용한다.

80. CVT ECU로 입력되는 센서에는 오일 온도 센서, 유압 센서(라인 압력 센서), 스로틀 포지션 센서, 브레이크 스위치, 회전속도 센서 등이 있다.

81. 추진축의 센터 베어링
① 분할방식 추진축을 사용할 때 설치한다.
② 볼 베어링을 고무제의 베어링 베드에 설치한다.
③ 베어링 베드의 외주를 다시 원형 강판으로 감싼다.
④ 차체에 고정할 수 있는 구조이다.

76.④ 77.④ 78.① 79.① 80.④ 81.④ 82.①

83 **추진축이 기하학적 중심과 질량적 중심이 일치하지 않을 때 일어나는 현상은?**

① 롤링(rolling) ② 요잉(yawing)
③ 휠링(whirling) ④ 피칭(pitching)

84 **추진축의 고장원인과 관계없는 것은?**

① 자재이음 베어링의 마모
② 센터 베어링의 마모
③ 윤활 불량
④ 변속기 출력축의 휨

85 **주행 중인 자동차의 추진축에서 소음이 발생하였을 때 원인이 아닌 것은?**

① 요크의 방향이 틀린 경우
② 조인트 볼트 등이 헐거울 경우
③ 좌우 타이어 Size의 불균형
④ 스플라인부가 마모된 경우

86 **등속 자재이음의 등속 원리에 대한 내용으로 바르게 설명한 것은?**

① 구동축과 피동축의 접촉점이 축과 만나는 각의 2등분선상에 있다.
② 횡축과 종축의 접촉점이 축과 만나는 각의 2등분선상에 있다.
③ 구동축과 피동축의 접촉점이 구동축 선 위에 있다.
④ 횡축과 종축의 접촉점이 종축의 선 위에 있다.

87 **앞바퀴 구동 승용차에서 드라이브 샤프트가 변속기측과 차륜측에 2개의 조인트로 구성되어 있다. 변속기측에 있는 조인트는?**

① 더블 오프셋 조인트(double offset joint)
② 버필드 조인트(birfield joint)
③ 유니버설 조인트(universal joint)
④ 플렉시블 조인트(flexible joint)

88 **자동차 동력전달장치에서 오버드라이브는 어느 것을 이용하는 것인가?**

① 기관의 회전속도
② 기관의 여유출력
③ 차의 주행저항
④ 구동바퀴의 구동력

89 **오버 드라이브 장치의 프리휠링 주행(free-wheeling travelling)에 대하여 알맞은 것은?**

① 추진축의 회전력을 엔진에 전달한다.
② 프리휠 링 주행 중 엔진브레이크를 사용할 수 있다.
③ 프리휠링 주행 중 유성기어는 공전한다.
④ 오버드라이브에 들어가기 전에는 프리휠링 주행이 안 된다.

83. 추진축이 기하학적 중심과 질량적 중심이 일치하지 않을 때 굽음 진동(휠링)을 발생하며, 공명 진동 현상이 발생되는 회전 속도를 위험 회전 속도라 한다.

85. 추진축의 진동 및 소음의 원인
① 중간 베어링이 마모되었다.
② 십자축 니들 롤러 베어링이 마모되었다.
③ 추진축이 휘었다.
④ 밸런스 웨이트가 떨어졌다.
⑤ 요크 방향이 틀렸다.
⑥ 플랜지부의 조임이 헐겁다.
⑦ 슬립조인트의 스플라인이 마모되었다.

87. 앞바퀴 구동 승용차에서 드라이브 샤프트는 2개의 조인트로 구성되며, 변속기 측에 있는 조인트는 더블 오프셋 조인트 또는 트리포드 조인트가 이용되고 바퀴 측에 있는 조인트는 버필드 조인트가 이용된다.

89. 오버 드라이브 장치의 프리휠링 주행(free-wheeling travelling)이란 오버 드라이브에 들어가기 전과 오버 드라이브 주행을 끝낸 후 관성 주행하는 상태이며, 이때 유성기어는 공전한다.

83.③ **84.**④ **85.**③ **86.**① **87.**① **88.**② **89.**③

90 기관의 동력을 주행 이외의 용도에 사용할 수 있도록 한 동력인출(power take off) 장치가 아닌 것은?

① 윈치 구동장치
② 차동기어장치
③ 소방차 물 펌프 구동장치
④ 덤프트럭 유압펌프 구동장치

91 정속 주행장치가 작동 불량할 때 점검해야 할 사항이 아닌 것은?

① ECU 출력전압
② 속도신호 입력전압
③ ECU 작동 전압 공급
④ TCC 출력 전압

92 동력전달 장치에 사용되는 종감속 장치의 기능으로 틀린 것은?

① 회전 토크를 증가시켜 전달한다.
② 회전속도를 감소시킨다.
③ 필요에 따라 동력전달 방향을 변환시킨다.
④ 축 방향 길이를 변화시킨다.

93 자동차 종감속장치에 주로 사용되는 기어 형식은?

① 하이포이드 기어
② 더블헬리컬 기어
③ 스크루 기어
④ 스퍼 기어

94 종감속비를 결정하는 요소가 아닌 것은?

① 엔진의 출력　② 차량 중량
③ 가속 성능　④ 제동 성능

95 변속기에 제3속의 감속비가 1.5이고 종 감속 장치의 구동 피니언의 잇수가 7, 링 기어의 잇수가 35일 때 제 3속의 총 감속비는?

① 1.5　② 5.0
③ 7.5　④ 16.3

96 차동제한장치(limited slip differential)에 대한 설명으로 틀린 것은?

① 차동장치에 차동제한 기구를 추가시킨 것은 LSD이다.
② 눈길 및 빗길 등에서 미끄러지는 것을 최소화하기 위한 장치이다.
③ 직진 주행을 더욱 원활하게 하기위한 장치이다.
④ 토크 비례식과 회전속도 감응형식 등이 있다.

97 자동 차동 제한장치(LSD)의 특징 설명 중 틀린 것은?

① 미끄러운 노면에서의 출발이 용이하다.
② 타이어의 수명을 연장한다.
③ 고속 직진 주행할 때 안전성이 없다.
④ 요철노면을 주행할 때 후부의 흔들림을 방지한다.

94. 종감속비는 엔진의 출력, 자동차의 중량, 가속성능, 등판능력 등에 의해 결정된다.

95. 총 감속비=변속비×종감속비 $=1.5\times\frac{35}{7}=7.5$

96. 차동제한장치는 주행 중 한쪽 바퀴가 진흙탕에 빠진 경우에 차동 피니언 기어의 자전을 제한하여 노면에 접지된 바퀴와 진흙탕에 빠진 바퀴 모두에 엔진의 동력을 전달하여 주행할 수 있도록 한다. 선회시 바깥쪽 바퀴가 안쪽 바퀴보다 더 많이 회전하게 하는 것은 차동장치의 래크와 피니언의 원리이다.

97. 자동 차동 제한장치의 특징
① 미끄러운 노면에서 출발이 용이하다.
② 요철 노면을 주행할 때 자동차의 후부 흔들림이 방지된다.
③ 가속, 커브길 선회시에 바퀴의 공전을 방지한다.
④ 타이어 슬립을 방지하여 수명이 연장된다.
⑤ 급속 직진 주행에 안전성이 양호하다.

90.② **91.**④ **92.**④ **93.**① **94.**④ **95.**③ **96.**② **97.**③

98 FR 방식의 자동차가 주행 중 디퍼렌셜 장치에서 많은 열이 발생한다면 고장 원인으로 거리가 먼 것은?

① 추진축의 밸런스 웨이트 이탈
② 기어의 백래시 과소
③ 프리로드 과소
④ 오일 량 부족

99 직경이 600mm인 차륜이 1500rpm으로 회전할 때 이 차륜의 원주 속도는 얼마인가?

① 37.1m/sec ② 47.1m/sec
③ 57.1m/sec ④ 67.1 m/sec

100 자동차의 변속기에 있어서 3속의 변속비 1.25 : 1 이고 종감속비가 4 : 1 인 자동차의 엔진 rpm이 2700일 때 구동륜의 동하중 반경 30cm인 이 차의 차속은?

① 53km/h ② 58km/h
③ 61km/h ④ 65km/h

101 엔진 회전속도 3600rpm, 변속(감속)비 2 : 1, 타이어 유효반경이 40cm 인 자동차의 시속이 90km/h 이다. 이 자동차의 종감속비는?

① 1.5 : 1 ② 2 : 1
③ 3 : 1 ④ 4 : 1

102 바퀴의 지름이 70cm, 엔진의 회전수 3800rpm, 총감속비가 5.2일 때 자동차의 주행속도는?

① 약 76km/h ② 약 86km/h
③ 약 96km/h ④ 약 106km/h

103 120km/h의 속도로 주행 중인 자동차에서 총 감속비는 4.83, 구동륜 회전속도는 1031rpm, 타이어의 동하중 원주는 1940mm일 때 엔진의 회전속도는?(단, 슬립은 없는 것으로 본다)

① 약 1237rpm ② 약 1959rpm
③ 약 4980rpm ④ 약 2620rpm

104 93.6km/h 로 직진 주행하는 자동차의 양쪽 구동륜은 지금 825 min^{-1}으로 회전하고 있다. 구동륜의 동하중 반경은?(단, 구동륜의 슬립은 무시한다)

① 약 56.7mm ② 약 157.5mm
③ 약 301mm ④ 약 317mm

98. 추진축의 밸런스 웨이트가 이탈하면 기하학적 중심과 질량적 중심이 일치하지 않아 굽음 진동(휠링)을 발생하며, 공명 진동 현상이 발생되는 회전 속도를 위험 회전 속도라 한다.

99. 원주속도 $= \pi DN = \dfrac{3.14 \times 0.6 \times 1500}{60} = 47.1$

D : 지름, N : 회전속도

100. $V = \dfrac{2 \times \pi \times r \times N \times 60}{T_r \times F_r \times 1000}$

V : 차속(km/h) r : 타이어 반경(m)
N : 엔진 회전수(rpm) T_r : 변속비 F_r : 종감속비

$V = \dfrac{2 \times \pi \times 0.3 \times 2700 \times 60}{1.25 \times 4 \times 1000} = 61.07km/h$

101. $V = \dfrac{2 \times \pi \times r \times N \times 60}{T_r \times F_r \times 1000}$

$F_r = \dfrac{2 \times \pi \times 0.4 \times 3600 \times 60}{2 \times 90 \times 1000} = 3.01$

102. $H = \dfrac{\pi \times D \times R \times 60}{Tr \times Fr \times 1000}$

H : 자동차의 속도(km/h) D : 타이어의 지름(m)
R : 엔진 회전수(rpm) T_r : 변속비 F_r : 종감속비

$H = \dfrac{\pi \times 0.7 \times 3800 \times 60}{5.2 \times 1,000} = 96.42km/h$

103. 엔진회전속도 = 총감속비 × 구동륜 회전속도
= 4.83 × 1031 = 4979.73

104. $H = \dfrac{\pi \times D \times R \times 60}{Tr \times Fr \times 1000}$

H : 자동차의 속도(km/h) D : 타이어의 지름(m)
R : 엔진 회전수(rpm) T_r : 변속비 F_r : 종감속비

$d = \dfrac{93.6 \times 1000}{\pi \times 2 \times 825 \times 60} = 0.3009m$

98.① **99.**② **100.**③ **101.**③ **102.**③ **103.**③ **104.**③

3장 현가 및 조향장치

3-1 현가장치

1 현가장치의 종류

(1) 스프링(spring)

스프링에는 판스프링, 코일 스프링, 토션바 스프링 등의 금속제 스프링과 고무 스프링, 공기 스프링 등의 비금속제 스프링 등이 있다.

① **토션바 스프링**(torsion bar spring)**의 특징** : 토션바 스프링은 막대를 비틀었을 때 탄성에 의해 본래의 위치로 복원하려는 성질을 이용한 스프링 강의 막대이다.

- 단위 중량당의 에너지 흡수율이 매우 크다.
- 가볍고 구조가 간단하다.
- 스프링의 힘은 막대(bar)의 길이와 단면적으로 정해진다.
- 진동의 감쇠 작용이 없어 쇽업소버를 병용하여야 한다.
- 좌·우의 것이 구분되어 있다.

(2) 쇽업소버(shock absorber)

쇽업소버는 노면에서 발생한 스프링의 진동을 흡수하여 승차감을 향상시키고 동시에 스프링의 피로를 감소시키기 위해 설치하는 기구이다.

(3) 스태빌라이저

스태빌라이저는 좌우 타이어가 동시에 상하 운동을 할 때는 작용하지 않으며 차체의 기울기를 감소시키는 역할을 한다.

2 현가장치의 분류

현가장치에는 구조상 일체 차축식, 독립 현가식, 공기 현가식, 전자제어 현가방식 등이 있다.

(1) 일체 차축현가방식의 특징

① 부품 수가 적어 구조가 간단하다.

② 선회할 때 차체의 기울기가 적다.

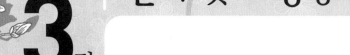

③ 스프링 밑 질량이 커 승차감이 불량하다.
④ 앞바퀴에 시미 발생이 쉽다.
⑤ 스프링 정수가 너무 적은 것은 사용하기 어렵다.

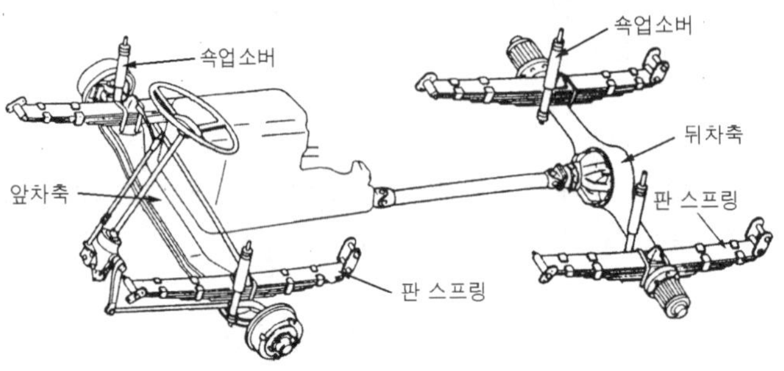

♺ 일체 차축식

Reference ▶ 시미(Shimmy)

■ 시미란 바퀴의 좌우 진동을 말하며 고속 시미와 저속 시미가 있다. 바퀴의 동적 불 평형일 때 고속 시미가 발생하며, 저속 시미의 원인은 다음과 같다.
① 스프링 정수가 적을 때
② 링키지의 연결부가 헐거울 때
③ 타이어 공기 압력이 낮을 때
④ 바퀴의 불 평형
⑤ 쇽업소버 작동 불량
⑥ 앞 현가 스프링 쇠약

(2) 독립 현가방식의 특징과 종류

① 독립 현가방식의 특징

- 스프링 밑 질량이 작아 승차감이 좋다.
- 바퀴의 시미 현상이 적으며, 로드 홀딩(road holding)이 우수하다.
- 스프링 정수가 작은 것을 사용할 수 있다.
- 구조가 복잡하므로 값이나 취급 및 정비면에서 불리하다.
- 볼 이음부가 많아 그 마멸에 의한 앞바퀴 정렬이 틀려지기 쉽다.

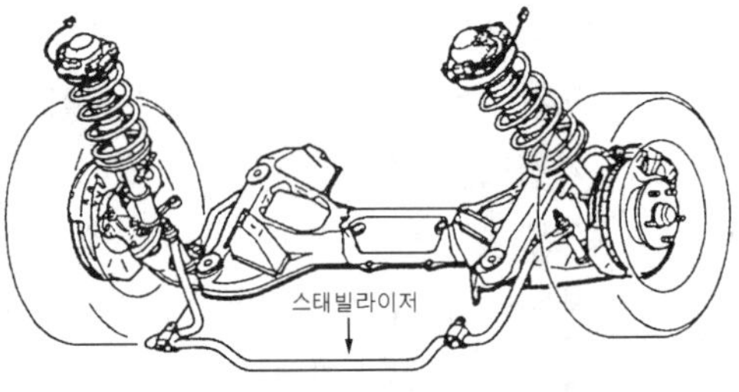

♺ 독립 현가식

- 바퀴의 상하 운동에 따라 윤거(tread)나 앞바퀴 정렬이 틀려지기 쉬워 타이어 마멸이 크다.

② 독립 현가방식의 종류

가. 위시본 형식(Wishbone type) : 위·아래 컨트롤 암의 길이에 따라 평행 사변형 형식과 SLA형식이 있다. 위시본 형식은 스프링이 피로하거나 약해지면 바퀴의 윗부분이 안쪽으로 움직여 부의 캠버가 된다. SLA형식은 컨트롤 암이 볼 이음으로 조향너클과 연결되어 있다. 그리고 SLA형식에서는 과부하가 걸리면 더욱 부의 캠버(negative camber)가 된다.

나. 맥퍼슨 형식(Macpherson type)

㉠ 구조가 간단해 마멸되거나 손상되는 부분이 적으며 정비 작업이 쉽다.
㉡ 스프링 밑 질량이 작아 로드 홀딩이 우수하다.
㉢ 엔진 실의 유효 체적을 크게 할 수 있다.

(3) 공기현가장치(air suspension system)

이 형식은 압축 공기의 탄성을 이용한 것이며, 공기 스프링, 레벨링 밸브, 공기 저장 탱크, 공기 압축기로 구성되어 있다.

① 하중 증감에 관계없이 차체 높이를 항상 일정하게 유지하며 앞·뒤, 좌·우의 기울기를 방지할 수 있다.

② 스프링 정수가 자동적으로 조정되므로 하중의 증감에 관계없이 고유 진동수를 거의 일정하게 유지할 수 있다.

③ 고유 진동수를 낮출 수 있으므로 스프링 효과를 유연하게 할 수 있다.

④ 공기 스프링 자체에 감쇠성이 있으므로 작은 진동을 흡수하는 효과가 있다.

3 자동차의 진동

(1) 스프링 위 질량 진동

① **바운싱**(bouncing ; 상하 진동) : 차체가 Z축 방향과 평행 운동을 하는 고유 진동이다.

② **피칭**(pitching ; 앞뒤 진동) : 차체가 Y축을 중심으로 하여 회전운동을 하는 고유 진동이다.

③ **롤링**(rolling ; 좌우 진동) : 차체가 X축을 중심으로 하여 회전운동을 하는 고유 진동이다.

④ **요잉**(yawing ; 차체 후부 진동) : 차체가 Z축을 중심으로 하여 회전운동을 하는 고유 진동이다.

(2) 스프링 아래 질량 진동

① **휠 홉**(wheel hop) : 차축이 Z방향의 상하 평행운동을 하는 진동이다.

② **휠 트램프**(wheel tramp) : 차축이 X축을 중심으로 하여 회전운동을 하는 진동이다.

③ **와인드 업**(wind up) : 차축이 Y축을 중심으로 회전 운동을 하는 진동이다.

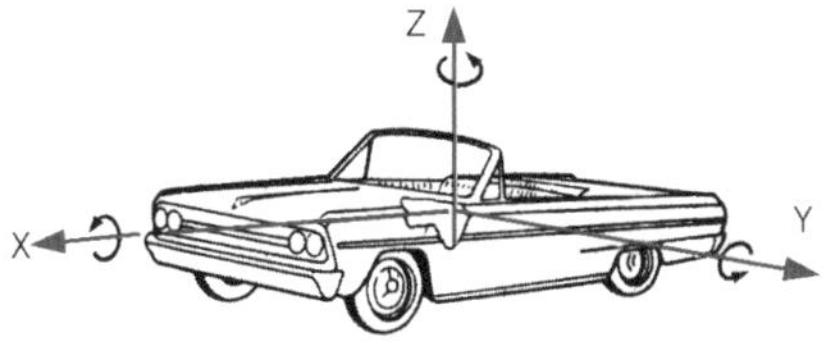

♲ 스프링 위 질량 진동

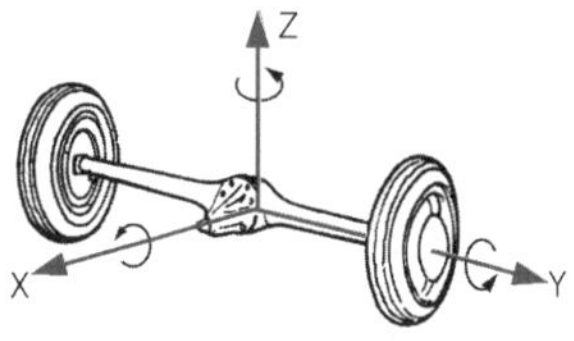

♲ 스프링 아래 질량 진동

4 뒤차축의 구동방식

차체(또는 프레임)는 구동 바퀴로부터 추진력을 받아 전진이나 후진을 하며, 구동 바퀴의 구동력을 차체(또는 프레임)에 전달하는 방식에는 호치키스 구동, 토크 튜브 구동, 레디어스 암 구동 등이 있다.

3-2 전자제어 현가장치(ECS ; Electronic Control Suspension System)

컴퓨터(ECU), 각종 센서, 액추에이터 등을 설치하고 노면의 상태, 주행조건, 운전자의 선택 등과 같은 요소에 따라서 차고(車高)와 현가 특성(스프링 정수 및 감쇠력)이 컴퓨터에 의해 자동적으로 조절되는 현가장치이다.

1 전자제어 현가장치(ECS) 제어기능

① 급제동을 할 때 노스다운(nose down)을 방지한다.
② 급선회를 할 때 원심력에 대한 차체의 기울어짐을 방지한다.
③ 노면으로부터의 차량 높이를 조절할 수 있다.
④ 노면의 상태에 따라 승차감을 조절할 수 있다.
⑤ 안정된 조향성을 준다.
⑥ 자동차의 승차 인원(하중)이 변해도 자동차는 수평을 유지한다.
⑦ 고속으로 주행할 때 차체의 높이를 낮추어 공기저항을 적게 하고 승차감을 향상시킨다.
⑧ 험한 도로를 주행할 때 압력을 세게 하여 쇼크 및 롤링을 없게 한다.

2 구성부품 및 작용

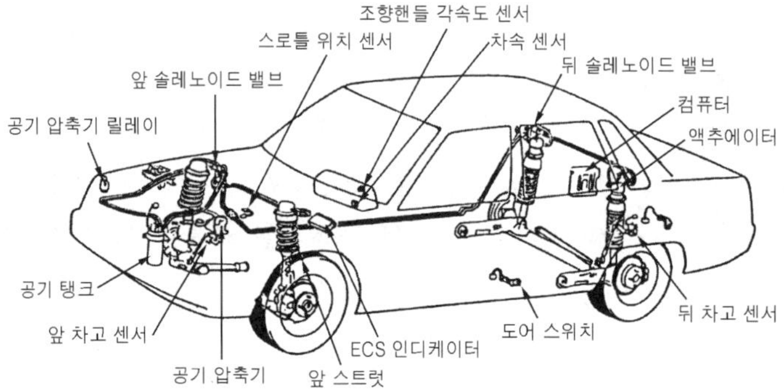

♺ 전자제어 현가장치의 구성

(1) 센서(sensor)

① **차속(車速)센서** : 변속기 주축이나 속도계(speed meter)구동축에 설치되어 있으며, 자동차 주행속도를 검출하여 컴퓨터로 입력시킨다. 컴퓨터는 이 신호에 의해 차고, 스프링 정수 및 쇽업소버 감쇠력 조절에 이용한다.

② **차고(車高)센서** : 자동차 높이 변화에 따른 보디(body ; 차체)와 차축의 위치를 검출하여 컴퓨터로 입력시키는 일을 하는 것이다. 종류에는 보디와 노면 사이를 직접 검출하는 초음파 검출식과 현가장치의 신축량을 검출하는 광단속기식이 있다.

③ **조향 핸들 각속도 센서** : 조향 핸들의 조작 정도를 검출하며 2개의 광단속기와 1개의 디스크로 구성되어 있다.

④ **스로틀 위치 센서(TPS)** : 엔진의 급가속 및 감속 상태를 검출하여 컴퓨터로 보내면 컴퓨터는 스프링의 정수 및 감쇠력 제어에 사용한다.

⑤ **G(gravity)센서-중력 센서** : 차체의 바운싱에 대한 정보를 컴퓨터로 입력시키는 일을 하며, 피에조 저항형 센서를 사용한다.

(2) 제어 기능

컴퓨터(ECU)는 차속 센서, 차고 센서, 조향 핸들 각도 센서, 스로틀 포지션 센서, 중력(G) 센서, 전조등 릴레이, 발전기 L 단자, 브레이크 압력 스위치, 도어 스위치 등의 신호를 입력받아 차고와 현가특성을 조절한다.

① **안티 롤링 제어**(Anti-rolling control) : 선회할 때 자동차의 좌우 방향으로 작용하는 횡가속도를 G센서로 감지하여 제어하는 것이다.

② **안티 스쿼트 제어**(Anti-squat control) : 급출발 또는 급가속을 할 때에 차체의 앞쪽은 들리고, 뒤쪽이 낮아지는 노스 업(nose-up)현상을 제어하는 것이다.

③ **안티 다이브 제어**(Anti-dive control) : 주행 중에 급제동을 하면 차체의 앞쪽은 낮아지고, 뒤쪽이 높아지는 노스 다운(nose down)현상을 제어하는 것이다.

④ **안티 피칭 제어**(Anti - Pitching control) : 요철노면을 주행할 때 차고의 변화와 주행속도를 고려하여 쇽업소버의 감쇠력을 증가시킨다.

⑤ **안티 바운싱 제어**(Anti-bouncing control) : 차체의 바운싱은 G센서가 검출하며, 바운싱이 발생하면 쇽업소버의 감쇠력은 Soft에서 Medium이나 Hard로 변환된다.

⑤ **차속 감응 제어**(vehicle speed control) : 자동차가 고속으로 주행할 때에는 차체의 안정성이 결여되기 쉬운 상태이므로 쇽업소버의 감쇠력은 Soft에서 Medium이나 Hard로 변환된다.

⑥ **안티 쉐이크 제어**(Anti-shake control) : 사람이 자동차에 승·하차할 때 하중의 변화에 따라 차체가 흔들리는 것을 쉐이크라 하며, 주행속도를 감속하여 규정 속도 이하가 되면 컴퓨터는 승·하차에 대비하여 쇽업소버의 감쇠력을 Hard로 변환시킨다.

(3) 차고 조정이 이루어지지 않는 경우

목표 차고와 실제 차고가 다르더라도 커브 길을 급선회할 때, 급가속을 할 때, 급제동을 할 때 등에는 차고 조정이 이루어지지 않는다.

3-3 조향장치(steering system)

1 조향장치의 개요

(1) 애커먼장토식의 원리

조향 각도를 최대로 하고 선회할 때 선회하는 안쪽 바퀴의 조향 각이 바깥쪽 바퀴의 조향각보다 크게 되며, 뒤차축 연장선상의 한 점 O를 중심으로 동심원을 그리면서 선회하여 사이드슬립 방지와 조향핸들 조작에 따른 저항을 감소시킬 수 있는 방식이다.

(2) 최소회전반지름

조향 각도를 최대로 하고 선회하였을 때 그려지는 동심원 중에서 가장 바깥쪽 바퀴가 그리는 원의 반지름을 말하며 다음의 공식으로 산출된다.

$$R = \frac{L}{\sin\alpha} + r$$

R : 최소 회전반지름, L : 축간 거리(축거 : wheel base),
$\sin\alpha$: 가장 바깥쪽 앞바퀴의 조향 각,
r : 바퀴 접지면 중심과 킹핀과의 거리

(3) 조향이론

① 자동차가 선회할 때 구심력은 타이어가 옆으로 미끄러지는 것에 의해 발생한다.
② 조향 장치와 현가장치는 각각 독립성을 가지고 있어야 한다.
③ 앞바퀴에 발생되는 코너링 포스가 크면 오버 스티어링 현상이 일어난다.
④ 뒷바퀴에 발생되는 코너링 포스가 크면 언더 스티어링 현상이 일어난다.

(4) 조향장치의 구비조건

① 조향 조작이 주행 중의 충격에 영향을 받지 않을 것
② 조작이 쉽고, 방향 변환이 원활하게 행해질 것
③ 회전 반지름이 작아서 좁은 곳에서도 방향 변환을 할 수 있을 것
④ 진행 방향을 바꿀 때 새시 및 보디 각 부에 무리한 힘이 작용되지 않을 것
⑤ 고속 주행에서도 조향 핸들이 안정될 것
⑥ 조향 핸들의 회전과 바퀴 선회 차이가 크지 않을 것
⑦ 수명이 길고 다루기나 정비하기가 쉬울 것

Reference ▶ **코너링 포스와 언더 및 오버 스티어링**

① 코너링 포스(cornering force ; 구심력) : 자동차가 선회할 때 원심력과 평형을 이루는 힘
② 언더 스티어링(under steering) : 자동차의 주행속도가 증가함에 따라 조향 각도가 커지는 현상
③ 오버 스티어링(over steering) : 조향 각도가 감소하는 현상

2 조향장치의 구조와 작용

(1) 일체 차축식의 조향기구

일체 차축식의 조향 기구는 조향 핸들, 조향 축, 조향기어 박스, 피트먼 암, 드래그 링크, 타이로드, 너클암 등으로 구성되어 있다.

(2) 독립 차축식의 조향기구

독립 차축식 조향기구에는 드래그 링크가 없으며 타이로드가 둘로 나누어져 있다. 그 구성은 조향 핸들, 조향 축, 조향기어 박스, 피트먼 암, 센터 링크, 타이로드, 너클 암 등으로 구성되어 있다. 그러나 최근의 승용차에서는 랙과 피니언 형식을 사용하므로 피트먼 암과 센터 링크 등을

사용하지 않는다.

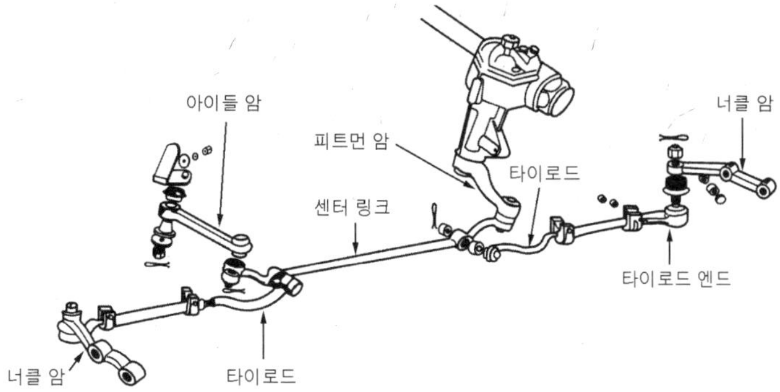

♺ 독립 차축식의 조향기구

(3) 조향기구

① **조향 핸들(또는 조향 휠)** : 조향 핸들은 림(rim), 스포크(spoke) 및 허브(hub)로 구성되어 있다.

② **조향 기어 박스**(steering gear box) : 조향 조작력을 증대시켜 앞바퀴로 전달하는 장치이며, 종류에는 웜 섹터형, 웜 섹터 롤러형, 볼 너트형, 캠 레버형, 랙과 피니언형, 스크루 너트형, 스크루 볼형 등이 있으며 조향 기어에는 알맞은 감속비를 두며, 이 감속비를 조향 기어비라 하며 다음과 같이 나타낸다.

$$\text{조향 기어비} = \frac{\text{조향핸들이 움직인각}}{\text{피트먼암이 움직인각}}$$

이 조향 기어비의 값이 작으면 조향 핸들의 조작은 신속히 되지만 큰 조작력이 필요하게 된다.

가. 랙 & 피니언(rack and pinion) 조향기어의 특징

- 설치 공간을 적게 차지한다.
- 조향 핸들의 회전운동을 랙을 이용하여 직접 직선운동으로 바꾼다.
- 소형·경량이며 낮게 설치 할 수 있다.
- 가변 조향 기어비를 가능케 할 수 있다.

③ **피트먼 암**(pitman arm) : 조향핸들의 움직임을 드래그 링크나, 센터 링크로 전달하는 것이며 그 한쪽 끝에는 테이퍼의 세레이션(serration)을 통하여 섹터 축에 설치되고, 다른 한쪽 끝은 드래그 링크나 센터 링크에 연결하기 위한 볼 이음으로 되어 있다.

④ **타이로드**(tie-rod) : 독립 차축식 조향기구에서는 센터링크의 운동을 양쪽 너클 암으로 전달하며, 2개로 나누어져 볼 이음으로 각각 연결되어 있다. 또 타이로드의 길이를 조정하여 토인(toe-in)을 조정할 수 있다.

⑤ **일체 차축식 조향 기구의 앞차축과 조향너클** : 강철을 단조한 I 단면의 빔이며, 앞 차축과 조향너클의 설치 방식에는 엘리옷형, 역엘리옷형, 마몬형, 르모앙형 등이 있다.

- **엘리옷형**(elliot type) : 앞 차축 양끝 부분이 요크(yoke)로 되어 있으며, 이 요크에 조향 너클이 설치되고 킹핀은 조향너클에 고정된다.
- **역 엘리옷형**(revers elliot type) : 조향너클에 요크가 설치된 것이며, 킹핀은 앞차축에 고정되고 조향너클과는 부싱을 사이에 두고 설치된다.
- **마몬형**(marmon type) : 앞차축 윗부분에 조향너클이 설치되며, 킹핀이 아래쪽으로 돌출되어 있다.
- **르모앙형**(lemoine type) : 앞차축 아랫부분에 조향너클이 설치되며, 킹핀이 위쪽으로 돌출되어 있다.

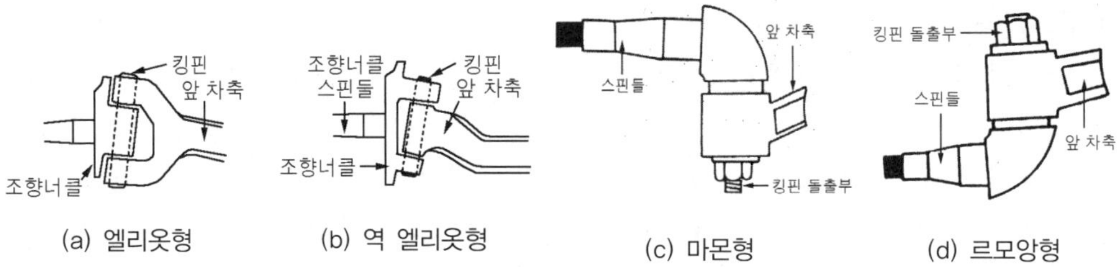

♲ 조향너클 설치 방식

⑥ **킹핀**(king pin) : 앞 차축에 대해 규정의 각도(킹핀 경사각)를 두고 설치되어, 앞 차축과 조향너클을 연결하며 고정 볼트에 의해 앞 차축에 고정되어 있다.

3-4 동력조향장치(power steering system)

1 동력조향장치

(1) 동력조향장치의 특징

① **동력조향장치의 장점**

- 조향 조작력이 작아도 된다.
- 조향 조작력에 관계없이 조향 기어비를 선정할 수 있다.
- 노면으로부터의 충격 및 진동을 흡수한다.
- 앞바퀴의 시미현상을 방지할 수 있다.
- 조향 조작이 경쾌하고 신속하다.

② **동력조향장치의 단점**

- 구조가 복잡하고 값이 비싸다.

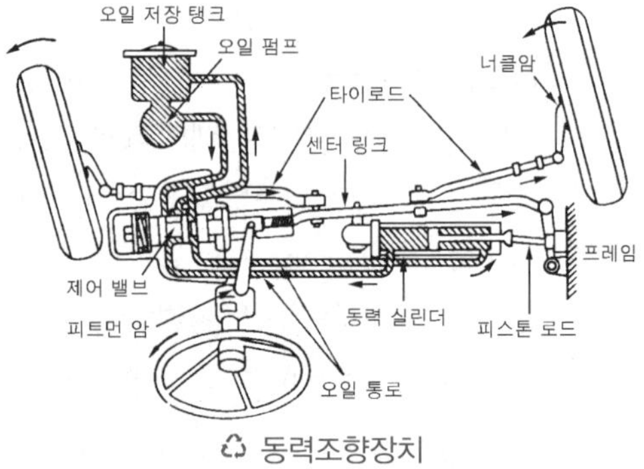

♲ 동력조향장치

- 고장이 발생하면 정비가 어렵다.
- 오일펌프 구동에 엔진의 출력이 일부 소비된다.

(2) 동력조향장치의 구조

동력조향장치는 작동부, 제어부, 동력부의 3주요부와 유량 조절 밸브 및 유압 제어 밸브와 안전체크밸브 등으로 구성되어 있다.

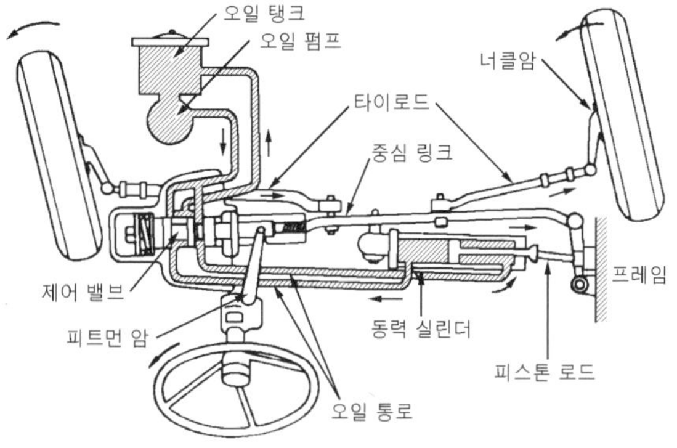

♺ 동력조향장치의 구성

> **Reference ▶ 안전체크밸브**
>
> ■ 안전체크밸브(safety check valve) : 제어 밸브 속에 들어 있으며 엔진이 정지된 경우 또는 오일펌프의 고장, 회로에서의 오일 누출 등의 원인으로 유압이 발생하지 못할 때 조향핸들의 조작을 수동(手動)으로 할 수 있도록 해 주는 밸브이다.

(3) 인티그럴 형(일체형) 동력 조향장치의 특징

① 조향 기어 하우징에 동력 실린더와 컨트롤 밸브가 설치되어 있는 형식이다.
② 컨트롤 밸브가 조향 축에 의해 직접 작동하기 때문에 응답성이 좋다.
③ **인라인형** : 조향 기어 하우징과 볼 너트를 동력 실린더로 이용하는 형식이다.
④ **오프셋형** : 동력 실린더는 별도로 설치하고 컨트롤 밸브는 조향 축 끝에 설치되어 있다.

2 전자제어 동력조향장치(electronic control power steering)

일반적인 조향장치는 고속 주행할수록 조향 핸들의 조작력이 경감되며, 배력이 일정한 동력조향장치에서는 고속 운전에서 조향핸들의 조작력이 너무 가벼워져 위험을 초래하는 경우가 있다. 이러한 위험을 방지하기 위하여 엔진의 회전속도에 따라서 조작력을 변화시키는 회전속도 감응방식과 주행속도에 따라 변화하는 차속 감응방식이 있다.

(1) 전자제어 동력조향장치(Electronic Power steering system)의 특성

① 정지 및 저속에서 조작력 경감
② 급 코너 조향할 때 추종성 향상
③ 노면, 요철 등에 의한 충격이나 진동 흡수 능력의 향상
④ 중·고속에서 확실한 조향력 확보와 노면 피드백

(2) 유압 변환 방법에 의한 종류

① 유량 제어방식은 제어밸브에 의해 유로를 통과하는 유압유를 제한하거나 바이패스 시켜

동력 실린더의 피스톤에 가해지는 유압을 조절하는 방식이며, 구조가 간단하고 조향력 변화가 그다지 크지 않다.

② 반력 제어방식은 제어밸브의 열림 정도를 직접 조절하는 방식이며 동력 실린더에 가해지는 유압은 제어 밸브의 열림 정도로 결정되므로 조향력의 변화 범위를 넓게 할 수 있다. 그러나 구조가 복잡해지는 결점이 있다.

(3) 차속 감응형의 특징

① 자동차의 주행속도에 따라 조향핸들의 무게를 제어한다.

② 저속에서는 가볍고, 중고속에서는 좀더 무거워 진다.

③ 주행속도가 증가할수록 파워 피스톤의 압력을 저하시킨다.

④ 차속 센서로 주행속도를 감지한다.

⑤ 속도 감응식 조향장치(SSPS)에서 액추에이터 코일 회로가 단선 되면 일반 파워 스티어링 전환된다.

3 조향장치의 이상원인

(1) 조향 핸들이 무거운 원인

① 타이어의 공기압력이 부족하다.

② 조향기어의 백래시가 작다.

③ 조향기어 박스 내의 오일이 부족하다.

④ 앞바퀴 정렬 상태가 불량하다.

⑤ 타이어의 마멸이 과다하다.

(2) 조향핸들이 한쪽으로 쏠리는 원인

① 타이어 공기 압력이 불균일하다.

② 앞바퀴 정렬 상태가 불량하다.

③ 쇽업소버의 작동 상태가 불량하다.

④ 앞 액슬축 한쪽 스프링이 절손되었다.

⑤ 뒤 액슬축이 자동차 중심선에 대하여 직각이 되지 않았다.

⑥ 허브 베어링의 마멸이 과다하다.

(3) 조향핸들의 복원성이 나쁜 원인

① 기어 박스 내의 오일 부족

② 조향핸들 웜 축의 프리로드 조정 불량

③ 조향계통 각 조인트의 고착, 손상

(4) 동력 조향장치의 조향핸들이 무거운 원인

① 조향 바퀴의 타이어 공기압력이 낮다.

② 휠 얼라인먼트 조정이 불량하다.
③ 파워 오일펌프 구동 벨트가 슬립 된다.

3-5 앞바퀴 정렬(Front Wheel Alignment)

1 앞바퀴 정렬의 역할

앞바퀴의 기하학적인 각도 관계를 말하며 캠버, 캐스터, 토인, 킹핀 경사각 등이 있다.
① 조향핸들의 조작을 확실하게 하고 안전성을 준다.
② 조향핸들에 복원성을 부여한다.
③ 조향핸들의 조작력을 가볍게 한다.
④ 사이드슬립을 방지하여 타이어 마멸을 최소화한다.

2 앞바퀴 정렬의 요소

(1) 캠버(camber)

① **캠버의 정의** : 자동차를 앞에서 보면 그 앞바퀴가 수직선에 대해 어떤 각도를 두고 설치되어 있는데 이를 **캠버**라 하며, 바퀴의 윗부분이 바깥쪽으로 기울어진 상태를 **정의 캠버**(Positive camber), 바퀴의 중심선이 수직일 때를 **0의 캠버**(zero camber) 그리고 바퀴의 윗부분이 안쪽으로 기울어진 상태를 **부의 캠버**(Negative camber)라 한다.

② **캠버의 역할**
- 수직 방향 하중에 의한 앞 차축의 휨을 방지한다.
- 조향핸들의 조작을 가볍게 한다.
- 하중을 받았을 때 앞바퀴의 아래쪽(부의 캠버)이 벌어지는 것을 방지한다.
- 볼록 노면에서 앞바퀴를 수직으로 할 수 있다.

> Reference
> ■ 킹핀(또는 조향축)의 중심선과 바퀴 중심을 지나는 수직선이 노면과 만나는 거리를 리드(또는 트레일 ; lead or trail)라고 하며, 이것이 캐스터 효과를 얻게 한다. 캐스터 효과는 정의 캐스터에서만 얻을 수 있으며 주행 중에 직진 성이 없는 자동차는 더욱 정의 캐스터로 수정하여야 한다.

(2) 캐스터(caster)

① **캐스터의 정의** : 자동차의 앞바퀴를 옆에서 보면 조향너클과 앞 차축을 고정하는 킹핀(독립 차축식에서는 위·아래 볼 이음을 연결하는 조향 축)이 수직선과 어떤 각도를 두고 설치되는데 이를 캐스터라 한다.

② **캐스터의 작용**
- 주행 중 조향바퀴에 방향성을 부여한다.
- 조향하였을 때 직진 방향으로의 복원력을 준다.

(3) 토인(toe-in)

① **토인의 정의** : 자동차 앞바퀴를 위에서 내려다보면 바퀴 중심선 사이의 거리가 앞쪽이 뒤쪽보다 약간 작게 되어 있는데 이것을 토인이라고 하며 일반적으로 2~6mm정도이다.

② **토인의 작용**

- 앞바퀴를 평행하게 회전시킨다.
- 앞바퀴의 사이드슬립(side slip)과 타이어 마멸을 방지한다.
- 조향 링키지 마멸에 따라 토 아웃(toe-out)이 되는 것을 방지한다.
- 토인은 타이로드의 길이로 조정한다.

(4) 조향축 경사각(또는 킹핀 경사각)

① **조향축 경사각의 정의** : 자동차를 앞에서 보면 독립 차축식에서의 위·아래 볼 이음(또는 일체 차축식의 킹핀)의 중심선이 수직에 대하여 어떤 각도를 두고 설치되는데 이를 조향축 경사(또는 킹핀 경사)라고 하며 이 각을 조향축 경사각이라고 한다.

② **조향축 경사각의 역할**

- 캠버와 함께 조향핸들의 조작력을 가볍게 한다.
- 캐스터와 함께 앞바퀴에 복원성을 부여한다.
- 앞바퀴가 시미(shimmy)현상을 일으키지 않도록 한다.

(5) 앞바퀴 얼라인먼트를 점검하기 전에 점검해야 할 사항

① 전후 및 좌우 바퀴의 흔들림을 점검한다.
② 타이어의 마모 및 공기압력을 점검한다.
③ 조향 링키지 설치상태와 마멸을 점검한다.
④ 자동차를 공차상태로 한다.
⑤ 바닥 면은 수평인 장소를 선택한다.
⑥ 섀시 스프링은 안정상태로 한다.

3-7 조향장치 성능기준 및 검사

1 조향장치 성능기준

(1) 자동차의 조향장치의 구조는 다음 각호의 기준에 적합하여야 한다.

① 조향장치의 각부는 조작 시에 차대 및 차체 등 자동차의 다른 부분과 접촉되지 아니하고, 갈라지거나 금이 가고 파손되는 등의 손상이 없으며, 작동에 이상이 없을 것.
② 조향장치는 조작 시에 운전자의 옷이나 장신구 등에 걸리지 아니할 것.
③ 조향핸들의 회전조작력과 조향비는 좌우로 현저한 차이가 없을 것.
④ 조향기능을 기계적으로 전달하는 부품을 제외한 부품의 고장이 발생한 경우에도 조향할

수 있어야 하며, 당해 자동차의 최고속도에서 조향 기능에 심각한 영향을 주거나 관련부품 등이 파손될 수 있는 조향장치의 이상 진동이 발생하지 아니하고 직선주행을 할 수 있을 것.

⑤ 조향 기능을 기계적으로 전달하는 부품을 제외한 부품의 고장이 발생한 경우 운전자가 확실히 알 수 있는 경고 장치를 갖출 것. 다만, 조향핸들의 회전 조작력이 증가되는 구조인 경우에는 경고 장치를 갖춘 것으로 본다.

⑥ 조향핸들의 회전각도와 조향바퀴의 조향각도 사이에는 연속적이고 일정한 관계가 유지될 것. 다만, 보조 조향장치는 그러하지 아니하다.

⑦ 조향핸들 축의 각도 등을 조절할 수 있는 조향핸들은 조절 후 적절한 잠금 장치에 의하여 완전히 고정될 것.

⑧ 조향장치에 에너지를 공급하는 장치는 제동장치에도 이를 사용할 수 있으며, 에너지를 저장하는 장치의 오일의 기준유량(공기식의 경우에는 기준공기압을 말한다)이 부족할 경우 이를 알려 주는 경고 장치를 갖출 것.

⑨ 원동기 및 조향장치에 고장이 발생하지 아니한 경우에는 어떠한 경고신호도 작동하지 아니할 것. 다만, 원동기 시동 후 에너지저장장치에 공기 등을 충전하는 동안에는 그러하지 아니하다.

(2) 조향핸들의 유격(조향 바퀴가 움직이기 직전까지 조향핸들이 움직인 거리를 말한다)**은 당해 자동차의 조향핸들 지름의 12.5% 이내이어야 한다.**

(3) 조향바퀴의 옆으로 미끄러짐이 1m 주행에 좌우방향으로 각각 5mm 이내이어야 하며, 각 바퀴의 정렬상태가 안전운행에 지장이 없어야 한다.

(4) 중량분포

자동차의 조향바퀴의 윤중의 합은 차량중량 및 차량총중량의 각각에 대하여 20%(3륜의 경형 및 소형자동차의 경우에는 18%) 이상이어야 한다.

2 최소회전반경

자동차의 최소회전반경은 바깥쪽 앞바퀴자국의 중심선을 따라 측정할 때에 12m를 초과하여서는 아니 된다.

(1) 자동차 최소회전반경 측정조건

① 측정 자동차는 공차 상태이어야 한다.

② 측정 자동차는 측정 전에 충분한 길들이기 운전을 하여야 한다.

③ 측정 자동차는 측정 전 조향륜 정렬을 점검하여 조정한다.

④ 측정 장소는 평탄 수평하고 건조한 포장도로이어야 한다.

(2) 자동차 최소회전반경 측정방법

① 변속 기어를 전진 최하단에 두고 최대의 조향 각도로 서행하며, 바깥쪽 타이어의 접지면 중심점이 이루는 궤적의 직경을 우회전 및 좌회전시켜 측정한다.

② 측정 중에 타이어가 노면에 대한 미끄러짐 상태와 조향 장치의 상태를 관찰한다.

③ 좌 및 우회전에서 구한 반경 중 큰 값을 당해 자동차의 최소회전반경으로 하고 성능기준에 적합한지를 확인한다.

3 조향핸들의 유격

(1) 조향핸들 유격 측정조건

① 공차상태의 자동차에 운전자 1인이 승차한 상태로 한다.

② 타이어의 공기압력은 표준 공기압력으로 한다.

③ 자동차를 건조하고 평탄한 기준면에 조향 축의 바퀴를 전진위치로 자동차를 정차시키고 원동기는 시동한 상태로 한다.

④ 자동차의 제동장치(주차 제동장치를 포함함)는 작동하지 않은 상태로 한다.

(2) 조향핸들 유격 측정방법

① 조향핸들을 움직여 통상의 위치로 한다.

② 직진위치의 상태에 놓인 자동차 조향 바퀴의 움직임이 느껴지기 직전까지 조향핸들을 좌회전시키고 이때의 조향핸들상의 한 점을 조향핸들과 조향핸들 이외의 한 부분에 표시한다.

③ ②의 상태에서 조향핸들을 조향바퀴의 움직임이 느껴질 때까지 우회전시켜 조향핸들 상의 한 점이 이동한 직선거리를 측정하며 이를 자동차 조향핸들 유격으로 한다.

④ 조향핸들의 유격 측정 시 바퀴의 움직임을 느끼기 위한 별도의 장치를 설치하여 측정하게 할 수 있다.

4 조향륜의 옆 미끄럼량

(1) 조향륜의 옆 미끄럼량 측정조건

① 자동차는 공차상태의 자동차에 운전자 1인이 승차한 상태로 한다.

② 타이어의 공기압력은 표준 공기압력으로 하고, 조향 링키지의 각부를 점검한다.

③ 측정기기는 사이드 슬립 테스터로 하고, 지시장치의 표시가 0점에 있는가를 확인한다.

(2) 조향륜의 옆 미끄럼량 측정방법

① 자동차를 측정기와 정면으로 대칭 시킨다.

② 측정기에 진입속도는 5km/h로 서행한다.

③ 조향핸들에서 손을 떼고 5km/h로 서행하면서 계기의 눈금을 타이어의 접지 면이 측정기 답판을 통과 완료할 때 읽는다.

④ 옆미끄럼량의 측정은 자동차가 1m 주행할 때 옆미끄럼량을 측정하는 것으로 한다.

핵심기출문제

현가장치

01 독립현가장치에서 자동차의 롤링을 작게 하고 빠른 평형 상태를 유지시키는 것은?

① 판스프링 ② 스테빌라이저 바
③ 토크 튜브 ④ 쇽업쇼바

02 스테빌라이저에 대한 설명으로 맞는 것은?

① 캐스터 조정요소이다.
② 독립현가장치에서 차체의 롤링을 최소화한다.
③ 주로 고정식 차축에 적용한다.
④ 차량의 전후방의 진동을 흡수한다.

03 다음 중 드가르봉식 쇽업쇼버와 관계없는 것은?

① 유압식의 일종으로 프리 피스톤을 설치하고 위쪽에 오일이 내장되어 있다.
② 고압질소 가스의 압력은 약 30kgf/cm²이다.
③ 쇽업소버의 작동이 정지되면 프리 피스톤 아래쪽의 질소가스가 팽창하여 프리 피스톤을 압상시킴으로서 오일실의 오일이 감압한다.
④ 좋지 않은 도로에서 격심한 충격을 받았을 때 캐비테이션에 의한 감쇠력의 차이가 적다.

04 맥퍼슨형 현가장치에 대한 설명 중 틀린 것은?

① 위시본형에 비해 구조가 간단하다.
② 스프링 밑 질량이 작아 노면과 접촉이 우수하다.
③ 스트러트가 조향 시 회전한다.
④ 위 컨트롤과 아래 컨트롤 암 있다.

05 앞 현가장치의 종류 중에서 일체식 차축 현가장치의 장점을 설명한 것은?

① 차축의 위치를 정하는 링크나 로드가 필요치 않아 부품수가 적고 구조가 간단하다.
② 트램핑 현상이 쉽게 일어날 수 있다.
③ 스프링 질량이 크기 때문에 승차감이 좋지 않다.
④ 앞바퀴에 시미 현상이 일어나기 쉽다.

03. 드가르봉식 쇽업쇼버의 특징
① 유압식의 일종으로 프리 피스톤을 설치하고 위쪽에 오일이 내장되어 있다.
② 고압질소가스의 압력은 약 30kgf/cm²이다.
③ 쇽업소버의 작동이 정지되면 프리 피스톤 아래쪽의 질소가스가 팽창하여 프리 피스톤을 압상시키므로 오일실의 오일이 가압(加壓)된다.
④ 좋지 않은 도로에서 격심한 충격을 받았을 때 캐비테이션에 의한 감쇠력의 차이가 적다.

04. 맥퍼슨형 현가장치의 특징
① 위시본형에 비해 구조가 간단하다.
② 스프링 밑 질량이 작아 노면과 접촉이 우수하다.
③ 스트러트가 조향할 때 회전한다.

05. 일체차축 현가장치의 장점
① 차축의 위치를 정하는 링크나 로드가 필요 없다.
② 구조가 간단하고 부품수가 적다.
③ 자동차가 선회시 차체의 기울기가 적다.

01.② 02.② 03.③ 04.④ 05.①

06 **공기 스프링의 특징이 아닌 것은?**

① 유연성을 비교적 쉽게 얻을 수 있다.
② 약간의 공기 누출이 있어도 작동이 간단하며, 구조가 간단하다.
③ 하중이 변해도 자동차 높이를 일정하게 유지할 수 있다.
④ 자동차에 짐을 실을 때나 빈차일 때의 승차감은 별로 달라지지 않는다.

07 **일반적으로 가장 좋은 승차감을 얻을 수 있는 진동수는?**

① 10cycle/min 이하
② 10~60cycle/min
③ 60~120cycle/min
④ 120~200cycle/min

08 **독립 현가장치에서 기관실의 유효면적을 가장 넓게 할 수 있는 형식은?**

① 맥퍼슨 형식
② 위시본 형식
③ 트레일링 암 형식
④ 평행판 스프링 형식

09 **진동을 흡수하고 진동 시간을 단축시키며, 스프링의 부담을 감소시키기 위한 장치는?**

① 스태빌라이저 ② 공기 스프링
③ 쇽업소버 ④ 비틀림 막대스프링

10 **현가장치에서 승차감을 위주로 고려할 때의 방법으로 설명이 틀린 것은?**

① 스프링 아래 질량은 가벼울수록 좋다.
② 스프링 상수는 낮을수록 좋다.
③ 스프링 위 질량은 클수록 좋다.
④ 스프링 아래의 질량은 클수록 좋다.

11 **아래 그림은 어떤 자동차의 뒤차축이다. 스프링 아래 질량의 고유진동 중 X축을 중심으로 회전하는 진동은?**

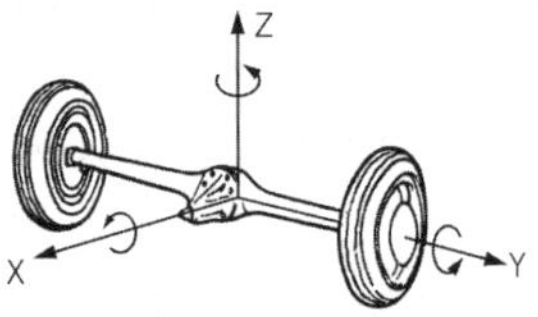

① 트램프 ② 와인드업
③ 죠오 ④ 롤링

06. 공기 스프링의 특징
① 고유 진동이 작기 때문에 효과가 유연하다.
② 공기 자체에 감쇠성이 있기 때문에 작은 진동을 흡수할 수 있다.
③ 하중의 변화와 관계없이 차체의 높이를 일정하게 유지할 수 있다.
④ 스프링의 세기가 하중에 비례하여 변화되기 때문에 승차감의 변화가 없다.

07. 진동수와 승차감
① 걸어가는 경우 : 60~70cycle/min
② 뛰어가는 경우 : 120~160cycle/min
③ 양호한 승차감 : 60~120cycle/min
④ 멀미를 느끼는 경우 : 45cycle/min 이하
⑤ 딱딱한 느낌의 경우 : 120cycle/min 이상

08. 맥퍼슨 형식은 현가장치와 조향 너클이 일체로 되어 있기 때문에 엔진 룸의 유효면적을 가장 크게 할 수 있다.

09. 부품의 기능
① 스태빌라이저 : 독립 현가장치에 사용하는 일종의 토션바 스프링이며, 선회시 발생되는 롤링을 방지하여 차체의 평형을 유지하는 역할을 한다.
② 공기 스프링 : 공기의 탄성을 이용하는 스프링이며, 하중의 변화에 따라 스프링 정수를 자동적으로 조정하여 고유 진동수를 일정하게 유지할 수 있어 완충효과가 유연하다.
③ 쇽업소버 : 스프링의 고유진동을 억제시키는 역할을 한다.
④ 막대 스프링 : 토션바 스프링이라고도 하며, 비틀림 탄성에 의한 복원성을 이용하여 완충 작용을 한다.

11. ① 휠 홉(wheel hop) : 뒤차축이 Z방향의 상하 평행 운동을 하는 진동
② 트램프(tramp) : 뒤차축이 X축을 중심으로 회전하는 진동
③ 와인드 업(wind up) : 뒤차축이 Y축을 중심으로 회전하는 진동

06.② **07.**③ **08.**① **09.**③ **10.**④ **11.**①

12 **좌우 타이어가 동시에 상하 운동을 할 때는 작용하지 않으며 차체의 기울기를 감소시키는 역할을 하는 것은?**

① 토션바 ② 컨트롤 암
③ 쇽업쇼바 ④ 스태빌라이저

13 **전자제어 현가장치(ECS)에 대한 설명 중 틀린 것은?**

① 안정된 조향성을 준다.
② 자동차의 승차 인원(하중)이 변해도 자동차는 수평을 유지한다.
③ 험한 도로를 주행할 때 압력을 약하게 하여 쇼크 및 롤링을 없게 한다.
④ 고속으로 주행할 때 차체의 높이를 낮추어 공기저항을 적게 하고 승차감을 향상시킨다.

14 **전자제어 현가장치(ECS)에 관계되는 구성부품이 아닌 것은?**

① 버티컬 센서
② 래터럴 센서
③ 댐퍼 솔레노이드 밸브
④ 인플레이터

15 **전자제어 현가장치 자동차의 컨트롤유닛(ECU)으로 입력되는 신호가 아닌 것은?**

① 가속 페달 스위치
② 조향 핸들 조향 각도
③ 스로틀 포지션 센서
④ 브레이크 압력 스위치

16 **전자제어 현가장치(E.C.S)의 부품 중 차고 조정 및 HARD/SOFT를 선택할 때 밸브개폐에 의하여 공기압력을 조정하는 것은?**

① 앞 차고센서
② 앞 스트러트
③ 앞 솔레노이드 밸브
④ 컴프레서

17 **전자제어 현가장치 부품 중에서 선회할 때 차체의 기울어짐 방지와 가장 관계있는 것은?**

① 도어 스위치
② 조향 휠 각속도 센서
③ 스톱 램프 스위치
④ 헤드 램프 릴레이

18 **전자제어 현가장치(E.C.S)의 기능으로 가장 거리가 먼 것은?**

① 급제동시 노즈 다운(Nose Down)방지
② 급커브 또는 급회전 시 원심력에 의한 차량의 기울어짐 방지
③ 노면상태 또는 차속에 따라 차량 높이 조정
④ 차량 고속주행 중 뒷바퀴 차고만을 낮춤

12. 스태빌라이저는 좌우 타이어가 동시에 상하 운동을 할 때는 작용하지 않으며 차체의 기울기를 감소시키는 역할을 한다.

13. **전자제어 현가장치의 장점** : 전자제어 현가장치는 주행조건 및 노면 상태에 따른 쇽업소버의 감쇠력 변화, 자동차의 높이와 스프링의 상수 및 완충 능력이 ECU에 의해 자동으로 조절되어 최적의 승차감과 양호한 조향 안정성을 얻을 수 있는 전자제어 시스템이다.

14. 인플레이터는 에어백에서 사용된다.

15. 전자제어 현가장치 자동차의 컨트롤유닛(ECU)으로 입력되는 신호에는 차속 센서, 차고 센서, 조향 핸들 조향 각도, 스로틀 포지션 센서, 중력(G) 센서, 전조등 릴레이, 발전기 L 단자, 브레이크 압력 스위치, 도어 스위치 등이다.

18. **ECS의 기능**
① 급제동시 노즈 다운을 방지한다.
② 급선회시 원심력에 의한 기울어짐을 방지한다.
③ 노면의 상태에 따라 차의 높이를 조정한다.
④ 노면 상태에 따라 승차감을 조절한다.
⑤ 차속에 따라 차의 높이를 조절한다.
⑥ 스프링 상수와 댐핑력을 제어한다.

12.④ **13.**③ **14.**④ **15.**① **16.**③ **17.**②
18.④

19 **전자제어 현가장치의 기본 구성부품에 속하지 않는 것은?**

① 컴프레서 ② 펌프 어큐뮬레이터
③ 컨트롤 유닛 ④ TDC 센서

20 **전자제어 현가장치는 무엇을 변화시켜 주행안정성과 승차감을 향상시키는가?**

① 토인
② 쇽업소버의 감쇠계수
③ 윤중
④ 타이어의 접지력

21 **주행 중에 급제동을 하면 차체의 앞쪽이 낮아지고 뒤쪽이 높아지는 노스 다운 현상이 발생하는데 이것을 제어하는 것은?**

① 앤티 다이브 제어
② 앤티 스쿼트 제어
③ 앤티 피칭 제어
④ 앤티 롤링 제어

22 **주행중 급제동시 차체 앞쪽이 내려가고 뒤가 들리는 현상을 방지하기 위한 제어는?**

① 앤티 바운싱(Anti bouncing) 제어
② 앤티 롤링(Anti rolling) 제어
③ 엔티 다이브(Anti dive) 제어
④ 앤티 스쿼트(Anti squat) 제어

23 **전자제어식 현가장치에서 스프링 상수 및 감쇠력 제어 기능과 차고 높이 조절기능을 하는 것은?**

① 압축기 릴레이
② 에어 액추에이터
③ 스트러트 유닛(쇽업소버)
④ 배기 솔레노이드밸브

24 **전자제어 현가장치 차량에서 목표차고와 실제차고가 다르더라도 차고 조정이 이루어지지 않는 경우는?**

① 기관시동 직후
② 커브 길 급선회시
③ 내리막길 주행시
④ 울퉁불퉁한 도로 주행시

20. 전자제어 현가장치

① 컴퓨터에 의해서 감쇠력과 스프링 상수의 변환을 주행의 상태에 따라 선택하여 안정된 자동차의 자세를 유지시킨다.
② 승차감을 향상시키고 조향성 및 주행 안정성을 향상시켜 안락한 운행을 할 수 있도록 한다.
③ 앞 뒤 스프링의 상수와 감쇠력 및 차고가 주행 조건에 따라 자동적으로 조절된다.
④ 자동차의 운행 상태를 검출하기 위한 센서, 공기 압축기, 공기 챔버 등으로 구성되어 있다.
⑤ 컴퓨터에 의해 액추에이터가 제어된다.
⑥ 감쇠력은 오토, 소프트, 하드의 3 단계로 변환할 수 있다.
⑦ 스프링의 상수는 소프트와 하드의 2 단계로 변환할 수 있다.
⑧ 차고는 노멀, 로, 하이, 미디움의 4 단계로 변환시킬 수 있다.

22. 전자제어 현가장치의 기능

① 앤티 바운싱 제어(anti bouncing control) : ECS에서 차속 센서와 G 센서의 신호를 이용하여 요철 노면을 주행시 차체의 상·하 진동을 억제한다.
② 앤티 다이브 제어(anti dive control) : ECS에서 차속 센서와 제동등 스위치의 신호를 이용하여 주행 중 브레이크 작동시 차체의 전·후 진동을 억제한다. 주행 중 브레이크를 작동시키면 타이어는 노면에 정지하려 하고 차체는 관성에 의해 앞으로 전진하려 한다. 차체의 무게 중심이 앞부분으로 쏠려 차량의 앞부분은 다운(down)되고 뒷부분은 업(up)되는 전·후 진동이 발생된다.
③ 앤티 롤 제어(anti roll control) : ECS에서 차속 센서와 조향각 센서의 신호를 이용하여 선회 주행시 차체의 좌우 진동을 억제한다. 선회 주행시 차체는 원심력과 구심력에 의해 내륜측은 업(up)되고 외륜측은 다운(down)되어 주행하므로 좌우 진동이 발생된다.
④ 앤티 스쿼트 제어(anti squat control) : ECS에서 스로틀 포지션 센서와 차속 센서를 이용하여 급출발시 차체의 전·후 진동을 억제한다. 차량이 정지 상태이거나 규정 속도 이하에서 운전자가 액셀러레이터 페달을 급격히 밟게 되면 차량의 앞쪽은 업(up)되고 뒤쪽은 다운(down) 되는 전·후 진동이 발생한다.

19.④ 20.② 21.① 22.③ 23.③ 24.②

25 **전자제어 현가장치(ECS)의 자세 제어 종류가 아닌 것은?**

① 다이브 제어(dive)
② 스쿼드 제어(squat)
③ 롤 제어(rolling)
④ 요잉-제어(yawing)

26 **전자제어 현가장치에서 안티-셰이크(anti-shake)제어를 설명한 것은?**

① 고속으로 주행할 때 차체의 안전성을 유지하기 위해 쇽업소버의 감쇠력의 폭을 크게 제어한다.
② 승차자가 승/하차 할 경우 하중의 변화에 의한 차체의 흔들림을 방지하기 위해 감쇠력을 딱딱하게 한다.
③ 주행 중 급제동할 때 차체의 무게중심 변화에 대응하여 제어하는 것이다.
④ 차량의 급출발할 때 무게 중심의 변화에 대응하여 제어하는 것이다.

27 **전자제어 현가장치의 현가특성 제어에서 SOFT와 HARD의 판정 조건에서 스쿼트(Squat)에 관한 설명이다. 맞는 것은?**

① 발진·가속할 때 뒷바퀴가 내려감
② 제동할 때 앞바퀴가 내려감
③ 노면의 요철에 의해 자동차가 조금씩 상하로 진동함
④ 노면의 요철에 의해 자동차가 크게 상하로 진동함

조향장치

01 **조향장치가 갖추어야 할 일반적인 조건으로 틀린 것은?**

① 조향 핸들에 주행 중의 충격을 운전자에게 원활히 전달할 것
② 조작하기 쉽고 방향변환이 원활할 것
③ 회전반경이 적절하여 좁은 곳에서도 방향 변환을 할 수 있을 것
④ 고속주행에서도 조향 핸들이 안정될 것

02 **선회할 때 조향 각도를 일정하게 유지하여도 선회 반지름이 작아지는 현상은?**

① 오버 스티어링 ② 어퍼 스티어링
③ 다운 스티어링 ④ 언더 스티어링

25. 전자제어 현가장치의 기능
① 선회할 때의 안티 롤(anti roll) 제어
② 제동할 때 안티 다이브(anti dive) 제어
③ 가속할 때 안티 스쿼트(anti squat) 제어
④ 비포장 도로의 안티 바운싱(anti bouncing) 제어
⑤ 차량의 정지 및 승객의 승하차 또는 변속레버를 조작할 때 발생될 수 있는 진동 즉, 안티 시프트 스쿼트(anti shift squat) 제어
⑥ 고속 안정성 제어

26. 안티 쉐이크 제어(Anti-shake control) : 사람이 자동차에 승하차할 때 하중의 변화에 따라 차체가 흔들리는 것을 쉐이크라 하며, 주행속도를 감속하여 규정 속도 이하가 되면 컴퓨터는 승하차에 대비하여 쇽업소버의 감쇄력을 Hard로 변환시킨다. 그리고 주행속도가 규정 값 이상 되면 쇽업소버의 감쇄력은 초기 모드로 된다.

27. 안티 스쿼트 제어(Anti-squat control) : 급출발 또는 급가속을 할 때에 차체의 앞쪽은 들리고, 뒤쪽이 낮아지는 노스업(nose-up)현상을 제어하는 것이다. 작동은 컴퓨터가 스로틀 위치 센서의 신호와 초기의 주행속도를 검출하여 급출발 또는 급가속 여부를 판정하여 규정속도 이하에서 급출발이나 급가속 상태로 판단되면 노스 업(스쿼트)를 방지하기 위하여 쇽업소버의 감쇄력을 증가시킨다.

01. 조향 장치가 갖추어야 할 일반적인 조건
① 조향 조작이 주행 중 충격에 영향을 받지 않을 것
② 조작하기 쉽고 방향 변환이 원활할 것
③ 회전 반경이 적절하여 좁은 곳에서도 방향 변환을 할 수 있을 것
④ 고속주행에서도 조향 핸들이 안정될 것
⑤ 조향 핸들의 회전과 바퀴 선회 차이가 적을 것
⑥ 섀시 및 차체 각 부분에 무리한 힘이 작용되지 않을 것
⑦ 수명이 길고 다루기나 정비가 쉬울 것

02. 선회할 때 조향 각도를 일정하게 유지하여도 선회 반지름이 작아지는 현상을 오버 스티어링이라 하고, 선회할 때 조향 각도를 일정하게 유지하여도 선회 반지름이 커지는 현상을 언더 스티어링이라 한다.

25.④ 26.② 27.① / 01.① 02.①

03 조향 장치와 관계없는 것은?

① 스티어링 기어 ② 피트먼 암
③ 타이로드 ④ 쇽업쇼버

04 조향기어의 운동전달 방식이 아닌 것은?

① 가역식 ② 비가역식
③ 전부동식 ④ 반가역식

05 조향기어의 종류에 속하지 않는 것은?

① 토르센형 ② 볼 너트형
③ 웜 섹터 롤러형 ④ 랙 피니언형

06 축거를 L(m), 최소회전반경을 R(m), 킹핀과 바퀴 접지 면과의 거리를 T(m)라 할 때 조향 각 α를 구하는 공식은?

① $\sin\alpha = \frac{L}{R-T}$ ② $\sin\alpha = \frac{L-T}{R}$
③ $\sin\alpha = \frac{T}{L}$ ④ $\sin\alpha = \frac{R}{T}$

07 자동차의 축거가 2.2m, 전륜 외측 조향 각이 36°, 전륜 내측 조향 각이 39°이고 킹핀과 타이어 중심 거리가 30cm일 때 자동차의 최소회전반경은?

① 3.74m ② 1.68m
③ 4.04m ④ 3.02m

08 조향핸들을 1바퀴 돌렸을 때 피트먼 암이 33° 움직였다면 조향 기어비는?

① 10.9 : 1 ② 12.3 : 1
③ 14.2 : 1 ④ 16.5 : 1

09 조향 핸들을 2바퀴 돌렸을 때 피트먼 암이 90°움직였다. 조향 기어비는 얼마인가?

① 6 : 1 ② 7 : 1
③ 8 : 1 ④ 9 : 1

10 일체식 앞차축의 설명 중 틀린 것은?

① 엘리옷형은 앞차축의 양끝 부분이 요크로 되어 있다.
② 역엘리옷형의 킹핀은 차축에 고정된다.
③ 마몬형은 주로 소형차에 사용된다.
④ 르모앙형은 구조상 차축의 높이가 낮아진다.

11 조향 휠의 조작을 가볍게 하는 방법이 아닌 것은?

① 조향 기어비를 크게 한다.
② 타이어 공기압을 높인다.
③ 동력 조향장치를 설치한다.
④ 토인을 규정보다 크게 한다.

04. 조향기어의 운동전달 방식
① 가역식 : 조향 핸들의 조작에 의해서 앞바퀴를 회전시킬 수 있고 앞바퀴의 조작에 의해서도 조향 핸들을 회전시킬 수 있다.
② 반가역식 : 가역식과 비 가역식의 중간 성질을 갖으며, 어떤 경우에만 바퀴의 조작력이 조향 핸들에 전달된다.
③ 비가역식 : 조향 핸들의 조작에 의해서만 앞바퀴를 회전시킬 수 있으며, 앞바퀴로서는 조향 핸들을 회전시킬 수 없다.

05. 조향 기어의 종류에는 웜 섹터 형, 웜 섹터 롤러 형, 볼-너트 형, 웜 핀형, 스크루-너트형, 스크루-볼형, 래크와 피니언 형, 볼트 너트 웜 핀형 등이 있다. 토르센형은 차동기어 장치에 이용된다.

06. $R = \frac{L}{\sin a} + T$에서 $\sin a = \frac{L}{R-T}$

07. $R = \frac{2.2}{\sin 36} + 0.3 = 4.04m$

08. $\text{조향기어비} = \frac{360}{33} = 10.9$

09. $\text{조향기어비} = \frac{\text{핸들의 회전각}}{\text{피트먼암 회전각}} = \frac{720}{90} = 8$

10. 르모앙형은 앞차축 아랫부분에 조향너클이 설치되며, 킹핀이 위쪽으로 돌출되기 때문에 차축의 높이가 높아진다.

03.④ **04.**③ **05.**① **06.**① **07.**③ **08.**① **09.**③ **10.**④ **11.**④

12 **조향 휠의 복원성이 나쁘다. 가능한 원인이 아닌 것은?**

① 타이어 공기압이 불량할 때
② 기어 박스 내의 오일 점도가 낮을 때
③ 조향 휠 웜 샤프트의 프리로드 조정 불량일 때
④ 조향계통의 각 조인트가 고착, 손상되었을 때

13 **주행 중 조향 휠이 한쪽으로 치우칠 경우 예상되는 원인이 아닌 것은?**

① 타이어 편마모
② 휠 얼라인먼트에 오일 부착
③ 안쪽 앞 코일스프링 약화
④ 휠 얼라인먼트 조정 불량

14 **자동차 주행 중 핸들이 한쪽으로 쏠리는 이유로 적합하지 않는 것은?**

① 좌우 타이어 공기압 불평형
② 쇽업소버의 불량
③ 좌우 스프링 상수가 같을 때
④ 뒤 차축이 차의 중심선에 대하여 직각이 아닐 때

15 **일반적인 파워스티어링 장치의 기본구성 부품과 가장 거리가 먼 것은?**

① 오일 냉각　　② 오일 펌프
③ 파워 실린더　　④ 컨트롤 밸브

16 **동력조향장치의 장점을 든 것이다. 맞지 않는 것은?**

① 작은 조작력으로 조향 조작을 할 수 있다.
② 조향 기어비를 조작력에 관계없이 선정할 수 있다.
③ 굴곡이 있는 노면에서의 충격을 흡수하여 조향핸들에 전달되는 것을 방지할 수 있다.
④ 엔진의 동력에 의해 작동되므로 구조가 간단하다.

17 **동력 조향장치의 기능을 설명한 것 중 맞는 것은?**

① 기구학적 구조를 이용하여 작은 조작력으로 큰 조작력을 얻는다.
② 작은 힘으로 조향 조작이 가능하다.
③ 바퀴로부터의 충격을 흡수하기 어렵다.
④ 구조가 간단하고 고장 시 기계식으로 환원하여 안전하다.

18 **동력조향장치의 종류 중 파워 실린더를 스티어링 기어박스 내부에 설치한 형식은?**

① 링키지형　　② 인티그럴 형
③ 콤바인드형　　④ 세퍼레이터형

14. 조향 핸들이 한쪽으로 쏠리는 원인
① 타이어의 압력이 불균일하다.
② 앞차축 한쪽의 스프링이 절손되었다.
③ 좌우 브레이크 간극이 불균일하다.
④ 앞바퀴 정렬이 불량하다.
⑤ 한쪽의 허브 베어링이 마모되었다.
⑥ 한쪽 쇽업소버의 작동이 불량하다.
⑦ 좌우 축거가 다르다.

15. 오일 냉각기는 엔진 오일을 항상 알맞은 온도로 일정하게 유지시키는 역할을 한다.

17. 동력 조향장치는 조향 휠의 조작력이 배력 장치의 보조력으로 가볍게 이루어지도록 하는 것으로 조향 조작력을 가볍게 함과 동시에 조향 조작이 신속하게 이루어지도록 한다.

18. 인티그럴 형(일체형) 동력 조향장치
① 조향 기어 하우징에 동력 실린더와 컨트롤 밸브가 설치되어 있는 형식이다.
② 컨트롤 밸브가 조향 축에 의해 직접 작동하기 때문에 응답성이 좋다.
③ 인라인형 : 조향 기어 하우징과 볼 너트를 동력 실린더로 이용하는 형식이다.
④ 오프셋형 : 동력 실린더는 별도로 설치하고 컨트롤 밸브는 조향 축 끝에 설치되어 있다.

12.② **13.**② **14.**③ **15.**① **16.**④ **17.**②
18.②

19 유압제어식 파워스티어링의 3가지 주요 구성장치로서 맞는 것은?

① 동력장치, 작동장치, 제어장치
② 동력장치, 제어장치, 조향장치
③ 동력장치, 조향장치, 작동장치
④ 동력장치, 링키지장치, 작동장치

20 동력 조향장치를 장착한 차량이 운행 중 핸들이 한쪽으로 쏠릴 경우의 고장 원인이다. 아닌 것은?

① 파워 오일펌프 불량
② 브레이크 슈 리턴 스프링의 불량
③ 타이어의 편마모
④ 토인 조정불량

21 파워 스티어링 장착 차량이 급커브 길에서 시동이 자꾸 꺼지는 현상이 발생하는데 원인으로 맞는 것은?

① 엔진 오일 부족
② 파워펌프 오일압력 스위치 단선
③ 파워 스티어링 오일과다
④ 파워 스티어링 오일 누유

22 동력 조향 휠의 복원성이 불량한 원인이 아닌 것은?

① 제어 밸브가 손상되었다.
② 부의 캐스터로 되어있다.
③ 동력 피스톤 로드가 과대하게 휘었다.
④ 조향 휠이 마멸되었다.

23 전자제어 동력조향장치(Electronic Power steering system)의 특성을 설명한 것이다. 해당되지 않는 것은?

① 정지 및 저속에서 조작력 경감
② 급 코너 조향할 때 추종성 향상
③ 노면 요철 등에 의한 충격이나 진동흡수 능력저하
④ 중고속에서 확실한 조향력 확보와 노면 피드백

24 전자제어 동력 조향장치의 오일펌프에서 공급된 오일을 로터리 밸브와 솔레노이드 밸브로 나누어 공급하는 것은?

① 오리피스　② 토션 밸브
③ 동력 피스톤　④ 분류 밸브

25 전동 모터식 동력 조향장치의 종류가 아닌 것은?

① 칼럼(column) 구동방식
② 인티그럴(integral) 구동방식
③ 피니언(pinion) 구동방식
④ 래크(rack) 구동방식

21. 파워펌프 오일압력 스위치가 단선되면 파워 스티어링 장착 차량이 급커브 길에서 시동이 자꾸 꺼지는 현상이 발생한다.

23. EPS(electronic power steering)의 특징
① 속도 감응형 파워 스티어링 시스템이다.
② 공전과 저속에서 핸들의 조작력이 작다.
③ 고속 주행시에는 핸들의 조작력이 무거워 진다.
④ 중속 이상에는 차량의 속도에 감응하여 조작력을 변화시킨다.
⑤ 급 선회시 추종성이 향상된다.
⑥ 노면 요철 등에 의한 충격이나 진동 흡수 능력이 향상된다.

24. 분류 밸브(flow dividing valve)는 유압원(油壓原)으로부터 2개 이상의 유압 회로에 분류시킬 때 각각 회로의 압력여하에 관계없이 일정 비율로 유량을 분할하여 흐르게 하는 밸브로 2개 이상의 액추에이터에 동일한 유량을 분배하여 속도를 동기시키는 경우에 사용하는 밸브를 말한다.

25. 인티그럴 형(일체형) 동력 조향장치
① 조향 기어 하우징에 동력 실린더와 컨트롤 밸브가 설치되어 있는 형식으로 유압식이다.
② 컨트롤 밸브가 조향 축에 의해 직접 작동하기 때문에 응답성이 좋다.
③ 인라인형 : 조향 기어 하우징과 보올 너트를 동력 실린더로 이용하는 형식이다.
④ 오프셋형 : 동력 실린더는 별도로 설치하고 컨트롤 밸브는 조향 축 끝에 설치되어 있다.

19.① **20.**① **21.**② **22.**④ **23.**③ **24.**④ **25.**②

26 **전자제어 동력조향장치의 기능이 아닌 것은?**

① 차속 감응 기능
② 주차 및 저속시 조향력 감소 기능
③ 롤링 억제 기능
④ 차량 부하 기능

27 **전자제어 파워 스티어링 중 차속 감응형에 대한 내용으로 틀린 것은?**

① 자동차의 속도에 따라 핸들의 무게를 제어한다.
② 저속에서는 가볍고, 중고속에서는 좀더 무거워 진다.
③ 차속이 증가할수록 파워 피스톤의 압력을 저하시킨다.
④ 스로틀 포지션 센서(TPS)로 차속을 감지한다.

28 **속도 감응식 조향장치(SSPS)에서 액추에이터 코일 회로가 단선 되었을 경우 나타날 수 있는 현상은?**

① 일반 파워 스티어링 전환
② 고속에서만 핸들 무거움
③ 저속에서만 핸들 무거움
④ 요철도로 주행시 이음

29 **차량속도와 기타 조향력에 필요한 정보에 의해 고속과 저속 모드에 필요한 유량으로 제어하는 조향 장치에 해당되는 것은?**

① 전동 펌프식　② 공기 제어식
③ 속도 감응식　④ 유압반력 제어식

30 **전자제어 동력조향장치에서 조향 휠의 회전에 따라 동력 실린더에 공급되는 유량을 조절하는 구성부품은?**

① 분류밸브　② 컨트롤 밸브
③ 동력 피스톤　④ 조향각 센서

31 **차속 감응형 4륜 조향장치(4WS)의 조종안정 성능에 맞지 않는 것은?**

① 고속 직진 안정성
② 차선변경 용이성
③ 저속시 회전용이
④ 코너링 언밸런스

---

27. 차속 감응형 EPS의 특징
① 공전과 저속에서 핸들의 조작력이 작다.
② 고속 주행시에는 핸들의 조작력이 무거워 진다.
③ 중속 이상에는 차량의 속도에 감응하여 조작력을 변화시킨다.
④ 차속 센서는 홀 소자를 이용한 것으로 변속기에 장착되어 있으며, 디지털 펄스 신호로 출력된다.
⑤ ECU에 의해 제어되며, 솔레노이드 밸브로 스로틀 면적을 변화시켜 오일탱크로 복귀되는 오일량을 제어한다.

28. 속도 감응식 조향장치(SSPS)에서 액추에이터 코일 회로가 단선 되면 일반 파워 스티어링 전환된다.

29. 유량 제어식 EPS 제어의 종류
① 속도 감응식 : 솔레노이드 밸브나 전동 모터를 차량의 속도와 기타 조향력에 필요한 정보에 의해 고속과 저속 모드에 필요한 유량으로 제어하는 방식이다.
② 전동 펌프식 : 모터 구동 펌프를 차속과 조향량에 의해 시내, 교외, 산간로, 고속도로 등의 주행상태를 판별하여 펌프의 회전속도를 최적화 하여 조향력을 제어하는 방식이다.
③ 유압 반력제어식 : 유압 반력제어 밸브에 의해 차속의 상승에 따라 유압 반력실에 유입되는 반력 압력을 증가시켜 반력기구의 강성을 가변제어 하여 직접적으로 조향력을 제어하는 방식이다.
④ 실린더 바이패스 제어식 : 기어 박스에 양쪽의 실린더를 연통하는 바이패스 밸브와 통로를 설치하고 차속의 상승에 따라 바이패스 밸브의 스로틀 면적을 확대하여 실린더의 작용 압력을 감소시켜 조향력을 제어하는 방식이다.

30. 컨트롤 밸브는 전자제어 동력조향장치에서 조향 휠의 회전에 따라 동력 실린더에 공급되는 유량을 조절하는 부품이다.

31. 4WS의 조종안정 성능
① 고속 직진 안정성　② 차선변경 용이성
③ 고속 선회 안정성　④ 저속시 회전용이
⑤ 주차 편리성　⑥ 미끄러운 도로 주행 안정성

26.④ **27.**④ **28.**① **29.**③ **30.**② **31.**④

32 캠버에 대한 설명으로 맞는 것은?

① 자동차를 뒷면에서 보았을 때 수평선에 대하여 바퀴의 중심선이 경사되어 있는 것을 말한다.
② 자동차를 앞면에서 보았을 때 수직선에 대하여 바퀴의 중심선이 경사되어 있는 것을 말한다.
③ 자동차를 옆면에서 보았을 때 수직선에 대하여 바퀴의 중심선이 경사 되어 있는 것을 말한다.
④ 자동차를 앞면에서 보았을 때 수평선에 대하여 바퀴의 중심선이 경사 되어 있는 것을 말한다.

33 자동차의 바퀴에 캠버를 두는 이유로 가장 타당한 것은?

① 회전했을 때 직진방향의 직진성을 주기 위해
② 자동차의 하중으로 인한 앞차축의 휨을 방지하기 위해
③ 조향바퀴에 방향성을 주기 위해
④ 앞바퀴를 평행하게 회전시키기 위해

34 자동차 앞바퀴 정렬의 요소에 대한 설명 중 틀린 것은?

① 캐스터는 앞바퀴를 평행하게 회전시킨다.
② 캠버는 조향 휠의 조작을 가볍게 한다.
③ 킹핀 경사각은 조향 휠의 복원력을 준다.
④ 토인은 캠버에 의해 토아웃이 되는 것을 방지한다.

35 자동차를 옆에서 보았을 때 킹핀의 중심선이 노면에 수직인 직선에 대하여 어느 한쪽으로 기울어져 있는 상태는?

① 캐스터 ② 캠버
③ 셋백 ④ 토인

36 차륜정렬의 조향요소에서 킹핀 경사각의 기능에 대한 설명으로 틀린 것은?

① 캠버에 의한 타이어 편 마모방지
② 조종 안정성 확보
③ 스티어링의 조작력 경감
④ 조향 복원력 증대

37 앞바퀴 정렬 중 토인의 필요성으로 가장 거리가 먼 것은?

① 조향시에 바퀴의 복원력을 발생
② 앞바퀴 사이드 슬립과 타이어 마멸 감소
③ 캠버에 의한 토아웃 방지
④ 구동력의 반력에 의한 토아웃 방지

33. 캠버의 필요성
① 수직 하중에 의한 앞차축의 휨을 방지한다.
② 조향 조작력을 가볍게 한다.
③ 회전 반지름을 작게 한다.

34. 앞바퀴를 평행하게 회전시키는 요소는 토인이며, 캐스터는 앞바퀴의 방향성과 복원성을 부여한다.

35. 캐스터
① 앞바퀴를 옆에서 보면 킹핀의 중심선이 수선과 이루는 각을 말한다.
② 정의 캐스터는 접지면의 저항에 의해 차륜을 항상 진행 방향으로 유지한다.
③ 도로의 저항은 킹핀 중심선보다 뒤쪽으로 작용한다.
④ 캐스터 효과(직진성)는 정의 캐스터에서만 얻을 수 있다.
⑤ 정의 캐스터는 선회할 때 차체의 높이가 선회하는 바깥쪽보다 안쪽이 높아지게 되므로 조향륜의 복원성을 준다.

36. 킹핀 경사각의 기능
① 캠버와 함께 조향핸들의 조작력을 작게 한다.
② 바퀴의 시미 모션을 방지한다.
③ 앞바퀴에 복원성을 주어 직진 위치로 쉽게 되돌아가게 한다.

37. 토인의 필요성
① 앞 바퀴를 평행하게 회전시킨다.
② 바퀴의 사이드 슬립의 방지와 타이어 마멸을 방지한다.
③ 조향 링 케이지의 마멸에 의해 토 아웃됨을 방지한다.
④ 캠버에 의한 토 아웃됨을 방지

32.② 33.② 34.① 35.① 36.① 37.①

38 **앞바퀴 얼라인먼트 검사를 할 때 예비점검 사항과 가장 거리가 먼 것은?**

① 타이어의 공기압, 마모상태, 흔들림 상태
② 킹핀 마모 상태
③ 휠 베어링의 헐거움, 볼 이음의 마모 상태
④ 조향 핸들 유격 및 차축 또는 프레임의 휨 상태

39 **사이드슬립 시험기로 미끄럼 량을 측정한 결과 왼쪽 바퀴가 in-8, 오른쪽 바퀴가 out-2를 표시했다. 슬립 량은?**

① 2(out) ② 3(in)
③ 5(in) ④ 6(in)

40 **휠 얼라인먼트 시험기의 측정 항목이 아닌 것은?**

① 토인 ② 캐스터
③ 킹핀 경사각 ④ 휠 밸런스

41 **조향장치의 검사기준 및 방법으로 잘못된 것은?**

① 조향핸들에 힘을 가하지 아니한 상태에서 사이드슬립 측정기의 답판 위를 직진할 때 조향바퀴의 옆미끄럼량을 사이드슬립 측정기로 측정한다.
② 기어박스, 로드암, 파워실린더, 너클 등의 설치상태 누유 여부를 확인한다.
③ 조향계통의 변형, 느슨함 및 누유가 없어야 한다.
④ 조향륜 옆미끄럼량은 1미터 주행에 5밀리미터 이상이어야 한다.

42 **자동차 조향장치 구조의 성능기준으로 적합하지 않은 것은?**

① 조향장치의 각부는 조작시에 차대 및 차체 등 자동차의 다른 부분과 접촉되지 아니할 것.
② 조향핸들의 회전조작력과 조향비는 좌우로 현저한 차이가 없을 것.
③ 조향기능을 기계적으로 전달하는 부품을 제외한 부품의 고장이 발생한 경우 운전자가 확실히 알 수 있는 경고장치를 갖출 것.
④ 조향기능을 기계적으로 전달하는 부품을 제외한 부품의 고장이 발생한 경우에는 조향을 할 수 없어야 한다.

43 **조향장치의 자동차 검사기준으로 틀린 것은?**

① 조향륜 옆미끄럼량 확인
② 조향 차륜의 최대 조향각도 확인
③ 조향계통의 변형・느슨함 여부 확인
④ 동력 조향 작동유의 유량 적정 여부 확인

38. 휠 얼라인먼트 예비 점검사항
① 모든 타이어의 공기 압력을 규정 값으로 주입하며, 트레드의 마모가 심한 것은 교환하여야 한다.
② 휠 베어링의 헐거움, 볼 조인트 및 타이로드 엔드의 헐거움이 있는가 점검한다.
③ 조향 링키지의 체결 상태 및 마모를 점검한다.
④ 쇽업소버의 오일 누출 및 현가 스프링의 쇠약 등을 점검한다.
⑤ 조향 핸들 유격 및 차축 또는 프레임의 휨 상태를 점검한다.

39. $사이드슬립량 = \frac{왼쪽\ 바퀴 + 오른쪽\ 바퀴}{2}$

여기서 in은 (+), out은 (−)로 한다.

$사이드\ 슬립량 = \frac{8+(-2)}{2} = 3(in)$

42. 조향기능을 기계적으로 전달하는 부품을 제외한 부품의 고장이 발생한 경우에도 조향할 수 있어야 한다.

43. 조향장치의 검사기준 및 방법
① 조향륜 옆미끄럼량은 1m 주행에 5mm 이내이어야 한다.
② 조향계통의 변형·느슨함 및 누유가 없어야 한다.
③ 동력조향 작동유의 유량이 적정하여야 한다.
④ 조향핸들에 힘을 가하지 아니한 상태에서 사이드슬립 측정기의 답판 위를 직진할 때 조향 바퀴의 옆미끄럼량을 사이드슬립 측정기로 측정한다.
⑤ 기어박스·로드암·파워 실린더·너클 등의 설치상태 및 누유여부 확인한다.

38.② 39.② 40.④ 41.④ 42.④ 43.②

44 **자동차 조향장치의 유격은 당해 자동차 조향핸들 지름의 몇 % 이내이어야 하는가?**

① 10.5% ② 11.5%
③ 12.5% ④ 13.5%

45 **자동차의 회전 조작력 측정조건으로 옳지 않는 것은?**

① 공차 상태의 자동차로서 타이어 공기압력은 표준 공기압력으로 한다.
② 평탄한 노면에서 반경 12m의 원주를 선회하여야 한다.
③ 선회속도는 10km/h로 한다.
④ 풍속은 3m/s 이하에서 측정하는 것을 원칙으로 한다.

46 **최소 회전반경의 성능기준 또는 측정조건 및 방법에 대한 설명으로 틀린 것은?**

① 측정장소는 평탄하고 건조한 포장도로 이어야 한다.
② 자동차의 최소 회전반경은 12 m 를 초과하여서는 아니된다.
③ 변속기는 전진 최하단에 두고 최대의 조향각도로 서행하며, 측정한다.
④ 좌・우회전에서 구한 회전반경 중 작은 값을 최소 회전반경으로 한다.

47 **사이드슬립 측정기의 정밀도에 대한 기준으로 적합하지 않는 것은?**

① 20눈금 이하에서 ±0.2mm/m 이내
② 0점 시시 : ±0.2mm/m 이내
③ 5mm 지시 : ±0.2mm/m 이내
④ 판정 정밀도 : ±0.2mm/m 이내

48 **자동차의 한쪽 조향 바퀴만을 답판 위에 통과시켜 주행에 의하여 발생되는 옆 미끄럼양을 측정하는 사이드 슬립 측정기의 형식은?**

① 답판 연동형 ② 단일 답판형
③ 단순형 ④ 자동형

49 **자동차 차륜정렬 요소 중 캠버의 측정단위는?**

① mm ② °(도)
③ inch ④ feet

44. 조향 핸들의 유격(조향바퀴가 움직이기 직전까지 조향 핸들이 움직인 거리를 말한다.)은 당해 자동차의 조향 핸들 지름의 12.5% 이내이어야 한다.

45. 자동차 회전 조작력 측정조건
① 적차 상태의 자동차로서 타이어 공기압력은 표준 공기압력으로 한다.
② 원주 궤도에 도착하여 원주 궤도와 일치하는 외측 조향륜의 조향 시간은 4초 이내야 한다.
③ 평탄한 노면에서 반경 12m의 원주를 선회하여야 한다.
④ 선회속도는 10km/h로 한다.
⑤ 풍속은 3m/s 이하에서 측정하는 것을 원칙으로 한다.

46. 최소 회전반경 시험조건
① 자동차는 공차 상태이어야 한다.
② 시험 자동차는 시험전에 충분한 길들이기 운전을 하여야 한다.
③ 시험 자동차는 시험전 조향륜 정렬을 점검하여 조정한다.
④ 시험 도로는 평탄 수평하고 건조한 포장도로이어야 한다.

◈ **최소 회전반경 측정 방법**
① 변속기어를 전진 최하단에 두고 최대의 조향각도로 서행하며, 바깥쪽 타이어의 접지면 중심점이 이루는 궤적의 직경을 우회전 및 좌회전시켜 측정한다.
② 측정 중에 타이어가 노면에 대한 미끄러짐 상태와 조향장치의 상태를 관찰한다.
③ 좌 및 우회전에서 구한 반경 중 큰 값을 당해 자동차의 최소 회전반경으로 하고 성능기준에 적합한지를 확인한다.

48. 사이드 슬립 측정기의 형식
① 답판 연동형 : 자동차의 조향바퀴를 연동하는 양쪽 답판 위에 통과시켜 주행에 의하여 발생되는 옆 미끄럼량을 측정하는 형식
② 단일 답판형 : 자동차의 한쪽 조향바퀴만을 답판 위에 통과시켜 주행에 의하여 발생되는 옆 미끄럼량을 측정하는 형식
③ 단순형 : 자동차의 옆 미끄럼양을 측정하여 지시 또는 판정하는 형식
④ 자동형 : 제동시험기 및 속도계 시험기와 복합하여 자동차의 옆 미끄럼양을 측정하여 지시 및 판정하는 형식

44.③ 45.① 46.④ 47.① 48.② 49.②

50 사이드슬립 측정기에 의한 조향륜 옆미끄러짐량 측정조건 및 방법으로 적합하지 않은 것은?

① 공차상태의 자동차에 운전자 1인이 승차한 상태로 한다.
② 핸들을 잡고 답판을 통과한다.
③ 5km/h 속도로 답판을 직진하여 통과한다.
④ 자동차가 1m 주행시 옆미끄러짐량을 측정한다.

51 운행 자동차의 조향륜 옆 미끄러짐량 측정방법으로 틀린 것은?

① 자동차를 측정기와 정면으로 대칭시킨다.
② 측정기에 진입하는 속도는 5km/h로 서행한다.
③ 조향 핸들에서 손을 떼고 5km/h로 서행하면서 계기의 눈금을 타이어의 접지면이 측정기 답판을 통과 완료할 때 읽는다.
④ 옆 미끄러짐량의 측정은 자동차가 10m 주행시 옆 미끄러짐량을 측정한다.

52 조향륜 옆미끄럼량의 검사기준은 1m 주행시 몇 mm 이내인가?

① 3mm ② 5mm
③ 8mm ④ 10mm

53 자동차 검사용으로 사용하는 사이드슬립 측정기에 관한 설명으로 가장 적합한 것은?

① 제동력의 화, 차, 끌림 시험
② 제동시의 사이드 슬립값 측정
③ 자동차 조향륜의 옆미끄럼량 측정
④ 캐스터 및 킹핀각 측정

50. 옆 미끄러짐량 측정조건
① 자동차는 공차 상태의 자동차에 운전자 1인이 승차한 상태로 한다.
② 타이어의 공기압은 표준 공기압으로 하고 조향 링크의 각부를 점검한다.
③ 측정기기는 사이드슬립 테스터로 하고 지시장치의 표시가 0점에 있는 가를 확인한다.

◈ **옆 미끄러짐량 측정방법**
① 자동차를 측정기와 정면으로 대칭 시킨다.
② 측정기에 진입속도는 5km/h로 서행한다.
③ 조향 핸들에서 손을 떼고 5km/h로 서행하면서 계기의 눈금을 타이어의 접지 면이 측정기 답판을 통과 완료할 때 읽는다.
④ 옆 미끄러짐 량의 측정은 자동차가 1m 주행시 옆 미끄러짐 량을 측정하는 것으로 한다.

52. 조향륜 옆미끄럼량의 검사기준은 1m 주행할 때 5mm이내이어야 한다.

50.② **51.④** **52.②** **53.③**

4장 제동장치(Brake System)

4-1 유압 브레이크(hydraulic brake)

유압 브레이크는 파스칼의 원리를 응용한 것이다.

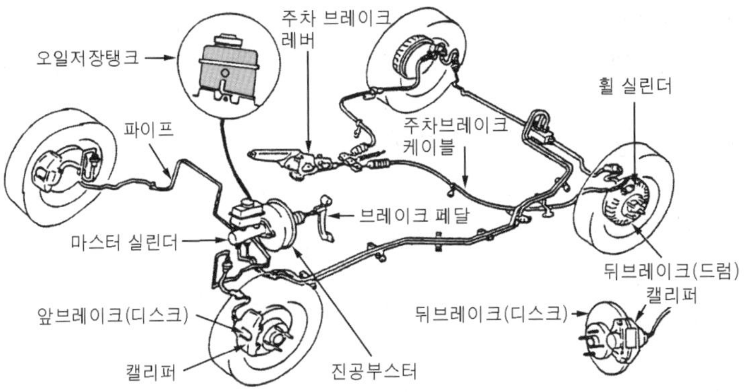

♺ 유압 브레이크의 구성

1 제동거리

$$S = \frac{v^2}{2\mu g}$$ S : 제동거리, v : 초속(m/s), g : 중력 가속도

2 유압브레이크의 구조와 기능

(1) 마스터 실린더(master cylinder)

브레이크 페달을 밟는 것에 의하여 유압을 발생시키는 일을 한다.

(2) 브레이크 파이프

브레이크 파이프는 강철제 파이프와 플렉시블 호스를 사용한다.

(3) 휠 실린더(wheel cylinder)

마스터 실린더에서 압송된 유압에 의하여 브레이크슈를 드럼에 압착시키는 일을 한다.

(4) 브레이크슈(brake shoe)

휠 실린더의 피스톤에 의해 드럼과 접촉하여 제동력을 발생하는 부분이며, 라이닝이 리벳이나 접착제로 부착되어 있다.

(5) 브레이크 드럼(brake drum)

휠 허브에 볼트로 설치되어 바퀴와 함께 회전하며, 슈와의 마찰로 제동을 발생시키는 부분이며 재질은 주철을 주로 사용한다. 브레이크 드럼이 갖추어야 할 조건은 다음과 같다.

① 가볍고 강도와 강성이 클 것
② 정적·동적 평형이 잡혀 있을 것
③ 냉각이 잘되어 과열하지 않을 것
④ 내마멸성이 클 것

> **Reference ▶ 잔압과 베이퍼 록**
>
> ① 잔압 : 피스톤 리턴 스프링은 항상 체크 밸브를 밀고 있기 때문에 이 스프링의 장력과 회로 내의 유압이 평형이 되면 체크 밸브가 시트에 밀착되어 어느 정도의 압력이 남게 되는데 이를 잔압이라 하며 0.6~0.8Kg/cm²정도이다. 잔압을 두는 목적은 다음과 같다.
> ㉠ 브레이크 작동 지연을 방지한다.
> ㉡ 베이퍼 록을 방지한다.
> ㉢ 회로 내에 공기가 침입하는 것을 방지한다.
> ㉣ 휠 실린더 내에서 오일이 누출되는 것을 방지한다.
>
> ② 베이퍼 록(Vapor lock) : 브레이크 회로 내의 오일이 비등·기화하여 오일의 압력 전달 작용을 방해하는 현상이며 그 원인은 다음과 같다.
> ㉠ 긴 내리막길에서 과도한 풋 브레이크를 사용할 때
> ㉡ 브레이크 드럼과 라이닝의 끌림에 의한 가열
> ㉢ 마스터 실린더, 브레이크슈 리턴 스프링 쇠손에 의한 잔압 저하
> ㉣ 브레이크 오일 변질에 의한 비점의 저하 및 불량한 오일을 사용할 때

(6) 브레이크 오일

피마자기름에 알코올 등의 용제를 혼합한 식물성 오일이며, 구비조건은 다음과 같다.

① 점도가 알맞고 점도 지수가 클 것
② 윤활성이 있을 것
③ 빙점이 낮고, 비등점이 높을 것
④ 화학적 안정성이 클 것
⑤ 고무 또는 금속 제품을 부식, 연화, 팽창시키지 않을 것
⑥ 침전물 발생이 없을 것

3 디스크 브레이크(disc brake)

마스터 실린더에서 발생한 유압을 캘리퍼로 보내어 바퀴와 함께 회전하는 디스크를 양쪽에서 패드(pad ; 슈)로 압착시켜 제동을 시킨다. 디스크 브레이크는 디스크가 대기 중에 노출되어 회전하므로 페이드 현상이 작으며 자동조정 브레이크 형식이다. 디스크 브레이크의 장·단점은 다음과 같다.

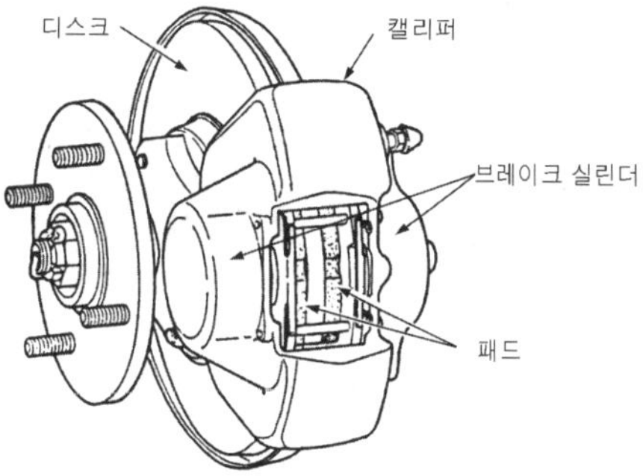

♺ 디스크 브레이크

디스크 브레이크의 장점	디스크 브레이크의 단점
① 디스크가 대기 중에 노출되어 회전하므로 방열성이 커 제동성능이 안정된다. ② 자기 작동 작용이 없어 고속에서 반복적으로 사용하여도 제동력 변화가 적다. ③ 부품의 평형이 좋고, 한쪽만 제동되는 일이 없다. ④ 디스크에 물이 묻어도 제동력의 회복이 크다. ⑤ 구조가 간단하고 부품수가 적어 차량의 무게가 경감되며 정비가 쉽다.	① 마찰 면적이 적어 패드의 압착력이 커야 한다. ② 자기 작동 작용이 없어 페달 조작력이 커야 한다. ③ 패드의 강도가 커야 하며, 패드의 마멸이 크다. ④ 디스크에 이물질이 쉽게 부착된다.

4 배력식 브레이크 (servo brake)

유압 브레이크에서 제동력을 증대시키기 위해 엔진 흡입 행정에서 발생하는 진공(부압)과 대기 압력 차이를 이용하는 진공 배력식(하이드로 백), 압축공기의 압력과 대기압 차이를 이용하는 공기 배력식(하이드로 에어 백)이 있다.

(1) 배력장치의 기본 작동원리

① 동력피스톤 좌·우의 압력차이가 커지면 제동력은 커진다.

② 동일한 압력조건일 때 동력피스톤의 단면적이 커지면 제동력은 커진다.

③ 일정한 단면적을 가진 진공식 배력장치에서 흡기다기관의 압력이 높아질수록 제동력은 작아진다.

④ 일정한 동력피스톤 단면적을 가진 공기식 배력장치에서 압축공기의 압력이 변하면 제동력이 변화된다.

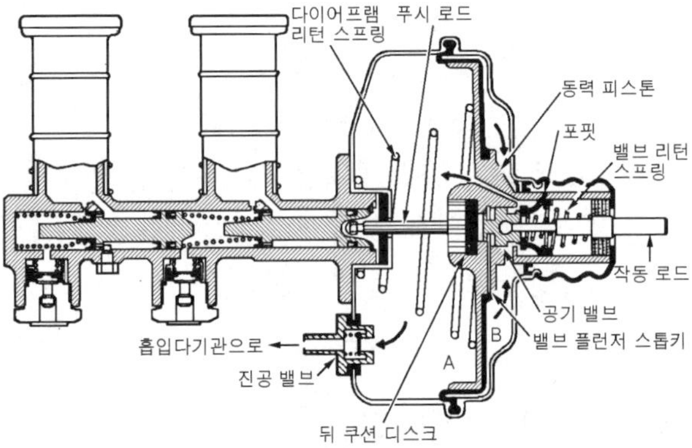

♺ 배력식 브레이크의 구조

4-2 공기 브레이크(air brake)

1 공기 브레이크의 구조

(1) 압축 공기 계통

① **공기 압축기**(air compressor) : 공기 입구 쪽에는 언로더 밸브가 설치되어 있어 압력 조정기와 함께 공기 압축기가 과다하게 작동하는 것을 방지하고, 공기탱크 내의 공기 압력을 일정하게 조정한다.

② **압력 조정기와 언로더 밸브** : 압력 조정기는 공기탱크 내의 압력이 5~7kg/cm²이상 되면 공기탱크에서 공기 입구로 들어온 압축 공기가 스프링 장력을 이기고 밸브를 밀어 올린다. 이에 따라 압축공기는 공기 압축기의 언로더 밸브 위쪽에 작동하여 언로더 밸브를 내려 밀어 열기 때문에 흡입밸브가 열려 공기 압축기 작동이 정지된다.

③ **공기탱크** : 공기 압축기에서 보내 온 압축공기를 저장하며 탱크 내의 공기압력이 규정 값 이상이 되면 공기를 배출시키는 안전밸브와 공기 압축기로 공기가 역류하는 것을 방지하는 체크밸브 및 탱크 내의 수분 등을 제거하기 위한 드레인 코크가 있다.

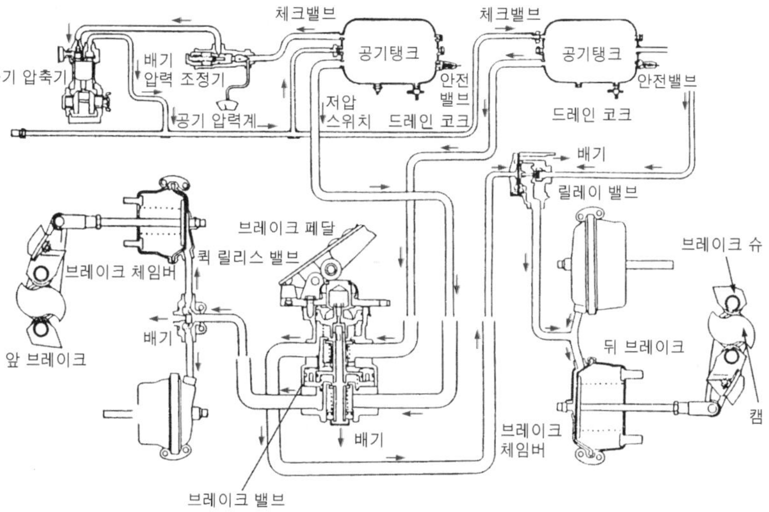

♺ 공기 브레이크의 배관 및 구조

(2) 제동 계통

① **브레이크 밸브**(brake valve) : 페달을 밟으면 위쪽에 있는 플런저가 메인 스프링을 누르고 배출 밸브를 닫은 후 공급 밸브를 연다. 이에 따라 공기탱크의 압축 공기가 앞 브레이크의 퀵 릴리스 밸브 및 뒤 브레이크의 릴레이 밸브 그리고 각 브레이크 체임버로 보내져 제동 작용을 한다.

② **퀵 릴리스 밸브**(quick release valve) : 페달을 밟으면 브레이크 밸브로부터 압축공기가 입구를 통하여 작동되면 밸브가 열려 앞 브레이크 체임버로 통하는 양쪽 구멍을 연다. 이에 따라 브레이크 체임버에 압축공기가 작동하여 제동된다. 또 페달을 놓으면 공기를 배출시켜 신속하게 제동을 푼다.

③ **릴레이 밸브**(relay valve) : 페달을 밟아 브레이크 밸브로부터 공기 압력이 작동하면 다이어프램이 아래쪽으로 내려가 배출 밸브를 닫고 공급 밸브를 열어 공기탱크 내의 공기를 직접 뒤브레이크 체임버로 보내어 제동시킨다. 또 페달을 놓으면 공기를 배출시켜 신속하게 제동을 푼다.

④ **브레이크 체임버**(brake chamber) : 페달을 밟아 브레이크 밸브에서 조절된 압축공기가

체임버 내로 유입되면 다이어프램은 스프링을 누르고 이동한다. 이에 따라 푸시로드가 슬랙 조정기를 거쳐 캠을 회전시켜 브레이크 슈가 확장하여 드럼에 압착되어 제동을 한다. 페달을 놓으면 다이어프램이 스프링 장력으로 제자리로 복귀하여 제동이 해제된다.

2 공기 브레이크의 장점 및 단점

공기 브레이크의 장점	공기 브레이크의 단점
① 차량 중량에 제한을 받지 않는다. ② 공기가 다소 누출되어도 제동 성능이 현저하게 저하되지 않는다. ③ 베이퍼 록 발생 염려가 없다. ④ 페달 밟는 양에 따라 제동력이 조절된다(유압식은 페달 밟는 힘에 의해 제동력이 비례한다.)	① 공기 압축기 구동에 엔진의 출력이 일부 소모된다. ② 구조가 복잡하고 값이 비싸다.

4-3 ABS(Anti lock Brake System ; 미끄럼 제한 브레이크)

1 ABS의 개요

ABS는 유압계통과 제어계통으로 구성되어 있으며, 유압계통에는 마스터 백(진공 부스터), 탠덤 마스터 실린더, 유압 조절기(또는 모듈레이터)로 구성된다. 제어계통은 컴퓨터(ECU), 휠 스피드 센서 등으로 되어 있다. 그리고 ABS는 앞바퀴를 각각 독립적으로 제어하고, 뒷바퀴는 샐렉터 로우(selector low ; 먼저 미끄럼을 일으키는 바퀴를 기준으로 하여 유압을 조절하는 방식)로 조절하는 4센서 3채널 시스템을 주로 사용한다.

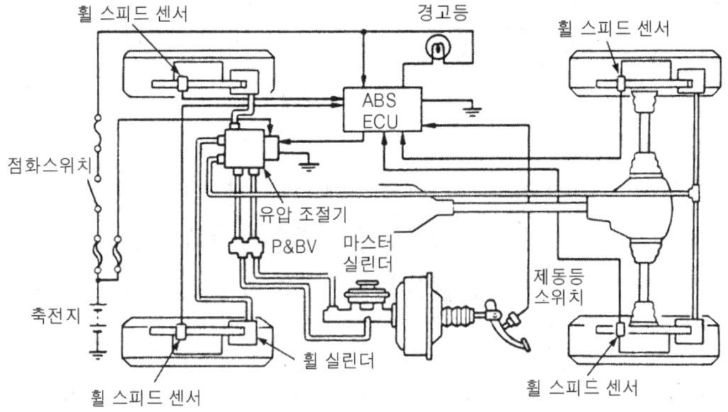

♺ ABS 구성

(1) ABS의 특징

① 어떤 조건하에서도 바퀴의 미끄러짐이 없는 제동 효과를 얻을 수 있다.

② 차량의 방향 안정성, 조종성능을 확보하고 제동 거리를 단축시킨다.
③ 앞바퀴 고착의 경우 조향 능력 상실을 방지한다.
④ 뒷바퀴가 고착되었을 때 차체의 스핀으로 인한 전복을 방지한다.
⑤ 뒷바퀴의 조기 고착으로 인한 옆 방향 미끄러짐을 방지한다.
⑥ 타이어 미끄럼률이 마찰계수 최고값을 초과하지 않도록 한다.
⑦ 노면의 상태가 변화하여도 최대 제동효과를 얻을 수 있다.

(2) ABS(Anti-lock Brake System)의 설치목적

① 제동할 때 전륜 고착으로 인한 조향 능력이 상실되는 것을 방지하기 위한 것이다.
② 제동할 때 후륜 고착으로 인한 차체의 전복을 방지하기 위한 장치이다.
③ 제동할 때 차량의 차체 안정성을 유지하기 위한 장치이다.
④ 제동할 때 제동 거리를 단축시킬 수 있다.

(3) 슬립률(slip ratio)

$$\text{슬립률}(S) = \frac{\text{차체 속도} - \text{바퀴 회전 속도}}{\text{차체 속도}} \times 100(\%)$$

2 ABS의 구조

(1) 휠 스피드 센서

① ABS 차량에서 휠 스피드 센서는 각 바퀴마다 설치되어 있으며 역할은 바퀴의 회전속도를 톤 휠과 센서의 자력선 변화로 감지하여 컴퓨터로 입력시킨다.
② 휠 스피드 센서의 폴피스 부분에 이물질이 끼면 차륜 회전속도 감지능력이 저하한다.

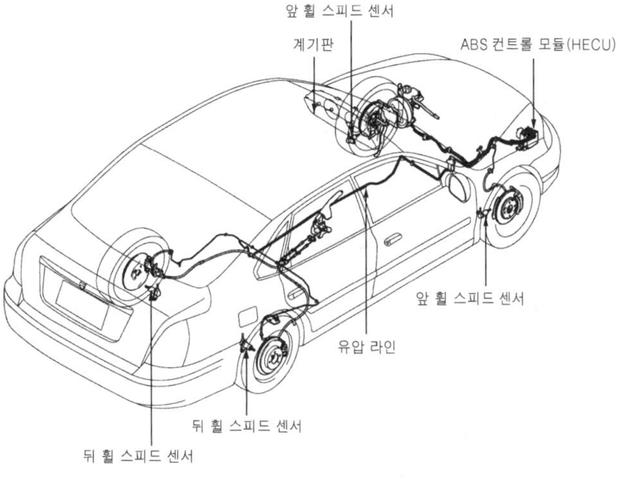

♺ ABS의 구성부품

(2) 안티 스키드 장치(Antiskid system)에 사용되는 밸브

① 안티 스키드 장치에 사용되는 밸브에는 프로 포셔닝 밸브(proportioning valve), 리미팅 밸브(limiting valve), 이너셔 밸브(inertia valve) 등이 있다.
② 이너셔 밸브(inertia valve) 일명 G 밸브라고도 부르며 역할은 조정 밸브의 작동 개시 점을 자동차의 감속도에 따라 출력 유압을 제어한다.

4-4 제동장치 점검·정비

1 유압회로에 잔압을 두는 이유

① 브레이크 작동 지연을 방지한다.
② 베이퍼 록을 방지한다.
③ 유압 회로 내의 공기 유입을 방지한다.
④ 휠 실린더에서 오일 누출을 방지한다.

2 브레이크 파이프에 베이퍼 록이 생기는 원인

① 과다한 브레이크 사용
② 드럼과 라이닝의 끌림에 의한 과열
③ 브레이크슈 리턴 스프링 장력의 감소
④ 오일의 변질 및 불량 오일 사용

3 브레이크 페달을 밟지 않았는데도 일부 바퀴에서 제동력이 잔류하는 원인

① 브레이크슈 리턴 스프링의 불량
② 휠 실린더 피스톤 컵의 탄력 저하
③ 브레이크슈의 조정 불량

4 편제동의 원인

① 타이어의 공기압력이 불균일하다.
② 휠 실린더 1개가 고착되었다.
③ 브레이크 드럼 간극이 불균일하다.
④ 한쪽의 브레이크 패드에 오일이 묻었다.
⑤ 휠 얼라인먼트가 불량하다.

4-5 제동장치 성능기준 및 검사

1 제동장치 성능기준

(1) **자동차**(피 견인자동차를 제외한다)**에는 주 제동장치와 주차 중에 주로 사용하는 제동장치**(이하 "주차제동장치" 라 한다)**를 갖추어야 하며, 그 구조와 제동능력은 다음 각호의 기준에 적합하여야 한다.**

① 주 제동장치와 주차 제동장치는 각각 독립적으로 작용할 수 있어야 하며, 주 제동장치는 모든 바퀴를 동시에 제동하는 구조일 것.

② 주 제동장치 중 하나의 계통에 고장이 발생하였을 대에는 그 고장에 의하여 영향을 받지 아니하는 주 제동장치의 다른 계통 등으로 자동차를 정지시킬 수 있고, 제동력을 단계적으로 조절할 수 있으며 계속적으로 제동될 수 있는 구조일 것.

③ 주 제동장치에는 라이닝 등의 마모를 자동으로 조정할 수 있는 장치를 갖출 것.

④ 주 제동장치의 라이닝 마모상태를 운전자가 확인할 수 있도록 경고장치(경고음 또는 황색

경고등을 말한다)를 설치하거나 자동차의 외부에서 육안으로 확인할 수 있는 구조일 것.

⑤ 에너지 저장장치에 의하여 작동되는 주 제동장치에는 2개 이상의 독립된 에너지 저장장치를 설치하여야 하고, 각 에너지 저장장치는 기준에 적합한 경고장치를 설치할 것.

⑥ 주차제동장치는 기계적인 장치에 의하여 잠김 상태가 유지되는 구조일 것.

⑦ 주차제동장치는 주행 중에도 제동을 시킬 수 있는 구조일 것.

(2) 주 제동장치의 급 제동능력은 건조하고 평탄한 포장도로에서 주행 중인 자동차를 급 제동할 때 별표 3의 기준에 적합할 것.

【별표 3】 주 제동장치의 급제동 정지거리 및 조작력 기준

구 분	최고 속도가 80km/h 이상의 자동차	최고 속도가 35km/h 이상 80 km/h 미만의 자동차	최고 속도가 35km/h 미만의 자동차
제동 초속도(km/h)	50 km/h	35km/h	당해 자동차의 최고속도
급제동 정지거리(m)	22 m 이하	14 m 이하	5 m 이하
측정시 조작력(kgf)	발 조작식의 경우: 90 kgf 이하		
	손 조작식의 경우: 30 kgf 이하		
측정 자동차의 상태	공차 상태의 자동차에 운전자 1인이 승차한 상태		

(3) 주 제동장치의 제동능력과 조작력은 별표 4의 기준에 적합할 것

【별표 4】 주 제동장치의 제동 능력 및 조작력 기준

구 분	기 준
측정 자동차의 상태	공차 상태의 자동차에 운전자 1인이 승차한 상태
제동 능력	㉮ 최고 속도가 80 km/h 이상이고 차량 총중량이 차량 중량의 1.2 배 이하인 자동차의 각 축의 제동력의 합: 차량 총중량의 50 % 이상 ㉯ 최고 속도가 80 km/h 미만이고 차량 총중량이 차량 중량의 1.5 배 이하인 자동차의 각 축의 제동력의 합: 차량 총중량의 40 % 이상 ㉰ 기타의 자동차 1) 각 축의 제동력의 합: 차량 중량의 50 % 이상 2) 각 축중의 제동력: 각 축중의 50 % 이상 (다만, 뒤축의 경우에는 당해 축중의 20 % 이상)
좌 · 우 바퀴의 제동력의 차이	당해 축중의 8 % 이하
제동력의 복원	브레이크 페달을 놓을 때에 제동력이 3 초 이내에 당해 축중의 20 % 이하로 감소될 것.

(4) **주차제동장치의 제동능력과 조작력은 별표 5의 기준에 적합할 것**

【별표 5】 주차 제동장치의 제동능력 및 조작력 기준

구 분		기 준
측정 자동차의 상태		공차 상태의 자동차에 운전자 1 인이 승차한 상태
측정 시 조작력	승용 자동차	발 조작식의 경우: 60 kgf 이하
		손 조작식의 경우: 40 kgf 이하
	기타 자동차	발 조작식의 경우: 70 kgf 이하
		손 조작식의 경우: 50 kgf 이하
제동 능력		경사각 11° 30′ 이상의 경사면에서 정지 상태를 유지할 수 있거나 제동 능력이 차량 중량의 20 % 이상일 것.

2 운행자동차의 주제동능력

(1) 주 제동능력 측정조건

① 자동차는 공차상태의 자동차에 운전자 1인이 승차한 상태로 한다.
② 자동차는 바퀴의 흙, 먼지, 물 등의 이물질을 제거한 상태로 한다.
③ 자동차는 적절히 예비운전이 되어 있는 상태로 한다.
④ 타이어의 공기압력은 표준 공기압력으로 한다.

(2) 주 제동능력 측정방법

① 자동차를 제동시험기에 정면으로 대칭 되도록 한다.
② 측정 자동차의 차축을 제동시험기에 얹혀 축중을 측정하고 롤러를 회전시켜 당해 차축의 제동능력, 좌우 바퀴의 제동력의 차이, 제동력의 복원상태를 측정한다.
③ ②의 측정방법에 따라 다음 차축에 대하여 반복 측정한다.

3 운행자동차의 주차제동능력

(1) 주차 제동능력 측정조건

① 자동차는 공차상태의 자동차에 운전자 1인이 승차한 상태로 한다.
② 자동차는 바퀴의 흙, 먼지, 물 등의 이물질을 제거한 상태로 한다.
③ 자동차는 적절히 예비운전이 되어 있는 상태로 한다.
④ 타이어의 공기압력은 표준 공기압력으로 한다.

(2) 주차 제동능력 측정방법

① 자동차를 제동시험기에 정면으로 대칭 되도록 한다.
② 측정 자동차의 차축을 제동시험기에 얹혀 축중을 측정하고 롤러를 회전시켜 당해 차축의 주차제동능력을 측정한다.
③ 2차축 이상의 주차제동력이 작동되는 구조의 자동차는 ②의 측정방법에 따라 다음 차축에 대하여 반복 측정한다.

핵심기출문제

01 유압식 브레이크는 무슨 원리를 이용한 것인가?

① 파스칼의 원리
② 아르키메데스의 원리
③ 보일의 법칙
④ 베르누이의 법칙

02 브레이크 액이 갖추어야 할 특징이 아닌 것은?

① 화학적으로 안정되고 침전물이 생기지 않을 것.
② 온도에 대한 점도 변화가 작을 것.
③ 비점이 낮아 베이퍼록을 일으키지 않을 것.
④ 빙점이 낮고 인화점은 높을 것

03 브레이크 계통의 고무 제품은 무엇으로 세척하는 것이 좋은가?

① 휘발유　　② 경유
③ 등유　　④ 알코올

04 현재 대부분의 자동차에서 2회로 유압브레이크를 사용하는 주된 이유는?

① 더블 브레이크 효과를 얻을 수 있기 때문에
② 리턴 회로를 통해 브레이크가 빠르게 풀리게 할 수 있기 때문에
③ 안전상의 이유 때문에
④ 드럼 브레이크와 디스크 브레이크를 함께 사용할 수 있기 때문에

05 일반적으로 브레이크 드럼 재료는 무엇으로 만드는가?

① 연강　　② 청동
③ 주철　　④ 켈밋 합금

06 브레이크 시스템의 라이닝에 발생하는 페이드 현상을 방지하는 조건이 아닌 것은?

① 열팽창이 적은 재질을 사용하고 드럼은 변형이 적은 형상으로 제작한다.
② 마찰계수의 변화가 적으며, 마찰계수가 적은 라이닝을 사용한다.
③ 드럼의 방열성을 향상시킨다.
④ 주제동장치의 과도한 사용을 금한다(엔진 브레이크 사용).

02. 브레이크 오일이 갖추어야 할 조건
① 화학적으로 안정되고 침전물이 생기지 않을 것.
② 알맞은 점도를 가지고 온도에 변화에 대한 점도 변화가 적을 것.
③ 흡습성이 적고 윤활성이 있을 것.
④ 비점이 높아 베이퍼록을 일으키지 않을 것.
⑤ 빙점이 낮고 인화점은 높을 것.
⑥ 금속, 고무 제품에 대해 부식, 연화, 팽윤을 일으키지 않을 것.

04. 2회로(탠덤 마스터실린더) 유압브레이크를 사용하는 주된 이유는 안전성을 향상시키기 위하여 앞뒷바퀴에 각각 독립적으로 작용하는 2 계통의 회로를 둔 것이다.

06. 페이드 현상을 방지조건
① 열팽창이 적은 재질을 사용하고 드럼은 변형이 적은 형상으로 제작한다.
② 마찰계수의 변화가 적은 라이닝을 사용한다.
③ 드럼의 방열성을 향상시킨다.
④ 주제동장치의 과도한 사용을 금한다(엔진 브레이크 사용).

01.① **02.**③ **03.**④ **04.**③ **05.**③ **06.**②

07 **브레이크 장치의 파이프는 주로 무엇으로 만들어 졌는가?**

① 강　② 플라스틱
③ 주철　④ 구리

08 **디스크 브레이크에 관한 설명으로 틀린 것은?**

① 브레이크 페이드 현상이 드럼 브레이크보다 현저하게 높다.
② 회전하는 디스크에 패드를 압착시키게 되어있다.
③ 대개의 경우 자기 작동 기구로 되어 있지 않다.
④ 캘리퍼 실린더를 두고 있다.

09 **드럼 브레이크와 비교한 디스크 브레이크의 특성에 대한 설명으로 틀린 것은?**

① 고속에서 반복적으로 사용하여도 제동력의 변화가 적다.
② 부품의 평형이 좋고 편제동 되는 경우가 거의 없다.
③ 디스크에 물이 묻어도 제동력의 회복이 빠르다.
④ 디스크가 대기 중에 노출되어 회전하므로 방열성은 좋으나 제동안정성이 떨어진다.

10 **브레이크 오일이 비등하여 제동압력의 전달 작용이 불가능하게 되는 현상은?**

① 페이드 현상　② 사이클링 현상
③ 베이퍼 록 현상　④ 브레이크 록 현상

11 **자동차의 제동장치에 사용되는 부품이 아닌 것은?**

① 리액션 챔버
② 모듈레이터
③ 퀵 릴리스 밸브
④ LSPV(Load Sensing Proportioning Valve)

12 **그림에서 브레이크 페달의 유격은 어느 부위에서 조정하는 것이 가장 올바른가?**

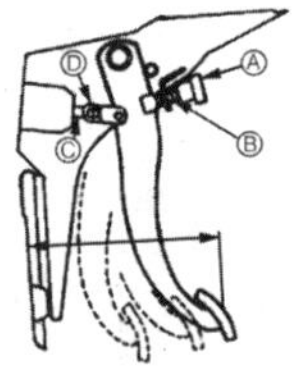

① A와 B
② D와 C
③ B와 D
④ C와 B

13 **제동장치의 유압회로 내에 잔압(residual pressure)을 유지시키는 이유로 볼 수 없는 것은?**

① 신속한 제동작용
② 배력 작용
③ 유압회로 내의 공기유입 방지
④ 베이퍼 록 방지

08. 디스크 브레이크의 특징
① 회전하는 디스크에 패드를 압착시키게 되어있다.
② 캘리퍼 실린더를 두고 있다.
③ 대개의 경우 자기 작동기구로 되어 있지 않다.
④ 브레이크 페이드 현상이 드럼브레이크 보다 현저하게 낮다.

09. 디스크 브레이크의 특징
① 고속에서 반복적으로 사용하여도 제동력의 변화가 적다.
② 부품의 평형이 좋고 편제동 되는 경우가 거의 없다.
③ 디스크에 물이 묻어도 제동력의 회복이 빠르다.
④ 디스크가 대기 중에 노출되어 회전하므로 방열성이 좋다.
⑤ 자기 배력 작용이 없기 때문에 필요한 조작력이 커진다.
⑥ 패드의 누르는 힘을 크게 할 필요가 있다.

11. 리액션 챔버는 동력 조향장치에서 스풀 밸브의 움직임에 대하여 반발력이 발생되어 운전자에게 조향 감각을 느낄 수 있도록 한 장치이다.

13. 잔압을 두는 이유
① 브레이크 작동 지연을 방지한다.
② 베이퍼 록을 방지한다.
③ 유압회로 내의 공기유입 방지
④ 휠 실린더에서 오일누출 방지

07.① **08.**① **09.**④ **10.**③ **11.**① **12.**②
13.②

14 **브레이크 파이프에 베이퍼록이 생기는 원인으로 가장 적합한 것은?**

① 페달의 유격이 크다.
② 라이닝과 드럼의 틈새가 크다.
③ 브레이크의 과다한 사용 및 품질이 불량하다.
④ 오일 점도가 높다.

15 **드럼 브레이크의 드럼이 갖추어야 할 조건 설명이다. 잘못 설명된 것은?**

① 방열성이 좋아야 한다.
② 마찰계수가 낮아야 한다.
③ 고온에서 내마모성이어야 한다.
④ 변형에 대응할 충분한 강성이 있어야 한다.

16 **브레이크 오버사이즈 라이닝이 1.8mm이면 드럼의 확대량은?**

① 2.6mm ② 3.6mm
③ 4.6mm ④ 5.6mm

17 **디스크 브레이크의 장점이 아닌 것은?**

① 낮은 유압으로 큰 제동력을 얻는다.
② 페이드 현상이 잘 일어나지 않는다.
③ 점검과 조정이 용이하고 간단하다.
④ 편제동이 적어 방향의 안정성이 좋다.

18 **브레이크 페이드 현상이 가장 적은 것은?**

① 2리딩 슈 브레이크
② 서보 브레이크
③ 디스크 브레이크
④ 넌 서보 브레이크

19 **브레이크의 제동력을 뒤쪽보다 앞쪽을 크게 해 주는 밸브로 맞는 것은?**

① 언로더 밸브 ② 체크 밸브
③ 프로포셔닝 밸브 ④ 안전 밸브

20 **브레이크 페달을 밟았을 때 소음이 나거나 떨리는 현상의 원인이 아닌 것은?**

① 디스크의 불균일한 마모 및 균열
② 패드나 라이닝의 경화
③ 백킹 플레이트나 캘리퍼의 설치 볼트 이완
④ 프로포셔닝 밸브의 작동 불량

21 **가솔린 승용차에서 내리막길 주행 중 시동이 꺼질 때 제동력이 저하되는 이유는?**

① 진공 배력장치 작동불량
② 베이퍼록 현상
③ 엔진 출력 부족
④ 페이드 현상

14. 베이퍼 록의 발생 원인
① 과다한 브레이크 사용
② 드럼과 라이닝의 끌림에 의한 과열
③ 브레이크 슈 리턴 스프링 장력의 감소
④ 오일의 변질 및 불량 오일 사용

15. 브레이크 드럼의 구비조건
① 정적·동적 평형이 잡혀 있을 것
② 충분한 강성이 있을 것
③ 마찰 면에 충분한 내마멸성이 있을 것
④ 방열이 잘되고 가벼울 것.

16. 드럼의 확대량 =1.8mm×2=3.6mm

19. 프로포셔닝 밸브는 브레이크 페달을 밟았을 때 뒷바퀴가 조기에 고착되지 않도록 뒷바퀴의 휠 실린더에 작용하는 유압을 조정하여 뒷바퀴의 제동력보다 앞바퀴의 제동력을 크게 하는 역할을 한다.

21. 진공 배력 장치는 대기압과 흡기다기관 압력의 차($0.7kgf/cm^2$)를 이용하여 브레이크에 배력 작용을 하게 한다. 시동이 꺼지게 되면 진공 배력 장치는 브레이크 페달을 밟아도 배력 작용을 할 수 없게 된다.

14.③ **15.**② **16.**② **17.**① **18.**③ **19.**③ **20.**④ **21.**①

22 브레이크 라이닝의 표면이 과열되어 마찰계수가 저하되고 브레이크 효과가 나빠지는 현상은?

① 브레이크 페이드 현성
② 베이퍼록 현상
③ 하이드로 플레이닝 현상
④ 잔압 저하 현상

23 드럼 브레이크와 비교하여 디스크 브레이크의 단점이 아닌 것은?

① 패드를 강도가 큰 재료로 제작해야 한다.
② 한쪽만 브레이크 되는 경우가 많다.
③ 마찰면적이 적어 압착력이 커야 한다.
④ 자기작동 작용이 없어 제동력이 커야한다.

24 기관 정지 중에도 정상 작동이 가능한 제동장치는?

① 기계식 주차 브레이크
② 와전류 리타더 브레이크
③ 배력식 주 브레이크
④ 공기식 주 브레이크

25 브레이크 페달을 강하게 밟을 때 후륜이 먼저 로크되지 않도록 하기 위하여 유압이 어떤 일정 압력이상 상승하면 그 이상 후륜 측에 유압이 상승하지 않도록 제한하는 장치는?

① 압력 체크 밸브
② 프로포셔닝 밸브(Proportioning Valve)
③ 이너셔 밸브(Inertia valve)
④ EGR 밸브

26 브레이크에서 배력장치의 기밀유지가 불량할 때 점검해야 할 부분은?

① 패드 및 라이닝 마모상태
② 페달의 자유 간격
③ 라이닝 리턴 스프링 장력
④ 첵 밸브 및 진공호스

27 드럼식 유압 브레이크 내의 휠 실린더 역할은?

① 브레이크 드럼 축소
② 마스터 실린더 브레이크 액 보충
③ 브레이크 슈의 확장
④ 바퀴 회전

28 브레이크 시스템에서 작동 기구에 의한 분류에 속하지 않는 것은?

① 진공 배력식
② 공기 배력식
③ 자기 배력식
④ 공기식

22. 페이드 현상과 베이퍼 록 현상
① 페이드 현상은 자동차가 긴 내리막길에서 브레이크를 자주 사용했을 때 브레이크 마찰면의 온도가 상승하여 마찰력이 저하되는 현상으로 디스크 브레이크보다는 드럼 브레이크가 현저하게 높게 발생된다.
② 베이퍼록 현상은 유압식 브레이크의 휠 실린더나 브레이크 파이프 속에서 브레이크액이 기화하여 페달을 밟아도 스펀지를 밟는 것같이 푹신푹신하여 브레이크가 듣지 않는 것.
③ 하이드로 플래닝 현상은 수막현상이라고도 하며, 물이 고인 노면을 고속으로 주행하면 타이어가 물에 약간 떠 있는 상태가 되므로 자동차를 제어할 수 없게 되는 현상.

23. 디스크 브레이크의 단점
① 마찰 면적이 작기 때문에 패드를 압착하는 힘을 크게 하여야 한다.
② 자기 작동 작용을 하지 않기 때문에 페달을 밟는 힘이 커야 한다.
③ 패드는 강도가 큰 재료로 만들어야 한다.

25. 리미팅 밸브는 오일의 압력에 의해 작용되어 출구의 압력을 제어함으로써 항상 압력을 일정하게 유지하는 역할을 한다.

22.① **23.**② **24.**① **25.**② **26.**④ **27.**③ **28.**③

29 **제동장치의 하이드로마스터(hydro master)에 대한 설명에서 (   )안에 들어갈 내용으로 맞는 것은?**

파워실린더의 내압은 항상 (A)을 유지하고 작동시에 (B)를 보내어 (C)을 미는 형식이며, 파워피스톤 대신 (D)을 사용하는 형식도 있다.

① A : 진공 B : 공기
C : 파워피스톤 D : 막판(diaphragm)
② A : 공기 B : 진공
C : 파워피스톤 D : 막판(diaphragm)
③ A : 파워피스톤 B : 공기
C : 진공 D : 막판(diaphragm)
④ A : 파워피스톤 B : 공기
C : 막판(diaphragm) D : 진공

30 **제동장치 회로에 잔압을 두는 이유 중 적합하지 않은 것은?**

① 브레이크 작동 지연을 방지한다.
② 베이퍼록을 방지한다.
③ 휠 실린더의 인터록을 방지한다.
④ 유압회로 내 공기유입을 방지한다.

31 **제동장치의 배력장치 중 하이드로 마스터에 대한 설명으로 옳은 것은?**

① 유압계통의 체크밸브는 유압 피스톤의 작동시에 브레이크액의 역류를 막아 휠 실린더 유압을 증가시킨다.
② 릴레이 밸브 브레이크 페달을 밟았을 때 진공과 대기압의 압력차에 의해 작동한다.
③ 유압계통의 체크밸브는 브레이크액이 마스터 실린더로부터 휠 실린더로 누설되는 것을 방지한다.
④ 진공계통의 체크 밸브는 릴레이밸브와 일체로 되어져있고 운행 중 하이드로 백 내부의 진공을 유지시켜준다.

32 **제동 이론에서 슬립률에 대한 설명으로 틀린 것은?**

① 제동시 차량의 속도와 바퀴의 회전속도와의 관계를 나타내는 것이다.
② 슬립률이 0% 라면 바퀴와 노면과의 사이에 미끄럼 없이 완전하게 회전하는 상태이다.
③ 슬립률이 100% 라면 바퀴의 회전속도가 0 으로 완전히 고착된 상태이다.
④ 슬립률이 0% 에서 가장 큰 마찰계수를 얻을 수 있다.

33 **디스크식 브레이크의 장점이 아닌 것은?**

① 자기 배력작용이 없어 제동력이 안정되고 한쪽만 브레이크 되는 경우가 적다.
② 패드 면적이 커서 낮은 유압이 필요하다.
③ 디스크가 대기중에 노출되어 방열성이 우수하다.
④ 구조가 간단하여 정비가 용이하다.

31. 하이드로릭 피스톤이 이동하면 스톱 와셔에 접촉되어 있는 요크가 분리되어 첵 밸브가 닫혀 마스터 실린더와 휠 실린더 쪽의 오일을 차단하여 휠 실린더에서의 역류를 방지한다.

32. 슬립률은 타이어에 동력이나 제동력이 걸려 있는 상태에서 타이어와 노면 사이에 생기는 미끄럼 정도를 나타내는 것으로 주행속도와 타이어 주속도(周速度)의 차이를 타이어 주속도로 나눈 수치를 100배로 하여 %로 나타낸 것이다.

33. 디스크 브레이크의 장점
① 디스크가 대기 중에 노출되어 회전하기 때문에 방열성이 좋아 제동력이 안정된다.
② 제동력의 변화가 적어 제동성능이 안정된다.
③ 한쪽만 브레이크 되는 경우가 적다.
④ 고속으로 주행시 반복하여 사용하여도 베이퍼록, 페이드 현상이 잘 일어나지 않아 제동력의 변화가 작다.

◈ **디스크 브레이크의 단점**
① 마찰 면적이 작기 때문에 패드를 압착하는 힘을 크게 하여야 한다.
② 자기 작동 작용을 하지 않기 때문에 페달을 밟는 힘이 커야 한다.
③ 패드는 강도가 큰 재료로 만들어야 한다.

29.① **30.**③ **31.**① **32.**④ **33.**②

34 **유압식 브레이크 계통의 설명으로 옳은 것은?**

① 유압계통 내에 잔압을 두어 베이퍼록 현상을 방지한다.
② 유압계통 내에 공기가 혼입되면 페달의 유격이 작아진다.
③ 휠 실린더의 피스톤 컵을 교환한 경우에는 공기빼기 작업을 하지 않아도 된다.
④ 마스터 실린더의 첵 밸브가 불량하면 브레이크 오일이 외부로 누유 된다.

35 **자동차의 브레이크 페달이 점점 딱딱해져서 제동성능이 저하되었다면 그 고장원인으로 적당한 것은?**

① 마스터 실린더 바이패스 포트가 막혀있는 경우
② 브레이크 슈 리턴 스프링 장력이 강한 경우
③ 마스터 실린더 피스톤 캡이 고장난 경우
④ 브레이크 오일이 부족한 경우

36 **제동시 핸들을 빼앗길 정도로 브레이크가 한쪽만 듣는다. 원인 중 옳지 못한 것은?**

① 양쪽 바퀴의 공기압력이 다르다.
② 허브 베어링의 풀림
③ 백 플레이트의 풀림
④ 마스터 실린더의 리턴 포트가 막힘

37 **자동차 주행시 브레이크를 작동시켰을 때 어느 한쪽 방향으로 쏠리는 원인이 아닌 것은?**

① 좌, 우 브레이크 드럼 간극이 풀릴 때
② 좌, 우 타이어 공기압이 불균일할 때
③ 쇽업소버의 작동이 불량할 때
④ 브레이크 페달의 유격이 클 때

38 **다음 중 공기 브레이크 구성품과 관계 없는 것은?**

① 브레이크 밸브　② 레벨링 밸브
③ 릴레이 밸브　④ 언로더 밸브

39 **브레이크 페달의 지렛대 비가 그림과 같을 때 페달을 10kgf의 힘으로 밟았다. 이때 푸시로드에 작용하는 힘은?**

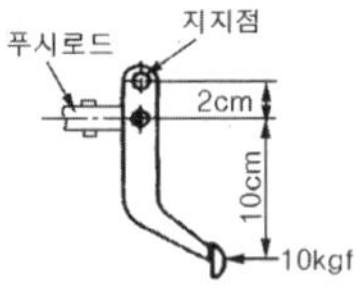

① 20kgf
② 40kgf
③ 50kgf
④ 60kgf

40 **브레이크슈가 78kgf의 힘으로 브레이크 드럼을 밀고 있다. 라이닝과 드럼 사이의 마찰계수가 0.32일 경우 브레이크 토크는 약 몇 kgf-cm 인가?(단, 브레이크 드럼의 직경은 23cm이다)**

① 74　② 179　③ 249　④ 287

---

34. ②의 경우는 페달의 유격이 커지고 ③의 경우는 공기빼기 작업을 하여야 하며, ④의 경우는 잔압 유지가 어려워진다.

35. 마스터 실린더 바이패스 포트가 막혀 있으면 브레이크 페달이 점점 딱딱해져서 제동성능이 저하된다.

36. 마스터 실린더의 리턴 포트가 막히면 브레이크 페달을 놓았을 때 휠 실린더에 작용한 브레이크 오일이 마스터 실린더로 리턴 되지 않기 때문에 브레이크가 해제되지 않는다.

37. 브레이크 페달의 유격이 크면 제동이 잘 안되고 늦어진다.

38. **공기 브레이크의 구성품**
① 브레이크 밸브 : 제동시 압축 공기를 앞 브레이크 체임버와 릴레이 밸브에 공급하는 역할을 한다.
② 릴레이 밸브 : 압축 공기를 뒤 브레이크 체임버에 공급하는 역할을 한다.
③ 언로더 밸브 : 압력 조절 밸브와 연동되어 작용하며, 공기탱크 내의 압력이 5~7kgf/cm²이상으로 상승하면 공기 압축기의 흡입 밸브가 계속 열어 있도록 하여 압축작용을 정지시키는 역할을 한다.

39. ① 지렛대 비=(10+2) : 2=6 : 1
② 푸시로드에 작용하는 힘 : 페달 밟는 힘×지렛대 비 =6×10kgf=60kgf

40. 브레이크 토크=드럼에 작용하는 힘×마찰 계수 ×브레이크 드럼의 반지름
∴T=78kgf×0.32×11.5cm=287kgf-cm

34.① **35.**① **36.**④ **37.**④ **38.**② **39.**④ **40.**④

41 마스터 실린더의 단면적이 10cm²인 자동차의 브레이크에 20N의 힘으로 브레이크 페달을 밟았다. 휠 실린더의 단면적이 20cm²라 하면 이 때의 제동력은?

① 20N ② 30N ③ 40N ④ 50N

42 총중량 1톤인 자동차가 72km/h로 주행할 때 브레이크를 걸어 정차시켰다. 주행 중 운동에너지가 모두 브레이크 드럼에 흡수되어 열로 되었다면 몇 kcal가 되겠는가?

① 47.79 ② 52.30 ③ 54.68 ④ 60.25

43 주행속도가 120km/h인 자동차에 브레이크를 작용 시켰을 때 제동거리는 몇 m가 되겠는가?(단, 바퀴와 도로면의 마찰계수는 0.25이다.)

① 22.67 ② 226.7
③ 33.67 ④ 336.7

44 시속 90km/h 로 달리던 자동차가 10초 후에 정지하였다 이 때 감속도는 몇 m/s²인가?

① 2.5 ② 5 ③ 7.5 ④ 15

45 브레이크 드럼의 직경이 30cm, 드럼에 작용하는 힘이 200kgf 일 때 토크(torque)는? (단, 마찰계수는 0.2 이다)

① 2kgf・m ② 4kgf・m
③ 6kgf・m ④ 8kgf・m

46 대기압이 1035hPa 일 때 진공 배력장치에서 진공 부스터의 유효압력차는 2.85 N/cm², 다이어프램의 유효면적이 600cm² 이면 진공배력은?

① 4500N ② 1710N
③ 9000N ④ 2250N

47 80km/h로 주행하던 자동차가 브레이크를 작용하기 시작해서 10초 후에 정지했다면 감속도는?

① 3.6m/s² ② 4.8m/s²
③ 2.2m/s² ④ 6.4m/s²

41. $\frac{F_1}{A_1} = \frac{F_2}{A_2}$

F_1 : 마스터 실린더 피스톤에 작용하는 힘(N)
F_2 : 휠 실린더 피스톤이 작용하는 힘(N)
A_1 : 마스터 실린더의 단면적(cm²)
A_2 : 휠 실린더의 단면적(cm²)

$\frac{20}{10} = \frac{F_2}{20}$, $F_2 = \frac{20 \times 20}{10} = 40N$

42. ①운동에너지(E) $= \frac{Gv^2}{2g} = \frac{1000 \times 20^2}{2 \times 9.8} = 20408\text{kg}-\text{m}$

G : 총중량, v : 주행속도(m/s), g : 중력 가속도

② 1kg–m=1/427kcal 이므로 $\frac{20408}{427} = 47.79\text{kcal}$

43. $S = \frac{v^2}{2\mu g} = \frac{33.3^2}{2 \times 0.25 \times 9.8} = 226.7\text{m}$

※ 120km/h=33.3m/s이다.

S : 제동거리, v : 초속(m/s), g : 중력 가속도

44. $b = \frac{v_1 - v_2}{t}$

b : 감속도(m/s²) v_1 : 최초의 주행속도(m/s)
v_2 : 최후의 감속된 속도(m/s) t : 속도의 변화시간(s)

$b = \frac{90}{3.6 \times 10} = 2.5m/s^2$

45. $T = P \cdot \mu \cdot r$

T : 브레이크 드럼에 작용하는 토크(m–kgf)
P : 브레이크 드럼에 작용하는 힘(kgf)
μ : 브레이크 슈의 마찰계수
r : 브레이크 드럼의 반경(m)

$T = 200 \times 0.2 \times 0.15 = 6kgf \cdot m$

46. 진공배력 = 유효압력차 × 유효단면적
$= 2.85N/cm^2 \times 600cm^2 = 1710N$

47. $b = \frac{v_1 - v_2}{t}$

b : 감속도(m/s²) v_1 : 최초의 주행속도(m/s)
v_2 : 최후의 감속된 속도(m/s) t : 속도의 변화시간(s)

$b = \frac{80}{3.6 \times 10} = 2.2m/s^2$

41.③ **42.**① **43.**② **44.**① **45.**③ **46.**② **47.**③

48 유압식 브레이크에서 15kgf의 힘을 마스터 실린더의 피스톤에 작용했을 때 휠 실린더의 피스톤에 가해지는 힘은?(단, 마스터 실린더의 피스톤 단면적은 10cm², 휠 실린더의 피스톤 단면적은 20cm² 이다)

① 7.5kgf ② 20kgf
③ 25kgf ④ 30kgf

49 중량 1800kgf의 자동차가 120km/h의 속도로 주행 중 0.2분 후 30km/h로 감속하는데 필요한 감속력은?

① 약 382kgf ② 약 764kgf
③ 약 1775kgf ④ 약 4590kgf

50 브레이크 드럼의 지름은 25cm, 마찰계수가 0.28인 상태에서 브레이크 슈가 76kgf의 힘으로 드럼을 밀착하면 브레이크 토크는?

① 8.22kgf · m ② 1.24kgf · m
③ 2.17kgf · m ④ 2.66kgf · m

51 ABS의 장점이라고 할 수 없는 것은?

① 제동 시 차체의 안정성을 확보한다.
② 급제동 시 조향성능 유지가 용이하다.
③ 제동압력을 크게 하여 노면과의 동적 마찰효과를 얻는다.
④ 제동거리의 단축 효과를 얻을 수도 있다.

52 전자제어 브레이크 장치의 구성부품 중 휠 스피드 센서의 기능으로 가장 적절한 것은?

① 휠의 회전속도를 감지하여 컨트롤 유닛으로 보낸다.
② 하이드로릭 유닛을 제어한다.
③ 휠 실린더의 유압을 제어한다.
④ 페일 세이프 기능을 발휘한다.

53 ABS에서 ECU 출력신호에 의해 각 휠 실린더 유압을 직접 제어하는 것은?

① ECU
② 휠 스피드 센서
③ 하이드로릭 유닛
④ 페일 세이프

48. $\frac{F_1}{A_1} = P = \frac{F_2}{A_2}$

F_1 : 마스터 실린더 피스톤에 작용하는 힘(kgf)
A_1 : 마스터 실린더의 단면적(cm²)
P : 유압(kgf/cm²)
F_2 : 휠 실린더 피스톤에 작용하는 힘(kgf)
A_2 : 휠 실린더의 단면적(cm²)

$F_2 = \frac{F_1}{A_1} \times A_2 = \frac{15}{10} \times 20 = 30kgf$

49. 감속력=질량×감속도

$$감속도 = \frac{나중속도 - 처음속도}{나중시간 - 처음시간}$$

$$감속도 = \frac{\left(\frac{30}{3.6}\right) - \left(\frac{120}{3.6}\right)}{0.2 \times 60} = -2.08m/s^2$$

$m = \frac{W}{g}$ m : 질량(kgf) W : 중량(kgf)
g : 중력가속도(9.8m/s²)

$m = \frac{1800}{9.8} = 183.67kgf$

감속력 $= 183.67 \times 2.08 = 382.03kgf$

50. $T = P \times \mu \times r$

T : 토크(kgf-cm) μ : 마찰계수
r : 브레이크 드럼의 반경(m)

$T = 76kgf \times 0.28 \times \frac{0.25m}{2} = 2.66kgf \cdot m$

51. ABS(Anti-lock Brake System)의 장점

① 제동거리를 단축시킨다.
② 제동시 조향성을 확보해 준다.
③ 제동시 방향 안정성을 유지한다.
④ 제동시 스핀으로 인한 전복을 방지한다.
⑤ 제동시 옆방향 미끄러짐을 방지한다.
⑥ 최대의 제동효과를 얻을 수 있도록 한다.
⑦ 어떤 조건에서도 바퀴의 미끄러짐이 없도록 한다.

52. 휠 스피드 센서는 휠의 회전속도를 감지하여 컨트롤 유닛으로 보낸다.

48.④ 49.① 50.④ 51.③ 52.① 53.③

54 **제동장치에서 ABS의 설치목적을 설명한 것으로 틀린 것은?**

① 최대 제동거리 확보를 위한 안전장치이다.
② 제동시 전륜 고착으로 인한 조향능력이 상실되는 것을 방지하기 위한 것이다.
③ 제동시 후륜 고착으로 인한 차체의 전복을 방지하기 위한 장치이다.
④ 제동시 차량의 차체 안정성을 유지하기 위한 장치이다.

55 **ABS 구성품이 아닌 것은?**

① 휠 스피드 센서 ② 컨트롤 유닛
③ 하이드롤릭 유닛 ④ 조향각 센서

56 **전자제어 브레이크 장치의 컨트롤 유닛에 대한 설명 중 틀린 것은?**

① 컨트롤 유닛은 감속·가속을 계산한다.
② 컨트롤 유닛은 각 바퀴의 속도를 비교·분석한다.
③ 컨트롤 유닛이 작동하지 않으면 브레이크가 작동되지 않는다.
④ 컨트롤 유닛은 미끄럼 비를 계산하여 ABS 작동 여부를 결정한다.

57 **ABS 장착 차량에서 휠 스피드 센서의 설명이다. 틀린 것은?**

① 출력 신호는 AC 전압이다.
② 일종의 자기유도센서 타입이다.
③ 고장시 ABS 경고등이 점등하게 된다.
④ 앞바퀴는 조향 휠이므로 뒷바퀴에만 장착되어 있다.

58 **전자제어 ABS제동장치가 정상적으로 작동되고 있을 때 나타나는 현상을 바르게 설명한 것은?**

① 급 제동시 브레이크 페달에서 맥동을 느끼거나 조향휠에 진동이 없다.
② 급 제동시 브레이크 페달에서 맥동을 느끼거나 조향휠에 진동을 느낀다.
③ 급 제동시 브레이크 페달에서만 맥동을 느낄 수 있다.
④ 급 제동시 조향 휠에서만 진동을 느낄 수 있다.

59 **제동안전장치 중 안티 스키드 장치**(Antiskid system)**에 사용되는 밸브가 아닌 것은?**

① 언로더 밸브(unloader valve)
② 프로 포셔닝 밸브(proportioning valve)
③ 리미팅 밸브(limiting valve)
④ 이너셔 밸브(inertia valve)

54. ABS의 설치목적
① 제동할 때 전륜 고착으로 인한 조향 능력이 상실되는 것을 방지하기 위한 것이다.
② 제동할 때 후륜 고착으로 인한 차체의 전복을 방지하기 위한 장치이다.
③ 제동할 때 차량의 차체 안정성을 유지하기 위한 장치이다.
④ 제동할 때 제동 거리를 단축시킬 수 있다.

55. 조향각 센서는 2개의 발광 다이오드 및 포토 트랜지스터로 구성되어 조향 휠 밑에 설치되어 있으며, 조향 휠의 회전 속도와 회전각을 검출하여 차량의 선회 여부를 판단하도록 ECS-ECU에 입력시킨다. ECS-ECU는 조향 휠 각속도 센서의 신호를 기준으로 롤링을 제어한다.

56. 전자제어 브레이크 장치의 컨트롤 유닛이 고장인 경우에는 기계식 일반 브레이크로서 작동된다.

57. 휠 스피드 센서는 앞바퀴와 뒷바퀴 모두 설치되어 있으며, 제동시 바퀴의 회전을 검출하여 컴퓨터에 입력시키는 역할을 한다. 컴퓨터는 이 신호를 이용하여 노면의 상태가 변화하여도 최대의 제동효과를 얻도록 한다.

58. ABS가 정상적으로 작동되는 경우에는 급제동할 때 브레이크 페달에서 맥동을 느끼거나 조향 휠에 진동을 느낀다.

54.① **55.**④ **56.**③ **57.**④ **58.**② **59.**①

60 **전자제어식 제동장치(ABS)에서 펌프로부터 토출된 고압의 오일을 일시적으로 저장하고 맥동을 완화 시켜주는 것은?**

① 모듈레이터　② 솔레노이드 밸브
③ 어큐뮬레이터　④ 프로포셔닝 밸브

61 **4 센서 4 채널 ABS(anti-lock brake system)에서 하나의 휠 스피드 센서(wheel speed sensor)가 고장일 경우의 현상 설명으로 옳은 것은?**

① 고장 나지 않은 나머지 3 바퀴인 ABS가 작동한다.
② 고장 나지 않은 바퀴 중 대각선 위치에 있는 2 바퀴만 ABS가 작동한다.
③ 4 바퀴 모두 ABS가 작동하지 않는다.
④ 4 바퀴 모두 정상적으로 ABS가 작동한다.

62 **ABS 장착 차량에서 주행을 시작하여 차량 속도가 증가하는 도중에 펌프모터 작동 소리가 들렸다면 이차의 상태는?**

① 오작동이므로 불량이다.
② 체크를 위한 작동으로 정상이다.
③ 모터의 고장을 알리는 신호이다.
④ 모듈레이터 커넥터의 접촉 불량이다.

63 **ABS의 작동 조건으로 틀린 것은?**

① 빗길에서 급제동할 때
② 빙판에서 급제동할 때
③ 주행 중 급선회할 때
④ 제동시 좌·우측 회전수가 다를 때

64 **ABS에 대한 설명으로 가장 적절한 것은?**

① 바퀴의 조기 고착을 방지하여 제동시 조향력을 확보하는 장치이다.
② 4개의 바퀴를 동시에 제동시켜 제동거리를 짧게 하는 장치이다.
③ 눈길에서만 작동되어 제동 안전성을 높여준다.
④ 앞바퀴 2개를 먼저 제동시켜 제동시 차체 자세제어를 한다.

65 **ABS(anti lock brake system)장치의 유압제어 모드에서 주행 중 급제동시 고착된 바퀴의 유압 제어는?**

① 감압 제어　② 분압 제어
③ 정압 제어　④ 증압 제어

60. 전자제어 제동장치 부품의 기능
① 모듈레이터 : ECU의 제어 신호에 의해 각 휠 실린더에 작용하는 유압을 조절한다.
② 솔레노이드 밸브 : 일반 브레이크 회로와 ABS 브레이크 회로를 개폐시키는 역할을 한다.
③ 어큐뮬레이터 : 감압 신호와 유지 신호에 의해 브레이크 오일을 일시적으로 저장한다.
④ 프로포셔닝 밸브 : 제동시 마스터 실린더의 유압이 휠 실린더에 작용하지 않도록 하기 위해 솔레노이드 밸브로 유도한다.

61. 시스템에 고장이 발생하면 ABS 브레이크 경고등을 점등시켜 운전자에게 시스템의 이상을 알려주며, ABS 미장착 차량과 동일한 브레이크가 작동되도록 페일 세이프를 실시한다.

65. 감압시 ABS의 작동
① 브레이크 페달을 밟을 때 휠 속도 센서에서 바퀴의 회전수 신호가 ECU에 입력된다.
② ECU는 한쪽 바퀴가 고착(lock)되는 현상이 검출되면 감압 신호를 모듈레이터로 보내 솔레노이드 밸브를 여자시킨다.
③ 솔레노이드 밸브가 여자되면 일반 브레이크 통로를 차단하고 ABS 브레이크 섬프 통로를 개방시킨다. 따라서 마스터 실린더에서 발생된 유압은 솔레노이드 밸브를 통하여 섬프로 공급된다.
④ ECU의 감압 신호에 의해 펌프가 작동하여 섬프 내의 오일을 신속하게 어큐뮬레이터로 리턴시킨다. 이때 P 밸브와 릴리스 첵 밸브 사이의 통로가 닫혀 있기 때문에 휠 실린더에 유압이 공급되지 않는다.
⑤ 유압이 공급되지 않는 상태에서 감압이 이루어지기 때문에 한쪽 바퀴가 고착되는 현상을 방지한다.

60.③ **61.**③ **62.**② **63.**③ **64.**① **65.**①

66 **전자제어 제동장치에서 차량의 속도와 바퀴의 속도 비율을 얼마로 제어하는가?**

① 0~5% ② 15~25%
③ 45~50% ④ 90~95%

67 **ABS에서 1개의 휠 실린더에 NO**(normal open)**타입의 입구밸브**(inlet solenoid valve)**와 NC**(nomal closed)**타입의 출구밸브**(outlet solenoid valve)**가 각각 1개씩 있을 때 바퀴가 고착된 경우의 감압제어는?**

① inlet S/V : on – outlet S/V : on
② inlet S/V : off – outlet S/V : on
③ inlet S/V : on – outlet S/V : off
④ inlet S/V : off – outlet S/V : off

68 **자동차 제동장치 성능기준에 대한 설명으로 틀린 것은?**

① 주제동장치와 주차제동장치는 각각 독립적으로 작용할 수 있어야 한다.
② 주제동장치는 모든 바퀴를 동시에 제동하는 구조이어야 한다.
③ 제동초속도가 50Km/h일 때 급제동정지거리가 14m 이하 이어야 한다.
④ 주제동장치의 급제동정지거리 및 조작력 기준 중에 발 조작식의 경우 측정시 조작력은 90kgf 이하 이어야 한다.

69 **운행자동차의 주 제동장치 성능기준에 관한 설명 중 틀린 것은?**

① 주 제동장치는 모든 바퀴를 동시에 제동하는 구조일 것.
② 좌・우 바퀴의 제동력의 차이는 당해 축중의 8% 이하일 것.
③ 측정자동차의 공차상태에서 운전자 외 1인이 탑승한 상태일 것.
④ 제동력의 복원은 브레이크 페달을 놓을 때는 제동력이 3초 이내에 당해 축중의 20% 이하로 감소될 것.

70 **운행자동차의 제동능력 측정조건 및 방법으로 틀린 것은?**

① 자동차를 시험기에 정면으로 대칭 되도록 한다.
② 측정 자동차의 차축을 제동시험기에 올려 축중을 측정한다.
③ 타이어의 공기압은 표준 공기압으로 한다.
④ 제동력 복원상태는 주차제동력 시험시에만 실시한다.

70. 운행 자동차의 제동능력 측정조건 및 방법

제동 능력 측정 조건	제동 능력 측정 방법
① 공차 상태의 자동차에 운전자 1인이 승차한 상태로 한다. ② 바퀴의 흙, 먼지, 물 등의 이물질을 제거한다. ③ 자동차는 적절히 예비 운전이 되어있는 상태로 한다. ④ 타이어 공기 압력은 표준 공기 압력으로 한다.	① 자동차를 시험기에 정면으로 대칭 되도록 한다. ② 측정 자동차의 차축을 제동 시험기에 얹혀 축중을 측정하고 롤러를 회전시켜 당해 차축의 제동 능력, 좌우 차륜의 제동력 차이, 제동력의 복원 상태를 측정한다.

66. 노면의 상태에 따라 차이가 있지만 슬립률이 15~20%일 때 제동력이 최고가 된다. ABS는 제동력이 최대가 되는 슬립률이 유지되도록 ECU와 하이드롤릭 유닛이 각 바퀴의 회전속도를 조절한다.

67. NO 밸브는 ON이면 닫힘 상태이고, NC 밸브는 ON이면 열림 상태이다. 따라서 바퀴가 고착된 경우 NO 밸브는 닫아서 오일의 공급을 차단하고 NC 밸브는 열어서 유압을 감압시켜야 한다.

68. 제동초속도가 50km/h일 때 급제동정지거리는 22m 이하이어야 한다.

69. 측정자동차의 상태는 공차상태의 자동차에 운전자 1인이 탑승한 상태이어야 한다.

66.② **67.①** **68.③** **69.③** **70.④**

71 최고속도가 80km/h 미만인 운행자동차의 제동장치의 제동능력 기준으로 옳은 것은?

① 차량총중량이 차량중량의 3.5배 이하일 때 각축 제동력의 합이 차량총중량의 50% 이하일 것.
② 차량총중량이 차량중량의 2배 이상일 때 각축 제동력의 합이 차량총중량의 40% 이상일 것.
③ 차량총중량이 차량중량의 1.5배 이하일 때 각축 제동력의 합이 차량총중량의 40% 이상일 것.
④ 차량총중량이 차량중량의 1배 이하일 때 각축 제동력의 합이 차량총중량의 40% 이하일 것.

72 주 제동장치의 급제동 정지거리 측정 시 조작력 기준으로 적합한 것은?

① 발 조작식의 경우 50kgf 이하, 손 조작식의 경우 30kgf 이하
② 발 조작식의 경우 60kgf 이하, 손 조작식의 경우 20kgf 이하
③ 발 조작식의 경우 70kgf 이하, 손 조작식의 경우 20kgf 이하
④ 발 조작식의 경우 90kgf 이하, 손 조작식의 경우 30kgf 이하

73 운행자동차의 최고속도가 70km/h인 자동차가 있다. 주 제동장치의 급제동시험을 할 경우 제동 초속도는?

① 35km/h
② 40km/h
③ 50km/h
④ 당해 자동차의 최고속도

74 최고속도가 80km/h 이상이고 차량 총중량이 차량중량의 1.2배 이하인 자동차의 각 축의 제동력 합은 차량총중량의 몇 % 이상인가?

① 50% ② 60% ③ 20% ④ 80%

75 운행자동차의 최고속도가 80km/h 미만이고 차량 총중량이 차량중량의 1.5배 이하인 자동차의 제동능력으로 적합한 것은?

① 각축의 제동력의 합이 차량총중량의 50% 이상
② 각축의 제동력의 합이 차량총중량의 40% 이상
③ 각축의 제동력의 합이 차량중량의 50% 이상
④ 각축의 제동력의 합이 차량중량의 40% 이상

76 자동차의 주제동장치 중 제동력의 복원상태는 브레이크 페달을 놓았을 때 제동력이 몇 초 이내에 당해 축중의 20% 이하로 감소되어야 하는가?

① 1초 ② 2초 ③ 3초 ④ 4초

71. 제동능력 기준
① 최고속도가 80km/h 이상이고 차량총중량이 1.2배 이하이므로 자동차의 각 축의 제동력의 합 : 차량총중량의 50% 이상
② 최고속도가 80km/h 미만이고 차량총중량이 차량중량의 1.5배 이하인 자동차의 각축의 제동력의 합 : 차량총중량의 40% 이상

72. 주 제동장치의 급제동 조작력의 기준은 발 조작식의 경우 90kgf 이하, 손 조작식의 경우 30kgf 이하이다.

73. 제동 초속도(V)
① 최고속도가 80km/h 이상의 자동차 : 50
② 최고속도가 35~80km/h 미만의 자동차 : 35
③ 최고속도가 35km/h 미만의 자동차 : 당해 자동차의 최고속도

75. 주 제동장치의 제동능력
① 최고속도가 80km/h 이상이고 차량총중량이 차량중량의 1.2배 이하인 자동차의 각 축의 제동력의 합이 차량총중량의 50% 이상이어야 한다.
② 최고속도가 80km/h 미만이고 차량총중량이 차량중량의 1.5 이하인 자동차의 각 축의 제동력의 합이 차량총중량의 40% 이상이어야 한다.

71.③ 72.④ 73.① 74.① 75.② 76.③

77 다음 중 바퀴 잠김 방지식 주제동장치를 설치하지 않아도 되는 자동차는?

① 대형 승용자동차 ② 대형 승합자동차
③ 대형 화물자동차 ④ 대형 특수자동차

78 운행자동차의 주차 제동능력 측정방법으로 틀린 것은?

① 자동차를 제동시험기에 정면으로 대칭되도록 한다.
② 측정자동차의 차축을 제동시험기에 얹혀 축중을 측정하고 롤러를 회전시켜 당해 차축의 주차제동능력을 측정한다.
③ 측정 자동차의 차축을 제동시험기에 얹혀 축중을 측정하고 롤러를 회전시켜 당해 차축의 제동력 복원상태를 측정한다.
④ 2차축 이상에 주차제동력이 작동되는 구조의 자동차는 ②의 측정방법에 따라 다음 차축에 대하여 반복 측정한다.

79 운행 중인 승용차를 제외한 기타자동차의 주차 제동능력 측정 시 조작력 기준으로 적합한 것은?

① 발 조작식의 경우 : 60kgf 이하, 손 조작식의 경우 : 40kgf 이하
② 발 조작식의 경우 : 70kgf 이하, 손 조작식의 경우 : 50kgf 이하
③ 발 조작식의 경우 : 50kgf 이하, 손 조작식의 경우 : 30kgf 이하
④ 발 조작식의 경우 : 90kgf 이하, 손 조작식의 경우 : 30kgf 이하

80 자동차 성능기준상 주차 제동장치의 제동능력은?

① 경사각 10도 30분 이상의 경사면에서 정지상태를 유지할 수 있는 것
② 경사각 10도 이상의 경사면에서 정지상태를 유지할 수 있을 것
③ 경사각 11도 30분 이상의 경사면에서 정지상태를 유지할 수 있을 것
④ 경사각 11도 이상의 경사면에서 정지상태를 유지할 수 있을 것

81 운행자동차 주차 제동장치의 제동능력 기준중 적합한 것은?

① 제동능력이 당해 축중의 50% 이상일 것.
② 제동능력이 차량중량의 50% 이상일 것.
③ 제동능력이 당해 축중의 20% 이상일 것.
④ 제동능력이 차량중량의 20% 이상일 것.

82 차량중량이 1000kgf 인 자동차가 건조한 포장 노면에서 정지상태를 유지하려면 주차제동력은 몇 kgf 이상이어야 하는가?

① 185kgf ② 196kgf
③ 198kgf ④ 200kgf

83 차량중량 1060kgf, 전축중 560kgf, 후축중 480kgf 인 운행 자동차의 주차제동장치 제동능력은?

① 424kgf 이하 ② 232kgf 이상
③ 192kgf 이하 ④ 212kgf 이상

77. 바퀴잠김 방지식 주제동장치 설치 대상 자동차
① 승합자동차(경형승합자동차, 차량총중량 3.5톤 이하인 캠핑용 트레일러는 제외한다).
② 차량총중량이 3.5톤을 초과하는 화물자동차(피견인자동차를 포함한다)
③ 특수자동차

82. 경사각 11°30′이상의 경사면에서 정지 상태를 유지할 수 있거나 제동능력이 차량중량의 20% 이상일 것. 따라서 1000kgf × 0.2 = 200kgf 이다.

83. 주차제동장치는 경사각 11°30′이상의 경사면에서 정지 상태를 유지할 수 있거나 제동능력이 차량중량의 20% 이상일 것. 따라서 1060kgf × 0.2 = 212kgf 이다.

77.① **78.**③ **79.**② **80.**③ **81.**④ **82.**④ **83.**④

84 **주차제동을 위한 조작력 전달계통이 전기식의 주차제동장치의 성능기준으로 적합한 것은?**

① 조작력 전달계통의 배선의 단선 등 파손 시 공차 상태의 자동차를 8퍼센트 경사로에서 전진 및 후진 방향으로 정지 상태를 유지할 것.
② 조작력 전달계통의 배선의 단선 등 파손 시 적차 상태의 자동차를 8퍼센트 경사로에서 전진 및 후진 방향으로 정지 상태를 유지할 수 있을 것.
③ 조작력 전달계통의 배선의 단선 등 파손 시 공차 상태의 자동차를 경사각 11도 30분 이상의 경사면에서 정지 상태를 유지할 수 있을 것.
④ 조작력 전달계통의 배선의 단선 등 파손 시 적차 상태의 자동차를 경사각 11도 30분 이상의 경사면에서 정지 상태를 유지할 수 있을 것.

85 **관성 제동장치의 제동력 측정시 수정 제동거리의 계산식으로 적합한 것은? [단, L : 수정 제동거리(m), L' S : 측정 제동거리(m), V : 지정 제동초속도(km/h), V' : 측정 제동초속도(km/h)]**

① $L = L'S(V-V')$
② $L = L'S(V'/V)^2$
③ $L = L'S(V/V')^2$
④ $L = L'S(V-V')^2$

86 **관성 제동구조의 주 제동장치(관성제동장치)를 설치할 수 있는 피견인자동차(세미트레일러형 제외)는 차량총중량 몇 톤 이하인가?**

① 2.5 ② 3.5
③ 5.5 ④ 10

87 **운행자동차의 성능기준 확인방법에서 관성제동장치를 설치한 연결자동차의 제동력 측정조건에 맞지 않는 것은?**

① 연결자동차의 견인자동차에는 적차 상태에 운전자 1명이 승차한 상태이며, 피견인 자동차는 적차 상태로 한다.
② 연결 자동차는 바퀴의 흙먼지·물 등의 이물질은 제거한 상태로 한다.
③ 타이어 공기압은 표준 공기압으로 한다.
④ 연결 자동차는 적절히 예비운전이 되어 있는 상태로 한다.

88 **운행자동차 관성제동장치의 제동력 측정방법 중 틀린 것은?**

① 측정 자동차는 주행과 제동을 3~4 회 반복하여 예열시킨다.
② 급제동시 제동 초속도는 통상 ± 8 km/h의 오차를 허용할 수 있다.
③ 제동 초속도는 측정 자동차의 주제동 장치가 작동하는 시점에서 측정하여야 한다.
④ 급제동 시작시의 측정 자동차의 기어 위치는 제동 초속도에 필요한 통상적인 위치에 있어야 한다.

87. 관성제동장치의 제동력 측정조건
① 연결자동차의 견인자동차에는 공차상태에 운전자 1인이 승차한 상태이며, 피견인 자동차는 공차 상태로 한다.
② 연결자동차는 바퀴의 흙, 먼지, 물 등의 이물질은 제거한 상태로 한다.
③ 연결자동차는 적절히 예비운전이 되어 있는 상태로 한다.
④ 타이어의 공기압은 표준 공기압으로 한다.
⑤ 측정 도로는 평탄 수평하고 건조한 직선 포장도로이어야 한다.

88. 급제동시의 제동 초속도는 통상 ±5km/h의 오차를 허용할 수 있다.

84.② 85.③ 86.② 87.① 88.②

89 다음과 같은 제원을 가진 디젤기관 버스의 전륜 좌·우측 브레이크 편차와 판정이 바르게 된 것은?

> 차량 총중량 : 6800kgf
> (전 2800, 후 4000),
> 승차정원 : 6명, 최고속도 : 71km/h,
> 제동력 전좌 : 920kgf, 전우 : 800kgf,
> 후좌 : 1250kgf, 후우 : 1050kgf

① 약 2.8% < 8%(부적합)
② 약 3.2% < 8%(적합)
③ 약 3.6% < 8%(적합)
④ 약 4.3% < 8%(적합)

90 최고속도가 85km/h, 차량총중량 10,000 kgf, 차량중량이 5,000kgf인 자동차의 경우 성능기준상 각 축의 제동력의 합은 몇 kgf 이상이어야 하는가?

① 2,000 ② 2,500
③ 3,000 ④ 5,000

91 축중 2800kgf인 차량의 제동력이 우측 1110kgf, 좌측 850kgf이었다. 이 차량의 좌·우 바퀴의 제동력 차이는 몇 %이며, 검사기준상 적합 여부를 바르게 나타낸 것은?

① 9.29%(적합)
② 9.29%(부적합)
③ 7.28%(부적합)
④ 7.28%(적합)

92 후축중이 4500kgf 인 자동차에서 후축의 제동력은 얼마 이상이어야 하는가?

① 450kgf ② 900kgf
③ 2250kgf ④ 2700kgf

93 운행자동차의 전·후 축중이 각각 1850 kgf, 2250 kgf 일 때 주제동 장치의 각축 제동력의 합은 몇 kgf 이상 필요한가?(단, 최고속도가 매시 80 킬로미터 이상이고 차량총중량이 차량중량의 1.2배 이하인 경우)

① 2050 kgf
② 2460 kgf
③ 2870 kgf
④ 3280 kgf

94 축중이 1850kgf 인 운행자동차의 주제동장치 좌·우 차륜의 제동력 편차가 몇 kgf 이하이어야 하는가?

① 92.5kgf ② 130kgf
③ 139kgf ④ 148kgf

89. 좌우 바퀴의 제동력 편차는 당해 축중의 8% 이하이어야 한다.

$$편차 = \frac{920-800}{2800} \fallingdotseq 4.3\%$$

90. 기타 자동차는 각축 제동력의 합이 차량중량의 50% 이상이어 하므로 5000kgf×0.5=2500kgf

91. $제동력\ 차이 = \frac{큰쪽\ 제동력 - 작은쪽\ 제동}{축중} \times 100$ 이 8% 이하일 것. $\frac{1110-850}{2800} \times 100 = 9.29\%$

∴ 제동력 차이가 8%이상이므로 부적합

92. 뒤차축의 제동력의 합은 축중의 20% 이상이므로

$4500kgf \times 0.2 = 900kgf$

93. 제동능력 기준
① 최고속도가 80km/h 이상이고 차량총중량이 차량중량의 1.2배 이하인 자동차의 각축의 제동력의 합 : 차량총중량의 50% 이상이므로 (1850+2250)×05.=2050kgf
② 최고속도가 80km/h 미만이고 차량총중량이 차량중량의 1.5배 이하인 자동차의 각축의 제동력의 합 : 차량총중량의 40% 이상

94. 좌우차륜의 제동력 편차는 당해 축중의 8%이하이어야 하므로 1850×0.08=148kgf

89.④ 90.② 91.② 92.② 93.① 94.④

95 **다음과 같은 제원의 자동차 브레이크 성능에 관하여 적합여부를 판정한 것 중 틀린 것은?**

> 차량중량 980kgf(앞 540, 뒤 440),
> 승차 인원 2명, 최고속도 175km/h,
> 제동력 (kgf)-앞 좌바퀴 150,
> 앞 우바퀴 170, 뒤 좌바퀴 90,
> 뒤 우바퀴 130, 주차 210]

① 제동능력 : 부적합
② 앞바퀴 좌·우차 : 적합
③ 뒤바퀴 좌·우차 : 부적합
④ 주차브레이크 : 적합

96 **제동시험기의 형식을 구분한 것 중 틀린 것은?**

① 단순형 제동시험기
② 판정형 제동시험기
③ 차륜 구동형 제동시험기
④ 답판 연동형 제동시험기

97 **제동시험기의 정밀도에 대한 검사기준 중 허용오차 범위에 맞지 않는 것은?**

① 좌·우 제동력 지시 : ±5% 이내(차륜 구동형은 ±2% 이내)
② 좌·우 합계 제동력 지시 : ±5% 이내
③ 좌·우 차이 제동력 지시 : ±5% 이내
④ 중량설정 지시 : ±5% 이내

98 **제동 시험기의 정기정밀도 검사기한은?**

① 최초 정밀도검사를 받은 날부터 3월이 되는 날이 속하는 달
② 최초 정밀도검사를 받은 날부터 6월이 되는 날이 속하는 달
③ 최초 정밀도검사를 받은 날부터 12월이 되는 날이 속하는 달
④ 최초 정밀도검사를 받은 날부터 2년이 되는 날이 속하는 달

99 **제동시험기에 검사차량을 올려놓지 않고 롤러를 회전시켰을 때 시험기의 지침이 떨리고 있다. 그 원인으로 가장 적절한 것은?**

① 지침의 0점이 순간적으로 잘못되었다.
② 모터의 전압에 변동이 생겼다.
③ 롤러의 베어링과 체인 등의 마찰력이 지시된 것이다.
④ 로드 셀의 영점 조정이 틀렸기 때문이다.

---

95. ◈ **제동 성능**

① 제동능력 $\frac{150+170+90+130}{980}\times 100 = 55.1\%$

총합은 차량중량의 50% 이상이면 합격

② 앞바퀴 좌우 제동력 차이 $\frac{170-150}{540}\times 100 = 3.7\%$

차이는 당해 축중의 8% 이하이면 합격

③ 뒤바퀴 좌우 제동력 차이 $\frac{130-90}{440}\times 100 = 9.09\%$

차이가 당해 축중의 8% 이상이므로 불합격

④ 주차 브레이크 능력 $\frac{90+130}{980}\times 100 = 22.45\%$

당해 축중의 20% 이상이면 합격

96. **제동 시험기 형식의 종류**

① **단순형 제동시험기** : 시험기의 롤러위에 자동차의 바퀴를 올려놓고 롤러를 구동시킨 상태에서 자동차바퀴를 제동할 때에 발생하는 회전력의 반력을 검출하여 제동력을 측정하는 제동시험기(이하 "롤러 구동형 제동시험기"라 한다)중 각 바퀴의 제동력만을 측정하는 형식

② **판정형 제동시험기** : 롤러 구동형 제동시험기중 각 바퀴의 제동력을 측정하여 합계 및 차이를 지시하거나 자동차의 축중 또는 차량중량에 대한 제동력의 비율로 지시하여 제동능력의 적합여부를 판정하는 형식

③ **차륜 구동형 제동시험기** : 시험기의 롤러위에 자동차의 바퀴를 올려놓고 바퀴의 구동에 의하여 롤러를 회전시켜 일정속도에서 제동할 때의 롤러의 감속도를 검출하여 각 바퀴의 제동력을 측정하거나 적합여부를 판정하는 형식

97. 좌·우 차이 제동력 지시 : ±25% 이내

99. 제동시험기에 검사차량을 올려놓지 않고 롤러를 회전시켰을 때 시험기의 지침이 떨리고 있는 원인은 롤러의 베어링과 체인 등의 마찰력이 지시된 것이다.

95.① **96.**④ **97.**③ **98.**③ **99.**③

100 기계·기구의 정밀도 검사 대상, 방법 및 기준 중 제동 시험기의 자동중량 설정은 100kgf 이상에서 하중을 몇 회 이상 변화시키면서 측정하는가?

① 2회 ② 3회
③ 4회 ④ 5회

101 제동시험기 롤러의 마모 한계는 기준 직경의 몇 % 이내인가?

① 2% ② 3%
③ 5% ④ 8%

102 제동 초속도 70km/h인 소형 승용차에 제동을 걸기 위해 공주한 시간이 0.2초라면 공주거리는?

① 2.7m ② 3.0m
③ 3.2m ④ 3.9m

103 자동차의 제동정지거리는 다음 중 어느 것인가?

① 반응시간 + 답체시간 + 과도제동 + 제동시간
② 답체시간 + 답입시간 + 제동시간
③ 공주거리 + 제동거리
④ 답체시간 + 공주거리

104 차량중량 1000kgf, 최고속도 140km/h의 자동차를 브레이크 시험한 결과 주 제동력이 총 720kgf이었다. 이 자동차가 50km/h에서 급제동하였을 때, 정지거리는 몇 m인가?(단, 공주시간은 0.1초, 회전부분 상당중량은 차량중량의 5%이다)

① 1.574 ② 15.74
③ 7.87 ④ 78.7

105 다음과 같은 제원을 가진 차량의 제동거리는?

> **[제 원]**
> 차량중량(kgf) : 6380
> (전축중 : 2580, 후축중 : 3800)
> 승차정원 : 55명
> 최고속도 : 75km/h
> 제동초속도 : 30km/h
> 회전부분 상당중량 : 5%
> 제동력(kgf) : 전좌 1000, 전우 950
> 후좌 1400, 후우 1250

① 5.16m ② 50.25m
③ 38.25m ④ 3.825m

106 4륜 자동차 질량이 1500kg, 전륜 1개 제동력이 2500N, 후륜 1개 제동력이 2000N인 자동차에서 제동 감속도는?

① $5m/s^2$ ② $6m/s^2$
③ $7m/s^2$ ④ $8m/s^2$

---

101. 제동시험기 롤러는 기준직경의 5% 이상 과도하게 손상 또는 마모된 부분이 없을 것

102. 공주거리$(S_1) = \frac{V}{3.6} \times t = \frac{70}{3.6} \times 0.2 = 3.88m$

104. 정지거리 =

$$\frac{50^2}{254} \times \frac{1000 + (1000 \times 0.05)}{720} + \frac{50}{36} = 15.74m$$

105. $S = \frac{V^2}{254} \times \frac{W + W'}{F}$

S : 제동거리(m), V : 제동초속도(km/h)
W : 차량중량(kgf) F : 제동력(kgf)
W' : 회전부분상당중량(kgf)

$$S = \frac{30^2}{254} \times \frac{6380 + (6380 \times 0.05)}{4600} \fallingdotseq 5.16m$$

106. $b = \frac{F}{m \cdot g}$

b : 감속도(m/s^2) m : 질량(kg)
g : 중력가속도($9.8m/s^2$) F : 제동력(kg)
$1kg = 9.8N$

$$b = \frac{(2500 + 2000) \times 2 \times 9.8}{1500 \times 9.8} = 6m/s^2$$

100.② **101.**③ **102.**④ **103.**③ **104.**② **105.**① **106.**②

5장 주행 및 구동장치

5-1 휠 및 타이어

1 타이어의 분류

① 타이어는 사용 공기압력에 따라 고압 타이어, 저압 타이어, 초저압 타이어 등이 있다.

② 튜브(tub)유무에 따라 튜브 타이어와 튜브 없는 타이어(튜브리스 ; tube less)가 있다. 튜브 없는 타이어의 특징은 다음과 같다.

- 튜브가 없어 조금 가벼우며, 못 등이 박혀도 공기 누출이 적다.
- 펑크 수리가 간단하고, 고속 주행에서도 발열이 적다.
- 림이 변형되어 타이어와의 밀착이 불량하면 공기가 새기 쉽다.
- 유리 조각 등에 의해 손상되면 수리가 어렵다.

③ 형상에 따른 분류에는 보통(바이어스)타이어, 레이디얼 타이어, 스노타이어, 편평 타이어 등이 있다.

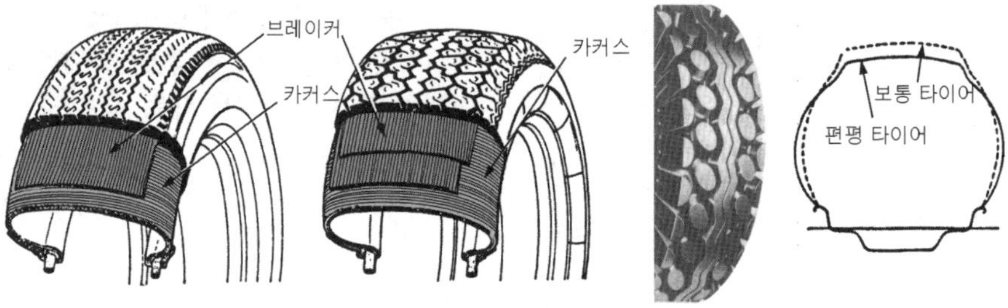

(a) 보통 타이어 (b) 레이디얼 타이어 (c) 스노타이어 (d) 편평 타이어

♺ 형상에 따른 타이어의 분류

2 타이어의 구조

① **트레드**(thread) : 직접 노면과 접촉되어 마모에 견디고 적은 슬립으로 견인력을 증대시키는 부분이다.

② **브레이커**(breaker) : 카커스와 트레드 사이에 있으며 몇 겹의 코드 층을 내열성의 고무로 싼 구조로 되어 있으며, 트레드와 카커스가 떨어지는 것을 방지하고 또한 노면에서의 충

격을 완화하여 카커스의 손상을 방지한다.

③ **카커스**(carcass) : 타이어의 뼈대가 되는 부분이며, 공기 압력에 견디어 일정한 체적을 유지하고, 또한 하중이나 충격에 따라 변형되어 충격 완화 작용을 한다.

④ **비드**(bead) : 휠의 림과 접촉하는 부분이며, 내부에 몇 줄의 피아노선이 원둘레 방향으로 들어있다. 피아노선이 비드 부분의 늘어남을 방지하고 타이어가 림에서 빠지지 않도록 한다.

3 타이어에서 발생하는 이상 현상

(1) 스탠딩 웨이브 현상(standing wave)

이 현상은 타이어 접지 면에서의 찌그러짐이 생기는데 이 찌그러짐은 공기 압력에 의해 곧 회복이 된다. 이 회복력은 저속에서는 공기 압력에 의해 지배되지만, 고속에서는 트레드가 받는 원심력으로 말미암아 큰 영향을 준다. 또 타이어 내부의 고열로 인해 트레드부가 원심력을 견디지 못하고 분리되며 파손된다. 스탠딩 웨이브의 방지 방법은 타이어 공기 압력을 표준보다 15~20% 높여 주거나 강성이 큰 타이어를 사용하면 된다.

(2) 하이드로 플래닝(hydro planing ; 수막현상)

이 현상은 물이 고인 도로를 고속으로 주행할 때 일정 속도 이상이 되면 타이어의 트레드가 노면의 물을 완전히 밀어내지 못하고 타이어는 얇은 수막(水膜)에 의해 노면으로부터 떨어져 제동력 및 조향력을 상실하는 현상이다. 이를 방지하는 방법은 다음과 같다.

① 트레드 마멸이 적은 타이어를 사용한다.
② 타이어 공기 압력을 높이고, 주행속도를 낮춘다.
③ 리브 패턴의 타이어를 사용한다. 러그 패턴의 경우는 하이드로 플래닝을 일으키기 쉽다.
④ 트레드 패턴을 카프(calf)형으로 세이빙(shaving)가공한 것을 사용한다.

(3) 타이어 트레드 한쪽면만 편 마멸되는 원인

① 휠이 런 아웃 되었을 때
② 허브의 너클이 런 아웃 되었을 때
③ 베어링이 마멸되었거나 킹 핀의 유격이 큰 경우

4 주행장치 성능기준 및 검사

(1) 접지부분 및 접지압력

① 적차상태의 자동차의 접지부분 및 접지압력은 다음 각 호의 기준에 적합하여야 한다.
- 접지부분은 소음의 발생이 적고 도로를 파손할 위험이 없는 구조일 것.
- 무한궤도를 장착한 자동차의 접지압력은 무한궤도 $1cm^2$당 3kgf을 초과하지 아니할 것.

(2) 주행장치

① 자동차의 공기압 고무타이어는 다음 각호의 기준에 적합하여야 한다.

- 적차상태에서 타이어에 작용되는 하중이 당해 타이어의 제작자가 표시하는 최대허용하중(최대허용하중이 표시되지 아니한 경우에는 당해 타이어 제작국가의 공업규격에서 정한 최대허용하중을 말한다)의 범위 이내일 것.
- 금이 가고 갈라지거나 코드 층이 노출될 정도의 손상이 없어야 하며, 요철형 무늬의 깊이를 1.6mm 이상 유지할 것.

② 자동차의 타이어 및 기타 주행 장치의 각부는 견고하게 결합되어 있어야 하며, 갈라지거나 금이 가고 과도하게 부식되는 등의 손상이 없어야 한다.

③ 자동차(승용 자동차를 제외한다)의 바퀴 뒤쪽에는 흙받이를 부착하여야 한다.

(3) 타이어 마모

① **타이어 마모 측정조건** : 자동차는 공차 상태로 하고 타이어의 공기압력은 표준 공기압력으로 한다.

② **타이어 마모 측정방법**

- 타이어 접지부분의 임의의 한 점에서 120°각도가 되는 지점마다 접지부분의 1/4 또는 3/4지점 주위의 트레드 홈 깊이를 측정한다.
- 트레드 마모 표시(1.6 mm로 표시된 경우에 한함)가 되어 있는 경우에는 마모 표시를 확인한다.
- 각 측정점의 측정값을 산술 평균하여 이를 트레드의 잔여 깊이로 한다.

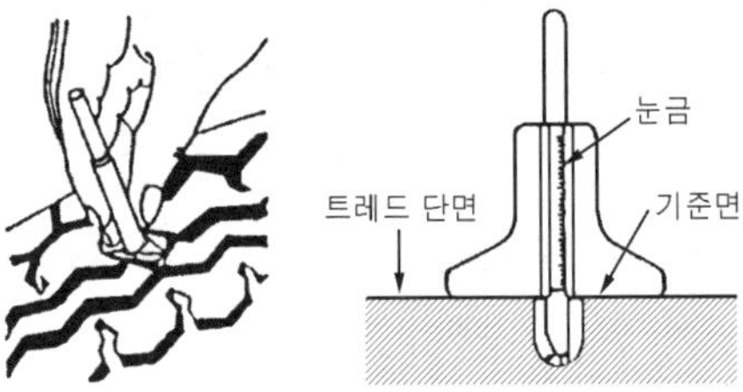

♺ 타이어 마모한도 측정

5-2 구동력 제어장치

1 주요 기능

① 구동 및 주행 성능이 향상된다.

② 선회 가속성이 향상된다.

③ 조향 안정성이 향상된다.

2 일반적인 기능

(1) 슬립 제어(slip control, 미끄럼제어)

눈길 등의 미끄러지기 쉬운 노면에서 가속성 및 선회 안전성을 향상시키는 기능이다.

> **Reference ▶ TPC**
>
> ■ TCS(Traction Control System) : 눈길, 빙판길 등의 마찰계수가 낮아 미끄러지기 쉬운 도로에서 출발 또는 가속할 때 구동바퀴가 공회전을 하면 운전자가 가속페달을 별도로 조작하지 않아도 자동으로 엔진의 출력을 감소시켜 바퀴의 공회전을 가능한 억제하여 구동력을 노면에 전달한다.

(2) 트레이스 제어(trace control, 추적제어)

일반적인 도로에서의 주행 중 선회 가속을 할 때 차량의 가로 방향 가속도의 과대로 인한 언더 및 오버 스티어링을 방지하여 조향 성능을 향상시키는 기능이다.

(3) 엔진 회전력 제어 방식의 특징

① 미끄러운 노면에서 발진 및 가속할 때 미세한 가속페달 조작이 필요 없으므로 주행 성능이 향상된다.

② 일반적인 노면에서 선회 가속 시 운전자의 의지대로 가속을 보다 안정되게 하여 선회 성능을 향상시킨다(트레이스 제어).

③ 선회 가속할 때 조향핸들의 조작 정도를 감지하여 가속페달의 조작 빈도를 감소시켜 선회성능을 향상시킨다(트레이스 제어).

④ 미끄러운 노면에서 뒷바퀴 휠 스피드 센서로 계측한 차체 속도와 앞바퀴 휠 스피드 센서로 계측한 구동 바퀴의 속도를 비교하여 구동 바퀴의 슬립 비율이 적절하도록 엔진 회전력을 저감시켜 주행 성능을 향상시킨다.

⑤ 일반적인 노면에서 운전자의 의지로 인한 가속도가 설정 값을 초과할 경우 컴퓨터가 운전자의 의지를 판단하여 엔진의 회전력을 제어하므로 선회 성능을 향상시킨다.

⑥ 운전자의 의지로 트레이스 제어 "OFF" 또는 트레이스 제어/슬립 제어 "OFF" 모드로 선택하면 트랙션 컨트롤 비 장착 차량과 동일하게 작동한다.

3 트랙션 컨트롤 장치의 종류

(1) 엔진 회전력 제어 방식

① 흡입 공기량 제어 방식
- 메인 스로틀 밸브 제어
- 보조 스로틀 밸브 제어

② 엔진제어방식(EM ; Engine Management control)
- 연료 분사량 제어
- 점화 시기 제어

(2) 브레이크 제어

(3) 동력전달장치 제어방식

(4) 통합제어방식

① 스로틀 밸브+브레이크 제어

② 엔진+브레이크 제어

③ 스로틀 밸브+브레이크 제어+자동제한 차동장치 제어

5-3 차체자세 제어장치

1 주요 기능

① 자동차의 스핀 또는 언더 및 오버스티어링의 발생을 억제하여 사고를 미연에 방지할 수 있다.

② 자동차가 스핀 또는 언더 및 오버스티어링의 발생 상황에 도달하면 자동적으로 내측 또는 외측 바퀴에 제동을 가해 자동차의 자세를 제어함으로써 자동차의 안정된 자세를 유지한다.

③ 스핀 한계 직전에 자동으로 감속한다.

④ 자동차가 스핀 또는 언더 및 오버스티어링이 이미 발생된 경우는 각 휠 별로 제동력을 제어하여 스핀이나 언더 스티어를 방지한다.

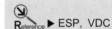

Reference ▶ ESP, VDC

- ESP(Electronic Stability Program), VDC(Vehicle Dynamic Control) : 자동차의 미끄러짐을 검출하여 브레이크 페달을 작동하지 않아도 자동으로 각 바퀴의 브레이크 유압과 엔진의 출력을 제어하여 주행 중의 자동차 자세를 제어하여 안정성을 확보한다.

핵심기출문제

휠 및 타이어

01 노면과 직접 접촉은 하지 않으며, 주행 중 가장 많은 완충작용을 하는 부분으로서 타이어 규격과 기타 정보가 표시된 부분은?

① 카커스(carcass)부
② 트레드(tread)부
③ 사이드월(side wall)부
④ 비드(bead)부

02 형식이 185/65 R14 85H 인 타이어를 사용하는 승용자동차가 있다. 이 타이어의 높이와 내경은 각각 얼마인가?

① 65mm, 14cm
② 185mm, 14′
③ 85mm, 65mm
④ 120mm, 14′

03 자동차의 바퀴가 정적 불평형일 때 일어나는 현상은?

① tramping(트램핑)
② shimmy(시미)
③ hopping(호핑)
④ standing wave(스탠딩 웨이브)

04 내부에는 고탄소강의 강선(피아노선)을 묶음으로 넣고 고무로 피복한 링 상태의 보강부위로 타이어를 림에 견고하게 고정시키는 역할을 하는 부품은?

① 카커스(carcass)부
② 트레드(tread)부
③ 숄더(should)부
④ 비드(bead)부

02. 레이디얼 타이어 호칭 치수
185/65 R 14 85 H
① 185 : 타이어 폭(mm ② 65 : 편평비(%)
③ R : 레이디얼 타이어
④ 14 : 타이어 내경 또는 림 직경(inch)
⑤ 85 : 하중지수 ⑥ H : 속도 기호
※ 편평비 = 타이어 높이/ 타이어 폭 이므로
$185 \times 0.65 = 120mm$

03. 자동차 바퀴가 동적 불평형인 경우는 시미 현상이 발생되고 정적 불평형인 경우는 트램핑 현상이 발생된다.

04. 타이어 각 부분의 기능
① 브레이커 : 고무로 피복된 코드를 여러 겹 겹친 층에 해당되며, 타이어 골격을 이루는 부분으로 노면에서의 충격을 완화하고 트레이드의 손상이 카커스에 전달되는 것을 방지한다.
② 카커스 : 타이어의 뼈대가 되는 부분으로서 공기의 압력을 견디어 일정한 체적을 유지하고 또 하중이나 충격에 따라 변형하여 완충작용을 한다.
③ 트레드 : 직접 노면과 접촉되어 마모에 견디고 적은 슬립으로 견인력을 증대시키는 역할을 한다.
④ 비드 : 자동차 타이어에서 내부에는 고탄소강의 강선(피아노선)을 묶음으로 넣고 고무로 피복한 링 상태의 보강부위로 타이어 림에 견고하게 고정시키는 역할을 한다.
⑤ 사이드 월 : 자동차 바퀴에서 노면과 접촉을 하지 않지만 카커스를 보호하고 타이어 규격, 메이커 등 각종 정보가 표시되는 부분을 사이드 월이라고 한다.

01.③ 02.④ 03.① 04.④

05 **타이어 트레드 한쪽 면만이 편 마멸되는 원인에 해당되지 않는 것은?**

① 각 바퀴의 균일한 타이어 최고압력 주입을 주입했을 때
② 휠이 런 아웃되었을 때
③ 허브의 너클이 런 아웃 되었을 때
④ 베어링이 마멸되었거나 킹 핀의 유격이 큰 경우

06 **타이어의 트레드 패턴(Tread pattern)의 필요성에 합당하지 않은 것은?**

① 타이어의 열을 흡수
② 트래드에 생긴 절상 등의 확대를 방지
③ 구동력이나 견인력의 향상
④ 타이어의 옆 방향에 대한 저항이 크고 조향성 향상

07 **고무로 피복 된 코드를 여러 겹 겹친 층에 해당되며, 타이어에서 타이어 골격을 이루는 부분은?**

① 카커스(carcass)부 ② 트레드(tread)부
③ 숄더(shoulder)부 ④ 비드(bead)부

08 **옆 방향 미끄럼에 대하여 저항이 크고 조향성이 좋으며 소음도 적기 때문에 포장도로를 주행하는데 적합한 타이어의 패턴은?**

① 리브 패턴(Rib Pattern)
② 러그 패턴(Lug Pattern)
③ 블록 패턴(Block Pattern)
④ 오프 더 로드 패턴(Off the road Pattern)

09 **수막현상에 대하여 잘못 설명한 것은?**

① 빗길을 고속 주행할 때 발생한다.
② 타이어 폭이 좁을수록 잘 발생한다.
③ ABS를 장착하면 수막현상에도 위험을 줄일 수 있다.
④ 타이어 홈의 깊이가 적을수록 잘 발생한다.

10 **고속 주행시 타이어 공기압을 표준 공기압보다 다소 높여주는 이유는?**

① 승차감을 좋게 하기 위해서
② 타이어 마모를 방지하기 위해서
③ 제동력을 좋게 하기 위해서
④ 스탠딩 웨이브 현상을 방지하기 위해서

11 **자동차 섀시에 관련된 설명으로 잘못 표현한 것은?**

① 스태빌라이저는 자동차의 롤링을 방지하는 역할을 한다.
② 토션바 스프링을 사용하는 독립현가장치의 차고 조정은 일반적으로 앵커 암 조정나사로 조정한다.
③ 휠 밸런스 조정이란 각 휠 사이의 중량차를 적게 하는 것을 말한다.
④ 휠 밸런스 조정은 림에 밸런스 웨이트를 붙여서 조정한다.

06. 타이어의 트래드 패턴의 필요성
① 트래드에 생긴 절상 등의 확대를 방지한다.
② 구동력이나 견인력을 향상시킨다.
③ 타이어의 옆 방향에 대한 저항이 크고 조향성능을 향상시킨다.
④ 타이어에서 발생한 열을 발산한다.

07. 카커스(carcass)는 타이어의 골격을 이루는 부분이며, 공기압력에 견디어 일정한 체적을 유지하고, 또한 하중이나 충격에 따라 변형되어 충격 완화 작용을 한다.

09. 수막(hydroplaning) 현상은 비 또는 눈이 올 때 타이어가 노면에 직접 접촉되지 않고 물위에 떠 있는 현상으로 이를 방지하기 위해 트레드의 마모가 적은 타이어를 사용한다. 타이어 공기압을 높인다. 리브형 패턴을 사용한다.

10. 고속도로를 주행하는 자동차에 타이어 공기압력을 표준 공기압보다 10~15% 높여 스탠딩 웨이브 현상을 방지한다.

11. 휠 밸런스 조정은 타이어를 휠에 끼우고 공기를 넣은 상태에서 질량의 균형을 말하며, 조정은 림에 밸런스 웨이트를 붙여서 조정한다.

05.① **06.**① **07.**① **08.**① **09.**② **10.**④ **11.**③

12 자동차 주행장치의 검사기준 설명으로 틀린 것은?

① 휠의 균열이 없을 것.
② 휠의 암나사 및 수나사가 견고하게 조여 있을 것.
③ 타이어 코드층이 노출될 정도의 손상이 없을 것.
④ 타이어 공기압이 규정압력 이하일 것.

13 무한궤도를 장착한 자동차의 접지압력은 무한궤도 1cm²당 몇 kgf을 초과하지 아니하여야 하는가?

① 3 ② 6 ③ 9 ④ 12

14 운행 자동차의 타이어 마모량 측정방법 중 옳은 것은?

① 타이어 접지부의 임의의 한 점에서 180° 각도가 되는 지점마다 접지부 중앙의 트레드 홈의 깊이를 측정한다.
② 타이어 접지부의 임의의 한 점에서 120° 각도가 되는 지점마다 접지부 중앙의 트레드 홈 깊이를 측정한다.
③ 타이어 접지부의 임의의 한 점에서 180° 각도가 되는 지점마다 접지부 1/4 또는 3/4 지점 주위의 트레드 홈의 깊이를 측정한다.
④ 타이어 접지부의 임의의 한 점에서 120° 각도가 되는 지점마다 접지부 1/4 또는 3/4 지점 주위의 트레드 홈의 깊이를 측정한다.

15 자동차 타이어 검사시 검사내용에 해당되지 않는 것은?

① 손상·변형 여부 확인
② 타이어 재질 확인
③ 타이어의 요철 무늬 깊이 확인
④ 재생타이어 장착 여부 확인

16 적재시 전(앞)축 중이 1450N이고, 차량 총중량은 3000N, 타이어 허용하중은 820N, 접지 폭이 12.5cm인 자동차에 있어서 전(앞)륜의 타이어 부하율은?(단, 차량 타이어는 전 : 2개, 후 : 2개임)

① 48.3% ② 88.4%
③ 116% ④ 176.8%

17 적재시 앞축중이 2800 kgf이고, 앞바퀴의 허용하중이 1500 kgf 인 자동차의 전륜타이어 부하율은?

① 91 % ② 93 %
③ 95 % ④ 97 %

18 적차상태의 후축중이 6000kgf, 접지 폭이 50cm, 후륜 타이어 개수가 4개인 자동차에서 타이어 접지압은 몇 kgf/cm² 인가?

① 30 ② 60
③ 100 ④ 120

12. 타이어 요철형 무늬의 깊이는 성능기준에 적합하여야 하며, 타이어 공기압이 적정할 것

15. 타이어 검사내용
① 타이어의 요철형 무늬 깊이 및 공기압을 계측기로 확인
② 재생타이어 장착 여부 확인
③ 타이어의 손상·변형 및 돌출 여부 확인

16.
타이어 부하율(%) =
$$\frac{\text{적차(또는공차)시 전(또는후)륜의 분담하중}}{\text{전(또는후)륜 타이어 허용하중} \times \text{전(또는후) 타이어의 개수}} \times 100$$
$$= \frac{1450}{820 \times 2} \times 100 = 88.4\%$$

17. 타이어 부하율 $= \dfrac{\text{적재시 전축중(후축중)}}{\text{타이어 허용하중} \times \text{타이어수}}$

타이어 부하율 $= \dfrac{2800}{1500 \times 2} \times 100 = 93.3\%$

18. 타이어접지압
$$= \frac{\text{후축중}}{\text{접지폭} \times \text{타이어 수}} = \frac{6000kgf}{50cm \times 4} = 30$$

12.④ **13.**① **14.**④ **15.**② **16.**② **17.**② **18.**①

구동력제어장치

01 TCS(Traction Control System)**의 특징으로 적절하지 않은 것은?**

① 슬립(Slip) 제어
② 라인압 제어
③ 트레이스(trace) 제어
④ 선회 안정성 향상

02 **트랙션 컨트롤 장치**(traction control system)**의 제어방법이 아닌 것은?**

① 엔진토크 제어 ② 공회전수 제어
③ 제동 제어 ④ 트레이스 제어

03 VDC(vehicle dynamic control) **장치에서 고장 발생시 제어에 대한 설명으로 틀린 것은?**

① 원칙적으로 ABS 의 고장시에는 VDC 제어를 금지한다.
② VDC 고장시에는 해당 시스템만 제어를 금지한다.
③ VDC 고장시 솔레노이드 밸브 릴레이를 OFF시켜야 되는 경우에는 ABS의 페일 세이프에 준한다.
④ VDC 고장시 자동변속기는 현재 변속단보다 다운 변속된다.

01. TCS의 특징
① 미끄러운 노면에서 슬립을 제어하여 주행 성능을 향상시킨다.
② 선회 가속시 트레스를 제어하여 선회 성능을 향상시킨다.
③ 구동륜의 슬립비가 적절하도록 엔진의 출력을 제어하여 선회 성능을 향상시킨다.
④ 횡가속도가 초과할 경우 TCS ECU에서 엔진의 출력을 제어하여 선회 성능을 향상시킨다.

02. 트랙션 컨트롤 장치는 슬립 제어, 트레이스 제어, 엔진 토크 제어, 브레이크 토크 제어 등을 한다.

03. VDC는 차체 제어 시스템으로 자동차의 스핀 또는 언더 스티어 등의 발생을 억제하여 사고를 미연에 방지할 수 있는 시스템이다. 자동차가 스핀 또는 언더 스티어 등의 발생 상황에 도달하면 이를 감지하여 자동적으로 내측 또는 외측 바퀴에 제동을 가해 자동차의 자세를 제어함으로써 자동차의 안정된 자세를 유지하며, 스핀 한계 직전에 자동으로 감속하여 이미 발생된 경우는 각 휠 별로 제동력을 제어하여 스핀이나 언더 스티어를 방지한다.

01.② **02.**② **03.**④

Part Ⅲ

자동차 전기·전자장치정비

- 전기·전자
- 시동, 점화 및 충전장치
- 계기 및 보안장치
- 안전 및 편의장치

1장 전기 · 전자

1-1 전기 기초

1 전류의 3작용

전류는 **발열**작용, **화학**작용, **자기**작용 등 3대 작용을 한다.

2 저항(R)

① 전자가 이동할 때 물질 내의 원자와 충돌하여 일어난다.
② 원자핵의 구조, 물질의 형상, 온도에 따라 변한다.
③ 크기를 나타내는 단위는 옴(Ohm)을 사용한다.
④ 도체의 저항은 그 길이에 비례하고 단면적에 반비례한다.
⑤ 금속은 온도 상승에 따라 저항이 증가하지만 탄소, 반도체, 절연체 등은 감소한다.

3 전기회로

(1) 옴의 법칙(Ohm's Law)

옴의 법칙이란 도체에 흐르는 전류(I)는 전압(E)에 정비례하고, 그 도체의 저항(R)에는 반비례한다는 법칙을 말한다. 즉,

$$I = \frac{E}{R}, \quad E = IR, \quad R = \frac{E}{I}$$

I : 전류(A), E : 전압(V), R : 저항(Ω)

(2) 키르히호프의 법칙(Kirchhoff's Law)

① **제1법칙** : 전류의 법칙으로 회로 내의 "**어떤 한 점에 유입한 전류의 총합과 유출한 전류의 총합은 같다**" 는 법칙이다.
② **제2법칙** : 전압의 법칙으로 "**임의의 폐회로에 있어서 기전력의 총합과 저항에 의한 전압 강하의 총합은 같다**"는 법칙이다.

(3) 전력산출 공식

$$P = EI, \quad P = I^2R, \quad P = \frac{E^2}{R}$$ P : 전력, E : 전압, I : 전류, R : 저항

(4) 줄의 법칙(Joule'Law)

이 법칙은 저항에 의하여 발생되는 열량은 전류의 2승과 저항을 곱한 것에 비례한다. 즉, 저항 $R(\Omega)$의 도체에 전류 I(A)가 흐를 때 1초마다 소비되는 에너지 I^2R(W)은 모두 열이 된다. 이때의 열을 **줄 열**이라 하며, $H \fallingdotseq 0.24I^2Rt$의 관계식으로 표시한다.

4 전기회로 정비시 주의사항

① 전기회로 배선 작업을 할 때 진동, 간섭 등에 주의하여 배선을 정리한다.
② 차량에 외부 전기장치를 장착 할 때는 전원 부분에 반드시 퓨즈를 설치한다.
③ 배선 연결 회로에서 접촉이 불량하면 열이 발생하므로 주의한다.

5 암전류 측정

① 점화스위치를 OFF한 상태에서 점검한다.
② 전류계는 축전지와 직렬로 접속하여 측정한다.
③ 암 전류 규정 값은 약 20~40mA이다.
④ 암 전류가 과다하면 축전지와 발전기의 손상을 가져온다.

1-2 반도체

1 반도체(Semi Conductor)

게르마늄(Ge)이나 실리콘(Si) 등은 도체와 절연체의 중간인 고유저항을 지닌 것이다.

2 불순물 반도체

(1) P(Positive)형 반도체

실리콘의 결정(4가)에 알루미늄(Al)이나 인듐(In)과 같은 3가의 원자를 매우 작은 양으로 혼합하면 공유결합을 한다.

(2) N(Negative)형 반도체

실리콘에 5가의 원소인 비소(As), 안티몬(Sb), 인(P) 등의 원소를 조금 섞으면 5가의 원자가 실리콘 원자 1개를 밀어내고 그 자리에 들어가 실리콘 원자와 공유결합을 한다.

(3) 다이오드(diode)

P형 반도체와 N형 반도체를 마주 대고 접합한 것이며, **PN 정션**(PN junction)이라고도 하며, 정류작용 및 역류 방지작용을 한다. 다이오드의 특성은 다음과 같다.

① 한쪽 방향의 흐름에서는 낮은 저항으로 되어 전류를 흐르게 하지만, 역 방향으로는 높은 저항이 되어 전류의 흐름을 저지하는 성질이 있다.

② 순방향 바이어스의 정격 전류를 얻기 위한 전압은 1.0~1.25V정도이지만, 역 방향 바이어스는 그 전압을 어떤 값까지 점차 상승시키더라도 적은 전류밖에는 흐르지 못한다.

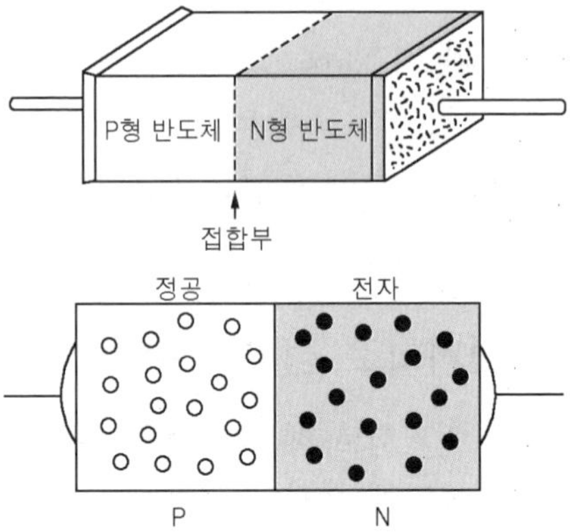

♺ 다이오드의 구조

(4) 제너 다이오드(zener diode)

① 실리콘 다이오드의 일종이며, 어떤 전압 하에서 역 방향으로 전류가 통할 수 있도록 제작한 것이다.

② 역 방향 전압이 점차 감소하여 제너 전압 이하가 되면 역 방향 전류가 흐르지 못한다.

③ 자동차용 교류 발전기의 전압 조정기 전압 검출이나 정전압 회로에서 사용한다.

④ 어떤 값에 도달하면 전류의 흐름이 급격히 커진다. 이 급격히 커진 전류가 흐르기 시작할 때를 **강복 전압**(브레이크 다운전압)이라 한다.

(5) 발광 다이오드(LED ; Light Emission Diode)

① 순 방향으로 전류를 흐르게 하면 빛이 발생되는 다이오드이다.

② 가시광선으로부터 적외선까지 다양한 빛을 발생한다.

③ 발광할 때는 순방향으로 10mA 정도의 전류가 필요하며, PN형 접합면에 순방향 바이어스를 가하여 전류를 흐르게 하면 캐리어(carrier)가 지니고 있는 에너지 일부가 빛으로 변화하여 외부로 방사시킨다.

④ 용도는 각종 파일럿램프, 배전기의 크랭크 각 센서와 TDC센서, 차고 센서, 조향핸들 각속도 센서 등에서 사용한다.

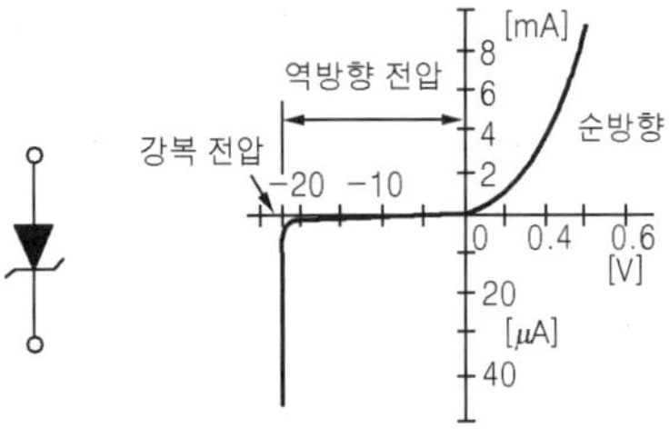

♺ 제너 다이오드

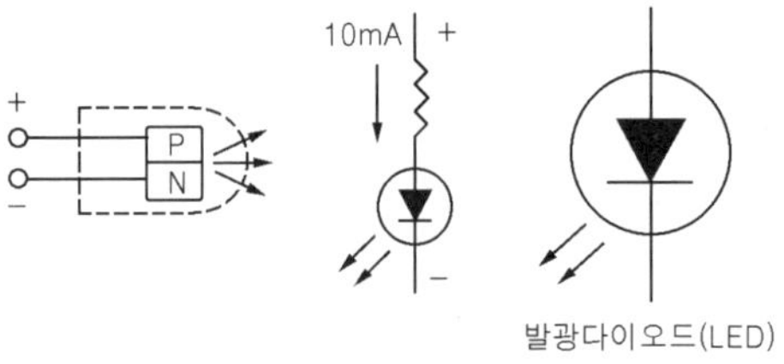

♺ 발광 다이오드

(6) 포토 다이오드(photo diode)

① PN형을 접합한 게르마늄(Ge)판에 입사광선이 없을 경우에는 N형에 정전압이 가해져 있으므로 역 방향 바이어스로 되어 전류가 흐르지 않는다.

② 입사광선을 접합부에 쪼이면 빛에 의해 전자가 궤도를 이탈하여 자유전자가 되어 역 방향으로 전류가 흐르게 된다.

③ 입사광선이 강할수록 자유전자 수도 증가하여 더욱 많은 전류가 흐른다. 용도는 배전기 내의 크랭크 각 센서와 TDC센서에서 사용한다.

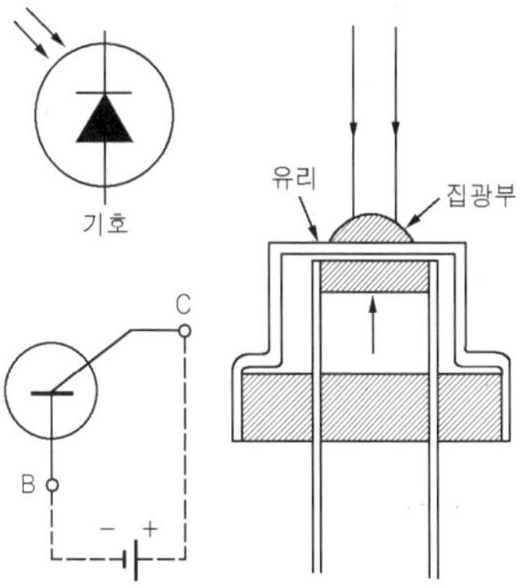

♺ 포토 다이오드

(7) 트랜지스터(transistor)

① PN형 다이오드의 N형 쪽에 P형을 덧붙인 PNP형과, P형 쪽에 N형을 덧붙인 NPN형이 있으며, 3개의 단자부분에는 리드 선이 붙어 있다.

② 중앙부분을 베이스(B, Base : 제어 부분), 양쪽의 P형 또는 N형을 각각 이미터(E ; Emitter) 및 컬렉터(C ; Collector)라 한다.

③ 스위칭 작용, 증폭작용 및 발진작용이 있다.

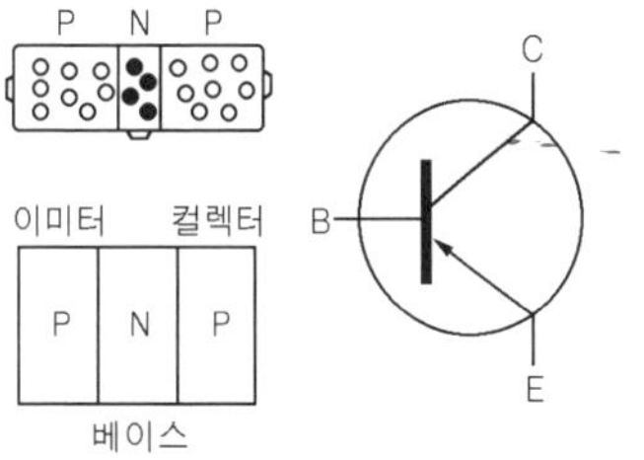

♺ PNP형 트랜지스터

(8) 다링톤 트랜지스터(Darlington TR)

높은 컬렉터 전류를 얻기 위하여 2개의 트랜지스터를 1개의 반도체 결정에 집적하고 이를 1개의 하우징에 밀봉한 것이다. 특징은 1개의 트랜지스터로 2개분의 증폭 효과를 발휘할 수 있으므로 매우 적은 베이스 전류로 큰 전류를 조절할 수 있다.

(9) 포토 트랜지스터(photo transistor)

① PN접합부에 빛을 쪼이면 빛 에너지에 의해 발생한 전자와 정공이 외부로 흐른다.

② 입사광선에 의해 전자와 정공이 발생하면 역전류가 증가하고, 입사광선에 대응하는 출력전류가 얻어지는데 이를 광전류라 한다.

③ PN접합의 2극 소자형과 NPN의 3극 소자형이 있으며, 빛이 베이스 전류 대용으로 사용되므로 전극이 없고 빛을 받아서 컬렉터 전류를 조절한다.

④ **포토 트랜지스터의 특징**

- 광출력 전류가 매우 크다.
- 내구성과 신호성능이 풍부하다.
- 소형이고, 취급이 쉽다.

(10) 사이리스터(thyrister)

① SCR(silicon control rectifier)이라고도 하며, PNPN 또는 NPNP 접합으로 되어 있으며

스위칭 작용을 한다.

② 단방향 3단자를 사용한다. 즉 (+)쪽을 애노드(anode), (−)쪽을 캐소드(cathode), 제어 단자를 게이트(gate)라 부른다.

③ 애노드에서 캐소드로의 전류가 순방향 바이어스이며, 캐소드에서 애노드로 전류가 흐르는 방향을 역 방향이라 한다.

④ 순방향 바이어스는 전류가 흐르지 못하는 상태이며, 이 상태에서 게이트에 (+)를, 캐소드에는 (−)를 연결하면 애노드와 캐소드가 순간적으로 통전되어 스위치와 같은 작용을 하며, 이후에는 게이트 전류를 제거하여도 계속 통전상태가 되며 애노드의 전압을 차단하여야만 전류흐름이 해제된다.

(11) 홀 효과(hall effect)

홀 효과란 2개의 영구 자석 사이에 도체를 직각으로 설치하고 도체에 전류를 공급하면 도체의 한 면에는 전자가 과잉되고 다른 면에는 전자가 부족하게 되어 도체 양면을 가로질러 전압이 발생되는 현상을 말한다.

(12) 서미스터(thermistor)

① 니켈, 구리, 망간, 아연, 마그네슘 등의 금속 산화물을 적당히 혼합하여 1,000℃ 이상에서 소결시켜 제작한 것이다.

② 온도가 상승하면 저항 값이 감소하는 부 특성(NTC)서미스터와 온도가 상승하면 저항 값도 증가하는 정 특성(PTC)서미스터가 있다.

③ 일반적으로 서미스터라고 함은 부특성 서미스터를 의미하며, 용도는 전자 회로의 온도 보상용, 수온 센서, 흡기 온도 센서 등에서 사용된다.

(13) 반도체 장·단점

반도체의 장점	반도체의 단점
① 매우 소형이고, 가볍다. ② 내부 전력 손실이 매우 적다. ③ 예열 시간을 요하지 않고 곧 작동한다. ④ 기계적으로 강하고, 수명이 길다.	① 온도가 상승하면 그 특성이 매우 나빠진다.(게르마늄은 85℃, 실리콘은 150℃이상 되면 파손되기 쉽다.) ② 역내압(역 방향으로 전압을 가했을 때의 허용 한계)이 매우 낮다. ③ 정격 값 이상 되면 파괴되기 쉽다.

1-3 컴퓨터(Electronic Control Unit)

1 컴퓨터의 기능

흡입 공기량과 회전속도로부터 기본 분사시간을 계측하고, 이것을 각 센서로부터의 신호에 의한 보정(補整)을 하여 총 분사시간(분사량)을 결정하는 일을 한다. 컴퓨터는 센서로부터의 정보

입력, 출력신호의 결정, 액추에이터의 구동 등 3가지 기본성능이 있다.

2 컴퓨터의 논리회로

(1) 기본 회로

① 논리합 회로(Logic OR)

- A, B 스위치 2개를 병렬로 접속한 것이다.
- 입력 A, B 중에서 어느 하나라도 1이면 출력 Q도 1이 된다. 여기서 1이란 전원이 인가된 상태, 0은 전원이 인가되지 않은 상태를 말한다.

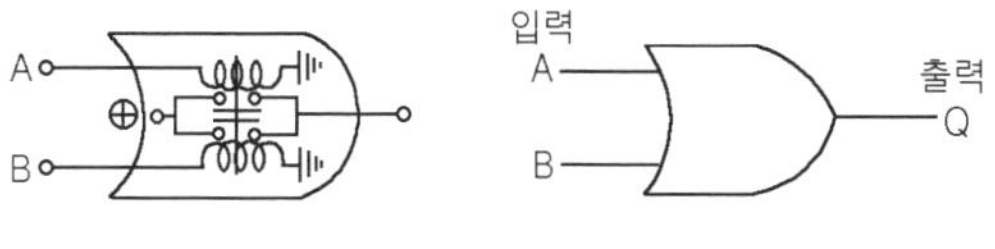

♺ 논리합 회로의 기호와 구조

② 논리적 회로(Logic AND)

- A, B 스위치 2개를 직렬로 접속한 것이다.
- 입력 A, B가 동시에 1이 되어야 출력 Q도 1이 되며, 1개라도 0이면 출력 Q는 0이 되는 회로이다.

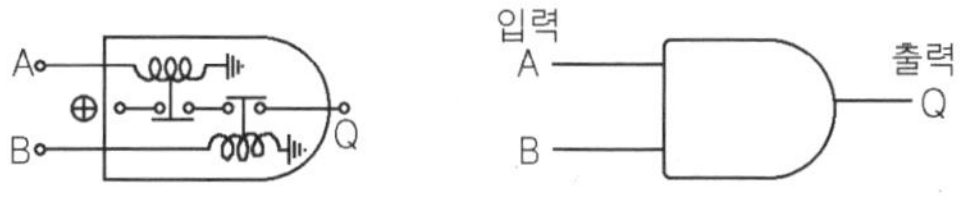

♺ 논리적 회로의 구조와 기호

③ 부정 회로(Logic NOT)

- 입력 스위치 A와 출력이 병렬로 접속된 회로이다.
- 입력 A가 1이면 출력 Q는 0이 되고 입력 A가 0일 때 출력 Q는 1이 되는 회로이다.

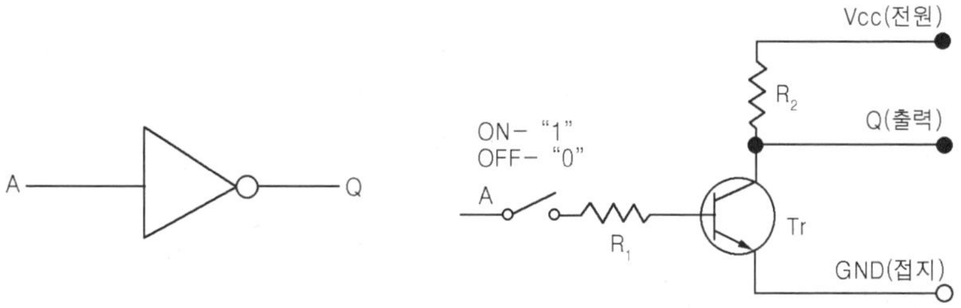

♺ 부정 회로의 기호

(2) 복합 회로

① 부정 논리합 회로(Logic NOR)

- 논리합 회로 뒤쪽에 부정 회로를 접속한 것이다.
- 입력 스위치 A와 입력 스위치 B가 모두 OFF되어야 출력이 된다.
- 입력 스위치 A 또는 입력 스위치 B 중에서 1개가 ON이 되거나 입력 스위치 A와 입력 스위치 B가 모두 ON이 되면 출력은 없다.

② 부정 논리적 회로(Logic NAND)

- 논리적 회로 뒤쪽에 부정 회로를 접속한 것이다.
- 입력 스위치 A와 입력 스위치 B가 모두 ON이 되면 출력은 없다.

- 입력 스위치 A 또는 입력 스위치 B 중에서 1개가 OFF되거나, 입력 스위치 A와 입력 스위치 B가 모두 OFF되면 출력된다.

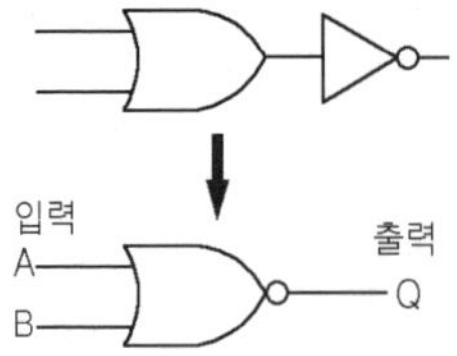

♻ 부정 논리합 회로의 기호

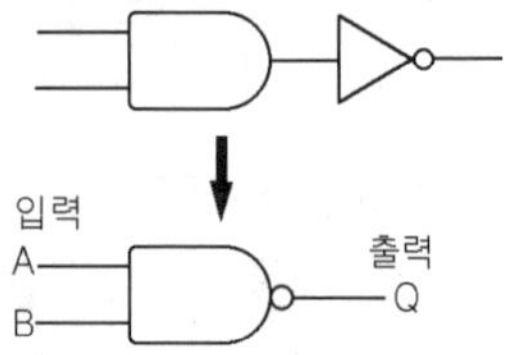

♻ 부정 논리적 회로의 기호

3 컴퓨터의 구조

① RAM(Random Access Memory ; 일시 기억장치) : 임의의 기억 저장 장치에 기억되어 있는 데이터를 읽던가 기억시킬 수 있다. 그러나 전원이 차단되면 기억된 데이터가 소멸되므로 처리 도중에 나타나는 일시적인 데이터의 기억 저장에 사용된다.

② ROM(Read Only Memory ; 영구 기억장치) : 읽어내기 전문의 메모리이며 한번 기억시키면 내용을 변경시킬 수 없다. 또 전원이 차단되어도 기억이 소멸되지 않으므로 프로그램 또는 고정 데이터의 저장에 사용된다.

③ I/O(In Put/Out Put ; 입·출력 장치) : I/O는 입력과 출력을 조절하는 장치이며 입·출력 포트라고도 한다. 입·출력포트는 외부 센서들의 신호를 입력하고 중앙처리장치(CPU)의 명령으로 액추에이터로 출력시킨다.

④ CPU(Central Precession Unit ; 중앙 처리장치) : CPU는 데이터의 산술 연산이나 논리 연산을 처리하는 연산 부분, 기억을 일시 저장해 놓는 장소인 일시 기억 부분, 프로그램 명령, 해독 등을 하는 제어 부분 등으로 구성되어 있다.

1-4 전기장치 성능기준

자동차의 전기장치는 다음 각호의 기준에 적합하여야 한다.

① 자동차의 전기배선은 모두 절연물질로 덮어씌우고, 차체에 고정시킬 것.

② 차실 안의 전기단자 및 전기개폐기는 적절히 절연물질로 덮어씌울 것.

③ 축전지는 자동차의 진동 또는 충격 등에 의하여 이완되거나 손상되지 아니하도록 고정시키고, 차실 안에 설치하는 축전지는 절연물질로 덮어씌울 것.

핵심기출문제

01 물체의 전기저항 특성에 대한 설명 중 틀린 것은?

① 단면적이 증가하면 저항은 감소한다.
② 온도가 상승하면 전기저항이 감소되는 재료를 NTC라 한다.
③ 도체의 저항은 온도에 따라서 변한다.
④ 보통의 금속은 온도상승에 따라 저항이 감소한다.

02 다음 설명 중 전기 저항과 가장 관련이 없는 것은?

① 전자가 이동할 때 물질 내의 원자와 충돌하여 일어난다.
② 원자핵의 구조, 물질의 형상, 온도에 따라 변한다.
③ 크기를 나타내는 단위는 옴(Ohm)을 사용한다.
④ 도체의 저항은 그 길이에 반비례하고 단면적에 비례한다.

03 전류의 작용을 바르게 표시한 것은?

① 발열작용, 화학작용, 자기작용
② 발열작용, 물리작용, 자기작용
③ 발열작용, 유도작용, 자기작용
④ 발열작용, 저항작용, 자기작용

04 전류의 자기작용을 응용한 예를 설명한 것으로 틀린 것은?

① 스타터 모터의 작용
② 릴레이의 작동
③ 시거라이터의 작동
④ 솔레노이드의 작동

05 9000J 은 몇 Wh 인가?

① 1500Wh　　② 150Wh
③ 250Wh　　④ 2.5Wh

06 그림과 같이 12V의 축전지에 저항 3개를 직렬로 연결했을 때 전류계의 값은?

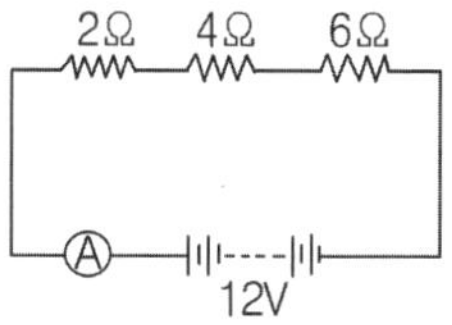

① 1[A]　　② 2[A]
③ 3[A]　　④ 4[A]

01. 보통의 금속은 온도상승에 따라 저항이 상승하지만, 반도체, 절연체, 탄소 등은 온도가 상승함에 따라 저항 값이 감소한다.

02. 전기 저항
① 전자가 이동할 때 물질 내의 원자와 충돌하여 일어난다.
② 원자핵의 구조, 물질의 형상, 온도에 따라 변한다.
③ 크기를 나타내는 단위는 옴(Ohm)을 사용한다.
④ 도체의 저항은 그 길이에 비례하고 단면적에 반비례한다.

04. 시거라이터는 전류의 발열작용을 응용한 것이다.

05. $1J = 2777.8 \times 10^{-7} W \cdot h$ 이므로
$= 9000 \times 2777.8 \times 10^{-7} = 2.5\,W \cdot h$

06. ① 합성 저항 = 2Ω+4Ω+6Ω = 12Ω
② 전류 = $\frac{12V}{12\Omega} = 1A$

01.④ **02.**④ **03.**① **04.**③ **05.**④ **06.**①

07 **기전력 2Volt 내부저항 0.2Ω의 전지 10개를 병렬로 접속했을 때 부하 4Ω에 흐르는 전류는?**

① 0.333A ② 0.498A
③ 0.664A ④ 13.64A

08 **기전력 2.8V, 내부저항이 0.15Ω 인 전지 33개를 직렬로 접속할 때 1Ω 의 저항에 흐르는 전류는 얼마인가?**

① 12.1A ② 13.2A
③ 15.5A ④ 16.2A

09 **다음 회로에서 저항을 통과하여 흐르는 전류는 A, B, C 각 점에서 어떻게 나타나는가?**

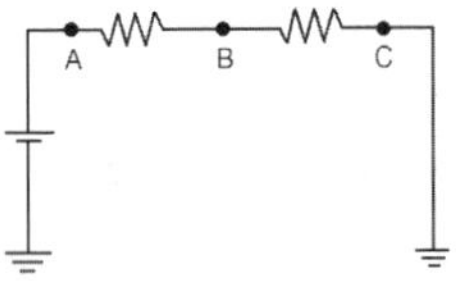

① A에서 가장 전류가 크고 B, C로 갈수록 전류가 작아진다.
② A, B, C 의 전류는 모두 같다.
③ A에서 가장 전류가 작고 B, C로 갈수록 전류가 커진다.
④ B에서 가장 전류가 크고 A, C는 같다.

10 **다음 중 분자 자석설에 대한 설명은?**

① 자석은 동종반발, 이종흡입의 성질이 있다.
② 자속은 자극 가까운 곳의 밀도는 크고 방향은 모두 극쪽으로 향한다.
③ 자력은 자속이 투과하는 매질의 투과율 및 자계강도에 비례한다.
④ 강자성체는 자화되어 있지 않은 경우에도 매우 작은 분자자석으로 되어 있다.

11 **전자석의 특징을 설명한 것으로 틀린 것은?**

① 전자석은 전류의 방향을 바꾸면 자극도 반대가 된다.
② 전자석의 자력은 전류가 일정한 경우 코일의 권수에 비례한다.
③ 전자석의 자력은 공급 전류에 비례하여 커진다.
④ 전자석의 자력은 영구자석의 세기에 비례하여 커진다.

12 **전자력에 대한 설명으로 틀린 것은?**

① 전자력은 자계의 세기에 비례한다.
② 전자력은 자력에 의해 도체가 움직이는 힘이다.
③ 전자력은 도체의 길이, 전류의 크기에 비례한다.
④ 전자력은 자계방향과 전류의 방향이 평향일 때 가장 크다.

07. $I = \dfrac{E}{\dfrac{r}{N}+R} = \dfrac{2}{\dfrac{0.2}{10}+4} = 0.498A$

08. $I = \dfrac{n \times E}{R+n \times r}$

I : 외부 저항에 흐르는 전류(A) R : 외부 저항(Ω)
n : 전지 수 r : 내부 저항(Ω) E : 기전력(V)

$I = \dfrac{33 \times 2.8}{1+33 \times 0.15} = 15.5A$

09. 직렬접속의 경우는 각 저항에 흐르는 전류는 일정하며, 전압 강하가 많이 발생된다.

11. 전자력의 크기는 자계의 방향과 전류의 방향이 직각이 될 때 가장 크다. 또한 전자력은 자계의 세기, 도체의 길이, 도체에 흐르는 전류의 양에 비례하여 증가한다.

12. 전자력
① 자계와 전류 사이에서 작용하는 힘을 전자력이라 한다.
② 자계 내에 도체를 놓고 전류를 흐르게 하면 도체에는 전류와 자계에 의해서 전자력이 작용한다.
③ 전자력의 크기는 자계의 방향과 전류의 방향이 직각이 될 때 가장 크다.
④ 전자력은 자계의 세기, 도체의 길이, 도체에 흐르는 전류의 양에 비례하여 증가한다.

07.② 08.③ 09.② 10.④ 11.④ 12.④

13 축전기에 12V의 전압을 인가하여 0.00003C의 전기량이 충전되었다면 축전기의 용량은?

① 2.0μF ② 2.5μF
③ 3.0μF ④ 3.5μF

14 12V－0.3μF, 12V－0.6μF의 축전기를 병렬로 접속했다. 두 개의 축전기에는 얼마의 전기량이 축전 되는가?

① 0.9μC ② 10.8μC
③ 13.3μC ④ 60μC

15 전력 P를 잘못 표시한 것은?(단, E : 전압, I : 전류, R : 저항)

① $P=E \cdot I$ ② $P=I^2 \cdot R$
③ $P=E^2/R$ ④ $P=R^2/E$

16 그림과 같은 회로에서 가장 적당한 퓨즈는?

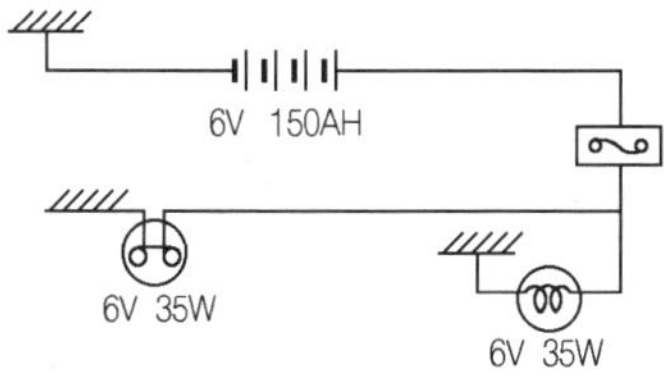

① 10A ② 15A
③ 25A ④ 30A

17 그림과 같은 회로에서 가장 적합한 퓨즈의 용량은?

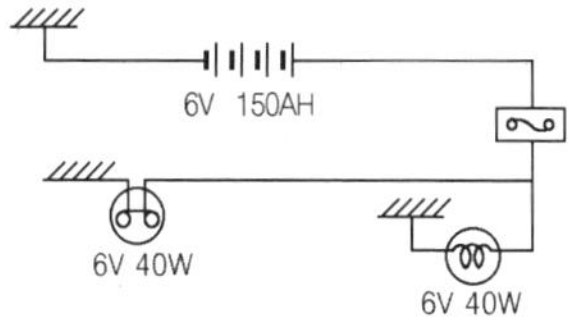

① 10A ② 15A
③ 25A ④ 30A

18 다음 회로에서 전류(I)와 소비전력(P)는?

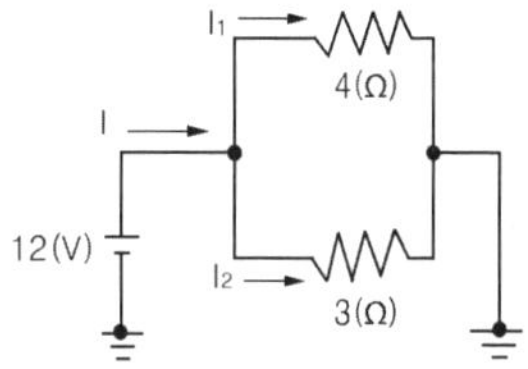

① I=0.58(A), P=5.8(W)
② I=5.8(A), P=89(W)
③ I=7(A), P=84(W)
④ I=70(A), P=840(W)

13. $C=\frac{Q}{V}=\frac{0.00003}{12}=0.0000025F=2.5\mu F$
C : 축전기 용량, Q : 축적된 전하량, V : 가한 전압

14. 병렬 접속시 전기량
$C=\frac{Q}{V}$ C : 용량, Q : 전기량, V : 전압
$Q=C\times V=C_1V+C_2V+C_3V$
$=12\times0.3+12\times0.6=10.8\mu C$

16. $I=\frac{P}{E}$ (여기서, I : 전류, P : 전력, E : 전압)
$\frac{35+35}{6}=11.67A$ 이므로 퓨즈는 15A를 사용하여야 한다.

17. $I=\frac{P}{E}$
$I=\frac{40\times2}{6}=13.3A$ 이므로 15A의 퓨즈를 사용하여야 한다.

18. $I=\frac{E}{R}$, $P=E\times I$
I : 도체에 흐르는 전류(A) E : 도체에 가해지는 전압(V)
R : 도체의 저항(Ω) P : 소비 전력(W)
$I=\frac{12}{4}+\frac{12}{3}=7A$
$P=12\times4+12\times3=84W$

13.② **14.**② **15.**④ **16.**② **17.**② **18.**③

19 **다음 회로에서 전압계 V_1과 V_2를 연결하여 스위치를 ON, OFF하면서 측정결과로 맞는 것은?**

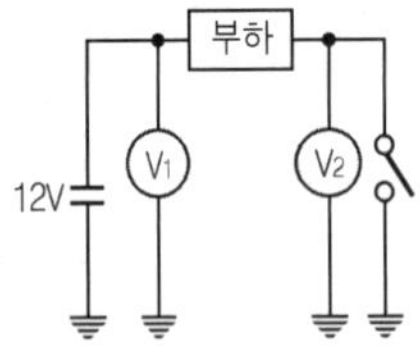

① V_1－스위치 ON : 12V, 스위치 OFF : 12V,
V_2－스위치 ON : 12V, 스위치 OFF : 0V
② V_1－스위치 ON : 12V, 스위치 OFF : 0V 이상, V_2－스위치 ON : 0V, 스위치 OFF : 12V 이하
③ V_1－스위치 ON : 12V, 스위치 OFF : 12V, V_2－스위치 ON : 0V, 스위치 OFF : 12V 이하
④ V_1－스위치 ON : 12V, 스위치 OFF : 12V, V_2－스위치 ON : 0V이상, 스위치 OFF : 0V 이상

20 **아래 회로를 보고 작동상태를 바르게 설명한 것은?**

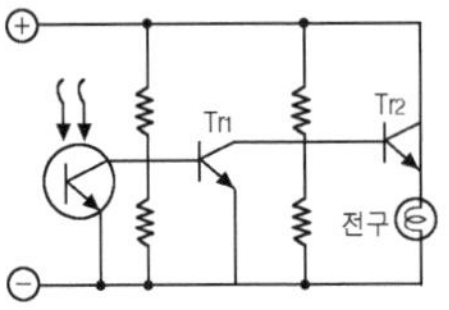

① 열을 가하면 전구가 작동한다.
② 어두워지면 전구가 점등한다.
③ 환해지면 전구가 점등한다.
④ 열을 가하면 전구가 소등한다.

21 **전기회로 정비 작업을 할 때의 설명이다. 틀린 것은?**

① 전기회로 배선 작업을 할 때 진동, 간섭 등에 주의하여 배선을 정리한다.
② 차량에 외부 전기장치를 장착 할 때는 전원 부분에 반드시 퓨즈를 설치한다.
③ 배선 연결 회로에서 접촉이 불량하면 열이 발생한다.
④ 연결 접촉부가 있는 회로에서 선간 전압이 5V 이하일 때에는 문제가 되지 않는다.

22 **암 전류를 측정하는 방법을 설명한 것 중 틀린 것은?**

① 점화스위치를 OFF한 상태에서 점검한다.
② 전류계를 배터리와 병렬로 연결한다.
③ 암 전류 규정치는 약 20~40mA이다.
④ 암 전류 과다는 배터리와 발전기의 손상을 가져온다.

23 **일정치 이상의 역방향 전류가 흐르면 순방향처럼 어느 순간 도통이 되는 역방향 도통 특성을 갖고 있는 다이오드 종류는?**

① 포토 다이오드 ② 제너 다이오드
③ 발광 다이오드 ④ 가변 다이오드

---

19. 전압계 V_1과 V_2를 연결하여 스위치를 ON, OFF하면 V_1－스위치 ON : 12V, 스위치 OFF : 12V, V_2－ 스위치 ON : 0V, 스위치 OFF : 12V 이하이다.

21. 전기회로 정비작업을 할 때 주의 사항
① 전기회로 배선 작업을 할 때 진동, 간섭 등에 주의하여 배선을 정리한다.
② 차량에 외부 전기장치를 장착할 때는 전원 부분에 반드시 퓨즈를 설치한다.
③ 배선 연결 회로에서 접촉이 불량하면 열이 발생한다.

22. 암 전류를 측정하는 방법
① 점화스위치를 OFF한 상태에서 점검한다.
② 전류계는 배터리와 직렬 접속하여 측정한다.
③ 암 전류 규정치는 약 20~40mA이다.
④ 암 전류과다는 배터리와 발전기의 손상을 가져온다.

23. 제너 다이오드는 일정치 이상의 역방향 전류가 흐르면 순방향처럼 어느 순간 도통이 되는 역방향 도통 특성을 갖고 있다.

19.③ **20.**③ **21.**④ **22.**② **23.**②

24 순방향으로 전류를 흐르게 하면 전류를 가시광선으로 변형시켜 빛을 발생하는 다이오드로 N형 반도체의 과잉 전자와 P형 반도체의 정공이 결합되어 있는 소자는?

① 제너 다이오드 ② 포토 다이오드
③ 발광 다이오드 ④ 실리콘 다이오드

25 어떤 전압에 달하면 역방향으로 전류가 흐를 수 있도록 하는 다이오드의 명칭은?

① 제너 다이오드 ② 발광 다이오드
③ 포토 다이오드 ④ 트랜지스터

26 반도체의 접합이 이중 접합인 것은?

① 광도전 셀 ② 서미스터
③ 사이리스터 ④ 발광 다이오드

27 수광 다이오드(photo diode)의 기호는?

① 
② 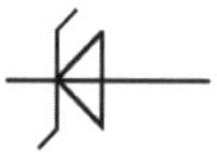
③ 
④ 

28 TR의 일종으로 베이스가 없이 빛을 받아서 컬렉터 전류가 제어되고 광량 측정, 광 스위치, 각종 sensor에 사용되는 반도체는?

① 사이리스터 ② 서미스터
③ 다링톤 T.R ④ 포토 T.R

29 단방향 3단자 사이리스터(thermistor : SCR)는 애노드(A), 캐소드(K), 게이트(G)로 이루어지는데, 다음 중 전류의 흐름방향을 설명한 것으로 틀린 것은?

① A에서 K로 흐르는 전류가 순방향이다.
② 순방향은 언제나 전류가 흐른다.
③ G에 (+), K에 (−)전류를 흘려보내면 A와 K사이가 순간적으로 도통된다.
④ A와 K사이가 도통된 것은 G전류를 제거해도 계속 도통이 유지되며, A전위를 0으로 만들어야 해제된다.

25. 다이오드의 종류
① 실리콘 다이오드 : 교류 전기를 직류 전기로 변환시키는 정류용 다이오드이다.
② 제너 다이오드 : 전압이 어떤 값에 이르면 역방향으로 전류가 흐르는 정전압용 다이오드이다.
③ 포토 다이오드 : 접합면에 빛을 가하면 역방향으로 전류가 흐르는 다이오드이다.
④ 발광 다이오드 : 순방향으로 전류가 흐르면 빛을 발생시키는 다이오드이다.

27. ①항은 다이오드, ②제너 다이오드, ④항은 발광다이오드

28. ① **사이리스터** : PNPN 접합의 4층 또는 그 이상의 많은 층으로 구성되며 스위치 작용을 한다. 단방향 3단자를 사용하여 (+)쪽을 애노드, (−)쪽을 캐소드, 제어 단자를 게이트라 한다.
② **서미스터** : 니켈, 구리, 아연, 망간, 마그네슘 등의 금속 산화물로 적당히 혼합하여 1000℃이상 고온에서 소결하여 만든 것으로 온도 검출용 센서로 사용된다.
③ **다링톤 TR** : 내부가 2개의 트랜지스터로 구성되어 있는 것으로 1개로 2개 분량의 증폭 효과를 낼 수 있다.
④ **포토 T.R** : TR의 일종으로 베이스가 없이 빛을 받아서 컬렉터 전류가 제어되고 광량 측정, 광 스위치, 각종 sensor에 사용하는 반도체이다.

29. 사이리스터의 특징
① 사이리스터는 PNPN 또는 NPNP의 4층 구조로 된 제어 정류기이다.
② ⊕ 쪽을 애노드(A), ⊖ 쪽을 캐소드(K), 제어 단자를 게이트(G)라 한다. 즉 애노드에서 캐소드로 전류가 흐르는 순방향이다.
③ 순방향에서는 작동조건(게이트에 전류 공급)에 이르지 못하면 전류가 흐르지 않는다.
④ 애노드와 캐소드가 도통된 것은 게이트 전류를 제거하여도 계속 도통이 유지되기 때문에 애노드의 전위를 0으로 만들어야 해제된다.
⑤ 발전기의 여자장치, 조광장치, 통신용 전원, 각종 정류장치에 사용된다.

24.③ 25.① 26.④ 27.③ 28.④ 29.②

30 **두 개의 영구 자석 사이에 도체를 직각으로 설치하고 도체에 전류를 공급하면 도체의 한 면에는 전자가 과잉되고 다른 면에는 전자가 부족 되어 도체 양면을 가로질러 전압이 발생되는 현상을 무엇이라고 하는가?**

① 홀 효과 ② 렌츠의 현상
③ 칼만 볼텍스 ④ 자기 유도

31 **회로에서 포토 TR에 빛이 인가될 때 점 A의 전압은?(단, 전원의 전압은 5V 이다)**

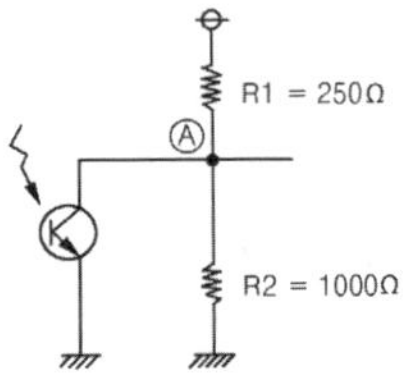

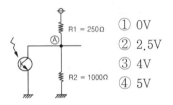

① 0V
② 2.5V
③ 4V
④ 5V

32 **다음 그림은 자기진단 출력 단자에서 전압의 변화를 시간대로 나타낸 것이다. 이 자기진단 출력이 10진법 2개 코드 방식일 때 맞는 것은?**

① 112 ② 22
③ 12 ④ 44

33 **컴퓨터의 논리회로에서 논리적(AND)에 해당되는 것은?**

① 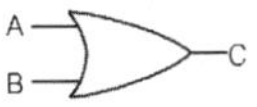

② 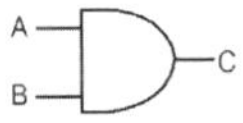

③ 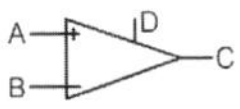

④ 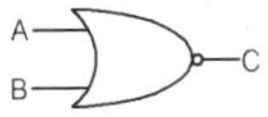

34 **승용차가 정기검사 중 축전지의 절연상태 불량으로 화재발생 우려가 있는 경우 검사결과에 대한 처리로 적합한 것은?**

① 전기장치의 결함으로 부적합 판정을 하고 부적합 통지서에 그 사유를 기재하여 교부한다.
② 전기장치에 대한 검사항목은 부적합 사항이 아니므로 합격판정하고 시정권고 통지서를 교부한다.
③ 원동기에 대한 검사항목이므로 시정권고 통지서를 교부한다.
④ 원동기에 대한 결함은 부적합 사항이 아니므로 자동차 등록증을 교부한다.

35 **전기장치에 대한 성능기준으로 적합하지 않은 것은?**

① 전기배선은 모두 절연물질로 덮어씌우고 차체에 고정시킬 것.
② 차실 안의 전기 개폐기 및 전기 단자는 적절히 절연물질로 덮어씌울 것.
③ 노출된 전기 개폐기는 연료탱크로부터 300mm 이상 간격을 두고 설치할 것.
④ 축전지는 자동차의 진동 또는 충격 등에 의하여 이완되거나 손상되지 않도록 고정시킬 것.

36 **자동차의 성능기준에 적합하지 않는 것은?**

① 완충장치의 각 부는 갈라지거나 금이 가고 탈락되는 등의 손상이 없어야 한다.
② 차실 외에 설치하는 축전지는 절연물질로 덮어씌울 것
③ 차실 안의 전기단자 및 전기 개폐기는 적절히 절연물질로 덮어씌울 것
④ 어린이운송용 승합자동차의 승강구 제1단의 발판 높이는 30센티미터 이하이어야 한다.

30. 홀 효과란 2개의 영구 자석 사이에 도체를 직각으로 설치하고 도체에 전류를 공급하면 도체의 한 면에는 전자가 과잉되고 다른 면에는 전자가 부족 되어 도체 양면을 가로질러 전압이 발생되는 현상을 말한다.

31. 포토 트랜지스터가 ON 상태이기 때문에 전압은 0V 이다.

30.① **31.**① **32.**② **33.**② **34.**① **35.**③ **36.**②

2장 시동, 점화 및 충전장치

2-1 축전지

축전지는 전류의 화학작용을 이용한 장치이며, 양극판, 음극판 및 전해액이 가지는 화학적 에너지를 전기적 에너지로 변환하는 기구이다.

1 축전지의 기능

① 기동 장치의 전기적 부하를 부담한다(가장 중요한 기능이다).
② 발전기가 고장일 경우 주행을 확보하기 위한 전원으로 작동한다.
③ 주행 상태에 따른 발전기의 출력과 부하와의 불균형을 조정한다.

2 축전지의 화학작용

(1) 방전 중의 화학작용

양극판		전해액		음극판		양극판		전해액		음극판
PbO_2	+	$2H_2SO_4$	+	Pb	→	$PbSO_4$	+	$2H_2O$	+	$PbSO_4$
과산화납		묽은황산		해면상납		황산납		물		황산납

(2) 충전 중의 화학작용

양극판		전해액		음극판		양극판		전해액		음극판
$PbSO_4$	+	$2H_2O$	+	$PbSO_4$	→	PbO_2	+	$2H_2SO_4$	+	Pb
황산납		물		황산납		과산화납		묽은황산		해면상납

3 납산축전지의 구조

① 12V 축전지의 경우에는 케이스 속에 6개의 셀(cell)이 있고, 이 셀 속에 양극판, 음극판 및 전해액이 들어 있다.
② 이들이 화학적 반응을 하여 셀마다 약 2.1V의 기전력을 발생시킨다.
③ 양극판이 음극판보다 더 활성적이므로 양극판과의 화학적 평형을 고려하여 음극판을 1장 더 둔다.

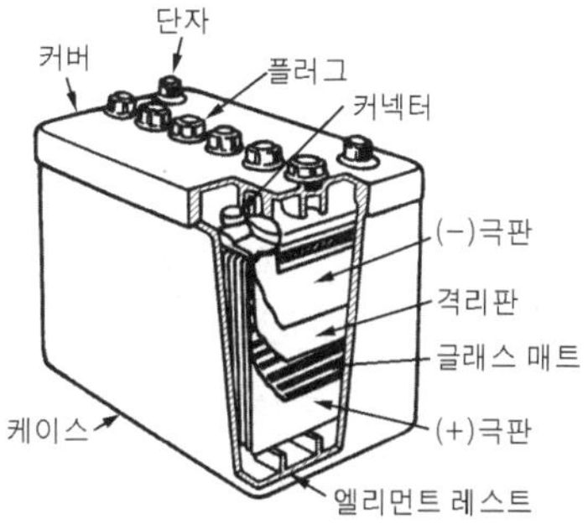

♺ 축전지의 구조

(1) 극판

극판에는 양극판과 음극판이 있으며, 양극판은 과산화납(PbO_2), 음극판은 해면상납(Pb)으로 한 것이다.

(2) 격리판

격리판은 양극판과 음극판 사이에 끼워져 양쪽 극판의 단락을 방지하는 일을 하며, 구비 조건은 다음과 같다.

① 비전도성일 것
② 다공성이어서 전해액의 확산이 잘될 것
③ 기계적 강도가 있고, 전해액에 부식되지 않을 것
④ 극판에 좋지 못한 물질을 내뿜지 않을 것

(3) 극판군

몇 장의 극판을 조립하여 접속 편에 용접하여 1개의 단자(terminal post)와 일체가 되도록 한 것이다. 극판의 장수를 늘리면 극판의 대항 면적이 증가하므로, 축전지 용량이 증가하여 이용전류가 많아진다.

(4) 케이스(case)

플라스틱(합성수지)으로 제작하며, 12V 축전지의 것은 6칸으로 나누어져 있다. 커버와 케이스의 청소는 탄산소다(탄산나트륨)와 물 또는 암모니아수로 한다.

(5) 단자(terminal post)

양극과 음극단자에는 문자·색깔 및 크기 등으로 표시하여 잘못 접속되는 것을 방지하고 있으며, 단자의 식별 방법은 다음과 같다.

① 양극은 (+), 음극은(-)의 부호로 분별한다.
② 양극은 적색, 음극은 흑색의 색깔로 분별한다.
③ 양극은 지름이 굵고, 음극은 가늘다.
④ 양극은 POS, 음극은 NEG의 문자로 분별한다.
⑤ 부식물이 많은 쪽이 양극이다.
⑥ 축전지 단자로부터 케이블을 분리할 경우에는 반드시 접지 단자의 케이블을 먼저 분리하고, 설치할 경우에는 나중에 설치하여야 한다.

(6) 전해액(electrolyte)

- 순도가 높은 묽은 황산(H_2SO_4)을 사용한다.
- 비중은 20℃에서 완전 충전되었을 때 1.260~1.280이며, 이를 표준비중이라 한다.
- 전해액은 온도가 상승하면 비중이 작아지고, 온도가 낮아지면 비중은 커진다. 전해액 비중은 온도 1℃ 변화에 대하여 0.0007이 변화한다.

$$S_{20} = St + 0.0007 \times (t - 20)$$

S_{20} : 표준 온도 20℃ 로 환산한 비중,
S_t : t℃에서 실제 측정한 비중,
t : 측정할 때 전해액 온도

① **극판의 영구 황산납(유화, 설페이션)** : 축전지의 방전상태가 일정한도 이상 오랫동안 진행되어 극판이 결정화되는 현상을 말하며 그 원인은 다음과 같다.

- 전해액의 비중이 너무 높거나 낮다.
- 전해액이 부족하여 극판이 노출되었다.
- 불충분한 충전이 되었다.
- 축전지를 방전된 상태로 장기간 방치하였다.

② **전해액의 제조**

- 용기는 반드시 절연체인 것을 준비한다.
- 물(증류수)에 황산을 부어서 혼합하도록 한다. 이때 혼합비율은 물 65%와 황산(1.400) 35%정도로 한다.
- 조금씩 혼합하도록 하며, 유리막대 등으로 천천히 저어서 냉각시킨다.
- 전해액의 온도가 20℃에서 1.280되게 비중을 조정하면서 작업을 마친다.

4 축전지의 특성

(1) 기전력

기전력은 전해액 온도 저하에 따라 낮아지며, 이것은 전해액의 온도가 낮아지면 축전지 내부의 화학반응이 늦어지고, 전해액의 고유 저항이 증가하기 때문이다.

(2) 방전종지 전압

축전지를 어떤 전압 이하로 방전해서는 안 되는 것을 말하며, 1셀당 1.75V이다. 방전종지 전압 이하로 방전을 하면 극판이 손상되어 축전지의 기능을 상실한다.

(3) 축전지 용량

① 완전 충전된 축전지를 일정한 전류로 연속 방전하여 방전중의 단자전압이 규정의 방전종지 전압이 될 때까지 방전시킬 수 있는 용량이다.

② 용량의 단위는 AH을 사용하며, 일정 방전전류(A)×방전종지 전압까지의 연속 방전시간(H)이다.

③ 축전지 용량의 크기를 결정하는 요소에는 극판의 크기(또는 면적), 극판의 수, 전해액의 양 등이 있다.

④ 축전지 용량을 표시하는 방법에는 20시간율, 25암페어율, 냉간율 등이 있다.

⑤ **축전지 연결에 따른 용량과 전압의 변화**

- **직렬연결의 경우** : 같은 전압, 같은 용량의 축전지 2개 이상을 (+)단자와 다른 축전지의 (−)단자에 서로 연결하는 방식이며, 전압은 연결한 개수만큼 증가되지만 용량은 1개일 때와 같다.
- **병렬연결의 경우** : 같은 전압, 같은 용량의 축전지 2개 이상을 (+)단자는 다른 축전지의 (+)단자에, (−)단자는 (−)단자에 접속하는 방식이며, 용량은 연결한 개수만큼 증가하지만 전압은 1개일 때와 같다.

(4) 축전지의 자기방전

① **자기방전의 원인**

- 음극판의 작용물질(해면상납)이 황산과의 화학작용으로 황산납이 되면서 자기 방전되며 이때 수소가스를 발생시킨다(구조상 부득이한 경우이다).
- 불순물이 유입되어 국부 전지가 형성되어 방전된다.
- 탈락한 극판의 작용물질이 축전지 내부의 밑이나 옆에 퇴적되거나 격리 판이 파손되어 양쪽 극판이 단락되어 방전된다.
- 축전지 커버 위에 부착된 전해액이나 먼지 등에 의한 누전으로 방전된다.

② **자기 방전량**

- 자기 방전량은 전해액의 온도가 높고, 비중 및 용량이 클수록 크다.
- 자기 방전량은 날짜가 흐를수록 많아지나 그 비율은 충전 후의 시간 경과에 따라 점차 낮아진다.
- 온도와 자기 방전량과의 관계는 다음 표와 같다.

온도(℃)	자기 방전량(1일당 %)
30	1.0
20	0.5
5	0.25

5 축전지의 충전

(1) 정 전류 충전

충전의 시작에서 끝까지 전류를 일정하게 하고, 충전을 실시하는 방법이다.

(2) 정 전압 충전

충전의 전체 기간을 일정한 전압으로 충전하는 방법이다.

(3) 단별 전류 충전

정 전류 충전방법의 일종이며, 충전 중의 전류를 단계적으로 감소시키는 방법이다. 충전 특성은 충전효율이 높고 온도상승이 완만하다.

(4) 급속 충전

① 급속 충전기를 사용하여 시간적 여유가 없을 때 하는 충전이며, 충전전류는 축전지 용량

의 50%정도 한다.

② 충전 특성은 짧은 시간 내에 매우 큰 전류로 충전을 실시하므로 축전지 수명을 단축시키는 요인이 된다.

(5) 축전지를 충전할 때 주의사항

① 충전하는 장소는 반드시 환기장치를 하여야 한다.
② 축전지는 방전 상태로 두지 말고 즉시 충전한다.
③ 충전 중 전해액의 온도를 45℃ 이상으로 상승시키지 않는다.
④ 충전 중인 축전지 근처에서 불꽃을 가까이해서는 안 된다(수소가스가 폭발성 가스이다).
⑤ 축전지를 과 충전 시켜서는 안 된다(양극판 격자의 산화가 촉진된다).
⑥ 축전지를 2개 이상 동시에 충전할 때에는 반드시 직렬 접속하여야 한다.
⑦ 축전지와 충전기를 서로 역 접속해서는 안 된다.
⑧ 암모니아수 및 탄산소다 등의 중화제를 준비해 둔다.
⑨ 축전지를 자동차에서 떼어내지 않고 급속 충전을 할 경우에는 반드시 축전지와 발전기를 연결하는 케이블을 분리하여야 한다(발전기 다이오드를 보호하기 위함이다.)
⑩ 각 셀의 벤트 플러그를 열어 놓는다.

6 기타 축전지

(1) MF 축전지(Maintenance Free Battery)

MF 축전지는 자기 방전이나 화학반응을 할 때 발생하는 가스로 인한 전해액 감소를 방지하고, 축전지 점검·정비를 줄이기 위해 개발된 것이며 다음과 같은 특징이 있다.

① 증류수를 점검하거나 보충하지 않아도 된다.
② 자기 방전 비율이 매우 낮다.
③ 장기간 보관이 가능하다.
④ 충전 말기에 전기가 물을 분해할 때 발생하는 산소와 수소가스를 촉매를 사용하여 다시 증류수로 환원시키는 촉매 마개를 사용한다.

(2) 알칼리 축전지

① 과충전, 과방전 등 가혹한 조건에 잘 견딘다.
② 고율방전 성능이 매우 우수하다.
③ 출력밀도(W/kg)가 크다.
④ 알칼리 축전지의 양극판은 수산화 제2니켈, 음극판은 카드뮴으로 구성되어 있다.

2-2 기동장치(Starting System)

1 기동장치의 개요

기동 전동기의 원리는 계자 철심 내에 설치된 전기자에 전류를 공급하면 전기자는 플레밍의 왼손법칙에 따르는 방향의 힘을 받는다.

(1) 플레밍의 왼손법칙(Fleming's left hand rule)

왼손의 엄지, 인지, 중지를 서로 직각이 되게 펴고 인지를 자력선의 방향으로, 중지를 전류의 방향에 일치시키면 도체에는 엄지의 방향으로 전자력이 작용한다는 법칙이며 기동 전동기, 전류계, 전압계 등의 원리이다.

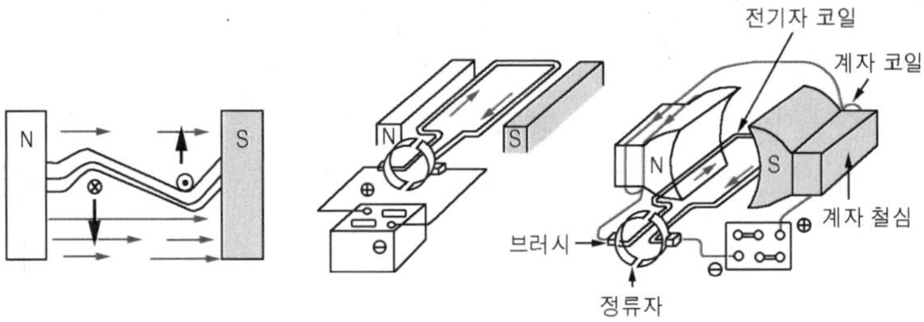

♺ 기동전동기의 원리

(2) 기동전동기의 필요 회전력

$$\text{기동전동기의 필요 회전력} = \text{크랭크축 회전력} \times \frac{\text{피니언의 잇수}}{\text{링기어의 잇수}}$$

2 전동기의 종류

(1) 직권 전동기

① 직권 전동기는 전기자 코일과 계자 코일이 직렬로 접속된 것이다.

② 직권 전동기의 특징은 기동 회전력이 크고, 부하가 증가하면 회전속도가 낮아지고 흐르는 전류가 커지는 장점이 있으나 회전속도 변화가 크다.

(2) 분권 전동기

① 분권 전동기는 전기자와 계자 코일이 병렬로 접속된 것이다.

② 분권 전동기의 특징은 회전속도가 일정한 장점이 있으나 회전력이 작은 단점이 있다.

(3) 복권 전동기

① 복권 전동기는 전기자 코일과 계자 코일이 직·병렬로 접속된 것이다.

② 복권 전동기의 특징은 회전력이 크며, 회전속도가 일정한 장점이 있으나 구조가 복잡한 단점이 있다.

3 기동전동기의 구조

(1) 전동기 부분

전동기 부분은 회전운동을 하는 부분(전기자와 정류자)과 고정되어 있는 부분(계자 코일, 계자 철심, 브러시)으로 구성되어 있다.

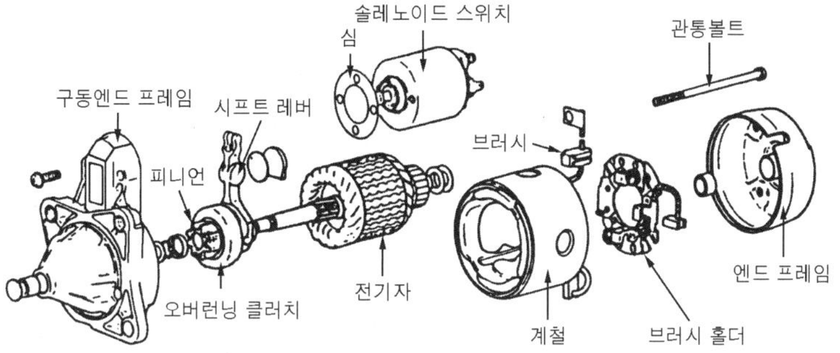

♺ 기동 전동기의 분해도

(2) 회전운동을 하는 부분

① **전기자**(armature) : 전기자는 축, 철심, 전기자 코일 등으로 구성되어 있으며, 축의 앞쪽에는 피니언의 미끄럼 운동을 위해 스플라인이 파져 있다. 전기자 철심은 자력선을 잘 통과시키고 맴돌이 전류를 감소시키기 위해 얇은 철판을 각각 절연하여 성층 철심으로 하였으며, 바깥둘레에는 전기자 코일이 들어가는 홈(slot)이 파져있다. 전기자 코일의 전기적 점검은 그롤러 테스터로 하며, 전기자 코일의 단선(개회로), 단락 및 접지 등에 대하여 시험한다.

② **정류자**(commutator) : 정류자는 경동으로 만든 정류자 편을 절연체로 감싸서 원형으로 제작한 것이며, 그 작용은 브러시에서의 전류를 일정한 방향으로만 전기자 코일로 흐르게 한다.

(3) 고정된 부분

① **계철과 계자 철심**(yoke & pole core) : 계철은 자력선의 통로와 기동 전동기의 틀이 되는 부분이며, 안쪽 면에는 계자 코일을 지지하여 자극이 되는 계자 철심이 스크루로 고정되어 있다.

② **계자 코일**(field coil) : 계자 코일은 계자 철심에 감겨져 자력을 발생시키며, 큰 전류가 흐르므로 평각 구리선을 사용한다. 코일의 바깥쪽은 테이프를 감거나 합성수지 등에 담가 막을 만든다.

③ **브러시와 브러시 홀더**(brush & brush holder) : 브러시는 정류자를 통하여 전기자 코일에 전류를 출입시키는 일을 하며, 일반적으로 4개가 설치된다. 스프링 장력은 스프링 저울로 측정하며 0.5~1.0kg/cm²이다.

(4) 동력전달기구

① 기동 전동기에서 발생한 회전력을 엔진 플라이 휠의 링 기어로 전달하여 크랭킹시키는 부분이다.

② 플라이 휠 링 기어와 피니언의 감속비율은 10~15 : 1정도이며, 피니언을 링 기어에 물리는 방식은 다음과 같다.

- 벤딕스식(Bendix type)
- 피니언 섭동식(sliding gear type) : 수동식, 전자식
- 전기자 섭동식(armature shift type)

2-3 점화장치(Ignition System)

1 트랜지스터 점화장치

트랜지스터 점화장치는 점화시기에 맞추어서 미세한 신호를 보내어 트랜지스터의 스위칭 작용을 이용하여 점화 1차 전류를 단속한다. 장점은 다음과 같다.

① 저속 성능이 안정되고, 고속 성능이 향상된다.

② 점화장치의 신뢰성이 향상되며, 점화시기를 정확하게 조절할 수 있다.

③ 안정된 고전압을 얻을 수 있다.

④ 점화 코일의 권수비를 적게 할 수 있다.

2 축전기 방전 점화방식(CDI ; Condenser Discharge Igniter)

축전기 방전 점화방식은 축전기(Condenser)에 약 400V정도의 직류 전압을 충전시켜 놓고 점화코일의 1차 코일을 통하여 급격히 방전시켜 2차 코일에 고전압이 유기 되도록 하는 것이다. 축전기에 충전용 직류전압을 유기 하는 방법은 트랜지스터를 이용하여 DC-DC컨버터를 사용하는 형식과 자석식 발전 코일을 이용하는 형식이 있다.

3 컴퓨터 제어방식 점화장치

이 점화방식은 엔진의 회전속도, 부하 정도, 엔진의 온도 등을 검출하여 컴퓨터(ECU)에 입력시키면 컴퓨터는 점화시기를 연산하여 1차 전류를 차단하는 신호를 파워 트랜지스터(power TR)로 보내어 점화코일에서 2차 전압을 발생시키는 방식이다.

(1) 전자제어 점화장치의 특징

① 파워 트랜지스터(파워TR)가 점화 코일의 1차 전류를 단속한다.

② 트랜지스터의 스위칭 작용을 이용하여 2차 전압을 유기 시킨다.

③ ECU(컴퓨터)는 크랭크 각 센서의 신호를 받아 파워 트랜지스터에 전압을 준다.

④ 폐자로형 HEI(High Energy Ignition)형식을 쓰는 이유는 자기유도 작용으로 생성되는 자속을 외부로 방출하는 것을 방지하기 위함이다.

(2) HEI(고강력 점화식 ; High Energy Ignition)

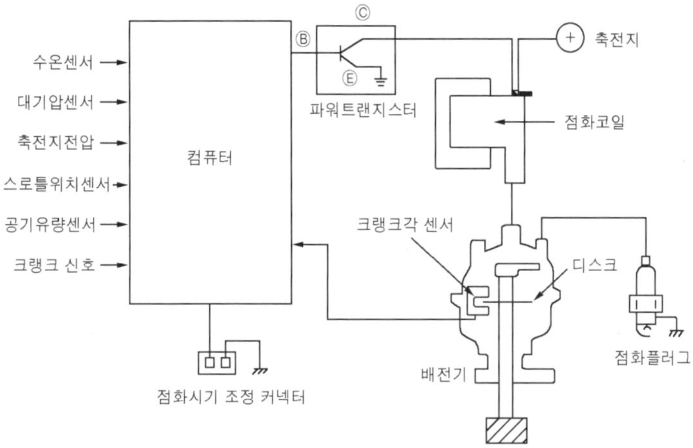

♺ HEI의 구성도

① **점화코일** : 폐자로형(몰드형) 철심을 사용하며, 자기 유도 작용에 의해 생성되는 자속이 외부로 방출되는 것을 방지하기 위해 철심을 통하여 자속이 흐르도록 한다. 기존의 점화코일보다 1차 코일의 저항을 감소시키고, 1차 코일을 굵게 하여 더욱 큰 자속을 형성시킬 수 있어 2차 전압을 향상시킬 수 있다.

② **파워 트랜지스터** : 컴퓨터에서 신호를 받아 점화코일의 1차 전류를 단속하는 작용을 한다. 구조는 컴퓨터에 의해 조절되는 베이스, 점화 코일과 접속되는 컬렉터, 그리고 접지되는 이미터 단자로 구성된 NPN형이다.

③ **배전기 어셈블리의 종류와 그 작용**

- **옵티컬 형식**(Optical type) : 배전기의 유닛 어셈블리에는 디스크에 설치한 2종류의 슬릿(홈 ; slit)을 검출하기 위한 발광 다이오드와 포토다이오드가 2개씩 내장되어 펄스 신호를 컴퓨터로 보내는 크랭크 각 센서와 1번 실린더 상사점 센서를 구성한다. 또 배전기 축 위쪽에는 로터가 끼워져 있다. 디스크에는 금속제 원판으로 주위에 90°간격으로 4개의 빛 통과 크랭크 각 센서용 슬릿이 있고, 또 안쪽에는 1개의 1번 실린더 상사점 센서용 슬릿이 있다.
- **인덕션 형식**(Induction type) : 톤 휠(tone wheel)과 영구자석을 이용한 것이다. 인덕션 방식은 제1번 실린더 상사점 센서 및 크랭크 각 센서의 톤 휠을 크랭크축 풀리 뒤나 플라이휠에 설치하고 크랭크축이 회전하면 엔진의 회전속도 및 제1번 실린더 상사점의 위치를 감지하여 컴퓨터로 입력시키면 컴퓨터는 제1번 실린더에 대한 기초신호를 식별하여 연료 분사순서를 결정한다.

- **홀 센서 형식**(Hall Sensor type) : 홀 센서를 배전기에 설치하고 홀 효과에 의하여 발생된 전압 변동이 컴퓨터로 입력되며 컴퓨터는 이 펄스를 A/D(아날로그/디지털)변환기에 의하여 디지털 파형으로 변화시켜 크랭크 각을 측정한다. 홀 센서란 홀 소자인 게르마늄(Ge), 칼륨(K), 비소(GaAs) 등을 사용하여 얇은 판 모양으로 만든 반도체 소자이다.

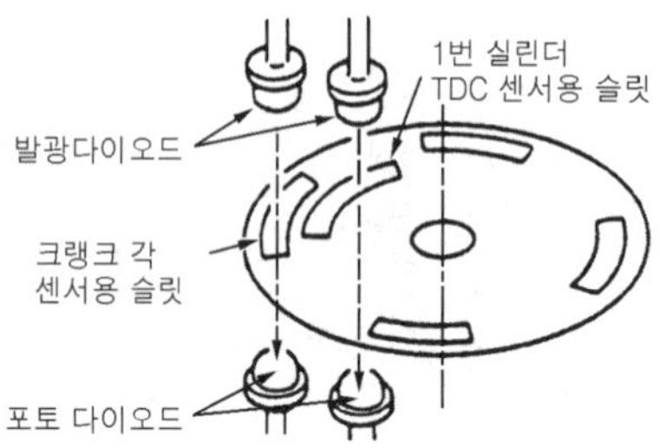

♻ 옵티컬 형식

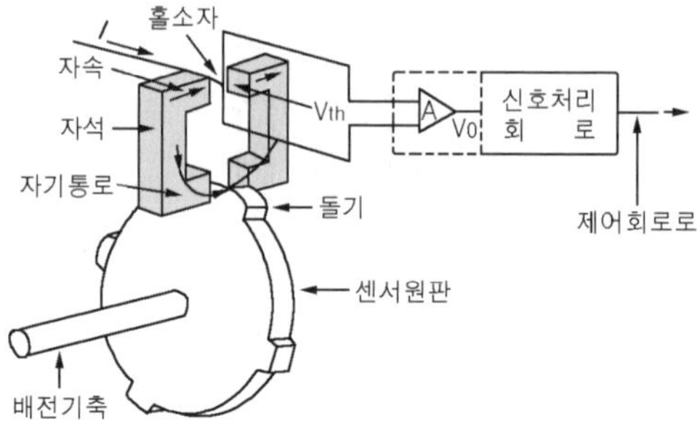

♻ 홀 센서의 구조

(3) DLI(전자 배전 점화방식 ; Distributor less Ignition)

① DLI의 종류

- DLI는 전자제어 방식에 따라 점화코일 분배 방식과 다이오드 분배방식이 있다.
- 점화코일 분배방식에는 1개의 점화코일로 2개의 실린더에 동시에 고전압을 분배하는 동시 점화방식과 각 실린더마다 1개의 점화코일과 1개의 점화플러그가 결합되어 직접 점화시키는 독립 점화방식이 있다.

② DLI의 장점

- 배전기에서 누전이 없다.
- 로터와 배전기 캡 전극 사이의 고전압 에너지 손실이 없다.
- 배전기 캡에서 발생하는 전파 잡음이 없다.
- 점화 진각 폭의 제한이 없다.
- 고전압 출력을 감소시켜도 방전 유효에너지 감소가 없다
- 내구성이 크고, 전파 방해가 없어 다른 전자제어장치에도 유리하다.

4 점화플러그

(1) 점화플러그

① 전극은 중심 전극과 접지 전극으로 구성되어 있으며 이들 사이에는 0.7~1.1mm 간극이 있으며 간극 조정은 접지 전극을 구부려서 조정한다.

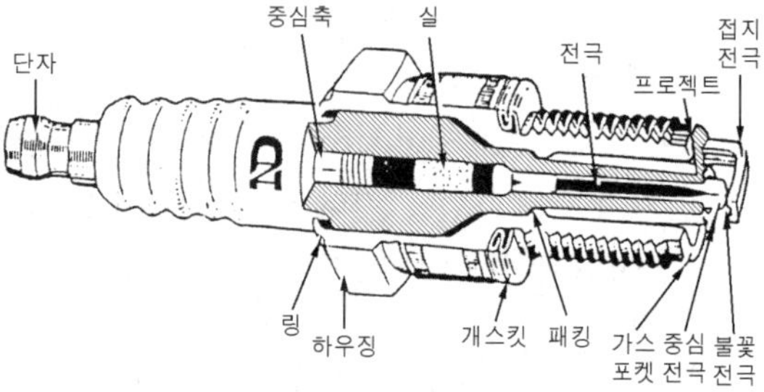

♻ 점화 플러그의 구조

② **자기 청정 온도** : 엔진이 작동되는 동안 점화플러그 전극부분의 온도가 450~600℃ 정도를 유지하도록 하는 온도이다. 전극부분의 온도가 400℃ 이하이면 오손 되고, 800℃ 이상 되면 조기 점화의 원인이 된다.

③ **열 값(열 범위)** : 점화 플러그의 열 방산 능력을 나타내는 값이며, 절연체 아랫부분의 끝에서부터 아래 실까지의 길이에 따라 결정된다.

- 길이가 짧고 열 방산이 잘 되는 형식을 냉형(cold type), 길이가 길고 열 방산이 늦은 형식을 열형(hot type)이라고 한다.
- 고속·고 압축비 기관에서는 냉형 점화 플러그를 사용하고, 저속저압축비 기관에서는 열형 점화 플러그를 사용한다.

5 점화장치 정비

(1) 타이밍라이트 사용법

① 타이밍 라이트의 적색클립을 배터리 (+)단자에, 흑색 클립을 배터리 (-)단자에 물린다.

② 타이밍 라이트의 픽업 클램프를 1번 점화플러그 고압 케이블에 화살표방향이 점화플러그 쪽으로 향하게 하여 물린다.

③ 타이밍 라이트의 흑색 또는 녹색 부트 리드 선을 점화 코일 (-)단자에 물린다.

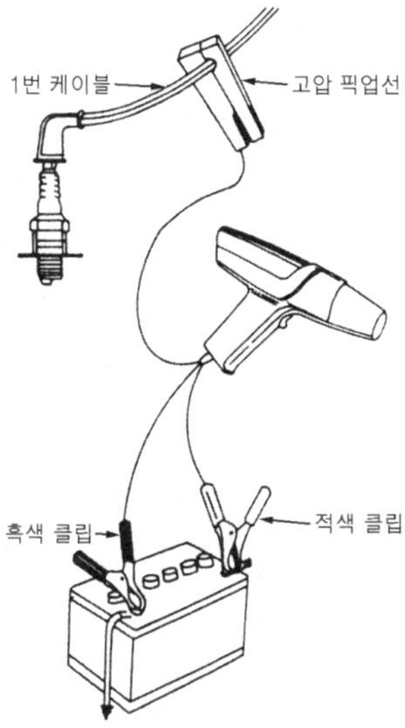

♻ 타이밍 라이트 배선연결

(2) 파형점검

① 점화 2차 회로 절연상태를 파악하기 위해서는 스코프 파형은 코일 최대 출력 파형의 하향부분을 관찰하여야 한다.

② 점화플러그 부하시험을 할 때 2차 점화 파형에서 점화전압이 1개 이상 높을 때의 원인은 점화플러그 간극 과대, 점화플러그 저항선 단선, 2차 회로 불량 등이다.

(3) 크랭크축은 회전하나 기관이 시동되지 않는 원인

① No.1 TDC 센서의 불량
② 크랭크 각 센서 불량
③ 점화 장치 불량
④ 연료 펌프 작동 불량
⑤ 파워 트랜지스터(Power TR)의 결함
⑥ 점화 1차 코일의 단선
⑦ ECU의 결함

2-4 충전장치

1 발전기의 원리

(1) 렌츠의 법칙(Lenz's Law)

렌츠의 법칙이란 "유도 기전력은 코일 내의 자속 변화를 방해하는 방향으로 생긴다."라는 것이다.

(2) 플레밍의 오른손 법칙(Fleming's right hand rule)

플레밍의 오른손 법칙은 오른손 엄지, 인지 및 중지를 서로 직각이 되게 펴고, 인지를 자력선의 방향에, 엄지를 도체의 운동 방향에 일치시키면 중지에 유도 기전력의 방향이 표시된다.

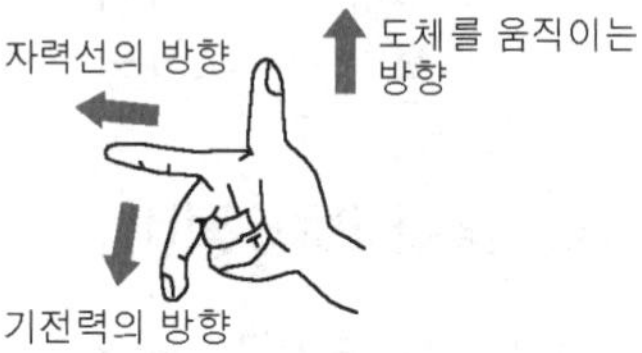

♺ 플레밍의 오른손 법칙

2 교류(AC) 충전장치

(1) 교류 발전기(Alternator)의 특징

① 저속에서도 충전이 가능하다.
② 회전 부분에 정류자가 없어 허용 회전속도 한계가 높다.
③ 실리콘 다이오드로 정류하므로 전기적 용량이 크다.
④ 소형 경량이며, 브러시 수명이 길다.
⑤ 전압 조정기만 필요하다.
⑥ AC발전기에서 컷 아웃 릴레이의 작용은 실리콘 다이오드가 한다.
⑦ 전류 조정기가 필요 없는 이유는 스테이터 코일에는 회전속도가 증가됨에 따라 발생하는 교류의 주파수가 높아져 전기가 잘 통하지 않는 성질이 있어 전류가 증가하는 것을 제한할 수 있기 때문이다.

(2) 교류 발전기의 구조

교류 발전기는 고정부분인 스테이터(고정자), 회전하는 부분인 로터(회전자), 로터의 양끝을 지지하는 엔드 프레임(end frame), 스테이터 코일에서 유기된 교류를 직류로 정류하는 실리콘 다이오드로 구성되어 있다.

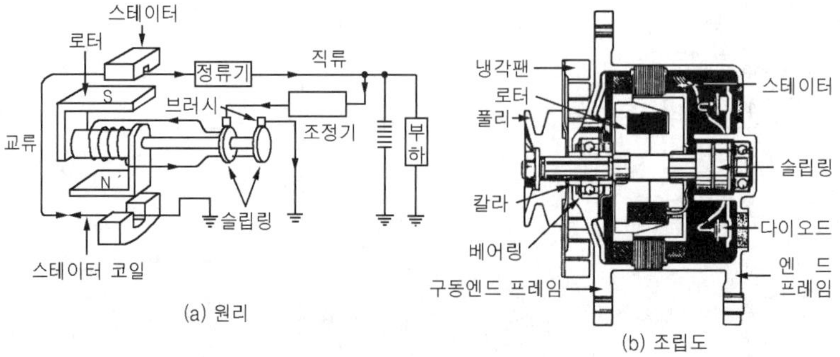

♺ 교류 발전기의 구조

(3) 스테이터(stator)

① 스테이터는 독립된 3개의 코일이 감겨져 있고 여기에서 3상 교류가 유기 된다.

② 스테이터 코일의 접속방법에는 Y결선(스타결선)과 삼각 결선(델타 결선)이 있으며, Y 결선은 선간 전압이 각 상 전압의 $\sqrt{3}$ 배가 높아 엔진이 공전할 때에도 충전 가능한 전압이 유기된다.

(4) 로터(rotor)

① 로터의 자극 편은 코일에 여자전류가 흐르면 N극과 S극이 형성되어 자화되며, 로터가 회전함에 따라 스테이터 코일의 자력선을 차단하므로 전압이 유기된다.

② 슬립 링 위를 브러시가 미끄럼 운동하면서 로터 코일에 여자 전류를 공급한다.

(5) 정류기(rectifier)

① 교류 발전기에서는 실리콘 다이오드를 정류기로 사용한다.

② 교류 발전기에서 다이오드의 기능은 스테이터 코일에서 발생한 교류를 직류로 정류하여, 외부로 공급하고, 또 축전지에서 발전기로 전류가 역류하는 것을 방지한다.

③ 다이오드 수는 (+)쪽에 3개, (−)쪽에 3개씩 6개를 두며, 최근에는 여자 다이오드를 3개 더 두고 있다.

핵심기출문제

1. 축전지

01 축전지 격리판의 필요조건이 아닌 것은?

① 전도성일 것
② 다공성일 것
③ 전해액에 부식되지 않을 것
④ 전해액의 확산이 잘 될 것

02 축전지의 전해액 비중은 온도 1℃의 변화에 대해 얼마나 변화하는가?

① 0.0005 ② 0.0007
③ 0.0010 ④ 0.0015

03 25℃에서 양호한 상태인 100AH 축전지는 300A의 전기를 얼마동안 발생시킬 수 있는가?

① 5분 ② 10분
③ 15분 ④ 20분

04 완전 충전된 축전지를 방전 종지 전압까지 방전하는데 20A로 5시간 걸렸고 이것을 다시 완전 충전하는데 10A로 12시간 걸렸다면 이 축전지의 AH 효율은 약 몇 %인가?

① 약 63% ② 약 73%
③ 약 83% ④ 약 93%

05 납산 축전지에 대한 설명으로 옳은 것은?

① 12V 배터리는 12개의 셀이 직렬로 연결되어 있다.
② 배터리 용량은 "전압×방전시간"으로 표시되어 있다.
③ 같은 전압, 같은 용량의 배터리를 직렬로 연결하면 용량이 배가 된다.
④ 극판의 개수가 많을수록 축전지 용량이 커진다.

06 알칼리 축전지의 설명으로 틀린 것은?

① 과충전, 과방전 등 가혹한 조건에 잘 견딘다.
② 고율방전 성능이 매우 우수하다.
③ 출력밀도(W/kg)가 크다.
④ 극판은 납과 칼슘 합금으로 구성된다.

---

01. 축전지 격리판의 필요조건
① 비전도성일 것 ② 다공성일 것
③ 전해액에 부식되지 않을 것
④ 전해액의 확산이 잘될 것

03. 전기 발생 시간 $= \dfrac{100\times60}{300} = 20$분

04. 축전지의 용량 효율 $= \dfrac{20A \times 5H}{10A \times 12H} \times 100 = 83.3\%$

05. 납산 축전지
① 12V 배터리는 6개의 셀이 직렬로 연결되어 있다.
② 배터리 용량은 "전류×방전시간"으로 표시되어 있다.
③ 같은 전압 같은 용량의 배터리를 직렬로 연결하면 전압은 개수 배가 되고 용량은 1개 때와 같다.

06. 알칼리 축전지의 양극판은 수산화 제2니켈, 음극판은 카드뮴으로 구성되어 있다.

01.① 02.② 03.④ 04.③ 05.④ 06.④

07 **납산 축전지가 방전할 때 축전지 내의 변화 상태로 틀린 것은?**

① 양극판은 과산화납에서 황산납으로 된다.
② 음극판은 납에서 황산납으로 된다.
③ 전해액은 묽은 황산에서 점차로 묽어져 물로 된다.
④ 전해액의 비중은 점차로 증가한다.

08 **축전지의 용량에서 0°F 에서 300 A 의 전류로 방전하여 셀당 기전력이 1 V 전압 강하하는데 소요되는 시간으로 표시하는 것은?**

① 20 시간율 ② 25 암페어율
③ 냉간율 ④ 20 전압율

09 **자동차용 축전지의 충전에 대한 설명으로 틀린 것은?**

① 정전압 충전은 충전시간 동안 일정한 전압을 유지하며 충전한다.
② 정전류 충전은 충전 초기 많은 전류가 흘러 축전지에 손상을 줄 수 있다.
③ 정전류 충전의 충전전류는 20시간율 용량의 10%로 선정한다.
④ 급속 충전의 충전전류는 20시간율 용량의 50%로 선정한다.

10 **축전지의 자기 방전에 대한 설명으로 틀린 것은?**

① 자기 방전량은 전해액의 온도가 높을수록 커진다.
② 자기 방전량은 전해액의 비중이 낮을수록 커진다.
③ 자기 방전량은 전해액 속의 불순물이 많을수록 커진다.
④ 자기 방전은 전해액 속의 불순물과 내부 단락에 의해 발생한다.

11 **60Ah의 배터리가 매일 2%의 자기 방전을 할 때 이것을 보충전하기 위하여 24시간 충전을 할 때 충전기의 충전 전류는 몇 A로 조정하는가?**

① 0.01A ② 0.03A
③ 0.05A ④ 0.07A

2. 기동장치

01 **기동전동기의 작동원리는?**

① 플레밍의 오른손법칙
② 렌츠의 법칙
③ 플레밍의 왼손법칙
④ 앙페르의 법칙

02 **직권 전동기의 전기자 코일과 계자 코일의 연결은?**

① 전기자 코일은 병렬, 계자 코일은 직렬
② 병렬
③ 전기자 코일은 직렬, 계자 코일은 병렬
④ 직렬

07. 축전지가 방전되는 경우 전해액의 비중은 점차로 감소한다.

08. 방전율

① 20 시간율 : 일정한 전류로 방전하여 셀당 전압이 1.75 V로 강하됨이 없이 20 시간 방전할 수 있는 전류의 총량을 말한다.
② 25 A율 : 80°F 에서 25 A 의 전류로 방전하여 셀당 전압이 1.75 V에 이를 때까지 방전하는 소요 시간으로 표시한다.
③ 냉간율 : 0°F 에서 300 A 로 방전하여 셀당 전압이 1V 강하하기까지 몇 분 소요되는 가로 표시한다.

09. 정전압 충전은 충전 초기에 큰 전류가 흘러 축전지의 수명에 단축된다.

10. 1일 방전량=축전지 용량×1일자기방전량

$$\text{시간당 충전전류} = \frac{\text{1일 방전량}}{\text{24시간}} = \frac{60 \times 2}{24 \times 100} = 0.05A$$

07.④ **08.**③ **09.**② **10.**② **11.**③
01.③ **02.**④

03 **다음은 자동차용 기동 전동기의 특징을 열거한 것이다. 틀린 것은?**

① 일반적으로 직권 전동기를 사용한다.
② 부하가 커지면 회전력은 작아진다.
③ 역 기전력은 회전수에 비례한다.
④ 부하를 크게 하면 회전속도가 작아진다.

04 **다음 중 기동전동기가 갖추어야 할 조건이 아닌 것은?**

① 기동 회전력이 커야 된다.
② 전압 조정기가 있어야 한다.
③ 마력 당 중량이 작아야 한다.
④ 기계적인 충격에 견딜만한 충분한 내구성이 있어야 한다.

05 **기동전동기의 필요 회전력에 대한 수식은?**

① 크랭크축 회전력 $\times \dfrac{\text{링기어 잇수}}{\text{피니언의 잇수}}$

② 캠축 회전력 $\times \dfrac{\text{피니언 잇수}}{\text{링기어의 잇수}}$

③ 크랭크축 회전력 $\times \dfrac{\text{피니언의 잇수}}{\text{링기어의 잇수}}$

④ 캠축 회전력 $\times \dfrac{\text{링기어 잇수}}{\text{피니언의 잇수}}$

06 **기동전동기의 구성부품 중 단지 한쪽방향으로 토크를 전달하는 일명 일방향 클러치라고도 하는 것은?**

① 솔레노이드 ② 스타터 릴레이
③ 오버러닝 클러치 ④ 시프트 레버

07 **기동전동기의 계자 코일과 정류자 코일에 흐르는 전류에 대한 설명으로 옳은 것은?**

① 계자 코일 전류가 정류자 코일 전류보다 크다.
② 정류자 코일 전류가 계자 코일 전류보다 크다.
③ 계자 코일 전류와 정류자 코일 전류가 같다.
④ 계자 코일 전류와 정류자 코일 전류가 같을 때도 있고 다를 때도 있다.

08 **기관 크랭킹시 축전지(–) 단자와 기동전동기 하우징 사이에 전압 강하량이 0.2V 이상일 때의 현상은?**

① 기동전동기 회전력이 커진다.
② 기동전동기 회전저항이 적어진다.
③ 기동전동기 회전 속도가 느려진다.
④ 기동전동기 회전 속도가 빨라진다.

09 **가솔린 엔진에서 기동 전동기의 전류 소모시험을 하였더니 90A 였다. 이때 축전지 전압이 12V일 때 이 엔진에 사용하는 기동 전동기의 마력은?**

① 0.75PS ② 1.26PS
③ 1.47PS ④ 1.78PS

03. 기동전동기의 특징
① 일반적으로 직권전동기를 사용한다.
② 역 기전력은 회전속도에 비례한다.
③ 부하를 크게 하면 회전속도가 낮아진다.
④ 부하가 커지면 회전력은 커진다.
⑤ 회전속도 변화가 크다.

04. 기동 전동기가 갖추어야 할 조건
① 소형 경량이면서 출력이 커야 한다.
② 기동 회전력이 커야 한다.
③ 전원 용량이 적어야 한다.
④ 방진 및 방수형일 것
⑤ 기계적인 충격에 견딜만한 충분한 내구성이 있어야 한다.

07. 기동전동기의 계자 코일에 흐르는 전류와 정류자 코일에 흐르는 전류의 크기는 같다.

09. $PS = P \times 1.36$
PS : 기동전동기의 마력 P : 전력(kW)
$$PS = \frac{12 \times 90}{1000} \times 1.36 = 1.47$$

03.② **04.②** **05.③** **06.③** **07.③** **08.③** **09.③**

10 **기동 전동기에 흐르는 전류는 120A이고, 전압은 12V 라면 이 기동 전동기의 출력은 몇 PS인가?**

① 0.56PS ② 1.22PS
③ 1.96PS ④ 18.2PS

11 **차량 시동시 시동 전동기는 작동되어도 크랭킹 속도가 느려 시동이 되지 않는 경우에 대한 이유로 가장 적합한 것은?**

① 피니언 기어가 링 기어에 잘 물리지 않았을 때
② 솔레노이드 스위치의 작동 불량
③ 링 기어나 피니언 기어의 불량
④ 축전지 케이블 접속 불량

3. 점화장치

01 **전자제어 가솔린분사장치에서 일반적으로 사용되는 점화방식은?**

① 자석식 점화방식 ② 접점식 점화방식
③ 전자파 발전식 ④ 고에너지 점화방식

02 **자화된 철편에서 외부 자력을 제거한 후에도 자기가 잔류하는 현상은?**

① 자기 포화 현상
② 자기 히스테리시스 현상
③ 자기 유도 현상
④ 전자 유도 현상

03 **조기 점화에 대한 설명 중 틀린 것은?**

① 조기점화가 일어나면 연료 소비량이 적어진다.
② 점화 플러그 전극에 카본이 부착되어도 일어난다.
③ 과열된 배기밸브에 의해서도 일어난다.
④ 조기점화가 일어나면 출력이 저하된다.

04 **기계식 점화장치에서 드웰각(캠각)이란?**

① 캠이 열릴 때의 각도
② 캠이 닫힐 때의 각도
③ 단속기 접점이 열려 있는 동안 캠이 회전한 각도
④ 단속기 점점이 닫혀 있는 동안 캠이 회전한 각도

05 **최근 점화코일을 폐자로형 HEI(High Energy Ignition)형식을 쓰는 이유는?**

① 기존코일보다 1차 코일의 저항을 증가시키기 위하여
② 코일의 굵기를 가늘게 해서 큰 전류를 통과할 수 있으므로
③ 자기유도 작용으로 생성되는 자속을 외부로 방출하는 것을 방지하기 위하여
④ 방열 효과가 좋아지기 때문에 HEI형식을 쓰지만 기존 코일보다 고전압이 발생하지 않는다.

10. $PS = P \times 1.36$

PS : 기동전동기의 마력, P : 전력(kW)

$$PS = \frac{12 \times 120}{1000} \times 1.36 = 1.96$$

01. 전자제어 가솔린분사장치에서 일반적으로 사용되는 점화방식은 고 에너지 점화방식(HEI)나 전자 배전방식(DLI)을 사용한다.

02. ① 자기 포화 현상 : 자화력을 세게 하여도 자기가 증가되지 않는 현상
② 자기 히스테리 현상 : 한번 자화 된 철편에서 자화력을 완전히 제거하여도 철편에 자기가 남아 있는 현상
③ 자기 유도 현상 : 자성체를 자계 속에 넣으면 새로운 자석이 되는 현상
④ 전자 유도 현상 : 자계 속에 도체를 자력선과 직각으로 넣고 도체를 자력선과 교차시키면 도체에 유도 기전력이 발생되는 현상

03. 조기 점화란 압축된 혼합기의 연소가 점화 플러그에서 불꽃을 발생하기 이전에 열점에 의해서 점화되는 현상으로 엔진의 출력이 저하되고 연료 소비율이 증대된다. 조기 점화의 원인으로는 밸브의 과열, 카본의 퇴적, 점화 플러그의 과열, 돌출부의 과열 등이다.

10.③ **11.**④
01.④ **02.**② **03.**① **04.**④ **05.**③

06 **점화코일 내부의 철심을 층상으로 제작하여 넣는 이유는?**

① 제작상의 이점
② 점화코일 외부로의 열 방출 촉진
③ 맴돌이 전류에 의한 전력손실 방지
④ 코일의 손상 방지

07 **전자제어 연료 분사장치의 점화계통 회로와 거리가 먼 것은?**

① 점화코일 ② 파워 트랜지스터
③ 체크밸브 ④ 크랭크 앵글 센서

08 **전자제어 엔진에서 점화 코일의 1차 전류를 단속하는 기능을 갖는 부품은 무엇인가?**

① 발광 다이오드 ② 포토 다이오드
③ 파워 트랜지스터 ④ 크랭크 각 센서

09 **MPI 기관에서 점화 계통의 파워 트랜지스터가 작동하려면 ECU(컴퓨터)에서 점화순서에 의하여 전압이 나와야 한다. ECU(컴퓨터)는 어느 센서의 신호를 받아 파워 트랜지스터에 전압을 주는가?**

① 크랭크 각 센서 ② 흡기온 센서
③ 냉각수온 센서 ④ 대기압 센서

10 **점화장치에서 파워트랜지스터의 B(베이스) 단자와 연결된 것은?**

① 점화코일 (−)단자
② 점화코일 (+)단자
③ 접지
④ ECU

11 **아날로그 회로 시험기를 이용하여 NPN형 트랜지스터를 점검하는 방법으로 옳은 것은?**

① 베이스 단자에 흑색 리드선을 이미터 단자에 적색 리드선을 연결했을 때 도통이어야 한다.
② 베이스 단자에 흑색 리드선을 TR 바디(body)에 적색 리드선을 연결했을 때 도통이어야 한다.
③ 베이스 단자에 적색 리드선을 이미터 단자에 흑색 리드선을 연결했을 때 도통이어야 한다.
④ 베이스 단자에 적색 리드선을 컬렉터에 흑색 리드선을 연결했을 때 도통이어야 한다.

06. 도체에 자속이 통과할 때 또는 도체의 자속이 상대적으로 운동할 때 그 도체 내에 전자유도 작용에 의한 기전력이 유기된다. 이 기전력에 의해 도체에 흐르는 유도 전류는 도체 중에서 저항이 가장 적은 곳으로 회로를 형성하여 흐른다. 이와 같은 전류를 맴돌이 전류라 한다. 맴돌이 전류는 도체의 저항에 의하여 전력 손실이 발생되고 열이 발생되어 도체의 온도를 상승시킨다. 이와 같은 전력 손실을 맴돌이 전류 손실이라 한다. 기동전동기의 전기자 철심이나 발전기의 스테이터 철심, 잠화코일의 내부 중심철심 및 옆 철심은 맴돌이 전력 손실을 방지하기 위해 절연된 규소 강판을 겹쳐 성층 철심으로 사용하고 있다.

08. 전자제어 엔진에서 점화 코일의 1차 전류를 단속하는 부품은 파워 트랜지스터이다.

09. ECU(컴퓨터)는 크랭크 각 센서의 신호를 받아 파워 트랜지스터에 전압을 준다.

10. 파워 트랜지스터(NPN형)의 단자
① 이미터 : 차체에 접지
② 컬렉터 : 점화 코일의 ⊖단자에 연결
③ 베이스 : 컴퓨터에 연결

11. 파워 트랜지스터 점검 : 파워 트랜지스터(NPN)의 이미터 단자는 접지, 베이스 단자는 컴퓨터, 컬렉터 단자는 점화코일 (−)에 접속된다.
① 이미터 단자에 적색 리드선을 컬렉터 단자에 흑색 리드선을 연결했을 때 도통
② 이미터 단자에 흑색 리드선을 컬렉터 단자에 적색 리드선을 연결했을 때 불통
③ 이미터 단자에 적색 리드선을 베이스 단자에 흑색 리드선을 연결했을 때 도통
④ 이미터 단자에 흑색 리드선을 베이스 단자에 적색 리드선을 연결했을 때 불통

06.③ 07.③ 08.③ 09.① 10.④ 11.①

12 **고에너지 점화방식(HEI)에서 점화계통의 작동순서로 옳은 것은?**

① 각종 센서 → ECU → 파워트랜지스터 → 점화코일
② ECU → 각종센서 → 파워트랜지스터 → 점화코일
③ 파워트랜지스터 → 각종센서 → ECU → 점화코일
④ 각종센서 → 파워트랜지스터 → ECU → 점화코일

13 **점화 장치에서 점화시기를 결정하기 위한 가장 중요한 센서는?**

① 크랭크 각 센서 ② 스로틀포지션 센서
③ 냉각수온도 센서 ④ 흡기온도 센서

14 **DLI(distributor less ignition) 시스템의 장점으로 틀린 것은?**

① 점화 에너지를 크게 할 수 있다.
② 고전압 에너지 손실이 적다.
③ 진각(advance)폭의 제한이 적다.
④ 스파크플러그 수명이 길어진다.

15 **전자배전 점화장치(DLI)의 특징이 아닌 것은?**

① 로터와 접지전극 사이의 고전압 에너지 손실이 없다.
② 배전기에 의한 배전상의 누전이 없다.
③ 고전압 출력을 작게 하면 방전 유효에너지는 감소한다.
④ 배전기를 거치지 않고 직접 고압 케이블을 거쳐 점화 플러그로 전달하는 방식이다.

16 **저항 플러그가 보통 점화플러그와 다른 점은?**

① 불꽃이 강하다.
② 플러그의 열 방출이 우수하다.
③ 라디오의 잡음을 방지한다.
④ 고속엔진에 적합하다.

17 **스파크 플러그의 그을림 오손의 원인과 거리가 먼 것은 어느 것인가?**

① 점화시기 진각
② 장시간 저속운전
③ 플러그 열가 부적당
④ 에어 클리너 막힘

13. 센서의 기능
① 크랭크각 센서 : 크랭크축의 회전수를 검출하여 컴퓨터에 입력시켜 연료 분사시기와 점화시기를 결정하기 위한 신호로 이용된다.
② 스로틀 포지션 센서 : 스로틀 밸브의 개도량을 아날로그 전압으로 컴퓨터에 입력시켜 엔진의 감속 및 가속에 따른 연료 분사량을 제어하는 신호로 이용된다.
③ 냉각수온 센서 : 냉각수 온도를 검출하여 아날로그 전압으로 컴퓨터에 입력시켜 냉각수 온도에 따라서 공전 속도를 적절하게 유지시키는 신호로 이용되며, 분사량을 보정 하는 신호로 이용된다.
④ 흡기온도 센서 : 실린더에 흡입되는 공기의 온도를 검출하여 컴퓨터에 입력시켜 흡입 공기의 온도에 알맞은 연료를 보정하는 신호로 이용된다.

14. DLI(distributor less ignition) 장점
① 점화에너지를 크게 할 수 있다.
② 고전압 에너지 손실이 적다.
③ 점화 진각(advance)폭의 제한이 적다.
④ 배전기에서 누전이 없다.
⑤ 내구성이 크고, 전파 방해가 없어 다른 전자제어 장치에도 유리하다.
⑥ 고전압 출력을 감소시켜도 방전 유효에너지 감소가 없다.

15. DLI 시스템의 장점
① 배전기가 없어 전파 장해의 누전 발생이 없다.
② 엔진의 회전속도에 관계없이 2차 전압이 안정된다.
③ 전자적으로 진각시키므로 점화시기가 정확하고 점화 성능이 우수하다.
④ 고전압의 에너지 손실이 적어 실화가 적다.
⑤ 진각 폭의 제한이 적고 내구성이 크다.
⑥ 전파 방해가 없으므로 다른 전자 제어장치에도 장해가 없다.
⑦ 고압 배전부가 없기 때문에 누전의 염려가 없다.
⑧ 실린더 별 점화시기 제어가 가능하다.
⑨ 점화코일에서 고압 케이블을 거쳐 점화플러그로 전달하는 방식이다.

16. 저항 플러그는 중심 전극에 10kΩ 정도의 저항을 넣어 유도불꽃 기간을 짧게 하는 점화 플러그로서 고주파 발생을 방지하여 라디오, 무선 통신 기기의 고주파 소음을 방지한다.

12.① **13.**① **14.**④ **15.**③ **16.**③ **17.**①

18 **점화플러그에 BP6ES라고 적혀 있을 때 6의 의미는?**

① 열가　② 개조형
③ 나사경　④ 나사부 길이

19 **크랭크 각 센서가 고장이 나면 어떤 현상이 발생하는가?**

① 시동은 되나 부조현상이 발생한다.
② 시동이 불가능하다.
③ 스타트에서만 시동이 가능하다.
④ 시동과 무관하다.

20 **가솔린 기관에 사용되는 일반적인 타이밍 라이트(Timing Light)를 사용하려고 한다. 다음 내용 중 틀린 것은?**

① 타이밍라이트의 적색클립을 배터리 (+)단자에, 흑색 클립을 배터리 (−)단자에 물린다.
② 타이밍라이트의 픽업 클램프를 1번 점화플러그 고압케이블에 화살표방향이 점화플러그 쪽으로 향하게 하여 물린다.
③ 전류측정 픽업 클램프를 배터리 (+)단자에 물린다.
④ 타이밍라이트의 흑색 또는 녹색 부트 리드선을 점화 코일 (−)단자에 물린다.

21 **기관 시험 장비를 사용하여 점화코일의 1차 코일 파형을 점검한 결과 그림과 같다면 파워 TR의 ON구간은 어느 구간인가?**

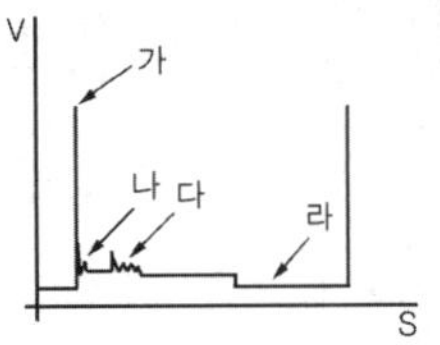

① 가
② 나
③ 다
④ 라

22 **점화 2차 파형의 그림이다. 그림2는 정상이고, 그림1은 비정상이다. 비정상 원인은?**

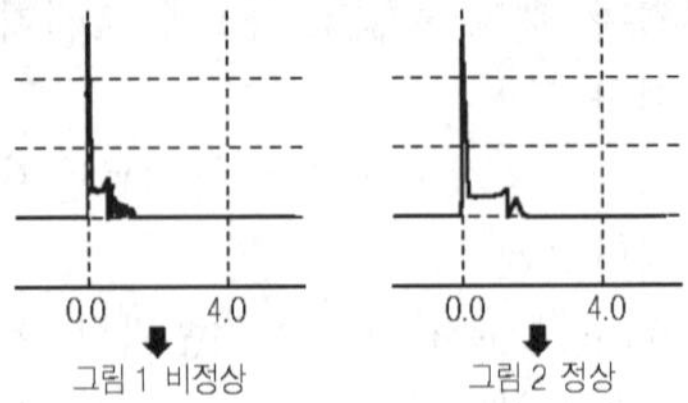

① 압축압력이 규정보다 낮다.
② 점화시기가 늦다.
③ 점화 2차 라인에 저항이 과대하다.
④ 점화플러그 간극이 규정보다 작다.

23 **다음 그림의 점화 2차 파형 각 구간별 설명 중 틀린 것은?**

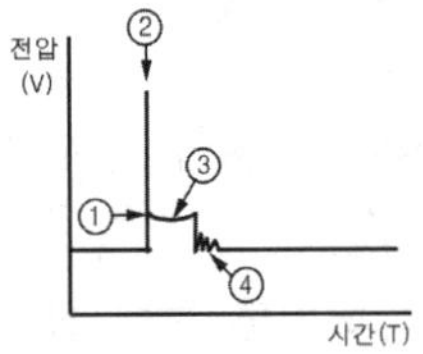

① 연소선 전압 규정(2~3KV) 높으면 : 점화2차 라인 저항 과대
② 점화 서지 전압 규정(6~12KV) 공전에서 높으면 : 점화2차 라인 저항 과대
③ 연소 시간 규정(1ms 이상) 작을 때 : 점화2차 라인의 저항 감소 또는 공연비가 진할 경우
④ 점화 코일 진동수(규정 1~2개) : 진동수가 거의 없다면 점화 코일 결함이다.

24 **오실로스코프의 점화 파형에 의해 판독 할 수 없는 것은?**

① 드웰 각도　② 점화 전압
③ 점화 전류　④ 점화 시간

---

18. B − P − 6 − E − S(R)
B : 플러그 나사의 지름(mm)
① A 형 = 18mm, ② B 형 = 14mm
③ C 형 = 10mm, ④ D 형 = 12mm
P : 자기 톨출형　6 : 열가　E : 플러그 나사의 길이
S : 표준형의 개량형　R : 저항 플러그(10KΩ)

19. 크랭크 각 센서가 고장이 나면 시동이 불가능하다.

18.①　19.②　20.③　21.④　22.③　23.③　24.③

25 **다음은 DOHC DLI 동시점화방식의 점화 2차 파형을 측정하기 위해 1번 고압 케이블에만 스코프 프로브를 연결한 그림이다. 이에 대한 판단의 설명 중 맞는 것은?**

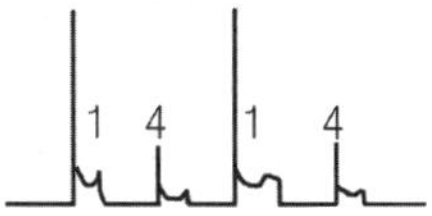

① 1, 4 순서이므로 4번이 불량이다.
② 1번은 역 극성이므로 높고, 낮은 것은 정 극성이기 때문이다.
③ 1번은 압축 상사점이고 4번은 배기 행정이기에 차이가 난 것이다.
④ 높은 것은 1번이므로 정 극성이고 낮은 4번은 역 극성이기 때문이다.

26 **착화지연기간이 1/1000초, 착화 후 최고 압력에 달할 때까지의 시간이 1/1000초일 때, 2000rpm으로 운전되는 기관의 착화 시기는?(단, 최고 폭발압력은 상사점 후 12°이다.)**

① 상사점 전 32° ② 상사점 전 36°
③ 상사점 전 12° ④ 상사점 전 24°

27 **기관의 회전수가 2,400rpm일 때 화염전파에 소요되는 시간이 1/1.000초라면 TDC 전 몇 도에서 점화하면 되는가?(단, TDC에서 최고 압력이 나타나는 것으로 한다.)**

① 12.4° ② 13.4°
③ 14.4° ④ 15.4°

4. 충전장치

01 **자계와 자력선에 대한 설명으로 틀린 것은?**

① 자계란 자력선이 존재하는 영역이다.
② 자속은 자력선 다발을 의미하며, 단위는 Wb/m^2을 사용한다.
③ 자계강도는 단위 자기량을 가지는 물체에 작용하는 자기력의 크기를 나타낸다.
④ 자기유도는 자석이 아닌 물체가 자계 내에서 자기력의 영향을 받아 자석을 띠는 현상을 말한다.

02 **전자유도에 의해 발생한 전압의 방향은 유도전류가 만든 자속이 증가 또는 감소를 방해하려는 방향으로 발생하는데 이 법칙은?**

① 렌츠의 법칙
② 플레밍의 오른손 법칙
③ 플레밍의 왼손 법칙
④ 자기 유도 법칙

03 **다음에서 플레밍의 오른손 법칙을 이용한 것은?**

① 축전기 ② 발전기
③ 트랜지스터 ④ 전동기

---

25. DLI 동시 점화방식의 제1번 실린더 파형은 실린더 내의 압력이 높은 압축 상사점이므로 점화전압이 높게 나오고, 제4번 실린더 파형은 배기행정이므로 점화전압이 낮게 나온다.

26. $It = 6Rt = 6 \times 2400 \times \frac{1}{1000} = 12.4°$

It : 크랭크축 회전각도, R : 기관 회전속도,
t : 착화지연시간

27. 크랭크축 회전각도

$= \frac{\text{엔진회전수}}{60} \times 360 \times \text{화염전파시간}$

$= \frac{2400}{60} \times 360 \times \frac{1}{1000} = 14.4$

01. 자속이란 자력선의 방향과 직각이 되는 단위면적 $1cm^2$에 통과하는 전체의 자력선을 말하며 단위로는 Wb를 사용한다.

02. 렌츠의 법칙은 전자유도에 의해 발생한 전압의 방향은 유도전류가 만든 자속이 증가 또는 감소를 방해하려는 방향으로 발생한다는 법칙이다.

03. 전동기 : 플레밍의 왼손 법칙 이용

25.③ 26.③ 27.① / 01.② 02.① 03.②

04 **교류 발전기에 대한 설명으로 틀린 것은?**

① 저속에서 충전성능이 우수하다.
② 브러시의 수명이 길다.
③ 실리콘 다이오드를 사용하여 정류특성이 우수하다.
④ 속도변동에 대한 적용범위가 좁다.

05 **자동차 충전장치에 대한 설명으로 틀린 것은?**

① 다이오드는 교류를 직류로 변환시키는 역할을 한다.
② 배터리의 극성을 역으로 접속하면 다이오드가 손상되고 발전기 고장의 원인이 된다.
③ 발전기에서 발생하는 3상 교류를 전파 정류하면 교류에 가까운 전류를 얻을 수 있다.
④ 출력 전류를 제어하는 것은 제너다이오드이다.

06 **직류 발전기보다 교류 발전기를 많이 사용하는 이유가 아닌 것은?**

① 크기가 작고 가볍다.
② 내구성이 있고 공회전이나 저속에도 충전이 가능하다.
③ 출력 전류의 제어 작용을 하고 조정기의 구조가 간단하다.
④ 정류자에서 불꽃 발생이 크다.

07 **발전기 기전력에 대한 설명으로 맞는 것은?**

① 로터 코일을 통해 흐르는 여자 전류가 크면 기전력은 작아진다.
② 로터 코일의 회전이 빠르면 빠를수록 기전력 또한 작아진다.
③ 코일의 권수가 많고, 도선의 길이가 길면 기전력은 커진다.
④ 자극의 수가 많아지면 여자되는 시간이 짧아져 기전력이 작아진다.

08 **교류 발전기의 스테이터에 대한 설명으로 가장 거리가 먼 것은?**

① 스테이터 코일의 감는 방법에 따라 파권과 중권이 있다.
② 스테이터 코일은 Y결선 또는 Δ 결선 방식으로 결선한다.
③ 스테이터 코일은 결선된 구리선을 철심의 홈에 끼워 넣은 구조로 되어 있다.
④ 스테이터 철심은 교류를 직류로 바꾸어 주는 역할을 한다.

04. 교류 발전기의 특징
① 3상 발전기로 저속에서 충전 성능이 우수하다.
② 정류자가 없기 때문에 브러시의 수명이 길다.
③ 정류자를 두지 않아 풀리비를 크게 할 수 있다.(허용 회전속도 한계가 높다)
④ 실리콘 다이오드를 사용하기 때문에 정류 특성이 우수하다.
⑤ 발전 조정기는 전압 조정기 뿐이다.
⑥ 경량이고 소형이며, 출력이 크다.

05. 충전장치
① 다이오드는 전류의 역류를 방지하고, 교류를 직류로 변환시키는 역할을 한다.
② 배터리의 극성을 역으로 접속하면 다이오드가 손상되고 발전기 고장의 원인이 된다.
③ 발전기에서 발생하는 3상 교류를 전파 정류하면 직류에 가까운 전류를 얻을 수 있다.
④ 출력 전류를 제어하는 것은 제너다이오드이다.

07. 발전기 기전력은
① 로터 코일을 통해 흐르는 여자 전류가 크면 기전력은 커진다.
② 로터 코일의 회전속도가 빠르면 빠를수록 기전력 또한 커진다.
③ 코일의 권수가 많고, 도선의 길이가 길면 기전력은 커진다.
④ 자극의 수가 많아지면 여자되는 시간이 짧아져 기전력이 커진다.

08. 교류 발전기에서 교류를 직류로 바꾸어 주는 역할은 실리콘 다이오드의 기능이다.

04.④ **05.**③ **06.**④ **07.**③ **08.**④

09 **Y 결선과 Δ 결선에 대한 설명으로 틀린 것은?**

① Y 결선의 선간 전압은 상전압의 $\sqrt{3}$ 배이다.
② Δ 결선의 선간 전류는 상전류의 $\sqrt{3}$ 배이다.
③ 자동차용 교류 발전기는 중성점의 전압을 이용할 수 있는 Y 결선 방식을 많이 사용한다.
④ 발전기의 코일 권선수가 같으면 Δ 결선 방식이 Y 결선 방식보다 높은 기전력을 얻을 수 있다.

10 **교류 발전기의 전압 조정기에서 출력전압을 조정하는 방법은?**

① 회전속도 변경
② 코일의 권수 변경
③ 자속의 수 변경
④ 수광 다이오드를 사용

11 **충전회로에서 발전기 L단자에 대한 설명이다. 거리가 먼 것은?**

① L단자는 충전 경고등 작동 선이다.
② ECS 장착차량에서는 L단자 신호를 사용한다.
③ 엔진 시동 후 L단자에서는 13.8~14.8V로 출력된다.
④ L단자 회로가 단선되면 충전 경고등이 점등한다.

12 **교류 발전기에서 정류 작용이 이루어지는 곳은?**

① 아마추어　　② 계자 코일
③ 실리콘 다이오드　④ 트랜지스터

13 **교류 발전기 로터(rotor) 코일의 저항값을 측정하였더니 200Ω 이었다. 이 경우 설명으로 옳은 것은?**

① 로터 회로가 접지되었다.
② 정상이다.
③ 저항 과대로 불량 코일이다.
④ 전기자 회로의 접지 불량이다.

14 **발전기 트랜지스터식 전압조정기(Regulator)의 제너 다이오드에 전류가 흐르는 때는?**

① 낮은 온도에서
② 브레이크 작동 상태에서
③ 낮은 전압에서
④ 브레이크 다운 전압에서

15 **직류 발전기가 전기자 총 도체수 48, 자극 수 2, 전기자 병렬회로 수 2, 각 극의 자속 0.018Wb이다. 매분 당 회전수 1,800일 때 유기되는 전압은?(단, 전기자 저항은 무시한다.)**

① 약 21V　② 약 23.5V
③ 약 25.9V　④ 약 28V

09. Y 결선은 전압을 이용하기 위한 방식이고 Δ 결선은 전류를 이용하기 위한 방식이다. 발전기의 코일 권선수가 같으면 Δ 결선 방식보다 Y 결선 방식이 높은 기전력을 얻을 수 있어 자동차용 교류 발전기에 사용된다.

10. 교류 발전기의 로터 코일에 흐르는 전류가 증가하면 자속이 증가하여 출력 전압이 높아진다. 발전기의 회전수가 증가하면 출력 전압은 상승하지만 전압 조정기에서 저항을 조정하여 로터 코일에 공급되는 전류를 감소시키면 자속이 감소하여 출력 전압은 낮아진다. 즉 발전기의 전압 조정기는 자속의 수를 변경하여 출력 전압을 조정한다.

14. 제너다이오드는 일반 PN 접합 다이오드의 역방향 특성을 이용하기 위한 다이오드로서 역방향으로 전류가 흐를 때의 전압을 브레이크 다운 전압이라 한다.

15. $E=\dfrac{p \times z \times \Phi \times N}{60 \times a}$

E : 유도 기전력(V)　p : 자극 수　z : 도체 수
Φ : 극당 자속(Wb)　N : 회전수(rpm)　a : 병렬회로 수

$E=\dfrac{2 \times 48 \times 0.018 \times 1800}{60 \times 2}=25.9V$

09.④ **10.**③ **11.**④ **12.**③ **13.**③ **14.**④ **15.**③

16 스코프를 통하여 발전기의 출력파형 시험을 하였다. 다이오드 2개(같은 상)가 단락된 경우는?

① 
② 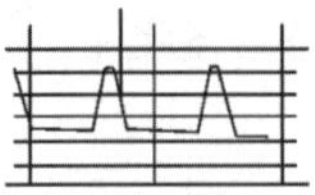
③ 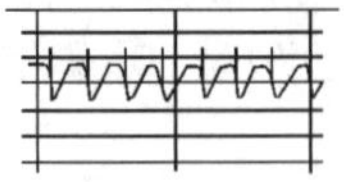
④ 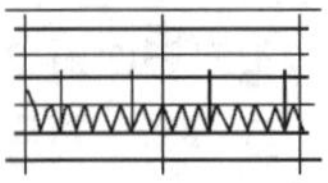

17 발전기에서 소음이 발생되는 원인으로 가장 적합한 것은?

① 다이오드와 스테이터 코일 단선에 의한 접촉
② 퓨즈 또는 퓨즈블 링크 단선
③ 조정 전압의 낮음
④ 전압 조정기 전압 설정 부적합

18 자동차 발전기의 출력 신호를 측정한 결과이다. 이 발전기는 어떤 상태인가?

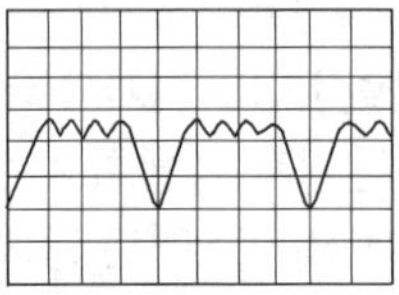

① 정상 다이오드 파형
② 다이오드 단선 파형
③ 스테이터 코일 단선 파형
④ 로터코일 단선 파형

19 다음 그림과 같은 오실로스코프를 이용한 발전기 다이오드를 점검한 파형의 설명으로 옳은 것은?

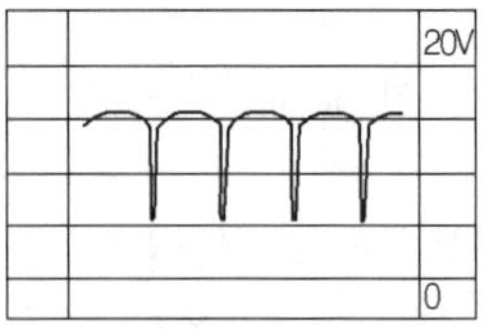

① 여자다이오드 단선 파형이다.
② 여자다이오드 단락 파형이다.
③ 마이너스 다이오드 단선 파형이다.
④ 마이너스 다이오드 단락 파형이다.

20 전압 12V, 출력전류 50A인 자동차용 발전기의 출력(용량)은?

① 144W ② 288W
③ 450W ④ 600W

21 IC조정기 부착형 교류발전기에 로터코일 저항을 측정하는 단자는?

IG : ignition F : field L : lamp
B : battery E : earth

① IG 단자와 F 단자
② F 단자와 E 단자
③ B 단자와 L 단자
④ L 단자와 F 단자

---

20. $R = \dfrac{E^2}{P} = \dfrac{12 \times 12}{24} = 6\Omega$

R : 저항(Ω), E : 전압(V), P : 전력(W)

$P = E \times I$

P : 전력(W), E : 전압(V), I : 전류(A)

$P = 12 \times 50 = 600\,W$

21. field는 자기장이라는 의미이며, 로터 코일에 배터리의 전류를 공급하는 단자이다.

16.② **17.**① **18.**② **19.**③ **20.**④ **21.**④

3장 계기 및 보안장치

3-1 등화장치

1 전선

전선의 규격 표시 방법은 1.25R/G로 표시되어 있는 경우에는 1.25는 전선의 단면적(mm^2), R은 바탕색, G는 삽입 색을 의미한다.

2 조명의 용어

① **광속** : 광속이란 광원에서 나오는 빛의 다발을 말하며, 단위는 루멘(lumen, 기호는 lm)이다.

② **광도** : 광도란 빛의 세기를 말하며 단위는 칸델라(기호는 cd)이다. 1 칸델라는 광원에서 1m 떨어진 $1m^2$의 면에 1m의 광속이 통과하였을 때의 빛의 세기이다.

③ 조도

- 조도란 빛을 받는 면의 밝기를 말하며, 단위는 럭스(lux)이다.
- 빛을 받는 면의 조도는 광원의 광도에 비례하고, 광원의 거리의 2승에 반비례한다.
- 광원으로부터 r(m)떨어진 빛의 방향에 수직한 빛을 받는 면의 조도를 E(Lux), 그 방향의 광원의 광도를 I(cd)라고 하면 다음과 같이 표시한다.

$$E = \frac{I}{r^2}(Lux)$$

3 전조등(head light)

전조등에는 실드 빔 방식과 세미 실드 빔 방식이 있다.

(1) 실드 빔 방식(sealed beam type)

① 반사경, 렌즈 및 필라멘트가 일체로 제작된 것이다.

② 반사경에 필라멘트를 붙이고 여기에 렌즈를 녹여 붙인 후 내부에 불활성 가스를 넣어 그 자체가 1개의 전구가 되도록 한 것이다.

③ **실드 빔 방식의 특징**
- 대기의 조건에 따라 반사경이 흐려지지 않는다.
- 사용에 따르는 광도의 변화가 적다.
- 필라멘트가 끊어지면 렌즈나 반사경에 이상이 없어도 전조등 전체를 교환하여야 한다.

(2) 세미 실드 빔 방식(semi sealed beam type)

① 렌즈와 반사경은 녹여 붙였으나 전구는 별도로 설치한 것이다.

② 필라멘트가 끊어지면 전구만 교환하면 된다.

③ 전구 설치 부분으로 공기 유통이 있어 반사경이 흐려지기 쉽다.

(3) 전조등 회로

① 전조등의 성능을 유지하기 위한 방법은 복선 방식을 사용하며 복선 방식이란 접지 쪽에도 전선을 사용하는 방식이다.

② 전조등은 하이 빔(high beam)과 로우 빔(low beam)이 각각 좌, 우로 병렬 접속되어 있다.

③ 전조등 회로는 퓨즈, 라이트 스위치, 디머 스위치(dimmer switch) 등으로 구성된다.

④ 전조등을 작동하면 엔진 회전속도가 증가하는 이유는(공전 상태에서) 전기 부하를 받기 때문에 엔진 컴퓨터에서 전기 신호를 받아 공연비를 조정하기 때문이다.

4 방향 지시등

플래셔 유닛의 종류에는 전자 열선식, 축전기식, 수은식, 스냅 열선식, 바이메탈식, 열선식 등이 있다.

① **점멸횟수가 너무 빠를 때의 원인**
- 램프의 필라멘트 단선되었다.
- 램프의 정격용량이 규정보다 크다.
- 램프 용량에 맞지 않는 릴레이를 사용하였다.
- 플래셔 유닛이 불량하다.
- 전조등을 시험할 경우에는 집광식은 1m, 투영식은 3m이다.

3-2 등화장치 성능기준

1 전조등

(1) 자동차(피견인자동차를 제외한다)의 앞면에는 전방을 비출 수 있는 주행빔 전조등을 다음 각 호의 기준에 적합하게 설치하여야 한다.

① 좌 · 우에 각각 1개 또는 2개를 설치할 것. 다만, 너비가 130cm 이하인 초소형자동차에는 1개를 설치할 수 있다.

② 등광색은 백색일 것

③ 앞면에는 마주 오는 자동차 운전자의 눈부심을 감소시킬 수 있는 변환빔 전조등을 좌 · 우에 각각 1개를 설치할 것. 다만, 너비가 130cm 이하인 초소형자동차에는 1개를 설치할 수 있다.
④ 앞면에 전조등의 주행빔과 변환빔이 다양한 환경조건에 따라 자동으로 변환되는 적응형 전조등을 설치하는 경우에는 좌 · 우에 각각 1개를 설치할 것
⑤ 주행빔 전조등의 발광면은 상측 · 하측 · 내측 · 외측의 5도 이하 어느 범위에서도 관측될 것
⑥ 모든 주행빔 전조등의 최대 광도값의 총합은 430,000칸델라 이하일 것

(2) 주변환빔 전조등의 광속이 2000루멘을 초과하는 전조등에는 다음 각 호의 기준에 적합한 전조등 닦이기를 설치하여야 한다.
① 매시 130킬로미터 이하의 속도에서 작동될 것
② 전조등 닦이기 작동 후 광도는 최초 광도값의 70% 이상일 것
③ 변환빔 전조등의 발광면은 상측 15도 · 하측 10도 · 외측 45도 · 내측 10도 이하 어느 범위에서도 관측될 것

2 안개등

(1) 자동차(피견인자동차는 제외한다)의 앞면에 안개등을 설치할 경우에는 다음 각 호의 기준에 적합하게 설치하여야 한다.
① 좌 · 우에 각각 1개를 설치할 것. 다만, 너비가 130cm 이하인 초소형자동차에는 1개를 설치할 수 있다.
② 등광색은 백색 또는 황색일 것
③ 비추는 방향은 자동차 전방일 것
④ 발광면은 상측 5도 · 하측 5도 · 외측 45도 · 내측 10도 이하 어느 범위에서도 관측될 것
⑤ 앞면 안개등은 독립적으로 점등 및 소등할 수 있는 구조일 것

(2) 자동차의 뒷면에 안개등을 설치할 경우에는 다음 각 호의 기준에 적합하게 설치하여야 한다.
① 2개 이하로 설치할 것
② 등광색은 적색일 것
③ 비추는 방향은 자동차 후방일 것
④ 뒷면 안개등은 제동등과의 발광면 간 설치거리가 100mm를 초과할 것

3 제동등

(1) 자동차의 뒷면에는 다음 각 호의 기준에 적합한 제동등을 설치하여야 한다.
① 좌 · 우에 각각 1개를 설치할 것.

② 너비가 130cm 이하인 초소형자동차는 1개의 제동등 설치 가능
③ 구난형 특수자동차는 좌 · 우에 각각 1개의 제동등 추가 설치 가능
④ 등광색은 적색일 것

(2) 승용자동차와 차량총중량 3.5톤 이하 화물자동차 및 특수자동차의 뒷면에는 다음 각 호의 기준에 적합한 보조 제동등을 설치하여야 한다. 다만, 초소형자동차와 차체구조상 설치가 불가능하거나 개방형 적재함이 설치된 화물자동차는 제외한다.

① 자동차의 뒷면 수직중심선 상에 1개를 설치할 것. 다만, 차체 중심에 설치가 불가능한 경우에는 자동차의 양쪽에 대칭으로 2개를 설치할 수 있다.
② 등광색은 적색일 것

4 방향지시등

(1) 자동차의 앞면 · 뒷면 및 옆면(피견인자동차의 경우에는 앞면을 제외한다)에는 다음 각 호의 기준에 적합한 방향지시등을 설치하여야 한다.

① 자동차 앞면 · 뒷면 및 옆면 좌 · 우에 각각 1개를 설치할 것. 다만, 승용자동차와 차량총중량 3.5톤 이하 화물자동차 및 특수자동차(구난형 특수자동차는 제외한다)를 제외한 자동차에는 2개의 뒷면 방향지시등을 추가로 설치할 수 있다.
② 등광색은 호박색일 것
③ 방향지시등은 다른 등화장치와 독립적으로 작동되는 구조일 것
④ 방향지시등(앞면 · 뒷면 방향지시등 및 보조 방향지시등을 포함한다)을 좌측 또는 우측 방향으로 방향지시를 조작하는 경우 조작한 방향에 위치한 방향지시등은 동시에 작동될 것
⑤ 방향지시등은 1분간 90±30회로 점멸하는 구조일 것
⑥ 방향지시기를 조작한 후 1초 이내에 점등되어야 하며, 1.5초 이내에 소등될 것

3-3 계기 및 경보장치 성능기준

1 속도계

(1) 속도계 측정조건

① 자동차는 공차상태에서 운전자 1인이 승차한 상태로 한다.
② 속도계 시험기 지침의 진동은 ±3 km/h 이하이어야 한다.
③ 타이어 공기압력은 표준 공기압력으로 한다.
④ 자동차의 바퀴는 흙 등의 이물질을 제거한 상태로 한다.

(2) 속도계 측정방법

① 자동차를 속도계 시험기에 정면으로 대칭이 되도록 한다.

② 구동바퀴를 시험기 위에 올려놓고 구동바퀴가 롤러 위에 안정될 때까지 운전한다.

③ 자동차 속도를 서서히 높여 자동차의 속도계가 40km/h에 안정되도록 한 후 속도계 시험기의 신고 버튼으로 시험기 제어부에 신호를 보내 속도계 오차를 측정한다.

④ 위 ③에서 구한 실제 속도를 이용하여 자동차 속도계 오차 값이 다음 산식에서 구한 값에 적합한지를 확인한다.

- 정의 오차 : $X(1+0.15)=40\,\mathrm{km/h}$
- 부의 오차 : $X(1-0.1)=40\,\mathrm{km/h}$

(3) 속도계 및 주행거리계

① 자동차에는 속도계와 통산 운행거리를 표시할 수 있는 구조의 주행거리계를 설치하여야 한다.

- 속도계는 평탄한 수평노면에서의 속도가 40km/h인 경우 그 지시오차가 정 25%, 부 10% 이하일 것.(검사기준)

② 다음 각 호의 자동차(긴급자동차와 당해 자동차의 최고속도가 제③항의 규정에서 정한 속도를 초과하지 아니하는 구조의 자동차를 제외한다)에는 최고속도 제한장치를 설치하여야 한다.

- 승합자동차(어린이운송용 승합자동차를 포함한다)
- 차량총중량이 3.5톤을 초과하는 화물자동차ㆍ특수자동차(피견인자동차를 연결하는 견인자동차를 포함한다)
- 고압가스 안전관리법 시행령에 의한 고압가스를 운송하기 위하여 필요한 탱크를 설치한 화물자동차(피견인자동차를 연결한 경우에는 이를 연결한 견인자동차를 포함한다)
- 저속 전기자동차

③ 제②항의 규정에 의한 최고속도 제한장치는 자동차의 최고속도가 다음 각 호의 기준을 초과하지 아니하는 구조이어야 한다.

- 승합자동차(어린이운송용 승합자동차를 포함한다) : 110km/h
- 화물자동차 · 특수자동차 · 고압가스 운송 화물자동차 : 90km/h
- 저속 전기자동차 : 60km/h

2 소음방지장치

(1) 자동차의 소음 방지장치는 소음, 진동 규제법 규정에 의한 자동차의 소음 허용 기준에 적합하여야 한다(여기서는 운행 자동차의 기준만 소개한다).

① 1999년 12월 31일 이전에 제작되는 자동차

소음 항목 / 대상 자동차 / 자동차 종류	배 기 소 음(dB(A))		경적소음(dB(C))
	1995년 12월 31일 이전에 제작된 자동차	1996년 1월 1일 이후에 제작되는 자동차	모든 자동차
경 자 동 차	103 이하	100 이하	115 이하
승 용 자 동 차	103 이하	100 이하	
소형화물자동차	103 이하	100 이하	
중 량 자 동 차	107 이하	105 이하	
이 륜 자 동 차	110 이하	105 이하	

② 2000년 1월 1일 이후에 제작되는 자동차

소음 항목 / 자동차 종류		배기소음(dB(A))	경적소음(dB(C))
경 자동차		100 이하	110 이하
승용 자동차	승용 1	100 이하	110 이하
	승용 2	100 이하	110 이하
	승용 3	100 이하	112 이하
	승용 4	100 이하	112 이하
화물 자동차	화물 1	100 이하	110 이하
	화물 2	100 이하	110 이하
	화물 3	105 이하	112 이하
이륜자동차		105 이하	110 이하

- 승용1 : 엔진배기량 800cc 이상 및 9인승 이하
- 승용2 : 엔진배기량 800cc 이상, 10인승 이상 및 차량 총중량 2톤 이하
- 승용3 : 엔진배기량 800cc 이상, 10인승 이상 및 총중량 2톤 초과 3.5톤 이하
- 승용4 : 엔진배기량 800cc 이상 및 10인승 이상 및 차량 총중량 3.5톤 초과
- 화물1 : 엔진배기량 800cc 이상 및 차량 총중량 2톤 이하
- 화물2 : 엔진배기량 800cc 이상 및 차량 총중량 2톤 초과 3.5톤 이하
- 화물3 : 엔진배기량 800cc 이상 및 차량 총중량 3.5톤 초과

(2) 경음기

자동차의 경음기(사이렌 및 종을 제외한다)는 다음 각호의 기준에 적합하여야 한다.

① 동일한 음색으로 연속하여 소리를 내는 것일 것.

② 경적음의 크기는 일정하여야 하며, 차체전방에서 2m 떨어진 지상높이 1.2±0.05미터가 되는 지점에서 측정한 값이 다음 각목의 기준에 적합할 것.

- 음의 최소크기는 90dB(C) 이상일 것.
- 음의 최대크기는 「소음·진동규제법」 규정에 의한 자동차의 소음허용기준에 적합할 것.

핵심기출문제

01 자동차의 회로 부품 중에서 일반적으로 "ACC 회로"에 포함된 것은?

① 카스테레오 ② 경음기
③ 와이퍼 모터 ④ 전조등

02 윈드실드 와셔의 전동기는 작동하나 액이 분출하지 않는 원인은?

① 와이퍼 스위치 불량
② 흡입펌프 불량
③ 퓨즈 단선
④ 브러시 마모

03 15000cd의 광원에서 10m 떨어진 위치의 조도는?

① 1,500Lux ② 1,000Lux
③ 500Lux ④ 150Lux

04 전조등의 광도가 35000cd일 경우 전방 100m 지점에서의 조도는?

① 2.5Lx ② 3.5Lx
③ 35Lx ④ 350Lx

05 12V용 24W 방향지시등 전구의 저항을 단품 측정하였더니 약 5~10Ω정도가 측정되었을 경우 전구의 상태 판단으로 가장 적합한 것은?

① 일반적으로는 정상이라고 판단할 수 있다.
② 전구 내부에서 단락된 것이다.
③ 전구의 저항이 커진 것이다.
④ 전구의 필라멘트가 단선되었다.

06 엔진 및 계기 장치의 감지 방식이 다른 회로는?

① 연료계
② 엔진오일의 경고등
③ 냉각수의 온도계
④ 연료 부족 경고등

07 자동차 전조등 조명과 관련된 설명 중 ( ) 안에 알맞은 것은?

> 광원에서 빛의 다발이 사방으로 방사된다. 운전자의 눈은 방사된 빛의 다발 일부를 빛으로 느끼는데 이 빛의 다발을 ( )(이)라 한다. 따라서 ( )이(가) 많이 나오는 광원은 밝다고 할 수 있다. ( )의 단위는 Lm이며, 단위 시간당에 통과하는 광량이다.

① 광속, 광속, 광속 ② 광도, 광속, 조도
③ 광속, 광속, 조도 ④ 광속, 조도, 광도

01. ACC 회로에 포함된 것은 카스테레오, 라디오 등이다.
02. 흡입펌프가 불량하면 윈드 실드 와셔의 전동기는 작동하나 액이 분출하지 않는다.
03. $조도 = \frac{광도(cd)}{거리^2} = \frac{15000}{10^2} = 150Lux$
04. $L = \frac{E}{r^2}$

L : 조도(Lux), E : 광도(cd), r : 거리(m)

$L = \frac{35000}{100^2} = 3.5Lux$

01.① 02.② 03.④ 04.② 05.① 06.② 07.①

08 **전조등 4핀 릴레이를 단품 점검하고자 할 때 적합한 시험기는?**

① 암페어 시험기 ② 축전기 시험기
③ 회로 시험기 ④ 전조등 시험기

09 **전자식 디스플레이 방식의 계기판에 대한 설명으로 틀린 것은?**

① 음극선관(CRT)은 전자빔의 원리로 작동하며, 동작 전압은 수 kV이다.
② 플라스마(PD)는 충돌이온으로 가스 방전시키는 원리를 이용한 것으로 동작전압은 200V 정도이다.
③ 발광 다이오드(LED)는 반도체의 PN접합의 순방향에서 전하의 재결합원리를 응용한 것으로, 동작전압은 2~3V로 낮으며 적, 황, 녹, 오렌지 색 등 다양한 색깔을 나타낸다.
④ 액정(LCD)은 전계 내에서 액정을 이용하여 빛의 흡수와 전달을 제어하는 것으로 동작전압은 12~14V 정도이고, 색깔은 단색이지만 필터를 사용하면 여러 가지색이 가능하다.

10 **등화장치에서 조명과 관련된 설명으로 틀린 것은?**

① 일정한 방향의 빛의 세기를 광도라 한다.
② 광속의 단위는 루멘(lm)이라 한다.
③ 광도의 단위는 칸델라(cd)라고 한다.
④ 피조면의 밝기를 조도라 하고 단위는 데시벨이라 한다.

11 **비상등은 정상 작동되나 좌측 방향 지시등이 작동하지 않을 때 관련 있는 부품은?**

① 시그널 릴레이 ② 비상등 스위치
③ 시그널 스위치 ④ 시그널 전구

12 **다음 계기장치 중 밸런싱 코일식을 사용하지 않는 계기 장치는?**

① 전류계 ② 온도계
③ 속도계 ④ 연료계

13 **방향지시등이 깜박거리지 않고 점등된 채로 있다면 예상되는 고장원인으로 적당한 것은?**

① 전구의 용량이 크다.
② 퓨즈 또는 배선의 접촉불량
③ 플래셔 유닛의 접지불량
④ 전구의 접지불량

14 **좌측과 우측 중 방향 지시등의 점멸 주기가 규정보다 어느 한쪽이 빨리지는 원인이 아닌 것은?**

① 양쪽 전구를 규정보다 밝은 것으로 장착하였을 경우
② 좌측 방향지시등 회로에 저항이 커졌을 경우
③ 뒤 좌측의 전구 접지선이 단선된 경우
④ 우측 전구를 규정보다 어두운 것으로 장착하였을 경우

09. 전자식 디스플레이 방식의 계기판
① 음극선관(CRT)은 전자빔의 원리로 작동하며, 동작 전압은 수 kV이다.
② 플라스마(PD)는 충돌이온으로 가스 방전시키는 원리를 이용한 것으로 동작전압은 200V정도이다.
③ 발광 다이오드(LED)는 반도체의 PN접합의 순방향에서 전하의 재결합원리를 응용한 것으로, 동작전압은 2~3V로 낮으며 적, 황, 녹, 오렌지 색 등 다양한 색깔을 나타낸다.

10. 피조면의 밝기를 조도라고 하고 단위는 룩스(lux)라 한다.
13. 플래셔 유닛의 접지가 불량하면 방향지시등이 깜박거리지 않고 점등된 채로 있다.

08.③ **09.**④ **10.**④ **11.**③ **12.**③ **13.**③ **14.**①

15 **헤드라이트를 작동하면 엔진 회전속도가 증가하는 이유는 무엇인가?(단, 공전 상태일 때)**

① 전기 부하를 받기 때문에 엔진 컴퓨터에서 전기 신호를 받아 공연비를 조정한다.
② 가속 페달의 액추에이터가 진공에 의해서 엔진 회전 속도가 증가한다.
③ 진공 스위치에 의해서 엔진 회전속도가 증가한다.
④ TPS 값이 증가하면서 엔진 회전속도가 증가한다.

16 **자동차의 등화 장치 기준에 적합하지 않는 것은?**

① 모든 비상 점멸등은 동시에 작동하는 구조이어야 한다.
② 어린이 운송용 승합 자동차의 표시등에서 적색표시등은 안쪽에, 황색표시등은 바깥쪽에 설치하되, 차량중심선으로부터 좌우대칭이 되도록 설치하여야 한다.
③ 자동차의 앞면에는 적색 등화, 반사기 또는 방향지시등과 혼동하기 쉬운 점멸하는 등화를 설치하여서는 아니 된다.
④ 앞면과 뒷면에는 분당 60회이상 120회 이하로 점멸되는 각각 2개의 적색표시등과 2개의 황색표시등 또는 호박색표시등을 설치할 것

17 **등화 장치에 대한 설치기준으로 틀린 것은?**

① 차폭등의 등광색은 백색으로 하고, 비추는 방향은 자동차 전방일 것
② 번호등은 등록번호판을 잘 비추는 구조일 것
③ 번호등의 휘도 기준은 측정점별 최소 휘도는 3.5cd/㎡ 이상일 것.
④ 후미등의 1등당 최소 광도는 4칸델라 이상이어야 한다.

18 **자동차의 자동 전조등이 갖추어야 할 조건 설명으로 틀린 것은?**

① 야간에 전방 100m 떨어져 있는 장애물을 확인할 수 있는 밝기를 가져야 한다.
② 승차인원이나 적재 하중에 따라 광축의 변함이 없어야 한다.
③ 어느 정도 빛이 확산하여 주위의 상태를 파악할 수 있어야 한다.
④ 교행할 때 맞은 편에서 오는 차를 눈부시게 하여 운전의 방해가 되어서는 안된다.

19 **전조등 시험기 측정시 관련사항으로 틀린 것은?**

① 공차 상태에서 서서히 진입하면서 측정한다.
② 타이어 공기압을 표준공기압으로 한다.
③ 4등식 전조등의 경우 측정하지 않는 등화는 발산하는 빛을 차단한 상태로 한다.
④ 엔진은 공회전 상태로 한다.

20 **점조등 시험기 중에서 시험기의 전조등이 1m 거리로 측정되는 방식은?**

① 스크린식 ② 집광식
③ 투영식 ④ 조도식

16. 어린이 운송용 승합 자동차의 표시등에서 적색표시등은 바깥쪽에, 황색표시등은 안쪽에 설치하되, 차량중심선으로부터 좌우대칭이 되도록 설치하여야 한다.

17. 번호등의 휘도 기준은 측정점별 최소 휘도는 2.5cd/㎡ 이상일 것. 다만, 양산자동차의 경우에는 ±20% 이하를 적용할 수 있다.

18. 승차 인원이나 적재하중 및 주행환경에 따라 광축이 자동으로 조절되어야 한다.

19. **전조등의 광도 및 광축 측정조건**
① 자동차는 적절히 예비 운전되어 있는 공차상태의 자동차에 운전자 1인이 승차한 상태로 한다.
② 자동차의 축전지는 충전한 상태로 한다.
③ 자동차의 원동기는 공회전 상태로 한다.
④ 타이어의 공기압은 표준 공기압으로 한다.
⑤ 4등식 전조등의 경우 측정하지 아니하는 등화에서 발산하는 빛을 차단한 상태로 한다.

20. 전조등 시험기와 차량과의 측정거리는 집광식은 1m이고, 스크린식과 투영식은 3m이다.

15.① 16.② 17.③ 18.② 19.① 20.②

21 **운행 중인 자동차 전조등의 광도 및 광축 측정조건 중 틀린 것은?**

① 자동차는 예비운전이 되어 있는 공차 상태에 운전자 1인이 승차한 상태로 한다.
② 자동차의 축전지는 충전한 상태로 한다.
③ 자동차의 원동기는 공회전 상태로 한다.
④ 4등식 전조등의 경우 측정하지 아니하는 등화는 빛을 차단하지 않은 상태로 한다.

22 **자동차 및 자동차 부품의 성능과 기준에 관한 규칙에서 전조등의 안전기준으로 틀린 것은?**

① 전조등 변환빔의 광도는 3,000칸델라 이상일 것
② 등광색은 백색이고, 좌ㆍ우에 각각 1개 또는 2개를 설치할 것.
③ 변환빔의 등광색은 백색 또는 호박색일 것
④ 자동차 너비가 130cm 이하인 초소형 자동차에는 전조등 1개를 설치할 수 있다.

23 **전조등의 광도가 18000 cd 인 자동차를 10m 전방에서 측정하였을 경우의 조도는?**

① 160 lx ② 180 lx
③ 200 lx ④ 220 lx

24 **자동차 및 자동차 부품의 성능과 기준에 관한 규칙에서 변환빔 전조등의 설치 기준이 아닌 것은?**

① 변환빔 전조등은 좌 · 우에 각각 1개를 설치할 것.
② 변환빔 전조등의 등광색은 백색이고 비추는 방향은 자동차 전방일 것
③ 변환빔 전조등의 발광면은 상측 15도 · 하측 10도 · 외측 45도 · 내측 10도 이하 어느 범위에서도 관측될 것
④ 변환빔 전조등의 발광면은 공차상태에서 지상 600mm 이상 1,200mm 이하일 것

25 **자동차 및 자동차 부품의 성능과 기준에 관한 규칙에서 적응형 전조등의 작동 조건으로 틀린 것은?**

① 적응형 전조등은 적합한 모드의 선정과 모드 변환은 자동으로 작동되어야 한다.
② 적응형 전조등은 운전자 및 도로 사용자에게 방해가 되지 않아야 한다.
③ 적응형 변환빔의 점등 및 소등은 수동으로 변환할 수 있다.
④ 적응형 전조등의 변환빔은 다른 모드가 작동하지 않을 경우 기본 모드가 작동될 것

26 **전조등을 시험할 때 주의사항 중 틀린 것은?**

① 각 타이어의 공기압은 표준일 것.
② 공차상태에서 운전자 1명이 승차할 것.
③ 축전지는 충전한 상태로 할 것.
④ 엔진은 정지상태로 할 것.

21. 전조등의 광도 및 광축 측정조건
① 자동차는 적절히 예비 운전되어 있는 공차상태의 자동차에 운전자 1인이 승차한 상태로 한다.
② 자동차의 축전지는 충전한 상태로 한다.
③ 자동차의 원동기는 공회전 상태로 한다.
④ 타이어의 공기압은 표준 공기압으로 한다.
⑤ 4등식 전조등의 경우 측정하지 아니하는 등화에서 발산하는 빛을 차단한 상태로 한다.

23. $L = \frac{E}{r^2}$ $\quad L = \frac{18000}{10^2} = 180 Lux$

L : 조도(Lux), E : 광도(cd), r : 거리(m)

24. 변환빔 전조등의 발광면은 공차상태에서 지상 500mm 이상 1,200mm 이하일 것

25. 적응형 변환빔의 점등 및 소등은 자동으로 변환할 수 있다.

21.④ 22.③ 23.② 24.④ 25.③ 26.④

27 변환 빔 전조등의 설치기준에서 발광면의 관측각도 범위로 잘못된 것은?

① 상측 15° 이내 ② 하측 10° 이내
③ 외측 15° 이내 ④ 내측 10° 이내

28 자동차 등화장치별 등광색이 잘못 연결된 것은?

① 안개등-백색 또는 황색
② 자동차 뒷면 안개등-백색 또는 황색
③ 주간 주행등-백색
④ 코너링 조명등-백색

29 자동차의 후퇴등에 대한 성능기준으로 맞는 것은?

① 3개 이하로 설치할 것
② 등광색은 백색으로 할 것
③ 주광축은 상향으로 하되, 자동차 뒤쪽 100m 이내의 지면을 비출 수 있도록 설치할 것
④ 변속장치의 위치에 상관없이 점등되도록 할 것

30 양산자동차의 방향지시등 및 보조 방향지시등의 광도 편차 기준은 몇 %인가?

① ±10% 이하 ② ±20% 이하
③ ±30% 이하 ④ ±40% 이하

31 자동차 및 자동차 부품의 성능과 기준에서 방향지시등의 설치기준이 아닌 것은?

① 방향지시등은 1분간 90±30회로 점멸하는 구조일 것
② 방향지시기를 조작한 후 1초 이내에 점등되어야 하며, 1.5초 이내에 소등될 것
③ 견인자동차와 피견인자동차의 방향지시등은 별도로 작동하는 구조일 것
④ 하나의 방향지시등에서 합선 외의 고장이 발생된 경우 다른 방향지시등은 작동되는 구조이어야 하며 점멸횟수는 변경될 수 있다.

32 자동차의 뒷면에 안개등을 설치할 경우 자동차 성능과 기준에 관한 규칙에 적합하지 않은 것은?

① 자동차 너비가 130cm 이하인 초소형 자동차에는 1개를 설치할 수 있다.
② 발광면은 공차상태에서 지상 250mm 이상 1,000mm 이하일 것.
③ 등광색은 황색일 것.
④ 다른 등화장치와 따로 소등할 수 있는 구조일 것

33 제동등에 대한 설치기준으로 적합한 것은?

① 주 제동장치를 조작할 때에 점등이 되고, 제동조작을 해제할 때까지 지속적으로 점등상태를 유지하여야 한다.

27. 변환 빔 전조등의 발광면은 상측 15도 · 하측 10도 · 외측 45도 · 내측 10도 이하 어느 범위에서도 관측될 것

28. 자동차 뒷면 안개등–적색, 자동차 앞면 안개등–백색 또는 황색

29. 후퇴등 설치기준
① 길이 6m 이하인 자동차는 1개 또는 2개를 설치할 것
② 길이 6m를 초과하는 자동차는 2개를 설치할 것
③ 후퇴등의 발광면은 공차상태에서 지상 250mm 이상 1,200mm 이하일 것
④ 변속장치를 후퇴위치로 조작할 때 점등되도록 할 것

30. 양산자동차의 방향지시등 및 보조 방향지시등의 광도기준은 ±20% 이하의 편차를 가질 수 있다.

31. 견인자동차와 피견인자동차의 방향지시등은 동시에 작동하는 구조일 것

32. 뒷면 안개등의 등광색은 적색이어야 한다.

33. 제동등 성능기준
① 제동등의 등광색은 적색이어야 한다.
② 제동등 수평각의 발광면은 좌측 45도 · 우측 45도 이하에서 관측 가능할 것
③ 제동등 수직각의 발광면은 상측 15도 · 하측 15도 이하에서 관측 가능할 것.

27.③ **28.**② **29.**② **30.**② **31.**③ **32.**③ **33.**①

② 제동등의 등광색은 백색이어야 한다.
③ 제동등 수평각의 발광면은 좌측 15도、우측 15도 이하에서 관측 가능할 것
④ 제동등 수직각의 발광면은 상측 45도、하측 45도 이하에서 관측 가능할 것

34 **제동등에 관한 성능기준에 맞지 않는 것은?**

① 등광색은 적색으로 할 것
② 1등당 최소 광도는 60cd이상일 것
③ 1등당 유효조광은 200cm² 이상일 것
④ 제동등은 자동차 뒷면에 설치하고 비추는 방향은 자동차 후방일 것

35 **자동차 및 자동차 부품의 성능과 기준에서 제동등의 설치기준으로 알맞은 것은?**

① 제동등의 발광면 외측 끝은 자동차 최외측으로부터 600mm 이하일 것.
② 제동등의 발광면은 공차상태에서 지상 450mm 이상 1,500mm 이하일 것.
③ 보조 제동등은 자동차의 뒷면에 수직 중심선 상에 1개를 설치할 것.
④ 자동차 너비가 130cm 이하인 초소형 자동차는 2개의 제동등 설치가 가능하다.

36 **다음 중 등화장치에 대한 정기검사결과 시정권고 할 수 있는 것은?**

① 적색 방향지시등 설치
② 안개등의 미점등
③ 흑색 제동등 설치
④ 번호등의 미점등

37 **승용 자동차 정기검사 결과 적합 판정을 할 수 있는 것은?**

① 번호판 주위에 점멸 등화 설치
② 차체 전면에 적색 안개등 설치
③ 방향지시등 청색등 설치
④ 자신 후면 중앙에 보조 제동등 추가 설치

38 **자동차의 속도계 오차 측정조건으로 옳지 않은 것은?**

① 자동차는 공차상태에서 운전자 1인이 승차한 상태로 한다.
② 속도계 시험기 지침의 진동은 ±4km/h 이하이어야 한다.
③ 타이어 공기압은 표준 공기압으로 한다.
④ 자동차의 바퀴는 흙 등의 이물질을 제거한 상태로 한다.

39 **자동차 사고 예방을 위한 자동차 속도계 시험 방법에 대하여 규정한 시험조건으로 맞는 것은?**

① 최고속도 측정시에는 적차 상태로 한다.
② 시험자동차에 운전자는 승차 가능하며, 측정자는 승차할 수 없다.
③ 풍속은 15m/s 이하에서 실시한다.
④ 시험자동차는 측정시 별도로 제작된 타이어가 장착되어야 한다.

34. 1등당 유효 조광면적은 22cm² 이상일 것.

35. 제동등 설치기준

① 제동등의 발광면 외측 끝은 자동차 최외측으로부터 400mm 이하일 것.
② 제동등의 발광면은 공차상태에서 지상 350mm 이상 1,500mm 이하일 것.
③ 보조 제동등은 자동차의 뒷면에 수직 중심선 상에 1개를 설치할 것.
④ 자동차 너비가 130cm 이하인 초소형 자동차는 1개의 제동등 설치가 가능하다.

38. 속도계 오차 측정조건

① 자동차는 공차 상태에서 운전자 1인이 승차한 상태로 한다.
② 속도계시험기 지침의 진동은 ±3km/h 이하이어야 한다.
③ 타이어의 공기압력은 표준 공기압력으로 한다.
④ 자동차의 바퀴는 흙 등의 이 물질을 제거 한 상태로 한다.

39. 속도계 시험자동차는 공차상태에서 운전자 외의 시험 장비를 포함하는 상태를 말한다. 다만, 앞좌석에 시험결과를 기록할 수 있는 측정자 1명을 추가할 수 있으며, 최고속도 측정시에는 적차 상태로 한다.

34.③ **35.**③ **36.**② **37.**④ **38.**② **39.**①

40 **운행자동차의 속도계를 시험할 때 기준이 되는 것은?**

① 측정차의 속도계 기준
② 시험기의 지시를 기준
③ 시험기와 측정차의 차이를 비교
④ 시험기와 측정차 중 아무 것이나 기준을 설정하여 시행

41 **속도계 검사를 하였는데, 피측정 차량의 속도계가 40km/h를 지침하고 있다고 신고 버튼을 눌렀을 때 시험기의 지침이 48 km/h를 지시하고 있었다. 적합 여부는?**

① 34.8km/h 이상이므로 적합
② 44.4km/h 이상이므로 부적합
③ 44.4km/h 이상이므로 적합
④ 34.8km/h 이상이므로 부적합

42 **자동차 계기판의 속도가 70km/h 에서 시험을 했을 경우 성능기준에 적합한 시험기의 속도 범위에 해당되는 것은?**

① 63.00 ~ 80.50km/h
② 59.50 ~ 63.00km/h
③ 56 ~ 77.78km/h
④ 63.00 ~ 77.78km/h

43 **운행자동차의 최고속도 측정조건 중 맞지 않는 것은?**

① 측정 자동차는 공차 상태이어야 한다.
② 자동차는 측정 전 제원에 따라 엔진, 동력전달 장치, 조향 장치 및 제동장치를 점검 및 정비하여야 한다.
③ 타이어 공기압력을 표준 공기압력 상태로 조종하여야 한다.
④ 측정은 풍속 3m/sec 이하에서 실시하는 것을 원칙으로 하며 측정결과는 왕복 측정하여 평균값을 구한다.

44 **자동차 최고속도 측정조건으로 옳지 않은 것은?**

① 자동차는 적차 상태이어야 한다.
② 자동차는 측정 전에 충분한 길들이기 운전을 하여야 한다.
③ 측정도로는 평탄 수평하고 건조한 직선 포장도로이어야 한다.
④ 풍속 3m/sec 이하에서 실시하는 것을 원칙으로 하며, 측정결과는 3회 왕복 측정한다.

45 **최고속도 제한장치를 설치하지 않아도 성능기준에 적합한 자동차는?**

41. 속도계는 평탄한 수평노면에서의 속도가 40km/h인 경우 그 지시 오차가 정 25%, 부10% 이하여야 하므로 $\frac{40}{1.25} \sim \frac{40}{0.9}$=32~44.4km/h 여야 하는데 44.4km/h 이상이므로 부적합하다.

42. $\frac{70}{1.25} \sim \frac{70}{0.9} = 56 \sim 77.78\text{km/h}$

43. 운행 자동차의 최고속도 측정조건
① 측정 자동차는 적차 상태(연결자동차는 연결된 상태의 적차상태)이어야 한다.
② 자동차는 측정 전에 충분한 길들이기 운전을 하여야 한다.
③ 자동차는 측정 전 제원에 따라 엔진, 동력전달 장치, 조향 장치 및 제동 장치를 점검 및 정비하여야 한다.
④ 타이어 공기 압력을 표준 공기 압력 상태로 조종하여야 한다.
⑤ 측정은 풍속 3m/sec 이하에서 실시하는 것을 원칙으로 하며 측정결과는 왕복 측정하여 평균값을 구한다.

45. 최고속도 제한장치 설치 대상 자동차
1. 승합자동차(제2조제32호에 따른 어린이운송용 승합자동차를 포함한다)
2. 차량총중량이 3.5톤을 초과하는 화물자동차·특수자동차(피견인자동차를 연결하는 견인자동차를 포함한다)
3. 「고압가스 안전관리법 시행령」 제2조의 규정에 의한 고압가스를 운송하기 위하여 필요한 탱크를 설치한 화물자동차(피견인자동차를 연결한 경우에는 이를 연결한 견인자동차를 포함한다)
4. 저속전기자동차

40.① 41.② 42.③ 43.① 44.④ 45.④

① 승합자동차
② 저속전기자동차
③ 차량총중량이 3.5톤 이상인 화물자동차
④ 최대적재량이 5톤인 화물자동차

46 **기계 · 기구의 정밀도 검사기준 및 검사방법에서 속도계 시험기의 구성 부품에 해당되지 않는 것은?**

① 롤러
② 속도계 지시계
③ 바퀴이탈 방지장치
④ 포텐쇼 미터

47 **운행차 정기 검사방법 중 소음도 측정에 관한 사항으로 옳은 것은?**

① 경적소음은 자동차의 원동기를 가동시키지 아니한 정차 상태에서 자동차의 경음기를 3초 동안 작동시켜 최대 소음도를 측정한다.
② 2개 이상의 경음기가 장치된 자동차에 대하여는 경음기를 동시에 작동시킨 상태에서 측정한다.
③ 자동차소음의 3회 이상 측정치(보정한 것을 포함한다)중 가장 큰 값을 최종측정치로 한다.
④ 자동차의 소음과 암 소음의 측정치 차이가 3dB일 때의 보정치는 2dB이다.

48 **암소음이 84dB을 나타내는 장소에서 경음기의 음량을 측정한 결과 측정 대상음과 암소음 차이가 1dB이 되었다. 측정음은?**

① 80dB ② 83dB
③ 측정치 무효 ④ 85dB

49 **1999년 이전 제작된 승용자동차 경음기에 대한 경적음 크기의 운행차 기준을 바르게 설명한 것은?**

① 차체 전방 2m 거리에서 지상높이가 1.2±0.05m 높이가 되는 지점에서 측정한 값이 90dB 이상 115dB 이하
② 차체 전방 2m 거리에서 지상높이가 1.2±0.05m 높이가 되는 지점에서 측정한 값이 112dB 이상 115dB 이하
③ 차체 전방 2m 거리에서 지상높이가 1.2±0.05m 높이가 되는 지점에서 측정한 값이 95dB 이상 120dB 이하
④ 차체 전방 2m 거리에서 지상높이가 1.2±0.05m 높이가 되는 지점에서 측정한 값이 112dB 이상 125dB 이하

46. 속도계 시험기 구성부품
① 지시계 : 속도 지시값은 과도한 변동이 없는 상태일 것.
② 롤러 : 롤러 등 회전부는 지시계가 지시하는 최고속도에 상당하는 회전수로 작동하는 경우라도 과도한 진동 및 이음이 없을 것.
③ 판정 장치 : 자동형 기기는 판정장치의 작동에 이상이 없을 것.
④ 기록 장치 : 자동차 검사에 사용되는 기기는 기록장치의 작동에 이상이 없을 것.
⑤ 롤러 고정장치 : 자동차를 롤러에 안전하게 진입 및 퇴출시킬 수 있는 롤러 고정장치의 작동 상태에 이상이 없을 것.
⑥ 바퀴 이탈 방지장치 : 바퀴 이탈 방지장치는 손상이 없는 상태에서 이상 없이 작동할 것.
⑦ 리프트 : 자동차의 입·퇴출용 리프트의 작동이 이상이 없을 것.
⑧ 형식 등 표시 : 속도계 시험기의 형식·제작 번호·허용축중(중량)·제작 일자 및 제작 회사가 확실하게 표시되어 있을 것.

47. 경적소음 측정방법
① 자동차의 원동기를 가동시키지 아니한 정차상태에서 자동차의 경음기를 5초 동안 작동시켜 최대 소음도를 측정한다.
③ 자동차 소음의 2회 이상 측정치(보정한 것을 포함한다.) 중 가장 큰 값을 최종측정치로 한다.
④ 자동차 소음과 암소음의 측정치 차이가 3dB 일 때의 보정치는 3dB이다.

48. 자동차 소음과 암소음의 측정치의 차이가 3dB이상 10dB 미만인 경우에는 자동차로 인한 소음의 측정치로부터 보정치를 뺀 값을 최종 측정치로 하고, 차이가 3dB 미만일 때에는 측정치를 무효로 한다.

46.④ 47.② 48.③ 49.①

50 **운행자동차의 경적소음 측정시 마이크로폰 설치방법 중 틀린 것은?**

① 마이크로폰 설치위치는 경음기가 설치된 위치에서 가장 소음도가 크다고 판단되는 자동차의 면에서 전방 2m 떨어진 지점에서 측정한다.
② 마이크로폰은 자동차의 면에서 전방으로 2m 떨어진 지점을 지나는 연직선으로부터의 수평거리가 0.05m 이하의 지점에 설치하여 측정한다.
③ 마이크로폰은 지상 높이가 1±0.5m 인 지점에 설치하여 측정한다.
④ 마이크로폰은 시험 자동차를 향하여 차량 중심선에 평행하여야 한다.

51 **자동차 경적음 크기의 최소치와 측정기준이 적합한 것은?**

① 최소치 : 90데시벨(A) 이상, 측정기준 : 차체 전방 2m 거리, 지상높이 1.2±0.5m
② 최소치 : 115데시벨(C) 이하, 측정기준 : 차체 전방 2m 거리, 지상높이 1±0.5m
③ 최소치 : 115데시벨(A) 이하, 측정기준 : 차체 전방 2m 거리, 지상높이 1.2± 0.05m
④ 최소치 : 90데시벨(C) 이상, 측정기준 : 차체 전방 2m 거리, 지상높이 1.2±0.05m

52 **운행차 정기검사시 경적소음 측정 방법으로 맞는 것은?**

① 자동차의 원동기가 공회전상태에서 측정
② 경음기를 3초 동안 작동시켜 최저소음도 측정
③ 경음기를 5초 동안 작동시켜 최대소음도 측정
④ 경음기가 2개 이상이 장치된 경우에는 1개만 작동시켜 측정

53 **운행차의 소음측정기에 있어서 지시계는 어떤 특성을 가진 것을 사용하여 측정하여야 하는가?**

① 빠른 동특성
② 느린 동특성
③ 측정 후 바늘이 정지되어 있는 특성
④ 4초 이내에 음량을 가리킬 수 있는 특성

50. 경적소음 측정시 마이크로폰 설치 위치 : 마이크로폰 설치위치는 경음기가 설치된 위치에서 가장 소음도가 크다고 판단되는 자동차의 면에서 전방으로 2m 떨어진 지점을 지나는 연직선으로부터의 수평거리가 0.05m 이하인 동시에 지상 높이가 1.2±0.05m(이륜자동차, 측차부 이륜자동차 및 원동기부 자전거는 1±0.05m)인 위치로 하고 그 방향은 당해 자동차를 향하여 차량중심선에 평행하여야 한다.

51. 경적음의 크기는 일정하여야 하며, 차체 전방에서 2m 떨어진 지상 높이 1.2±0.05m가 되는 지점에서 측정한 값이 음의 최소 크기 90데시벨(C) 이상일 것.

52. 경적소음 측정방법
① 자동차의 원동기를 가동시키지 아니한 정차상태에서 자동차의 경음기를 5초 동안 작동시켜 최대 소음도를 측정한다.
② 자동차의 배기관이 2개 이상일 경우에는 배기관 사이의 거리가 0.3m 보다 크면 각각의 배기관에서 소음을 측정하고, 0.3m 이하이면 자동차의 가장 외곽에 있는 배기관의 소음만을 측정한다.
③ 교류식 경음기인 경우 원동기 회전속도 3000±100rpm 인 상태에서 측정한다.

50.③ 51.④ 52.③ 53.①

4장 안전 및 편의장치

4-1 냉·난방 장치

1 자동차의 열부하

자동차의 열 부하에는 환기부하, 관류부하, 복사부하, 승원(인원)부하 등이 있다.

① **관류부하** : 차실벽, 바닥 또는 창면으로부터의 이동

② **복사부하** : 직사광선에 의한 열

③ **승원부하** : 승객에 의한 발열

④ **환기부하** : 자연 또는 강제 환기

2 냉방 장치(에어컨디셔너)

(1) 작동원리

냉동 사이클은 **증발**→**압축**→**응축**→**팽창**의 4가지 작용을 순환 반복한다.

(2) 주요 구성부품

① **냉매**(refrigerant) : 냉매란 냉동에서 냉동 효과를 얻기 위해 사용하는 물질이며, 최근에는 R-134a를 사용한다.

② **압축기**(compressor) : 압축기는 증발기(evaporator)에서 저압 기체로 된 냉매를 고압으로 압축하여 응축기(condenser)로 보내는 작용을 한다. 압축기의 종류에는 크랭크식, 사판식, 베인식 등이 있다.

③ **전자 클러치**(magnetic clutch) : 이 클러치는 냉방이 필요할 때 에어컨 스위치를 ON으로 하면 로터 풀리 내부의 클러치 코일에 전류가 흘러 전자석을 형성한다. 이에 따라 압축기 축과 클러치판이 접촉하여 일체로 회전하면서 압축을 시작한다.

④ **응축기**(condenser) : 응축기는 라디에이터 앞쪽에 설치되며, 압축기로부터 오는 고온의 기체 냉매의 열을 대기 중으로 방출시켜 액체 냉매로 변화시킨다.

⑤ **건조기**(리시버 드라이어 ; Receiver-Dryer)

- 액체 냉매 저장기능
- 냉매 수분 제거기능
- 압력 조정기능
- 냉매량 점검기능
- 기포 분리기능

⑥ **팽창밸브**(expansion valve) : 냉방장치가 정상적으로 작동하는 동안 냉매는 중간 정도의 온도와 고압의 액체 상태에서 팽창 밸브로 유입되어 오리피스 밸브를 통과하여 저온·저압이 된다. 이 액체 상태의 냉매가 공기 중의 열을 흡수하여 기체 상태로 되어 증발기를 빠져나간다. 팽창 밸브의 온도 감지 밸브의 밀착이 불량하면 냉매 가스 저압 라인의 압력이 너무 높아진다.

⑦ **증발기**(evaporator) : 팽창 밸브를 통과한 냉매가 증발하기 쉬운 저압으로 되어 안개 상태의 냉매가 증발기 튜브를 통과할 때 송풍기에 의해서 불어지는 공기에 의해 증발하여 기체로 된다.

(3) 자동 에어컨(auto air-con system)

일사센서, 내·외기센서, 수온센서 등이 컴퓨터에 정보를 입력시키며 이것의 신호에 따라 차실 내의 온도 조절 스위치의 세팅(setting)온도에 도달하도록 자동으로 풍량과 온도를 조절한다.

① **일사 센서**(photo sensor)

- 자동차 실내의 크래시 패드 중앙 부위에 설치되어 차량의 실내로 내리 쬐는 빛의 양을 감지하고 전류로 출력하여 FATC-ECU로 입력시키는 역할을 한다,
- 일사량에 의해 자체 기전력이 발생되는 광전도 특성을 갖는 반도체 소재(photo diode)로 빛의 양에 의해서 출력 전압이 상승되는 특성이 있다.

② **전자제어컨트롤 유닛에 입력신호** : 외기 센서(ambient sensor), 냉각수온 스위치(water thermo switch), 일사 센서(sun load sensor), 내기 센서, 습도 센서, AQS 센서, 핀 서모 센서, 모드 선택 스위치 등

③ **전자제어 컨트롤 유닛에 의한 제어** : 블로워 모터제어, 컴프레서 클러치제어, 내·외기 전환 댐퍼 모터 제어

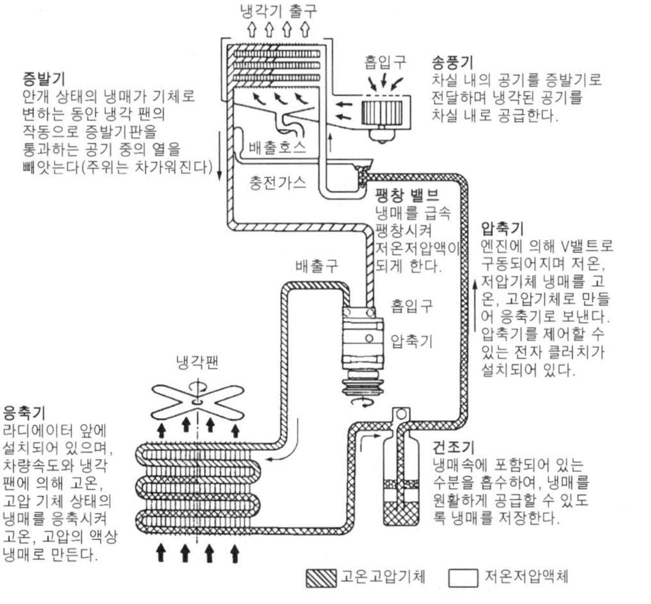
냉각기 출구
흡입구
송풍기
차실 내의 공기를 증발기로 전달하며 냉각된 공기를 차실 내로 공급한다.
증발기
안개 상태의 냉매가 기체로 변하는 동안 냉각 팬의 작동으로 증발기판을 통과하는 공기 중의 열을 빼앗는다(주위는 차가워진다)
배출호스
충전가스
팽창 밸브
냉매를 급속 팽창시켜 저온저압액이 되게 한다.
압축기
엔진에 의해 V밸트로 구동되어지며 저온, 저압기체 냉매를 고온, 고압기체로 만들어 응축기로 보낸다. 압축기를 제어할 수 있는 전자 클러치가 설치되어 있다.
배출구
흡입구
압축기
냉각팬
응축기
라디에이터 앞에 설치되어 있으며, 차량속도와 냉각팬에 의해 고온, 고압 기체 상태의 냉매를 응축시켜 고온, 고압의 액상 냉매로 만든다.
건조기
냉매속에 포함되어 있는 수분을 흡수하여, 냉매를 원활하게 공급할 수 있도록 냉매를 저장한다.
고온고압기체
저온저압액체
고온고압기체
저온저압기체

♲ 냉방 장치의 구성도

4-2 에어백(air bag)

1 에어백 컨트롤 유닛의 진단 기능

① 시스템 내의 구성부품 및 배선의 단선, 단락 진단
② 부품에 이상이 있을 때 경고등 점등
③ 시스템에 이상이 있을 때 경고등 점등

Reference

- 에어백 시스템을 정비 작업할 때에는 반드시 축전지 (−)단자 분리 후 일정시간이 지난 다음 작업한다.

2 에어백 작동과정

① 자동차가 충돌할 때 에어백을 순간적으로 팽창시켜 승객의 부상을 줄여준다.
② 에어백의 컨트롤 모듈은 충격 에너지가 규정 값 이상 되면 전기 신호를 인플레이터에 보낸다.
③ 인플레이터에서는 공급된 전기적 신호에 의해 가스 발생제가 연소되어 에어백을 팽창시킨다.
④ 질소가스가 백을 부풀리고 벤트 홀로 배출된다.

4-3 편의장치(ETACS)

1 에탁스(ETACS ; Electronic, Time, Alarm, Control, System)

에탁스는 자동차 전기장치 중 시간에 의하여 작동되는 장치와 경보를 발생시켜 운전자에게 알려주는 장치 등을 종합한 장치라 할 수 있다. 에탁스에 의해 제어되는 기능은 다음과 같다.

① 와셔연동 와이퍼 제어
② 간헐와이퍼 및 차속감응 와이퍼 제어
③ 점화스위치 키 구멍 조명제어
④ 파워윈도 타이머 제어
⑤ 안전벨트 경고등 타이어 제어
⑥ 열선 타이머 제어(사이드 미러 열선 포함)
⑦ 점화스위치(키) 회수 제어
⑧ 미등 자동소등 제어
⑨ 감광방식 실내등 제어
⑩ 도어 잠금 해제 경고 제어
⑪ 자동 도어 잠금 제어
⑫ 중앙 집중방식 도어 잠금장치 제어
⑬ 점화스위치를 탈거할 때 도어 잠금(lock)/잠금 해제(un lock) 제어
⑭ 도난경계 경보제어
⑮ 충돌을 검출하였을 때 도어 잠금/잠금 해제제어
⑯ 원격관련 제어

- 원격시동 제어
- 키 리스(keyless) 엔트리 제어
- 트렁크 열림 제어

- 리모컨에 의한 파워윈도 및 폴딩 미러 제어

2 도난방지장치

도난방지 차량에서 경계상태가 되기 위한 입력요소는 후드 스위치, 트렁크 스위치, 도어 스위치 등이다. 그리고 다음의 조건이 1개라도 만족하지 않으면 도난방지 상태로 진입하지 않는다.

① 후드스위치(hood switch)가 닫혀있을 때
② 트렁크스위치가 닫혀있을 때
③ 각 도어스위치가 모두 닫혀있을 때
④ 각 도어 잠금 스위치가 잠겨있을 때

3 이모빌라이저

이모빌라이저는 무선통신으로 점화스위치(IG 키)의 기계적인 일치뿐만 아니라 점화스위치와 자동차가 무선통신을 하여 암호코드가 일치할 경우에만 기관이 시동되도록 한 도난방지 장치이다. 이 장치의 점화스위치 손잡이(트랜스폰더)에는 자동차와 무선통신을 할 수 있는 반도체가 내장되어 있다.

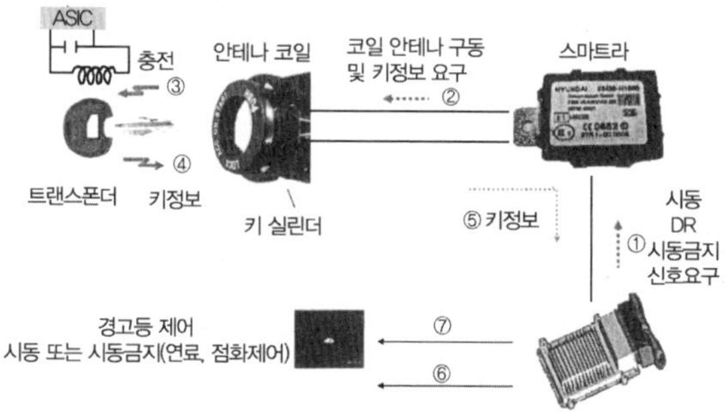

♺ 이모빌라이저의 구성

4 IMS(통합 메모리 시스템 : Integrated Memory System)

IMS는 운전자 자신이 설정한 최적의 시트 위치를 IMS 스위치 조작에 의하여 파워 시트 유닛에 기억시켜 시트 위치가 변해도 IMS 스위치로 자신이 설정한 시트의 위치에 재생시킬 수 있다. 안전상 주행 시의 재생 동작은 금지하고 재생 및 연동 동작을 긴급 정지하는 기능을 가지고 있다.

5 TPMS(타이어 압력 모니터링 장치 ; Tire Pressure Monitoring System)

자동차의 운행 조건에 영향을 줄 수 있는 타이어 내부의 압력 변화를 경고하기 위해 타이어 내부의 압력 및 온도를 지속적으로 감시한다. TPMS 컨트롤 모듈은 각각의 휠 안쪽에 장착된 TPMS 센서로부터의 정보를 분석하여 타이어 상태를 판단한 후 경고등 제어에 필요한 신호를 출력한다. 타이어의 압력이 규정값 이하이거나 센서가 급격한 공기의 누출을 감지하였을 경우에 타이어 저압 경고등(트레드 경고등)을 점등하여 경고한다.

(1) TPMS 센서

타이어의 휠 밸런스를 고려하여 약 30~40g 정도의 센서로서 휠의 림(Rim)에 있는 공기 주입구에 각각 장착되며, 바깥쪽으로 돌출된 알루미늄 재질부가 센서의 안테나 역할을 한다. 센서 내부에는 소형의 배터리가 내장되어 있으며, 배터리의 수명은 약 5~7년 정도이지만 타이어의 사이즈와 운전조건에 따른 온도의 변화 때문에 차이가 있다.

타이어의 위치를 감지하기 위해 이니시에이터로부터 LF(Low Frequency) 신호를 받는 수신부가 센서 내부에 내장되어 있으며, 압력 센서는 타이어의 공기 압력과 내부의 온도를 측정하여 TPMS(Tire Pressure Monitoring System) 리시버로 RF(Radio Frequency)전송을 한다. 배터리의 수명 연장과 정확성을 위하여 온도와 압력을 항시 리시버로 전송하는 것이 아니라 주기적인 시간을 두고 전송한다.

(2) 이니시에이터(Initiator)

이니시에이터는 TPMS(Tire Pressure Monitoring System)의 리시버와 타이어의 압력 센서를 연결하는 무선통신의 중계기 역할을 한다. 차종에 따라 다르지만 자동차의 앞・뒤에 보통 2개~4개 정도가 장착되며, 타이어의 압력 센서를 작동시키는 기능과 타이어의 위치를 판별하기 위한 도구이다.

(3) 리시버(Receiver)

리시버는 TPMS의 독립적인 ECU로서 다음과 같은 기능을 수행한다.

① 타이어 압력 센서로부터 압력과 온도를 RF(무선 주파수) 신호로 수신한다.
② 수신된 데이터를 분석하여 경고등을 제어한다.
③ LF(저주파) 이니시에이터를 제어하여 센서를 Sleep 또는 Wake Up 시킨다.
④ 시동이 걸리면 LF 이니시에이터를 통하여 압력 센서들을 '정상모드' 상태로 변경시킨다.
⑤ 차속이 20km/h 이상으로 연속 주행 시 센서를 자동으로 학습(Auto Learning)한다.
⑥ 차속이 20km/h 이상이 되면 매 시동시 마다 LF 이니시에이터를 통하여 자동으로 위치의 확인 (Auto Location)과 학습(Auto Learning)을 수행한다.
⑦ 자기진단 기능을 수행하여 고장코드를 기억하고 진단장비와 통신을 하지만 차량 내의 다른 장치의 ECU들과 데이터 통신을 하지 않는다.

(4) 경고등

타이어 압력 센서에서 리시버에 입력되는 신호가 타이어의 공기 압력이 규정 이하일 경우 저압 경고등을 점등시켜 운전자에게 위험성을 알려주는 역할을 한다. 히스테리시스 구간을 설정하여 두고 정해진 압력의 변화 이상으로 변동되지 않으면 작동하지 않는다.

4-4 주행안전 보조 장치

1 후방 주차 보조 시스템(RPAS ; Rear Parking Assist System)

후방 주차 보조 시스템은 초음파의 특성을 이용하여 주차 시 또는 주차하기 위해 전방 저속 주행 시 자동차 측면 및 후방 시야의 사각지대 장애물을 감지하여 운전자에게 경고하는 안전 운전 보조 장치이다.

4개의 전방 센서와 4개의 후방 센서로 구성되며, 8개의 센서를 통해 물체를 감지하고 그 결과를 거리별로 1차(전방 61~100cm±15cm, 후방 61~120cm±15cm), 2차(31~60cm±15cm), 3차(30cm 이하 ±10cm) 경보로 나누어 LIN 통신을 통해 BCM으로 전달한다. BCM은 센서에서 받은 통신 메시지를 판단하여 경보 단계를 판단하고 각 차종별 시스템의 구성에 따라 버저를 구동하거나 디스플레이를 위한 데이터를 전송한다.

2 전방 충돌방지 보조 장치(FCA ; Front Collision-Avoidance Assist)

전방 레이더와 전방 카메라에서 감지하는 신호를 종합적으로 판단하여 선행 차량 및 보행자와의 추돌 위험 상황이 감지될 경우 운전자에게 경고를 하고 필요시 자동으로 브레이크를 작동시켜 충돌을 방지하거나 충돌 속도를 늦춰 운전자와 차량의 피해를 경감하는 장치이다.

3 차선 유지 보조 장치(LKA : Lane Keeping Assist)

차선 유지 보조 장치는 전동 조향 장치(MDPS ; Motor Driven Power Steering)가 장착된 차량에서 60~180km/h 범위에서 작동하며, 전방 카메라 센서를 통해 운전자의 의도 없이 차선을 벗어날 경우 조향 핸들을 조종하여 주행 중인 차선을 벗어나지 않도록 보조하는 장치이다.

자동차가 운전자의 의도 없이 차로를 이탈하려고 할 경우 경고를 한 후 3초 이내에 운전자의 응대가 없다고 판단되면 컴퓨터의 제어 신호에 의해 스스로 모터를 구동하여 조향 핸들을 조종하여 자동차 전용도로 및 일반도로에서도 스마트 크루즈 컨트롤(SCC ; Smart Cruise control)과 연계하여 자동차의 속도, 차간거리 유지 제어 및 차로 중앙 주행을 보조하는 한다.

4 급제동 경보 시스템(ESS ; Emergency Stop Signal)

운전자가 일정속도 이상에서 급제동을 하거나 ABS가 작동될 경우 브레이크 램프 또는 비상등을 자동으로 점멸하여 후방 차량에게 위험을 경보하여 사고를 미연에 방지할 수 있는 장치이다.

5 후측방 경보 시스템(BSD ; Blind Spot Detection system)

후측방 경보 시스템은 레이더 센서 2개가 리어 범퍼에 장착하고 전파 레이더를 이용하여 뒤따라오는 자동차와의 거리 및 속도를 측정하여 주행 중 후측방 사각 지역의 장애물 감지 및 경보

(시각, 청각)를 운전자에게 제공하는 시스템이다. 경고음은 외장 스피커 또는 외장 앰프 적용 시 방향성 경고음은 외장 앰프를 통하여 출력한다.

후측방 경보 시스템에서의 기능은 후방 사각 지역에 있는 자동차를 감지하여 사이드 미러 경고 표시를 통해 운전자에게 경고를 하며, 차선 변경 보조 시스템에서의 기능은 자동차 양쪽의 후측방에서 고속으로 접근하는 자동차를 감지하여 운전자에게 경고를 한다. 또한 후측방 접근 경보 시스템에서의 기능은 자신의 자동차를 후진할 때 후방 측면에서 접근하는 대상 차량에 대해서 경보를 발생한다.

6 차선 이탈 경보 시스템(LDWS ; Lane Departure Warning System)

차선 이탈 경보 시스템은 카메라 영상과 차량 정보(CAN 통신)를 이용하여 2가지의 기능을 지원한다. 차선 이탈 경보 시스템에서의 기능은 전방의 차선을 인식하여 차선을 이탈 할 위험이 예측되는 경우 경보를 수행하며, 상향등 자동 제어에서의 기능은 주행 차량 전방의 선행(앞서 주행하는) 차량 및 대향(반대 차로에서 주행하는) 차량의 헤드라이트 광원을 인지하여 상향등의 점등 및 소등을 제어하는 시스템이다.

핵심기출문제

01 **자동차의 냉방회로에 사용되는 기본 부품의 구성으로 옳은 것은?**

① 압축기, 리시버, 히터, 증발기, 블로어 모터
② 압축기, 응축기, 리시버, 팽창밸브, 증발기
③ 압축기, 냉온기, 솔레노이드 밸브, 응축기, 리시버
④ 압축기, 응축기, 리시버, 팽창밸브, 히터

02 **자동차의 에어컨에서 냉방효과가 저하되는 원인이 아닌 것은?**

① 냉매량이 규정보다 부족할 때
② 압축기 작동시간이 짧을 때
③ 압축기의 작동시간이 길 때
④ 냉매주입시 공기가 유입되었을 때

03 **자동차 에어컨에서 익스팬션 밸브(expansion valve)는 어떤 역할을 하는가?**

① 냉매를 팽창시켜 고온 고압의 기체로 만들기 위한 밸브이다.
② 냉매를 급격히 팽창시켜 저온 저압의 에어플(무화) 상태의 냉매로 만든다.
③ 냉매를 압축하여 고압으로 만든다.
④ 팽창된 기체 상태의 냉매를 액화시키는 역할을 한다.

04 **에어컨 라인 압력점검에 대한 설명으로 틀린 것은?**

① 시험기 게이지에는 저압, 고압, 충전 및 배출의 3개 호스가 있다.
② 에어컨 라인압력은 저압 및 고압이 있다.
③ 에어컨 라인 압력 측정시 시험기 게이지 저압과 고압 핸들 밸브를 완전히 연다.
④ 엔진 시동을 걸어 에어컨 압력을 점검한다.

05 **전자동 에어 컨디셔닝 시스템의 구성부품 중 응축기에서 보내온 냉매를 일시 저장하고 항상 액체 상태의 냉매를 팽창 밸브로 보내는 역할을 하는 것은?**

① 익스텐션 밸브　② 리시버 드라이어
③ 컴프레서　④ 이배퍼레이터

03. 익스팬션(팽창) 밸브는 증발기 입구에 설치되어 리시버 드라이어로부터 유입되는 중온 고압의 액체 냉매를 교축작용을 통하여 저온 저압의 습포화 증기 상태의 냉매로 변화시키는 역할을 한다.

04. 에어컨 라인의 압력을 점검하는 경우에는 매니폴드 게이지의 저압 호스를 저압 라인의 피팅에, 고압 호스는 고압 라인의 피팅에 연결하며, 저압과 고압의 핸들 밸브는 잠근 상태에서 점검한다.

05. 에어컨 구성품의 기능

① 압축기(컴프레서) : 증발기에서 기화된 냉매를 고온 고압가스로 변환시켜 응축기에 보낸다.
② 응축기(콘덴서) : 고온 고압의 냉매가 냉각에 의해서 액체 냉매로 변화시키는 역할을 한다.
③ 리시버 드라이어 : 액체 냉매 속에 수분 및 불순물을 여과시키는 역할을 한다.
④ 팽창 밸브(익스텐션 밸브) : 고압의 액체 냉매를 분사시켜 저압으로 감압시키는 역할을 한다.
⑤ 증발기(이배퍼레이터) : 주위의 공기에서 열을 흡수하여 기체의 냉매로 변화시키는 역할을 한다.
⑥ 송풍기(블로워) : 직류 직권식 전동기에 의해 회전되어 공기를 증발기에 순환시킨다.

01.② 02.③ 03.② 04.③ 05.②

06 자동온도 조정장치(FATC)의 센서 중에서 포토다이오드를 이용하여 전류를 컨트롤 하는 센서는?

① 일사 센서 ② 내기온도 센서
③ 외기온도 센서 ④ 수온 센서

07 에어컨 시스템에 사용되는 에어컨 릴레이에 다이오드를 부착하는 이유로 가장 적절한 것은?

① ECU 신호에 오류를 없애기 위해
② 서지 전압에 의한 ECU보호
③ 릴레이 소손을 방지하기 위해
④ 정밀한 제어를 위해

08 자동차의 냉난방장치에 대한 열부하의 분류이다. 이에 대한 설명으로 잘못 짝지어진 것은?

① 관류부하 – 각종 관류의 열
② 복사부하 – 직사광선에 의한 열
③ 승원부하 – 승객에 의한 발열
④ 환기부하 – 자연 또는 강제환기

09 최근 자동차에 의한 환경문제가 심각하게 대두되고 있다. 그 중 에어컨의 냉매에 쓰이는 가스가 우리 인체에 영향을 미친다고 한다. 이것을 방지하기 위하여 최근 사용되고 있는 에어컨 냉매는 어느 것인가?

① R-11 ② R-12
③ R-134a ④ R-13

10 압축기로부터 들어온 고온고압의 기체 냉매를 냉각시켜 액화시키는 기능을 하는 것은?

① 증발기
② 응축기
③ 리시버드라이어
④ 듀얼 프레셔 스위치

11 에어컨의 냉방 사이클에서 고온고압의 액 냉매를 저온저압의 무상 냉매로 변화시켜 주는 부품은?

① 컴프레서 ② 콘덴서
③ 팽창밸브 ④ 증발기

12 전자동에어컨(FATC)시스템에서 블로워 모터가 4단까지는 작동이 되나 5단만 작동이 되지 않는다. 점검해야 할 부품은?

① 블로워 릴레이
② 블로워 하이 릴레이
③ 파워 TR
④ 에어믹스 도어 모터

13 냉방장치에서 냉매가스 저압라인의 압력이 너무 높은 원인은?

① 리시버 탱크 막힘
② 팽창 밸브 막힘
③ 팽창 밸브 감온통 가스 누출
④ 팽창 밸브의 온도 감지 밸브 밀착 불량

06. 일사 센서(photo sensor)는 자동차 실내의 크래시 패드 중앙 부위에 설치되어 차량의 실내로 내리 쬐는 빛의 양을 감지하고 전류로 출력하여 FATC-ECU로 입력시키는 역할을 한다. 일사량에 의해 자체 기전력이 발생되는 광전도 특성을 갖는 반도체 소재(photo diode)로 빛의 양에 의해서 출력 전압이 상승되는 특성이 있다.

08. 관류부하 – 차실벽, 바닥 또는 창면으로부터의 이동

09. 최근에 사용하고 있는 에어컨 냉매는 R-134a이다.

11. 팽창밸브는 냉방 사이클에서 고온·고압의 액 냉매를 저온·저압의 무상 냉매로 변화시켜 주는 부품이다.

12. 전자동 에어컨(FATC) 시스템에서 블로워 모터가 4단까지는 작동이 되나 5단만 작동이 되지 않을 때 점검해야 할 부품은 블로워 하이 릴레이이다.

13. 팽창밸브의 온도감지 밸브의 밀착이 불량하면 냉방장치에서 냉매가스 저압라인의 압력이 너무 높아진다.

06.① **07.**② **08.**① **09.**③ **10.**② **11.**③ **12.**② **13.**④

14 **전자제어 자동 에어컨 장치에서 전자제어 컨트롤 유닛에 의해 제어되지 않는 것은?**

① 냉각수온 조절밸브
② 블로워 모터
③ 컴프레서 클러치
④ 내 · 외기 전환 댐퍼 모터

15 **에어컨 압축기에서 마그넷(magnet) 클러치의 설명으로 맞는 것은?**

① 고정형은 회전하는 풀 리가 코일과 정확히 접촉하고 있어야 한다.
② 고정형은 최대한의 전자력을 얻기 위해 최소한의 에어 갭이 있어야 한다.
③ 회전형 클러치는 몸체의 샤프트를 중심으로 마그넷 코일이 설치되어 있다.
④ 고정형은 풀리 안쪽에 있는 슬립링과 접촉하는 브러시를 통해 전류를 코일에 전달하는 방법이다.

16 **자동온도조절장치(ATC)의 부품과 그 제어 기능을 설명한 것으로 틀린 것은?**

① 실내센서 : 저항치의 변화
② 인테이크 액추에이터 : 스트로크 변화
③ 일사센서 : 광전류의 변화
④ 에어믹스도어 : 저항치의 변화

17 **에어컨 냉매회로의 점검시에 저압측이 높고 고압측은 현저히 낮았을 때의 결함으로 적합한 것은?**

① 냉매회로 내 수분 혼입
② 팽창 밸브가 닫힌 채 고장
③ 냉매회로 내 공기혼입
④ 압축기 내부 결함

18 **전자제어 에어컨에서 자동차의 실내온도와 외부온도 그리고 증발기의 온도를 감지하기 위하여 쓰이는 센서의 종류는 무엇인가?**

① 서미스터　　② 포텐쇼미터
③ 다이오드　　④ 솔레노이드

19 **에어백 컨트롤 유닛의 진단 기능에 속하지 않는 것은?**

① 시스템 내의 구성부품 및 배선의 단선, 단락 진단
② 부품에 이상이 있을 때 경고등 점등
③ 전기 신호에 의한 에어백 팽창
④ 시스템에 이상이 있을 때 경고등 점등

20 **에어백 인플레이터(inflator)의 역할을 바르게 설명한 것은?**

① 에어백의 작동을 위한 전기적인 충전을 하여 배터리가 없을 때에도 작동시키는 역할을 한다.
② 점화장치, 질소가스 등이 내장되어 에어백이 작동할 수 있도록 점화역할을 한다.
③ 충돌할 때 충격을 감지하는 역할을 한다.
④ 고장이 발생하였을 때 경고등을 점등한다.

14. 냉각수온 조절밸브는 엔진의 냉각계통에 설치되어 엔진 시동 후 될 수 있는 한 빨리 수온을 높이기 위하여 사용되며, 수온이 80℃ 전후로 될 때까지 냉각수는 엔진에서 라디에이터에 흐르지 않고 온도가 높아지면 밸브를 열어 순환시킴으로써 엔진의 냉각수 온도를 일정하게 유지시킨다.

20. 인플레이터는 에어백의 가스 발생장치로 점화장치에 의하여 가스 발생제(아질산나트륨이 일반적)를 순간적으로 연소시켜 나온 질소가스로 에어백을 부풀게 하는 역할을 한다.

14.① **15.**② **16.**④ **17.**④ **18.**① **19.**③ **20.**②

21 차량의 정면에 설치된 에어백에 관한 내용으로서 틀린 것은?

① 전방에서 강한 충격력을 받으면 부풀어 오른다.
② 부풀어 오른 에어백은 즉시 수축되면 안 된다.
③ 차량의 측면, 후면 충돌시에는 작동하지 않는다.
④ 운전자의 머리부분 충격을 완화시킨다.

22 에어 백(air bag) 작업시 주의사항으로 잘못된 것은?

① 스티어링 휠 장착시 클럭 스프링의 중립을 확인할 것.
② 에어백 관련 정비시 배터리 (-)단자를 떼어 놓을 것.
③ 보디 도장시 열처리를 요할 때는 인플레이터를 탈거할 것.
④ 인플레이터의 저항을 멀티 테스터로 측정할 것.

23 일반적으로 종합제어장치(에탁스)에 포함된 기능이 아닌 것은?

① 에어백 제어기능
② 파워 윈도우 제어기능
③ 안전띠 미착용 경보기능
④ 뒷유리 열선 제어기능

24 도난 방지 차량에서 경계 상태가 되기 위한 입력 요소가 아닌 것은?

① 후드 스위치 ② 트렁크 스위치
③ 도어 스위치 ④ 차속 스위치

25 연료전지의 장점에 해당되지 않는 것은?

① 상온에서 화학반응을 하므로 위험성이 적다.
② 에너지 밀도가 매우 크다.
③ 연료를 공급하여 연속적으로 전력을 얻을 수 있으므로 충전이 필요 없다.
④ 출력밀도가 크다.

26 내비게이션 시스템에서 사용하는 센서가 아닌 것은?

① 지자기 센서 ② 중력 센서
③ 진동 자이로 ④ 광섬유 자이로

27 고속으로 회전하는 회전체는 그 회전체를 일정하게 유지하려는 성질이 있다. 이 성질은 어떤 것을 설명한 것인가?

① NTC 효과 ② 피에조 효과
③ 자이로 효과 ④ 자기 유도 효과

21. 에어백은 팽창시 승객의 하중으로 에어백을 누르면 질소 가스는 뒤쪽에 설치된 2개의 배기 포트를 통하여 배출되어 충격이 감소되도록 한다.
22. 인플레이터에는 화약, 점화제, 가스 발생기, 디퓨저, 스크린 등을 알루미늄 용기에 넣은 것으로 에어백 모듈 하우징에 장착되며, 인플레이터 내에는 점화 전류가 흐르는 전기 접속부가 있어 화약에 전류가 흐르면 화약이 연소하여 작동의 우려가 있으므로 테스터 등을 이용하여 측정하여서는 안된다.
23. 에어백 제어기능은 에어백을 제어하는 SRSCM (supplement restraint system control module)에서 한다.
24. 도난 방지 차량에서 경계 상태가 되기 위한 입력 요소는 후드 스위치, 트렁크 스위치, 도어 스위치 등이다.
25. 연료를 연소시킬 때 발생하는 화학 에너지를 직접 전기 에너지로 바꾸는 장치. 수산화칼륨의 전해액을 사이에 둔 다공성의 양극과 음극이 있고 외부에서 양극쪽에 산소, 음극쪽에 수소를 보내면 화학 반응에 의하여 약 1V의 지속적인 기전력이 발생된다. 연료로서는 수소·메탄·메탄올 및 히드라진 등이 사용되고 연소제로는 산소나 공기가 사용된다. 연료전지는 출력의 밀도가 작다.
26. 내비게이션 시스템에 사용하는 센서 ① 지자기 센서 ② 진동 자이로 ③ 광섬유 자이로 ④ 가스 레이트 자이로

21.② **22.**④ **23.**① **24.**④ **25.**④ **26.**② **27.**③

28 **전자제어 와이퍼 시스템에서 레인 센서와 유닛(unit)의 작동으로 틀린 것은?**

① 레인센서 및 유닛은 다기능 스위치의 통제를 받지 않고 종합제어장치 회로와 별도로 작동한다.

② 레인센서는 센서 내부의 LED와 포토다이오드로 비의 양을 감지한다.

③ 비의 양은 레인센서에서 감지, 유닛은 와이퍼 속도와 구동시간을 조절한다.

④ 자동모드에서 비의 양이 부족하면 레인센서는 오토딜레이(auto delay) 모드에서 길게 머문다.

29 **레인 센서가 장착된 자동 와이퍼 시스템(RSWCS)에서 센서와 유닛의 작동 특성에 대한 내용으로 틀린 것은?**

① 레인센서 및 유닛은 다기능스위치의 통제를 받지 않고 종합제어 장치 회로와 별도로 작동한다.

② 레인센서는 LED로부터 적외선이 방출되면 빗물에 의해 반사되는 포토다이오드로 비의 양을 감지한다.

③ 레인센서의 기능은 와이퍼 속도와 구동지연시간을 조절하고 운전자가 설정한 빗물측정량에 따라 작동한다.

④ 비의 양이 부족하여 자동모드로 와이퍼를 동작시킬 수 없으면 레인센서는 오토딜레이 모드에서 길게 머문다.

30 **자동차의 레인 센서 와이퍼 제어장치에 대한 설명 중 옳은 것은?**

① 엔진오일의 양을 감지하여 운전자에게 자동으로 알려주는 센서이다.

② 자동차의 와셔액량을 감지하여 와이퍼가 작동시 와셔 액을 자동조절 하는 장치이다.

③ 앞 창유리 상단의 강우량을 감지하여 자동으로 와이퍼 속도를 제어하는 센서이다.

④ 온도에 따라서 와이퍼 조작시 와이퍼 속도를 제어하는 장치이다.

31 **와셔 연동 와이퍼의 기능으로 틀린 것은?**

① 와셔 액의 분사와 같이 와이퍼가 작동한다.

② 연료를 절약하기 위해서이다.

③ 전면 유리에 이물질을 제거하기 위해서이다.

④ 와이퍼 스위치를 별도로 작동하여야 하는 불편을 해소하기 위해서이다.

28. 레인센서는 발광다이오드(LED)와 포토다이오드에 의해 비의 양을 검출한다. 즉 발광다이오드로부터 적외선이 방출되면 유리표면의 빗물에 의해 반사되어 돌아오는 적외선을 포토다이오드가 검출하여 비의 양을 검출한다. 레인센서는 유리 투과율을 스스로 보정하는 서보(servo)회로가 설치되어 있으며, 종합제어장치 회로를 통하여 앞 창유리의 투과율에 관계없이 일정하게 빗물을 검출하는 기능이 있으며, 앞 창유리의 투과율은 발광다이오드와 포토다이오드와의 중앙점 바로 위에 있는 유리 영역에서 결정된다.

29. 레인센서는 발광다이오드(LED)와 포토다이오드에 의해 비의 양을 검출한다. 즉 발광다이오드로부터 적외선이 방출되면 유리표면의 빗물에 의해 반사되어 돌아오는 적외선을 포토다이오드가 검출하여 비의 양을 검출한다. 레인센서는 유리 투과율을 스스로 보정하는 서보(servo)회로가 설치되어 있으며, 종합제어장치 회로를 통하여 앞 창유리의 투과율에 관계없이 일정하게 빗물을 검출하는 기능이 있으며, 앞 창유리의 투과율은 발광다이오드와 포토다이오드와의 중앙점 바로 위에 있는 유리 영역에서 결정된다.

30. 레인센서 와이퍼 제어장치는 앞 창유리 상단의 강우량을 감지하여 자동으로 와이퍼 속도를 제어하는 장치이다.

31. 와셔 연동 와이퍼 기능은 와이퍼 스위치를 별도로 작동하여야 하는 불편을 해소하기 위한 것이며, 와셔 액의 분사와 같이 와이퍼가 작동한다. 또 전면 유리에 이물질을 제거할 때도 사용된다.

28.① 29.① 30.③ 31.②

32 **점화키 홀 조명기능에 대한 설명 중 틀린 것은?**

① 야간에 운전자에게 편의를 제공한다.
② 야간주행 시 사각지대를 없애준다.
③ 이그니션 키 주변에 일정시간 동안 램프가 점등된다.
④ 이그니션 키 홀을 쉽게 찾을 수 있도록 도와준다.

33 **파워 윈도우 타이머 제어에 관한 설명으로 틀린 것은?**

① IG 'ON'에서 파워 윈도우 릴레이를 ON 한다.
② IG 'OFF'에서 파워윈도우 릴레이를 일정시간 동안 ON 한다.
③ 키를 뺐을 때 윈도우가 열려 있다면 다시 키를 꽂지 않아도 일정시간 이내 윈도우를 닫을 수 있는 기능이다.
④ 파워 윈도우 타이머 제어 중 전조등을 작동시키면 출력을 즉시 OFF한다.

34 **전자제어 방식의 뒷 유리 열선제어에 대한 설명으로 틀린 것은?**

① 엔진 시동상태에서만 작동한다.
② 열선은 병렬회로로 연결되어 있다.
③ 정확한 제어를 위해 릴레이를 사용하지 않는다.
④ 일정시간 작동 후 자동으로 OFF된다.

35 **자동차 문이 닫히자마자 실내가 어두워지는 것을 방지해 주는 램프는?**

① 도어 램프
② 테일 램프
③ 패널 램프
④ 감광식 룸램프

36 **미등 자동 소등(auto lamp cut) 기능에 대한 설명으로 틀린 것은?**

① 키 오프(key off)시 미등을 자동으로 소등하기 위해서이다.
② 키 오프(key off)후 미등 점등을 원할시엔 스위치를 off 후 on으로 하면 미등은 재 점등된다.
③ 키 오프(key off)시에도 미등 작동을 쉽고 빠르게 점등하기 위해서이다.
④ 키 오프(key off)상태에서 미등 점등으로 인한 배터리 방전을 방지하기 위해서이다.

37 **미등 자동 소등제어에서 입력요소로서 틀린 것은?**

① 점화스위치
② 미등스위치
③ 미등릴레이
④ 운전석 도어스위치

32. 점화키 홀 조명은 야간에 이그니션 키 홀을 쉽게 찾을 수 있도록 이그니션 키 주변에 일정시간 동안 램프가 점등되어 운전자에게 편의를 제공한다.

33. 파워윈도우 타이머 기능은 점화스위치를 OFF로 한 후 일정시간 동안 파워윈도우를 UP/DOWN시킬 수 있는 기능이며, 목적은 운전자가 점화스위치를 제거했을 때 윈도우가 열려 있다면 다시 점화스위치를 꼽고 윈도우를 올려야 하는 불편함을 해소시키기 위한 기능이다. 또 점화스위치 OFF 후에도 일정시간 동안 파워윈도우 릴레이를 작동시킨다.

34. 뒷 유리 열선제어는 엔진 시동상태에서만 작동하며, 열선은 병렬회로로 연결되어 있고, 일정시간 작동 후 자동으로 OFF된다.

35. 감광식 룸램프는 도어를 열고 닫을 때 실내등이 즉시 소등되지 않고 서서히 소등되도록 하여 시동 및 출발준비를 할 수 있도록 편의를 제공한다.

36. 미등 자동소등의 기능은 키를 오프(key off)로 하였을 때 미등을 자동으로 소등하고, 또 미등 점등으로 인한 배터리 방전을 방지하기 위함이다. 키 오프(key off) 후 미등 점등하고자 할 때에는 스위치를 off 후 on으로 하면 된다.

32.② **33.**④ **34.**③ **35.**④ **36.**③ **37.**③

38 도어 록 제어(door lock control)에 대한 설명으로 옳은 것은?

① 점화스위치 ON 상태에서만 도어를 unlock으로 제어한다.
② 점화스위치를 OFF로 하면 모든 도어 중 하나라도 록 상태일 경우 전 도어를 록(lock)시킨다.
③ 도어 록 상태에서 주행 중 충돌 시 에어백 ECU로부터 에어백 전개신호를 입력받아 모든 도어를 unlock 시킨다.
④ 도어 unlock 상태에서 주행 중 차량 충돌 시 충돌센서로부터 충돌정보를 입력받아 승객의 안전을 위해 모든 도어를 잠김(lock)으로 한다.

39 차량의 도어 록(lock) 제어에 대한 설명으로 맞는 것은?

① 차량이 일정속도(예, 40km/h)이상으로 일정시간 운행을 지속할 경우 자동으로 도어를 록(lock)시킨다.
② 고속주행 중 록(lock) 스위치를 조작하면 모든 도어는 언록(unlock)된다.
③ 모든 도어가 언록(unlock)일 경우에만 도어를 록(lock)시킨다.
④ 도어가 열린 상태로 주행 중 충돌이 발생할 경우 자동으로 도어를 록(lock)시킨다.

40 아래 회로와 같은 정특성 서미스터를 이용한 도어 록 시스템에 대한 설명으로 맞는 것은?

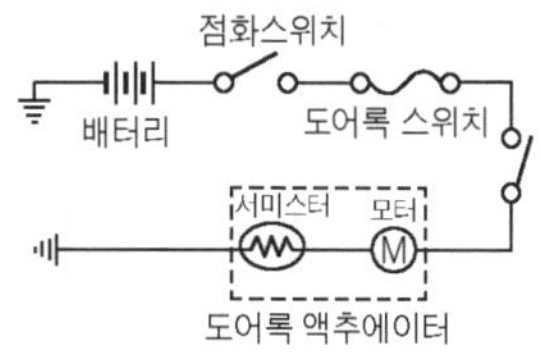

① 도어 록 스위치가 작동되어 한도 이상의 전류가 흐르면 서미스터가 발열하여 저항이 증가되어 전류를 제한한다.
② 도어 록 스위치가 작동되어 한도 이상의 전류가 흐르면 서미스터가 발열하여 저항이 감소되어 전류를 제한한다.
③ 도어 록 스위치가 작동되어 한도 이상의 전류가 흐르면 서미스터가 끊어져 저항이 감소된다.
④ 도어 록 스위치가 작동되어 한도 이상의 전류가 흐르면 서미스터가 발열하여 저항이 감소되고 많은 전류를 흐르도록 유도한다.

41 스마트 키 시스템에서 전원분배 모듈(Power Distribution module)의 기능이 아닌 것은?

① 스마트 키 시스템 트랜스폰더 통신
② 버튼 시동관련 전원공급 릴레이 제어
③ 발전기 부하응답 제어
④ 엔진 시동버튼 LED 및 조명제어

38. 도어 록 제어는 주행 중 약 40km/h 이상이 되면 모든 도어를 록(lock)시키고 점화스위치를 OFF로 하면 모든 도어를 언록(unlock)시키다. 또 도어 록 상태에서 주행 중 충돌 시 에어백 ECU로부터 에어백 전개신호를 입력받아 모든 도어를 unlock 시킨다.

40. 도어록 시스템은 도어 록 스위치가 작동되어 한도 이상의 전류가 흐르면 서미스터가 발열하여 저항이 증가되어 전류를 제한한다.

41. 전원분배 모듈의 기능은 스마트 키 시스템 트랜스폰더 통신, 버튼 시동관련 전원공급 릴레이 제어, 엔진 시동버튼 LED 및 조명제어 등이다.

38.③ **39.**① **40.**① **41.**③

42 **편의장치 중 중앙집중식 제어장치(ETACS 또는 ISU)의 입·출력 요소의 역할에 대한 설명으로 틀린 것은?**

① 모든 도어 스위치 : 각 도어의 잠김 여부 감지
② INT 스위치 : 와셔 작동여부 감지
③ 핸들 록 스위치 : 키 삽입여부 감지
④ 열선스위치 : 열선 작동여부 감지

43 **편의장치 중 중앙집중식 제어장치(ETACS 또는 ISU) 입·출력요소의 역할에 대한 설명으로 틀린 것은?**

① INT 볼륨 스위치 : INT 볼륨위치 검출
② 모든 도어스위치 : 각 도어 잠김 여부 검출
③ 키 리마인드 스위치 : 키 삽입여부 검출
④ 와셔 스위치 : 열선 작동여부 검출

44 **차량의 종합 경보장치에서 입력 요소로 거리가 먼 것은?**

① 도어 열림
② 시트벨트 미착용
③ 주차 브레이크 잠김
④ 승객석 과부하 감지

45 **종합 경보 장치(Total Warning System)의 제어에 필요한 입력요소가 아닌 것은?**

① 열선스위치
② 도어 스위치
③ 시트벨트 경고등
④ 차속센서

46 **자동차의 종합경보장치에 포함되지 않는 제어기능은?**

① 도어록 제어기능
② 감광식 룸램프 제어기능
③ 엔진 고장지시 제어기능
④ 도어 열림 경고 제어기능

47 **자동차의 IMS(Integrated Memory System)에 대한 설명으로 옳은 것은?**

① 도난을 예방하기 위한 시스템이다.
② 편의장치로서 장거리 운행시 자동운행 시스템이다.
③ 배터리 교환주기를 알려주는 시스템이다.
④ 스위치 조작으로 설정해둔 시트위치로 재생시킨다.

42. **INT 스위치** : 운전자의 의지인 볼륨의 위치 검출
43. **와셔 스위치** : 와셔의 작동여부 검출, 열선 스위치 : 열선 작동여부 검출
44. 승객 유무 검출 센서(PPD)는 동승석에 탑승한 승객 유무를 검출하여 승객이 탑승한 경우에는 정상적으로 에어백을 전개시킬 목적으로 설치되어 있으며, 센서의 신호는 SRSCM에 입력시킨다.
45. 편의장치(ETACS) 제어 항목에는 실내등 제어, 간헐와이퍼 제어, 안전띠 미착용 경보, 열선스위치 제어, 각종 도어스위치 제어, 파워윈도우 제어, 와셔 연동 와이퍼 제어, 주차 브레이크 잠김 경보 등이 있으며, 시트벨트(안전띠) 경고등은 출력신호이다.
46. 종합경보 제어장치(ETACS 또는 ISU)의 기능 항목은 안전띠 경보제어, 열선 타이머 제어, 점화스위치 미회수 경보제어, 파워윈도 타이머제어, 감광 룸램프 제어, 중앙 집중 방식 도어 잠김/풀림 제어, 트렁크 열림 제어, 방향지시등 및 비상등 제어, 도난경보 제어, 도어 열림 경고, 디포거 타이머, 점화 키 홀 조명 등이다.
47. IMS는 운전자가 자신에게 맞는 최적의 시트위치, 사이드 미러 위치 및 조향핸들의 위치 등을 IMS 컴퓨터에 입력시킬 수 있으며, 다른 운전자가 운전하여 위치가 변경되었을 경우 컴퓨터가 기억시킨 위치로 자동적으로 복귀시켜주는 장치이다.

42.② **43.**④ **44.**④ **45.**③ **46.**③ **47.**④

48 **통합 운전석 기억장치는 운전석 시트, 아웃사이드 미러, 조향 휠, 룸미러 등의 위치를 설정하여 기억된 위치로 재생하는 편의 장치다. 재생금지 조건이 아닌 것은?**

① 점화스위치가 OFF되어 있을 때
② 변속레버가 위치 "P"에 있을 때
③ 차속이 일정속도(예, 3km/h 이상) 이상일 때
④ 시트 관련 수동 스위치의 조작이 있을 때

49 **자동차 도난경보 시스템의 경보작동 조건이 아닌 것은?(단, 경계진입 상태이다.)**

① 후드가 승인되지 않은 상태에서 열릴 때
② 도어가 승인되지 않은 상태에서 열릴 때
③ 트렁크가 승인되지 않은 상태에서 열릴 때
④ 윈도우가 승인되지 않은 상태에서 열릴 때

50 **자동차용 도난 방지장치의 작동 설명으로 틀린 것은?**

① 도난 방지장치가 경계 중에 외부에서 강제로 도어를 열었을 때 경보가 울린다.
② 도난 방지장치가 경계 중에 외부에서 강제로 트렁크를 열었을 때 경보가 울린다.
③ 도난 방지장치가 경계 중에 내부에서 도어 록을 로브로 언록 했을 때 경보가 울린다.
④ 도난 방지장치가 경계 중에 기관 후드를 외부에서 강제로 열었을 때 경보가 울린다.

51 **자동차에 도난 방지장치의 편의장치를 부착하기 위한 전원 연결 작업을 실시할 때의 작업방법이 옳은 것은?**

① 전원 연결시 전조등 선과 직렬로 연결한다.
② 전원 연결시 방향지시등과 병렬로 연결한다.
③ 전원 연결시 브레이크 및 미등과 직렬로 연결한다.
④ 전원 연결시 축전지에서 공급되는 선과 직접 연결한다.

52 **자동차의 도난 방지장치에 전원을 연결하기 위한 작업방법으로 가장 적절한 것은?**

① 방향지시등과 병렬로 연결한다.
② 전조등 배선과 직렬로 연결한다.
③ 브레이크 및 미등과 직렬로 연결한다.
④ 배터리에서 공급되는 선과 직접 연결한다.

53 **도난 방지장치에서 리모컨을 이용하여 경계상태로 돌입하려고 하는데 잘 안 되는 경우 점검부위가 아닌 것은?**

① 리모컨 자체점검
② 글로브 박스 스위치 점검
③ 트렁크 스위치 점검
④ 수신기 점검

48. 재생금지 조건
① 점화스위치가 OFF되어 있을 때
② 자동변속기의 인히비터 "P" 위치스위치가 OFF일 때
③ 주행속도가 3km/h 이상일 때
④ 시트 관련 수동스위치를 조작하는 경우

49. 도난방지장치의 작동 : 도난방지장치가 경계 중에 외부에서 강제로 도어를 열었을 때, 강제로 트렁크를 열었을 때, 기관 후드를 외부에서 강제로 열었을 때 경보가 울린다.

52. 도난방지 장치의 전원은 축전지에서 공급되는 선과 직접 연결한다.

48.② 49.④ 50.③ 51.④ 52.④ 53.②

54 도난 방지장치에서 리모컨으로 록(lock) 버튼을 눌렀을 때 문은 잠기지만 경계상태로 진입하지 못하는 현상이 발생한다면 그 원인으로 가장 거리가 먼 것은 무엇인가?

① 후드 스위치 불량
② 트렁크 스위치 불량
③ 파워윈도우 스위치 불량
④ 운전석 도어 스위치 불량

55 리모컨으로 도어 잠금 시 도어는 모두 잠기나 경계 진입 모드가 되지 않는다면 고장 원인은?

① 리모컨 수신기 불량
② 트렁크 및 후드의 열림 스위치 불량
③ 도어 록·언록 액추에이터 내부 모터 불량
④ 제어모듈과 수신기 사이의 통신선 접촉 불량

56 도난 방지장치가 장착된 자동차에서 도난 경계 상태로 진입하기 위한 조건이 아닌 것은?

① 후드가 닫혀 있을 것
② 트렁크가 닫혀 있을 것
③ 모든 도어가 닫혀 있을 것
④ 모든 전기장치가 꺼져 있을 것

57 이모빌라이저 시스템에 대한 설명으로 틀린 것은?

① 차량의 도난을 방지할 목적으로 적용되는 시스템이다.
② 도난상황에서 시동이 걸리지 않도록 제어한다.
③ 도난상황에서 시동키가 회전되지 않도록 제어한다.
④ 엔진의 시동은 반드시 차량에 등록된 키로만 시동이 가능하다.

58 이모빌라이저 시스템에 대한 설명으로 틀린 것은?

① 자동차의 도난을 방지할 수 있다.
② 키 등록(이모빌라이저 등록)을 해야만 시동을 걸 수 있다.
③ 차량에 등록된 인증키가 아니어도 점화 및 연료공급은 된다.
④ 차량에 입력된 암호와 트랜스폰더에 입력된 암호가 일치해야 한다.

59 이모빌라이저의 구성품으로 틀린 것은?

① 트랜스폰더　② 코일 안테나
③ 엔진 ECU　④ 스마트키

55. 도난방지 차량에서 경계상태가 되기 위한 입력요소는 후드 스위치, 트렁크 스위치, 도어 스위치 등이다.

56. 도난경계 상태로 진입하기 위한 조건은 후드가 닫혀 있을 것, 트렁크가 닫혀 있을 것, 모든 도어가 닫혀 있을 것

57. 이모빌라이저는 차량의 도난을 방지할 목적으로 적용되는 장치이며, 도난상황에서 시동이 걸리지 않도록 제어한다. 그리고 엔진 시동은 반드시 차량에 등록된 키로만 시동이 가능하다. 엔진 시동을 제어하는 장치는 점화장치, 연료장치, 시동장치이다.

58. 이모빌라이저는 무선통신으로 점화스위치(시동 키)의 기계적인 일치뿐만 아니라 점화스위치와 자동차가 무선으로 통신하여 암호코드가 일치하는 경우에만 엔진이 시동되도록 한 도난방지장치이다. 이 장치에 사용되는 점화스위치(시동 키) 손잡이(트랜스폰더)에는 자동차와 무선으로 통신할 수 있는 특수 반도체가 들어있다. 따라서 기계적으로 일치하는 복제된 점화스위치나 또는 다른 수단으로는 엔진의 시동을 할 수 없기 때문에 도난을 원천적으로 봉쇄할 수 있다.

59. 이모빌라이저 구성부품의 기능

① **엔진 ECU** : 점화스위치를 ON으로 하였을 때 스마트라를 통하여 점화스위치 정보를 수신 받고, 수신된 점화스위치 정보를 이미 등록된 점화스위치 정보와 비교 분석하여 엔진의 시동 여부를 판단한다.
② **스마트라** : 엔진 ECU와 트랜스폰더가 통신을 할 때 중간에서 통신매체의 역할을 하며 어떠한 정보도 저장되지 않는다.
③ **트랜스폰더** : 스마트라로부터 무선으로 점화스위치 정보 요구 신호를 받으면 자신이 가지고 있는 신호를 무선으로 보내주는 역할을 한다.
④ **코일 안테나** : 스마트라로부터 전원을 공급받아 트랜스폰더에 무선으로 에너지를 공급하여 충전시키는 작용을 한다. 그리고 스마트라와 트랜스폰더 사이의 정보를 전달하는 신호전달 매체로 작용을 한다.

54.③ **55.**② **56.**④ **57.**③ **58.**③ **59.**④

60 **자동차에 적용된 이모빌라이저 시스템의 구성부품이 아닌 것은?**

① 외부 수신기
② 안테나 코일
③ 트랜스폰더 키
④ 이모빌라이저 컨트롤 유닛

61 **다음 중 하이브리드 자동차에 적용된 이모빌라이저 시스템의 구성품이 아닌 것은?**

① 스마트라(Smatra)
② 트랜스폰더(Transponder)
③ 안테나 코일(Coil Antenna)
④ 스마트 키 유닛(Smart Key Unit)

62 **타이어 압력 모니터링(TPMS)에 대한 설명 중 틀린 것은?**

① 타이어의 내구성 향상과 안전운행에 도움이 된다.
② 휠 밸런스를 고려하여 타이어 압력 센서가 장착되어 있다.
③ 타이어의 압력과 온도를 감지하여 저압 시 경고등을 점등한다.
④ 가혹한 노면 주행이 가능하도록 타이어 압력을 조절한다.

63 **TPMS(Tire Pressure Monitoring System)의 설명으로 틀린 것은?**

① 타이어 내부의 수분량을 감지하여 TPMS 전자제어 모듈(ECU)에 전송한다.
② TPMS 전자제어 모듈(ECU)은 타이어 압력센서가 전송한 데이터를 수신 받아 판단 후 경고등 제어를 한다.
③ 타이어 압력센서는 각 휠의 안쪽에 장착되어 압력, 온도 등을 측정한다.
④ 시스템의 구성품은 전자제어 모듈(ECU), 압력 센서, 클러스터 등이 있다.

64 **다음은 TPMS의 압력센서를 설명한 것이다. 괄호 안에 알맞은 것을 순서대로 적은 것은?**

> 타이어의 위치를 감지하기 위해 이니시에이터로부터 (　)신호를 받은 수신부가 센서 내부에 내장되어 있다. 또한 타이어 공기압 및 내부 온도를 측정하여 TPMS 리시버로 (　)전송을 한다.

① RF, LF　　② MF, TF
③ TF, MF　　④ LF, RF

65 **타이어 공기압 경고 장치(TPMS)에서 타이어 압력 센서 작동 모드가 아닌 것은?**

① 비작동 모드(off mode)
② 정지 모드(stationary mode)
③ 가속 모드(acceleration mode)
④ 주행 모드(rolling mode)

---

61. 이모빌라이저 장치의 구성 : 점화스위치를 ON으로 하면 컴퓨터는 스마트라에게 점화스위치 정보와 암호를 요구한다. 이때 스마트라는 안테나 코일을 구동(전류공급)함과 동시에 안테나 코일을 통해 트랜스폰더에게 점화스위치 정보와 암호를 요구한다. 따라서 트랜스폰더는 안테나 코일에 흐르는 전류에 의해 무선으로 에너지를 공급받음과 동시에 점화스위치 정보와 암호를 무선으로 송신한다.

62. TPMS는 휠 밸런스를 고려하여 타이어압력센서가 장착되어 있어 타이어의 압력과 온도를 감지하여 타이어의 공기압이 낮으면 경고등을 점등하므로 타이어의 내구성 향상과 안전운행에 도움을 준다.

63. TPMS는 전자제어 모듈(ECU), 압력 센서, 클러스터 등으로 구성되며, 타이어 압력 센서는 각 휠의 안쪽에 장착되어 압력, 온도 등을 측정하여 전자제어 모듈로 전송하며, TPMS 전자제어 모듈(ECU)은 타이어 압력센서가 전송한 데이터를 수신 받아 판단 후 경고등 제어를 한다.

60.① 61.④ 62.④ 63.① 64.④ 65.③

66 **타이어 압력 모니터링 장치(TPMS)의 점검 정비 시 잘못 된 것은?**

① 타이어 압력센서는 공기주입 밸브와 일체로 되어 있다.
② 타이어 압력센서 장착용 휠은 일반 휠과 다르다.
③ 타이어 분리 시 타이어 압력센서가 파손되지 않게 한다.
④ 타이어 압력센서용 배터리 수명은 영구적이다.

67 **주차 보조 장치에서 차량과 장애물의 거리 신호를 컨트롤 유닛으로 보내주는 센서는?**

① 초음파 센서 ② 레이저 센서
③ 마그네틱 센서 ④ 적분센서

68 **백워닝(후방경보) 시스템의 기능과 가장 거리가 먼 것은?**

① 차량 후방의 장애물을 감지하여 운전자에게 알려주는 장치이다.
② 차량 후방의 장애물은 초음파 센서를 이용하여 감지한다.
③ 차량 후방의 장애물을 감지 시 브레이크가 작동하여 차속을 감속시킨다.
④ 차량 후방의 장애물 형상에 따라 감지되지 않을 수도 있다.

69 **후진 경보장치에 대한 설명으로 틀린 것은?**

① 후방의 장애물을 경고음으로 운전자에게 알려 준다.
② 변속레버를 후진으로 선택하면 자동 작동된다.
③ 초음파 방식은 장애물에 부딪쳐 되돌아오는 초음파로 거리가 계산된다.
④ 초음파 센서의 작동주기는 1분에 60~120회 이내이어야 한다.

70 **보기는 후방 주차보조 시스템의 후방감지 센서와 관련된 초음파 전송속도 공식이다. 이 공식의 ‘A’ 에 해당하는 것은?**

[보기] V = 331.5 + 0.6A

① 대기습도 ② 대기온도
③ 대기밀도 ④ 대기건조도

71 **자동차 음향장치의 잡음을 감소하기 위한 방법으로 틀린 것은?**

① 저항을 사용하는 방법
② 콘덴서를 사용하는 방법
③ 고전압을 발생시키는 방법
④ 다이오드를 사용하는 방법

66. 타이어 압력 센서용 배터리는 내장형으로 수명은 반영구적이다.

67. 주차 보조 장치는 후진할 때 편의성과 안전성을 확보하기 위하여 변속 레버를 후진으로 선택하면 후방 주차 보조 장치가 작동하여 장애물이 있을 때 초음파 센서에서 초음파를 발사하여 장애물에 부딪혀 되돌아오는 초음파를 받아서 BCM(body control module)에서 차량과 장애물과의 거리를 계산하여 버저 경고음(장애물과의 거리에 따라 1차, 2차, 3차 경보를 순차적으로 울린다.)으로 운전자에게 열려주는 장치이다.

68. 백워닝 시스템의 기능은 차량 후방의 장애물을 감지하여 운전자에게 알려주는 장치이며, 장애물은 초음파 센서를 이용하여 감지한다. 후방의 장애물 형상에 따라 감지되지 않을 수도 있다.

69. 후진 경보장치는 후진할 때 편의성 및 안전성을 확보하기 위해 운전자가 변속레버를 후진으로 선택하면 후진경고 장치가 작동하여 장애물이 있다면 초음파 센서에서 초음파를 발사하여 장애물에 부딪쳐 되돌아오는 초음파를 받아서 컴퓨터에서 자동차와 장애물과의 거리를 계산하여 버저(buzzer)의 경고음으로 운전자에게 알려주는 장치이다.

66.④ **67.**① **68.**③ **69.**④ **70.**② **71.**③

72 **자동차에서 무선시스템에 간섭을 일으키는 전자기파를 방지하기 위한 대책이 아닌 것은?**

① 캐패시터와 같은 여과소자를 사용하여 간섭을 억제한다.
② 불꽃 발생원에 배터리를 직렬로 접속하여 고주파 전류를 흡수한다.
③ 불꽃 발생원의 주위를 금속으로 밀봉하여 전파의 방사를 방지한다.
④ 점화케이블의 심선에 고저항 케이블을 사용한다.

73 **차량 안전운전 보조 장치의 주요 구성부품에 대한 설명으로 틀린 것은?**

① 자동 주차 보조 장치(SPAS)는 초음파 센서, 전자식 조향 모터 등으로 구성
② 차선 이탈 경고장치(LDWS)는 초음파 센서와 전자식 조향 모터 등으로 구성
③ 정속 주행 장치(ACC)는 전방 감지 센서, 엔진 제어 유닛, 전자식 제동 유닛 등으로 구성
④ 차선 유지 보조 장치(LKAS)는 전방 카메라, 조향 각 센서, 전자식 조향 모터 등으로 구성

73. 차선 이탈 경보 장치(lane departure warning system)는 운전할 때 집중력 저하, 졸음 등으로 인해 방향지시등을 켜지 않고 차선을 이탈할 경우에 앞 유리 상단에 장착된 카메라를 통해 전방의 차선의 상태를 인식하고 조향핸들의 진동, 경고음 등으로 운전자에게 알림으로써 사고를 예방하는 장치.

72.② **73.**②

Part IV

친환경 자동차 정비

- 하이브리드 고전압장치정비
- 전기자동차정비
- 수소연료전지차 정비 및 그 밖의 친환경자동차

1장 하이브리드 고전압장치 정비

1-1 하이브리드 전기장치 개요 및 점검·진단

1 KS R 0121에 의한 하이브리드 동력원의 종류에 따른 분류

(1) 연료 전지 하이브리드 전기 자동차 (FCHEV ; Fuel Cell Hybrid Electric Vehicle)

연료 전지 하이브리드 전기 자동차란 자동차의 추진을 위한 동력원으로 재충전식 전기 에너지 저장 시스템(RESS ; Rechargeable Energy Storage System, 재생가능 에너지 축적 시스템)을 비롯한 전기 동력원을 갖추고 차량 내에서 전기 에너지를 생성하기 위하여 연료 전지 시스템을 탑재한 하이브리드 자동차를 말한다.

(2) 유압식 하이브리드 자동차 Hydraulic Hybrid Vehicle

유압식 하이브리드 자동차란 자동차의 추진 장치와 에너지 저장 장치 사이에서 커플링으로 작동유(Hydraulic Fluid)가 사용되는 하이브리드 자동차를 말한다.

(3) 플러그 인 하이브리드 전기 자동차(PHEV ; Plug-in Hybrid Electric Vehicle)

플러그 인 하이브리드 전기 자동차란 차량의 추진을 위한 동력원으로 연료에 의한 동력원과 재충전식 전기 에너지 저장 시스템(RESS ; Rechargeable Energy Storage System, 재생가능 에너지 축적 시스템)을 비롯한 전기 동력원을 갖추고 자동차 외부의 전기 공급원으로부터 재충전식 전기 에너지 저장 시스템(RESS)을 충전하여 차량에 전기 에너지를 공급할 수 있는 장치를 갖춘 하이브리드 자동차를 말한다.

(4) 하이브리드 전기 자동차(HEV ; Hybrid Electric Vehicle)

하이브리드 전기 자동차란 자동차의 추진을 위한 동력원으로 연료에 의한 동력원과 재충전식 전기 에너지 저장 시스템(RESS ; Rechargeable Energy Storage System, 재생가능 에너지 축적 시스템)을 비롯한 전기 동력원을 갖춘 하이브리드 자동차를 말한다.

2 KS R 0121에 의한 하이브리드의 동력전달 구조에 따른 분류

(1) 병렬형 하이브리드 자동차 Parallel Hybrid Vehicle

병렬형 하이브리드 자동차는 2개의 동력원이 공통으로 사용되는 동력 전달장치를 거쳐 각각 독립적으로 구동축을 구동시키는 방식의 하이브리드 자동차

(2) 직렬형 하이브리드 자동차 Serise Hybrid Vehicle

직렬형 하이브리드 자동차는 2개의 동력원 중 하나는 다른 하나의 동력을 공급하는 데 사용되나 구동축에는 직접 동력 전달이 되지 않는 구조를 갖는 하이브리드 자동차. 엔진-전기를 사용하는 직렬형 하이브리드 자동차의 경우 엔진이 직접 구동축에 동력을 전달하지 않고 엔진은 발전기를 통해 전기 에너지를 생성하고 그 에너지를 사용하는 전기 모터가 구동하여 차량을 주행시킨다.

(3) 복합형 하이브리드 자동차 Compound Hybrid Vehicle

복합형 하이브리드 자동차는 직렬형과 병렬형 하이브리드 자동차를 결합한 형식의 하이브리드 자동차로 동력 분기형 하이브리드(Power Split Hybrid Vehicle) 라고도 한다. 엔진-전기를 사용하는 자동차의 경우 엔진의 구동력이 기계적으로 구동축에 전달되기도 하고 그 일부가 전동기를 거쳐 전기 에너지로 전환된 후 구동축에서 다시 기계적 에너지로 변경되어 구동축에 전달되는 방식의 동력 분배 전달 구조를 갖는다.

3 KS R 0121에 의한 하이브리드 정도에 따른 분류

(1) 소프트 하이브리드 자동차 Soft Hybrid Vehicle

소프트 하이브리드 자동차란 하이브리드 자동차의 두 동력원이 서로 대등하지 않으며, 보조 동력원이 주 동력원의 추진 구동력에 보조적인 역할만 수행하는 것으로 대부분의 경우 보조 동력만으로는 자동차를 구동시키기 어려운 하이브리드 자동차를 말하며, 소프트 하이브리드를 마일드 하이브리드라고도 한다.

(2) 하드 하이브리드 자동차 Hard Hybrid Vehicle

하드 하이브리드 자동차란 하이브리드 자동차의 두 동력원이 거의 대등한 비율로 자동차 구동에 기능하는 것으로 대부분의 경우 두 동력원 중 한 동력만으로도 자동차의 구동이 가능한 하이브리드 자동차를 말하며, 스트롱 하이브리드라고도 한다.

(3) 풀 HV Full Hybrid Vehicle

풀 하이브리드 자동차란 모터가 전장품 구동을 위해 작동하고 주행 중 엔진을 보조하는 기능 외에 자동차 모드로도 구현할 수 있는 하이브리드 자동차를 말한다.

4 하이브리드 자동차(HEV ; Hybrid Electric Vehicle)

하이브리드 자동차란 2종류 이상의 동력원을 설치한 자동차를 말하며, 엔진의 동력과 전기 모터를 함께 설치하여 연비를 향상시킨 자동차이다.

(1) 하이브리드 자동차의 장점

① 연료 소비율을 50% 정도 감소시킬 수 있고 환경 친화적이다.
② 탄화수소, 일산화탄소, 질소산화물의 배출량이 90% 정도 감소된다.
③ 이산화탄소 배출량이 50% 정도 감소된다.
④ 엔진의 효율을 증대시킬 수 있다.

(2) 하이브리드 시스템의 단점

① 구조가 복잡하여 정비가 어렵다.
② 수리비용이 높고, 가격이 비싸다.
② 고전압 배터리의 수명이 짧고 비싸다.
③ 동력전달 계통이 복잡하고 무겁다.

5 하이브리드 자동차의 형식

하이브리드 자동차는 바퀴를 구동하기 위한 모터, 모터의 회전력을 바퀴에 전달하는 변속기, 모터에 전기를 공급하는 배터리, 그리고 전기 또는 동력을 발생시키는 엔진으로 구성된다. 엔진과 모터의 연결 방식에 따라 다음과 같이 분류한다.

(1) 직렬형 하이브리드 자동차 Serise Hybrid Vehicle

직렬형은 엔진을 가동하여 얻은 전기를 배터리에 저장하고, 차체는 순수하게 모터의 힘만으로 구동하는 방식이다. 모터는 변속기를 통해 동력을 구동바퀴로 전달한다. 모터에 공급하는 전기를 저장하는 배터리가 설치되어 있으며, 엔진은 바퀴를 구동하기 위한 것이 아니라 배터리를 충전하기 위한 것이다.

따라서 엔진에는 발전기가 연결되고, 이 발전기에서 발생되는 전기는 배터리에 저장된다. 동력전달 과정은 엔진 → 발전기 → 배터리 → 모터 → 변속기 → 구동바퀴이다.

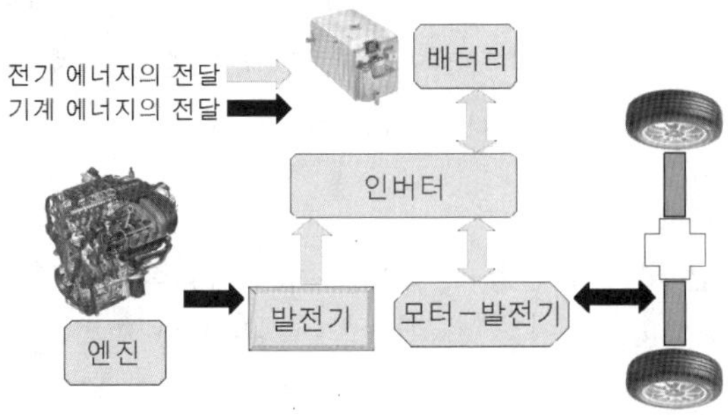

♺ 직렬형 하이브리드 시스템

1) 직렬 하이브리드의 장점

① 엔진의 작동 영역을 주행 상황과 분리하여 운영이 가능하다.
② 엔진의 작동 효율이 향상된다.
③ 엔진의 작동 비중이 줄어들어 배기가스의 저감에 유리하다.
④ 전기 자동차의 기술을 적용할 수 있다.
⑤ 연료 전지의 하이브리드 기술 개발에 이용하기 쉽다.
⑥ 구조 및 제어가 병렬형에 비해 간단하며 특별한 변속장치를 필요로 하지 않는다.

2) 직렬형 하이브리드 단점

① 엔진에서 모터로의 에너지 변환 손실이 크다.
② 주행 성능을 만족시킬 수 있는 효율이 높은 전동기가 필요하다.
③ 출력 대비 자동차의 무게 비가 높은 편으로 가속 성능이 낮다.
④ 동력전달 장치의 구조가 크게 바뀌므로 기존의 자동차에 적용하기는 어렵다.

(2) 병렬형 하이브리드 자동차 Parallel Hybrid Vehicle

병렬형은 엔진과 변속기가 직접 연결되어 바퀴를 구동한다. 따라서 발전기가 필요 없다. 병렬형의 동력전달은 배터리 → 모터 → 변속기 → 바퀴로 이어지는 전기적 구성과 엔진 → 변속기 → 바퀴의 내연기관 구성이 변속기를 중심으로 병렬적으로 연결된다.

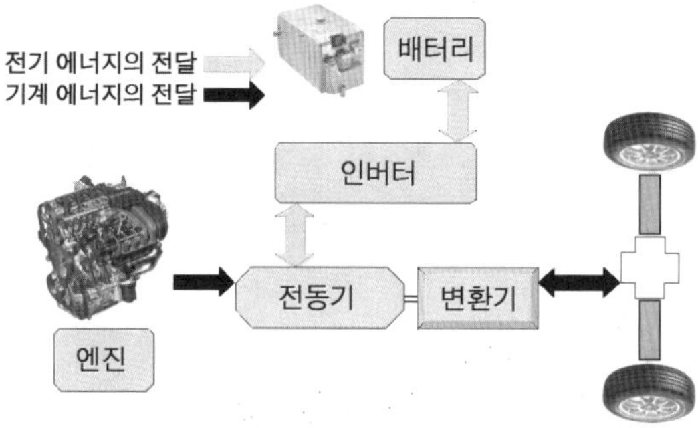

♺ 병렬형 하이브리드 시스템

1) 병렬형 하이브리드 장점

① 기존 내연기관의 자동차를 구동장치의 변경 없이 활용이 가능하다.
② 저성능의 모터와 용량이 적은 배터리로도 구현이 가능하다.
③ 모터는 동력의 보조 기능만 하기 때문에 에너지의 변환 손실이 적다.
④ 시스템 전체 효율이 직렬형에 비하여 우수하다.

2) 병렬형 하이브리드 단점

① 유단 변속 기구를 사용할 경우 엔진의 작동 영역이 주행 상황에 연동이 된다.
② 자동차의 상태에 따라 엔진과 모터의 작동점을 최적화하는 과정이 필요하다.

3) 소프트 하이브리드 자동차 Soft Hybrid Vehicle

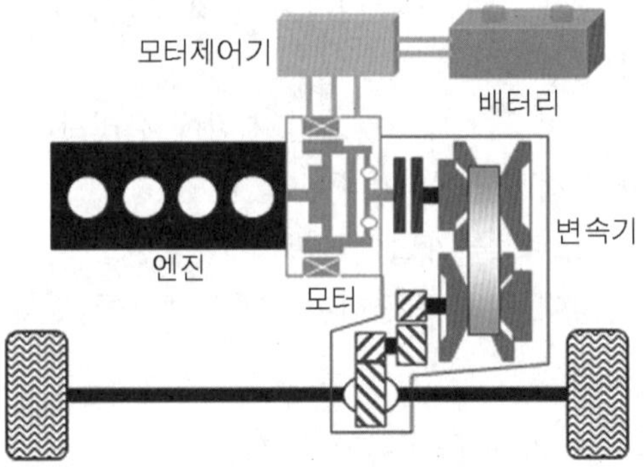

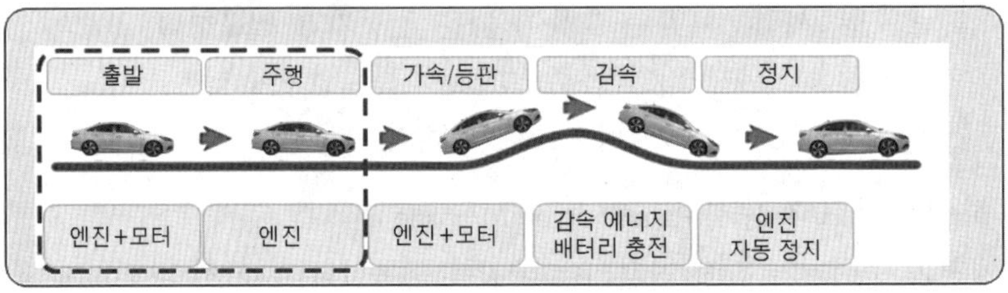

♺ 소프트 하이브리드

① FMED(Flywheel Mounted Electric Device)은 모터가 엔진 플라이휠에 설치되어 있다.
② 모터를 통한 엔진 시동, 엔진 보조, 회생 제동 기능을 한다.
③ 출발할 때는 엔진과 전동 모터를 동시에 이용하여 주행한다.
④ 부하가 적은 평지의 주행에서는 엔진의 동력만을 이용하여 주행한다.
⑤ 가속 및 등판 주행과 같이 큰 출력이 요구되는 상태에서는 엔진과 모터를 동시에 이용하여 주행한다.
⑥ 엔진과 모터가 직결되어 있어 전기 자동차 모드의 주행은 불가능 하다.
⑦ 비교적 작은 용량의 모터 탑재로 마일드(mild) 타입 또는 소프트(soft) 타입 HEV 시스템이라고도 불린다.

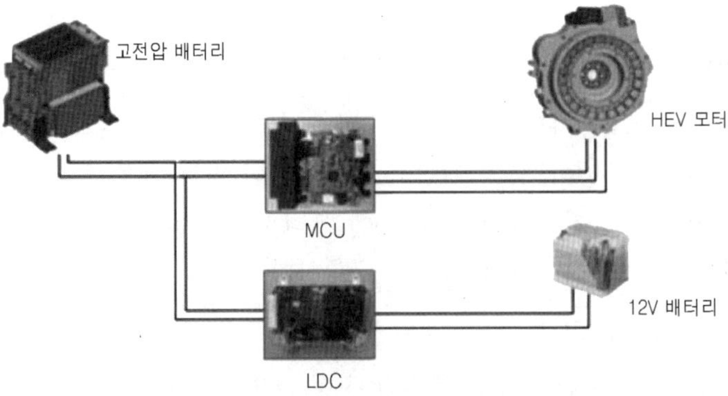

♺ 소프트 타입 고전압 회로

4) 하드 하이브리드 자동차 Hard Hybrid Vehicle

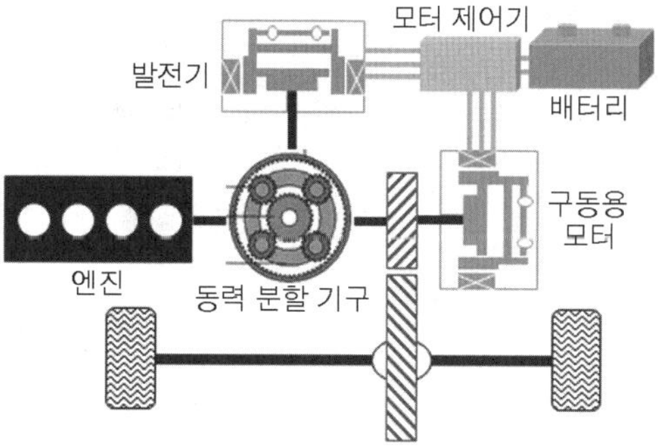

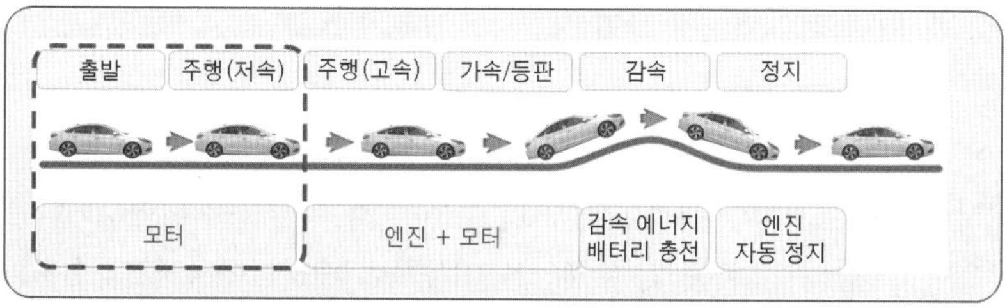

♲ 하드 하이브리드

① TMED(Transmission Mounted Electric Device) 방식은 모터가 변속기에 직결되어 있다.
② 전기 자동차 주행(모터 단독 구동) 모드를 위해 엔진과 모터 사이에 클러치로 분리되어 있다.
③ 출발과 저속 주행 시에는 모터만을 이용하는 전기 자동차 모드로 주행한다.
④ 부하가 적은 평지의 주행에서는 엔진의 동력만을 이용하여 주행한다.
⑤ 가속 및 등판 주행과 같이 큰 출력이 요구되는 주행 상태에서는 엔진과 모터를 동시에 이용하여 주행한다.
⑥ 풀 HEV 타입 또는 하드(hard) 타입 HEV시스템이라고 한다.
⑦ 주행 중 엔진 시동을 위한 HSG(hybrid starter generator : 엔진의 크랭크축과 연동되어 엔진을 시동할 때에는 기동 전동기로, 발전을 할 경우에는 발전기로 작동하는 장치)가 있다.

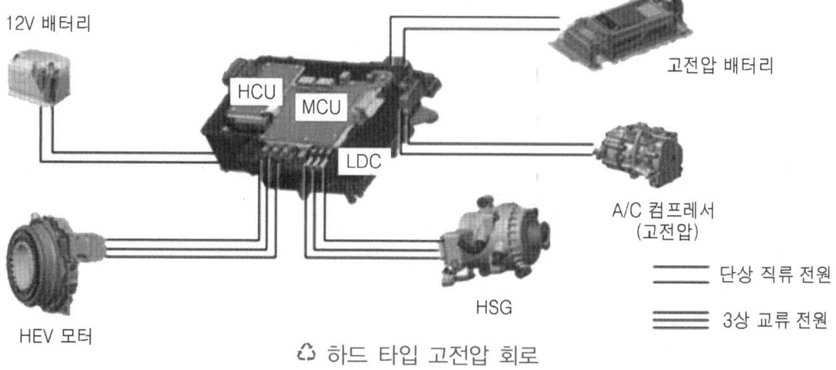

♲ 하드 타입 고전압 회로

(3) 직·병렬형 하이브리드 자동차 Series Parallel Hybrid Vehicle

출발할 때와 경부하 영역에서는 배터리로부터의 전력으로 모터를 구동하여 주행하고, 통상적인 주행에서는 엔진의 직접 구동과 모터의 구동이 함께 사용된다. 그리고 가속, 앞지르기, 등판할 때 등 큰 동력이 필요한 경우, 통상주행에 추가하여 배터리로부터 전력을 공급하여 모터의 구동력을 증가시킨다. 감속할 때에는 모터를 발전기로 변환시켜 감속에너지로 발전하여 배터리를 충전하여 재생한다.

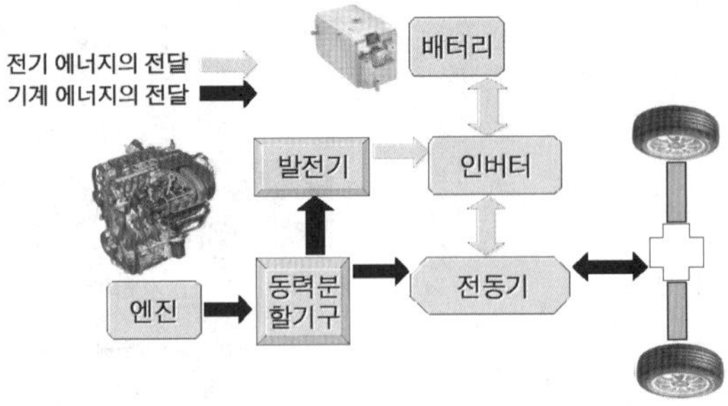

♺ 직·병렬 하이브리드

(4) 플러그 인 하이브리드 전기 자동차(Plug-in Hybrid Electric Vehicle)

플러그 인 하이브리드 전기 자동차(PHEV)의 구조는 하드 형식과 동일하거나 소프트 형식을 사용할 수 있으며, 가정용 전기 등 외부 전원을 이용하여 배터리를 충전할 수 있어 하이브리드 전기 자동차 대비 전기 자동차(Electric Vehicle)의 주행 능력을 확대하는 목적으로 이용된다. 하이브리드 전기 자동차와 전기 자동차의 중간 단계의 자동차라 할 수 있다.

6 하이브리드 시스템의 구성부품

① **모터(Motor)** : 고전압의 교류(AC)로 작동하는 영구자석형 동기 모터이며, 시동제어와 발진 및 가속할 때 엔진의 출력을 보조한다.

② **모터 컨트롤 유닛(Motor Control Unit)** : HCU(Hybrid Control Unit)의 구동 신호에 따라 모터로 공급되는 전류량을 제어하며, 인버터 기능(직류를 교류로 변환시키는 기능)과 배터리 충전을 위해 모터에서 발생한 교류를 직류로 변환시키는 컨버터 기능을 동시에 실행한다.

③ **고전압 배터리** : 모터 구동을 위한 전기적 에너지를 공급하는 DC의 니켈-수소(Ni-MH) 배터리이다. 최근에는 리튬계열의 배터리를 사용한다.

④ **배터리 컨트롤 시스템(BMS ; Battery Management System)** : 배터리 컨트롤 시스템은 배터리 에너지의 입출력 제어, 배터리 성능 유지를 위한 전류, 전압, 온도, 사용시간 등 각종 정보를 모니터링 하여 하이브리드 컨트롤 유닛이나 모터 컨트롤 유닛으로 송신한다.

⑤ **하이브리드 컨트롤 유닛(HCU ; Hybrid Control Unit)** : 하이브리드 고유 시스템의 기능을 수행하기 위해 각종 컨트롤 유닛들을 CAN 통신을 통해 각종 작동상태에 따른 제어조건들을 판단하여 해당 컨트롤 유닛을 제어한다.

7 고전압(구동용) 배터리

(1) 니켈 수소 배터리 Ni-mh Battery

전해액 내에 양극(+극)과 음극(-극)을 갖는 기본 구조는 같지만 제작비가 비싸고 고온에서 자기 방전이 크며, 충전의 특성이 악화되는 단점이 있지만 에너지의 밀도가 높고 방전 용량이 크다. 또한 안정된 전압(셀당 전압 1.2V)을 장시간 유지하는 것이 장점이다. 에너지 밀도는 일반적인 납산 배터리와 동일 체적으로 비교하였을 때 니켈 카드뮴 배터리는 약 1.3배 정도, 니켈 수소 배터리는 1.7배 정도의 성능을 가지고 있다.

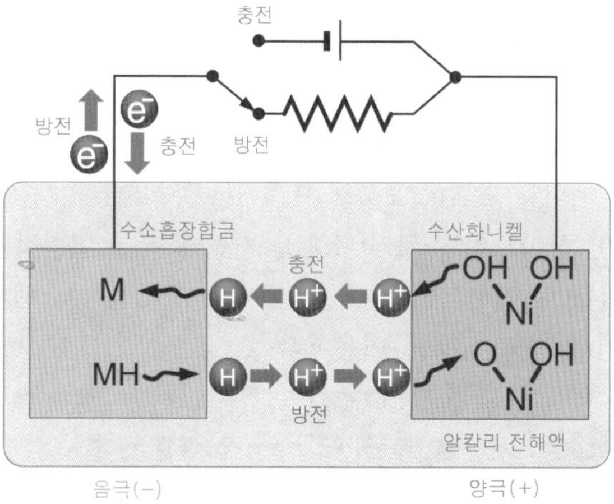

♻ 니켈 수소 배터리의 원리

(2) 리튬이온 배터리 Li-ion Battery

양극(+극)에 리튬 금속산화물, 음극(-극)에 탄소질 재료, 전해액은 리튬염을 용해시킨 재료를 사용하며, 충·방전에 따라 리튬이온이 양극과 음극 사이를 이동한다. 발생 전압은 3.6~3.8V 정도이고 에너지 밀도를 비교하면 니켈 수소 배터리의 2배 정도의 고성능이 있으며, 납산 배터리와 비교하면 3배를 넘는 성능을 자랑한다.

동일한 성능이라면 체적을 3분의 1로 소형화하는 것이 가능하지만 제작 단가가 높은 것이 단점이다. 또 메모리 효과가 발생하지 않기 때문에 수시로 충전이 가능하며, 자기방전이 작고 작동 범위도 -20℃~60℃로 넓다.

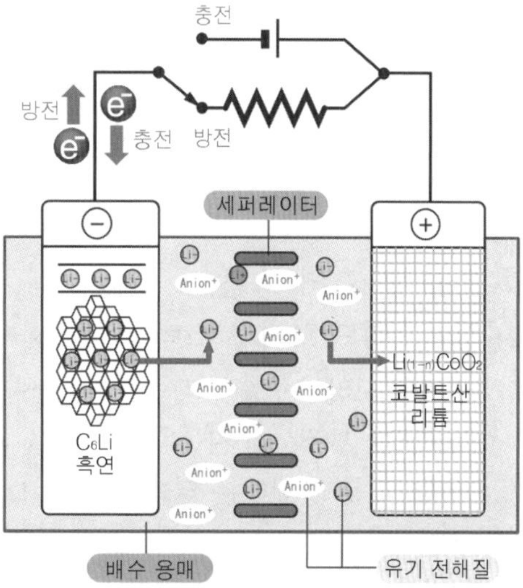

♻ 리튬이온 배터리의 원리

(3) 커패시터 Capacitor

① 커패시터는 축전기(Condenser)라고 표현할 수 있으며, 전기 이중층 콘덴서이다.
② 커패시터는 짧은 시간에 큰 전류를 축적, 방출할 수 있기 때문에 발진이나 가속을 매끄럽게 할 수 있다는 점이 장점이다.
③ 시가지 주행에서 효율이 좋으며, 고속 주행에서는 그 장점이 적어진다.
④ 내구성은 배터리보다 약하고 장기간 사용에는 문제가 남아있다.
⑤ 제작비는 배터리보다 유리하지만 축전 용량이 크지 않기 때문에 모터를 구동하려면 출력에 한계가 있다.

8 고전압 배터리 시스템(BMS ; Battery Management System)

(1) 하이브리드 컨트롤 시스템 Hybrid Control System

하이브리드 시스템의 제어용 컨트롤 모듈인 HPCU를 중심으로 엔진(ECU), 변속기(TCM), 고전압 배터리(BMS ECU), 하이브리드 모터(MCU), 저전압 직류 변환장치(LDC) 등 각 시스템의 컨트롤 모듈과 CAN 통신으로 연결되어 있다. 이 외에도 HCU는 시스템의 제어를 위해 브레이크 스위치, 클러치 압력 센서 등의 신호를 이용한다.

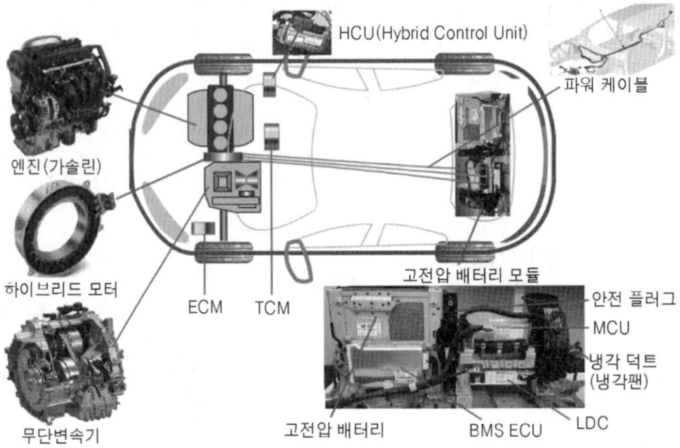

♺ 하이브리드 컨트롤 시스템의 구성

(2) 하이브리드 모터 시스템 Hybrid Motor System

① **구동 모터** : 구동 모터는 높은 출력으로 부드러운 시동을 가능하게 하고 가속 시 엔진의 동력을 보조하여 자동차의 출력을 높인다. 또한 감속 주행 시 발전기로 구동되어 고전압 배터리를 충전하는 역할을 한다.
② **인버터**(MCU ; Motor Contrpl Unit) : 인버터는 HCU(하이브리드 컨트롤 유닛)로부터 모터 토크의 지령을 받아서 모터를 구동함으로써 엔진의 동력을 보조 또는 고전압 배터리의 충전 기능을 수행하며, MCU(모터 컨트롤 유닛)라고도 부른다.

③ **리졸버** : 모터의 회전자와 고정자의 절대 위치를 검출하여 모터 제어기(MCU)에 입력하는 역할을 한다. MCU는 회전자의 위치 및 속도 정보를 기준으로 구동 모터를 큰 토크로 제어한다.

④ **온도 센서** : 모터의 성능 변화에 가장 큰 영향을 주는 요소는 모터의 온도이며, 모터의 온도가 규정 값 이상으로 상승하면 영구자석의 성능 저하가 발생한다. 이를 방지하기 위해 모터 내부에 온도 센서를 장착하여 모터의 온도에 따라 모터를 제어하도록 한다.

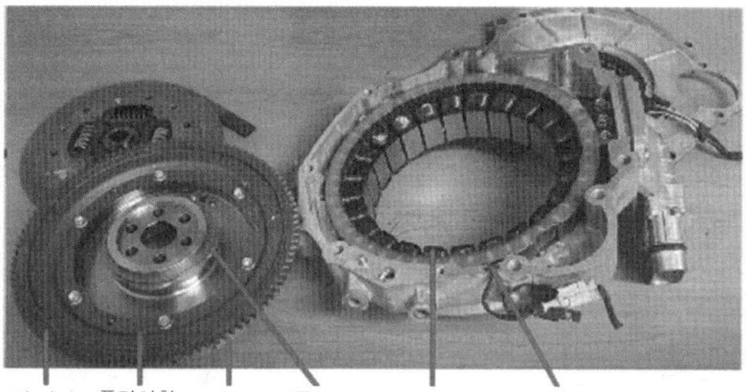

♺ 하이브리드 모터 시스템의 구성

1) 하이브리드 모터

① 하이브리드 모터 어셈블리는 2개의 전기 모터(드라이브 모터와 하이브리드 스타터 제너레이터)를 장착하고 있다.

② **드라이브 모터** : 구동 바퀴를 돌려 자동차를 이동시킨다.

③ 스타터 제너레이터(HSG)는 감속 또는 제동 시 고전압 배터리를 충전하기 위해 발전기 역할과 엔진을 시동하는 역할을 한다.

④ 드라이브 모터는 소형으로 효율이 높은 매립 영구자석형 동기 모터이다.

⑤ 드라이브 모터는 큰 토크를 요구하는 운전이나 광범위한 속도 조절이 가능한 영구자석 동기 모터이다.

♺ HSG(스타터 제너레이터)와 하이브리드 모터

2) 모터 컨트롤 유닛(MCU ; Motor Control Unit)

① 하이브리드 컨트롤 유닛(HCU)의 구동 신호에 따라 모터에 공급되는 전류량을 제어한다.
② 인버터 기능(직류를 교류로 변환시키는 기능)과 배터리 충전을 위해 모터에서 발생한 교류를 직류로 변환시키는 컨버터 기능을 동시에 실행한다.

3) 하이브리드 엔진 클러치(TMED 하이브리드용)

① 엔진 클러치는 하이브리드 구동 모터 내측에 장착되어 유압에 의해 작동된다.
② 엔진의 구동력을 변속기에 기계적으로 연결 또는 해제하며, 클러치 압력 센서는 이 때의 오일 압력을 감지한다.
③ HCU는 이 신호를 이용하여 자동차의 구동 모드(EV 모드 또는 HEV 모드)를 인식한다.

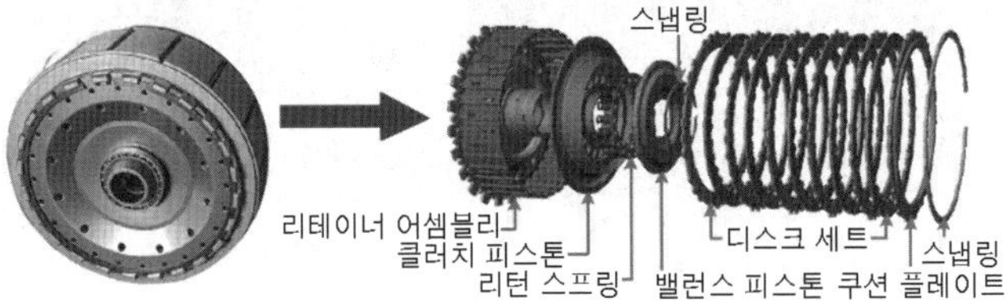

♺ 하이브리드 엔진 클러치

(3) 고전압 배터리 시스템(BMS ; Battery Management System)

1) 고전압 배터리 시스템의 개요

① 고전압 배터리 시스템은 하이브리드 구동 모터, HSG(하이브리드 스타터 제너레이터)와 전기식 에어컨 컴프레서에 전기 에너지를 제공한다.
② 회생 제동으로 발생된 전기 에너지를 회수한다.
③ 고전압 배터리의 SOC(배터리 충전 상태), 출력, 고장 진단, 배터리 밸런싱, 시스템의 냉각, 전원 공급 및 차단을 제어한다.
④ 배터리 팩 어셈블리, BMS ECU, 파워 릴레이 어셈블리, 케이스, 컨트롤 와이어링, 쿨링 팬, 쿨링 덕트로 구성되어 있다.
⑤ 배터리는 리튬이온 폴리머 타입으로 72셀(8셀 × 9모듈)이다.
⑥ 각 셀의 전압은 DC 3.75V이며, 배터리 팩의 정격 용량은 DC 270V이다.

2) 고전압 배터리 시스템의 구성

컨트롤 모듈인 BMS ECU, 파워 릴레이 어셈블리, 냉각 시스템으로 구성되어 있다. 고전압 배터리의 SOC(State Of Charge), 출력, 고장 진단, 배터리 밸런싱(Balancing), 시스템 냉각, 전원 공급 및 차단을 제어한다.

① **파워 릴레이**(PRA ; Power Realy Assembly) : 고전압 차단(고전압 릴레이, 퓨즈), 고전압 릴레이 보호(초기 충전회로), 배터리 전류 측정

② **냉각 팬** : 고전압 부품 통합 냉각(배터리, 인버터, LDC(DC-DC 변환기)
③ **고전압 배터리** : 출력 보조 시 전기 에너지 공급, 충전 시 전기 에너지 저장
④ **고전압 배터리 관리 시스템**(BMS ; Battery Management System) : 배터리 충전 상태 (SOC ; State Of Charge) 예측, 진단 등 고전압 릴레이 및 냉각 팬 제어
⑤ **냉각 덕트** : 냉각 유량 확보 및 소음 저감
⑥ **통합 패키지 케이스** : 하이브리드 전기 자동차 고전압 부품 모듈화, 고전압 부품 보호

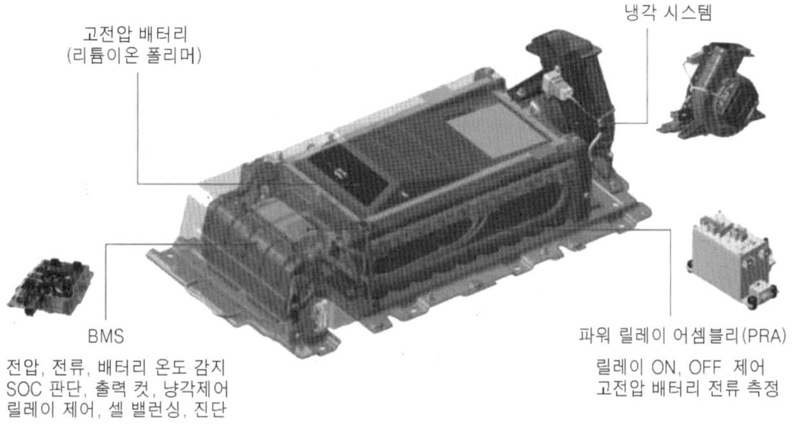

♲ 고전압 배터리 시스템의 구성

3) 파워 릴레이 어셈블리(PRA ; Power Relay Assembly)

① 파워 릴레이 어셈블리는 (+), (−) 메인 릴레이, 프리 차지 릴레이, 프리 차지 레지스터, 배터리 전류 센서, 메인 퓨즈, 안전 퓨즈로 구성되어 있다.
② 파워 릴레이 어셈블리는 부스 바를 통하여 배터리 팩과 연결되어 있다.
③ 파워 릴레이 어셈블리는 배터리 팩 어셈블리 내에 배치되어 있다.
④ 고전압 배터리와 BMS ECU의 제어 신호에 의해 인버터의 고전압 전원 회로를 제어한다.

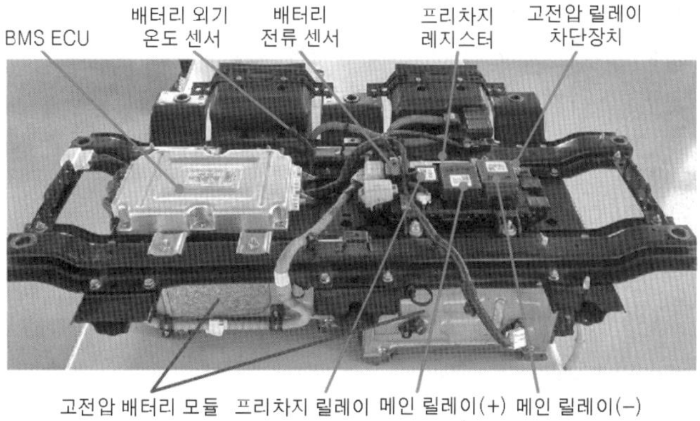

♲ 고전압 배터리 시스템의 구성

4) 메인 릴레이 Main Relay

① 파워 릴레이 어셈블리의 통합형으로 고전압 (+)라인을 제어하기 위해 연결된 메인 릴레이와 고전압 (-)라인을 제어하기 위해 연결된 2개의 메인 릴레이로 구성되어 있다.
② 고전압 배터리 시스템 제어 유닛의 제어 신호에 의해 고전압 조인트 박스와 고전압 배터리 간의 고전압 전원, 고전압 접지 라인을 연결시켜 배터리 시스템과 고전압 회로를 연결하는 역할을 한다.
③ 고전압 시스템을 분리시켜 감전 및 2차 사고를 예방하고 고전압 배터리를 기계적으로 분리하여 암 전류를 차단하는 역할을 한다.

5) 프리 차지 릴레이 Pre-Charge Relay

① 파워 릴레이 어셈블리에 장착되어 있다.
② 인버터의 커패시터를 초기에 충전할 때 고전압 배터리와 고전압 회로를 연결하는 역할을 한다.
③ 스위치의 IG ON을 하면 프리 차지 릴레이와 레지스터를 통해 흐른 전류가 인버터 내의 커패시터에 충전이 되고 충전이 완료 되면 프리 차지 릴레이는 OFF 된다.
④ 초기에 커패시터의 충전 전류에 의한 고전압 회로를 보호한다.

6) 프리 차지 레지스터 Pre-Charge Resistor

① 프리 차지 레지스터는 파워 릴레이 어셈블리에 설치되어 있다.
② 인버터의 커패시터를 초기 충전할 때 충전 전류를 제한하여 고전압 회로를 보호하는 역할을 한다.

7) 고전압 릴레이 차단 장치(VPD ; Voltage Protection Device)

① 고전압 릴레이 차단장치는 모듈 측면에 장착되어 있다.
② 고전압 배터리 셀이 과충전에 의해 부풀어 오르는 상황이 되면 VPD에 의해 메인 릴레이(+), 메인 릴레이(-), 프리차지 릴레이 코일 접지 라인을 차단한다.
③ 과충전 시 메인 릴레이 및 프리차지 릴레이 작동을 금지시킨다.
④ 고전압 배터리가 정상일 경우는 항상 스위치는 닫혀 있다.
⑤ 셀이 과충전 되면 스위치가 열리며, 주행이 불가능하게 된다.

8) 배터리 전류 센서 Battery Current Sensor

① 배터리 전류 센서는 파워 릴레이 어셈블리에 설치되어 있다.
② 고전압 배터리의 충전 및 방전 시 전류를 측정하는 역할을 한다.
③ 배터리에 입·출력되는 전류를 측정한다.

9) 메인 퓨즈 Main Fuse

메인 퓨즈는 안전 플러그 내에 설치되어 있으며, 고전압 배터리 및 고전압 회로를 과대 전류로부터 보호하는 역할을 한다. 즉, 고전압 회로에 과대 전류가 흐르는 것을 방지하여 보호한다.

10) 배터리 온도 센서 Battery Temperature Sensor

① 배터리 온도 센서는 각 모듈의 전압 센싱 와이어와 통합형으로 구성되어 있다.
② 배터리 팩의 온도를 측정하여 BMS ECU에 입력시키는 역할을 한다.
③ BMS ECU는 배터리 온도 센서의 신호를 이용하여 배터리 팩의 온도를 감지하고 배터리 팩이 과열될 경우 쿨링팬을 통하여 배터리의 냉각 제어를 한다.

11) 배터리 외기 온도 센서 Battery Ambient Temperature Sensor

① 배터리 외기 온도 센서는 보조 배터리에 설치되어 있다.
② 고전압 배터리의 외기 온도를 측정한다.

12) 안전 플러그 Safety Plug

① 안전 플러그는 고전압 배터리의 뒤쪽에 배치되어 있다.
② 하이브리드 시스템의 정비 시 고전압 배터리 회로의 연결을 기계적으로 차단하는 역할을 한다.
③ 안전 플러그 내부에는 과전류로부터 고전압 시스템의 관련 부품을 보호하기 위해서 고전압 메인 퓨즈가 장착되어 있다.

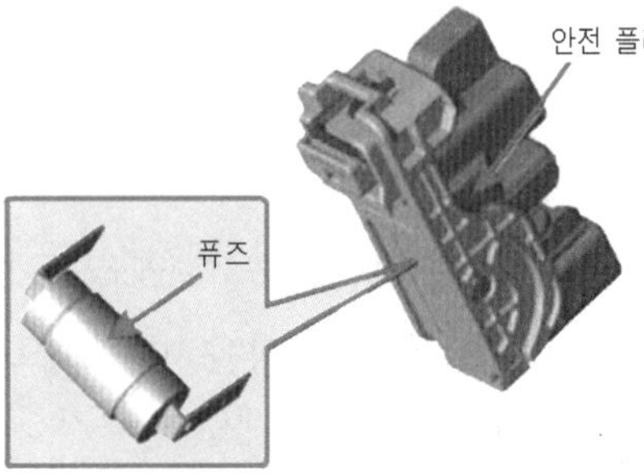

♲ 안전 플러그

④ **고전압 계통의 부품** : 고전압 배터리, 파워 릴레이 어셈블리, HPCU(하이브리드 출력 제어 유닛), BMS ECU(고전압 배터리 시스템 제어 유닛), 하이브리드 구동 모터, 인버터, HSG(하이브리드 스타터 제너레이터), LDC, 파워 케이블, 전동식 컴프레서 등이 있다.

13) 저전압 DC/DC 컨버터(LDC ; Low DC/DC Converter)

① 직류 변환 장치로 고전압의 직류(DC) 전원을 저전압의 직류 전원으로 변환시켜 자동차에 필요한 전원으로 공급하는 장치이다.
② 하이브리드 파워 컨트롤 유닛(HPCU)에 포함되어 있다.
③ DC 200~310V의 고전압 입력 전원을 DC 12.8~14.7V의 저전압 출력 전원으로 변환하여 교류 발전기와 같이 보조 배터리를 충전하는 역할을 한다.

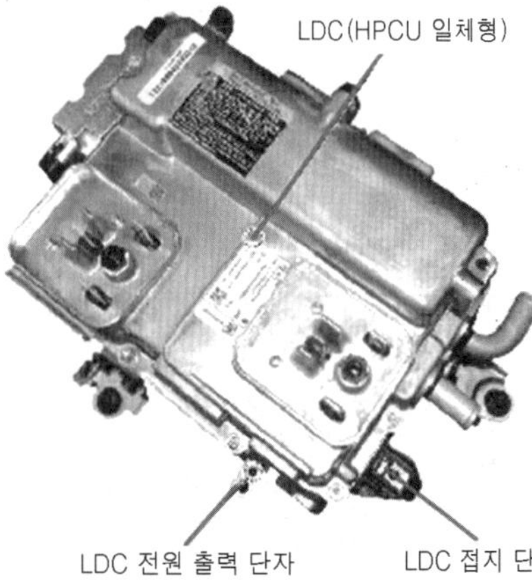

♲ 저전압 DC/DC 컨버터

14) 리졸버 센서 Resolver Sensor

① 구동 모터를 효율적으로 제어하기 위해 모터 회전자(영구자석)와 고정자의 절대 위치를 검출한다.
② 리졸버 센서는 엔진의 리어 플레이트에 설치되어 있다.
③ 모터의 회전자와 고정자의 절대 위치를 검출하여 모터 제어기(MCU)에 입력하는 역할을 한다.
④ 회전자의 위치 및 속도 정보를 기준으로 MCU는 구동 모터를 큰 토크로 제어한다.

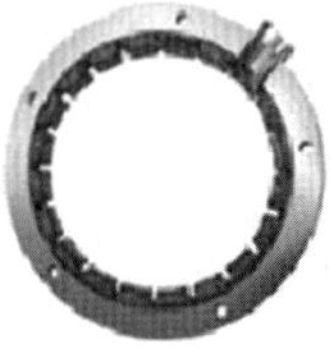
구동 모터 리졸버 센서

HSG 모터 리졸버 센서

♺ 리졸버 센서

15) 모터 온도 센서 Motor Temperature Sensor

모터의 성능에 큰 영향을 미치는 요소는 모터의 온도이며, 모터가 과열될 때 IPM(Interior Permanent Magnet ; 매립 영구자석)과 스테이터 코일이 변형 및 성능의 저하가 발생된다. 이를 방지하기 위하여 모터의 내부에 온도 센서를 장착하여 모터의 온도에 따라 토크를 제어한다.

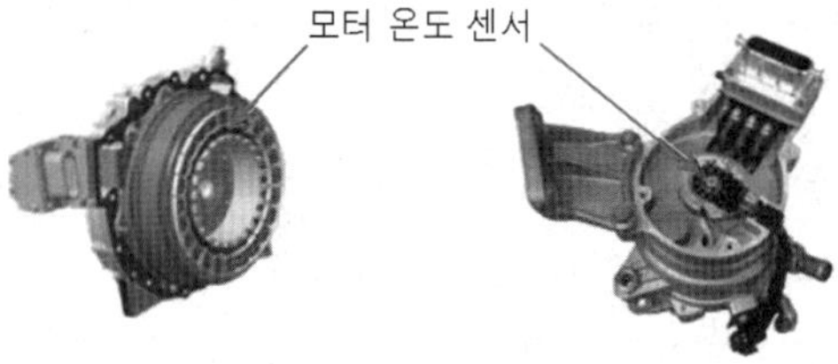

♺ 모터 온도 센서

9 저전압 배터리

오디오나 에어컨, 자동차 내비게이션, 그 밖의 등화장치 등에 필요한 전력을 공급하기 위하여 보조 배터리(12V 납산 배터리)가 별도로 탑재된다. 또한 하이브리드 모터로 시동이 불가능 할 때 엔진 시동 등이다.

10 HSG(시동 발전기 ; Hybrid Starter Generator)

① HSG는 엔진의 크랭크축 풀리와 구동 벨트로 연결되어 있다.
② 엔진의 시동과 발전 기능을 수행한다.

③ 고전압 배터리 충전상태(SOC)가 기준 값 이하로 저하될 경우 엔진을 강제로 시동하여 발전을 한다.
④ EV(전기 자동차)모드에서 HEV(하이브리드 자동차) 모드로 전환할 때 엔진을 시동하는 시동 전동기로 작동한다.
⑤ 발전을 할 경우에는 발전기로 작동하는 장치이며, 주행 중 감속할 때 발생하는 운동 에너지를 전기 에너지로 전환하여 배터리를 충전한다.

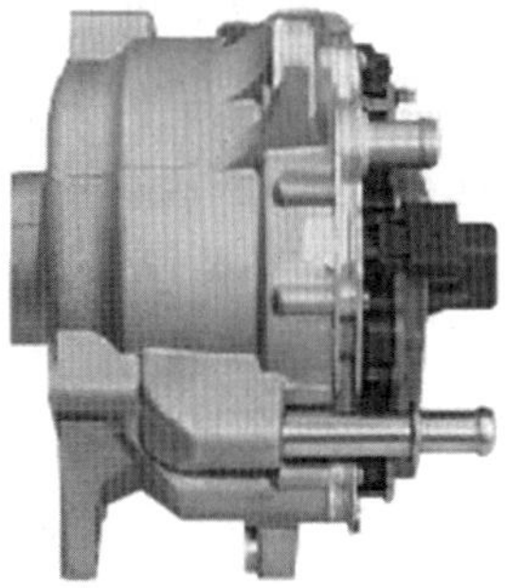

♺ HSG

11 회생 브레이크 시스템 Regeneration Brake System

① 감속 제동 시에 전기 모터를 발전기로 이용하여 자동차의 운동 에너지를 전기 에너지로 변환시켜 배터리로 회수(충전)한다.
② 회생 브레이크를 적용함으로써 에너지의 손실을 최소화 한다.
③ 회생 제동량은 차량의 속도, 배터리의 충전량 등에 의해서 결정된다.
④ 가속 및 감속이 반복되는 시가지 주행 시 큰 연비의 향상 효과가 가능하다.

12 오토 스톱

오토 스톱은 주행 중 자동차가 정지할 경우 연료 소비를 줄이고 유해 배기가스를 저감시키기 위하여 엔진을 자동으로 정지시키는 기능으로 공조 시스템은 일정시간 유지 후 정지된다. 오토 스톱이 해제되면 연료 분사를 재개하고 하이브리드 모터를 통하여 다시 엔진을 시동시킨다.

오토 스톱이 작동되면 경고 메시지의 오토 스톱 램프가 점멸되고 오토 스톱이 해제되면 오토 스톱 램프가 소등된다. 또한 오토 스톱 스위치가 눌려 있지 않은 경우에는 오토 스톱 OFF 램프가 점등된다. 점화키 스위치 IG OFF 후 IG ON으로 위치시킬 경우 오토 스톱 스위치는 ON 상태가 된다.

(1) 엔진 정지 조건

① 자동차를 9km/h 이상의 속도로 2초 이상 운행한 후 브레이크 페달을 밟은 상태로 차속이 4km/h 이하가 되면 엔진을 자동으로 정지시킨다.
② 정차 상태에서 3회까지 재진입이 가능하다.
③ 외기의 온도가 일정 온도 이상일 경우 재진입이 금지된다.

(2) 엔진 정지 금지 조건

① 오토 스톱 스위치가 OFF 상태인 경우
② 엔진의 냉각수 온도가 45℃ 이하인 경우
③ CVT 오일의 온도가 -5℃ 이하인 경우
④ 고전압 배터리의 온도가 50℃ 이상인 경우

⑤ 고전압 배터리의 충전율이 28% 이하인 경우
⑥ 브레이크 부스터 압력이 250 mmHg 이하인 경우
⑦ 액셀러레이터 페달을 밟은 경우
⑧ 변속 레버가 P, R 레인지 또는 L 레인지에 있는 경우
⑨ 고전압 배터리 시스템 또는 하이브리드 모터 시스템이 고장인 경우
⑩ 급 감속시(기어비 추정 로직으로 계산)
⑪ ABS 작동시

(3) 오토 스톱 해제 조건

① 금지 조건이 발생된 경우
② D, N 레인지 또는 E 레인지에서 브레이크 페달을 뗀 경우
③ N 레인지에서 브레이크 페달을 뗀 경우에는 오토 스톱 유지
④ 차속이 발생한 경우

13 하이브리드 자동차의 전기장치 정비 시 반드시 지켜야 할 내용

① 고전압 케이블의 커넥터 커버를 분리한 후 전압계를 이용하여 각 상 사이(U, V, W)의 전압이 0V인지를 확인한다.
② 전원을 차단하고 일정시간이 경과 후 작업한다.
③ 절연장갑을 착용하고 작업한다.
④ 서비스 플러그(안전 플러그)를 제거한다.
⑤ 작업 전에 반드시 고전압을 차단하여 감전을 방지하도록 한다.
⑥ 전동기와 연결되는 고전압 케이블을 만져서는 안 된다.
⑦ 이그니션 스위치를 OFF 한 후 안전 스위치를 분리하고 작업한다.
⑧ 12V 보조 배터리 케이블을 분리하고 작업한다.

핵심기출문제

01 KS R 0121에 의한 하이브리드의 동력 전달 구조에 따른 분류가 아닌 것은?

① 병렬형 HV ② 복합형 HV
③ 동력 집중형 HV ④ 동력 분기형 HV

02 주행거리가 짧은 전기 자동차의 단점을 보완하기 위하여 만든 자동차로 전기 자동차의 주동력인 전기 배터리에 보조 동력장치를 조합하여 만든 자동차는?

① 하이브리드 자동차
② 태양광 자동차
③ 천연가스 자동차
④ 전기 자동차

03 하이브리드 자동차의 장점에 속하지 않은 것은?

① 연료소비율을 50% 정도 감소시킬 수 있고 환경 친화적이다.
② 탄화수소, 일산화탄소, 질소산화물의 배출량이 90% 정도 감소된다.
③ 이산화탄소 배출량이 50% 정도 감소된다.
④ 값이 싸고 정비작업이 용이하다.

04 하이브리드 전기 자동차와 일반 자동차와의 차이점에 대한 설명 중 틀린 것은?

① 하이브리드 차량은 주행 또는 정지 시 엔진의 시동을 끄는 기능을 수반한다.
② 하이브리드 차량은 정상적인 상태일 때 항상 엔진 시동 전동기를 이용하여 시동을 건다.
③ 차량의 출발이나 가속 시 하이브리드 모터를 이용하여 엔진의 동력을 보조하는 기능을 수반한다.
④ 차량 감속 시 하이브리드 모터가 발전기로 전환되어 배터리를 충전하게 된다.

01. 동력 전달 구조에 따른 분류

① **병렬형 HV** : 하이브리드 자동차의 2개 동력원이 공통으로 사용되는 동력 전달 장치를 거쳐 각각 독립적으로 구동축을 구동시키는 방식의 하이브리드 자동차
② **직렬형 HV** : 하이브리드 자동차의 2개 동력원 중 하나는 다른 하나의 동력을 공급하는 데 사용되나 구동축에는 직접 동력 전달이 되지 않는 구조를 갖는 하이브리드 자동차이다. 엔진-전기를 사용하는 직렬 하이브리드 자동차의 경우 엔진이 직접 구동축에 동력을 전달하지 않고 엔진은 발전기를 통해 전기 에너지를 생성하고 그 에너지를 사용하는 전기 모터가 구동하여 자동차를 주행시킨다.
③ **복합형 HV** : 직렬형과 병렬형 하이브리드 자동차를 결합한 형식의 하이브리드 자동차로 동력 분기형 HV라고도 한다. 엔진-전기를 사용하는 차량의 경우 엔진의 구동력이 기계적으로 구동축에 전달되기도 하고 그 일부가 전동기를 거쳐 전기 에너지로 전환된 후 구동축에서 다시 기계적 에너지로 변경되어 구동축에 전달되는 방식의 동력 분배 전달 구조를 갖는다.

02. 하이브리드 자동차란 2종류 이상의 동력원을 설치한 자동차를 말하며, 엔진의 동력과 전기 모터를 함께 설치하여 연비를 향상시킨 자동차이다.

03. 하이브리드 자동차의 장점

① 연료 소비율을 50%정도 감소시킬 수 있고 환경 친화적이다.
② 탄화수소, 일산화탄소, 질소산화물의 배출량이 90% 정도 감소된다.
③ 이산화탄소 배출량이 50% 정도 감소된다.
④ 엔진의 효율을 증대시킬 수 있다.

04. 하이브리드 시스템에서는 하이브리드 전동기를 이용하여 엔진을 시동하는 방법과 시동 전동기를 이용하여 시동하는 방법이 있으며, 시스템이 정상일 경우에는 하이브리드 모터를 이용하여 엔진을 시동한다.

01.③ **02.**① **03.**④ **04.**②

05 하이브리드 자동차의 연비 향상 요인이 아닌 것은?

① 주행 시 자동차의 공기저항을 높여 연비가 향상된다.
② 정차 시 엔진을 정지(오토 스톱)시켜 연비를 향상시킨다.
③ 연비가 좋은 영역에서 작동되도록 동력분배를 제어한다.
④ 회생 제동(배터리 충전)을 통해 에너지를 흡수하여 재사용한다.

06 하이브리드 자동차의 특징이 아닌 것은?

① 회생 제동
② 2개의 동력원으로 주행
③ 저전압 배터리와 고전압 배터리 사용
④ 고전압 배터리 충전을 위해 LDC 사용

07 하이브리드 자동차의 동력 전달방식에 해당되지 않는 것은?

① 직렬형
② 병렬형
③ 수직형
④ 직·병렬형

08 직렬형 하이브리드 자동차의 특징에 대한 설명으로 틀린 것은?

① 병렬형보다 에너지 효율이 비교적 높다.
② 엔진, 발전기, 전동기가 직렬로 연결된다.
③ 모터의 구동력만으로 차량을 주행시키는 방식이다.
④ 엔진을 가동하여 얻은 전기를 배터리에 저장하는 방식이다.

09 직렬형 하이브리드 자동차에 관한 설명이다. 설명이 잘못된 것은?

① 엔진, 발전기, 모터가 직렬로 연결된 형식이다.
② 엔진을 항상 최적의 시점에서 작동시키면서 발전기를 이용해 전력을 모터에 공급한다.
③ 순수하게 엔진의 구동력만으로 자동차를 주행시키는 형식이다.
④ 제어가 비교적 간단하고, 배기가스 특성이 우수하며, 별도의 변속장치가 필요 없다.

05. 연비 향상 요인은 정차할 때 엔진을 정지(오토 스톱)시켜 연비를 향상시키고, 연비가 좋은 영역에서 작동되도록 동력분배를 제어하며, 회생제동(배터리 충전)을 통해 에너지를 흡수하여 재사용하며, 주행할 때에는 자동차의 공기저항을 낮춰 연비가 향상되도록 한다.

06. LDC(Low DC-DC Converter)는 고전압 배터리의 전압을 저전압 12V로 변환시키는 장치로 저전압 배터리를 충전시키는 장치이다.

07. 하이브리드 자동차의 동력 전달방식에 따라 직렬형, 병렬형, 직·병렬형으로 분류한다.

08. 직렬형 하이브리드 자동차의 특징
① 엔진을 가동하여 얻은 전기를 배터리에 저장한다.
② 모터의 구동력만으로 차량을 구동하는 방식이다.
③ 엔진, 발전기, 전동기가 직렬로 연결된다.
④ 모터에 공급하는 전기를 저장하는 배터리가 설치되어 있다.

09. 직렬형 하이브리드의 특징
① 엔진의 작동 영역을 주행 상황과 분리하여 운영이 가능하다.
② 엔진의 작동 효율이 향상된다.
③ 엔진의 작동 비중이 줄어들어 배기가스의 저감에 유리하다.
④ 전기 자동차의 기술을 적용할 수 있다.
⑤ 연료 전지의 하이브리드 기술 개발에 이용하기 쉽다.
⑥ 구조 및 제어가 병렬형에 비해 간단하며 특별한 변속장치를 필요하지 않는다.
⑦ 엔진에서 모터로의 에너지 변환 손실이 크다.
⑧ 주행 성능을 만족시킬 수 있는 효율이 높은 전동기가 필요하다.
⑨ 출력 대비 자동차의 무게 비가 높은 편으로 가속 성능이 낮다.
⑩ 동력전달 장치의 구조가 크게 바뀌므로 기존의 자동차에 적용하기는 어렵다.

05.① **06.**④ **07.**③ **08.**① **09.**③

10 **하이브리드 자동차에서 변속기 앞뒤에 엔진 및 전동기를 병렬로 배치하여 주행상황에 따라 최적의 성능과 효율을 발휘할 수 있도록 자동차 구동에 필요한 동력을 엔진과 전동기에 적절하게 분배하는 형식?**

① 직 · 병렬형 ② 직렬형
③ 교류형 ④ 병렬형

11 **병렬형 하이브리드 자동차의 특징이 아닌 것은?**

① 동력전달 장치의 구조와 제어가 간단하다.
② 엔진과 전동기의 힘을 합한 큰 동력 성능이 필요할 때 전동기를 구동한다.
③ 엔진의 출력이 운전자가 요구하는 이상으로 발휘될 때에는 여유동력으로 전동기를 구동시켜 전기를 배터리에 저장한다.
④ 기존 자동차의 구조를 이용할 수 있어 제조비용 측면에서 직렬형에 비해 유리하다.

12 **병렬형 하이브리드 자동차의 특징을 설명한 것 중 거리가 먼 것은?**

① 모터는 동력 보조만 하므로 에너지 변환 손실이 적다.
② 기존 내연기관 차량을 구동장치의 변경 없이 활용 가능하다.
③ 소프트 방식은 일반 주행 시 모터 구동을 이용한다.
④ 하드 방식은 EV 주행 중 엔진 시동을 위해 별도의 장치가 필요하다.

13 **병렬형(Parallel) TMED(Transmission Mounted Electric Device) 방식의 하이브리드 자동차(HEV)에 대한 설명으로 틀린 것은?**

① 모터와 변속기가 직결되어 있다.
② 모터 단독 구동이 가능하다.
③ 모터가 엔진과 연결되어 있다.
④ 주행 중 엔진 시동을 위한 HSG가 있다.

14 **하이브리드 자동차(HEV)에 대한 설명으로 거리가 먼 것은?**

① 병렬형(Parallel)은 엔진과 변속기가 기계적으로 연결되어 있다.
② 병렬형(Parallel)은 구동용 모터 용량을 크게 할 수 있는 장점이 있다.
③ FMED(fly wheel mounted electric device) 방식은 모터가 엔진 측에 장착되어 있다.
④ TMED(Transmission Mounted Electric Device)는 모터가 변속기 측에 장착되어 있다.

10. 병렬형은 변속기 앞뒤에 엔진 및 전동기를 병렬로 배치하여 주행상황에 따라 최적의 성능과 효율을 발휘할 수 있도록 자동차 구동에 필요한 동력을 엔진과 전동기에 적절하게 분배하는 형식이다.

11. 병렬형 하이브리드 자동차의 특징
① 동력전달 장치의 구조와 제어가 복잡한 결점이 있다.
② 엔진과 전동기의 힘을 합한 큰 동력 성능이 필요할 때 전동기를 구동한다.
③ 엔진의 출력이 운전자가 요구하는 이상으로 발휘될 때에는 여유동력으로 전동기를 구동시켜 전기를 배터리에 저장한다.
④ 기존 자동차의 구조를 이용할 수 있어 제조비용 측면에서 직렬형에 비해 유리하다.

12. 소프트 하이브리드 자동차는 모터가 플라이휠에 설치되어 있는 FMED(fly wheel mounted electric device)형식으로 변속기와 모터사이에 클러치를 설치하여 제어하는 방식이다. 출발을 할 때는 엔진과 모터를 동시에 사용하고, 부하가 적은 평지에서는 엔진의 동력만을 이용하며, 가속 및 등판주행과 같이 큰 출력이 요구되는 경우에는 엔진과 모터를 동시에 사용한다.

13. 병렬형 TMED 방식의 HEV는 모터와 변속기가 직결되어 있고, 모터 단독구동이 가능하며, 주행 중 엔진 시동을 위한 HSG가 있다.

14. 병렬형 하이브리드의 장점
① 기존의 내연기관의 차량을 구동장치 변경 없이 활용이 가능하다.
② 모터는 동력보조로 사용되므로 에너지 손실이 적다.
③ 저성능 모터, 저용량 배터리로도 구현이 가능하다.
④ 전체적으로 효율이 직렬형에 비해 우수하다.

• **병렬형 하이브리드의 단점**
① 차량의 상태에 따라 엔진, 모터의 작동점 최적화 과정이 필수적이다.
② 유단 변속 기구를 사용할 경우 엔진의 작동 영역이 주행상황에 따라 변경된다.

10.④ 11.① 12.③ 13.③ 14.②

15 **병렬형은 주행조건에 따라 엔진과 전동기가 상황에 따른 동력원을 변경할 수 있는 시스템으로 동력전달 방식을 다양화 할 수 있는데 다음 중 이에 따른 구동방식에 속하지 않는 것은?**

① 소프트 방식　② 하드방식
③ 플렉시블 방식　④ 플러그인 방식

16 **하이브리드 시스템에 대한 설명 중 틀린 것은?**

① 직렬형 하이브리드는 소프트 타입과 하드 타입이 있다.
② 소프트 타입은 순수 EV(전기차) 주행 모드가 없다.
③ 하드 타입은 소프트 타입에 비해 연비가 향상된다.
④ 플러그-인 타입은 외부 전원을 이용하여 배터리를 충전한다.

17 **병렬형(Parallel) TMED(Transmission Mounted Electric Device) 방식의 하이브리드 자동차(HEV)의 주행 패턴에 대한 설명으로 틀린 것은?**

① 엔진 OFF 시에는 EOP(Electric Oil Pump)를 작동해 자동변속기 구동에 필요한 유압을 만든다.
② 엔진 단독 구동 시에는 엔진 클러치를 연결하여 변속기에 동력을 전달한다.
③ EV 모드 주행 중 HEV 주행 모드로 전환할 때 엔진 동력을 연결하는 순간 쇼크가 발생할 수 있다.
④ HEV 주행 모드로 전환할 때 엔진 회전속도를 느리게 하여 HEV 모터 회전 속도와 동기화 되도록 한다.

18 **병렬형(Parallel) TMED(Transmission Mounted Electric Device) 방식의 하이브리드 자동차의 HSG(Hybrid Starter Generator)에 대한 설명 중 틀린 것은?**

① 엔진 시동과 발전 기능을 수행한다.
② 감속 시 발생하는 운동에너지를 전기에너지로 전환하여 배터리를 충전한다.
③ EV 모드에서 HEV(Hybrid Electronic Vehicle) 모드로 전환 시 엔진을 시동한다.
④ 소프트 랜딩(soft landing) 제어로 시동 ON 시 엔진 진동을 최소화하기 위해 엔진 회전수를 제어한다.

15. 병렬형 하이브리드 자동차의 구동방식에는 소프트 방식, 하드방식, 플러그인 방식 등 3가지가 있다.

16. 하이브리드 시스템
① 하이브리드 자동차는 소프트 타입(soft type)과 하드 타입(hard type), 플러그-인 타입(plug-in type)으로 구분된다.
② 소프트 타입은 변속기와 구동 모터사이에 클러치를 두고 제어하는 FMED(Flywheel mounted Electric Device) 방식이며, 전기 자동차(EV) 주행 모드가 없다.
③ 하드 타입은 엔진과 구동 모터사이에 클러치를 설치하여 제어하는 TMED(Transmission Mounted Electric Device) 방식으로, 저속운전 영역에서는 구동 모터로 주행하며, 또 구동 모터로 주행 중 엔진 시동을 위한 별도의 시동 발전기(Hybrid Starter Generator)가 장착되어 있다.
④ 플러그-인 하이브리드 타입은 전기 자동차의 주행 능력을 확대한 방식으로 배터리의 용량이 보다 커지게 된다. 또 가정용 전기 등 외부 전원을 사용하여 배터리를 충전할 수 있다.

17. 동기화는 2개의 개체가 동일한 작동 상태가 되는 것으로 엔진의 회전속도와 HEV 모터의 회전속도가 같아야 동기화가 된다.

18. HSG는 엔진의 크랭크축과 연동되어 EV(전기 자동차) 모드에서 HEV 모드로 전환할 때 엔진을 시동하는 시동 전동기로 작동하고, 발전을 할 경우에는 발전기로 작동하는 장치이며, 주행 중 감속할 때 발생하는 운동에너지를 전기에너지로 전환하여 배터리를 충전한다.

15.③　16.①　17.④　18.④

19 **병렬형 하드 타입 하이브리드 자동차에 대한 설명으로 옳은 것은?**

① 배터리 충전은 엔진이 구동시키는 발전기로만 가능하다.
② 구동 모터가 플라이휠에 장착되고 변속기 앞에 엔진 클러치가 있다.
③ 엔진과 변속기 사이에 구동 모터가 있는데 모터만으로는 주행이 불가능하다.
④ 구동 모터는 엔진의 동력보조 뿐만 아니라 순수 전기 모터로도 주행이 가능하다.

20 **하이브리드 시스템을 제어하는 컴퓨터의 종류가 아닌 것은?**

① 모터 컨트롤 유닛(Motor control unit)
② 하이드로릭 컨트롤 유닛(Hydraulic control unit)
③ 배터리 컨트롤 유닛(Battery control unit)
④ 통합 제어 유닛(Hybrid control unit)

21 **하이브리드 자동차의 특징이 아닌 것은?**

① 회생 제동
② 2개의 동력원으로 주행
③ 저전압 배터리와 고전압 배터리 사용
④ 고전압 배터리 충전을 위해 LDC 사용

22 **하이브리드 자동차에서 모터 제어기의 기능으로 틀린 것은?**

① 하이브리드 모터 제어기는 인버터라고도 한다.
② 하이브리드 통합제어기의 명령을 받아 모터의 구동전류를 제어한다.
③ 고전압 배터리의 교류 전원을 모터의 작동에 필요한 3상 직류 전원으로 변경하는 기능을 한다.
④ 배터리 충전을 위한 에너지 회수기능을 담당한다.

23 **하이브리드 전기 자동차의 구동 모터 작동을 위한 전기 에너지를 공급 또는 저장하는 기능을 하는 것은?**

① 보조배터리 ② 변속기 제어기
③ 고전압 배터리 ④ 엔진 제어기

24 **하드 방식의 하이브리드 전기 자동차의 작동에서 구동 모터에 대한 설명으로 틀린 것은?**

① 구동 모터로만 주행이 가능하다.
② 고 에너지의 영구자석을 사용하며 교환 시 리졸버 보정을 해야 한다.
③ 구동 모터는 제동 및 감속 시 회생 제동을 통해 고전압 배터리를 충전한다.
④ 구동 모터는 발전 기능만 수행한다.

19. 하드형식의 하이브리드 자동차는 기관, 구동 모터, 발전기의 동력을 분할 및 통합하는 장치가 필요하므로 구조가 복잡하지만 구동 모터가 기관의 동력보조 뿐만 아니라 순수한 전기 자동차로도 작동이 가능하다. 이러한 특성 때문에 회생제동 효과가 커 연료 소비율은 우수하지만, 큰 용량의 축전지와 구동 모터 및 2개 이상의 모터 제어장치가 필요하므로 소프트 방식의 하이브리드 자동차에 비해 부품의 비용이 1.5~2.0배 이상 소요된다.

20. 하이브리드 시스템을 제어하는 컴퓨터는 모터 컨트롤 유닛(MCU), 통합 제어 유닛(HCU), 배터리 컨트롤 유닛(BCU)이다.

21. LDC(Low DC-DC Converter)는 고전압 배터리의 전압을 12V로 변환시키는 장치로 저전압 배터리를 충전시키는 장치이다.

22. 모터 제어기는 통합 패키지 모듈(IPM, Inte- grated Package Module) 내에 설치되어 고전압 배터리의 직류 전원을 모터의 작동에 필요한 3상 교류 전원으로 변화시켜 하이브리드 통합 제어기(HCU, Hybrid Control Unit)의 신호를 받아 모터의 구동전류 제어와 감속 및 제동할 때 모터를 발전기 역할로 변경하여 배터리 충전을 위한 에너지 회수기능(3상 교류를 직류로 변경)을 한다. 모터 제어기를 인버터(inverter)라고도 부른다.

23. 고전압 배터리는 모터 구동을 위한 전기적 에너지를 공급하는 DC의 니켈-수소(Ni-MH) 배터리이다. 최근에는 리튬계열의 배터리를 사용한다.

24. 하드 방식의 하이브리드 전기 자동차는 구동 모터로만 주행이 가능하며, 고 에너지의 영구자석을 교환하였을 때 리졸버 보정을 해야 한다. 또 구동 모터는 제동 및 감속할 때 회생 제동을 통해 고전압 배터리를 충전한다.

19.④ **20.**② **21.**④ **22.**③ **23.**③ **24.**④

25 하이브리드 모터 3상의 단자 명이 아닌 것은?

① U ② V
③ W ④ Z

26 하이브리드 자동차에 적용하는 배터리 중 자기방전이 없고 에너지 밀도가 높으며, 전해질이 겔 타입이고 내 진동성이 우수한 방식은?

① 리튬이온 폴리머 배터리(Li-Pb Battery)
② 니켈수소 배터리(Ni-MH Battery)
③ 니켈카드뮴 배터리(Ni-Cd Battery)
④ 리튬이온 배터리(Li-ion Battery)

27 Ni-Cd 배터리에서 일부만 방전된 상태에서 다시 충전하게 되면 추가로 충전한 용량 이상의 전기를 사용할 수 없게 되는 현상은?

① 스웰링 현상
② 배부름 현상
③ 메모리 효과
④ 설페이션 현상

28 배터리의 충전 상태를 표현한 것은?

① SOC(State Of Charge)
② PRA(Power Relay Assemble)
③ LDC(Low DC-0DC Converter)
④ BMS(Battery Management System)

29 고전압 배터리의 셀 밸런싱을 제어하는 장치는?

① MCU(Motor Control Unit)
② LDC(Low DC-DC Convertor)
③ ECM(Electronic Control Module)
④ BMS(Battery Management System)

30 하이브리드 자동차의 리튬이온 폴리머 배터리에서 셀의 균형이 깨지고 셀 충전 및 용량 불일치로 인한 사항을 방지하기 위한 제어는?

① 셀 서지 제어 ② 셀 그립 제어
③ 셀 펑션 제어 ④ 셀 밸런싱 제어

25. 하이브리드 모터 3상의 단자는 U 단자, V 단자, W 단자가 있다.

26. 리튬-폴리머 배터리도 리튬이온 배터리의 일종이다. 리튬이온 배터리와 마찬가지로 양극 전극은 리튬-금속 산화물이고 음극은 대부분 흑연이다. 액체 상태의 전해액 대신에 고분자 전해질을 사용하는 점이 다르다. 전해질은 고분자를 기반으로 하며, 고체에서 겔(gel)형태까지의 얇은 막 형태로 생산된다. 고분자 전해질 또는 고분자 겔(gell) 전해질을 사용하는 리튬-폴리머 배터리에서는 전해액의 누설 염려가 없으며 구성 재료의 부식도 적다. 그리고 휘발성 용매를 사용하지 않기 때문에 발화 위험성이 적다. 전해질은 이온전도성이 높고, 전기화학적으로 안정되어 있어야 하고, 전해질과 활성물질 사이에 양호한 계면을 형성해야 하고, 열적 안정성이 우수해야 하고, 환경부하가 적어야 하며, 취급이 쉽고, 가격이 싸야한다.

27. 메모리 효과란 Ni-Cd 배터리에서 일부만 방전된 상태에서 다시 충전하게 되면 추가로 충전한 용량 이상의 전기를 사용할 수 없게 되는 현상이다.

28. ① SOC(State Of Charge) : SOC(배터리 충전율)는 배터리의 사용 가능한 에너지를 표시한다.
② PRA(Power Relay Assemble) : BMU의 제어 신호에 의해 고전압 배터리 팩과 고전압 조인트 박스 사이의 DC 360V 고전압을 ON, OFF 및 제어 하는 역할을 한다.
③ LDC(Low DC-DC Converter) : 고전압 배터리의 DC 전원을 차량의 전장용에 적합한 낮은 전압의 DC 전원(저전압)으로 변환하는 시스템이다.
④ BMS(Battery Management System) : 고전압 배터리의 SOC(State Of Charge), 출력, 고장 진단, 배터리 셀 밸런싱(Cell Balancing), 시스템 냉각, 전원 공급 및 차단을 제어한다.

29. BMS(Battery Management System)는 고전압 배터리의 SOC(State Of Charge), 출력, 고장 진단, 배터리 셀 밸런싱(Cell Balancing), 시스템 냉각, 전원 공급 및 차단을 제어한다.

30. 셀 밸런싱 제어란 고전압 배터리의 충방전 과정에서 전압 편차가 생긴 셀을 동일한 전압으로 매칭하여 배터리 수명과 에너지 용량 및 효율증대를 이루는 것이다.

25.④ **26.**① **27.**③ **28.**① **29.**④ **30.**④

31 **고전압 배터리의 충방전 과정에서 전압 편차가 생긴 셀을 동일한 전압으로 매칭하여 배터리 수명과 에너지 용량 및 효율증대를 갖게 하는 것은?**

① SOC(state of charge)
② 파워 제한
③ 셀 밸런싱
④ 배터리 냉각제어

32 **하이브리드 자동차에서 리튬 이온 폴리머 고전압 배터리는 9개의 모듈로 구성되어 있고, 1개의 모듈은 8개의 셀로 구성되어 있다. 이 배터리의 전압은?(단, 셀 전압은 3.75V이다.)**

① 30V ② 90V
③ 270V ④ 375V

33 **하이브리드 자동차에서 직류(DC)전압을 다른 직류(DC)전압으로 바꾸어주는 장치는 무엇인가?**

① 캐패시터 ② DC-AC 컨버터
③ DC-DC 컨버터 ④ 리졸버

34 **하이브리드 자동차의 컨버터(converter)와 인버터(inverter)의 전기특성 표현으로 옳은 것은?**

① 컨버터(converter) : AC에서 DC로 변환, 인버터(inverter) : DC에서 AC로 변환
② 컨버터(converter) : DC에서 AC로 변환, 인버터(inverter) : AC에서 DC로 변환
③ 컨버터(converter) : AC에서 AC로 승압, 인버터(inverter) : DC에서 DC로 승압
④ 컨버터(converter) : DC에서 DC로 승압, 인버터(inverter) : AC에서 AC로 승압

35 **하이브리드 전기 자동차에는 직류를 교류로 변환하여 교류 모터를 사용하고 있다. 교류 모터에 대한 장점으로 틀린 것은?**

① 효율이 좋다.
② 소형화 및 고속회전이 가능하다.
③ 로터의 관성이 커서 응답성이 양호하다.
④ 브러시가 없어 보수할 필요가 없다.

36 **하이브리드 자동차의 모터 컨트롤 유닛(MCU) 취급 시 유의사항이 아닌 것은?**

① 충격이 가해지지 않도록 주의한다.
② 손으로 만지거나 전기 케이블을 임의로 탈착하지 않는다.
③ 시동 키 2단(IG ON) 또는 엔진 시동상태에서는 만지지 않는다.
④ 컨트롤 유닛이 자기보정을 하기 때문에 AC 3상 케이블의 각 상간 연결의 방향을 신경 쓸 필요가 없다.

32. 배터리 전압 = 모듈 수 × 셀의 수 × 셀 전압
배터리 전압 = 9 × 8 × 3.75V = 270V

33. ① **캐패시터** : 배터리와 같이 화학반응을 이용하여 축전(蓄電)하는 것이 아니라 콘덴서(condenser)와 같이 전자를 그대로 축적해 두고 필요할 때 방전하는 것으로 짧은 시간에 큰 전류를 축적하거나 방출할 수 있다.
② **DC-DC 컨버터** : 직류(DC)전압을 다른 직류(DC)전압으로 바꾸어주는 장치이다.
③ **리졸버**(resolver, 로터 위치센서) : 모터에 부착된 로터와 리졸버의 정확한 상(phase)의 위치를 검출하여 MCU로 입력시킨다.

34. 컨버터(converter)는 AC를 DC로 변환시키는 장치이고, 인버터(inverter)는 DC를 AC로 변환시키는 장치이다.

35. 교류 모터의 장점
① 모터의 구조가 비교적 간단하며, 효율이 좋다.
② 큰 동력화가 쉽고, 회전변동이 적다.
③ 소형화 및 고속회전이 가능하다.
④ 브러시가 없어 보수할 필요가 없다.
⑤ 회전 중의 진동과 소음이 적다.
⑥ 수명이 길다.

36. 모터 컨트롤 유닛이 자기 보정을 하기 때문에 U, V, W의 3상 파워 케이블을 정확한 위치에 조립한다.

31.③ **32.**③ **33.**③ **34.**① **35.**③ **36.**④

37 **하이브리드 자동차의 모터 컨트롤 유닛(MCU)에 대한 설명으로 틀린 것은?**

① 고전압을 12V로 변환하는 기능을 한다.
② 회생 제동 시 컨버터(AC→DC 변환)의 기능을 수행한다.
③ 고전압 배터리의 직류를 3상 교류로 바꾸어 모터에 공급한다.
④ 회생 제동 시 모터에서 발생되는 3상 교류를 직류로 바꾸어 고전압 배터리에 공급한다.

38 **하이브리드 자동차에서 모터 내부의 로터 위치 및 회전수를 감지하는 것은?**

① 리졸버 ② 커패시터
③ 액티브 센서 ④ 스피드 센서

39 **다음은 하이브리드 자동차에서 사용하고 있는 커패시터(capacitor)의 특징을 나열한 것이다. 틀린 것은?**

① 충전시간이 짧다.
② 출력밀도가 낮다.
③ 전지와 같이 열화가 거의 없다.
④ 단자 전압으로 남아있는 전기량을 알 수 있다.

40 **다음 중 파워 릴레이 어셈블리에 설치되며 인버터의 커패시터를 초기 충전할 때 충전 전류에 의한 고전압 회로를 보호하는 것은?**

① 프리 차지 레지스터
② 메인 릴레이
③ 안전 스위치
④ 부스 바

41 **고전압 배터리 관리 시스템의 메인 릴레이를 작동시키기 전에 프리 차지 릴레이를 작동시키는데 프리 차지 릴레이의 기능이 아닌 것은?**

① 등화 장치 보호
② 고전압 회로 보호
③ 타 고전압 부품 보호
④ 고전압 메인 퓨즈, 부스 바, 와이어 하니스 보호

37. 모터 컨트롤 유닛(MCU)의 기능 : 고전압 배터리의 직류를 3상 교류로 바꾸어 모터에 공급하며, 회생 제동을 할 때 모터에서 발생되는 3상 교류를 직류로 바꾸어 고전압 배터리에 공급하는 컨버터(AC→DC 변환)의 기능을 수행한다.

38. 하이브리드 모터를 가장 큰 회전력으로 제어하기 위해 회전자와 고정자의 위치를 정확하게 검출하여야 한다. 즉 회전자의 위치 및 회전속도 정보로 모터 컴퓨터가 가장 큰 회전력으로 모터를 제어하기 위하여 리졸버(resolver, 회전자 센서)를 설치한다.

39. 커패시터는 축전지와 같이 화학반응을 이용하여 축전하는 것이 아니라 전자를 그대로 축적해 두고 필요할 때 방전하는 장치이며, 특징은 전지와 같이 열화가 없고, 충전 시간이 짧으며, 출력 밀도가 높고, 제조에 유해하고 값비싼 중금속을 사용하지 않기 때문에 환경부하도 적다. 또한 단자 전압으로 남아있는 전기량을 알 수 있다.

40. 파워 릴레이 어셈블리의 기능
① **프리 차지 레지스터** : 파워 릴레이 어셈블리에 설치되어 있으며, 인버터의 커패시터를 초기 충전할 때 고전압 배터리와 고전압 회로를 연결하는 역할을 한다. 초기에 콘덴서의 충전전류에 의한 고전압 회로를 보호한다.
② **메인 릴레이** : 메인 릴레이는 파워 릴레이 어셈블리에 설치되어 있으며, 고전압 배터리의 (−) 출력 라인과 연결되어 배터리 시스템과 고전압 회로를 연결하는 역할을 한다. 고전압 시스템을 분리시켜 감전 및 2차 사고를 예방하고 고전압 배터리를 기계적으로 분리하여 암 전류를 차단한다.
③ **안전 스위치** : 안전 스위치는 파워 릴레이 어셈블리에 설치되어 있으며, 기계적인 분리를 통하여 고전압 배터리 내부 회로를 연결 또는 차단하는 역할을 한다.
④ **부스 바** : 배터리 및 다른 고전압 부품을 전기적으로 연결시키는 역할을 한다.

41. 프리 차지 릴레이는 파워 릴레이 어셈블리에 장착되어 있으며, 인버터의 커패시터를 초기에 충전할 때 고전압 배터리와 고전압 회로를 연결하는 역할을 한다. 스위치 IG ON을 하면 프리 차지 릴레이와 레지스터를 통해 흐른 전류가 인버터 내의 커패시터에 충전이 되고 충전이 완료 되면 프리 차지 릴레이는 OFF 된다.
① 초기에 커패시터의 충전 전류에 의한 고전압 회로를 보호한다.
② 다른 고전압 부품을 보호한다.
③ 고전압 메인 퓨즈, 부스 바, 와이어 하니스를 보호한다.

37.① 38.① 39.② 40.① 41.①

42 하이브리드 자동차에서 돌입 전류에 의한 인버터 손상을 방지하는 것은?
① 메인 릴레이
② 프리차지 릴레이 저항
③ 안전 스위치
④ 부스 바

43 하이브리드 자동차의 고전압 배터리 (+)전원을 인버터로 공급하는 구성품은?
① 전류 센서
② 고전압 배터리
③ 세이프티 플러그
④ 프리 차지(Pre-charger) 릴레이

44. 하이브리드 자동차에서 PRA(Power Relay Assembly) 기능에 대한 설명으로 틀린 것은?
① 승객 보호
② 전장품 보호
③ 고전압 회로 과전류 보호
④ 고전압 배터리 암전류 차단

45 하이브리드 시스템 자동차에서 등화장치, 각종 전장부품으로 전기 에너지를 공급하는 것은?
① 보조 배터리
② 인버터
③ 하이브리드 컨트롤 유닛
④ 엔진 컨트롤 유닛

46 하이브리드 전기 자동차에서 자동차의 전구 및 각종 전기장치의 구동 전기 에너지를 공급하는 기능을 하는 것은?
① 보조 배터리
② 변속기 제어기
③ 모터 제어기
④ 엔진 제어기

47 하이브리드 자동차에서 저전압(12V) 배터리가 장착된 이유로 틀린 것은?
① 오디오 작동
② 등화장치 작동
③ 내비게이션 작동
④ 하이브리드 모터 작동

42. 프리차지 릴레이 저항은 점화 스위치가 ON 상태일 때 모터 제어 유닛은 고전압 배터리 전원을 인버터로 공급하기 위해 메인 릴레이 (+)와 (−) 릴레이를 작동시키는데 프리차지 릴레이는 메인 릴레이 (+)와 병렬로 회로를 구성한다. 모터 제어 유닛은 메인 릴레이 (+)를 작동시키기 전에 프리차지 릴레이를 먼저 작동시켜 고전압 배터리 (+)전원을 인버터 쪽으로 인가한다. 프리차지 릴레이가 작동하면 레지스터를 통해 고전압이 인버터 쪽으로 공급되기 때문에 순간적인 돌입 전류에 의한 인버터의 손상을 방지할 수 있다.

43. 프리 차지 릴레이는 파워 릴레이 어셈블리에 장착되어 있으며, 인버터의 커패시터를 초기에 충전할 때 고전압 배터리와 고전압 회로를 연결하는 역할을 한다. 스위치를 ON시키면 프리 차지 릴레이와 레지스터를 통해 흐른 전류가 인버터 내의 커패시터에 충전이 되고 충전이 완료 되면 프리차지 릴레이는 OFF 된다.

44. PRA의 기능은 전장품 보호, 고전압 회로 과전류 보호, 고전압 배터리 암전류 차단 등이다.

45. 하이브리드 시스템에서는 고전압 배터리를 동력으로 사용하므로 일반 전장부품은 보조 배터리(12V)를 통하여 전원을 공급 받는다.

46. 오디오나 에어컨, 자동차 내비게이션, 그 밖의 등화장치 등에 필요한 전력을 공급하기 위해 보조 배터리(12V 납산 배터리)가 별도로 탑재된다.

47. 오디오나 에어컨, 자동차 내비게이션, 그 밖의 등화장치 등에 필요한 전력을 공급하기 위하여 보조 배터리(12V 납산 배터리)가 별도로 탑재된다. 또한 하이브리드 모터로 시동이 불가능 할 때 엔진을 시동하기 위함이다.

42.② **43.**④ **44.**① **45.**① **46.**① **47.**④

48 **하이브리드 자동차의 보조 배터리가 방전으로 시동 불량일 때 고장원인 또는 조치방법에 대한 설명으로 틀린 것은?**

① 단시간에 방전되었다면 암전류 과다 발생이 원인이 될 수도 있다.
② 장시간 주행 후 바로 재시동시 불량하면 LDC 불량일 가능성이 있다.
③ 보조 배터리가 방전이 되었어도 고전압 배터리로 시동이 가능하다.
④ 보조 배터리를 점프 시동하여 주행 가능하다.

49 **직·병렬형 하드타입(hard type) 하이브리드 자동차에서 엔진 시동 기능과 공전상태에서 충전기능을 하는 장치는?**

① MCU(motor control unit)
② PRA(power relay assemble)
③ LDC(low DC-DC converter)
④ HSG(hybrid starter generator)

50 **병렬형(Parallel) TMED(Transmission Mounted Electric Device)방식의 하이브리드 자동차의 HSG(Hybrid Starter Generator)에 대한 설명 중 틀린 것은?**

① 엔진 시동과 발전 기능을 수행한다.
② 감속 시 발생하는 운동 에너지를 전기 에너지로 전환하여 배터리를 충전한다.
③ EV 모드에서 HEV(Hybrid Electronic Vehicle)모드로 전환 시 엔진을 시동한다.
④ 소프트 랜딩(soft landing) 제어로 시동 ON 시 엔진 진동을 최소화하기 위해 엔진 회전수를 제어한다.

51 **하이브리드 시스템 자동차가 정상적일 경우 엔진을 시동하는 방법은?**

① 하이브리드 전동기와 기동전동기를 동시에 작동시켜 엔진을 시동한다.
② 기동 전동기만을 이용하여 엔진을 시동한다.
③ 하이브리드 전동기를 이용하여 엔진을 시동한다.
④ 주행관성을 이용하여 엔진을 시동한다.

52 **하이브리드 자동차 회생 제동시스템에 대한 설명으로 틀린 것은?**

① 브레이크를 밟을 때 모터가 발전기 역할을 한다.
② 하이브리드 자동차에 적용되는 연비향상 기술이다.
③ 감속 시 운동에너지를 전기에너지로 변환하여 회수한다.
④ 회생제동을 통해 제동력을 배가시켜 안전에 도움을 주는 장치이다.

48. 주행 중 엔진 시동을 위해 HSG(hybrid starter generator : 엔진의 크랭크축과 연동되어 엔진을 시동할 때에는 기동전동기로, 발전을 할 경우에는 발전기로 작동하는 장치)가 있으며, 보조 배터리가 방전되었어도 고전압 배터리로는 시동이 불가능하다.

49. HSG는 엔진의 크랭크축 풀리와 구동 벨트로 연결되어 있으며, 엔진의 시동과 발전 기능을 수행한다. 즉 고전압 배터리의 충전상태(SOC : state of charge)가 기준 값 이하로 저하될 경우 엔진을 강제로 시동하여 발전을 한다.

50. HSG는 엔진의 크랭크축과 연동되어 EV(전기 자동차)모드에서 HEV 모드로 전환할 때 엔진을 시동하는 기동 전동기로 작동하고, 발전을 할 경우에는 발전기로 작동하는 장치이며, 주행 중 감속할 때 발생하는 운동에너지를 전기에너지로 전환하여 배터리를 충전한다.

51. 하이브리드 시스템에서는 하이브리드 전동기를 이용하여 엔진을 시동하는 방법과 기동 전동기를 이용하여 시동하는 방법이 있으며, 시스템이 정상일 경우에는 하이브리드 전동기를 이용하여 엔진을 시동한다.

52. 회생 제동 모드
① 주행 중 감속 또는 브레이크에 의한 제동 발생시점에서 모터를 발전기 역할인 충전 모드로 제어하여 전기 에너지를 회수하는 작동 모드이다.
② 하이브리드 전기 자동차는 제동 에너지의 일부를 전기에너지로 회수하는 연비 향상 기술이다.
③ 하이브리드 전기 자동차는 감속 또는 제동 시 운동 에너지를 전기에너지로 변환하여 회수한다.

48.③ **49.**④ **50.**④ **51.**③ **52.**④

53 **하이브리드 자동차가 주행 중 감속 또는 제동상태에서 모터를 발전 모드로 전환시켜서 제동에너지의 일부를 전기 에너지로 변환하는 모드는?**

① 발진 가속 모드 ② 제동 전기 모드
③ 회생 제동 모드 ④ 주행 전환 모드

54 **하이브리드 자동차에 적용된 연비 향상 기술로서 감속 또는 제동 시 모터를 발전기를 활용하여 운동에너지를 전기에너지로 변환하는 것은?**

① 아이들 스탑
② 회생 제동장치
③ 고전압 배터리 제어 시스템
④ 하이브리드 모터 컨트롤 유닛

55 **하이브리드 자동차의 종합 제어기능이 아닌 것은?**

① 오토 스톱 제어
② 경사로 밀림 방지 제어
③ 브레이크 정압 제어
④ LDC(DC-DC변환기) 제어

56 **친환경 자동차에 적용되는 브레이크 밀림방지(어시스트 시스템) 장치에 대한 설명으로 맞는 것은?**

① 경사로에서 정차 후 출발 시 차량 밀림 현상을 방지하기 위해 밀림 방지용 밸브를 이용 브레이크를 한시적으로 작동하는 장치이다.
② 경사로에서 출발 전 한시적으로 하이브리드 모터를 작동시켜 차량 밀림 현상을 방지하는 장치이다.
③ 차량 출발이나 가속 시 무단변속기에서 크립 토크(creep torque)를 이용하여 차량이 밀리는 현상으로 방지하는 장치이다.
④ 브레이크 작동 시 브레이크 작동유압을 감지하여 높은 경우 유압을 감압시켜 브레이크 밀림을 방지하는 장치이다.

57 **가상 엔진 사운드 시스템에 관련한 설명으로 거리가 먼 것은?**

① 전기차 모드에서 저속주행 시 보행자가 차량을 인지하기 위함
② 엔진 유사용 출력
③ 차량주변 보행자 주의환기로 사고 위험성 감소
④ 자동차 속도 약 30km/h 이상부터 작동

53. 하이브리드 자동차의 주행 모드
① **시동 모드** : 하이브리드 시스템은 구동용 전동기에 의해 기관이 시동된다. 축전지의 용량이 부족하거나 전동기 컨트롤 유닛에 고장이 발생한 경우에는 12V용 기동전동기로 시동을 한다.
② **발진 가속 모드** : 가속을 하거나 등판과 같은 큰 구동력이 필요할 때에는 기관과 전동기에서 동시에 동력을 전달한다.
③ **회생 재생 모드(감속모드)** : 감속할 때 전동기는 바퀴에 의해 구동되어 발전기의 역할을 한다. 즉 감속할 때 발생하는 운동에너지를 전기에너지로 전환시켜 축전지를 충전한다.
④ **오토 스톱(auto stop) 모드** : 연비와 배출가스 저감을 위해 자동차가 정지하여 일정한 조건을 만족할 때에는 기관의 작동을 정지시킨다.

54. 하이브리드 자동차가 감속할 때 전동기는 바퀴에 의해 구동되어 발전기의 역할을 한다. 즉 감속할 때 발생하는 운동에너지를 전기 에너지로 전환시켜 축전지를 충전하는 장치를 회생 제동장치라 한다.

55. 종합 제어기능에는 하이브리드 모터의 시동, 하이브리드 모터 회생 제동, 변속 비율 제어, 오토 스톱 제어, 경사로 밀림 방지 제어, 연료차단 및 분사허가, 모터 및 배터리 보호, 부압제어, LDC (DC-DC변환기) 제어 등이 있다.

56. 브레이크 밀림방지(어시스트 시스템) 장치는 경사로에서 정차 후 출발할 때 차량 밀림 현상을 방지하기 위해 밀림방지용 밸브를 이용 브레이크를 한시적으로 작동하는 장치이다.

57. 가상 엔진 사운드 시스템(Virtual Engine Sound System)은 하이브리드 자동차나 전기 자동차에 부착하는 보행자를 위한 시스템이다. 즉 축전지로 저속주행 또는 후진할 때 보행자가 놀라지 않도록 자동차의 존재를 인식시켜주기 위해 엔진 소리를 내는 스피커이며, 주행속도 0~ 20km/h에서 작동한다.

53.③ 54.② 55.③ 56.① 57.④

58 다음 하이브리드 자동차 계기판(cluster)에 대한 설명이다. 틀린 것은?

① 계기판에 'READY' 램프가 소등(OFF) 시 주행이 안 된다.
② 계기판에 'READY' 램프가 점등(ON) 시 정상주행이 가능하다.
③ 계기판에 'READY' 램프가 점멸(BLINKING) 시 비상모드 주행이 가능하다.
④ EV 램프는 HEV(Hybrid Electronic Vehicle) 모터에 의한 주행 시 소등된다.

59 하이브리드 자동차 계기판에 있는 오토 스톱(Auto Stop)의 기능에 대한 설명으로 옳은 것은?

① 배출가스 저감
② 엔진 오일 온도 상승 방지
③ 냉각수 온도 상승 방지
④ 엔진 재시동성 향상

60 하이브리드 자동차에서 엔진 정지 금지조건이 아닌 것은?

① 브레이크 부압이 낮은 경우
② 하이브리드 모터 시스템이 고장인 경우
③ 엔진의 냉각수 온도가 낮은 경우
④ D 레인지에서 차속이 발생한 경우

61 하이브리드 자동차에서 고전압 장치 정비 시 고전압을 해제하는 것은?

① 전류 센서
② 배터리 팩
③ 프리차지 저항
④ 안전 스위치(안전 플러그)

62 하이브리드 차량의 정비 시 전원을 차단하는 과정에서 안전플러그를 제거 후 고전압 부품을 취급하기 전에 5~10분 이상 대기시간을 갖는 이유 중 가장 알맞은 것은?

① 고전압 배터리 내의 셀의 안정화를 위해서
② 제어모듈 내부의 메모리 공간의 확보를 위해서
③ 저전압(12V) 배터리에 서지전압이 인가되지 않기 위해서
④ 인버터 내의 콘덴서에 충전되어 있는 고전압을 방전시키기 위해서

58. EV 램프는 EV 모드에서 모터에 의한 주행 시 점등된다.

59. 오토 스톱(auto stop) 모드는 연비와 배출가스 저감을 위해 자동차가 정지하여 일정한 조건을 만족할 때에는 엔진의 작동을 정지시킨다.

60. 엔진 정지 금지 조건

① 오토 스톱 스위치가 OFF 상태인 경우
② 엔진의 냉각수 온도가 45℃ 이하인 경우
③ CVT 오일의 온도가 -5℃ 이하인 경우
④ 고전압 배터리의 온도가 50℃ 이상인 경우
⑤ 고전압 배터리의 충전율이 28% 이하인 경우
⑥ 브레이크 부스터 압력이 250 mmHg 이하인 경우
⑦ 액셀러레이터 페달을 밟은 경우
⑧ 변속 레버가 P, R 레인지 또는 L 레인지에 있는 경우
⑨ 고전압 배터리 시스템 또는 하이브리드 모터 시스템이 고장인 경우
⑩ 급 감속시(기어비 추정 로직으로 계산)
⑪ ABS 작동시

61. 안전 플러그는 기계적인 분리를 통하여 고전압 배터리 내부 회로의 연결을 차단하는 장치이다. 연결 부품으로는 고전압 배터리 팩, 파워 릴레이 어셈블리, 급속 충전 릴레이, BMU, 모터, EPCU, 완속 충전기, 고전압 조인트 박스, 파워 케이블, 전기 모터식 에어컨 컴프레서 등이 있다.

62. 안전 플러그를 제거 후 고전압 부품을 취급하기 전에 5~10분 이상 대기시간을 갖는 이유는 인버터 내의 콘덴서(축전기)에 충전되어 있는 고전압을 방전시키기 위함이다.

58. ④ **59.** ① **60.** ④ **61.** ④ **62.** ④

63 하이브리드 차량 엔진 작업 시 조치해야 할 사항이 아닌 것은?

① 안전 스위치를 분리하고 작업한다.
② 이그니션 스위치를 OFF하고 작업한다.
③ 12V 보조 배터리 케이블을 분리하고 작업한다.
④ 고전압 부품 취급은 안전 스위치를 분리 후 1분 안에 작업한다.

64 하이브리드 자동차의 전기장치 정비 시 반드시 지켜야 할 내용이 아닌 것은?

① 절연장갑을 착용하고 작업한다.
② 서비스플러그(안전플러그)를 제거한다.
③ 전원을 차단하고 일정시간이 경과 후 작업한다.
④ 하이브리드 컴퓨터의 커넥터를 분리한다.

63. 하이브리드 자동차의 전기장치를 정비할 때 지켜야 할 사항
① 이그니션 스위치를 OFF 한 후 안전 스위치를 분리하고 작업한다.
② 전원을 차단하고 일정시간이 경과 후 작업한다.
③ 12V 보조 배터리 케이블을 분리하고 작업한다.
④ 고전압 케이블의 커넥터 커버를 분리한 후 전압계를 이용하여 각 상 사이(U, V, W)의 전압이 0V인지를 확인한다.
⑤ 절연장갑을 착용하고 작업한다.
⑥ 작업 전에 반드시 고전압을 차단하여 감전을 방지하도록 한다.
⑦ 전동기와 연결되는 고전압 케이블을 만져서는 안 된다.

64. 하이브리드 자동차의 전기장치 정비 시 반드시 지켜야 할 내용
① 고전압 케이블의 커넥터 커버를 분리한 후 전압계를 이용하여 각 상 사이(U, V, W)의 전압이 0V인지를 확인한다.
② 전원을 차단하고 일정시간이 경과 후 작업한다.
③ 절연장갑을 착용하고 작업한다.
④ 서비스플러그(안전플러그)를 제거한다.
⑤ 작업 전에 반드시 고전압을 차단하여 감전을 방지하도록 한다.
⑥ 전동기와 연결되는 고전압 케이블을 만져서는 안 된다.

63.④ **64.**④

2장 전기자동차

2-1 전기자동차 고전압 배터리 개요 및 정비

1 전기 자동차의 개요

(1) 용어의 정의

① **1차 전지**(Primary Cell) : 1차 전지란 방전한 후 충전에 의해 원래의 상태로 되돌릴 수 없는 전지를 말한다.

② **2차 전지**(Rechargeable Cell) : 2차 전지란 충전시켜 다시 쓸 수 있는 전지를 말한다. 2차 전지는 납산 축전지, 알칼리 축전지, 기체 전지, 리튬 이온 전지, 니켈-수소 전지, 니켈-카드뮴 전지, 폴리머 전지 등이 있다.

③ **납산 배터리**(Lead-acid Battery) : 납산 배터리란 양극에 이산화납, 음극에 해면상납, 전해액에 묽은 황산을 사용한 2차 전지를 말한다.

④ **방전 심도**(Depth of Discharge) : 방전 심도란 배터리 팩이나 시스템으로부터 회수할 수 있는 암페어시 단위의 양을 시험 전류와 온도에서의 정격 용량으로 나는 것으로 백분율로 표시하는 것을 말한다.

⑤ **잔여 운행시간**(Tr ; Remaining Run Time) : 잔여 운행시간은 배터리가 정지 기능 상태가 되기 전까지의 유효한 방전상태에서 배터리가 이동성 소자들에게 전류를 공급할 수 있는 것으로 평가되는 시간을 말한다.

⑥ **잔존 수명**(SOH ; State Of Health) : 잔존 수명은 초기 제조 상태의 배터리와 비교하여 언급된 성능을 공급할 수 있는 능력이 있고 배터리 상태의 일반적인 조건을 반영하여 측정된 상황을 말한다.

⑦ **안전 운전 범위** : 셀이 안전하게 운전될 수 있는 전압, 전류, 온도 범위. 리튬 이온 셀의 경우에는 그 전압 범위, 전류 범위, 피크 전류 범위, 충전 시의 온도 범위, 방전 시의 온도 범위를 제작사가 정의한다.

⑧ **사이클 수명** : 규정된 조건으로 충전과 방전을 반복하는 사이클의 수로 규정된 충전과 방

전 종료 기준까지 수행한다.

⑨ **배터리 관리 시스템**(BMS ; Battery Management System) : 배터리 관리 시스템이란 배터리 시스템의 열적, 전기적 기능을 제어 또는 관리하고, 배터리 시스템과 차량의 다른 제어기와의 사이에서 통신을 제공하는 전자장치를 말한다.

⑩ **배터리 모듈**(Battery Module) : 배터리 모듈이란 단일, 기계적인 그리고 전기적인 유닛 내에 서로 연결된 셀들의 집합을 말하며, 배터리 모노 블록이라고도 한다.

⑪ **배터리 셀**(Battery Cell) : 배터리 셀이란 전극, 전해질, 용기, 단자 및 일반적인 격리판으로 구성된 화학에너지를 직접 변환하여 얻어지는 전기 에너지원으로 재충전할 수 있는 에너지 저장 장치를 말한다.

⑫ **배터리 팩**(Battery Pack) : 배터리 팩이란 여러 셀이 전기적으로 연결된 배터리 모듈, 전장품의 어셈블리(제어기 포함 어셈블리)를 말한다.

(2) KS R 1200에 따른 엔클로저 Enclosure의 종류

엔클로저는 울타리를 친 장소를 말하며, 다음 중 하나 이상의 기능을 지닌 교환형 배터리의 일부분을 말한다.

① **방화용 엔클로저** : 내부로부터의 화재나 불꽃이 확산되는 것을 최소화 하도록 설계된 엔클로저

② **기계적 보호용 엔클로저** : 기계적 또는 기타 물리적 원인에 의한 손상을 방지하기 위해 설계된 엔클로저

③ **감전 방지용 엔클로저** : 위험 전압이 인가되는 부품 또는 위험 에너지가 있는 부품과의 접촉을 막기 위해 설계된 엔클로저

(3) 고전압 배터리의 종류

① **니켈-카드뮴 배터리**(Nickle-Cadmium Battery) : 니켈-카드뮴 배터리란 양극에 니켈 산화물, 음극에 카드뮴, 전해액에 수산화칼륨 수용액을 사용한 2차 전지를 말한다.

② **니켈-수소 배터리**(Nickel-metal Hydride Battery) : 니켈-수소 배터리란 양극에 니켈 산화물, 음극에 수소를 전기 화학적으로 흡장 및 방출할 수 있는 수소 흡장 합금, 전해액에 수산화칼륨 수용액을 사용한 2차 전지를 말한다.

③ **리튬 이온 배터리**(Lithium Ion Battery) : 리튬 이온 배터리란 일반적으로 양극에 리튬산화물(코발트산 리튬, 니켈산 리튬, 망간산 리튬 등)과 같은 리튬을 포함한 화합물을, 음극에 리튬을 포함하지 않은 탄소 재료를, 전해액에 리튬염을 유기 용매에 용해시킨 것을 사용하여 리튬을 이온으로 사용하는 2차 전지를 말한다.

④ **리튬 고분자 배터리**(Lithium Polymer Battery) : 리튬 고분자 배터리란 리튬 이온 배터리와 동일한 전기 화학반응을 가진 배터리로 폴리머 겔(Polymer Gell) 상의 전해질과 박막형 알루미늄 파우치를 외장재로 적용한 2차 전지를 말한다.

2 전기 자동차의 특징

전기 자동차는 차량에 탑재된 고전압 배터리의 전기 에너지로부터 구동 에너지를 얻는 자동차이며, 일반 내연기관 차량의 변속기 역할을 대신할 수 있는 감속기가 장착되어 있다. 또한 내연기관 자동차에서 발생하게 되는 유해가스가 배출되지 않는 친환경 차량으로서 다음과 같은 특징이 있다.

① 대용량 고전압 배터리를 탑재한다.
② 전기 모터를 사용하여 구동력을 얻는다.
③ 변속기가 필요 없으며, 단순한 감속기를 이용하여 토크를 증대시킨다.
④ 외부 전력을 이용하여 배터리를 충전한다.
⑤ 전기를 동력원으로 사용하기 때문에 주행 시 배출가스가 없다
⑥ 배터리에 100% 의존하기 때문에 배터리 용량 따라 주행거리가 제한된다.

3 전기 자동차의 주행 모드

(1) 출발 · 가속

① 시동키를 ON시킨 후 가속 페달을 밟으면 전기 자동차는 고전압 배터리에 저장된 전기 에너지를 이용하여 구동 모터로 주행한다.
② 가속 페달을 더 밟으면 모터는 더 빠르게 회전하여 차속이 높아진다.
③ 큰 구동력을 요구하는 출발과 언덕길 주행 시는 모터의 회전속도는 낮아지고 구동 토크를 높여 언덕길을 주행할 때에도 변속기 없이 순수 모터의 회전력을 조절하여 주행한다.

(2) 감속

① 감속이나 브레이크를 작동할 때 구동 모터는 발전기의 역할로 변환된다.
② 주행 관성 운동 에너지에 의해 구동 모터는 전류를 발생시켜 고전압 배터리를 충전한다.
③ 구동 모터는 감속 시 발생하는 운동 에너지를 이용하여 발생된 전류를 고전압 배터리 팩 어셈블리에 충전하는 것을 회생 제동이라고 한다.

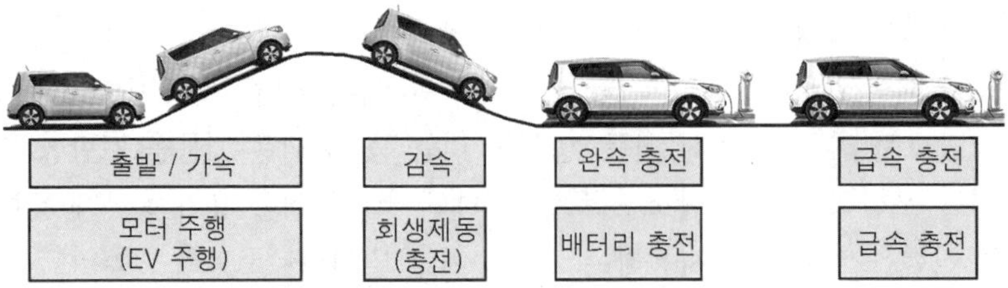

♺ 전기 자동차의 주행 모드

(3) 완속 충전

① AC 100 • 220V의 전압을 이용하여 고전압 배터리를 충전하는 방법이다.
② 표준화된 충전기를 사용하여 차량 앞쪽에 설치된 완속 충전기 인렛을 통해 충전하여야 한다.
③ 급속 충전보다 더 많은 시간이 필요하다.
④ 급속 충전보다 충전 효율이 높아 배터리 용량의 90%까지 충전할 수 있다.

(4) 급속 충전

① 외부에 별도로 설치된 급속 충전기를 사용하여 DC 380V의 고전압으로 고전압 배터리를 빠르게 충전하는 방법이다.
② 연료 주입구 안쪽에 설치된 급속 충전 인렛 포트에 급속 충전기 아웃렛을 연결하여 충전한다.
③ 충전 효율은 배터리 용량의 80%까지 충전할 수 있다.

4 전기 자동차의 구성

(1) 전기 자동차의 원리

① 360V 27kWh의 배터리 팩의 고전압을 이용해 모터를 구동한다.
② 모터의 속도로 자동차의 속도를 제어할 수 있어 변속기는 필요 없다.
③ 모터의 토크를 증대시키기 위해 감속기가 설치된다.
④ PE룸(내연기관의 엔진룸)에는 고전압을 PTC 히터, 전동 컴프레서에 공급하기 위한 고전압 정션박스, 그 아래로 완속 충전기(OBC), 전력 제어장치(EPCU)가 배치되어 있다.
⑤ 통합 전력 제어장치(EPCU)는 VCU, MCU(인버터), LDC가 통합된 구조이다.

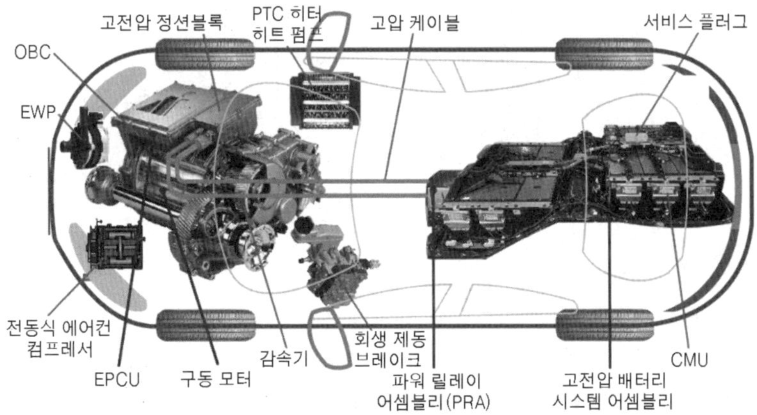

♲ 전기 자동차의 구성

(2) 고전압 회로

① 고전압 배터리, PRA(Power Relay Assembly)1, 2, 전동식 에어컨 컴프레서, LDC(Low DC/DC Converter), PTC(Positive Temperature Coefficient) 히터, 차량 탑재형 배터리 완속 충전기(OBC ; On-Borad battery Charger), 모터 제어기(MCU ; Motor Control Unit), 구동 모터가 고전압으로 연결되어 있다.

② 배터리 팩에 고전압 배터리와 파워 릴레이 어셈블리 1, 2 및 고전압을 차단할 수 있는 안전 플러그가 장착되어 있다.

③ 파워 릴레이 어셈블리 1은 구동용 전원을 차단 및 연결하는 역할을 한다.

④ 파워 릴레이 2는 급속 충전기에 연결될 때 BMU(Battery Management Unit)의 신호를 받아 고전압 배터리에 충전할 수 있도록 전원을 연결하는 기능을 한다.

⑤ 전동식 에어컨 컴프레서, PTC 히터, LDC, OBC에 공급되는 고전압은 정션 박스를 통해 전원을 공급 받는다.

⑥ MCU는 고전압 배터리에 저장된 DC 단상 고전압을 파워 릴레이 어셈블리 1과 정션 박스를 거쳐 공급받아 전력 변환기구(IGBT ; Insulated Gate Bipolar Transistor) 제어로 교류 3상 고전압으로 변환하여 구동 모터에 고전압을 공급하고 운전자의 요구에 맞게 모터를 제어한다.

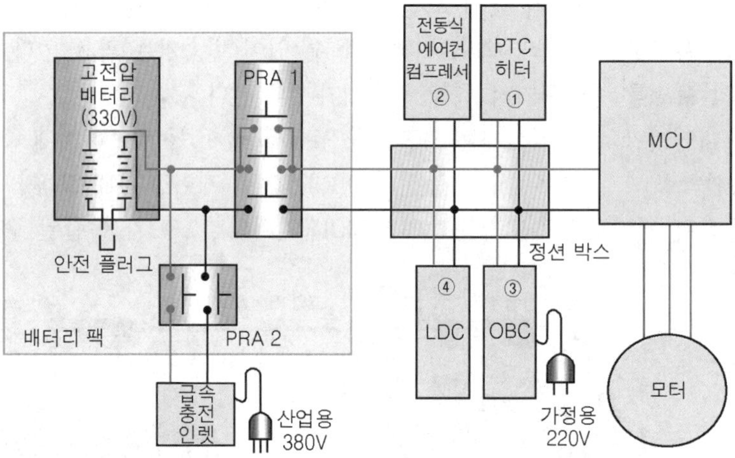

♺ 고전압 흐름도

(3) 고전압 배터리

① 리튬이온 폴리머 배터리(Li-ion Polymer)는 리튬 이온 배터리의 성능을 그대로 유지하면서 화학적으로 가장 안정적인 폴리머(고체 또는 젤 형태의 고분자 중합체) 상태의 전해질을 사용하는 배터리를 말한다.

② 정격 전압 DC 360V의 리튬이온 폴리머 배터리는 DC 3.75V의 배터리 셀 총 96개가 직렬로 연결되어 있고 총 12개의 모듈로 구성되어 있다.

③ 고전압 배터리 쿨링 시스템은 공랭식으로 실내의 공기를 쿨링 팬을 통하여 흡입하여 고전압 배터리 팩 어셈블리를 냉각시키는 역할을 한다.

④ 시스템 온도는 1번~12번 모듈에 장착된 12개의 온도 센서 신호를 바탕으로 BMU(Battery Management Unit)에 의해 계산된다.

⑤ 고전압 배터리 시스템이 항상 정상 작동 온도를 유지할 수 있도록 제어되며, 쿨링 팬은 차량의 상태와 소음·진동 상태에 따라 9단으로 제어된다.

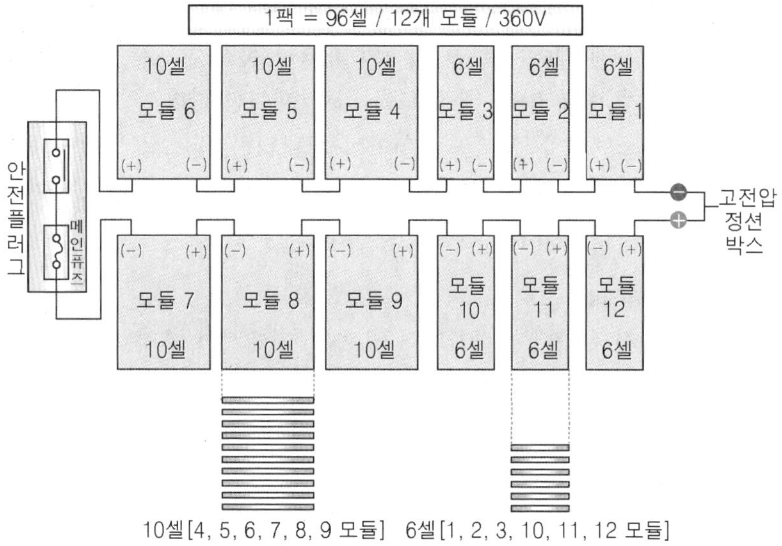

♺ 고전압 배터리의 구성

5 고전압 배터리 시스템(BMU ; Battery Management Unit)

고전압 배터리 컨트롤 시스템은 컨트롤 모듈인 BMU, 파워 릴레이 어셈블리(PRA ; Power Relay Assembly)로 구성되어 있으며, 고전압 배터리의 SOC(State Of Charge), 출력, 고장 진단, 배터리 셀 밸런싱(Cell Balancing), 시스템 냉각, 전원 공급 및 차단을 제어한다.

파워 릴레이 어셈블리는 메인 릴레이(+, −), 프리차지 릴레이, 프리차지 레지스터, 배터리 전류 센서, 고전압 배터리 히터 릴레이로 구성되어 있으며, 부스바(Busbar)를 통해서 배터리 팩과 연결되어 있다.

SOC(배터리 충전율)는 배터리의 사용 가능한 에너지를 표시한다.

(1) 고전압 배터리 시스템의 구성

셀 모니터링 유닛(CMU ; Cell Monitoring Unit)은 각 고전압 배터리 모듈의 측면에 장착되어 있으며, 각 고전압 배터리 모듈의 온도, 전압, 화학적 상태(VDP, Voronoi-Dirichlet partitioning)를 측정하여 BMU(Battery Management Unit)에 전달하는 기능을 한다.

(2) 고전압 배터리 시스템의 주요 기능

① **배터리 충전율(SOC) 제어** : 전압·전류·온도의 측정을 통해 SOC를 계산하여 적정 SOC 영역으로 제어한다.

② **배터리 출력 제어** : 시스템의 상태에 따른 입·출력 에너지 값을 산출하여 배터리 보호, 가용 파워 예측, 과충전·과방전 방지, 내구 확보 및 충·방전 에너지를 극대화한다.

③ **파워 릴레이 제어** : IG ON·OFF 시 고전압 배터리와 관련 시스템으로의 전원 공급 및 차단을 하며, 고전압 시스템의 고장으로 인한 안전사고를 방지한다.

④ **냉각 제어** : 쿨링 팬 제어를 통한 최적의 배터리 동작 온도를 유지(배터리 최대 온도 및 모듈간 온도 편차 량에 따라 팬 속도를 가변 제어함)한다.

⑤ **고장 진단** : 시스템의 고장 진단, 데이터 모니터링 및 소프트웨어 관리, 페일-세이프(Fail-Safe) 레벨을 분류하여 출력 제한치 규정, 릴레이 제어를 통하여 관련 시스템 제어 이상 및 열화에 의한 배터리 관련 안전사고를 방지한다.

(3) 안전 플러그 Safety Plug

안전 플러그는 리어 시트 하단에 장착되어 있으며, 기계적인 분리를 통하여 고전압 배터리 내부의 회로 연결을 차단하는 장치이다. 연결 부품으로는 고전압 배터리 팩, 파워 릴레이 어셈블리, 급속 충전 릴레이, BMU, 모터, EPCU, 완속 충전기, 고전압 조인트 박스, 파워 케이블, 전기 모터식 에어컨 컴프레서 등이 있다.

♺ 똥안전 플러그

(4) 파워 릴레이 어셈블리(PRA ; Power Relay Assembly)

파워 릴레이 어셈블리는 고전압 배터리 시스템 어셈블리 내에 장착되어 있으며 (+) 고전압 제어 메인 릴레이, (-) 고전압 제어 메인 릴레이, 프리차지 릴레이, 프리차지 레지스터, 배터리 전류 센서로 구성되어 있다.

BMU의 제어 신호에 의해 고전압 배터리 팩과 고전압 조인트 박스 사이의 DC 360V 고전압을 ON, OFF 및 제어 하는 역할을 한다.

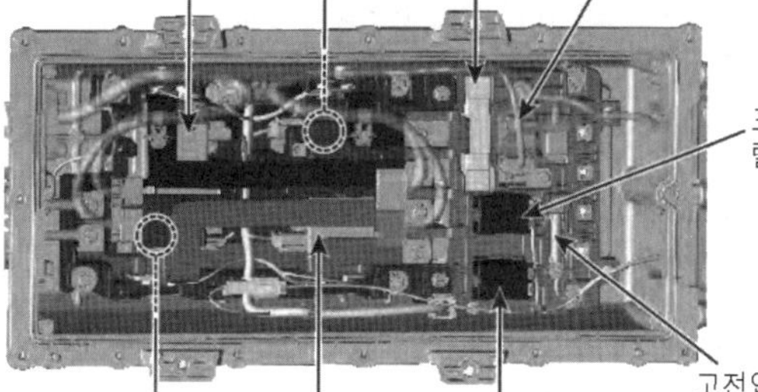

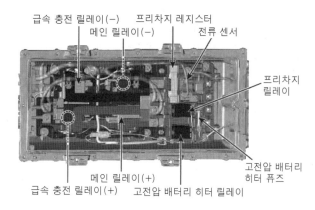

♺ 파워 릴레이 어셈블리의 구성

(5) 고전압 배터리 히터 릴레이 및 히터 온도 센서

고전압 배터리 히터 릴레이는 파워 릴레이 어셈블리 내부에 장착 되어 있다. 고전압 배터리에 히터 기능을 작동해야 하는 조건이 되면 제어 신호를 받은 히터 릴레이는 히터 내부에 고전압을 흐르게 함으로써 고전압 배터리의 온도가 조건에 맞추어서 정상적으로 작동 할 수 있도록 작동된다.

(6) 고전압 배터리 인렛 온도 센서

인렛 온도 센서는 고전압 배터리 1번 모듈 상단에 장착되어 있으며, 배터리 시스템 어셈블리 내부의 공기 온도를 감지하는 역할을 한다. 인렛 온도 센서 값에 따라 쿨링 팬의 작동 유무가 결정 된다.

(7) 프리차지 릴레이 Pre-Charge Relay

프리차지 릴레이(Pre-Charge Relay)는 파워 릴레이 어셈블리에 장착되어 있으며, 인버터의 커패시터를 초기 충전할 때 고전압 배터리와 고전압 회로를 연결하는 기능을 한다.

IG ON을 하면 프리차지 릴레이와 레지스터를 통해 흐른 전류가 인버터 내에 커패시터에 충전이 되고, 충전이 완료되면 프리차지 릴레이는 OFF 된다.

(8) 메인 퓨즈 Main Fuse

메인 퓨즈(250A 퓨즈)는 안전 플러그 내에 장착되어 있으며, 고전압 배터리 및 고전압 회로를 과전류로부터 보호하는 기능을 한다.

(9) 프리차지 레지스터 Pre-Charge Resistor

프리차지 레지스터는 파워 릴레이 어셈블리에 장착되어 있으며, 인버터의 커패시터를 초기 충전할 때 충전 전류를 제한하여 고전압 회로를 보호하는 기능을 한다.

(9) 급속 충전 릴레이 어셈블리(QRA ; Quick Charge Relay Assembly)

급속 충전 릴레이 어셈블리는 파워 릴레이 어셈블리 내에 장착되어 있으며, (+) 고전압 제어 메인 릴레이, (-) 고전압 제어 메인 릴레이로 구성되어 있다. 그리고 BMU 제어 신호에 의해 고전압 배터리 팩과 고압 조인트 박스 사이에서 DC 360V 고전압을 ON, OFF 및 제어한다. 급속 충전 릴레이 어셈블리 작동 시 에는 파워 릴레이 어셈블리는 작동한다.

급속 충전 시 공급되는 고전압을 배터리 팩에 공급하는 스위치 역할을 하고, 과충전 시 과충전을 방지하는 역할을 한다.

(10) 메인 릴레이 Main Relay

메인 릴레이는 파워 릴레이 어셈블리에 장착되어 있으며, 고전압 (+) 라인을 제어하는 메인 릴레이와 고전압 (−) 라인을 제어하는 2개의 메인 릴레이로 구성되어 있다. 그리고 BMU의 제어 신호에 의해 고전압 조인트 박스와 고전압 배터리 팩 간의 고전압 전원, 고전압 접지 라인을 연결시켜 주는 역할을 한다. 단, 고전압 배터리 셀이 과충전에 의해 부풀어 오르는 상황이 되면 고전압 보호 장치인 OPD(Overvoltage Protection Device)에 의해 메인 릴레이 (+), 메인 릴레이(−), 프리차지 릴레이 코일 접지 라인을 차단함으로써 과충전 시엔 메인 릴레이 및 프리차지 릴레이의 작동을 금지시킨다. 고전압 배터리가 정상적인 상태일 경우에는 VPD는 작동하지 않고 항상 연결되어 있다. OPD 장착 위치는 12개 배터리 모듈 상단에 장착되어 있다.

(11) 배터리 온도 센서 Battery Temperature Sensor

배터리 온도 센서는 각 고전압 배터리 모듈에 장착되어 있으며, 각 배터리 모듈의 온도를 측정하여 CMU(Cell Monitoring Unit)에 전달하는 역할을 한다.

(12) 배터리 전류 센서 Battery Current Sensor

배터리 전류 센서는 파워 릴레이 어셈블리에 장착되어 있으며, 고전압 배터리의 충전・방전 시 전류를 측정하는 역할을 한다.

(13) 고전압 차단 릴레이(OPD ; Over Voltage Protection Device)

고전압 릴레이 차단 장치(OPD)는 각 모듈 상단에 장착되어 있으며, 고전압 배터리 셀이 과충전에 의해 부풀어 오르는 상황이 되면 OPD에 의해 메인 릴레이 (+), 메인 릴레이 (−), 프리차지 릴레이 코일의 접지 라인을 차단함으로써 과충전 시 메인 릴레이 및 프리차지 릴레이의 작동을 금지시킨다.

고전압 배터리가 정상일 경우에는 항상 스위치는 붙어 있으며, 셀이 과충전이 될 때 스위치는 차단되면서 차량은 주행이 불가능하다.

2-2 전기 자동차 전력 통합 제어장치 개요 및 정비

1 전력 통합 제어 장치(EPCU ; Electric Power Control Unit)

전력 통합 제어 장치는 대전력량의 전력 변환 시스템으로서 고전압의 직류를 전기자동차의 통합 제어기인 차량 제어 유닛(VCU ; Vehicle Control Unit) 및 구동 모터에 적합한 교류로 변환하는 장치인 인버터(Inverter), 고전압 배터리 전압을 저전압의 12V DC로 변환시키는 장치인 LDC 및 외부의 교류 전원을 고전압의 직류로 변환해주는 완속 충전기인 OBC 등으로 구성되어 있다.

(1) 차량 제어 유닛(VCU ; Vehicle Control Unit)

차량 제어 유닛은 모든 제어기를 종합적으로 제어하는 최상위 마스터 컴퓨터로서 운전자의 요구 사항에 적합하도록 최적인 상태로 차량의 속도, 배터리 및 각종 제어기를 제어한다.

차량 제어 유닛은 MCU, BMU, LDC, OBC, 회생 제동용 액티브 유압 부스터 브레이크 시스템(AHB ; Active Hydraulic Booster), 계기판(Cluster), 전자동 온도 조절장치(FATC ; Full Automatic Temperature Control) 등과 협조 제어를 통해 최적의 성능을 유지할 수 있도록 제어하는 기능을 수행한다.

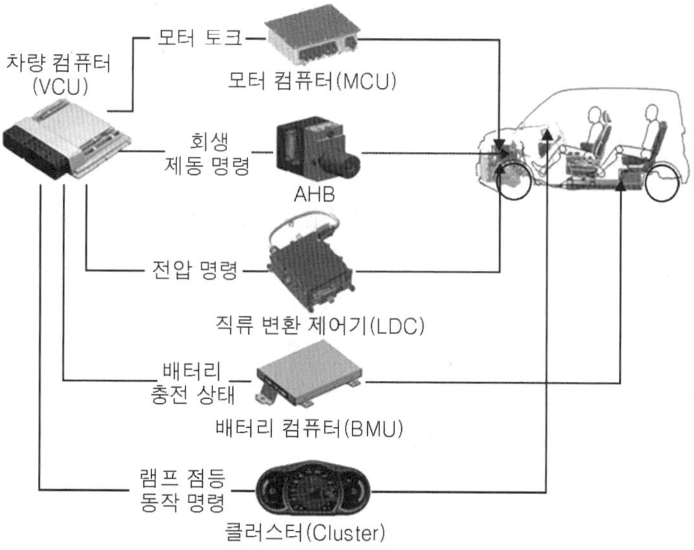

♤ 차량 제어 유닛의 제어도

1) 구동 모터 토크 제어

BMU(Battery Management Unit)는 고전압 배터리의 전압, 전류, 온도, 배터리의 가용 에너지 율(SOC ; State Of Charge) 값으로 현재의 고전압 배터리 가용 파워를 VCU에게 전달하며, VCU는 BMU에서 받은 정보를 기본으로 하여 운전자의 요구(APS, Brake S/W, Shift Lever)에 적합한 모터의 명령 토크를 계산한다. 더불어 MCU는 현재 모터가 사용하고 있는 토크와 사용 가능한 토크를 연산하여 VCU에게 제공한다. VCU는 최종적으로 BMU와 MCU에서 받은 정보를 종합하여 구동모터에 토크를 명령한다.

① **VCU** : 배터리 가용 파워, 모터 가용 토크, 운전자 요구(APS, Brake SW, Shift Lever)를 고려한 모터 토크의 지령을 계산하여 컨트롤러를 제어한다.

② **BMU** : VCU가 모터 토크의 지령을 계산하기 위한 배터리 가용 파워, SOC 정보를 제공받아 고전압 배터리를 관리한다.

③ **MCU** : VCU가 모터 토크의 지령을 계산하기 위한 모터 가용 토크 제공, VCU로 부터 수신한 모터 토크의 지령을 구현하기 위해 인버터(Inverter)에 PWM 신호를 생성하여 모터를 최적으로 구동한다.

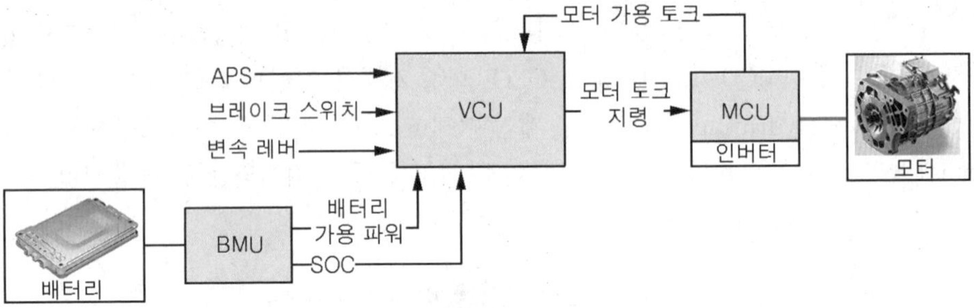

♺ 모터 제어 다이어그램

2) 회생 제동 제어(AHB ; Active Hydraulic Booster)

AHB 시스템은 운전자의 요구 제동량을 BPS(Brake Pedal Sensor)로부터 받아 연산하여 이를 유압 제동량과 회생 제동 요청량으로 분배한다. VCU는 각각의 컴퓨터 즉 AHB, MCU, BMU와 정보 교환을 통해 모터의 회생 제동 실행량을 연산하여 MCU에게 최종적으로 모터 토크('−'토크)를 제어한다. AHB 시스템은 회생 제동 실행량을 VCU로부터 받아 유압 제동량을 결정하고 유압을 제어한다.

① **AHB** : BPS값으로부터 구한 운전자의 요구 제동 연산 값으로 유압 제동량과 회생 제동 요청량으로 분배하며, VCU로부터 회생 제동 실행량을 모니터링 하여 유압 제동량을 보정한다.

② **VCU** : AHB의 회생 제동 요청량, BMU의 배터리 가용 파워 및 모터 가용 토크를 고려하여 회생 제동 실행량을 제어한다.

③ **BMU** : 배터리 가용 파워 및 SOC 정보를 제공한다.

④ **MCU** : 모터 가용 토크, 실제 모터의 출력 토크와 VCU로 부터 수신한 모터 토크 지령을 구현하기 위해 인버터 PWM 신호를 생성하여 모터를 제어한다.

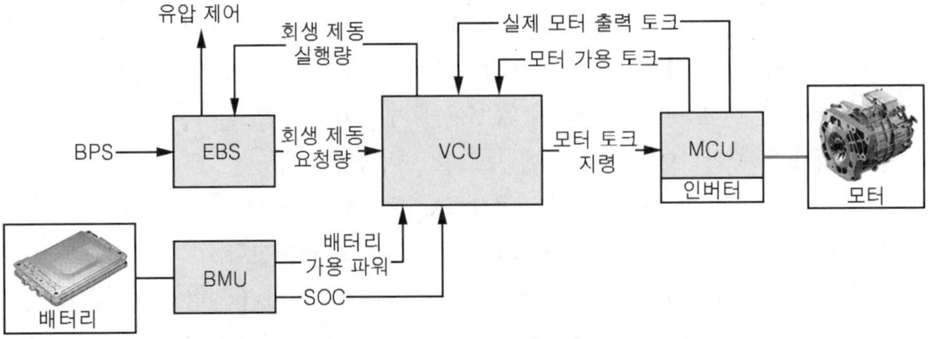

♺ 회생 제동 다이어그램

3) 공조 부하 제어

전자동 온도 조절 장치인 FATC(Full Automatic Temperature Control)는 운전자의 냉・난방 요구 시 차량 실내 온도와 외기 온도 정보를 종합하여 냉・난방 파워를 VCU에게 요청하며, FATC는 VCU가 허용하는 범위 내에 전력으로 에어컨 컴프레서와 PTC 히터를 제어한다.

① FATC : AC SW의 정보를 이용하여 운전자의 냉난방 요구 및 PTC 작동 요청 신호를 VCU에 송신하며, VCU는 허용 파워 범위 내에서 공조 부하를 제어한다.
② BMU : 배터리 가용 파워 및 SOC 정보를 제공한다.
③ VCU : 배터리 정보 및 FATC 요청 파워를 이용하여 FATC에 허용 파워를 송신한다.

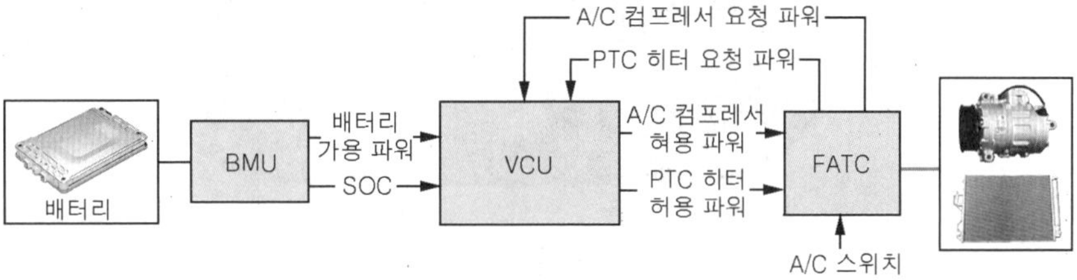

♲ 공조 부하 제어 다이어그램

4) 전장 부하 전원 공급 제어

VCU는 BMU와 정보 교환을 통해 전장 부하의 전원 공급 제어 값을 결정하며, 운전자의 요구 토크 양의 정보와 회생 제동량 변속 레버의 위치에 따른 주행 상태를 종합적으로 판단하여 LDC에 충・방전 명령을 보낸다. LDC는 VCU에서 받은 명령을 기본으로 보조 배터리에 충전 전압과 전류를 결정하여 제어한다.

① BMU : 배터리 가용 파워 및 SOC 정보를 제공한다.
② VCU : 배터리 정보 및 차량 상태에 따른 LDC의 ON/OFF 동작 모드를 결정한다.
③ LDC : VCU의 명령에 따라 고전압을 저전압으로 변환하여 차량의 전장 계통에 전원을 공급한다.

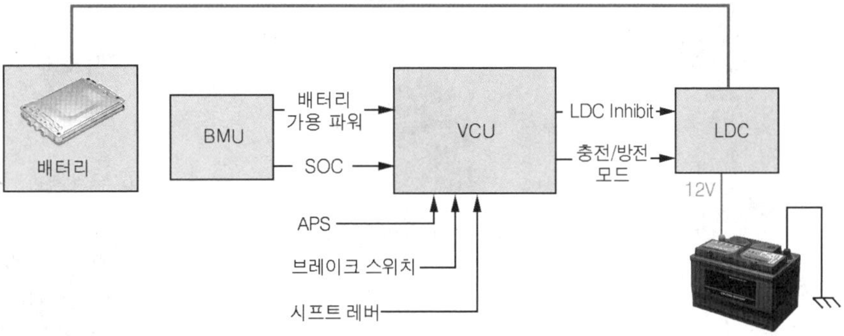

♲ 전장 부하 전원 공급 제어 다이어그램

5) 클러스터 제어

① **램프 점등 제어** : VCU는 하위 제어기로부터 받은 모든 정보를 종합적으로 판단하여 운전자가 쉽게 알 수 있도록 클러스터 램프 점등을 제어한다. 시동키를 ON 하면 차량 주행 가능 상황을 판단하여 'READY'램프를 점등하도록 클러스터에 명령을 내려 주행 준비가 되었음을 표시한다.

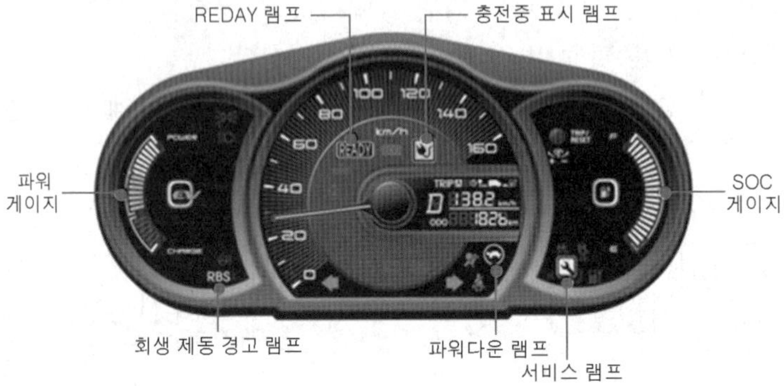

♺ 클러스터 램프 제어

② **주행 가능 거리(DTE ; Distance To Empty) 연산 제어**

㉮ VCU : 배터리 가용에너지 및 도로정보를 고려하여 DTE를 연산한다.

㉯ BMU : 배터리 가용 에너지 정보를 이용한다.

㉰ AVN : 목적지까지의 도로 정보를 제공하며, DTE를 표시한다.

㉱ Cluster : DTE를 표시한다.

(2) 모터 제어기(MCU ; Motor Control Unit)

MCU는 내부의 인버터(Inverter)가 작동하여 고전압 배터리로부터 받은 직류(DC) 전원을 3상 교류(AC) 전원으로 변환시킨 후 전기 자동차의 통합 제어기인 VCU의 명령을 받아 구동 모터를 제어하는 기능을 담당한다.

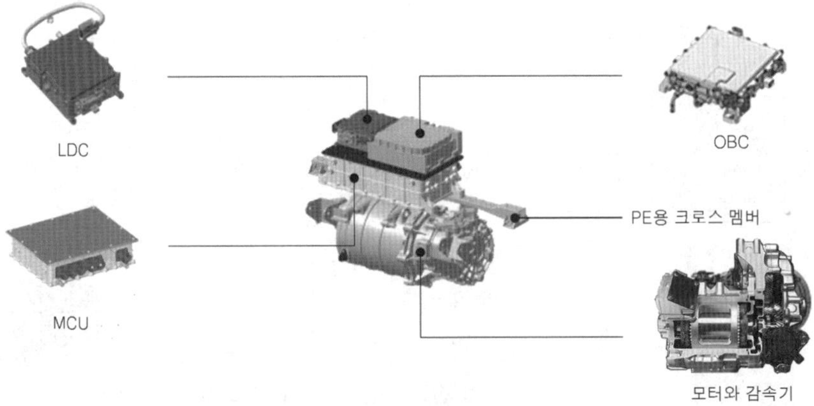

♺ MCU 제어의 구성

배터리에서 구동 모터로 에너지를 공급하고, 감속 및 제동 시에는 구동 모터를 발전기 역할로 변경시켜 구동 모터에서 발생한 에너지, 즉 AC 전원을 DC 전원으로 변환하여 고전압 배터리로 에너지를 회수함으로써 항속 거리를 증대시키는 기능을 한다. 또한 MCU는 고전압 시스템의 냉각을 위해 장착된 EWP(Electric Water Pump)의 제어 역할도 담당한다.

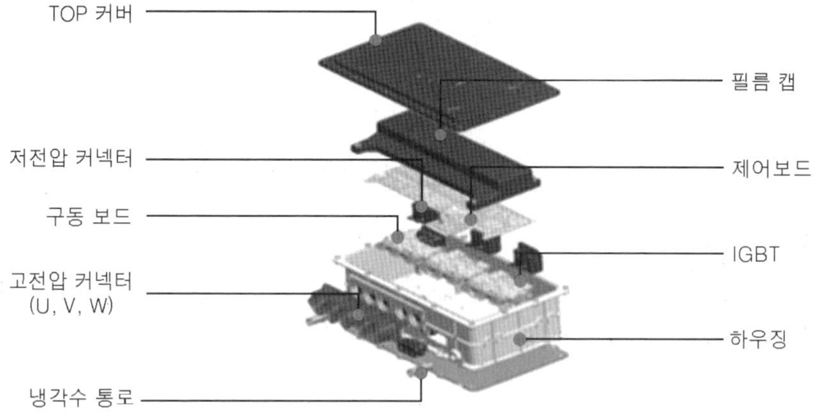

♺ MCU 내부의 구조

(3) 인버터 Inverter

인버터는 고전압 배터리의 DC 전원을 구동 모터의 구동에 적합한 AC 전원으로 변환하는 역할을 한다. 인버터는 케이스 속에 IGBT 모듈, 파워 드라이버(Power Driver), 제어회로인 컨트롤러(Controller)가 일체로 이루어져 있다.

인버터는 구동 모터를 구동시키기 위하여 고전압 배터리의 직류(DC) 전력을 3상 교류(AC) 전력으로 변환시켜 유도 전동기, 쿨링팬 모터 등을 제어한다. 즉, 고전압 배터리로부터 받은 직류(DC) 전원(+, −)을 3상 교류(AC)의 U, V, W상으로 변환하는 기구이며, 제어 보드(MCU)에서 3상 AC 전원을 제어하여 구동 모터를 구동한다.

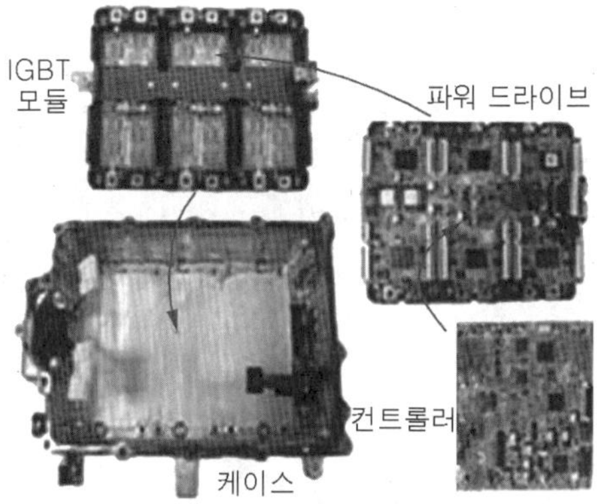

♺ 인버터의 구성

(4) 직류 변환 장치(LDC ; Low Voltage DC-DC Converter, 컨버터)

1) LDC의 개요

LDC는 고전압 배터리의 고전압(DC 360V)을 LDC를 거쳐 12V 저전압으로 변환하여 차량의 각 부하(전장품)에 공급하기 위한 전력 변환 시스템으로 차량 제어 유닛(VCU)에 의해 제어되며, LDC는 EPCU 어셈블리 내부에 구성되어 있다.

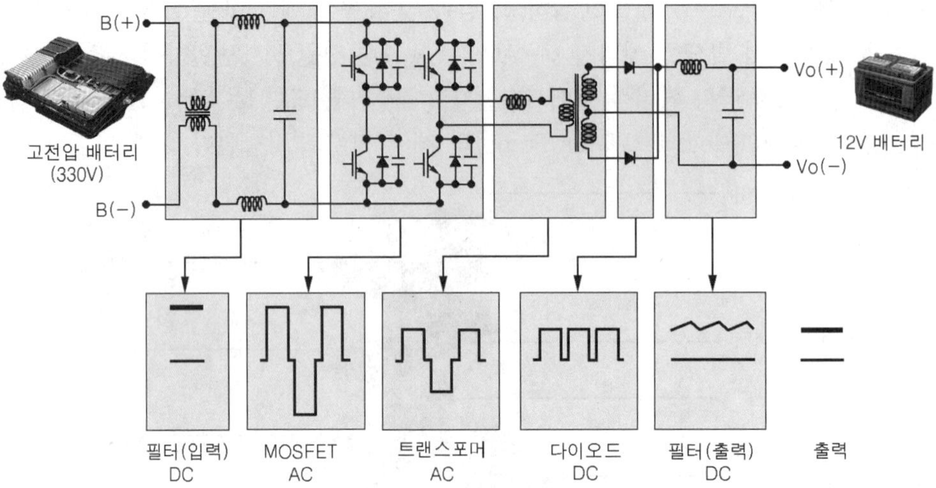

♺ LDC 제어의 구성

2) 배터리 센서 Battery Sensor

차량에 장착된 각각의 컨트롤 유닛들이 여러 종류의 센서로부터 다양한 정보를 받고 다시 제어하는 과정에서의 안정적인 전류 공급은 매우 중요하다. VCU는 보조 배터리 (−) 단자에 장착된 배터리 센서로부터 전송된 배터리의 전압, 전류, 온도 등의 정보를 통하여 차량에 필요한 전류를 LDC를 통하여 발전 제어한다.

(5) 완속 충전기(OBC ; On Board Charger)

완속 충전기는 차량에 탑재된 충전기로 OBC라고 부르며, 차량 주차 상태에서 AC 110V · 220V 전원으로 차량의 고전압 배터리를 충전한다. 고전압 배터리 제어기인 BMU와 CAN 통신을 통해 배터리 충전 방식(정전류, 정전압)을 최적으로 제어한다.

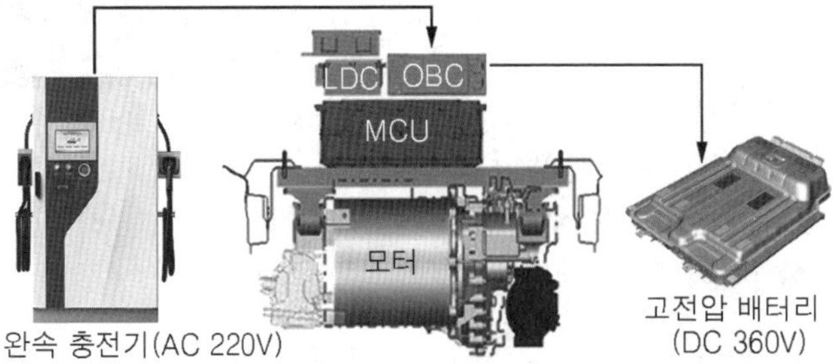

♺ 완속 충전 흐름도

2-3 전기 자동차 구동장치 개요 및 정비

1 전기 자동차의 모터

영구자석이 내장된 IPM 동기 모터(Interior Permanent Magnet Synchronous Motor)가 주로 사용되고 있으며, 희토류 자석을 이용하는 모터는 열화에 의해 자력이 감소하는 현상이 발생하므로 온도 관리가 중요하다.

전기 자동차의 구동 모터는 엔진이 없는 전기 자동차에서 동력을 발생하는 장치로 높은 구동력과 축력으로 가속과 등판 및 고속 운전에 필요한 동력을 제공하며, 소음이 거의 없는 정숙한 차량 운행을 제공한다.

또한 감속 시에는 발전기로 전환되어 전기를 생산하여 고전압 배터리를 충전함으로써 연비를 향상시키고 주행거리를 증대시킨다. 모터에서 발생한 동력은 회전자 축과 연결된 감속기와 드라이브 샤프트를 통해 바퀴에 전달된다.

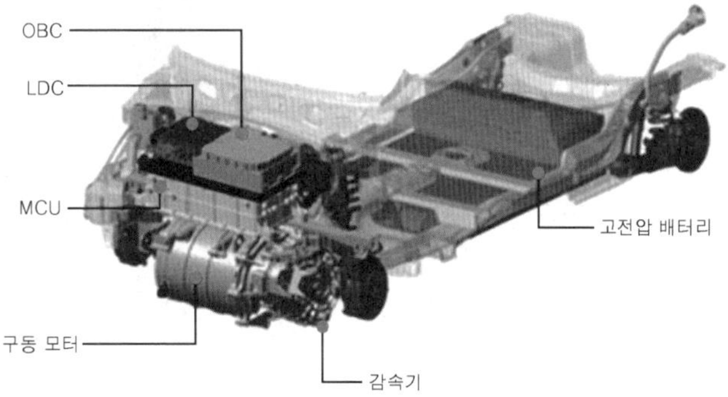

♺ 구동 장치의 구성

(1) 구동 모터의 주요 기능

① **동력(방전) 기능** : MCU는 배터리에 저장된 전기에너지로 구동 모터를 삼상 제어하여 구동력을 발생 시킨다.

② **회생 제동(충전) 기능** : 감속 시에는 발생하는 운동에너지를 이용하여 구동 모터를 발전기로 전환시켜 발생된 전기에너지를 고전압 배터리에 충전한다.

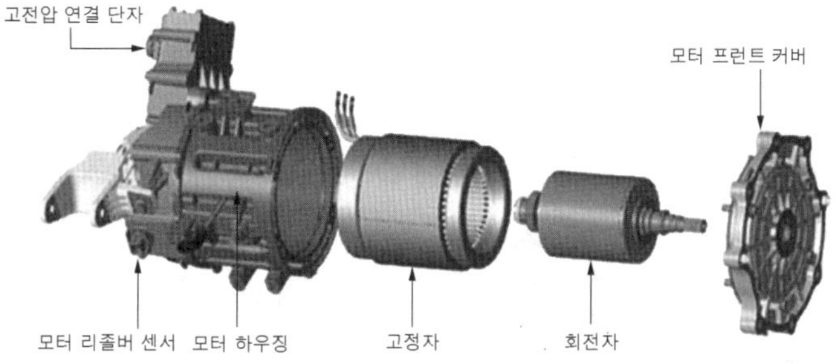

♺ 구동 모터의 구조

1) 모터 위치 센서 Motor Position Sensor

모터를 제어하기 위해서는 정확한 모터 회전자의 절대 위치에 대한 검출이 필요하다. 리졸버를 이용한 회전자의 위치 및 속도 정보를 통하여 MCU는 최적으로 모터를 제어할 수 있게 된다. 리졸버는 리어 플레이트에 장착되며, 모터의 회전자와 연결된 리졸버 회전자와 고정자로 구성되어 엔진의 CMP 센서처럼 모터 내부의 회전자 위치를 파악한다.

2) 모터 온도 센서 Motor Temperature Sensor

모터의 온도는 모터의 출력에 큰 영향을 미친다. 모터가 과열될 경우 모터의 회전자(매립형 영구 자석) 및 스테이터 코일이 변형되거나 그 성능에 영향을 미칠 수 있다. 이를 방지하기 위해 모터의 온도 센서는 온도에 따라 모터의 토크를 제어하기 위하여 모터에 내장되어 있다.

(2) 감속기의 기능

전기 자동차용 감속기는 일반 가솔린 차량의 변속기와 같은 역할을 하지만 여러 단이 있는 변속기와는 달리 일정한 감속비로 모터에서 입력되는 동력을 자동차 차축으로 전달하는 역할을 하며, 변속기 대신 감속기라고 불린다.

감속기의 역할은 모터의 고회전, 저토크 입력을 받아 적절한 감속비로 속도를 줄여 그만큼 토크를 증대시키는 역할을 한다. 감속기 내부에는 파킹 기어를 포함하여 5개의 기어가 있으며, 수동변속기 오일이 들어 있는데 오일은 무교환식이다.

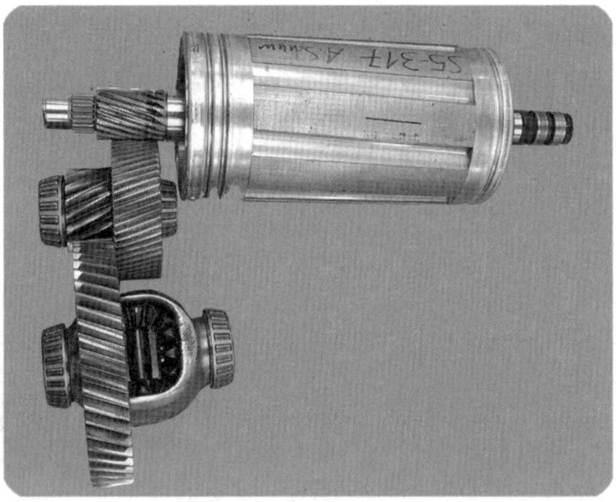

♲ 회전자와 감속기

(3) 모터의 작동 원리

3상 AC 전류가 스테이터 코일에 인가되면 회전 자계가 발생되어 로터 코어 내부에 영구 자석을 끌어당겨 회전력을 발생시킨다.

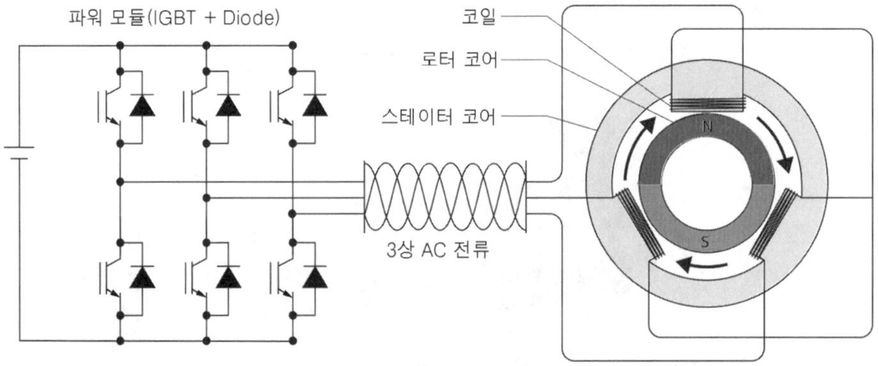

♲ 모터의 작동 원리

2-4 전기 자동차 편의·안전장치 개요 및 정비

1 충전 장치

(1) 충전 장치의 개요

전기 자동차의 구동용 배터리는 차량 외부의 전기를 충전기를 사용하여 충전하는 방법과 주행 중 제동 시 회생 충전을 이용하는 방법이 있으며, 외부 충전 방법은 급속, 완속, ICCB(In Cable Control Box) 3종류가 있다.

1) 외부 전원을 이용한 충전

완속 충전기와 급속 충전기는 별도로 설치된 단상 AC의 220V 또는 3상 AC 380V용 전원을 이용하여 고전압 배터리를 충전하는 방식이며, ICCB는 가정용 전기 콘센트에 차량용 충전기를 연결하여 고전압 배터리를 완속 충전하는 방법이다. 완속 충전 시에는 차량 내에 별도로 설치된 충전기(OBC ; On Board Charger)에서 AC 전원을 DC의 고전압으로 변경 후 고전압 배터리에 충전한다.

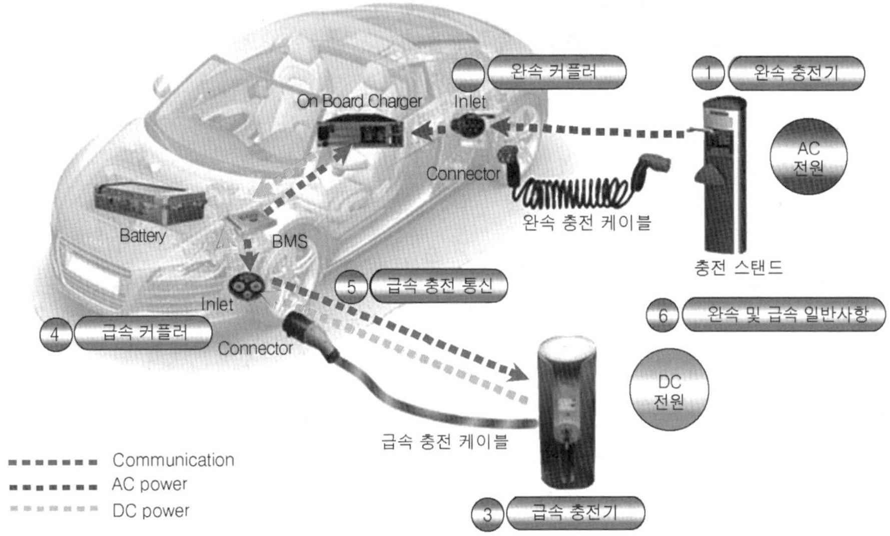

♲ 완속 충전과 급속 충전 라인 비교

2) 회생을 이용한 충전

자동차를 운행 중 감속할 경우에 구동모터는 발전기 역할로 전환되면서 3상의 교류 전기를 발전하며 발전된 전류를 컨버터에서 직류로 변환시켜 고전압 배터리를 충전한다.

① **3상 동기 발전기** : 영구자석형 로터가 회전하면 스테이터 코일 주위의 자계가 변화하면서 전자 유도 작용으로 코일에 유도 전류가 발생하는 원리이며, 스테이터 코일 3개가 120°간

격으로 배치되어 각 코일의 위상이 120°엇갈린 교류, 즉 삼상 교류가 발생한다.

② **컨버터** : 교류를 반도체 소자인 다이오드의 정류 작용을 이용하여 변환하는 장치를 AC·DC 컨버터 또는 정류기라 하며, 단상 교류인 경우 4개의 다이오드, 삼상 교류인 경우는 6개의 다이오드로 전파 정류 회로를 구성할 수 있다.

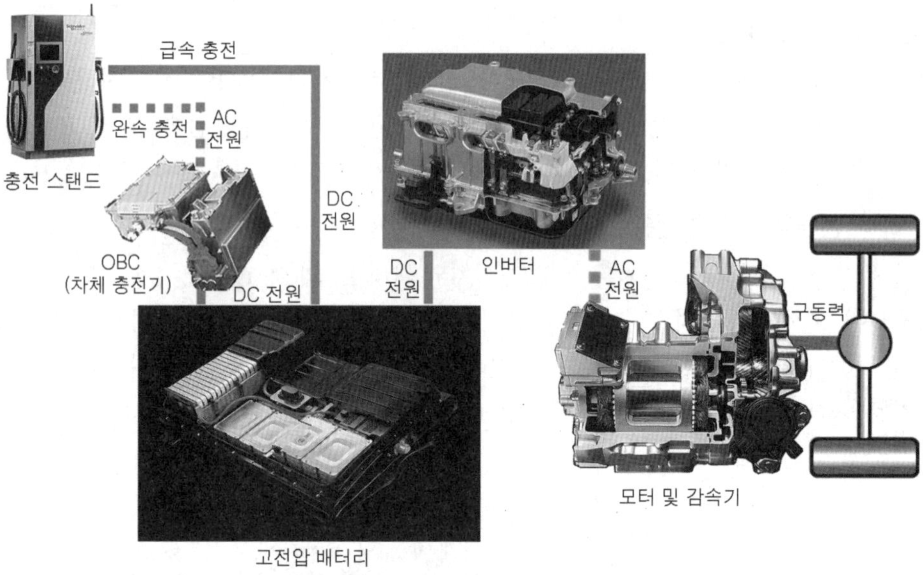

♺ 전기 자동차 충전

(2) 완속 충전 장치

1) 완속 충전의 개요

충전 방법으로는 완속 충전 포트를 이용한 완속 충전과 급속 충전 포트를 이용하는 급속 충전이 있는데, 완속 충전은 AC 100・220V 전압의 완속 충전기(OBC)를 이용하여 교류 전원을 직류 전원으로 변환하여 고전압 배터리를 충전하는 방법이다. 완속 충전 시에는 표준화된 충전기를 사용하여 차량의 앞쪽에 설치된 완속 충전기 인렛을 통해 충전하여야 한다. 급속 충전보다 더 많은 시간이 필요하지만 급속 충전보다 충전 효율이 높아 배터리 용량의 90%까지 충전할 수 있으며, 이를 제어하는 것이 BMU와 IG3 릴레이 #1,2,3이다.

IG3 릴레이를 통해 생성되는 IG3 신호는 저전압 직류 변환장치(LDC), BMU, 모터 컨트롤 유닛(MCU), 차량 제어 유닛(VCU), 완속 충전기(OBC)를 활성화시키고 차량의 충전이 가능하게 한다.

2) 충전 컨트롤 모듈

충전 컨트롤 모듈(CCM)은 콤보 타입 충전기기에서 나오는 PLC 통신 신호를 수신하여 CAN 통신 신호로 변환해 주는 역할을 한다.

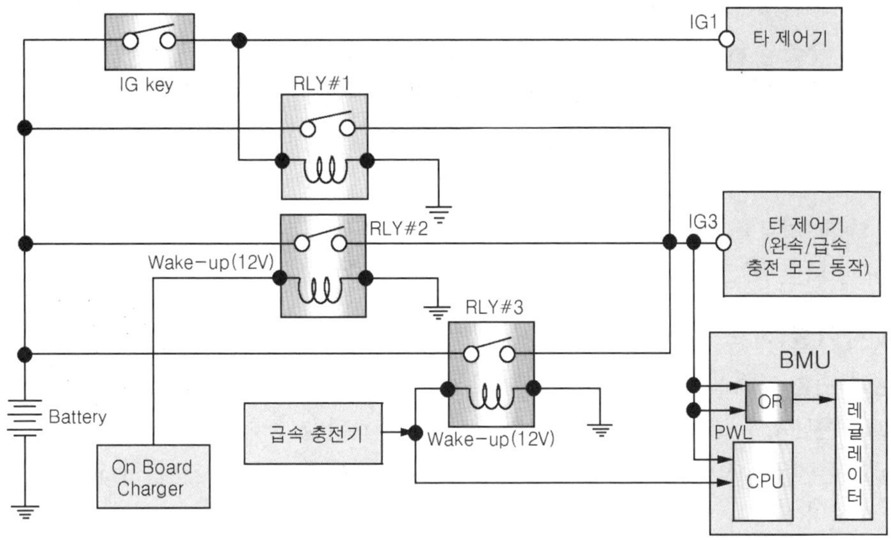

♺ 충전 회로도

(3) 급속 충전 장치

급속 충전은 차량 외부에 별도로 설치된 차량 외부 충전 스탠드의 급속 충전기를 사용하여 DC 380V의 고전압으로 고전압 배터리를 빠르게 충전하는 방법이다.

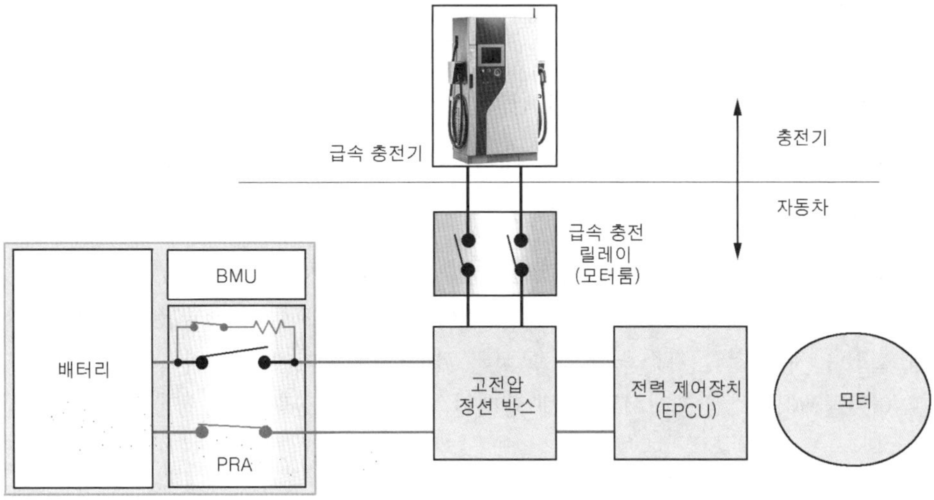

♺ 급속 충전 회로도

급속 충전 시스템은 급속 충전 커넥터가 급속 충전 포트에 연결된 상태에서 급속 충전 릴레이와 PRA 릴레이를 통해 전류가 흐를 수 있으며, 외부 충전기에 연결하지 않았을 경우에는 급속 충전 릴레이와 PRA 릴레이를 통해 고전압이 급속 충전 포트에 흐르지 않도록 보호한다.

기존 차량의 연료 주입구 안쪽에 설치된 급속 충전 인렛 포트에 급속 충전기 아웃렛을 연결하여 충전하고 충전 효율은 배터리 용량의 80~84%까지 충전할 수 있으며, 1차 급속 충전이 끝난 후 2차 급속 충전을 하면 배터리 용량(SOC)의 95%까지 충전할 수 있다.

2 히트 펌프

냉매의 순환 경로를 변경하여 고온 고압의 냉매를 열원으로 이용하는 난방 시스템으로 난방 시에도 히트 펌프 가동을 위해 컴프레서를 구동하게 된다.

(1) 난방 사이클(히트 펌프)

① **냉매 순환** : 컴프레서 → 실내 콘덴서 → 오리피스 → 실외 콘덴서 순으로 진행한다.
② **실내 콘덴서** : 고온의 냉매와 실내 공기의 열 교환을 통해 방출된다.
③ **실외 콘덴서** : 오리피스를 통해 공급된 저온의 냉매와 외부 공기와 열 교환을 통해 열을 흡수한다.
④ 히트 펌트 시스템에는 실내 콘덴서가 추가된다.

(2) 히트 펌프 장점

난방 시 고전압 PTC(Positive temperature coefficient) 사용을 최소화하여 소비 전력 저감으로 주행 거리가 증대함은 물론 전장품(EPCU, 모터 냉각수)의 폐열을 활용하여 극저온에서도 연속적인 사이클을 구현한다.

(3) 히트 펌프의 작동 온도

히트 펌프의 작동 영역은 -20℃에서 15℃이며 작동 영역 이외는 고전압 PTC(Positive temperature coefficient)를 활용하여 난방을 한다.

(4) 히트 펌프의 냉매 흐름

1) 난방시 냉매 흐름

① **실외 콘덴서** : 액체 상태의 냉매를 증발시켜 저온 저압의 가스 냉매로 만든다.
② **3상 솔레노이드 밸브 #2** : 히트 펌프 작동 시 냉매의 흐름 방향을 칠러 쪽으로 바꿔 준다.
③ **칠러** : 저온 저압 가스 냉매를 모터의 폐열을 이용하여 2차 열 교환을 한다.
④ **어큐뮬레이터** : 컴프레서로 기체 냉매만 유입될 수 있도록 냉매의 기체·액체를 분리한다.
⑤ **전동 컴프레서** : 전동 모터로 구동되며, 저온 저압가스 냉매를 고온 고압가스로 만들어 실내 콘덴서로 보낸다.
⑥ **실내 콘덴서** : 고온 고압가스 냉매를 응축시켜 고온 고압의 액상 냉매로 만든다.
⑦ **2상 솔레노이드 밸브 #1** : 냉매를 급속 팽창시켜 저온 저압의 액상 냉매가 되도록 한다.
⑧ **2상 솔레노이드 밸브 #2** : 난방 시 제습 모드를 사용할 경우 냉매를 이배퍼레이터로 보낸다.

⑨ **3상 솔레노이드 밸브 #1** : 실외 콘덴서에 착상이 감지되면 냉매의 흐름을 칠러로 바이패스 시킨다.

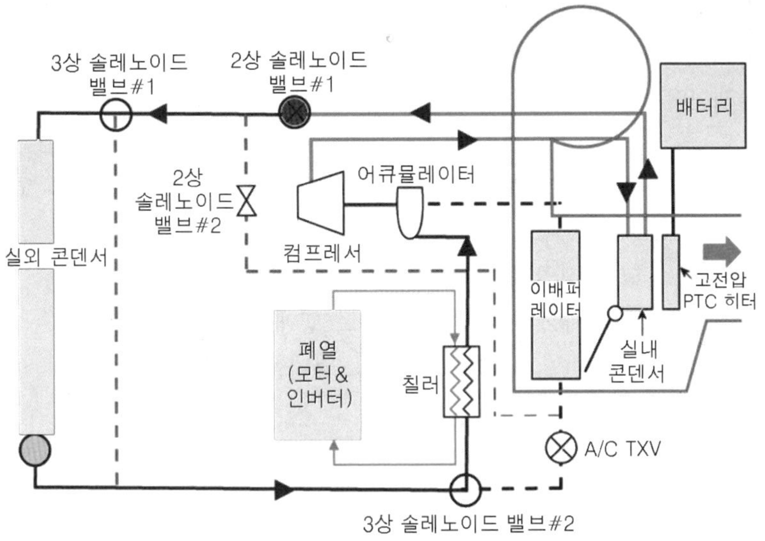

♲ 난방 시 냉매의 흐름

2) 냉방 시 냉매의 흐름

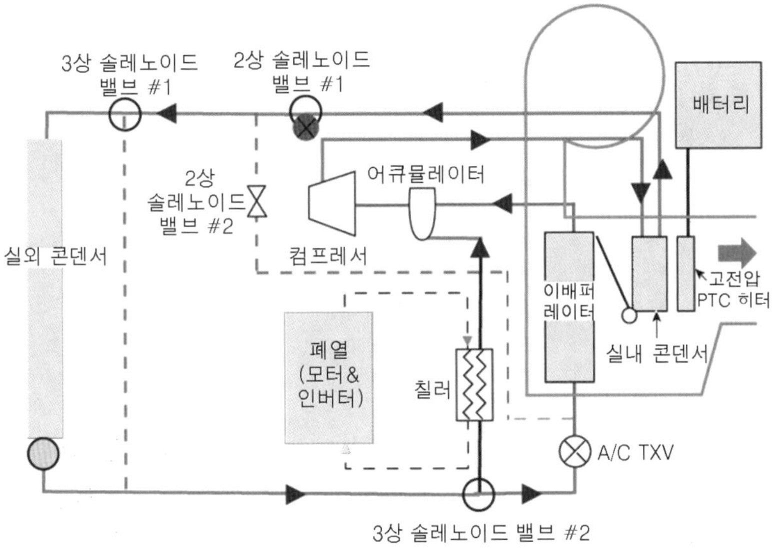

♲ 냉방 시 냉매의 흐름

① **실외 콘덴서** : 고온 고압가스 냉매를 응축시켜 고온 고압의 액상 냉매로 만든다.
② **3상 솔레노이드 밸브 #2** : 에어컨 작동 시 냉매의 흐름 방향을 팽창 밸브 쪽으로 흐르도록

만든다.

③ **팽창 밸브** : 냉매를 급속 팽창시켜 저온 저압의 기체가 되도록 한다.

④ **이배퍼레이터** : 안개 상태의 냉매가 기체로 변하는 동안 블로어 팬의 작동으로 이배퍼레이터의 핀을 통과하는 공기 중의 열을 빼앗는다.

⑤ **어큐뮬레이터** : 컴프레서로 기체 냉매만 유입될 수 있도록 냉매의 기체·액체를 분리한다.

⑥ **전동 컴프레서** : 전동 모터로 구동되며, 저온 저압가스 냉매를 고온 고압가스로 만들어 실내 콘덴서로 보낸다.

⑦ **실내 콘덴서** : 고온 고압가스 냉매가 지나가는 경로이다.

⑧ **2상 솔레노이드 밸브 #2** : 이배퍼레이터로 냉매의 유입을 막는다.

⑨ **3상 솔레노이드 밸브 #1** : 실외 콘덴서로 냉매를 순환시킨다.

핵심기출문제

01 자동차 용어(KS R 0121)에서 충전시켜 다시 쓸 수 있는 전지를 의미하는 것은?

① 1차 전지 ② 2차 전지
③ 3차 전지 ④ 4차 전지

02 도로 차량–전기 자동차용 교환형 배터리 일반 요구사항(KS R 1200)에 따른 엔클로저의 종류로 틀린 것은?

① 방호용 엔클로저
② 촉매 방지용 엔클로저
③ 감전 방지용 엔클로저
④ 기계적 보호용 엔클로저

03 전기 자동차용 배터리 관리 시스템에 대한 일반 요구사항(KS R 1201)에서 다음이 설명하는 것은?

> 배터리가 정지기능 상태가 되기 전까지의 유효한 방전상태에서 배터리가 이동성 소자들에게 전류를 공급할 수 있는 것으로 평가되는 시간

① 잔여 운행시간 ② 안전 운전 범위
③ 잔존 수명 ④ 사이클 수명

04 전기 자동차에 적용하는 배터리 중 자기방전이 없고 에너지 밀도가 높으며, 전해질이 겔 타입이고 내 진동성이 우수한 방식은?

① 리튬이온 폴리머 배터리(Li–Pb Battery)
② 니켈수소 배터리(Ni–MH Battery)
③ 니켈카드뮴 배터리(Ni–Cd Battery)
④ 리튬이온 배터리(Li–ion Battery)

01. 1차 전지와 2차 전지
① **1차 전지** : 방전한 후 충전에 의해 본래의 상태로 되돌릴 수 없는 전지.
② **2차 전지** : 충전시켜 다시 쓸 수 있는 전지. 납산 축전지, 알칼리 축전지, 기체 전지, 리튬 이온 전지, 니켈–수소 전지, 니켈–카드뮴 전지, 폴리머 전지 등이 있다.

02. 엔클로저의 종류
① **방화용 엔클로저** : 내부로부터의 화재나 불꽃이 확산되는 것을 최소화 하도록 설계된 엔클로저
② **감전 방지용 엔클로저** : 위험 전압이 인가되는 부품 또는 위험 에너지가 있는 부품과의 접촉을 막기 위해 설계된 엔클로저
③ **기계적 보호용 엔클로저** : 기계적 또는 기타 물리적인 원인에 의한 손상을 방지라기 위해 설계된 엔클로저

03. 배터리 관리 시스템에 대한 일반 요구사항
① **잔여 운행시간** : 배터리가 정지기능 상태가 되기 전까지 유효한 방전상태에서 배터리가 이동성 소비자들에게 전류를 공급할 수 있는 것으로 평가되는 시간
② **안전 운전 범위** : 셀이 안전하게 운전될 수 있는 전압, 전류, 온도 범위. 리튬 이온 셀의 경우에는 그 전압 범위, 전류 범위, 피크 전류 범위, 충전 시의 온도 범위, 방전 시의 온도 범위를 제작사가 정의한다.
③ **잔존 수명** : 초기 제조상태의 배터리와 비교하여 언급된 성능을 공급할 수 있는 능력이 있고 배터리 상태의 일반적인 조건을 반영한 측정된 상황
④ **사이클 수명** : 규정된 조건으로 충전과 방전을 반복하는 사이클의 수로 규정된 충전과 방전 종료 기준까지 수행한다.

04. 리튬–폴리머 배터리도 리튬이온 배터리의 일종이다. 리튬이온 배터리와 마찬가지로 (+) 전극은 리튬–금속산화물이고 (–)은 대부분 흑연이다. 액체 상태의 전해액 대신에 고분자 전해질을 사용하는 점이 다르다. 전해질은 고분자를 기반으로 하며, 고체에서 겔(gel) 형태까지의 얇은 막 형태로 생산된다. 고분자 전해질 또는 고분자 겔(gell) 전해질을 사용하는 리튬–폴리머 배터리에서는 전해액의 누설 염려가 없으며 구성 재료의 부식도 적다. 그리고 휘발성 용매를 사용하지 않기 때문에 발화 위험성이 적다. 전해질은 이온 전도성이 높고, 전기 화학적으로 안정되어 있어야 하고, 전해질과 활성물질 사이에 양호한 계면을 형성해야 하고, 열적 안정성이 우수해야 하고, 환경부하가 적어야 하며, 취급이 쉽고, 가격이 저렴하여야 한다.

01.② 02.② 03.① 04.①

05 Ni-Cd 배터리에서 일부만 방전된 상태에서 다시 충전하게 되면 추가로 충전한 용량 이상의 전기를 사용할 수 없게 되는 현상은?

① 스웰링 현상
② 배부름 현상
③ 메모리 효과
④ 설페이션 현상

06 고전압 배터리의 전기 에너지로부터 구동 에너지를 얻는 전기 자동차의 특징을 설명한 것으로 거리가 먼 것은?

① 대용량 고전압 배터리를 탑재한다.
② 전기 모터를 사용하여 구동력을 얻는다.
③ 변속기를 이용하여 토크를 증대시킨다.
④ 전기를 동력원으로 사용하기 때문에 주행 시 배출가스가 없다

07 전기 자동차의 주행 모드에서 출발 · 가속에 대한 설명으로 해당되지 않는 것은?

① 고전압 배터리에 저장된 전기 에너지를 이용하여 구동 모터로 주행한다.
② 가속 페달을 더 밟으면 모터는 더 빠르게 회전하여 차속이 높아진다.
③ 큰 구동력을 요구하는 출발과 언덕길 주행 시는 모터의 회전속도는 낮아진다.
④ 언덕길을 주행할 때에는 변속기와 모터의 회전력을 조절하여 주행한다.

08 전기 자동차가 주행 중 감속 또는 제동상태에서 모터를 발전기로 전환되어 제동 에너지의 일부를 전기 에너지로 변환하는 것은?

① 발전 가속
② 제동 전기
③ 회생 제동
④ 주행 전환

09 전기 자동차 회생 제동시스템에 대한 설명으로 틀린 것은?

① 브레이크를 밟을 때 모터가 발전기 역할을 한다.
② 친환경 전기 자동차에 적용되는 연비향상 기술이다.
③ 감속 시 운동에너지를 전기에너지로 변환하여 회수한다.
④ 회생제동을 통해 제동력을 배가시켜 안전에 도움을 주는 장치이다.

05. 메모리 효과란 Ni-Cd 배터리에서 일부만 방전된 상태에서 다시 충전하게 되면 추가로 충전한 용량 이상의 전기를 사용할 수 없게 되는 현상이다.

06. 전기 자동차의 특징
① 대용량 고전압 배터리를 탑재한다.
② 전기 모터를 사용하여 구동력을 얻는다.
③ 변속기가 필요 없으며, 단순한 감속기를 이용하여 토크를 증대시킨다.
④ 외부 전력을 이용하여 배터리를 충전한다.
⑤ 전기를 동력원으로 사용하기 때문에 주행 시 배출가스가 없다
⑥ 배터리에 100% 의존하기 때문에 배터리 용량 따라 주행거리가 제한된다.

07. 언덕길을 주행할 때에도 변속기 없이 순수 모터의 회전력을 조절하여 주행한다.

08. 감속이나 브레이크를 작동할 때 구동 모터는 바퀴에 의해 구동되어 발전기의 역할을 한다. 즉 감속이나 브레이크를 작동할 때 발생하는 제동 에너지를 전기 에너지로 변환하여 배터리를 충전시키는 과정을 회생 제동이라 한다.

09. 회생 제동 모드
① 주행 중 감속 또는 브레이크에 의한 제동 발생시점에서 모터를 발전기 역할인 충전 모드로 제어하여 전기 에너지를 회수하는 작동 모드이다.
② 친환경 전기 자동차는 제동 에너지의 일부를 전기 에너지로 회수하는 연비 향상 기술이다.
③ 친환경 전기 자동차는 감속 또는 제동 시 운동 에너지를 전기에너지로 변환하여 회수한다.

05.③ **06.**③ **07.**④ **08.**③ **09.**④

10 전기 자동차의 완속 충전에 대한 설명으로 해당되지 않은 것은?

① AC 100 • 220V의 전압을 이용하여 고전압 배터리를 충전하는 방법이다.
② 표준화된 충전기를 사용하여 차량 앞쪽에 설치된 완속 충전기 인렛을 통해 충전하여야 한다.
③ 급속 충전보다 더 많은 시간이 필요하다.
④ 급속 충전보다 충전 효율이 높아 배터리 용량의 80%까지 충전할 수 있다.

11 전기 자동차의 급속 충전에 대한 설명으로 알맞은 것은?

① 외부에 별도로 설치된 급속 충전기를 사용하여 DC 380V의 고전압으로 고전압 배터리를 충전하는 방법이다.
② 표준화된 충전기를 사용하여 차량 앞쪽에 설치된 완속 충전기 인렛을 통해 충전하여야 한다.
③ AC 100 • 220V의 전압을 이용하여 고전압 배터리를 충전하는 방법이다.
④ 급속 충전보다 충전 효율이 높아 배터리 용량의 90%까지 충전할 수 있다.

12 전기 자동차에는 직류를 교류로 변환하여 교류 모터를 사용하고 있다. 교류 모터에 대한 장점으로 틀린 것은?

① 효율이 좋다.
② 소형화 및 고속회전이 가능하다.
③ 로터의 관성이 커서 응답성이 양호하다.
④ 브러시가 없어 보수할 필요가 없다.

13 전기 자동차용 전동기에 요구되는 조건으로 틀린 것은?

① 구동 토크가 작아야 한다.
② 고출력 및 소형화해야 한다.
③ 속도제어가 용이해야 한다.
④ 취급 및 보수가 간편해야 한다.

14 전기 자동차에 구조에 대한 설명으로 해당되지 않는 것은?

① 배터리 팩의 고전압을 이용하여 모터를 구동한다.
② 모터의 속도로 자동차의 속도를 제어할 수 없어 변속기가 필요하다.
③ 모터의 토크를 증대시키기 위해 감속기가 설치된다.
④ 통합 전력 제어장치(EPCU)는 VCU, MCU(인버터), LDC가 통합된 구조이다.

10. 완속 충전
① AC 100 • 220V의 전압을 이용하여 고전압 배터리를 충전하는 방법이다.
② 표준화된 충전기를 사용하여 차량 앞쪽에 설치된 완속 충전기 인렛을 통해 충전하여야 한다.
③ 급속 충전보다 더 많은 시간이 필요하다.
④ 급속 충전보다 충전 효율이 높아 배터리 용량의 90%까지 충전할 수 있다.

11. 급속 충전
① 외부에 별도로 설치된 급속 충전기를 사용하여 DC 380V의 고전압으로 고전압 배터리를 빠르게 충전하는 방법이다.
② 연료 주입구 안쪽에 설치된 급속 충전 인렛 포트에 급속 충전기 아웃렛을 연결하여 충전한다.
③ 충전 효율은 배터리 용량의 80%까지 충전할 수 있다.

12. 교류 모터의 장점
① 모터의 구조가 비교적 간단하며, 효율이 좋다.
② 큰 동력화가 쉽고, 회전변동이 적다.
③ 소형화 및 고속회전이 가능하다.
④ 브러시가 없어 보수할 필요가 없다.
⑤ 회전 중의 진동과 소음이 적다.
⑥ 수명이 길다.

13. 전기 자동차용 전동기에 요구되는 조건
① 속도제어가 용이해야 한다.
② 내구성이 커야 한다. ③ 구동 토크가 커야 한다.
④ 취급 및 보수가 간편해야 한다.

14. 전기 자동차 구조
① 360V 27kWh의 배터리 팩의 고전압을 이용해 모터를 구동한다.
② 모터의 속도로 자동차의 속도를 제어할 수 있어 변속기는 필요 없다.
③ 모터의 토크를 증대시키기 위해 감속기가 설치된다.
④ PE룸(내연기관의 엔진룸)에는 고전압을 PTC 히터, 전동 컴프레서에 공급하기 위한 고전압 정션박스, 그 아래로 완속 충전기(OBC), 전력 제어장치(EPCU)가 배치되어 있다.
⑤ 통합 전력 제어장치(EPCU)는 VCU, MCU(인버터), LDC가 통합된 구조이다.

10.④ 11.① 12.③ 13.① 14.②

15 전기 자동차의 고전압 회로에 대한 설명으로 해당되지 않는 것은?

① 배터리 팩에 고전압 배터리와 파워 릴레이 어셈블리 1, 2 및 고전압을 차단할 수 있는 안전 플러그가 장착되어 있다.
② 파워 릴레이 어셈블리 1은 구동용 전원을 차단 및 연결하는 역할을 한다.
③ 파워 릴레이 1는 급속 충전기에 연결될 때 BMU(Battery Management Unit)의 신호를 받아 고전압 배터리에 충전할 수 있도록 전원을 연결하는 기능을 한다.
④ 전동식 에어컨 컴프레서, PTC 히터, LDC, OBC에 공급되는 고전압은 정션 박스를 통해 전원을 공급 받는다.

16 전기 자동차 고전압 배터리 시스템의 제어 특성에서 모터 구동을 위하여 고전압 배터리가 전기 에너지를 방출하는 동작 모드로 맞는 것은?

① 제동 모드 ② 방전 모드
③ 정지 모드 ④ 충전 모드

17 전기 자동차 고전압 배터리의 사용가능 에너지를 표시하는 것은?

① SOC(State Of Charge)
② PRA(Power Relay Assemble)
③ LDC(Low DC-DC Converter)
④ BMU(Battery Management Unit)

18 전기 자동차의 고전압 베터리 컨트롤 모듈인 BMU의 제어에 해당되지 않는 것은?

① 고전압 배터리의 SOC 제어
② 배터리 셀 밸런싱 제어
③ 안전 플러그 제어
④ 배터리 출력 제어

19 고전압 배터리의 충방전 과정에서 전압 편차가 생긴 셀을 동일한 전압으로 매칭하여 배터리 수명과 에너지 용량 및 효율증대를 갖게 하는 것은?

① SOC(state of charge)
② 파워 제한
③ 셀 밸런싱
④ 배터리 냉각제어

20 고전압 배터리의 셀 밸런싱을 제어하는 장치는?

① MCU(Motor Control Unit)
② LDC(Low DC-DC Convertor)
③ ECM(Electronic Control Module)
④ BMU(Battery Management Unit)

15. 파워 릴레이 2는 급속 충전기에 연결될 때 BMU(Battery Management Unit)의 신호를 받아 고전압 배터리에 충전할 수 있도록 전원을 연결하는 기능을 한다.
16. 방전 모드란 전압 배터리 시스템의 제어 특성에서 모터 구동을 위하여 고전압 배터리가 전기 에너지를 방출하는 동작 모드이다.
17. ① SOC(State Of Charge) : SOC(배터리 충전율)는 배터리의 사용 가능한 에너지를 표시한다.
② PRA(Power Relay Assemble) : BMU의 제어 신호에 의해 고전압 배터리 팩과 고전압 조인트 박스 사이의 DC 360V 고전압을 ON, OFF 및 제어 하는 역할을 한다.
③ LDC(Low DC-DC Converter) : 고전압 배터리의 DC 전원을 차량의 전장용에 적합한 낮은 전압의 DC 전원(저전압)으로 변환하는 시스템이다.
④ BMU(Battery Management Unit) : 고전압 배터리의 SOC(State Of Charge), 출력, 고장 진단, 배터리 셀 밸런싱), 시스템 냉각, 전원 공급 및 차단을 제어한다.
18. 고전압 배터리 컨트롤 모듈(BMU ; Battery Management Unit) 고전압 배터리의 SOC(State Of Charge), 출력, 고장 진단, 배터리 셀 밸런싱(Cell Balancing), 시스템 냉각, 전원 공급 및 차단을 제어한다.
19. 고전압 배터리의 비정상적인 충전 또는 방전에서 기인하는 배터리 셀 사이의 전압 편차를 조정하여 배터리 내구성, 충전 상태(SOC) 에너지 효율을 극대화시키는 기능을 셀 밸런싱이라고 한다.
20. BMU 고전압 배터리의 SOC(State Of Charge), 출력, 고장 진단, 배터리 셀 밸런싱(Cell Balancing), 시스템 냉각, 전원 공급 및 차단을 제어한다.

15.③ 16.② 17.① 18.③ 19.③ 20.④

21 전기 자동차의 리튬이온 폴리머 배터리에서 셀의 균형이 깨지고 셀 충전용량 불일치로 인한 사항을 방지하기 위한 제어는?

① 셀 그립 제어
② 셀 서지 제어
③ 셀 펑션 제어
④ 셀 밸런싱 제어

22 전기 자동차에서 기계적인 분리를 통하여 고전압 배터리 내부의 회로 연결을 차단하는 장치는?

① 전류 센서 ② 배터리 팩
③ 프리 차지 저항 ④ 안전 플러그

23 전기 자동차에서 파워 릴레이 어셈블리(Power Relay Assembly) 기능에 대한 설명으로 틀린 것은?

① 승객 보호
② 전장품 보호
③ 고전압 회로 과전류 보호
④ 고전압 배터리 암 전류 차단

24 전기 자동차의 고전압 배터리 (+)전원을 인버터로 공급하는 구성품은?

① 전류 센서 ② 고전압 배터리
③ 세이프티 플러그 ④ 프리 차지 릴레이

25 고전압 배터리 관리 시스템의 메인 릴레이를 작동시키기 전에 프리 차지 릴레이를 작동시키는데 프리 차지 릴레이의 기능이 아닌 것은?

① 등화 장치 보호
② 고전압 회로 보호
③ 타 고전압 부품 보호
④ 고전압 메인 퓨즈, 부스 바, 와이어 하니스 보호

26 다음 중 파워 릴레이 어셈블리에 설치되며 인버터의 커패시터를 초기 충전할 때 충전 전류에 의한 고전압 회로를 보호하는 것은?

① 프리 차지 레지스터
② 메인 릴레이
③ 안전 스위치
④ 부스 바

22. 안전 플러그는 고전압 배터리 팩, 파워 릴레이 어셈블리, 급속 충전 릴레이, BMU, 모터, EPCU, 완속 충전기, 고전압 조인트 박스, 파워 케이블, 전기 모터식 에어컨 컴프레서가 연결되어 있으며, 정비 작업 시 기계적인 분리를 통하여 고전압 배터리 내부 회로를 연결 또는 차단하는 역할을 한다.

23. 파워 릴레이 어셈블리의 기능은 전장품 보호, 고전압 회로 과전류 보호, 고전압 배터리 암 전류 차단 등이다.

24. 프리 차지 릴레이는 파워 릴레이 어셈블리에 장착되어 있으며, 인버터의 커패시터를 초기에 충전할 때 고전압 배터리와 고전압 회로를 연결하는 역할을 한다. 스위치를 ON시키면 프리 차지 릴레이와 레지스터를 통해 흐른 전류가 인버터 내의 커패시터에 충전이 되고 충전이 완료 되면 프리 차지 릴레이는 OFF 된다.

25. 프리 차지 릴레이는 파워 릴레이 어셈블리에 장착되어 인버터의 커패시터를 초기에 충전할 때 고전압 배터리와 고전압 회로를 연결하는 역할을 한다. 스위치 IG ON을 하면 프리 차지 릴레이와 레지스터를 통해 흐른 전류가 인버터 내의 커패시터에 충전이 되고 충전이 완료 되면 프리 차지 릴레이는 OFF 된다.
① 초기에 커패시터의 충전 전류에 의한 고전압 회로를 보호한다.
② 다른 고전압 부품을 보호한다.
③ 고전압 메인 퓨즈, 부스 바, 와어어 하니스를 보호한다.

26. 파워 릴레이 어셈블리의 기능
① **프리 차지 레지스터** : 파워 릴레이 어셈블리에 설치되어 있으며, 인버터의 커패시터를 초기 충전할 때 고전압 배터리와 고전압 회로를 연결하는 역할을 한다. 초기에 콘덴서의 충전전류에 의한 고전압 회로를 보호한다.
② **메인 릴레이** : 메인 릴레이는 파워 릴레이 어셈블리에 설치되어 있으며, 고전압 배터리의 (−) 출력 라인과 연결되어 배터리 시스템과 고전압 회로를 연결하는 역할을 한다. 고전압 시스템을 분리시켜 감전 및 2차 사고를 예방하고 고전압 배터리를 기계적으로 분리하여 암 전류를 차단한다.
③ **안전 스위치** : 안전 스위치는 파워 릴레이 어셈블리에 설치되어 있으며, 기계적인 분리를 통하여 고전압 배터리 내부 회로를 연결 또는 차단하는 역할을 한다.
④ **부스 바** : 배터리 및 다른 고전압 부품을 전기적으로 연결시키는 역할을 한다.

21.④ 22.④ 23.① 24.④ 25.① 26.①

27 전기 자동차에서 돌입 전류에 의한 인버터 손상을 방지하는 것은?

① 메인 릴레이
② 프리차지 릴레이 저항
③ 안전 스위치
④ 부스 바

28 전기 자동차의 배터리 시스템 어셈블리 내부의 공기 온도를 감지하는 역할을 하는 것은?

① 파워 릴레이 어셈블리
② 고전압 배터리 인렛 온도 센서
③ 프리차지 릴레이
④ 고전압 배터리 히터 릴레이

29 고전압 배터리 및 고전압 회로를 과전류로부터 보호하는 기능을 하는 것은?

① 프리 차지 레지스터
② 급속 충전 릴레이
③ 프리차지 릴레이
④ 메인 퓨즈

30 고전압 배터리 셀이 과충전 시 메인 릴레이, 프리차지 릴레이 코일의 접지 라인을 차단하는 것은?

① 배터리 온도 센서
② 배터리 전류 센서
③ 고전압 차단 릴레이
④ 급속 충전 릴레이

31 모든 제어기를 종합적으로 제어하는 최상위 마스터 컴퓨터로서 운전자의 요구 사항에 적합하도록 최적인 상태로 차량의 속도, 배터리 및 각종 제어기를 제어하는 것은?

① 차량 제어 유닛(VCU)
② 전력 통합 제어 장치(EPCU)
③ 모터 제어기(MCU)
④ 직류 변환 장치(LDC)

32 전기 자동차에서 자동차의 전구 및 각종 전기장치의 구동 전기 에너지를 공급하는 기능을 하는 것은?

① 보조 배터리 ② 변속기 제어기
③ 모터 제어기 ④ 엔진 제어기

27. 프리차지 릴레이 저항은 키 스위치가 ON 상태일 때 모터 제어 유닛은 고전압 배터리 전원을 인버터로 공급하기 위해 메인 릴레이 (+)와 (−) 릴레이를 작동시키는데 프리 차지 릴레이는 메인 릴레이 (+)와 병렬로 회로를 구성한다. 모터 제어 유닛은 메인 릴레이 (+)를 작동시키기 전에 프리차지 릴레이를 먼저 작동시켜 고전압 배터리 (+)전원을 인버터 쪽으로 인가한다. 프리 차지 릴레이가 작동하면 레지스터를 통해 고전압이 인버터 쪽으로 공급되기 때문에 순간적인 돌입 전류에 의한 인버터의 손상을 방지할 수 있다.

28. 고전압 배터리 인렛 온도 센서는 고전압 배터리 1번 모듈 상단에 장착되어 있으며, 배터리 시스템 어셈블리 내부의 공기 온도를 감지하는 역할을 한다.

29. 메인 퓨즈(250A 퓨즈)는 안전 플러그 내에 장착되어 있으며, 고전압 배터리 및 고전압 회로를 과전류로부터 보호하는 기능을 한다.

30. 고전압 릴레이 차단 장치(OPD)는 각 모듈 상단에 장착되어 있으며, 고전압 배터리 셀이 과충전에 의해 부풀어 오르는 상황이 되면 OPD에 의해 메인 릴레이 (+), 메인 릴레이 (−), 프리차지 릴레이 코일의 접지 라인을 차단하여 과충전 시 메인 릴레이 및 프리차지 릴레이의 작동을 금지시킨다.

31. 전력 통합 제어 장치의 기능

① **차량 제어 유닛(VCU)** : 차량 제어 유닛은 모든 제어기를 종합적으로 제어하는 최상위 마스터 컴퓨터로서 운전자의 요구 사항에 적합하도록 최적인 상태로 차량의 속도, 배터리 및 각종 제어기를 제어한다.
② **전력 통합 제어 장치(EPCU)** : 전력 통합 제어 장치는 대전력량의 전력 변환 시스템으로서 차량 제어 유닛(VCU) 및 인버터(Inverter), LDC 및 OBC 등으로 구성되어 있다.
③ **모터 제어기(MCU)** : MCU는 내부의 인버터(Inverter)가 작동하여 고전압 배터리로부터 받은 직류(DC) 전원을 3상 교류(AC) 전원으로 변환시킨 후 전기 자동차의 통합 제어기인 VCU의 명령을 받아 구동 모터를 제어하는 기능을 한다.
④ **직류 변환 장치(LDC)** : LDC는 고전압 배터리의 고전압(DC 360V)을 LDC를 거쳐 12V 저전압으로 변환하여 차량의 각 부하(전장품)에 공급하기 위한 전력 변환 시스템으로 차량 제어 유닛(VCU)에 의해 제어되며, LDC는 EPCU 어셈블리 내부에 구성되어 있다.

32. 보조 배터리는 저전압(12V) 배터리로 자동차의 오디오, 등화장치, 내비게이션 등 저전압을 이용하여 작동하는 부품에 전원을 공급하기 위해 설치되어 있다.

27.② 28.② 29.④ 30.③ 31.① 32.①

33 **전기 자동차에서 저전압(12V) 배터리가 장착된 이유로 틀린 것은?**

① 오디오 작동
② 등화장치 작동
③ 내비게이션 작동
④ 구동 모터 작동

34 **AGM(Absorbent Glass Mat) 배터리에 대한 설명으로 거리가 먼 것은?**

① 극판의 크기가 축소되어 출력밀도가 높아졌다.
② 유리섬유 격리판을 사용하여 충전 사이클 저항성이 향상되었다.
③ 높은 시동전류를 요구하는 기관의 시동성을 보장한다.
④ 셀-플러그는 밀폐되어 있기 때문에 열 수 없다.

35 **전기 자동차의 모터 컨트롤 유닛(MCU)에 대한 설명으로 틀린 것은?**

① 고전압을 12V로 변환하는 기능을 한다.
② 회생 제동 시 컨버터(AC→DC 변환)의 기능을 수행한다.
③ 고전압 배터리의 직류를 3상 교류로 바꾸어 모터에 공급한다.
④ 회생 제동 시 모터에서 발생되는 3상 교류를 직류로 바꾸어 고전압 배터리에 공급한다.

36 **전기 자동차에서 모터 제어기의 기능으로 틀린 것은?**

① 모터 제어기는 인버터라고도 한다.
② 통합 제어기의 명령을 받아 모터의 구동 전류를 제어한다.
③ 고전압 배터리의 교류 전원을 모터의 작동에 필요한 3상 직류 전원으로 변경하는 기능을 한다.
④ 배터리 충전을 위한 에너지 회수 기능을 담당한다.

37 **전기 자동차의 모터 컨트롤 유닛(MCU) 취급 시 유의사항이 아닌 것은?**

① 충격이 가해지지 않도록 주의한다.
② 손으로 만지거나 전기 케이블을 임의로 탈착하지 않는다.
③ 안전 플러그를 탈거하지 않은 상태에서는 만지지 않는다.
④ 컨트롤 유닛이 자기보정을 하기 때문에 AC 3상 케이블의 각 상간 연결의 방향을 신경 쓸 필요가 없다.

33. 오디오나 에어컨, 자동차 내비게이션, 그 밖의 등화장치 등에 필요한 전력을 공급하기 위하여 보조 배터리(12V 납산 배터리)가 별도로 탑재된다.

34. AGM 배터리는 유리섬유 격리판을 사용하여 충전 사이클 저항성이 향상시켰으며, 높은 시동전류를 요구하는 기관의 시동성능을 보장한다. 또 셀-플러그는 밀폐되어 있기 때문에 열 수 없다.

35. 모터 컨트롤 유닛(MCU)의 기능 : 고전압 배터리의 직류를 3상 교류로 바꾸어 모터에 공급하며, 회생 제동을 할 때 모터에서 발생되는 3상 교류를 직류로 바꾸어 고전압 배터리에 공급하는 컨버터(AC→DC 변환)의 기능을 수행한다.

36. 모터 제어기는 고전압 배터리의 직류 전원을 모터의 작동에 필요한 3상 교류 전원으로 변화시켜 통합 제어기(VCU ; Vehicle Control Unit)의 신호를 받아 모터의 구동 전류 제어와 감속 및 제동할 때 모터를 발전기 역할로 변경하여 배터리 충전을 위한 에너지 회수 기능(3상 교류를 직류로 변경)을 한다. 모터 제어기를 인버터(inverter)라고도 부른다.

37. 모터 컨트롤 유닛이 자기 보정을 하기 때문에 U, V, W의 3상 파워 케이블을 정확한 위치에 조립한다.

33.④ 34.① 35.① 36.③ 37.④

38 전기 자동차의 컨버터(converter)와 인버터(inverter)의 전기 특성 표현으로 옳은 것은?

① 컨버터(converter) : AC에서 DC로 변환, 인버터(inverter) : DC에서 AC로 변환
② 컨버터(converter) : DC에서 AC로 변환, 인버터(inverter) : AC에서 DC로 변환
③ 컨버터(converter) : AC에서 AC로 승압, 인버터(inverter) : DC에서 DC로 승압
④ 컨버터(converter) : DC에서 DC로 승압, 인버터(inverter) : AC에서 AC로 승압

39 전기 자동차의 동력제어 장치에서 모터의 회전속도와 회전력을 자유롭게 제어할 수 있도록 직류를 교류로 변환하는 장치는?

① 컨버터 ② 리졸버
③ 인버터 ④ 커패시터

40 전기 자동차의 구동 모터 작동을 위한 전기 에너지를 공급 또는 저장하는 기능을 하는 것은?

① 보조 배터리 ② 모터 제어기
③ 고전압 배터리 ④ 차량 제어기

41 전기 자동차에서 모터의 회전자와 고정자의 위치를 감지하는 것은?

① 모터 위치 센서
② 인버터
③ 경사각 센서
④ 저전압 직류 변환장치

42 전기 자동차의 구동 모터 3상의 단자 명이 아닌 것은?

① U ② V
③ W ④ Z

43 전기 자동차에 사용되는 감속기의 주요기능에 해당하지 않는 것은?

① 감속기능 : 모터 구동력 증대
② 증속기능 : 증속 시 다운 시프트 적용
③ 차동기능 : 차량 선회 시 좌우바퀴 차동
④ 파킹 기능 : 운전자 P단 조작 시 차량 파킹

38. 컨버터(converter)는 AC를 DC로 변환시키는 장치이고, 인버터(inverter)는 DC를 AC로 변환시키는 장치이다.

39. 용어의 정의
① **컨버터** : AC 전원을 DC 전원으로 변환하는 역할을 한다.
② **리졸버** : 모터에 부착된 로터와 리졸버의 정확한 상(phase)의 위치를 검출하여 MCU로 입력시킨다.
③ **인버터** : 모터의 회전속도와 회전력을 자유롭게 제어할 수 있도록 직류를 교류로 변환하는 장치이다.
④ **커패시터** : 배터리와 같이 화학반응을 이용하여 축전(蓄電)하는 것이 아니라 콘덴서(condenser)와 같이 전자를 그대로 축적해 두고 필요할 때 방전하는 것으로 짧은 시간에 큰 전류를 축적하거나 방출할 수 있다.

40. 고전압 배터리는 구동 모터에 전력을 공급하고, 회생제동 시 발생되는 전기 에너지를 저장하는 역할을 한다.

41. 모터 위치 센서는 모터를 제어하기 위해 모터의 회전자와 고정자의 절대 위치를 검출한다. 리졸버를 이용한 회전자의 위치 및 속도 정보를 통하여 MCU는 최적으로 모터를 제어할 수 있게 된다. 리졸버는 리어 플레이트에 장착되며, 모터의 회전자와 연결된 리졸버 회전자와 고정자로 구성되어 엔진의 CMP 센서처럼 모터 내부의 회전자 위치를 파악한다.

42. 구동 모터는 3상 파워 케이블이 배치되어 있으며, 3상의 파워 케이블의 단자는 U 단자, V 단자, W 단자가 있다.

43. 전기 자동차용 감속기어
① 일반적인 자동차의 변속기와 같은 역할을 하지만 여러 단계가 있는 변속기와는 달리 일정한 감속비율로 구동전동기에서 입력되는 동력을 구동축으로 전달한다. 따라서 변속기 대신 감속기어라고 부른다.
② 감속기어는 구동전동기의 고속 회전, 낮은 회전력을 입력을 받아 적절한 감속비율로 회전속도를 줄여 회전력을 증대시키는 역할을 한다.
③ 감속기어 내부에는 주차(parking)기구를 포함하여 5개의 기어가 있고 수동변속기용 오일을 주유하며, 오일은 교환하지 않는 방식이다.
④ 주요기능은 구동 전동기의 동력을 받아 기어비율 만큼 감속하여 출력축(바퀴)으로 동력을 전달하는 회전력 증대와 자동차가 선회할 때 양쪽 바퀴에 회전속도를 조절하는 차동장치의 기능, 자동차가 정지한 상태에서 기계적으로 구동장치의 동력전달을 단속하는 주차기능 등이 있다.

38.① 39.③ 40.③ 41.① 42.④ 43.②

44 **가상 엔진 사운드 시스템에 관련한 설명으로 거리가 먼 것은?**

① 전기 자동차에서 저속주행 시 보행자가 차량을 인지하기 위함
② 엔진 유사용 출력
③ 차량주변 보행자 주의환기로 사고 위험성 감소
④ 자동차 속도 약 30km/h 이상부터 작동

45 **전기 자동차의 전기장치를 정비 작업 시 조치해야 할 사항이 아닌 것은?**

① 안전 스위치를 분리하고 작업한다.
② 이그니션 스위치를 OFF시키고 작업한다.
③ 12V 보조 배터리 케이블을 분리하고 작업한다.
④ 고전압 부품 취급은 안전 스위치를 분리 후 1분 안에 작업한다.

46 **전기 자동차의 고전압 장치 점검 시 주의사항으로 틀린 것은?**

① 조립 및 탈거 시 배터리 위에 어떠한 것도 놓지 말아야 한다.
② 키 스위치를 OFF시키면 고전압에 대한 위험성이 없어진다.
③ 취급 기술자는 고전압 시스템에 대한 검사와 서비스 교육이 선행되어야 한다.
④ 고전압 배터리는 "고전압" 주의 경고가 있으므로 취급 시 주의를 기울여야 한다.

47 **전기 차량의 정비 시 전원을 차단하는 과정에서 안전 플러그를 제거한 후 고전압 부품을 취급하기 전에 5~10분 이상 대기 시간을 갖는 이유 중 가장 알맞은 것은?**

① 고전압 배터리 내의 셀의 안정화를 위해서
② 제어모듈 내부의 메모리 공간의 확보를 위해서
③ 저전압(12V) 배터리에 서지전압이 인가되지 않기 위해서
④ 인버터 내의 콘덴서에 충전되어 있는 고전압을 방전시키기 위해서

44. 가상 엔진 사운드 시스템(Virtual Engine Sound System)은 친환경 전기 자동차나 전기 자동차에 부착하는 보행자를 위한 시스템이다. 즉 축전지로 저속주행 또는 후진할 때 보행자가 놀라지 않도록 자동차의 존재를 인식시켜주기 위해 엔진소리를 내는 스피커이며, 주행속도 0~ 20km/h에서 작동한다.

45. **수소 연료 전지 전기 자동차의 전기장치를 정비할 때 지켜야 할 사항**
① 이그니션 스위치를 OFF시킨 후 안전 스위치를 분리하고 작업한다.
② 전원을 차단하고 일정시간(5분 이상)이 경과 후 작업한다.
③ 12V 보조 배터리 케이블을 분리하고 작업한다.
④ 고전압 케이블의 커넥터 커버를 분리한 후 전압계를 이용하여 각 상 사이(U, V, W)의 전압이 0V인지를 확인한다.
⑤ 절연장갑을 착용하고 작업한다.
⑥ 작업 전에 반드시 고전압을 차단하여 감전을 방지하도록 한다.
⑦ 전동기와 연결되는 고전압 케이블을 만져서는 안 된다.

46. 전기 자동차의 고전압 장치 점검 시 안전 플러그를 탈착한 후에 시행하여야 한다. 안전 플러그는 고전압 전기계통을 기계적인 분리를 통하여 고전압 배터리 내부의 회로 연결을 차단한다.

47. 안전 플러그를 제거한 후 고전압 부품을 취급하기 전에 5~10분 이상 대기 시간을 갖는 이유는 인버터 내의 콘덴서(축전기)에 충전되어 있는 고전압을 방전시키기 위함이다.

44. ④ **45.** ④ **46.** ② **47.** ④

3장 수소연료전지차정비 및 그밖의 친환경자동차

3-1 수소 공급장치 개요 및 정비

1 수소 연료 전지 전기 자동차

연료 전지 전기 자동차(FCEV ; Fuel Cell Electric Vehicle)는 연료 전지(Stack)라는 특수한 장치에서 수소(H_2)와 산소(O_2)의 화학 반응을 통해 전기를 생산하고 이 전기 에너지를 사용하여 구동 모터를 돌려 주행하는 자동차이다.

① 연료 전지 시스템은 연료 전지 스택, 운전 장치, 모터, 감속기로 구성된다.
② 연료 전지는 공기와 수소 연료를 이용하여 전기를 생산한다.
③ 연료 전지에서 생산된 전기는 인버터를 통해 모터로 공급된다.
④ 연료 전지 자동차가 유일하게 배출하는 배기가스는 수분이다.

♻ 연료 전지 자동차의 구성

(1) 고체 고분자 연료 전지(PEFC ; Polymer Electrolyte Fuel Cell)

1) 특징

① 전해질로 고분자 전해질(polymer electrolyte)을 이용한다.
② 공기 중의 산소와 화학반응에 의해 백금의 전극에 전류가 발생한다.
③ 발전 시 열을 발생하지만 물만 배출시키므로 에코 자동차라 한다.
④ 출력의 밀도가 높아 소형 경량화가 가능하다.
⑤ 운전 온도가 상온에서 80℃까지로 저온에서 작동하다.

⑥ 기동·정지 시간이 매우 짧아 자동차 등 전원으로 적합하다

⑦ 전지 구성의 재료 면에서 제약이 적고 튼튼하여 진동에 강하다.

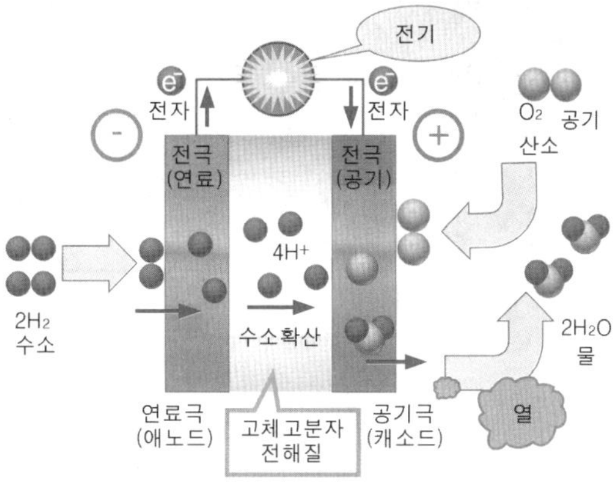

♲ 고체 고분자 연료 전지

2) 작동 원리

① 하나의 셀은 (−) 극판과 (+) 극판이 전해질 막을 감싸는 구조이다.

② 양 바깥쪽에서 세퍼레이터(separator)가 감싸는 형태로 구성되어 있다.

③ 셀의 전압이 낮아 자동차용의 스택은 수백 장의 셀을 겹쳐 고전압을 얻고 있다.

④ 세퍼레이터는 홈이 파져 있어 (−)쪽에는 수소, (+)쪽은 공기가 통한다.

⑤ 수소는 극판에 칠해진 백금의 촉매작용으로 수소 이온이 되어 (+)극으로 이동한다.

⑥ 산소와 만나 다른 경로로 (+)극으로 이동된 전자도 합류하여 물이 된다.

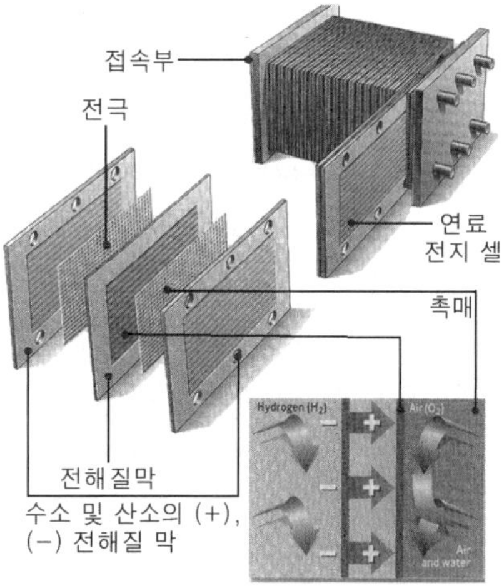

♲ 고체 고분자 연료 전지의 작동 원리

(2) 주행 모드

① **등판(오르막) 주행** : 스택에서 생산한 전기를 주로 사용하며, 전력이 부족할 경우 고전압 배터리의 전기를 추가로 공급한다.

② **평지 주행** : 스택에서 생산된 전기로 주행하며, 생산된 전기가 모터를 구동하고 남을 경우 고전압 배터리를 충전한다.

③ **강판(내리막) 주행** : 구동 모터를 통해 발생된 회생 제동을 통해 고전압 배터리를 충전하여 연비를 향상시킨다. 회생 제동으로 생산된 전기는 스택으로 가지 않고 고전압 배터리 충전에 사용된다. 또한 긴 내리막으로 인해 고전압 배터리가 완충된다면 COD(Cathode Oxygen Depletion) 히터를 통해 회생 제동량을 방전시킨다.

(3) 수소 연료 전지 자동차의 구성

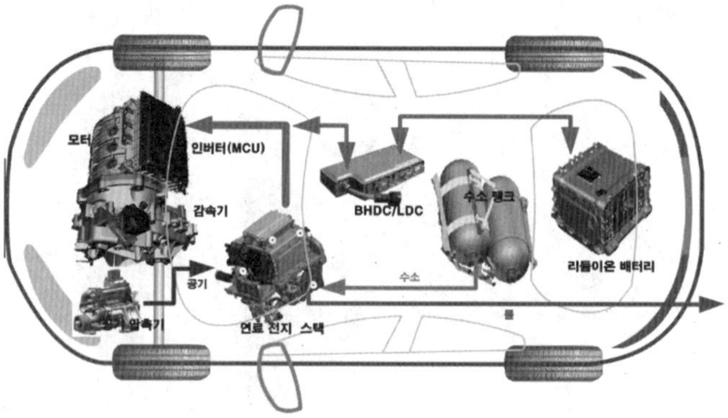

♲ 수소 연료 전지 자동차의 구조

① **수소 저장 탱크 :** 탱크 내에 수소를 저장하며, 스택(STACK)으로 공급한다.

② **공기 공급 장치(APS) :** 스택 내에서 수소와 결합하여 물(H_2O)을 생성하며, 순수한 산소의 형태가 아니며 대기의 공기를 스택으로 공급한다.

③ **스택(STACK) :** 주행에 필요한 전기를 발생하며, 공급된 수소와 공기 중의 산소가 결합되어 수증기를 생성한다.

④ **고전압 배터리 :** 스택에서 발생된 전기를 저장하며, 회생제동 에너지(전기)를 저장하여 시스템 내의 고전압 장치에 전원을 공급한다.

⑤ **인버터 :** 스택에서 발생된 직류 전기를 모터가 필요로 하는 3상 교류 전기로 변환하는 역할을 한다.

⑥ **모터 & 감속기 :** 차량을 구동하기 위한 모터와 감속기

⑦ **연료 전지 시스템 어셈블리 :** 연료 전지 룸 내부에는 스택을 중심으로 수소 공급 시스템과 고전압 회로 분배, 공기를 흡입하여 스택 내부로 불어 넣을 수 있는 공기 공급하며, 스택의 온도 조절을 위해 냉각을 한다.

2 파워트레인 연료 전지(PFC ; Power Train Fuel Cell)

연료 전지 전기 자동차의 동력원인 전기를 생산하고 이를 통해 자동차를 구동하는 시스템이 구성된 전체 모듈을 PFC라고 한다. 파워트레인 연료 전지는 크게 연료 전지 스택, 수소 공급 시스템(FPS ; Fuel Processing System), 공기 공급 시스템(APS ; Air Processing System), 스택 냉각 시스템(TMS ; Thermal Management System)으로 구성된다. 이 시스템에 의해 전기가 생산되면 고전압 정션 박스에서 전기가 분배되어 구동 모터를 돌려 주행한다.

(1) 연료 전지용 전력 변환 장치

연료 전지로부터 출력되는 DC 전원을 AC 전원으로 변환하여 전원 계통에 연계시키는 연계형 인버터이다.

(2) 연료 전지 스택

연료 전지 스택은 연료 전지 시스템의 가장 핵심적인 부품이며, 연료 전지는 수소 전기 자동차에 요구되는 출력을 충족시키기 위해 단위 셀을 층층이 쌓아 조립한 스택 형태로 완성된다. 하나의 셀은 화학 반응을 일으켜 전기 에너지를 생산하는 전극 막, 수소와 산소를 전극 막 표면으로 전달하는 기체 확산층, 수소와 산소가 섞이지 않고 각 전극으로 균일하게 공급되도록 길을 만들어 주는 금속 분리판 등의 부품으로 구성되어 있다.

(3) 수소 공급 시스템

연료 전지 스택의 효율적인 전기 에너지의 생성을 위해서는 운전 장치의 도움이 필요하다. 이 중에서 수소 공급 시스템은 수소 탱크에 안전하게 보관된 수소를 고압 상태에서 저압 상태로 바꿔 연료 전지 스택으로 이동시키는 역할을 담당한다. 또한 재순환 라인을 통해 수소 공급 효율성을 높여준다.

♺ 파워 트레인 연료 전지의 구성(1)

(4) 공기 공급 시스템

공기 공급 시스템은 외부 공기를 여러 단계에 걸쳐 정화하고 압력과 양을 조절하여 수소와 반응시킬 산소를 연료 전지 스택에 공급하는 장치이며, 외부의 공기를 그대로 사용할 경우 대기 공기 중 이물질로 인한 연료 전지의 손상이 발생할 수 있어 여러 단계로 공기를 정화한 후 산소를 전달한다.

(5) 열관리 시스템

열관리 시스템은 연료 전지 스택이 전기 화학 반응을 일으킬 때 발생하는 열을 외부로 방출시키고 냉각수를 순환시켜 연료 전지 스택의 온도를 일정하게 유지하는 장치이다. 열관리 시스템은 연료 전지 스택의 출력과 수명에 영향을 주기 때문에 수소 연료 전지 전기 자동차의 성능을 좌우하는 중요한 기술이다.

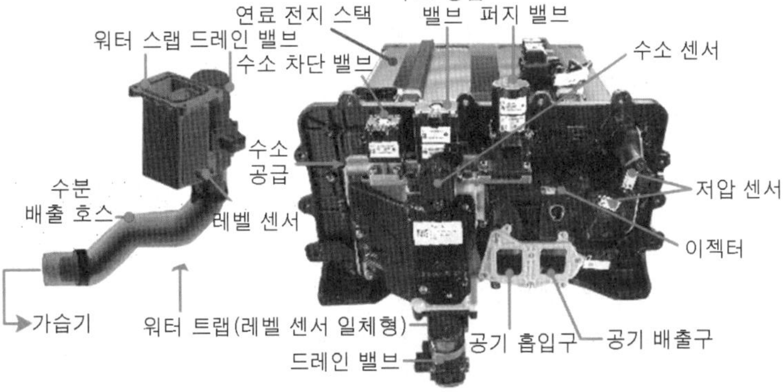

♺ 파워 트레인 연료 전지의 구성(2)

3 수소 가스의 특징

① 수소는 가볍고 가연성이 높은 가스이다.
② 수소는 매우 넓은 범위에서 산소와 결합될 수 있어 연소 혼합가스를 생성한다.
③ 수소는 전기 스파크로 쉽게 점화할 수 있는 매우 낮은 점화 에너지를 가지고 있다.
④ 수소는 누출되었을 때 인화성 및 가연성, 반응성, 수소 침식, 질식, 저온의 위험이 있다.
⑤ 가연성에 미치는 다른 특성은 부력 속도와 확산 속도이다.
⑥ 부력 속도와 확산 속도는 다른 가스보다 매우 빨라서 주변의 공기에 급속하게 확산되어 폭발할 위험성이 높다.

5 수소 가스 저장 시스템

(1) 수소 가스의 충전

1) 수소 충전소의 충전 압력

① 수소를 충전할 때 수소가스의 압축으로 인해 탱크의 온도가 상승한다.
② 충전 통신으로 탱크 내부의 온도가 85℃를 초과되지 않도록 충전 속도를 제어한다.

2) 충전 최대 압력

① 수소 탱크는 875bar의 최대 충전 압력으로 설정되어 있다.
② 탱크에 부착된 솔레노이드 밸브는 체크 밸브 타입으로 연료 통로를 막고 있다.
③ 수소의 고압가스는 체크 밸브 내부의 플런저를 밀어 통로를 개방하고 탱크에 충전된다.
④ 충전하는 동안에는 전력을 사용하지 않는다.
⑤ 수소는 압력차에 의해 충전이 이루어지며, 3개의 탱크 압력은 동시에 상승한다.

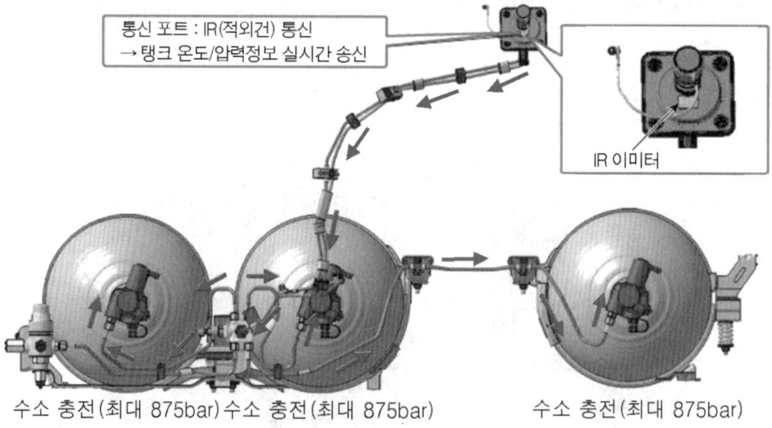

♺ 수소 가스의 탱크

(2) 주행 중 수소 가스의 소비

1) 전력이 감지 될 경우

① 수소가 공급되고 수소 탱크의 밸브가 개방된다.

② 압력 조정기는 수소 가스의 압력을 감압시켜 연료 공급 시스템에 필요한 압력 & 유량을 제공한다.

2) 3개 탱크 사이의 소비 분배

① 연료 전지 파워 버튼을 누르면 수소 저장 시스템 제어기는 동시에 3개의 탱크 밸브(솔레노이드 밸브)에 전력을 공급하여 밸브가 개방된다.

② 3개 탱크 내의 수소는 자동차가 구동될 때 함께 고비되어 내부 압력은 균등하게 낮아진다.

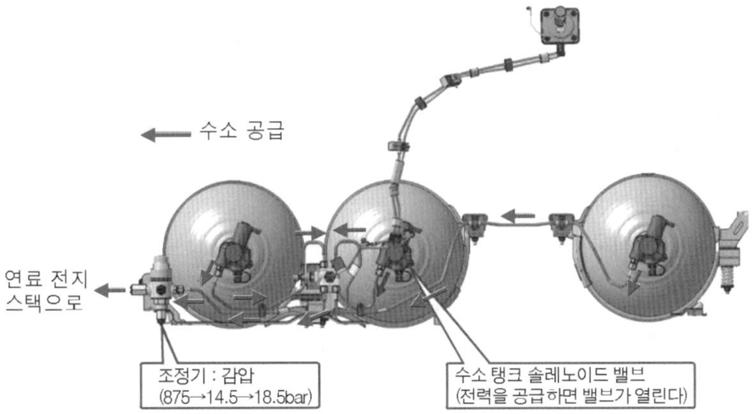

♺ 수소 가스의 소비

(3) 수소 저장 시스템 제어기(HMU ; Hydrogen Module Unit)

① HMU는 남은 연료를 계산하기 위해 각각의 센서 신호를 사용한다.

② HMU는 수소가 충전되고 있는 동안 연료 전지 기동 방지 로직을 사용한다.

③ HMU는 수소 충전 시에 충전소와 실시간 통신을 한다.

④ HMU는 수소 탱크 솔레노이드 밸브, IR 이미터 등을 제어한다.

(4) 고압 센서

① 고압 센서는 프런트 수소 탱크 솔레노이드 밸브에 장착된다.

② 고압 센서는 탱크 압력을 측정하여 남은 연료를 계산한다.

③ 고압 센서는 고압 조정기의 장애를 모니터링 한다.

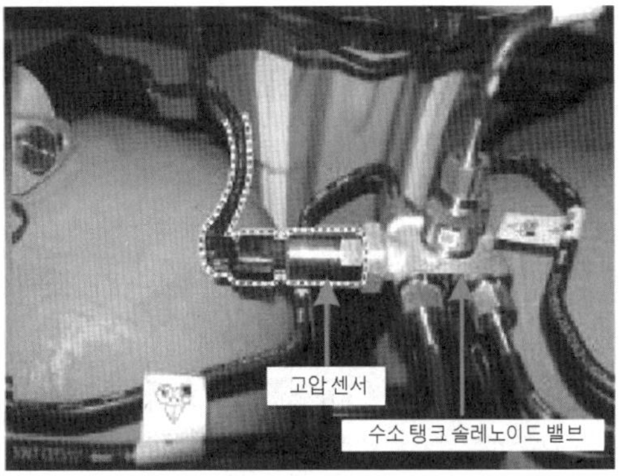

♺ 고압 센서

④ 고압 센서는 다이어프램 타입으로 출력 전압은 약 0.4~0.5V이다.
⑤ 계기판의 연료 게이지는 수소 압력에 따라 변경된다.

(5) 중압 센서

① 중압 센서는 고압 조정기(HPR ; High Pressure Regulator)에 장착된다.
② 고압 조정기는 탱크로부터 공급되는 수소 압력을 약 16bar로 감압한다.
③ 중압 센서는 공급 압력을 측정하여 연료량을 계산한다.
④ 중압 센서는 고압 조정기의 장애를 감지하기 위해 수소 저장 시스템 제어기에 압력 값을 보낸다.

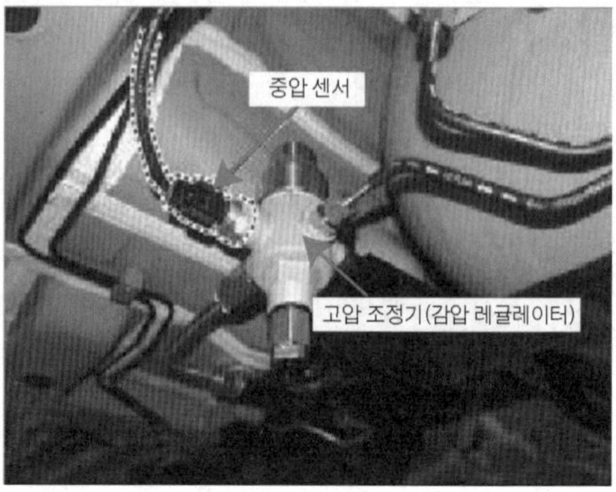

♺ 중압 센서

(6) 솔레노이드 밸브

1) 솔레노이드 밸브 어셈블리

① 수소의 흡입·배출의 흐름을 제어하기 위해 각각의 탱크에 연결되어 있다.
② 솔레노이드 밸브 어셈블리는 솔레노이드 밸브, 감압장치, 온도 센서와 과류 차단 밸브로 구성되어 있다.
③ 솔레노이드 밸브는 수소 저장 시스템 제어기에 의해 제어된다.
④ 밸브가 정상적으로 작동되지 않는 경우 수소 저장 시스템 제어기는 고장 코드를 설정하고 서비스 램프를 점등시킨다.

2) 온도 센서

① 탱크 내부에 배치되어 탱크 내부의 온도를 측정한다.
② 수소 저장 시스템 제어기는 남은 연료를 계산하기 위해 측정된 온도를 이용한다.

3) 열 감응식 안전 밸브

① 3적 활성화 장치라고도 한다.
② 밸브 주변의 온도가 110℃를 초과하는 경우 안전 조치를 위해 수소를 배출한다.
③ 감압 장치는 유리 벌브 타입이며, 한 번 작동 후 교환하여야 한다.

4) 과류 차단 밸브

① 고압 라인이 손상된 경우 대기 중에 수소가 과도하게 방출되는 것을 기계적으로 차단하는 과류 플로 방지 밸브이다.
② 밸브가 작동하면 연료 공급이 차단되고 연료 전지 모듈의 작동은 정지된다.
③ 과류 차단 밸브는 탱크의 솔레노이드 밸브에 배치되어 있다.

(7) 고압 조정기(수소 압력 조정기)

1) 고압 조정기

① 탱크 압력을 16bar로 감압시키는 역할을 한다.
② 감압된 수소는 스택으로 공급된다.
③ 고압 조정기는 압력 릴리프 밸브, 서비스 퍼지 밸브를 포함하여 중압 센서가 장착된다.

2) 중압 센서

중압 센서는 고압 조정기에 장착되어 조정기에 의해 감압된 압력을 수소 저장 시스템 제어기에 전달한다.

3) 서비스 퍼지 밸브

① 수소 공급 및 저장 시스템의 부품 정비 시는 스택과 탱크 사이의 수소 공급 라인의 수소를 배출시키는 밸브이다.
② 서비스 퍼지 밸브의 니플에 수소 배출 튜브를 연결하여 공급 라인의 수소를 배출할 수 있다.

(8) 리셉터클 Receptacle

수소 충전용 리셉터클은 수소가스 충전소 측의 충전 노즐 커넥터의 역할을 수행하는 리셉터클 본체와 내부는 리셉터클 본체를 통과하는 수소가스에 이물질을 필터링하는 필터부와 일방향으로 흐름을 단속하는 체크부로 구성되어 있다.

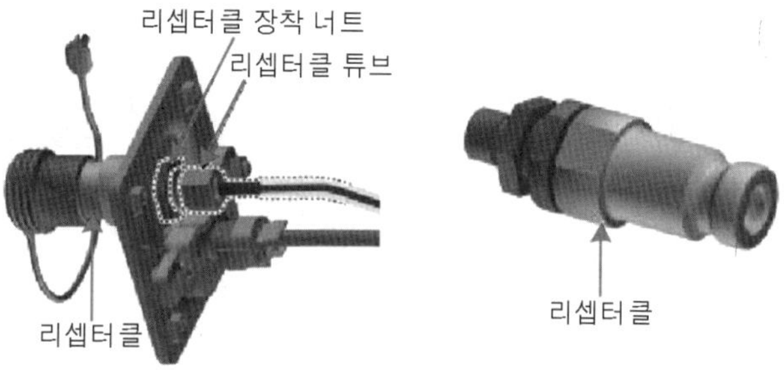

♺ 리셉터클

(9) IR(Infraed ; 적외선) 이미터

① 적외선(IR) 이미터는 수소 저장 시스템 내부의 온도 및 압력 데이터를 송신하여 안전성을 확보하고 수소 충전 속도를 제어하기 위해 상시 적외선 통신을 실시한다.
② 키 OFF 상태에서 수소 충전 이후 일정 시간이 경과하거나 단순 키 OFF 상태에서 적외선 송신기 및 각종 센서에 전원 공급을 자동으로 차단한다.
③ 기존 배터리의 방전으로 인한 시동 불능 상황의 발생을 방지하기 위해 자동 전원 공급 및 차단한다.

5 공기 · 수소 공급 시스템 부품의 기능

(1) 에어 클리너

① 에어 클리너는 흡입 공기에서 먼지 입자와 유해물(아황산가스, 부탄)을 걸러내는 화학 필터를 사용한다.

② 필터의 먼지 및 유해가스 포집 용량을 고려하여 주기적으로 교환하여야 한다.

③ 필터가 막힌 경우 필터의 통기 저항이 증가되어 공기 압축기가 빠르게 회전하고 에너지가 소비되며, 많은 소음이 발생한다.

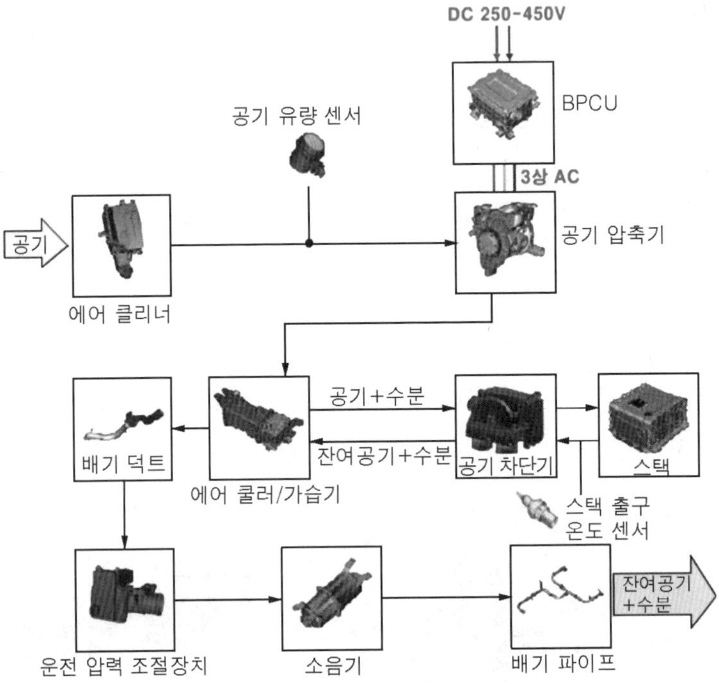

♺ 공기 공급 시스템의 구성

(2) 공기 유량 센서

① 공기 유량 센서는 스택에 유입되는 공기량을 측정한다.

② 센서의 열막은 공기 압축기에서 얼마나 많은 공기가 공급되는지 공기 흡입 통로에서 측정한다.

③ 지정된 온도에서 열막을 유지하기 위해 공급되는 전력 신호로 변환된다.

(3) 공기 차단기

① 공기 차단기는 연료 전지 스택 어셈블리 우측에 배치되어 있다.

② 공기 차단기는 연료 전지에 공기를 공급 및 차단하는 역할을 한다.

③ 공기 차단 밸브는 키 ON 상태에서 열리고 OFF 시 차단되는 개폐식 밸브이다.

④ 공기 차단 밸브는 키를 OFF시킨 후 공기가 연료 전지 스택 안으로 유입되는 것을 방지한다.

⑤ 공기 차단 밸브는 모터의 작동을 위한 드라이버를 내장하고 있으며, 연료 전지 차량 제어 유닛(FCU)과의 CAN 통신에 의해 제어된다.

(4) 공기 압축기

① 연료 전지 스택의 반응에 필요한 공기를 적정한 유량·압력으로 공급한다.

② 공기 압축기는 임펠러·볼류트 등의 압축부와 이를 구동하기 위한 고속 모터부로 구성되어 연료 전지 스택의 반응에 필요한 공기를 공급한다.

③ 모터의 회전수에 따라 공기의 유량을 제어하게 되며, 모터 축에 연결된 임펠러의 고속 회전에 의해 공기가 압축된다.

④ 모터에서 발생하는 열을 냉각하기 위한 수냉식으로 외부에서 냉각수가 공급된다.

(5) 가습기

① 연료 전지 스택에 공급되는 공기가 내부의 가습 막을 통해 스택의 배기에 포함된 열 및 수분을 스택에 공급되는 공기에 공급한다.

② 연료 전지 스택의 안정적인 운전을 위해 일정 수준 이상의 가습이 필수적이다.

③ 스택의 배출 공기의 열 및 수분을 스택의 공급 공기에 전달하여 스택에 공급되는 공기의 온도 및 수분을 스택의 요구 조건에 적합하도록 조절한다.

(6) 스택 출구 온도 센서

스택 출구 온도 센서는 스택에 유입되는 흡입 공기 및 배출되는 공기의 온도를 측정한다.

(7) 운전 압력 조절 장치

① 운전 압력 조절장치는 연료 전지 시스템의 운전 압력을 조절하는 역할을 한다.

② 외기 조건(온도, 압력)에 따라 밸브의 개도를 조절하여 스택이 가압 운전이 될 수 있도록 한다.

③ FCU(Fuel Cell Control Unit)와 CAN 통신을 통하여 지령을 받고 모터를 구동하기 위한 드라이버를 내장하고 있다.

(8) 소음기 및 배기 덕트

① 소음기는 배기 덕트와 배기 파이프 사이에 배치되어 있다.

② 소음기는 스택에서 배출되는 공기의 흐름에 의해 생성된 소음을 감소시킨다.

(9) 블로어 펌프 제어 유닛(BPCU ; Blower Pump Control Unit)

① 블로어 펌프 제어 유닛은 공기 블로어를 제어하는 인버터이다.

② 블로어 펌프 제어 유닛은 CAN 통신을 통해 연료 전지 제어 유닛으로부터 속도의 명령을 수신하고 모터의 속도를 제어한다.

6 수소 공급 시스템

(1) 수소 차단 밸브

① 수소 차단 밸브는 수소 탱크에서 스택으로 수소를 공급하거나 차단하는 개폐식 밸브이다.

② 밸브는 시동이 걸릴 때는 열리고 시동이 꺼질 때는 닫힌다.

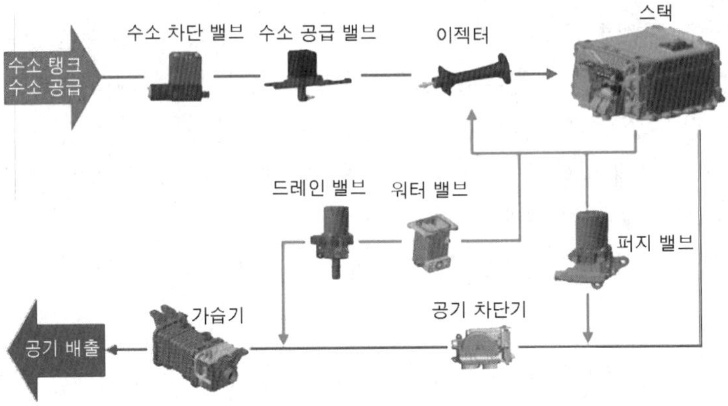

♺ 수소 공급 시스템

(2) 수소 공급 밸브

① 수소 공급 밸브는 수소가 스택에 공급되기 전에 수소 압력을 낮추어 스택의 전류에 맞춰 수소를 공급한다.

② 더 좋은 스택의 전류가 요구되는 경우 수소 공급 밸브는 더 많이 스택으로 공급될 수 있도록 제어한다.

(3) 수소 이젝터

① 수소 이젝터는 노즐을 통해 공급되는 수소가 스택 출구의 혼합 기체(수분, 질소 등 포함)을 흡입하여 미반응 수소를 재순환시키는 역할을 한다.

② 별도로 동작하는 부품은 없으며, 수소 공급 밸브의 제어를 통해 재순환을 수행한다.

(4) 수소 압력 센서

① 수소 압력 센서는 연료 전지 스택에 공급되는 수소의 압력을 제어하기 위해 압력을 측정한다.

② 금속 박판에 압력이 인가되면 내부 3심 칩의 다이어프램에 압력이 전달되어 변형이 발생된다.

③ 압력 센서는 변형에 의한 저항의 변화를 측정하여 이를 압력 차이로 변환한다.

(5) 퍼지 밸브

① 퍼지 밸브는 스택 내부의 수소 순도를 높이기 위해 사용된다.

② 전기를 발생시키기 위해 스택이 수소를 계속 소비하는 경우 스택 내부에 미세량의 질소가 계속 누적이 되어 수소의 순도는 점점 감소한다.

③ 스택이 일정량의 수소를 소비할 때 퍼지 밸브가 수소의 순도를 높이기 위해 약 0.5초 동안 개방된다.

④ 연료 전지 제어 유닛(FCU)이 일정 수준 이상으로 스택 내 수소의 순도를 유지하기 위해 퍼지 밸브의 개폐를 제어한다.

㉮ 시동 시 개방·차단 실패 : 시동 불가능

㉯ 주행 중 개방 실패 : 드레인 밸브에 의해 제어

㉰ 주행 중 차단 실패 : 전기 자동차(EV) 모드로 주행

(6) 워터 트랩 및 드레인 밸브

① 연료 전지는 화학 반응을 공기 극에서 수분을 생성한다.

② 수분은 농도 차이로 인하여 막(Membrance)을 통과하여 연료 극으로 가게 된다.

③ 수분은 연료 극에서 액체가 되어 중력에 의해 워터 트랩으로 흘러내린다.

④ 워터 트랩에 저장된 물이 일정 수준에 도달하면 물이 외부로 배출되도록 드레인 밸브가 개방된다.

⑤ 워터 트랩은 최대 200cc를 수용할 수 있으며, 레벨 센서는 10단계에 걸쳐 120cc까지 물의 양을 순차적으로 측정한다.

⑥ 물이 110cc 이상 워터 트랩에 포집되는 경우 드레인 밸브가 물을 배출하도록 개방한다.

(7) 레벨 센서

① 레벨 센서는 감지면 외부에 부착된 전극을 통해 물로 인해 발생되는 정전 용량의 변화를 감지한다.

② 레벨 센서는 워터 트랩 내에 물이 축적되면 물에 의해 하단부의 전극부터 정전 용량의 값이 변화되는 원리를 이용하여 총 10단계로 수위를 출력한다.

(8) 수소 탱크

수소 저장 탱크는 수소 충전소에서 약 875bar로 충전시킨 기체 수소를 저장하는 탱크이다. 고압의 수소를 저장하기 때문에 내화재 및 유리섬유를 적용하여 안전성 확보, 경량화, 위급 상황 시 발생할 수 있는 안전도를 확보하여야 한다.

주요 부품은 수소의 입·출력 흐름을 제어하기 위해 각각의 탱크에 연결되어 있는 솔레노이드 밸브, 탱크 압력을 16bar로 조절하는 고압 조정기, 화재 발생 시 외부에 수소를 배출하는 T-PRD, 고압 라인에 손상이 발생한 경우 과도한 수소의 대기 누출을 기계적으로 차단하는 과류 방지 밸브, 충전된 수소가 충전 주입구를 통해 누출되지 않도록 체크 밸브가 장착된다.

① 솔레노이드 밸브는 탱크 내부의 온도를 측정하는 온도 센서가 장착되어 있다.

② 압력 조정기는 각각의 흡입구 및 배출구에 압력 센서가 장착되어 있다.

③ 연료 도어 개폐 감지 센서와 IR(적외선) 통신 이미터는 연료 도아 내에 장착된다.

④ 수소 저장 시스템 제어기(HMU)는 남은 연료를 계산하기 위해 각각의 센서 신호를 사용하며, 수소가 충전되고 있는 동안 연료 전지 기동 방지 로직을 사용하고 수소 충전 시에 충전소와 실시간 통신을 한다.

7 연료 전지 자동차의 고전압 배터리 시스템

(1) 고전압 배터리 시스템의 개요

① 연료 전지 차량은 240V의 고전압 배터리를 탑재한다.
② 고전압 배터리는 전기 모터에 전력을 공급하고, 회생제동 시 발생되는 전기 에너지를 저장한다.
③ 고전압 배터리 시스템은 배터리 팩 어셈블리, 배터리 관리 시스템(BMS), 전자 제어 장치(ECU), 파워 릴레이 어셈블리, 케이스, 제어 배선, 쿨리 팬 및 쿨링 덕트로 구성된다.
④ 배터리는 리튬이온 폴리머 배터리(LiPB)이며, 64셀(15셀 × 4모듈)을 가지고 있다. 각 셀의 전압은 DC 3.75V로 배터리 팩의 정격 전압은 DC 240V이다.

(2) 고전압 배터리 컨트롤 시스템의 구성

1) 고전압 배터리 시스템은 배터리 관리 시스템(BMS)

① BMS ECU, 파워 릴레이 어셈블리, 안전 플러그, 배터리 온도 센서, 보조 배터리 온도 센서로 구성된다.
② 배터리 관리 시스템 ECU는 SOC(충전 상태), 전원, 셀 밸런싱, 냉각 및 고전압 배터리 시스템의 문제 해결을 제어한다.

2) BMS ECU

① 고전압 배터리 컨트롤 시스템은 컨트롤 모듈인 BMS ECU, 파워 릴레이 어셈블리로 구성되어 있다.
② 고전압 배터리의 SOC(State Of Charge), 출력, 고장 진단, 배터리 셀 밸런싱, 시스템 냉각, 전원 공급 및 차단을 제어한다.

3) 메인 릴레이

① 메인 릴레이는 (+) 메인 릴레이와 (-) 메인 릴레이로 나누어져 있다.
② 메인 릴레이는 파워 릴레이 어셈블리에 통합되어 있다.
③ 배터리 관리 시스템 ECU의 제어 신호에 따라 고전압 배터리와 인버터 사이에 전원 공급 라인 및 접지 라인을 연결한다.

4) 파워 릴레이 어셈블리(PRA)

파워 릴레이 어셈블리는 (+)극과 (-)극 메인 릴레이, 프리차지 릴레이, 프리차지 레지스터와 배터리 전류 센서로 구성되어 있다. 파워 릴레이 어셈블리는 배터리 팩 어셈블리 내에 배치되어 있으며, 배터리 관리 시스템(BMS) ECU의 제어 신호에 의해 고전압 배터리와 인버터 사이의 고전압 전원 회로를 제어한다.

① **메인 릴레이**

㉮ (+) 메인 릴레이와 (-) 메인 릴레이로 나누어져 있다.

㉯ 메인 릴레이는 파워 릴레이 어셈블리(PRA)에 통합되어 있다.

㉰ BMS ECU의 제어 신호에 의해 고전압 배터리와 인버터 사이의 전원 공급 라인 및 접지 라인을 연결한다.

② **프리 차지 릴레이**

㉮ 파워 릴레이 어셈블리(PRA)에 통합되어 있다.

㉯ 점화 장치 ON 후 바로 인버터의 커패시터에 충전을 시작하고 커패시터의 충전이 완료되면 전원이 꺼진다.

③ **프리 차지 레지스터**

㉮ 파워 릴레이 어셈블리(PRA)에 통합되어 있다.

㉯ 인버터의 커패시터가 충전되는 동안 전류를 제한하여 고전압 회로를 보호한다.

5) 안전 플러그

안전 플러그는 트렁크에 장착되어 있으며, 고전압 시스템 즉, 고전압 배터리, 파워 릴레이 어셈블리, 연료 전지 차량 제어기(FCU), BMS ECU, 모터, 인버터, 양방향 고전압 직류 변환 장치(BHDC), 저전압 직류 변환 장치(LDC), 전원 케이블 등을 점검할 때 기계적으로 고전압 회로를 차단할 수 있다. 안전 플러그는 과전류로부터 고전압 시스템을 보호하기 위한 퓨즈가 포함되어 있다.

6) 메인 퓨즈

메인 퓨즈는 고전압 배터리 시스템 어셈블리 내에 장착되어 있으며, 고전압 배터리 및 고전압 회로를 과전류로부터 보호하는 기능을 한다.

7) 배터리 온도 센서

배터리 온도 센서는 고전압 배터리 팩 및 보조 배터리(12V)에 장착되어 있으며, 배터리 모듈 1, 4 및 에어 인렛 그리고 보조 배터리 1, 2의 온도를 측정한다. 배터리 온도 센서는 각 모듈의 센싱 와이어링과 통합형으로 구성되어 있다.

(3) 고전압 배터리 컨트롤 시스템의 주요 기능

1) 충전 상태(SOC) 제어

고전압 배터리의 전압, 전류, 온도를 이용하여 충전 상태를 최적화한다.

2) 전력 제어

차량의 상태에 따라 최적의 충전, 방전 에너지를 계산하여 활용 가능한 배터리 전력 예측,

과다 충전 또는 방전으로부터 보호, 내구성 개선 및 에너지 충전·방전을 극대화한다.

3) 셀 밸런싱 제어

비정상적인 충전 또는 방전에서 기인하는 배터리 셀 사이의 전압 편차를 조정하여 배터리 내구성, 충전 상태(SOC) 에너지 효율을 극대화한다.

4) 전원 릴레이 제어

점화장치 ON·OFF 시에 배터리 전원 공급 또는 차단하여 고전압 시스템의 고장으로 인한 안전사고를 방지한다.

5) 냉각 시스템 제어

시스템 최대의 온도와 전지 모듈 사이의 편차에 따라 가변 쿨링 팬 속도를 제어하여 최적의 온도를 유지한다.

6) 문제 해결

시스템의 고장 진단, 다양한 안전 제어를 Fail Safe 수준으로 배터리 전력을 제한, 시스템 장애의 경우 파워 릴레이를 제어한다.

8 고전압 분배 시스템

(1) 고전압 정션 박스

① 고전압 정션 박스는 연료 전지 스택의 상부에 배치되어 있다.
② 연료 전지 스택의 단자와 버스 바에 연결된다.
③ 고전압 정션 박스의 모든 고전압 커넥터는 고전압 정션 박스에 연결되어 있다.
④ 스택이 ON되면 고전압 정션 박스는 고전압을 분배하는 역할을 한다.

(2) 고전압 직류 변환 장치(BHDC ; Bi-directional High Voltage)

① 고전압 직류 변환 장치(BHDC)는 수소 전기 자동차의 하부에 배치되어 있다.
② 스택에서 생성된 전력과 회생제동에 의해 발생된 고전압을 강하시켜 고전압 배터리를 충전한다.
③ 전기 자동차(EV) 또는 수소 전기 자동차(FCEV) 모드로 구동될 때 고전압 배터리의 전압을 증폭시켜 모터 제어 장치(MCU)에 전송한다.
④ 고전압 배터리의 전압은 스택 전압보다 약 200V가 낮다.
⑤ 양방향 고전압 직류 변환 장치(BHDC)는 섀시 CAN 및 F-CAN에 연결된다.

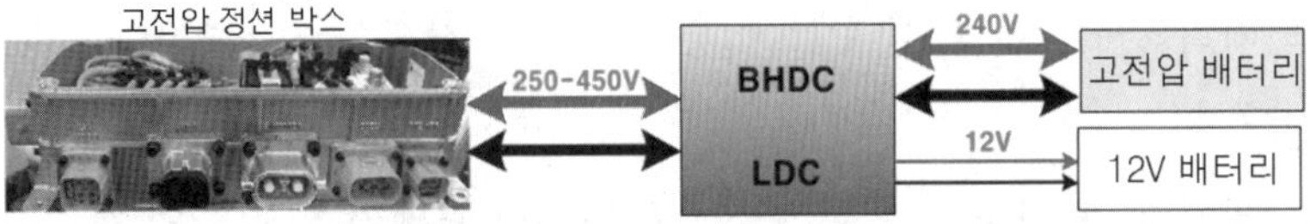

BHDC와 LDC

(3) LDC(Low DC/DC Converter ; 저전압 DC/DC 컨버터)

① LDC는 저전압 DC/DC 컨버터로 스택 또는 BHDC에서 나오는 DC 고전압을 DC 12V로 낮추어 저전압 배터리(12V)를 충전한다.

② 충전된 저전압 배터리는 차량의 여러 제어기 및 12V 전압을 사용하는 액추에이터 및 관련 부품에 전원을 공급한다.

(4) 인버터 Inverter

① 직류(DC) 성분을 교류(AC) 성분으로 바꾸기 위한 전기 변환 장치이다.

② 변환 방법이나 스위칭 소자, 제어 회로를 통해 원하는 전압과 주파수 출력 값을 얻는다.

③ 고전압 배터리 혹은 연료 전지 스택의 직류(DC) 전압을 모터를 구동할 수 있는 교류(AC) 전압으로 변환하여 모터에 공급한다.

④ 인버터는 MCU의 지령을 받아 토크를 제어하고 가속이나 감속을 할 때 모터가 역할을 할 수 있도록 전력을 적정하게 조절해 주는 역할을 한다.

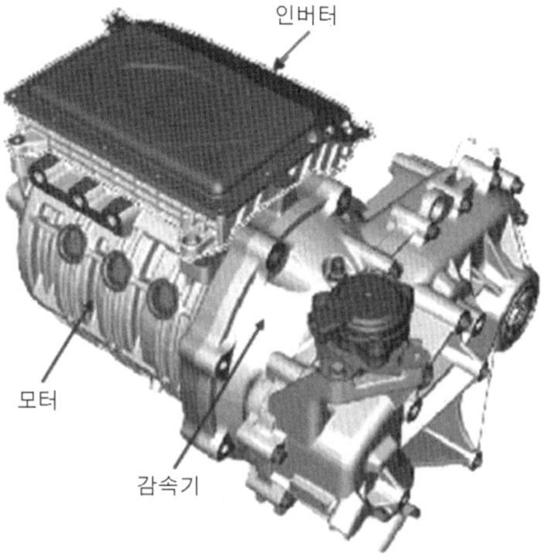

♺ 인버터

9 연료 전지 제어 시스템

(1) 연료 전지 제어 시스템 개요

FCU(연료 전지 차량 제어기 : Fuel cell Control Unit)는 연료 전지 차량의 최상위 컨트롤러로써 연료 전지의 작동과 관련된 모든 제어 신호를 출력한다. 차량 대부분의 시스템은 각각의 컨트롤러를 가지고 있지만, 연료 전지 제어 유닛(FCU)은 최종 제어 신호를 송신하는 상위 컨트롤러로서 기능을 한다.

1) 연료 전지 스택

산소와 수소의 이온 반응에 의해 전압을 생성한다.

2) BOP(수소, 공기 공급 · 냉각수 열관리) 주변기기

① FPS : 수소 연료를 공급하는 연료 공급 시스템

② TMS : 연료 전지 스택을 냉각시키는 열 관리 시스템

③ APS : 연료 전지에 공기를 공급하는 공기 공급 시스템

3) 컨트롤러 : 차량 · 시스템 제어

① FCU : 연료 전지 자동차의 최상위 제어기
② SVM : 연료 전지 스택의 전압을 측정하는 스택 전압 모니터
③ BPCU : 공기 압축기(블로어 파워 유닛)를 구동하는 인버터 및 컨트롤러
④ HV J/BOX : 고전압 정션 박스는 스택에 의해 생성된 전기를 분배

4) 전력 : 변환, 전송

① LDC : 저전압 직류 변환 장치는 고전압 전기를 변환하여 12V 보조 배터리 충전한다.
② BHDC : 양방향 고전압 직류 변환 장치는 고전압 배터리의 전압을 충전 또는 스택으로 공급하기 위해 전압을 변환(연료 전지 ↔ 고전압 배터리)
③ 인버터 : 배터리의 직류 전압을 교류로 변환하는 장치
④ MCU : 모터 제어 유닛(인버터는 MCU를 포함)
⑤ 감속기 : 감속기어 및 차동장치

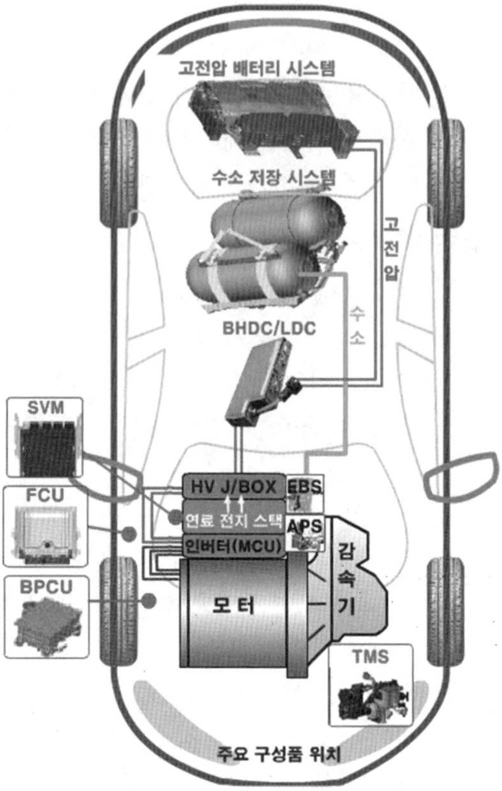

5) 고전압 배터리 시스템

① 고전압 배터리 시스템은 보조 전원이며, 배터리 관리 시스템에 의해 제어된다.
② 배터리 관리 시스템(BMS)은 고전압 배터리의 충전 상태(SOC)를 모니터링 하고, 허용 충전 또는 방전 전력 한계를 연료 전지 차량 제어 유닛(FCU)에 전달한다.

6) 수소 저장 시스템

① 수소 저장 시스템은 연료 전지 차량의 필수 구성 요소 중 하나이다.
② 수소 탱크의 최대 수소 연료 공급 압력은 875bar이다.

(2) 연료 전지 제어 유닛(FCU ; Fuel cell Control Unit)

① 연료 전지 차량의 운전자가 액셀러레이터 페달이나 브레이크 페달을 밟을 때 연료 전지 제어 유닛은 신호를 수신하고, CAN 통신을 통해 모터 제어 장치(MCU)에 가속 토크 명령 또는 제동 토크 명령을 보낸다.
② 연료 전지 제어 유닛은 과열, 성능 저하, 절연 저하, 수소 누출이 감지되면 차량을 정지시키거나 제한 운전을 하며, 상황에 따라 경고등을 점등한다.

③ 연료 전지 시스템을 제어하기 위해 연료 전지 제어 유닛은 공기 유량 센서, 수소 압력 센서, 온도 센서 및 압력 센서로부터 전송된 데이터와 운전자의 주행 요구에 기초하여 공기 압축기, 냉각수 펌프, 온도 제어 밸브 등은 운전자의 운전 요구에 상응하도록 제어한다.

④ 운전자의 가속 및 감속 요구에 따라 연료 전지 제어 유닛은 고전압 배터리를 충전 또는 방전한다.

(3) 블로어 펌프 제어 유닛(BPCU ; Blower Pump Control Unit)

① 블로어 펌프 제어 유닛은 공기 블로어를 제어하는 인버터이다.

② BPCU는 CAN 통신을 통해 연료 전지 제어 유닛(FCU)으로부터 속도 지령을 수신하고 모터의 속도를 제어한다.

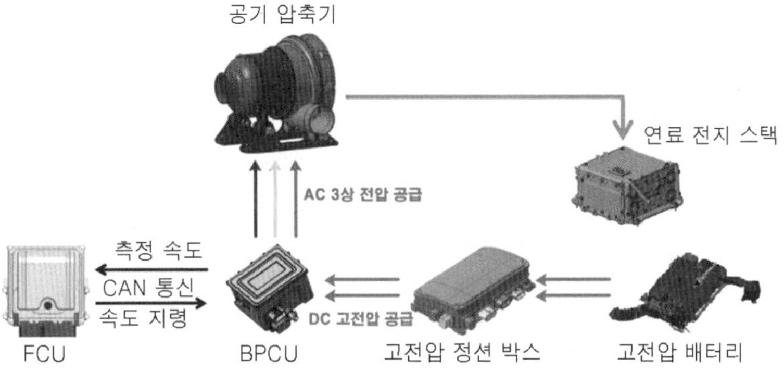

♺ 블로어 펌프 제어 유닛

(4) 수소 센서 Hydrogen Sensor

① 연료 전지 차량은 수소가스 누출 시 연료 전지 제어 유닛(FCU)에 신호를 전송하는 2개의 수소 센서와 수소 저장 시스템 제어기(HMU)에 신호를 전송하는 1개의 수소 센서가 장착되어 있다.

② 3개의 수소 센서는 연료 전지 스택 후면, 연료 공급 시스템(FPS) 상단, 수소 탱크 모듈 주변에 각각 장착된다.

③ 수소의 누출로 인해 수소 센서 주변의 수소 함유량이 증가하면, 연료 전지 제어 유닛(FCU)은 수소 탱크 밸브를 차단하고 연료 전지 스택의 작동을 중지시킨다.

④ 이 경우 차량의 주행 모드는 전기 자동차(EV) 모드로 전환되며, 차량은 고전압 배터리에 의해서만 구동된다.

(5) 후방 충돌 유닛(RIU ; Rear Impact Unit)

① 후방 충돌 센서는 차량의 후방에 장착된다.

② 차량의 후방에서 충돌이 발생하면 충돌 센서는 연료 전지 제어 유닛(FCU)에 신호를 보낸다.

③ 연료 전지 제어 유닛(FCU)은 즉시 수소 탱크 밸브를 닫기 위해 수소 저장 시스템 제어기(HMU)에 수소 탱크 밸브 닫기 명령을 전송한다.
④ 연료 전지 시스템 및 차량을 정지시킨다.

(6) 액셀러레이터 포지션 센서(APS ; Accelerator Position Sensor)

① 액셀러레이터 위치 센서는 액셀러레이터 페달 모듈에 장착되어 액셀러레이터 페달의 회전 각도를 감지한다.
② 액셀러레이터 위치 센서는 연료 전지 제어 시스템에서 가장 중요한 센서 중 하나이며, 개별 센서 전원 및 접지선을 적용하는 2개의 센서로 구성된다.
③ 2번 센서는 1번 센서를 모니터링 하고 그 출력 전압은 1번 센서의 1/2 값이어야 한다.
④ 1번 센서와 2번 센서의 비율이 약 1/2에서 벗어나는 경우 진단 시스템은 비정상으로 판단한다.

(7) 콜드 셧 다운 스위치(CSD ; Cold Shut Dwon Switch)

① 연료 전지 스택에 남아 있는 수분으로 인해 스택 내부가 빙결될 경우 스택의 성능에 문제를 유발시킬 수 있다.
② 연료 전지 차량은 이를 예방하기 위해 저온에서 연료 전지 시스템이 OFF되는 경우, 연료 전지 스택의 수분을 제거하기 위해 공기 압축기가 강하게 작동된다.
③ 이 경우 수분이 제거되는 동안 다량의 수분이 배기 파이프를 통해 배출되며, 공기 압축기의 작동 소음이 크게 들릴 수 있다.

3-2 수소 구동장치 개요 및 정비

1 구동 시스템의 개요

① 연료 전지 및 고전압 배터리의 전기 에너지를 이용하여 인버터로 구동 모터를 제어한다.
② 변속기는 없으며, 감속기를 통하여 구동 토크를 증대시킨다.
③ 후진 시에는 구동 모터를 역회전으로 구동시킨다.

2 제어 흐름

(1) 연료 전지 제어 유닛(FCU ; Fuel cell Control Unit)

연료 전지 차량의 최상위 컨트롤러로써 연료 전지의 작동과 관련된 모든 제어 신호를 출력한다. 차량 대부분의 시스템은 각각의 컨트롤러를 가지고 있지만, 연료 전지 제어 유닛(FCU)은 최종 제어 신호를 송신하는 상위 컨트롤러로서 기능을 한다.

(2) 모터 제어기(MCU ; Motor Control Unit)

MCU는 내부의 인버터(Inverter)가 작동하여 고전압 배터리로부터 받은 직류(DC) 전원을 3상 교류(AC) 전원으로 변환시킨 후 전기 자동차의 통합 제어기인 VCU의 명령을 받아 구동 모터를 제어하는 기능을 담당한다.

배터리에서 구동 모터로 에너지를 공급하고, 감속 및 제동 시에는 구동 모터를 발전기 역할로 변경시켜 구동 모터에서 발생한 에너지, 즉 AC 전원을 DC 전원으로 변환하여 고전압 배터리로 에너지를 회수함으로써 항속 거리를 증대시키는 기능을 한다. 또한 MCU는 고전압 시스템의 냉각을 위해 장착된 EWP(Electric Water Pump)의 제어 역할도 담당한다.

(3) 인버터 Inverter

인버터는 고전압 배터리의 DC 전원을 구동 모터의 구동에 적합한 AC 전원으로 변환하는 역할을 한다. 인버터는 케이스 속에 IGBT 모듈, 파워 드라이버(Power Driver), 제어회로인 컨트롤러(Controller)가 일체로 이루어져 있다.

인버터는 구동 모터를 구동시키기 위하여 고전압 배터리의 직류(DC) 전력을 3상 교류(AC) 전력으로 변환시켜 유도 전동기, 쿨링팬 모터 등을 제어한다. 즉, 고전압 배터리로부터 받은 직류(DC) 전원(+, −)을 3상 교류(AC)의 U, V, W상으로 변환하는 기구이며, 제어 보드(MCU)에서 3상 AC 전원을 제어하여 구동 모터를 구동한다.

3 주요 기능

① 모터 제어 유닛(MCU)는 연료 전지 제어 유닛(FCU)과 통신하여 주행 조건에 따라 구동 모터를 최적으로 제어한다.

② 고전압 배터리의 직류를 구동 모터의 작동에 필요한 3상 교류로 전환한다. 또한 구동 모터에 공급하는 인버터 기능과 고전압 시스템을 냉각하는 CPP(Coolant PE Pump)를 제어하는 기능을 수행한다.

③ 감속 및 제동 시에는 모터 제어 유닛이 인버터 대신 컨버터(AC−DC 컨버터) 역할을 수행하여 모터를 발전기로 전환시킨다. 이때 에너지 회수 기능(3상 교류를 직류로 변경)을 담당하여 고전압 배터리를 충전시킨다.

④ 시스템이 정상 상태에서 상위 제어인 연료 전지 제어 유닛에서 구동 모터의 토크 지령이 오면 모터 제어 유닛은 출력 전압과 전류를 만들어 모터에 인가한다. 그러면 모터가 구동되고 이때의 모터 전류값을 모터 제어 유닛이 측정한다. 이후 전류 값으로부터 토크 값을 계산하여 상위 제어기인 연료 전지 제어 유닛으로 송신한다.

4 구동 모터

영구자석이 내장된 IPM 동기 모터(Interior Permanent Magnet Synchronous Motor)가 주로 사용되고 있으며, 희토류 자석을 이용하는 모터는 열화에 의해 자력이 감소하는 현상이 발생하므로 온도 관리가 중요하다.

전기 자동차의 구동 모터는 엔진이 없는 전기 자동차에서 동력을 발생하는 장치로 높은 구동력과 축력으로 가속과 등판 및 고속 운전에 필요한 동력을 제공하며, 소음이 거의 없는 정숙한 차량 운행을 제공한다.

또한 감속 시에는 발전기로 전환되어 전기를 생산하여 고전압 배터리를 충전함으로써 연비를 향상시키고 주행거리를 증대시킨다. 모터에서 발생한 동력은 회전자 축과 연결된 감속기와 드라이브 샤프트를 통해 바퀴에 전달된다.

(1) 구동 모터의 주요 기능

① **동력(방전) 기능** : MCU는 배터리에 저장된 전기에너지로 구동 모터를 삼상 제어하여 구동력을 발생 시킨다.

② **회생 제동(충전) 기능** : 감속 시에는 발생하는 운동에너지를 이용하여 구동 모터를 발전기로 전환시켜 발생된 전기에너지를 고전압 배터리에 충전한다.

1) 모터 위치 센서 Motor Position Sensor

모터를 제어하기 위해서는 정확한 모터 회전자의 절대 위치에 대한 검출이 필요하다. 리졸버를 이용한 회전자의 위치 및 속도 정보를 통하여 MCU는 최적으로 모터를 제어할 수 있게 된다. 리졸버는 리어 플레이트에 장착되며, 모터의 회전자와 연결된 리졸버 회전자와 고정자로 구성되어 엔진의 CMP 센서처럼 모터 내부의 회전자 위치를 파악한다.

2) 모터 온도 센서 Motor Temperature Sensor

모터의 온도는 모터의 출력에 큰 영향을 미친다. 모터가 과열될 경우 모터의 회전자(매립형 영구 자석) 및 스테이터 코일이 변형되거나 그 성능에 영향을 미칠 수 있다. 이를 방지하기 위해 모터의 온도 센서는 온도에 따라 모터의 토크를 제어하기 위하여 모터에 내장되어 있다.

(2) 감속기의 기능

전기 자동차용 감속기는 일반 가솔린 차량의 변속기와 같은 역할을 하지만 여러 단이 있는 변속기와는 달리 일정한 감속비로 모터에서 입력되는 동력을 자동차 차축으로 전달하는 역할을 하며, 변속기 대신 감속기라고 불린다.

감속기의 역할은 모터의 고회전, 저토크 입력을 받아 적절한 감속비로 속도를 줄여 그만큼 토크를 증대시키는 역할을 한다. 감속기 내부에는 파킹 기어를 포함하여 5개의 기어가 있으며, 수동변속기 오일이 들어 있는데 오일은 무교환식이다.

(3) 모터의 작동 원리

3상 AC 전류가 스테이터 코일에 인가되면 회전 자계가 발생되어 로터 코어 내부에 영구 자석을 끌어당겨 회전력을 발생시킨다.

3-3 그 밖의 친환경 자동차

1 CNG 연료 장치

(1) CNG 엔진의 분류

자동차에 연료를 저장하는 방법에 따라 압축 천연가스(CNG) 자동차, 액화 천연가스(LNG) 자동차, 흡착 천연가스(ANG) 자동차 등으로 분류된다. 천연가스는 현재 가정용 연료로 사용되고 있는 도시가스(주성분 ; 메탄)이다.

① **압축 천연가스(CNG) 자동차** : 천연가스를 약 200~250기압의 높은 압력으로 압축하여 고압 용기에 저장하여 사용하며, 현재 대부분의 천연가스 자동차가 사용하는 방법이다.

② **액화 천연가스(LNG) 자동차** : 천연가스를 −162℃이하의 액체 상태로 초저온 단열용기에 저장하여 사용하는 방법이다.

③ **흡착 천연가스(ANG) 자동차** : 천연가스를 활성탄 등의 흡착제를 이용하여 압축천연 가스에 비해 1/5~1/3 정도의 중압(50~70 기압)으로 용기에 저장하는 방법이다.

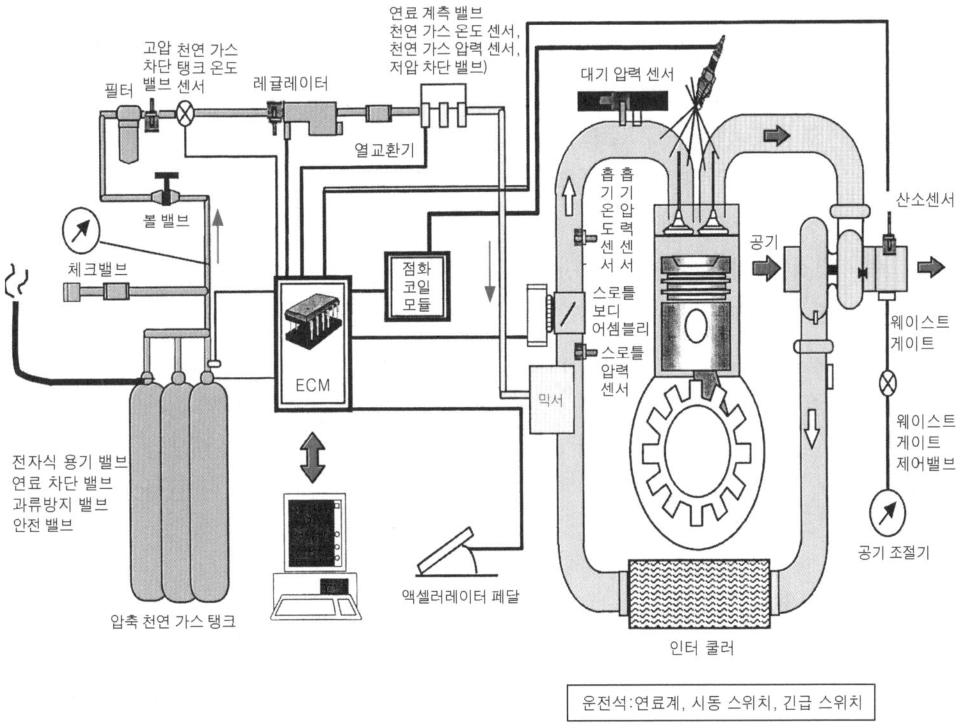

(2) CNG 엔진의 장점

① 디젤 엔진과 비교하였을 때 매연이 100% 감소된다.

② 가솔린 엔진과 비교하였을 때 이산화탄소 20~30%, 일산화탄소가 30~50% 감소한다.

③ 낮은 온도에서의 시동 성능이 좋으며, 옥탄가가 130으로 가솔린의 100보다 높다.
④ 질소산화물 등 오존영향 물질을 70% 이상 감소시킬 수 있다.
⑤ 엔진의 작동 소음을 낮출 수 있다.

(3) CNG 엔진의 주요 부품

① **연료 계측 밸브**(Fuel Metering Valve) : 연료 계측 밸브는 8개의 작은 인젝터로 구성되어 있으며, 엔진 ECU로부터 구동 신호를 받아 엔진에서 요구하는 연료량을 흡기다기관에 분사한다.
② **가스 압력 센서**(GPS ; Gas Pressure Sensor) : 가스 압력 센서는 압력 변환 기구이며, 연료 계측 밸브에 설치되어 있어 분사 직전의 조정된 가스 압력을 검출한다.
③ **가스 온도 센서**(GTS ; Gas Temperature Sensor) : 가스 온도 센서는 부특성 서미스터를 사용하며, 연료 계측 밸브 내에 위치한다. 가스 온도를 계측하여 가스 온도 센서의 압력을 함께 사용하여 인젝터의 연료 농도를 계산한다.
④ **고압 차단 밸브** : 고압 차단 밸브는 CNG 탱크와 압력 조절 기구 사이에 설치되어 있으며, 엔진의 가동을 정지시켰을 때 고압 연료라인을 차단한다.
⑤ **CNG 탱크 압력 센서** : CNG 탱크 압력 센서는 조정 전의 가스 압력을 측정하는 압력 조절 기구에 설치된 압력 변환 기구이다. 이 센서는 CNG 탱크에 있는 연료 밀도를 산출하기 위해 CNG 탱크 온도 센서와 함께 사용된다.
⑥ **CNG 탱크 온도 센서** : CNG 탱크 온도 센서는 탱크 속의 연료 온도를 측정하기 위해 사용하는 부특성 서미스터이며, 탱크 위에 설치되어 있다.
⑦ **열 교환 기구** : 열 교환 기구는 압력 조절 기구와 연료 계측 밸브 사이에 설치되며, 감압할 때 냉각된 가스를 엔진의 냉각수로 난기시킨다.
⑧ **연료 온도 조절 기구** : 연료 온도 조절 기구는 열 교환 기구와 연료 계측 밸브 사이에 설치되며, 가스의 난기 온도를 조절하기 위해 냉각수 흐름을 ON, OFF시킨다.
⑨ **압력 조절 기구** : 압력 조절 기구는 고압 차단 밸브와 열 교환 기구 사이에 설치되며, CNG 탱크 내 200bar의 높은 압력의 가스를 엔진에 필요한 8bar로 감압 조절한다.

2 LPI 엔진의 연료장치

(1) LPI 장치의 개요

LPI(Liquid Petroleum Injection) 장치는 LPG를 높은 압력의 액체 상태(5~15bar)로 유지하면서 ECU에 의해 제어되는 인젝터를 통하여 각 실린더로 분사하는 방식으로 장점은 다음과 같다.

① 겨울철 시동 성능이 향상된다.
② 정밀한 LPG 공급량의 제어로 이미션(emission) 규제 대응에 유리하다.
③ 고압의 액체 상태로 분사되어 타르 생성의 문제점을 개선할 수 있다.

④ 타르 배출이 필요 없다.

⑤ 가솔린 엔진과 같은 수준의 동력성능을 발휘한다.

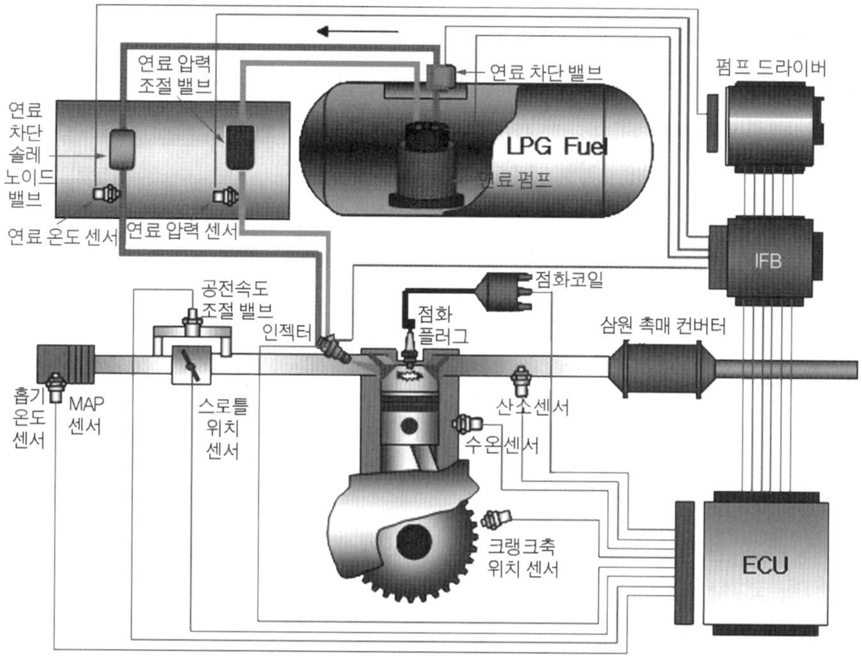

♲ LPI 장치의 구성도

(2) LPI 연료 장치의 구성

① **봄베**(bombe) : LPG를 저장하는 용기로 연료 펌프를 내장하고 있다. 봄베에는 연료 펌프 드라이버(fuel pump driver), 멀티 밸브(multi valve), 충전 밸브, 유량계 등이 설치되어 있다.

② **연료 펌프**(fuel pump) : 봄베 내에 설치되어 있으며, 액체 상태의 LPG를 인젝터로 압송하는 역할을 한다.

③ **연료 차단 솔레노이드 밸브** : 멀티 밸브에 설치되어 있으며, 엔진을 시동하거나 가동을 정지시킬 때 작동하는 ON, OFF 방식이다. 즉 엔진의 가동을 정지시키면 봄베와 인젝터 사이의 LPG 공급라인을 차단하는 역할을 한다.

④ **과류 방지 밸브** : 사고 등으로 인하여 LPG 공급라인이 파손되었을 때 봄베로부터 LPG의 송출을 차단하여 LPG 방출로 인한 위험을 방지하는 역할을 한다.

⑤ **수동 밸브(액체 상태의 LPG 송출 밸브)** : 장기간 운행하지 않을 경우 수동으로 LPG 공급라인을 차단할 수 있도록 한다.

⑥ **릴리프 밸브**(relief valve) : LPG 공급라인의 압력을 액체 상태로 유지시켜, 엔진이 뜨거운 상태에서 재시동을 할 때 시동성을 향상시키는 역할을 한다.

⑦ **리턴 밸브**(return valve) : LPG가 봄베로 복귀할 때 열리는 압력은 0.1~0.5kgf/cm²이며, 18.5kgf/cm² 이상의 공기 압력을 5분 동안 인가하였을 때 누설이 없어야 하고, 30kgfcm²의 유압을 가할 때 파손되지 않아야 한다.

⑧ **인젝터**(Injector) : 액체 상태의 LPG를 분사하는 인젝터와 LPG 분사 후 기화잠열에 의한 수분의 빙결을 방지하기 위한 아이싱 팁(icing tip)으로 구성되어 있다.

⑨ **연료 압력 조절기**(fuel pressure regulator) : 봄베에서 송출된 고압의 LPG를 다이어프램과 스프링의 균형을 이용하여 LPG 공급라인 내의 압력을 항상 5bar로 유지시키는 작용을 한다.

(3) LPI 장치의 전자제어 입력요소

LPI 장치의 전자제어 입력요소 중 MAP 센서, 흡기 온도 센서, 냉각수 온도 센서, 스로틀 위치 센서, 노크 센서, 산소 센서, 캠축 위치 센서(TDC 센서), 크랭크 각 센서(CKP)의 기능은 전자제어 가솔린 엔진과 같다. 따라서 가솔린 엔진에 없는 센서들의 기능을 설명하도록 한다.

① **가스 압력 센서** : 액체 상태의 LPG 압력을 측정하여 해당 압력에 대한 출력전압을 인터페이스 박스(IFB)로 전달하는 역할을 한다.

② **가스 온도 센서** : 연료 압력 조절기 유닛의 보디에 설치되어 있으며, 서미스터 소자로 LPG의 온도를 측정하여 ECU로 보내면, ECU는 온도 값을 이용하여 계통 내의 LPG 특성을 파악 분사시기를 결정한다.

(4) LPI 장치 전자제어 출력요소

LPI 장치 전자제어 출력요소에는 점화 코일(파워 트랜지스터 포함), 공전속도 제어 액추에이터(ISA), 인젝터(injector), 연료 차단 솔레노이드 밸브, 연료 펌프 드라이버(fuel pump driver) 등이 있다.

핵심기출문제

01 KS 규격 연료 전지 기술에 의한 연료 전지의 종류로 틀린 것은?

① 고분자 전해질 연료전지
② 액체 산화물 연료전지
③ 인산형 연료전지
④ 알칼리 연료전지

02 수소 연료 전지 전기 자동차에 적용하는 배터리 중 자기방전이 없고 에너지 밀도가 높으며, 전해질이 겔 타입이고 내 진동성이 우수한 방식은?

① 리튬이온 폴리머 배터리(Li-Pb Battery)
② 니켈수소 배터리(Ni-MH Battery)
③ 니켈카드뮴 배터리(Ni-Cd Battery)
④ 리튬이온 배터리(Li-ion Battery)

03 수소 연료 전지 전기 자동차의 설명으로 거리가 먼 것은?

① 연료 전지 시스템은 연료 전지 스택, 운전 장치, 모터, 감속기로 구성된다.
② 연료 전지는 공기와 수소 연료를 이용하여 전기를 생산한다.
③ 연료 전지에서 생산된 전기는 컨버터를 통해 모터로 공급된다.
④ 연료 전지 자동차가 유일하게 배출하는 배기가스는 수분이다.

04 수소 연료 전지 전기 자동차 전동기에 요구되는 조건으로 틀린 것은?

① 구동 토크가 작아야 한다.
② 고출력 및 소형화해야 한다.
③ 속도제어가 용이해야 한다.
④ 취급 및 보수가 간편해야 한다.

01. KS 규격 연료 전지
① **고분자 전해질 연료전지**(PEMFC ; Polymer Electrolyte Membrane Fuel Cell)
② **인산형 연료전지**(PAFC ; Phosphoric Acid Fuel Cell)
③ **알칼리 연료전지**(Alkaline Fuel Cell)
④ **용융탄산염 연료전지**(MCFC ; Molten Carbonate Fuel Cell)
⑤ **고체산화물 연료전지**(SOFC ; Solid Oxide Fuel Cell)
⑥ **직접메탄올 연료전지**(DMFC ; Direct Methanol Fuel Cell)
⑦ **직접에탄올 연료전지**(DEFC ; Direct Ethanol Fuel Cell)

02. 리튬-폴리머 배터리도 리튬이온 배터리의 일종이다. 리튬이온 배터리와 마찬가지로 양극 전극은 리튬-금속 산화물이고 음극은 대부분 흑연이다. 액체 상태의 전해액 대신에 고분자 전해질을 사용하는 점이 다르다. 전해질은 고분자를 기반으로 하며, 고체에서 겔(gel) 형태까지의 얇은 막 형태로 생산된다. 고분자 전해질 또는 고분자 겔(gell) 전해질을 사용하는 리튬-폴리머 배터리에서는 전해액의 누설 염려가 없으며 구성 재료의 부식도 적다. 그리고 휘발성 용매를 사용하지 않기 때문에 발화 위험성이 적다. 전해질은 이온 전도성이 높고, 전기 화학적으로 안정되어 있어야 하고, 전해질과 활성물질 사이에 양호한 계면을 형성해야 하고, 열적 안정성이 우수해야 하고, 환경부하가 적어야 하며, 취급이 쉽고, 가격이 싸야한다.

03. 수소 연료 전지 전기 자동차의 연료 전지에서 생산된 전기는 인버터를 통해 모터로 공급된다. 인버터는 DC 전원을 AC 전원으로 변환하고 컨버터는 AC 전원을 DC 전원으로 변환하는 역할을 한다.

04. 수소 연료 전지 전기 자동차 전동기에 요구되는 조건
① 속도제어가 용이해야 한다.
② 내구성이 커야 한다.
③ 구동 토크가 커야 한다.
④ 취급 및 보수가 간편해야 한다.

01.② 02.① 03.③ 04.①

05 **수소 연료 전지 전기 자동차에서 저전압(12V) 배터리가 장착된 이유로 틀린 것은?**

① 오디오 작동
② 등화장치 작동
③ 내비게이션 작동
④ 구동 모터 작동

06 **AGM(Absorbent Glass Mat) 배터리에 대한 설명으로 거리가 먼 것은?**

① 극판의 크기가 축소되어 출력밀도가 높아졌다.
② 유리섬유 격리판을 사용하여 충전 사이클 저항성이 향상되었다.
③ 높은 시동전류를 요구하는 기관의 시동성을 보장한다.
④ 셀-플러그는 밀폐되어 있기 때문에 열 수 없다.

07 **수소 연료 전지 전기 자동차의 모터 컨트롤 유닛(MCU)에 대한 설명으로 틀린 것은?**

① 고전압을 12V로 변환하는 기능을 한다.
② 회생 제동 시 컨버터(AC→DC 변환)의 기능을 수행한다.
③ 고전압 배터리의 직류를 3상 교류로 바꾸어 모터에 공급한다.
④ 회생 제동 시 모터에서 발생되는 3상 교류를 직류로 바꾸어 고전압 배터리에 공급한다.

08 **수소 연료 전지 전기 자동차에서 자동차의 전구 및 각종 전기장치의 구동 전기 에너지를 공급하는 기능을 하는 것은?**

① 보조 배터리　② 변속기 제어기
③ 모터 제어기　④ 엔진 제어기

09 **고전압 배터리의 충방전 과정에서 전압 편차가 생긴 셀을 동일한 전압으로 매칭하여 배터리 수명과 에너지 용량 및 효율증대를 갖게 하는 것은?**

① SOC(state of charge)
② 파워 제한
③ 셀 밸런싱
④ 배터리 냉각제어

10 **친환경 자동차의 고전압 배터리 충전상태(SOC)의 일반적인 제한영역은?**

① 20~80%　② 55~86%
③ 86~110%　④ 110~140%

11 **친환경 전기 자동차에서 리튬 이온 폴리머 고전압 배터리는 9개의 모듈로 구성되어 있고, 1개의 모듈은 8개의 셀로 구성되어 있다. 이 배터리의 전압은?(단, 셀 전압은 3.75V이다.)**

① 30V　② 90V
③ 270V　④ 375V

05. 저전압(12V) 배터리를 장착한 이유는 오디오 작동, 등화장치 작동, 내비게이션 작동 등 저전압 계통에 전원을 공급하기 위함이다.

06. AGM 배터리는 유리섬유 격리판을 사용하여 충전 사이클 저항성이 향상시켰으며, 높은 시동전류를 요구하는 기관의 시동성능을 보장한다. 또 셀-플러그는 밀폐되어 있기 때문에 열 수 없다.

07. 모터 컨트롤 유닛(MCU)의 기능
고전압 배터리의 직류를 3상 교류로 바꾸어 모터에 공급하며, 회생 제동을 할 때 모터에서 발생되는 3상 교류를 직류로 바꾸어 고전압 배터리에 공급하는 컨버터(AC→DC 변환)의 기능을 수행한다.

08. 보조 배터리는 저전압(12V) 배터리로 자동차의 오디오, 등화장치, 내비게이션 등 저전압을 이용하여 작동하는 부품에 전원을 공급하기 위해 설치되어 있다.

09. 고전압 배터리의 비정상적인 충전 또는 방전에서 기인하는 배터리 셀 사이의 전압 편차를 조정하여 배터리 내구성, 충전 상태(SOC) 에너지 효율을 극대화시키는 기능을 셀 밸런싱이라고 한다.

10. 고전압 배터리 충전상태(SOC)의 일반적인 제한영역은 20~80% 이다.

11. 배터리 전압 = 모듈 수 × 셀의 수 × 셀 전압
배터리 전압 = 9 × 8 × 3.75V = 270V

05. ④ **06.** ① **07.** ① **08.** ① **09.** ③ **10.** ① **11.** ③

12 **고전압 배터리 관리 시스템의 메인 릴레이를 작동시키기 전에 프리 차지 릴레이를 작동시키는데 프리 차지 릴레이의 기능이 아닌 것은?**

① 등화 장치 보호
② 고전압 회로 보호
③ 타 고전압 부품 보호
④ 고전압 메인 퓨즈, 부스 바, 와이어 하니스 보호

13 **친환경 자동차의 컨버터(converter)와 인버터(inverter)의 전기 특성 표현으로 옳은 것은?**

① 컨버터(converter) : AC에서 DC로 변환, 인버터(inverter) : DC에서 AC로 변환
② 컨버터(converter) : DC에서 AC로 변환, 인버터(inverter) : AC에서 DC로 변환
③ 컨버터(converter) : AC에서 AC로 승압, 인버터(inverter) : DC에서 DC로 승압
④ 컨버터(converter) : DC에서 DC로 승압, 인버터(inverter) : AC에서 AC로 승압

14 **수소 연료 전지 전기 자동차에서 직류(DC) 전압을 다른 직류(DC) 전압으로 바꾸어주는 장치는 무엇인가?**

① 커패시터
② DC-AC 컨버터
③ DC-DC 컨버터
④ 리졸버

15 **수소 연료 전지 전기 자동차의 동력제어 장치에서 모터의 회전속도와 회전력을 자유롭게 제어할 수 있도록 직류를 교류로 변환하는 장치는?**

① 컨버터　② 리졸버
③ 인버터　④ 커패시터

16 **친환경 자동차에서 PRA(Power Relay Assembly) 기능에 대한 설명으로 틀린 것은?**

① 승객 보호
② 전장품 보호
③ 고전압 회로 과전류 보호
④ 고전압 배터리 암전류 차단

12. 프리 차지 릴레이는 파워 릴레이 어셈블리에 장착되어 있으며, 인버터의 커패시터를 초기에 충전할 때 고전압 배터리와 고전압 회로를 연결하는 역할을 한다. 스위치를 ON시키면 프리 차지 릴레이와 레지스터를 통해 흐른 전류가 인버터 내의 커패시터에 충전이 되고 충전이 완료 되면 프리차지 릴레이는 OFF 된다.
① 초기에 커패시터의 충전 전류에 의한 고전압 회로를 보호한다.
② 다른 고전압 부품을 보호한다.
③ 고전압 메인 퓨즈, 부스 바, 와어어 하니스를 보호한다.

13. 컨버터(converter)는 AC를 DC로 변환시키는 장치이고, 인버터(inverter)는 DC를 AC로 변환시키는 장치이다.

14. **용어의 정의**
① **커패시터** : 배터리와 같이 화학반응을 이용하여 축전하는 것이 아니라 콘덴서(condenser)와 같이 전자를 그대로 축적해 두고 필요할 때 방전하는 것으로 짧은 시간에 큰 전류를 축적하거나 방출할 수 있다.
② **DC-DC 컨버터** : 직류(DC) 전압을 다른 직류(DC) 전압으로 바꾸어주는 장치이다.
③ **리졸버**(resolver ; 로터 위치 센서) : 모터에 부착된 로터와 리졸버의 정확한 상(phase)의 위치를 검출하여 MCU로 입력시킨다.

15. **용어의 정의**
① **컨버터** : AC 전원을 DC 전원으로 변환하는 역할을 한다.
② **리졸버** : 모터에 부착된 로터와 리졸버의 정확한 상(phase)의 위치를 검출하여 MCU로 입력시킨다.
③ **인버터** : 모터의 회전속도와 회전력을 자유롭게 제어할 수 있도록 직류를 교류로 변환하는 장치이다.
④ **커패시터** : 배터리와 같이 화학반응을 이용하여 축전(蓄電)하는 것이 아니라 콘덴서(condenser)와 같이 전자를 그대로 축적해 두고 필요할 때 방전하는 것으로 짧은 시간에 큰 전류를 축적하거나 방출할 수 있다.

16. PRA의 기능은 전장품 보호, 고전압 회로 과전류 보호, 고전압 배터리 암전류 차단 등이다.

12.①　13.①　14.③　15.③　16.①

17 **수소 연료 전지 전기 자동차에서 모터의 회전자와 고정자의 위치를 감지하는 것은?**

① 리졸버
② 인버터
③ 경사각 센서
④ 저전압 직류 변환장치

18 **수소 연료 전지 전기 자동차에서 감속 시 구동 모터를 발전기로 전환하여 차량의 운동에너지를 전기 에너지로 변환시켜 배터리로 회수하는 시스템은?**

① 회생 제동 시스템
② 파워 릴레이 시스템
③ 아이들링 스톱 시스템
④ 고전압 배터리 시스템

19 **수소 연료 전지 전기 자동차에는 직류를 교류로 변환하여 교류 모터를 사용하고 있다. 교류 모터에 대한 장점으로 틀린 것은?**

① 효율이 좋다.
② 소형화 및 고속회전이 가능하다.
③ 로터의 관성이 커서 응답성이 양호하다.
④ 브러시가 없어 보수할 필요가 없다.

20 **수소 연료 전지 전기 자동차의 구동 모터를 작동하기 위한 전기 에너지를 공급 또는 저장하는 기능을 하는 것은?**

① 보조 배터리
② 변속기 제어기
③ 고전압 배터리
④ 엔진 제어기

21 **배터리의 충전 상태를 표현한 것은?**

① SOC(State Of Charge)
② PRA(Power Relay Assemble)
③ LDC(Low DC-DC Converter)
④ BMS(Battery Management System)

17. 리졸버는 전동기의 회전자에 연결된 레졸버 회전자와 하우징과 연결된 리졸버 고정자로 구성되어 구동 모터 내부의 회전자와 고정자의 위치를 파악한다.

18. ① 회생 재생 시스템은 감속할 때 구동 모터는 바퀴에 의해 구동되어 발전기의 역할을 한다. 즉 감속할 때 발생하는 운동 에너지를 전기 에너지로 전환시켜 고전압 배터리를 충전한다.
② **파워 릴레이 시스템** : 파워 릴레이 어셈블리는 (+)극과 (−)극 메인 릴레이, 프리차지 릴레이, 프리차지 레지스터와 배터리 전류 센서로 구성되어 배터리 관리 시스템 ECU의 제어 신호에 의해 고전압 배터리와 인버터 사이의 고전압 전원 회로를 제어한다.
③ **아이들링 스톱 시스템** : 연비와 배출가스 저감을 위해 자동차가 정지하여 일정한 조건을 만족할 때에는 엔진의 작동을 정지시킨다.
④ **고전압 배터리 시스템** : 배터리 팩 어셈블리, 배터리 관리 시스템(BMS), 전자 제어 장치(ECU), 파워 릴레이 어셈블리, 케이스, 제어 배선, 쿨링 팬 및 쿨링 덕트로 구성되어 고전압 배터리는 전기 모터에 전력을 공급하고, 회생 제동 시 발생되는 전기 에너지를 저장한다.

19. **교류 모터의 장점**
① 모터의 구조가 비교적 간단하며, 효율이 좋다.
② 큰 동력화가 쉽고, 회전변동이 적다.
③ 소형화 및 고속회전이 가능하다.
④ 브러시가 없어 보수할 필요가 없다.
⑤ 회전 중의 진동과 소음이 적다.
⑥ 수명이 길다.

20. 고전압 배터리는 구동 모터에 전력을 공급하고, 회생제동 시 발생되는 전기 에너지를 저장하는 역할을 한다.

21. ① **SOC**(State Of Charge) : SOC(배터리 충전율)는 배터리의 사용 가능한 에너지를 표시한다.
② **PRA**(Power Relay Assemble) : BMU의 제어 신호에 의해 고전압 배터리 팩과 고전압 조인트 박스 사이의 DC 360V 고전압을 ON, OFF 및 제어 하는 역할을 한다.
③ **LDC**(Low DC-DC Converter) : 고전압 배터리의 DC 전원을 차량의 전장용에 적합한 낮은 전압의 DC 전원(저전압)으로 변환하는 시스템이다.
④ **BMS**(Battery Management System) : 고전압 배터리의 SOC(State Of Charge), 출력, 고장 진단, 배터리 셀 밸런싱(Cell Balancing), 시스템 냉각, 전원 공급 및 차단을 제어한다.

17.① **18.**① **19.**③ **20.**③ **21.**①

22 수소 연료 전지 전기 자동차의 작동에서 구동 모터에 대한 설명으로 틀린 것은?

① 구동 모터로만 주행을 한다.
② 고 에너지의 영구자석을 사용하며 교환 시 리졸버 보정을 해야 한다.
③ 구동 모터는 제동 및 감속 시 회생 제동을 통해 고전압 배터리를 충전한다.
④ 구동 모터는 발전 기능만 수행한다.

23 수소 연료 전지 전기 자동차 구동 모터 3상의 단자 명이 아닌 것은?

① U　② V
③ W　④ Z

24 수소 연료 전지 전기 자동차에서 돌입 전류에 의한 인버터 손상을 방지하는 것은?

① 메인 릴레이
② 프리차지 릴레이 저항
③ 안전 스위치
④ 부스 바

25 친환경 자동차에 사용되는 감속기의 주요 기능에 해당하지 않는 것은?

① 감속기능 : 모터 구동력 증대
② 증속기능 : 증속 시 다운 시프트 적용
③ 차동기능 : 차량 선회 시 좌우바퀴 차동
④ 파킹 기능 : 운전자 P단 조작 시 차량 파킹

26 가상 엔진 사운드 시스템에 관련한 설명으로 거리가 먼 것은?

① 전기차 모드에서 저속주행 시 보행자가 차량을 인지하기 위함
② 엔진 유사용 출력
③ 차량주변 보행자 주의환기로 사고 위험성 감소
④ 자동차 속도 약 30km/h 이상부터 작동

27 친환경 자동차에서 고전압 관련 정비 시 고전압을 해제하는 장치는?

① 전류센서
② 배터리 팩
③ 안전 스위치(안전 플러그)
④ 프리차지 저항

22. 수소 연료 전지 전기 자동차는 구동 모터로만 주행을 하며, 고 에너지의 영구자석을 교환하였을 때 리졸버 보정을 해야 한다. 또 구동 모터는 제동 및 감속할 때 회생 제동을 통해 고전압 배터리를 충전한다.

23. 구동 모터는 3상 파워 케이블이 배치되어 있으며, 3상의 파워 케이블의 단자는 U 단자, V 단자, W 단자가 있다.

24. 프리차지 릴레이 저항은 모터 제어 유닛(MCU)이 고전압 배터리 전원을 인버터로 공급하기 위해 메인 릴레이 (+)와 (−) 릴레이를 작동시키는데 프리차지 릴레이는 메인 릴레이 (+)와 병렬로 연결되어 있다. 모터 제어 유닛은 메인 릴레이 (+)를 작동시키기 전에 프리차지 릴레이를 먼저 작동시켜 고전압 배터리 (+)전원을 인버터 쪽으로 인가한다. 프리차지 릴레이가 작동하면 프리차지 릴레이 저항(레지스터)을 통해 고전압이 인버터 쪽으로 공급되기 때문에 순간적인 돌입 전류에 의한 인버터의 손상을 방지할 수 있다.

25. 전기 자동차용 감속기어
① 일반적인 자동차의 변속기와 같은 역할을 하지만 여러 단계가 있는 변속기와는 달리 일정한 감속비율로 구동전동기에서 입력되는 동력을 구동축으로 전달한다. 따라서 변속기 대신 감속기어라고 부른다.
② 감속기어는 구동전동기의 고속 회전, 낮은 회전력을 입력을 받아 적절한 감속비율로 회전속도를 줄여 회전력을 증대시키는 역할을 한다.
③ 감속기어 내부에는 주차(parking)기구를 포함하여 5개의 기어가 있고 수동변속기용 오일을 주유하며, 오일은 교환하지 않는 방식이다.
④ 주요기능은 구동전동기의 동력을 받아 기어비율 만큼 감속하여 출력축(바퀴)으로 동력을 전달하는 회전력 증대와 자동차가 선회할 때 양쪽 바퀴에 회전속도를 조절하는 차동장치의 기능, 자동차가 정지한 상태에서 기계적으로 구동장치의 동력전달을 단속하는 주차기능 등이 있다.

26. 가상 엔진 사운드 시스템은 친환경 전기 자동차나 전기 자동차에 부착하는 보행자를 위한 시스템이다. 즉 배터리로 저속주행 또는 후진할 때 보행자가 놀라지 않도록 자동차의 존재를 인식시켜 주기 위해 엔진 소리를 내는 스피커이며, 주행 속도 0~20km/h에서 작동한다.

27. 안전 플러그는 기계적인 분리를 통하여 고전압 배터리 내부 회로의 연결을 차단하는 장치이다. 연결 부품으로는 고전압 배터리 팩, 파워 릴레이 어셈블리, 급속 충전 릴레이, BMU, 모터, EPCU, 완속 충전기, 고전압 조인트 박스, 파워 케이블, 전기 모터식 에어컨 컴프레서 등이 있다.

22. ④ **23.** ④ **24.** ② **25.** ② **26.** ④ **27.** ③

28 **친환경 자동차에 적용되는 브레이크 밀림방지(어시스트 시스템)장치에 대한 설명으로 맞는 것은?**

① 경사로에서 정차 후 출발 시 차량 밀림 현상을 방지하기 위해 밀림방지용 밸브를 이용 브레이크를 한시적으로 작동하는 장치이다.

② 경사로에서 출발 전 한시적으로 구동 모터를 작동시켜 차량 밀림현상을 방지하는 장치이다.

③ 차량 출발이나 가속 시 무단변속기에서 크립 토크(creep torque)를 이용하여 차량이 밀리는 현상으로 방지하는 장치이다.

④ 브레이크 작동 시 브레이크 작동유압을 감지하여 높은 경우 유압을 감압시켜 브레이크 밀림을 방지하는 장치이다.

29 **수소 연료 전지 전기 자동차에서 고전압 배터리 또는 차량화재 발생 시 조치해야 할 사항이 아닌 것은?**

① 차량의 시동키를 OFF하여 전기 동력 시스템 작동을 차단시킨다.

② 화재 초기 상태라면 트렁크를 열고 신속히 세이프티 플러그를 탈거한다.

③ 메인 릴레이 (+)를 작동시켜 고전압 배터리 (+)전원을 인가한다.

④ 화재 진압을 위해서는 액체물질을 사용하지 말고 분말소화기 또는 모래를 사용한다.

30 **수소 연료 전지 전기 자동차의 전기장치를 정비 작업 시 조치해야 할 사항이 아닌 것은?**

① 안전 스위치를 분리하고 작업한다.

② 이그니션 스위치를 OFF시키고 작업한다.

③ 12V 보조 배터리 케이블을 분리하고 작업한다.

④ 고전압 부품 취급은 안전 스위치를 분리 후 1분 안에 작업한다.

28. 브레이크 밀림방지(어시스트 시스템) 장치는 경사로에서 정차 후 출발할 때 차량의 밀림 현상을 방지하기 위해 밀림방지용 밸브를 이용 브레이크를 한시적으로 작동하는 장치이다.

29. **고전압 배터리 시스템 화재 발생 시 주의사항**
① 스타트 버튼을 OFF시킨 후 의도치 않은 시동을 방지하기 위해 스마트 키를 차량으로부터 2m 이상 떨어진 위치에 보관하도록 한다.
② 화재 초기일 경우 트렁크를 열고 신속히 안전 플러그를 OFF시킨다.
③ 실내에서 화재가 발생한 경우 수소 가스의 방출을 위하여 환기를 실시한다.
④ 불을 끌 수 있다면 이산화탄소 소화기를 사용한다.
⑤ 이산화탄소는 전기에 대해 절연성이 우수하기 때문에 전기(C급) 화재에도 적합하다.
⑥ 불을 끌 수 없다면 안전한 곳으로 대피한다. 그리고 소방서에 전기 자동차 화재를 알리고 불이 꺼지기 전까지 차량에 접근하지 않도록 한다.
⑦ 차량 침수·충돌 사고 발생 후 정지 시 최대한 빨리 차량키를 OFF 및 외부로 대피한다.

30. **수소 연료 전지 전기 자동차의 전기장치를 정비할 때 지켜야 할 사항**
① 이그니션 스위치를 OFF시킨 후 안전 스위치를 분리하고 작업한다.
② 전원을 차단하고 일정시간(5분 이상)이 경과 후 작업한다.
③ 12V 보조 배터리 케이블을 분리하고 작업한다.
④ 고전압 케이블의 커넥터 커버를 분리한 후 전압계를 이용하여 각 상 사이(U, V, W)의 전압이 0V인지를 확인한다.
⑤ 절연장갑을 착용하고 작업한다.
⑥ 작업 전에 반드시 고전압을 차단하여 감전을 방지하도록 한다.
⑦ 전동기와 연결되는 고전압 케이블을 만져서는 안 된다.

28.① **29.③** **30.④**

CNG 연료 장치

01 **CNG 엔진의 분류에서 자동차에 연료를 저장하는 방법에 따른 분류가 아닌 것은?**

① 압축 천연가스(CNG) 자동차
② 액화 천연가스(LNG) 자동차
③ 흡착 천연가스(ANG) 자동차
④ 부탄가스 자동차

02 **CNG 엔진의 장점에 속하지 않는 것은?**

① 매연이 감소된다.
② 이산화탄소와 일산화탄소 배출량이 감소한다.
③ 낮은 온도에서의 시동성능이 좋지 못하다.
④ 엔진 작동 소음을 낮출 수 있다.

03 **자동차 연료로써 압축 천연가스(CNG)의 장점으로 틀린 것은?**

① 질소산화물의 발생이 적다.
② 탄화수소의 점유율이 높다.
③ CO 배출량이 적다.
④ 옥탄가가 높다.

04 **다음 중 천연가스에 대한 설명으로 틀린 것은?**

① 상온에서 기체 상태로 가압 저장한 것을 CNG라고 한다.
② 천연적으로 채취한 상태에서 바로 사용할 수 있는 가스 연료를 말한다.
③ 연료를 저장하는 방법에 따라 압축 천연가스 자동차, 액화 천연가스 자동차, 흡착 천연가스 자동차 등으로 분류된다.
④ 천연가스의 주성분은 프로판이다.

05 **자동차 연료로 사용하는 천연가스에 관한 설명으로 맞는 것은?**

① 약 200기압으로 압축시켜 액화한 상태로만 사용한다.
② 부탄이 주성분인 가스 상태의 연료이다.
③ 상온에서 높은 압력으로 가압하여도 기체 상태로 존재하는 가스이다.
④ 경유를 착화보조 연료로 사용하는 천연가스 자동차를 전소기관 자동차라 한다.

01. 연료를 저장하는 방법에 따른 분류
① **압축 천연가스(CNG) 자동차** : 천연가스를 약 200~250기압의 높은 압력으로 압축하여 고압 용기에 저장하여 사용하며, 현재 대부분의 천연가스 자동차가 사용하는 방법이다.
② **액화 천연가스(LNG) 자동차** : 천연가스를 −162℃이하의 액체 상태로 초저온 단열용기에 저장하여 사용하는 방법이다.
③ **흡착 천연가스(ANG) 자동차** : 천연가스를 활성탄 등의 흡착제를 이용하여 압축천연 가스에 비해 1/5~1/3 정도의 중압(50~70 기압)으로 용기에 저장하는 방법이다.

02. CNG 엔진의 장점
① 디젤 엔진과 비교하였을 때 매연이 100% 감소된다.
② 가솔린 엔진과 비교하였을 때 이산화탄소 20~30%, 일산화탄소가 30~50% 감소한다.
③ 낮은 온도에서의 시동 성능이 좋다.
④ 옥탄가가 130으로 가솔린의 100보다 높다.
⑤ 질소산화물 등 오존영향 물질을 70% 이상 감소시킬 수 있다.
⑥ 엔진의 작동 소음을 낮출 수 있다.
⑦ 오존을 생성하는 탄화수소의 점유율이 낮다.

04. 천연가스는 메탄이 주성분인 가스 상태이며, 상온에서 고압으로 가압하여도 기체 상태로 존재하므로 자동차에서는 약 200기압으로 압축하여 고압용기에 저장하거나 액화 저장하여 사용한다.

05. 천연가스는 상온에서 고압으로 가압하여도 기체 상태로 존재하므로 자동차에서는 약 200기압으로 압축하여 고압용기에 저장하거나 액화 저장하여 사용하며, 메탄이 주성분인 가스 상태이다.

01.④ 02.③ 03.② 04.④ 05.③

06 **압축 천연가스를 연료로 사용하는 엔진의 특성으로 틀린 것은?**

① 질소산화물, 일산화탄소 배출량이 적다.
② 혼합기 발열량이 휘발유나 경유에 비해 좋다.
③ 1회 충전에 의한 주행거리가 짧다.
④ 오존을 생성하는 탄화수소에서의 점유율이 낮다.

07 **압축 천연가스(CNG) 자동차에 대한 설명으로 틀린 것은?**

① 연료라인 점검 시 항상 압력을 낮춰야 한다.
② 연료누출 시 공기보다 가벼워 가스는 위로 올라간다.
③ 시스템 점검 전 반드시 연료 실린더 밸브를 닫는다.
④ 연료 압력 조절기는 탱크의 압력보다 약 5bar가 더 높게 조절한다.

08 **압축 천연가스(CNG)의 특징으로 거리가 먼 것은?**

① 전 세계적으로 매장량이 풍부하다.
② 옥탄가가 매우 낮아 압축비를 높일 수 없다.
③ 분진 유황이 거의 없다.
④ 기체 연료이므로 엔진 체적효율이 낮다.

09 **전자제어 압축천연가스(CNG) 자동차의 엔진에서 사용하지 않는 것은?**

① 연료 온도 센서 ② 연료 펌프
③ 연료압력 조절기 ④ 습도 센서

10 **CNG 엔진에서 사용하는 센서가 아닌 것은?**

① 가스 압력 센서
② 베이퍼라이저 센서
③ CNG 탱크 압력 센서
④ 가스 온도 센서

11 **CNG(Compressed Natural Gas) 엔진에서 가스의 역류를 방지하기 위한 장치는?**

① 체크 밸브
② 에어 조절기
③ 저압 연료 차단 밸브
④ 고압 연료 차단 밸브

06. **CNG 엔진의 특징**
① 디젤 엔진과 비교하였을 때 매연이 100% 감소된다.
② 가솔린 엔진과 비교하였을 때 이산화탄소 20~ 30%, 일산화탄소가 30~50% 감소한다.
③ 낮은 온도에서의 시동 성능이 좋다.
④ 옥탄가가 130으로 가솔린의 100보다 높다.
⑤ 질소산화물 등 오존영향 물질을 70%이상 감소시킬 수 있다.
⑥ 엔진의 작동소음을 낮출 수 있다.
⑦ 오존을 생성하는 탄화수소에서의 점유율이 낮다.

07. 연료 압력 조절기는 고압 차단 밸브와 열 교환 기구 사이에 설치되며, CNG 탱크 내 200bar의 높은 압력의 천연가스를 엔진에 필요한 8bar로 감압 조절한다. 압력 조절기 내에는 높은 압력의 가스가 낮은 압력으로 팽창되면서 가스 온도가 내려가므로 이를 난기 시키기 위해 엔진의 냉각수가 순환하도록 되어 있다.

08. 압축 천연가스는 기체 연료이므로 엔진 체적효율이 낮으며, 옥탄가가 130으로 가솔린의 100보다 높다.

09. CNG 엔진에서 사용하는 것으로는 연료 미터링 밸브, 가스 압력 센서, 가스 온도 센서, 고압 차단 밸브, 탱크 압력 센서, 탱크 온도 센서, 습도 센서, 수온 센서, 열 교환 기구, 연료 온도 조절 기구, 연료 압력 조절기, 스로틀 보디 및 스로틀 위치 센서(TPS), 웨이스트 게이트 제어 밸브(과급압력 제어 기구), 흡기 온도 센서(MAT)와 흡기 압력(MAP) 센서, 스로틀 압력 센서, 대기 압력 센서, 공기 조절 기구, 가속 페달 센서 및 공전 스위치 등이다.

10. 베이퍼라이저는 기계식 LPG 엔진에서 LPG를 감압하여 믹서에 공급하는 역할을 하며, 베이퍼라이저 센서는 없다.

11. ① **체크 밸브** : CNG 충전 밸브 후단에 설치되어 고압가스 충전 시 가스의 역류를 방지한다.
② **에어 조절기** : 공기조절 기구(Air Regulator)는 공기탱크와 웨이스트 게이트 제어 솔레노이드 밸브사이에 설치되며, 공기압력을 9bar에서 2bar로 감압시킨다.
③ **저압 연료 차단 밸브** : CNG 엔진의 저압 차단 밸브는 연료량 조절 밸브 입구쪽에 설치되어 있는 솔레노이드 밸브로서 비상시 또는 점화 스위치 OFF시 가스를 차단한다.
④ **고압 연료 차단 밸브** : CNG 탱크와 압력 조절기 사이에 설치되어 있으며, 엔진의 가동을 정지시켰을 때 고압 연료 라인을 차단한다.

06.② **07.**④ **08.**② **09.**② **10.**② **11.**①

12 **CNG 자동차에서 가스 실린더 내 200bar의 연료압력을 8~10bar로 감압시켜주는 밸브는?**

① 마그네틱 밸브
② 저압 잠금 밸브
③ 레귤레이터 밸브
④ 연료양 조절 밸브

13 **CNG(Compressed Natural Gas) 차량에서 연료량 조절 밸브 어셈블리의 구성품이 아닌 것은?**

① 가스 압력 센서
② 가스 온도 센서
③ 연료 온도 조절기
④ 저압 가스 차단 밸브

LPI 연료 장치

01 **가솔린 엔진과 비교한 LPG 엔진의 특징으로 가장 거리가 먼 것은?**

① 유해 배출물 발생이 적다.
② 카본 발생이 적다.
③ 엔진 오일의 점도 저하가 크다.
④ 엔진 오일의 오염이 적다.

02 **LPG 엔진의 특징에 대한 설명으로 틀린 것은?**

① 연료 봄베는 밀폐식으로 되어있다.
② 배기가스의 CO 함유량은 가솔린 엔진에 비해 적다.
③ LPG는 영하의 온도에서 기화하지 않는다.
④ 체적효율이 낮아 축 출력이 가솔린 엔진에 비해 낮다.

12. 레귤레이터 밸브(Regulator valve)는 고압 차단 밸브와 열 교환 기구 사이에 설치되며, CNG 탱크 내 200bar의 높은 압력의 CNG를 엔진에 필요한 8bar로 감압 조절한다. 압력 조절기 내에는 높은 압력의 가스가 낮은 압력으로 팽창되면서 가스 온도가 내려가므로 이를 난기 시키기 위해 엔진의 냉각수가 순환하도록 되어 있다.

13. 연료량 조절 밸브 어셈블리는 가스 압력 센서, 가스 온도 센서, 저압 차단 밸브, 연료 분사량 조절 밸브로 구성되어 있다.

① **가스 압력 센서** : 연료량 조절 밸브에 설치되어 있으며, 분사 직전의 조정된 가스 압력을 검출하는 압력 변환기이다. 이 센서의 신호와 다른 기타 정보를 함께 사용하여 인젝터(연료 분사장치)에서의 연료 밀도를 산출한다.
② **가스 온도 센서** : 부특성 서미스터로 미터링 밸브 내에 설치되어 있으며, 분사 직전의 조정된 천연가스 온도를 검출하여 ECU(ECM)에 입력한다. 이 온도 센서의 신호와 천연가스 압력 센서의 압력 신호를 함께 사용하여 인젝터의 연료 농도(미터링 밸브 작동시점 결정)를 계산한다.
③ **저압 가스 차단 밸브** : CNG 엔진의 저압 차단 밸브는 연료량 조절 밸브 입구쪽에 설치되어 있는 솔레노이드 밸브로서 비상시 또는 점화 스위치 OFF시 가스를 차단한다.
④ **연료 분사량 조절 밸브** : 8개의 작은 인젝터로 구성되어 있으며, 컴퓨터로부터 구동 신호를 받아 엔진에서 요구하는 연료량을 정확하게 스로틀 보디 앞에 분사한다.

01. **LPG 엔진의 특징**

① 유해 배기가스가 비교적 적게 배출되어 대기오염이 적고 위생적이다.
② 엔진 오일의 오염이 적고 연소실에 카본 퇴적이 적다.
③ 옥탄가가 높아 노킹이 잘 일어나지 않는다.
④ 가솔린에 비해 쉽게 기화하여 연소가 균일하다.
⑤ 퍼콜레이션(percolation)현상 및 증기폐쇄(vapor lock)가 일어나지 않는다.
⑥ LPG의 연소속도는 가솔린보다 느리다.
⑦ 연료펌프가 필요 없다.
⑧ 가솔린 엔진보다 점화시기를 진각시켜야 한다.
⑨ 엔진 오일의 내열성이 좋아야 한다.
⑩ 체적효율이 낮아 축 출력이 가솔린 엔진에 비해 낮다.
⑪ 동절기에는 시동성이 떨어지므로 부탄 70%, 프로판 30%의 비율을 사용한다.

12.③ 13.③ / 01.③ 02.③

03 자동차 엔진 연료 중 LPG의 특성 설명으로 틀린 것은?

① 저온에서 증기압이 낮기 때문에 시동성이 좋지 않다.
② 유독성 납화합물이나 유황분 등의 함유량이 적어, 휘발유에 비해 청정연료이다.
③ LPG는 가스 상태로 실린더에 공급되므로 흡입효율 저하에 의한 출력저하 현상이 나타난다.
④ 액체 상태에서 단위 중량당 발열량은 휘발유보다 낮지만, 공기와 혼합 상태에서의 발열량은 휘발유보다 높다.

04 LPG(Liquefied Petroleum Gas)차량의 특성 중 장점이 아닌 것은?

① 엔진 연소실에 카본의 퇴적이 거의 없어 스파크 플러그의 수명이 연장된다.
② 엔진 오일이 가솔린과는 달리 연료에 의해 희석되므로 실린더의 마모가 적고 오일교환 기간이 연장된다.
③ 가솔린에 비해 쉽게 기화되므로 연소가 균일하여 엔진 소음이 적다.
④ 베이퍼록(vapor lock)과 퍼콜레이션(percolation) 등이 발생하지 않는다.

05 자동차 엔진에 사용되는 LPG의 특징으로 틀린 것은?

① 공기보다 가볍다.
② 증발 잠열이 크다.
③ 액화 시 체적이 감소한다.
④ 기화 및 액화가 용이하다.

06 자동차 연료 중 LPG에 대한 설명으로 틀린 것은?

① 공기보다 무겁다.
② 저장을 기체 상태로 한다.
③ 온도상승에 의해 압력상승이 일어난다.
④ 연료 충진은 탱크 용량의 약 85% 정도로 한다.

07 LPG 자동차 봄베의 액상연료 최대 충전량은 내용적의 몇 %를 넘지 않아야 하는가?

① 75%　② 80%
③ 85%　④ 90%

08 가솔린 엔진과 비교한 LPG 엔진에 대한 설명으로 옳은 것은?

① 저속에서 노킹이 자주 발생한다.
② 프로판과 부탄을 사용한다.
③ 액화가스는 압축행정말 부근에서 완전 기체상태가 된다.
④ 타르의 생성이 없다.

03. LPG는 유독성 납화합물이나 유황분 등의 함유량이 적어, 휘발유에 비해 청정연료이다. 그러나 저온에서 증기압이 낮기 때문에 시동성이 좋지 않고, LPG는 가스 상태로 실린더에 공급되므로 흡입효율 저하에 의한 출력저하 현상이 나타난다.

04. LPG 엔진의 특징
① 기화하기 쉬워 연소가 균일하다.
② 옥탄가가 높아 노킹발생이 적다.
③ 연소실에 카본퇴적이 적다.
④ 베이퍼록이나 퍼콜레이션이 일어나지 않는다.
⑤ 공기와 혼합이 잘 되고 완전연소가 가능하다.
⑥ 배기색이 깨끗하고 유해 배기가스가 비교적 적다.
⑦ 엔진오일이 가솔린과는 달리 연료에 의해 희석되지 않으므로 실린더의 마모가 적고 오일교환 기간이 연장된다.

05. LPG는 공기보다 무겁고, 증발 잠열이 크며, 액화할 때 체적이 감소하고, 기화 및 액화가 용이하다.

06. LPG는 봄베에 액체 상태로 저장하며, 누출되면 공기보다 무겁고 온도상승에 의해 압력상승이 일어나며, 연료의 충진은 탱크 용량의 약 85% 정도로 한다.

07. LPG 자동차 봄베의 액상연료 최대 충전량은 내용적의 85%를 넘지 않아야 한다.

08. 여름철용 LPG는 100% 부탄을 사용하고, 겨울철용 LPG는 부탄 70%, 프로판 30%의 혼합물을 사용하여 겨울에도 기화가 원활하게 되도록 한다.

03.④ 04.② 05.① 06.② 07.③ 08.②

09 **LPG 엔진과 비교할 때 LPI 엔진의 장점으로 틀린 것은?**

① 겨울철 냉간 시동성이 향상된다.
② 봄베에서 송출되는 가스압력을 증가시킬 필요가 없다.
③ 역화 발생이 현저히 감소된다.
④ 주기적인 타르 배출이 불필요하다.

10 **LPI(Liquid Petroleum Injection) 연료장치의 특징이 아닌 것은?**

① 가스 온도 센서와 가스 압력 센서에 의해 연료 조성비를 알 수 있다.
② 연료 압력 레귤레이터에 의해 일정 압력을 유지하여야 한다.
③ 믹서에 의해 연소실로 연료가 공급된다.
④ 연료펌프가 있다.

11 **LPG 자동차에서 액상 분사장치(LPI)에 대한 설명 중 틀린 것은?**

① 빙결 방지용 인젝터를 사용한다.
② 연료 펌프를 설치한다.
③ 가솔린 분사용 인젝터와 공용으로 사용할 수 없다.
④ 액·기상 전환 밸브의 작동에 따라 연료 분사량이 제어되기도 한다.

12 **LPI 엔진의 연료장치 주요 구성품으로 틀린 것은?**

① 연료 펌프
② 모터 컨트롤러
③ 연료 레귤레이터 유닛
④ 베이퍼라이저

13 **전자제어 LPI 차량의 구성품이 아닌 것은?**

① 연료 차단 솔레노이드 밸브
② 연료 펌프 드라이버
③ 과류 방지 밸브
④ 믹서

09. LPI 장치의 장점
① 겨울철 시동성이 향상된다.
② 정밀한 LPG 공급량의 제어로 이미션(emission) 규제의 대응에 유리하다.
③ 고압의 액체 LPG 상태로 분사하여 타르 생성의 문제점을 개선할 수 있다.
④ 주기적인 타르 배출이 필요 없다.
⑤ 가솔린 엔진과 같은 수준의 동력 성능을 발휘한다.
⑥ 역화의 발생이 현저하게 감소된다.

10. LPI(Liquid Petroleum Injection) 장치는 LPG를 높은 압력의 액체 상태(5~15bar)로 유지하면서 엔진 컴퓨터에 의해 제어되는 인젝터를 통하여 각 실린더로 분사하는 방식이다.

11. 액·기상 전환 밸브는 기존의 LPG 엔진에서 냉각수 온도에 따라 기체 또는 액체 상태의 LPG를 송출하는 역할을 한다.

12. LPI 연료 장치의 구성품
① **봄베** : 봄베는 LPG를 충전하기 위한 고압 용기이다.
② **연료 펌프** : 연료 펌프는 봄베 내에 설치되어 있으며, 액체 상태의 LPG를 인젝터에 압송하는 역할을 한다.
③ **연료 레귤레이터 유닛** : 연료 압력 조절기 유닛은 연료 봄베에서 송출된 고압의 LPG를 다이어프램과 스프링 장력의 균형을 이용하여 연료 라인 내의 압력을 항상 펌프의 압력보다 약 5kgf/cm² 정도 높게 유지시키는 역할을 한다.

13. LPI 연료 장치 구성품
① **연료 차단 솔레노이드 밸브** : 엔진 시동을 ON, OFF시 작동하는 ON, OFF방식으로 엔진을 OFF시키면 봄베와 인젝터 사이의 연료 라인을 차단하는 역할을 한다. 연료 차단 솔레노이드 밸브는 연료 압력 조절기 유닛과 멀티 밸브 어셈블리에 각각 1개씩 설치되어 동일한 조건으로 동일하게 작동하여 2중으로 연료를 차단한다.
② **연료 펌프 드라이버** : 인터페이스 박스(IFB)에서 신호를 받아 펌프를 구동하기 위한 모듈이다.
③ **과류 방지 밸브** : 차량의 사고 등으로 배관 및 연결부가 파손된 경우 봄베로부터 연료의 송출을 차단하여 LPG의 방출로 인한 위험을 방지하는 역할을 한다.

09.② **10.③** **11.④** **12.④** **13.④**

14 **전자제어 LPI 엔진의 구성품이 아닌 것은?**

① 베이퍼라이저 ② 가스 온도 센서
③ 연료 압력 센서 ④ 레귤레이터 유닛

15 **LPI 자동차의 연료공급 장치에 대한 설명으로 틀린 것은?**

① 봄베는 내압시험과 기밀시험을 통과하여야 한다.
② 연료펌프는 기체상태의 LPG를 인젝터에 압송한다.
③ 연료압력 조절기는 연료배관의 압력을 일정하게 유지시키는 역할을 한다.
④ 연료배관 파손 시 봄베 내 연료의 급격한 방출을 차단하기 위해 과류방지밸브가 있다.

16 **LPI 시스템에서 연료 펌프 제어에 대한 설명으로 옳은 것은?**

① 엔진 ECU에서 연료 펌프를 제어한다.
② 종합 릴레이에 의해 연료 펌프가 구동된다.
③ 엔진이 구동되면 운전조건에 관계없이 일정한 속도로 회전한다.
④ 펌프 드라이버는 운전조건에 따라 연료 펌프의 속도를 제어한다.

17 **LPG 차량에서 연료 압력 조절기 유닛의 주요 구성품이 아닌 것은?**

① 흡기 온도 센서
② 가스 온도 센서
③ 연료 압력 조절기
④ 연료 차단 솔레노이드 밸브

18 **LPI 엔진의 연료라인 압력이 봄베 압력보다 항상 높게 설정되어 있는 이유로 옳은 것은?**

① 공연비 피드백 제어
② 연료의 기화방지
③ 공전속도 제어
④ 정확한 듀티 제어

19 **LPI 시스템에서 부탄과 프로판의 조성 비율을 판단하기 위한 센서 2가지는?**

① 연료량 감지 센서
② 수온 센서, 압력 센서
③ 수온 센서, 유온 센서
④ 압력 센서, 유온 센서

14. **LPI 연료 장치 구성품**
① **가스 온도 센서** : 가스 온도에 따른 연료량의 보정 신호로 이용되며, LPG의 성분 비율을 판정할 수 있는 신호로도 이용된다.
② **연료 압력 센서(가스 압력 센서)** : LPG 압력의 변화에 따른 연료량의 보정 신호로 이용되며, 시동시 연료 펌프의 구동 시간을 제어하는데 영향을 준다.
③ **레귤레이터 유닛** : 연료 압력 조절기 유닛은 연료 봄베에서 송출된 고압의 LPG를 다이어프램과 스프링 장력의 균형을 이용하여 연료 라인 내의 압력을 항상 펌프의 압력보다 약 5kgf/cm² 정도 높게 유지시키는 역할을 한다.

15. 연료 펌프는 봄베 내에 설치되어 있으며, 액체 상태의 LPG를 인젝터에 압송하는 역할을 한다. 연료 펌프는 필터(여과기), BLDC 모터 및 양정형 펌프로 구성된 연료 펌프 유닛과 과류 방지 밸브, 리턴 밸브, 릴리프 밸브, 수동 밸브, 연료 차단 솔레노이드 밸브가 배치되어 있는 멀티 밸브 유닛으로 구성되어 있다.

16. LPI 시스템의 펌프 드라이버는 연료펌프 내에 장착된 BLDC 모터의 구동을 제어하는 컨트롤러로서 엔진의 운전조건에 따라 모터를 5단계로 제어하는 역할을 한다.

17. **연료 압력 조절기 유닛의 구성품**
① **연료 압력 조절기** : 연료 라인의 압력을 펌프의 압력보다 항상 5kgf/cm²정도 높도록 조절하는 역할을 한다.
② **가스 온도 센서** : 가스 온도에 따른 연료량의 보정 신호로 이용되며, LPG의 성분 비율을 판정할 수 있는 신호로도 이용된다.
③ **가스 압력 센서** : LPG 압력의 변화에 따른 연료량의 보정 신호로 이용되며, 시동시 연료 펌프의 구동 시간을 제어하는데 영향을 준다.
④ **연료 차단 솔레노이드 밸브** : 연료를 차단하기 위한 밸브로 점화 스위치 OFF시 연료를 차단한다.

18. LPI 엔진의 연료라인 압력이 봄베의 압력보다 항상 높게 설정되어 있는 이유는 연료 라인에서 기화되는 것을 방지하기 위함이다.

19. ① **압력 센서** : 가스 압력에 따르는 연료펌프 구동시간 결정 및 LPG 조성 비율을 판정하여 최적의 LPG 분사량을 보정하는데 이용되며, 가스 온도 센서가 고장일 때 대처 기능으로 사용된다.
② **유온 센서** : 가스 압력 센서와 함께 LPG 조성 비율 판정 신호로도 이용되며, LPG 분사량 및 연료 펌프 구동시간 제어에도 사용된다.

14.① **15.**② **16.**④ **17.**① **18.**② **19.**④

20 **LPI 엔진에서 연료의 부탄과 프로판의 조성비를 결정하는 입력요소로 맞는 것은?**

① 크랭크 각 센서, 캠각 센서
② 연료 온도 센서, 연료 압력 센서
③ 공기 유량 센서, 흡기 온도 센서
④ 산소 센서, 냉각수 온도 센서

21 **LPI 엔진에서 연료 압력과 연료 온도를 측정하는 이유는?**

① 최적의 점화시기를 결정하기 위함이다.
② 최대 흡입 공기량을 결정하기 위함이다.
③ 최대로 노킹 영역을 피하기 위함이다.
④ 연료 분사량을 결정하기 위함이다.

22 **LPI 엔진에서 인젝터에 관한 설명으로 틀린 것은?(단, 베이퍼라이저가 미적용된 차량)**

① 전류 구동방식이다.
② 아이싱 팁을 사용한다.
③ 실린더에 직접 분사한다.
④ 액상의 연료를 분사한다.

23 **LPI 엔진의 연료장치에서 장시간 차량정지 시 수동으로 조작하여 연료 토출 통로를 차단하는 밸브는?**

① 매뉴얼 밸브 ② 과류 방지 밸브
③ 릴리프 밸브 ④ 리턴 밸브

24 **LPI 엔진에서 연료를 액상으로 유지하고 배관 파손 시 용기 내의 연료가 급격히 방출되는 것을 방지하는 것은?**

① 릴리프 밸브 ② 과류 방지 밸브
③ 매뉴얼 밸브 ④ 연료 차단 밸브

25 **LPI 엔진에서 크랭킹은 가능하나 시동이 불가능하다. 다음 두 정비사의 의견 중 옳은 것은?**

- 정비사 KIM : 연료펌프가 불량이다.
- 정비사 LEE : 인히비터 스위치가 불량일 가능성이 높다.

① 정비사 KIM이 옳다.
② 정비가 LEE가 옳다.
③ 둘 다 옳다.
④ 둘 다 틀리다.

20. 연료 온도 센서는 연료 압력 센서와 함께 LPG 조성 비율의 판정 신호로도 이용되며, LPG 분사량 및 연료 펌프 구동시간 제어에도 사용된다.

21. 가스 압력 센서는 가스 온도 센서와 함께 LPG 조성 비율의 판정 신호로도 이용되며, LPG 분사량 및 연료 펌프 구동시간 제어에도 사용된다.

22. LPI 엔진의 인젝터는 전류 구동방식을 사용하며 액체상태의 LPG를 분사하는 인젝터와 LPG 분사 후 기화 잠열에 의한 수분의 빙결을 방지하기 위한 아이싱 팁(icing tip)으로 구성되어 있으며, 연료는 연료 입구측의 필터를 통과한 LPG가 인젝터 내의 아이싱 팁을 통하여 흡기관에 분사된다.

23. LPI에서 사용하는 밸브의 역할
① **매뉴얼 밸브** : 장기간 자동차를 운행하지 않을 경우 수동으로 LPG의 공급라인을 차단하는 수동 밸브이다.
② **과류 방지 밸브** : 차량의 사고 등으로 배관 및 연결부가 파손된 경우 봄베로부터 연료의 송출을 차단하여 LPG의 방출로 인한 위험을 방지하는 역할을 한다.
③ **릴리프 밸브** : LPG 공급라인의 압력을 액체 상태로 유지시켜, 엔진이 뜨거운 상태에서 재시동을 할 때 시동성을 향상시키는 역할을 한다.
④ **리턴 밸브** : 연료 라인의 LPG 압력이 규정값 이상이 되면 열려 과잉의 LPG를 봄베로 리턴시키는 역할을 한다.

24. LPI에서 사용하는 밸브의 역할
① **릴리프 밸브** : LPG 공급라인의 압력을 액체 상태로 유지시켜, 엔진이 뜨거운 상태에서 재시동을 할 때 시동성을 향상시키는 역할을 한다.
② **과류 방지 밸브** : 차량의 사고 등으로 배관 및 연결부가 파손된 경우 봄베로부터 연료의 송출을 차단하여 LPG의 방출로 인한 위험을 방지하는 역할을 한다.
③ **매뉴얼 밸브** : 장기간 자동차를 운행하지 않을 경우 수동으로 LPG의 공급라인을 차단하는 수동 밸브이다.
④ **연료 차단 밸브** : 멀티 밸브 어셈블리에 설치되어 있으며, 엔진 시동을 OFF시키면 봄베와 인젝터 사이의 연료 라인을 차단하는 역할을 한다.

20.② **21.**④ **22.**③ **23.**① **24.**② **25.**①

Part V

모의고사

자동차정비산업기사

• 자동차정비산업기사

모의고사 [제1회]

제 1 회

자격종목 및 등급(선택분야)	종목번호	시험시간	문제지형별	수검번호	성 명
자동차정비산업기사	2070	2시간			

제1과목 자동차엔진정비

01 크랭크 각 센서의 기능에 대한 설명으로 틀린 것은?

① ECU는 크랭크 각 센서 신호를 기초로 연료분사시기를 결정한다.
② 엔진 시동 시 연료량 제어 및 보정 신호로 사용된다.
③ 엔진의 크랭크축 회전각도 또는 회전위치를 검출한다.
④ ECU는 크랭크 각 센서 신호를 기초로 엔진 1회전당 흡입공기량을 계산한다.

≪ 크랭크 각 센서의 기능
① 크랭크축의 회전각도 또는 회전위치를 검출하여 ECU에 입력시킨다.
② 연료 분사시기와 점화시기를 결정하기 위한 신호로 이용된다.
③ 엔진 시동 시 연료 분사량 제어 및 보정 신호로 이용된다.
④ 단위 시간 당 엔진 회전속도를 검출하여 ECU로 입력시킨다.

02 전자제어 가솔린 엔진에서 (−)duty 제어 타입의 액추에이터 작동 사이클 중 (−)duty가 40%일 경우의 설명으로 옳은 것은?

① 전류 통전시간 비율이 40% 이다.
② 전류 비통전시간 비율이 40% 이다.
③ 한 사이클 중 분사시간의 비율이 60% 이다.
④ 한 사이클 중 작동하는 시간의 비율이 60% 이다.

≪ 듀티(duty)란 ON, OFF의 1사이클 중 ON되는 시간을 백분율로 표시한 것이며, (−)듀티가 40%일 경우 전류 통전시간 비율이 40%이다.

03 디젤 엔진의 연료 분사량을 측정하였더니 최대 분사량이 25cc이고, 최소 분사량이 23cc, 평균 분사량이 24cc이다. 분사량의 (+)불균율은?

① 약 8.3%　② 약 2.1%
③ 약 4.2%　④ 약 8.7%

≪ $+\text{불균율} = \dfrac{\text{최대 분사량} - \text{평균 분사량}}{\text{평균 분사량}} \times 100$

$+\text{불균율} = \dfrac{25cc - 24cc}{24cc} \times 100 = 4.16\%$

04 점화 1차 파형으로 확인할 수 없는 사항은?

① 드웰 시간
② 방전 전류
③ 점화 코일 공급전압
④ 점화 플러그 방전시간

≪ 점화 1차 파형으로 드웰 시간, 점화 코일 공급전압, 점화 플러그 방전시간을 확인할 수 있다.

ANSWER 01.④ 02.① 03.③ 04.②

05 무부하 검사방법으로 휘발유 사용 운행 자동차의 배출가스 검사 시 측정 전에 확인해야 하는 자동차의 상태로 틀린 것은?

① 냉·난방 장치를 정지시킨다.
② 변속기를 중립위치로 놓는다.
③ 원동기를 정지시켜 충분히 냉각시킨다.
④ 측정에 장애를 줄 수 있는 부속 장치들의 가동을 정지한다.

≪ 배출가스 측정 전 확인 사항
① 원동기가 충분히 예열되어 있을 것
② 변속기는 중립의 위치에 있을 것
③ 냉방장치 등 부속장치는 가동을 정지할 것

06 전자제어 가솔린 엔진에 대한 설명으로 틀린 것은?

① 흡기 온도 센서는 공기 밀도 보정 시 사용된다.
② 공회전 속도 제어에 스텝 모터를 사용하기도 한다.
③ 산소 센서의 신호는 이론 공연비 제어에 사용된다.
④ 점화시기는 크랭크 각 센서가 점화 2차 코일의 저항으로 제어한다.

≪ 크랭크 각 센서는 엔진 회전수(rpm) 검출 및 크랭크축의 위치를 검출하며, 점화시기는 ECU가 제어한다.

07 전자제어 디젤 엔진의 연료 분사장치에서 예비(파일럿) 분사가 중단될 수 있는 경우로 틀린 것은?

① 연료 분사량이 너무 적은 경우
② 연료 압력이 최소 압력보다 높은 경우
③ 규정된 엔진 회전수를 초과하였을 경우
④ 예비(파일럿) 분사가 주분사를 너무 앞지르는 경우

≪ 파일럿 분사 금지 조건
① 파일럿 분사가 주 분사를 너무 앞지르는 경우
② 엔진 회전속도가 3200rpm 이상인 경우
③ 연료 분사량이 너무 많은 경우
④ 주 분사를 할 때 연료 분사량이 불충분한 경우
⑤ 엔진 가동 중단에 오류가 발생한 경우
⑥ 연료 압력이 최솟값(약 100bar) 이하인 경우

08 전자제어 가솔린 엔진에서 인젝터의 연료 분사량을 결정하는 주요 인자로 옳은 것은?

① 분사 각도
② 솔레노이드 코일 수
③ 연료펌프 복귀 전류
④ 니들 밸브의 열림 시간

≪ 연료 분사량은 ECU에서 출력하는 인젝터 솔레노이드 코일의 통전시간(인젝터의 니들 밸브가 열리는 시간) 즉 ECU의 펄스 신호에 의해 조정된다.

09 엔진의 밸브 스프링이 진동을 일으켜 밸브 개폐시기가 불량해지는 현상은?

① 스텀블
② 서징
③ 스털링
④ 스트레치

≪ 밸브 스프링의 서징이란 고속에서 밸브 스프링의 고유 진동수와 캠의 회전수 공명에 의해 스프링이 진동을 일으켜 밸브 개폐시기가 불량해지는 현상이다.

10 차량에서 발생되는 배출가스 중 지구 온난화에 가장 큰 영향을 미치는 것은?

① H_2 ② CO_2
③ O_2 ④ HC

≪ 지구의 온난화를 유발하는 주요 원인은 CO_2 때문이다.

ANSWER 05.③ 06.④ 07.② 08.④ 09.② 10.②

11 **열선식(hot wire type) 흡입 공기량 센서의 장점으로 옳은 것은?**

① 소형이며 가격이 저렴하다.
② 질량 유량의 검출이 가능하다.
③ 먼지나 이물질에 의한 고장 염려가 적다.
④ 기계적 충격에 강하다.

열선식 흡입 공기량 센서의 특징
① 회로가 단순하고, 흡입되는 공기를 질량 유량으로 검출한다.
② 응답성이 빠르고, 맥동 오차가 없다.
③ 고도 변화에 따른 오차가 없다.
④ 흡입공기 온도가 변화해도 측정상의 오차는 거의 없다.
⑤ 공기 질량을 직접 정확하게 계측할 수 있다.
⑥ 엔진 작동상태에 적용하는 능력이 개선된다.
⑦ 오염되기 쉬워 자기청정(클린 버닝) 장치를 두어야 한다.

12 **가솔린 엔진의 연소실 체적이 행정체적의 20%일 때 압축비는 얼마인가?**

① 6 : 1 ② 7 : 1
③ 8 : 1 ④ 9 : 1

$\epsilon = \frac{Vc + Vs}{Vc}$

ε : 압축비, Vs : 실린더 배기량(행정체적),
Vc : 연소실 체적

$\epsilon = \frac{20 + 100}{20} = 6$

13 **엔진 오일을 점검하는 방법으로 틀린 것은?**

① 엔진 정지 상태에서 오일량을 점검한다.
② 오일의 변색과 수분의 유입여부를 점검한다.
③ 엔진 오일의 색상과 점도가 불량한 경우 보충한다.
④ 오일량 게이지 F와 L 사이에 위치하는지 확인한다.

엔진 오일의 색상과 점도가 불량한 경우에는 교환하여야 한다.

14 **산소 센서의 피드백 작용이 이루어지고 있는 운전조건으로 옳은 것은?**

① 시동 시 ② 연료차단 시
③ 급 감속 시 ④ 통상 운전 시

산소 센서의 피드백 작용은 통상적인 운전을 할 때 이루어진다.

15 **수냉식 엔진의 과열 원인으로 틀린 것은?**

① 라디에이터 코어가 30% 막힌 경우
② 워터펌프 구동 벨트의 장력이 큰 경우
③ 수온 조절기가 닫힌 상태로 고장 난 경우
④ 워터재킷 내에 스케일이 많이 있는 경우

수냉식 엔진의 과열 원인
① 냉각수가 부족하다.
② 수온 조절기(서모스탯)의 작동이 불량하다.
③ 수온 조절기가 닫힌 상태로 고장이 났다.
④ 라디에이터 코어가 20% 이상 막혔거나 코어에 이물질이 부착되었다.
⑤ 팬벨트의 마모 또는 이완되었다(팬벨트 장력 부족).
⑥ 물 펌프의 작동이 불량하다.
⑦ 냉각수 통로가 막혔다.
⑧ 냉각장치 내부에 물때(스케일)가 쌓였다.
⑨ 엔진 오일이 부족하거나 또는 불량하다.

16 **전자제어 가솔린 엔진에서 인젝터 연료 분사 압력을 항상 일정하게 조절하는 다이어프램 방식의 연료 압력 조절기 작동과 직접적인 관련이 있는 것은?**

① 바퀴의 회전속도
② 흡입 매니폴드의 압력
③ 실린더 내의 압축압력
④ 배기가스 중의 산소농도

연료 압력 조절기는 스프링의 장력과 흡기 매니폴드의 진공압력(부압)을 이용하여 연료 압력을 조절한다.

ANSWER 11.② 12.① 13.③ 14.④ 15.② 16.②

17 가솔린 전자제어 연료 분사장치에서 ECU로 입력되는 요소가 아닌 것은?

① 연료 분사 신호
② 대기 압력 신호
③ 냉각수 온도 신호
④ 흡입 공기 온도 신호

≪ 연료 분사 신호는 ECU가 인젝터에 보내는 출력 신호이다.

18 엔진 회전수가 4000rpm이고, 연소 지연시간이 1/600초일 때 연소 지연시간 동안 크랭크축의 회전각도로 옳은 것은?

① 28°　② 37°
③ 40°　④ 46°

≪ $= \frac{R}{60} \times 360 \times t = 6 \times R \times t$

: 착화시기, R : 엔진 회전속도, t : 연소 지연시간

$= 6 \times 4000 \times \frac{1}{600} = 40°$

19 엔진의 연소실 체적이 행정체적의 20%일 때 오토 사이클의 열효율은 약 몇 % 인가?(단, 비열비 κ=1.4)

① 51.2　② 56.4
③ 60.3　④ 65.9

≪ ① $\epsilon = \frac{Vc + Vs}{Vc}$

ε : 압축비, Vs : 행정체적, Vc : 연소실 체적

$\epsilon = \frac{20 + 100}{20} = 6$

② $\eta_o = 1 - \left(\frac{1}{\epsilon}\right)^{k-1}$

η_o : 오토 사이클의 이론 열효율, ϵ : 압축비, k : 비열비

$\eta_o = 1 - \left(\frac{1}{6}\right)^{1.4-1} = 51.2\%$

20 과급장치 수리가능 여부를 확인하는 작업에서 과급장치를 교환할 때는?

① 과급장치의 액추에이터 연결 상태
② 과급장치의 배기 매니폴드 사이의 개스킷 기밀 상태 불량
③ 과급장치의 액추에이터 로드 세팅 마크 일치 여부
④ 과급장치의 센터 하우징과 컴프레서 하우징 사이의 'O' 링(개스킷)이 손상

≪ 과급장치의 센터 하우징과 컴프레서 하우징 사이의 'O'링(개스킷)이 손상되면 이 부위에서 누유가 발생할 수 있으므로 이상이 있으면 과급장치를 교환하여야 한다.

제2과목 자동차섀시정비

21 4륜 조향장치(4 wheel steering system)의 장점으로 틀린 것은?

① 선회 안정성이 좋다.
② 최소 회전 반경이 크다.
③ 견인력(휠 구동력)이 크다.
④ 미끄러운 노면에서의 주행 안정성이 좋다.

≪ **4륜 조향장치(4WS)의 장점**

① 경쾌한 고속선회가 가능하다.
② 일렬 주차가 용이하다.
③ 미끄러운 도로를 주행할 때 안정성이 향상된다.
④ 고속에서 직진 안정성을 부여한다.
⑤ 차선 변경이 용이하다.
⑥ 회소 회전 반경을 단축시킨다.
⑦ 견인력(휠 구동력)이 크다.

ANSWER 17.① 18.③ 19.① 20.④ 21.②

22 6속 더블 클러치 변속기(DCT)의 주요 구성부품이 아닌 것은?

① 토크 컨버터
② 더블 클러치
③ 기어 액추에이터
④ 클러치 액추에이터

≪ 더블 클러치 변속기는 2개의 클러치에 의한 클러치 조작과 기어변속을 전자제어장치에 의해 자동으로 제어하여 자동변속기처럼 변속이 가능하면서도 수동변속기의 주행성능을 가능하게 하며, 더블 클러치, 클러치 액추에이터, 기어 액추에이터로 구성되어 있다.

23 96km/h로 주행 중인 자동차의 제동을 위한 공주시간이 0.3초일 때 공주거리는 몇 m인가?

① 2 ② 4
③ 8 ④ 12

≪ $S = \frac{V \times 1000 \times t}{60 \times 60} = \frac{V \times t}{3.6}$

S : 공주거리(m). V : 제동초속도(m/s),
t : 공주시간(sec)

$S = \frac{96 \times 0.3}{3.6} = 8m$

24 브레이크액의 구비조건이 아닌 것은?

① 압축성일 것
② 비등점이 높을 것
③ 온도에 의한 점도 변화가 적을 것
④ 고온에서 안정성이 높을 것

≪ **브레이크액의 구비조건**
① 비등점이 높아 베이퍼록을 일으키지 않을 것
② 비압축성이고, 윤활성능이 있을 것
③ 금속·고무제품에 대해 부식·연화 및 팽창 등을 일으키지 않을 것
④ 화학적으로 안정되고 침전물이 생기지 않을 것
⑤ 온도에 의한 점도변화가 적을 것
⑥ 빙점이 낮고 인화점은 높을 것

25 현가장치에서 텔레스코핑형 쇽업쇼버에 대한 설명으로 틀린 것은?

① 단동식과 복동식이 있다.
② 짧고 굵은 형태의 실린더가 주로 쓰인다.
③ 진동을 흡수하여 승차감을 향상시킨다.
④ 내부에 실린더와 피스톤이 있다.

≪ **텔레스코핑형 쇽업소버**
① 비교적 가늘고 긴 실린더로 조합되어 있다.
② 차체와 연결되는 피스톤과 차축에 연결되는 실린더로 구분되어 있다.
③ 밸브가 피스톤 한쪽에만 설치되어 있는 단동식과 밸브가 피스톤 양쪽에 설치되어 있는 복동식이 있다.
④ 진동을 흡수하여 승차감을 향상시킨다.

26 전동식 동력 조향장치의 자기진단이 안 될 경우 점검사항으로 틀린 것은?

① CAN 통신 파형 점검
② 컨트롤 유닛 측 배터리 전원 측정
③ 컨트롤 유닛 측 배터리 접지여부 측정
④ KEY ON 상태에서 CAN 종단저항 측정

≪ CAN 종단 저항은 KEY OFF 상태에서 측정하여야 하며, 60Ω 이 측정되면 정상이다.

27 전자제어 현가장치 관련 하이트 센서 이상 시 일반적으로 점검 및 조치해야 하는 내용으로 틀린 것은?

① 계기판 스피드미터 이동을 확인한다.
② 센서 전원의 회로를 점검한다.
③ ECS-ECU 하니스를 점검하고 이상이 있을 경우 수정한다.
④ 하이트 센서 계통에서 단선 혹은 쇼트를 확인한다.

≪ **하이트 센서 이상 시 점검 및 조치**
① 하이트 센서 계통에서 단선 혹은 쇼트 확인한다.
② 센서 전원의 회로를 점검한다.
③ ECS-ECU의 하니스를 점검하고 이상이 있을 경우 수정한다.

ANSWER 22.① 23.③ 24.① 25.② 26.④ 27.①

28 차량의 주행성능 및 안정성을 높이기 위한 방법에 관한 설명으로 틀린 것은?

① 유선형 차체 형상으로 공기저항을 줄인다.
② 고속주행 시 언더 스티어링 차량이 유리하다.
③ 액티브 요잉 제어장치로 안정성을 높일 수 있다.
④ 리어 스포일러를 부착하여 횡력의 영향을 줄인다.

≪ 리어 스포일러를 부착하는 이유는 양력의 영향을 줄이기 위함이다.

29 엔진이 2000rpm일 때 발생한 토크가 60kgf·m가 클러치를 거쳐, 변속기로 입력된 회전수와 토크가 1900rpm, 56kgf·m이다. 이때 클러치의 전달효율은 약 몇 % 인가?

① 47.28 ② 62.34
③ 88.67 ④ 93.84

≪ $\eta_C = \frac{C_p}{E_p} \times 100$

η_C : 클러치의 전달효율, C_p : 클러치의 출력,
E_p : 엔진의 출력

$\eta_c = \frac{1900 \times 56}{2000 \times 60} \times 100 = 88.67\%$

30 속도비가 0.4이고, 토크비가 2인 토크 컨버터에서 펌프가 4000rpm으로 회전할 때, 토크 컨버터의 효율(%)은 약 얼마인가?

① 80 ② 40
③ 60 ④ 20

≪ $\eta_t = Sr \times Tr \times 100$

η_t : 토크 컨버터 효율(%), Sr : 속도비,
Tr : 토크비

$\eta t = 0.4 \times 2 \times 100 = 80\%$

31 레이디얼 타이어의 특징에 대한 설명으로 틀린 것은?

① 하중에 의한 트레드 변형이 큰 편이다.
② 타이어 단면의 편평율을 크게 할 수 있다.
③ 로드 홀딩이 우수하며 스탠딩 웨이브가 잘 일어나지 않는다.
④ 선회 시에 트레드 변형이 적어 접지 면적이 감소되는 경향이 적다.

≪ 레이디얼 타이어의 장점
① 타이어의 편평율을 크게 할 수 있어 접지 면적이 크다.
② 특수배합 한 고무와 발열에 따른 성장이 적은 레이온(rayon)코드로 만든 강력한 브레이커를 사용하므로 타이어 수명이 길다.
③ 브레이커가 튼튼해 트레드가 하중에 의한 변형이 적다.
④ 선회할 때 사이드슬립(side slip)이 적어 코너링 포스(cornering force)가 좋다.
⑤ 전동저항이 적고, 로드 홀딩(road holding)이 향상되며, 스탠딩 웨이브(standing wave)가 잘 일어나지 않는다.
⑥ 고속으로 주행할 때 안전성이 크다.

32 유체 클러치와 토크 컨버터에 대한 설명 중 틀린 것은?

① 토크 컨버터에는 스테이터가 있다.
② 토크 컨버터는 토크를 증가시킬 수 있다.
③ 유체 클러치는 펌프, 터빈, 가이드 링으로 구성되어 있다.
④ 가이드 링은 유체 클러치 내부의 압력을 증가시키는 역할을 한다.

≪ 가이드 링은 오일의 와류를 방지하여 전달효율을 증가시키는 역할을 한다.

ANSWER 28.④ 29.③ 30.① 31.① 32.④

33 자동변속기에서 급히 가속페달을 밟았을 때 일정속도 범위 내에서 한단 낮은 단으로 강제 변속이 되도록 하는 것은?

① 킥 업　② 킥 다운
③ 업 시프트　④ 리프트 풋 업

≪ 킥 다운(kick down)은 자동변속기 장착 차량에서 가속페달을 스로틀 밸브가 완전히 열릴 때까지 갑자기 밟았을 때 강제적으로 다운 시프트(하향 변속)되는 현상. 즉 가속페달을 급격히 밟으면 한 단계 낮은 단으로 변속되는 현상이다.

34 조향장치에 관한 설명으로 틀린 것은?

① 방향 전환을 원활하게 한다.
② 선회 후 복원성을 좋게 한다.
③ 조향 핸들의 회전과 바퀴의 선회 차이가 크지 않아야 한다.
④ 조향 핸들의 조작력을 저속에서는 무겁게, 고속에서는 가볍게 한다.

≪ 조향 장치의 구비조건
① 주행 중 받은 충격에 조향 조작이 영향을 받지 않을 것
② 조향 핸들의 회전과 구동바퀴 선회 차이가 적을 것
③ 섀시 및 차체 각 부분에 무리한 힘이 작용되지 않을 것
④ 수명이 길고 다루기나 정비가 쉬울 것
⑤ 조작하기 쉽고 방향 변환이 원활할 것
⑥ 회전반경이 적절하여 좁은 곳에서도 방향 변환을 할 수 있을 것
⑦ 고속주행에서도 조향 핸들이 안정될 것
⑧ 조향 핸들의 조작력은 저속에서는 가볍고, 고속에서는 무거울 것

35 동력 조향장치에서 3가지 주요부의 구성으로 옳은 것은?

① 작동부-오일 펌프, 동력부-동력 실린더, 제어부-제어 밸브
② 작동부-제어 밸브, 동력부-오일 펌프, 제어부-동력 실린더
③ 작동부-동력 실린더, 동력부-제어 밸브, 제어부-오일 펌프
④ 작동부-동력 실린더, 동력부-오일 펌프, 제어부-제어 밸브

≪ 동력 조향장치는 동력 부분(오일 펌프), 작동 부분(동력 실린더), 제어 부분(제어 밸브)으로 구성되어 있다.

36 구동륜 제어장치(TCS)에 대한 설명으로 틀린 것은?

① 차체 높이 제어를 위한 성능유지
② 눈길, 빙판길에서 미끄러짐 방지
③ 커브 길 선회 시 주행 안정성 유지
④ 노면과 차륜간의 마찰 상태에 따라 엔진 출력제어

≪ TCS는 노면과 구동륜 사이의 마찰 상태에 따라 엔진의 출력 제어, 눈길, 빙판길에서 미끄러짐 방지, 커브 길을 선회할 때 주행 안정성을 유지하기 위한 장치이다.

37 수동 변속기에서 기어변속이 불량한 원인이 아닌 것은?

① 릴리스 실린더가 파손된 경우
② 컨트롤 케이블이 단선된 경우
③ 싱크로나이저 링 내부가 마모된 경우
④ 싱크로나이저 슬리브와 링의 회전속도가 동일한 경우

≪ 싱크로나이저 슬리브와 링의 회전속도가 동일한 경우는 동기 작용이 정상적으로 이루어진 것이므로 기어변속이 원활하게 이루어진다.

38 휠 얼라인먼트를 점검하여 바르게 유지해야 하는 이유로 틀린 것은?

① 직진 성능의 개선
② 축간 거리의 감소
③ 사이드슬립의 방지
④ 타이어 이상 마모의 최소화

ANSWER 33.② 34.④ 35.④ 36.① 37.④ 38.②

≪ 휠 얼라인먼트를 바르게 유지해야 하는 이유는 직진 성능의 개선, 사이드슬립의 방지, 타이어 이상 마모의 최소화, 복원성 부여 등이다.

39 스프링 정수가 5kgf/mm인 코일 스프링을 5cm 압축하는데 필요한 힘(kgf)은?

① 250
② 25
③ 2500
④ 2.5

≪ $k = \frac{W}{a}$

k : 스프링 상수(kgf/mm),
W : 하중(kgf), a : 변형량(mm)

$W = k \times a = 5kgf/mm \times 50mm = 250kgf$

40 브레이크 회로 내의 오일이 비등기화하여 제동압력의 전달 작용을 방해하는 현상은?

① 페이드 현상
② 사이클링 현상
③ 베이퍼록 현상
④ 브레이크 록 현상

≪ 베이퍼록이란 브레이크 오일이 비등하여 제동압력의 전달 작용이 불가능하게 되는 현상이다.

제3과목 자동차전기·전자장치정비

41 high speed CAN 파형분석 시 지선부위 점검 중 High-line이 전원에 단락되었을 때 측정되어지는 파형의 현상으로 옳은 것은?

① Low 신호도 High선 단락의 영향으로 0.25V로 유지
② 데이터에 따라 간헐적으로 0V로 하강
③ Low 파형은 종단 저항에 의한 전압강하로 11.8V 유지
④ High 파형 0V 유지(접지)

≪ High-line 전원 단락

① High 파형 13.9V 유지
② Low 파형은 종단 저항에 의한 전압강하로 11.8V 유지

42 그림과 같은 회로에서 스위치가 OFF되어 있는 상태로 커넥터가 단선되었다. 이 회로를 테스트 램프로 점검하였을 때 테스트 램프의 점등상태로 옳은 것은?

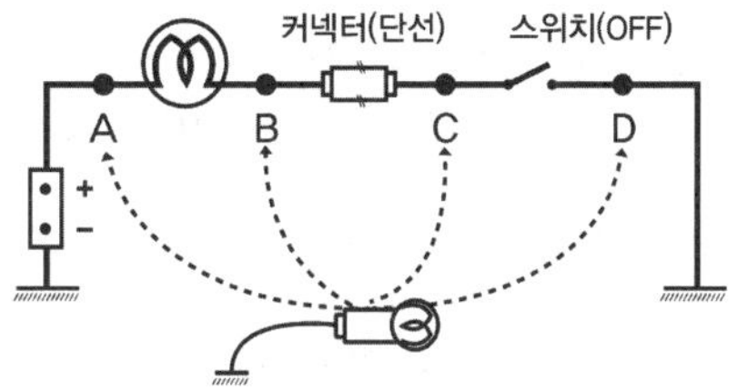

① A : OFF, B : OFF, C : OFF, D : OFF
② A : ON, B : OFF, C : OFF, D : OFF
③ A : ON, B : ON, C : OFF, D : OFF
④ A : ON, B : ON, C : ON, D : OFF

≪ 회로의 B와 C 사이에서 단선 되었으므로 테스트 램프는 A와 B에서는 점등된다.

43 자동차에서 CAN 통신 시스템의 특징이 아닌 것은?

① 데이터를 2개의 배선(CAN-HIGH, CAN-LOW)을 이용하여 전송한다.
② 모듈간의 통신이 가능하다.
③ 양방향 통신이다.
④ 싱글 마스터(single master) 방식이다.

≪ CAN 통신(Controller Area Network)은 차량 내에서 호스트 컴퓨터 없이 마이크로 컨트롤러나 장치들이 서로 통신하기 위해 설계된 표준 통신 규격이다. 양방향 통신이므로 모듈사이의 통신이 가능하며, 데이터를 2개의 배선(CAN-HIGH, CAN-LOW)을 이용하여 전송한다.

44 물체의 전기 저항 특성에 대한 설명 중 틀린 것은?

① 단면적이 증가하면 저항은 감소한다.
② 도체의 저항은 온도에 따라서 변한다.
③ 보통의 금속은 온도 상승에 따라 저항이 감소된다.
④ 온도가 상승하면 전기 저항이 감소하는 소자를 부특성 서미스터(NTC)라 한다.

≪ **물체의 전기 저항 특성**
① 전자가 이동할 때 물질 내의 원자와 충돌하여 저항이 발생한다.
② 원자핵의 구조·물질의 형상 및 온도에 따라 저항이 변한다.
③ 저항의 크기를 나타내는 단위는 옴(Ohm)을 사용한다.
④ 도체의 저항은 그 길이에 비례하고 단면적에 반비례한다.
⑤ 보통의 금속은 온도 상승에 따라 저항이 증가하나 반도체는 감소한다.
⑥ 부특성 서미스터는 온도가 낮아지면 저항이 커진다.
⑦ 정특성 서미스터는 온도가 높아지면 저항이 커진다.

45 시동 전동기에 흐르는 전류가 160A이고, 전압이 12V일 때 시동 전동기의 출력은 약 몇 PS 인가?

① 1.3　　② 2.6
③ 3.9　　④ 5.2

≪ ① $P = E \times I$
P : 전력, E : 전압, I : 전류

② 1PS는 0.736kW

$$PS = \frac{전력}{0.736} = \frac{160 \times 12}{0.735 \times 1000} = 2.61PS$$

46 그로울러 시험기의 시험항목으로 틀린 것은?

① 전기자 코일의 단선시험
② 전기자 코일의 단락시험
③ 전기자 코일의 접지시험
④ 전기자 코일의 저항시험

≪ 그로울러 시험기는 전기자 코일의 단선, 단락, 접지의 점검에 이용하는 에 대하여 시험기이다.

47 논리회로 중 NOR회로에 대한 설명으로 틀린 것은?

① 논리합 회로에 부정회로를 연결한 것이다.
② 입력 A와 입력 B가 모두 0이면 출력이 1이다.
③ 입력 A와 입력 B가 모두 1이면 출력이 0이다.
④ 입력 A 또는 입력 B 중에서 1개가 1이면 출력이 1이다.

≪ **부정 논리화(NOR) 회로의 진리 값**
① 입력 A가 0이고 입력 B가 0이면 출력 Q는 1이 된다.
② 입력 A가 1이고 입력 B가 1이면 출력 Q는 0이 된다.
③ 입력 A가 0이고 입력 B가 1이면 출력 Q는 0이 된다.
④ 입력 A가 1이고 입력 B가 1이면 출력 Q는 0이 된다.

ANSWER 43.④ 44.③ 45.② 46.④ 47.④

48 공기 정화용 에어 필터 관련 내용으로 틀린 것은?

① 공기 중의 이물질만 제거 가능한 형식이 있다.
② 필터가 막히면 블로워 모터의 소음이 감소된다.
③ 공기 중의 이물질과 냄새를 함께 제거하는 형식이 있다.
④ 필터가 막히면 블로워 모터의 송풍량이 감소된다.

≪ 공기 정화용 에어 필터는 차량 실내의 이물질 및 냄새를 제거하여 항상 쾌적한 실내의 환경을 유지시켜 주는 역할을 한다. 예전에 사용되던 파티클 에어 필터는 먼지만 제거하였지만, 현재는 먼지 제거용 필터와 냄새 제거용 필터를 추가한 콤비네이션 필터를 사용하여 항상 쾌적한 실내의 환경을 유지시킨다. 필터가 막히면 블로어 모터의 송풍량이 감소된다.

49 4행정 사이클 가솔린 엔진에서 점화 후 최고 압력에 도달할 때까지 1/400초가 소요된다. 2100rpm으로 운전될 때의 점화시기는? (단, 최고 폭발압력에 도달하는 시기는 ATDC 10° 이다.)

① BTDC 19.5°
② BTDC 21.5°
③ BTDC 23.5°
④ BTDC 25.5°

≪ $It = \frac{R}{60} \times 360 \times t - P_t = 6 \times R \times t - P_t$

It : 점화시기, R : 엔진 회전속도,
t : 점화 후 최고압력에 도달하는 시간
P_t : 최고 폭발압력에 도달하는 시기

$It = 6 \times R \times t - P_t = \frac{6 \times 2100 \times 1}{400} - 10 = 21.5$

50 첨단 운전자 보조 시스템(ADAS) 센서 진단 시 사양 설정 오류 DTC 발생에 따른 정비 방법으로 옳은 것은?

① 베리언트 코딩 실시
② 해당 센서 신품 교체
③ 시스템 초기화
④ 해당 옵션 재설정

≪ 베리언트 코딩은 신품의 ADAS 모듈을 교체한 후 차량에 장착된 옵션의 종류에 따라 모듈의 기능을 최적화시키는 작업으로 해당 차량에 맞는 사양을 정확하게 입력하지 않을 경우 교체 전 모듈의 사양으로 인식을 하여 관련 고장코드 및 경고등을 표출한다. 전용의 스캐너를 이용하여 베리언트 코딩을 수행하여야 하며, 미진행 시 "베리언트 코딩 이상, 사양 설정 오류" 등의 DTC 고장 코드가 소거되지 않을 수 있다.

51 동승석 전방 미등은 작동되나 후방만 작동되지 않는 경우의 고장 원인으로 옳은 것은?

① 미등 퓨즈 단선
② 후방 미등 전구 단선
③ 미등 스위치 접촉 불량
④ 미등 릴레이 코일 단선

≪ 미등 스위치, 미등 퓨즈, 미등 릴레이가 고장이면 앞뒤 미등이 작동되지 않는다.

52 전류의 3대 작용으로 옳은 것은?

① 발열작용, 화학작용, 자기작용
② 물리작용, 발열작용, 자기작용
③ 저장작용, 유도작용, 자기작용
④ 발열작용, 유도작용, 증폭작용

≪ **전류의 3대 작용**
① **발열작용** : 시가라이터, 전구, 예열 플러그 등에서 이용
② **화학작용** : 전기 도금, 배터리 등에서 이용
③ **자기작용** : 시동 전동기, 릴레이, 솔레노이드, 발전기 등에서 이용

ANSWER 48.② 49.② 50.① 51.② 52.①

53 **자동 전조등에서 외부 빛의 밝기를 감지하여 자동으로 미등 및 전조등을 점등시키기 위해 적용된 센서는?**

① 조도 센서 ② 초음파 센서
③ 중력(G) 센서 ④ 조향 각속도 센서

≪ 조도 센서(illumination sensor)는 자동 전조등 스위치의 오토 모드에서 외부 빛의 밝기를 감지하여 자동으로 미등 및 전조등을 점등시켜 준다.

54 **발전기 B 단자의 접촉 불량 및 배선 저항 과다로 발생할 수 있는 현상은?**

① 엔진 과열
② 충전 시 소음
③ B 단자 배선 발열
④ 과충전으로 인한 배터리 손상

≪ 발전기 B 단자는 출력 단자로 접촉 불량이나 배선의 저항이 과다하면 저항에 비례하는 열이 발생되어 B단자 배선이 발열한다.

55 **자동차 전자제어 에어컨 시스템에서 제어 모듈의 입력요소가 아닌 것은?**

① 산소 센서
② 외기 온도 센서
③ 일사량 센서
④ 증발기 온도 센서

≪ FATC의 컴퓨터에 정보를 입력시키는 요소는 외기 온도 센서, 수온 스위치, 일사량 센서, 내기 온도 센서, 습도 센서, AQS 센서, 핀 서모 센서(증발기 온도센서), 모드 선택 스위치, 차속 센서 등이다.

56 **발광 다이오드에 대한 설명으로 틀린 것은?**

① 응답 속도가 느리다.
② 백열전구에 비해 수명이 길다.
③ 전기적 에너지를 빛으로 변환시킨다.
④ 자동차의 차속 센서, 차고 센서 등에 적용되어 있다.

≪ 발광다이오드(LED)는 전기적 에너지를 빛으로 변환시키며, 소비 전력이 작고, 응답 속도가 빠르며, 백열전구에 비해 수명이 길다. 자동차의 차속 센서, 차고 센서 등에 적용되어 있다.

57 **전자제어 트립(trip) 정보 시스템에 입력되는 신호가 아닌 것은?**

① 차속
② 평균속도
③ 탱크 내의 연료잔량
④ 현재의 연료 소비율

≪ 트립 정보 시스템에 입력되는 신호는 차량의 현재 연료 소비율, 엔진의 회전속도, 남은 연료로 주행 가능한 거리 등이 있다.

58 **발전기에서 IC식 전압 조정기(regulator)의 제너다이오드에 전류가 흐를 때는?**

① 높은 온도에서
② 브레이크 작동 상태에서
③ 낮은 전압에서
④ 브레이크다운 전압에서

≪ 제너다이오드에 제너 전압보다 높은 역방향의 전압을 가하면 급격히 큰 전류가 흐르기 시작하는데 이를 브레이크다운 전압이라 한다.

59 **바디 컨트롤 모듈(BCM)에서 타이머 제어를 하지 않는 것은?**

① 파워 윈도우 ② 후진등
③ 감광 룸램프 ④ 뒤 유리 열선

≪ **편의장치(ETACS) 제어항목** : 감광 룸램프(실내등) 제어, 간헐 와이퍼 제어, 안전띠 미착용 경보, 열선 스위치 제어, 각종 도어 스위치 제어, 파워 윈도우 제어, 와셔 연동 와이퍼 제어, 주차 브레이크 잠김 경보 등이 있다.

ANSWER 53.① 54.③ 55.① 56.① 57.② 58.④ 59.②

60 **자동차에 직류 발전기보다 교류 발전기를 많이 사용하는 이유로 틀린 것은?**

① 크기가 작고 가볍다.
② 정류자에서 불꽃 발생이 크다.
③ 내구성이 뛰어나고 공회전이나 저속에도 충전이 가능하다.
④ 출력 전류의 제어작용을 하고 조정기의 구조가 간단하다.

«« 교류(AC) 발전기의 특징
① 소형・경량이고 출력이 크며, 잡음이 적다.
② 회전속도 변동에 대한 적응 범위가 넓고, 브러시의 수명이 길다.
③ 풀리 비율을 크게 할 수 있다.
④ 정류 특성이 우수하며, 출력 전류의 제어작용을 한다.
⑤ 전압 조정기만 필요하다.
⑥ 정류자가 없어 불꽃 발생이 없다.
⑦ 내구성이 우수하고, 공회전이나 저속에도 충전이 가능하다.

제4과목 친환경자동차정비

61 **하이브리드 스타터 제너레이터의 기능으로 틀린 것은?**

① 소프트 랜딩 제어
② 차량 속도 제어
③ 엔진 시동 제어
④ 발전 제어

«« 스타터 제너레이터의 기능
① EV(전기 자동차)모드에서 HEV(하이브리드 자동차) 모드로 전환할 때 엔진을 시동하는 시동 전동기로 작동한다.
② 발전을 할 경우에는 발전기로 작동하는 장치이며, 주행 중 감속할 때 발생하는 운동 에너지를 전기 에너지로 전환하여 배터리를 충전한다.
③ HSG(스타터 제너레이터)는 주행 중 엔진과 HEV 모터(변속기)를 충격 없이 연결시켜 준다.

62 **전기 자동차 고전압 배터리의 안전 플러그에 대한 설명으로 틀린 것은?**

① 탈거 시 고전압 배터리 내부 회로 연결을 차단한다.
② 전기 자동차의 주행속도 제한 기능을 한다.
③ 일부 플러그 내부에는 퓨즈가 내장되어 있다.
④ 고전압 장치 정비 전 탈거가 필요하다.

«« 안전 플러그
① 리어 시트 하단에 장착되어 있으며, 기계적인 분리를 통하여 고전압 배터리 내부의 회로 연결을 차단하는 장치이다.
② 고전압 시스템을 점검하거나 정비하기 전에 반드시 안전 플러그를 분리하여 고전압을 차단하도록 하여야 한다.
③ 메인 퓨즈(250A 퓨즈)는 안전 플러그 내에 장착되어 있으며, 고전압 배터리 및 고전압 회로를 과전류로부터 보호하는 기능을 한다.

63 **하이브리드 차량 정비 시 고전압 차단을 위해 안전 플러그(세이프티 플러그)를 제거한 후 고전압 부품을 취급하기 전 일정시간 이상 대기시간을 갖는 이유로 가장 적절한 것은?**

① 고전압 배터리 내의 셀의 안정화
② 제어 모듈 내부의 메모리 공간의 확보
③ 저전압(12V) 배터리에 서지 전압 차단
④ 인버터 내의 콘덴서에 충전되어 있는 고전압 방전

«« 친환경 전기 자동차의 고전압 부품을 취급하기 전에 안전 플러그를 제거하여 고전압을 차단하고 5~10분 이상 경과한 후에 고전압 부품을 취급하여야 한다. 그 이유는 인버터 내의 콘덴서(축전기)에 충전되어 있는 고전압을 방전시키기 위함이다.

ANSWER 60.② 61.② 62.② 63.④

64 KS R 0121에 의한 하이브리드의 동력 전달 구조에 따른 분류가 아닌 것은?

① 병렬형 HV
② 복합형 HV
③ 동력 집중형 HV
④ 동력 분기형 HV

≪ **동력 전달 구조에 따른 분류**

① **병렬형** HV : 하이브리드 자동차의 2개 동력원이 공통으로 사용되는 동력 전달 장치를 거쳐 각각 독립적으로 구동축을 구동시키는 방식의 하이브리드 자동차
② **직렬형** HV : 하이브리드 자동차의 2개 동력원 중 하나는 다른 하나의 동력을 공급하는 데 사용되나 구동축에는 직접 동력 전달이 되지 않는 구조를 갖는 하이브리드 자동차이다. 엔진-전기를 사용하는 직렬 하이브리드 자동차의 경우 엔진이 직접 구동축에 동력을 전달하지 않고 엔진은 발전기를 통해 전기 에너지를 생성하고 그 에너지를 사용하는 전기 모터가 구동하여 자동차를 주행시킨다.
③ **복합형** HV : 직렬형과 병렬형 하이브리드 자동차를 결합한 형식의 하이브리드 자동차로 동력 분기형 HV라고도 한다. 엔진-전기를 사용하는 차량의 경우 엔진의 구동력이 기계적으로 구동축에 전달되기도 하고 그 일부가 전동기를 거쳐 전기 에너지로 전환된 후 구동축에서 다시 기계적 에너지로 변경되어 구동축에 전달되는 방식의 동력 분배 전달 구조를 갖는다.

65 모터 컨트롤 유닛 MCU(Motor Control Unit)의 설명으로 틀린 것은?

① 고전압 배터리의(DC) 전력을 모터 구동을 위한 AC 전력으로 변환한다.
② 구동 모터에서 발생한 DC 전력을 AC로 변환하여 고전압 배터리에 충전한다.
③ 가속 시에 고전압 배터리에서 구동 모터로 에너지를 공급한다.
④ 3상 교류(AC) 전원(U, V, W)으로 변환된 전력으로 구동 모터를 구동시킨다.

≪ 모터 컨트롤 유닛(MCU)의 기능은 고전압 배터리의 직류를 3상 교류로 바꾸어 모터에 공급하며, 회생 제동을 할 때 모터에서 발생되는 3상 교류를 직류로 바꾸어 고전압 배터리에 공급하는 컨버터(AC → DC 변환)의 기능을 수행한다.

66 전기 자동차에 적용하는 배터리 중 자기방전이 없고 에너지 밀도가 높으며, 전해질이 겔 타입이고 내 진동성이 우수한 방식은?

① 리튬이온 폴리머 배터리 (Li-Pb Battery)
② 니켈수소 배터리(Ni-MH Battery)
③ 니켈카드뮴 배터리(Ni-Cd Battery)
④ 리튬이온 배터리(Li-ion Battery)

≪ 리튬-폴리머 배터리도 리튬이온 배터리의 일종이다. 리튬이온 배터리와 마찬가지로 (+) 전극은 리튬-금속산화물이고 (-)은 대부분 흑연이다. 액체 상태의 전해액 대신에 고분자 전해질을 사용하는 점이 다르다. 전해질은 고분자를 기반으로 하며, 고체에서 겔(gel) 형태까지의 얇은 막 형태로 생산된다. 고분자 전해질 또는 고분자 겔(gell) 전해질을 사용하는 리튬-폴리머 배터리에서는 전해액의 누설 염려가 없으며 구성 재료의 부식도 적다. 그리고 휘발성 용매를 사용하지 않기 때문에 발화 위험성이 적다. 전해질은 이온전도성이 높고, 전기 화학적으로 안정되어 있어야 하고, 전해질과 활성물질 사이에 양호한 계면을 형성해야 하고, 열적 안정성이 우수해야 하고, 환경부하가 적어야 하며, 취급이 쉽고, 가격이 저렴하여야 한다.

67 고전압 배터리의 전기 에너지로부터 구동 에너지를 얻는 전기 자동차의 특징을 설명한 것으로 거리가 먼 것은?

① 대용량 고전압 배터리를 탑재한다.
② 전기 모터를 사용하여 구동력을 얻는다.
③ 변속기를 이용하여 토크를 증대시킨다.
④ 전기를 동력원으로 사용하기 때문에 주행 시 배출가스가 없다

≪ **전기 자동차의 특징**

① 대용량 고전압 배터리를 탑재한다.

ANSWER 64.③ 65.② 66.① 67.③

② 전기 모터를 사용하여 구동력을 얻는다.
③ 변속기가 필요 없으며, 단순한 감속기를 이용하여 토크를 증대시킨다.
④ 외부 전력을 이용하여 배터리를 충전한다.
⑤ 전기를 동력원으로 사용하기 때문에 주행 시 배출가스가 없다
⑥ 배터리에 100% 의존하기 때문에 배터리 용량 따라 주행거리가 제한된다.

68 전기 자동차의 완속 충전에 대한 설명으로 해당되지 않은 것은?

① AC 100・220V의 전압을 이용하여 고전압 배터리를 충전하는 방법이다.
② 표준화된 충전기를 사용하여 차량 앞쪽에 설치된 완속 충전기 인렛을 통해 충전하여야 한다.
③ 급속 충전보다 더 많은 시간이 필요하다.
④ 급속 충전보다 충전 효율이 높아 배터리 용량의 80%까지 충전할 수 있다.

≪ **완속 충전**
① AC 100・220V의 전압을 이용하여 고전압 배터리를 충전하는 방법이다.
② 표준화된 충전기를 사용하여 차량 앞쪽에 설치된 완속 충전기 인렛을 통해 충전하여야 한다.
③ 급속 충전보다 더 많은 시간이 필요하다.
④ 급속 충전보다 충전 효율이 높아 배터리 용량의 90%까지 충전할 수 있다.

69 전기 자동차용 전동기에 요구되는 조건으로 틀린 것은?

① 구동 토크가 작아야 한다.
② 고출력 및 소형화해야 한다.
③ 속도제어가 용이해야 한다.
④ 취급 및 보수가 간편해야 한다.

≪ **전기 자동차용 전동기에 요구되는 조건**
① 속도제어가 용이해야 한다.
② 내구성이 커야 한다.
③ 구동 토크가 커야 한다.
④ 취급 및 보수가 간편해야 한다.

70 전기 자동차의 구동 모터 탈거를 위한 작업으로 가장 거리가 먼 것은?

① 서비스(안전) 플러그를 분리한다.
② 보조 배터리(12V)의 (−)케이블을 분리한다.
③ 냉각수를 배출한다.
④ 배터리 관리 유닛의 커넥터를 탈거한다.

≪ **구동 모터 탈거**
① 안전 플러그를 분리한다.
② 보조 배터리의 (−) 케이블을 분리한다.
③ 냉각수를 배출한다.

71 수소 연료 전지 전기 자동차에서 저전압(12V) 배터리가 장착된 이유로 틀린 것은?

① 오디오 작동
② 등화장치 작동
③ 내비게이션 작동
④ 구동 모터 작동

≪ 저전압(12V) 배터리를 장착한 이유는 오디오 작동, 등화장치 작동, 내비게이션 작동 등 저전압 계통에 전원을 공급하기 위함이다.

72 친환경 자동차의 고전압 배터리 충전상태(SOC)의 일반적인 제한영역은?

① 20~80%
② 55~86%
③ 86~110%
④ 110~140%

≪ 고전압 배터리 충전상태(SOC)의 일반적인 제한영역은 20~80% 이다.

ANSWER 68.④ 69.① 70.④ 71.④ 72.①

73 수소 연료 전지 전기 자동차에서 직류(DC) 전압을 다른 직류(DC) 전압으로 바꾸어주는 장치는 무엇인가?

① 커패시터
② DC-AC 컨버터
③ DC-DC 컨버터
④ 리졸버

≪ 용어의 정의
① **커패시터** : 배터리와 같이 화학반응을 이용하여 축전하는 것이 아니라 콘덴서(condenser)와 같이 전자를 그대로 축적해 두고 필요할 때 방전하는 것으로 짧은 시간에 큰 전류를 축적하거나 방출할 수 있다.
② **DC-DC 컨버터** : 직류(DC) 전압을 다른 직류(DC) 전압으로 바꾸어주는 장치이다.
③ **리졸버**(resolver ; 로터 위치 센서) : 모터에 부착된 로터와 리졸버의 정확한 상(phase)의 위치를 검출하여 MCU로 입력시킨다.

74 친환경 자동차에서 PRA(Power Relay Assembly) 기능에 대한 설명으로 틀린 것은?

① 승객 보호
② 전장품 보호
③ 고전압 회로 과전류 보호
④ 고전압 배터리 암전류 차단

≪ PRA의 기능은 전장품 보호, 고전압 회로 과전류 보호, 고전압 배터리 암전류 차단 등이다.

75 수소 연료 전지 전기 자동차의 구동 모터를 작동하기 위한 전기 에너지를 공급 또는 저장하는 기능을 하는 것은?

① 보조 배터리
② 변속기 제어기
③ 고전압 배터리
④ 엔진 제어기

≪ 고전압 배터리는 구동 모터에 전력을 공급하고, 회생제동 시 발생되는 전기 에너지를 저장하는 역할을 한다.

76 CNG 엔진의 분류에서 자동차에 연료를 저장하는 방법에 따른 분류가 아닌 것은?

① 압축 천연가스(CNG) 자동차
② 액화 천연가스(LNG) 자동차
③ 흡착 천연가스(ANG) 자동차
④ 부탄가스 자동차

≪ **연료를 저장하는 방법에 따른 분류**
① **압축 천연가스(CNG) 자동차** : 천연가스를 약 200~250기압의 높은 압력으로 압축하여 고압 용기에 저장하여 사용하며, 현재 대부분의 천연가스 자동차가 사용하는 방법이다.
② **액화 천연가스(LNG) 자동차** : 천연가스를 -162℃이하의 액체 상태로 초저온 단열용기에 저장하여 사용하는 방법이다.
③ **흡착 천연가스(ANG) 자동차** : 천연가스를 활성탄 등의 흡착제를 이용하여 압축천연 가스에 비해 1/5~1/3 정도의 중압(50~70 기압)으로 용기에 저장하는 방법이다.

77 자동차 연료로 사용하는 천연가스에 관한 설명으로 맞는 것은?

① 약 200기압으로 압축시켜 액화한 상태로만 사용한다.
② 부탄이 주성분인 가스 상태의 연료이다.
③ 상온에서 높은 압력으로 가압하여도 기체 상태로 존재하는 가스이다.
④ 경유를 착화보조 연료로 사용하는 천연가스 자동차를 전소엔진 자동차라 한다.

≪ 천연가스는 상온에서 고압으로 가압하여도 기체 상태로 존재하므로 자동차에서는 약 200기압으로 압축하여 고압용기에 저장하거나 액화 저장하여 사용하며, 메탄이 주성분인 가스 상태이다.

ANSWER 73.③ 74.① 75.③ 76.④ 77.③

78 압축 천연가스(CNG)의 특징으로 거리가 먼 것은?

① 전 세계적으로 매장량이 풍부하다.
② 옥탄가가 매우 낮아 압축비를 높일 수 없다.
③ 분진 유황이 거의 없다.
④ 기체 연료이므로 엔진 체적효율이 낮다.

≪ 압축 천연가스는 기체 연료이므로 엔진 체적효율이 낮으며, 옥탄가가 130으로 가솔린의 100보다 높다.

79 LPI(Liquid Petroleum Injection) 연료장치의 특징이 아닌 것은?

① 가스 온도 센서와 가스 압력 센서에 의해 연료 조성비를 알 수 있다.
② 연료 압력 레귤레이터에 의해 일정 압력을 유지하여야 한다.
③ 믹서에 의해 연소실로 연료가 공급된다.
④ 연료펌프가 있다.

≪ LPI(Liquid Petroleum Injection) 장치는 LPG를 높은 압력의 액체 상태(5~15bar)로 유지하면서 엔진 컴퓨터에 의해 제어되는 인젝터를 통하여 각 실린더로 분사하는 방식이다.

80 전자제어 LPI 엔진의 구성품이 아닌 것은?

① 베이퍼라이저
② 가스 온도 센서
③ 연료 압력 센서
④ 레귤레이터 유닛

≪ **LPI 연료 장치 구성품**

① **가스 온도 센서** : 가스 온도에 따른 연료량의 보정 신호로 이용되며, LPG의 성분 비율을 판정할 수 있는 신호로도 이용된다.
② **연료 압력 센서(가스 압력 센서)** : LPG 압력의 변화에 따른 연료량의 보정 신호로 이용되며, 시동 시 연료 펌프의 구동 시간을 제어하는데 영향을 준다.
③ **레귤레이터 유닛** : 연료 압력 조절기 유닛은 연료 봄베에서 송출된 고압의 LPG를 다이어프램과 스프링 장력의 균형을 이용하여 연료 라인 내의 압력을 항상 펌프의 압력보다 약 5kgf/cm² 정도 높게 유지시키는 역할을 한다.

ANSWER 78.② 79.③ 80.①

모의고사 [제2회]

제 2 회

자격종목 및 등급(선택분야)	종목번호	시험시간	문제지형별	수검번호	성 명
자동차정비산업기사	2070	2시간			

제1과목 자동차엔진정비

01 배기가스 재순환 장치(EGR)에 대한 설명으로 틀린 것은?

① 급가속 시에만 흡기다기관으로 재순환시킨다.
② EGR 밸브 제어 방식에는 진공식과 전자제어식이 있다.
③ 배기가스의 일부를 흡기다기관으로 재순환시킨다.
④ 냉각수를 이용한 수냉식 EGR 쿨러도 있다.

≪ 배기가스 재순환 장치(EGR)가 작동되는 경우는 엔진의 특정 운전 구간(냉각수 온도가 65℃이상이고, 중속 이상)에서 질소산화물이 많이 배출되는 운전영역에서만 작동하도록 한다. 또 공전운전을 할 때, 난기운전을 할 때, 전부하 운전영역, 그리고 농후한 혼합가스로 운전되어 출력을 증대시킬 경우에는 작용하지 않는다.

02 실린더 압축 압력시험에 대한 설명으로 틀린 것은?

① 압축 압력시험은 엔진을 크랭킹 하면서 측정한다.
② 습식시험은 실린더에 엔진 오일을 넣은 후 측정한다.
③ 건식시험에서 실린더의 압축 압력이 규정 값보다 낮게 측정되면 습식시험을 실시한다.
④ 습식시험 결과 압축 압력의 변화가 없으면 실린더 벽 및 피스톤 링의 마멸로 판정할 수 있다.

≪ 습식 압축 압력시험에서 압축 압력의 변화가 없으면 밸브 불량, 실린더 헤드 개스킷 파손, 실린더 헤드 변형 등으로 판정한다.

03 디젤 엔진의 노크 방지법으로 옳은 것은?

① 착화 지연기간이 짧은 연료를 사용한다.
② 분사 초기에 연료 분사량을 증가시킨다.
③ 흡기 온도를 낮춘다.
④ 압축비를 낮춘다.

≪ **디젤 엔진의 노크 방지법**
① 세탄가가 높은 연료를 사용한다.
② 압축비, 압축 압력, 압축 온도를 높게 한다.
③ 실린더 벽의 온도를 높게 유지한다.
④ 흡기 온도 및 압력을 높게 유지한다.
⑤ 연료의 분사시기를 알맞게 조정한다.
⑥ 착화 지연기간 중에 연료 분사량을 적게 한다.
⑦ 착화 지연기간을 짧게 한다.

ANSWER 01.① 02.④ 03.①

04 전자제어 디젤장치의 저압 라인 점검 중 저압 펌프 점검 방법으로 옳은 것은?

① 전기식 저압 펌프 – 정압 측정
② 기계식 저압 펌프 – 중압 측정
③ 기계식 저압 펌프 – 전압 측정
④ 전기식 저압 펌프 – 부압측정

≪ 전기식 저압 펌프는 연료의 정압을 측정하고 기계식은 연료의 부압을 측정하여 정상 유무를 판단한다. 저압 펌프 고장 시 고압 펌프는 연료를 레일에 고압으로 공급할 수 없기 때문에 인젝터 최소 분사 개시 압력인 120 bar에 미달되어 시동이 불가능해진다.

05 LPG 엔진에서 주행 중 사고로 인해 봄베 내의 연료가 급격히 방출되는 것을 방지하는 밸브는?

① 체크 밸브
② 과류 방지 밸브
③ 액 · 기상 솔레노이드 밸브
④ 긴급차단 솔레노이드 밸브

≪ 과류 방지 밸브는 주행 중 사고에 의해서 엔진으로 공급되는 배관이 파손되었을 때 봄베 내의 LPG가 급격히 방출되는 것을 방지한다.

06 밸브 스프링의 공진현상을 방지하는 방법으로 틀린 것은?

① 2중 스프링을 사용한다.
② 원뿔형 스프링을 사용한다.
③ 부등 피치 스프링을 사용한다.
④ 밸브 스프링의 고유 진동수를 낮춘다.

≪ **밸브 스프링 공진(서징)현상 방지법**
① 양정 내에서 충분한 스프링 정수를 얻도록 한다.
② 원뿔형 스프링을 사용한다.
③ 부등피치 스프링을 사용한다.
④ 2중 스프링을 사용한다.

07 엔진 출력이 80ps/4000rpm인 자동차를 엔진 회전수 제어방식(Lug-Down 3모드)으로 배출가스를 정밀검사 할 때 2모드에서 엔진 회전수는?

① 엔진 정격 회전수의 80%, 3200rpm
② 엔진 정격 회전수의 70%, 2800rpm
③ 엔진 정격 회전수의 90%, 3600rpm
④ 최대 출력의 엔진 정격 회전수, 4000rpm

≪ 엔진 회전수 제어방식(Lug-Down 3모드)으로 배출가스를 정밀검사 할 때 검사 모드는 가속페달을 최대로 밟은 상태에서 최대 출력의 엔진 정격회전수에서 1모드, 엔진 정격 회전수의 90%에서 2모드, 엔진 정격 회전수의 80%에서 3모드로 형성하여 각 검사 모드에서 모드 시작 5초 경과 이후 모드가 안정되면 엔진 회전수, 최대출력 및 매연 측정을 시작하여 10초 동안 측정한 결과를 산술 평균한 값을 최종 측정치로 한다.

08 총 배기량이 160cc인 4행정 엔진에서 회전수 1800rpm, 도시 평균 유효압력이 87 kgf/cm²일 때 축마력이 22PS인 엔진의 기계효율은 약 몇 %인가?

④ 75　　② 79
③ 84　　④ 89

≪ ① $I_{PS} = \frac{P \times A \times L \times R \times N}{75 \times 60}$

I_{PS} : 도시마력(지시마력 ; PS),
P : 도시평균 유효압력(kgf/cm²),
A : 단면적(cm²),
L : 피스톤 행정(m),
R : 엔진 회전속도
(4행정 사이클 = R/2, 2행정 사이클 = R ; rpm),
N : 실린더 수

$I_{PS} = \frac{87 \times 1800 \times 160}{75 \times 60 \times 2 \times 100} = 27.84\text{PS}$

② $\eta = \frac{\text{제동마력}}{\text{도시마력}} \times 100$

$\eta = \frac{22}{27.84} \times 100 = 79\%$

ANSWER 04.① 05.② 06.④ 07.③ 08.②

09 자동차용 부동액으로 사용되고 있는 에틸렌 글리콜의 특징으로 틀린 것은?

① 팽창계수가 작다.
② 비중은 약 1.11이다.
③ 도료를 침식하지 않는다.
④ 비등점은 약 197℃ 이다.

⋘ 에틸렌글리콜의 특징
① 비등점이 197.2℃, 응고점이 최고 －50℃이다.
② 도료(페인트)를 침식하지 않는다.
③ 냄새가 없고 휘발하지 않으며, 불연성이다.
④ 엔진 내부에 누출되면 교질상태의 침전물이 생긴다.
⑤ 금속부식성이 있으며, 팽창계수가 크다.

10 전자제어 엔진에서 지르코니아 방식 후방 산소 센서와 전방 산소 센서의 출력파형이 동일하게 출력된다면, 예상되는 고장 부위는?

① 정상
② 촉매 컨버터
③ 후방 산소 센서
④ 전방 산소 센서

⋘ 전방 산소 센서는 촉매 컨버터 앞쪽에, 후방 산소 센서는 촉매 컨버터 뒤에 설치되며, 후방 산소 센서는 촉매 컨버터에서 환원 또는 산화되어 배출되는 산소를 검출하기 때문에 출력 파형이 정상에 가깝다.

11 디젤 엔진의 연료 분사량을 측정하였더니 최대 분사량이 25cc이고, 최소 분사량이 23cc, 평균 분사량이 24cc이다. 분사량의 (+) 불균율은?

① 약 2.1%　　② 약 4.2%
③ 약 8.3%　　④ 약 8.7%

⋘ $(+)\text{불균율} = \dfrac{\text{최대분사량} - \text{평균분사량}}{\text{평균분사량}} \times 100$

$(+)\text{불균율} = \dfrac{25-24}{24} \times 100 = 4.16\%$

12 과급장치(turbo charger)의 효과에 대한 내용으로 틀린 것은?

① 충전(charging) 효율이 감소되므로 연료 소비율이 낮아진다.
② 실린더 용량을 변화시키지 않고 출력을 향상시킬 수 있다.
③ 출력 증가로 운전성이 향상된다.
④ CO, HC, Nox 등 유해 배기가스의 배출이 줄어든다.

⋘ 과급장치의 효과
① 출력 증가로 운전성이 향상된다.
② 충진 효율의 증가로 연료 소비율이 낮아진다.
③ CO, HC, Nox 등 배기가스의 배출이 줄어든다.
④ 단위 마력 당 출력이 증가되어 엔진 크기와 중량을 줄일 수 있다.

13 전자제어 가솔린 엔진에서 패스트 아이들 기능에 대한 설명으로 옳은 것은?

① 정차 시 시동 꺼짐 방지
② 연료 계통 내 빙결 방지
③ 냉간 시 웜업 시간 단축
④ 급감속 시 연료 비등 활성

⋘ 패스트 아이들 기능이란 냉간 상태에서 웜업 시간을 단축시키는 것이다.

14 검사 유효기간이 1년인 정밀검사 대상 자동차가 아닌 것은?

① 차령이 2년 경과된 사업용 승합자동차
② 차령이 2년 경과된 사업용 승용자동차
③ 차령이 3년 경과된 비사업용 승합자동차
④ 차령이 4년 경과된 비사업용 승용자동차

ANSWER 09.① 10.② 11.② 12.① 13.③ 14.④

⋘ 정밀검사 대상 자동차 및 정밀검사 유효기간

차 종		정밀검사 대상 자동차	검사유효 기간
비사업용	승용자동차	차령 4년 경과	2년
	기타 자동차	차령 3년 경과	1년
사업용	승용자동차	차령 2년 경과	
	기타 자동차	차령 2년 경과	

15 점화 순서가 1-3-4-2인 엔진에서 2번 실린더 배기행정이면 1번 실린더의 행정으로 옳은 것은?

① 흡입 ② 압축
③ 폭발 ④ 배기

⋘ 점화 순서가 1-3-4-2인 엔진에서 2번 실린더가 배기행정을 하면 3번 실린더는 압축행정이므로 3번 실린더 앞에 1번 실린더는 폭발행정, 4번 실린더는 흡입행정을 한다.

16 냉각수 온도 센서의 역할로 틀린 것은?

① 기본 연료 분사량 결정
② 냉각수 온도 계측
③ 연료 분사량 보정
④ 점화시기 보정

⋘ 냉각 수온 센서는 냉각수 온도를 계측하여 ECU로 입력시키면 ECU는 이 정보를 점화시기 보정 및 연료 분사량의 보정에 이용한다.

17 최적의 점화시기를 의미하는 MBT (Minimum spark advance for Best Torque)에 대한 설명으로 옳은 것은?

① BTDC 약 10° ~15° 부근에서 최대 폭발압력이 발생되는 점화시기
② ATDC 약 10° ~15° 부근에서 최대 폭발압력이 발생되는 점화시기
③ BBDC 약 10° ~15° 부근에서 최대 폭발압력이 발생되는 점화시기
④ ABDC 약 10° ~15° 부근에서 최대 폭발압력이 발생되는 점화시기

⋘ MBT란 ATDC 약 10°~15°부근에서 최대 폭발압력이 발생되는 점화시기이다.

18 실린더 안지름이 80mm, 행정이 78mm인 엔진의 회전속도가 250rpm일 때 4사이클 4실린더 엔진의 SAE 마력은 약 몇 PS인가?

① 9.7 ② 10.2
③ 14.1 ④ 15.9

⋘ SAE 마력= $\frac{D^2N}{1613}$

D: 실린더 내경(mm), N : 실린더 수

SAE마력 = $\frac{80^2 \times 4}{1613}$ = 15.9PS

19 내연기관의 열역학적 사이클에 대한 설명으로 틀린 것은?

① 정적 사이클을 오토 사이클이라고도 한다.
② 정압 사이클을 디젤 사이클이라고도 한다.
③ 복합 사이클을 사바테 사이클이라고도 한다.
④ 오토, 디젤, 사바 테사이클 이 외의 사이클은 자동차용 엔진에 적용하지 못한다.

20 전자제어 연료분사장치에서 인젝터 분사시간에 대한 설명으로 틀린 것은?

① 급감속 할 경우 연료분사가 차단되기도 한다.
② 배터리 전압이 낮으면 무효 분사 시간이 길어진다.
③ 급가속 할 경우에 순간적으로 분사시간이 길어진다.
④ 지르코니아 산소 센서의 전압이 높으면 분사시간이 길어진다.

⋘ 산소 센서의 전압이 높아지면 혼합비가 농후한 상태이므로 인젝터의 분사시간이 짧아진다.

ANSWER 15.③ 16.① 17.② 18.④ 19.④ 20.④

제2과목 자동차섀시정비

21 조향기어의 조건 중 바퀴를 움직이면 조향 핸들이 움직이는 것으로 각부의 마멸이 적고 복원성능은 좋으나 조향 핸들을 놓치기 쉬운 조건방식은?

① 가역식 ② 비가역식
③ 반가역식 ④ 4/3가역식

≪ 조향 기어의 조건
① 가역식 : 조향 핸들의 조작에 의해서 앞바퀴를 회전시킬 수 있으며, 바퀴의 조작에 의해서 조향 휠을 회전시킬 수 있다. 각부의 마멸이 적고 복원 성능은 좋으나 주행 중 조향 휠을 놓칠 수 있는 단점이 있다.
② 비 가역식 : 조향 핸들의 조작에 의해서만 앞바퀴를 회전시킬 수 있으며, 험한 도로를 주행할 경우 조향 휠을 놓치는 일이 없는 장점이 있다.
③ 반 가역식 : 가역식과 비 가역식의 중간 성질을 갖는다. 어떤 경우에만 바퀴의 조작력이 조향 핸들에 전달된다.

22 앞바퀴 얼라인먼트 검사를 할 때 예비점검 사항이 아닌 것은?

① 타이어 상태
② 차축 휨 상태
③ 킹핀 마모 상태
④ 조향핸들 유격 상태

≪ 앞바퀴 얼라인먼트 예비 점검사항
① 자동차는 공차상태로 하고 수평인 장소를 선택한다.
② 타이어의 마모 및 공기압력을 점검한다.
③ 섀시 스프링은 안정 상태로 하고, 전후 및 좌우 바퀴의 흔들림을 점검한다.
④ 조향 링키지 설치상태와 마멸을 점검한다.
⑤ 휠 베어링의 헐거움, 볼 이음 및 타이로드 엔드의 헐거움 등을 점검한다.

23 전자제어 제동장치(ABS)에서 페일 세이프(fail safe) 상태가 되면 나타나는 현상은?

① 모듈레이터 모터가 작동된다.
② 모듈레이터 솔레노이드 밸브로 전원을 공급한다.
③ ABS 기능이 작동되지 않아서 주차 브레이크가 자동으로 작동된다.
④ ABS 기능이 작동되지 않아도 평상시(일반) 브레이크는 작동된다.

≪ 전자제어 제동장치(ABS)에서 페일 세이프(fail safe) 상태가 되면 ABS 기능이 작동되지 않아도 평상시(일반) 브레이크는 작동된다.

24 전자제어 현가장치 제어모듈의 입·출력 요소가 아닌 것은?

① 차속 센서
② 조향각 센서
③ 휠 스피드 센서
④ 가속 페달 스위치

≪ 전자제어 현가장치의 제어모듈(ECU)에 입력되는 신호는 차속 센서, 차고 센서, 조향 핸들 각속도 센서, 스로틀 포지션 센서, G센서, 전조등 릴레이 신호, 발전기 L 단자 신호, 브레이크 압력 스위치 신호, 도어 스위치 신호, 공기 압축기 릴레이 신호 등이 있다.

25 자동차의 휠 얼라인먼트에서 캠버의 역할은?

① 제동 효과 상승
② 조향 바퀴에 동일한 회전수 유도
③ 하중으로 인한 앞차축의 휨 방지
④ 주행 중 조향 바퀴에 방향성 부여

≪ 캠버는 수직하중에 의한 앞차축의 휨을 방지하고, 조향 조작력을 가볍게 하며, 하중을 받았을 때 바퀴의 아래쪽이 바깥쪽으로 벌어지는 것을 방지한다.

ANSWER 21.① 22.③ 23.④ 24.③ 25.③

26 브레이크 라이닝 표면이 과열되어 마찰계수가 저하되고 브레이크 효과가 나빠지는 현상은?

① 페이드
② 캐비테이션
③ 언더 스티어링
④ 하이드로 플래닝

≪ 페이드(fade) 현상이란 브레이크 페달의 조작을 반복하면 드럼과 슈에 마찰열이 축적되어 제동력이 감소하는 현상이다. 원인은 드럼과 슈의 열팽창과 라이닝 마찰계수 저하에 있다.

27 독립식 현가장치의 장점으로 틀린 것은?

① 단차가 있는 도로 조건에서도 차체의 움직임을 최소화함으로서 타이어의 접지력이 좋다.
② 스프링 아래 하중이 커 승차감이 좋아진다.
③ 휠 얼라인먼트 변화에 자유도를 가할 수 있어 조종 안정성이 우수하다.
④ 좌 · 우륜을 연결하는 축이 없기 때문에 엔진과 트랜스미션의 설치 위치를 낮게 할 수 있다.

≪ **독립식 현가장치의 장점**
① 스프링 밑 질량이 작기 때문에 승차감이 향상된다.
② 단차가 있는 도로 조건에서도 차체의 움직임을 최소화함으로서 타이어의 접지력이 좋다.
③ 스프링 정수가 적은 스프링을 사용할 수 있다.
④ 휠 얼라인먼트 변화에 자유도를 가할 수 있어 조종 안정성이 우수하다.
⑤ 작은 진동 흡수율이 크기 때문에 승차감이 향상된다.
⑥ 좌·우륜을 연결하는 축이 없기 때문에 엔진과 트랜스미션의 설치 위치를 낮게 할 수 있다.
⑦ 차고를 낮게 할 수 있기 때문에 안정성이 향상된다.

28 자동변속기 토크 컨버터에서 스테이터의 일방향 클러치가 양방향으로 회전하는 결함이 발생했을 때 차량에 미치는 현상은?

① 출발이 어렵다.
② 전진이 불가능하다.
③ 후진이 불가능하다.
④ 고속 주행이 불가능하다.

≪ 토크 컨버터에서 스테이터의 일방향 클러치가 양방향으로 회전하는 결함이 발생하면 출발이 어렵다.

29 브레이크 장치의 프로포셔닝 밸브에 대한 설명으로 옳은 것은?

① 바퀴의 회전속도에 따라 제동시간을 조절한다.
② 바깥 바퀴의 제동력을 높여서 코너링 포스를 줄인다.
③ 급제동 시 앞바퀴보다 뒷바퀴가 먼저 제동되는 것을 방지한다.
④ 선회 시 조향 안정성 확보를 위해 앞바퀴의 제동력을 높여준다.

≪ 프로포셔닝 밸브(proportioning valve)는 마스터 실린더와 휠 실린더 사이에 설치되어 있으며, 제동력 배분을 앞바퀴보다 뒷바퀴를 작게 하여(뒷바퀴의 유압을 감소시킴) 바퀴의 고착을 방지한다. 즉 앞바퀴와 뒷바퀴의 제동 압력을 분배한다.

30 전자제어 동력 조향장치에 대한 설명으로 틀린 것은?

① 동력 조향장치에는 조향기어가 필요 없다.
② 공전과 저속에서 조향 핸들 조작력이 작다.
③ 솔레노이드 밸브를 통해 오일탱크로 복귀되는 오일량을 제어한다.
④ 중속 이상에서는 차량속도에 감응하여 조향 핸들 조작력을 변화시킨다.

ANSWER 26.① 27.② 28.① 29.③ 30.①

≪ 전자제어 동력 조향장치(EPS)는 엔진에 의해 구동되는 유압 펌프의 유압을 동력원으로 사용하는 기존의 일반적인 유압식 동력 조향장치(NPS)에 유량 제어 기구인 유량 제어 솔레노이드 밸브를 추가하여 주행속도의 변화에 대응하여 조향 기어 박스로 공급되는 유량을 적절하게 제어한다.

31 내경이 40mm인 마스터 실린더에 20N의 힘이 작용했을 때 내경이 60mm인 휠 실린더에 가해지는 제동력은 약 몇 N인가?

① 30 ② 45
③ 60 ④ 75

≪ $Bp = \frac{Wa}{Ma} \times Wp$

Bp : 휠 실린더에 작용하는 힘(N),
Wa : 휠 실린더 피스톤 단면적(cm^2),
Ma : 마스터 실린더 단면적(cm^2),
Wp : 휠 실린더 피스톤에 가하는 힘(N)

$$Bp = \frac{0.785 \times 6^2}{0.785 \times 4^2} \times 20N = 45N$$

32 전자제어 현가장치 관련 자기진단기 초기값 설정에서 제원입력 및 차종 분류 선택에 대한 설명으로 틀린 것은?

① 차량 제조사를 선택한다.
② 자기진단기 본체와 케이블을 결합한다.
③ 해당 세부 모델을 종류에서 선택한다.
④ 정식 지정 명칭으로 차종을 선택한다.

≪ **제원 입력 및 차종 분류 선택**
① 차량 제조사를 선택한다.
② 정식 지정 명칭으로 차종을 선택한다.
③ 해당 세부 모델을 종류에서 선택한다.

33 차량주행 중 발생하는 수막현상(하이드로 플래닝)의 방지책으로 틀린 것은?

① 주행속도를 높게 한다.
② 타이어 공기압을 높게 한다.
③ 리브 패턴 타이어를 사용한다.
④ 트레드 마모가 적은 타이어를 사용한다.

≪ **하이드로 플래닝 현상 방지법**
① 트레드 마멸이 적은 타이어를 사용한다.
② 타이어 공기 압력을 높이고, 주행속도를 낮춘다.
③ 리브 패턴의 타이어를 사용한다.
④ 트레드 패턴을 카프(calf)형으로 세이빙(shaving)가공한 것을 사용한다.
⑤ 트레드 패턴의 마모가 규정 값 이상인 타이어는 고속으로 주행할 때는 교환한다.

34 전자제어 제동장치인 EBD(electronic brake force distribution) 시스템의 효과로 틀린 것은?

① 적재용량 및 승차인원에 관계없이 일정하게 유압을 제어한다.
② 뒷바퀴의 제동력을 향상시켜 제동거리가 짧아진다.
③ 프로포셔닝 밸브를 사용하지 않아도 된다.
④ 브레이크 페달을 밟는 힘이 감소한다.

≪ 전자 제동분배 장치(EBD)는 앞·뒷바퀴에 제동압력을 이상적으로 배분하기 위하여 제동라인에 솔레노이드 밸브를 설치하여 제동압력을 전자적으로 제어함으로써 급제동 할 때 스핀방지 및 제동성능을 향상시키는 장치이다. 즉 적재량에 의한 차량에 중량 변화에 있어서 전후의 제동력 불균형을 조정함으로써 항상 최적의 제동력을 유지토록 해주는 장치이다.

35 무단변속기(CVT)의 특징으로 틀린 것은?

① 가속성능을 향상시킬 수 있다.
② 연료 소비율을 향상시킬 수 있다.
③ 변속에 의한 충격을 감소시킬 수 있다.
④ 일반 자동변속기 대비 연비가 저하된다.

≪ **무단변속기의 특징**
① 가속성능을 향상시킬 수 있다.
② 연료 소비율을 향상시킬 수 있다.
③ 변속에 의한 충격을 감소시킬 수 있다.
④ 주행성능과 동력성능이 향상된다.
⑤ 파워트레인 통합제어의 기초가 된다.

ANSWER 31.② 32.② 33.① 34.① 35.④

36 토크 컨버터의 펌프 회전수가 2800rpm이고, 속도비가 0.6, 토크비가 4일 때의 효율은?

① 0.24 ② 2.4
③ 0.34 ④ 3.4

≪ $\eta t = Sr \times Tr$
ηt : 토크 컨버터 효율, Sr : 속도비, Tr : 토크비
$\eta t = 0.6 \times 4 = 2.4$

37 엔진의 동력을 주행 이외의 용도에 사용할 수 있도록 하는 동력 인출장치(power take off)로 틀린 것은?

① 윈치 구동장치
② 차동 기어장치
③ 소방차 물펌프 구동장치
④ 덤프트럭 유압펌프 구동장치

≪ 동력 인출(power take off) 장치는 윈치 구동장치, 소방차 물 펌프 구동장치, 덤프트럭 유압펌프 구동장치 등에 이용한다.

38 6속 DCT(double clutch transmission)에 대한 설명으로 옳은 것은?

① 클러치 페달이 없다.
② 변속기 제어 모듈이 없다.
③ 동력을 단속하는 클러치가 1개이다.
④ 변속을 위한 클러치 액추에이터가 1개이다.

≪ DCT는 연비 향상과 더불어 수동변속기가 갖고 있는 스포티한 주행성능과 자동변속기의 편리한 운전성능을 동시에 갖는 차세대 자동화 수동변속기다. 특히 2개의 클러치에 의한 클러치 조작과 기어 변속을 전자제어장치에 의해 자동으로 제어해 마치 자동변속기처럼 변속이 가능하면서도 수동변속기의 주행성능을 가능하게 한다. 또 홀수 기어를 담당하는 클러치와 짝수 기어를 담당하는 클러치 등 총 2개의 클러치를 적용해 하나의 클러치가 단수를 바꾸면 다른 클러치가 곧바로 다음 단에 기어를 넣음으로써 변속할 때 소음이 적고 빠른 변속이 가능하며 변속 충격이 적은 장점이 있다. 그리고 수동변속기 수준으로 이산화탄소 배출량과 연비를 개선해 친환경적인 면에서도 매우 우수하다.
DCT는 클러치 팩 구조에 따라 습식과 건식 총 2가지로 구분된다. 자동변속기의 토크 컨버터 구조와 같이 다판 클러치 팩이 오일에 잠겨 있는 것이 습식 방식이며, 일반 수동변속기 클러치 구조의 건식 단판 클러치 팩이 적용 된 것이 건식 방식이다. 습식의 경우 건식 대비 연비는 불리하나 클러치 전달 용량이 커 대형급 차량과 엔진에 적용되는 반면, 건식의 경우, 유압 손실이 없으므로 연비가 우수해 클러치 사이즈 제한에 따라 중소형급 차량과 엔진에 적용된다.

39 릴리스 레버 대신 원판의 스프링을 이용하고, 레버 높이를 조정할 필요가 없는 클러치 커버의 종류는?

① 오번 형 ② 이너 레버 형
③ 다이어프램 형 ④ 아우터 레버 형

≪ 다이어프램형은 코일 스프링 형식의 릴리스 레버와 코일 스프링 역할을 동시에 하는 접시 모양의 다이어프램 스프링(diaphragm spring)을 사용하므로 릴리스 레버 높이를 조정이 필요가 없다.

40 파워 조향 핸들 펌프 조립과 수리에 대한 내용이 아닌 것은?

① 오일펌프 브래킷에 오일펌프를 장착한다.
② 흡입 호스를 규정토크로 장착한다.
③ 스냅 링과 내측 및 외측 O링을 장착한다.
④ 호스의 도장면이 오일펌프를 향하도록 조정한다.

≪ **파워 조향 핸들 펌프 조립과 수리**
① 오일펌프 브래킷에 오일펌프를 장착한다.
② 흡입 호스를 규정 토크로 장착한다.
③ 호스의 도장면이 오일펌프를 향하도록 조정한다.
④ V-벨트를 장착한 후에 장력을 조정한다.
⑤ 오일펌프에 압력 호스를 연결하고 오일 리저버에 리턴호스를 연결한다.
⑥ 호스가 간섭되거나 뒤틀리지 않았는지 확인한다.
⑦ 자동변속기(ATF) 오일을 주입한다.
⑧ 공기빼기 작업을 한다.
⑨ 오일펌프 압력을 점검한다.
⑩ 규정 토크로 각 부품을 장착한다.

ANSWER 36.② 37.② 38.① 39.③ 40.③

제3과목 자동차전기·전자장치정비

41 다음 회로에서 전류(A)와 소비 전력(W)은?

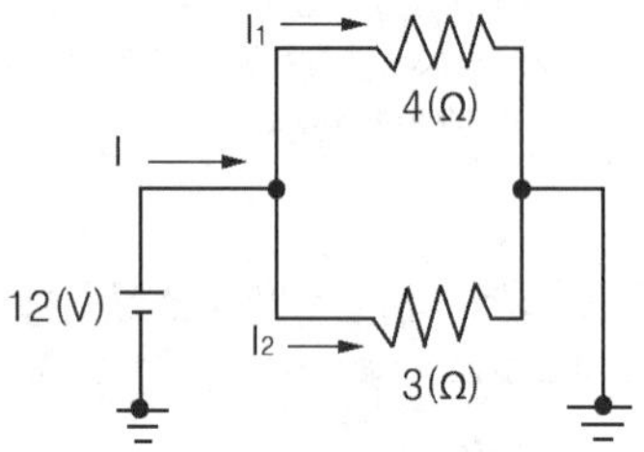

① I = 0.58A, P = 5.8W
② I = 5.8A, P = 58W
③ I = 7A, P = 84W
④ I = 70A, P = 840W

≪ ① $\frac{1}{R}=\frac{1}{4}+\frac{1}{3}=\frac{7}{12}$ ∴ $R=\frac{12}{7}\Omega$

② $I=\frac{E}{R}=\frac{12\times7}{12}=7A$

③ $P=EI=12V\times7A=84W$

42 자동차 전자제어 모듈 통신방식 중 고속 CAN 통신에 대한 설명으로 틀린 것은?

① 진단장비로 통신라인의 상태를 점검할 수 있다.
② 차량용 통신으로 적합하나 배선수가 현저하게 많아진다.
③ 제어 모듈 간의 정보를 데이터 형태로 전송할 수 있다.
④ 종단 저항 값으로 통신라인의 이상 유무를 판단할 수 있다.

≪ 고속 CAN 통신은 제어 모듈 간의 정보를 데이터 형태로 전송할 수 있고 차량용 통신으로 적합하며, 배선수를 현저하게 감소시킬 수 있는 장점이 있다. 또 진단장비로 통신라인의 상태를 점검할 수 있으며, 종단 저항 값으로 통신라인의 이상 유무를 판단할 수 있다.

43 기동 전동기의 작동 원리는?

① 앙페르 법칙
② 렌츠의 법칙
③ 플레밍의 왼손 법칙
④ 플레밍의 오른손 법칙

≪ 기동 전동기의 작동 원리는 플레밍의 왼손 법칙을 응용하고 발전기의 작동 원리는 플레밍의 오른손 법칙을 응용한다.

44 자동차에 사용되는 에어컨 리시버 드라이어의 기능으로 틀린 것은?

① 액체 냉매 저장
② 냉매 압축 송출
③ 냉매의 수분 제거
④ 냉매의 기포 분리

≪ 리시버 드라이어의 기능은 냉매의 저장기능, 냉매의 기포 분리기능, 냉매의 수분 흡수기능, 냉매량 관찰기능 등이다.

45 광전소자 레인 센서가 적용된 와이퍼 장치에 대한 설명으로 틀린 것은?

① 발광다이오드로부터 초음파를 방출한다.
② 레인 센서를 통해 빗물의 양을 감지한다.
③ 발광다이오드와 포토다이오드로 구성된다.
④ 빗물의 양에 따라 알맞은 속도로 와이퍼 모터를 제어한다.

≪ 레인 센서는 발광다이오드(LED)와 포토다이오드에 의해 비의 양을 검출한다. 즉 발광다이오드로부터 적외선이 방출되면 유리 표면의 빗물에 의해 반사되어 돌아오는 적외선을 포토다이오드가 검출하여 비의 양을 검출한다. 레인 센서는 유리 투과율을 스스로 보정하는 서보(servo)회로가 설치되어 있어 앞 창유리의 투과율에 관계없이 일정하게 빗물을 검출하는 기능이 있으며, 앞 창유리의 투과율은 발광다이오드와 포토다이오드와의 중앙점 바로 위에 있는 유리 영역에서 결정된다.

ANSWER 41.③ 42.② 43.③ 44.② 45.①

46 **방향지시등의 이상 현상에 대한 설명으로 틀린 것은?**

① 하나의 램프 단선 시 점멸 주기가 달라질 수 있다.
② 회로의 저항이 클 때 점멸 주기가 달라질 수 있다.
③ 방향지시등 스위치 불량 시 점멸 주기가 달라질 수 있다.
④ 방향지시등 릴레이(플래셔 유닛) 불량 시 모든 방향지시등 작동이 불량하다.

≪ 방향지시등 스위치가 불량하면 모든 방향지시등의 작동이 불량해진다.

47 **발전기 B단자의 접촉 불량 및 배선 저항과다로 발생할 수 있는 현상은?**

① 충전 시 소음
② 엔진 과열
③ 과충전으로 인한 배터리 손상
④ B단자 배선 발열

≪ 배선(전선)에 전류가 흐르면 전류의 2승에 비례하는 주울열이 발생한다. 발전기 B단자의 접촉이 불량하거나 배선의 저항이 과다하면 B단자 배선이 발열하게 된다.

48 **자동차 및 자동차 부품의 성능과 기준에 관한 규칙에서 자동차 전기장치의 안전기준으로 틀린 것은?**

① 차실 안의 전기 단자 및 전기 개폐기는 적절히 절연물질로 덮어 씌워야 한다.
② 자동차의 전기배선은 모두 절연무질로 덮어씌우고, 차체에 고정시켜야 한다.
③ 차실 안에 설치하는 축전지는 여유 공간 부족 시 절연물질로 덮지 않아도 무관하다.
④ 축전지는 자동차의 진동 또는 충격 등에 의하여 이완되거나 손상되지 않도록 고정시켜야 한다.

≪ **전기장치의 안전기준**
① 자동차의 전기배선은 모두 절연물질로 덮어씌우고, 차체에 고정시킬 것.
② 차실 안의 전기단자 및 전기 개폐기는 적절히 절연물질로 덮어씌울 것.
③ 배터리는 자동차의 진동 또는 충격 등에 의하여 이완되거나 손상되지 아니하도록 고정시키고, 차실 안에 설치하는 배터리는 절연물질로 덮어씌울 것.

49 **운행차 정기검사에서 소음도 검사 전 확인해야 하는 항목으로 거리가 먼 것은?(단, 소음·진동관리법 시행규칙에 의한다.)**

① 배기관 ② 경음기
③ 소음 덮개 ④ 원동기

≪ **소음도 검사 전 확인 항목**
① **소음 덮개** : 출고 당시에 부착된 소음 덮개가 떼어지거나 훼손되어 있지 아니할 것
② **배기관 및 소음기** : 배기관 및 소음기를 확인하여 배출가스가 최종 배출구 전에서 유출되지 아니할 것
③ **경음기** : 경음기가 추가로 부착되어 있지 아니할 것

50 **12V 60AH 배터리가 방전되어 정전류 충전법으로 보충전하려고 할 때 표준 충전 전류 값은?(단, 배터리는 20시간율 용량이다.)**

① 3A
② 6A
③ 9A
④ 12A

≪ 정전류 충전의 표준 충전 전류는 배터리 용량의 10%이다.
충전 전류 = 60AH × 0.1 = 6A

ANSWER 46.③ 47.④ 48.③ 49.④ 50.②

51 점화장치의 파워 트랜지스터 불량 시 발생하는 고장 현상이 아닌 것은?

① 주행 중 엔진이 정지한다.
② 공전 시 엔진이 정지한다.
③ 엔진 크랭킹이 되지 않는다.
④ 점화 불량으로 시동이 안 걸린다.

≪ 파워 트랜지스터가 불량하면 점화코일의 1차 전류를 단속할 수 없어 2차 코일에서 고전압이 유도되지 않기 때문에 점화가 불량하여 시동이 안 걸리며, 공회전할 때 또는 주행 중에 엔진이 정지한다.

52 리모컨으로 도어 잠금 시 도어는 모두 잠기나 경계 진입모드가 되지 않는다면 고장 원인은?

① 리모컨 수신기 불량
② 트렁크 및 후드의 열림 스위치 불량
③ 도어 록·언록 액추에이터 내부 모터 불량
④ 제어모듈과 수신기 사이의 통신선 접촉 불량

≪ 도난 방지 장치 차량에서 경계 상태가 되기 위한 입력 요소는 후드 스위치, 트렁크 스위치, 도어 스위치 신호 등이다.

53 배터리 세이버 기능에서 입력 신호로 틀린 것은?

① 미등 스위치
② 와이퍼 스위치
③ 운전석 도어 스위치
④ 키 인(key in) 스위치

≪ 배터리 세이버 기능은 점화 스위치가 OFF 상태(점화 스위치를 뺌)에서 미등이 점등되어 있고 운전석 도어가 열리면 전자제어 시간경보 장치가 미등 릴레이를 OFF시켜 배터리의 방전을 예방한다. 점화 스위치를 ON으로 한 후 미등 스위치를 ON으로 한 경우에 점화 스위치를 OFF로 하고 운전석 도어를 열었을 때 미등을 자동으로 소등한다. 점화 스위치 ON상태에서 운전석 도어를 연 다음에 점화 스위치를 OFF로 한 경우에도 미등을 자동으로 소등한다.

54 점화장치에서 드웰 시간이란?

① 파워 TR 베이스 전원이 인가되어 있는 시간
② 점화 2차 코일에 전류가 인가되어 있는 시간
③ 파워 TR이 OFF에서 ON이 될 때까지의 시간
④ 스파크 플러그에서 불꽃방전이 이루어지는 시간

≪ 드웰 시간이란 ECU가 파워 트랜지스터의 B(베이스) 단자에 전원이 공급되는 시간(파워트랜지스터가 ON 되고 있는 시간)이다.

55 자동차의 전자동 에어컨 장치에 적용된 센서 중 부특성 저항방식이 아닌 것은?

① 일사량 센서
② 내기 온도 센서
③ 외기 온도 센서
④ 증발기 온도 센서

≪ 일사량 센서는 광전도 특성을 가지는 포토다이오드를 이용하며, 햇빛의 양에 비례하여 출력 전압이 상승하는 특징이 있다.

56 자동차 편의장치 중 이모빌라이저 시스템에 대한 설명으로 틀린 것은?

① 이모빌라이저 시스템이 적용된 차량은 일반 키로 복사하여 사용할 수 없다.
② 이모빌라이저는 등록된 키가 아니면 시동되지 않는다.
③ 통신 안전성을 높이는 CAN 통신을 사용한다.
④ 이모빌라이저 시스템에 사용되는 시동 키 내부에는 전자 칩이 내장되어 있다.

≪ 이모빌라이저는 무선 통신으로 점화 스위치(시동 키)의 기계적인 일치뿐만 아니라 점화 스위치와 자동차가 무

ANSWER 51.③ 52.② 53.② 54.① 55.① 56.③

선으로 통신하여 암호 코드가 일치하는 경우에만 엔진이 시동되도록 한 도난 방지 장치이다. 이 장치에 사용되는 점화 스위치(시동 키) 손잡이(트랜스 폰더)에는 자동차와 무선으로 통신할 수 있는 특수 반도체가 들어 있다. 따라서 기계적으로 일치하는 복제된 점화 스위치나 또는 다른 수단으로는 엔진의 시동을 할 수 없기 때문에 도난을 원천적으로 봉쇄할 수 있다.

57 반도체의 장점이 아닌 것은?

① 수명이 길다.
② 소형이고 가볍다.
③ 내부 전력 손실이 적다.
④ 온도 상승 시 특성이 좋아진다.

≪ 반도체의 장점
① 매우 소형·경량이다.
② 내부 전력손실이 매우 적다.
③ 예열을 요구하지 않고 곧바로 작동을 한다.
④ 기계적으로 강하고 수명이 길다.

58 전조등 4핀 릴레이를 단품 점검하고자 할 때 적합한 시험기는?

① 전류 시험기 ② 축전기 시험기
③ 회로 시험기 ④ 전조등 시험기

≪ 전조등 릴레이를 단품 점검할 때에는 회로 시험기(멀티 테스터)가 적합하다.

59 차량에서 배터리의 기능으로 옳은 것은?

① 각종 부하 조건에 따라 발전 전압을 조정하여 과충전을 방지한다.
② 엔진의 시동 후 각종 전기장치의 전기적 부하를 전적으로 부담한다.
③ 주행상태에 따른 발전기의 출력과 전기적 부하와의 불균형을 조정한다.
④ 배터리는 시동 후 일정시간 방전을 지속하여 발전기의 부담을 줄여준다.

≪ 배터리의 기능
① 시동 장치의 전기적 부하를 담당한다.
② 발전기가 고장 났을 때 주행을 확보하기 위한 전원으로 작동한다.
③ 주행상태에 따른 발전기의 출력과 부하와의 불균형을 조정한다.

60 점화 플러그의 구비조건으로 틀린 것은?

① 내열성이 작아야 한다.
② 열전도성이 좋아야 한다.
③ 기밀이 잘 유지되어야 한다.
④ 전기적 절연성이 좋아야 한다.

≪ 점화 플러그의 구비조건
① 내열성·기계적 강도 및 내식성이 클 것
② 기밀유지 성능과 전기적 절연성능이 양호할 것
③ 강력한 불꽃이 발생할 것
④ 자기청정 온도를 유지할 것
⑤ 점화성능이 좋고, 열전도성이 클 것

제4과목 친환경자동차정비

61 마스터 BMS의 표면에 인쇄 또는 스티커로 표시되는 항목이 아닌 것은?(단, 비일체형인 경우로 국한한다.)

① 사용하는 동작 온도 범위
② 저장 보관용 온도 범위
③ 셀 밸런싱용 최대 전류
④ 제어 및 모니터링 하는 배터리 팩의 최대 전압

≪ 마스터 BMS 표면에 표시되는 항목
① BMS 구동용 외부 전원의 전압 범위 또는 자체 배터리 시스템으로부터 공급 받는 BMS 구동용 전압 범위
② 제어 및 모니터링 하는 배터리 팩의 최대 전압

ANSWER 57.④ 58.③ 59.③ 60.① 61.③

③ 제어 및 모니터링 하는 배터리 팩의 최대 전류
④ 사용하는 동작 온도 범위
⑤ 저장 보관용 온도 범위

62 하드 타입 하이브리드 구동 모터의 주요 기능으로 틀린 것은?

① 출발 시 전기모드 주행
② 가속 시 구동력 증대
③ 감속 시 배터리 충전
④ 변속 시 동력 차단

≪ 구동 모터의 주요 기능은 출발할 때 전기 모드로의 주행, 가속할 때 구동력 증대, 감속할 때 배터리 충전 등이다.

63 하이브리드 자동차에서 변속기 앞뒤에 엔진 및 전동기를 병렬로 배치하여 주행상황에 따라 최적의 성능과 효율을 발휘할 수 있도록 자동차 구동에 필요한 동력을 엔진과 전동기에 적절하게 분배하는 형식?

① 직· 병렬형 ② 직렬형
③ 교류형 ④ 병렬형

≪ 병렬형은 변속기 앞뒤에 엔진 및 전동기를 병렬로 배치하여 주행상황에 따라 최적의 성능과 효율을 발휘할 수 있도록 자동차 구동에 필요한 동력을 엔진과 전동기에 적절하게 분배하는 형식이다.

64 병렬형 하이브리드 자동차의 특징을 설명한 것 중 거리가 먼 것은?

① 모터는 동력 보조만 하므로 에너지 변환 손실이 적다.
② 기존 내연기관 차량을 구동장치의 변경 없이 활용 가능하다.
③ 소프트 방식은 일반 주행 시 모터 구동을 이용한다.
④ 하드 방식은 EV 주행 중 엔진 시동을 위해 별도의 장치가 필요하다.

≪ 소프트 하이브리드 자동차는 모터가 플라이휠에 설치되어 있는 FMED(fly wheel mounted electric device) 형식으로 변속기와 모터사이에 클러치를 설치하여 제어하는 방식이다. 출발을 할 때는 엔진과 모터를 동시에 사용하고, 부하가 적은 평지에서는 엔진의 동력만을 이용하며, 가속 및 등판주행과 같이 큰 출력이 요구되는 경우에는 엔진과 모터를 동시에 사용한다.

65 하이브리드 시스템을 제어하는 컴퓨터의 종류가 아닌 것은?

① 모터 컨트롤 유닛(Motor control unit)
② 하이드로릭 컨트롤 유닛(Hydraulic control unit)
③ 배터리 컨트롤 유닛(Battery control unit)
④ 통합 제어 유닛(Hybrid control unit)

≪ 하이브리드 시스템을 제어하는 컴퓨터는 모터 컨트롤 유닛(MCU), 통합 제어 유닛(HCU), 배터리 컨트롤 유닛(BCU)이다.

66 LPI 시스템에서 연료 펌프 제어에 대한 설명으로 옳은 것은?

① 엔진 ECU에서 연료 펌프를 제어한다.
② 종합 릴레이에 의해 연료 펌프가 구동된다.
③ 엔진이 구동되면 운전조건에 관계없이 일정한 속도로 회전한다.
④ 펌프 드라이버는 운전조건에 따라 연료 펌프의 속도를 제어한다.

≪ LPI 시스템의 펌프 드라이버는 연료펌프 내에 장착된 BLDC(brush less direct current) 모터의 구동을 제어하는 컨트롤러로서 엔진의 운전 조건에 따라 모터를 5단계로 제어하는 역할을 한다.

ANSWER 62.④ 63.④ 64.③ 65.② 66.④

67 전기 자동차의 공조장치(히트 펌프)에 대한 설명으로 틀린 것은?

① 정비 시 전용 냉동유(POE) 주입
② PTC형식 이배퍼레이트 온도 센서 적용
③ 전동형 BLDC 블로어 모터 적용
④ 온도 센서 점검 시 저항(Ω) 측정

《 PTC 형식은 히터에 적용하며, 이배퍼레이터 온도 센서는 NTC 서미스터를 이용하여 에어컨의 증발기 온도를 검출하여 에어컨 컴퓨터로 입력시키는 역할을 한다.

68 하이브리드 시스템에서 주파수 변환을 통하여 스위칭 및 전류를 제어하는 방식은?

① SCC 제어 ② CAN 제어
③ PWM 제어 ④ COMP 제어

《 펄스 폭 변조 방식(PWM)에서는 동일한 스위칭 주기 내에서 ON 시간의 비율을 바꿈으로써 출력 전압 또는 전류를 제어할 수 있으며 스위칭 주파수가 낮을 경우 출력 값은 낮아지며 출력 듀티비를 50%일 경우에는 기존 전압의 50%를 출력전압으로 출력한다.

69 하이브리드 자동차의 내연기관에 가장 적합한 사이클 방식은?

① 오토 사이클 ② 복합 사이클
③ 에킨슨 사이클 ④ 카르노 사이클

《 영국의 제임스 에킨슨이 1886년 제창한 열 사이클로써 압축 행정과 팽창 행정을 독립적으로 설정할 수 있는 기구를 가진 것이며, 압축비와 팽창비를 별개로 설정할 수 있는 시스템이기 때문에 팽창비를 높게 하여 공급된 열에너지를 보다 많은 운동에너지로 변환하여 열효율을 높일 수 있다.

70 압축 천연가스를 연료로 사용하는 엔진의 특성으로 틀린 것은?

① 질소산화물, 일산화탄소 배출량이 적다.
② 혼합기 발열량이 휘발유나 경유에 비해 좋다.
③ 1회 충전에 의한 주행거리가 짧다.
④ 오존을 생성하는 탄화수소에서의 점유율이 낮다.

《 CNG 엔진의 특징
① 디젤 엔진과 비교하였을 때 매연이 100% 감소된다.
② 가솔린 엔진과 비교하였을 때 이산화탄소 20~ 30%, 일산화탄소가 30~50% 감소한다.
③ 낮은 온도에서의 시동 성능이 좋다.
④ 옥탄가가 130으로 가솔린의 100보다 높다.
⑤ 질소산화물 등 오존영향 물질을 70%이상 감소시킬 수 있다.
⑥ 엔진의 작동소음을 낮출 수 있다.
⑦ 오존을 생성하는 탄화수소에서의 점유율이 낮다.

71 친환경 자동차에서 고전압 관련 정비 시 고전압을 해제하는 장치는?

① 전류센서
② 배터리 팩
③ 안전 스위치(안전 플러그)
④ 프리차지 저항

《 안전 플러그는 기계적인 분리를 통하여 고전압 배터리 내부 회로의 연결을 차단하는 장치이다. 연결 부품으로는 고전압 배터리 팩, 파워 릴레이 어셈블리, 급속 충전 릴레이, BMU, 모터, EPCU, 완속 충전기, 고전압 조인트 박스, 파워 케이블, 전기 모터식 에어컨 컴프레서 등이 있다.

72 수소 연료 전지 전기 자동차 구동 모터 3상의 단자 명이 아닌 것은?

① U ② V
③ W ④ Z

《 구동 모터는 3상 파워 케이블이 배치되어 있으며, 3상의 파워 케이블의 단자는 U 단자, V 단자, W 단자가 있다.

ANSWER 67.② 68.③ 69.③ 70.② 71.③ 72.④

73 **수소 연료 전지 전기 자동차에서 감속 시 구동 모터를 발전기로 전환하여 차량의 운동 에너지를 전기 에너지로 변환시켜 배터리로 회수하는 시스템은?**

① 회생 제동 시스템
② 파워 릴레이 시스템
③ 아이들링 스톱 시스템
④ 고전압 배터리 시스템

≪ ① **회생 재생 시스템** : 감속할 때 구동 모터는 바퀴에 의해 구동되어 발전기의 역할을 한다. 즉 감속할 때 발생하는 운동 에너지를 전기 에너지로 전환시켜 고전압 배터리를 충전한다.
② **파워 릴레이 시스템** : 파워 릴레이 어셈블리는 (+)극과 (-)극 메인 릴레이, 프리차지 릴레이, 프리차지 레지스터와 배터리 전류 센서로 구성되어 배터리 관리 시스템 ECU의 제어 신호에 의해 고전압 배터리와 인버터 사이의 고전압 전원 회로를 제어한다.
③ **아이들링 스톱 시스템** : 연비와 배출가스 저감을 위해 자동차가 정지하여 일정한 조건을 만족할 때에는 엔진의 작동을 정지시킨다.
④ **고전압 배터리 시스템** : 배터리 팩 어셈블리, 배터리 관리 시스템(BMS), 전자 제어 장치(ECU), 파워 릴레이 어셈블리, 케이스, 제어 배선, 쿨리 팬 및 쿨링 덕트로 구성되어 고전압 배터리는 전기 모터에 전력을 공급하고, 회생 제동 시 발생되는 전기 에너지를 저장한다.

74 **고전압 배터리의 충방전 과정에서 전압 편차가 생긴 셀을 동일한 전압으로 매칭하여 배터리 수명과 에너지 용량 및 효율증대를 갖게 하는 것은?**

① SOC(state of charge)
② 파워 제한
③ 셀 밸런싱
④ 배터리 냉각제어

≪ 고전압 배터리의 비정상적인 충전 또는 방전에서 기인하는 배터리 셀 사이의 전압 편차를 조정하여 배터리 내구성, 충전 상태(SOC) 에너지 효율을 극대화시키는 기능을 셀 밸런싱이라고 한다.

75 **수소 연료 전지 전기 자동차의 설명으로 거리가 먼 것은?**

① 연료 전지 시스템은 연료 전지 스택, 운전 장치, 모터, 감속기로 구성된다.
② 연료 전지는 공기와 수소 연료를 이용하여 전기를 생산한다.
③ 연료 전지에서 생산된 전기는 컨버터를 통해 모터로 공급된다.
④ 연료 전지 자동차가 유일하게 배출하는 배기가스는 수분이다.

≪ 수소 연료 전지 전기 자동차의 연료 전지에서 생산된 전기는 인버터를 통해 모터로 공급된다. 인버터는 DC 전원을 AC 전원으로 변환하고 컨버터는 AC 전원을 DC 전원으로 변환하는 역할을 한다.

76 **전기 자동차 고전압 배터리의 사용가능 에너지를 표시하는 것은?**

① SOC(State Of Charge)
② PRA(Power Relay Assemble)
③ LDC(Low DC−DC Converter)
④ BMU(Battery Management Unit)

≪ ① **SOC**(State Of Charge) : SOC(배터리 충전율)는 배터리의 사용 가능한 에너지를 표시한다.
② **PRA**(Power Relay Assemble) : BMU의 제어 신호에 의해 고전압 배터리 팩과 고전압 조인트 박스 사이의 DC 360V 고전압을 ON, OFF 및 제어 하는 역할을 한다.
③ **LDC**(Low DC-DC Converter) : 고전압 배터리의 DC 전원을 차량의 전장용에 적합한 낮은 전압의 DC 전원(저전압)으로 변환하는 시스템이다.
④ **BMU**(Battery Management Unit) : 고전압 배터리의 SOC(State Of Charge), 출력, 고장 진단, 배터리 셀 밸런싱(Cell Balancing), 시스템 냉각, 전원 공급 및 차단을 제어한다.

ANSWER 73.① 74.③ 75.③ 76.①

77 전기 자동차에서 파워 릴레이 어셈블리(Power Relay Assembly) 기능에 대한 설명으로 틀린 것은?

① 승객 보호
② 전장품 보호
③ 고전압 회로 과전류 보호
④ 고전압 배터리 암 전류 차단

≪ 파워 릴레이 어셈블리의 기능은 전장품 보호, 고전압 회로 과전류 보호, 고전압 배터리 암 전류 차단 등이다.

78 고전압 배터리 관리 시스템의 메인 릴레이를 작동시키기 전에 프리 차지 릴레이를 작동시키는데 프리 차지 릴레이의 기능이 아닌 것은?

① 등화 장치 보호
② 고전압 회로 보호
③ 타 고전압 부품 보호
④ 고전압 메인 퓨즈, 부스 바, 와이어 하니스 보호

≪ 프리 차지 릴레이는 파워 릴레이 어셈블리에 장착되어 인버터의 커패시터를 초기에 충전할 때 고전압 배터리와 고전압 회로를 연결하는 역할을 한다. 스위치 IG ON을 하면 프리 차지 릴레이와 레지스터를 통해 흐른 전류가 인버터 내의 커패시터에 충전이 되고 충전이 완료 되면 프리 차지 릴레이는 OFF 된다.
① 초기에 커패시터의 충전 전류에 의한 고전압 회로를 보호한다.
② 다른 고전압 부품을 보호한다.
③ 고전압 메인 퓨즈, 부스 바, 와이어 하니스를 보호한다.

79 전기 자동차의 배터리 시스템 어셈블리 내부의 공기 온도를 감지하는 역할을 하는 것은?

① 파워 릴레이 어셈블리
② 고전압 배터리 인렛 온도 센서
③ 프리차지 릴레이
④ 고전압 배터리 히터 릴레이

≪ 고전압 배터리 인렛 온도 센서는 고전압 배터리 1번 모듈 상단에 장착되어 있으며, 배터리 시스템 어셈블리 내부의 공기 온도를 감지하는 역할을 한다.

80 고전압 배터리 셀이 과충전 시 메인 릴레이, 프리차지 릴레이 코일의 접지 라인을 차단하는 것은?

① 배터리 온도 센서
② 배터리 전류 센서
③ 고전압 차단 릴레이
④ 급속 충전 릴레이

≪ 고전압 릴레이 차단 장치(OPD)는 각 모듈 상단에 장착되어 있으며, 고전압 배터리 셀이 과충전에 의해 부풀어 오르는 상황이 되면 OPD에 의해 메인 릴레이 (+), 메인 릴레이 (-), 프리차지 릴레이 코일의 접지 라인을 차단하여 과충전 시 메인 릴레이 및 프리차지 릴레이의 작동을 금지시킨다.

ANSWER **77.**① **78.**① **79.**② **80.**③

Part VI

CBT 기출복원문제

자동차정비산업기사

- 자동차정비산업기사

CBT 기출복원문제

2022년 1회

▶ 정답 440쪽

제1과목 자동차엔진정비

01 크랭크 각 센서의 기능에 대한 설명으로 틀린 것은?

① ECU는 크랭크 각 센서 신호를 기초로 연료분사시기를 결정한다.
② 엔진 시동 시 연료량 제어 및 보정 신호로 사용된다.
③ 엔진의 크랭크축 회전각도 또는 회전위치를 검출한다.
④ ECU는 크랭크 각 센서 신호를 기초로 엔진 1회전당 흡입공기량을 계산한다.

● 크랭크 각 센서의 기능
① 크랭크축의 회전각도 또는 회전위치를 검출하여 ECU에 입력시킨다.
② 연료 분사시기와 점화시기를 결정하기 위한 신호로 이용된다.
③ 엔진 시동 시 연료 분사량 제어 및 보정 신호로 이용된다.
④ 단위 시간 당 엔진 회전속도를 검출하여 ECU로 입력시킨다.

02 디젤 엔진의 연료 분사량을 측정하였더니 최대 분사량이 25cc이고, 최소 분사량이 23cc, 평균 분사량이 24cc이다. 분사량의 (+)불균율은?

① 약 8.3%　　② 약 2.1%
③ 약 4.2%　　④ 약 8.7%

$$+\text{불균율} = \frac{\text{최대 분사량} - \text{평균 분사량}}{\text{평균 분사량}} \times 100$$

$$+\text{불균율} = \frac{25cc - 24cc}{24cc} \times 100 = 4.16\%$$

03 열선식(hot wire type) 흡입 공기량 센서의 장점으로 옳은 것은?

① 소형이며 가격이 저렴하다.
② 질량 유량의 검출이 가능하다.
③ 먼지나 이물질에 의한 고장 염려가 적다.
④ 기계적 충격에 강하다.

● 열선식 흡입 공기량 센서의 특징
① 회로가 단순하고, 흡입되는 공기를 질량 유량으로 검출한다.
② 응답성이 빠르고, 맥동 오차가 없다.
③ 고도 변화에 따른 오차가 없다.
④ 흡입공기 온도가 변화해도 측정상의 오차는 거의 없다.
⑤ 공기 질량을 직접 정확하게 계측할 수 있다.
⑥ 엔진 작동상태에 적용하는 능력이 개선된다.
⑦ 오염되기 쉬워 자기청정(클린 버닝) 장치를 두어야 한다.

04 과급장치 수리가능 여부를 확인하는 작업에서 과급장치를 교환할 때는?

① 과급장치의 액추에이터 연결 상태
② 과급장치의 배기 매니폴드 사이의 개스킷 기밀 상태 불량
③ 과급장치의 액추에이터 로드 세팅 마크 일치 여부
④ 과급장치의 센터 하우징과 컴프레서 하우징 사이의 'O' 링(개스킷)이 손상

과급장치의 센터 하우징과 컴프레서 하우징 사이의 'O'링(개스킷)이 손상되면 이 부위에서 누유가 발생할 수 있으므로 이상이 있으면 과급장치를 교환하여야 한다.

05 배기가스 재순환 장치(EGR)에 대한 설명으로 틀린 것은?

① 급가속 시에만 흡기다기관으로 재순환시킨다.
② EGR 밸브 제어 방식에는 진공식과 전자제어식이 있다.
③ 배기가스의 일부를 흡기다기관으로 재순환시킨다.
④ 냉각수를 이용한 수냉식 EGR 쿨러도 있다.

배기가스 재순환 장치(EGR)가 작동되는 경우는 엔진의 특정 운전 구간(냉각수 온도가 65℃이상이고, 중속 이상)에서 질소산화물이 많이 배출되는 운전영역에서만 작동하도록 한다. 또 공전운전을 할 때, 난기운전을 할 때, 전부하 운전영역, 그리고 농후한 혼합가스로 운전되어 출력을 증대시킬 경우에는 작용하지 않는다.

06 전자제어 디젤장치의 저압 라인 점검 중 저압 펌프 점검 방법으로 옳은 것은?

① 전기식 저압 펌프 – 정압 측정
② 기계식 저압 펌프 – 중압 측정
③ 기계식 저압 펌프 – 전압 측정
④ 전기식 저압 펌프 – 부압 측정

전기식 저압 펌프는 연료의 정압을 측정하고 기계식은 연료의 부압을 측정하여 정상 유무를 판단한다. 저압 펌프 고장 시 고압 펌프는 연료를 레일에 고압으로 공급할 수 없기 때문에 인젝터 최소 분사 개시 압력인 120 bar에 미달되어 시동이 불가능해진다.

07 엔진 출력이 80ps/4000rpm인 자동차를 엔진 회전수 제어방식(Lug-Down 3모드)으로 배출가스를 정밀검사 할 때 2모드에서 엔진 회전수는?

① 엔진 정격 회전수의 80%, 3200rpm
② 엔진 정격 회전수의 70%, 2800rpm
③ 엔진 정격 회전수의 90%, 3600rpm
④ 최대 출력의 엔진 정격 회전수, 4000rpm

엔진 회전수 제어방식(Lug-Down 3모드)으로 배출가스를 정밀검사 할 때 검사 모드는 가속페달을 최대로 밟은 상태에서 최대 출력의 엔진 정격회전수에서 1모드, 엔진 정격 회전수의 90%에서 2모드, 엔진 정격 회전수의 80%에서 3모드로 형성하여 각 검사 모드에서 모드 시작 5초 경과 이후 모드가 안정되면 엔진 회전수, 최대출력 및 매연 측정을 시작하여 10초 동안 측정한 결과를 산술 평균한 값을 최종 측정치로 한다.

08 과급장치(turbo charger)의 효과에 대한 내용으로 틀린 것은?

① 충전(charging) 효율이 감소되므로 연료 소비율이 낮아진다.
② 실린더 용량을 변화시키지 않고 출력을 향상시킬 수 있다.
③ 출력 증가로 운전성이 향상된다.
④ CO, HC, Nox 등 유해 배기가스의 배출이 줄어든다.

● **과급장치의 효과**
① 출력 증가로 운전성이 향상된다.
② 충진 효율의 증가로 연료 소비율이 낮아진다.
③ CO, HC, Nox 등 배기가스의 배출이 줄어든다.
④ 단위 마력 당 출력이 증가되어 엔진 크기와 중량을 줄일 수 있다.

09 실린더 내경이 105mm, 행정이 100mm인 4기통 디젤엔진의 SAE 마력(PS)은?

① 41.3　② 27.3
③ 43.9　④ 36.7

$$\text{SAE마력} = \frac{D^2 \times N}{1613}$$

D : 실린더 내경(mm), N : 실린더 수

$$\text{SAE마력} = \frac{105^2 \times 4}{1613} = 27.34\text{PS}$$

10 엔진의 압축압력을 시험한 결과 값이 규정보다 낮게 나오는 원인으로 틀린 것은?

① 밸브 시트의 불량
② 실린더 벽 및 피스톤 링의 마모
③ 실린더 내 카본 누적
④ 실린더 헤드 개스킷 파손

연소실 내에 카본이 누적되면 연소실 체적이 감소되어 압축압력을 측정하면 규정 값보다 높게 측정된다.

11 LPG 엔진에서 주행 중 사고로 인해 봄베 내의 연료가 급격히 방출되는 것을 방지하는 밸브는?

① 과류 방지 밸브
② 체크 밸브
③ 액 · 기상 솔레노이드 밸브
④ 긴급차단 솔레노이드 밸브

LPG 엔진의 과류방지 밸브는 자동차 사고 등으로 인하여 LPG 공급라인이 파손되었을 때 봄베로부터 LPG의 송출을 차단하여 LPG 방출로 인한 위험을 방지하는 역할을 한다.

12 수냉식 엔진의 과열 원인으로 틀린 것은?

① 워터 재킷 내에 스케일이 많이 있는 경우
② 워터 펌프 구동 벨트의 장력이 큰 경우
③ 라디에이터 코어가 30% 막힌 경우
④ 수온 조절기가 닫힌 상태로 고장 난 경우

● **수냉식 엔진의 과열 원인**
① 워터 펌프 구동 벨트의 장력이 적은 경우
② 라디에이터 코어 막힘이 20% 이상일 때
③ 워터 재킷 내에 스케일 과다
④ 수온 조절기가 닫힌 상태로 고장일 때
⑤ 냉각수가 부족할 때
⑥ 워터 펌프 구동 벨트에 오일이 부착되었을 때
⑦ 냉각수 통로가 막혔을 때

13 점화 플러그 조립 작업에 대한 내용으로 틀린 것은?

① 점화 케이블을 장착하고 엔진 시동을 걸어 부조 상태가 있는지 확인한다.
② 점화 플러그를 조립하기 전에 실린더 헤드 부위를 압축공기로 불어준다.
③ 점화 플러그를 실린더 헤드에 장착하고 연소가스가 새지 않게 임팩트를 사용하여 조립한다.
④ 점화 플러그를 장착하기 전에 해당 차량의 규격 점화 플러그를 확인한다.

점화 플러그의 조립은 점화 플러그 소켓을 사용하여 실린더 헤드에 장착하여야 한다.

14 점화 파형에서 파워 TR(트랜지스터)의 통전 시간을 의미하는 것은?

① 드웰(dwell) 시간
② 점화시간
③ 피크(peak) 전압
④ 전원 전압

점화 파형에서 드웰 시간(dwell time)이란 파워 트랜지스터의 B(베이스)단자에 ECU를 통하여 전원이 공급되는 시간(파워 TR이 ON 되고 있는 시간)을 말한다.

15 과급장치 검사에 대한 설명으로 틀린 것은?

① EGR 밸브 및 인터 쿨러 연결 부분의 배기가스 누출 여부를 검사한다.
② 스캐너의 센서 데이터 모드에서 'VGT 액추에이터'와 '부스트 압력 센서' 작동 상태를 점검한다.
③ 엔진 시동을 걸고 정상 온도까지 워밍업 한다.
④ 전기정치 및 에어컨을 ON한다.

● **과급장치의 검사**
① 자기진단 커넥터에 스캐너를 연결한다.
② 엔진 시동을 걸고 정상 온도까지 워밍업 한다.
③ 전기장치 및 에어컨을 OFF한다.
④ 스캐너의 센서 데이터 모드에서 'VGT 액추에이터'와 '부스트 압력센서' 작동 상태를 점검한다.
⑤ 과급장치의 오일공급 호스와 파이프 연결 부분의 누유 여부를 검사한다.
⑥ 과급장치의 인·아웃 연결부 분의 공기 및 배기가스 누출 여부를 검사한다.
⑦ EGR 밸브 및 인터 쿨러 연결 부분의 배기가스 누출 여부를 검사한다.

16 밸브 오버랩에 대한 설명으로 틀린 것은?

① 밸브 오버랩을 통한 내부 EGR 제어가 가능하다.
② 흡·배기 밸브가 동시에 열려 있는 상태이다.
③ 밸브 오버랩은 상사점과 하사점 부근에서 발생한다.
④ 공회전 운전 영역에서는 밸브 오버랩을 최소화 한다.

밸브 오버랩은 상사점 부근에서 흡·배기 밸브가 동시에 열려있는 상태를 말한다.

17 크랭크축 엔드 플레이 간극이 크면 발생할 수 있는 내용이 아닌 것은?

① 커넥팅 로드에 휨 하중 발생
② 밸브 간극의 증대
③ 피스톤 측압 증대
④ 클러치 작동 시 진동 발생

● 크랭크 축 엔드 플레이(축방향 유격)가 클 때의 영향
① 엔진의 소음이 발생한다.
② 피스톤 측압이 증대된다.
③ 커넥팅 로드에 휨 하중이 발생한다.
④ 클러치 작동 시 충격 및 진동이 발생한다.
⑤ 실린더, 피스톤 및 커넥팅로드 베어링이 편마멸 된다.

18 전자제어 디젤 엔진의 연료 필터에 연료 가열장치는 연료 온도(℃)가 얼마일 때 작동하는가?

① 약 20℃ ② 약 30℃
③ 약 0℃ ④ 약 10℃

연료 온도 스위치는 연료 가열 장치를 작동시키는 스위치로 전자제어 디젤 엔진의 시동 성능을 향상시키기 위해 사용된다. 연료 필터 내부의 연료 온도가 약 -3±3℃ 이하이면 점화스위치 ON 시 연료 가열 장치에 전원이 공급되며, 연료의 온도가 약 +5±3℃가 되면 접점이 열려 전원을 차단한다.

19 라디에이터 캡의 점검 방법으로 틀린 것은?

① 압력 유지 후 약 10 ~ 20초 사이에 압력이 상승하면 정상이다.
② 0.95 ~ 1.25kgf/cm² 정도로 압력을 가한다.
③ 라디에이터 캡을 분리한 후 씰 부분에 냉각수를 도포하고 압력 테스터를 설치한다.
④ 압력이 하강하는 경우 캡을 교환한다.

● 라디에이터 캡 점검 방법
① 라디에이터 캡을 분리한 후 씰 부분에 냉각수를 도포하고 압력 테스터를 설치한다.
② 0.95 ~ 1.25kgf/cm² 정도로 압력을 상승시킨다.
③ 압력이 유지되는지 확인한다.
④ 압력이 하강하는 경우 라디에이터 캡을 교환한다.

20 아래 그림은 삼원촉매의 정화율을 나타낸 그래프이다. (1), (2), (3)을 바르게 표현한 것은?

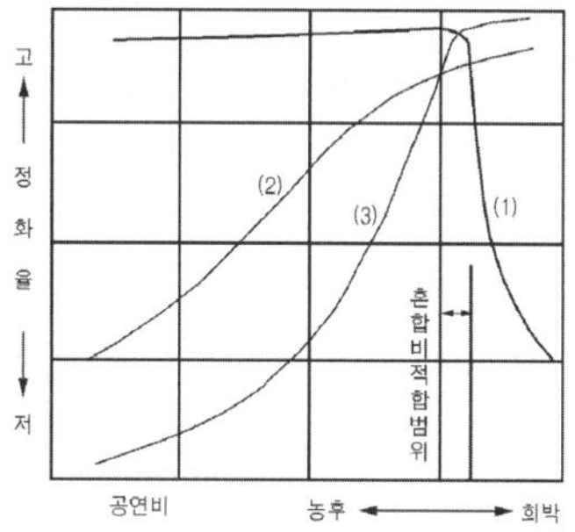

① CO, NOx, HC
② NOx, CO_2, HC
③ NOx, HC, CO
④ HC, CO, NOx

(1)번은 질소산화물(NOx) 곡선, (2)번은 탄화수소(HC) 곡선, (3)번은 일산화탄소(CO)의 곡선이다.

제2과목 자동차새시정비

21 속도비가 0.4이고, 토크비가 2인 토크 컨버터에서 펌프가 4000rpm으로 회전할 때, 토크 컨버터의 효율(%)은 약 얼마인가?

① 80 ② 40
③ 60 ④ 20

$\eta t = Sr \times Tr \times 100$
ηt : 토크 컨버터 효율(%),
Sr : 속도비, Tr : 토크비
$\eta t = 0.4 \times 2 \times 100 = 80\%$

22 스프링 정수가 5kgf/mm인 코일 스프링을 5cm 압축하는데 필요한 힘(kgf)은?

① 250 ② 25
③ 2500 ④ 2.5

$k = \frac{W}{a}$ k : 스프링 상수(kgf/mm), W : 하중(kgf), a : 변형량(mm)
$W = k \times a = 5kgf/mm \times 50mm = 250kgf$

23 전자제어 현가장치 관련 하이트 센서 이상 시 일반적으로 점검 및 조치해야 하는 내용으로 틀린 것은?

① 계기판 스피드미터 이동을 확인한다.
② 센서 전원의 회로를 점검한다.
③ ECS-ECU 하니스를 점검하고 이상이 있을 경우 수정한다.
④ 하이트 센서 계통에서 단선 혹은 쇼트를 확인한다.

● **하이트 센서 이상 시 점검 및 조치**
① 하이트 센서 계통에서 단선 혹은 쇼트 확인한다.
② 센서 전원의 회로를 점검한다.
③ ECS-ECU의 하니스를 점검하고 이상이 있을 경우 수정한다.

24 현가장치에서 텔레스코핑형 쇽업쇼버에 대한 설명으로 틀린 것은?

① 단동식과 복동식이 있다.
② 짧고 굵은 형태의 실린더가 주로 쓰인다.
③ 진동을 흡수하여 승차감을 향상시킨다.
④ 내부에 실린더와 피스톤이 있다.

● **텔레스코핑형 쇽업소버**
① 비교적 가늘고 긴 실린더로 조합되어 있다.
② 차체와 연결되는 피스톤과 차축에 연결되는 실린더로 구분되어 있다.
③ 밸브가 피스톤 한쪽에만 설치되어 있는 단동식과 밸브가 피스톤 양쪽에 설치되어 있는 복동식이 있다.
④ 진동을 흡수하여 승차감을 향상시킨다.

25 독립식 현가장치의 장점으로 틀린 것은?

① 단차가 있는 도로 조건에서도 차체의 움직임을 최소화함으로서 타이어의 접지력이 좋다.
② 스프링 아래 하중이 커 승차감이 좋아진다.
③ 휠 얼라인먼트 변화에 자유도를 가할 수 있어 조종 안정성이 우수하다.
④ 좌 · 우륜을 연결하는 축이 없기 때문에 엔진과 트랜스미션의 설치 위치를 낮게 할 수 있다.

● **독립식 현가장치의 장점**
① 스프링 밑 질량이 작기 때문에 승차감이 향상된다.
② 단차가 있는 도로 조건에서도 차체의 움직임을 최소화함으로서 타이어의 접지력이 좋다.
③ 스프링 정수가 적은 스프링을 사용할 수 있다.
④ 휠 얼라인먼트 변화에 자유도를 가할 수 있어 조종 안정성이 우수하다.
⑤ 작은 진동 흡수율이 크기 때문에 승차감이 향상된다.
⑥ 좌·우륜을 연결하는 축이 없기 때문에 엔진과 트랜스미션의 설치 위치를 낮게 할 수 있다.
⑦ 차고를 낮게 할 수 있기 때문에 안정성이 향상된다.

26 조향기어의 조건 중 바퀴를 움직이면 조향 핸들이 움직이는 것으로 각부의 마멸이 적고 복원성능은 좋으나 조향 핸들을 놓치기 쉬운 조건방식은?

① 가역식 ② 비가역식
③ 반가역식 ④ 4/3가역식

● **조향 기어의 조건**
① **가역식** : 조향 핸들의 조작에 의해서 앞바퀴를 회전시킬 수 있으며, 바퀴의 조작에 의해서 조향 휠을 회전시킬 수 있다. 각부의 마멸이 적고 복원 성능은 좋으나 주행 중 조향 휠을 놓칠 수 있는 단점이 있다.
② **비 가역식** : 조향 핸들의 조작에 의해서만 앞바퀴를 회전시킬 수 있으며, 험한 도로를 주행할 경우 조향 휠을 놓치는 일이 없는 장점이 있다.
③ **반 가역식** : 가역식과 비 가역식의 중간 성질을 갖는다. 어떤 경우에만 바퀴의 조작력이 조향 핸들에 전달된다.

27 파워 조향 핸들 펌프 조립과 수리에 대한 내용이 아닌 것은?

① 오일펌프 브래킷에 오일펌프를 장착한다.
② 흡입 호스를 규정토크로 장착한다.
③ 스냅 링과 내측 및 외측 O링을 장착한다.
④ 호스의 도장면이 오일펌프를 향하도록 조정한다.

● **파워 조향 핸들 펌프 조립과 수리**
① 오일펌프 브래킷에 오일펌프를 장착한다.
② 흡입 호스를 규정 토크로 장착한다.
③ 호스의 도장면이 오일펌프를 향하도록 조정한다.
④ V-벨트를 장착한 후에 장력을 조정한다.
⑤ 오일펌프에 압력 호스를 연결하고 오일 리저버에 리턴 호스를 연결한다.
⑥ 호스가 간섭되거나 뒤틀리지 않았는지 확인한다.
⑦ 자동변속기(ATF) 오일을 주입한다.
⑧ 공기빼기 작업을 한다.
⑨ 오일펌프 압력을 점검한다.
⑩ 규정 토크로 각 부품을 장착한다.

28 **전자제어 현가장치 관련 자기진단기 초기값 설정에서 제원입력 및 차종 분류 선택에 대한 설명으로 틀린 것은?**

① 차량 제조사를 선택한다.
② 자기진단기 본체와 케이블을 결합한다.
③ 해당 세부 모델을 종류에서 선택한다.
④ 정식 지정 명칭으로 차종을 선택한다.

● **제원 입력 및 차종 분류 선택**
① 차량 제조사를 선택한다.
② 정식 지정 명칭으로 차종을 선택한다.
③ 해당 세부 모델을 종류에서 선택한다.

29 **자동변속장치의 조정레버가 전진 또는 후진 위치에 있는 경우에도 원동기를 시동할 수 있는 자동차 종류로 틀린 것은?(단, 자동차 및 자동차 부품의 성능과 기준에 관한 규칙에 의한다.)**

① 원동기의 구동이 모두 정지될 경우 변속기가 수동으로 주차위치로 변환되는 구조를 갖춘 자동차
② 하이브리드자동차
③ 전기자동차
④ 주행하다가 정지하면 원동기의 시동을 자동으로 제어하는 장치를 갖춘 자동차

● **조종레버가 전진 또는 후진 위치에 있는 경우에도 원동기를 시동할 수 있는 자동차**
① 하이브리드 자동차
② 전기자동차
③ 원동기의 구동이 모두 정지될 경우 변속기가 자동으로 중립위치로 변환되는 구조를 갖춘 자동차
④ 주행하다가 정지하면 원동기의 시동을 자동으로 제어하는 장치를 갖춘 자동차

30 **차량 주행 중 조향핸들이 한쪽으로 쏠리는 원인으로 틀린 것은?**

① 휠 얼라인먼트 조정 불량
② 좌 · 우 타이어 공기압 불균형
③ 한쪽 타이어의 편마모
④ 동력 조향장치 오일펌프 불량

● **주행 중 조향 핸들이 한쪽으로 쏠리는 원인**
① 뒤 차축이 차량의 중심선에 대하여 직각이 되지 않는다.
② 좌·우 타이어 공기 압력이 불균일하다.
③ 휠 얼라인먼트의 조정이 불량하다.
④ 한쪽 휠 실린더의 작동이 불량하다.
⑤ 브레이크 라이닝 간극의 조정이 불량하다.
⑥ 한쪽 코일 스프링의 마모되었거나 파손되었다.
⑦ 한쪽 쇽업소버의 작동이 불량하다.
⑧ 한쪽 타이어의 편마모

31 **텔레스코핑형 쇽업소버의 작동상태에 대한 설명으로 틀린 것은?**

① 피스톤에는 오일이 지나가는 작은 구멍이 있고, 이 구멍을 개폐하는 밸브가 설치되어 있다.
② 단동식은 스프링이 압축될 때에는 저항이 걸려 차체에 충격을 주지 않아 평탄하지 못한 도로에서 유리한 점이 있다.
③ 복동식은 스프링이 늘어날 때나 압축될 때 모두 저항이 발생되는 형식이다.
④ 실린더에는 오일이 들어있다.

● **텔레스코핑형 쇽업소버의 작동**
① 피스톤에는 오일이 통과하는 오리피스(작은 구멍) 및 밸브가 설치되어 있다.
② 단동식은 스프링이 늘어날 때는 오리피스를 통과하는 오일의 저항에 의해 차체에 충격을 주지 않아 평탄하지 못한 도로에서 유리한 점이 있다.
③ 복동식은 스프링이 늘어날 때, 압축될 때 모두 밸브를 통과하는 오일의 저항에 의해 감쇠 작용을 한다.
④ 피스톤의 상하 실린더에는 오일이 가득 채워져 있다.

32 **전자제어 현가장치(ECS) 기능 중 엑스트라 하이(EX-HI) 선택 시 작동하지 않는 장치는?**

① 뒤 공급 밸브
② 앞 공급 밸브
③ 감쇠력 조절 스텝 모터
④ 컴프레서

스텝 모터는 각각의 쇽업소버 상단에 설치되어 있으며, 자동차 운행 중 쇽업소버의 감쇠력을 변화시켜야할 조건이 되면 컴퓨터는 스텝 모터를 회전시키고 스텝 모터가 회전하게 되면 스텝 모터와 연결된 제어 로드(control rod)가 회전하면서 쇽업소버 내부의 오일 회로가 크게 변화되어 감쇠력이 가변된다. 엑스트라 하이는 자동차의 높이를 조절하는 모드이다.

33 VDC(Vehicle Dynamic Control)의 부가기능이 아닌 것은?

① 경사로 저속 주행 기능
② 급제동 경보 기능
③ 급가속 제어 기능
④ 경사로 밀림 방지 기능

● VDC 부가 기능
① **경사로 저속 주행 기능(DBC)** : 경사가 심한 곳을 내려올 때 브레이크 페달을 밟지 않아도 자동으로 일정 속도(8km/h) 이하로 감속 제어한다. ADC(Auto-cruise Downhill Control) 또는 DAC(Dwon hill Assist Control) 이라고도 부른다.
② **급제동 경보 기능(ESS)** : 운전자의 조작에 의한 급제동 발생 시 제동등 또는 비상(방향지시)등을 점멸하여 후방 차량에게 위험을 경보한다.
③ **경사로 밀림 방지 기능(HAC)** : 경사가 심한 언덕에서 정차 후 출발할 때 차량이 뒤로 밀리는 것을 방지하기 위해 자동으로 브레이크를 작동시키는 장치이다.
④ **제동력 보조 기능(BAS)** : 운전자가 급브레이크를 밟은 상황에서 운전자의 제동에 추가적인 압력을 인가하여 제동거리를 단축시키고 차량의 안정성을 향상시킨다.

34 유체 클러치의 스톨 포인트에 대한 설명으로 틀린 것은?

① 스톨 포인트에서 토크비가 최대가 된다.
② 속도비가 "0" 일 때를 의미한다.
③ 펌프는 회전하나 터빈이 회전하지 않는 상태이다.
④ 스톨 포인트에서 효율이 최대가 된다.

스톨 포인트란 펌프는 회전하나 터빈이 회전하지 않는 점. 즉 속도비가 '0' 인 점이며, 토크 비율은 최대가 되지만 효율은 최소가 된다.

35 전자제어 현가자치의 자세제어 중 안티 스쿼트 제어의 주요 입력 신호는?

① 차고 센서, G-센서
② 조향 휠 각도 센서, 차속 센서
③ 스로틀 포지션 센서, 차속 센서
④ 브레이크 스위치, G-센서

앤티 스쿼트 제어(anti squat control)는 급출발 또는 급가속을 할 때에 차체의 앞쪽은 들리고, 뒤쪽이 낮아지는 노스 업(nose-up)현상을 제어한다. 작동은 컴퓨터가 스로틀 위치 센서의 신호와 초기의 주행속도를 검출하여 급출발 또는 급가속 여부를 판정하여 규정 속도 이하에서 급출발이나 급가속 상태로 판단되면 노스업(스쿼트)을 방지하기 위하여 쇽업소버의 감쇠력을 증가시킨다.

36 자동변속기에서 댐퍼클러치 솔레노이드 밸브를 작동시키기 위한 입력신호가 아닌 것은?

① 스로틀 포지션 센서 ② 가속 페달 스위치
③ 유온 센서 ④ 모터 포지션 센서

● 댐퍼 클러치 제어에 관련된 센서
① 유온 센서
② 스로틀 포지션 센서
③ 펄스 제너레이터 B
④ 점화 펄스(엔진 회전수) 신호,
⑤ 에어컨 릴레이
⑥ 가속 페달 스위치

37 부동형 캘리퍼 디스크 브레이크에서 브레이크 패드에 작용하는 압착력은 3500N이고, 디스크와 패드 사이의 미끄럼 마찰계수는 0.4이다. 디스크의 유효반경에 작용하는 제동력(N)은?

① 1400 ② 2800
③ 3500 ④ 7000

$F_u = Z \times \mu_g \times F_{cw}$, $F_{CW} = \frac{F_u}{Z \times \mu_g}$

F_u : 디스크 유효반경에 작용하는 제동력(N)
Z : 디스크에 작용하는 패드의 수
μ_g : 미끄럼 마찰계수
F_{cw} : 캘리퍼 피스톤에 작용하는 압력(N)
$F_u = 2 \times 0.4 \times 3500N = 2800N$

38 자동변속기 주행 패턴 제어에서 스로틀 밸브 개도가 주행상태에서 가속페달에서 발을 떼면 증속 변속선을 지나 고속기어로 변속되는 주행 방식으로 옳은 것은?

① 킥 업(kick up)
② 오버 드라이브(over drive)
③ 리프트 풋 업(lift foot up)
④ 킥 다운(kick down)

● 변속 특성
① **시프트 업**(shift up) : 자동변속기의 변속점에서 저속기어에서 고속기어로 변속되는 것
② **시프트 다운**(shlft down) : 자동변속기의 변속점에서 고속기어에서 저속기어로 변속되는 것
③ **킥 다운**(kick down) : 급가속이 필요한 경우 가속페달을 힘껏 밟으면 시프트 다운되어 필요한 가속력이 얻어지는 것
④ **히스테리시스**(hysteresis) : 스로틀 밸브의 열림 정도가 같아도 시프트 업과 시프트 다운 사이의 변속점에서는 7~15km/h 정도의 차이가 나는 현상. 이것은 주행 중 변속점 부근에서 빈번히 변속되어 주행이 불안정하게 되는 것을 방지하기 위해 두고 있다.
⑤ **리프트 풋 업**(Lift foot up) : 리프트 풋 업은 킥다운 현상과 반대로 가속 중인 가속페달에서 발을 떼면 변속 단이 1단계 고속기어로 변속되는 주행방식이다.

39 타이어의 유효 반경이 36cm이고 타이어가 500rpm의 속도로 회전하고 있을 때 자동차의 속도(m/s)는 약 얼마인가?

① 10.85　② 38.85
③ 18.85　④ 28.85

$V = \frac{\pi \times D \times T_N}{60}$

V : 자동차의 시속(m/s), D : 타이어 지름(m),
T_N : 타이어 회전수(rpm)

$V = \frac{2 \times \pi \times 0.36 \times 500}{60} = 18.85\text{m/s}$

40 휠 스피드 센서 파형 점검 시 가장 유용한 장비는?

① 회전계
② 멀티테스터기
③ 오실로스코프
④ 전류계

오실로스코프는 센서의 출력값을 파형을 통해 분석을 할 수 있다.

제3과목 자동차 전기 · 전자장치 정비

41 high speed CAN 파형분석 시 지선부위 점검 중 High-line이 전원에 단락되었을 때 측정되어지는 파형의 현상으로 옳은 것은?

① Low 신호도 High선 단락의 영향으로 0.25V로 유지
② 데이터에 따라 간헐적으로 0V로 하강
③ Low 파형은 종단 저항에 의한 전압강하로 11.8V 유지
④ High 파형 0V 유지(접지)

● High-line 전원 단락
① High 파형 13.9V 유지
② Low 파형은 종단 저항에 의한 전압강하로 11.8V 유지

42 자동차에서 CAN 통신 시스템의 특징이 아닌 것은?

① 데이터를 2개의 배선(CAN-HIGH, CAN-LOW)을 이용하여 전송한다.
② 모듈간의 통신이 가능하다.
③ 양방향 통신이다.
④ 싱글 마스터(single master) 방식이다.

CAN 통신(Controller Area Network)은 차량 내에서 호스트 컴퓨터 없이 마이크로 컨트롤러나 장치들이 서로 통신하기 위해 설계된 표준 통신 규격이다. 양방향 통신이므로 모듈사이의 통신이 가능하며, 데이터를 2개의 배선(CAN-HIGH, CAN-LOW)을 이용하여 전송한다.

43 공기 정화용 에어 필터 관련 내용으로 틀린 것은?

① 공기 중의 이물질만 제거 가능한 형식이 있다.
② 필터가 막히면 블로워 모터의 소음이 감소된다.
③ 공기 중의 이물질과 냄새를 함께 제거하는 형식이 있다.
④ 필터가 막히면 블로워 모터의 송풍량이 감소된다.

공기 정화용 에어 필터는 차량 실내의 이물질 및 냄새를 제거하여 항상 쾌적한 실내의 환경을 유지시켜 주는 역할을 한다. 예전에 사용되던 파티클 에어 필터는 먼지만 제거하였지만, 현재는 먼지 제거용 필터와 냄새 제거용 필터를 추가한 콤비네이션 필터를 사용하여 항상 쾌적한 실내의 환경을 유지시킨다. 필터가 막히면 블로어 모터의 송풍량이 감소된다.

44 첨단 운전자 보조 시스템(ADAS) 센서 진단 시 사양 설정 오류 DTC 발생에 따른 정비 방법으로 옳은 것은?

① 베리언트 코딩 실시
② 해당 센서 신품 교체
③ 시스템 초기화
④ 해당 옵션 재설정

베리언트 코딩은 신품의 ADAS 모듈을 교체한 후 차량에 장착된 옵션의 종류에 따라 모듈의 기능을 최적화시키는 작업으로 해당 차량에 맞는 사양을 정확하게 입력하지 않을 경우 교체 전 모듈의 사양으로 인식을 하여 관련 고장코드 및 경고등을 표출한다. 전용의 스캐너를 이용하여 베리언트 코딩을 수행하여야 하며, 미진행 시 "베리언트 코딩 이상, 사양 설정 오류" 등의 DTC 고장 코드가 소거되지 않을 수 있다.

45 발전기 B단자의 접촉 불량 및 배선 저항과다로 발생할 수 있는 현상은?

① 충전 시 소음
② 엔진 과열
③ 과충전으로 인한 배터리 손상
④ B단자 배선 발열

배선(전선)에 전류가 흐르면 전류의 2승에 비례하는 주울열이 발생한다. 발전기 B단자의 접촉이 불량하거나 배선의 저항이 과다하면 B단자 배선이 발열하게 된다.

46 기동 전동기의 작동 원리는?

① 앙페르 법칙
② 렌츠의 법칙
③ 플레밍의 왼손 법칙
④ 플레밍의 오른손 법칙

기동 전동기의 작동 원리는 플레밍의 왼손 법칙을 응용하고 발전기의 작동 원리는 플레밍의 오른손 법칙을 응용한다.

47 운행차 정기검사에서 소음도 검사 전 확인해야 하는 항목으로 거리가 먼 것은? (단, 소음·진동 관리법 시행규칙에 의한다.)

① 배기관 ② 경음기
③ 소음 덮개 ④ 원동기

●**소음도 검사 전 확인 항목**
① **소음 덮개** : 출고 당시에 부착된 소음 덮개가 떼어지거나 훼손되어 있지 아니할 것
② **배기관 및 소음기** : 배기관 및 소음기를 확인하여 배출가스가 최종 배출구 전에서 유출되지 아니할 것
③ **경음기** : 경음기가 추가로 부착되어 있지 아니할 것

48 자동차 편의장치 중 이모빌라이저 시스템에 대한 설명으로 틀린 것은?

① 이모빌라이저 시스템이 적용된 차량은 일반 키로 복사하여 사용할 수 없다.
② 이모빌라이저는 등록된 키가 아니면 시동되지 않는다.
③ 통신 안전성을 높이는 CAN 통신을 사용한다.
④ 이모빌라이저 시스템에 사용되는 시동키 내부에는 전자 칩이 내장되어 있다.

이모빌라이저는 무선 통신으로 점화 스위치(시동 키)의 기계적인 일치뿐만 아니라 점화 스위치와 자동차가 무선으로 통신하여 암호 코드가 일치하는 경우에만 엔진이 시동되도록 한 도난 방지 장치이다. 이 장치에 사용되는 점화 스위치(시동 키) 손잡이(트랜스 폰더)에는 자동차와 무선으로 통신할 수 있는 특수 반도체가 들어있다. 따라서 기계적으로 일치하는 복제된 점화 스위치나 또는 다른 수단으로는 엔진의 시동을 할 수 없기 때문에 도난을 원천적으로 봉쇄할 수 있다.

49 2개의 코일 간의 상호 인덕턴스가 0.8H일 때 한 쪽 코일의 전류가 0.01초 간에 4A에서 1A로 동일하게 변화하면 다른 쪽 코일에 유도되는 기전력(V)은?

① 320V ② 300V
③ 240V ④ 100V

$V = H \times \frac{I}{t}$ V : 기전력(V), H : 상호 인덕턴스(H), I : 전류(A), t : 시간(sec)

$$H = 0.8 \times \frac{(4-1)}{0.01} = 240V$$

50 SBW(Shift By Wire)가 적용된 차량에서 포지션 센서 또는 SBW 액추에이터가 중속(60km/h) 주행 중 고장 시 제어방법으로 알맞은 것은?

① 변속 단 상태 유지
② 브레이크를 제어하여 정차시킴
③ 경보음을 울리며 엔진 출력제어
④ N단으로 제어하여 정차시킴

●고장 시 변속기 현상
① 변속기 인터록　② 엔진 스톱
③ 고정 변속 단　④ 변속기 성능 저하

51 스티어링 휠에 부착된 스마트 크루즈 컨트롤 리모컨 스위치 교환방법으로 틀린 것은?

① 스티어링 휠 어셈블리를 탈거한다.
② 배터리 (−) 단자를 분리한다.
③ 클럭 스프링을 탈거한다.
④ 고정 스크루를 풀고 스티어링 리모컨 어셈블리를 탈거한다.

●스마트 크루즈 컨트롤 리모컨 스위치 교환 방법
① 점화 스위치를 OFF시키고 배터리 (−)단자를 분리한다.
② 앞바퀴를 일직선으로 정렬한다.
③ 운전석 에어백 모듈을 탈거한다.
④ 스티어링 휠을 탈거한다.
⑤ 스크루를 풀고 패들 쉬프트 스위치를 탈거한다.
⑥ 패들 쉬프트 스위치 커넥터를 분리한다.
⑦ 스크루를 풀고 로어 커버를 탈거한다.
⑧ 리모트 컨트롤 스위치 커넥터를 분리한 후 와이어링을 탈거한다.

52 타이어 공기압 경보장치(TPMS)의 경고등이 점등 될 때 조치해야 할 사항으로 옳은 것은?

① TPMS 교환
② TPMS ECU 교환
③ TPMS ECU 등록
④ 측정된 타이어에 공기주입

타이어의 압력이 규정값 이하이거나 센서가 급격한 공기의 누출을 감지하였을 경우에 타이어 저압 경고등(트레드 경고등)을 점등하여 경고한다.

53 제동등과 후미등에 관한 설명으로 틀린 것은?

① 브레이크 스위치를 작동하면 제동등이 점등된다.
② 제동등과 후미등은 직렬로 연결되어 있다.
③ LED 방식의 제동등은 점등 속도가 빠르다.
④ 퓨즈 단선 시 후미등이 점등되지 않는다.

자동차의 전조등, 제동등 및 후미등의 등화장치는 병렬로 연결되어 있다.

54 네트워크 회로 CAN 통신에서 아래의 같이 A제어기와 B제어기 사이 통신선이 단선되었을 때 자기 진단 점검 단자에서 CAN 통신 라인의 저항을 측정하였을 때 측정 저항은?

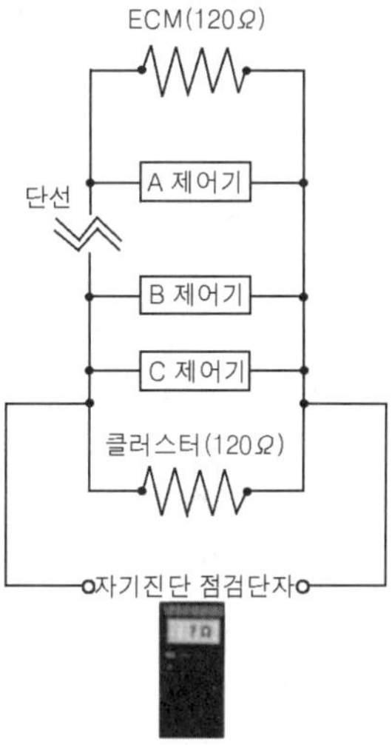

① 60Ω　② 240Ω
③ 360Ω　④ 120Ω

55 후측방 레이더 감지가 정상적으로 작동하지 않고 자동해제 되는 조건으로 틀린 것은?

① 차량 후방에 짐칸(트레일러, 캐리어 등)을 장착한 경우
② 범퍼 표면 또는 범퍼 내부에 이물질이 묻어 있을 경우
③ 차량운행이 많은 도로를 운행할 경우
④ 광활한 사막을 운행할 경우

● **센서 감지가 정상적으로 작동하지 않고 자동 해제되는 조건**

① 범퍼 표면 또는 범퍼 내부에 이물질이 묻어 있을 경우
② 차량 후방에 짐칸(트레일러, 캐리어 등)을 장착한 경우
③ 차량이 넓은 지역이나 광활한 사막에서 운행할 경우
④ 눈이나 비가 많이 오는 경우

56 **차량에 사용되는 통신 방법에 대한 설명으로 틀린 것은?**

① MOST 통신은 동기 통신 한다.
② LIN 통신은 멀티 마스터(Multi Master) 통신이다.
③ CAN 통신은 멀티 마스터(Multi Master) 통신이다.
④ CAN, LIN 통신은 직렬통신 한다.

LIN 통신은 마스터(master) · 슬레이브(slave) 통신이다.

57 **진단 장비를 활용한 전방 레이더 센서 보정 방법으로 틀린 것은?**

① 주행 모드가 지원되지 않는 경우 레이저, 리플렉터, 삼각대 등 보정용 장비가 필요하다.
② 주행 모드가 지원되는 경우에도 수직계, 수평계, 레이저, 리플렉터 등 별도의 보정 장비가 필요하다.
③ 바닥이 고른 공간에서 차량의 수평상태를 확인한다.
④ 메뉴는 전방 레이더 센서 보정(SCC/FCA)으로 선택한다.

주행 모드가 지원되는 경우 수직계, 수평계를 제외하고는 별도의 보정 장비가 필요 없다.

58 **자동차 전조등 시험 전 준비사항으로 틀린 것은?**

① 공차상태에서 측정한다.
② 배터리 성능을 확인한다.
③ 타이어 공기압력이 규정 값인지 확인한다.
④ 시험기 상하 조정 다이얼을 0으로 맞춘다.

● **전조등 시험 전 준비사항**

① 자동차는 적절히 예비 운전되어 있는 공차상태의 자동차에 운전자 1인이 승차한 상태로 한다.
② 자동차의 배터리는 충전한 상태로 한다.
③ 자동차의 원동기는 공회전 상태로 한다.
④ 타이어의 공기압은 표준 공기압으로 한다.
⑤ 4등식 전조등의 경우 측정하지 아니하는 등화에서 발산하는 빛을 차단한 상태로 한다.

59 **자동차에 사용되는 교류 발전기 작동 설명으로 옳은 것은?**

① 여자 전류 제어는 정류기가 수행한다.
② 여자 다이오드가 단선되면 충전 전압이 규정치보다 높게 된다.
③ 여자 전류의 평균값은 전압 조정기의 듀티율로 조정된다.
④ 충전 전류는 발전기의 회전 속도에 반비례한다.

60 **다음 병렬회로의 합성저항(Ω)은?**

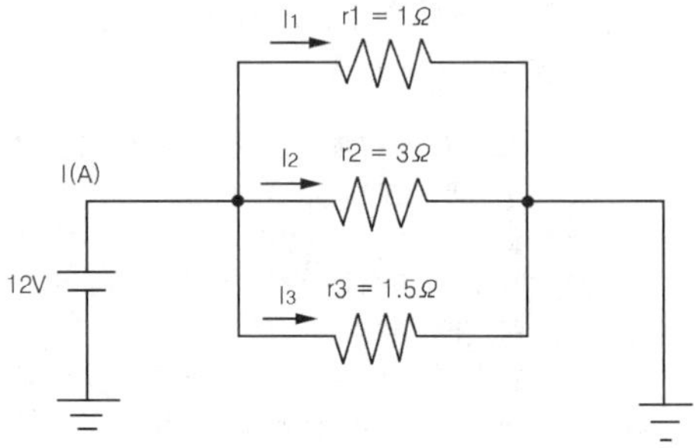

① 0.5　　② 0.1
③ 5.0　　④ 1.0

● **병렬 합성저항**

$$\frac{1}{R}=\frac{1}{R_1}+\frac{1}{R_2}+\frac{1}{R_3}+\cdots+\frac{1}{R_n}$$

$$\frac{1}{R}=\frac{1}{1}+\frac{1}{3}+\frac{1}{1.5}=\frac{6}{3}$$

$$R=\frac{3}{6}=0.5\Omega$$

제4과목 친환경 자동차 정비

61 전기 자동차 고전압 배터리의 안전 플러그에 대한 설명으로 틀린 것은?

① 탈거 시 고전압 배터리 내부 회로 연결을 차단한다.
② 전기 자동차의 주행속도 제한 기능을 한다.
③ 일부 플러그 내부에는 퓨즈가 내장되어 있다.
④ 고전압 장치 정비 전 탈거가 필요하다.

●**안전 플러그**
① 리어 시트 하단에 장착되어 있으며, 기계적인 분리를 통하여 고전압 배터리 내부의 회로 연결을 차단하는 장치이다.
② 고전압 시스템을 점검하거나 정비하기 전에 반드시 안전 플러그를 분리하여 고전압을 차단하도록 하여야 한다.
③ 메인 퓨즈(250A 퓨즈)는 안전 플러그 내에 장착되어 있으며, 고전압 배터리 및 고전압 회로를 과전류로부터 보호하는 기능을 한다.

62 모터 컨트롤 유닛 MCU(Motor Control Unit)의 설명으로 틀린 것은?

① 고전압 배터리의(DC) 전력을 모터 구동을 위한 AC 전력으로 변환한다.
② 구동 모터에서 발생한 DC 전력을 AC로 변환하여 고전압 배터리에 충전한다.
③ 가속 시에 고전압 배터리에서 구동 모터로 에너지를 공급한다.
④ 3상 교류(AC) 전원(U, V, W)으로 변환된 전력으로 구동 모터를 구동시킨다.

모터 컨트롤 유닛(MCU)의 기능은 고전압 배터리의 직류를 3상 교류로 바꾸어 모터에 공급하며, 회생 제동을 할 때 모터에서 발생되는 3상 교류를 직류로 바꾸어 고전압 배터리에 공급하는 컨버터(AC→DC 변환)의 기능을 수행한다.

63 전기 자동차의 구동 모터 탈거를 위한 작업으로 가장 거리가 먼 것은?

① 서비스(안전) 플러그를 분리한다.
② 보조 배터리(12V)의 (−)케이블을 분리한다.
③ 냉각수를 배출한다.
④ 배터리 관리 유닛의 커넥터를 탈거한다.

●**구동 모터 탈거**
① 안전 플러그를 분리한다.
② 보조 배터리의 (−) 케이블을 분리한다.
③ 냉각수를 배출한다.

64 하이브리드 스타터 제너레이터의 기능으로 틀린 것은?

① 소프트 랜딩 제어
② 차량 속도 제어
③ 엔진 시동 제어
④ 발전 제어

●**스타터 제너레이터의 기능**
① EV(전기 자동차)모드에서 HEV(하이브리드 자동차)모드로 전환할 때 엔진을 시동하는 시동 전동기로 작동한다.
② 발전을 할 경우에는 발전기로 작동하는 장치이며, 주행 중 감속할 때 발생하는 운동 에너지를 전기 에너지로 전환하여 배터리를 충전한다.
③ HSG(스타터 제너레이터)는 주행 중 엔진과 HEV 모터(변속기)를 충격 없이 연결시켜 준다.

65 마스터 BMS의 표면에 인쇄 또는 스티커로 표시되는 항목이 아닌 것은?(단, 비일체형인 경우로 국한한다.)

① 사용하는 동작 온도 범위
② 저장 보관용 온도 범위
③ 셀 밸런싱용 최대 전류
④ 제어 및 모니터링 하는 배터리 팩의 최대 전압

●**마스터 BMS 표면에 표시되는 항목**
① BMS 구동용 외부 전원의 전압 범위 또는 자체 배터리 시스템으로부터 공급 받는 BMS 구동용 전압 범위
② 제어 및 모니터링 하는 배터리 팩의 최대 전압
③ 제어 및 모니터링 하는 배터리 팩의 최대 전류
④ 사용하는 동작 온도 범위
⑤ 저장 보관용 온도 범위

66 전기 자동차의 공조장치(히트 펌프)에 대한 설명으로 틀린 것은?

① 정비 시 전용 냉동유(POE) 주입
② PTC형식 이배퍼레이트 온도 센서 적용
③ 전동형 BLDC 블로어 모터 적용
④ 온도 센서 점검 시 저항(Ω) 측정

PTC 형식은 히터에 적용하며, 이배퍼레이터 온도 센서는 NTC 서미스터를 이용하여 에어컨의 증발기 온도를 검출하여 에어컨 컴퓨터로 입력시키는 역할을 한다.

67 하이브리드 자동차의 내연기관에 가장 적합한 사이클 방식은?

① 오토 사이클 ② 복합 사이클
③ 에킨슨 사이클 ④ 카르노 사이클

영국의 제임스 에킨슨이 1886년 제창한 열 사이클로써 압축 행정과 팽창 행정을 독립적으로 설정할 수 있는 기구를 가진 것이며, 압축비와 팽창비를 별개로 설정할 수 있는 시스템이기 때문에 팽창비를 높게 하여 공급된 열에너지를 보다 많은 운동에너지로 변환하여 열효율을 높일 수 있다.

68 연료전지 자동차에서 수소라인 및 수소탱크 누출 상태점검에 대한 설명으로 옳은 것은?

① 수소가스 누출 시험은 압력이 형성된 연료 전지 시스템이 작동 중에만 측정을 한다.
② 소량누설의 경우 차량시스템에서 감지를 할 수 없다.
③ 수소 누출 포인트별 누기 감지 센서가 있어 별도 누설 점검은 필요 없다.
④ 수소 탱크 및 라인 검사 시 누출 감지기 또는 누출 감지액으로 누기 점검을 한다.

69 하이브리드 시스템에서 주파수 변환을 통하여 스위칭 및 전류를 제어하는 방식은?

① SCC 제어 ② CAN 제어
③ PWM 제어 ④ COMP 제어

펄스 폭 변조 방식(PWM)에서는 동일한 스위칭 주기 내에서 ON 시간의 비율을 바꿈으로써 출력 전압 또는 전류를 제어할 수 있으며 스위칭 주파수가 낮을 경우 출력값은 낮아지며 출력 듀티비를 50%일 경우에는 기존 전압의 50%를 출력전압으로 출력한다.

70 연료 전지의 효율(n)을 구하는 식은?

① $n = \dfrac{\text{1mol의 연료가 생성하는 전기에너지}}{\text{생성 엔트로피}}$

② $n = \dfrac{\text{10mol의 연료가 생성하는 전기에너지}}{\text{생성 엔탈피}}$

③ $n = \dfrac{\text{1mol의 연료가 생성하는 전기에너지}}{\text{생성 엔탈피}}$

④ $n = \dfrac{\text{10mol의 연료가 생성하는 전기에너지}}{\text{생성 엔트로피}}$

71 연료 전지 자동차에서 정기적으로 교환해야 하는 부품이 아닌 것은?

① 이온 필터
② 연료 전지 클리너 필터
③ 연료 전지(스택) 냉각수
④ 감속기 윤활유

● 정기적으로 교환하여야 하는 부품
① 연료 전지 클리너 필터 : 매 20,000km
② 연료 전지(스택) 냉각수 : 매 60,000km
③ 연료 전지 냉각수 이온 필터 : 매 60,000km
④ 감속기 윤활유 : 무점검 무교체

72 연료전지 자동차의 모터 냉각 시스템의 구성품이 아닌 것은?

① 냉각수 라디에이터
② 냉각수 필터
③ 전자식 워터 펌프(EWP)
④ 전장 냉각수

● 연료전지 자동차의 전장 냉각시스템의 구성
① 전장 냉각수
② 전자식 워터펌프(EWP)
③ 전장 냉각수 라디에이터
④ 전장 냉각수 리저버

73 상온에서의 온도가 25℃일 때 표준상태를 나타내는 절대온도(K)는?

① 100 ② 273.15
③ 0 ④ 298.15

절대온도 = ℃ + 273.15
절대온도 = 25℃ + 273.15 = 298.15

74 RESS(Rechargeable Energy Storage System)에 충전된 전기 에너지를 소비하며 자동차를 운전하는 모드는?

① HWFET 모드
② PTP 모드
③ CD 모드
④ CS 모드

●CD 모드와 CS 모드
① **CD 모드**(충전-소진 모드 ; Charge depleting mode) : RESS(Rechargeable Energy Storage System)에 충전된 전기 에너지를 소비하며, 자동차를 운전하는 모드이다.
② **CS 모드**(충전-유지 모드 ; Charge sustaining mode) : RESS(Rechargeable Energy Storage System)가 충전 및 방전을 하며, 전기 에너지의 충전량이 유지되는 동안 연료를 소비하며, 운전하는 모드이다.
③ **HWFET 모드** : 고속 연비는 고속으로 항속 주행이 가능한 특성을 반영하여 고속도로 주행 모드(HWFET)라 불리는 테스트 모드를 통하여 연비를 측정한다.
④ **PTP 모드** : 도심 연비의 경우 도심 주행 모드(FTP-75)라 불리는 테스트 모드를 통해 측정하게 된다.

75 하이브리드 자동차의 회생 제동 기능에 대한 설명으로 옳은 것은?

① 불필요한 공회전을 최소화 하여 배출가스 및 연료 소비를 줄이는 기능
② 차량의 관성에너지를 전기에너지로 변환하여 배터리를 충전하는 기능
③ 가속을 하더라도 차량 스스로 완만한 가속으로 제어하는 기능
④ 주행 상황에 따라 모터의 적절한 제어를 통해 엔진의 동력을 보조하는 기능

●회생 제동 모드
① 주행 중 감속 또는 브레이크에 의한 제동 발생시점에서 모터를 발전기 역할인 충전 모드로 제어하여 전기 에너지를 회수하는 작동 모드이다.
② 하이브리드 전기 자동차는 제동 에너지의 일부를 전기 에너지로 회수하는 연비 향상 기술이다.
③ 하이브리드 전기 자동차는 감속 또는 제동 시 관성(운동) 에너지를 전기에너지로 변환하여 회수한다.

76 환경친화적 자동차의 요건 등에 관한 규정상 일반 하이브리드 자동차에 사용하는 구동 축전지의 공칭전압 기준은?

① 교류 220V 초과
② 직류 60V 초과
③ 교류 60V 초과
④ 직류 220V 초과

●하이브리드 자동차의 기준
① **일반 하이브리드 자동차** : 구동 축전지의 공칭 전압은 직류 60V 초과(환경친화적 자동차의 요건 등에 관한 규정 제4조제1항)
② **플러그인 하이브리드 자동차** : 구동 축전지의 공칭 전압은 직류 100V 초과(환경친화적 자동차의 요건 등에 관한 규정 제4조제6항)

77 하이브리드 차량의 내연기관에서 발생하는 기계적 출력 상당 부분을 분할(split) 변속기를 통해 동력으로 전달시키는 방식은?

① 하드 타입 병렬형
② 소프트 타입 병렬형
③ 직렬형
④ 복합형

●동력 전달 구조에 따른 분류
① **하드 타입 병렬형** : 두 동력원이 거의 대등한 비율로 차량 구동에 기능하는 것으로 대부분의 경우 두 동력원 중 한 동력만으로도 차량 구동이 가능한 하이브리드 자동차
② **소프트 타입 병렬형** : 두 동력원이 서로 대등하지 않으며, 보조 동력원이 주 동력원의 추진 구동력에 보조적인 역할만 수행하는 것으로 대부분의 경우 보조 동력만으로는 차량을 구동시키기 어려운 하이브리드 자동차
③ **직렬형** : 2개 동력원 중 하나는 다른 하나의 동력을 공급하는 데 사용되나 구동축에는 직접 동력 전달이 되지 않는 구조를 갖는 하이브리드 자동차이다.

④ **복합형** : 엔진의 구동력이 기계적으로 구동축에 전달되기도 하고 그 일부가 전동기를 거쳐 전기 에너지로 전환된 후 구동축에서 다시 기계적 에너지로 변경되어 구동축에 전달되는 방식의 동력 분배 전달 구조를 갖는다.

78 리튬이온(폴리머)배터리의 양극에 주로 사용되어지는 재료로 틀린 것은?

① $LiMn_2O_4$ ② $LiFePO_4$
③ $LiTi_2O_2$ ④ $LiCoO_2$

● **리튬이온 배터리 양극 재료**
① 리튬망간산화물($LiMn_2O_4$)
② 리튬철인산염($LiFePO_4$)
③ 리튬코발트산화물($LiCoO_2$)
④ 리튬니켈망간코발트 산화물($LiNiMnCO_2$)
⑤ 이산화티탄(TiS_2)

79 수소 연료전지 자동차에서 열관리 시스템의 구성 요소가 아닌 것은?

① 연료전지 냉각 펌프
② COD 히터
③ 칠러 장치
④ 라디에이터 및 쿨링 팬

전기 자동차 히트 펌프의 칠러는 저온 저압 가스 냉매를 모터의 폐열을 이용하여 2차 열 교환을 한다.

80 다음과 같은 역할을 하는 전기 자동차의 제어 시스템은?

배터리 보호를 위한 입출력 에너지 제한 값을 산출하여 차량 제어기로 정보를 제공한다.

① 완속 충전 기능
② 파워 제한 기능
③ 냉각 제어 기능
④ 정속 주행 기능

●**전기 자동차의 제어 시스템**
① **파워 제한 기능** : 배터리 보호를 위해 상황별 입·출력 에너지 제한 값을 산출하여 차량제어기로 정보 정보를 제공한다.
② **냉각 제어 기능** : 최적의 배터리 동작 온도를 유지하기 위한 냉각 팬을 이용하여 배터리 온도를 유지 관리한다.
③ **SOC 추정 기능** : 배터리 전압, 전류, 온도를 측정하여 배터리의 SOC를 계산하고 차량 제어기에 전송하여 SOC 영역을 관리한다.
④ **고전압 릴레이 제어 기능** : 고전압 배터리단과 고전압을 사용하는 PE(Power Electric) 부품의 전원 공급 및 전원을 차단한다.

정답 2022년 1회

01.④	02.③	03.②	04.④	05.①
06.①	07.③	08.①	09.②	10.③
11.①	12.②	13.③	14.①	15.④
16.③	17.②	18.③	19.①	20.③
21.①	22.①	23.①	24.②	25.②
26.①	27.③	28.②	29.①	30.④
31.②	32.③	33.③	34.④	35.③
36.④	37.②	38.③	39.③	40.③
41.③	42.④	43.②	44.①	45.④
46.③	47.④	48.③	49.③	50.①
51.③	52.④	53.②	54.④	55.③
56.②	57.②	58.①	59.③	60.①
61.②	62.②	63.④	64.②	65.③
66.②	67.③	68.④	69.③	70.③
71.④	72.②	73.④	74.③	75.②
76.②	77.④	78.③	79.③	80.②

CBT 기출복원문제

2022년 2회

▶ 정답 457쪽

제1과목 자동차엔진정비

01 실린더 헤드 교환 후 엔진 부조 현상이 발생하였을 때 실린더 파워 밸런스의 점검과 관련 된 내용으로 틀린 것은?

① 점화 플러그 배선을 제거하였을 때의 엔진 회전수가 점화 플러그 배선을 빼지 않고 확인한 엔진 회전수와 차이가 있다면 해당 실린더는 문제가 있는 실린더로 판정한다.
② 1개 실린더의 점화 플러그 배선을 제거하였을 경우 엔진 회전수를 비교한다.
③ 엔진 시동을 걸고 각 실린더의 점화 플러그 배선을 하나씩 제거한다.
④ 파워 밸런스 점검으로 각각의 엔진 회전수를 기록하고 판정하여 차이가 많은 실린더는 압축압력 시험으로 재 측정한다.

● 실린더 파워 밸런스 점검
실린더 파워 밸런스 점검은 자동차에 장착된 상태에서 점화 계통, 연료 계통, 흡기 계통을 종합적으로 점검하는 방법이다. 점화플러그 또는 인젝터 배선을 탈거한 후 오랜 시간 동안 점검하게 되면 촉매가 손상될 수 있으므로 빠른 시간 내에 점검해야 한다.
① 엔진 시동을 걸고 엔진 회전수를 확인한다.
② 엔진 시동을 걸고 각 실린더의 점화 플러그 배선을 하나씩 제거한다.
③ 한 개 실린더의 점화 플러그 배선을 제거하였을 경우 엔진 회전수를 비교한다.
④ 점화 플러그 배선을 제거하였을 때의 엔진 회전수가 점화 플러그 배선을 빼지 않고 확인한 엔진 회전수와 차이가 없다면 해당 실린더는 문제가 있는 실린더로 판정한다.
⑤ 엔진 회전수를 기록하고 판정하여 차이가 많은 실린더는 압축 압력 시험으로 재 측정한다.

02 자동차의 에너지 소비효율 및 등급 표시에 관한 규정에서 자동차 에너지 소비효율의 종류로 틀린 것은?(단, 차종은 내연기관 자동차로 국한한다.)

① 평균 에너지 소비효율
② 고속도로 주행 에너지 소비효율
③ 도심 주행 에너지 소비효율
④ 복합 에너지 소비효율

● 자동차의 에너지 소비효율 및 등급 표시에 관한 규정 제10조
제작자는 제4조제1항 및 제5조의 규정에 의해 측정 및 산출한 도심 주행 에너지 소비효율, 고속도로 주행 에너지 소비효율, 복합 에너지 소비효율과 등급을 당해 자동차에 표시하여야 한다. 다만, 하이브리드 및 전기 자동차, 플러그인 하이브리드 자동차, 수소 전기 자동차는 환경친화적 자동차의 개발 및 보급 촉진에 관한 법률제11조제3항에 따라 당해 자동차에 표시하여야 한다.

03 디젤 엔진의 착화지연 기간에 대한 설명으로 옳은 것은?

① 연료분사 전부터 자기착화까지의 시간
② 연료분사 후부터 후기연소까지의 시간
③ 연료분사 후부터 자기착화까지의 시간
④ 연료분사 전부터 후기연소까지의 시간

착화 지연기간이란 연소실 내에 분사된 연료가 착화될 때까지의 기간으로서 이 기간이 길어지면 착화되기 전에 분사되는 연료량이 많아져 폭발적인 연소가 이루어지므로 디젤 엔진의 노크를 발생하게 된다.

04 전자제어 엔진에서 열선식(Hot Wire Type) 공기 유량 센서의 특징으로 옳은 것은?

① 응답성이 매우 느리다.
② 초음파 신호로 공기 부피를 감지한다.
③ 자기청정 기능이 있다.
④ 대기압을 통해 공기 질량을 검출한다.

● 열선식 흡입 공기량 센서의 특징
① 회로가 단순하고, 흡입되는 공기를 질량 유량으로 검출한다.
② 응답성이 빠르고, 맥동 오차가 없다.
③ 고도 변화에 따른 오차가 없다.
④ 흡입공기 온도가 변화해도 측정상의 오차는 거의 없다.
⑤ 공기 질량을 직접 정확하게 계측할 수 있다.
⑥ 엔진 작동상태에 적용하는 능력이 개선된다.
⑦ 오염되기 쉬워 자기청정(클린 버닝) 기능이 있다.

05 디젤 연료 분사 펌프 시험기로 시험할 수 없는 사항은?

① 디젤기관의 출력 시험
② 진공식 조속기의 시험
③ 원심식 조속기의 시험
④ 분사시기의 조정 시험

디젤 연료 분사 펌프 시험기로 시험할 수 있는 사항은 연료의 분사시기 측정 및 조정, 연료 분사량의 측정과 조정, 조속기 작동시험과 조정 등이다.

06 무부하 검사방법으로 휘발유 사용 운행 자동차의 배출가스 검사 시 측정 전에 확인해야 하는 자동차의 상태로 틀린 것은?

① 수동 변속기 자동차는 변속기어를 중립 위치에 놓는다.
② 측정에 장애를 줄 수 있는 부속 장치들의 가동을 정지한다.
③ 배기관이 2개 이상일 때에는 모든 배기관을 측정한 후 최대값을 기준으로 한다.
④ 자동차 배기관에 배출가스 분석기의 시료 채취관을 30cm 이상 삽입한다.

● 배출가스 검사대상 자동차의 상태
① 원동기가 충분히 예열되어 있을 것.
② 수동변속기는 중립(자동변속기는 N)의 위치에 있을 것
③ 측정에 장애를 줄 수 있는 냉방장치 등 부속장치는 가동을 정지할 것
④ 자동차의 배기관에 배출가스 분석기의 시료 채취관을 배기관 내에 30cm 이상 삽입한다.
⑤ 배기관이 2개 이상일 때에는 2개 중 1개만 측정한다.

07 회전속도가 2400rpm, 회전 토크가 15kgf•m일 때 기관의 제동마력은?

① 약 70PS ② 약 100PS
③ 약 30PS ④ 약 50PS

$$BHP = \frac{2\times\pi\times T\times R}{75\times60} = \frac{T\times R}{716.2}$$

여기서 T : 회전력(kgf•m), R : 엔진 회전수(rpm)

$$BHP = \frac{2400\times15}{716.2} = 50.27$$

08 엔진 윤활유에 캐비테이션이 발생할 때 나타나는 현상으로 틀린 것은?

① 윤활 불안정
② 소음 증가
③ 진동 감소
④ 불규칙한 펌프 토출 압력

캐비테이션은 유동하고 있는 액체의 압력이 국부적으로 저하되어, 포화 증기압 또는 공기 분리 압력에 달하여 증기를 발생시키거나 용해 공기 등이 분리되어 기포를 발생하는 현상으로 공동 현상이라고도 한다. 유압장치 내부에 국부적인 높은 압력이 발생하여 소음과 진동 등이 발생하며, 양정과 효율이 급격히 저하되고, 날개 등에 부식을 일으키는 등 수명을 단축시킨다.

09 다음과 같은 인젝터 회로를 점검하는 방법으로 가장 비효율적인 것은?

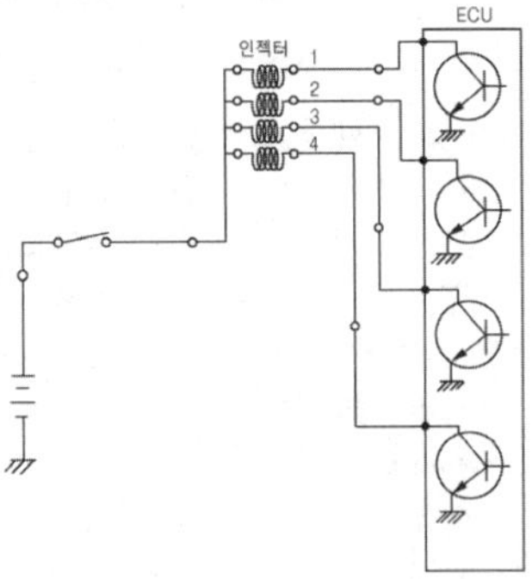

① 각 인젝터의 개별 저항을 측정한다.
② 각 인젝터의 서지 파형을 측정한다.
③ 각 인젝터에 흐르는 전류 파형을 측정한다.
④ ECU 내부 전압을 측정한다.

인젝터의 회로 점검은 개별저항, 서지파형, 전류파형을 측정한다.

10 엔진 본체 압축압력 시험과 관련하여 기계적인 부품에서 점검할 수 없는 것은?

① 피스톤 링 ② 실린더 가스켓
③ 인젝터 ④ 흡배기 밸브

압축압력 점검은 엔진을 분해, 수리하기 전에 필수적으로 해야 하는 점검 방법이다. 압축압력 점검은 기계적인 고장, 즉 피스톤 링의 마모 상태, 밸브의 접촉 상태, 실린더의 마모 상태, 실린더 헤드 가스켓 상태를 점검하기 위한 필수적인 과정이므로 압축압력이 규정 값보다 낮거나 높을 경우에는 엔진을 분해, 수리해야 한다.

11 과급장치 검사에 대한 설명으로 틀린 것은?

① EGR 밸브 및 인터 쿨러 연결 부분의 배기가스 누출 여부를 검사한다.
② 전기장치 및 에어컨을 ON한다.
③ 엔진 시동을 걸고 정상 온도까지 워밍업 한다.
④ 스캐너의 센서 데이터 모드에서 'VGT 액추에이터'와 '부스트 압력 센서' 작동 상태를 점검한다.

●과급장치 검사
① 자기진단 커넥터에 스캐너를 연결한다.
② 엔진 시동을 걸고 정상 온도까지 워밍업 한다.
③ 전기장치 및 에어컨을 OFF한다.
④ 스캐너의 센서 데이터 모드에서 'VGT 액추에이터'와 '부스트 압력센서' 작동상태를 점검한다.
⑤ 과급장치의 오일공급 호스와 파이프 연결 부분의 누유 여부를 검사한다.
⑥ 과급장치의 인·아웃 연결부 분의 공기 및 배기가스 누출 여부를 검사한다.
⑦ EGR 밸브 및 쿨러 연결 부분의 배기가스 누출 여부를 검사한다.

12 과급장치(VGT터보)에서 VGT솔레노이드 밸브 점검방법으로 틀린 것은?

① VGT 솔레노이드 밸브 신호선 전압측정
② VGT 솔레노이드 밸브 전원선 전압측정
③ VGT 솔레노이드 밸브 저항측정
④ VGT 솔레노이드 밸브 제어선 전압측정

●VGT 솔레노이드 밸브 점검
① VGT 솔레노이드 밸브 커넥터의 느슨함, 접촉 불량, 핀 구부러짐, 핀 부식, 핀 오염, 변형 또는 손상 유무 등을 점검한다.
② VGT 솔레노이드 밸브의 전원선 단자와 접지 간의 전압을 점검한다.
③ VGT 솔레노이드 밸브의 제어선 단자와 접지 간의 전압을 점검한다.
④ VGT 솔레노이드 밸브 제어선의 단선을 점검한다.
⑤ VGT 솔레노이드 밸브 단품의 전원선과 제어선 간의 저항을 점검한다.
※ VGT 솔레노이드 밸브는 전원선과 제어선으로 구성되어 있다.

13 엔진에서 윤활유 소비 증대에 영향을 주는 원인으로 가장 적절한 것은?

① 플라이휠 링 기어의 마모
② 타이밍 체인 텐셔너의 마모
③ 실린더 내벽의 마멸
④ 신품 여과기의 사용

●윤활유 소비 증대의 원인은 연소와 누설이다.
1. 오일이 연소되는 원인
① 오일 팬 내의 오일이 규정량보다 높을 때
② 오일의 열화 또는 점도가 불량할 때
③ 실린더 내벽이 마멸되었을 때
④ 피스톤과 실린더와의 간극이 과대할 때
⑤ 피스톤 링의 장력이 불량할 때
⑥ 밸브 스템과 가이드 사이의 간극이 과대할 때
⑦ 밸브 가이드 오일 시일이 불량할 때
2. 오일이 누설되는 원인
① 리어 크랭크 축 오일 실이 파손 되었을 때
② 프런트 크랭크 축 오일 실이 파손 되었을 때
③ 오일 펌프 개스킷이 파손 되었을 때
④ 로커암 커버 개스킷이 파손 되었을 때
⑤ 오일 팬의 균열에 의해서 누출될 때
⑥ 오일 여과기의 오일 실이 파손 되었을 때

14 전자제어 디젤 엔진에서 공회전 부조, 가속 불량이 발생한 경우 진단기를 이용하여 점검할 수 없는 것은?

① 아이들 속도 비교 시험
② 고압 펌프 성능 시험
③ 압축압력 시험
④ 분사 보정 목표량 시험

●공회전 부조 및 매연, 가속 불량 여부 진단기 이용 점검
① 자기진단 고장 코드 점검
② 압축 압력 시험
③ 아이들 속도 비교 시험
④ 분사 보정 목표량 시험
⑤ 솔레노이드식 인젝터의 연료 리턴 량 (동적 테스트)

⑥ 인젝터 파형 점검
⑦ EGR 작동 상태 및 밸브 점검
⑧ 인젝터 개시 압력 및 분사량 점검
⑨ 공기 유량 센서 점검
⑩ 연료 압력 조절 밸브 점검
⑪ 가속 페달 위치 센서 점검
⑫ 레일 압력 센서 점검

15 디젤 엔진에 과급기를 설치했을 때의 장점으로 틀린 것은?

① 충전 효율을 증가시킬 수 있다.
② 연소상태가 좋아지므로 착화지연이 길어진다.
③ 연료 소비율이 향상된다.
④ 동일 배기량에서 출력이 증가한다.

● 디젤 엔진에서 과급하는 경우의 장점
① 충전 효율(흡입 효율, 체적 효율)이 증대된다.
② 동일 배기량에서 엔진의 출력이 증대된다.
③ 엔진의 회전력이 증대된다.
④ 연료 소비율이 향상된다.
⑤ 압축 온도의 상승으로 착화지연이 짧아진다.
⑥ 평균 유효압력이 향상된다.
⑦ 세탄가가 낮은 연료의 사용이 가능하다.

16 디젤 엔진의 시동성 향상을 위한 보조 장치가 아닌 것은?

① 과급장치　② 감압장치
③ 예열 플러그　④ 히트 레인지

● 시동성 향상을 위한 보조 장치의 종류
① **감압 장치** : 크랭킹할 때 흡입 밸브나 배기 밸브를 캠축의 운동과는 관계없이 강제로 열어 실린더 내의 압축 압력을 낮춤으로써 엔진의 시동을 도와주며, 또한 디젤 엔진의 가동을 정지시킬 수도 있는 장치이다.
② **예열 플러그** : 연소실 내의 공기를 미리 가열하여 시동이 쉽게 이루어질 수 있도록 하는 장치이며, 코일형 예열 플러그와 실드형 예열 플러그가 있다.
③ **히트 레인지** : 흡기 가열 방식은 실린더 내로 흡입되는 공기를 흡기 다기관에서 가열하는 방식으로 흡기 히터와 히트 레인지가 있다. 직접 분사실식에서 예열 플러그를 설치할 적당한 곳이 없기 때문에 흡기 다기관에 히터를 설치한 것이다.

17 공기 과잉율(λ)에 대한 설명으로 틀린 것은?

① 연소에 필요한 이론적 공기량에 대한 공급된 공기량과의 비를 말한다.
② 공기 과잉율이 1에 가까울수록 출력은 감소하며 검은 연기를 배출하게 된다.
③ 전부하(최대 분사량)일 때 공기 과잉율(λ)은 0.8 ~ 0.9인 농후한 상태로 제어된다.
④ 엔진에 흡입된 공기의 중량을 알면 연료의 양을 결정할 수 있다.

엔진의 실제 운전 상태에서 흡입된 공기량을 이론상 완전 연소에 필요한 공기량으로 나눈 값을 공기 과잉율이라 한다. 공기 과잉율은 가솔린이나 가스를 연료를 사용하는 자동차에서 발생하는 질소산화물을 측정하기 위한 비교 측정의 대안으로 나온 것이다. 공기 과잉율(λ)의 값이 1보다 작으면 공기가 부족한 농후한 상태이고, 1보다 크면 공기가 과잉인 희박한 상태이다. 공기 과잉율이 1에 가까울수록 배기가스 중의 일산화탄소와 수소의 발생량은 감소하나 질소산화물의 양은 극대화된다.

18 아래 그림은 삼원 촉매의 정화율을 나타낸 그래프이다. (1), (2), (3)에 해당하는 가스를 순서대로 짝지은 것은?

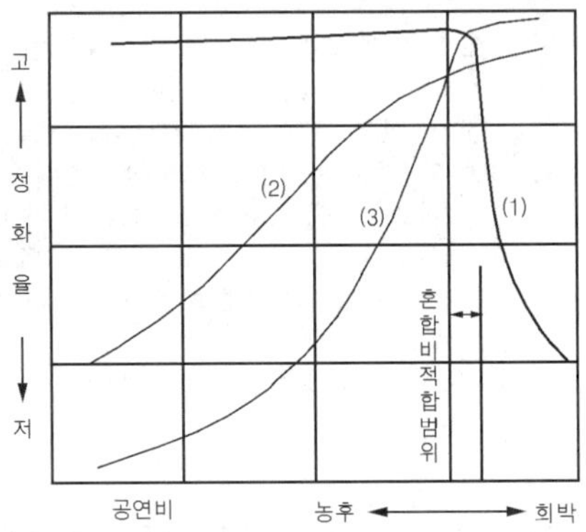

① NOx, CO_2, HC　② HC, Co, NOx
③ CO, NOx, HC　④ NOx, HC, CO

(1)번은 질소산화물(NOx) 곡선, (2)번은 탄화수소(HC) 곡선, (3)번은 일산화탄소(CO)의 곡선이다.

19 가솔린 연료와 비교한 LPG 연료의 특징으로 틀린 것은?

① 노킹 발생이 많다.
② 배기가스의 일산화탄소 함유량이 적다.
③ 프로판과 부탄이 주성분이다.
④ 옥탄가가 높다.

●**LPG 연료의 특징**
① 연소실에 카본의 부착이 없어 점화 플러그의 수명이 길어진다.
② 윤활유의 소모가 적으므로 교환 기간이 길어진다.
③ 가솔린 엔진보다 분해·정비(오버 홀) 기간이 길어진다.
④ 가솔린에 비해 쉽게 기화하므로 연소가 균일하여 작동 소음이 적다.
⑤ 가솔린보다 가격이 저렴하여 경제적이다.
⑥ 옥탄가가 높아(90~120) 노크 현상이 일어나지 않는다.
⑦ 배기 상태에서 냄새가 없으며, 일산화탄소(CO) 함유량이 적고 매연이 없어 위생적이다.
⑧ 황(S)분이 매우 적어 연소 후 배기가스에 의한 금속의 부식 및 배기 다기관, 소음기 등의 손상이 적다.
⑨ 기체 연료이므로 열에 의한 베이퍼 록이나 퍼컬레이션 등이 발생하지 않는다.
⑩ LPG는 원유를 정제하는 도중에 나오는 부산물의 하나로서 프로판, 부탄을 주성분으로 하여 프로필렌, 부틸렌 등을 다소 포함하는 혼합물이다.

20 기계식 흡기 밸브 간극이 규정값 내에 있도록 새로운 태핏의 두께를 계산하는 식으로 옳은 것은?(단, T : 분리된 태핏의 두께, A : 측정된 밸브의 간극, N : 새로운 태핏의 두께, B : 흡기 밸브 간극 규정값이다.)

① 흡기: N = T − (A+B)
② 흡기: N = T + (A−B)
③ 흡기: N = T − (A/B)
④ 흡기: N = T + (A/B)

●**새로운 태핏의 두께를 계산하는 식**
① **흡기:** N = T + (A − 0.20mm)
② **배기:** N = T + (A − 0.30mm)
T : 분리된 태핏의 두께, A : 측정된 밸브의 간극, N : 새로운 태핏의 두께
※ 태핏의 두께는 0.015mm 간격으로 3.0mm에서 3.69mm까지 47개의 사이즈가 있다

제2과목 자동차섀시정비

21 일반적인 무단변속기의 전자제어 구성요소와 가장 거리가 먼 것은?

① 유압 센서 ② 오일 온도 센서
③ 솔레노이드 밸브 ④ 라인 온도 센서

●**무단변속기의 전자제어 구성요소**
① **솔레노이드 밸브** : 댐퍼 클러치 제어 솔레노이드 밸브, 라인 압력 제어 솔레노이드 밸브, 클러치 압력 제어 솔레노이드 밸브, 변속 제어 솔레노이드 밸브 등이 있다.
② **오일 온도 센서** : 무단 변속기의 오일 온도를 부특성 서미스터로 검출하여 댐퍼 클러치 작동 및 미작동 영역을 검출하고 변속할 때 유압 제어 정보로 이용한다.
③ **유압 센서** : 유압 센서는 라인 압력(2차 풀리의 유압) 검출용과 1차 풀리의 유압 검출용 2개가 설치된다. 유압 센서는 물리량인 유압을 전기량인 전압 또는 전류로 변화하는 것을 이용한 것으로 무단 변속기에서 사용하는 유압 센서는 전압을 이용하는 방식이다.
④ **회전 속도 센서** :회전속도 센서의 형식은 홀 센서(hall sensor)를 사용하며, 종류에는 터빈 회전속도 센서, 1차 풀리 회전속도 센서, 2차 풀리 회전속도 센서 등 3가지가 있으며, 터빈 회전속도를 제외하고 모두 공용화가 가능하다.
⑤ **종동 풀리 압력 센서** : 종동 풀리에 인가되는 압력을 검출하여 TCM에 전달하는 역할을 한다.

22 자동차가 정지 상태에서 100km/h까지 가속하는데 6초가 걸렸다면 자동차의 평균 가속도(m/s^2)는 약 얼마인가?

① 6.34 ② 8.63
③ 4.63 ④ 16.34

$$\text{평균 가속도} = \frac{\text{나중 속도} - \text{처음 속도}}{\text{가속하는 시간}}$$

$$\text{평균 가속도} = \frac{100 \times 1000}{6 \times 60 \times 60} = 4.63 m/s^2$$

23 자동차의 축간거리가 2.5m 바퀴의 접지면 중심과 킹핀과의 거리가 30cm인 자동차를 좌측으로 회전하였을 때 바깥쪽 바퀴의 조향 각도가 30°라면 최소 회전반경(m)은 약 얼마인가?

① 6.2 ② 5.3
③ 4.3 ④ 7.2

$$R = \frac{L}{\sin\alpha} + r$$

여기서 R : 최소 회전반경(m), L : 축간거리(m),
$\sin\alpha$: 바깥쪽 앞바퀴 조향각도(°),
r : 바퀴 접지면 중심과 킹핀과의 거리(m)

$$R = \frac{2.5m}{\sin 30^{\circ}} + 0.3m = 5.3m$$

24 휠 얼라인먼트를 점검하는 이유로 가장 거리가 먼 것은?

① 주행 직진성을 확보한다.
② 제동 성능을 좋게 한다.
③ 타이어 편마모를 방지한다.
④ 조향 복원성을 갖게 한다.

●**휠 얼라인먼트의 필요성**
① 수직 하중에 의한 앞차축의 휨을 방지한다.
② 조향 핸들의 조작력을 가볍게 한다.
③ 주행 중 조향 바퀴에 방향성을 부여한다.
④ 조향하였을 때 직진 방향으로 복원성을 부여한다.
⑤ 앞바퀴를 평행하게 허ㅣ전시킨다.
⑥ 앞바퀴의 사이드 슬립과 타이어 마멸을 방지한다.
⑦ 조향 링키지 마멸에 따라 토 아웃(toe-out)이 되는 것을 방지한다.
⑧ 앞바퀴가 시미(shimmy) 현상을 일으키지 않도록 한다.

25 무단변속기 변속방식에 의한 분류가 아닌 것은?

① 익스트로이드식
② 유압 모터-펌프 조합식
③ 금속체인식
④ 금속벨트식

무단 변속기의 종류는 크게 변속에 의한 방식과 동력전달 방식으로 분류할 수 있으며, 변속 방식에 의한 분류에는 벨트 풀리(고무 벨트, 금속 밸트, 금속 체인)방식과 트로이덜(익스트로이드 ; extoroid)방식이 있으며, 동력전달 방식에 의한 분류에는 전자 분말 클러치 방식(Electronic Powder clutch type)과 토크 컨버터(torque converter) 방식이 있다.

26 유압식 전자제어 조향장치의 점검 항목이 아닌 것은?

① 유량제어 솔레노이드 밸브
② 차속 센서
③ 스로틀 위치 센서
④ 전기 모터

●**유압식 전자제어 조향장치 점검 항목**
① 전자제어 컨트롤 유닛
② 차속 센서
③ 스로틀 포지션 센서
④ 조향각 센서
⑤ 유량제어 솔레노이드 밸브

27 조향 관련 부품의 육안 점검 사항으로 관계없는 것은?

① 스태빌라이저 바 부싱
② 휠 밸런스 상태
③ 볼 조인트
④ 조향 링키지

●**조향 관련 부품의 육안 점검 사항**
① 스태빌라이저 바 부싱 점검
② 볼 조인트 점검
③ 조향 링키지 점검
④ 타이어 공기 압력 점검
⑤ 쇽업소버 점검

28 타이어가 편마모되는 원인이 아닌 것은?

① 앞바퀴 정렬이 불량하다.
② 타이어의 공기압이 낮다.
③ 쇽업쇼버가 불량하다.
④ 자동차의 중량이 증가하였다.

●**타이어가 편마모 되는 원인**
① 휠이 런 아웃되었을 때
② 허브의 너클이 런 아웃되었을 때
③ 베어링이 마멸되었거나 킹핀의 유격이 큰 경우
④ 휠 얼라인먼트(정렬)가 불량할 때
⑤ 한쪽 타이어의 공기압력이 낮을 때
⑥ 쇽업소버의 작동이 불량할 때

29 듀얼 클러치 변속기(DCT)의 특징으로 틀린 것은?

① 수동 변속기에 비해 변속충격이 적다.
② 수동 변속기에 비해 동력 손실이 크다.
③ 수동 변속기에 비해 작동이 빠르다.
④ 수동 변속기에 비해 연료소비율이 좋다.

● **듀얼 클러치 변속기(DCT)의 특징**
① 수동 변속기에 비해 변속 충격이 적다.
② 수동 변속기에 비해 변속 소음이 적다.
③ 수동 변속기에 비해 변속이 빠르다.
④ 수동 변속기에 비해 연료 소비율이 향상된다.
⑤ 수동 변속기에 비해 가속력이 우수하다.
⑥ 수동 변속기에 비해 동력 손실이 적다.

30 주행 중 급제동 시 차체 앞쪽이 내려가고 뒤가 들리는 현상을 방지하기 위한 제어는?

① 앤티 바운싱(Anti bouncing)
② 앤티 스쿼트(Anti squat)
③ 앤티 다이브(Anti dive)
④ 앤티 롤링(Anti rolling)

● **전자제어 현가장치의 제어 기능**
① **앤티 바운싱 제어** : 차체의 바운싱은 G센서가 검출하며, 바운싱이 발생하면 쇽업소버의 감쇠력은 Soft에서 Medium이나 Hard로 변환된다.
② **앤티 스쿼트 제어** : 급출발 또는 급가속을 할 때에 차체의 앞쪽은 들리고, 뒤쪽이 낮아지는 노스 업(nose up)현상을 제어한다.
③ **앤티 다이브 제어** : 주행 중에 급제동을 하면 차체의 앞쪽은 낮아지고, 뒤쪽이 높아지는 노스다운(nose down)현상을 제어한다.
④ **앤티 롤링 제어** : 선회할 때 자동차의 좌우 방향으로 작용하는 횡 가속도를 G센서로 검출하여 제어한다.

31 자동변속기 토크 컨버터의 기능으로 적당하지 않은 것은?

① 엔진의 충격과 크랭크축의 비틀림을 완화시킨다.
② 엔진의 토크를 변속기에 원활하게 전달한다.
③ 속도가 빠를수록 토크 증대 효과가 더 커진다.
④ 엔진에서 전달되는 토크를 증대시켜 저속 출발 성능을 향상시킨다.

32 전자제어 현가장치 관련 점검결과 ECS 조작 시에도 인디케이터 전환이 이루어지지 않는 현상이 확인됐다. 이에 대한 조치 사항으로 틀린 것은?

① 컴프레서 작동상태를 확인하고 이상 있는 컴프레서를 교체한다.
② 인디케이터 점등회로를 전압 계측하고 선로를 수리한다.
③ 전구를 점검하고 손상 시 수리 및 교환한다.
④ 커넥터를 확인하고 하니스 간 접지를 점검한다.

● **ECS조작 시에도 인디케이터 전환이 이루어지지 않는 경우 조치 사항**
① 전구를 점검하고, 손상 시 수리 및 교환한다.
② 인디케이터 점등회로를 전압 계측하고 선로를 수리한다.
③ 커넥터를 확인하고 하니스 간 접지를 점검한다.
④ 이상 부위 회로를 수정한다.

33 전자제어 제동장치 관련 톤 휠 간극 측정 및 조정에 대한 내용으로 틀린 것은?

① 각 바퀴의 ABS 휠 스피드 센서 톤 휠 상태는 이물질 오염 상태만 확인하면 된다.
② 톤 휠 간극이 규정값을 벗어나면 휠 스피드 센서를 탈거한 다음 규정 토크로 조여서 조정한다.
③ 톤 휠 부와 센서 감응부(폴 피스) 사이를 시크니스 게이지로 측정한다.
④ 톤 휠 간극을 점검하여 규정값 범위이면 정상이다.

● **톤 휠 간극 측정 및 조정**
① 각 바퀴의 ABS 휠 스피드 센서 커넥터(접촉 상태) 상태를 확인한다.
② 각 바퀴의 ABS 휠 스피드 센서 장착 상태(고정 볼트) 상태를 확인한다.
③ 각 바퀴의 ABS 휠 스피드 센서 톤 휠 상태(기어부 파손 및 이물질 오염) 및 센서 폴 피스 상태를 확인한다.
④ 톤 휠 부와 센서 감응부(폴 피스) 사이를 시그니스 게이지로 측정한다.
⑤ 톤 휠 간극을 점검하여 규정값 범위 약 0.2~1.3mm이면 정상이다.
⑥ 톤 휠 간극의 규정값은 제조사 정비지침서를 참조한다.
⑦ 톤 휠 간극이 규정값을 벗어나면 휠 스피드 센서를 탈거한 다음 규정 토크로 조여서 조정한다.
⑧ 불량 시 신품 휠 스피드 센서로 교환한 후 재점검한다.

34 전자제어 현가장치 중 가속도 센서의 출력 전압(V)은 약 얼마인가?(단, 차량은 정차상태이다.)

① 0.5 ② 2.5 ③ 1.5 ④ 3.5

전자제어 현가장치에서 가속도 센서는 차량의 기울기 상태 검출하는 역할을 하며, 출력 전압의 범위는 0V ~ 5V이며 차량이 평탄한 곳에서 정차한 경우에는 중간 값을 나타낸다(약 2.3 ~ 2.5V값을 나타내면 수평인 상태를 말한다).

35 자동변속기 장착 차량에 사용되는 전자제어 센서 중 TPS(Throttle Position Sensor)에 대한 설명으로 옳은 것은?

① 킥 다운(kick down) 작용과 관련 없다.
② 주행 중 선회 시 충격 흡수와 관련 있다.
③ 자동변속기 변속 시점과 관련 있다.
④ 엔진 출력이 달라져도 킥 다운(kick down)과 관계없다.

● 스로틀 포지션 센서(TPS ; Throttle Position Sensor)
① 스로틀 포지션 센서는 단선 또는 단락 되면 페일 세이프(fail safe)가 되지 않는다.
② 출력이 불량할 경우 변속 시점이 변화하며, 출력이 80% 정도밖에 나오지 않으면 변속 선도 상의 킥다운 구간이 없어지기 쉽다.

36 코일 스프링의 특징이 아닌 것은?

① 단위 중량당 에너지 흡수율이 크다.
② 판간 마찰이 있어 진동 감쇠 작용을 한다.
③ 차축에 설치할 때 쇽업소버나 링크 기구가 필요해 구조가 복잡해진다.
④ 제작비가 적고 스프링 작용이 효과적이다.

● 코일 스프링의 특징
① 단위 중량당 에너지 흡수율이 크고 유연하다.
② 제작비가 적고 스프링 작용이 효과적이다.
③ 코일 사이에 마찰이 없기 때문에 진동의 감쇠 작용이 없다.
④ 옆 방향의 작용력(비틀림)에 대한 저항력이 없다.
⑤ 차축의 설치할 때 링크나 쇽업소버가 필요해 구조가 복잡하다.

37 자동차관리법 시행규칙상 사이드슬립 측정기로 조향바퀴 옆 미끄럼량을 측정 시 검사기준으로 옳은 것은?(단, 신규 및 정기검사이며 비사업용 자동차에 국한한다.)

① 조향바퀴 옆 미끄럼량은 1미터 주행에 9밀리미터 이내일 것
② 조향바퀴 옆 미끄럼량은 1미터 주행에 10밀리미터 이내일 것
③ 조향바퀴 옆 미끄럼량은 1미터 주행에 5밀리미터 이내일 것
④ 조향바퀴 옆 미끄럼량은 1미터 주행에 7밀리미터 이내일 것

● 조향장치 검사기준(시행규칙 제73조 별표 15)
① 조향바퀴 옆 미끄럼량은 1미터 주행에 5밀리미터 이내일 것
② 조향 계통의 변형 · 느슨함 및 누유가 없을 것
③ 동력조향 작동유의 유량이 적정할 것

38 총중량이 1ton인 자동차가 72km/h로 주행 중 급제동하였을 때 운동 에너지가 모두 브레이크 드럼에 흡수되어 열이 되었다. 흡수된 열량(kcal)은 얼마인가?(단, 노면의 마찰계수는 1이다.)

① 54.68 ② 47.79
③ 60.25 ④ 52.30

① $E = \frac{G \times V^2}{2 \times g}$

E : 운동 에너지(kgf•m), G : 차량총중량(kgf), V : 주행속도(m/s), g : 중력 가속도(9.8kgf/s²), 1kgf·m=1/427kcal. H : 흡수된 열량(kcal)

$$H = \frac{1000 \times (\frac{72 \times 1000}{60 \times 60})^2}{2 \times 9.8 \times 427} = 42.79\text{kcal}$$

$$\text{흡수된 열량} = \frac{20408}{427} = 47.79\text{kcal}$$

39 레이디얼 타이어의 특징에 대한 설명으로 틀린 것은?

① 로드 홀딩이 우수하며 스탠딩 웨이브가 잘 일어나지 않는다.
② 타이어 단면의 편평율을 크게 할 수 있다.
③ 선회 시에 트레드의 변형이 적어 접지 면적이 감소되는 경향이 적다.
④ 하중에 의한 트레드 변형이 큰 편이다.

● 레이디얼 타이어의 장점
① 타이어 단면의 편평율을 크게 할 수 있다.
② 타이어 트레드의 접지 면적이 크다.

③ 보강대의 벨트를 사용하기 때문에 하중에 의한 트레드의 변형이 적다.
④ 선회 시에도 트레드의 변형이 적어 접지 면적이 감소되는 경향이 적다.
⑤ 전동 저항이 적고 내미끄럼성이 향상된다.
⑥ 로드 홀딩이 향상되며, 스탠딩 웨이브가 잘 일어나지 않는다.

40 드가르봉식 쇽업소버에 대한 설명으로 틀린 것은?

① 오일실과 가스실은 일체로 되어 있다.
② 밸브를 통과하는 오일의 유동 저항으로 인하여 피스톤이 하강함에 따라 프리 피스톤도 가압된다.
③ 가스실 내에는 고압의 질소가스가 봉입되어 있다.
④ 늘어남이 중지되면 프리 피스톤은 원위치로 복귀한다.

●드가르봉식 쇽업소버
① 프리 피스톤 위쪽에는 오일이 들어있고 그 아래쪽에 고압 질소가스가 들어있다.
② 밸브를 통과하는 오일의 저항으로 인해 피스톤이 하강함에 따라 프리 피스톤에도 압력이 가해지게 된다.
③ 쇽업소버가 정지하면 프리 피스톤 아래의 가스가 팽창하여 프리 피스톤을 밀어올려 오일실에 압력이 가해진다.
④ 쇽업소버가 늘어날 때는 오일실의 압력이 낮아지므로 프리 피스톤이 상승하게 된다.
⑤ 쇽업소버가 늘어남이 중지되면 프리 피스톤이 제자리로 돌아가게 된다.

제3과목 자동차전기 · 전자장치정비

41 전류의 자기작용을 자동차에 응용한 예로 틀린 것은?

① 시거 라이터 ② 스타팅 모터
③ 릴레이 ④ 솔레노이드

●전류의 3대 작용
① **자기 작용** : 전선이나 코일에 전류가 흐르면 그 주위 공간에는 자기 현상이 나타나며, 릴레이, 모터, 솔레노이드, 발전기 등에 응용한다.
② **발열 작용** : 도체의 저항에 의해 흐르는 전류의 2승과 저항의 곱에 비례하는 열이 발생하며, 시거라이터, 예열 플러그, 전열기, 디프로스터, 전구 등에 응용한다.
③ **화학 작용** : 묽은 황산에 구리판과 아연판을 넣고 전류를 흐르게 하면 전해 작용이 일어나며, 축전지, 전기 도금 등에 응용한다.

42 자동차 배터리를 방전상태로 장기간 방치하거나 극판이 공기 중에 노출되어 양(+), 음(−) 극판이 영구적 황산납으로 되는 현상은?

① 다운서징 현상 ② 노후 현상
③ 열화 현상 ④ 설페이션 현상

●배터리 설페이션의 원인
① 배터리를 과방전 하였을 경우에 발생된다.
② 배터리의 극판이 단락되었을 때 발생된다.
③ 전해액의 비중이 너무 높거나 낮을 때 발생된다.
④ 전해액이 부족하여 극판이 공기 중에 노출되었을 때 발생된다.
⑤ 전해액에 불순물이 혼입되었을 때 발생된다.
⑥ 불충분한 충전을 반복하였을 때 발생된다.
⑦ 배터리를 방전상태로 장기간 방치한 경우에 발생한다.

43 타이어 공기압 경보장치(TPMS)의 경고등이 점등 될 때 조치해야 할 사항으로 옳은 것은?

① TPMS 교환
② 측정된 타이어에 공기주입
③ TPMS ECU 등록
④ TPMS ECU 교환

●TPMS 센서 경고등 점등시 조치
1. 점등 조건
① 타이어 압력이 규정값 이하로 저하 되었을 시 점등한다.
② 센서가 급격한 공기 누출을 감지하였을 때 점등한다.
2. 소등 조건
① 낮은 공기압 : 공기압이 경고등을 소등시켜 주는 기준 압력보다 올라가게 되면 소등한다.
② 급격한 공기 누출 : 공기압이 경고등을 소등시켜 주는 기준 압력보다 올라가게 되면 소등한다.

44 기동 전동기에 흐르는 전류가 160A이고, 전압이 12V일 때 기동 전동기의 출력(PS)은 약 얼마인가?

① 5.2 ② 1.3 ③ 2.6 ④ 3.9

$P = E \times I$
여기서 P : 전력(W), E : 전압(V), I : 전류(A)
※ 1PS는 0.736kW

$$PS = \frac{E \times I}{0.736 \times 1000} = \frac{12 \times 160}{0.736 \times 1000} = 2.6PS$$

45 차선 이탈 경고 시스템과 차선 유지 보조 시스템의 입·출력 계통 중 출력 계통에 포함하지 않는 것은?

① 차로 이탈 경고 신호
② MDPS 조향 제어 신호
③ 비상등 작동 신호
④ 시스템 작동상태 신호

차로 이탈 경고 (LDW)는 전방 주행 영상을 촬영하여 차선을 인식하고 이를 이용하여 차량이 차선과 얼마만큼의 간격을 유지하고 있는지를 판단하여, 운전자가 의도하지 않은 차로 이탈 검출 시 경고하는 시스템이다. 차로 이탈 방지 보조(LKA)는 차로 이탈 경고 기능에 조향력을 부가적으로 추가하여 차량이 좌우측 차선 내에서 주행 차로를 벗어나지 않도록 하는 기능이 포함되어 있다.
① **입력 계통** : 시스템 ON 스위치, 방향지시등 작동 신호, 비상등 작동 신호, 와이퍼 작동 신호, 요레이트 센서 신호, 가속도 센서 신호, MDPS 토크 센서 신호
② **출력 계통** : 시스템 작동 상태 신호, 차로 이탈 경고 신호, MDPS 조향 제어 신호

46 CAN의 데이터 링크 및 물리 하위 계층에서 OSI 참조 계층이 아닌 것은?(단, KS R ISO 11898-1에 의한다.)

① 신호 ② 표현
③ 응용 ④ 물리

●OSI 참조 계층(KS R ISO 11898-1)
① 응용 ② 표현 ③ 세션 ④ 전송
⑤ 네트워크 ⑥ 데이터 링크 ⑦ 물리

47 차선 이탈 경고 시스템(LDW)에 주로 사용되는 센서는?

① 초음파(Ultrasonic wave)
② 레이더(Radar)
③ 카메라(Camera)
④ 라이다(Lidar)

●차선 이탈 경고 시스템
① **카메라** : 차량의 전면 유리 상부에 장착이 되어 차량 주행 정면을 촬영한다.
② **클러스터** : 현재 차량의 차로 이탈 또는 유지 여부를 시각화하여 보여준다.
③ 카메라 장치는 영상의 입력을 담당하는 영상 센서, 영상 신호를 입력받아 정보를 추출하고 판단하는 이미지 프로세서, 마이크로컴퓨터 장치가 포함되어 있다.

48 자동차 배선 회로도에 표시된 2.0B/W에서 W는 무엇을 나타내는가?

① 흰색 줄무늬 ② 흰색 바탕색
③ 커넥터 수 ④ 단면적

2.0B/W에서 2.0은 배선의 단면적, B는 바탕색으로 검정색, W는 줄색으로 흰색을 의미한다.

49 전자제어 가솔린 엔진에서 점화 2차 파형에 대한 설명으로 틀린 것은?

① 점화 2차 라인의 저항이 커질수록 점화시간은 작아진다.
② 드웰 구간이 시작되는 지점에서 점화가 발생한다.
③ 감쇠 진동 구간의 진동수가 거의 없다면 점화코일 결함이다.
④ 점화 2차 라인의 저항이 커질수록 피크 전압은 커진다.

드웰 구간은 점화계통의 1차 코일에 전류가 통전되는 구간으로 드웰 구간이 시작되는 지점에서 점화 1차 코일에 전류가 흐르기 시작하며, 드웰 구간이 완료되는 지점에서 점화가 발생한다.

50 진단 장비를 활용한 전방 레이더 센서 보정 방법으로 틀린 것은?

① 메뉴는 전방 레이더 센서 보정(SCC/FCA)으로 선택한다.
② 주행 모드가 지원되지 않는 경우 레이저, 리플렉터, 삼각대 등 보정용 장비가 필요하다.
③ 주행 모드가 지원되는 경우에도 수직계, 수평계, 레이저, 리플렉터 등 별도의 보정 장비가 필요하다.
④ 바닥이 고른 공간에서 차량의 수평상태를 확인한다.

●전방 레이더 센서 보정
① 주행 모드가 지원되는 경우 수직, 수평계를 제외하고는 별도의 보정 장비가 필요 없으나 보정 조건에 맞는 주행이 필요하므로 교통 상황이나 도로에 인식을 위한 가드레일 등 고정 물체가 요구된다.
② 주행 모드가 지원되지 않는 경우 레이저, 리플렉터, 삼각대 등 보정용 장비와 장비를 설치하고 측정할 장소가 필요하다.

51 다음 중 클러스터 모듈(CLUM)의 고장 판단으로 교환해야 할 상황이 아닌 것은?

① 와이퍼 워셔 연동 제어 고장
② 방향지시등 플래셔 부저 제어 고장
③ 트립 컴퓨터 제어 고장
④ 계기판의 각종 경고등 제어 고장

●인스트루먼트 클러스터
차량 시동 시 방향지시등, 트립 컴퓨터, 차량 속도, 엔진 회전수, 냉각수 온도, 연료량, 각종 경고등 등 차량의 정보 등을 알려주는 계기판을 말한다. 와이퍼 워셔 연동 제어는 다기능 스위치에 의해 작동한다.

52 포토다이오드(Photo Diode)에 대한 설명으로 틀린 것은?

① 자동 에어컨 시스템에서 일사량 센서로 활용된다.
② 주변의 온도 변화에 따른 출력 변동이 크다.
③ 빛을 받으면 전류가 흐른다.
④ 응답 속도가 빠르다.

●포토다이오드
① 빛 에너지를 전기 에너지로 변환하는 광센서의 한 종류이다.
② 빛이 다이오드에 닿으면 전자와 양전하의 정공이 생겨서 전류가 흐른다.
③ 포토다이오드는 응답 속도가 빠르고, 감도 파장이 넓으며, 광전류의 직진성이 양호하다는 특징이 있다.
④ 오토 와이퍼, 오토 에어컨 시스템 등의 센서에 사용된다.

53 운행차 정기검사에서 측정한 경적소음이 1회 96dB(C), 2회 97dB(C)이고 암소음이 90dB(C)일 경우 최종 측정치는?(단, 소음·진동관리법 시행규칙에 의한다.)

① 95.7dB(C) ② 97.5dB(C)
③ 96.5dB(C) ④ 96.0dB(C)

●운행차 정기 검사 방법
① 자동차 소음과 암소음의 측정값의 차이가 3dB 이상 10dB 미만인 경우에는 자동차로 인한 소음의 측정값으로부터 보정 값을 뺀 값을 최종 측정값으로 하고, 차이가 3dB 미만일 때에는 측정값을 무효로 한다.
단위: dB(A), dB(C)

자동차소음과 암소음의 측정치 차이	3	4~5	6~9
보정치	3	2	1

② 자동차소음의 2회 이상 측정치(보정한 것을 포함한다) 중 가장 큰 값을 최종 측정치로 함
경적소음과 암소음 차이 = 97dB - 90dB = 7dB
보정치 = 1dB
경적소음 측정값 = 97dB - 1dB = 96dB

54 배터리 취급 시 주의사항으로 틀린 것은?

① 배터리의 (+)단자와 (−)단자의 극성을 반대로 접속하지 않는다.
② 배터리 단자를 분리할 때는 반드시 (−)단자부터 분리하고 장착할 때는 (+)단자를 최후에 연결한다.
③ 배터리 장착이 불완전하면 주행 중의 진동으로 케이스와 극판을 손상시킨다.
④ 배터리 케이블이 연결된 상태에서 배터리를 충전하지 않는다.

배터리 단자를 분리할 때는 (-) 단자부터 분리하고, 장착할 때는 (+) 단자부터 장착한다.

55 전방 레이더 교환 방법에 대한 설명으로 틀린 것은?

① 범퍼 장착 후 스마트 크루즈 컨트롤 센서 정렬을 실시한다.
② 범퍼를 탈거한다.
③ 탈거 절차의 역순으로 스마트 크루즈 컨트롤 유닛을 장착한다.
④ 스마트 크루즈 컨트롤 유닛의 커넥터를 분리하고 차체에서 탈거한다.

●전방 레이더 교환 방법
① 범퍼를 탈거한다.
② 스마트 크루즈 컨트롤 유닛의 커넥터를 분리한다.
③ 고정 볼트를 풀어 스마트 크루즈 컨트롤 유닛 어셈블리를 차체에서 탈거한다.
④ 탈거 절차의 역순으로 스마트 크루즈 컨트롤 유닛을 장착한다.
⑤ 스마트 크루즈 컨트롤 센서 정렬을 실시한다.
⑥ 범퍼를 장착한다.

56 첨단 운전자 보조시스템(ADAS) 기능 중 차선 유지 보조시스템(LKA) 미 작동 조건으로 틀린 것은?

① 곡률 반지름이 큰 도로 구간
② 방향 지시등 작동
③ 차선 미인식
④ 주행 중 양쪽 차선이 사라진 도로

●LKA 미작동 조건
① 급격한 곡선로를 주행하는 경우
② 급격한 제동 또는 급격히 차선을 변경하는 경우
③ ESC · VSM 기능이 작동하는 경우
④ 차로 폭이 너무 넓거나 좁을 경우
⑤ 차선의 인식이 이루어지지 않을 경우
⑥ 곡률 반지름이 큰 도로 구간

57 외부 무선 해킹 방지 및 차량 정보(VCRM) 수집을 위해 설치된 CAN BUS는?

① FTLS CAN(Fault Tolerant Low Speed CAN)
② M CAN(Multi Media CAN)
③ I CAN(Isolation · Infortainment CAN)
④ CAN FD

●CAN BUS의 기능
① FTLS CAN(Fault Tolerant Low Speed CAN) : 저속 · 내고장 CAN 네트워크는 2개의 와이어로 실행되고 최고 125kb/s 속도로 디바이스와 통신하며, 내고장 기능이 있는 트랜시버를 제공한다. 저속 · 내고장 CAN 디바이스는 CAN B 및 ISO 11898-3으로도 알려져 있다.
② M CAN(Multi Media CAN) : 자동차의 전자기기들로서 내비게이션, 차량 내 멀티미디어 통신 기기와의 연동을 위한 각종 모듈의 기능을 제어하는 단일 통합 인터페이스로 구성된다. M CAN 단자의 중심 요소는 제어 다이얼로 이 다이얼을 회전시켜 메뉴를 위아래로 이동하고, 누르면 선택한 강조 표시된 기능이 활성화된다. M CAN 화면은 차량에 장착된 M CAN의 변화에 따라 풀 컬러 디스플레이로 제공된다.
③ I CAN(Isolation · Infortainment CAN) : 스마트카가 사이버 범죄의 수익 모델로 자리잡을 가능성 또한 무시할 수 없다. 항상 외부와 연결되어야 하는 스마트카의 특성 상 악성코드 유포 채널로 이용될 여지가 충분하기 때문이다. 또한 현재의 DoS 공격이나 랜섬웨어와 같이 차량의 가용성을 떨어뜨려 몸값을 요구하는 행위나 악성 광고를 통한 수익 창출 및 금융 데이터 탈취를 통한 금전 획득 등이 발생할 가능성이 높다. 외부 통신도 내부 통신과 마찬가지로 메시지 암호화 및 인증 기능이 구현되어야 하며, 암호화 키 관리(KMS)에 대한 보안 표준이 정립되어야 한다.
④ CAN FD(Controller Area Network Flexible Data-Rate) : 전자 계기와 제어 시스템의 서로 다른 부분 사이의 2개의 와이어 상호 연결에서 센서 데이터와 제어 정보를 방송하는데 사용되는 데이터 통신 프로토콜이다. 주로 고성능 차량 ECU에 사용하도록 설계되었지만, 다양한 산업에서 고전적인 CAN의 보급은 로봇 공학, 국방, 산업 자동화, 수중 자동차 등에 사용되는 전자 시스템과 같은 다양한 다른 응용 분야에도 이 개선된 데이터 통신 프로토콜을 포함하게 될 것이다.

58 스마트 키 시스템이 적용된 차량의 동작 특징으로 틀린 것은?(단, 리모컨 Lock 작동 후 이다.)

① 스마트 키 ECU는 LF 안테나를 주기적으로 구동하여 스마트 키가 차량을 떠났는지 확인한다.
② LF 안테나가 일시적으로 수신하는 대기 모드로 진입한다.
③ 패시브 록 또는 리모컨 기능을 수행하여 경계 상태로 진입한다.
④ 일정기간 동안 스마트 키 없음이 인지되면 스마트 키 찾기를 중지한다.

●도어 록 후 스마트 키 동작 특성
① 잠금 신호를 받은 ECU는 LF 안테나를 통해 스마트 키 확인 요구 신호를 보낸다.
② 스마트키는 응답 신호를 RF 안테나로 보낸다.
③ 신호를 받은 RF 안테나는 유선(시리얼 통신)을 이용하여 ECU로 데이터를 보낸다.
④ ECU는 자동차에 맞는 스마트키라고 인증하고 운전석 도어 모듈은 잠금 릴레이를 작동시킨다.
⑤ ECU는 방향지시등 릴레이(비상등)를 1초 동안 1회 작동시키고 도난 경계 상태로 진입한다.
⑥ 일정기간 동안 스마트 키 없음이 인지되면 스마트 키 찾기를 중지한다.

59 자동차 및 자동차부품의 성능과 기준에 관한 규칙에서 전기장치에 관한 사항으로 틀린 것은?

① 차실 안의 전기 단자 및 전기 개폐기는 적절히 절연물질로 덮어씌울 것
② 자동차의 전기 배선은 모두 절연물질로 덮어씌우고, 차체에 탈 · 부착 가능하도록 할 것
③ 차실 안에 설치하는 축전지는 절연물질로 덮어씌울 것
④ 축전지는 자동차의 진동 또는 충격 등에 의하여 이완되거나 손상되지 아니하도록 고정시킬 것

●자동차부품의 성능과 기준에 관한 규칙 제18조 전기 장치 기준
① 자동차의 전기 배선은 모두 절연물질로 덮어씌우고, 차체에 고정시킬 것
② 차실 안의 전기 단자 및 전기 개폐기는 적절히 절연물질로 덮어씌울 것
③ 축전지는 자동차의 진동 또는 충격 등에 의하여 이완되거나 손상되지 아니하도록 고정시키고, 차실 안에 설치하는 축전지는 절연물질로 덮어씌울 것

60 1개의 코일로 2개 실린더를 점화하는 시스템의 특징에 대한 설명으로 틀린 것은?

① 동시 점화방식이라 한다.
② 배전기 캡이 없어 로터와 세그먼트(고압단자) 사이의 전압 에너지 손실이 크다.
③ 배전기 캡 내부로부터 발생하는 전파 잡음이 없다.
④ 배전기로 고전압을 배전하지 않기 때문에 누전이 발생하지 않는다.

●동시 점화(DLI)방식의 장점
① 배전기에서 누전이 없다.
② 배전기의 로터와 캡 사이의 고전압 에너지 손실이 없다.
③ 배전기 캡에서 발생하는 전파 잡음이 없다.
④ 점화 진각 폭에 제한이 없다.
⑤ 높은 전압의 출력이 감소되어도 방전 유효에너지의 감소가 없다.
⑥ 내구성이 크다.
⑦ 전파 방해가 없어 다른 전자 제어장치에도 유리하다.

제4과목 친환경자동차정비

61 수소 연료전지 자동차에서 전기가 생성되는데 필요한 장치가 아닌 것은?

① 공기 공급 장치 ② 알터네이터
③ 스택(연료 전지) ④ 수소 공급 장치

●파워 트레인 연료 전지(PFC ; Power Train Fuel Cell)
연료 전지 전기 자동차의 동력원인 전기를 생산하고 이를 통해 자동차를 구동하는 시스템이 구성된 전체 모듈을 PFC라고 한다. 파워트레인 연료 전지는 크게 연료 전지 스택, 수소 공급 시스템(FPS ; Fuel Processing System), 공기 공급 시스템(APS ; Air Processing System), 스택 냉각 시스템(TMS ; Thermal Management System)으로 구성된다. 이 시스템에 의해 전기가 생산되면 고전압 정션 박스에서 전기가 분배되어 구동 모터를 돌려 주행한다.

62 전기 자동차 고전압 배터리의 안전 플러그에 대한 설명으로 틀린 것은?

① 고전압 장치 정비 전 탈거가 필요하다.
② 전기 자동차의 주행속도 제한 기능을 한다.
③ 탈거 시 고전압 배터리 내부 회로 연결을 차단한다.
④ 일부 플러그 내부에는 퓨즈가 내장되어 있다.

●안전 플러그
① 리어 시트 하단에 장착되어 있으며, 기계적인 분리를 통하여 고전압 배터리 내부의 회로 연결을 차단하는 장치이다.
② 고전압 시스템을 점검하거나 정비하기 전에 반드시 안전 플러그를 분리하여 고전압을 차단하도록 하여야 한다.
③ 메인 퓨즈(250A 퓨즈)는 안전 플러그 내에 장착되어 있으며, 고전압 배터리 및 고전압 회로를 과전류로부터 보호하는 기능을 한다.

63 연료 전지 자동차의 모터 컨트롤 유닛(MCU)의 설명으로 틀린 것은?

① 인버터는 모터를 구동하는데 필요한 교류 전류와 고전압 배터리의 교류 전류를 변환한다.
② 감속 시 모터에 의해 생성된 에너지는 고전압 배터리를 충전하여 주행 가능거리를 증가시킨다.
③ 고전압 배터리의 직류 전원을 3상 교류 전원으로 변환하여 구동 모터를 구동 제어한다.
④ 인버터는 연료 전지 자동차의 모터를 구동한다.

●모터 제어기(MCU ; Motor Control Unit)
① 인버터는 고전압 배터리의 DC 전원을 구동 모터의 구동에 적합한 3상 AC 전원으로 변환하는 역할을 한다.
② 인버터는 전기 자동차의 통합 제어기인 VCU의 명령을 받아 구동 모터를 제어하는 기능을 담당한다.
③ 감속 및 제동 시 모터에 의해 생성된 에너지는 고전압 배터리를 충전하여 주행 가능거리를 증가시킨다.
④ MCU는 고전압 시스템의 냉각을 위해 장착된 EWP (Electric Water Pump)의 제어 역할도 담당한다.

64 전기 자동차의 에너지 소비효율을 구하는 식으로 옳은 것은?

① $\frac{1회충전주행거리(km)}{차량주행시소요된전기에너지충전량(kWh)}$

② $\frac{차량주행시소요된전기에너지충전량(kWh)}{1회충전주행거리(km)}$

③ $1+\frac{1회충전주행거리(km)}{차량주행시소요된전기에너지충전량(kWh)}$

④ $1-\frac{1회충전주행거리(km)}{차량주행시소요된전기에너지충전량(kWh)}$

●**전기 자동차의 에너지 소비효율**(km/kWh)

$$\frac{1회\ 충전\ 주행거리(km)}{차량\ 주행시\ 소요된\ 전기\ 에너지\ 충전량(kWh)}$$

65 고전압 배터리 셀 모니터링 유닛의 교환이 필요한 경우로 틀린 것은?

① 배터리 전압 센싱부 이상/과전압
② 배터리 전압 센싱부 이상/저전류
③ 배터리 전압 센싱부 이상/저전압
④ 배터리 전압 센싱부 이상/전압 편차

고전압 배터리의 비정상적인 충전 또는 방전에서 기인하는 배터리 셀 사이의 전압 편차를 조정하여 배터리 내구성, 충전 상태(SOC) 에너지 효율을 극대화시키는 기능을 셀 밸런싱이라고 한다.

66 하이브리드 자동차의 EV모드 운행 중 보행자에게 차량 근접에 대한 경고를 하기 위한 장치는?

① 보행자 경로 이탈 장치
② 가상 엔진 사운드 장치
③ 긴급 제동 지연 장치
④ 파킹 주차 연동 소음 장치

●**가상 엔진 사운드 시스템**(Virtual Engine Sound System)은 친환경 전기 자동차나 전기 자동차에 부착하는 보행자를 위한 시스템이다. 즉 배터리로 저속주행 또는 후진할 때 보행자가 놀라지 않도록 자동차의 존재를 인식시켜주기 위해 엔진소리를 내는 스피커이며, 주행속도 0~20km/h에서 작동한다.

67 리튬-이온 고전압 배터리의 일반적인 특징이 아닌 것은?

① 열관리 및 전압관리가 필요하다.
② 셀당 전압이 낮다.
③ 과충전 및 과방전에 민감하다.
④ 높은 출력밀도를 가진다.

●**리튬이온 고전압 배터리의 일반적인 특징**
① 출력의 밀도가 높다.
② 셀당 전압이 3.6~3.8V 정도로 높다.
③ 메모리 효과가 발생하지 않기 때문에 수시로 충전이 가능하다.
④ 자기방전이 작고 작동 범위도 -20℃~60℃로 넓다.
⑤ 열관리 및 전압관리가 필요하다.
⑥ 과충전 및 과방전에 민감하다.

68 다음과 같은 역할을 하는 전기 자동차의 제어 시스템은?

배터리 보호를 위한 입출력 에너지 제한 값을 산출하여 차량 제어기로 정보를 제공한다.

① 정속 주행 기능 ② 냉각 제어 기능
③ 파워 제한 기능 ④ 완속 충전 기능

●**전기 자동차의 제어 시스템**
① **파워 제한 기능** : 배터리 보호를 위해 상황별 입·출력 에너지 제한 값을 산출하여 차량제어기로 정보 정보를 제공한다.
② **냉각 제어 기능** : 최적의 배터리 동작 온도를 유지하기 위한 냉각 팬을 이용하여 배터리 온도를 유지 관리한다.
③ **SOC 추정 기능** : 배터리 전압, 전류, 온도를 측정하여 배터리의 SOC를 계산하고 차량 제어기에 전송하여 SOC 영역을 관리한다.
④ **고전압 릴레이 제어 기능** : 고전압 배터리단과 고전압을 사용하는 PE부품의 전원 공급 및 전원을 차단한다.

69 하이브리드 자동차 전기장치 정비 시 지켜야할 안전사항으로 틀린 것은?

① 전원을 차단하고 일정 시간이 경과 후 작업한다.
② 서비스 플러그(안전 플러그)를 제거한다.
③ 하이브리드 컴퓨터의 커넥터를 분리해야 한다.
④ 절연장갑을 착용하고 작업한다.

●하이브리드 자동차의 전기장치를 정비할 때 지켜야 할 사항
① 이그니션 스위치를 OFF 한 후 안전 플러그를 분리하고 작업한다.
② 전원을 차단하고 일정시간이 경과 후 작업한다.
③ 12V 보조 배터리 케이블을 분리하고 작업한다.
④ 고전압 케이블의 커넥터 커버를 분리한 후 전압계를 이용하여 각 상 사이(U, V, W)의 전압이 0V인지를 확인한다.
⑤ 절연장갑을 착용하고 작업한다.
⑥ 작업 전에 반드시 고전압을 차단하여 감전을 방지하도록 한다.
⑦ 전동기와 연결되는 고전압 케이블을 만져서는 안 된다.

70 하이브리드 자동차의 고전압 계통 부품을 점검하기 위해 선행해야 할 작업으로 틀린 것은?

① 고전압 배터리에 적용된 안전 플러그를 탈거한 후 규정 시간 이상 대기한다.
② 점화 스위치를 OFF하고 보조 배터리(12V)의 (−)케이블을 분리한다.
③ 고전압 배터리 용량(SOC)을 20% 이하로 방전시킨다.
④ 인버터로 입력되는 고전압 (+), (−) 전압 측정 시 규정값 이하인지 확인한다.

●고전압 시스템의 작업 전 주의 사항
① 고전압의 차단을 위하여 안전 플러그를 분리한다.
② 점화 스위치를 OFF하고 보조 배터리(12V)의 (-)케이블을 분리한다.
③ 시계, 반지, 기타 금속성 제품 등 금속성 물질은 고전압 단락을 유발하여 인명과 차량을 손상시킬 수 있으므로 작업 전에 반드시 몸에서 제거한다.
④ 안전사고 예방을 위해 개인 보호 장비를 착용하도록 한다.
⑤ 작업과 연관되지 않는 고전압 시스템은 절연 덮개로 덮어놓는다.
⑥ 고전압 시스템 관련 작업 시 절연 공구를 사용한다.
⑦ 탈착한 고전압 부품은 누전을 예방하기 위해 절연 매트 위에 정리하여 보관하도록 한다.
⑧ 고전압 단자 간 전압이 30V 이하임을 확인한 후 작업을 진행한다.
⑨ 인버터로 입력되는 고전압 (+), (-) 전압 측정 시 규정값 이하인지 확인한다.

71 환경친화적 자동차의 요건 등에 관한 규정상 고속 전기 자동차의 복합 1회 충전 주행거리 최소 기준은?(단, 승용자동차에 국한한다.)

① 150km 이상 ② 300km 이상
③ 250km 이상 ④ 70km 이상

●고속 전기 자동차(승용자동차, 화물자동차, 경·소형 승합자동차)
① **1회 충전 주행거리** : 「자동차의 에너지소비효율 및 등급표시에 관한 규정」에 따른 복합 1회 충전 주행거리는 승용자동차는 150km 이상, 경 · 소형 화물자동차는 70km 이상, 중 · 대형 화물자동차는 100km 이상, 경 · 소형 승합자동차는 70km 이상
② **최고속도** : 승용자동차는 100km/h 이상, 화물자동차는 80km/h 이상, 승합자동차는 100km/h 이상

72 전기 자동차의 브레이크 페달 스트로크 센서(PTS) 영점 설정시기가 아닌 것은?

① 자기진단 시스템에 영점 설정 코드 검출 시
② 브레이크 페달 어셈블리 교체 후
③ 브레이크 액추에이션 유닛(BAU) 교체 후
④ 브레이크 패드 교체 후

●브레이크 페달 스트로크 센서 영점 설정시기
전기 자동차의 브레이크 페달 스트로크 센서(PTS)는 제동압이 발생된 상태, 제동압이 발생되지 않은 상태, 제어 대기 상태에서 마스터 실린더 및 서브 마스터 실린더의 압력을 측정하여 솔레노이드 밸브가 정상적으로 작동하는지를 검출하는 역할을 한다.
① 브레이크 페달 어셈블리를 교체한 경우
② 브레이크 액추에이션 유닛(BAU)을 교체한 경우
③ 자기진단 시스템에 영점 설정 코드 검출 시
④ 브레이크 페달 스트로크 센서 신호 이상 신호 검출 시
⑤ BAU & HPU 라인 공기빼기 작업을 하였을 경우

73 하이브리드 자동차 용어(KS R 0121)에서 다음이 설명하는 것은?

> 배터리 팩이나 시스템으로부터 회수할 수 있는 암페어시 단위의 양을 시험 전류와 온도에서의 정격용량으로 나눈 것으로 백분율로 표시

① 배터리 용량 ② 방전 심도
③ 정격 용량 ④ 에너지 밀도

●하이브리드 자동차 용어(KS R 0121)
① **배터리 용량** : 규정된 조건하에서 완전히 충전된 배터리로부터 회수할 수 있는 암페어시(Ah) 단위의 양
② **방전 심도** : 배터리 팩이나 시스템으로부터 회수할 수 있는 암페어시 단위의 양을 시험 전류와 온도에서의 정격 용량으로 나눈 것으로 백분율로 표시
③ **정격 용량** : 제조자가 규정한 제원으로 방전율, 온도, 방전 차단 전압 등과 같은 규정된 시험 설정 조건에서 완전히 충전된 배터리 팩이나 시스템으로부터 회수할 수 있는 암페어시(Ah) 단위의 양
④ **에너지 밀도** : Wh/L로 표시되며, 배터리 팩이나 시스템의 체적당 저장되는 에너지 량

74 자동차용 내압용기 안전에 관한 규정상 압축 수소가스 내압용기의 사용압력에 대한 설명으로 옳은 것은?

① 용기에 따라 15℃에서 35MPa 또는 70MPa의 압력을 말한다.
② 용기에 따라 15℃에서 50MPa 또는 100MPa의 압력을 말한다.
③ 용기에 따라 25℃에서 15MPa 또는 50MPa의 압력을 말한다.
④ 용기에 따라 25℃에서 35MPa 또는 100MPa의 압력을 말한다.

●압축 수소가스 내압용기 제조관련 세부기준
① **사용 압력** : 용기에 따라 15℃에서 35MPa 또는 70MPa의 압력을 말한다.
② **최고 충전 압력** : 용기에 따라 85℃에서 사용 압력의 1.25배 이내로 사용 압력 조건을 만족하는 최대 압력을 말한다.

75 수소 연료전지 자동차에서 연료전지에 수소가 공급되지 않거나, 수소 압력이 낮은 상태일 때 고장 예상원인이 아닌 것은?

① 수소 차단 밸브 미작동
② 수소 차단 밸브 전단 압력 높음
③ 수소 공급 밸브 미작동
④ 수소 차단 밸브 전단 압력 낮음

●수소 차단 및 공급 밸브의 기능
① **수소 차단 밸브** : 수소 탱크에서 스택으로 수소를 공급하거나 차단하는 개폐식 밸브이며, 밸브는 시동이 걸릴 때는 열리고 시동이 꺼질 때는 닫힌다.
② **수소 공급 밸브** : 수소가 스택에 공급되기 전에 수소 압력을 낮추어 스택의 전류에 맞춰 수소를 공급한다. 더 좋은 스택의 전류가 요구되는 경우 수소 공급 밸브는 더 많이 스택으로 공급될 수 있도록 제어한다.

76 자동차 규칙상 고전원 전기장치 활선도체부와 전기적 섀시 사이의 절연저항 기준으로 옳은 것은? (단, 교류회로가 독립적으로 구성된 경우이다.)

① 500Ω/V 이상 ② 300Ω/V 이상
③ 200Ω/V 이상 ④ 400Ω/V 이상

●자동차 및 자동차 부품의 성능과 기준에 관한 규칙
(1) 고전원 전기장치의 정의
자동차의 구동을 목적으로 하는 구동 축전지, 전력 변환장치, 구동 전동기, 연료전지 등 작동 전압이 직류 60V 초과 1,500V 이하이거나 교류(실효치를 말한다) 30V 초과 1,000V 이하의 전기장치를 말한다.
(2) 고전원 전기장치 절연 안전성 등에 관한 기준
고전원 전기장치 활선도체부와 전기적 섀시 사이의 절연저항은 다음 각 호의 기준에 적합하여야 한다.
① 직류회로 및 교류회로가 독립적으로 구성된 경우 절연저항은 각각 100Ω/V(DC), 500Ω/V(AC) 이상이어야 한다.
② 직류회로 및 교류회로가 전기적으로 조합되어 있는 경우 절연저항은 500Ω/V 이상이어야 한다. 다만, 교류회로가 다음 각 호의 어느 하나를 만족할 경우에는 100Ω/V 이상으로 할 수 있다.
③ 연료전지 자동차의 고전압 직류회로는 절연저항이 100Ω/V 이하로 떨어질 경우 운전자에게 경고를 줄 수 있도록 절연저항 감시 시스템을 갖추어야 한다.
④ 전기 자동차 충전 접속구의 활선도체부와 전기적 섀시 사이의 절연저항은 최소 1MΩ 이상이어야 한다.
⑤ 고전원 전기장치의 활선도체부가 전기적 섀시와 연결된 자동차는 활선도체부와 전기적 섀시 사이의 전압이 교류 30V 또는 직류 60V 이하의 경우에는 절연저항 기준은 적용하지 아니한다.

77 저전압 직류 변환 장치(LDC)에 대한 내용 중 틀린 것은?

① 보조 배터리(12V)를 충전한다.
② 전기 자동차 가정용 충전기에 전원을 공급한다.
③ DC 약 360V 고전압을 DC 약 12V로 변환한다.
④ 저전압 전기장치 부품의 전원을 공급한다.

●직류 변환 장치(LDC)
LDC는 고전압 배터리의 고전압(DC 360V)을 LDC를 거쳐 12V 저전압으로 변환하여 차량의 각 부하(전장품)에

공급하기 위한 전력 변환 시스템으로 차량 제어 유닛(VCU)에 의해 제어되며, LDC는 EPCU 어셈블리 내부에 구성되어 있다.

78 하이브리드 차량의 내연기관에서 발생하는 기계적 출력 상당 부분을 분할(split) 변속기를 통해 동력으로 전달시키는 방식은?

① 복합형
② 하드 타입 병렬형
③ 소프트 타입 병렬형
④ 직렬형

● **하이브리드 자동차의 종류(KS R 0121 도로차량-하이브리드 자동차 용어)**

① **복합형** : 엔진 전기 하이브리드 차량의 경우 엔진의 구동력이 기계적으로 출력 상당 부분을 분할 변속기를 통해 구동축에 전달되기도 하고, 그 일부가 전동기를 거쳐 전기 에너지로 변환된 후 구동축에서 다시 기계적 에너지로 변경되어 구동축에 전달되는 구조를 갖는다.
② **하드 타입 병렬형** : 하이브리드 자동차의 두 동력원이 거의 대등한 비율로 자동차 구동에 기능하는 것으로 대부분의 경우 두 동력원 중 한 동력만으로도 자동차 구동이 가능한 하이브리드 자동차
③ **소프트 타입 병렬형** : 하이브리드 자동차의 두 동력원이 서로 대등하지 않으며, 보조 동력원이 주 동력원의 추진 구동력에 보조적인 역할만을 수행하는 것으로 대부분의 경우 보조 동력원만으로는 자동차를 구동시키기 어려운 하이브리드 자동차
④ **직렬형** : 하이브리드 자동차의 두 개의 동력원 중 하나는 다른 하나의 동력을 공급하는데 사용되나 구동축에는 직접 동력 전달이 되지 않는 구조를 갖는 하이브리드 자동차
⑤ **병렬형** : 하이브리드 자동차의 두 개의 동력원이 공통으로 사용되는 동력 전달장치를 거쳐 각각 독립적으로 구동축을 구동시키는 방식의 구조를 갖는 하이브리드 자동차

79 전기 자동차의 감속기 오일 점검 시 주행 가혹 조건이 아닌 것은?

① 통상적인 운전 조건으로 주행하는 경우
② 짧은 거리를 반복해서 주행하는 경우
③ 고속주행의 빈도가 높은 경우
④ 모래 먼지가 많은 지역을 주행하는 경우

80 자동차용 내압용기 안전에 관한 규정상 압축수소가스 내압용기에 대한 설명에서 (　　)안에 들어갈 내용으로 옳은 것은?

> 용기내의 가스압력 또는 가스양을 나타낼 수 있는 압력계 또는 연료계를 운전석에서 설치하여야 하며 압력계는 사용압력의 (　　)의 최고눈금이 있는 것으로 한다.

① 0.1배 이상 1.0배 이하
② 1.1배 이상 1.5배 이하
③ 2.1배 이상 2.5배 이하
④ 1.5배 이상 2.0배 이하

● **압력계 및 연료계 설치기준**(압축수소가스 내압용기 장착검사 세부기준)

용기내의 가스압력 또는 가스양을 나타낼 수 있는 압력계 또는 연료계를 운전석에 설치하여야 하며 압력계는 사용압력의 1.1배 이상 1.5배 이하의 최고눈금이 있는 것으로 한다.

정답 2022년 2회

01.①	02.①	03.③	04.③	05.①
06.③	07.④	08.③	09.①	10.③
11.②	12.①	13.③	14.②	15.②
16.①	17.②	18.④	19.①	20.②
21.④	22.③	23.②	24.②	25.②
26.④	27.②	28.④	29.②	30.③
31.③	32.①	33.①	34.②	35.③
36.②	37.③	38.②	39.④	40.①
41.①	42.④	43.②	44.③	45.③
46.①	47.③	48.①	49.②	50.③
51.①	52.②	53.④	54.②	55.①
56.②	57.③	58.②	59.②	60.②
61.②	62.②	63.①	64.①	65.②
66.②	67.②	68.③	69.③	70.③
71.①	72.④	73.②	74.①	75.②
76.①	77.②	78.①	79.①	80.②

CBT 기출복원문제

2022년 3회

▶ 정답 474쪽

제1과목 자동차엔진정비

01 오토사이클 엔진의 실린더 간극체적이 행정체적의 15%일 때, 이 엔진의 이론열효율(%)은? 단, 비열비는 1.4이다.

① 약 39.23 ② 약 51.73
③ 약 55.73 ④ 약 46.23

$\eta_{ott} = 1 - (\frac{1}{\epsilon})^{k-1}$, $\epsilon = \frac{V_c + V_s}{V_c}$

여기서 η_{ott} : 오토사이클 이론 열효율(%), ε : 압축비, k : 비열비, V_C : 연소실 체적(cc), V_s : 행정체적(cc)

$\epsilon = \frac{V_c + V_s}{V_c} = \frac{15 + 100}{15} = 7.67$

$\eta_{ott} = 1 - (\frac{1}{7.67})^{1.4-1} = 0.5573 = 55.73\%$

02 과급장치(터보) 분해조립 시 주의사항이 아닌 것은?

① 스냅 링은 모따기한 부분을 아래로 향하게 한 후 조립한다.
② 고속으로 회전하는 컴프레서 휠 및 터빈 휠이 손상되지 않도록 주의한다.
③ 고정 볼트 및 너트를 풀 때는 대각선 방향으로 풀어야 한다.
④ 컴프레서 휠의 베어링 부분이 손상 되지 않도록 주의한다.

●과급장치의 분해조립 시 주의사항

① 과급장치의 단품 분해 및 조립 시 작업 절차를 준수해야 한다.
② 고정 볼트 및 너트를 풀 때는 대각선 방향으로 풀어야 한다.
③ 카트리지 어셈블리 둘레에 장착된 O-링으로 인해 약간 단단하게 조립되어 있는 경우가 있으므로 분해 시 주의하여 분해한다.
④ 알루미늄 제품에는 플라스틱 스크레이퍼 또는 부드러운 브러시를 사용하여 이물질을 제거하고 손상되지 않도록 주의한다.
⑤ 고속으로 회전하는 컴프레서 휠 및 터빈 휠이 손상되지 않도록 주의한다.
⑥ 컴프레서 커버에 카트리지 어셈블리를 조립할 때 컴프레서 휠의 블레이드 부분이 손상되지 않도록 주의한다.
⑦ 스냅 링은 모따기한 부분을 위로 향하게 한 후 조립한다.
⑧ 볼트와 너트 체결 시 무리한 힘을 가하지 말고 규정된 토크로 조여 고정시킨다.

03 냉각수 온도 센서의 소자로 옳은 것은?

① 피에조 소자
② 발광 다이오드
③ 가변저항
④ 부특성 서미스터

●냉각수 온도 센서

냉각 수온 센서는 실린더의 냉각수 통로에 배치되어 있으며, 엔진 냉각수의 온도를 측정한다. 냉각 수온 센서의 서미스터는 온도가 올라가면 저항이 감소하고, 온도가 내려가면 저항이 증가되는 부저항 온도계수 특성을 가지고 있다.

04 배출가스 검사 ASM2525모드에서 배출가스 분석기의 시료 채취관은 배기관 내에 몇 cm 이상의 깊이로 삽입해야 하는가?(단, 저속 공회전 검사모드이며 예열이 끝난 상태이다.)

① 20 ② 30
③ 10 ④ 5

●ASM2525 모드 운행차 정밀검사의 배출허용기준

1. 저속 공회전 모드

① 예열 모드가 끝나면 공회전(500~1,000rpm)상태에서 시료 채취관을 배기관 내에 30cm 이상 삽입한다.
② 측정기 지시가 안정된 후 일산화탄소는 소수점 둘째 자리 이하는 버리고 0.1% 단위로, 탄화수소는 소수점 첫째자리 이하는 버리고 1ppm단위로, 공기과잉률(λ)은 소수점 둘째자리에서 0.01단위로 최종 측정치를 읽는다.

2. 정속모드(ASM2525모드)
① 저속 공회전 검사모드가 끝나면 즉시 차대동력계에서 25%의 도로부하로 40km/h의 속도로 주행하고 있는 상태[40km/h의 속도에 적합한 변속기어(자동변속기는 드라이브 위치)를 선택한다]에서 검사모드 시작 25초 경과 이후 모드가 안정된 구간에서 10초 동안의 일산화탄소, 탄화수소, 질소산화물 등을 측정하여 그 산술 평균값을 최종 측정치로 한다.
② 일산화탄소는 소수점 둘째자리 이하는 버리고 0.1% 단위로, 탄화수소와 질소산화물은 소수점 첫째자리 이하는 버리고 1ppm단위로 최종 측정치를 읽고 기록한다.
③ 차대동력계에서의 배출가스 시험중량은 차량중량에 136kg을 더한 수치로 한다.

05 실린더 헤드 교환 후 엔진 부조 현상이 발생하였을 때 실린더 파워 밸런스의 점검과 관련된 내용으로 틀린 것은?

① 점화 플러그 배선을 제거하였을 때의 엔진 회전수가 점화 플러그 배선을 빼지 않고 확인한 엔진 회전수와 차이가 있다면 해당 실린더는 문제가 있는 실린더로 판정한다.
② 1개 실린더의 점화 플러그 배선을 제거하였을 경우 엔진 회전수를 비교한다.
③ 파워 밸런스 점검으로 각각의 엔진 회전수를 기록하고 판정하여 차이가 많은 실린더는 압축압력 시험으로 재 측정한다.
④ 엔진 시동을 걸고 각 실린더의 점화 플러그 배선을 하나씩 제거한다.

●실린더 파워 밸런스 점검
실린더 파워 밸런스 점검은 자동차에 장착된 상태에서 점화 계통, 연료 계통, 흡기 계통을 종합적으로 점검하는 방법이다. 점화플러그 또는 인젝터 배선을 탈거한 후 오랜 시간 동안 점검하게 되면 촉매가 손상될 수 있으므로 빠른 시간 내에 점검해야 한다.
① 엔진 시동을 걸고 엔진 회전수를 확인한다.
② 엔진 시동을 걸고 각 실린더의 점화 플러그 배선을 하나씩 제거한다.
③ 한 개 실린더의 점화 플러그 배선을 제거하였을 경우 엔진 회전수를 비교한다.
④ 점화 플러그 배선을 제거하였을 때의 엔진 회전수가 점화 플러그 배선을 빼지 않고 확인한 엔진 회전수와 차이가 없다면 해당 실린더는 문제가 있는 실린더로 판정한다.
⑤ 엔진 회전수를 기록하고 판정하여 차이가 많은 실린더는 압축 압력 시험으로 재 측정한다.

06 터보차저 분해 과정에 대한 설명으로 틀린 것은?

① 카트리지 어셈블리에서 O링을 탈거한다.
② 컴프레서 커버 조립용 스냅링을 탈거한다.
③ 터빈 하우징을 탈거한다.
④ 스틸 햄머로 컴프레서 커버 둘레를 가볍게 두드려 카트리지 어셈블리를 탈거한다.

카트리지 어셈블리는 플라스틱 햄머로 컴프레셔 커버 둘레를 가볍게 두드려 탈거한다.

07 전자제어 디젤 엔진에서 액셀 포지션 센서 1, 2의 공회전 시 정상적인 입력값은?

① APS1: 1.2 ~ 1.4V, APS2: 0.60 ~ 0.75V
② APS1: 1.5 ~ 1.6V, APS2: 0.70 ~ 0.85V
③ APS1: 2.0 ~ 2.1V, APS2: 0.90 ~ 1.10V
④ APS1: 0.7 ~ 0.8V, APS2: 0.29 ~ 0.46V

●액셀 포지션 센서
액셀러레이터 페달 위치 센서는 스로틀 위치 센서와 동일한 원리이며, 액셀러레이터 페달 위치 센서 1에 의해 연료량과 분사시기가 결정되며, 센서 2는 센서 1을 검사하는 것으로 자동차의 급출발을 방지하는 센서이다.

조건	APS1	APS2
아이들 시	07~0.8V	0.29~0.46V
전개 시	3.85~4.35V	1.93~2.18V

08 DPF(Diesel Particulate Filter)의 구성요소가 아닌 것은?

① PM 센서 ② 온도 센서
③ 산소 센서 ④ 차압 센서

●**배기가스 후처리 장치 구성요소**
① **배기가스 온도 센서** : 배기다기관과 배기가스 후처리장치에 각각 1개씩 설치되어 있다. 배기가스 후처리장치를 재생할 때 촉매에 설치된 배기가스 온도 센서를 이용하여 재생에 필요한 온도를 모니터링 한다.
② **산소 센서** : 배기가스 중의 산소 농도를 엔진 컴퓨터로 입력시키면 엔진 컴퓨터는 배기가스 재순환 밸브의 열림 정도를 조절하여 유해 배출가스의 발생을 감소시키는 제어를 한다.
③ **차압 센서**(Differential Pressure Sensor) : 차압 센서는 배기가스 후처리장치의 재생 시기를 판단하기 위한 입자상물질의 포집량을 예측하기 위해 여과기 앞뒤의 압력 차이를 검출한다.
④ **디젤 산화 촉매** : 산화촉매는 백금(Pt), 팔라듐(Pd) 등의 촉매효과를 이용하여 배기가스 중의 산소를 이용하여 일산화탄소와 탄화수소를 산화시켜 제거하는 작용을 한다. 그러나 디젤 엔진에서는 일산화탄소와 탄화수소의 배출은 그다지 문제가 되지 않으나 다만, 산화촉매에 의해 입자상물질의 구성 성분인 탄화수소를 감소시키면 입자상물질을 10~20% 정도 감소시킬 수 있다.

09 삼원 촉매 장치를 장착하는 근본적인 이유는?

① HC, Co, NOx를 저감
② H_2O, SO_2, CO_2를 저감
③ CO_2, N_2, H_2O를 저감
④ HC, SOx를 저감

●**삼원 촉매 컨버터**(Three Way Catalytic Converter)
삼원은 배기가스 중 유독한 성분 CO, HC, NOx로 이들 3개의 성분을 동시에 감소시키는 장치이다. 배기관 도중에 설치되며, 촉매로서는 백금과 로듐이 사용된다. 유해한 CO(일산화탄소)와 HC(탄화수소)를 산화하여 각각 무해한 CO_2 (이산화탄소)와 H_2 O(물)로 변화시키는데 충분한 산소가 필요하지만 NOx(산화질소)를 무해한 N_2 (질소)로 변화시키는데 산소는 방해가 된다.

10 운행차의 정밀검사에서 배출가스 검사 전에 받는 관능 및 기능검사의 항목이 아닌 것은?

① 변속기, 브레이크 등 기계적인 결함 여부
② 에어컨, 서리 제거 장치 등 부속장치의 작동 여부
③ 조속기 등 배출가스 관련 장치의 봉인 훼손 여부
④ 현가장치 및 타이어 규격의 이상 여부

●**관능 및 기능검사 항목**
① 냉각팬, 엔진, 변속기, 브레이크, 배기장치 등에 기계적인 결함이 없을 것
② 엔진 오일, 냉각수, 연료 등이 누설되지 아니할 것
③ 배출가스 부품 및 장치가 임의로 변경되어 있지 아니할 것
④ 에어컨, 히터, 서리제거장치 등 부속장치의 작동 여부를 확인할 것
⑤ 배출가스 관련 부품이 빠져나가 훼손되어 있지 아니할 것
⑥ 조속기 등 배출가스 관련 장치의 봉인 훼손 여부를 확인할 것

11 자동차 관리법령상 자동차 정비업의 제외 사항이 아닌 것은?

① 오일의 보충·교환 및 세차
② 배터리·전기 배선·전구 교환
③ 판금·도장 또는 용접이 수반되지 않는 차내 설비 및 차체의 점검·정비
④ 냉각장치(워터펌프 포함)의 점검·정비

●**자동차 정비업의 제외 사항**
① 오일의 보충·교환 및 세차
② 에어클리너 엘리먼트 및 필터류의 교환
③ 배터리·전기 배선·전구 교환(전조등 및 속도표시등을 제외한다) 기타 전기장치(고전원 전기장치는 제외한다)의 점검·정비
④ 냉각장치(워터펌프는 제외한다)의 점검·정비
⑤ 타이어(휠 얼라인먼트는 제외한다)의 점검·정비
⑥ 판금·도장 또는 용접이 수반되지 않는 차내 설비 및 차체의 점검·정비. 다만, 범퍼·보닛·문짝·펜더 및 트렁크 리드의 교환을 제외한다.

12 디젤 엔진에서 최대 분사량이 40cc, 최소 분사량이 32cc일 때 각 실린더의 평균 분사량이 34cc라면 (+)불균율(%)은?

① 5.9 ② 23.5
③ 17.6 ④ 20.2

$$(+)\text{불류율}(\%) = \frac{\text{최대 분사량} - \text{평균 분사량}}{\text{평균 분사량}} \times 100$$

$$(+)\text{불균율} = \frac{40-34}{34} \times 100 = 17.65\%$$

13 부동액의 종류로 옳게 짝지어진 것은?

① 에틸렌 글리콜과 윤활유
② 메탄올과 에틸렌 글리콜
③ 알코올과 소금물
④ 글리세린과 그리스

부동액은 냉각수가 동결되는 것을 방지하기 위해 냉각수와 혼합하여 사용하는 액체이며, 그 종류에는 에틸렌글리콜(ethylene glycol), 메탄올(methanol), 글리세린(glycerin) 등이 있으며 현재는 에틸렌글리콜이 주로 사용된다.

14 흡·배기 밸브의 밸브 간극을 측정하여 새로운 태핏을 장착하고자 한다. 새로운 태핏의 두께를 구하는 식으로 옳은 것은?(단, N : 새로운 태핏의 두께, T : 분리된 태핏의 두께, A : 측정된 밸브 간극, K : 밸브 규정 간극)

① N = A − (T * K)
② N = T + (A − K)
③ N = T − (A − K)
④ N = A + (T + K)

●**새로운 태핏의 두께를 계산하는 식**
① **흡기** : N = T + (A − 0.20mm)
② **배기** : N = T + (A − 0.30mm)
T : 분리된 태핏의 두께, A : 측정된 밸브의 간극,
N : 새로운 태핏의 두께
※ 태핏의 두께는 0.015mm 간격으로 3.0mm에서 3.69mm까지 47개의 사이즈가 있다

15 연료 탱크에서 발생하는 가스를 포집하여 연소실로 보내는 장치의 구성부품으로 틀린 것은?

① 캐니스터(canister)
② 캐니스터 클로즈 밸브(canister closed valve)
③ PCV(Positive Crankcase Ventilation) 밸브
④ 퍼지 컨트롤 솔레노이드 밸브(purge control solenoid valve)

●**연료 증발가스 제어장치의 구성 부품**
① **캐니스터**(Canister) : 캐니스터는 엔진이 작동하지 않을 때 연료 계통에서 발생한 연료 증발 가스를 캐니스터 내에 흡수 저장(포집)하였다가 엔진이 작동되면 PCSV를 통하여 서지 탱크로 유입한다.
② **캐니스터 클로즈 밸브**(Canister Closed Valve) : 캐니스터와 연료 탱크 에어 필터 사이에 장착되어 연료 증발가스 제어 시스템의 누기 감지 시스템이 작동할 때 캐니스터와 대기를 차단하여 해당 시스템을 밀폐하고 엔진이 작동하지 않을 때는 캐니스터와 연료 탱크 에어 필터(대기) 사이를 차단하여 캐니스터의 증발가스가 대기로 방출되지 않도록 한다.
③ **퍼지 컨트롤 솔레노이드 밸브**(Purge Control Solenoid Valve) : 퍼지 컨트롤 솔레노이드 밸브는 캐니스터에 포집된 연료 증발 가스를 조절하는 장치이며, 엔진 컴퓨터에 의하여 작동된다. 엔진의 온도가 낮거나 공전할 때에는 퍼지 컨트롤 솔레노이드 밸브가 닫혀 연료 증발 가스가 서지 탱크로 유입되지 않으며 엔진이 정상 온도에 도달하면 퍼지 컨트롤 솔레노이드 밸브가 열려 저장되었던 연료 증발 가스를 서지 탱크로 보낸다.

16 전자제어 가솔린 엔진에서 일정 회전수 이상으로 과도한 회전을 방지하기 위한 제어는?

① 희박 연소 제어
② 가속 보정 제어
③ 연료 차단 제어
④ 출력 증량 제어

●**전자제어 가솔린 엔진 제어**
① **희박 연소 제어** : 운전 중 희박 연소가 필요한 구간에서 밸브를 이용하여 한쪽 통로 통로를 닫으면 나머지 한쪽으로 공기가 들어가게 되어 유속이 빨라지고 강한 스월(와류)을 일으키며 연소실로 들어가면 희박한 공연비에서도 연소가 가능해 진다.
② **가속 보정 제어** : 엔진이 냉각된 상태에서 가속시키면 공연비가 일시적으로 희박해지는 현상을 방지하기 위해 냉각수 온도에 따라서 분사량이 증가하는데 공전 스위치가 ON에서 OFF로 바뀌는 순간부터 시작되며, 증량비와 증량 지속 시간은 냉각수 온도에 따라서 결정된다.
③ **연료 차단 제어** : 스로틀 밸브가 닫혀 공전 스위치가 ON으로 되었을 때 엔진 회전속도가 규정값일 경우에는 연료 분사를 일시 차단한다. 이것은 연료 절감과 탄화수소(HC)의 과다 발생 및 촉매 컨버터의 과열을 방지하기 위함이다.
④ **출력 증량 제어** : 엔진의 고부하 영역에서 운전 성능을 향상시키기 위하여 스로틀 밸브가 규정값 이상 열렸을 때 분사량을 증량시킨다. 엔진의 출력을 증가할 때 분사량의 증량은 냉각수 온도와는 관계 없으며, 스로틀 포지션 센서의 신호에 따라서 조절된다.

17 가변 용량 터보차저(VGT: Variable Geometry Turbocharger)의 부스트 압력센서를 점검하는 방법으로 적당하지 않은 것은?

① 에어클리너 인테이크 호스 탈거 시 출력값 변화가 있는지 확인한다.
② 시동키 ON 시 대기압 센서 출력값과 비교한다.
③ 센서부를 입으로 불거나 빨아들였을 때 출력값 변화가 있는지 확인한다.
④ 센서 전원 및 접지상태를 점검한다.

18 전자제어 LPI 기관에서 인젝터 점검 방법으로 틀린 것은?

① 인젝터 누설 시험
② 인젝터 저항 측정
③ 아이싱 팁 막힘 여부 확인
④ 연료 리턴량 측정

연료의 리턴량(백리크) 측정은 전자제어 디젤 엔진레 사용되는 인젝터 점검 항목이다.

19 과급장치 수리가능 여부를 확인하는 작업에서 과급장치를 교환할 때는?

① 과급장치와 배기 매니폴드 사이의 개스킷 기밀 상태 불량
② 과급장치의 센터 하우징과 컴프레서 하우징 사이의 O' 링(개스킷)이 손상
③ 과급장치의 액추에이터 로드 세팅 마크 일치 여부
④ 과급장치의 액추에이터 연결 상태

과급 장치의 센터 하우징과 컴프레서 하우징 사이의 O-링이 손상되면 엔진 오일의 누유로 과급장치가 손상되기 때문에 교환하여야 한다.

20 연소실 체적이 60cc이고, 압축비가 10인 실린더의 배기량(cc)은 약 얼마인가?

① 560　　② 540
③ 580　　④ 600

배기량 = (압축비 - 1) × 연소실 체적
배기량 = (10 - 1) × 60cc = 540cc

제2과목 자동차섀시정비

21 내경이 40mm인 마스터 실린더에 20N의 힘이 작용했을 때 내경이 60mm인 휠 실린더에서 가해지는 힘(N)은 약 얼마인가?

① 30　　② 45
③ 75　　④ 60

● $Bp = \frac{Wa}{Ma} \times \wp$

Bp : 휠 실린더에 가해지는 힘(N),
Wa : 휠 실린더 피스톤 단면적(cm^2),
Ma : 마스터 실린더 단면적(cm^2),
℘ : 마스터 실린더에 작용하는 힘(N)

$$Bp = \frac{\frac{\pi \times 6^2}{4}}{\frac{\pi \times 4^2}{4}} \times 20N = \frac{28.27}{12.56} \times 20N = 45N$$

22 독립식 현가장치의 장점으로 틀린 것은?

① 좌 · 우륜을 연결하는 축이 없기 때문에 엔진과 트랜스미션의 설치 위치를 낮게 할 수 있다.
② 스프링 아래 하중이 커 승차감이 좋아진다.
③ 휠 얼라인먼트 변화에 자유도를 가할 수 있어 조종 안정성이 우수하다.
④ 단차 있는 도로 조건에서도 차체의 움직임을 최소화함으로서 타이어의 접지력이 좋다.

● 독립식 현가장치의 장점
① 스프링 아래의 하중이 작아 승차감이 좋다.
② 좌우 바퀴를 연결하는 축이 없어 차고가 낮은 설계가 가능하여 주행 안정성이 향상된다.
③ 좌우 바퀴가 독립적으로 작용하며, 단차 있는 도로 조건에서도 차체의 움직임을 최소화함으로서 타이어의 접지력이 좋다.
④ 차륜의 위치 결정과 현가스프링이 분리되어 시미의 위험이 적으므로 유연한 스프링을 사용할 수 있고 승차감이 향상된다.
⑤ 휠 얼라인먼트 변화에 자유도를 가할 수 있어 조종 안정성이 우수하다.

23 전자제어 현가장치에서 차고는 무엇에 의해 제어되는가?

① 코일 스프링 ② 진공
③ 압축공기 ④ 특수 고무

전자제어 현가장치의 자세 제어 기능은 차체의 자세 변화가 예상되면 ECU는 쇽업소버의 감쇠력을 변환시킴과 동시에 차체가 기울어지는 쪽의 공기 스프링에 압축 공기를 공급하고, 반대로 차체가 들리는 쪽의 공기 스프링에 압축 공기를 배출시켜 차체의 자세를 제어한다.

24 자동차 및 자동차 부품의 성능과 기준에 관한 규칙상 승용, 화물, 특수자동차 및 승차정원 10명 이하인 승합자동차의 공차상태에서의 최대 안전 경사각도는?(단, 차량 총중량이 차량중량의 1.2배 이하인 경우는 제외한다.)

① 35° ② 30°
③ 28° ④ 45°

● 최대 안전 경사각도
자동차(연결자동차를 포함한다)는 다음 각 호에 따라 좌우로 기울인 상태에서 전복되지 아니하여야 한다. 다만, 특수 용도형 화물자동차 또는 특수 작업형 특수자동차로서 고소작업 · 방송중계 · 진공흡입청소 등의 특정작업을 위한 구조 · 장치를 갖춘 자동차의 경우에는 그러하지 아니하다.
① 승용자동차, 화물자동차, 특수자동차 및 승차정원 10명 이하인 승합자동차 : 공차상태에서 35도(차량 총중량이 차량중량의 1.2배 이하인 경우에는 30도)
② 승차정원 11명 이상인 승합자동차: 적차 상태에서 28도

25 자동변속기 스톨 시험에 대한 설명으로 틀린 것은?

① 엔진 회전속도를 측정하여 토크 컨버터, 일방향 클러치 등의 체결 성능을 시험한다.
② 엔진 회전속도는 스로틀 밸브가 완전히 열린 상태에서 5초 미만으로 시험한다.
③ 변속기 오일이 저온인 상태에서 시험한다.
④ 주차 브레이크나 고임목 등을 설치하고 브레이크를 완전히 밟은 상태에서 시험한다.

자동변속기 스톨 시험은 엔진을 충분히 공회전하여 자동변속기 오일의 온도가 정상 작동온도 50 ~ 60℃, 엔진 냉각수 온도가 정상 작동온도인 90 ~ 100℃가 되었을 때 실시하여야 한다.

26 타이어의 접지면적을 증가시킨 편평 타이어의 장점이 아닌 것은?

① 제동성능과 승차감이 향상된다.
② 펑크가 났을 때 공기가 급격히 빠지지 않는다.
③ 보통 타이어보다 코너링 포스가 15% 정도 향상된다.
④ 타이어 폭이 좁아 타이어 수명이 길다.

● 편평 타이어의 장점
① 보통 타이어보다 코너링 포스가 15% 정도 향상된다.
② 제동 성능과 승차감이 향상된다.
③ 펑크가 났을 때 공기가 급격히 빠지지 않는다.
④ 타이어 폭이 넓어 타이어 수명이 길다.

27 전자제어 제동장치 관련 리어 디스크 브레이크에 대한 조정 내용으로 틀린 것은?

① 휠이 자유롭게 작동되는지 점검한다.
② 각 바퀴의 ABS 휠 스피드 센서 커넥터 접촉상태를 확인한다.
③ 주행 테스트를 실시한다.
④ 주차 브레이크의 조정 너트를 조정하기 위해 플로어 콘솔 매트를 탈거한다.

● 리어 디스크 브레이크 조정
캘리퍼 분해 · 조립 또는 브레이크 캘리퍼, 주차 브레이크 케이블, 브레이크 디스크를 교환 후 주차 브레이크를 다시 조정해야 한다.
① 주차 브레이크의 조정 너트를 조정하기 위해 플로어 콘솔 매트를 탈거한다.
② 주차 브레이크 케이블이 느슨하게 주차 브레이크 레버를 푼다.
③ 브레이크 패드가 작동 위치에 오도록 브레이크 페달에 저항이 생길 때까지 여러 번 브레이크 페달을 절반 정도 아래로 누른다.
④ 양쪽의 캘리퍼에 있는 작동 레버가 정지점에서 작동 레버와 스토퍼 사이 거리의 합이 3mm 이하가 될 때까지 주차 브레이크 케이블을 팽팽하게 한다.
⑤ 플로어 콘솔 매트를 장착한다.
⑥ 주차 브레이크 레버는 완전히 풀어진 위치이어야 한다.

⑦ 주차 브레이크 케이블을 교환하면 주차 브레이크 케이블을 늘리기 위해 주차 브레이크를 여러 번 최대의 힘으로 작동하고 위 절차로 조정한다.
⑧ 휠이 자유롭게 작동되는지 점검한다.
⑨ 주행 테스트를 한다.

28 현가장치에서 드가르봉식 쇽업소버의 설명으로 가장 거리가 먼 것은?

① 오일실과 가스실이 분리되어 있다.
② 질소가스가 봉입되어 있다.
③ 쇽업소버의 작동이 정지되면 질소가스가 팽창하여 프리 피스톤의 압력을 상승시켜 오일 챔버의 오일을 감압한다.
④ 오일에 기포가 발생하여도 충격 감쇠효과가 저하하지 않는다.

●드가르봉식 쇽업소버
① 프리 피스톤을 설치하며 위쪽에는 오일이 들어있고 그 아래쪽에 고압 질소가스가 들어있다.
② 쇽업소버가 정지하면 질소가스가 팽창하여 프리 피스톤을 밀어올리고 오일실에 압력이 가해진다.
③ 구조가 간단하며 기포 발생이 적어 장시간 작동해도 감쇠효과 감소가 적고, 방열성이 크다는 특징이 있다.
④ 내부에 고압으로 질소가스가 봉입되어 있으므로 분해하는 것이 매우 위험하다.

29 유압식 전자제어 조향장치의 점검항목이 아닌 것은?

① 유량제어 솔레노이드 밸브
② 차속센서
③ 스로틀 위치 센서
④ 전기 모터

●유압식 전자제어 동력 조향장치의 구성 요소
① **전자제어 컨트롤 유닛** : 센서로부터 정보를 입력받아 솔레노이드 밸브 전류를 제어한다.
② **차속 센서** : 전자제어 컨트롤 유닛이 제어할 수 있도록 차량의 속도를 판독한다.
③ **스로틀 포지션 센서** : 스로틀 보디에 장착되어 페달을 밟는 정도를 감지한다.
④ **조향각 센서** : 조향각 속도를 감지하여 캐치업을 방지한다.
⑤ **유량조절 솔레노이드 밸브** : 차속과 조향각 신호를 기초로 하여 유량의 상태를 최적으로 제어한다.
※ 전기 모터는 전동방식 전자제어 조향장치의 구성 요소이다.

30 자동차검사기준 및 방법에 의해 공차상태에서만 시행하는 검사항목은?(단, 자동차관리법 시행규칙에 의한다.)

① 제원 측정　　② 제동력
③ 경음기　　④ 등화장치

●자동차 검사 일반 기준 및 방법(자동차관리법 시행규칙 별표 15)
자동차의 검사항목 중 제원 측정은 공차상태에서 시행하며 그 외의 항목은 공차상태에서 운전자 1명이 승차하여 시행한다. 다만, 긴급자동차 등 부득이한 사유가 있는 경우 또는 적재물의 중량이 차량중량의 20% 이내인 경우에는 적차 상태에서 검사를 시행할 수 있다.

31 듀얼 클러치 변속기(DCT)에 대한 설명으로 틀린 것은?

① 동력 손실이 적은 편이다.
② 변속단이 없으므로 변속충격이 없다.
③ 연료 소비율이 좋다.
④ 가속력이 뛰어나다.

●듀얼 클러치 변속기(DCT)의 특징
① 2세트의 클러치와 2계통의 변속기가 연결되어 있다.
② A/T와 CVT에 비해 가속성과 응답성이 향상된다.
③ 각각의 클러치에는 1속, 3속, 5속, 7속의 홀수단 기어와 2속, 4속, 6속, 8속의 짝수단 기어가 연결되어 있다.
④ 회전수의 한계가 없어서 스포티한 주행과 고속 주행 시 유리하다.
⑤ 고속영역에서 전달효율이 향상되며 10~15%의 연비가 향상된다.

32 자동차에서 주행 중 발생되는 진동의 원인으로 거리가 먼 것은?

① 불균일한 타이어의 회전
② 도로의 요철 변화에 따른 충격
③ 표준보다 작은 타이어 사용
④ 불균형에 따른 구동 계통의 회전

●주행 중 발생되는 진동의 원인
① 타이어 공기압이 높다.
② 휠 얼라인먼트의 불균형
③ 타이어의 불평형이다.
④ 쇽업소버의 작동이 불량하다.
⑤ 불균형에 따른 구동 계통의 회전
⑥ 도로의 요철에 따른 충격

33 EPS(Electronic Power Steering) 시스템의 구성부품이 아닌 것은?

① 전기 모터
② 스티어링 칼럼
③ 인히비터 스위치
④ 회전 토크 센서

●**EPS 시스템의 구성 요소**
① EPS 컨트롤 유닛
② 회전 토크 센서
③ 전동기 조향각도 센서
④ 페일 세이프 릴레이
⑤ 스티어링 칼럼
⑥ 전기 모터
⑦ 스티어링 기어 박스

34 사이드 슬립 점검 시 왼쪽 바퀴가 안쪽으로 8mm, 오른쪽 바퀴가 바깥쪽으로 4mm 슬립 되는 것으로 측정 되었다면 전체 미끄럼값과 방향은?

① 4mm 안쪽으로 미끄러진다.
② 2mm 안쪽으로 미끄러진다.
③ 4mm 바깥쪽으로 미끄러진다.
④ 2mm 바깥쪽으로 미끄러진다.

$$미끄럼\ 양 = \frac{좌우슬립\ 차}{2}$$
$$미끄럼\ 양 = \frac{\in 8 - out\ 4}{2} = \in 2mm$$

35 차량 총중량이 2ton인 자동차가 언덕길을 올라갈 때 언덕길의 구배는 약 얼마인가?(단, 등판저항은 350kgf이다.)

① 10°　　② 12°
③ 11°　　④ 13°

●$Rg = W \times \sin\theta = W \times \tan\theta$
Rg : 등판 저항(kgf), W : 차량 총중량(kgf),
$\tan\theta$: 구배각도(°)
$$\tan\theta = \frac{Rg}{W} = \frac{350kgf}{2000kgf} = 5.714$$
$\tan 5.714 = 0.1000 \times 100 = 10$

36 자동변속기 토크 컨버터의 기능으로 틀린 것은?

① 스테이터에 의한 토크 증대 기능
② 가이드 링에 의한 최고 속도 증대 기능
③ 펌프와 터빈에 의한 유체 클러치 기능
④ 댐퍼(록업) 클러치에 의한 연비 향상 기능

●**토크 컨버터의 기능**
① 엔진의 동력을 오일을 통해 변속기로 원활하게 전달하는 유체 커플링의 기능
② 스테이터에 의한 토크를 증가시키는 기능
③ 댐퍼 클러치에 의해 동력 손실과 열 발생이 없어 연비가 향상된다.
※ 유체 클러치의 가이드 링은 오일의 맴돌이 흐름(와류)을 방지하는 기능을 한다.

37 휠 스피드 센서 파형 점검 시 가장 유용한 장비는?

① 회전계　　② 전류계
③ 오실로스코프　　④ 멀티 테스터기

●**점검 장비의 용도**
① **회전계** : 회전수를 표시하는 계기로 회전속도 또는 회전수를 측정할 때 사용한다.
② **전류계** : 전류의 크기를 표시하는 계기로 전장품에 흐르는 전류를 측정할 때 사용한다.
③ **오실로스코프** : 특정 시간 간격의 전압의 변화를 파형으로 확인할 수 있는 장치로 수평축에 시간을 나타내고 수직 축에 입력의 파형 진폭에 비례한 양을 나타낸다.
④ **멀티 테스터기** : 가전제품의 저항 · 전압 및 전류를 한 개의 장치로 점검하기 위한 계기로서 물리량의 변화를 지침 또는 숫자로 나타낸다.

38 자동변속기에서 토크 컨버터 불량이 발생했을 경우에 대한 설명으로 틀린 것은?

① 댐퍼 클러치가 작동하지 않는다.
② 엔진 시동 및 가속이 불가능하다.
③ 전 · 후진 작동이 불가능하다.
④ 구동 출력이 떨어진다.

●**토크 컨버터 불량 시 영향**
① 댐퍼 클러치 체결 시 지연되거나 울컥거린다.
② 변속 충격 발생 및 가속이 불량하다.
③ 전, 후진 반응 지연 및 작동이 불량하다.
④ 슬립 현상으로 구동 출력이 저하된다.
⑤ 열간 시 주행 불가

39 벨트 드라이브 방식 무단변속기에서 다음 그림이 나타내는 주행 모드는?

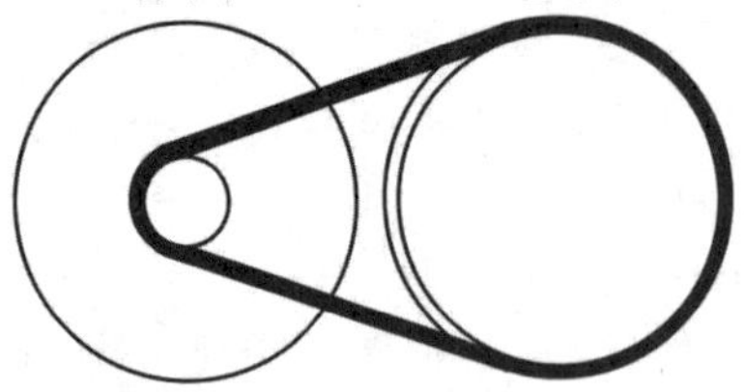

① 고속 주행 모드
② 중속 및 고속 주행모드
③ 발진 및 저속 모드
④ 중속 모드

●축 지름과 주행 모드 관계
① 입력축 지름 < 출력축 지름 : 저속
② 입력축 지름 > 출력축 지름 : 고속
③ 입력축 지름 = 출력축 지름 : 중속

40 공기식 현가장치에서 공기 스프링 내의 공기 압력을 가감시키는 장치로서 자동차의 높이를 일정하게 유지하는 것은?

① 공기 압축기
② 공기 스프링
③ 레벨링 밸브
④ 언로드 밸브

●공기식 현가장치 부품의 기능
① **공기 압축기** : 엔진에 의해 V벨트로 구동되며 압축 공기를 생산하여 저장 탱크로 보낸다.
② **공기 스프링** : 공기 스프링에는 벨로즈형과 다이어프램형이 있으며, 공기 저장 탱크와 스프링 사이의 공기 통로를 조정하여 도로 상태와 주행속도에 가장 적합한 스프링 효과를 얻도록 한다.
③ **레벨링 밸브** : 레벨링 밸브는 공기 저장 탱크와 서지 탱크를 연결하는 파이프 도중에 설치되어 있으며, 자동차의 높이가 변화하면 압축 공기를 스프링으로 공급하거나 배출시켜 자동차의 높이를 일정하게 유지시키는 역할을 한다.
④ **언로드 밸브** : 공기 압축기의 공기 입구 쪽에 언로더 밸브가 설치되어 압력 조정기와 함께 공기 압축기가 과다하게 작동하는 것을 방지하고 공기 저장 탱크 내의 공기 압력을 일정하게 조정한다.

제3과목 자동차전기 · 전자장치정비

41 PIC 스마트 키 작동범위 및 방법에 대한 설명으로 틀린 것은?

① PIC 스마트 키에서 데이터를 받은 외부 수신기는 유선(시리얼 통신)으로 PIC ECU에게 데이터를 보내게 되고, PIC ECU는 차량에 맞는 스마트 키라고 인증을 한다.
② PIC 스마트 키를 가지고 있는 운전자가 차량에 접근하여 도어 핸들을 터치하면 도어 핸들 내에 있는 안테나는 유선으로 PIC ECU에게 신호를 보낸다.
③ 외부 안테나로부터 최소 2m에서 최대 4m까지 범위 안에서 송수신된 스마트 키 요구 신호를 수신하고 이를 해석한다.
④ 커패시티브(Capacitive) 센서가 부착된 도어 핸들에 운전자가 접근하는 것은 운전자가 차량 실내로 진입하기 위한 의도를 나타내며, 시스템 트리거 신호로 인식된다.

스마트 키는 자유 공간의 외부 안테나로부터 최소 0.7~최대 1m 범위 안에서 도어 손잡이에 부착된 외부 안테나를 통해 자동차로부터 보내온 스마트 키 요구 신호를 받아들여 이를 해석한다.

42 0°F(영하 17.7℃)에서 300A의 전류로 방전하여 셀당 기전력이 1V 전압 강하 하는데 소요되는 시간으로 표시되는 축전지 용량 표기법은?

① 25 암페어율 ② 20 시간율
③ 냉간율 ④ 20 전압율

●방전율의 종류
① **25 암페어율** : 완전 충전된 상태의 배터리를 26.6℃(80°F)에서 25 A 의 전류로 연속 방전하여 셀당 전압이 1.75 V에 이를 때까지 방전하는 소요 시간으로 표시한다.
② **20 시간율** : 완전 충전한 상태에서 일정한 전류로 연속 방전하여 셀당 전압이 1.75 V 로 강하됨이 없이 20 시간 방전할 수 있는 전류의 총량을 말한다.
③ **냉간율** : 완전 충전된 상태의 배터리를 -17.7℃(0°F)에서 300 A 로 방전하여 셀당 전압이 1V 강하하기까지 몇 분이 소요 되는가로 표시한다.

④ **10 시간율** : 완전 충전된 상태에서 일정한 전류로 연속 방전하여 방전 종지 전압에 이를 때까지 10시간 방전할 수 있는 전류의 총량으로서 2륜 자동차의 배터리에 해당된다.

43 점화 플러그 종류 중 저항 삽입 점화 플러그의 가장 큰 특징은?

① 불꽃이 강하다.
② 라디오의 잡음을 방지한다.
③ 플러그의 열 방출이 우수하다.
④ 고속 엔진에 적합하다.

●저항 삽입 점화 플러그
점화 플러그 불꽃은 용량 불꽃과 유도 불꽃으로 구성되어 있다. 유도 불꽃은 용량 불꽃에 이어서 발생하며 용량 불꽃 기간 보다 길고 또한 라디오 전파를 간섭한다. 저항 삽입 플러그는 그림에 나타낸 것과 같이 유도 불꽃 기간을 짧게 하여 라디오 전파 간섭을 억제하기 위한 것으로 중심 전극에 10KΩ 정도의 저항이 들어 있다.

44 자동차 축전지의 기능으로 틀린 것은?

① 발전기가 고장일 때 주행을 확보하기 위한 전원으로 작동한다.
② 전류의 화학작용을 이용한 장치이며, 양극판, 음극판 및 전해액이 가지는 화학적 에너지를 기계적 에너지로 변환하는 기구이다.
③ 시동장치의 전기적 부하를 담당한다.
④ 주행상태에 따른 발전기의 출력과 부하와의 불균형을 조정한다.

●배터리의 기능
① 시동 장치의 전기적 부하를 담당한다.
② 발전기가 고장일 때 주행을 확보하기 위한 전원으로 작동한다.
③ 주행 상태에 따른 발전기의 출력과 부하와의 불균형을 조정한다.

45 스티어링 핸들 조향 시 운전석 에어백 모듈 배선의 단선과 꼬임을 방지해주는 부품은?

① 트위스트 와이어 ② 인플레이터
③ 클럭 스프링 ④ 프리 텐셔너

●에어백의 구성 요소
① **에어백 모듈**(Air Bag Module) : 에어백 모듈은 에어백을 비롯하여 패트 커버, 인플레이터와 에어백 모듈 고정용 부품으로 이루어져 있다.
② **에어백** : 에어백은 점화회로에서 발생한 질소가스에 의하여 팽창하고, 팽창 후 짧은 시간 후 백 배출 구멍으로 질소가스를 배출하여 충돌 후 운전자가 에어백에 눌리는 것을 방지한다.
③ **패트 커버** : 패트 커버는 에어백이 펼쳐질 때 입구가 갈라져 고정 부분을 지점으로 전개하며, 에어백이 밖으로 튕겨 나와 팽창하는 구조로 되어 있다.
④ **인플레이터** : 자동차가 충돌할 때 질소가스를 이용하여 에어백을 팽창시키는 역할을 한다.
⑤ **클럭 스프링** : 클럭 스프링은 조향 핸들과 조향 칼럼 사이에 설치되며, 에어백 컴퓨터와 에어백 모듈을 접속하는 것이다. 이 스프링은 좌우로 조향 핸들을 돌릴 때 배선이 꼬여 단선되는 것을 방지한다.

46 전자제어 점화장치의 작동 순서로 옳은 것은?

① 각종 센서 → 파워 트랜지스터 → ECU → 점화 코일
② ECU → 각종 센서 → 파워 트랜지스터 → 점화 코일
③ 각종 센서 → ECU → 파워 트랜지스터 → 점화 코일
④ 파워 트랜지스터 → 각종 센서 → ECU → 점화 코일

점화장치 작동 순서는 각종 센서→ECU→파워 트랜지스터→점화 코일이다.

47 아래 내용상 ( )안에 들어갈 올바른 용어는?

> C-CAN에서 주선이 아닌 지선, 즉 제어기로 연결되는 배선이 단선되거나 단락될 경우에는 크게 2가지 현상으로 나눌 수가 있다. 첫째는 ( ) 전체에 영향을 끼쳐 모든 시스템이 통신 불가 상태가 되는 경우이고, 다른 하나는 해당 시스템만 CAN BUS에서 이탈되는 경우이다.

① B-CAN ② PCM
③ CAN LINE ④ MOST

●지선 단선과 진단 통신
C-CAN에서 주선이 아닌 지선, 즉 제어기로 연결되는 배선이 단선되거나 단락될 경우에는 크게 2가지 현상으로 나눌 수가 있다. 첫째는 CAN LINE 전체에 영향을 끼쳐 모든 시스템이 통신 불가 상태가 되는 경우이고, 다른 하나는 해당 시스템만 CAN BUS에서 이탈되는 경우이다.

48 점화장치에서 점화 1차 회로의 전류를 차단하는 스위치 역할을 하는 것은?

① 다이오드 ② 파워 TR
③ 점화 플러그 ④ 점화 코일

파워 트랜지스터는 흡기 다기관에 부착되어 컴퓨터(ECU)의 신호를 받아 점화 코일에 흐르는 1차 전류를 ON, OFF로 단속하는 NPN형 트랜지스터이며, 점화 코일에서 고전압이 발생되도록 하는 스위칭 작용을 한다. 구조는 컴퓨터에 의해 제어되는 베이스(B),점화코일1차 코일의(-)단자와 연결되는 컬렉터(C),그리고 접지되는 이미터(E)로 구성되어 있다.

49 차량에 사용하는 통신 프로토콜 중 통신 속도가 가장 빠른 것은?

① LIN ② K-LINE
③ MOST ④ CAN

●**통신 프로토콜 통신 속도**
① LIN : LIN 통신은 CAN을 토대로 개발된 프로토콜로서 차량 내 Body 네트워크의 CAN 통신과 함께 시스템 분산화를 위하여 사용되며, 에탁스 제어 기능, 세이프티 파워윈도 제어, 리모컨 시동 제어, 도난 방지 기능, IMS 기능 등 많은 편의 사양에 적용되어 있다. 통신 속도는 20kbit/s이다.
② K-LINE : M스마트키 & 버튼 시동 시스템 또는 이모빌라이저 적용 차량에서 엔진 제어기(EMS) 와 이모빌라이저 인증 통신에 사용되고 있으며, 통신 속도는 4.8kbit/s이다.
③ MOST : 멀티통신에 사용되고 있으며, 통신 속도는 25Mbit/s, 최대 150Mbit/s이다.
④ CAN : 배기가스 규제가 강화되면서 정밀한 제어를 위해 더욱 많은 데이터의 공유가 필요하게 되어 개발된 통신으로 ISO 11898로 표준화되었다. 통신 속도는 최대 1Mbit/s(CAN 기준)이다.
⑤ KWP 2000 : 진단 장비와 제어기 사이의 진단 통신 중 CAN 통신을 사용하는 제어기를 제외한 제어기의 진단 통신을 지원하며, 통신 속도는 10.4kbit/s이다.

50 스마트 컨트롤 리모컨 스위치로 제어기에서 5V의 전원이 공급되고 있을 때 CRUSE(크루즈) 스위치를 작동하면 제어기 "A"에서 인식하는 전압은?

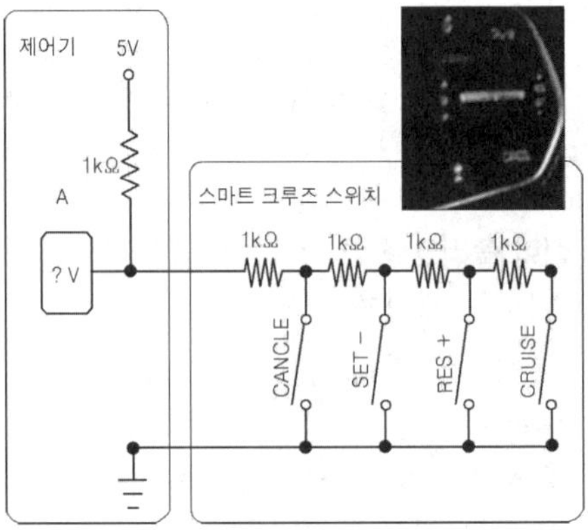

① 2V ② 4V
③ 5V ④ 3V

$$\text{신호값} = \frac{\text{스위치 저항}}{\text{제어기 저항} + \text{스위치 저항}} \times \text{인가 전압}$$

$$\text{신호값} = \frac{4k\Omega}{1k\Omega + 4k\Omega} \times 5V = 4V$$

51 냉방장치에 대한 설명으로 틀린 것은?

① 팽창 밸브는 냉매를 무화하여 증발기에 보내며 압력을 낮춘다.
② 건조기는 저장, 수분제거, 압력조정, 냉매량 점검, 기포발생 기능이 있다.
③ 압축기는 증발기에서 저압기체로 된 냉매를 고압으로 압축하여 응축기로 보낸다.
④ 응축기는 압축기로부터 오는 고온 냉매의 열을 대기로 방출시킨다.

건조기는 용기, 여과기, 튜브, 건조제, 사이드 글라스 등으로 구성되어 있으며, 액체 냉매 저장, 수분 제거, 압력 조정, 냉매량 점검, 기포 분리 기능이 있다.

52 타이어 공기압 경보장치(TPMS)에서 측정하는 항목이 아닌 것은?

① 휠 가속도 ② 타이어 온도
③ 휠 속도 ④ 타이어 압력

타이어 공기 압력 경보장치는 차량의 운행 조건에 영향을 줄 수 있는 타이어 내부 압력의 변화를 경고하기 위해 타이어 내부의 압력 및 온도를 지속적으로 감시한다. ABS의 휠 스피드 센서 신호를 유선 통신으로 입력하면 바퀴의 회전수 차이를 비교 연산하여 타이어의 공기 압력 상태를 검출한다.

53 암소음이 88dB이고, 경음기 측정소음이 97dB일 경우 경음기 소음의 측정값(dB)은? (단, 소음·진동관리법 시행규칙에 의한다.)

① 97 ② 96
③ 98 ④ 95

●**운행차 정기 검사 방법**
① 자동차 소음과 암소음의 측정값의 차이가 3dB 이상 10dB 미만인 경우에는 자동차로 인한 소음의 측정값으로부터 보정 값을 뺀 값을 최종 측정값으로 하고, 차이가 3dB 미만일 때에는 측정값을 무효로 한다. 단위: dB(A), dB(C)

자동차소음과 암소음의 측정치 차이	3	4~6	6~9
보정치	3	2	1

② 자동차소음의 2회 이상 측정치(보정한 것을 포함한다) 중 가장 큰 값을 최종 측정치로 함
경음기 음과 암소음 차이 = 97dB - 88dB = 9dB
보정치 = 1dB
경적소음 측정값 = 97dB - 1dB = 96dB

54 주행 안전장치 적용 차량의 전방 주시용 카메라 교환 시 카메라에 이미 인식하고 있는 좌표와 실제 좌표가 틀어지는 경우가 발생할 수 있어 장착 카메라에 좌표를 재인식하기 위해 보정판을 이용한 보정은?

① 자동 보정 ② SPTAC 보정
③ SPC 보정 ④ EOL 보정

●**카메라 보정**
보정의 종류는 EOL 보정, SPTAC 보정, SPC 보정, 자동 보정(Auto-fix) 등이 있다.
① **자동 보정** : 최초 보정 이후 실제 도로 주행 중 발생한 카메라 장착 각도 오차를 자동으로 보정
② **SPTAC 보정** : A/S에서 보정판을 이용한 보정 작업으로 GDS 장비와 보정판을 이용하여 작업이 필요
③ **SPC 보정** : A/S에서 보정판이 없을 경우, GDS 부가 기능을 활용하여 주행 상황을 지속 유지하여 보정하는 방법
④ **EOL 보정** : 생산 공장의 최종 검차 라인에서 수행되는 보정판을 이용한 보정

55 주행안전장치 적용 차량에서 전방 레이더 교환에 따른 베리언트 코딩 작업 항목이 아닌 것은?

① 전자식 파킹 브레이크 장치
② 자동 긴급 제동 장치
③ 내비게이션 기반 스마트 크루즈 장치
④ 운전자의 위치

●**베리언트 코딩 작업 항목**
① **FCA 보행자 옵션** : 자동 긴급 제동장치
② **FCA 활성화 옵션** : FCA 옵션 활성화 이후에는 시동 ON/OFF 여부와 관계없이 항상 ON 상태를 유지한다.
③ **내비게이션 기반 SCC 옵션** : 내비게이션 기반 스마트 크루즈 장치
④ **SCC 활성화 옵션** : 액셀 페달을 밟지 않아도 차량의 속도를 일정하게 유지시키고 전방의 차량을 감지하여 선행 차량과의 거리를 일정하게 유지시켜 준다.
⑤ **운전석 위치** : 운전석 위치 기준으로 LHD와 RHD로 구분된다.

56 자동차 네트워크 통신 시스템이 장점이라고 할 수 없는 것은?

① 복잡한 시스템
② 시스템 신뢰성 향상
③ 배선의 경량화
④ 전기장치의 설치용이

●**자동차 통신 시스템의 장점**
① **배선의 경량화** : 제어를 하는 ECU들의 통신으로 배선이 줄어든다.
② **전기장치의 설치용이** : 전장품의 가장 가까운 ECU에서 전장품을 제어한다.
③ **시스템 신뢰성 향상** : 배선이 줄어들면서 그만큼 사용하는 커넥터 수 및 접속점이 감소해 고장률이 낮고 정확한 정보를 송수신할 수 있다.
④ **진단 장비를 이용한 자동차 정비** : 각 ECU의 자기진단 및 센서 출력값을 진단 장비를 이용해 알 수 있어 정비성 향상을 도모할 수 있다.

57 첨단 운전자 보조시스템(ADAS) 센서 진단 시 사양 설정 오류 DTC 발생에 따른 정비 방법으로 옳은 것은?

① 시스템 초기화
② 해당 옵션 재설정
③ 베리언트 코딩 실시
④ 해당 센서 신품 교체

베리언트 코딩이 차량의 사양과 다를 경우 베리언트 코딩 오류 DTC를 표출한다.

58 물체의 전기저항 특성에 대한 설명으로 틀린 것은?

① 보통의 금속은 온도상승에 따라 저항이 감소된다.
② 단면적이 증가하면 저항은 감소한다.
③ 온도가 상승하면 전기저항이 감소하는 소자를 부특성 서미스터(NTC)라 한다.
④ 도체의 저항은 온도에 따라서 변한다.

보통의 금속은 온도의 상승에 따라 저항 값이 증가하지만, 탄소·반도체 및 절연체 등은 감소한다. 도체의 저항은 온도에 따라서 변화하며, 온도의 상승에 따라서 저항 값이 증가하는 것(PTC)과 반대로 감소하는 것(NTC)이 있다. 도체의 저항은 그 길이에 정비례하고 단면적에 반비례한다.

59 가솔린 연료 펌프의 규정 저항값이 3Ω이고 배터리 전압이 12V일 때 연료펌프를 점검하여 분석한 내용으로 틀린 것은?

① 연료 펌프의 전류가 규정 값보다 낮게 측정된 경우 접지 불량일 수 있다.
② 연료 펌프의 전류 점검 시 약 4A로 측정되었다면 모터의 성능은 양호하다.
③ 연료 펌프의 전류가 규정 값보다 크게 측정된 경우 연료 필터의 막힘 불량일 수 있다.
④ 연료 펌프의 전류가 약 2A로 측정된 경우 연료 펌프의 부하가 커졌다는 것을 알 수 있다.

연료 펌프의 전류가 규정 값보다 높게 측정된 경우 연료 필터의 막힘 등으로 연료 펌프의 부하가 커졌다는 것을 의미한다.

60 자동차 네트워크 계통도(C-CAN) 와이어 결선 및 제어기 배열 과정에 대한 설명으로 틀린 것은?

① 제어기 위치와 배열 순서를 종합해 차량에서의 C-CAN 와이어 결선을 완성한다.
② PCM(종단저항)에서 출발해 ECM(종단저항)까지 주선의 흐름을 완성한다.
③ 주선과 연결된 제어기를 조인트 커넥터 중심으로 표현한다.
④ 각 조인트 커넥터 및 연결 커넥터의 위치를 확인한 후 표시한다.

●C-CAN 와이어 결선
① 제어기 위치와 배열 순서를 종합해 차량에서의 C-CAN 와이어 결선을 완성한다.
② 각 조인트 커넥터 및 연결 커넥터의 위치를 확인한 후 표시한다.
③ PCM에서 출발해 클러스터까지 주선의 흐름을 완성한다.
④ 주선과 연결된 제어기를 조인트 커넥터 중심으로 표현한다.

제4과목 친환경자동차정비

61 전기 자동차에서 회전자의 회전속도가 600rpm 주파수 f1에서 동기속도가 650rpm일 때 회전자에 대한 슬립률(%)은?

① 약 7.6 ② 약 4.2
③ 약 2.1 ④ 약 8.4

$$\text{슬립률} = \frac{\text{동기 속도} - \text{회전 속도}}{\text{동기 속도}} \times 100$$

$$\text{슬립률} = \frac{650-600}{650} \times 100 = 7.69(\%)$$

62 연료전지 자동차의 구동 모터 시스템에 대한 개요 및 작동원리가 아닌 것은?

① 급격한 가속 및 부하가 많이 걸리는 구간에서는 모터를 관성 주행시킨다.
② 저속 및 정속 시 모터는 연료 전지 스택에 발생되는 전압에 의해 전력을 공급받는다.
③ 감속 또는 제동 중에는 차량의 운동 에너지는 고전압 배터리를 충전하는데 사용한다.
④ 연료전지 자동차는 전기 모터에 의해 구동된다.

●구동 모터 시스템의 개요 및 작동 원리
① 급격한 가속 및 부하가 많이 걸리는 구간에서는 스택에서 생산한 전기를 주로 사용하며, 전력이 부족할 경

우 고전압 배터리의 전기를 추가로 공급한다.
② 저속 및 정속 시에는 스택에서 생산된 전기로 주행하며, 생산된 전기가 모터를 구동하고 남을 경우 고전압 배터리를 충전한다.
③ 감속 또는 제동 시에는 구동 모터를 통해 발생된 회생 제동을 통해 고전압 배터리를 충전하여 연비를 향상시킨다.
④ 연료전지 자동차는 전기 에너지를 사용하여 구동 모터를 돌려 주행하는 자동차이다.

63 전기 자동차 충전기 기술 기준상 교류 전기 자동차 충전기의 기준 전압으로 옳은 것은?(단, 기준 전압은 전기 자동차에 공급되는 전압을 의미하며, 3상은 선간 전압을 의미한다.)

① 단상 280V ② 3상 280V
③ 3상 220V ④ 단상 220V

●**전기 자동차 충전기 기술기준**(산업통상자원부 고시 제2022-164호)

충전기 구분	기준 전압
교류 전기 자동차 충전기	교류 단상 220V 또는 교류 3상 380V
직류 전기 자동차 충전기	직류 1 000 V 또는 그 이하 X V

64 전기 자동차 배터리 셀의 형상 분류가 아닌 것은?

① 각형 단전지 ② 원통형 전지
③ 주머니형 단전지 ④ 큐빅형 전지

●**전기 자동차 배터리 셀의 형상에 의한 분류**
① **원통형** : 원통형 셀은 1차 및 2차 배터리에 가장 널리 사용되는 패키징 스타일로 장점은 제조 용이성과 우수한 기계적 안정성이며, 관형 실린더는 변형 없이 높은 내부 압력을 견딜 수 있다.
② **각형 단전지** : 배터리 소재를 접어서 사각형 알루미늄 케이스에 넣는 방식으로 알루미늄 케이스로 인해 외부 충격에도 강하고 대량 생산에 유리한 장점이 있으며, 단점으로는 원통형과 동일하게 에너지 밀도가 낮고 케이스로 인해 열 관리가 어려워 별도의 냉각시스템이 필요하다.
③ **주머니형 단전지**(pouch-type cell) : 형태 특성상 에너지 밀도가 가장 높기 때문에 정해진 공간 내에 많이 탑재할 수가 있고 이에 따른 높은 용량으로 높은 주행거리 구현이 가능하다. 그러나 높은 기술력을 요구하고 독특한 내부 구조로 대량 생산이 어려우며 이로 인해 재료비 높은 단점을 가지고 있다.

65 전기 자동차 고전압 장치 정비 시 보호 장구 사용에 대한 설명으로 틀린 것은?

① 절연 장갑은 절연 성능(1000V/300A이상)을 갖춘 것을 사용한다.
② 고전압 관련 작업 시 절연화를 필수로 착용한다.
③ 보호 안경을 대신하여 일반 안경을 사용하여도 된다.
④ 시계, 반지 등 금속 물질은 작업 전 몸에서 제거한다.

●**전기 자동차 고전압 장치 정비 시 보호 장구**
① 절연 장갑은 절연 성능(1000V/300A이상)을 갖춘 것을 사용한다.
② 고전압 관련 작업 시 절연화, 절연복, 절연 안전모를 필수로 착용한다.
③ 보호 안경, 안면 보호대는 스파크가 발생할 수 있는 고전압 배터리 단자나 와이어링을 탈착 또는 점검, 고전압 배터리 팩 어셈블리 작업에는 필수로 착용한다.
④ 시계, 반지 등 금속 물질은 작업 전 몸에서 제거한다.

66 전기 자동차 충전에 관한 내용으로 옳은 것은?

① 급속 충전 시 AC 380V의 고전압이 인가되는 충전기에서 빠르게 충전한다.
② 완속 충전은 DC 220V의 전압을 이용하여 고전압 배터리를 충전한다.
③ 급속충전 시 정격 에너지 밀도를 높여 배터리 수명을 길게 할 수 있다.
④ 완속 충전은 급속 충전보다 충전 효율이 높다.

●**완속 충전과 급속 충전**
1. 완속 충전
① AC 100・220V의 전압을 이용하여 고전압 배터리를 충전하는 방법이다.
② 표준화된 충전기를 사용하여 차량 앞쪽에 설치된 완속 충전기 인렛을 통해 충전하여야 한다.
③ 급속 충전보다 더 많은 시간이 필요하다.
④ 급속 충전보다 충전 효율이 높아 배터리 용량의 90%까지 충전할 수 있다.
2. 급속 충전
① 외부에 별도로 설치된 급속 충전기를 사용하여 DC 380V의 고전압으로 고전압 배터리를 빠르게 충전하는 방법이다.
② 연료 주입구 안쪽에 설치된 급속 충전 인렛 포트에

급속 충전기 아웃렛을 연결하여 충전한다.
③ 충전 효율은 배터리 용량의 80%까지 충전할 수 있다.

67 전기 자동차 히트 펌프 시스템의 난방 작동 모드 순서로 옳은 것은?

① 컴프레서 → 실외 콘덴서 → 실내 콘덴서 → 칠러 → 어큐뮬레이터
② 실외 콘덴서 → 컴프레서 → 실내 콘덴서 → 칠러 → 어큐뮬레이터
③ 컴프레서 → 실내 콘덴서 → 칠러 → 실외 콘덴서 → 어큐뮬레이터
④ 컴프레서 → 실내 콘덴서 → 실외 콘덴서 → 칠러 → 어큐뮬레이터

●**난방 작동 모드 순서**
① **전동 컴프레서** : 전동 모터로 구동되며, 저온 저압가스 냉매를 고온 고압가스로 만들어 실내 콘덴서로 보낸다.
② **실내 콘덴서** : 고온 고압가스 냉매를 응축시켜 고온 고압의 액상 냉매로 만든다.
③ **2상 솔레노이드 밸브 #1** : 냉매를 급속 팽창시켜 저온 저압의 액상 냉매가 되도록 한다.
④ **실외 콘덴서** : 액체 상태의 냉매를 증발시켜 저온 저압의 가스 냉매로 만든다.
⑤ **칠러** : 저온 저압 가스 냉매를 모터의 폐열을 이용하여 2차 열 교환을 한다.
⑥ **어큐뮬레이터** : 컴프레서로 기체 냉매만 유입될 수 있도록 냉매의 기체·액체를 분리한다.

68 전기 자동차의 구동 모터 탈거를 위한 작업으로 가장 거리가 먼 것은?

① 배터리 관리 유닛의 커넥터를 탈거한다.
② 서비스(안전) 플러그를 분리한다.
③ 냉각수를 배출한다.
④ 보조 배터리(12V)의 (–)케이블을 분리한다.

●**구동 모터 탈거 작업**
① 서비스(안전) 플러그를 분리한다.
② 인버터 단자 사이의 전압을 측정하여 인버터 커패시터가 방전되었는지 확인한다.
③ 배터리 시스템 어셈블리의 리어 고전압 커넥터 단자간 전압을 측정하여 파워 릴레이 어셈블리의 융착 유무를 점검한다.
④ 12V 배터리 (-)케이블을 탈거한다.
⑤ 구동 모터의 냉각수를 배출한다.
⑥ 고전압 배터리 냉각수를 배출한다.
⑦ 모터 접지를 탈거한 후 각종 하니스를 탈거하고 구동 모터를 탈거한다.

69 전기 자동차 또는 하이브리드 자동차의 구동 모터 역할로 틀린 것은?

① 모터 감속 시 구동 모터를 직류에서 교류로 변환시켜 충전
② 고전압 배터리의 전기 에너지를 이용해 차량 주행
③ 감속기를 통해 토크 증대
④ 후진 시에는 모터를 역회전으로 구동

구동 모터는 높은 출력으로 부드러운 시동을 가능하게 하고 가속 시 엔진의 동력을 보조하여 자동차의 출력을 높인다. 또한 감속 주행 시 발전기로 구동되어 고전압 배터리를 충전하는 역할을 한다.

70 수소 연료전지 자동차에서 연료전지에 수소 공급 압력이 높은 경우 고장 예상원인이 아닌 것은?

① 수소 공급 밸브의 누설(내부)
② 수소 차단 밸브 전단 압력 높음
③ 고압 센서 오프셋 보정값 불량
④ 후진 시에는 모터를 역회전으로 구동

●**수소 연료 제어 밸브의 기능**
① **수소 공급 밸브** : 수소가 스택에 공급되기 전에 수소 압력을 낮추어 스택의 전류에 맞춰 수소를 공급한다.
② **수소 차단 밸브** : 수소 탱크에서 스택으로 수소를 공급하거나 차단하는 개폐식 밸브로 시동이 걸릴 때는 열리고 시동이 꺼질 때는 닫힌다.
③ **고압 센서** : 탱크 압력을 측정하여 남은 연료를 계산하며, 고압 조정기의 장애를 모니터링 한다.

71 고전압 배터리 제어 장치의 구성 요소가 아닌 것은?

① 배터리 관리 시스템(BMS)
② 고전압 전류 변환장치(HDC)
③ 배터리 전류 센서
④ 냉각 덕트

●**고전압 배터리 제어 시스템의 구성 요소**
① **파워 릴레이**(PRA ; Power Realy Assembly) : 고전압 차단(고전압 릴레이, 퓨즈), 고전압 릴레이 보호(초기

충전회로), 배터리 전류 측정(배터리 전류 센서)
② **냉각 팬** : 고전압 부품 통합 냉각(배터리, 인버터, LDC(DC-DC 변환기)
③ **고전압 배터리** : 출력 보조 시 전기 에너지 공급, 충전 시 전기 에너지 저장
④ **고전압 배터리 관리 시스템(BMS)** : 배터리 충전 상태(SOC) 예측, 진단 등 고전압 릴레이 및 냉각 팬 제어
⑤ **냉각 덕트** : 냉각 유량 확보 및 소음 저감
⑥ **통합 패키지 케이스** : 하이브리드 전기 자동차 고전압 부품 모듈화, 고전압 부품 보호

72 병렬형 하이브리드 자동차의 특징에 대한 설명으로 틀린 것은?

① 모터는 동력 보조의 역할로 에너지 변환 손실이 적다.
② 소프트 방식은 일반 주행 시 모터 구동만을 이용한다.
③ 기존 내연기관 차량을 구동장치의 변경없이 활용 가능하다.
④ 하드 방식은 EV 주행 중 엔진 시동을 위해 별도의 장치가 필요하다.

●병렬형 하이브리드 자동차
① 기존 내연기관의 자동차를 구동장치의 변경 없이 활용이 가능하다.
② 모터는 동력의 보조 기능만 하기 때문에 에너지의 변환 손실이 적다.
③ 소프트 방식은 엔진과 모터가 직결되어 있어 전기 자동차 모드의 주행은 불가능 하다.
④ 하드 방식은 주행 중 엔진 시동을 위한 HSG(hybrid starter generator : 엔진의 크랭크축과 연동되어 엔진을 시동할 때에는 기동 전동기로, 발전을 할 경우에는 발전기로 작동하는 장치)가 있다.

73 수소 연료전지 자동차의 주행상태에 따른 전력 공급 방법으로 틀린 것은?

① 평지 주행 시 연료전지 스택에서 전력을 공급한다.
② 내리막 주행 시 회생제동으로 고전압 배터리를 충전한다.
③ 급가속 시 고전압 배터리에서만 전력을 공급한다.
④ 오르막 주행 시 연료전지 스택과 고전압 배터리에서 전력을 공급한다.

●수소 연료전지 자동차의 주행 모드
① **등판(오르막) 주행** : 스택에서 생산한 전기를 주로 사용하며, 전력이 부족할 경우 고전압 배터리의 전기를 추가로 공급한다.
② **평지 주행** : 스택에서 생산된 전기로 주행하며, 생산된 전기가 모터를 구동하고 남을 경우 고전압 배터리를 충전한다.
③ **강판(내리막) 주행** : 구동 모터를 통해 발생된 회생 제동을 통해 고전압 배터리를 충전하여 연비를 향상시킨다.

74 하이브리드 전기 자동차 계기판에 'Ready' 점등 시 알 수 있는 정보가 아닌 것은?

① 고전압 케이블은 정상이다.
② 고전압 배터리는 정상이다.
③ 엔진의 연료 잔량은 20% 이상이다.
④ 이모빌라이저는 정상 인증되었다.

하이브리드 전기 자동차의 계기판에 녹색의 Ready 점등은 하이브리드 시스템이 정상적으로 작동하고 있는 상태를 나타내는 표시등이다.

75 하이브리드 자동차에서 제동 및 감속 시 충전이 원활히 이루어지지 않는다면 어떤 장치의 고장인가?

① 회생 제동 장치　② 발진 제어 장치
③ LDC 제어 장치　④ 12V용 충전 장치

회생 제동 장치는 감속 제동 시에 전기 모터를 발전기로 이용하여 자동차의 운동 에너지를 전기 에너지로 변환시켜 배터리로 회수(충전)한다.

76 하이브리드 자동차에 쓰이는 고전압(리튬 이온 폴리머) 배터리가 72셀이면 배터리 전압은 약 얼마인가?(단, 셀 전압은 3.75V이다.)

① 144V　② 240V
③ 360V　④ 270V

●배터리 전압 = 모듈 수 × 셀의 수 × 셀 전압
배터리 전압 = 72×3.75V = 270V

77 마스터 BMS의 표면에 인쇄 또는 스티커로 표시되는 항목이 아닌 것은?(단, 비일체형인 경우로 국한한다.)

① 사용하는 동작 온도 범위
② 저장 보관용 온도 범위
③ 제어 및 모니터링 하는 배터리 팩의 최대 전압
④ 셀 밸런싱용 최대 전류

●BMS의 표면에 인쇄 또는 스티커로 표시되는 항목 (KS R 1201)
1. 마스터 BMS
① 제어 및 모니터링 하는 배터리 팩의 최대 전압
② 제어 및 모니터링 하는 배터리 팩의 최대 전류
③ 사용하는 동작 온도 범위
④ 저장 보관용 온도 범위
2. 슬레이브 BMS
① 측정·제어하는 배터리 셀 및 적층된 셀 형태의 배터리 셀 최대 전압
② 사용하는 동작 온도 범위
③ 저장 보관용 온도 범위
④ 셀 밸런싱용 최대 전류

78 수소 연료 전지차의 에너지 소비효율 라벨에 표시되는 항목이 아닌 것은?

① 도심주행 에너지 소비효율
② CO_2 배출량
③ 1회 충전 주행거리
④ 복합 에너지 소비효율

●수소 연료 전지차의 에너지 소비효율 라벨에 표시되는 항목
① 복합 에너지 소비효율
② CO_2 배출량
③ 도심 주행 에너지 소비효율
④ 고속도로 주행 에너지 소비효율

79 교류 회로에서 인덕턴스(H)를 나타내는 식은? (단, 전압 V, 전류 A, 시간 s이다.)

① H = A / (V · s)
② H = V / (A · s)
③ H = (V · s) / A
④ H = (A · s) / V

$E = L \times \frac{di}{dt}$ 에서 지문으로 적용하면 $V = H \times \frac{A}{s}$
여기서 E : 기전력(V), L : 인덕턴스(H), di : 전류(A), dt : 시간(sec)
$H = \frac{V \times s}{A}$

80 전기 자동차에서 교류 전원의 주파수가 600Hz, 쌍극자 수가 3일 때 동기속도(s^{-1})는?

① 100　② 1800
③ 200　④ 180

$N = \frac{120 \times f}{P}$
여기서, N : 동기속도(rpm), f : 주파수, P : 극수
$N = \frac{120 \times 600}{3 \times 2 \times 60} = 200rps$

정답 2022년 3회

01.③	02.①	03.④	04.②	05.①
06.④	07.④	08.①	09.①	10.④
11.④	12.③	13.②	14.②	15.③
16.③	17.③	18.④	19.②	20.②
21.②	22.②	23.③	24.①	25.③
26.④	27.②	28.③	29.④	30.①
31.②	32.③	33.③	34.②	35.①
36.②	37.③	38.②	39.③	40.③
41.③	42.③	43.②	44.②	45.③
46.③	47.③	48.②	49.③	50.②
51.②	52.①	53.②	54.②	55.①
56.①	57.③	58.①	59.④	60.②
61.①	62.①	63.④	64.④	65.③
66.④	67.④	68.①	69.①	70.④
71.②	72.②	73.③	74.③	75.①
76.④	77.④	78.③	79.③	80.③

CBT 기출복원문제

2023년 1회

▶ 정답 485쪽

제1과목 자동차엔진정비

01 디젤엔진에서 경유의 착화성과 관련하여 세탄 60cc α-메틸나프탈린 40cc를 혼합하면 세탄가(%)는?

① 70 ② 60
③ 50 ④ 40

$$\frac{\text{세탄}}{\text{세탄}+\alpha-\text{메틸나프탈린}}\times 100 = \text{세탄가}$$

02 밸브 오버랩에 대한 설명으로 틀린 것은?

① 흡, 배기 밸브가 동시에 열려있는 상태이다.
② 공회전 운전영역에서는 밸브 오버랩을 최소화한다.
③ 밸브 오버랩을 통한 내부 EGR 제어가 가능하다.
④ 밸브 오버랩은 상사점과 하사점 부근에서 발생한다.

밸브오버랩은 상사점부근에서 발생한다.

03 냉각계통의 수온조절기에 대한 설명으로 틀린 것은?

① 펠릿형은 냉각수 온도가 60℃ 이하에서 최대로 열려 냉각수 순환을 잘되게 한다.
② 수온조절기는 엔진의 온도를 알맞게 유지한다.
③ 펠릿형은 왁스와 합성고무를 봉입한 형식이다.
④ 수온조절기는 벨로즈형과 펠릿형이 있다.

냉각수온조절기는 냉각수 온도가 75℃에서 열리기 시작해서 95℃에서 완전히 열린다.

04 가솔린 연료 200cc를 완전 연소시키기 위한 공기량(kg)은 약 얼마인가?(단, 공기와 연료의 혼합비는 15:1, 가솔린의 비중은 0.73이다.)

① 2.19 ② 5.19
③ 8.19 ④ 11.19

$0.2\times0.73\times15 = 2.19$

05 가솔린 연료 분사장치에서 공기량 계측센서 형식 중 직접계측방식으로 틀린 것은?

① 베인식 ② MAP
③ 핫 와이어식 ④ 칼만 와류식

MAP센서는 간접계측방식이다.

06 동력 행정 말기에 배기밸브를 미리 열어 연소압력을 이용하여 배기가스를 조기에 배출시켜 충전 효율을 좋게 하는 현상은?

① 블로바이 (blow by)
② 블로다운 (blow down)
③ 블로아웃 (blow out)
④ 블로백 (blow back)

① **블로바이** : 압축시 피스톤과 실린더 사이 압축가스가 새는 현상
④ **블로백** : 압축 행정 또는 폭발 행정일 때 가스가 밸브와 밸브 시트 사이에서 누출되는 현상

07 엔진에서 사용하는 온도센서의 소자로 옳은 것은?

① 서미스터 ② 다이오드
③ 트랜지스터 ④ 사이리스터

08 4행정 사이클 기관의 총 배기량 1000cc, 축마력 50ps, 회전수 3000rpm일 때 제동평균 유효압력은 몇 kgf/㎠인가?

① 11 ② 15
③ 17 ④ 18

$IPS = \frac{P \times A \times L \times N \times R}{75 \times 60}$

09 디젤엔진에서 냉간 시 시동성 향상을 위해 예열장치를 두어 흡기를 예열하는 방식 중 가열 플랜지 방법을 주로 사용하는 연소실 형식은?

① 직접분사식 ② 와류실식
③ 예연소실식 ④ 공기실식

10 엔진이 과열되는 원인이 아닌 것은?

① 워터펌프 작동 불량
② 라디에이터의 코어 손상
③ 워터재킷 내 스케일 과다
④ 수온조절기가 열린 상태로 고장

수온조절기가 열린 상태로 고장나게 되면 과냉이다.

11 오토사이클의 압축비가 8.5일 경우 이론 열효율은 약 몇 %인가?(단, 공기의 비열비는 1.4이다.)

① 49.6 ② 52.4
③ 54.6 ④ 57.5

$\eta = 1 - \left(\frac{1}{\epsilon}\right)^{k-1}$

12 전자제어 엔진에서 연료 분사 피드백에 사용되는 센서는 무엇인가?

① 수온센서(WTS)
② 스로틀포지션센서(TPS)
③ 산소센서(O_2)
④ 에어플로어센서(AFS)

산소센서는 배출가스 내의 산소농도를 감지해서 연료의 농후/희박상태를 감지하여 피드백 하는 센서이다.

13 가솔린엔진에서 인젝터의 연료분사량 제어와 직접적으로 관계있는 것은?

① 인젝터의 니들 밸브 지름
② 인젝터의 니들 밸브 유효 행정
③ 인젝터의 솔레노이드 코일 통전 시간
④ 인젝터의 솔레노이드 코일 차단 전류 크기

연료 분사량의 제어는 솔레노이드코일의 통전시간을 통하여 연료량이 제어 된다.

14 라디에이터 캡의 점검 방법으로 틀린 것은?

① 압력이 하강하는 경우 캡을 교환한다.
② 0.95~1.25kgf/㎠ 정도로 압력을 가한다.
③ 압력 유지 후 약 10~20초 사이에 압력이 상승하면 정상이다.
④ 라디에이터 캡을 분리한 뒤 씰 부분에 냉각수를 도포하고 압력 테스터를 설치한다.

라디에이터 캡은 압력이 유지되어야 정상이다.

15 도시마력 (지시마력, indicated horsepower) 계산에 필요한 항목으로 틀린 것은?

① 총 배기량
② 엔진 회전수
③ 크랭크축 중량
④ 도시 평균 유효 압력

도시평균유효압력, 배기량, 엔진회전수

16 윤활유의 주요 기능이 아닌 것은?

① 방청작용 ② 산화작용
③ 밀봉작용 ④ 응력분산작용

산화방지작용

17 점화파형에서 파워 TR(트랜지스터)의 통전시간을 의미하는 것은?

① 전원전압 ② 피크(peak)전압
③ 드웰)시간 ④ 점화시간

점화 장치에서는 점화 코일에 1차 전류가 흐르는 시간을 드웰 기간

18 LPG를 사용하는 자동차에서 봄베의 설명으로 틀린 것은?

① 용기의 도색은 회색으로 한다.
② 안전밸브에 주 밸브를 설치할 수는 없다.
③ 안전밸브는 충전밸브와 일체로 조립된다.
④ 안전밸브에서 분출된 가스는 대기 중으로 방출되는 구조이다.

안전밸브가 주 밸브 역할을 할 수 있다.

19 배출가스 측정 시 HC (탄화수소)의 농도단위인 ppm을 설명한 것으로 적당한 것은?

① 백분의 1을 나타내는 농도단위
② 천분의 1을 나타내는 농도단위
③ 만분의 1을 나타내는 농도단위
④ 백만분의 1을 나타내는 농도단위

20 전자제어 가솔린 분사장치(MPI)에서 폐회로 공연비 제어를 목적으로 사용하는 센서는?

① 노크센서　② 산소센서
③ 차압센서　④ EGR 위치센서

- **산소센서** : 배기가스 내의 산소를 감지해서 공연비를 제어하는 피드백 센서다.
- **노크센서** : 노킹이 감지되면 점화시기를 지각시킨다.

제2과목 자동차섀시정비

21 하이드로 플래닝에 관한 설명으로 옳은 것은?

① 저속으로 주행할 때 하이드로 플래닝이 쉽게 발생한다.
② 트레이드 과하게 마모된 타이어에서는 하이드로 플래닝이 쉽게 발생한다.
③ 하이드로 플래닝이 발생할 때 조향은 불안정하지만 효율적인 제동은 가능하다.
④ 타이어의 공기압이 감소할 때 접촉영역이 증가하여 하이드로 플래닝이 방지된다.

하이드로 플래닝 현상 : 수막현상이라고도 하며, 물이 고인 노면을 고속으로 주행하면 타이어가 물에 약간 떠 있는 상태가 되므로 자동차를 제어할 수 없게 되는 현상.

22 자동변속기에 사용되고 있는 오일(ATF)의 기능이 아닌 것은?

① 충격을 흡수한다.
② 동력을 발생시킨다.
③ 작동 유압을 전달한다.
④ 윤활 및 냉각작용을 한다.

자동변속기 오일은 동력을 전달시키고 밸브를 작동시키기 위한 유압을 전달한다.

23 자동차의 축간거리가 2.5m, 킹핀의 연장선과 캠버의 연장선이 지면 위에서 만나는 거리가 30cm인 자동차를 좌측으로 회전하였을 때 바깥쪽 바퀴의 조향각도가 30°라면 최소회전 반경은 약 몇 m인가?

① 4.3　② 5.3
③ 6.2　④ 7.2

$$R=\frac{L}{\sin\alpha}+r=\frac{2.5}{\sin 30}+0.3=5.3m$$

24 ABS 시스템의 구성품이 아닌 것은?

① 차고센서
② 휠 스피드 센서
③ 하이드롤릭 유닛
④ ABS 컨트롤 유닛

휠스피드센서, 하이드롤릭유닛, 컨트롤 유닛, 프로포셔닝 밸브

25 차체 자세제어장치(VDC, EPS)에서 선회 주행 시 자동차의 비틀림을 검출하는 센서는?

① 차속센서
② 휠 스피드 센서
③ 요 레이트 센서
④ 조향 핸들 각속도 센서

26 전자제어 현가장치에서 자동차가 선회할 때 원심력에 의한 차체의 흔들림을 최소로 제어하는 기능은?

① 안티 롤 제어
② 안티 다이브 제어
③ 안티 스쿼트 제어
④ 안티 드라이브 제어

27 조향 핸들을 2바퀴 돌렸을 때 피트먼 암이 90° 움직였다면 조향 기어비는?

① 1 : 6 ② 1 : 7
③ 8 : 1 ④ 9 : 1

$\frac{720}{90} = 8$

28 자동변속기에서 유성기어 장치의 3요소가 아닌 것은?

① 선 기어 ② 캐리어
③ 링 기어 ④ 베벨 기어

29 브레이크 페달을 강하게 밟을 때 후륜이 먼저 록(lock)되지 않도록 하기 위하여 유압이 일정 압력으로 상승하면 그 이상 후륜 측에 유압이 가해지지 않도록 제한하는 장치는?

① 프로포셔닝밸브 ② 압력 체크 밸브
③ 이너셔밸브 ④ EGR 밸브

30 동기물림식 수동변속기의 주요 구성품이 아닌 것은?

① 도그 클러치 ② 클러치 허브
③ 클러치 슬리브 ④ 싱크로나이저 링

도그클러치는 상시물림식이다.

31 자동차가 주행할 때 발생하는 저항 중 자동차의 전면 투영 면적과 관계있는 저항은?

① 구름저항 ② 구배저항
③ 공기저항 ④ 마찰저항

32 토크컨버터의 펌프 회전수가 2800rpm이고, 속도비가 0.6 토크비가 4일때의 효율은?

① 0.24 ② 2.4
③ 0.34 ④ 3.4

$0.6 \times 4 = 2.4$

33 튜브가 없는 타이어(tubeless tire)에 대한 설명으로 틀린 것은?

① 튜브 조립이 없어 작업성이 좋다.
② 튜브 대신 타이어 안쪽 내벽에 고무막이 있다.
③ 날카로운 금속에 찔리면 공기가 급격히 유출된다.
④ 타이어 속의 공기가 림과 직접 접촉하여 열발산이 잘된다.

튜브리스 타이어는 공기가 천천히 유출된다.

34 브레이크 라이닝 표면이 과열되어 마찰계수가 저하되고 브레이크 효과가 나빠지는 현상은?

① 페이드현상
② 캐비테이션
③ 언더 스티어링 현상
④ 하이드로 플래닝 현상

35 ABS시스템과 슬립(미끄러짐)현상에 관한 설명으로 틀린 것은?

① 슬립(미끄럼)양을 백분율(%)로 표시한 것을 슬립율이라고 한다.
② 슬립율은 주행속도가 늦거나 제동 토크가 작을수록 커진다.
③ 주행속도와 바퀴 회전속도에 차이가 발생하는 것을 슬립현상이라고 한다.
④ 제동 시 슬립현상이 발생할 때 제동력이 최대가 될 수 있도록 ABS시스템이 제동 압력을 제어한다.

주행속도가 빠르거나 제동 토크가 크면 미끄러짐이 커져 슬립율은 커진다.

36 브레이크 파이프 라인에 잔압을 두는 이유로 틀린 것은?

① 베이퍼록을 방지한다.
② 브레이크의 작동 지연을 방지한다.
③ 피스톤이 제자리로 복귀하도록 도와준다.
④ 휠 실린더에서 브레이크액이 누출되는 것을 방지한다.

37 자동차 제동 시 정지거리로 옳은 것은?

① 반응시간 + 제동시간
② 반응시간 + 공주거리
③ 공주거리 + 제동거리
④ 미끄럼 양 + 제동시간

- **공주거리** : 운전자가 인지하고 브레이크를 밟기 직전까지의 시간에 움직인 거리
- **제동거리** : 브레이크를 밟아서 자동차가 정지하기까지의 거리

38 동기물림식 수동변속기에서 기어 변속 시 소음이 발생하는 원인이 아닌 것은?

① 클러치 디스크 변형
② 싱크로메시 기구 마멸
③ 싱크로나이저 링의 마모
④ 클러치 디스크 토션 스프링 장력 감쇠

39 자동차의 변속기에서 제3속의 감속비 1.5, 종감속 구동 피니언 기어의 잇수 5, 링기어의 잇수 22, 구동바퀴의 타이어 유효반경 280mm, 엔진회전수 3300rpm으로 직진 주행하고 있다. 이때 자동차의 주행속도는 약 몇 km/h인가? (단, 타이어의 미끄러짐은 없다.)

① 26.4　② 52.8
③ 116.2　④ 128.4

총감독비(변속비×종감속비)
$= 22 \div 5 = 4.4 \times 1.5 = 6.6$
$3300 \div 6.6 = 500rpm \div 60 = 8.33$
타이어둘레 $= 2 \times \pi \times 0.28 \fallingdotseq 1.759$
$1.759 \times 8.33 = 14.6m/s \times 3.6 = 52.77km/h$

40 동력전달장치인 추진축이 기하학적인 중심과 질량중심이 일치하지 않을 때 일어나는 진동은?

① 요잉　② 피칭
③ 롤링　④ 휠링

제3과목 자동차 전기 · 전자장치 정비

41 기전력이 2V이고 0.2Ω의 저항 5개가 병렬로 접속되었을 때 각 저항에 흐르는 전류는 몇 A인가?

① 20　② 30
③ 40　④ 50

$$\frac{1}{\frac{1}{R_1}+\frac{1}{R_2}+\cdots} = \frac{1}{\frac{1}{0.2}+\frac{1}{0.2}+\frac{1}{0.2}+\frac{1}{0.2}+\frac{1}{0.2}} = \frac{0.2}{5} = 0.04\Omega$$

$$I = \frac{E}{R} = \frac{2}{0.04} = 50A$$

42 점화 2차 파형에서 감쇄 진동 구간이 없을 경우 고장 원인으로 옳은 것은?

① 점화코일 불량
② 점화코일의 극성 불량
③ 점화케이블의 절연상태 불량
④ 스파크플러그의 에어 갭 불량

① **연소선 전압 규정(2~3KV) 높으면** : 점화2차 라인 저항 과대
② **점화 서지 전압 규정(6~12KV) 공전에서 높으면** : 점화2차 라인 저항 과대
③ **점화 코일 진동수(규정 1~2개)** : 진동수가 거의 없다면 점화 코일 결함

43 배터리의 과충전 현상이 발생되는 주된 원인은?

① 배터리 단자의 부식
② 전압 조정기의 작동 불량
③ 발전기 구동벨트 장력의 느슨함
④ 발전기 커넥터의 단선 및 접촉 불량

44 메모리 효과가 발생하는 배터리는?

① 납산 배터리
② 니켈 배터리
③ 리튬-이온 배터리
④ 리튬-폴리머 배터리

45 반도체 접합 중 이중 접합의 적용으로 틀린 것은?

① 서미스터
② 발광 다이오드
③ PNP트랜지스터
④ NPN트랜지스터

서미스터는 저항계의 일종이다.

46 냉방장치의 구성품으로 압축기로부터 들어온 고온·고압의 기체 냉매를 냉각시켜 액체로 변화시키는 장치는?

① 증발기 ② 응축기
③ 건조기 ④ 팽창밸브

47 기동전동기의 작동원리는?

① 렌츠의 법칙
② 앙페르 법칙
③ 플레밍의 왼손 법칙
④ 플레밍의 오른손 법칙

기동전동기의 작동원리 : 플레밍의 왼손 법칙
발전기의 작동원리 : 플레밍의 오른손 법칙

48 다이오드 종류 중 역방향으로 일정 이상의 전압을 가하면 전류가 급격히 흐르는 특성을 가지고 회로보호 및 전압조정용으로 사용되는 다이오드는?

① 스위치 다이오드
② 정류다이오드
③ 제너 다이오드
④ 트리오 다이오드

49 에어컨 냉매(R-134a)의 구비조건으로 옳은 것은?

① 비등점이 적당히 높을 것
② 냉매의 증발잠열이 작을 것
③ 응축 압력이 적당히 높을 것
④ 임계 온도가 충분히 높을 것

50 자동차 기동전동기 종류에서 전기자코일과 계자코일의 접속 방법으로 틀린 것은?

① 직권전동기 ② 복권전동기
③ 분권전동기 ④ 파권전동기

51 LAN(Local Area Network) 통신장치의 특징이 아닌 것은?

① 전장부품의 설치장소 확보가 용이하다.
② 설계변경에 대하여 변경하기 어렵다.
③ 배선의 경량화가 가능하다.
④ 장치의 신뢰성 및 정비성을 향상시킬 수 있다.

● **LAN(Local Area Network) 통신장치의 특징**
① 설계 변경에 대한 대응이 쉽다.
② 스위치, 액추에이터 근처에 ECU를 설치할 수 있다.
③ 전기기기의 사용 커넥터 수와 접속 부위의 감소로 신뢰성이 향상되었다.
④ ECU를 통합이 아닌 모듈별로 하여 용량은 작아지고 개수는 증가하여 비용도 증가한다.

52 DLI 점화장치의 구성 부품으로 틀린 것은?

① 배전기 ② 점화플러그
③ 파워TR ④ 점화코일

DLI는 배전기가 없는 방식이다.

53 자동차용 냉방장치에서 냉매사이클의 순서로 옳은 것은?

① 증발기 → 압축기 → 응축기 → 팽창밸브
② 증발기 → 응축기 → 팽창밸브 → 압축기
③ 응축기 → 압축기 → 팽창밸브 → 증발기
④ 응축기 → 증발기 → 압축기 → 팽창밸브

54 점화플러그에 대한 설명으로 틀린 것은?

① 열형플러그는 열방산이 나쁘며 온도가 상승하기 쉽다.
② 열가는 점화플러그의 열방산 정도를 수치로 나타내는 것이다.
③ 고부하 및 고속회전의 엔진은 열형플러그를 사용하는 것이 좋다.
④ 전극 부분의 작동온도가 자기청정온도보다 낮을 때 실화가 발생할 수 있다.

55 논리회로 중 NOR회로에 대한 설명으로 틀린 것은?

① 논리합회로에 부정회로를 연결한 것이다.
② 입력 A와 입력 B가 모두 0이면 출력이 1이다.
③ 입력 A와 입력 B가 모두 1이면 출력이 0이다.
④ 입력 A 또는 입력 B중에서 1개가 1이면 출력이 1이다.

56 전류의 3대 작용으로 옳은 것은?

① 발열작용, 화학작용, 자기작용
② 물리작용, 화학작용, 자기작용
③ 저장작용, 유도작용, 자기작용
④ 발열작용, 유도작용, 증폭작용

57 경음기 소음 측정 시 암소음 보정을 하지 않아도 되는 경우는?

① 경음기소음 : 84dB, 암소음 : 75dB
② 경음기소음 : 90dB, 암소음 : 85dB
③ 경음기소음 : 100dB, 암소음 : 92dB
④ 경음기소음 : 100dB, 암소음 : 85dB

경음기 소음과 암소음의 측정치의 차이가 10dB이상의 경우 암소음 보정이 필요없다.

	경음기 소음과 암소음 차이	보정치
1	3dB미만	재측정
2	3dB	3dB
3	4dB~5dB	2dB
4	6dB~9dB	1dB
5	10dB이상	무보정

58 오토라이트(Auto light) 제어회로의 구성부품으로 가장 거리가 먼 것은?

① 압력센서
② 조도감지 센서
③ 오토 라이트 스위치
④ 램프 제어용 퓨즈 및 릴레이

59 점화파형에 대한 설명으로 틀린 것은?

① 압축압력이 높을수록 점화요구전압이 높아진다.
② 점화플러그의 간극이 클수록 점화요구전압이 높아진다.
③ 점화플러그의 간극이 좁을수록 불꽃방전시간이 길어진다.
④ 점화 1차 코일에 흐르는 전류가 클수록 자기 유도 전압이 낮아진다.

60 기전력의 방향은 코일 내 자속의 변화를 방해하는 방향으로 발생하는 법칙은?

① 렌츠의 법칙
② 자기 유도 법칙
③ 플레밍의 왼속 법칙
④ 플레밍의 오른손 법칙

제4과목 친환경 자동차 정비

61 하이브리드 자동차에서 엔진은 발전용으로만 사용되고 자동차의 구동력은 모터만으로 얻는 방식은 무엇인가?

① 직렬형 ② 병렬형
③ 복권형 ④ 분권형

62 제동 시 전기모터를 발전기로 활용하여, 고전압 배터리를 충전하는 기능은?

① 회생제동
② 엔진 브레이크 제동
③ 유압 브레이크 제동
④ 전자식 파킹 브레이크 제동

63 DC-DC 컨버터 중 강압만 할 수 있는 것은?

① PWM 컨버터
② Buck 컨버터
③ Boost 컨버터
④ Buck-Boost 컨버터

② 벅 컨버터(Buck Converter) : 강압 컨버터(Step-Down Converter)라고도 불리운다
③ 부스트 컨버터(Boost Converter) : 승압 컨버터(Step-Up Converter)라고도 불리운다.
④ 벅 부스트 컨버터(Buck-Boost Converter) : 전압을 강압 또는 승압

64 전기자동차 고전압 배터리의 안전 플러그에 대한 설명으로 틀린 것은?

① 탈거 시 고전압 배터리 내부 회로연결을 차단한다.
② 전기자동차의 주행속도 제한 기능을 한다.
③ 일부 플러그 내부에는 퓨즈가 내장되어 있다.
④ 고전압 장치 정비 전 탈거가 필요하다.

① 안전 플러그는 고전압 배터리팩에 장착되어 있다.
② 기계적인 분리를 통하여 고전압 배터리 내부의 회로 연결을 차단한다.
③ 일부 플러그 내부에는 메인퓨즈가 내장되어 있다.
④ 고전압 장치 정비 전 고전압 차단절차에 따라 탈거가 필요하다.

65 전기자동차의 구동 모터 탈거를 위한 작업으로 가장 거리가 먼 것은?

① 서비스(안전)플러그를 분리한다.
② 보조배터리(12V)의 (-)케이블을 분리한다.
③ 냉각수를 배출한다.
④ 배터리 관리 유닛의 커넥터를 탈거한다.

● **고전압 전원 차단절차**
① 고전압(안전플러그)을 차단한다.
② 12V 보조배터리 (-)단자를 분리한다.
③ 파워 일렉트릭 커버를 탈거한다.
④ 언더커버를 탈거한다.
⑤ 냉각수를 배출한다.

66 하이브리드 스타터 제네레이터의 기능으로 틀린 것은?

① 소프트 랜딩 제어
② 차량 속도 제어
③ 엔진 시동 제어
④ 발전 제어

● **하이브리드 스타터 제너레이터(HSG)의 주요 기능**
① **엔진 시동 제어** : 엔진과 구동 벨트로 연결되어 있어 엔진 시동 기능을 수행
② **엔진 속도 제어** : 하이브리드 모드 진입 시 엔진과 구동 모터 속도가 같을 때까지 하이브리드 스타터 제너레이터를 구동 후 엔진과 구동 모터의 속도가 같으면 엔진 클러치를 작동시켜 연결
③ **소프트 랜딩 제어** : 엔진 시동을 끌때 하이브리드 스타터 제너레이터로 엔진 부하를 걸어 엔진 진동을 최소화함
④ **발전 제어** : 고전압 배터리의 충전량 저하 시 엔진 시동을 걸어 엔진 회전력으로 고전압 배터리를 충전함

67 모터 컨트롤 유닛 MCU(Motor Control Unit)의 설명으로 틀린 것은?

① 고전압 배터리의(DC) 전력을 모터 구동을 위한 AC 전력으로 변환한다.
② 구동모터에서 발생한 DC 전력을 AC로 변환하여 고전압 배터리에 충전한다.
③ 가속시에 고전압 배터리에서 구동모터로 에너지를 공급한다.
④ 3상 교류(AC) 전원(U, V, W)으로 변환된 전력으로 구동모터를 구동시킨다.

● **모터 컨트롤 유닛 MCU(Motor Control Unit)**
① MCU는 전기차의 구동모터를 구동시키기 위한 장치로서 고전압 배터리의 직류(DC)전력을 모터구동을 위한 교류(AC)전력으로 변환시켜 구동모터를 제어한다.
② 고전압 배터리로부터 공급되는 직류(DC)전원을 이용하여 3상 교류(AC)전원으로 변환하여 제어보드에서 입력받은 신호로 3상 AC(U, V, W)전원을 제어함으로써 구동모터를 구동시킨다.
③ 가속시에는 고전압 배터리에서 구동모터로 전기 에너지를 공급하고 감속 및 제동 시에는 구동 모터를 발전기 역할로 변경시켜 구동 모터에서 발생한 에너지, 즉 AC 전원을 DC 전원으로 변환하여 고전압 배터리로 에너지를 회수함으로써 항속 거리를 증대시키는 기능을 한다.

68 마스터 BMS의 표면에 인쇄 또는 스티커로 표시되는 항목이 아닌 것은? (단, 비일체형인 경우로 국한한다.)

① 사용하는 동작 온도범위
② 저장 보관용 온도범위
③ 셀 밸런싱용 최대 전류
④ 제어 및 모니터링하는 배터리 팩의 최대 전압

● **마스터 BMS 표면에 표시되는 항목**
① BMS 구동용 외부전원의 전압 범위 또는 자체 배터리 시스템에서 공급받는 구동용 전압 범위.
② 제어 및 모니터링 하는 배터리 팩의 최대 전압
③ 제어 및 모니터링 하는 배터리 팩의 최대 전류
④ 사용동작 온도 범위
⑤ 저장 보관용 온도 범위

69 전기자동차의 공조장치(히트펌프)에 대한 설명으로 틀린 것은?

① 정비 시 전용 냉동유(POE) 주입
② PTC형식 이베퍼레이트 온도 센서 적용
③ 전동형 BLDC 블로어 모터 적용
④ 온도센서 점검 시 저항(Ω) 측정

① **PTC 히터** : 실내 난방을 위한 고전압 전기히터.
② **이베퍼레이트** : 냉매의 증발되는 효과를 이용하며 공기를 냉각 한다.
③ **이베페레이트 온도센서** : NTC 온도센서 적용.

70 하이브리드 자동차의 내연기관에 가장 적합한 사이클 방식은?

① 오토 사이클 ② 복합 사이클
③ 에킨슨 사이클 ④ 카르노 사이클

① 에킨슨 사이클(고팽창비 사이클)은 압축 행정을 짧게 하여 압축시의 펌핑 손실을 줄이고 기하학적 팽창비(압축비)를 증대하여 폭발시 형성되는 에너지를 최대로 활용하는 사이클이다.
② **에킨슨 사이클의 특징**
- 흡기 밸브를 압축 과정에 닫아 유효 압축 시작시기를 늦춰 압축비대비 팽창비를 크게 함
- 일반 가솔린엔진 대비 효율이 좋으나 최대 토크는 낮아 HEV등에 적용됨
- HEV는 모터를 이용해 부족한 토크를 보완함
③ **에킨슨 사이클의 출력과 토크**
- 최대 토크 : 흡기 밸브를 늦게 닫기 때문에 체적효율이 상대적으로 낮아져 최대 토크가 낮으며, 높은 압축비로 인해 노크 특성이 불리해져 저속 구간에서 토크가 제한될 수밖에 없음
- 최대 출력 : 최대 토크가 낮기 때문에 최대 출력 또한 낮음.

71 하이브리드 시스템에서 주파수 변환을 통하여 스위칭 및 전류를 제어하는 방식은?

① SCC 제어 ② CAN 제어
③ PWM 제어 ④ COMP 제어

● **PWM 제어**
① 전원스위치를 일정한 주기로 ON－OFF하는 것에 의해 전압을 가변한다. 예를 들면, 스위치 ON하는 시간대를 반으로 하는 동작을 실시하면, 출력전압은, 일력전원의 반의 전압(전류)이 된다.
② 전압을 높게 하려면, ON시간을 길게, 낮게 하려면 ON시간을 짧게 한다.

③ 이러한 제어 방식을 펄스폭으로 제어하기 때문에, PWM(Pulse Width Modulation)이라고 부르며, 현재 일반적으로 사용되고 있으며. 펄스폭의 시간을 결정하는 기본이 되는 주파수를 캐리어 주파수라고 한다.

72 연료전지 자동차에서 수소라인 및 수소탱크 누출 상태점검에 대한 설명으로 옳은 것은?

① 수소가스 누출 시험은 압력이 형성된 연료전지 시스템이 작동 중에만 측정을 한다
② 소량누설의 경우 차량시스템에서 감지를 할 수 없다.
③ 수소 누출 포인트별 누기 감지센서가 있어 별도 누설점검은 필요 없다.
④ 수소탱크 및 라인 검사 시 누출 감지기 또는 누출 감지액으로 누기 점검을 한다.

73 연료전지 자동차에서 정기적으로 교환해야 하는 부품이 아닌 것은?

① 이온필터
② 연료전지 클리너 필터
③ 연료전지(스택) 냉각수
④ 감속기 윤활유

① 이온필터는 특정수준으로 차량의 전기전도도를 유지하고 전기적 안전성을 확보하기 위하여 스틱 냉각수로부터 이온을 필터링하는 역할을 하며 스틱 냉각수의 전기 전도도를 일정하게 유지하기 위하여 정기적으로 교환하여야 한다.
② 연료전지 차량은 흡입공기에서 먼지 입자와 유해가스(아황산가스, 부탕)를 걸러내는 화학필터를 사용하며 필터의 유해가스 및 먼지의 포집 용량을 고려하여 주기적으로 필터를 교환하여야 한다.
③ 연료전지 스택 냉각수는 연료전지 스택의 분리판 사이의 채널을 통과하며 연료전지가 작동하는 동안에는 240~480V의 고전압이 채널을 통해 흐른다. 따라서 냉각수가 우수한 전기 절연성이 없는 경우 전기 감전 등의 사고가 발생할 수 있으므로 정기적으로 교환해 주어야 한다.
④ 감속기 오일은 영구적이며 교체가 필요없다.

74 상온에서의 온도가 25℃일 때 표준상태를 나타내는 절대온도(K)는?

① 100 ② 273.15
③ 0 ④ 298.15

절대온도(K) = 273.15 + 섭씨온도(℃)

75 연료전지 자동차의 모터 냉각 시스템의 구성품이 아닌 것은?

① 냉각수 라디에이터
② 냉각수 필터
③ 전자식 워터펌프
④ 전장 냉각수

● **연료전지 자동차의 전장 냉각시스템 구성부품**
① 전장 냉각수 ② 전자식 워터펌프(EWP)
③ 전장 냉각수 라디에이터 ④ 전장 냉각수 리저버

76 RESS(Rechargeable Energy Storage System)에 충전된 전기 에너지를 소비하며 자동차를 운전하는 모드는?

① HWFET 모드 ② PTP모드
③ CD모드 ④ CS모드

① CD 모드(충전-소진모드, Charge depleting mode)는 RESS에 충전된 전기 에너지를 소비하며 자동차를 운행하는 모드이다.
② CS 모드(충전-유지모드, Charge sustaining mode)는 RESS(Rechargeable Energy Storage System)가 충전 및 방전을 하며 전기 에너지를 충전량이 유지되는 동안 연료를 소비하며 운행하는 모드이다.
③ HWFET 모드는 고속연비 측정방법으로 고속으로 항속주행이 가능한 특성을 반영하여 고속도로 주행 테스트 모드를 통하여 연비를 측정한다.
④ PTP 모드는 도심 주행연비로 도심주행모드(FTP-75) 테스트 모드를 통하여 연비를 측정한다.

77 하이브리드 자동차의 회생제동 기능에 대한 설명으로 옳은 것은?

① 불필요한 공회전을 최소화하여 배출가스 및 연료 소비를 줄이는 기능
② 차량의 관성에너지를 전기에너지로 변환하여 배터리를 충전하는 기능
③ 가속을 하더라도 차량 스스로 완만한 가속으로 제어하는 기능
④ 주행 상황에 따라 모터의 적절한 제어를 통해 엔진의 동력을 보조하는 기능

●회생 제동 기능
① 차량을 주행 중 감속 또는 브레이크에 의한 제동발생 시점에 구동모터의 전원을 차단하고 역으로 발전기 역할인 충전모드로 제어하여 구동모터에 발생된 전기에너지를 회수함으로서 구동모터에 부하를 가하여 제동을 하는 기능이다.
② 하이브리드 및 전기자동차는 제동에너지의 일부를 전기에너지로 회수하는 연비 향상 기술이다.
③ 하이브리드 및 전기자동차는 감속 및 제동 시 운동에너지를 전기에너지로 변환하여 회수하여 고전압 배터리를 충전한다.

78 리튬이온(폴리머)배터리의 양극에 주로 사용되어지는 재료로 틀린 것은?

① $LiMn_2O_4$ ② $LiFePO_4$
③ $LiTi_2O_2$ ④ $LiCoO_2$

● 리튬이온전지 양극 재료
① 리튬망간산화물($LiMn_2O_4$)
② 리튬철인산염($LiFePO_4$)
③ 리튬코발트산화물($LiCoO_2$)
④ 리튬니켈망간코발트산화물($LiNiMnCO_2$)
⑤ 이산화티탄(TiS_2)

79 수소 연료전지 자동차에서 열관리 시스템의 구성 요소가 아닌 것은?

① 연료전지 냉각 펌프
② COD히터
③ 칠러 장치
④ 라디에이터 및 쿨링 팬

●수소 연료전지 자동차에서 열관리 시스템의 구성 요소
① 냉각 펌프
② COD 히터
③ 냉각수 온도센서
④ 온도제어 밸브
⑤ 바이패스 밸브
⑥ 냉각수 이온필터
⑦ 냉각수 라디에이터
⑧ 냉각수 쿨링 팬
⑨ 냉각수 리저버

80 다음과 같은 역할을 하는 전기자동차의 제어 시스템은?

> 배터리 보호를 위한 입출력 에너지 제한값을 산출하여 차량 제어기로 정보를 제공한다.

① 완속충전 기능 ② 파워제한 기능
③ 냉각제어 기능 ④ 정속주행 기능

● 전기자동차의 제어시스템
① **파워 제한 기능** : 고전압 배터리 보호를 위해 상황별 입·출력 에너지 제한값을 산출하여 차량 제어기로 정보를 제공한다.
② **냉각 제어 기능** : 최적의 고전압 배터리 동작온도를 유지하기 위한 냉각 시스템을 이용하여 배터리 온도를 유지관리 한다.
③ **SOC 추정 기능** : 고전압 배터리 전압, 전류, 온도를 측정하여 고전압 배터리의 SOC를 계산하여 차량제어기로 정보를 전송하여 SOC영역을 관리한다.
④ **고전압 릴레이 제어 기능** : 고전압 배터리단자와 고전압을 사용하는 PE(Power Electric) 부품의 전원을 공급 및 차단 한다.

정답 2023년 1회

01.②	02.④	03.①	04.①	05.②
06.②	07.①	08.②	09.①	10.④
11.④	12.③	13.③	14.③	15.③
16.②	17.③	18.②	19.④	20.②
21.②	22.②	23.②	24.①	25.③
26.①	27.③	28.④	29.①	30.①
31.③	32.②	33.③	34.①	35.②
36.③	37.③	38.④	39.②	40.④
41.④	42.①	43.②	44.②	45.①
46.②	47.③	48.③	49.④	50.④
51.②	52.①	53.①	54.③	55.④
56.①	57.④	58.①	59.④	60.①
61.①	62.①	63.②	64.②	65.④
66.②	67.②	68.③	69.②	70.③
71.③	72.④	73.④	74.④	75.②
76.③	77.②	78.③	79.③	80.②

CBT 기출복원문제

2023년 2회

▶ 정답 497쪽

제1과목 자동차엔진정비

01 전자제어 디젤엔진의 제어 모듈로 입력되는 요소가 아닌 것은?

① 가속페달의 개도 ② 기관회전속도
③ 연료 분사량 ④ 흡기온도

연료분사량은 입력요소가 아닌 출력요소이다.

02 디젤엔진의 연료 분사량을 측정하였더니 최대 분사량이 25cc이고, 최소분사량이 23cc, 평균 분사량이 24cc이다. 분사량의 (+)불균율은?

① 약 2.1% ② 약 4.2%
③ 약 8.3% ④ 약 8.7%

$\frac{25-24}{24} \times 100 \fallingdotseq 4.2$

03 검사유효기간이 1년인 정밀검사 대상 자동차가 아닌 것은?

① 차령이 2년 경과된 사업용 승합자동차
② 차령이 2년 경과된 사업용 승용자동차
③ 차령이 3년 경과된 비사업용 승합자동차
④ 차령이 4년 경과된 비사업용 승용자동차

04 전자제어 가솔린 엔진의 지르코니아 산소센서에서 약 0.1V 정도로 출력값이 고정되어 발생되는 원인으로 틀린 것은?

① 인젝터의 막힘
② 연료 압력의 과대
③ 연료 공급량 부족
④ 흡입공기의 과다유입

05 전자제어 엔진에서 혼합기의 농후, 희박상태를 감지하여 연료분사량을 보정하는 센서는?

① 냉각수온 센서
② 흡기온도 센서
③ 대기압 센서
④ 산소센서

배기가스 내의 산소농도를 검출해서 연료분사량을 보정하는 센서는 산소센서이다.

06 엔진의 실제 운전에서 혼합비가 17.8:1일 때 공기과잉율(λ)은? (단, 이론 혼합비는 14.8:1이다.)

① 약 0.83 ② 약 1.20
③ 약 1.98 ④ 약 3.00

$\lambda = \frac{\text{실제공연비}}{\text{이론공연비}} = \frac{17.8}{14.8} \fallingdotseq 1.2$

07 엔진의 윤활유가 갖추어야 할 조건으로 틀린 것은?

① 비중이 적당할 것
② 인화점이 낮을 것
③ 카본 생성이 적을 것
④ 열과 산에 대하여 안정성이 있을 것

불이 붙는 온도를 인화점이라고 한다.

08 디젤기관의 분사펌프 부품 중 연료의 역류를 방지하고 노즐의 후적을 방지하는 것은?

① 태핏 ② 조속기
③ 셧 다운 밸브 ④ 딜리버리 밸브

• **태핏** : 캠이 회전운동을 할 때 상하운동을 하는 것
• **조속기** : 기관의 회전속도를 일정한 값으로 유지하기 위해 사용되는 제어장치

09 디젤엔진의 노크 방지책으로 틀린 것은?

① 압축비를 높게 한다.
② 착화지연기간을 길게 한다.
③ 흡입공기 온도를 높게 한다.
④ 연료의 착화성을 좋게 한다.

착화지연기간을 짧게 해야 노크를 방지할 수 있다.

10 엔진의 지시마력이 105PS, 마찰마력이 21PS일 때 기계효율은 약 몇 %인가?

① 70 ② 80
③ 84 ④ 90

11 지르코니아방식의 산소센서에 대한 설명으로 틀린 것은?

① 지르코니아 소자는 백금으로 코팅되어 있다.
② 배기가스 중의 산소농도에 따라 출력 전압이 변화한다.
③ 산소센서의 출력 전압은 연료분사량 보정 제어에 사용된다.
④ 산소센서의 온도가 100℃ 정도가 되어야 정상적으로 작동하기 시작한다.

산소센서의 온도가 약 400℃ 이상이 되어야 정상적으로 작동하기 시작한다.

12 제동 열효율에 대한 설명으로 틀린 것은?

① 정미 열효율이라고도 한다.
② 작동가스가 피스톤에 한 일이다.
③ 지시 열효율에 기계효율을 곱한 값이다.
④ 제동 일로 변환된 열량과 총 공급된 열량의 비이다.

제동열효율은 크랭크축에서 측정한 마력의 효율이다. 작동가스가 피스톤에 한 일은 지시(도시)마력(효율)이다.

13 연료필터에서 오버플로우 밸브의 역할이 아닌 것은?

① 필터 각부의 보호 작용
② 운전중에 공기빼기 작용
③ 분사펌프의 압력상승 작용
④ 연료공급 펌프의 소음발생 방지

14 전자제어 디젤 연료분사방식 중 다단분사의 종류에 해당하지 않는 것은?

① 주분사 ② 예비분사
③ 사후분사 ④ 예열분사

15 캐니스터에서 포집한 연료 증발가스를 흡기다기관으로 보내주는 장치는?

① PCV ② EGR밸브
③ PCSV ④ 서모밸브

연료증발가스 – 캐니스터, PCSV
블로바이가스 – PCV
질소산화물 저감 - EGR밸브

16 전자제어 엔진에서 연료의 기본 분사량 결정요소는?

① 배기 산소농도 ② 대기압
③ 흡입공기량 ④ 배기량

17 가솔린엔진에서 노크발생을 억제하기 위한 방법으로 틀린 것은?

① 연소실벽, 온도를 낮춘다.
② 압축비, 흡기온도를 낮춘다.
③ 자연 발화온도가 낮은 연료를 사용한다.
④ 연소실 내 공기와 연료의 혼합을 원활하게 한다.

자연발화온도가 낮은 연료를 사용하게 되면 조기점화가 발생하여 노크를 발생시킨다.

18 라디에이터 캡 시험기로 점검할 수 없는 것은?

① 라디에이터 캡의 불량
② 라디에이터 코어 막힘 정도
③ 라디에이터 코어 손상으로 인한 누수
④ 냉각수 호스 및 파이프와 연결부에서의 누수

19 DOHC 엔진의 특징이 아닌 것은?

① 구조가 간단하다.
② 연소효율이 좋다.
③ 최고회전속도를 높일 수 있다.
④ 흡입 효율의 향상으로 응답성이 좋다.

20 출력이 A=120PS, B=90kW, C=110HP 인 3개의 엔진을 출력이 큰 순서대로 나열한 것은?

① B 〉 C 〉 A ② A 〉 C 〉 B
③ C 〉 A 〉 B ④ B 〉 A 〉 C

1kW=1.36PS / 1kW=1.34HP
1PS=0.735kW / 1HP=0.745kW

제2과목 자동차섀시정비

21 전자제어 제동장치(ABS)에서 페일세이프(fail safe)상태가 되면 나타나는 현상은?

① 모듈레이터 모터가 작동된다.
② 모듈레이터 솔레노이드 밸브로 전원을 공급한다.
③ ABS 기능이 작동되지 않아서 주차브레이크가 자동으로 작동된다.
④ ABS기능이 작동되지 않아도 평상시(일반) 브레이크는 작동된다.

어떠한 장치가 고장났을 때 안전장치가 작동되어 사고를 방지하는 장치를 페일세이프라고 한다.

22 차체의 롤링을 방지하기 위한 현가부품으로 옳은 것은?

① 로워 암 ② 컨트롤 암
③ 쇼크 업소버 ④ 스테빌라이저

23 브레이크장치의 프로포셔닝 밸브에 대한 설명으로 옳은 것은?

① 바퀴의 회전속도에 따라 제동시간을 조절한다.
② 바깥바퀴의 제동력을 높여서 코너링 포스를 줄인다.
③ 급제동시 앞바퀴보다 뒷바퀴가 먼저 제동되는 것을 방지한다.
④ 선회 시 조향 안정성 확보를 위해 앞바퀴의 제동력을 높여준다.

24 차량 주행 중 발생하는 수막현상(하이드로 플래닝)의 방지책으로 틀린 것은?

① 주행속도를 높게 한다.
② 타이어 공기압을 높게 한다.
③ 리브패턴 타이어를 사용한다.
④ 트래드 마모가 적은 타이어를 사용한다.

28 무단변속기(CVT)의 특징으로 틀린 것은?

① 가속성능을 향상시킬 수 있다.
② 연료소비율을 향상시킬 수 있다.
③ 변속에 의한 충격을 감소시킬 수 있다.
④ 일반 자동변속기 대비 연비가 저하된다.

무단변속기는 단수 변속이 없고 자동변속기에 비해 가벼워서 연비가 더 좋다.

26 자동변속기 토크컨버터에서 스테이터의 일방향 클러치가 양방향으로 회전하는 결함이 발생했을 때, 차량에 미치는 현상은?

① 출발이 어렵다.
② 전진이 불가능하다.
③ 후진이 불가능하다.
④ 고속주행이 불가능하다.

27 독립현가방식의 현가장치 장점으로 틀린 것은?

① 바퀴의 시미 현상이 적다.
② 스프링의 정수가 작은 것을 사용할 수 있다.
③ 스프링 아래 질량이 작아 승차감이 좋다.
④ 부품수가 적고 구조가 간단하다.

28 공기브레이크의 장점에 대한 설명으로 틀린 것은?

① 차량 중량에 제한을 받지 않는다.
② 베이퍼록 현상이 발생하지 않는다.
③ 공기 압축기 구동으로 엔진 출력이 향상된다.
④ 공기가 조금 누출되어도 제동성능이 현저하게 저하되지 않는다.

공기압축기는 엔진의 출력을 이용하여 가동되기 때문에 출력이 떨어지게 된다.

29 드라이브라인의 구성품으로 변속 주축 뒤쪽의 스플라인을 통해 설치되면 뒤차축의 상하 운동에 따라 추진축의 길이 변화를 가능하게 하는 것은?

① 토션댐퍼 ② 센터 베어링
③ 슬립 조인트 ④ 유니버셜 조인트

30 우측 앞 타이어의 바깥쪽이 심하게 마모되었을 때 조치방법으로 옳은 것은?

① 토인으로 수정한다.
② 앞 뒤 현가스프링을 교환한다.
③ 우측 차륜의 캠버를 부(−)의 방향으로 조절한다.
④ 우측 차륜의 캐스터를 정(+)의 방향으로 조절한다.

31 타이어에 195/70R 13 82 S 라고 적혀있다면 S는 무엇을 의미하는가?

① 편평타이어
② 타이어의 전폭
③ 허용 최고 속도
④ 스틸 레이디얼 타이어

32 타이어가 편마모되는 원인이 아닌 것은?

① 쇽업소버가 불량하다.
② 앞바퀴 정렬이 불량하다.
③ 타이어의 공기압이 낮다.
④ 자동차의 중량이 증가하였다.

33 자동차의 동력전달 계통에 사용되는 클러치의 종류가 아닌 것은?

① 마찰 클러치 ② 유체 클러치
③ 전자 클러치 ④ 슬립 클러치

34 후륜구동 차량의 종감속 장치에서 구동피니언과 링기어 중심선이 편심되어 추진축의 위치를 낮출 수 있는 것은?

① 베벨기어
② 스퍼기어
③ 웜과 웜기어
④ 하이포이드기어

35 엔진 회전수가 2000rpm으로 주행중인 자동차에서 수동변속기의 감속비가 0.8이고, 차동장치 구동피니언의 잇수가 6, 링기어의 잇수가 30일 때, 왼쪽바퀴가 600rpm으로 회전한다면 오른쪽 바퀴는 몇 rpm인가?

① 400 ② 600
③ 1000 ④ 2000

$2000 \div \left(0.8 \times \frac{30}{6}\right) = 500rpm$

※ 직진상태에서 500rpm으로 회전하는데 왼쪽이 600rpm이니까 오른쪽은 400rpm으로 회전한다.

36 대부분의 자동차에서 2회로 유압 브레이크를 사용하는 주된 이유는?

① 안전상의 이유 때문에
② 더블 브레이크 효과를 얻을 수 있기 때문에
③ 리턴 회로를 통해 브레이크가 빠르게 풀리게 할 수 있기 때문에
④ 드럼 브레이크와 디스크 브레이크를 함께 사용할 수 있기 때문에

1회로를 사용하게 되었을 때 유압라인에 문제가 발생하게 되면 제동력이 상실되기 때문에 2회로를 사용하여 하나의 라인이 문제가 발생하더라도 다른하나가 제동을 할 수 있기 때문이다.

37 수동변속기의 클러치 차단 불량 원인은?

① 자유간극 과소
② 릴리스 실린더 소손
③ 클러치판 과다 마모
④ 쿠션스프링 장력 약화

38 자동변속기에서 유성기어 장치의 3요소가 아닌 것은?

① 선기어 ② 캐리어
③ 링기어 ④ 베벨기어

39 동기물림식 수동변속기의 주요 구성품은?

① 싱크로나이저링
② 도그 클러치
③ 릴리스포크
④ 슬라이딩 기어

40 브레이크 내의 잔압을 두는 이유로 틀린 것은?

① 제동의 늦음을 방지하기 위해
② 베이퍼 록 현상을 방지하기 위해
③ 브레이크 오일의 오염을 방지하기 위해
④ 휠 실린더 내의 오일 누설을 방지하기 위해

제3과목 자동차 전기 · 전자장치 정비

41 두 개의 영구자석 사이에 도체를 직각으로 설치하고 도체에 전류를 흘리면 도체의 한 면에는 전자가 과잉되고 다른 면에는 전자가 부족해 도체 양면을 가로 질러 전압이 발생되는 현상을 무엇이라고 하는가?

① 홀 효과 ② 렌츠의 현상
③ 칼만 볼텍스 ④ 자기유도

42 전압 24V, 출력전류 60A인 자동차용 발전기의 출력은?

① 0.36kW ② 0.72kW
③ 1.44kW ④ 1.88kW

$P = IE / P = 24V \times 60A = 1440W = 1.44kW$

43 에어컨 냉매(R-134a)의 구비조건으로 옳은 것은?

① 비등점이 적당히 높을 것
② 냉매의 증발잠열이 작을 것
③ 응축 압력이 적당히 높을 것
④ 임계 온도가 충분히 높을 것

44 자동차에 사용되는 에어컨 리시버 드라이어의 기능으로 틀린 것은?

① 액체 냉매 저장
② 냉매 압축 송출
③ 냉매의 수분제거
④ 냉매의 기포 분리

45 크랭킹(크랭크축은 회전)은 가능하나 기관이 시동되지 않는 원인으로 틀린 것은?

① 점화장치 불량
② 알터네이터 불량
③ 메인 릴레이 불량
④ 연료펌프 작동불량

크랭킹은 배터리의 전원을 이용하여 작동하기 때문에 알터네이터(발전기)와는 관계가 없다.

46 반도체의 장점이 아닌 것은?

① 수명이 길다.
② 소형이고 가볍다.
③ 메인 릴레이 불량
④ 온도 상승 시 특성이 좋아진다.

반도체는 온도와 정전기에 취약하다.

47 점화플러그의 구비조건으로 틀린 것은?

① 내열 성능이 클 것
② 열전도 성능이 없을 것
③ 기밀 유지 성능이 클 것
④ 자기 청정 온도를 유지할 것

48 충전장치 및 점검 및 정비 방법으로 틀린 것은?

① 배터리 터미널의 극성에 주의한다.
② 엔진 구동 중에는 벨트 장력을 점검하지 않는다.
③ 발전기 B단자를 분리한 후 엔진을 고속회전 시키지 않는다.
④ 발전기 출력전압이나 전류를 점검할 때는 절연 저항 테스터를 활용한다.

49 전자제어 에어컨에서 자동차의 실내 및 외부의 온도 검출에 사용되는 것은?

① 서미스터 ② 포텐셔미터
③ 다이오드 ④ 솔레노이드

자동차에서 온도에 관련된 센서는 부특성 서미스터이다

50 교류발전기에서 유도 전압이 발생되는 구성품은?

① 로터 ② 회전자
③ 계자코일 ④ 스테이터

51 오토라이트(Auto light) 제어회로의 구성부품으로 가장 거리가 먼 것은?

① 압력센서
② 조도감지센서
③ 오토 라이트 스위치
④ 램프 제어용 퓨즈 및 릴레이

52 배터리 극판의 영구 황산납(유화, 설페이션)현상의 원인으로 틀린 것은?

① 전해액의 비중이 너무 낮다.
② 전해액이 부족하여 극판이 노출되었다.
③ 배터리의 극판이 충분하게 충전되었다.
④ 배터리를 방전된 상태로 장기간 방치하였다.

53 기동 전동기 작동 시 소모전류가 규정치보다 낮은 이유는?

① 압축압력 증가
② 엔진 회전저항 증대
③ 점도가 높은 엔진오일 사용
④ 정류자와 브러시 접촉저항이 큼

54 점화장치의 파워TR 불량 시 발생하는 고장현상이 아닌 것은?

① 주행 중 엔진이 정지한다.
② 공전 시 엔진이 정지한다.
③ 엔진 크랭킹이 되지 않는다.
④ 점화 불량으로 시동이 안 걸린다.

크랭킹은 가능하나 시동이 걸리지 않는다.

55 점화플러그의 열가(heat range)를 좌우하는 요인으로 거리가 먼 것은?

① 엔진 냉각수의 온도
② 연소실의 형상과 체적
③ 절연체 및 전극의 열전도율
④ 화염이 접촉되는 부분의 표면적

56 전조등 장치에 관한 설명으로 옳은 것은?

① 전조등 회로는 좌우로 직렬 연결되어 있다.
② 실드 빔 전조등은 렌즈를 교환할 수 있는 구조로 되어 있다.
③ 실드 빔 전조등 형식은 내부에 불활성 가스가 봉입되어 있다.
④ 전조등을 측정할 때 전조등과 시험기의 거리는 반드시 10m를 유지해야 한다.

57 방향지시등의 점멸 속도가 빠르다. 그 원인에 대한 설명으로 틀린 것은?

① 플래셔 유닛이 불량이다.
② 비상등 스위치가 단선되었다.
③ 전방 우측 방향지시등이 단선되었다.
④ 후방 우측 방향지시등이 단선되었다.

58 "회로에 유입되는 전류의 총합과 회로를 빠져나가는 전류의 총합이 같다"라고 설명하고 있는 법칙은?

① 옴의 법칙
② 줄의 법칙
③ 키르히호프의 제1법칙
④ 키르히호프의 제2법칙

키르히호프의 2법칙은 폐회로 내에서 전원과 전압강하의 합은 같다.

59 운행자동차 정기검사에서 등화장치 점검 시 광도 및 광축을 측정하는 방법으로 틀린 것은?

① 타이어 공기압을 표준공기압으로 한다.
② 광축 측정시 엔진 공회전 상태로 한다.
③ 적차 상태로 서서히 진입하면서 측정한다.
④ 4등식 전조등의 경우 측정하지 않는 등화는 발산하는 빛을 차단한 상태로 한다.

자동차 검사(소방차제외)는 공차상태로 검사한다.

60 조수석 전방 미등은 작동되나 후방만 작동되지 않는 경우의 고장 원인으로 옳은 것은?

① 미등 퓨즈 단선
② 후방 미등 전구 단선
③ 미등 스위치 접촉 불량
④ 미등 릴레이 코일 단선

제4과목 친환경 자동차 정비

61 전기자동차에서 회전자의 회전속도가 600 rpm, 주파수 f1에서 동기속도가 650rpm일 때 회전자에 대한 슬립률(%)은?

① 약 7.6　② 약 4.2
③ 약 2.1　④ 약 8.4

●슬립율
유도모터에서 회전자의 회전속도가 동기속도보다 늦은 상태를 회전자에 미끄럼(슬립)이 생기고 있다고 말한다. 미끄럼(슬립)의 정도는 동기속도와 속도차의 비율로 표시하는 것이 일반적이지만 이 수치에 100을 곱한 백분율(%)로 표시하기도 한다.

$$\text{슬립률} = \frac{\text{동기속도} - \text{회전속도}}{\text{동기속도}} \times 100$$

$$\text{슬립률} = \frac{650-600}{650} \times 100 = 7.69\%$$

62 전기자동차 충전기 기술기준상 교류 전기자동차 충전기의 기준전압으로 옳은 것은? (단, 기준전압은 전기자동차에 공급되는 전압을 의미하며 3상은 선간전압을 의미한다.)

① 단상 280V　② 3상 280V
③ 3상 220V　④ 단상 220V

● 전기자동차 충전 방법
① **교류(AC)충전 방법** : AC충전은 차량이 AC(220V) 전류를 입력받아 고전압 DC로 바꾸어 충전하는 방식으로 이를 위하여 차량에는 OBC(On Board Charger)라는 장치를 두어 AC를 DC로 변환하여 충전하는 방법을 완속충전이라 하며 완속 충전은 급속 충전보다 충전 효율이 높다.

② **직류(DC)충전 방법** : DC충전방식은 외부에 있는 충전장치가 AC (380V)를 공급받아 DC로 변환하여 차량에 필요한 전압과 전류를 공급하는 방식으로 50~400㎾까지 충전이 가능하며 보통 충전시간이 15~25분정도에 완료되므로 급속충전이라고 한다.

63 전기자동차 배터리 셀의 형상 분류가 아닌 것은?

① 각형 단전지 ② 원통형 전지
③ 주머니형 단전지 ④ 큐빅형 전지

● **리튬이온전지의 외형에 따른 종류**
① 각형 배터리 : 중국
② 원통형 배터리 : 테슬라
③ 파우치형 배터리 : 현대, 기아, GM

64 연료전지 자동차의 구동모터 시스템에 대한 개요 및 작동원리가 아닌 것은?

① 급격한 가속 및 부하가 많이 걸리는 구간에서는 모터를 관성주행시킨다.
② 저속 및 정속 시 모터는 연료 전지 스택에서 발생되는 전압에 의해 전력을 공급받는다.
③ 감속 또는 제동 중에는 차량의 운동 에너지는 전압 배터리를 충전하는데 사용한다.
④ 연료전지 자동차는 전기 모터에 의해 구동된다.

● **연료전지 자동차의 주행 특성**
① 경부하시에는 고전압 배터리가 적절한 충전량(SOC)으로 충전되는 동안 연료전지 스택에서 생산된 전기로 모터를 구동하며 한다.
② 중부하 및 고부하시에는 연료전지와 고전압 배터리가 전력을 공급한다.
③ 무부하 시에는 스택으로 공급되는 연료를 차단하여 스택을 정지시킨다.
④ 감속 및 제동 시에는 회생제동으로 생산된 전기는 고전압 배터리를 충전하여 연비를 향상 시킨다.

65 전기자동차 고전압장치 정비 시 보호 장구 사용에 대한 설명으로 틀린 것은?

① 절연장갑은 절연성능(1000V/300A 이상)을 갖춘 것을 사용한다.
② 고전압 관련 작업 시 절연화를 필수로 착용한다.
③ 보호안경을 대신하여 일반 안경을 사용하여도 된다.
④ 시계, 반지 등 금속 물질은 작업 전 몸에서 제거한다.

● **보호장구 안전기준**
① **절연장갑** : 절연장갑은 고전압 부품 점검 및 관련 작업 시 착용하는 가장 필수적인 개인 보호장비이다. 절연성능은 AC 1,000V/300A 이상 되어야 하고 절연장갑의 찢김 및 파손을 막기 위해 절연장갑 위에 가죽장갑을 착용하기도 한다.
② **절연화** : 절연화는 고전압 부품 점검 및 관련 작업 시 바닥을 통한 감전을 방지하기 위해 착용한다. 절연성능은 AC 1,000V/300A 이상 되어야 한다.
③ **절연 피복** : 고전압 부품 점검 및 관련 작업 시 신체를 보호하기 위해 착용한다. 절연 성능은 AC 1,000V/300A 이상 되어야 한다.
④ **절연 헬멧** : 고전압 부품 점검 및 관련 작업 시 머리를 보호하기 위해 착용한다.
⑤ **보호안경, 안면 보호대** : 스파크가 발생할 수 있는 고전압 작업 시 착용한다.
⑥ **절연 매트** : 탈거한 고전압 부품에 의한 감전 사고 예방을 위해 부품을 절연 매트 위에 정리하여 보관하며 절연 성능은 AC 1,000V/300A 이상 되어야 한다.
⑦ **절연 덮개** : 보호장비 미착용자의 안전사고 예방을 위해 고전압 부품을 절연 덮개로 차단한다. 절연 성능은 AC 1,000V/300A 이상 되어야 한다.

66 전기자동차 충전에 관한 내용으로 옳은 것은?

① 급속 충전 시 AC 380V의 고전압이 인가되는 충전기에서 빠르게 충전한다.
② 완속 충전은 DC 220V의 전압을 이용하여 고전압 배터리를 충전한다.
③ 급속 충전 시 정격 에너지 밀도를 높여 배터리 수명을 길게 할 수 있다.
④ 완속 충전은 급속 충전보다 충전 효율이 높다.

● **전기자동차 충전 방법**

① **교류(AC)충전 방법** : AC충전은 차량이 AC(220V) 전류를 입력받아 고전압 DC로 바꾸어 충전하는 방식으로 이를 위하여 차량에는 OBC(On Board Charger)라는 장치를 두어 AC를 DC로 변환하여 충전하는 방법을 완속충전이라 하며 완속 충전은 급속 충전보다 충전 효율이 높다.

② **직류(DC)충전 방법** : DC충전방식은 외부에 있는 충전장치가 AC (380V)를 공급받아 DC로 변환하여 차량에 필요한 전압과 전류를 공급하는 방식으로 50~400㎾까지 충전이 가능하며 보통 충전시간이 15~25분정도에 완료되므로 급속충전이라고 한다.

67 전기자동차 히트 펌프 시스템의 난방 작동모드 순서로 옳은 것은?

① 컴프레서 → 실외 콘덴서 → 실내 콘덴서 → 칠러 → 어큐뮬레이터

② 실외 콘덴서 → 컴프레서 → 실내 콘덴서 → 칠러 → 어큐뮬레이터

③ 컴프레서 → 실내 콘덴서 → 칠러 → 실외 콘덴서 → 어큐뮬레이터

④ 컴프레서 → 실내 콘덴서 → 실외 콘덴서 → 칠러 → 어큐뮬레이터

● **히트 펌프 시스템의 난방 작동모드 순서**

전동식 에어컨 컴프레서 → 실내 콘덴서 → 실외 콘덴서 → 칠러 → 어큐뮬레이터

① **전동 컴프레서** : 전동 모터로 구동되어지며 저온 저압가스 냉매를 고온 고압가스로 만들어 실내 컨덴서로 보내진다.

② **실내 컨덴서** : 고온고압가스 냉매를 응축시켜 고온고압의 액상 냉매로 만든다.

③ **실외 컨덴서** : 액체상태의 냉매를 증발시켜 저온저압의 가스 냉매로 만든다.

④ **칠러** : 저온 저압가스냉매를 모터의 폐열을 이용하여 2차 열 교환을 한다.

⑤ **어큐뮬레이터** : 컴프레서로 기체의 냉매만 유입될 수 있게 냉매의 기체와 액체를 분리한다.

68 전기자동차의 구동 모터 탈거를 위한 작업으로 가장 거리가 먼 것은?

① 배터리 관리 유닛의 커넥터를 탈거한다.

② 서비스(안전) 플러그를 분리한다.

③ 냉각수를 배출한다.

④ 보조 배터리(12V)의 (−)케이블을 분리한다.

● **고전압 전원 차단절차**

① 고전압(안전플러그)을 차단한다.

② 12V 보조배터리 (−)단자를 분리한다.

③ 파워 일렉트릭 커버를 탈거한다.

④ 언더커버를 탈거한다.

⑤ 냉각수를 배출한다.

69 전기자동차 또는 하이브리드 자동차의 구동 모터 역할로 틀린 것은?

① 모터 감속 시 구동모터를 직류에서 교류로 변환시켜 충전

② 고전압 배터리의 전기에너지를 이용해 차량 주행

③ 감속기를 통해 토크 증대

④ 후진 시에는 모터를 역회전으로 구동

● **회생제동 원리**

감속 시에는 발생하는 운동에너지를 이용하여 구동 모터를 발전기로 전환 시켜 발생된 교류(AC)에너지를 MCU(인버터)를 거치면서 직류(DC)로 정류한 전기 에너지를 고전압 배터리에 충전한다.

70 고전압 배터리 제어 장치의 구성 요소가 아닌 것은?

① 배터리 관리 시스템(BMS)

② 고전압 전류 변환장치(HDC)

③ 배터리 전류 센서

④ 냉각 덕트

① **배터리 관리 시스템(BMS)** : 고전압 배터리의 SOC, 출력, 고장진단, 배터리 셀 밸런싱(Cell Balancing), 시스템 냉각, 전원 공급 및 차단 제어

② **고전압 전류 변환장치(HDC)** : 연료전지의 스택에서 생성된 전력과 회생제동에 의해 발생된 고전압을 강하시키고 고전압 배터리로 강하된 전압을 보내 충전한다.

③ **배터리 전류 센서** : 고전압 배터리의 충·방전시 전류를 측정한다.

④ **냉각 덕트** : 고전압 배터리를 냉각시키기 위하여 쿨링팬에서 발생한 공기가 흐르는 통로

71 병렬형 하이브리드 자동차의 특징에 대한 설명으로 틀린 것은?

① 모터는 동력 보조의 역할로 에너지 변환 손실이 적다.
② 소프트 방식은 일반 주행 시 모터 구동만을 이용한다.
③ 기존 내연기관 차량을 구동장치의 변경없이 활용 가능하다.
④ 하드 방식은 EV 주행 중 엔진 시동을 위해 별도의 장치가 필요하다.

● **병렬형** : 복수의 동력원(엔진, 전기 모터)을 설치하고, 주행 상태에 따라서 어느 한 편의 동력을 이용하여 구동하는 방식이다.
㉮ **Hard Type(하드 타입)** : TMED(엔진 클러치 장착)
- EV 모드 구현됨.
- 엔진 클러치 장착
- 별도의 엔진 Starter 필요함.

㉯ **Soft Type(소프트 타입)** : FMED (엔진 클러치 미장착)
- 엔진 출력축에 직전 모터장착.
- 엔진 시동, 파워 어시스트, 회생 제동 가능 수행
- EV모드 주행 불가

72 수소 연료전지 자동차에서 연료전지에 수소 공급 압력이 높은 경우 고장 예상원인 아닌 것은?

① 수소 공급 밸브의 누설(내부)
② 수소 차단 밸브 전단 압력 높음
③ 고압 센서 오프셋 보정값 불량
④ 수소 공급 밸브의 비정상 거동

① 수소공급 시스템의 주요 구성요소는 수소차단밸브, 수소공급밸브, 퍼지밸브, 워터트랩, 드레인 밸브, 수소센서 및 저압 센서로 구성된다.
② 수소차단 밸브는 수소탱크로부터 스택에 수소를 공급하거나 차단하는 개폐 밸브이다.
③ 수소차단 밸브는 IG ON 시 열리고 OFF시 닫힌다.
④ 수소공급 밸브는 수소가 스택에 공급되기 전에 수소압력을 낮추거나 스택 전류에 맞추어 수소압력을 제어하는 기능을 한다.
⑤ 수소 압력 제어를 위해 수소공급 시스템에는 저압 센서가 적용되어 있다.

● **스택에 수소가 공급되지 않거나 수소압력이 높을 때 예상되는 원인**
① 수소 차단 밸브 전단 압력 높음.
② 수소 공급 밸브 누설(내부)
③ 고압 센서 오프셋 보정값 분량

73 하이브리드 자동차에서 제동 및 감속 시 충전이 원활히 이루어지지 않는다면 어떤 장치의 고장인가?

① 회생제동 장치
② 발진 제어 장치
③ LDC 제어 장치
④ 12V용 충전 장치

●**회생제동 시스템 원리**
제동 및 감속 시에는 발생하는 운동에너지를 이용하여 구동 모터를 발전기로 전환 시켜 발생 된 교류(AC) 에너지를 MCU(인버터)를 거치면서 직류(DC)로 정류한 전기에너지를 고전압 배터리에 충전한다.

74 수소 연료전지 자동차의 주행상태에 따른 전력 공급 방법으로 틀린 것은?

① 평지 주행 시 연료전지 스택에서 전력을 공급한다.
② 내리막 주행 시 회생제동으로 고전압 배터리를 충전한다.
③ 급가속 시 고전압 배터리에서만 전력을 공급한다.
④ 오르막 주행 시 연료전지 스택과 고전압 배터리에서 전력을 공급한다.

● **수소 연료전지 자동차의 주행 특성**
① 경부하시에는 고전압 배터리가 적절한 충전량(SOC)으로 충전되는 동안 연료전지 스택에서 생산된 전기로 모터를 구동하며 주행 한다.
② 중부하 및 고부하시에는 연료전지와 고전압 배터리가 전력을 공급한다.
③ 무부하 시에는 스택으로 공급되는 연료를 차단하여 스택을 정지시킨다.
④ 감속 및 제동 시에는 회생제동으로 생산된 전기는 고전압 배터리를 충전하여 연비를 향상시킨다.

75 하이브리드 전기자동차 계기판에 'Ready' 점등 시 알 수 있는 정보가 아닌 것은?

① 고전압 케이블은 정상이다.
② 고전압 배터리는 정상이다.
③ 엔진의 연료 잔량은 20% 이상이다.
④ 이모빌라이저는 정상 인증되었다.

① 하이브리드 전기자동차의 IG S/W를 ON시키면 HPCU에서 하이브리드 전기자동차의 모든 시스템을 스캔(점검)하여 이상 발생이 없을 때 계기판에 'Ready' 램프가 점등 되며 이때 하이브리드 자동차는 주행 준비 상태가 완료된다.
② 엔진의 연료(가솔린, 경유) 잔량은 'Ready' 점등과 상관관계가 없다.

76 마스터 BMS의 표면에 인쇄 또는 스티커로 표시되는 항목이 아닌 것은? (단, 비일체형인 경우로 국한한다.)

① 사용하는 동작 온도범위
② 저장 보관용 온도범위
③ 제어 및 모니터링하는 배터리 팩의 최대 전압
④ 셀 밸런싱용 최대 전류

● **마스터 BMS 표면에 표시되는 항목**
① BMS 구동용 외부전원의 전압 범위 또는 자체 배터리 시스템에서 공급받는 구동용 전압 범위
② 제어 및 모니터링 하는 배터리 팩의 최대 전압
③ 제어 및 모니터링 하는 배터리 팩의 최대 전류
④ 사용동작 온도 범위
⑤ 저장 보관용 온도 범위

77 하이브리드 자동차에 쓰이는 고전압(리튬 이온 폴리머) 배터리가 72셀이면 배터리 전압은 약 얼마인가?

① 144V ② 240V
③ 360V ④ 270V

고전압(리튬 이온 폴리머) 배터리 공칭 전압
3.75V × 72셀 = 270V

78 수소연료전지차의 에너지 소비효율 라벨에 표시되는 항목이 아닌 것은?

① 도심주행 에너지 소비효율
② CO_2 배출량
③ 1회 충전 주행거리
④ 복합 에너지 소비효율

● **1회 충전 주행거리**
하이브리드 및 전기자동차 에너지 소비효율 라벨에 표시되는 항목

79 교류회로에서 인덕턴스(H)를 나타내는 식은? (단, 전압 V, 전류 A, 시간 s이다.)

① H = A / (V · s)
② H = V / (A · s)
③ H = (V · s) / A
④ H = (A · s) / V

$H = \frac{V \times S}{A}$

인덕턴스 구하는 식은

$E = H \times \left(\frac{di}{dt}\right)$ 이므로

$H = E \times \left(\frac{dt}{d}\right)$, $H = (E \times S) \div A$

여기서 H : 인덕턴스 E : 전압
S : 시간 A : 전류

80 전기자동차에서 교류 전원의 주파수가 600Hz, 쌍극자수가 3일 때 동기속도(s^{-1})는?

① 100 ② 1800
③ 200 ④ 180

모터회전수 $N = \dfrac{120 \cdot f}{P}$

f: 전원주파수

P: 자극의 수(쌍극×3) = 6

모터회전속도 $= \dfrac{120 \times 600}{6} = 12,000(RPM)$

동기속도(S^{-1})은 초속도이므로

$\dfrac{12,000}{60} = 200(S^{-1}) = 200(rps)$

정답 2023년 2회

01.③	02.②	03.④	04.②	05.④
06.②	07.②	08.④	09.②	10.②
11.④	12.②	13.③	14.④	15.③
16.③	17.③	18.②	19.①	20.④
21.④	22.④	23.③	24.①	25.④
26.①	27.④	28.③	29.③	30.③
31.③	32.④	33.④	34.④	35.①
36.①	37.②	38.④	39.①	40.③
41.①	42.③	43.④	44.②	45.②
46.④	47.②	48.④	49.①	50.④
51.①	52.③	53.④	54.③	55.①
56.③	57.①	58.③	59.③	60.②
61.①	62.④	63.④	64.①	65.③
66.④	67.④	68.①	69.①	70.②
71.②	72.④	73.①	74.③	75.③
76.④	77.④	78.③	79.③	80.③

CBT 기출복원문제

2024년 1회

▶ 정답 512쪽

제1과목 자동차 엔진 정비

01 크랭크 각 센서의 기능에 대한 설명으로 틀린 것은?

① ECU는 크랭크 각 센서 신호를 기초로 연료분사시기를 결정한다.
② 엔진 시동 시 연료량 제어 및 보정 신호로 사용된다.
③ 엔진의 크랭크축 회전각도 또는 회전위치를 검출한다.
④ ECU는 크랭크 각 센서 신호를 기초로 엔진 1회전당 흡입공기량을 계산한다.

● 크랭크 각 센서의 기능
① 크랭크축의 회전각도 또는 회전위치를 검출하여 ECU에 입력시킨다.
② 연료 분사시기와 점화시기를 결정하기 위한 신호로 이용된다.
③ 엔진 시동 시 연료 분사량 제어 및 보정 신호로 이용된다.
④ 단위 시간 당 엔진 회전속도를 검출하여 ECU로 입력시킨다.

02 디젤 엔진에서 과급기의 사용 목적으로 틀린 것은?

① 엔진의 출력이 증대된다.
② 체적효율이 작아진다.
③ 평균 유효압력이 향상된다.
④ 회전력이 증가한다.

● 과급기의 사용 목적
① 충전효율(흡입효율, 체적효율)이 증대된다.
② 엔진의 출력이 증대된다.
③ 엔진의 회전력이 증대된다.
④ 연료 소비율이 향상된다.
⑤ 착화지연이 짧아진다.
⑥ 평균 유효압력이 향상된다.

03 디젤 엔진에서 착화 지연기간이 1/1000초, 후 최고 압력에 도달할 때까지의 시간이 1/1000초일 때, 2000rpm으로 운전되는 엔진의 착화 시기는?(단, 최고 폭발압력은 상사점 후 12°이다.)

① 상사점 전 32°
② 상사점 전 36°
③ 상사점 전 12°
④ 상사점 전 24°

$$착화시기 = \frac{회전수}{60} \times 360 \times 착화지연기간 + 기계적지연$$

$$착화시기 = \frac{2000}{60} \times 360 \times \frac{1}{1000} = 12$$

04 전자제어 가솔린 엔진에서 기본적인 연료 분사시기와 점화시기를 결정하는 주요 센서는?

① 크랭크축 위치 센서(Crankshaft Position Sensor)
② 냉각 수온 센서(Water Temperature Sensor)
③ 공전 스위치 센서(Idle Switch Sensor)
④ 산소 센서(O_2 Sensor)

크랭크축 위치 센서(CPS)는 단위 시간 당 엔진의 회전속도를 검출하여 ECU로 입력시키면 ECU는 파워트랜지스터에 전압을 공급하며, 기본 점화시기 및 연료 분사시기를 결정한다.

05 운행차 배출가스 정기검사 및 정밀검사의 검사 항목으로 틀린 것은?

① 휘발유 자동차 운행차 배출가스 정기검사 : 일산화탄소, 탄화수소, 공기과잉률
② 휘발유 자동차 운행차 배출가스 정밀검사 : 일산화탄소, 탄화수소, 질소산화물
③ 경유 자동차 운행차 배출가스 정기검사 : 매연
④ 경유 자동차 운행차 배출가스 정밀검사 : 매연, 엔진최대출력검사, 공기과잉률

경유 자동차 운행차 배출가스 정밀검사 : 매연, 엔진최대출력검사, 질소산화물

06 삼원 촉매장치를 장착하는 근본적인 이유는?

① HC, CO, NOx를 저감하기 위하여
② CO_2, N_2, H_2O를 저감하기 위하여
③ HC, SOx를 저감하기 위하여
④ H_2O, SO_2, CO_2를 저감하기 위하여

삼원 촉매장치를 사용하는 목적은 HC, CO, NO_X를 저감하기 위함이다.

07 디젤 엔진의 연료 분사량을 측정하였더니 최대 분사량이 25cc이고, 최소 분사량이 23cc, 평균 분사량이 24cc이다. 분사량의 (+)불균율은?

① 약 8.3% ② 약 2.1%
③ 약 4.2% ④ 약 8.7%

$$+\text{불균율} = \frac{\text{최대 분사량} - \text{평균 분사량}}{\text{평균 분사량}} \times 100$$

$$+\text{불균율} = \frac{25cc - 24cc}{24cc} \times 100 = 4.16\%$$

08 가솔린 엔진에 터보차저를 장착할 때 압축비를 낮추는 가장 큰 이유는?

① 힘을 더 강하게
② 연료 소비율을 좋게
③ 노킹을 없애려고
④ 소음 때문에

가솔린 엔진은 압축비가 높으면 노킹이 발생된다.

09 커먼레일 디젤 엔진의 솔레노이드 인젝터 열림(분사 개시)에 대한 설명으로 틀린 것은?

① 솔레노이드 코일에 전류를 지속적으로 가한 상태이다.
② 공급된 연료는 계속 인젝터 내부로 흡입된다.
③ 노즐 니들을 위에서 누르는 압력은 점차 낮아진다.
④ 인젝터 아랫부분의 제어 플런저가 내려가면서 분사가 개시된다.

솔레노이드 인젝터는 실린더 헤드의 연소실 중앙에 설치되며, 고압 연료 펌프로부터 보내진 연료가 커먼레일을 통해 인젝터까지 공급된 연료를 연소실에 분사한다. 전기 신호에 의해 작동하는 구조로 되어 있으며, 연료 분사 시작점과 분사량은 엔진 컴퓨터에 의해 제어된다.
① 솔레노이드 코일에 전류를 지속적으로 가한 상태가 되어 인젝터의 니들 밸브가 열린 상태를 유지한다.
② 공급된 연료는 계속 인젝터 내부로 흡입된다.
③ 노즐 니들 밸브가 열리면서 위에서 누르는 연료 압력은 점차 낮아진다.
④ 인젝터 아랫부분의 제어 플런저가 위로 올라가면서 분사가 개시된다.

10 디젤 산화 촉매기(DOC)의 기능으로 틀린 것은?

① PM의 저감
② CO, HC의 저감
③ NO를 NH_3로 변환
④ 촉매 가열기(burner) 기능

● DOC의 기능
① CO, HC의 저감
② PM의 저감
③ NO를 NO_2로 변환
④ 촉매 가열기(Cat-burner) 기능
⑤ 유황화합물의 응집

11 과급장치 수리가능 여부를 확인하는 작업에서 과급장치를 교환할 때는?

① 과급장치의 액추에이터 연결 상태
② 과급장치의 배기 매니폴드 사이의 개스킷 기밀 상태 불량
③ 과급장치의 액추에이터 로드 세팅 마크 일치 여부
④ 과급장치의 센터 하우징과 컴프레서 하우징 사이의 'O' 링(개스킷)이 손상

과급장치의 센터 하우징과 컴프레서 하우징 사이의 'O'링(개스킷)이 손상되면 이 부위에서 누유가 발생할 수 있으므로 이상이 있으면 과급장치를 교환하여야 한다.

12 내연기관의 열손실을 측정한 결과 냉각수에 의한 손실이 30%, 배기 및 복사에 의한 손실이 30%였다. 기계 효율이 85%라면 정미 열효율(%)은?

① 28　　② 30
③ 32　　④ 34

정비열효율 = 도시열효율 × 기계효율
$= \{1-(0.3+0.3)\times 0.85\}$
$= 0.34(34\%)$

13 열선식(hot wire type) 흡입 공기량 센서의 장점으로 옳은 것은?

① 소형이며 가격이 저렴하다.
② 질량 유량의 검출이 가능하다.
③ 먼지나 이물질에 의한 고장 염려가 적다.
④ 기계적 충격에 강하다.

● **열선식 흡입 공기량 센서의 특징**
① 회로가 단순하고, 흡입되는 공기를 질량 유량으로 검출한다.
② 응답성이 빠르고, 맥동 오차가 없다.
③ 고도 변화에 따른 오차가 없다.
④ 흡입공기 온도가 변화해도 측정상의 오차는 거의 없다.
⑤ 공기 질량을 직접 정확하게 계측할 수 있다.
⑥ 엔진 작동상태에 적용하는 능력이 개선된다.
⑦ 오염되기 쉬워 자기청정(클린 버닝) 장치를 두어야 한다.

14 다음 중 전자제어 엔진에서 스로틀 포지션 센서와 기본 구조 및 출력 특성이 가장 유사한 것은?

① 크랭크 각 센서
② 모터 포지션 센서
③ 액셀러레이터 포지션 센서
④ 흡입 다기관 절대 압력 센서

● **스로틀 포지션 센서와 액셀러레이터 포지션 센서**
① **스로틀 포지션 센서** : 스로틀 밸브 축과 같이 회전하는 가변 저항기로 스로틀 밸브의 회전에 따라 출력 전압이 변화함으로써 ECM은 스로틀 밸브의 열림 정도를 감지하고, ECM은 스로틀 포지션 센서의 신호에 따른 흡입 공기량 신호, 엔진 회전속도 등 다른 입력 신호를 합하여 엔진의 운전 상태를 판단하여 연료 분사량(인젝터 분사 시간)과 점화시기를 조절한다.
② **액셀러레이터 포지션 센서** : ETC(Electronic Throttle Valve Control) 시스템을 탑재한 차량에서 스로틀 포지션 센서와 동일한 원리의 가변저항에 의해 운전자의 가속 의지를 PCM(Power-train Control Module)에 전송하여 현재 가속 상태에 따른 연료 분사량을 결정하는 신호로 이용된다.

15 배출가스 중 질소산화물을 저감시키기 위해 사용하는 장치가 아닌 것은?

① 매연 필터(DPF)
② 삼원 촉매장치(TWC)
③ 선택적 환원촉매(SCR)
④ 배기가스 재순환 장치(EGR)

매연 필터(DPF ; Diesel Particulate Filter) : 연료가 불완전 연소로 발생하는 탄화수소 등 유해물질을 모아 필터로 여과시킨 후 550℃의 고온으로 다시 연소시켜 오염물질을 저감시키는 장치다. 즉, 디젤 엔진의 배기가스 중 미세 매연 입자인 PM을 포집(물질 속 미량 성분을 분리하여 모음)한 뒤 다시 연소시켜 제거하는 '배기가스 후처리 장치(매연 저감장치)'이다.

16 전자식 가변용량 터보차저(VGT)에서 목표 부스트 압력을 결정하기 위한 입력요소와 가장 거리가 먼 것은?

① 연료 압력　　② 부스트 압력
③ 가속 페달 위치　④ 엔진 회전속도

가변용량 터보차저 제어장치는 엔진 회전속도, 가속 페달 위치, 대기압, 부스터 압력, 냉각수 온도, 흡입공기 온도, 주행속도 등을 확인하여 자동차의 운전 상태를 파악한다.

17 배출가스 전문정비업자로부터 정비를 받아야 하는 자동차는?

① 운행차 배출가스 정밀검사 결과 배출허용기준을 초과하여 2회 이상 부적합 판정을 받은 자동차
② 운행차 배출가스 정밀검사 결과 배출허용기준을 초과하여 3회 이상 부적합 판정을 받은 자동차
③ 운행차 배출가스 정밀검사 결과 배출허용기준을 초과하여 4회 이상 부적합 판정을 받은 자동차
④ 운행차 배출가스 정밀검사 결과 배출허용기준을 초과하여 5회 이상 부적합 판정을 받은 자동차

정밀검사 결과(관능 및 기능검사는 제외) 2회 이상 부적합 판정을 받은 자동차의 소유자는 전문정비사업자에게 정비·점검을 받은 후 전문정비사업자가 발급한 정비·점검 결과표를 지정을 받은 종합검사대행자 또는 종합검사지정정비사업자에게 제출하고 재검사를 받아야 한다.

18 전자제어 디젤 엔진 연료분사 방식 중 다단분사의 종류에 해당되지 않는 것은?

① 주 분사 ② 예비 분사
③ 사후 분사 ④ 예열 분사

다단분사는 파일럿 분사(Pilot Injection), 주 분사(Main Injection), 사후분사(Post Injection)의 3단계로 이루어지며, 다단분사는 연료를 분할하여 분사함으로써 연소효율이 좋아지며 PM과 NOx를 동시에 저감시킬 수 있다.

19 가솔린 연료 200cc를 완전 연소시키기 위한 공기량(kg)은 약 얼마인가?(단, 공기와 연료의 혼합비는 15:1, 가솔린의 비중은 0.73이다.)

① 2.19 ② 5.19
③ 8.19 ④ 11.19

$Ag = Gv \times \rho \times AFr$
Ag :필요한 공기량(kg), Gv : 가솔린의 체적(ℓ),
ρ : 가솔린의 비중, AFr : 혼합비
$Ag = 0.2\ell \times 0.73 \times 15 = 2.19kg$

20 전자제어 가솔린 엔진에서 연료 분사장치의 특징으로 틀린 것은?

① 응답성 향상
② 냉간 시동성 저하
③ 연료소비율 향상
④ 유해 배출가스 감소

● **연료 분사장치의 특징**
① 엔진의 운전 조건에 가장 적합한 혼합기가 공급된다.
② 감속 시 배기가스의 유해 성분이 감소된다.
③ 연료 소비율이 향상된다.
④ 가속 시에 응답성이 신속하다.
⑤ 냉각수 온도 및 흡입 공기의 악조건에도 잘 견딘다.
⑥ 베이퍼 록, 퍼컬레이션, 아이싱 등의 고장이 없다.
⑦ 운전 성능이 향상된다.
⑧ 냉간 시동시 연료를 증량시켜 시동성이 향상된다.
⑨ 각 실린더에 연료의 분배가 균일하다.
⑩ 벤투리가 없으므로 공기 흐름의 저항이 적다.
⑪ 이상적인 흡기 다기관을 형성할 수 있어 엔진의 효율이 향상된다.

제2과목 자동차 섀시 정비

21 현가장치에서 텔레스코핑형 쇽업쇼버에 대한 설명으로 틀린 것은?

① 단동식과 복동식이 있다.
② 짧고 굵은 형태의 실린더가 주로 쓰인다.
③ 진동을 흡수하여 승차감을 향상시킨다.
④ 내부에 실린더와 피스톤이 있다.

● **텔레스코핑형 쇽업소버**
① 비교적 가늘고 긴 실린더로 조합되어 있다.
② 차체와 연결되는 피스톤과 차축에 연결되는 실린더로 구분되어 있다.
③ 밸브가 피스톤 한쪽에만 설치되어 있는 단동식과 밸브가 피스톤 양쪽에 설치되어 있는 복동식이 있다.
④ 진동을 흡수하여 승차감을 향상시킨다.

22 브레이크장치의 프로포셔닝 밸브에 대한 설명으로 옳은 것은?

① 바퀴의 회전속도에 따라 제동시간을 조절한다.
② 바깥 바퀴의 제동력을 높여서 코너링 포스를 줄인다.
③ 급제동 시 앞바퀴보다 뒷바퀴가 먼저 제동되는 것을 방지한다.
④ 선회 시 조향 안정성 확보를 위해 앞바퀴의 제동력을 높여준다.

프로포셔닝 밸브(proportioning valve)는 마스터 실린더와 휠 실린더 사이에 설치되어 있으며, 제동력 배분을 앞바퀴보다 뒷바퀴를 작게 하여(뒷바퀴의 유압을 감소시킴) 바퀴의 고착을 방지한다. 즉 앞바퀴와 뒷바퀴의 제동압력을 분배한다.

23 ABS 컨트롤 유닛(제어모듈)에 대한 설명으로 틀린 것은?

① 휠의 회전속도 및 가·감속을 계산한다.
② 각 바퀴의 속도를 비교 분석한다.
③ 미끄럼 비를 계산하여 ABS 작동 여부를 결정한다.
④ 컨트롤 유닛이 작동하지 않으면 브레이크가 전혀 작동하지 않는다.

● **ABS 컨트롤 유닛의 기능**
① 감속 · 가속을 계산한다.
② 각 바퀴의 회전속도를 비교 · 분석한다.
③ 미끄럼 비율을 계산하여 ABS 작동 여부를 결정한다.
④ 컨트롤 유닛이 작동하지 않아도 기계작동 방식의 일반 제동장치로 작동하는 페일세이프 기능이 있다.

24 속도비가 0.4이고, 토크비가 2인 토크 컨버터에서 펌프가 4000rpm으로 회전할 때, 토크 컨버터의 효율(%)은 약 얼마인가?

① 80 ② 40
③ 60 ④ 20

$\eta t = Sr \times Tr \times 100$
ηt : 토크 컨버터 효율(%), Sr : 속도비, Tr : 토크비
$\eta t = 0.4 \times 2 \times 100 = 80\%$

25 자동변속기 내부에서 링 기어와 캐리어가 1개씩, 직경이 다른 선 기어 2개, 길이가 다른 피니언 기어가 2개로 조합되어 있는 복합 유성기어 형식은?

① 심프슨 기어 형식
② 윌슨 기어 형식
③ 라비뇨 기어 형식
④ 레펠레티어 기어 형식

● **유성기어 형식**
① **라비뇨 형식** : 크기가 서로 다른 2개의 선 기어를 1개의 유성기어 장치에 조합한 형식이며, 링 기어와 유성기어 캐리어를 각각 1개씩만 사용한다.
② **심프슨 형식** : 2세트의 단일 유성기어 장치를 연이어 접속시키며 1개의 선 기어를 공동으로 사용하는 형식이다.
③ **윌슨 기어 형식** : 단순 유성기어 장치를 3세트 연이어 접속한 형식이다. 동력은 모든 변속 단에서 마지막에 설치된 단순 유성기어 세트의 유성기어 캐리어를 거쳐서 출력된다.
④ **레펠레티어 기어 형식** : 라비뇨 기어 세트의 전방에 1 세트의 단순 유성기어 장치를 접속한 형식으로 전진 6단이 가능한 자동변속기를 만들 수 있다.

26 엔진의 최대토크 20kgf·m, 변속기의 제1변속비 3.5, 종감속비 5.2, 구동바퀴의 유효반지름이 0.35m일 때 자동차의 구동력(kgf)은?(단, 엔진과 구동바퀴 사이의 동력전달효율은 0.45이다.)

① 468 ② 368
③ 328 ④ 268

$F = \frac{T}{r}$
F : 타이어 구동력(kgf), T : 타이어 회전력(kgf·m), r : 타이어 반경(m)
$F = \frac{0.45 \times 20 \times 3.5 \times 5.2}{0.35} = 468(kgf)$

27 자동차 제동장치가 갖추어야 할 조건으로 틀린 것은?

① 최고속도의 차량의 중량에 대하여 항상 충분히 제동력을 발휘할 것.
② 신뢰성과 내구성이 우수할 것.
③ 조작이 간단하고 운전자에게 피로감을 주지 않을 것.
④ 고속주행 상태에서 급제동 시 모든 바퀴에 제동력이 동일하게 작용할 것.

● **제동장치가 갖추어야 할 조건**
① 최고 속도와 차량 중량에 대하여 항상 충분한 제동 작용을 할 것.
② 작동이 확실하고 효과가 클 것.
③ 신뢰성이 높고 내구성이 우수할 것.
④ 점검이나 조정하기가 쉬울 것.
⑤ 조작이 간단하고 운전자에게 피로감을 주지 않을 것.
⑥ 브레이크를 작동시키지 않을 때에는 각 바퀴의 회전에 방해되지 않을 것.

28 전동식 동력 조향장치의 입력 요소 중 조향 핸들의 조작력 제어를 위한 신호가 아닌 것은?

① 토크 센서 신호
② 차속 센서 신호
③ G 센서 신호
④ 조향 각 센서 신호

● **전동식 동력 조향장치의 입력 요소**
① **토크 센서** : 조향 칼럼과 일체로 되어 있으며, 운전자가 조향 핸들을 돌려 래크와 피니언 그리고 바퀴를 돌릴 때 발생하는 토크를 조향 칼럼을 통해 측정한다. 컴퓨터는 조향 조작력 센서의 정보를 기본으로 조향 조작력의 크기를 연산한다.
② **차속 센서** : 변속기 출력축에 설치되어 있으며, 홀 센서 방식이다. 주행속도에 따라 최적의 조향 조작력(고속으로 주행할 때에는 무겁고, 저속으로 주행할 때에는 가볍게 제어)을 실현하기 위한 기준 신호로 사용된다.
③ **조향 각 센서** : 전동기 내에 설치되어 있으며, 전동기(Motor)의 로터(Rotor) 위치를 검출한다. 이 신호에 의해서 컴퓨터가 전동기 출력의 위상을 결정한다.
④ **엔진 회전속도** : 엔진 회전속도는 전동기가 작동할 때 엔진의 부하(발전기 부하)가 발생되므로 이를 보상하기 위한 신호로 사용되며, 엔진 컴퓨터로부터 엔진의 회전속도를 입력받으며 500rpm 이상에서 정상적으로 작동한다.

29 다음 중 구동륜의 동적 휠 밸런스가 맞지 않을 경우 나타나는 현상은?

① 피칭 현상 ② 시미 현상
③ 캐치 업 현상 ④ 링클링 현상

바퀴에 정적 불평형이 있으면 바퀴가 상하로 진동하는 트램핑이 발생하고, 동적 불평형이 있으면 바퀴가 좌우로 흔들리는 시미현상이 발생한다.

30 다음 중 댐퍼 클러치 제어와 가장 관련이 없는 것은?

① 스로틀 포지션 센서
② 에어컨 릴레이 스위치
③ 오일 온도 센서
④ 노크 센서

● **댐퍼 클러치 제어 관련 센서**
① **스로틀 포지션 센서** : 댐퍼 클러치 비 작동영역의 판정을 위해 스로틀 밸브 열림의 정도를 검출한다.
② **에어컨 릴레이 스위치** : 댐퍼 클러치 작동영역의 판정을 위해 에어컨 릴레이의 ON, OFF를 검출한다.
③ **오일 온도 센서** : 댐퍼 클러치 비 작동영역의 판정을 위해 자동변속기 오일(ATF) 온도를 검출한다.
④ **점화 신호** : 스로틀 밸브 열림 정도의 보정과 댐퍼 클러치 작동영역의 판정을 위해 엔진의 회전속도를 검출한다.
⑤ **펄스 제너레이터 B** : 댐퍼 클러치 작동영역의 판정을 위해 변속 패턴의 정보와 함께 트랜스퍼 피동 기어의 회전속도를 검출한다.
⑥ **액셀러레이터 페달 스위치** : 댐퍼 클러치의 비 작동영역을 판정하기 위하여 가속 페달 스위치의 ON, OFF를 검출한다.

31 전자제어 동력 조향장치에서 다음 주행 조건 중 운전자에 의한 조향 휠의 조작력이 가장 작은 것은?

① 40km/h 주행 시
② 80km/h 주행 시
③ 120km/h 주행 시
④ 160km/h 주행 시

조향 핸들의 구비조건에서 조향 휠의 조작력은 저속 시에는 가볍게 하고, 고속 시에는 무겁게 한다.

32 무단변속기(CVT)의 구동 풀리와 피동 풀리에 대한 설명으로 옳은 것은?

① 구동 풀리 반지름이 크고 피동 풀리의 반지름이 작을 경우 증속된다.
② 구동 풀리 반지름이 작고 피동 풀리의 반지름이 클 경우 증속된다.
③ 구동 풀리 반지름이 크고 피동 풀리의 반지름이 작을 경우 역전 감속된다.
④ 구동 풀리 반지름이 작고 피동 풀리의 반지름이 클 경우 역전 증속된다.

구동 풀리 반지름이 크고 피동 풀리의 반지름이 작을 경우 증속이 되며, 구동 풀리 반지름이 작고 피동 풀리의 반지름이 클 경우 고속이 된다.

33 전동식 동력 조향장치(Motor Driven Power Steering)시스템에서 정차 중 핸들 무거움 현상의 발생 원인이 아닌 것은?

① MDPS CAN 통신선의 단선
② MDPS 컨트롤 유닛측의 통신 불량
③ MDPS 타이어 공기압 과다주입
④ MDPS 컨트롤 유닛측 배터리 전원 공급 불량

● **핸들 무거움 현상 발생 원인**
① MDPS 컨트롤 유닛측 배터리 전원 공급 불량
② MDPS 컨트롤 유닛측의 통신 불량
③ MDPS CAN 통신선의 단선
④ MDPS 타이어 공기압의 부족

34 엔진에서 발생한 토크와 회전수가 각각 80kgf·m, 1000rpm, 클러치를 통과하여 변속기로 들어가는 토크와 회전수가 각각 60kgf·m, 900rpm일 경우 클러치의 전달효율은 약 얼마인가?

① 37.5%　② 47.5%
③ 57.5%　④ 67.5%

$$\eta_C = \frac{Cp}{Ep} \times 100$$

η_C: 클러치의 전달효율(%), Cp: 클러치의 출력, Ep: 엔진의 출력

$$\eta_C = \frac{60 \times 900}{80 \times 1000} \times 100 = 67.5\%$$

35 전자제어 현가장치 관련 하이트 센서 이상 시 일반적으로 점검 및 조치해야 하는 내용으로 틀린 것은?

① 계기판 스피드미터 이동을 확인한다.
② 센서 전원의 회로를 점검한다.
③ ECS-ECU 하니스를 점검하고 이상이 있을 경우 수정한다.
④ 하이트 센서 계통에서 단선 혹은 쇼트를 확인한다.

● **하이트 센서 이상 시 점검 및 조치**
① 하이트 센서 계통에서 단선 혹은 쇼트 확인한다.
② 센서 전원의 회로를 점검한다.
③ ECS-ECU의 하니스를 점검하고 이상이 있을 경우 수정한다.

36 센터 디퍼렌셜 기어 장치가 없는 4WD 차량에서 4륜 구동상태로 선회 시 브레이크가 걸리는 듯한 현상은?

① 타이트 코너 브레이킹
② 코너링 언더 스티어
③ 코너링 요 모멘트
④ 코너링 포스

타이트 코너 브레이킹 현상이란 센터 디퍼렌셜 기어 장치가 없는 4WD 차량에서 4륜 구동상태로 선회할 때 브레이크가 걸리는 듯한 현상이다.

37 스프링 정수가 5kgf/mm인 코일 스프링을 5cm 압축하는데 필요한 힘(kgf)은?

① 250　② 25
③ 2500　④ 2.5

$$k = \frac{W}{a}$$

k : 스프링 상수(kgf/mm), W : 하중(kgf), a : 변형량(mm)

$W = k \times a = 5kgf/mm \times 50mm = 250kgf$

38 자동차를 옆에서 보았을 때 킹핀의 중심선이 노면에 수직인 직선에 대하여 어느 한쪽으로 기울어져 있는 상태는?

① 캐스터 ② 캠버
③ 셋백 ④ 토인

● **휠 얼라인먼트**
① **캠버** : 자동차를 앞에서 보면 그 앞바퀴가 수직선에 대해 어떤 각도를 두고 설치되어 있는 상태
② **셋백** : 앞 뒤 차축의 평행도를 나타내는 것을 셋백이라 한다.
③ **토인** : 앞바퀴를 위에서 내려다보면 바퀴 중심선 사이의 거리가 앞쪽이 뒤쪽보다 약간 작게 되어 있는 상태

39 구동력이 108kgf인 자동차가 100km/h로 주행하기 위한 엔진의 소요마력(PS)은?

① 20 ② 40
③ 80 ④ 100

$$H_{PS} = \frac{F \times V}{75}$$

H_{PS} : 엔진의 소요마력(PS), F : 구동력(kgf), V : 주행속도(m/s)

$$H_{PS} = \frac{108 \times 100 \times 1000}{75 \times 60 \times 60} = 40PS$$

40 자동차의 제동 안전장치가 아닌 것은?

① 드래그 링크 장치
② ABS(anti-lock brake system)
③ 2계통 브레이크 장치
④ 로드 센싱 프로포셔닝 밸브 장치

드래그 링크는 일체 차축 방식 조향 기구에서 피트먼 암과 너클 암(제3암)을 연결하는 로드이며, 드래그 링크는 피트먼 암을 중심으로 한 원호 운동을 한다.

제3과목 자동차전기 · 전자장치정비

41 자동차 냉방 시스템에서 CCOT(Clutch Cycling Orifice Tube)형식의 오리피스 튜브와 동일한 역할을 수행하는 TXV(Thermal Expansion Valve)형식의 구성부품은?

① 콘덴서 ② 팽창 밸브
③ 핀센서 ④ 리시버 드라이어

● **에어컨 형식의 종류**
① **TXV 형식** : 압축기, 콘덴서, 팽창 밸브, 증발기로 구성되어 있다.
② **CCOT 형식** : 압축기, 콘덴서, 오리피스 튜브, 증발기로 구성되어 있다. 오리피스 튜브는 TXV 형식의 팽창 밸브 역할을 수행한다.

42 차량에서 12V 배터리를 탈거한 후 절연체의 저항을 측정하였더니 1MΩ이라면 누설 전류(mA)는?

① 0.006 ② 0.008
③ 0.010 ④ 0.012

$$I = \frac{E}{R}$$

I : 전류(A), E : 전압(V), R : 저항(Ω)

$$I = \frac{12V}{1000000\Omega} \times 1000 = 0.012mA$$

43 high speed CAN 파형분석 시 지선부위 점검 중 High-line이 전원에 단락되었을 때 측정되어지는 파형의 현상으로 옳은 것은?

① Low 신호도 High선 단락의 영향으로 0.25V로 유지
② 데이터에 따라 간헐적으로 0V로 하강
③ Low 파형은 종단 저항에 의한 전압강하로 11.8V 유지
④ High 파형 0V 유지(접지)

● **High-line 전원 단락**
① High 파형 13.9V 유지
② Low 파형은 종단 저항에 의한 전압강하로 11.8V 유지

44 자동차의 레인 센서 와이퍼 제어장치에 대한 설명 중 옳은 것은?

① 엔진 오일의 양을 감지하여 운전자에게 자동으로 알려주는 센서이다.
② 자동차의 와셔액량을 감지하여 와이퍼가 작동 시 와셔 액을 자동 조절하는 장치이다.
③ 앞 창유리 상단의 강우량을 감지하여 자동으로 와이퍼 속도를 제어하는 센서이다.
④ 온도에 따라서 와이퍼 조작 시 와이퍼 속도를 제어하는 장치이다.

레인 센서 와이퍼 제어장치는 앞 창유리 상단의 강우량을 감지하여 자동으로 와이퍼 속도를 제어하는 장치이다.

45 자동차 통신 시스템의 장점에 대하여 설명한 것으로 틀린 것은?

① 진단 장비를 이용하여 자동차 정비
② 시스템의 신뢰성이 향상된다.
③ 전기장치의 설치가 복잡하고 어렵다.
④ 배선을 경량화 할 수 있다.

전장품의 가장 가까운 곳에 설치된 ECU에서 전장품의 작동을 제어하기 때문에 전기장치의 설치가 용이하다.

46 후진 경보장치에 대한 설명으로 틀린 것은?

① 후방의 장애물을 경고음으로 운전자에게 알려 준다.
② 변속레버를 후진으로 선택하면 자동 작동된다.
③ 초음파 방식은 장애물에 부딪쳐 되돌아오는 초음파로 거리가 계산된다.
④ 초음파 센서의 작동주기는 1분에 60~120회 이내이어야 한다.

후진 경보장치는 후진할 때 편의성 및 안전성을 확보하기 위해 운전자가 변속레버를 후진으로 선택하면 후진경고장치가 작동하여 장애물이 있다면 초음파 센서에서 초음파를 발사하여 장애물에 부딪쳐 되돌아오는 초음파를 받아서 컴퓨터에서 자동차와 장애물과의 거리를 계산하여 버저(buzzer)의 경고음으로 운전자에게 알려주는 장치이다.

47 경음기 소음 측정 시 암소음 보정을 하지 않아도 되는 경우는?

① 경음기소음 : 84dB, 암소음 : 75dB
② 경음기소음 : 90dB, 암소음 : 85dB
③ 경음기소음 : 100dB, 암소음 : 92dB
④ 경음기소음 : 100dB, 암소음 : 85dB

자동차 소음과 암소음의 측정치의 차이가 3dB 이상 10dB 미만인 경우에는 자동차로 인한 소음의 측정치로부터 아래의 보정치를 뺀 값을 최종 측정치로 하고 차이가 3dB 미만일 때에는 측정치를 무효로 한다.

자동차 소음과 암소음의 측정치 차이	3	4~5	6~9
보정치	3	2	1

48 자동차의 IMS(Integrated Memory System)에 대한 설명으로 옳은 것은?

① 도난을 예방하기 위한 시스템이다.
② 편의장치로서 장거리 운행시 자동운행 시스템이다.
③ 배터리 교환주기를 알려주는 시스템이다.
④ 스위치 조작으로 설정해둔 시트위치로 재생시킨다.

IMS는 운전자가 자신에게 맞는 최적의 시트 위치, 사이드 미러 위치 및 조향 핸들의 위치 등을 IMS 컴퓨터에 입력시킬 수 있으며, 다른 운전자가 운전하여 위치가 변경되었을 경우 컴퓨터가 기억시킨 위치로 자동적으로 복귀시켜 주는 장치이다.

49 자동차에서 CAN 통신 시스템의 특징이 아닌 것은?

① 데이터를 2개의 배선(CAN-HIGH, CAN-LOW)을 이용하여 전송한다.
② 모듈간의 통신이 가능하다.
③ 양방향 통신이다.
④ 싱글 마스터(single master) 방식이다.

CAN 통신(Controller Area Network)은 차량 내에서 호스트 컴퓨터 없이 마이크로 컨트롤러나 장치들이 서로 통신하기 위해 설계된 표준 통신 규격이다. 양방향 통신이므로 모듈사이의 통신이 가능하며, 데이터를 2개의 배선(CAN-HIGH, CAN-LOW)을 이용하여 전송한다.

50 온수식 히터장치의 실내 온도 조절 방법으로 틀린 것은?

① 온도 조절 액추에이터를 이용하여 열교환기를 통과하는 공기량을 조절한다.
② 송풍기 모터의 회전수를 제어하여 온도를 조절한다.
③ 열교환기에 흐르는 냉각수량을 가감하여 온도를 조절한다.
④ 라디에이터 팬의 회전수를 제어하여 열교환기의 온도를 조절한다.

온수식 히터장치는 냉각수를 실내 공조장치 안에 위치한 히터 코어로 보내 공기를 가열 후 블로어 모터를 사용하여 실내를 난방 한다. 연소실의 폐열로 인하여 냉각수가 워밍업 되었을 때는 90℃ 이상의 온수가 히터 코어에 공급되고, 온도 액추에이터가 바람의 유로를 히터 코어 쪽으로 열어주면 송풍기에 의해 따뜻한 바람이 실내로 유입된다. 풍향, 풍량, 온도 설정은 컨트롤 패널 조작에 의해 이루어진다.

51 자동차용 냉방 장치에서 냉매 사이클의 순서로 옳은 것은?

① 증발기 → 압축기 → 응축기 → 팽창 밸브
② 증발기 → 응축기 → 팽창 밸브 → 압축기
③ 응축기 → 압축기 → 팽창 밸브 → 증발기
④ 응축기 → 증발기 → 압축기 → 팽창 밸브

에어컨의 냉매 순환 과정은 압축기(컴프레서) → 응축기(콘덴서) → 건조기(리시버 드라이어) → 팽창 밸브 → 증발기(이배퍼레이터)이다.

52 첨단 운전자 보조 시스템(ADAS) 센서 진단 시 사양 설정 오류 DTC 발생에 따른 정비 방법으로 옳은 것은?

① 베리언트 코딩 실시
② 해당 센서 신품 교체
③ 시스템 초기화
④ 해당 옵션 재설정

베리언트 코딩은 신품의 ADAS 모듈을 교체한 후 차량에 장착된 옵션의 종류에 따라 모듈의 기능을 최적화시키는 작업으로 해당 차량에 맞는 사양을 정확하게 입력하지 않을 경우 교체 전 모듈의 사양으로 인식을 하여 관련 고장코드 및 경고등을 표출한다. 전용의 스캐너를 이용하여 베리언트 코딩을 수행하여야 하며, 미진행 시 "베리언트 코딩 이상, 사양 설정 오류" 등의 DTC 고장 코드가 소거되지 않을 수 있다.

53 단면적 0.002cm², 길이 10m인 니켈-크롬선의 전기저항(Ω)은?(단, 니켈-크롬선의 고유저항은 110μΩ 이다.)

① 45 ② 50
③ 55 ④ 60

$R = \rho \times \frac{\ell}{A}$

R : 저항(Ω), ρ : 도체의 고유저항(Ω),
ℓ : 도체의 길이(cm), A : 도체의 단면적(cm²)

$R = 110 \times 10^{-6} \times \frac{10 \times 100}{0.002} = 55\Omega$

54 다음 회로에서 스위치를 ON하였으나 전구가 점등되지 않아 테스트 램프(LED)를 사용하여 점검한 결과 i점과 j점이 모두 점등되었을 때 고장원인을 옳은 것은?

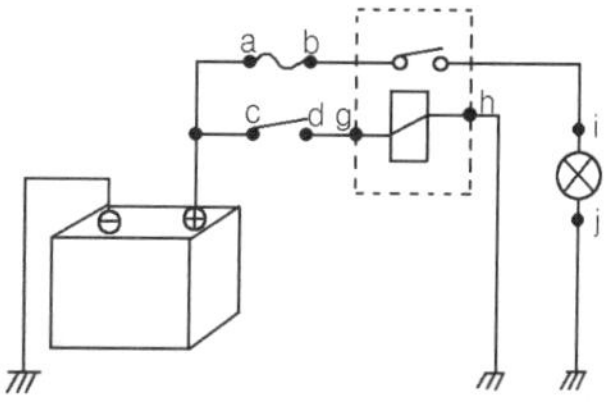

① 퓨즈 단선 ② 릴레이 고장
③ h와 접지선 단선 ④ j와 접지선 단선

c - d의 스위치를 ON 시켰을 때 전구가 점등되지 않아 테스트 램프를 이용하여 점검한 결과 i 지점과 j 지점에 테스트 램프를 접촉시켰을 때 점등되었다면 j지점과 접지선의 단선이다.

55 광도가 25000cd의 전조등으로부터 5m 떨어진 위치에서의 조도(Lx)은?

① 100 ② 500
③ 1000 ④ 5000

$Lux = \frac{cd}{r^2}$

Lux : 조도(Lx), cd : 광도(cd), r : 거리(m)

$Lx = \frac{25000}{5^2} = 1000Lx$

56 전기 회로의 점검방법으로 틀린 것은?

① 전류 측정 시 회로와 병렬로 연결한다.
② 회로가 접속 불량일 경우 전압 강하를 점검한다.
③ 회로의 단선 시 회로의 저항 측정을 통해서 점검할 수 있다.
④ 제어 모듈 회로 점검 시 디지털 멀티미터를 사용해서 점검할 수 있다.

전기 회로에서 전류를 측정할 경우 전류계를 회로와 직렬로 연결하여 점검하고, 전압을 측정할 경우 전압계를 회로와 병렬로 연결하여 점검한다.

57 냉·난방장치에서 블로워 모터 및 레지스터에 대한 설명으로 옳은 것은?

① 최고 속도에서 모터와 레지스터는 병렬 연결된다.
② 블로어 모터 회전속도는 레지스터의 저항값에 반비례한다.
③ 블로어 모터 레지스터는 라디에이터 팬 앞쪽에 장착되어 있다.
④ 블로어 모터가 최고속도로 작동하면 블로워 모터 퓨즈가 단선될 수도 있다.

레지스터는 블로어 모터의 회전수를 조절하는 역할을 하며, 레지스터는 몇 개의 저항으로 회로를 구성한다. 레지스터의 각 저항을 적절히 조합하여 각 속도 단별 저항을 형성하며, 저항에 따른 발열에 대한 안전장치로 퓨즈가 내장되어 있다.

58 공기 정화용 에어 필터 관련 내용으로 틀린 것은?

① 공기 중의 이물질만 제거 가능한 형식이 있다.
② 필터가 막히면 블로워 모터의 소음이 감소된다.
③ 공기 중의 이물질과 냄새를 함께 제거하는 형식이 있다.
④ 필터가 막히면 블로워 모터의 송풍량이 감소된다.

공기 정화용 에어 필터는 차량 실내의 이물질 및 냄새를 제거하여 항상 쾌적한 실내의 환경을 유지시켜 주는 역할을 한다. 예전에 사용되던 파티클 에어 필터는 먼지만 제거하였지만, 현재는 먼지 제거용 필터와 냄새 제거용 필터를 추가한 콤비네이션 필터를 사용하여 항상 쾌적한 실내의 환경을 유지시킨다. 필터가 막히면 블로어 모터의 송풍량이 감소된다.

59 자동차 PIC 시스템의 주요 기능으로 가장 거리가 먼 것은?

① 스마트키 인증에 의한 도어 록
② 스마트키 인증에 의한 엔진 정지
③ 스마트키 인증에 의한 도어 언록
④ 스마트키 인증에 의한 트렁크 언록

● **PIC 시스템의 주요 기능**
① 스마트 키 인증에 의한 도어 언록
② 스마트 키 인증에 의한 도어 록
③ 스마트 키 인증에 의한 엔진 시동
④ 스마트 키 인증에 의한 트렁크 언록

60 반도체 접합 중 이중 접합의 적용으로 틀린 것은?

① 서미스터
② 발광 다이오드
③ PNP 트랜지스터
④ NPN 트랜지스터

● **반도체의 접합**
① **무접합** : 서미스터, 광전도셀(CdS)
② **단접합** : 다이오드, 제너다이오드, 단일접합 또는 단일접점 트랜지스터
③ **이중 접합** : PNP 트랜지스터, NPN 트랜지스터, 가변용량 다이오드, 발광다이오드, 전계효과 트랜지스터
④ **다중 접합** : 사이리스터, 포토트랜지스터, 트라이악

제4과목 친환경 자동차 정비

61 하이브리드 스타터 제너레이터의 기능으로 틀린 것은?

① 소프트 랜딩 제어
② 차량 속도 제어
③ 엔진 시동 제어
④ 발전 제어

● 스타터 제너레이터의 기능
① EV(전기 자동차)모드에서 HEV(하이브리드 자동차) 모드로 전환할 때 엔진을 시동하는 시동 전동기로 작동한다.
② 발전을 할 경우에는 발전기로 작동하는 장치이며, 주행 중 감속할 때 발생하는 운동 에너지를 전기 에너지로 전환하여 배터리를 충전한다.
③ HSG(스타터 제너레이터)는 주행 중 엔진과 HEV 모터(변속기)를 충격 없이 연결시켜 준다.

62 주행 중인 하이브리드 자동차에서 제동 및 감속 시 충전 불량 현상이 발생하였을 때 점검이 필요한 곳은?

① 회생 제동 장치 ② LDC 제어장치
③ 발진 제어 장치 ④ 12V용 충전장치

주행 중인 하이브리드 자동차에서 제동 및 감속을 할 때에는 운동 에너지를 전기 에너지로 변환하여 고전압 배터리를 충전한다. 따라서 제동 및 감속 시 충전 불량 현상이 발생하면 회생 제동 장치를 점검하여야 한다.

63 하이브리드 차량 정비 시 고전압 차단을 위해 안전 플러그(세이프티 플러그)를 제거한 후 고전압 부품을 취급하기 전 일정시간 이상 대기시간을 갖는 이유로 가장 적절한 것은?

① 고전압 배터리 내의 셀의 안정화
② 제어 모듈 내부의 메모리 공간의 확보
③ 저전압(12V) 배터리에 서지 전압 차단
④ 인버터 내의 콘덴서에 충전되어 있는 고전압 방전

친환경 전기 자동차의 고전압 부품을 취급하기 전에 안전플러그를 제거하여 고전압을 차단하고 5~10분 이상 경과한 후에 고전압 부품을 취급하여야 한다. 그 이유는 인버터 내의 콘덴서(축전기)에 충전되어 있는 고전압을 방전시키기 위함이다.

64 KS R 0121에 의한 하이브리드의 동력 전달 구조에 따른 분류가 아닌 것은?

① 병렬형 HV
② 복합형 HV
③ 동력 집중형 HV
④ 동력 분기형 HV

● 동력 전달 구조에 따른 분류
① **병렬형** HV : 하이브리드 자동차의 2개 동력원이 공통으로 사용되는 동력 전달 장치를 거쳐 각각 독립적으로 구동축을 구동시키는 방식의 하이브리드 자동차
② **직렬형** HV : 하이브리드 자동차의 2개 동력원 중 하나는 다른 하나의 동력을 공급하는 데 사용되나 구동축에는 직접 동력 전달이 되지 않는 구조를 갖는 하이브리드 자동차이다. 엔진-전기를 사용하는 직렬 하이브리드 자동차의 경우 엔진이 직접 구동축에 동력을 전달하지 않고 엔진은 발전기를 통해 전기 에너지를 생성하고 그 에너지를 사용하는 전기 모터가 구동하여 자동차를 주행시킨다.
③ **복합형** HV : 직렬형과 병렬형 하이브리드 자동차를 결합한 형식의 하이브리드 자동차로 동력 분기형 HV 라고도 한다. 엔진-전기를 사용하는 차량의 경우 엔진의 구동력이 기계적으로 구동축에 전달되기도 하고 그 일부가 전동기를 거쳐 전기 에너지로 전환된 후 구동축에서 다시 기계적 에너지로 변경되어 구동축에 전달되는 방식의 동력 분배 전달 구조를 갖는다.

65 전기 자동차의 구동 모터 탈거를 위한 작업으로 가장 거리가 먼 것은?

① 서비스(안전) 플러그를 분리한다.
② 보조 배터리(12V)의 (-)케이블을 분리한다.
③ 냉각수를 배출한다.
④ 배터리 관리 유닛의 커넥터를 탈거한다.

● 구동 모터 탈거
① 안전 플러그를 분리한다.
② 보조 배터리의 (-) 케이블을 분리한다.
③ 냉각수를 배출한다.

66 전기 자동차에 적용하는 배터리 중 자기방전이 없고 에너지 밀도가 높으며, 전해질이 겔 타입이고 내 진동성이 우수한 방식은?

① 리튬이온 폴리머 배터리(Li-Pb Battery)
② 니켈수소 배터리(Ni-MH Battery)
③ 니켈카드뮴 배터리(Ni-Cd Battery)
④ 리튬이온 배터리(Li-ion Battery)

리튬-폴리머 배터리도 리튬이온 배터리의 일종이다. 리튬이온 배터리와 마찬가지로 (+) 전극은 리튬-금속산화물이고 (-)은 대부분 흑연이다. 액체 상태의 전해액 대신에 고분자 전해질을 사용하는 점이 다르다. 전해질은 고분자를 기반으로 하며, 고체에서 겔(gel) 형태까지의 얇은 막 형태로 생산된다. 고분자 전해질 또는 고분자 겔(gell) 전해질을 사용하는 리튬-폴리머 배터리에서는 전해액의 누설 염려가 없으며 구성 재료의 부식도 적다. 그리고 휘발성 용매를 사용하지 않기 때문에 발화 위험성이 적다. 전해질은 이온전도성이 높고, 전기 화학적으로 안정되어 있어야 하고, 전해질과 활성물질 사이에 양호한 계면을 형성해야 하고, 열적 안정성이 우수해야 하고, 환경부하가 적어야 하며, 취급이 쉽고, 가격이 저렴하여야 한다.

67 전기 자동차 고전압 배터리의 안전 플러그에 대한 설명으로 틀린 것은?

① 탈거 시 고전압 배터리 내부 회로 연결을 차단한다.
② 전기 자동차의 주행속도 제한 기능을 한다.
③ 일부 플러그 내부에는 퓨즈가 내장되어 있다.
④ 고전압 장치 정비 전 탈거가 필요하다.

● **안전 플러그**
① 리어 시트 하단에 장착되어 있으며, 기계적인 분리를 통하여 고전압 배터리 내부의 회로 연결을 차단하는 장치이다.
② 고전압 시스템을 점검하거나 정비하기 전에 반드시 안전 플러그를 분리하여 고전압을 차단하도록 하여야 한다.
③ 메인 퓨즈(250A 퓨즈)는 안전 플러그 내에 장착되어 있으며, 고전압 배터리 및 고전압 회로를 과전류로부터 보호하는 기능을 한다.

68 전기 자동차의 완속 충전에 대한 설명으로 해당되지 않은 것은?

① AC 100・220V의 전압을 이용하여 고전압 배터리를 충전하는 방법이다.
② 표준화된 충전기를 사용하여 차량 앞쪽에 설치된 완속 충전기 인렛을 통해 충전하여야 한다.
③ 급속 충전보다 더 많은 시간이 필요하다.
④ 급속 충전보다 충전 효율이 높아 배터리 용량의 80%까지 충전할 수 있다.

● **완속 충전**
① AC 100・220V의 전압을 이용하여 고전압 배터리를 충전하는 방법이다.
② 표준화된 충전기를 사용하여 차량 앞쪽에 설치된 완속 충전기 인렛을 통해 충전하여야 한다.
③ 급속 충전보다 더 많은 시간이 필요하다.
④ 급속 충전보다 충전 효율이 높아 배터리 용량의 90%까지 충전할 수 있다.

69 전기 자동차용 전동기에 요구되는 조건으로 틀린 것은?

① 구동 토크가 작아야 한다.
② 고출력 및 소형화해야 한다.
③ 속도제어가 용이해야 한다.
④ 취급 및 보수가 간편해야 한다.

● **전기 자동차용 전동기에 요구되는 조건**
① 속도제어가 용이해야 한다.
② 내구성이 커야 한다.
③ 구동 토크가 커야 한다.
④ 취급 및 보수가 간편해야 한다.

70 전기 자동차 고전압 배터리 시스템의 제어 특성에서 모터 구동을 위하여 고전압 배터리가 전기 에너지를 방출하는 동작 모드로 맞는 것은?

① 제동 모드 ② 방전 모드
③ 정지 모드 ④ 충전 모드

방전 모드란 전압 배터리 시스템의 제어 특성에서 모터 구동을 위하여 고전압 배터리가 전기 에너지를 방출하는 동작 모드이다.

71 모터 컨트롤 유닛 MCU(Motor Control Unit)의 설명으로 틀린 것은?

① 고전압 배터리의(DC) 전력을 모터 구동을 위한 AC 전력으로 변환한다.
② 구동 모터에서 발생한 DC 전력을 AC로 변환하여 고전압 배터리에 충전한다.
③ 가속 시에 고전압 배터리에서 구동 모터로 에너지를 공급한다.
④ 3상 교류(AC) 전원(U, V, W)으로 변환된 전력으로 구동 모터를 구동시킨다.

모터 컨트롤 유닛(MCU)의 기능은 고전압 배터리의 직류를 3상 교류로 바꾸어 모터에 공급하며, 회생 제동을 할 때 모터에서 발생되는 3상 교류를 직류로 바꾸어 고전압 배터리에 공급하는 컨버터(AC→DC 변환)의 기능을 수행한다.

72 친환경 자동차의 고전압 배터리 충전상태(SOC)의 일반적인 제한영역은?

① 20~80%　② 55~86%
③ 86~110%　④ 110~140%

고전압 배터리 충전상태(SOC)의 일반적인 제한영역은 20~80% 이다.

73 수소 연료 전지 전기 자동차에서 직류(DC) 전압을 다른 직류(DC) 전압으로 바꾸어주는 장치는 무엇인가?

① 커패시터　② DC-AC 컨버터
③ DC-DC 컨버터　④ 리졸버

● **용어의 정의**
① **커패시터** : 배터리와 같이 화학반응을 이용하여 축전하는 것이 아니라 콘덴서(condenser)와 같이 전자를 그대로 축적해 두고 필요할 때 방전하는 것으로 짧은 시간에 큰 전류를 축적하거나 방출할 수 있다.
② **DC-DC 컨버터** : 직류(DC) 전압을 다른 직류(DC) 전압으로 바꾸어주는 장치이다.
③ **리졸버**(resolver, **로터 위치 센서**) : 모터에 부착된 로터와 리졸버의 정확한 상(phase)의 위치를 검출하여 MCU로 입력시킨다.

74 친환경 자동차에서 PRA(Power Relay Assembly) 기능에 대한 설명으로 틀린 것은?

① 승객 보호
② 전장품 보호
③ 고전압 회로 과전류 보호
④ 고전압 배터리 암전류 차단

PRA의 기능은 전장품 보호, 고전압 회로 과전류 보호, 고전압 배터리 암전류 차단 등이다.

75 수소 연료 전지 전기 자동차의 구동 모터를 작동하기 위한 전기 에너지를 공급 또는 저장하는 기능을 하는 것은?

① 보조 배터리
② 변속기 제어기
③ 고전압 배터리
④ 엔진 제어기

고전압 배터리는 구동 모터에 전력을 공급하고, 회생제동 시 발생되는 전기 에너지를 저장하는 역할을 한다.

76 CNG 엔진의 분류에서 자동차에 연료를 저장하는 방법에 따른 분류가 아닌 것은?

① 압축 천연가스(CNG) 자동차
② 액화 천연가스(LNG) 자동차
③ 흡착 천연가스(ANG) 자동차
④ 부탄가스 자동차

● **연료를 저장하는 방법에 따른 분류**
① **압축 천연가스**(CNG) **자동차** : 천연가스를 약 200~250기압의 높은 압력으로 압축하여 고압 용기에 저장하여 사용하며, 현재 대부분의 천연가스 자동차가 사용하는 방법이다.
② **액화 천연가스**(LNG) **자동차** : 천연가스를 −162℃ 이하의 액체 상태로 초저온 단열용기에 저장하여 사용하는 방법이다.
③ **흡착 천연가스**(ANG) **자동차** : 천연가스를 활성탄 등의 흡착제를 이용하여 압축천연 가스에 비해 1/5~1/3 정도의 중압(50~70 기압)으로 용기에 저장하는 방법이다.

77 자동차 연료로 사용하는 천연가스에 관한 설명으로 맞는 것은?

① 약 200기압으로 압축시켜 액화한 상태로만 사용한다.
② 부탄이 주성분인 가스 상태의 연료이다.
③ 상온에서 높은 압력으로 가압하여도 기체 상태로 존재하는 가스이다.
④ 경유를 착화보조 연료로 사용하는 천연가스 자동차를 전소엔진 자동차라 한다.

천연가스는 상온에서 고압으로 가압하여도 기체 상태로 존재하므로 자동차에서는 약 200기압으로 압축하여 고압 용기에 저장하거나 액화 저장하여 사용하며, 메탄이 주성분인 가스 상태이다.

78 압축 천연가스(CNG)의 특징으로 거리가 먼 것은?

① 전 세계적으로 매장량이 풍부하다.
② 옥탄가가 매우 낮아 압축비를 높일 수 없다.
③ 분진 유황이 거의 없다.
④ 기체 연료이므로 엔진 체적효율이 낮다.

압축 천연가스는 기체 연료이므로 엔진 체적효율이 낮으며, 옥탄가가 130으로 가솔린의 100보다 높다.

79 LPI(Liquid Petroleum Injection) 연료장치의 특징이 아닌 것은?

① 가스 온도 센서와 가스 압력 센서에 의해 연료 조성비를 알 수 있다.
② 연료 압력 레귤레이터에 의해 일정 압력을 유지하여야 한다.
③ 믹서에 의해 연소실로 연료가 공급된다.
④ 연료펌프가 있다.

LPI(Liquid Petroleum Injection) 장치는 LPG를 높은 압력의 액체 상태(5~15bar)로 유지하면서 엔진 컴퓨터에 의해 제어되는 인젝터를 통하여 각 실린더로 분사하는 방식이다.

80 전자제어 LPI 엔진의 구성품이 아닌 것은?

① 베이퍼라이저
② 가스 온도 센서
③ 연료 압력 센서
④ 레귤레이터 유닛

● LPI 연료 장치 구성품
① **가스 온도 센서** : 가스 온도에 따른 연료량의 보정 신호로 이용되며, LPG의 성분 비율을 판정할 수 있는 신호로도 이용된다.
② **연료 압력 센서(가스 압력 센서)** : LPG 압력의 변화에 따른 연료량의 보정 신호로 이용되며, 시동시 연료 펌프의 구동 시간을 제어하는데 영향을 준다.
③ **레귤레이터 유닛** : 연료 압력 조절기 유닛은 연료 봄베에서 송출된 고압의 LPG를 다이어프램과 스프링 장력의 균형을 이용하여 연료 라인 내의 압력을 항상 펌프의 압력보다 약 5kgf/cm² 정도 높게 유지시키는 역할을 한다.

정답 2024년 1회

01.④	02.②	03.③	04.①	05.④
06.①	07.③	08.③	09.④	10.③
11.④	12.④	13.②	14.③	15.①
16.①	17.①	18.④	19.①	20.②
21.②	22.③	23.④	24.①	25.③
26.①	27.④	28.③	29.②	30.④
31.①	32.①	33.③	34.④	35.①
36.①	37.①	38.①	39.②	40.①
41.②	42.④	43.③	44.③	45.③
46.④	47.④	48.④	49.④	50.④
51.①	52.①	53.③	54.④	55.③
56.①	57.②	58.②	59.②	60.①
61.②	62.①	63.④	64.③	65.④
66.①	67.②	68.④	69.①	70.②
71.②	72.①	73.③	74.①	75.③
76.④	77.③	78.②	79.③	80.①

CBT 기출복원문제

2024년 2회

▶ 정답 528쪽

제1과목 자동차 엔진 정비

01 엔진 출력이 80ps/4000rpm인 자동차를 엔진 회전수 제어방식(Lug-Down 3모드)으로 배출가스를 정밀검사 할 때 2모드에서 엔진 회전수는?

① 엔진 정격 회전수의 80%, 3200rpm
② 엔진 정격 회전수의 70%, 2800rpm
③ 엔진 정격 회전수의 90%, 3600rpm
④ 최대 출력의 엔진 정격 회전수, 4000rpm

엔진 회전수 제어방식(Lug-Down 3모드)으로 배출가스를 정밀검사 할 때 검사 모드는 가속페달을 최대로 밟은 상태에서 최대 출력의 엔진 정격회전수에서 1모드, 엔진 정격 회전수의 90%에서 2모드, 엔진 정격 회전수의 80%에서 3모드로 형성하여 각 검사 모드에서 모드 시작 5초 경과 이후 모드가 안정되면 엔진 회전수, 최대출력 및 매연 측정을 시작하여 10초 동안 측정한 결과를 산술 평균한 값을 최종 측정치로 한다.

02 배기가스 재순환 장치(EGR)에 대한 설명으로 틀린 것은?

① 급가속 시에만 흡기다기관으로 재순환시킨다.
② EGR 밸브 제어 방식에는 진공식과 전자제어식이 있다.
③ 배기가스의 일부를 흡기다기관으로 재순환시킨다.
④ 냉각수를 이용한 수냉식 EGR 쿨러도 있다.

배기가스 재순환 장치(EGR)가 작동되는 경우는 엔진의 특정 운전 구간(냉각수 온도가 65℃이상이고, 중속 이상)에서 질소산화물이 많이 배출되는 운전영역에서만 작동하도록 한다. 또 공전운전을 할 때, 난기운전을 할 때, 전부하 운전영역, 그리고 농후한 혼합가스로 운전되어 출력을 증대시킬 경우에는 작용하지 않는다.

03 가솔린 연료 분사장치에서 공기량 계측센서 형식 중 직접 계측 방식으로 틀린 것은?

① 베인식
② MAP 센서식
③ 칼만 와류식
④ 핫 와이어식

MAP 센서는 흡기다기관의 절대 압력 변동에 따른 흡입 공기량을 간접적으로 검출하여 컴퓨터에 입력시키며, 엔진의 연료 분사량 및 점화시기를 조절하는 신호로 이용된다.

04 과급장치(turbo charger)의 효과에 대한 내용으로 틀린 것은?

① 충전(charging) 효율이 감소되므로 연료 소비율이 낮아진다.
② 실린더 용량을 변화시키지 않고 출력을 향상시킬 수 있다.
③ 출력 증가로 운전성이 향상된다.
④ CO, HC, Nox 등 유해 배기가스의 배출이 줄어든다.

● 과급장치의 효과
① 출력 증가로 운전성이 향상된다.
② 충진 효율의 증가로 연료 소비율이 낮아진다.
③ CO, HC, Nox 등 배기가스의 배출이 줄어든다.
④ 단위 마력 당 출력이 증가되어 엔진 크기와 중량을 줄일 수 있다.

05 가변 밸브 타이밍 시스템에 대한 설명으로 틀린 것은?

① 공전 시 밸브 오버랩을 최소화하여 연소 안정화를 이룬다.
② 펌핑 손실을 줄여 연료 소비율을 향상시킨다.
③ 공전 시 흡입 관성효과를 향상시키기 위해 밸브 오버랩을 크게 한다.
④ 중부하 영역에서 밸브 오버랩을 크게 하여 연소실 내의 배기가스 재순환 양을 높인다.

가변 밸브 타이밍 시스템은 공회전 영역 및 엔진을 시동할 때 밸브 오버랩을 최소화 하여(흡입 최대 지각) 연소 상태를 안정시키고 흡입 공기량을 감소시켜 연료 소비율과 시동 성능을 향상시킨다. 그리고 중부하 운전영역에서는 밸브 오버랩을 크게 하여 배기가스의 재순환 비율을 높여 질소산화물 및 탄화수소 배출을 감소시키며, 흡기다기관의 부압을 낮추어 펌핑 손실도 감소시킨다.

06 자동차 연료의 특성 중 연소 시 발생한 H_2O가 기체일 때의 발열량은?

① 저 발열량　② 중 발열량
③ 고 발열량　④ 노크 발열량

총 발열량은 고위 발열량(=고발열량)이라고도 하며, 단위 질량의 연료가 완전 연소하였을 때에 발생하는 열량을 말한다. 저위 발열량(=저발열량)은 총 발열량으로부터 연료에 포함된 수분과 연소에 의해 발생한 수분을 증발시키는데 필요한 열량을 뺀 것을 말한다. 엔진의 열효율을 말하는 경우에는 저위발열량이 사용된다.

07 흡·배기 밸브의 냉각 효과를 증대하기 위해 밸브 스템 중공에 채우는 물질로 옳은 것은?

① 리튬　② 바륨
③ 알루미늄　④ 나트륨

나트륨 밸브는 밸브 스템을 중공으로 하고 열 전도성이 좋은 금속 나트륨을 중공 체적의 40 ~ 60% 봉입하여 밸브 헤드의 냉각이 잘 되도록 한 밸브이다. 엔진이 작동 중에 밸브 스템에 봉입된 금속 나트륨이 밸브 헤드의 열을 받아 액체가 될 때 약 100℃ 의 열이 필요하기 때문에 헤드의 온도를 약 100℃ 정도 저하시킬 수 있다.

08 고온 327℃, 저온 27℃의 온도 범위에서 작동되는 카르노 사이클의 열효율은 몇 %인가?

① 30　② 40
③ 50　④ 60

$$\eta_c = 1 - \frac{T_L}{T_H}$$

η_c : 카르노 사이클의 열효율(%),
T_L : 저온(K),　T_H : 고온(K)

$$\eta_C = 1 - \frac{273+27}{273+327} = 1 - 0.5 = 50\%$$

09 LPI 엔진에서 사용하는 가스 온도 센서(GTS)의 소자로 옳은 것은?

① 서미스터　② 다이오드
③ 트랜지스터　④ 사이리스터

가스 온도 센서는 연료 압력 조절기 유닛에 배치되어 있으며, 서미스터를 이용하여 LPG의 온도를 검출하여 가스 온도에 따른 연료량의 보정 신호로 이용되며, LPG의 성분 비율을 판정할 수 있는 신호로도 이용된다.

10 가변 흡입 장치에 대한 설명으로 틀린 것은?

① 고속 시 매니폴드의 길이를 길게 조절한다.
② 흡입 효율을 향상시켜 엔진 출력을 증가시킨다.
③ 엔진 회전속도에 따라 매니폴드의 길이를 조절한다.
④ 저속 시 흡입관성의 효과를 향상시켜 회전력을 증대한다.

저속에서는 긴 흡입 다기관을 이용하여 흡입 효율을 향상시켜 저속에서 회전력을 증대시킨다. 고속에서는 짧은 흡입 다기관을 사용하여 고속 회전력을 향상시킨다.

11 전자제어 디젤장치의 저압 라인 점검 중 저압 펌프 점검 방법으로 옳은 것은?

① 전기식 저압 펌프 – 정압 측정
② 기계식 저압 펌프 – 중압 측정
③ 기계식 저압 펌프 – 전압 측정
④ 전기식 저압 펌프 – 부압측정

12 CNG(Compressed Natural Gas)엔진에서 스로틀 압력 센서의 기능으로 옳은 것은?

① 대기 압력을 검출하는 센서
② 스로틀의 위치를 감지하는 센서
③ 흡기다기관의 압력을 검출하는 센서
④ 배기다기관 내의 압력을 측정하는 센서

CNG 엔진의 스로틀 압력 센서(PTP)는 압력 변환기이며, 인터쿨러와 스로틀 보디 사기의 배기관에 연결되어 있다. 터보 차저 직전의 흡기다기관 내의 압력을 측정하고 측정한 압력은 기타 다른 데이터들과 함께 엔진으로 흡입되는 공기 흐름을 산출할 수 있으며, 또한 웨이스트 게이트를 제어한다.

13 공회전 속도 조절장치(ISA)에서 열림(open) 측 파형을 측정한 결과 ON 시간이 1ms이고, OFF 시간이 3ms일 때, 열림 듀티값은 몇 %인가?

① 25 ② 35
③ 50 ④ 60

듀티율이란 1사이클(cycle) 중 "ON" 되는 시간을 백분율로 나타낸 것이다.

$$듀티율 = \frac{ON\ 시간}{사이클} = \frac{1ms}{1ms+3ms} \times 100 = 25\%$$

14 내연기관의 열역학적 사이클에 대한 설명으로 틀린 것은?

① 정적 사이클을 오토 사이클이라고도 한다.
② 정압 사이클을 디젤 사이클이라고도 한다.
③ 복합 사이클을 사바테 사이클이라고도 한다.
④ 오토, 디젤, 사바테 사이클 이외의 사이클은 자동차용 엔진에 적용하지 못한다.

● **내연기관의 기본 사이클**
① **정적 사이클 또는 오토(Otto)사이클** : 일정한 압력에서 연소가 일어나며, 스파크 점화기관(가솔린 기관)의 열역학적 기본 사이클이다.
② **정압 사이클 또는 디젤(Diesel)사이클** : 일정한 압력에서 연소가 일어나며, 저속중속 디젤기관의 열역학적 기본 사이클이다.
③ **합성(복합)사이클 또는 사바데(Sabathe)사이클** : 정적과 정압연소를 복합한 것으로 고속 디젤기관의 열역학적 기본 사이클이다.
④ **클라크 사이클** : 2행정 사이클 엔진에 사용

15 전자제어 모듈 내부에서 각종 고정 데이터나 차량제원 등을 장기적으로 저장하는 것은?

① IFB(Inter Face Box)
② ROM(Read Only Memory)
③ RAM(Randon Access Memory)
④ TTL(Transistor Transistor Logic)

● **기억 장치**
① ROM(Read Only Memory) : ROM은 읽어내기 전문의 메모리이며, 한번 기억시키면 내용을 변경할 수 없다. 또 전원이 차단되어도 기억이 소멸되지 않으므로 프로그램 또는 고정 데이터의 저장에 사용된다.
② RAM(Random Access Memory) : RAM은 임의의 기억 저장 장치에 기억되어 있는 데이터를 읽거나 기억시킬 수 있다. 그러나 RAM은 전원이 차단되면 기억된 데이터가 소멸되므로 처리 도중에 나타나는 일시적인 데이터의 기억을 저장하는데 사용된다.

16 4행정 사이클 엔진의 총배기량 1000cc, 축마력 50PS, 회전수 3000rpm일 때 제동평균 유효압력은 몇 kgf/cm² 인가?

① 11 ② 15
③ 17 ④ 18

$$B_{PS} = \frac{P_{mi} \times A \times L \times R \times N}{75 \times 60}$$

B_{PS} : 제동마력(축마력 PS),
P_{mi} : 제동 평균 유효압력(kgf/cm²),
A : 단면적(cm²),
L : 피스톤 행정(m),
R : 엔진 회전속도(4행정 사이클=R/2, 2행정 사이클=R, rpm),
N : 실린더 수

$$P_{mi} = \frac{B_{PS} \times 75 \times 60}{A \times L \times R \times N} = \frac{50 \times 75 \times 60 \times 2 \times 100}{1000 \times 3000} = 15kgf/cm^2$$

17 최적의 점화시기를 의미하는 MBT(Minimum spark advance for Best Torque)에 대한 설명으로 가장 적절한 것은?

① BTDC 약 10° ~ 15° 부근에서 최대 폭발압력이 발생되는 점화시기
② ATDC 약 10° ~ 15° 부근에서 최대 폭발압력이 발생되는 점화기기
③ BBDC 약 10° ~ 15° 부근에서 최대 폭발압력이 발생되는 점화기기
④ ABDC 약 10° ~ 15° 부근에서 최대 폭발압력이 발생되는 점화기기

MBT는 엔진에서 최대의 토크를 발생시키는 점화시기로 ATDC 약 10°~ 15°부근에서 최대 폭발압력이 발생되는 점화기기를 말한다.

18 전자제어 가솔린 엔진에서 티타니아 산소 센서의 경우 전원은 어디에서 공급되는가?

① ECU
② 배터리
③ 컨트롤 릴레이
④ 파워TR

티타니아 산소 센서는 전자 전도체인 티타니아를 이용해 주위의 산소 분압에 대응하여 산화, 환원시켜, 전기 저항이 변하는 원리를 이용한 것이며, 이 센서는 지르코니아 센서에 비해 작고 값이 비싸며, 온도에 대한 저항 값의 변화가 큰 결점이기 때문에 보정 회로를 추가해 사용한다. 티타니아 산소 센서는 ECU로부터 전원을 공급받는다.

19 전자제어 가솔린 연료 분사장치에서 흡입 공기량과 엔진 회전수의 입력으로만 결정되는 분사량으로 옳은 것은?

① 기본 분사량
② 엔진 시동 분사량
③ 연료 차단 분사량
④ 부분 부하 운전 분사량

전자제어 엔진의 기본 연료 분사량을 결정하는 요소는 흡입 공기량(공기량 센서의 신호)과 엔진 회전속도(크랭크축 위치 센서 신호)이다.

20 전자제어 디젤 엔진의 제어 모듈(ECU)로 입력되는 요소가 아닌 것은?

① 가속 페달의 개도
② 엔진 회전속도
③ 연료 분사량
④ 흡기 온도

● 엔진의 제어 모듈로 입력되는 요소
① 공기량 측정 센서 ② 부스트 압력 센서
③ 흡기 온도 센서 ④ 냉각 수온 센서
⑤ 크랭크샤프트 포지션 센서
⑥ 캠 샤프트 포지션 센서
⑦ 레일 압력 센서 ⑧ 연료 온도 센서
⑨ 람다 센서 ⑩ DFP 차압 센서
⑪ 배기가스 온도 센서
⑫ PM 센서 ⑬ 오일 온도 센서
⑭ 액셀러레이터 위치 센서

제2과목 자동차 섀시 정비

21 조향기어의 조건 중 바퀴를 움직이면 조향 핸들이 움직이는 것으로 각부의 마멸이 적고 복원성능은 좋으나 조향 핸들을 놓치기 쉬운 조건방식은?

① 가역식 ② 비가역식
③ 반가역식 ④ 4/3가역식

● 조향 기어의 조건
① **가역식** : 조향 핸들의 조작에 의해서 앞바퀴를 회전시킬 수 있으며, 바퀴의 조작에 의해서 조향 휠을 회전시킬 수 있다. 각부의 마멸이 적고 복원 성능은 좋으나 주행 중 조향 휠을 놓칠 수 있는 단점이 있다.
② **비 가역식** : 조향 핸들의 조작에 의해서만 앞바퀴를 회전시킬 수 있으며, 험한 도로를 주행할 경우 조향 휠을 놓치는 일이 없는 장점이 있다.
③ **반 가역식** : 가역식과 비 가역식의 중간 성질을 갖는다. 어떤 경우에만 바퀴의 조작력이 조향 핸들에 전달된다.

22 ECS 제어에 필요한 센서와 그 역할로 틀린 것은?

① G 센서 : 차체의 각속도를 검출
② 차속 센서 : 차량의 주행에 따른 차량속도 검출
③ 차고 센서 : 차량의 거동에 따른 차체 높이를 검출
④ 조향휠 각도 센서 : 조향휠의 현재 조향 방향과 각도를 검출

G 센서는 롤(roll) 제어 전용의 센서이며, 차체의 가로 방향 중력 가속도 값과 좌우 방향의 진동을 검출한다. 롤 제어의 응답성을 높이기 위하여 자동차의 앞쪽 사이드 멤버(front side member)에 설치되어 있다.

23 최고 출력이 90PS로 운전되는 엔진에서 기계효율이 0.9인 변속장치를 통하여 전달된다면 추진축에서 발생되는 회전수와 회전력은 약 얼마인가?(단, 기관회전수 5000rpm, 변속비는 2.5이다.)

① 회전수 : 2456rpm, 회전력 : 32kgf · m
② 회전수 : 2456rpm, 회전력 : 29kgf · m
③ 회전수 : 2000rpm, 회전력 : 29kgf · m
④ 회전수 : 2000rpm, 회전력 : 32kgf · m

$$\text{추진축 회전수} = \frac{\text{엔진 회전수}}{\text{변속비}} = \frac{5000rpm}{2.5} = 2000rpm$$

$$B_{PS} = \frac{TR}{716}$$

B_{PS} : 축(제동)마력(PS), T : 회전력(토크, kgf · m),
R : 회전속도(rpm)

$$T = \frac{B_{PS} \times \eta \times 716}{R} = \frac{90 \times 0.9 \times 716}{2000} = 28.99\text{kgf} \cdot \text{m}$$

24 브레이크 파이프 라인에 잔압을 두는 이유로 틀린 것은?

① 베이퍼 록을 방지한다.
② 브레이크의 작동 지연을 방지한다.
③ 피스톤이 제자리로 복귀하도록 도와준다.
④ 휠 실린더에서 브레이크액이 누출되는 것을 방지한다.

● **잔압을 두는 이유**
① 브레이크 작용을 신속하게 하기 위하여
② 휠 실린더에서의 오일 누출을 방지하기 위하여
③ 오일 라인에서 베이퍼 록 현상을 방지하기 위하여

25 무단변속기(CVT)의 장점으로 틀린 것은

① 변속 충격이 적다.
② 가속성능이 우수하다.
③ 연료 소비량이 증가한다.
④ 연료 소비율이 향상된다.

● **무단변속기의 장점**
① 가속 성능을 향상시킬 수 있다.
② 연료 소비율을 향상시킬 수 있다.
③ 변속에 의한 충격을 감소시킬 수 있다.
④ 주행성능과 동력성능이 향상된다.
⑤ 파워트레인 통합제어의 기초가 된다.

26 노면과 직접 접촉을 하지 않고 충격에 완충작용을 하며 타이어 규격과 기타 정보가 표시된 부분은?

① 비드 ② 트레드
③ 카커스 ④ 사이드 월

● **타이어의 구조**
① **비드**(bead) : 타이어가 림과 접촉하는 부분이며, 비드 부분이 늘어나는 것을 방지하고 타이어가 림에서 빠지는 것을 방지하기 위해 내부에 몇 줄의 피아노선이 원둘레 방향으로 들어 있다.
② **트레드**(tread) : 타이어가 직접 노면과 접촉되어 마모에 견디고 적은 슬립으로 견인력을 증대시키는 부분이다.
③ **카커스**(carcass) : 타이어의 골격을 이루는 부분이며, 공기 압력을 견디어 일정한 체적을 유지하고, 하중이나 충격에 따라 변형하여 완충작용을 한다.
④ **사이드 월**(side wall) : 타이어의 옆 부분으로 트레드와 비드간의 고무층이다. 유연하고 내구성, 내노화성이 뛰어난 고무로 되어 있으며, 타이어 규격과 기타 정보가 표시되어 있다.
⑤ **브레이커**(breaker) : 몇 겹의 코드 층을 내열성의 고무로 싼 구조로 되어 있으며, 트레드와 카커스의 분리를 방지하고 노면에서의 완충작용도 한다.

27 독립식 현가장치의 장점으로 틀린 것은?

① 단차가 있는 도로 조건에서도 차체의 움직임을 최소화함으로서 타이어의 접지력이 좋다.
② 스프링 아래 하중이 커 승차감이 좋아진다.
③ 휠 얼라인먼트 변화에 자유도를 가할 수 있어 조종 안정성이 우수하다.
④ 좌 · 우륜을 연결하는 축이 없기 때문에 엔진과 트랜스미션의 설치 위치를 낮게 할 수 있다.

● 독립식 현가장치의 장점
① 스프링 밑 질량이 작기 때문에 승차감이 향상된다.
② 단차가 있는 도로 조건에서도 차체의 움직임을 최소화함으로서 타이어의 접지력이 좋다.
③ 스프링 정수가 적은 스프링을 사용할 수 있다.
④ 휠 얼라인먼트 변화에 자유도를 가할 수 있어 조종 안정성이 우수하다.
⑤ 작은 진동 흡수율이 크기 때문에 승차감이 향상된다.
⑥ 좌·우륜을 연결하는 축이 없기 때문에 엔진과 트랜스미션의 설치 위치를 낮게 할 수 있다.
⑦ 차고를 낮게 할 수 있기 때문에 안정성이 향상된다.

28 자동변속기에서 토크 컨버터 내의 록업 클러치(댐퍼 클러치)의 작동 조건으로 거리가 먼 것은?

① "D" 레인지에서 일정 차속(약 70km/h 정도) 이상 일 때
② 냉각수 온도가 충분히(약 75℃ 정도) 올랐을 때
③ 브레이크 페달을 밟지 않을 때
④ 발진 및 후진 시

● 댐퍼 클러치가 작동되지 않는 조건
① 출발 또는 가속성을 향상시키기 위해 1속 및 후진에서는 작동되지 않는다.
② 감속 시에 발생되는 충격의 방지를 위해 엔진 브레이크 시에 작동되지 않는다.
③ 작동의 안정화를 위하여 유온이 60℃ 이하에서는 작동되지 않는다.
④ 엔진의 냉각수 온도가 50℃ 이하에서는 작동되지 않는다.
⑤ 3속에서 2속으로 시프트 다운될 때에는 작동되지 않는다.
⑥ 엔진의 회전수가 800rpm 이하일 때는 작동되지 않는다.
⑦ 엔진의 회전속도가 2,000rpm 이하에서 스로틀 밸브의 열림이 클 때는 작동되지 않는다.
⑧ 변속이 원활하게 이루어지도록 하기 위하여 변속 시에는 작동되지 않는다.

29 인터널 링 기어 1개, 캐리어 1개, 직경이 서로 다른 선 기어 2개, 길이가 서로 다른 2세트의 유성기어를 사용하는 유성기어 장치는?

① 2중 유성기어 장치
② 평행 축 기어방식
③ 라비뇨(ravigneauxr) 기어장치
④ 심프슨(simpson) 기어장치

라비뇨 형식은 크기가 서로 다른 2개의 선 기어를 1개의 유성기어 장치에 조합한 형식이며, 링 기어와 유성기어 캐리어를 각각 1개씩만 사용한다.

30 파워 조향 핸들 펌프 조립과 수리에 대한 내용이 아닌 것은?

① 오일펌프 브래킷에 오일펌프를 장착한다.
② 흡입 호스를 규정토크로 장착한다.
③ 스냅 링과 내측 및 외측 O링을 장착한다.
④ 호스의 도장면이 오일펌프를 향하도록 조정한다.

● 파워 조향 핸들 펌프 조립과 수리
① 오일펌프 브래킷에 오일펌프를 장착한다.
② 흡입 호스를 규정 토크로 장착한다.
③ 호스의 도장면이 오일펌프를 향하도록 조정한다.
④ V-벨트를 장착한 후에 장력을 조정한다.
⑤ 오일펌프에 압력 호스를 연결하고 오일 리저버에 리턴 호스를 연결한다.
⑥ 호스가 간섭되거나 뒤틀리지 않았는지 확인한다.
⑦ 자동변속기(ATF) 오일을 주입한다.
⑧ 공기빼기 작업을 한다.
⑨ 오일펌프 압력을 점검한다.
⑩ 규정 토크로 각 부품을 장착한다.

31 전자제어 제동장치(ABS)의 효과에 대한 설명으로 옳은 것은?

① 코너링 주행 상태에서만 작동한다.
② 눈길, 빗길 등의 미끄러운 노면에서는 작동이 안 된다.
③ 제동 시 바퀴의 록(lock)이 일어나지 않도록 한다.
④ 급제동 시 바퀴의 록(lock)이 일어나도록 한다.

● **전자제어 제동장치(ABS)의 효과**
① 제동할 때 앞바퀴의 고착(lock)을 방지하여 조향능력이 상실되는 것을 방지한다.
② 제동할 때 뒷바퀴의 고착으로 인한 차체의 전복을 방지한다.
③ 제동할 때 차량의 차체 안정성을 유지한다.
④ 미끄러운 노면에서 전자제어에 의해 제동거리를 단축한다.
⑤ 제동할 때 미끄러짐을 방지하여 차체의 안정성을 유지한다.

32 자동차에 사용되는 휠 스피드 센서의 파형을 오실로스코프로 측정하였다. 파형의 정보를 통해 확인할 수 없는 것은?

① 최저 전압　② 평균 저항
③ 최고 전압　④ 평균 전압

휠 스피드 센서 파형의 정보를 통해 최저 전압, 최고 전압, 주파수, 평균 전압을 확인할 수 있다.

33 대부분의 자동차에서 2회로 유압 브레이크를 사용하는 주된 이유는?

① 안전상의 이유 때문에
② 더블 브레이크 효과를 얻을 수 있기 때문에
③ 리턴 회로를 통해 브레이크가 빠르게 풀리게 할 수 있기 때문에
④ 드럼 브레이크와 디스크 브레이크를 함께 사용할 수 있기 때문에

탠덤 마스터 실린더는 유압 브레이크에서 안정성을 높이기 위해 앞·뒤 바퀴에 대하여 각각 독립적으로 작동하는 2계통의 회로를 두는 형식이다. 실린더 위쪽에 앞·뒤 바퀴 제동용 오일 저장 탱크는 내부가 분리되어 있으며, 실린더 내에는 피스톤이 2개가 배치되어 있다.

34 현재 실용화된 무단변속기에 사용되는 벨트 종류 중 가장 널리 사용되는 것은?

① 고무벨트　② 금속 벨트
③ 금속 체인　④ 가변 체인

● **벨트 풀리 방식의 종류**
① **고무 벨트**(rubber belt) : 고무벨트는 알루미늄 합금 블록(block)의 옆면 즉 변속기 풀리와의 접촉면에 내열수지로 성형되어 있다. 이 고무벨트는 높은 마찰 계수를 지니고 있으며, 벨트를 누르는 힘(grip force)을 작게 할 수 있다. 고무벨트 방식은 주로 경형 자동차나 농기계, 소형 지게차, 소형 스쿠터 등에서 사용된다.
② **금속 벨트**(steel belt) : 금속 벨트는 고무벨트에 비하여 강도의 면에서 매우 유리하다. 금속 벨트는 강철 밴드(steel band)에 금속 블록(steel block)을 배열한 형상으로 되어 있으며, 강철 밴드는 원둘레 길이가 조금씩 다른 0.2mm의 밴드를 10~14개 겹쳐 큰 인장력을 가지면서 유연성이 크게 되어 있다.

35 선회 시 자동차의 조향 특성 중 전륜 구동보다는 후륜 구동 차량에 주로 나타나는 현상으로 옳은 것은?

① 오버 스티어　② 언더 스티어
③ 토크 스티어　④ 뉴트럴 스티어

● **오버 스티어링과 언더 스티어링**
① **오버 스티어링**(over steering) : 선회할 때 조향 각도를 일정하게 유지하여도 선회 반지름이 작아지는 현상이다. 후륜 구동 차량의 뒷바퀴에 집중되는 하중 때문에 자동차가 오버 스티어링 경향이 있다.
② **언더 스티어링**(under steering) : 선회할 때 조향 각도를 일정하게 유지하여도 선회 반지름이 커지는 현상이다.

36 중량 1350kgf의 자동차의 구름 저항계수가 0.02이면 구름 저항은 몇 kgf인가?(단, 공기저항은 무시하고, 회전 상단부분 중량은 0으로 한다.)

① 13.5　② 27
③ 54　④ 67.5

$Rr = \mu r \times W$
Rr : 구름저항(kgf), μr : 구름저항 계수,
W : 차량중량(kgf)
$Rr = 0.02 \times 1350kgf = 27kgf$

37 자동변속기 컨트롤 유닛과 연결된 각 센서의 설명으로 틀린 것은?

① VSS(Vehicle Speed Sensor) – 차속 검출
② MAF(Mass Airflow Sensor) – 엔진 회전속도 검출
③ TPS(Throttle Position Sensor) – 스로틀밸브 개도 검출
④ OTS(Oil Temperature Sensor) – 오일 온도 검출

● **공기량 측정 센서**(MAFS; Mass Air Flow Sensor)
공기량 측정 센서는 흡기 라인에 장착되어 있으며, 핫 필름(Hot Film) 형식의 센서이다. 공기량 측정 센서는 흡입 공기량을 측정하여 주파수 신호를 ECM(Engine Control Module)에 전달하는 역할을 한다. ECM은 흡입 공기량이 많을 경우는 가속 상태이거나 고부하 상태로 판단하며, 반대로 흡입 공기량이 적을 경우에는 감속 상태이거나 공회전 상태로 판정한다. ECM은 이러한 센서의 신호를 이용하여 EGR(Exhaust Gas Recirculation)량과 연료량을 보다 정확하게 제어 할 수 있다.

38 CAN 통신이 적용된 전동식 동력 조향 장치(MDPS)에서 EPS 경고등이 점등(점멸) 될 수 있는 조건으로 틀린 것은?

① 자기 진단 시
② 토크 센서 불량
③ 컨트롤 모듈측 전원 공급 불량
④ 핸들 위치가 정위치에서 ±2° 틀어짐

● **EPS 경고등 점등 조건**
① 자기진단 시
② MDPS 시스템이 고장 일 경우
③ 컨트롤 모듈측 전원 공급 불량
④ EPS 시스템 전원 공급 불량
⑤ CAN BUS OFF 또는 EMS 신호 미수신

39 전자제어 구동력 조절장치(TCS)의 컴퓨터는 구동바퀴가 헛돌지 않도록 최적의 구동력을 얻기 위해 구동 슬립율이 몇 %가 되도록 제어하는가?

① 약 5~10%　② 약 15~20%
③ 약 25~30%　④ 약 35~40%

구동력은 미끄럼율이 0일 때는 전혀 발생하지 않는다. 미끄럼율에 비례하여 증가하다가 미끄럼율이 15~20% 정도에서 최대가 되며, 그 이상 미끄럼율이 증가하면 반대로 낮아진다.

40 전자제어 현가장치 관련 자기진단기 초기값 설정에서 제원입력 및 차종 분류 선택에 대한 설명으로 틀린 것은?

① 차량 제조사를 선택한다.
② 자기진단기 본체와 케이블을 결합한다.
③ 해당 세부 모델을 종류에서 선택한다.
④ 정식 지정 명칭으로 차종을 선택한다.

● **제원 입력 및 차종 분류 선택**
① 차량 제조사를 선택한다.
② 정식 지정 명칭으로 차종을 선택한다.
③ 해당 세부 모델을 종류에서 선택한다.

제3과목 자동차전기 · 전자장치정비

41 발전기 B단자의 접촉 불량 및 배선 저항과다로 발생할 수 있는 현상은?

① 충전 시 소음
② 엔진 과열
③ 과충전으로 인한 배터리 손상
④ B단자 배선 발열

배선(전선)에 전류가 흐르면 전류의 2승에 비례하는 주울열이 발생한다. 발전기 B단자의 접촉이 불량하거나 배선의 저항이 과다하면 B단자 배선이 발열하게 된다.

42 점화 1차 파형에 대한 설명으로 옳은 것은?

① 최고 점화 전압은 15~20kV의 전압이 발생한다.
② 드웰 구간은 점화 1차 전류가 통전되는 구간이다.
③ 드웰 구간이 짧을수록 1차 점화 전압이 높게 발생한다.
④ 스파크 소멸 후 감쇄 진동구간이 나타나면 점화 1차코일의 단선이다.

● 점화 1차 파형
① **최고 점화 전압** : 점화 1차 코일에서 발생하는 자기유도 전압(역기전력)의 크기이다. 역 300~400V가 발생한다.
② **방전 구간** : 1차 코일의 전류 에너지가 진동으로 소멸된다. 파워 TR이 ON되고 있으므로 (-)단자는 배터리 전압이다. 약 30~40V가 정상이다.
③ **불꽃 지속 구간** : 점화 플러그에서 불꽃이 지속되는 구간으로 점화 플러그의 간극, 압축비, 점화 플러그의 오염 상태에 따라 달라진다. 약 1.5ms가 정상이다.
④ **드웰 구간** : 점화 1차 코일에 전류가 흐르는 구간으로 고속에서는 기간이 짧아지므로 점화 코일의 에너지 축적 기간도 짧아진다. 약 3~4ms가 된다.

43 스마트 크루즈 컨트롤 시스템에 대한 설명으로 틀린 것은?

① 운전자가 액셀 페달과 브레이크 페달을 밟지 않아도 레이더 센서를 통해 앞 차량과의 거리를 일정하게 유지시켜 주는 시스템이다.
② 차량 통합제어 시스템(AVSM)은 선행 차량과의 추돌 위험이 예상될 경우 충돌 피해를 경감하도록 제동 및 경고를 하는 장치이다.
③ 제동시점이 늦어지거나 제동력이 충분하지 않아 발생할 수 있는 사고에 대한 충돌 회피 또는 피해 경감을 목적으로 하는 시스템이다.
④ 전방 레이더 센서를 이용해 앞 차량과의 거리 및 속도를 측정하여 앞 차량과 적절한 거리를 자동으로 유지한다.

전방 충돌 방지(FCA) 시스템은 운전자의 주의 산만과 같은 요인으로 제동 시점이 늦어지거나 제동력이 충분하지 않아 발생할 수 있는 사고에 대한 충돌회피 또는 피해 경감을 목적으로 하는 시스템이다. 전방 감시 센서를 이용하여 도로의 상황을 파악하여 위험 요소를 판단하고 운전자에게 경고를 하며, 비상 제동을 수행하여 충돌을 방지하거나 충돌 속도를 낮추는 기능을 수행한다.

44 그림과 같은 논리(logic)게이트 회로에서 출력 상태로 옳은 것은?

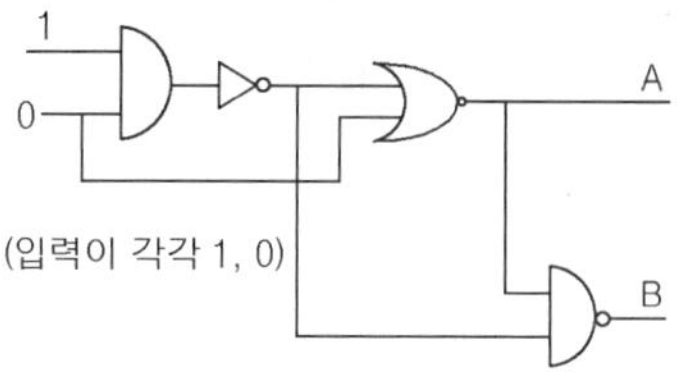

① A = 0, B = 0
② A = 1, B = 1
③ A = 1, B = 0
④ A = 0, B = 1

좌측의 부정 논리적 회로(NAND)에서 입력이 각각 1과 0이므로 출력이 없다. 그러므로 A 회로의 부정 논리화(NOR) 회로는 입력이 없으므로 출력이 되어 1이 된다. 그러나 B 회로는 부적 논리적(NAND) 회로이므로 입력이 1과 0이므로 출력은 0이 된다.

45 자동차 편의장치 중 이모빌라이저 시스템에 대한 설명으로 틀린 것은?

① 이모빌라이저 시스템이 적용된 차량은 일반 키로 복사하여 사용할 수 없다.
② 이모빌라이저는 등록된 키가 아니면 시동되지 않는다.
③ 통신 안전성을 높이는 CAN 통신을 사용한다.
④ 이모빌라이저 시스템에 사용되는 시동키 내부에는 전자 칩이 내장되어 있다.

이모빌라이저는 무선 통신으로 점화 스위치(시동 키)의 기계적인 일치뿐만 아니라 점화 스위치와 자동차가 무선으로 통신하여 암호 코드가 일치하는 경우에만 엔진이 시동되도록 한 도난 방지 장치이다. 이 장치에 사용되는 점화 스위치(시동 키) 손잡이(트랜스 폰더)에는 자동차와 무선으로 통신할 수 있는 특수 반도체가 들어있다. 따라서 기계적으로 일치하는 복제된 점화 스위치나 또는 다른 수단으로는 엔진의 시동을 할 수 없기 때문에 도난을 원천적으로 봉쇄할 수 있다.

46 통합 운전석 기억장치는 운전석 시트, 아웃사이드 미러, 조향 휠, 룸미러 등의 위치를 설정하여 기억된 위치로 재생하는 편의 장치다. 재생금지 조건이 아닌 것은?

① 점화 스위치가 OFF되어 있을 때
② 변속레버가 위치 "P"에 있을 때
③ 차속이 일정속도(예, 3km/h 이상) 이상일 때
④ 시트 관련 수동 스위치의 조작이 있을 때

● **재생금지 조건**
① 점화 스위치가 OFF되어 있을 때
② 자동변속기의 인히비터 "P" 위치스위치가 OFF일 때
③ 주행속도가 3km/h 이상일 때
④ 시트 관련 수동 스위치를 조작하는 경우

47 냉방장치의 구성품으로 압축기로부터 들어온 고온·고압의 기체 냉매를 냉각시켜 액체로 변화시키는 장치는?

① 증발기
② 응축기
③ 건조기
④ 팽창 밸브

● **에어컨의 구조 및 기능**
① **압축기**(compressor) : 증발기에서 기화된 냉매를 고온 고압가스로 변환시켜 응축기로 보낸다.
② **응축기**(condenser) : 고온·고압의 기체 냉매를 냉각에 의해 액체 냉매 상태로 변화시킨다.
③ **리시버 드라이어**(receiver dryer) : 응축기에서 보내온 냉매를 일시 저장하고 항상 액체 상태의 냉매를 팽창 밸브로 보낸다.
④ **팽창 밸브**(expansion valve) : 고온·고압의 액체 냉매를 급격히 팽창시켜 저온·저압의 무상(기체) 냉매로 변화시킨다.
⑤ **증발기**(evaporator) : 팽창 밸브에서 분사된 액체 냉매가 주변의 공기에서 열을 흡수하여 기체 냉매로 변환시키는 역할을 하고, 공기를 이용하여 실내를 쾌적한 온도로 유지시킨다.
⑥ **송풍기**(blower) : 직류 직권 전동기에 의해 구동되며 공기를 증발기에 순환시킨다.

48 자동차 통신의 종류에서 직렬 통신에 대한 설명으로 알맞은 것은?

① 신호 또는 문자를 몇 개의 회로로 나누어 동시에 전송한다.
② 순차적으로 데이터를 송·수신하는 통신이다.
③ 여러 개의 데이터 비트(data bit)를 동시에 전송한다.
④ 배선 수의 증가로 각 모듈의 설치비용이 많이 소요된다.

● **직렬 통신**
① 직렬 통신은 모듈과 모듈 간 또는 모듈과 주변 장치 간에 비트 흐름을 전송하는 데 사용되는 통신이다.
② 통신 용어로 직렬은 순차적으로 데이터를 송·수신한다는 의미이다.
③ 일반적으로 데이터를 주고받는 통신은 직렬 통신이 많이 사용된다.
④ 데이터를 1비트씩 분해하여 1조(2개의 선)의 전선으로 직렬로 보내고 받는다.

49 운행차 정기검사에서 소음도 검사 전 확인해야 하는 항목으로 거리가 먼 것은? (단, 소음·진동관리법 시행규칙에 의한다.)

① 배기관 ② 경음기
③ 소음 덮개 ④ 원동기

● **소음도 검사 전 확인 항목**
① **소음 덮개** : 출고 당시에 부착된 소음 덮개가 떼어지거나 훼손되어 있지 아니할 것
② **배기관 및 소음기** : 배기관 및 소음기를 확인하여 배출가스가 최종 배출구 전에서 유출되지 아니할 것
③ **경음기** : 경음기가 추가로 부착되어 있지 아니할 것

50 0.2μF와 0.3μF의 축전기를 병렬로 하여 12V의 전압을 가하면 축전기에 저장되는 전하량은?

① 1.2μ C ② 6μ C
③ 7.2μ C ④ 14.4μ C

① 축전기 병렬접속의 전기량
: $C = C_1 + C_2 + C_3 + \cdots + C_n$
$Q = 0.2\mu F + 0.3\mu F = 0.5\mu F$
② $Q = C \times E$
Q: 축적된 전하량, C: 축전기 용량(μF),
V: 인가한 전압(V)
$Q = 0.5\mu F \times 12V = 6\mu C$

51 빛과 조명에 관한 단위와 용어의 설명으로 틀린 것은?

① 광속(luminous flux)이란 빛의 근원 즉, 광원으로부터 공간으로 발산되는 빛의 다발을 말하는데, 단위는 루멘(lm : lumen)을 사용한다.

② 광밀도(luminance)란 어느 한 방향의 단위 입체각에 대한 광속의 방향을 말하며, 단위는 칸델라(cd : candela)이다.

③ 조도(illuminance)란 피조면에 입사되는 광속을 피조면 단면적으로 나눈 값으로서, 단위는 룩스(lx)이다.

④ 광효율(luminous efficiency)이란 방사된 광속과 사용된 전기 에너지의 비로서, 100W 전구의 광속이 1380lm이라면 광효율은 1380lm/100W=13.8lm/W가 된다.

광도(luminous intensity)란 어느 한 방향의 단위 입체각에 대한 광속의 방향을 말하며, 단위는 칸델라(cd : candela)이다.

52 자동차 통신의 종류에서 병렬 통신의 설명에 해당하는 것은?

① 모듈과 모듈 간 또는 모듈과 주변 장치 간에 비트 흐름을 전송하는 데 사용되는 통신이다.

② 통신 용어로 순차적으로 데이터를 송·수신한다는 의미이다.

③ 여러 개의 데이터 비트(data bit)를 동시에 전송한다.

④ 데이터를 1비트씩 분해하여 1조(2개의 선)의 전선으로 직렬로 보내고 받는다.

● **병렬 통신**

① 병렬 통신은 신호(또는 문자)를 몇 개의 회로로 나누어 동시에 전송하여 자료 전송 시 신속을 기할 수 있다.

② 병렬은 여러 개의 데이터 비트(data bit)를 동시에 전송한다는 의미이다.

③ 배선 수의 증가로 각 모듈의 설치비용이 직렬 통신에 비해 많이 소요된다.

53 기동 전동기의 작동 원리는?

① 앙페르 법칙

② 렌츠의 법칙

③ 플레밍의 왼손 법칙

④ 플레밍의 오른손 법칙

● **법칙의 정의**

① **앙페르의 오른나사 법칙** : 전선에서 오른나사가 진행하는 방향으로 전류가 흐르면 자력선은 오른나사가 회전하는 방향으로 만들어진다는 원리이다.

② 렌츠의 법칙은 "유도 기전력의 방향은 코일 내 자속의 변화를 방해하는 방향으로 발생한다."는 법칙이다.

③ **플레밍의 왼손법칙**(Fleming'left hand rule) : 왼손의 엄지, 인지, 중지를 서로 직각이 되게 펴고 인지를 자력선의 방향으로, 중지를 전류의 방향에 일치시키면 도체에는 엄지의 방향으로 전자력이 작용한다는 법칙이며 시동 전동기, 전류계, 전압계 등의 원리이다.

④ **플레밍의 오른손 법칙** : 자계 속에서 도체를 움직일 때에 도체에 발생하는 유도 기전력을 가리키는 법칙이다. 오른손 엄지손가락, 인지 및 가운데 손가락을 직각이 되게 펴고 인지를 자력선의 방향으로 향하게 하고 엄지손가락 방향으로 도체를 움직이면 가운데 손가락 방향으로 유도 전류가 흐른다는 법칙이며, 발전기의 원리이다.

54 윈드 실드 와이퍼가 작동하지 않는 원인으로 틀린 것은?

① 퓨즈 단선

② 전동기 브러시 마모

③ 와이퍼 블레이드 노화

④ 전동기 전기자 코일의 단선

윈드 실드 와이퍼가 작동하지 않는 원인은 전동기 전기자 코일의 단선 또는 단락, 퓨즈 단선, 전동기 브러시 마모 등이다.

55 버튼 엔진 시동 시스템에서 주행 중 엔진 정지 또는 시동 꺼짐에 대비하여 FOB 키가 없을 경우에도 시동을 허용하기 위한 인증 타이머가 있다. 이 인증 타이머의 시간은?

① 10초　　② 20초
③ 30초　　④ 40초

> **● 30초 인증 타이머**
> 주행 중 엔진 정지 혹은 시동 꺼짐에 대비하여 FOB 키가 없을 때에도 시동을 허용하기 위한 기능이다. 이 시간 동안은 키가 없이도 시동이 가능하나 시간 경과 혹은 인증 실패 상태에서는 버튼을 누르면 재인증을 시도한다.

56 점화 2차 파형의 점화 전압에 대한 설명으로 틀린 것은?

① 혼합기가 희박할수록 점화 전압이 높아진다.
② 실린더 간 점화 전압의 차이는 약 10kV 이내이어야 한다.
③ 점화 플러그 간극이 넓으면 점화 전압이 높아진다.
④ 점화 전압의 크기는 점화 2차 회로의 저항과 비례한다.

> 점화 2차 파형의 점화 전압에서 실린더 간 점화 전압의 차이는 4kV 이하이어야 정상이다.

57 디지털 오실로스코프에 대한 설명으로 틀린 것은?

① AC 전압과 DC 전압 모두 측정이 가능하다.
② X축에서는 시간, Y축에서는 전압을 표시한다.
③ 빠르게 변화하는 신호를 판독이 편하도록 트리거링 할 수 있다.
④ UNI(Unipolar) 모드에서 Y축은 (+), (−) 영역을 대칭으로 표시한다.

58 운전자의 주의 산만과 같은 요인으로 제동 시점이 늦어지면 작동하는 시스템은 ?

① LDW(Land Departure Warning)
② FCA(Forward Collision Avoidance assist)
③ LKA(Lane Keeping Assist)
④ BCW(Blind spot Collision Warning)

> FCA 시스템은 제동시점이 늦어지거나 제동력이 충분하지 않아 발생할 수 있는 사고에 대한 충돌회피 또는 피해 경감을 목적으로 하는 시스템이다.

59 에어컨 시스템이 정상 작동 중일 때 냉매의 온도가 가장 높은 곳은?

① 압축기와 응축기 사이
② 응축기와 팽창 밸브 사이
③ 팽창 밸브와 증발기 사이
④ 증발기와 압축기 사이

60 지름 2mm, 길이 100cm인 구리선의 저항은?(단, 구리선의 고유 저항은 1.69μΩ·m이다.)

① 약 0.54Ω　　② 약 0.72Ω
③ 약 0.9Ω　　④ 약 2.8Ω

> $R = \rho \times \frac{\ell}{A}$
> R : 저항(Ω),　ρ : 도체의 고유저항(μΩ),
> ℓ : 도체의 길이(cm), A : 도체의 단면적(cm²)
> $R = \frac{1.69^{-10^{6}} \times 100cm}{\frac{3.14 \times 0.02^{2}}{4}} = 0.538\Omega$

제4과목 친환경 자동차 정비

61 하드 타입 하이브리드 구동 모터의 주요 기능으로 틀린 것은?

① 출발 시 전기모드 주행
② 가속 시 구동력 증대
③ 감속 시 배터리 충전
④ 변속 시 동력 차단

구동 모터의 주요 기능은 출발할 때 전기 모드로의 주행, 가속할 때 구동력 증대, 감속할 때 배터리 충전 등이다.

62 하이브리드 자동차의 내연기관에 가장 적합한 사이클 방식은?

① 오토 사이클
② 복합 사이클
③ 에킨슨 사이클
④ 카르노 사이클

영국의 제임스 에킨슨이 1886년 제창한 열 사이클로써 압축 행정과 팽창 행정을 독립적으로 설정할 수 있는 기구를 가진 것이며, 압축비와 팽창비를 별개로 설정할 수 있는 시스템이기 때문에 팽창비를 높게 하여 공급된 열에너지를 보다 많은 운동에너지로 변환하여 열효율을 높일 수 있다.

63 하이브리드 자동차에서 변속기 앞뒤에 엔진 및 전동기를 병렬로 배치하여 주행상황에 따라 최적의 성능과 효율을 발휘할 수 있도록 자동차 구동에 필요한 동력을 엔진과 전동기에 적절하게 분배하는 형식?

① 직·병렬형 ② 직렬형
③ 교류형 ④ 병렬형

병렬형은 변속기 앞뒤에 엔진 및 전동기를 병렬로 배치하여 주행상황에 따라 최적의 성능과 효율을 발휘할 수 있도록 자동차 구동에 필요한 동력을 엔진과 전동기에 적절하게 분배하는 형식이다.

64 병렬형 하이브리드 자동차의 특징을 설명한 것 중 거리가 먼 것은?

① 모터는 동력 보조만 하므로 에너지 변환 손실이 적다.
② 기존 내연기관 차량을 구동장치의 변경 없이 활용 가능하다.
③ 소프트 방식은 일반 주행 시 모터 구동을 이용한다.
④ 하드 방식은 EV 주행 중 엔진 시동을 위해 별도의 장치가 필요하다.

소프트 하이브리드 자동차는 모터가 플라이휠에 설치되어 있는 FMED(fly wheel mounted electric device)형식으로 변속기와 모터사이에 클러치를 설치하여 제어하는 방식이다. 출발을 할 때는 엔진과 모터를 동시에 사용하고, 부하가 적은 평지에서는 엔진의 동력만을 이용하며, 가속 및 등판주행과 같이 큰 출력이 요구되는 경우에는 엔진과 모터를 동시에 사용한다.

65 하이브리드 시스템을 제어하는 컴퓨터의 종류가 아닌 것은?

① 모터 컨트롤 유닛(Motor control unit)
② 하이드로릭 컨트롤 유닛(Hydraulic control unit)
③ 배터리 컨트롤 유닛(Battery control unit)
④ 통합 제어 유닛(Hybrid control unit)

하이브리드 시스템을 제어하는 컴퓨터는 모터 컨트롤 유닛(MCU), 통합 제어 유닛(HCU), 배터리 컨트롤 유닛(BCU)이다.

66 마스터 BMS의 표면에 인쇄 또는 스티커로 표시되는 항목이 아닌 것은?(단, 비일체형인 경우로 국한한다.)

① 사용하는 동작 온도 범위
② 저장 보관용 온도 범위
③ 셀 밸런싱용 최대 전류
④ 제어 및 모니터링 하는 배터리 팩의 최대 전압

● 마스터 BMS 표면에 표시되는 항목
① BMS 구동용 외부 전원의 전압 범위 또는 자체 배터리 시스템으로부터 공급 받는 BMS 구동용 전압 범위
② 제어 및 모니터링 하는 배터리 팩의 최대 전압
③ 제어 및 모니터링 하는 배터리 팩의 최대 전류
④ 사용하는 동작 온도 범위
⑤ 저장 보관용 온도 범위

67 하이브리드 시스템에서 주파수 변환을 통하여 스위칭 및 전류를 제어하는 방식은?

① SCC 제어 ② CAN 제어
③ PWM 제어 ④ COMP 제어

펄스 폭 변조 방식(PWM)에서는 동일한 스위칭 주기 내에서 ON 시간의 비율을 바꿈으로써 출력 전압 또는 전류를 제어할 수 있으며 스위칭 주파수가 낮을 경우 출력값은 낮아지며 출력 듀티비를 50%일 경우에는 기존 전압의 50%를 출력전압으로 출력한다.

68 LPI 엔진에서 연료 압력과 연료 온도를 측정하는 이유는?

① 최적의 점화시기를 결정하기 위함이다.
② 최대 흡입 공기량을 결정하기 위함이다.
③ 최대로 노킹 영역을 피하기 위함이다.
④ 연료 분사량을 결정하기 위함이다.

가스 압력 센서는 가스 온도 센서와 함께 LPG 조성 비율의 판정 신호로도 이용되며, LPG 분사량 및 연료 펌프 구동시간 제어에도 사용된다.

69 CNG 자동차에서 가스 실린더 내 200bar의 연료압력을 8~10bar로 감압시켜주는 밸브는?

① 마그네틱 밸브
② 저압 잠금 밸브
③ 레귤레이터 밸브
④ 연료양 조절 밸브

레귤레이터 밸브(Regulator valve)는 고압 차단 밸브와 열 교환 기구 사이에 설치되며, CNG 탱크 내 200bar의 높은 압력의 CNG를 엔진에 필요한 8bar로 감압 조절한다. 압력 조절기 내에는 높은 압력의 가스가 낮은 압력으로 팽창되면서 가스 온도가 내려가므로 이를 난기 시키기 위해 엔진의 냉각수가 순환하도록 되어 있다.

70 전기 자동차의 공조장치(히트 펌프)에 대한 설명으로 틀린 것은?

① 정비 시 전용 냉동유(POE) 주입
② PTC형식 이배퍼레이터 온도 센서 적용
③ 전동형 BLDC 블로어 모터 적용
④ 온도 센서 점검 시 저항(Ω) 측정

PTC 형식은 히터에 적용하며, 이배퍼레이터 온도 센서는 NTC 서미스터를 이용하여 에어컨의 증발기 온도를 검출하여 에어컨 컴퓨터로 입력시키는 역할을 한다.

71 친환경 자동차에서 고전압 관련 정비 시 고전압을 해제하는 장치는?

① 전류센서
② 배터리 팩
③ 안전 스위치(안전 플러그)
④ 프리차지 저항

안전 플러그는 기계적인 분리를 통하여 고전압 배터리 내부 회로의 연결을 차단하는 장치이다. 연결 부품으로는 고전압 배터리 팩, 파워 릴레이 어셈블리, 급속 충전 릴레이, BMU, 모터, EPCU, 완속 충전기, 고전압 조인트 박스, 파워 케이블, 전기 모터식 에어컨 컴프레서 등이 있다.

72 수소 연료 전지 전기 자동차 구동 모터 3상의 단자 명이 아닌 것은?

① U ② V
③ W ④ Z

구동 모터는 3상 파워 케이블이 배치되어 있으며, 3상의 파워 케이블의 단자는 U 단자, V 단자, W 단자가 있다.

73 수소 연료 전지 전기 자동차에서 감속 시 구동 모터를 발전기로 전환하여 차량의 운동 에너지를 전기 에너지로 변환시켜 배터리로 회수하는 시스템은?

① 회생 제동 시스템
② 파워 릴레이 시스템
③ 아이들링 스톱 시스템
④ 고전압 배터리 시스템

① 회생 재생 시스템은 감속할 때 구동 모터는 바퀴에 의해 구동되어 발전기의 역할을 한다. 즉 감속할 때

발생하는 운동 에너지를 전기 에너지로 전환시켜 고전압 배터리를 충전한다.

② **파워 릴레이 시스템** : 파워 릴레이 어셈블리는 (+)극과 (-)극 메인 릴레이, 프리차지 릴레이, 프리차지 레지스터와 배터리 전류 센서로 구성되어 배터리 관리 시스템 ECU의 제어 신호에 의해 고전압 배터리와 인버터 사이의 고전압 전원 회로를 제어한다.

③ **아이들링 스톱 시스템** : 연비와 배출가스 저감을 위해 자동차가 정지하여 일정한 조건을 만족할 때에는 엔진의 작동을 정지시킨다.

④ **고전압 배터리 시스템** : 배터리 팩 어셈블리, 배터리 관리 시스템(BMS), 전자 제어 장치(ECU), 파워 릴레이 어셈블리, 케이스, 제어 배선, 쿨리 팬 및 쿨링 덕트로 구성되어 고전압 배터리는 전기 모터에 전력을 공급하고, 회생 제동 시 발생되는 전기 에너지를 저장한다.

74 고전압 배터리의 충방전 과정에서 전압 편차가 생긴 셀을 동일한 전압으로 매칭하여 배터리 수명과 에너지 용량 및 효율증대를 갖게 하는 것은?

① SOC(state of charge)
② 파워 제한
③ 셀 밸런싱
④ 배터리 냉각제어

고전압 배터리의 비정상적인 충전 또는 방전에서 기인하는 배터리 셀 사이의 전압 편차를 조정하여 배터리 내구성, 충전 상태(SOC) 에너지 효율을 극대화시키는 기능을 셀 밸런싱이라고 한다.

75 수소 연료 전지 전기 자동차의 설명으로 거리가 먼 것은?

① 연료 전지 시스템은 연료 전지 스택, 운전 장치, 모터, 감속기로 구성된다.
② 연료 전지는 공기와 수소 연료를 이용하여 전기를 생산한다.
③ 연료 전지에서 생산된 전기는 컨버터를 통해 모터로 공급된다.
④ 연료 전지 자동차가 유일하게 배출하는 배기가스는 수분이다.

수소 연료 전지 전기 자동차의 연료 전지에서 생산된 전기는 인버터를 통해 모터로 공급된다. 인버터는 DC 전원을 AC 전원으로 변환하고 컨버터는 AC 전원을 DC 전원으로 변환하는 역할을 한다.

76 전기 자동차 고전압 배터리의 사용가능 에너지를 표시하는 것은?

① SOC(State Of Charge)
② PRA(Power Relay Assemble)
③ LDC(Low DC-DC Converter)
④ BMU(Battery Management Unit)

① SOC(State Of Charge) : SOC(배터리 충전율)는 배터리의 사용 가능한 에너지를 표시한다.
② PRA(Power Relay Assemble) : BMU의 제어 신호에 의해 고전압 배터리 팩과 고전압 조인트 박스 사이의 DC 360V 고전압을 ON, OFF 및 제어 하는 역할을 한다.
③ LDC(Low DC-DC Converter) : 고전압 배터리의 DC 전원을 차량의 전장용에 적합한 낮은 전압의 DC 전원(저전압)으로 변환하는 시스템이다.
④ BMU(Battery Management Unit) : 고전압 배터리의 SOC(State Of Charge), 출력, 고장 진단, 배터리 셀 밸런싱(Cell Balancing), 시스템 냉각, 전원 공급 및 차단을 제어한다.

77 전기 자동차에서 파워 릴레이 어셈블리(Power Relay Assembly) 기능에 대한 설명으로 틀린 것은?

① 승객 보호
② 전장품 보호
③ 고전압 회로 과전류 보호
④ 고전압 배터리 암 전류 차단

파워 릴레이 어셈블리의 기능은 전장품 보호, 고전압 회로 과전류 보호, 고전압 배터리 암 전류 차단 등이다.

78 고전압 배터리 관리 시스템의 메인 릴레이를 작동시키기 전에 프리 차지 릴레이를 작동시키는데 프리 차지 릴레이의 기능이 아닌 것은?

① 등화 장치 보호
② 고전압 회로 보호
③ 타 고전압 부품 보호
④ 고전압 메인 퓨즈, 부스 바, 와이어 하니스 보호

프리 차지 릴레이는 파워 릴레이 어셈블리에 장착되어 인버터의 커패시터를 초기에 충전할 때 고전압 배터리와 고전압 회로를 연결하는 역할을 한다. 스위치 IG ON을 하면 프리 차지 릴레이와 레지스터를 통해 흐른 전류가 인버터 내의 커패시터에 충전이 되고 충전이 완료 되면 프리 차지 릴레이는 OFF 된다.
① 초기에 커패시터의 충전 전류에 의한 고전압 회로를 보호한다.
② 다른 고전압 부품을 보호한다.
③ 고전압 메인 퓨즈, 부스 바, 와어어 하니스를 보호한다.

79 전기 자동차의 배터리 시스템 어셈블리 내부의 공기 온도를 감지하는 역할을 하는 것은?

① 파워 릴레이 어셈블리
② 고전압 배터리 인렛 온도 센서
③ 프리차지 릴레이
④ 고전압 배터리 히터 릴레이

고전압 배터리 인렛 온도 센서는 고전압 배터리 1번 모듈 상단에 장착되어 있으며, 배터리 시스템 어셈블리 내부의 공기 온도를 감지하는 역할을 한다.

80 고전압 배터리 셀이 과충전 시 메인 릴레이, 프리차지 릴레이 코일의 접지 라인을 차단하는 것은?

① 배터리 온도 센서
② 배터리 전류 센서
③ 고전압 차단 릴레이
④ 급속 충전 릴레이

고전압 릴레이 차단 장치(OPD)는 각 모듈 상단에 장착되어 있으며, 고전압 배터리 셀이 과충전에 의해 부풀어 오르는 상황이 되면 OPD에 의해 메인 릴레이 (+), 메인 릴레이 (-), 프리차지 릴레이 코일의 접지 라인을 차단하여 과충전 시 메인 릴레이 및 프리차지 릴레이의 작동을 금지시킨다.

정답 2024년 2회

01.③	02.①	03.②	04.①	05.③
06.①	07.④	08.③	09.①	10.①
11.①	12.③	13.①	14.④	15.②
16.②	17.②	18.①	19.①	20.③
21.①	22.①	23.③	24.③	25.③
26.④	27.②	28.④	29.③	30.③
31.③	32.②	33.①	34.②	35.①
36.②	37.②	38.④	39.②	40.②
41.④	42.②	43.③	44.③	45.③
46.②	47.②	48.②	49.④	50.②
51.②	52.③	53.③	54.③	55.③
56.②	57.④	58.②	59.①	60.①
61.④	62.③	63.④	64.③	65.②
66.③	67.③	68.④	69.③	70.②
71.③	72.④	73.①	74.③	75.③
76.①	77.①	78.①	79.②	80.③

◉ **집필진**

김명준 한국폴리텍대학 창원캠퍼스
김광석 한국폴리텍대학 인천캠퍼스
신현초 한국폴리텍대학 서울정수캠퍼스
정중호 한국폴리텍대학 부산캠퍼스

[내용관련 Q&A]

네이버 카페[도서출판 골든벨]

※ 이 책 내용에 관한 질문은 **카페[묻고 답하기]**로 문의해 주십시오.
질문요지는 이 책에 수록된 내용에 한합니다.
전화로 질문에 답할 수 없음을 양지하시기 바랍니다.

뻥! 뚫린 PASS
자동차정비산업기사 필기

초판 발행 | 2025년 1월 10일
제2판1쇄발행 | 2025년 4월 25일

지 은 이 | 김명준 · 김광석 · 신현초 · 정중호
발 행 인 | 김길현
발 행 처 | (주)골든벨
등 록 | 제 1987—000018호
I S B N | 979-11-5806-736-6
가 격 | 22,000원

이 책을 만든 사람들

교 정 및 교 열 | 이상호
제 작 진 행 | 최병석
오 프 마 케 팅 | 우병춘, 오민석, 이강연
회 계 관 리 | 김경아
편 집 · 디 자 인 | 조경미, 권정숙, 박은경
웹 매 니 지 먼 트 | 안재명, 양대모, 김경희
공 급 관 리 | 정복순, 김봉식

㊉ 04316 서울특별시 용산구 원효로 245(원효로1가 53-1) 골든벨빌딩 6F
• TEL : 도서 주문 및 발송 02-713-4135 / 회계 경리 02-713-4137
기획디자인 본부 02-713-7452 / 해외 오퍼 및 광고 02-713-7453
• FAX : 02-718-5510 • http : // www.gbbook.co.kr • E-mail : 7134135@ naver.com